北京安全生产年鉴
2013

北京市安全生产监督管理局
北京煤矿安全监察局　编

中国环境出版社・北京

图书在版编目（CIP）数据

北京安全生产年鉴. 2013 / 北京市安全生产监督管理局，北京煤矿安全监察局编. -- 北京 ：中国环境出版社，2013.10
ISBN 978-7-5111-1604-8

Ⅰ. ①北… Ⅱ. ①北… ②北… Ⅲ. ①安全生产－北京市－2013－年鉴 Ⅳ. ①X931-54

中国版本图书馆CIP数据核字（2013）第247530号

出版人 王新程
责任编辑 丁莞歆
文字编辑 金捷霆
责任校对 唐丽虹
装帧设计 宋 瑞

出版发行 中国环境出版社
（100062 北京市东城区广渠门内大街16号）
网 址：http://www.cesp.com.cn
电子邮箱：bjgl@cesp.com.cn
联系电话：010-67112765（编辑管理部）
010-67175507（科技图书出版中心）
发行热线：010-67125803，010-67113405（传真）
印装质量热线：010-67113404
印 刷 北京中科印刷有限公司
经 销 各地新华书店
版 次 2013年12月第1版
印 次 2013年12月第1次印刷
开 本 787×1092 1/16
印 张 50.25
字 数 800千字
定 价 230.00元

▲ 6月9日，国家安全监管总局局长杨栋梁（前排左一）和北京市市长郭金龙（前排右二）参加北京市安全生产月宣传咨询日活动，国家安全监管总局副局长杨元元（二排中）和北京市安全监管局局长张家明（前排右一）陪同。

▲ 北京市代市长王安顺（中）到西城区检查烟花爆竹安全工作。

▲ 6月6日，国家安全监管总局副局长王德学（前排左二）到昌平区调研安全生产工作。北京市副市长苟仲文（前排左三）陪同。

▲ 1月20日，国家安全监管总局副局长孙华山（右）、北京市副市长苟仲文（左）为北京市生产安全事故应急指挥部揭牌。

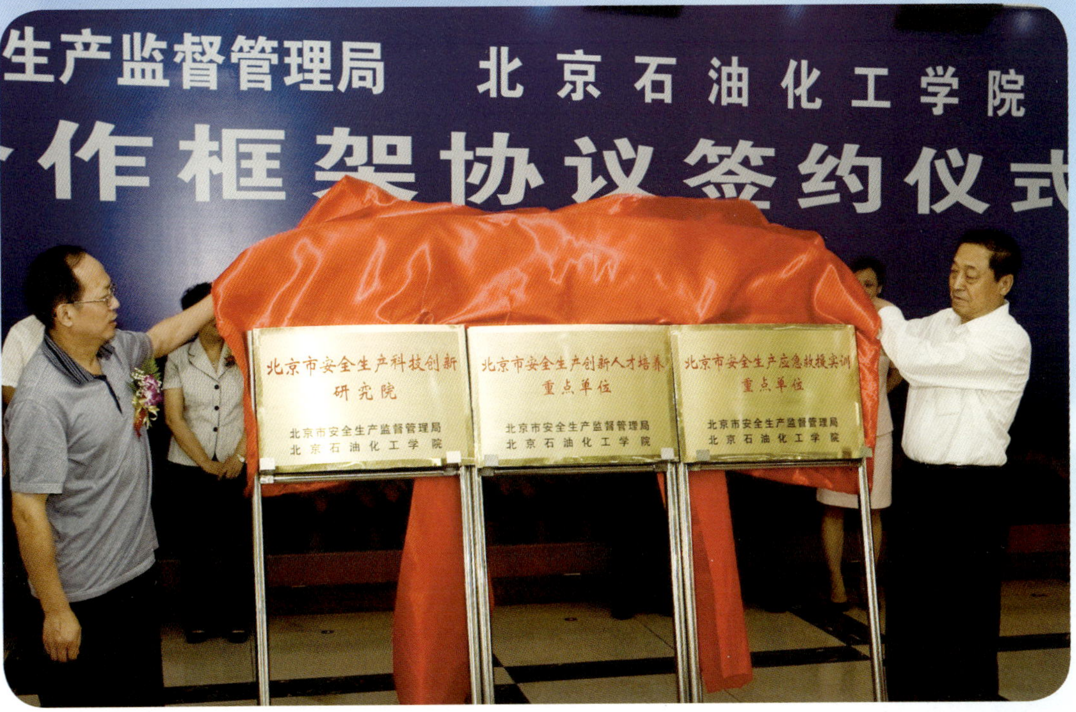

▲ 6月16日，市委常委、市教工委书记赵凤桐（右）、副市长苟仲文（左）为北京市安全生产科技创新研究院揭牌。

▲ 11月1日，副市长苟仲文（前排左一）检查液化气站安全生产工作。

副市长张延昆（右二）检查烟花爆竹零售网点。

3 月 21 日，市安全监管局局长张家明走进北京城市服务管理广播“市民对话一把手”节目。

12 月 1 日，市安全监管局局长张家明（右）带队检查 2012 年烟花爆竹经营单位从业人员安全资格考试。

▲ 7 月 5 日，市安全监管局副局长蔡淑敏（右二）检查园博园安全生产工作。

▲ 8 月 3 日，市安全监管局副局长陈清（右）带队检查工业企业安全生产工作。

▲ 市安全监管局副局长贾太保（中）检查矿山企业安全生产工作。

▲ 5月1日，市安全监管局副局长汪卫国（中）带队检查人员密集场所安全。

3 月 6 日，市安全监管局副局长常纪文（左三）带队到门头沟区调研职业卫生和有限空间安全生产工作。

10 月 30 日，市安全监管局副局长唐明明（右二）带队检查油库安全生产工作。

6 月 13 日，市安全监管局副巡视员刘岩（右一）检查施工工地现场。

9月19日，全国非煤矿山整顿关闭暨“打非治违”工作推进会议在密云召开。

11月27日，第六届北京安全文化论坛在京召开。

12月13日，北京市安全生产标准化建设工作推进大会。

▶ 市安全监管局、北京煤监局庆祝中国共产党成立 91 周年暨总结表彰大会。

◀ 9 月 26 日，市领导带队检查地铁运营安全。

▲ 6 月 28 日，北京市安全生产大型公开课活动首场讲座。

▲ 6 月 15 日，北京市安全生产“打非治违”领导小组扩大会议。

▲ 9月11日,“十八大”安全生产保障专项执法检查行动。

3月9日，国家安全生产救援指挥中心领导指导北京市安全生产工作。

8月30日，本市特种作业管理工作联席会议第一次会议。

4月19日，市政协委员和市人大代表检查朝阳区潘家园沼气池消除隐患工程。

▲ 6月16日，市安全监管局与北京石油化工学院签署战略合作框架协议。

▲ 6月19日，市安全监管局汛期安全生产应急演练桌面推演现场。

2012 年，北京市安全生产综合应急演练。

6 月 21 日，北京市安全生产综合应急演练指挥台。

6 月 21 日，北京市安全生产综合应急演练现场。

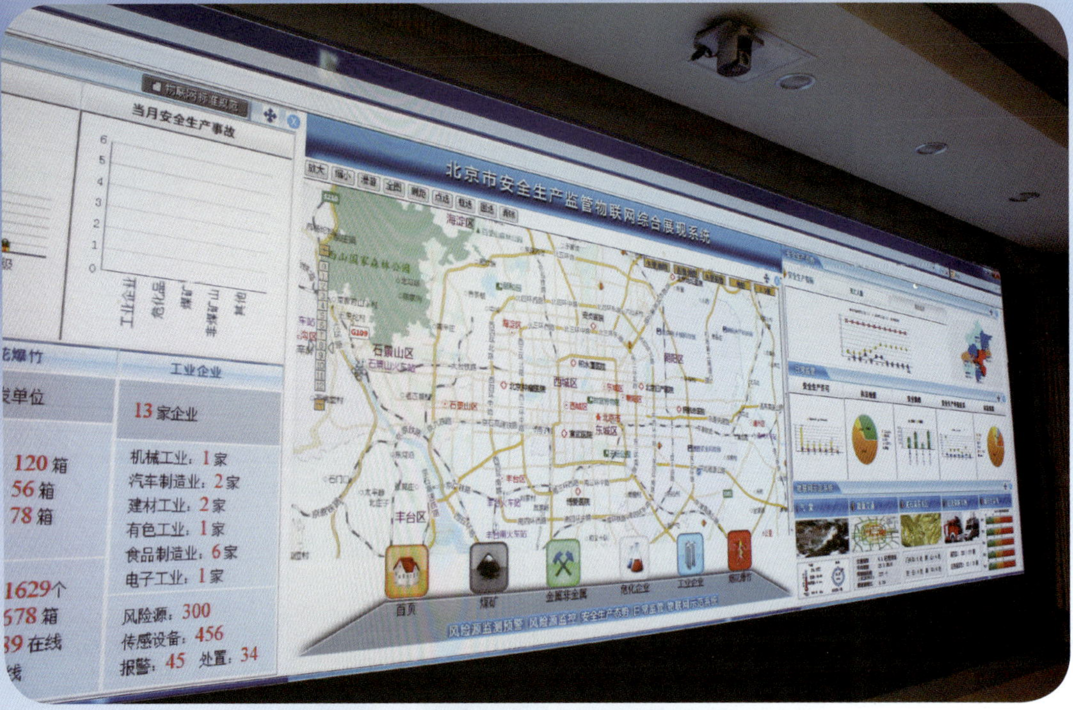

2012 年，北京市安全生产监管物联网综合展现系统。

6 月 4 日，市安全监管局局长张家明（中）带队检查首云矿业股份有限公司安全生产工作。

▲ 3 月 23 日，北京市安全生产宣传工作会议。

▲ 5 月 9 日，北京市安全生产工作电视电话会议。

▲ 9 月 16 日，北京市危险化学品企业安全生产标准化现场会。

◀ 12 月 13 日，全市安全生产标准化建设推进大会专家聘书颁发仪式。

▶ 6 月 29 日，北京市“安全在我身边”巡回演讲活动启动仪式。

5月23日，开发区在建施工工地专项联合执法检查。

7月26日，市安全监管局安全生产新闻发布会。

7月21日，市安全监管局征集专家对科技产业化项目意见。

▲ 12 月 12 日，市安全监管局领导参加冬季群众健身活动。

▲ 市安全监管局庆祝三八妇女节。

▲ 2 月 24 日，市安全监管局执法人员检查加油站。

▲ 6 月 20 日，市安全监管局执法人员夜查地下空间安全。

▲ 3月23日，北京市矿山安全生产工作暨建设“安全健康·绿色和谐”矿山推进会。

▲ 10月19日，北京市安全文艺基层巡演活动走进丰台。

《北京安全生产年鉴》编纂委员会

《北京安全生产年鉴》编辑部

编辑说明

一、《北京安全生产年鉴》2013年版，由北京市安全生产监督管理局（简称“市安全监管局”）、北京煤矿安全监察局（简称“北京煤监局”）编制，并委托北京市安全生产协会具体负责资料搜集和编纂工作。《北京安全生产年鉴》是一部记载北京安全生产信息的大型工具书，内容客观、真实、全面、系统。对于了解和掌握北京安全生产工作年度状况和取得的进步、研究北京安全生产发展变化及其规律性有较大的参考价值。

二、《北京安全生产年鉴》2013年版，以邓小平理论、三个代表和科学发展观为指导，紧紧围绕全国“两会”和中国共产党第十八次全国代表大会安全生产保障，突出北京安全生产工作特点，进行全面系统地记述、宣传、报道。

三、《北京安全生产年鉴》所载内容和公益彩图均由市安全监管局、北京煤监局和区县安全监管局提供，资料真实可靠。经年鉴编辑部审查修改选编成稿，报年鉴编委会审批，由出版社出版发行。

四、本年鉴于2008年创刊（2003年至2007年合刊），已连续出版发行6部。其中，4部在参加全国年鉴评比活动中，两部被评为三等奖，两部被评为二等奖。

《北京安全生产年鉴》编辑部

2013年12月

目　录

特　　载

安全生产大事记

安全生产监督管理

安全生产统计资料

安全生产事故案例

纪检监察

机关建设

人　　物

附　　录

索　　引

特　载

【文　选】

深入贯彻落实党的“十八大”精神 切实抓好首都安全生产工作

市政府副市长张延昆在全市安全生产大会上的讲话

2013年2月20日

今天我们召开全市安全生产工作会议，主要任务是认真贯彻落实全国安全生产工作电视电话会议精神，贯彻落实市委、市政府主要领导近期对安全生产工作的重要指示精神，总结回顾近年来的安全生产工作，对2013年安全生产工作做出全面的部署。

刚才，张家明同志通报了5年来本市安全生产工作情况，提出了下一步的工作意见，明确了2013年的各项目标任务，希望大家认真学习领会，抓好贯彻落实。市安委会表彰了安全生产工作成绩突出单位和先进个人，3个单位作了重点发言，希望受到表彰的单位和个人发扬成绩，为安全生产工作作出新的更大的贡献。全市各单位要以先进单位和个人为榜样，认真把本地区、本单位的安全生产工作做好，确保首都的安全和稳定。

下面，我讲3点意见：

一、安全生产责任重于泰山，安全生产工作只有起点，没有终点，只有更好，没有最好

市委、市政府高度重视安全生产工作，始终坚持把安全生产作为深入贯彻落实科学发展观的重要内容，实施了一系列重大战略举措。5年来，安全生产服从服务于全市工作大局，有重点、有创新、有措施、有成效。各地区、各部门和各单位按照市委、市政府的决策部署，结合实际，狠抓安全生产责任措施的落实，安全生产各项工作取得了积极进展。

（一）安全生产形势实现了持续稳定好转

5年来，市安委会按照国务院和市委、市政府的工作部署，扎实推动了“隐患排查治理专项行动”、“安全生产百日督察行动”、“严厉打击非法违法生产经营建设行为专项行动”、安全生产“三项行动、三项建设”和“安全生产年”等活动。各区县、各成员单位按照市安委会的工作部署，不断加强重点行业和领域安全监管，排查治理事故隐患，不断改善安全生产状况，安全生产各项指标控制良好。

（二）准确把握了本市安全生产的特点规律

一是必须高度关注城市安全运行领域的安全监管。近年来，本市经济发展方式转变不断加快，城乡一体化进程不断加速，产业结构调整进一步优化升级，煤矿、非煤矿山和危险化学品等传统高危行业逐步减少或逐步退出，生产性服务业、城市运行维护保养作业、城市基础设施运行与建设的安全监管问题逐步凸显，尤其是城市地下管网密集，自来水、燃气、热力、电力、雨水、污水、通信、路灯、有线电视等10大类管线网络总长度达10万余公里，地下设施检查井近149万个，输油管道总长度达1200余公里，高速铁路、公路网密集，超高层建筑众多，安全运行与管理的新老问题聚集，安全风险加大。安全生产监管的重点逐步由传统的高危行业向保障城市运行安全领域转移。监管的重点主要是保障水、电、气、热、暖等城市基础设施运行，以及交通运输、城市建设工程、特种设备、轨道交通运营与建设、人员密集场所、地下设施和消防安全、城市维护保养作业等。

二是必须加大城市建设和人员密集场所的安全监管。全市在建工程多，重大项目多，据统计，2012年，全市固定资产投资规模已达到6450亿元，房屋施工面积达1.8亿平方米。2013年，城市副中心和新城建设以及旧村改造力度加大，新一轮城南行动计划实施，新机场建设启动，南水北调工程加快推进等一大批重大基础设施开工建设。这样的建设规模和强度前所未有，并将持续数年。从近几年的事故情况来看，除了交通，就是城市建设中的事故量大。

北京是全球人口超过2000万的特大型城市之一。常住人口2018.6万人，人员密集场所众多，运行环境复杂，一旦发生事故后果不堪设想。

三是必须紧紧盯住城乡结合部的安全监管。在城市建设发展过程中，因为特殊的原因，产生了城乡结合部，这一区域由于其特殊的地理位置，流动人口多、违法建设多、出租房屋多、非法经营多，人员杂、环境乱、管理难、隐患多。该区域小歌厅、小网吧、小洗浴、小市场、小餐饮、小旅馆等“六小”企业聚集，这些单位条件简陋、管理缺失，生产、生活、居住混杂，安全隐患众多，大部分没有取得合法的经营许可，加之这些小企业的经营者安全意识差、防灾减灾能力弱，安全事故特别是火灾事故频发。城乡结合部，已经成为非法违法生产经营建设的聚集区和安全事故的多发区。近年来，大兴“4·25”火灾（死亡18人、重伤24人）、朝阳“5·5”非法建设事故（死亡4人，伤6人）、丰台“7·12”酒店坍塌事故（疏散260多人）等都发生在城乡结合部地区。

（三）安全生产监管法制体制机制不断健全完善

完善了法规建设。紧密结合首都城

市特点，先后修订了《北京市安全生产条例》和《北京市消防条例》，出台了《北京市生产安全事故报告和调查处理办法》，制定和修订了一大批安全生产地方规章和行业标准。

健全了安全监管体制。安委会的议事协调、统筹调度、形势研判、综合考核功能得到发挥，政府监督管理、企业全面负责、社会参与的安全生产管理格局逐步完善，安全生产综合监管、行业和专项监管、属地监管相结合的监管体系基本形成。

加强了安全生产机制建设。建立了安全生产形势分析、综合考核、举报投诉、执法检查计划、联席会议和调查评估等各项制度，同时，通过大力推进“安全生产信息化”建设，推进安全生产标准化，加强安全生产应急能力建设，安全生产基层基础工作取得了积极进展。

（四）安全发展理念在本市牢固树立

通过持续开展安全生产月等活动，通过利用各种新闻媒体广泛宣传安全生产工作，通过加大培训教育力度，通过开通举报投诉电话，调动了广大市民参与安全生产的积极性，安全发展理念逐步深入人心。

这些成绩的取得，是市委、市政府正确领导、各方面共同努力的结果。在这里，我代表市政府向全市安全生产工作战线上的同志们，表示衷心的感谢和崇高的敬意！

二、牢固树立大局观念，实施安全发展战略，全力保障首都城市安全运行

虽然近年来的安全生产工作取得了显著成绩，积累了一些宝贵的经验，但是也要清醒地认识到安全生产领域仍然存在一些比较严重的问题，还有很大的差距，安全生产形势依然严峻，安全生产工作任务是长期的、艰巨的。安全生产工作必须年年讲，月月讲，天天讲。在我们这样一个特大型的城市，安全生产工作怎么强调都不过分。

在全国安全生产电视电话会议上，中央政治局常委张德江同志明确提出，要大力实施安全发展战略，坚持依法治理，深化“打非治违”，强化基础建设，在预防和治本上狠下工夫，有效防范坚决遏制重特大事故，促进全国安全生产状况持续稳定好转，加快实现根本好转，为全面建成小康社会创造良好的安全生产环境。

市长王安顺在政府工作报告中明确提出，要全面实施安全发展战略，严格落实强化属地、部门监管责任，加强企业安全生产基础建设，开展标准化创建，有效防范和坚决遏制重特大事故。深入开展“打非治违”专项行动，建立完善发现举报机制，坚决刹住违法建设。

春节前夕，书记郭金龙、市长王安顺调研安全生产工作时，郭书记指出，安全生产工作关乎首都稳定，责任重于泰山。要再接再厉，不断提高对安全生产重要性的认识，大力加强安委会建设，发挥企业市场主体作用，落实好区县属地的监管责任，通过利用物联网等先进技术，不断提高管理水平和应急能力，为确保首都安全稳定作出贡献。

2013 年是全面贯彻落实党的“十八大”精神的开局之年，也是实施“十二五”规划承前启后的关键一年。我强调 5 项重点工作。

（一）安全生产必须树立大局观念，服务服从于首都经济建设发展大局

当前，首都进入了新发展阶段。2013年，本市将坚持以提高经济增长质量和效益为中心，着力深化改革开放，着力强化创新驱动，着力推进结构调整，着力完善城市功能，着力加强生态建设，着力增加市民福祉，促进首都经济持续健康发展和社会和谐稳定。各区县、各部门要更加自觉地从大局高度来思考、谋划和部署安全生产工作，积极探索建立安全生产与加快经济发展方式转变、促进社会和谐相结合的工作机制，要在促进本市产业结构优化升级、业态调整、人口控制以及加强和创新社会管理方面有所作为，发挥应有的更大的作用。要从安全角度切入，从安全的角度研究监管、管理措施。

（二）全面推进实施首都安全发展战略，着力保障首都城市安全运行

深刻分析安全生产工作面临的新形势、新任务，研究加强安全城市建设的对策措施。要全面摸清安全生产监管的底数，查找风险点，制定切实有效的监管办法实施分类监管。要认真组织开展安全生产“十二五”规划中期评估，扎实推进《规划》各项措施的落实。围绕《北京市安全生产条例》、《北京市消防条例》和安全生产“十二五”规划等重要文件，完善配套规章、标准和规范性文件。

要认真组织开展好各项专项整治，切实改善重点行业领域的安全生产状况。认真贯彻落实国务院30号文件精神，制定全面加强道路交通安全工作的政策措施，深入开展长途卧铺客车和超限超载超速、酒后驾驶、非营运车辆载人的集中整治。深入开展“两重点一重大”（“重点危险工艺”、“重点监管危险化学品”、“危险化学品重大危险源”）和“一书一签”（安全技术说明书、化学品安全标签）专项整治，推进危险化学品集中储存、集中配送体系建设。深入开展建设施工领域的专项整治，严厉打击借用资质和挂靠、违法分包转包、以包代管，以及严重忽视安全生产、赶工期、抢进度等建筑施工领域的突出问题。继续推行消防“网格化”管理，健全完善立体式火灾防控工作体系。重点是深入开展人员密集场所、地下管网运行、地下空间经营、燃气使用、地铁等城市运行领域专项整治，以及城乡结合部安全隐患的专项治理。落实职业危害监管职责，强化职业危害防治。

特别要强调，全市各地区、各单位要全面排查治理安全隐患，做到横向到边、纵向到底，切实做到全覆盖，不留死角、不漏盲区，重大隐患必须全部上账。

安全监管要到位。一些城乡结合部的工业大院、农村小作坊，没有纳入我们的视野，处于一种无序状态，这是安全隐患排查的重点。所以，我们今天提出安全隐患排查要全覆盖，全部上账，真正做到底数清、情况明。要进行逐件、逐项、逐区域的排查整改，要检查到位，整改到位，处罚到位。只有对隐患进行前置处理，才能有效遏制事故的发生。

（三）坚持依法治安，不断强化安全生产执法检查

严格落实市安委会制定的安全生产执法年度计划，各区县和乡镇街道也要结合实际，制定执法计划并严格落实。

继续坚持安全生产重大隐患挂牌督办制度，研究建立事故隐患前置处理制度，对造成重大隐患，整改不力的，实行责任倒查，严肃处理。深入开展严厉打击非法违法生产经营建设行为，属地政府必须负起责任，坚决遏制违法建设，市各行业部门要加强对区县“打非治违”工作的支持，各政府部门、国有企业、党员干部要带头拆除所属的非法违法建设，给人民群众做出榜样。要研究建立“打非治违”长效工作机制，研究保证工作有效开展的政策措施，使“打非治违”工作常态化，让非法违法生产经营建设行为在本市无处藏身。要严格按照“四不放过”的原则，依法查处每一起事故，及时公布调查进展和查处结果。市政府有关部门、各区县要根据隐患和事故认真反思、举一反三，认真检讨我们在城市管理、社会管理中的问题。首先要增强责任心和使命感，立即采取行动起来，进行整改，先消除隐患、解决问题，同时要发挥大家的聪明才智，完善机制，健全政策，以治标的力度和成效，缩短治本的时间。要发挥新闻媒体和“12350”、“96119”等投诉举报电话的作用，鼓励媒体和群众举报安全生产领域非法违法问题，把非法违法企业列入“黑名单”，向社会公开曝光。要大力开展执法人员教育培训，规范执法行为，提高执法能力。

（四）全面推进安全生产标准化，强化企业安全生产基础

安全生产标准化是生产运行规范化的基础和前提，是考核的主要依据和重要的参考，是责任落实的有力抓手。对于基本标准不做、不达标的行为，要加强检查，要求限期整改，在规定时间内不达标的企业，可以依法关闭。

今年，各区县、各部门要认真落实《关于进一步推进企业安全生产标准化建设工作的意见》。安委会要做好统筹协调、牵好头、领好路。市级各行业管理部门要结合本行业（领域）的实际情况，完善标准体系、评审机制，牵头负责本行业标准化达标创建工作。区县要领导好属地的标准化推进工作，特别是在三级标准达标等方面采取强有力的推动措施。同时，要做好宣传发动工作，要研究建立规范的评审工作机制、统筹协调工作机制和（建立）激励约束机制。

今年，标准化工作和隐患自查自报要推进到位，这是硬任务，年底作为考核的重要内容。

（五）不断加强安全生产宣传教育和社会监督

加强应急演练，提高群众在高层建筑、地下人员密集场所的应急避险能力，提高一线工作人员第一时间处置突发事件的能力。通过各种形式，让社会各界了解首都安全生产工作的动态，加强安全生产形势分析、安全生产法规政策和安全生产知识的宣传普及，提升社会公众的安全意识。尤其是大力进行正面宣传，让广大市民清楚安全生产工作的成绩，明白有一群默默无闻的工作者在守护着他们的生命财产安全。组织开展好今年的 安全生产月活动，活动要面向基层、面向广大市民和从业人员。各单位要主动向媒体通报安全生产工作情况，向人大、政协等部门汇报安全生产工作，争取社会各界对安全生产工作的支持。加强与新闻媒体的互动，通过

培训、演练提高安全监管人员与新闻媒体的沟通能力，对于发生的较大以上事故，第一时间向媒体公布事故的发生情况，绝不隐瞒，严格规范事故信息发布工作，及时、准确公布事故信息和调查处理进展情况，主动接受群众和舆论监督。加强与各级工会、共青团、妇联组织的沟通与协调，依法维护和落实企业职工对安全生产的知情权、参与权和监督权。要加强投诉举报工作机制建设，畅通“12350”和“96119”两个平台的互通渠道，进一步完善举报投诉工作制度，加强举报投诉受理、查处、回复、分析的管理。

三、转变作风，狠抓落实，再创佳绩

不重视安全、忽视安全的领导干部，不是一个好的领导干部，也不是一个合格的党员。我们一定要牢固树立以人为本的科学发展观，敬畏生命、关注健康，按照党中央和市委关于转变作风的要求，认真履职，扎实工作，狠抓落实，把党中央、国务院和市委、市政府关于安全生产的决策部署落到实处，维护广大人民群众应当享有的生命健康权益，使广大人民群众切实享受到安全、健康工作环境带来的尊重。要牢记习近平总书记“打铁还需自身硬”、“空谈误国，实干兴邦”等教导，按照张德江副总理坚定“一个信念”、树立“三个理念”、提高“三个能力”、守住“一条底线”的要求，进一步加强各级领导班子和安全监管队伍自身建设，以更好地履行党和人民赋予的安全生产监管监察神圣职责。

（一）进一步健全完善安全生产责任体系

认真落实市委、市政府《关于进一步加强首都安全生产工作的实施意见》、市政府《关于进一步加强企业安全生产工作的通知》精神，修订完善政府部门安全监管（管理）职责，抓紧健全完善各部门、各区县安全生产“一岗双责”制度，进一步健全安全监管（管理）责任体系。建立包括“打非治违”情况在内的安全生产通报制度，定期向区县党委、政府和市政府部门主要负责同志通报本地区、本部门安全生产工作完成情况。强化安全生产绩效考核，加大领导干部政绩业绩考核中安全生产的权重。认真执行党政领导干部安全生产问责制，对发生的事故严厉查处，对违法违规、失职渎职的，无论涉及谁，都要严肃追究责任，绝不姑息。以责任的落实推动安全生产工作的落实。

（二）进一步转变工作作风

这是做好工作的关键。要重视调查研究，深入企业、社区、农村，特别是城乡结合部，掌握情况，总结经验，要从我们的生活区域中发现问题，我们既是安全生产的管理者，监管者，同时我们也是城市市民，我们居住的小区，我们活动的场所，有没有安全问题，这都是看得见摸得着的，可以进行分析判断的。研究制定出有针对性和实效性的措施办法。不能只坐在办公室发号施令。要确立领导负责制，一级抓一级，一件一件抓落实。大量情况表明，安全生产工作只靠开会、发文件是远远不行的。一分的工作安排，要用十分检查来落实，十二分的措施来保证。对于市委、市政府和市安委会决定了的事情，要一抓到底，有检查、有督促、有节点。安全生产事关人民群众的生命财产安全，我们想问题、做决策、办事情，都要以解决实际问题为出发点和落脚点，真正提出切实有效的工作措施，不搞哗众取宠，不追求“轰动效应”。

（三）不断提高安全生产依法行政能力

要继续办好区县和政府部门局级领导干部和区县安全监管局长研讨班。要利用多种方法和途径，特别是要搞好安全监管监察业务培训，提升专业能力，成为相关行业领域安全生产的行家里手。

（四）不断推动安全生产工作创新

随着首都经济社会的快速发展，随着老百姓的安全意识和安全需求的提高，随着市委、市政府对安全生产工作的要求越来越越高，安全生产工作必须要坚持不断创新。安全生产工作必须结合形势和任务的变化，针对可能出现的问题，深入研究安全生产规律特点，不断改进监管监察方法途径，提升工作效率效能。

（五）着力加强廉政建设

要认真贯彻中央纪委全会和市纪委廉政工作会议精神，加大教育、预防、惩治力度，坚决维护安全监管队伍执法为民的良好形象。一是深入开展全系统廉政风险排查防控工作，进一步健全完善各项规章制度，用制度来规范约束安全监管监察“五权”（安全生产行政审批权、执法权、事故调查权、中介机构监管权、安全培训权）运行。二是积极推广网上申报、审批制度，所有安全生产行政许可审批事项，以及执法处罚、整顿关闭等，都要上网公示，杜绝暗箱操作。三是扩大安全生产政务公开，及时公布安全生产重点工作进展、控制考核指标实施、重特大事故查处等方面的情况，接受社会舆论的监督。四是要加强政务大厅审批窗口建设，提高办事效率，提高群众的满意度。

最后要强调的是，必须切实关心爱护基层安全监管干部。他们长期处在安全生产工作的第一线，处在安全生产领域各类矛盾和问题的交织点上，十分辛苦，十分艰难。必须一级支持一级，一级理解一级，一级帮助一级。上级机关和上级领导一定要敢于负责，敢于担当，敢于为基层同志说话，支持基层同志坚持原则，严格执法。要把严格要求与关心爱护更好地结合起来，尽可能地为基层同志多解决一些实际问题，减少他们的后顾之忧，维护他们的合法权益，保护他们的工作热情，不断提高我们这支队伍的凝聚力、创造力和战斗力。

2013年安全生产工作任务艰巨繁重，安全发展更是任重道远。特别是全国“两会”将在北京召开，按照本市工作安排，2月25日将正式启动安全服务保障，市委要求各区县、各部门、各单位要按照保障“十八大”的标准，遵循大事不出，力争不出小事、出了小事也能及时处置的原则切实做好全国“两会”安全保障工作。前期，市安委会指导相关区县和部门对会场、驻地及周边生产经营单位进行了摸排调查，会场和驻地涉及东城、西城、朝阳、海淀、丰台、石景山、顺义7个区县，上述区县要按照全覆盖多频次的执法模式，不间断地开展执法检查和隐患排查，确保安全有序；周边200米范围内共计990家生产经营单位，请涉及的区县和部门要对上述企业进行全覆盖检查，实行严控措施，发现隐患立即就地解决；对500米范围内的生产经营单位要实行管控措施，其他区县要对矿山、危险化学品、人员密集场所等重点领域和部位实行严格检查，确保不发生带有影响的安全生产事故。

同志们，让我们在市委、市政府的领导下，全面落实科学发展观，坚持安全发展，坚定信心，齐心协力、顽强拼搏，开拓进取、扎实工作，在消除隐患上下工夫，有效防范、坚决遏制重特大事故，进一步减少事故总量，减少职业病危害，促进全市安全生产形势的持续稳定好转，为全市经济社会又好又快发展，作出我们新的更大的贡献！

再接再厉　真抓实干
夺取首都安全生产工作的新胜利

市安委会副主任、市安全监管局局长张家明在全市安全生产大会上的讲话

2013年2月20日

今天召开全市安全生产大会，主要任务是认真学习贯彻“十八大”精神，贯彻落实国务院安委会全体会议和市十四届人大会议精神，回顾总结2008年以来的安全生产工作情况，全面部署2013年任务。下面，我代表市安委会作工作报告。

一、过去5年工作回顾

2008年以来的5年，是首都发展历程中非常重要、极不平凡的5年，也是安全生产工作不断提升，取得积极进展的5年。在市委、市政府的坚强领导下，各区县、各部门、各单位深入贯彻落实科学发展观，不断健全完善安全生产法制体制机制，持续改进重点行业领域安全生产状况，积极营造关爱生命、关注健康的社会氛围，强化安全生产执法力度，圆满完成了奥运会、新中国成立60周年庆典、“十八大”等大型活动的安全生产保障任务，安全生产工作取得了积极进展，本市安全生产形势保持了持续稳定好转的良好态势。

一是事故起数和死亡人数大幅下降，由2007年的1352起1475人减少到2012年的982起1073人，分别下降了27.4%和27.3%。

二是安全生产相对指标大幅下降。亿元GDP事故死亡率由2007年的0.164下降到2012年的0.060，下降63.4%；工矿商贸十万从业人员事故死亡率由2007年的2.18下降到2012年的0.98，下降55%。道路交通万车死亡率由2007年的3.78下降到2012年的1.765，下降53.3%。

三是重点行业领域事故大幅下降，煤矿事故死亡人数由2007年的10人下降到2人，降幅80%。煤矿百万吨死亡率由1.53降到了2012年的0.4，降幅73.9%。危险化学品和非煤矿山连续5年没有发生死亡事故。在全市机动车

保有量增加约2倍的情况下，道路交通事故由2007年的1088起、1182人下降到2012年的845起、918人，均下降22.3%。火灾事故起数和死亡人数分别下降7.7%和13.3%。

回顾5年来的工作，主要有以下6个方面的特点。

（一）积极探索，广泛开展调查研究，准确把握首都城市安全生产特点规律，进一步提高安全生产工作的科学性、有效性和针对性

市委、市政府始终高度重视安全生产工作。原市委书记刘淇同志、市委书记郭金龙同志、市长王安顺同志就做好首都安全生产工作多次专门听取汇报，并作出重要指示和批示，明确了本市安全生产工作的定位和努力方向。副市长苟仲文每年组织召开20余次安委会会议，研究重要监管政策措施，统筹调度执法检查工作，部署节假日等关键节点的工作安排，推动了安全生产体制机制建设。副市长张延昆刚刚负责安全生产工作就多次主持会议研究部署工作。各成员单位结合工作实际，注重理论和实践探索，对于适合首都经济社会发展要求的安全生产工作有以下4个方面的共识：

一是必须从加强社会管理的高度审视安全生产工作。加强和创新社会管理的核心目的是维系社会秩序、促进社会和谐，主要任务是创造既有秩序又有活力的社会生存和发展环境。社会管理工作相对首都经济社会的快速发展还有一定的滞后，各方面的利益诉求和矛盾协调还未建立起良好疏解通道，从而导致安全生产事故多发，尤其在城乡结合部更是如此。市委、市政府充分认识到必须运用加强社会管理的方法来加强安全生产工作，保障首都城市安全运行，市委《关于加强和创新社会管理全面推进社会建设的意见》，把安全生产工作作为重要内容，明确加强安全生产工作的方向、任务和要求。

二是必须适应城市发展的需要，不断调整安全生产工作的重心。随着本市经济发展方式转变不断加快，产业结构进一步优化升级，城乡一体化进程不断加快，煤矿、非煤矿山和危险化学品等传统高危行业逐步减少或逐步退出，生产性服务业、城市运行维护保养作业、城市基础设施运行与建设的安全监管问题逐步凸显，监管的重点转向保障城市安全运行的供水、供电、供热、供暖、交通、旅游、体育、商业、消防、特种设备等城市基础设施运行、城市建设工程、轨道交通运营与建设、交通运输、人员密集场所、地下设施以及消防安全、城市维护保养作业等。这就要求既要保障从业人员的安全健康和生产经营单位的有序运行，更要保障城市运行的安全稳定有序。

三是必须构建全社会参与的齐抓共管格局，实施精细化监管。安全生产是一项系统工程，保障城市安全运行更是一项专业性很强的系统工程，是社会、企业、广大市民、各级政府及政府各部门的共同任务。当前，实现城市运行的大部分主体是企业，各企业加强管理，落实安全生产主体责任，实现安全生产，这是实现城市安全运行的基础。安委会作为安全生产工作的一个议事协调机构，必须在保障城市运行中发挥综合协调、统筹调度作用。各成员单位要落实责任，

保证本行业领域的安全生产，要运用现代科学技术手段，实施精细化管理，着力提高城市安全运行管理水平。社会公众要积极参与，提升自身防灾减灾意识，发现并举报身边存在的安全隐患。

四是必须不断强化企业的安全生产主体责任和政府的安全生产监督（管理）责任。企业作为生产经营活动的组织实施者，是安全生产责任的实际承担者，企业必须严格遵守和执行安全生产法律法规、规章制度与标准规范，健全安全管理机构，加大安全投入，保持安全设备设施完好有效，依法依规生产。

政府作为安全生产法规规章标准的制定和监督者，必须加强安全生产责任体系建设，认真履职。东城区、西城区印发了《关于进一步加强安全生产工作的实施意见》，朝阳区细化责任，分解落实到区安委会成员单位和43个街乡。海淀区、通州区、昌平区、房山区、平谷区、延庆县下发了贯彻市委、市政府20号文件的通知，西城区、丰台区和密云县修订《安全生产职责规定》，怀柔区修订《区长、副区长安全生产职责分工》，大兴区出台了《安全生产一票否决办法》。

（二）针对本市安全生产的薄弱环节和空白盲区，大力加强安全生产政策法规建设

安全生产法规制度是推进依法从严治安的基础。5年来，以新修订的《安全生产条例》、《消防条例》等地方性法规为主体，以相关行政法规和行业标准等为支干的安全生产法律法规体系日趋健全。

一是法规建设取得突破。修订了《北京市安全生产条例》，新《条例》体现了“以人为本”的科学发展观，明确了保障城市运行安全的目标，奠定了本市安全生产的法律基础；修订了《北京市消防条例》、《北京市人民防空工程和普通地下室安全使用管理办法》、《北京市城市轨道交通安全运营管理办法》等，出台了《北京市生产安全事故报告和调查处理办法》。

二是标准规范建设不断完善。在危险化学品、烟花爆竹、建筑施工、地下空间作业、地下管线、轨道交通建设与运营、人员密集场所、特种设备等一些重点行业领域，制订和修订了一大批安全生产法规规章和行业标准。市安全监管局制定了《危险化学品仓库建设及储存安全规范》等9个地方标准和《生产安全事故调查处理工作程序》等82个规范性文件。市交通委制定了《交通行业安全生产监管办法》等近20个文件。市住房城乡建设委制定文件，强化危险性较大的分部分项工程、建筑起重机械和轨道交通建设工程的安全监管工作。市质监局完成《电梯主要部件判废技术要求》地方标准的制定发布，出台《北京市电梯安全监督管理办法》。市民防局制定了《北京市人民防空工程使用规划指导性意见》。市市政市容委发布了《关于加强安全生产管理工作的意见》等文件，规范市政市容领域安全生产管理工作。各成员单位结合本行业和领域的安全监管特点，制定了大批标准规范和行政指导文件。

三是政策指导进一步加强。2010年，市政府印发《关于进一步加强企业安全生产工作的通知》（京政发〔2010〕40

号），2011年，市委、市政府又印发了《关于贯彻落实国务院安全生产工作部署进一步加强首都安全生产工作的实施意见》（京发〔2011〕20号），进一步确立了安全生产工作的重要地位、指导原则。2011年，《北京市"十二五"时期安全生产规划》编制完成并正式发布，明确了《规划》"十二五"末全市安全生产形势实现根本性好转的奋斗目标，是"十二五"时期全市安全生产工作的行动纲领。

（三）发扬敢于担当敢于碰硬精神，依法坚决打击非法违法行为，强力规范和维护安全生产经营建设秩序

一是不断加大安全生产执法检查力度。连续3年，市安委会统筹协调，市安全监管局针对重点行业领域、事故多发易发行业和重要时点，制定有多个部门参与的全市安全生产重点执法计划，行业主管部门分别牵头，采用联合执法、综合执法模式，整合了行政执法资源，提高了行政执法效能；探索开展委托街道（乡镇）执法方式，调动基层街道（乡镇）积极性，提高执法检查的覆盖面；加强执法力量建设，市安全监管局组建执法监察总队，各行业部门普遍设立了安全生产专门的监管机构，并配备了一定的执法人员。各区县加大区县安全监管机构和乡镇街道执法检查力量建设；加大执法人员培训力度，规范执法程序，推行执法检查信息系统。5年来，安全生产执法检查的成效显著，极大地震慑了安全生产违法行为，维护了安全生产秩序的稳定。特别是2012年，市安全监管局组织开展对连锁集团企业的专项执法检查，得到了国务委员马凯同志的批示肯定。

二是持续开展严厉打击非法违法生产经营建设行为专项行动。按照国务院安委会和市委、市政府的工作部署，2008年以来，市安委会在本市持续组织开展了严厉打击非法违法生产经营建设行为专项行动，取得了显著成效。2011年大兴区"4·25"重大火灾事故发生后，市委、市政府与各区县签订"严厉打击非法违法行为、消除安全隐患"责任书，全市上下积极行动，全年累计拆除违法建筑465万平方米，依法关停非法违法生产经营单位3.71万家，铲除了一大批威胁城市运行安全的"毒瘤"。2012年，全市共出动检查人员54.6万人次，检查企业38万家，打击各类非法违法、治理纠正违规违章行为38.9万起，拆除违法建设487.2万平方米，责令停产停业停止建设6420家，没收违法所得、非法生产设备3249起，关闭非法违法企业5433家，行政拘留2269人，罚款近1.06亿元。

三是依法严肃查处每一起事故。严格按照"四不放过"的原则，查处每一起安全生产事故以及社会影响较大的事故，并将事故调查处理情况及时向社会公布，接受社会监督。5年来，市级层面共调查各类安全事故24起，已结案19起，向司法机关移送追究刑事责任45人，行政罚款788.7万元。区县共调查处理生产安全死亡事故469起，已结案454起，共向司法机关移送追究刑事责任239人，行政罚款6508.1万元。通过事故调查处理后的举一反三，震慑了安全生产违法犯罪行为，警示了广大生产经营单位。

四是持续强化重点行业领域安全监

管。矿山：开展“安全健康·绿色和谐”矿山建设，实现了小煤矿的全部退出，非煤矿山从1606家压减到33家，推进矿山“六大系统建设”，实现本质安全。密云县承办全国非煤矿山整顿关闭推进会，并介绍非煤矿山整顿关闭经验。危险化学品：严格行政许可，突出动态管理，推进全市危险化学品生产经营企业全部达到3级以上标准；烟花爆竹：在零售网点运用音视频监控、批发仓库运用物联网技术进行精细化监管；职业卫生监管：建立职业危害申报系统，11200家企业进行申报，在全市建立了一支8000多人的职业卫生管理员队伍。有限空间作业：对现场监护人员实行特种作业管理，举办有限空间作业大比武活动，强化加强有限空间作业监督执法力度；交通运输：加大对道路客运、轨道交通、危险化学品运输、水域游船和公路工程建设等领域加强安全监督管理，深入开展“大排查”和“大整治”。建筑施工：创新建立安全协管员管理制度，加强农民工培训，突出轨道交通建设等危险性较大的施工安全监管。消防：在全国首创消防监督员“驻街镇制”、网格化消防管理、“五到位工作法”消防监督体系。实施消防平安行动，开展“万人零点夜查”行动。特种设备：对重点部位的特种设备逐台检查检验，对高风险单位逐一进行安全监察，开展特种设备薄弱环节隐患排查治理。燃气：强化挖掘工程地下管线安全防护机制，建立并实施燃气供应单位安全生产约谈制度。

（四）坚持并不断强化创新意识，着力构建安全生产长效监管工作机制

5年来，各地区、各部门坚持创新，创造性地开展工作，积累了许多成功的经验做法，本市安全生产长效监管机制基本建立。

一是安委会机制运行顺畅。2009年政府部门修订“三定”方案过程中，市安委会办公室主动配合市编办，对31个政府部门安全监管（管理）职责进行调整、补充，进一步理顺了安全生产综合监管、行业监管（管理）以及专项监管的关系。适应工作需要，适时调整补充成员单位，目前，市安委会由46个部门和单位组成。制定《安委会议事规则》，规范了工作程序、工作内容和工作方法。市安委会每年平均召开20多次安委会会议或专题会议，部署重大行动，研究解决重大疑难问题，推动了“隐患排查治理专项行动”、“安全生产百日督察行动”、“打非治违”专项行动、安全生产“三项行动”、“三项建设”和“安全生产年”活动等。制定《安全生产形势分析制度》，开展形势分析和风险预测预断，有针对性地指导行业和区县安全监管工作；按照市委、市政府《关于贯彻落实国务院安全生产工作部署 进一步加强首都安全生产工作的实施意见》（京发〔2011〕20号）文件的要求，各区县调整加强了区县安委会的领导力量。各级安委会在安全生产工作上的指导协调、综合调度、考核监督功能得到强化。

二是联席会议制度得到加强。通过建立煤矿整顿关闭、执法、人员密集场所监管、危险化学品监管等专业领域的联席会议制度，指导协调、加强推动了相关领域的安全生产工作。

三是安全生产综合考核制度建立。

2009年、2010年，市政府常务会议分别审核通过了《北京市安全生产综合考核办法（试行）》和《北京市政府有关部门安全生产综合考核实施意见（试行）》。每年年底，以落实安全生产控制指标为核心，分别对各区县政府、北京经济技术开发区和17个负有安全生产重要责任的行业主管部门进行安全生产综合考核，首次将安全生产综合考核纳入全市的绩效考核体系之中进行。结合近几年的考核，顺义区获特别贡献奖，西城区、密云县获基础管理创新奖，大兴区获重大进步奖。

四是安全生产综合监管工作机制基本建立。制定《关于进一步加强本市安全生产综合监管工作的意见》，明确了综合监管工作体系、监管模式以及监管手段，进一步完善了形势分析预测、情况通报、约谈函告等综合监管12项工作制度。基本形成了年初有计划、过程有监督、实现有手段、年终有考核的安全生产综合监管工作机制。

五是安全生产隐患排查治理机制不断优化。“动态分类排查，动态评审挂账，动态整改验收”的安全隐患整改工作机制运行良好。各区县、各部门按照“年初集中排查，全年推进整改，年底销账报告”的工作模式，有计划、分步骤、分阶段整改消除各类安全隐患。市政府将隐患整改治理纳入督察考核体系，市政府领导同志亲自调度重大安全隐患整改治理工作。5年来，先后投资6.297亿元，消除市级挂账隐患84项。

六是对重点行业领域开展调查评估制度得到坚持。连续5年开展了地铁建设、地下空间经营场所、地铁运营、农村房屋建设、水利工程、公路工程等12个领域的安全状况评估，明确了在这些领域各行业部门的安全监管职责以及监管重点和监管措施；形成了主动协调、定期调度、及时督导、年终考核的闭环工作机制，使调查评估意见得到有效落实。

七是建立安全生产约谈制度。对于事故多发的行业领域和区县，总结分析该行业或区县安全监管中存在的突出问题，面对面地提出加强安全生产工作的建设性意见。

八是开展对重点行业企业的安全审计。重点加强对机械、冶金、建材、电子等重点企业的监督管理，举一反三，审计结果在相关行业领域进行通报。

（五）充分动员社会力量关注、参与和支持安全生产工作，搭建反映安全生产违法违规行为和问题的渠道

一是营造关爱生命、关注健康的社会氛围。充分运用各类新闻媒介，宣传安全生产法规政策、重大行动和安全生产知识，营造全社会关注参与的浓厚氛围。连续11年，市委宣传部、市安全监管局、首都精神文明办、市教委、市公安局、市文化局、市广电局、市总工会、共青团市委、市妇联等10部门联合组织开展安全生产月活动，推动安全生产法律知识和安全文化进企业、进学校、进乡村、进社区。成功举办6届安全文化论坛。坚持新闻发布会制度，向社会主动及时通报首都安全生产工作情况。积极开展安全社区创建活动，全市共创建“国际安全社区”22个、“全国安全社区”38个。

二是严格培训考核，提高从业者安全生产素质。不断规范安全生产培训考

核工作，以落实持证上岗和先培训后上岗制度为核心，加强“三项岗位”人员的考核，规范特种作业培训、考核和持证后监管。5年来，培训各级各类人员近140万人次，尤其是对矿山等高危行业主要负责人和安全生产管理人员加强培训，计4万余人次。制定辖区外特种作业证管理办法，加强特种作业人员的安全监管。经考试合格取得注册安全工程师资格的有9800余人，已注册3186人。

三是畅通广大市民反映安全生产问题渠道。2009年，本市在全国率先开通“12350”安全生产举报投诉电话，市民通过“12350”电话，举报了很多安全隐患，为广大市民参与安全生产提供了一个重要的渠道。电话开通以来，市区两级共接收来电163637个，立案查处17782件，均已进行了及时办理和回复。对于广大市民的安全生产举报投诉，我们的原则就是“有举必查、查实必究、究其必严”。同时，消防部门开通了火灾隐患举报电话“96119”，交通运输部门开通了违法非法行为投诉处理热线“96123”。各举报投诉电话已经成为广大市民参与、监督安全生产工作的一个重要的互动平台。

（六）着眼长远建设，全面夯实安全生产基层基础工作

一是稳步推进安全生产信息化“京安工程”建设。信息化“京安工程”基本完成。市、区县、街乡、企业3级网络和4级平台运转正常，监管信息平台共有7大类15个业务系统。全市安全监管部门近2700人依托平台开展工作，动态掌握了17万家企业的基础台账，总业务数据量达到620万条。创建了安全监管工作“精细化管理、人性化服务、网格化监管、规范化运转”的运行机制。顺义区在工作中进行了积极的实践探索，总结出一整套的制度和办法，形成了以企业安全隐患自查自报系统为核心、以信息化为支撑的安全隐患排查治理系统，国家安全监管总局在顺义召开全国现场会推广顺义经验。2月6日，市委书记郭金龙、市长王安顺等到市安全监管局调研了安全生产信息化建设工作，并给予了高度评价。

二是积极推进安全生产标准化建设。制定印发了《进一步推进企业安全生产标准化建设工作的意见》，明确了推进标准化工作的目标、职责和方法步骤。结合本市安全生产实际，明确了企业必须达到的基本标准；研究建立了政府建标监标、企业对标达标、第三方进行评审的工作机制。企业参与意识不断提升，各行业、各区县稳步推进。开发区结合本区域企业特点，标准化推进力度大。顺义作为全国安全生产标准化示范建设城市，各项工作扎实推进。

三是安全生产应急管理不断规范。组织完成了矿山、危险化学品市级专项预案和烟花爆竹、尾矿库部门预案的编制修订。制定了《生产经营单位生产安全事故应急预案管理实施办法》，各类企业普遍编制了安全生产应急救援预案。不定期组织开展综合性生产安全事故、危险化学品事故和非煤矿山尾矿库溃坝事故演练，检验了应急措施，考验了队伍能力。市级14支安全生产应急救援队伍装备、管理、训练不断加强。重大危险源监管措施不断完善。

四是区县和乡镇街道安全生产监管

得到加强。区委、区政府高度重视，在人员编制、监管装备方面都给予了大力支持，区县和街道乡镇安委会作用发挥良好。16个区县、北京经济技术开发区都设置了专门的安全监管部门。东城区在17个街道办事处成立了安全生产管理机构，并配备了3名以上安全监管专职人员。朝阳区建立了“队科合一”的执法模式和安全生产责任联系点制度，加强对辖区重点行业领域和企业的督促与指导，推动街乡安全监管和企业主体责任的落实。大兴区针对安全监管面积大、企业多、执法人员数量有限的实际，制定了委托执法和简易处罚程序暂行办法，将部分执法权限和简易处罚权限给街乡执行，实现了安全生产“关口前移、重心下移”，促进了属地监管责任的落实。昌平区按照企业数量的地区分布情况，在企业密集片区设立安全生产执法站，加强该片区的监督管理。

事实充分说明，过去的5年，本市的安全生产工作取得了积极进展，得到了市委、市政府和国家安全监管总局的充分肯定。在全国安全生产电视电话会议上，张德江副总理充分肯定了5年来全国安全生产工作取得的重大进展和显著成效，概括了六条基本经验，即坚持以人为本、安全发展；坚持依法治安、严格执法；坚持预防为主、综合治理；坚持标本兼治、重在治本；坚持依靠科技、创新管理；坚持协调联动、群策群力。这“六个坚持”，完全符合“十八大”精神，符合安全生产领域的实际，反映了社会主义初级阶段和工业化、城镇化快速发展过程中安全生产的规律特点，体现了中国特色社会主义理论在安全生产工作领域的贯彻和运用，具有珍贵的实践意义和重要的指导作用。这“六个坚持”也是本市安全生产工作的经验做法。我们一定要深刻领会、倍加珍惜，自觉贯彻落实，不断推动安全生产工作的创新发展。

5年的成就来之不易，这是党中央、国务院和市委、市政府的坚强领导和全市人民团结拼搏的结果，是市安委会各成员单位全体干部职工艰苦努力的结果。长期以来，全市安全监管系统以及所有从事安全生产工作的同志们，自觉践行“以人为本”的科学发展观，忠实履行肩负的职责使命，为加强安全生产、推动经济社会安全发展，为保护人民群众生命财产安全，付出了艰辛努力，作出了无私奉献。借此机会，我谨代表市安委会，向全市安全生产工作战线上的同志们，表示衷心的感谢和崇高的敬意！

二、2013年安全生产面临的形势和重点工作任务

安全生产工作虽然取得了明显成效，但是与市委、市政府的要求和广大人民群众的期望相比还存在较大差距，本市安全生产形势依然不容乐观。表现在：一是事故总量仍然较大。2012年全市发生道路交通、生产安全、火灾、铁路交通、农业机械死亡事故982起，平均每天接近3起；死亡1073人，平均每天约3人。二是较大事故尚未得到有效遏制。一次死亡3人以上事故起数每年都有近20起。特别是发生了央视大火等有较大社会影响的事故。三是非法违法和违规违章行为仍然严重。即使在“打非治违”专项行动全面开展的高压态势下，有些企业仍然无视法律法规，非法生产、顶风作案。2011年大兴“4·25”火灾，2012年朝阳“5·5”违法建筑倒塌事故等，教训都很深刻。四是安全生产基础工作仍然比较薄弱。安全生产科技信息、法律法规体系建设、教育培训、特别是责任体系建设等，都还有很多薄弱环节。五是安全生产面临新挑战。一方面城市运行安全保障压力巨大。首都城市各项建设面广、量大。城市副中心和新城建设以及旧村改造力度加大，新一轮城南行动计划实施，新机场建设启动，南水北调工程加快推进等；高速铁路公路、轨道交通、超高层建筑、城市地下管网等施工、运行与管理的新老问题聚集，安全风险加大。另一方面，影响制约安全生产的深层次矛盾还没有根本解决。企业主体责任落实不到位，重生产轻安全的观念还没有得到根本改变，非法违法生产经营建设行为还没有彻底消除，城乡结合部安全监管依然薄弱，人民群众的防灾减灾意识都还需要进一步的加强和提升。

2013年是全面贯彻落实“十八大”精神的开局之年，也是实施“十二五”规划承前启后的关键一年。市政府要求要全面实施安全发展战略，严格落实强化属地、部门监管责任，加强企业安全生产基础建设，开展标准化创建，有效防范和坚决遏制重特大事故。深入开展“打非治违”专项行动，建立完善发现举报机制，坚决刹住违法建设。贯彻落实市委、市政府和国务院安委会会议精神，2013年安全生产工作要认真学习贯彻“十八大”精神，贯彻落实科学发展观，持续深入开展“安全生产年”活动，推进“一树立、三坚持、三强化”，实施安全发展战略，深化监管体制机制建设，深化执法检查，深化“打非治违”，深化基层基础建设，在预防和治本上下更大工夫，有效防范、坚决遏制重特大事故，促进本市安全生产状况持续稳定好转，加快实现根本好转，为首都全面建成小康社会创造良好的安全生产环境。

概括起来就是“一实施、四深化”，重点任务主要有以下9个方面：

（一）继续推动实施安全发展战略，进一步完善安全生产监管法制体制机制

适应首都经济社会发展，健全完善保障首都城市安全运行需要的体制机制。通过执法检查、事故调查处理和安全生产调查评估发现安全生产的薄弱环节和空白盲区，不断加强法规标准和规范建设。按照市政府行政审批制度改革的要求，按照“集中审批、清晰事权、规范流程、优化服务、阳光审批”的总体原则，推进安全生产行政审批制度改革。研究建立安全生产“一岗双责”制度，落实地方各级政府行政首长负责制和政府领导班子成员安全生产“一岗双责”。组织开展领导干部安全生产培训，提高领导干部科学发展、安全发展理念。调整补充市政府印发的《市政府工作部门安全监管（管理）职责的通知》（京政发〔2004〕22号），进一步明确职责，构建权责明确的政府监管责任体系。加强监管力量，各成员单位要结合工作实际，完善安全生产工作机构，各区县要完善安委会工作机制，按照重心下移的原则，加大街道乡镇基层建设，建立与本地区经济社会发展相适应的监管执法力量。继续发挥好调查评估、约谈函告、联席会议、联合执法等制度的作用，完

善协商和决策机制，进一步加强部门之间的配合协作，更好地履行安全生产综合监管、专业监管、行业管理和指导职责。利用“十二五”规划中期评估的机会，对各地区和各部门贯彻执行安全生产“十二五”规划的情况进行一次检查，推动安全生产与经济社会的同步协调发展。坚持和完善安全生产指标控制以及通报、发布、考核制度，定期向党委政府主要负责同志汇报。

（二）进一步提高安全生产精细化监管水平

市委书记郭金龙同志强调，提高城市精细化管理水平，首先要提高城市安全运行管理能力，确保首都城市安全运行。要根据首都发展的需要，不断健全完善城市运行管理的安全标准，特别是要加强城市安全隐患的梳理排查，加快地下管网改造，加快实施老旧热力、电力、燃气和供排水管理等消隐工程。严格落实各项安全监管措施，围绕监管工作的薄弱环节和工作漏洞，深入研究解决问题的措施办法，不断健全与新形势相适应的监管体制机制，实现精细化监管。推广使用安全生产“京安”信息化工程，提升安全生产监管的精细化。继续做好物联网应用示范工程建设，完成全部42家示范企业数据接入，研究建立风险源分级预警处置管理模式。各区县和成员单位要结合实际，加强安全生产信息化建设，使全市安全生产工作实现互联互通、资源共享。

（三）继续推进企业主体责任落实，强化安全基础建设

按照“十八大”报告关于强化企业安全生产基础工作的要求，督促各类企业严格遵守和执行安全生产法律法规、规章制度与技术标准，依法依规加强安全生产，加大安全投入，健全安全管理机构，加强班组安全建设；督促企业主要负责人、实际控制人切实承担安全生产第一责任人的责任。

一要举全市之力扎实推进安全生产标准化工作。安全生产标准化是本市“十二五”末实现安全生产形势根本好转的重要举措，认真落实《关于进一步推进企业安全生产标准化建设工作的意见》。安委会要做好统筹协调、牵好头、领好路。市级各行业管理部门要结合本行业（领域）的实际情况，完善标准体系、评审机制，牵头负责本行业二级标准化达标创建工作。区县要领导好属地的标准化推进工作，特别是在三级标准达标等方面采取强有力的推动措施。市安全监管局要研究建立规范的评审工作机制、统筹协调工作机制，特别是要研究建立激励约束机制。

二要实施安全生产全员大培训。各级安委会要定期研究解决安全培训突出问题，有关主管部门主要负责同志要亲自抓、负总责，各级安委会办公室要牵头抓总，经常深入基层、企业开展安全培训调查研究。工会、共青团、妇联以及新闻媒体等要积极参与，监督安全培训工作。要结合首都建设和城市运行安全保障实际，督促指导企业加强从业人员安全培训。要坚持“三项岗位”人员持证上岗制度，逐步落实高危行业从业人员准入制度、强化企业职工先培训后上岗和师傅带徒弟制度。加强特种作业考核和管理。优化培训资源，规范培训

内容，严格培训考试，使广大从业人员有效提高安全防范和自救互救能力，真正发挥安全培训的基础保障作用。

三要开展安全生产责任保险试点。按照“政府推动、市场化运作”的方式，采用试点先行，重点突破，分步实施的思路，在全市逐步建立起责任保险与安全生产工作相结合的良性互动机制。

四要实施科技兴安，切实提高企业的安全保障能力。抓紧安全生产“四个一批”项目落实工作。发挥首都高等院校、科研院所和专家等优势，选择技术成熟、先进适用、可靠性高的科研成果，在危险化学品、矿山、轨道交通、地下管网、液化石油气、毒物泄漏、事故应急救援、职业危害等领域的企业强制组织推广、应用，选择有条件的企业开展安全科技示范工程建设，以点带面，积累经验，全面推广。

（四）持续强化安全生产执法检查力度

进一步深化安全生产执法检查。市安全监管局要认真研究安全生产执法监察总队的职责定位，完善制度，使总队切实担负起统筹、指导全市安全生产执法检查工作的任务。市安委会办公室要认真总结3年来全市安全生产重点执法计划的执行落实情况，查找问题，完善执法计划，进一步增强执法工作的有效性和针对性。负有安全生产监管责任的成员单位，要结合全市重点执法计划，研究制定本部门的执法计划。要组织开展全市安全生产执法人员培训工作，提高执法能力。要研究制定安全生产执法检查规定，规范执法行为、执法流程、执法内容，强化执法责任，完善执法手段、落实执法措施。要开展安全生产执法效能评估，认真研究解决安全监管监察执法中出现的新情况、新问题，有效应对安全生产执法环境的深刻变化和严峻挑战，严肃事故查处和责任追究。要依法依规追究事故责任，公开事故调查报告，自觉接受社会监督，用事故教训推动安全生产工作。

继续推进“打非治违”专项行动。各区县、各成员单位要结合自身职责，以对人民群众生命财产负责的态度，以对事业高度负责的精神，切实负起责来，在自身职责范围能解决的，绝不应该推诿。市政府各部门要大力支持区县政府的“打非治违”行动。要研究建立长效工作机制，确保“打非治违”工作常态化、经常化，使非法违法生产经营建设行为在本市无处藏身。要坚决刹住新增违法建设，有计划、分步骤解决历史遗留问题。要针对危险化学品运输、长途客运、城乡结合部存在的非法违法行为等难点问题，建立联合执法机制。各区县政府特别是乡镇街道要按照“责任书”的内容，加大打击力度，使非法违法生产经营建设行为在本市无处藏身。

（五）进一步加强和改善重点行业领域的安全生产状况

抓住薄弱环节和突出问题，有针对性地开展矿山、危险化学品、道路交通、轨道交通运营与建设、建设施工、人员密集场所、有限空间作业、地下管网、地下空间、超高层建筑消防安全、商品市场、综合楼宇等重点行业领域安全专项整治。认真落实重大隐患治理挂牌督办制度，加强隐患排查治理体系建设。

继续推进“安全健康·绿色和谐”

矿山建设。落实国家安全监管总局密云非煤矿山整顿关闭工作暨“打非治违”专项行动推进会精神，深化矿山整顿关闭工作。

加大危险化学品安全监管力度。所有重点监管化工工艺、重点危险化学品装置设施、危险化学品重大危险源等必须进行自动化控制改造，提升本质安全水平。组织开展城市地下危险化学品输送管道设施、地面危险化学品运输车辆的安全整治。

认真贯彻落实《国务院关于加强道路交通安全工作的意见》（国发〔2012〕30号）文件精神，进一步加强道路交通安全工作。完善道路交通安全设施，加强专业运输单位“三超一疲劳”集中整治。切实加强对高速铁路安全保护区以及城市轨道交通高峰大客流的安全监管。深入开展“平安农机”创建工作，深化农业机械安全专项整治。研究制定《北京市校车安全管理办法》，细化工作职责和措施，进一步加强对校车安全监管。

深化建筑施工安全整治，落实建设各方安全生产责任，严厉打击目前建筑领域借用资质和挂靠、违法分包转包、以包代管等突出非法违规行为。加强对升降设备、起重设备、脚手架的安全检查，严防倾覆、断裂、坠落等事故发生。

推进地下空间综合整治，加大对涉及公共安全的电梯、游乐设施等特种设备的安全监察力度。

加强冶金机械建材等工商贸企业的安全监管。开展冶金煤气、有限空间作业等安全专项整治，严防燃气爆炸、人员中毒窒息等事故。

深化消防安全整治。创新社会化消防安全管理机制，深入推进消防安全三级网格化管理，打造最小“防灭火作战单元”，建设立体化、全覆盖的社会面火灾防控体系。继续开展人员密集场所安全整治，严防拥挤踩踏、餐饮企业液化石油气爆燃等事故。

（六）认真抓好职业卫生安全监管工作

一要做好职能划转。安全监管、卫生、社保、工会等部门要加强协调配合，按照《职业病防治法》的要求，明确监管职责划分，理顺监管关系，完善技术服务体系，健全监管体制机制。

二要强化职业危害防治工作，落实职业危害监管职责，深入开展职业危害治理，强化职业卫生监督执法工作，继续开展重点行业职业危害专项治理工作；继续加强对用人单位主要负责人和职业卫生管理员的培训工作，进一步督促用人单位落实职业病防治主体责任，努力防范职业危害事故。

（七）充分发动群众和社会组织参与、监督安全生产工作

加强社会监督和舆论监督。充分发挥工会、共青团、妇联组织的作用，依法维护和落实企业职工对安全生产的参与权与监督权。要进一步畅通安全生产的社会监督渠道，设立举报箱，公布举报电话，接受人民群众的公开监督。不断完善“12350”、“96119”等举报投诉工作机制建设，鼓励职工监督举报各类安全隐患。要研究制定安全生产投诉举报管理办法，规范投诉举报受理、办理、查处和反馈工作机制。发挥新闻媒体的舆论监督，对舆论反映的客观问题要深查原因，切实整改。

要充分发挥各类社会组织在安全生产工作中的积极作用。坚持鼓励发展和监管引导并重的方针，完善培育扶持的政策措施，推动包括社会团体、行业协会、中介机构、志愿者团体等在内的各种社会组织在加强安全生产中扮演重要角色。充分调动农村村民委员会和城市居民委员会安全生产工作的积极性。依托科研院所，结合事业单位改制，推动安全生产评价、技术支持、安全培训、技术改造等服务性机构的规范发展，保证专业服务机构从业行为的专业性、独立性和客观性。专业服务机构对相关评价、鉴定结论承担法律责任。

（八）进一步提高安全生产事故的应急处置能力

深刻汲取 7 月 21 日特大自然灾害的经验教训，督促企业在安全生产应急预案中充实因极端天气引发事故的应急处置办法。督促指导企业建立自救互救队伍，提高从业人员岗位第一时间处置事故灾难的能力。要加强区县应急管理机构建设。市安委会各成员单位要定期在人员密集场所、轨道交通、综合楼宇、地下空间等领域联合组织安全生产应急救援演练，特别是人员密集场所，每月要定期组织一次实战演练，提高协同处置能力。

（九）继续加大安全生产宣传力度

要以“强化安全基础、推动安全发展”为主题，组织开展好今年的安全生产月系列宣教活动。组织开展对安全生产月活动的考核，加强宣传教育活动的组织和策划，要在活动的群众性、针对性、时效性上下工夫，力戒形式主义。

要开展多种形式的安全生产法制宣传活动，强化企业负责人和从业人员依法守法的自觉性，提高社会公众安全生产法律意识。用灵活多样的方式、生动活泼的形式、贴近群众的语言，向公众宣传安全理念、安全方针、安全法律和安全知识，提高全民安全意识和安全素质。大力推进安全文化示范企业创建和安全社区创建活动，使广大从业者和市民真正分享安全带来的好处。

要紧密围绕安全生产中心工作大局，牢牢把握正确的舆论导向，进一步强化新闻宣传工作，深化“三报、两台、两网”建设，不断拓展新闻媒体合作渠道。进一步加大安全生产宣传教育工作力度。坚持新闻发布制度，安全生产方面的重大决策、事故处理情况和典型事例要及时向社会公开，自觉接受社会监督、人民群众监督和新闻媒体监督。

同志们，“十八大”之后，中国特色社会主义事业迈入了新的发展阶段，安全生产工作面临新机遇、新挑战和新考验。我们要深入贯彻落实科学发展观，进一步振奋精神、坚定信心，抓住机遇、迎接挑战，转变作风、真抓实干，推动实施安全发展战略，为全面建成小康社会，作出我们新的更大的贡献！

【规范性文件】

北京市安全生产监督管理局办公室 北京煤矿安全监察局综合办公室关于印发《北京市生产安全事故应急预案管理办法》的通知

京安监办发〔2012〕8号

各区县、北京经济技术开发区安全监管局，各有关生产经营单位：

《北京市生产安全事故应急预案管理办法》（以下简称办法）已经2012年1月10日第1次局务会审议通过，现予以印发，并提出如下工作要求，请结合本地区实际情况，一并贯彻执行。

一、做好办法的贯彻落实工作

请各单位将本办法转发辖区内生产经营单位，并就预案编制完善、培训、演练和备案等提出具体要求。将本办法作为当前安全生产培训教育、宣传活动和执法检查的重要内容，指导和监督生产经营单位遵照执行。

二、开展矿山、危险化学品等区县级应急预案的修订和备案工作

各单位结合本市矿山、危险化学品事故应急预案和烟花爆竹、尾矿库事故应急预案，根据本地区实际，做好相关应急预案的修订工作。相关应急预案经正式批准发布后，于2012年10月30日前通过市安全生产应急预案信息管理系统报市安全监管局备案。

三、督促生产经营单位做好现场处置方案的编制工作

落实本办法“注重现场处置”的要求，督促生产经营单位编制完善重点部位、重点工作岗位和重要设备的现场处置方案，并张贴在作业现场显著位置，使一线作业人员熟练掌握，切实提高生产经营单位应急预案的实用性。请各单位于6月30日前总结本地区生产经营单位现场处置方案编制工作开展情况，梳理工作成效较好单位的经验做法并报市安全监管局。市安全监管局汇总后选取试点单位进行全市推广。

四、继续做好生产经营单位应急预案备案工作

各单位梳理本地区矿山企业、危险化学品从业单位和烟花爆竹、工业企业等的应急预案备案情况，对备案时间已满3年的，要重新予以备案；对企业新成立尚未备案的，要立即进行备案；对未按时备案的企业要依法实施行政处罚。备案编号应根据市应急委统一要求进行明确。

附件：

1. 生产安全事故应急预案编制导则

2. 关于生产经营单位应急预案备案编号的补充说明

2012年2月22日

北京市生产安全事故应急预案管理办法

第一章　总则

第一条　为规范本市生产安全事故应急预案（以下简称应急预案）管理工作，增强应急预案的科学性、针对性、实操性，根据《生产安全事故应急预案管理办法》（国家安全监管总局令第17号）、《北京市突发事件应急预案管理办法》等有关规定，结合本市实际，制定本办法。

第二条　本市市、区县安全生产监督管理部门应急预案的管理工作，以及矿山、危险化学品、烟花爆竹和机械、冶金、建材、轻纺、烟草行业领域内生产经营单位（以下简称生产经营单位）应急预案的管理工作，适用本办法。其他行业领域内生产经营单位应急预案管理工作，参照本办法执行。

法律、行政法规和国务院另有规定的，依照其规定。

第三条　应急预案的管理遵循政府统筹指导，企业组织实施，强化预案衔接，注重现场处置的原则。

第四条　市安全生产监督管理局负责全市应急预案的综合协调管理工作，指导全市应急预案体系建设工作；负责相关大中型国有企业的应急预案备案工作；负责建立完善应急预案信息管理系统，提高本市应急预案管理和应急救援管理信息化水平；负责《北京市危险化学品事故应急预案》、《北京市矿山事故应急预案》、《北京市烟花爆竹事故应急预案》和《北京市尾矿库事故应急预案》的编制工作。

第五条　区县安全生产监督管理局负责本区域应急预案的综合协调管理工作，按照本市应急预案体系建设要求，建立和完善本区域应急预案体系建设工作；负责属地内生产经营单位应急预案的指导、检查和备案工作；负责本办法第四条对应类别的区县级应急预案的编制工作；将本辖区应急预案信息纳入信息管理系统，实施动态管理。

第六条　生产经营单位的主要负责人负责组织制定并实施本单位的应急预案。国有集团（控股）公司负责对其子公司（分公司）等生产经营单位应急预案的管理和预案体系建设工作；指导和督促所属单位的应急预案编制和修订工作；建立应急预案数据库和组织应急预案的评审和报备工作。

第二章　应急预案的编制

第七条　区县安全生产监督管理部门应依据国家和本市有关工作要求，制定本地区、本部门应急预案，并符合下列条件：

（一）符合有关法律、法规、规章和标准的规定；

（二）结合安全生产实际情况，详细做好风险分析及应对措施；明确应急救援组织及职责分工；

（三）主要内容应包括现状，风险与隐患分析，适用范围，组织机构与职责，信息报告与发布，预测预警与物资准备，应急响应程序和处置技术，保障措施（安全费用提取和责任保险的投入），宣传教育，培训与演练，预案管理，附则，附件等；

（四）做好与相关政府部门预案在信息接收报送、现场处置等方面的衔接。

第八条 区县安全生产监督管理部门应指导街道办事处、乡镇政府掌握属地内生产经营单位安全生产及重大危险源情况，并在本地区突发事件应急预案中明确相应的应急措施。

第九条 生产经营单位应当依据《企业职工伤亡事故分类》（GB 6441）明确的事故类别，对本单位存在的各类事故风险进行全面辨识和评估，在辨识和评估的基础上，广泛听取一线操作人员、专业技术人员及应急管理专家的意见，针对可能发生的事故特点，根据《生产经营单位生产安全事故应急预案编制导则》（AQ/T 9002—2006）及有关标准和规定编制本单位应急预案，包括综合应急预案、专项应急预案和现场处置方案等。

第十条 生产经营单位应编制综合应急预案，明确本单位的应急组织机构及其职责、预案体系及响应程序、事故预防及应急保障、应急培训及预案演练等主要内容。规模较小生产经营单位可在专项预案中明确上述内容，不单独编制综合应急预案。

第十一条 生产经营单位应当根据《企业职工伤亡事故分类》（GB 6441）明确的事故类别，结合本单位存在的各类事故风险，制定相应的专项应急预案。

专项应急预案应当包括危险性分析、可能发生的事故特征、应急组织机构与职责、应急处置程序和管理、保障要求等内容。

第十二条 生产经营单位应针对本单位可能存在较大危险性的重点部位、重点工作岗位和重要设备等，制定相应的现场处置方案。现场处置方案应当明确以下内容：

（一）可能存在的各类事故风险；

（二）针对每一类事故风险，逐一制定应急处置流程，并明确各流程的具体操作人员。流程应包括报警、紧急处置、受伤人员急救等；并明确生产现场带班人员、班组长和调度人员在遇到险情时第一时间下达停产撤人命令的直接决策权和指挥权。

（三）所需的应急处置工具、装备等，并明确数量及存放位置；

（四）现场作业人员疏散撤离路线；

（五）根据重点工作岗位的实际情况必须考虑的其他要求和条件。

第十三条 涉及重大危险源的生产经营单位应当制定重大危险源应急预案。重大危险源应急预案作为本单位的专项预案，分析、确定本单位重大危险源可能发生的事故形式及后果，明确预测预警及应急处置程序、应急救援队伍及物资保障等。同时，针对重大危险源重要设备、重点部位和重点工作岗位等制定现场处置方案。

生产经营单位重大危险源应急预案中应提出发生事故后对周边社会环境产生的影响、后果。

第十四条 生产经营单位编制的综合预案、专项预案和现场处置方案，应当按照从总公司（集团公司、总厂）到子公司、分公司直至基层单位、车间、班组，形成上下对应、相互衔接的预案体系建设要求进行编制，并遵循危害因素分析透彻，预防措施得当、应对准备充分、响应快速及时、处置救援妥当，针对性强和易操作的原则。

生产经营单位编制预案时要参照地方政府部门公布的应急预案，在信息报送、现场处置等方面有效衔接。

第三章　应急预案的评审和备案

第十五条　区县安全生产监督管理部门应当根据本市相关规定，制定本地区相关应急预案并组织评审、报备等管理工作。其中，列为区县专项应急预案的，报市安全生产监督管理局备案；列为区县部门应急预案的，报区县应急委备案并抄报市安全生产监督管理局。

第十六条　生产经营单位应当自行组织专家或委托安全生产技术服务机构对本单位编制的应急预案进行评审。

评审或论证工作按照《生产经营单位生产安全事故应急预案评审指南（试行）》（安监总厅应急〔2009〕73号）要求的评审方法、评审程序和评审要点进行。评审应当形成书面纪要或书面报告，并附有各位专家或安全生产技术服务机构的书面评审意见、专家组会议评审意见和参加评审人员的签名材料。

第十七条　参加应急预案评审的人员应包括应急预案涉及的政府部门工作人员和有关安全生产及应急管理方面的专家。评审人员应本着对社会和生产经营单位负责的态度，严格执行有关法律、法规及标准规定，全面、科学、客观、公正开展评审工作。

评审论证人员与所评审论证预案的生产经营单位有利害关系的，应当回避。

第十八条　生产经营单位应当根据专家意见对应急预案进行修订完善；专家组会议评审论证意见要求重新组织评审论证的，应按要求修订后重新组织评审论证。

第十九条　生产经营单位编制应急预案通过专家评审或论证后，由生产经营单位主要负责人批准实施。

第二十条　生产经营单位编制的综合应急预案、专项应急预案应按下列要求报送安全生产监督管理部门备案：

（一）登录北京市安全生产监督管理信息平台（http://210.75.218.101/ajjweb/login.jsp），提交应急预案电子文本；

（二）提交下列书面材料：

1. 应急预案备案申请表；

2. 应急预案评审或论证综合意见，并附专家签字的名单；

3. 应急预案经正式批准实施的证明材料；

4. 其他需要补充说明的材料。

新成立的生产经营单位应在正式开展生产经营活动前，制定完成本单位的综合应急预案、专项应急预案，并报送安全生产监督管理部门备案。

第二十一条　安全生产监督管理部门收到生产经营单位提交的应急预案和备案申请材料后，实施形式审查。对经审查符合条件的，予以备案并出具《生产经营单位生产安全事故应急预案备案登记表》；经审查不符合条件的，通知其进行修订并说明原因。

第二十二条　实行安全生产许可的生产经营单位，在申请办理安全生产许可证时，可以不提供相应的应急预案，仅提供《生产经营单位生产安全事故应急预案备案登记表》。

第二十三条　市、区县安全生产监督管局通过本市应急预案信息管理系统开展应急预案备案、审核和信息接报等管理工作，并建立应急预案信息数据库，满足应急预案管理和应急救援指挥决策需要。

第四章　应急预案的实施

第二十四条　生产经营单位应当采取多种形式开展应急预案的宣传教育，普及生产安全事故预防、避险、自救和互救知识，提高从业人员安全意识和应急处置技能。

第二十五条　生产经营单位应当将应急预案的培训纳入本单位安全生产培训工作计划，组织开展本单位的应急预案培训活动，使有关人员了解应急预案内容，熟悉应急职责、应急程序和岗位应急处置方案。重点部位、重点工作岗位和重要设备等的现场处置方案应张贴在对应地点的明显部位。

第二十六条　生产经营单位制定的应急预案应至少每三年修订一次，应急预案修订情况应有记录并归档。

有下列情形之一的，应急预案应及时修订：

（一）生产经营单位因兼并、重组、转制等导致隶属关系、经营方式、法定代表人发生变化的；

（二）生产经营单位生产工艺和技术发生变化的；

（三）周围环境发生变化，形成新的重大危险源的；

（四）应急组织指挥体系或者职责已经调整的；

（五）依据的法律、法规、规章和标准发生变化的；

（六）应急预案演练评估报告要求修订的；

（七）应急预案管理部门要求修订的。

第二十七条　生产经营单位应当将修订后的应急预案及时报送安全生产监督管理部门重新备案。

第二十八条　安全生产监督管理部门应当定期组织开展多种形式的应急预案演练，根据预案演练情况适时修订应急预案。并指导和督促生产经营单位开展应急预案演练。

第二十九条　生产经营单位应建立健全应急预案演练制度，每年至少组织一次综合应急预案演练或者专项应急预案演练。每半年至少组织一次现场处置方案演练。

第三十条　生产经营单位发现事故征兆后，要根据应急预案立即发布预警信息，落实防范和应急处置措施；发生生产安全事故后，单位负责人应迅速启动应急预案，采取有效措施组织抢救，防止事故扩大、减少人员伤亡和财产损失。

第三十一条　生产经营单位应急预案未按照《管理办法》规定备案的，未制定应急预案或者未按照应急预案采取预防措施，导致事故救援不力或者造成严重后果的，由安全生产监督管理部门依据有关法律、法规和规章予以处罚。

第五章　附则

第三十二条　本办法自印发之日起30日后施行。

附件 1

生产经营单位安全生产事故应急预案编制导则

1 范围

本标准规定了生产经营单位编制安全生产事故应急预案（以下简称应急预案）的程序、内容和要素等基本要求。

本标准适用于中华人民共和国领域内从事生产经营活动的单位。

生产经营单位结合本单位的组织结构、管理模式、风险种类、生产规模等特点，可以对应急预案框架结构等要素进行调整。

2 术语和定义

下列术语和定义适用于本标准。

2.1 应急预案 emergency response plan

针对可能发生的事故，为迅速、有序地开展应急行动而预先制定的行动方案。

2.2 应急准备 emergency preparedness

针对可能发生的事故，为迅速、有序地开展应急行动而预先进行的组织准备和应急保障。

2.3 应急响应 emergency response

事故发生后，有关组织或人员采取的应急行动。

2.4 应急救援 emergency rescue

在应急响应过程中，为消除、减少事故危害，防止事故扩大或恶化，最大限度地降低事故造成的损失或危害而采取的救援措施或行动。

2.5 恢复 recovery

事故的影响得到初步控制后，为使生产、工作、生活和生态环境尽快恢复到正常状态而采取的措施或行动。

3 应急预案的编制

3.1 编制准备

编制应急预案应做好以下准备工作：

a）全面分析本单位危险因素，可能发生的事故类型及事故的危害程度；

b）排查事故隐患的种类、数量和分布情况，并在隐患治理的基础上，预测可能发生的事故类型及事故的危害程度；

c）确定事故危险源，进行风险评估；

d）针对事故危险源和存在的问题，确定相应的防范措施；

e）客观评价本单位应急能力；

f）充分借鉴国内外同行业事故教训及应急工作经验。

3.2 编制程序

3.2.1 应急预案编制工作组

结合本单位部门职能分工，成立以单位主要负责人为领导的应急预案编制工作组，明确编制任务、职责分工，制定工作计划。

3.2.2 资料收集

收集应急预案编制所需的各种资料（包括相关法律法规、应急预案、技术标准、国内外同行业事故案例分析、本单位技术资料等）。

3.2.3 危险源与风险分析

在危险因素分析及事故隐患排查、治理的基础上，确定本单位可能发生事故的危险源、事故的类型和后果，进行事故风险分析，并指出事故可能产生的次生、衍生事故，形成分析报告，分析结果作为应急预案的编制依据。

3.2.4 应急能力评估

对本单位应急装备、应急队伍等应急能力进行评估，并结合本单位实际，加强应急能力建设。

3.2.5 应急预案编制

针对可能发生的事故，按照有关规定和要求编制应急预案。应急预案编制过程中，应注重全体人员的参与和培训，使所有与事故有关人员均掌握危险源的危险性、应急处置方案和技能。应急预案应充分利用社会应急资源，与地方政府预案、上级主管单位以及相关部门的预案相衔接。

3.2.6 应急预案评审与发布

应急预案编制完成后，应进行评审。内部评审由本单位主要负责人组织有关部门和人员进行。外部评审由上级主管部门或地方政府负责安全管理的部门组织审查。评审后，按规定报有关部门备案，并经生产经营单位主要负责人签署发布。

4 应急预案体系的构成

应急预案应形成体系，针对各级各类可能发生的事故和所有危险源制订专项应急预案和现场应急处置方案，并明确事前、事发、事中、事后的各个过程中相关部门和有关人员的职责。生产规模小、危险因素少的生产经营单位，综合应急预案和专项应急预案可以合并编写。

4.1 综合应急预案

综合应急预案是从总体上阐述事故的应急方针、政策，应急组织结构及相关应急职责，应急行动、措施和保障等基本要求和程序，是应对各类事故的综合性文件。

4.2 专项应急预案

专项应急预案是针对具体的事故类别（如煤矿瓦斯爆炸、危险化学品泄漏等事故）、危险源和应急保障而制定的计划或方案，是综合应急预案的组成部分，应按照综合应急预案的程序和要求组织制定，并作为综合应急预案的附件。专项应急预案应制定明确的救援程序和具体的应急救援措施。

4.3 现场处置方案

现场处置方案是针对具体的装置、场所或设施、岗位所制定的应急处置措施。现场处置方案应具体、简单、针对性强。现场处置方案应根据风险评估及危险性控制措施逐一编制，做到事故相关人员应知应会，熟练掌握，并通过应急演练，做到迅速反应、正确处置。

5 综合应急预案的主要内容

5.1 总则

5.1.1 编制目的

简述应急预案编制的目的、作用等。

5.1.2 编制依据

简述应急预案编制所依据的法律法规、规章，以及有关行业管理规定、技术规范和标准等。

5.1.3 适用范围

说明应急预案适用的区域范围，以及事故的类型、级别。

5.1.4 应急预案体系

说明本单位应急预案体系的构成情况。

5.1.5 应急工作原则

说明本单位应急工作的原则，内容应简明扼要、明确具体。

5.2 生产经营单位的危险性分析

5.2.1 生产经营单位概况

主要包括单位地址、从业人数、隶属关系、主要原材料、主要产品、产量等内容，以及周边重大危险源、重要设施、目标、场所和周边布局情况。必要时，可附平面图进行说明。

5.2.2 危险源与风险分析

主要阐述本单位存在的危险源及风险分析结果。

5.3 组织机构及职责

5.3.1 应急组织体系

明确应急组织形式，构成单位或人员，并尽可能以结构图的形式表示出来。

5.3.2 指挥机构及职责

明确应急救援指挥机构总指挥、副总指挥、各成员单位及其相应职责。应急救援指挥机构根据事故类型和应急工作需要，可以设置相应的应急救援工作小组，并明确各小组的工作任务及职责。

5.4 预防与预警

5.4.1 危险源监控

明确本单位对危险源监测监控的方式、方法，以及采取的预防措施。

5.4.2 预警行动

明确事故预警的条件、方式、方法和信息的发布程序。

5.4.3 信息报告与处置

按照有关规定，明确事故及未遂伤亡事故信息报告与处置办法。

a）信息报告与通知

明确 24 小时应急值守电话、事故信息接收和通报程序。

b）信息上报

明确事故发生后向上级主管部门和地方人民政府报告事故信息的流程、内容和时限。

c）信息传递

明确事故发生后向有关部门或单位通报事故信息的方法和程序。

5.5 应急响应

5.5.1 响应分级

针对事故危害程度、影响范围和单位控制事态的能力，将事故分为不同的等级。按照分级负责的原则，明确应急响应级别。

5.5.2 响应程序

根据事故的大小和发展态势，明确应急指挥、应急行动、资源调配、应急避险、扩大应急等响应程序。

5.5.3 应急结束

明确应急终止的条件。事故现场得以控制，环境符合有关标准，导致次生、衍生事故隐患消除后，经事故现场应急指挥机构批准后，现场应急结束。应急结束后，应明确：

a）事故情况上报事项；

b）需向事故调查处理小组移交的相关事项；

c）事故应急救援工作总结报告。

5.6 信息发布

明确事故信息发布的部门，发布原则。事故信息应由事故现场指挥部及时准确向新闻媒体通报事故信息。

5.7 后期处置

主要包括污染物处理、事故后果影响消除、生产秩序恢复、善后赔偿、抢险过程和应急救援能力评估及应急预案的修订等内容。

5.8 保障措施

5.8.1 通信与信息保障

明确与应急工作相关联的单位或人

员通信联系方式和方法，并提供备用方案。建立信息通信系统及维护方案，确保应急期间信息通畅。

5.8.2 应急队伍保障

明确各类应急响应的人力资源，包括专业应急队伍、兼职应急队伍的组织与保障方案。

5.8.3 应急物资装备保障

明确应急救援需要使用的应急物资和装备的类型、数量、性能、存放位置、管理责任人及其联系方式等内容。

5.8.4 经费保障

明确应急专项经费来源、使用范围、数量和监督管理措施，保障应急状态时生产经营单位应急经费的及时到位。

5.8.5 其他保障

根据本单位应急工作需求而确定的其他相关保障措施（如：交通运输保障、治安保障、技术保障、医疗保障、后勤保障等）。

5.9 培训与演练

5.9.1 培训

明确对本单位人员开展的应急培训计划、方式和要求。如果预案涉及社区和居民，要做好宣传教育和告知等工作。

5.9.2 演练

明确应急演练的规模、方式、频次、范围、内容、组织、评估、总结等内容。

5.10 奖惩

明确事故应急救援工作中奖励和处罚的条件和内容。

5.11 附则

5.11.1 术语和定义

对应急预案涉及的一些术语进行定义。

5.11.2 应急预案备案

明确本应急预案的报备部门。

5.11.3 维护和更新

明确应急预案维护和更新的基本要求，定期进行评审，实现可持续改进。

5.11.4 制定与解释

明确应急预案负责制定与解释的部门。

5.11.5 应急预案实施

明确应急预案实施的具体时间。

6 专项应急预案的主要内容

6.1 事故类型和危害程度分析

在危险源评估的基础上，对其可能发生的事故类型和可能发生的季节及事故严重程度进行确定。

6.2 应急处置基本原则

明确处置安全生产事故应当遵循的基本原则。

6.3 组织机构及职责

6.3.1 应急组织体系

明确应急组织形式，构成单位或人员，并尽可能以结构图的形式表示出来。

6.3.2 指挥机构及职责

根据事故类型，明确应急救援指挥机构总指挥、副总指挥以及各成员单位或人员的具体职责。应急救援指挥机构可以设置相应的应急救援工作小组，明确各小组的工作任务及主要负责人职责。

6.4 预防与预警

6.4.1 危险源监控

明确本单位对危险源监测监控的方式、方法，以及采取的预防措施。

6.4.2 预警行动

明确具体事故预警的条件、方式、方法和信息的发布程序。

6.5 信息报告程序

主要包括：

a）确定报警系统及程序；

b）确定现场报警方式，如电话、

警报器等；

c）确定24小时与相关部门的通讯、联络方式；

d）明确相互认可的通告、报警形式和内容；

e）明确应急反应人员向外求援的方式。

6.6 应急处置

6.6.1 响应分级

针对事故危害程度、影响范围和单位控制事态的能力，将事故分为不同的等级。按照分级负责的原则，明确应急响应级别。

6.6.2 响应程序

根据事故的大小和发展态势，明确应急指挥、应急行动、资源调配、应急避险、扩大应急等响应程序。

6.6.3 处置措施

针对本单位事故类别和可能发生的事故特点、危险性，制定的应急处置措施（如：煤矿瓦斯爆炸、冒顶片帮、火灾、透水等事故应急处置措施，危险化学品火灾、爆炸、中毒等事故应急处置措施）。

6.7 应急物资与装备保障

明确应急处置所需的物质与装备数量、管理和维护、正确使用等。

7 现场处置方案的主要内容

7.1 事故特征

主要包括：

a）危险性分析，可能发生的事故类型；

b）事故发生的区域、地点或装置的名称；

c）事故可能发生的季节和造成的危害程度；

d）事故前可能出现的征兆。

7.2 应急组织与职责

主要包括：

a）基层单位应急自救组织形式及人员构成情况；

b）应急自救组织机构、人员的具体职责，应同单位或车间、班组人员工作职责紧密结合，明确相关岗位和人员的应急工作职责。

7.3 应急处置

主要包括以下内容：

a）事故应急处置程序。根据可能发生的事故类别及现场情况，明确事故报警、各项应急措施启动、应急救护人员的引导、事故扩大及同企业应急预案的衔接的程序。

b）现场应急处置措施。针对可能发生的火灾、爆炸、危险化学品泄漏、坍塌、水患、机动车辆伤害等，从操作措施、工艺流程、现场处置、事故控制，人员救护、消防、现场恢复等方面制定明确的应急处置措施。

c）报警电话及上级管理部门、相关应急救援单位联络方式和联系人员，事故报告基本要求和内容。

7.4 注意事项

主要包括：

a）佩戴个人防护器具方面的注意事项；

b）使用抢险救援器材方面的注意事项；

c）采取救援对策或措施方面的注意事项；

d）现场自救和互救注意事项；

e）现场应急处置能力确认和人员安全防护等事项；

f）应急救援结束后的注意事项；

g）其他需要特别警示的事项。

8 附件

8.1 有关应急部门、机构或人员的联系方式

列出应急工作中需要联系的部门、机构或人员的多种联系方式，并不断进行更新。

8.2 重要物资装备的名录或清单

列出应急预案涉及的重要物资和装备名称、型号、存放地点和联系电话等。

8.3 规范化格式文本

信息接报、处理、上报等规范化格式文本。

8.4 关键的路线、标识和图纸

主要包括：

a）警报系统分布及覆盖范围；

b）重要防护目标一览表、分布图；

c）应急救援指挥位置及救援队伍行动路线；

d）疏散路线、重要地点等的标识；

e）相关平面布置图纸、救援力量的分布图纸等。

8.5 相关应急预案名录

列出与本应急预案相关的或相衔接的应急预案名称。

8.6 有关协议或备忘录

与相关应急救援部门签订的应急支援协议或备忘录。

附录 A

（资料性附录）

应急预案编制格式和要求

A.1　封面

应急预案封面主要包括应急预案编号、应急预案版本号、生产经营单位名称、应急预案名称、编制单位名称、颁布日期等内容。

A.2　批准页

应急预案必须经发布单位主要负责人批准方可发布。

A.3　目次

应急预案应设置目次，目次中所列的内容及次序如下：

— 批准页；

— 章的编号、标题；

— 带有标题的条的编号、标题（需要时列出）；

— 附件，用序号表明其顺序。

A.4　印刷与装订

应急预案采用 A4 版面印刷，活页装订。

附件 2

关于生产经营单位应急预案备案编号的补充说明

根据《北京市突发公共事件应急委员会关于加强北京市生产经营单位应急预案管理工作的通知》（京应急委发〔2009〕11 号），为切实做好生产经营单位应急预案备案工作，解决备案编号存在重复的问题，现就备案编号的确定进行说明：

一、备案编号由“区划代码、年份、备案部门代号、顺序号”四部分组成。例如“110105001— 2009—11—00006”，其中“110105001”根据《北京市行政区划代码》确定，表明所处区县、街乡位置；“2009”为备案年份；“11”为备案工作部门代号；“00006”为备案顺序号。

二、备案部门代号暂时规定如下：

市发展改革委：001

市住房城乡建设委：002

市市政市容委：003

市交通委：004

市水务局：005

市商务委：006

市文化局：007

市安全监管局：008

市体育局：009

市园林绿化局：010

市旅游局：011

市药监局：012

北京经济技术开发区管委会：013

各区县行业主管部门代号应与对应的市级行业主管部门代号保持一致，但只保留后两位，如区县安全监管部门代号为 08，区县旅游管理部门代号为 11。

如备案实际工作中出现编号问题，各区县可根据需要补充调整编号范围，并及时反馈市应急办。

北京市安全生产监督管理局关于做好危险化学品生产企业安全生产许可证颁发管理工作的通知

京安监发〔2012〕17号

各区县、北京经济技术开发区安全监管局，各有关单位：

《危险化学品生产企业安全生产许可证实施办法》（国家安全监管总局令第41号，以下简称《实施办法》）已于2011年12月1日起施行，请认真贯彻落实。为严格做好本市危险化学品生产企业安全生产许可证颁发管理工作，结合本市实际，现将有关事项通知如下：

一、企业申请危险化学品安全生产许可证（以下简称安全生产许可证），应按照《实施办法》第二十五条的规定提交文件、材料，并对其内容的真实性负责。

同时，应当填写并提交《安全生产基本情况登记表》（见附件）并提供相关证明材料。

二、企业申请安全生产许可证，应同时报送电子版材料和纸质材料。纸质材料须符合下列要求：

（一）分五卷装订成册：第一卷为《实施办法》第二十五条第一项要求的材料，第二卷为《实施办法》第二十五条第二项规定的材料，第三卷为《实施办法》第二十五条第三、四、五、六、七、八、九、十一、十二项要求的全部材料，第四卷为《安全评价报告》，第五卷为《安全生产基本情况登记表》及相关证明材料；

（二）每卷要求有目录和连续页码；

（三）复制件需加盖申请单位印章；

（四）所有材料使用A4纸打印或复制。

三、企业通过北京市安全生产监管信息平台企业门户（http://210.75.218.101/ajjweb）中行政许可系统进行许可申请，并按照要求通过系统上传电子版申请材料。

纸质材料同时报送至市政府中环办公楼行政受理大厅（西城区枣林前街70号）市安全生产监督管理局受理窗口。

四、企业申请安全生产许可证时提交的安全评价报告，应由具备资质的中介机构出具。安全评价报告应客观、真实、全面，对《实施办法》第八条至第二十二条规定的安全生产条件逐一作出符合或不符合的明确结论。

企业应当按照安全评价报告的意见对存在的安全生产问题进行整改，并在报送申请材料时将安全评价机构出具的复查意见一并提交。

出具报告的中介机构对评价结论负法律责任。

五、各区、县安全生产监督管理局根据属地监管的原则依法对企业从事本行政许可事项的活动进行监督管理，发现违反有关规定的，依据《实施办法》予以处罚。对于需要吊销、撤销、暂扣安全生产许可证的，应当及时报告市安全生产监督管理局。

六、本通知下发之日起，市安全生产监督管理局2004年9月7日公布的《北京市危险化学品生产企业安全生产许可证管理规定》同时废止。

附件：北京市危险化学品生产企业安全生产基本情况登记表

北京市安全生产监督管理局

2012年4月6日

北京市危险化学品生产企业安全生产基本情况登记表

企业名称：________________________

序号	登记内容	相关证明材料名称	备注
1	规划行政许可有关情况		
2	生产储存场所产权或租赁情况		
3	安全生产标准化达标情况		
4	购买安全生产责任保险或存缴安全生产风险抵押金情况		
5	分管负责人、专职安全管理人员学历、职称等情况		
6	其他从业人员安全教育培训情况		
7	安全评价报告提出的安全生产问题整改复查情况		
8	《实施办法》第三十四条规定的安全生产条件保持情况		

送件人（签 名）：

（印 章）

年 月 日

北京市安全生产监督管理局关于实施危险化学品建设项目安全审查有关工作事项的通知

京安监发〔2012〕28号

各区县、北京经济技术开发区安全监管局，各有关单位：

为贯彻落实《危险化学品建设项目安全监督管理办法》（国家安全生产监督管理总局令第45号，以下简称《办法》），做好危险化学品建设项目安全审查工作，现将本市危险化学品建设项目（以下简称建设项目）安全审查权限及有关工作事项通知如下：

一、本市实施建设项目安全审查按照以下规定执行：

（一）市安全生产监督管理局负责实施下列建设项目的安全审查：

1. 国务院投资主管部门审批（核准、备案）的；

2. 市政府或市政府相关主管部门审批（核准、备案）的；

3. 生产剧毒化学品的；

4. 跨区（县）的；

5. 国家安全生产监督管理总局委托实施安全审查的。

（二）区县安全生产监督管理局负责实施下列建设项目的安全审查：

1. 本行政区域内除国家和市级安全生产监督管理部门实施安全审查以外的建设项目；

2. 市安全生产监督管理局委托实施安全审查的建设项目。

二、建设项目安全审查的程序、时限及所需的有关文书内容和格式，按照《办法》及国家安全生产监督管理总局有关规定执行。

三、下列规模较小、危险程度较低和工艺路线简单的建设项目可将安全条件审查和安全设施设计审查合并进行，审查时限按照安全条件审查的时限执行。

（一）加油（气）站的新、扩建及涉及油罐的改建项目；

（二）工业气体充装装置的改建、扩建；

（三）不含原药生产的农药加工、复配、分装生产装置或设施的改建、扩建；

（四）油漆、稀释剂、油墨、涂料等类似产品的生产、分装等不含化学反应过程的装置或设施的改建、扩建；

（五）储存气体1000 m^3以下；甲、乙类易燃液体200m^3以下或丙、丁、戊类易燃液体500m^3以下且未构成重大危险源的储存设施；库房或货场总面积小于550m^2的小型仓库。

四、由本市负责审查的建设项目，建设单位应通过北京市安全生产监管信息平台企业门户（http://210.75.218.101/ajjweb）中行政许可系统进行安全审查申请，通过系统上传电子版申请材料，并同时将纸质申请材料报送相应的安全监管部门。

五、建设单位应严格按照《办法》和本通知规定做好建设项目安全审查申请工作。区县安全生产监督管理局应严格依法履行建设项目安全审查和监督管理职责，并按照国家有关规定对违法违规行为予以处理。

六、本通知自印发之日起施行。

北京市安全生产监督管理局
2012 年 5 月 17 日

北京市安全生产监督管理局关于启用新版特种作业操作证并调整复审时限的通知

京安监发〔2012〕53 号

各区县、北京经济技术开发区安全生产监督管理局，各考试承担机构和有关单位：

为进一步加强本市特种作业考核管理，规范特种作业操作证复审工作，根据《特种作业人员安全技术培训考核管理规定》（国家安全生产监督管理总局令第 30 号）和《关于实施〈特种作业人员安全技术培训考核管理规定〉有关问题的通知》（安监总厅培训〔2010〕179 号）要求，结合本市实际，现将有关事项通知如下：

一、自 2012 年 7 月 1 日起，本市将全面启用新版特种作业操作证，使用国家安全生产监督管理总局统一规定的新版证件。

二、特种作业操作证复审时限由每 2 年复审 1 次，调整为每 3 年复审 1 次。

三、对于 2010 年 7 月 1 日至 2012 年 6 月 30 日期间核发的特种作业操作证，执行每 3 年复审 1 次，按原证件规定的复审日期顺延一年，经复审合格的换发新版证件；不合格或逾期未复审的，特种作业操作证失效。

四、特种作业人员持有效特种作业操作证，连续从事本工种 10 年以上，严格遵守有关安全生产法律法规的，经复审或延期复审合格后，换发新版证件，并执行每 6 年复审 1 次。

五、特种作业操作证需要复审或延期复审的，申请人或申请人的用人单位应当在有效期满前 60 日内向市安全生产监督管理局提出申请并提交相应材料。

六、申请复审的，市安全生产监督管理局应当在收到申请之日起 20 个工作日内完成复审工作。复审合格的，由市安全生产监督管理局签章、登记，予以确认；不合格的，说明理由。申请延期复审的，经复审合格后，由市安全生产监督管理局重新颁发特种作业操作证。

七、各部门、各单位要严格按照特种作业操作证复审时限和程序要求，切实做好考生报名、信息录入、材料申报和考试实施工作，随时向市安全生产监督管理局反馈工作中遇到的实际问题并及时予以研究解决，确保特种作业考核工作有序进行。

八、特种作业人员在办理复审时，需通过“北京市安全生产相关人员考核管理系统”提交有关信息，并向市安全生产监督管理局预防中心报送有关材料。

九、本通知自下发之日起施行，《北京市特种作业人员操作资格认定管理办法（暂行）》（京安监人教字〔2006〕49号）中有关复审时限的规定同时废止。

北京市安全生产监督管理局

2012年8月29日

北京市安全生产监督管理局关于危险化学品经营许可证办理工作有关事项的通知

京安监发〔2012〕68号

各区县、北京经济技术开发区安全监管局，各有关单位：

《危险化学品经营许可证管理办法》（国家安全监管总局令第55号，以下简称《办法》）已于2012年7月17日公布，自2012年9月1日起施行。为做好本市危险化学品经营许可证办理工作，按照国家安全监管总局《关于危险化学品经营许可有关事项的通知》（安监总厅管三函〔2012〕179号）有关工作要求，结合本市工作实际，将有关事项通知如下：

一、许可范围

本市行政区域内经营危险化学品的企业应当依照《办法》取得危险化学品经营许可证（以下简称经营许可证）。

二、许可权限

（一）市安全监管局指导、监督本市行政区域内危险化学品经营许可证的颁发和管理工作。

（二）区县安全监管局负责各自行政区域内经营许可证的审批、颁发工作。

三、经营许可证申请地

从事危险化学品经营的单位（以下统称申请人）应向工商行政管理部门登记注册的企业住所地址所在区县安全监管局申请经营许可证。

四、经营许可证审批程序和文书

经营许可证审批分受理、审核、复核、审定四个程序，具体程序规定及经营许可文书由市安全监管局另行印发。

五、提交材料要求

（一）申请人在提交申请材料时，本单位没有特种作业人员的，应提交说明文件。

企业还应当按照《生产经营单位安

全培训规定》（国家安全监管总局令第3号）和《安全生产培训管理办法》（国家安全监管总局令第44号）有关规定，提供其他从业人员培训合格的证明材料。从业人数超过10人的，可由企业统一出具培训合格证明文件。

（二）申请人租赁场所或储存设施进行经营活动的，其提交的租赁合同应在有效期内，且应当经过公证或者产权单位或有关部门证明。

（三）经营许可证有效期满申请延期的，凡是涉及储存危险化学品的申请人，都应按照《危险化学品安全管理条例》（国务院令第591号）第二十二条的规定进行安全评价，并提交安全评价报告。

对于安全评价报告中提出有关问题，申请人应当在整改完成后由安全评价机构出具整改复查意见，并在申请经营许可证时一并提交发证机关。

六、现场核查标准

（一）汽车加油加气站应符合《汽车加油加气站设计与施工规范》（GB 50156）的规定。

（二）油库应符合《石油库设计规范》（GB 50074）的规定。

（三）工业气体经营单位应符合《建筑设计防火规范》（GB 50016）、《氧气站设计规范》（GB 50030）、《氢气站设计规范》（GB 50177）及《气瓶充装站安全技术条件》（GB 27550）等标准的规定。

（四）剧毒、易制爆及其他危险化学品储存单位应符合《危险化学品安全管理条例》、《常用危险化学品贮存通则》（GB 15603）、《石油化工可燃气体和有毒气体检测报警设计规范》（GB 50493）、《北京市危险化学品仓库建设及储存安全规范》（DB 11/755）等规定。

（五）储存危险化学品数量构成重大危险源的企业，应符合《危险化学品重大危险源监督管理暂行规定》、《危险化学品重大危险源安全监控通用技术规范》（AQ 3035）和《危险化学品重大危险源罐区现场安全监控装备设置规范》（AQ 3036）等规定。

七、现场核查

发证机关在进行现场核查时，应进行现场拍照，并填写审查书。现场核查发现问题，不符合经营许可证申请条件的，根据核查结果，由发证机关作出不予许可的决定。同时，应出具整改指令书，责令企业进行整改，并在企业整改完成后进行现场复查。企业整改合格后，可以重新提交许可申请，发证机关再按照规定程序进行审批。

八、许可时限

经营许可证审批时限为30个工作日。已经取得经营许可证的企业申请变更企业名称、主要负责人、注册地址或者危险化学品储存设施及其监控措施的，按照《办法》规定审批时限为10个工作日。

九、许可证载明事项

（一）许可范围应注明所有准予经营的危险化学品名（证书打印空间不足的，可在证书背面打印）；对于经营天然气（压缩的、液化的）、液化石油气的，应在其名称后注明“城镇燃气除外”。

（二）经营方式分为仓储经营、带有储存设施经营和不带有储存设施经营等三种形式。

（三）发证机关受理延期申请后，在经营许可证有效期满前作出准予延期决定的，经营许可证有效期自原经营许可证有效期截止日的次日起顺延 3 年。

十、建设项目管理

取得经营许可证的企业有新建、改建、扩建涉及危险化学品储存建设项目的，应按照《危险化学品建设项目安全监督管理办法》（国家安全监管总局令第 45 号）及市安全监管局《关于实施危险化学品建设项目安全审查有关工作事项的通知》（京安监发〔2012〕28 号）有关规定办理安全审查手续。

十一、定期公布与通报

（一）各区县安全监管局应当于每年 1 月 15 日和 7 月 15 日前向社会公布企业取得经营许可证的情况，并同时向同级公安、环保部门通报。

（二）各区县安全监管局应当将本行政区域内上一年度经营许可证的审批、颁发和监督管理情况于每年 1 月 15 日前报告市安全监管局。市安全监管局将按照有关规定于每年 1 月 31 日前将有关情况报告国家安全监管总局。

十二、网上申请办理要求

申请人应按照《危险化学品行政许可信息系统使用管理办法》的规定，通过北京市安全生产监管信息平台企业门户（http://210.75.218.101/ajjweb）中行政许可系统进行经营许可证申请。各区县安全监管局应按照规定使用危险化学品行政许可系统对经营许可证进行审批管理。

十三、监督管理

各区县安全监管局要严格按照国家和本市有关规定做好经营许可证审批、颁发工作，并按照《办法》的规定加强对经营许可证的监督管理，对于违反有关规定的危险化学品经营单位，要依据《办法》有关规定予以处理。市安全监管局将加强对经营许可证审批颁发工作的监督指导，不定期抽查并通报有关工作情况。

本通知实施前，市安全监管局已经受理的有关行政许可申请，继续办理完成。自本通知实施起，市安全监管局不再受理有关行政许可申请。

本通知自 2013 年 1 月 1 日起实施，市安全监管局于 2007 年 4 月 16 日修订的《北京市危险化学品经营许可证管理办法》（京安监发〔2007〕56 号）同时废止。

北京市安全生产监督管理局

2012 年 12 月 20 日

2012年国务院、国家安全监管总局制定的有关安全生产方面的法规、规章目录

行政法规及国务院文件

女职工劳动保护特别规定（国务院令第619号）

部门规章

危险化学品安全使用许可证实施办法（总局令第57号）

安全生产监管监察部门信息公开办法（总局令第56号）

危险化学品经营许可证管理办法（总局令第55号）

危险化学品登记管理办法（总局令第53号）

建设项目职业卫生“三同时”监督管理暂行办法（总局令第51号）

职业卫生技术服务机构监督管理暂行办法（总局令第50号）

用人单位职业健康监护监督管理办法（总局令第49号）

职业病危害项目申报办法（总局令第48号）

工作场所职业卫生监督管理规定（总局令第47号）

危险化学品建设项目安全监督管理办法（总局令第45号）

安全生产培训管理办法（总局令第44号）

危险化学品输送管道安全管理规定（总局令第43号）

2012年北京市制定或修订的有关安全生产方面的制度、标准、规范目录

规范性文件（5件）：

《北京市安全生产监督管理局办公室北京煤矿安全监察局综合办公室关于印发〈北京市生产安全事故应急预案管理办法〉的通知》（京安监办发〔2012〕8号）

《关于做好危险化学品生产企业安全生产许可证颁发管理工作的通知》（京安监发〔2012〕17号）

《关于实施危险化学品建设项目安全审查有关工作事项的通知》（京安监发〔2012〕28号）

《关于启用新版特种作业操作证并调整复审时限的通知》（京安监发〔2012〕53号）

《关于危险化学品经营许可证办理有关事项的通知》（京安监发〔2012〕68号）

标准（1件）

DB11/852.1—2012 地下有限空间作业安全技术规范

安全生产大事记

1月

1月9日 副市长苟仲文带队检查本市烟花爆竹零售网点和天然气加气站安全。市安全监管局副局长蔡淑敏、市质监局副局长张巨明、市市政市容委员会李献军等有关部门负责人参加检查。

同日 市安全监管局副局长唐明明带队对节日期间安全生产值守应急情况进行了检查。先后察看了值守人员在岗情况和车辆备勤情况，并提出了具体要求。

1月10日 市安全监管局副局长贾太保在京煤集团昊华公司培训中心主持召开了木城涧煤矿“11·30”娄海峻重伤事故调查分析研讨会。京煤集团昊华公司及各煤矿有关领导和相关负责人参加了会议。

同日 市安全监管局就新制定的《北京市京外特种作业操作证登记管理办法》和《北京市特种作业人员违章行为登记管理办法》召开新闻发布会。局新闻发言人、副局长蔡淑敏进行了新闻发布，副巡视员刘岩和有关单位负责人，一同参加了发布会。

同日 首农集团召开2012年安全工作会议，市安全监管局副局长陈清参加。

1月11日，市安全监管局副局长陈清出席昌平区召开的2011年度安全生产标准化总结暨2012年工作部署会，对2011年达标的76家企业颁发了证书和牌匾，全面部署了今年的安全生产工作。

1月12日，市安全监管局副局长常纪文主持召开了全市有限空间作业安全工作总结会，市发展改革委、市住房城乡建设委、市市政市容委、市水务局等22家行业主管部门、企业集团和培训机构负责人参加了会议。

同日 市安全监管局副局长陈清带队赴顺义区安全监管局，就安全生产标准化工作进行调研。

同日 市安全监管局副局长陈清带队，会同市广电局对广电行业安全生产工作进行重点检查。

1月13日 国务院召开了全国安全生产电视电话会议，北京市政府组织分会场会议，动员全市认真学习领会张德江副总理的重要讲话和全国安全生产电视电话会议精神，把有关要求迅速传达贯彻到基层单位和生产一线中去，主要领导要带头学习，亲自研究、亲自部署，切实把思想和行动统一到党中央、国务院的部署和要求上来。

1月16日 市安全监管局机关“2012年迎新春联欢晚会”隆重举行。市安全监管局机关全体干部、所属事业单位人员、退休老同志欢聚一堂，辞旧迎新，共庆佳节。

1月18日 市委召开区县委书记会议。市委书记刘淇指出，各区县、各部门、各单位要高度重视安全稳定工作，落实安全生产工作责任。要切实加强领导和协调监督，推动安全生产“护航”联合行动深入开展。要针对冬季及春节、“两会”安全生产特点，重点对燃气使用、危险化学品、地下空间、商场超市、轨道交通、电梯安全等领域进行专项执法检查，防范遏制重特大事故发生。

1月19日 副市长苟仲文带队对本市烟花爆竹零售网点和天然气加气站进行了安全检查。市安全监管局副局长蔡淑敏、唐明明，市质监局副局长张巨明、市市政市容委委员李楠，市公安局消防局防火部副部长臧桂丛等参加了检查。

1月20日 市安全监管局副局长常纪文组织局相关处室学习了新修订的《职业病防治法》，重点研讨了《职业病防治法》赋予安全监管部门的职责，以及下一步职业卫生重点工作。常纪文对2012年有限空间安全监管工作进行了布置。

同日 市安全监管局副局长贾太保带队到京煤集团昊华公司长沟峪煤矿就春节放假前后安全生产工作，春节期间安全维稳、应急值守情况进行了检查。

同日 国务院安委会办公室副主任、国家安全监管总局副局长孙华山率领国家安全监管总局、公安部、国家工商总局、国家质检总局组成的联合督查组，对北京市春节期间烟花爆竹安全工作进行了督导检查。副市长苟仲文、副秘书长周正宇全程陪同。市长郭金龙接见联合督查组，并就北京市安全生产工作特别是烟花爆竹安全生产工作交换了意见。市安全监管局、市公安局、市工商局、市质监局等北京市烟花爆竹安全管理领导小组主要成员单位有关领导参加了督导检查。

1月22日 市安全监管局局长张家明带队对本市烟花爆竹零售网点进行安全检查。

1月23日 市安全监管局副局长汪卫国带领局相关处室组成的检查组，对西城区大观园庙会和部分烟花爆竹零售点的安全生产情况进行了检查。

1月24日 市安全监管局副局长唐明明带领局相关处室组成的检查组，慰问了京煤集团昊华公司矿山救护队，并对门头沟区、石景山区的烟花爆竹零售网点、加油站的安全生产情况进行了检查。

1月25日 市安全监管局副巡视员刘岩带领局执法监察总队和预防中心组成联合检查组对海淀区节日期间安全生产工作进行检查。检查组共检查了2家商业零售企业和3家烟花爆竹零售网点。

1月26日 市安全监管局副局长常纪文带领局相关处室对东城区节日期间安全生产工作进行了检查。共检查了1家商场和3家烟花爆竹零售网点。

1月27日 市安全监管局副局长贾太保带队检查了房山区节日期间的安全生产。检查组共检查了1家商业零售企业和2家烟花爆竹批发零售网点。

1月28日 市安全监管局副局长陈清带队检查了丰台区节日期间的安全生产工作。

1月31日 市安全监管局副局长唐明明主持召开烟花爆竹回收工作部署会，提前部署正月十五24时停止销售经营活动后的烟花爆竹回收安全管理工作。监管三处，北京市烟花鞭炮有限公司、北京市熊猫烟花有限公司、北京市逗逗烟花爆竹有限公司3家企业相关负责人参加会议。正月十五24时，所有临时零售网点停止销售经营活动，同时全市烟花爆竹回收工作全面开始。所有回收工作在3日内全部完成。

同日 市安全监管局副局长唐明明带领局相关处室采取不打招呼的方式突查西城区、丰台区和朝阳区烟花爆竹零售网点安全管理工作，检查组共现场察看了3个区县13个零售网点的安全管理工作。

同日 市安全监管局副局长贾太保带队对北京昊华公司大安山煤矿复产验收工作进行了检查。同时，就企业安全文化和班组建设、创建“安全·和谐”班组工作进行了调研。

同日 市安全监管局副局长蔡淑敏主持召开《2012年北京市安全生产重点执法检查计划（讨论稿）》研讨会，研讨会分为局内处室和行业部门两个层面进行。

2月

2月1日 市安全监管局副局长常纪文与本市部分行业所属培训机构的负责人就创新培训工作进行了交流座谈。

2月2日 市安全监管局副局长贾太保带领局相关处室到昊华公司木城涧煤矿就企业安全文化和班组建设、如何创建“安全·和谐”班组工作进行了调研。

同日 市安全监管局副局长常纪文带领局相关处室负责人到市人力社保局调研培训工作情况。

2月3日 市安全监管局局长张家明主持召开专题会议，研究2012年安全生产宣传教育工作。副局长蔡淑敏等相关人员参加了会议。

同日 市安全监管局副局长常纪文带队对北京地铁运营公司安全生产培训情况进行调研，共同交流了地铁运营领域安全生产培训工作。

2月7日 市安全监管局副局长常纪文带队先后到北京地铁运营公司通号公司和机电公司进行调研，了解企业对员工的安全生产培训情况。

同日，市安全监管局副局长唐明明组织召开2012年事故调查重点工作部署会议。

2月8日 本市2012年春节期间烟花爆竹回收工作全部完成。据初步统计，全市12家批发企业共回收烟花爆竹3.2万箱，库存共12.7万箱。烟花爆竹批发企业正对回收的烟花爆竹产品进行清点分类，并将按标准入库储存。

2月10日 市安委会召开第一次会议，研究全市安全生产工作会议工作报告、2012年北京市安全生产重点执法检查计划和安全生产责任保险试点工作实施方案等工作。副市长苟仲文出席会议并讲话。市安委会成员单位和各区县政府、北京经济技术开发区管委会主管领导，以及部分新闻媒体的同志参加了会议。

同日 市安全监管局副局长唐明明带队检查3家专营单位烟花爆竹回收入库安全管理工作。

2月13日 市安全监管局副局长贾太保组织京煤集团昊华公司有关人员，召开了煤矿班组安全建设工作座谈会。参会人员就如何以创建“安全·和谐”

示范班组工作为抓手，发挥典型引路的作用，进一步加强班组安全建设等方面进行了座谈，并提出一些合理化建议。

2月14日 市安全监管局副巡视员刘岩带队对“第七届世界草莓大会”安全生产保障工作进行了检查。昌平区副区长周云帆及昌平区安全监管局等有关人员陪同检查。

2月16日 市安委会召开“2012年北京市安全生产大会”，总结2011年安全生产工作，表彰安全生产先进单位，部署2012年工作。副市长苟仲文出席会议并讲话。会上，市安委会副主任、市安全监管局局长张家明通报了全市安全生产工作情况，分析了面临的形势，部署了2012年重点工作。

同日 朝阳区安慧北里安园6号楼1201房间发生火灾事故。此起事故暴露出的出租房屋经纪机构经营行为安全管理问题，引起市领导的高度重视和各界的广泛关注。

2月21日 市安全监管局副局长贾太保主持召开了京煤集团昊华公司木城涧煤矿“11·30”重伤事故通报会。

2月22日 副市长苟仲文率领市委、市政府第六督查组，对市安全监管局落实全国“两会”维稳安保工作情况进行了督导检查。

市安全监管局副局长蔡淑敏从全市安全生产总体情况、全国“两会”保障工作、安全监管系统维稳工作、存在的问题和下一步工作措施等五方面全面汇报了落实全国“两会”维稳安保工作情况。

同日 市安全监管局召开2011年度领导班子和领导干部考核述职测评会。局领导班子成员、局机关全体干部、直属事业单位处级干部共99人参加会议。局党组书记、局长张家明主持会议并代表局领导班子述职。市委组织部市直干部处王美霞到会指导。

2月23日 市安全监管局会同市住房城乡建设委迅速组织召开全市建设施工安全生产紧急电视电话会议，通报怀柔“2·22”塔吊倒塌事故情况，紧急安排部署本市建设施工安全生产工作。市安全监管局副局长陈清出席会议并就加强本市建设施工安全生产工作提出具体工作意见。

同日 国家化学品登记中心到本市调研进口企业危险化学品登记工作情况，市安全监管局和朝阳区安全监管局有关人员陪同参加了调研。

同日 市安全监管局局长张家明带队对丰台区“两会”驻地周边生产经营单位进行了安全检查。

2月24日 在全国“两会”安全保障工作会议上，市长郭金龙强调，切实增强做好公共安全工作的紧迫感和责任感，认真抓好今年重点任务的落实，扎实做好全国“两会”安全保障工作。一要加强领导，落实责任；二要加强监管，查找隐患；三要加强协调，形成合力。

2月25日 市安全监管局副巡视员刘岩带队检查了通州区安全生产培训中心电工实操考场、理论计算机考点的考试情况，详细了解了特种作业人员安全技术考核收费标准的贯彻落实情况。

2月27日 市安全监管监察系统2012年党风廉政建设大会在中环办公楼新闻发布厅召开。会议的主要任务是深入学习贯彻中央纪委十七届七次全会、市纪委十届八次全会暨全市党风廉政建设工作会议的精神，研究部署党风廉政建设和反腐败工作。局机关全体干部和局属事业单位中层以上干部，各区县安全监管局纪检组长或负责纪检监察工作的领导，共160余人参会。

2月28日 国家安全监管总局监管四司司长欧广带队到本市朝阳和顺义两区调研标准化工作，市安全监管局局长张家明陪同调研。

同日 市安全监管局召开全市安全监管系统视频会，对2012年危险化学品安全生产和反恐怖工作，重点是“两会”安全保障工作进行了全面部署。

同日 市安全监管局副局长常纪文带队赴密云县北京紫云腾中药饮片有限公司、中央储备粮北京密云直属库进行了调研。

同日 市安全监管局召集东城、西城、朝阳、海淀、丰台、石景山及顺义7个区安全监管局，对本市全国“两会”安全生产保障工作进行了再动员、再部署。

同日 市安全监管局副局长唐明明组织召开烟花爆竹工作座谈会，对2012年春节烟花爆竹工作进行小结，并对2013年春节烟花爆竹工作进行展望和筹划。

同日 市安全监管局副局长贾太保会同市国土局、市环保局相关负责人，到金隅集团北京水泥厂凤山矿进行了调研。实地察看了矿石开采、调度指挥中心建设及运输道路整治等情况。

2月29日 市安全监管局副局长陈清主持召开会议，针对朝阳区“2·16”出租房屋火灾事故，专题研究出租房屋经纪机构经营行为安全管理工作。市住房城乡建设委、市流管办、市公安局消防局、市公安局人口管理总队、市公安局治安管理总队、市工商局等部门相关负责人参加了会议。

同日 市安全监管局召开了第1次理论中心组学习扩大会议。局党组副书记、副局长蔡淑敏主持会议。局机关和直属事业单位的处级干部，约100人参加了会议。

3月

3月3日 北京市安全生产培训日暨安全生产全员大培训行动计划启动仪式在北京经济管理职业学院隆重举行。市安全监管局副局长蔡淑敏、常纪文，北京经济管理职业学院党委书记赵永平、副院长谢朝斌，中国环境出版有限责任公司董事长王新程出席启动仪式。

3月5日 市安委会办公室转发《国务院安委会办公室关于认真贯彻落实中央领导重要批示精神，进一步加强安全生产工作的通知》，要求各区县安委会，市安委会各成员单位和有关单位，进一步增强做好安全生产工作的责任感和使命感，坚决遏制重大恶性事故的发生，确保全国“两会”期间安全稳定。

3月6日 市安全监管局副局长常纪文带领局相关处室到门头沟区调研职业卫生和有限空间安全生产工作。

3月7日 市安全监管局副局长陈清主持召开了“2·27”地铁10号线停运事故调查工作专题会议。

同日 市安全监管局副局长贾太保

带队到房山区周口店镇立马水泥厂调研非煤矿山安全生产工作。

3月8日 市安全监管局副局长陈清带队检查了北汽集团所属伟世通空调有限公司，听取了“两会”安全保障工作汇报，征求了推进安全生产标准化工作的意见建议。

3月9日 国家安全生产应急救援指挥中心党组副书记、纪委书记张平远带队到市安全监管局调研，指导应急管理工作。市安全监管局副局长蔡淑敏、唐明明及局相关处室和直属事业单位负责人参加了调研。

3月10日 市市政市容委、市安全监管局、市商务委和丰台区政府在丰台区万丰路联合举办了“做文明有礼的北京人，燃气安全在我身边，走进丰台餐饮企业”主题宣传活动。

3月12日 市安全监管局“会前学法”专题讲座正式开始，局法制处处长杨春雪就《最高人民法院关于进一步加强危害生产安全刑事案件审判工作的意见》进行了解读。

3月14日 市安全监管局副局长贾太保带领局相关处室负责人到河北省迁安市，对首钢矿业公司安全生产工作进行调研督导。

3月15日 市安委会办公室转发国务院安委会办公室和国家安全监管总局关于重大事故情况通报有关文件，将《国务院安委会办公室关于贵州省遵义市“2·18”重大道路交通事故情况的通报》（安委办〔2012〕7号）、《国务院安委会办公室关于山西晋城“2·25”重大道路交通事故情况的通报》（安委办〔2012〕10号）和《国家安全监管总局关于鞍钢集团公司重型机械有限责任公司“2·20”喷爆重大事故的通报》（安监总管四〔2012〕28号）转发至各区县安委会和有关成员单位，要求深刻汲取事故教训，切实把各项责任落实到位，加强安全生产隐患的排查治理，坚决防范和遏制各类事故尤其是重特大事故的发生。

3月16日 国家安全监管总局召开全国职业卫生监管工作视频会，市安全监管局副局长常纪文及局相关处室负责人参加了北京分会场的视频会议。

3月20日 市安全监管局副局长陈清带领局相关处室赴京港地铁公司，专题反馈安全生产管理调研工作意见。

同日 市安全监管局副局长贾太保带领局相关处室有关人员到京煤集团昊华公司木城涧煤矿，对煤矿隐患排查信息系统运行情况进行调研。

3月21日 市安全监管局局长张家明应邀做客城市服务管理广播“说民生、汇民意，市民对话一把手”直播访谈节目，就本市安全生产工作与市民进行交流，并现场回答市民提出的问题。

同日 市安全监管局召开2012年安全生产执法监察工作会议。会议回顾了2011年全市安全生产执法监察工作，部署了2012年全市执法监察工作任务。市安全监管局副局长蔡淑敏出席会议并作题为《恪尽职守 砥砺奋进 全力推进安全生产执法监察工作再上新台阶》的工作报告。西城、朝阳、通州、昌平4个区县结合区域特点进行了经验交流。

同日 市安全监管局预防中心组织召开北京市安全生产技术支撑中心实验室建设专家论证会。专家组由中国疾控中心、市劳保所、首都经贸大学及专业实验室设计单位的实验室专家组成，组长由中国疾控中心闫慧芳研究员担任。论证会由预防中心主任贾秋霞主持，市安全监管局副巡视员刘岩出席会议并讲话。

3月22日 市安全监管局副巡视员刘岩主持召开全市特种作业考核管理工作会，全面部署2012年工作任务。各区县安全监管局主管特种作业考核管理工作的负责人和全市63家特种作业考试承担机构负责人参加了会议。

同日 市安全监管局副巡视员刘岩主持召开全市京外特种作业操作证和特种作业人员违章行为登记工作会，动员部署两项登记工作。

3月23日 市安全监管局组成竣工验收专家组，对首都经贸大学承建的北京市安全生产技术支撑体系专业中心矿山安全实验室项目进行竣工验收。

同日 市安全监管局、北京煤监局组织召开全市矿山安全生产工作暨建设“安全健康·绿色和谐”矿山推进会。局长张家明出席会议并讲话。

同日 市安全监管局联合市委宣传部召开全市安全生产宣传工作会议，全面部署2012年安全生产宣传工作。国家安全监管总局宣教中心主任裴文田、市安全监管局局长张家明、副局长蔡淑敏、市委宣传部宣传处处长荣大力出席会议并讲话。

3月24日 市安全监管局副巡视员刘岩带队检查了北京昊华公司理论计算机考点，并与考点单位有关负责人座谈。

3月27日 市安全监管局副局长常纪文主持召开了2012年有限空间安全监管工作会，市发展改革委、市住房城乡建设委等9个行业主管部门，市电力公司、市燃气集团等13个企业集团及4家特种作业培训机构主要负责人，17个区县安全监管局负责人参加了会议。

同日 市安全监管局副局长常纪文主持召开了全市职业卫生工作会，对职业卫生工作进行了全面总结和重点部署。

同日 市安全监管局在北京会议中心召开2012年全市安全生产培训工作会议。会议学习贯彻了《安全生产培训管理办法》（国家安全监管总局令第44号），总结交流近年来安全生产培训工作经验，安排部署2012年安全生产培训工作任务。

3月28日 交通运输部、公安部、国家安全监管总局联合召开“道路客运安全年”活动动员部署工作会。交通运输部副部长冯正霖、公安部副部长黄明、国家安全监管总局副局长王德学出席会议并讲话，全面动员部署“道路客运安全年”活动。市交通委、市公安局交管局、市安全监管局及各区县相关部门负责参加了会议。

同日 国家安全监管总局统计司副巡视员丁崑以及调度室处长彭成等一行5人，到市安全监管局指导“12350”举报投诉工作。

3月29日 市安全监管局举办了理论中心组（扩大）第2次集体学习，局党组中心组成员、局（煤监局）机关干部和直属事业单位的处级干部，约100人参加了会议。

同日 市安全监管局副局长陈清带领局相关处室负责人，深入朝阳区潘家园社区督促检查沼气池隐患整治情况。朝阳区安全监管局、朝阳区潘家园街道办事处负责人参加检查并汇报了该项隐患整改进展情况。

同日 市安全监管局召开2012年全市安全监管系统危险化学品和烟花爆竹安全管理工作会，全面研究和部署2012年危险化学品和烟花爆竹行政许可、安全生产标准化、安全专项整治等工作。

3月30日 市安全监管局在北京会议中心召开了本市生产安全事故调查处理暨应急管理工作会议，对2011年本市安全生产应急管理工作进行了总结，并对2012年重点工作进行了部署，市安全监管局副局长唐明明参加会议并讲话。

3月31日 市安全监管局副局长贾太保主持召开会议，就国家安全监管总局等5部门下发的《关于进一步加强尾矿库安全监督管理工作的指导意见》（安监总管一〔2012〕32号）进行学习，并提出贯彻落实意见。

4月

4月5日 国家安全监管总局召开全国安全生产标准化建设推进会，会议总结了近年来全国各地标准化建设情况，对下一步工作提出了意见。市安全监管局副局长陈清参加会议并就本市标准化建设情况作了大会发言。部分省市、企业单位介绍了标准化建设的典型经验和做法。

4月8日 市安全监管局在北京军区招待所启动了2012年第一期安全监管监察系统全员军训工作，来自市局机关各处室和直属事业单位、区（县）安全监管局的89名安全监管干部参加了本期军训。市安全监管局副局长蔡淑敏出席并讲话。

4月9日 市安全监管局局长张家明主持召开专题会议，研究安全生产宣传工作。副局长蔡淑敏、局相关处室和直属事业单位负责人参加了会议。

4月10日 市安全监管局副局长陈清带队先后对房山区、西城区商（市）场及废品回收站点消防安全专项整治工作进行督导检查。市安全监管局、市公安局消防局有关负责人参加了督导检查。

同日 北京煤监局组织召开了2012年深化京西煤矿安全生产保障行动重点工作推进会，会议由副局长贾太保主持。会上学习了《关于继续深化京西煤矿安全生产保障行动切实做好2012年煤矿安全生产重点工作的通知》（京安监发〔2012〕14号）文件精神。

4月11日 市安全监管局副局长陈清出席顺义区创建国家安全生产标准化建设动员部署会并讲话。会议传达贯彻了《顺义区创建国家安全生产标准化建设示范城市工作方案》，部署和安排了安全生产标准化建设的重点任务和工作措施，全面启动示范城市创建工作。

同日 国家安全监管总局聘请有关专家对首钢矿业公司杏山铁矿露天转地下安全设施进行竣工验收。市安全监管局副局长贾太保参加验收。

4月12日 国家安全监管总局副局长孙华山带队到本市昌平区调研安全生产标准化工作。市安全监管局局长张家明、副局长陈清及局相关处室负责人参加调研。昌平区委、区政府有关领导陪同调研。

4月13日 市安委会召开工作会议，通报第一季度全市安全生产情况，分析安全生产形势，研究部署安全生产“护航”

行动。会议由市政府副秘书长戴卫主持，市安委会成员单位和各区县政府、北京经济技术开发区管委会主管领导，有关部门和单位负责同志，以及部分新闻媒体参加了会议。

4月16日 市安全监管局副局长陈清主持召开2012年度安全生产监管工作会议，贯彻落实国务院和市委、市政府有关文件和全市安全生产工作会议精神，全面总结回顾2011年安全生产综合监管工作，安排部署2012年行业领域安全生产监管工作任务。市发展改革委、市住房城乡建设委、市市政市容委等31个部门有关负责人及市安全监管局相关处室负责人参加了会议。

4月17日 市安全监管局局长张家明主持召开专题研究安全生产技术支撑实验室建设工作。市安全监管局副巡视员刘岩，局相关处室和直属事业单位负责人，以及市劳保所专家参加了会议。会上，市安全监管局预防中心汇报了技术支撑实验室建设方案，重点介绍了实验室设计的基本原则、平面布置、主要设施、专家论证意见，以及实验室发展计划等内容。

同日 市安全监管局召开新闻发布会，局新闻发言人、副局长蔡淑敏对市政府办公厅《关于进一步加强企业生产经营建设上下游环节安全生产工作指导意见》进行了通报发布。

4月18日 中国职业健康协会理事长张宝明带队到房山区琉璃河水泥厂和太行前景水泥厂调研职业卫生工作。市安全监管局局长张家明、副局长常纪文，市安全生产协会会长丁镇宽及房山区政府和区安全监管局有关人员陪同。

同日 市安全监管局副局长常纪文带队对昌平区和海淀区有限空间作业单位安全生产情况进行了检查。

4月19日 国家安全监管总局召开《职业病防治法》宣贯视频会。市安全监管局副局长蔡淑敏、常纪文，局相关处室和直属事业单位及5个区县的有关人员参加了会议。

同日 市安全监管局副局长贾太保带队到密云县首云铁矿、云冶铁矿调研了“安全·和谐”矿山建设推进工作，并进行了座谈。

同日 国务院安委会办公室在北京市组织召开京、津、冀、晋、蒙、鲁、辽七省（自治区、直辖市）危险化学品道路运输安全监管省际联席会议第二次会议。国务院安委会办公室副主任、国家安全监管总局副局长孙华山出席会议并讲话；市政府副市长苟仲文致贺词；市安全监管局局长张家明代表市安委会介绍北京市危险化学品安全管理工作情况，并对下一步七省（自治区、直辖市）危险化学品道路运输安全监管省际联席工作提出新的构想。

孙华山和与会代表还参观了北京石油交易所，对危险化学品实行“集中销售、专门储存、统一配送”管理，实现危险化学品道路运输安全监控省际合作等进行实地考察。

4月20日 市安全监管局副局长蔡淑敏主持召开安全生产执法信息系统工作会。各区县安全监管局主管领导，市安全监管局相关处室和直属事业单位负责人参加了会议。

同日 市安全监管局副局长常纪文主持召开市安委会成员单位安全培训工

作座谈会，与会人员重点介绍了本部门安全培训工作的开展情况及面临的突出问题，并就市安委会办公室研究起草的《北京市安全生产全员大培训行动计划（2012—2015年）》和《2012年北京市安全生产全员大培训行动计划实施方案》进行了讨论，提出了意见和建议。

同日　市安全监管局副局长蔡淑敏主持召开安全生产执法信息系统工作会。各区县安全监管局主管领导，市安全监管局相关处室和直属事业单位负责人参加了会议。

4月21日　市安全监管局副巡视员刘岩带队检查了北京市大兴区第二职业学校理论计算机考点，了解考务组织情况，听取区县、考点和部分考生的反馈意见。

4月23日　市政府办公厅召开了全市地下空间综合整治工作会议，副市长刘敬民出席会议并讲话。市地下空间综合整治工作协调小组成员单位主管领导和联络员，各区县政府主管领导、区县住房城乡建设委主任（房管局局长）、区县民防局局长等参加会议。

同日　市安全监管局、北京煤监局联合市发展改革委对京煤集团昊华公司所属煤矿开展了“五一”前安全生产大检查。

4月24日　市安全监管局局长张家明带队，组成调研组前往江苏省无锡市安全监管局和上海市安全监管局调研“安责险”有关工作，并参加上海市安全监管局主办的第四届直辖市安全论坛。

同日　市安委会办公室将国务院安委会办公室关于2012年3月发生的两起重大交通事故情况的通报转发至各区县安委会、市安委会有关成员单位，要求深刻汲取事故教训，切实把各项责任落实到位，加强安全生产隐患的排查治理，坚决防范和有效遏制重特大事故的发生。

4月26日　市委组织部、市安全监管局和市委党校联合举办全市安全生产专题培训班，副市长苟仲文出席结业式并作重要讲话。

4月28日　由国家安全监管总局、国际劳工组织主办，国家安全监管总局宣教中心、国际劳工组织中国和蒙古局、市安全监管局、顺义区政府共同承办的2012年“世界安全生产与健康日”纪念活动在京隆重举办。国家安全监管总局副局长孙华山出席活动并讲话，北京市副市长苟仲文、国际劳工组织中国和蒙古局局长霍百安分别致辞，法国使馆参赞罗妮卡代表驻华使馆作了发言。

同日　被誉为“世界电影嘉年华”的第二届北京国际电影节落下帷幕。按照市政府的工作要求，市安全监管局成立专项安全生产保障工作领导小组，局长张家明担任组长，执法监察总队抽调专人组成检查组，并邀请多名专家参与本次保障工作。

4月29日　市安全监管局副局长陈清带队对石景山万达广场商业管理有限公司“五一”节日期间安全生产工作进行检查。

4月30日　市安全监管局副局长贾太保带队对京煤集团昊华公司“五一”节日期间安全生产工作进行检查。

5月

5月1日　市安全监管局副局长汪卫国带队对北京复兴商业城、北京国华商场“五一”节日期间安全生产工作进行检查。

5月3日 市科委副主任伍建民带领市科委社发处一行5人到市安全监管局就安全生产科技需求、重大科技项目立项等内容开展调研。市安全监管局副局长常纪文、唐明明及局相关处室负责人，科研机构代表参加了座谈。

同日 市安全监管局召开了矿山物联网建设标准座谈会。

同日 市安全监管局副局长唐明明组织召开会议，听取了市区两级安全生产预警调度平台和应急管理物联网建设工作情况，重点就应急管理物联网建设需求和分级预警响应标准进行了研究，并明确了下一阶段重点工作任务和具体落实措施。局相关处室和直属事业单位有关人员，市劳保所和东方正通科技有限公司等有关专家参加会议。

5月4日 市安全监管局召开全市安全监管系统视频会，邀请国家安全监管总局职业安全卫生研究所所长马骏讲解了《职业病防治法》。

同日 市安全监管局召开会议，落实市委办公厅、市政府办公厅《“科技北京”行动计划2012年折子工程》中，关于市安全监管局负责5个大项的工作任务。

5月8日 市政府召开“打非治违”专项行动电视电话会议。会议指出，2012年安全生产领域“打非治违”工作，一是坚决刹住新的违法建设，二是在区域上要把城乡结合部作为重点。

5月9日 市市政市容委在大兴区培训中心开展了市政系统有限空间作业大比武，共有43支队伍251人参加了大比武。

同日 市安全监管局召开会议，研究部署北京市贯彻落实《安全生产监管部门和煤矿安全监察机构监管监察能力建设规则（2011—2015）实施方案》。

5月9日至10日 全国安全生产宣传工作会议暨安全文化建设现场会在甘肃省金川集团召开。国家安全监管总局副局长杨元元出席会议并讲话，国家安全监管总局总工程师黄毅主持会议并作总结。市安全监管局副局长贾太保作了会议发言。北京顺鑫集团、北京地铁运营公司、京煤集团昊华公司、京煤化工等相关部门和企业的代表参加了会议。

5月10日 副市长苟仲文召开市安全生产“打非治违”专项行动领导小组第一次会议，研究“打非治违”专项行动领导小组及办公室工作制度和“打非治违”1号行动方案。市安全监管局局长张家明、副局长陈清，市国土局、市监察局、市规划委、市农委、市工商局、市公安局和供电公司、自来水公司等主管领导参加会议。

同日 市安全监管局理论中心组（扩大）举行第3次集体学习，局党组中心组成员、局（煤监局）机关干部和局直属事业单位的处级干部，约80人参加。副局长汪卫国主持。

同日 市安全监管局副局长常纪文带领局相关处室到丰台区安全监管局调研安全生产监管监察能力建设工作，并召开了座谈会。

5月11日 市安全监管局副局长陈清会同市交通委、市交通委运输局等部门，赴地铁运营公司就“2·27”地铁10号线停运事故调查工作情况及有关工作意见进行专题反馈。

同日 市安全生产“打非治违”专项行动领导小组召开第二次会议，研究部署“打非治违”工作。副市长苟仲文出席会议并作重要讲话，市安全监管局局长张家明、副局长陈清和各区县政府主管领导参加会议。

5月12日 市应急办在大兴区南海子公园举办北京市2012年防灾减灾日主题宣传活动。市长郭金龙和武警部队、北京卫戍区等领导作了重要讲话，为北京武警总队地震灾害应急救援队举行了授旗、揭牌仪式，并现场发布了本市社区防灾减灾电子地图。市安全监管局局长张家明陪同市领导检阅了应急救援队伍，观看了应急装备展示。京煤集团昊华公司、燕化公司安全生产应急救援队伍66名队员现场展示，并接受领导检阅。

5月14日 市安委会办公室将国务院安委会办公室关于2012年4月发生的两起重大道路交通事故情况的通报予以转发，要求市安委会有关成员单位、各区县安委会，结合实际情况，深刻汲取事故教训，举一反三，采取有效措施，认真排查治理安全隐患，严厉打击非法违法行为，坚决遏制重特大事故的发生。

同日 市安委会办公室转发《国务院安委会办公室关于印发工程建设领域预防施工起重机械脚手架等坍塌事故专项整治工作方案的通知》（安委办函〔2012〕25号），要求市住房城乡建设委、市交通委、市水务局、市质量技术监督局、北京铁路局、华北电监局、市南水北调办及各有关单位加强领导，落实责任，认真贯彻落实文件精神。

同日 市安全监管系统第一期处级干部现代管理高级研修班，在清华大学举行。市安全监管局副局长蔡淑敏作了开班动员，清华大学继续教育学院副院长孟至和为开学典礼致辞。44名来自市安全监管局机关（北京煤监局）、各区县安全监管局处级干部和直属事业单位处级领导及局副处级后备干部参加了培训。

5月15日 市安全监管局副局长常纪文带队到区县调研安全生产监管能力建设情况，就乡镇街道安全监管机构和队伍建设情况深入卢沟桥乡、西潞街道办事处、林校路街道办事处等进行调研。

同日 市安全监管局副巡视员刘岩带队赴平谷区安全监管局调研京外特种作业操作证登记和特种作业人员违章行为登记工作。

同日 国家煤矿安全监察局副局长黄玉治带队到京煤集团昊华公司大台煤矿进行调研，了解采煤方法、生产工艺和安全生产情况，并与煤矿负责人进行了座谈。市安全监管局副局长贾太保、京煤集团总经理阚兴、昊华公司董事长耿养谋参加了调研。

5月16日 市安全监管局副巡视员刘岩带队赴顺义区安全监管局调研京外特种作业操作证登记和特种作业人员违章行为登记工作。

5月17日 市国资委组织召开国有企业“打非治违”专项行动部署会，传达市长郭金龙重要指示精神，通报朝阳“5 · 5”事故情况，进一步动员部署国有企业“打非治违”专项行动。

同日 市安全监管局副局长蔡淑敏带队到海淀区中华世纪坛，对2012年北京市安全生产月宣传咨询日暨“护航”

联合行动第二战役启动仪式主会场进行实地考察。

5月18日 市安全监管局副局长唐明明组织召开会议，听取了市区两级预警调度平台建设工作进展情况汇报，专题研究四大领域物联网建设应急标准及监测预警分级响应标准制订工作。中国安科院矿山所、市劳保所、东方正通科技有限公司等有关专家参加会议。

5月20日 京煤集团昊华公司召开了安全生产紧急会，分析4月26日长沟峪煤矿发生的1人死亡事故和5月16日大安山煤矿发生的3人受伤涉险事故的原因，采取有效措施，全力防范各类生产安全事故。

5月22日至27日 市安全监管局完成第十五届科博会接待任务。根据市委、市政府统一部署，市安全监管局负责接待新疆和田地区代表团。

5月23日 市交通安委会办公室、市安全监管局、市交通委运输局、市交通执法总队联合召开全市道路交通安全工作会议，深刻汲取“5·13”怀柔重大道路交通事故教训，全面部署本市“道路客运安全年”各项活动，进一步强化道路客运企业安全管理，坚决遏制重特大道路交通事故发生。各区县公安交通支大队、交通运输管理处（局）和安全监管局主管领导以及公交运输、旅游客运、省际客运、大中型客车租赁企业负责人500余人参加了会议。

同日 中华实战管理学院执行院长，清华大学特聘高管培训顾问董京华在市安全监管局为全体干部作了公务员职业道德专题报告。

同日 市安全监管局副局长陈清带队到顺义区对工业企业物联网示范企业的选取标准、建设模式、市区两级预警平台开发应用以及设备运行维护等问题进行调研。

同日 市安全监管局副局长唐明明带队赴市公安局消防局大兴培训中心，就进一步加强危险化学品突发事故应急救援现场指挥、日常协作和信息互通方面的问题，与市消防局有关领导同志进行了交流，双方达成合作共识。

5月23日至24日 市安全监管局副局长常纪文带队对本市有限空间安全生产情况进行日夜连查行动，市发展改革委、市住房城乡建设委、市市政市容委、市通信管理局和北京电视台、城市服务管理广播等新闻媒体参加了检查。

5月24日 市安全监管局局长张家明主持召开全市安全监管系统汛期安全生产工作视频会。

同日 市安全监管局副局长陈清带队，对大兴区政府贯彻落实市委、市政府《关于进一步加强首都安全生产工作的实施意见》（京发〔2011〕20号）的情况进行督导检查。

5月24日至25日 全市职业卫生监管干部培训班在北京经济干部管理学院举行。各区县安全监管局主管领导及有关人员参加了培训。

5月25日 市旅游委召开全市旅游行业安全生产月暨“一日游”市场秩序夏季专项治理工作动员部署大会。市旅游委主任鲁勇、副主任于德斌、市安全监管局副局长陈清出席会议并讲话。市应急办、市公安局消防局、市公安局治安总队有关负责同志及各区县旅游委、全市星级饭店、A级旅游景区、旅行社等1200家单位的相关负责人参加了会议。

5月26日 市安全监管局副巡视员刘岩带队巡视了北京市通州区安全生产培训中心理论计算机考点，并与通州区安全监管局有关负责人，就特种作业考试管理系统、“教考分离”等问题进行了探讨和交流。

5月28日至6月1日 由商务部和北京市共同主办的首届中国（北京）国际服务贸易交易会在北京国家会议中心举行，国务院总理温家宝出席开幕式并发表演讲。首届京交会累计参会人数超过10万人次，展览面积5万余平方米，1721家中外企业参展，举办了130场论坛、洽谈等活动，成交项目458个，成交额达601.1亿美元。按照市政府的要求，市安全监管局成立了以局长张家明为组长的安全生产保障工作领导小组，制定专项方案，对本次活动进行安全保障。

5月29日 市安全监管局副局长蔡淑敏主持召开北京市安全生产月活动协调工作会议，研究部署2012年安全生产月有关工作。

同日 市安全监管局副局长常纪文带领局相关处室负责人到通州区调研安全监管装备配备情况。

5月29日至30日 市安全监管局会同市发展改革委、市国土局、市国资委、市环保局等部门，对京煤集团昊华公司长沟峪煤矿、木城涧煤矿开展了煤矿企业专项执法行动。

5月30日 由市安全监管局副局长蔡淑敏带队，会同市监察局、市住房城乡建设委、市商务委、市旅游委、市总工会、市公安局消防局等部门，对西城区开展为期3天的安全生产集中执法检查。

5月31日 本市召开2012年安全生产月活动动员部署电视电话会议，对全市安全生产月活动进行部署。副市长苟仲文出席会议并讲话。

6月

6月1日 市安全监管局副局长常纪文带队对城区主要街道有限空间安全生产工作进行了检查。

同日 昌平区举行2012年安全生产月活动启动暨“北京平安艺术团”揭牌仪式，市安全监管局副局长蔡淑敏致辞并为“北京平安艺术团”揭牌。

6月4日 市安全监管局局长张家明带队到密云县首云铁矿检查矿山安全防汛工作。

6月5日 市安全监管局局长张家明带队对大兴区2家危险化学品生产经营企业的汛期安全生产工作进行了检查。

同日 市安全监管局副局长贾太保带队，对朝阳区政府贯彻落实市委、市政府《关于进一步加强首都安全生产工作的实施意见》（京发〔2011〕20号）的情况进行督导检查。

6月7日 市安全监管局副局长汪卫国带队，对市文化局贯彻落实市委、市政府《关于进一步加强首都安全生产工作的实施意见》（京发〔2011〕20号）的情况进行督导检查。

6月8日 市安全监管局局长张家明带队赴市市政市容委专题研究燃气经营使用安全监管问题。市市政市容委主任陈永、副主任柴文忠及委办公室、燃气办、应急处、宣传处负责同志参加会议。

6月9日 北京市安全生产月宣传咨询日暨“护航”联合行动第二战役启动仪式在中华世纪坛隆重举行。国家安全监管总局局长杨栋梁，北京市市长郭金龙，国家安全监管总局副局长杨元元，国家煤矿安全监察局副局长李万疆，北京市副市长苟仲文，市政府秘书长孙康林出席活动。市安全生产月活动组委会、市安委会有关成员单位、各区县政府主要领导出席了当天的活动。

6月10日 昌平区2012年安全生产月咨询日活动暨安全文化主题公园揭牌仪式在昌平永安公园举行。市安全监管局局长张家明，昌平区区长金树东，副区长孙启出席活动。

6月11日 国家安全监管总局副局长王德学带队调研本市矿山企业安全生产及防汛工作，副市长苟仲文、市安全监管局局长张家明、副局长陈清和贾太保等陪同。

6月12日 市安全监管局在密云县召开了“安全·和谐”矿山建设推进工作座谈会，副局长贾太保参加会议并讲话。

6月13日 市安全监管局副局长唐明明主持召开会议，研究煤矿、非煤矿山企业物联网建设标准编制工作。市安全监管局相关处室和直属事业单位负责人，中国安科院矿山所、市劳保所有关专家参加了会议。

同日 市安全监管局副局长汪卫国带领局相关处室和直属事业单位负责人，赴天津市调研安全生产行政审批改革工作。

6月13日至14日 市安全监管局副巡视员刘岩带队对丰台区、朝阳区、经济技术开发区和西城区部分在建工地进行了特种作业安全专项检查。

6月14日 北京地铁运营公司安全生产月系列活动之“安全与责任”演讲比赛决赛在古城车辆段拉开帷幕。市安全监管局副局长陈清、市国资委副巡视员谢忠胜以及市交通委、市交通委运输局有关领导莅临现场。演讲比赛评选出一等奖2名，二等奖4名，三等奖9名，优秀奖10名。

6月15日 由市安全监管局、市文化局联合主办，通州区安全监管局、文化委承办的北京市安全文艺基层巡演活动，在通州举行首场演出。市安全监管局副局长蔡淑敏，市文化局巡视员叶重辉、通州区副区长肖志刚出席活动并观看演出。

6月15日 市安全生产“打非治违”专项行动领导小组召开扩大会议，总结全市“打非治违”工作进展情况，研究部署“打非治违”2号行动及有关工作。副市长苟仲文出席会议并讲话。

6月16日 市安全监管局与北京石油化工学院战略合作框架协议签约仪式在北京石油化工学院隆重举行。市委常委、市教工委书记赵凤桐，副市长苟仲文出席了签约仪式。市安全监管局局长张家明与北京石油化工学院院长郭文莉分别在合作框架协议上签字并致辞。

6月19日至21日 国家安全监管总局安全培训专项督查组一行6人，在国家煤矿安全监察局行管司副巡视员王素锋的带领下，对本市安全培训工作进行了督导检查。市安全监管局副局长贾太保、常纪文等先后陪同检查。

6月20日 首农集团在三元食品工

业园举行冷冻机氨泄漏疏散演练，市安全监管局副局长陈清出席了演练活动。

6月20日至21日 市安全监管局副局长常纪文带队对全市有限空间安全生产情况开展了第二次日夜连查行动，市住建城乡建设委、市水务局参加了检查。

6月21日 市安委会办公室将国务院安委会办公室关于5月份发生的11起盲目施救导致较大事故多发情况的通报转发至市安委会有关成员单位、各区县安委会，要求有效防范和坚决遏制重特大事故的发生。

同日 市安全监管局副局长贾太保在京煤集团昊华公司长沟峪煤矿主持召开了长沟峪煤矿“4·26”顶板事故和大安山煤矿“5·16”较大涉险事故通报会。

同日 市生产安全事故应急指挥部办公室在北京燕山石化公司组织开展北京市安全生产综合应急演练。国家安全生产应急救援指挥中心副书记张平远、市安全监管局局长张家明、市公安局消防局副局长武志强和市应急办、市环保局有关领导到场指导观摩。

同日 市纠风办督导二组领导参加市安全监管局民主评议基层站所座谈会，市纪委纠风室副主任孙利清同志应邀参会，市安全监管局副局长蔡淑敏主持会议。

6月26日 昌平区安全监管局联合区消防支队、区市政市容委共同组织开展了第一届“安康杯”危险化学品安全生产技能比武大赛。市安全监管局副局长唐明明及局相关处室负责人赴现场进行了观摩指导。

同日 市安委会召开工作会议，通报全市安全生产情况，部署北京市委第十一次党代会安全保障等安全生产工作。副市长苟仲文出席会议并讲话。

6月27日 市安全监管局副局长常纪文带队到市煤气工程公司进行了安全检查。

同日 市安全监管局召开市区两级应急调度平台建设工作会议，对平台建设工作进行了总结。副局长唐明明参加了会议，听取了工作汇报，并对整体建设工作进行了部署。

6月28日 市安全监管局副局长唐明明主持召开北京市危险化学品集中管理体系建设工作推进会，研讨集中管理体系信息平台建设相关工作。

同日 市安全监管局副局长陈清带队赴北京经济技术开发区，对京东方科技公司第5代生产线和第8.5代生产线燃气使用安全情况进行了检查。

同日 市安全监管局副局长贾太保带队对京煤集团昊华公司深化京西煤矿安全生产保障行动“十项重点工作”开展情况和上半年安全生产工作进行了督导检查。

6月29日 市安全监管局副局长常纪文约谈了市通信管理局等相关行业部门有关负责人，北京养护集团、北京时代互通电信工程有限责任公司、北京市政建设集团有限责任公司、北京信息基础设施建设股份有限公司、北京市合力电信集团、光环电信集团等有限空间违章作业单位主管领导。

7月

7月2日 全市17个区县安全监管局新上岗的157名安全监管干部在北京

安全生产教育培训基地参加了安全生产监管执法资格培训班。

同日 按照市安全监管局与北京石油化工学院战略合作框架协议的有关要求，第一期危险化学品安全监管人员培训班，在北京石油化工学院举行了开班仪式。

7月3日 市安全监管局副局长唐明明主持召开会议，研究各行业领域物联网建设标准和初步设计方案编制工作。局相关处室和直属事业单位以及项目承建单位负责人参加了会议。

7月5日 市安全监管局副局长蔡淑敏带队赴丰台园博园检查安全生产工作。丰台区副区长李军会及园博办、丰台区安全监管局等有关人员参加了检查。

同日 国家电监会在京召开2012年电力监管工作（北京）座谈会，国家电监会党组书记、主席吴新雄，市委副书记、常务副市长吉林出席会议并作指示，本市有关部门负责人应邀参加。市安全监管局局长张家明参加会议。

7月6日 市安全监管局副局长蔡淑敏组织召开网站信息更新工作专题会，就如何做好网站信息更新工作提出了要求，同时，也对迎检工作进行了部署。

同日 市安全监管局副局长常纪文主持召开安全生产监管监察能力建设研讨会，对研究制订安全生产监管监察能力建设规划实施方案进行了总结和部署。

同日 市安全监管局组织召开了金隅矿业有限公司龙宝峪和黄院矿山资源开发工程安全设施设计专家审查会。

7月8日 市安全监管局副局长常纪文带队对朝阳区和顺义区有限空间作业安全情况进行了检查。

同日 市安全监管局副局长常纪文针对有限空间安全检查发现的问题，约谈了中国移动北京分公司、中国联通北京分公司有关负责人。

7月12日 市安全监管局副局长常纪文带队赴延庆县永宁镇调研综治工作并走访部分街区。延庆县综治委、安全监管局有关负责人陪同调研。

7月13日 市安全监管局副巡视员刘岩主持召开了特种作业考试承担机构约谈会，对北京一轻高级技术学校第四期和第五期考试中发生的违规行为进行了处理。北京一轻控股有限责任公司和丰台区安全监管局有关负责人参加了会议。

同日 首都之窗督导组一行4人到市安全监管局，对局政务网站管理相关工作进行了专项督导。市安全监管局副局长蔡淑敏，局相关处室和直属事业单位负责人，网站项目承包单位负责人参加了督导。

7月16日 西藏自治区拉萨市安全监管人才培训班在北京安全生产培训基地正式开班。本次培训由市安全监管局和市对口支援办、北京市职业管理学院联合举办，来自拉萨市安全监管系统的11名干部到京接受培训。市安全监管局副局长蔡淑敏、市职业管理学院副院长谢朝斌、拉萨市安全监管局常务副局长王中堂等出席开班仪式。

7月18日 为确保汛期烟花爆竹安全生产工作，市安全监管局副局长唐明明带队检查了北京市熊猫烟花有限公司和北京市逗逗烟花爆竹有限公司的仓库。房山区安全监管局有关负责人参加检查。

同日 市安全监管局副巡视员刘岩主持召开特种作业人员违章登记程序和档案管理办法研讨会。国家安全监管总局人事培训司副司长李生盛、培训中心IC卡办公室主任董喜明以及相关单位负责人参加了会议。

7月19日 市安全监管局组织召开市区两级应急调度平台建设工作会，副局长唐明明对平台整体建设工作进行了部署。

同日 市安全监管局副局长唐明明带队赴燕山石化调研安全生产物联网建设工作。房山区安全监管局，时代凌宇公司、东方正通公司、天之华公司等技术支撑单位，燕山石化安全环保部和信息中心等部门有关人员参加调研。

7月20日 市安全监管局副局长常纪文带队，西城区、朝阳区、海淀区、丰台区安全监管局参加，对全市有限空间安全生产情况进行了第三次日夜连查。

同日 市安委会办公室组成督查组，市安全监管局副巡视员刘岩带队，对丰台区“打非治违”专项行动工作开展情况进行督导检查。

7月21日 本市遭受强降雨。汛情发生后，市安全监管局局长张家明立即召开会议，紧急部署防汛工作。要求各单位高度重视汛期安全生产工作，及时消除各类隐患，确保政令畅通。

同日 市安全监管局副局长常纪文带队对部分重点区域有限空间抢险作业进行了检查。

7月22日 市安全监管局局长张家明主持召开全国非煤矿山整顿关闭及“打非治违”推进会筹备会，研究协调有关事项。

7月23日 市安全监管局召开了全市危险化学品监管系统电视电话会议。

同日11时20分，房山区韩村河镇东南章村因暴雨发生油品泄漏并导致火灾事故，消防部门及时扑灭，但现场的残油仍有随时发生火灾的危险。市安全监管局副局长唐明明带领局相关处室赶赴事故现场开展应急救援工作。

同日 市安全监管局局长张家明带队赴“7·21”特大自然灾害中受灾最严重的房山区，实地检查煤矿、化工企业灾后安全生产工作，慰问受灾员工，指导防控次生灾害，帮助早日恢复生产生活。

7月25日 市安全监管局副局长常纪文带队赴房山区指导养殖企业沼气池安全处置工作，防范灾后有限空间事故的发生。

同日 首都综治委办公室副主任许继慧带队，对市安全监管局综治工作进行督导检查。检查组察看了举报投诉中心现场受理情况，并召开座谈会。市安全监管局副局长蔡淑敏就综治工作开展情况进行了汇报，局相关处室和直属事业单位负责人参加了督导检查。

7月26日 市安全监管局召开新闻发布会，及时向社会发布《北京市安全生产委员会办公室关于开展安全生产大检查的紧急通知》等重要内容。局新闻发言人、副局长蔡淑敏向新闻媒体介绍了《紧急通知》出台的主要目的和重要意义，对此次全市安全生产大检查涉及的交通运输、建筑施工、危险化学品、煤矿和非煤矿山、工业制造、市政设施、人员密集场所7个领域及检查方式进行了重点解读。新华社、北京电视台、《北京青年报》等16家新闻媒体应邀参加新闻发布会。

7月27日 国家安全监管总局统计司监察专员张宏波带领统计处、中国安科院有关专家到北京市调研职业卫生工作，市安全监管局局长张家明会见了调研组领导和专家，副局长常纪文、局相关处室及丰台区安全监管局有关人员陪同。

同日 市安全监管局副巡视员刘岩带队检查外籍人员特种作业考试。局预防中心本着“严格考核、细致服务”的原则，完成了西门子中国有限公司32名外籍低压电工维修人员的考试组织工作，考试及格率为91%。

同日 来自西藏自治区拉萨市安全监管系统的11名干部顺利完成培训任务，市安全监管局局长张家明到培训驻地与学员座谈并为他们颁发结业证书。

7月30日 针对7月17日开展的全市有限空间作业安全检查中发现的问题以及海淀“7·30”有限空间事故，市安全监管局副局长常纪文对存在违章作业的北京自来水集团、中国移动北京分公司以及事故责任单位中国联通北京分公司、北京电话工程公司等4家单位主要负责人进行了约谈。市通信管理局、市水务局、海淀区安全监管局有关负责人参加约谈。

同日 市安全监管局副局长贾太保在京煤集团昊华公司培训中心主持召开了煤矿防汛工作专题会，对煤矿防汛工作进行了再动员、再部署。

7月31日 市安全监管局副局长常纪文针对北京久恒送变电工程安装有限公司有限空间作业队伍违规作业问题，对该公司总经理进行了约谈。

同日 市安全监管局副局长陈清、常纪文、唐明明召开专题会议，再次研究部署灾后安全生产工作。会议决定，由局领导带队深入重点区域、重点企业，了解掌握灾后安全生产状况，帮助区县和企业尽快排查整改暴雨后存在的隐患，有针对性地提出整改措施。同时，督导检查本市关于汛期安全生产部署的落实情况。

8月

8月1日 市安委会办公室转发国务院安委会办公室关于天津市蓟县莱德商厦“6·30”重大火灾事故情况的通报，要求各区县安委会，市安委会有关成员单位，深刻汲取事故教训，继续深化“打非治违”专项行动，全面开展消防安全专项整治，坚决遏制重特大事故的发生。

同日 市安全监管局副局长常纪文带领市通信管理局、局相关处室有关人员到中国联通北京分公司督导检查有限空间安全生产工作。

8月2日 市政府正式发布《北京市矿山事故应急预案》和《北京市危险化学品事故应急预案》。

同日 市安全监管局组织召开“北京市安全监管系统物联网应用示范工程”建设启动会，全面推进安全生产领域物联网应用示范建设工作。会议由副局长陈清主持，副局长贾太保、唐明明，局相关处室、相关区县安全监管局、示范企业和项目承建、监理单位负责人参加会议。

同日 市安全监管局副局长常纪文带领局相关处室，到中国移动北京分公司、市自来水集团，朝阳区、海淀区安全监管局督察有限空间安全生产工作。

8月3日 市安全监管局召开全市安全生产监管监察系统民主评议基层站所（服务窗口）动员部署会，市纠风办督导二组领导应邀参会，市安全监管局副局长蔡淑敏到会并讲话。

同日 市安全监管局副局长唐明明带队到房山区、丰台区检查指导汛期安全生产工作。

同日 市安委会办公室、市交通委联合召开城市轨道交通控制保护区安全管理工作会议。市交通委副主任张树森、市交通委路政局局长孙中阁出席了会议，市安委会有关成员单位、区县安委会成员单位、乡镇政府、重点企业负责人参加了会议。会上，对市政府办公厅《关于进一步加强城市轨道交通保护区安全管理指导意见》进行了宣贯，成立了本市轨道交通检查大队。

8月6日 市安全监管局副局长贾太保带领局相关处室负责人及专家对怀柔区和密云县的尾矿库、排土场等安全生产工作进行了全面检查。

同日 市安全监管局副局长陈清带领局相关处室负责人到一轻集团和石景山区检查指导安全生产工作，同时听取了北京金隅集团和汽车集团专项工作汇报。

同日 市安全监管局副局长常纪文带队对市燃气集团有限空间安全生产管理工作进行了检查。

8月8日 市安全监管局理论中心组进行第六次集体学习，局机关全体干部和局直属事业单位中层以上干部约90人参加。

同日 针对海淀区“7·30”有限空间中毒窒息事故暴露出的问题，市安全监管局副局长常纪文会同北京市通信管理局对北京市电话工程公司主管安全的领导进行了约谈。

8月9日 市安全监管局副局长常纪文带队到歌华有线和排水集团小红门污水处理厂检查有限空间安全生产工作。

8月10日 副市长苟仲文带领市安全监管局、市规划委、市工商局、市国土局、市公安局治安总队、市公安局消防局、市城管执法局等部门主管领导赴朝阳区督导检查“打非治违”和“护航”行动进展情况。先后实地察看了朝阳区亚运村街道和东湖街道违法建设拆除情况，并听取了朝阳区政府有关情况汇报，详细察看了各类档案、台账建立等情况。

同日 市安全监管局局长张家明主持召开“护航”联合行动工作会，研究“十八大”安全保障工作措施。

同日 市安全监管局副局长唐明明主持召开专题会议，研究安全监管系统物联网建设推进工作。局相关处室和直属事业单位，项目承建单位、监理单位负责人参加会议。

同日 中国联通北京分公司召开全系统有限空间安全生产工作会，各分区公司负责人、运营商等70余家单位的200多人参加了会议。市安全监管副局长局常纪文、市通信管理局副局长张晋红出席会议。

8月13日 全国安全生产月活动总

结交流会在内蒙古自治区兴安盟阿尔山市举行。全国安全生产月活动组委会副主任、国家安全监管总局副局长杨元元出席会议并讲话。市安全监管局副局长蔡淑敏代表北京市安全生产月活动组委会参加了会议。

8月14日 市安全监管局副局长常纪文带领局相关处室，赴通州区指导有限空间作业日夜连查工作。

8月17日 市安全监管局局长张家明主持召开专题会议，研究部署举报投诉中心信息化工作。副局长蔡淑敏、局相关处室和直属事业单位负责人参加了会议。

同日 市安全监管局副局长常纪文主持召开会议，研究部署“第六届中国国际安全生产论坛及职业健康展览会北京展区”筹备工作。

8月20日 全市安全生产执法监察人员培训在北京安全生产教育培训基地开班，市安全监管局副局长蔡淑敏出席开班仪式并作动员讲话，副局长汪卫国参加现场点评。

8月22日 市人力社保局副局长杨晋京等到市安全监管局检查指导组织人事工作。市安全监管局局长张家明会见了杨晋京副局长一行。副局长蔡淑敏主持座谈会，局相关处室负责人参加了会议。

8月23日 由市编办副主任左铭飞等到市安全监管局调研职业卫生监管工作。市安全监管局副局长常纪文和局相关处室负责人参加了调研座谈。

8月24日 市安全监管局副局长贾太保带队到京煤集团昊华公司木城涧煤矿就安全文化示范矿井建设工作进行调研。

同日 京煤集团昊华公司班队长综合素质培训结业典礼在北京工业职业技术学院操场隆重举行。市安全监管局副局长贾太保出席并讲话。

8月29日 副市长苟仲文带领市安全监管局、市公安局、市规划委、市工商局、市公安局消防局、市城管执法局等部门主管领导，赴丰台区、大兴区督导检查“打非治违”和“护航”行动开展情况，先后实地察看了丰台区卢沟桥街道京铁家园小区、丰台区南苑乡南园村、大兴区西红门寿保庄、大兴区庞各庄镇水厂违法建设拆除情况，并听取了当地负责人的情况汇报和工作建议。

8月30日 国家安全监管总局监察专员刘云昌带领调研组在市安全监管局副局长陈清的陪同下，对本市企业抓基层、打基础工作，特别是对企业安全生产标准化、隐患排查和“打非治违”开展情况进行了调研。

同日 市安全监管局组织市住房城乡建设委、市质监局和华北电监局，召开了本市特种作业管理工作联席会议第一次会议，标志着特种作业联席会议制度正式建立。

8月31日 市安全监管局副局长陈清组织召开了专题会议，针对市园林绿化局反映的琅山苗圃存在重大安全隐患情况，深入调查并研究隐患治理意见。市园林绿化局副局长黄德峰参加了会议。

9月

9月3日 市安全监管局副局长常纪文带领北京市通信管理局等有关人员

到中国联通北京分公司督察有限空间安全生产工作。

同日 按照国家安全监管总局30号令和《北京市安全生产监督管理局关于启用新版特种作业操作证并调整复审时限的通知》的有关要求，市安全监管局预防中心首次为全市第六期特种作业考核合格人员制发全国通用新版特种作业操作证（IC卡），共发放证件16602张。

9月5日 市安全监管局理论中心组（扩大）进行第7次集体学习。

9月6日 市安全监管局副局长陈清主持召开协调会，组织市、区有关部门专题研究隐患治理工作。市园林绿化局副局长黄德峰，市委政法委、市城管执法局、石景山区政府等有关负责人参加了会议。

同日 市安全监管局局长张家明主持召开会议，专题听取“打非治违”工作汇报专题片的编辑制作情况，以及局政务网站改版工作进展情况。

9月7日 市安全监管局副局长常纪文主持召开会议，协调“第六届中国国际安全生产论坛及职业健康展览会北京展区”应急救援指挥车辆布展工作，局相关处室和参加展示的10家集团公司及其救援队主要负责人参加会议。

9月10日至14日 青海省安全监管局副局长范士伟一行5人，对本市职业病危害专项治理行动进行了检查，市安全监管局副局长常纪文和有关人员全程陪同了检查。

9月11日 国务院安委会办公室副主任、国家安全监管总局副局长王德学带领国务院安委会督查组，到密云县督导检查全国非煤矿山整顿关闭工作暨“打非治违”专项行动推进会筹备情况，副市长苟仲文、市安全监管局局长张家明、副局长贾太保和密云县县委书记汪先永、县长王海臣等陪同。

同日 市安全监管局召开新闻发布会，局新闻发言人、副局长蔡淑敏进行了新闻发布，副局长唐明明、局相关处室和直属事业单位负责人参加了发布会。唐明明回答了媒体的提问。

同日 国务院安委会督查组王德学一行到房山区对燕山石化安全生产工作进行督导检查。市安全监管局局长张家明、副局长蔡淑敏、贾太保及房山区副区长吕守军等陪同。

同日 《滑雪场所安全运营管理规范》经北京市质量技术监督局批准，于2012年9月1日正式实施。

同日 市安全监管局副巡视员刘岩带队赴国家安全监管总局座谈研讨特种作业考核管理工作，国家安全监管总局政策法规司副司长邬燕云等有关负责人参加了座谈。

同日 “十八大”安全生产保障专项执法检查行动启动仪式隆重举行。副市长苟仲文参加启动仪式并讲话。市区两级安全生产监管监察干部300余人统一着装列队，20余辆执法车进入指定位置待命。随后，各有关部门对“十八大”会场、代表驻地周边、生产经营单位开展执法检查行动。

9月12日 市委书记郭金龙，市委副书记、代市长王安顺与国务院安委会办公室副主任、国家安全监管总局副局长王德学带领的督查组一行座谈。王德学介绍，国务院安委会组织这次督察，主要目的是落实“十八大”安全保障各项工作措施，同时检查安全生产领域“打非治违”专项行动的进展情况，总结推广密云县非煤矿山整顿关闭的典型经验。郭金龙表示，国务院安委会督查组此行对进一步做好首都安全生产工作，为“十八大”胜利召开营造安全稳定的社会环境具有很大推动作用。

同日 国务院安委会督查组对本市省际客运交通和轨道交通建设安全生产工作进行了督导检查。市安全监管局副巡视员刘岩，市交通委委员容军，市交通委运输局副局长常华，市重大办副主任刘洪涛，市住房城乡建设委副主任王钢陪同。

9月13日 国务院安委会办公室副主任、国家安全监管总局副局长王德学带领国务院安委会督查组到京煤集团昊华公司木城涧煤矿检查安全生产工作。市安全监管局副局长蔡淑敏、贾太保、市国资委有关领导陪同。

9月14日 市安委会召开全市安全生产工作电视电话会议，全面部署以“十八大”安全生产保障工作为重点的安全生产“护航”行动，动员全市各级政府、政府各部门以及生产经营单位，集中时间，集中力量，打一场“打非治违”攻坚战，开展一次安全隐患大排查、大治理，坚决遏制非法违法生产经营建设行为，治理消除重特大事故隐患，为“十八大”胜利召开创造良好的安全生产环境。副市长苟仲文出席会议并作指示。

9月17日 国务院安委会办公室副主任、国家安全监管总局副局长王德学带领督查组督导检查本市建筑施工安全生产工作。市安全监管局局长张家明、副局长蔡淑敏和贾太保，市住房城乡建设委副主任王钢以及朝阳区安全监管局、北京奥林匹克管理委员会、北京建工集团、北京世奥森林公园开发经营有限公司和监理公司负责人参加了检查。

9月18日 第六届中国国际安全生产及职业安全健康展览会在北京国家会议中心举行。国务委员兼国务院秘书长马凯出席并参观北京市安全生产应急救援装备和科技成果展区。国家安全监管总局局长杨栋梁、铁道部部长盛光祖、国务院秘书长肖亚庆陪同参观。市安全监管局副局长常纪文介绍了北京展区内容。

9月18日至19日 国家安全监管总局召开全国安全生产信息系统试点和应用工作会，推进“金安工程”在全国各级安全监管监察机构的应用，市安全监管局被确定为全国安全生产信息化重点试点单位。

9月19日 瑞典工作环境局局长迈克尔·萧伯格一行来到市安全监管局进行了工作交流座谈，副局长常纪文主持了座谈会。瑞典环境工作局北方监察分局领导人伊雯·斯特兰普女士，瑞典工作环境局宣传经理瑞飞科·塞讷，国家安全监管总局国家交流中心，市安全监管局相关处室和直属事业单位，西城区、朝阳区、通州区、大兴区、开发区安全监管局等有关人员参加了座谈。

同日 全国非煤矿山整顿关闭暨“打非治违”工作推进会议在密云县召开。国务院安委会副主任、国家安全监管总局局长杨栋梁出席会议并作重要讲话，市委副书记、代市长王安顺出席并致辞，副市长苟仲文、市政府秘书长孙康林、国家安全监管总局总工程师黄毅、国家煤矿安全监察局副局长李万疆等出席，会议由国家安全监管总局副局长王德学主持。

同日 市安全监管局局长张家明在全国非煤矿山整顿关闭暨“打非治违”工作推进会上发言指出，北京市在认真贯彻国家有关矿山整顿关闭工作一系列方针政策，严格落实煤矿和非煤矿山整顿关闭工作，实现了小煤矿的全部退出，非煤矿山数量从1606家压减到33家，取缔了小型矿山，基本形成了京煤集团管理的煤矿、金隅集团管理的石灰石矿、首钢总公司和密云冶金矿山公司管理的铁矿的整体格局，初步实现了矿山企业的集团化经营、规模化生产。10年间，矿山安全生产事故也从2002年的66人（煤矿55人，非煤11人）逐年下降，2011年实现了零死亡。非煤矿山自2008年以来连续4年无事故。

9月20日 市安委会办公室将国务院安委会办公室关于8月中下旬全国接连发生4起重特大道路交通事故的通报予以转发，要求各区县安委会，市安委会有关成员单位，严格长途客车等重点客运车辆安全监管。

同日 俄罗斯环境技术与核能监督总局副总局长克拉斯纳赫一行6人到密云县非煤矿山企业考察。国家安全监管总局、市安全监管局、密云县安全监管局有关领导和部门负责人陪同。

同日 市安全监管局召开全市安全评价机构深化专项治理工作会。副局长汪卫国主持会议，局相关处室主要负责人，朝阳区、通州区、房山区、大兴区等区县安全监管局和全市35家安全评价机构负责人参加了会议。

9月20日至25日 市安全监管局副局长常纪文带领海淀区、大兴区、昌平区、延庆县安全监管局相关人员对青海省职业病危害专项治理工作进行了检查。

9月25日 市政府召开常务会议，研究部署安全生产和“打非治违”等工作。市委副书记、代市长王安顺主持会议。会上，播放了安全生产专题片，并通报了安全生产工作情况。王安顺指出：安全生产事关人民群众生命财产，事关首都安全稳定，怎么强调都不为过。安全事故触目惊心，教训深刻，反映出一些地方和单位对“打非治违”工作认识不到位，责任意识不够强，工作作风不扎实。

同日 为加强国庆、中秋两节期间的安全工作，保障“十八大”胜利召开，副市长丁向阳带队赴西城区北京儿童医院、恭王府、华利佳合快捷酒店平安里店等单位开展节前安全检查。市旅游委、市公安局、市质监局、市安全监管局、市公安局消防局以及西城区政府相关负责人参加。

9月26日 副市长苟仲文带队对本市工业企业及地铁运营单位进行安全检查，先后检查了北京天海工业有限公司、地铁一号线四惠车站安全生产情况。市安全监管局副局长蔡淑敏，市交通委副主任孟桥，市交通委运输局副局长王春强，市经济信息化委副主任王学军，市质监局副局长张巨明，市公安局消防局副局长李进，朝阳区区长吴桂英、副区长汪洋参加了检查。北京电视台、《北京日报》等新闻媒体进行了跟踪报道。

同日 市安全监管局副局长唐明明召开2012年中秋节、国庆节放假期间值守应急工作动员部署会。

9月27日 市安委会办公室转发国

务院安委会办公室关于广东省清远市英德龙山水泥有限责任公司“8·27”重大爆炸事故的通报，要求各区县安委会，市安委会有关成员单位结合实际情况，切实加强安全监管工作，坚决遏制重特大事故发生。

9月27日至28日 驻市安全监管局纪检组监察处组织召开民主评议基层站所座谈工作会。会议邀请市纪委监察局纠风室副主任孙利清和市纠风办督导二组有关领导参加会议。市安全监管局副局长贾太保参加了会议。

10月

10月1日 在天安门广场举行了向人民英雄纪念碑敬献花篮仪式。胡锦涛等中央领导人和首都各界5000多名代表参加了敬献花篮仪式。按照市委、市政府的要求，市安全监管局对活动现场记者台搭建、临时用电及周边生产经营单位的安全生产工作进行了监督检查，确保活动期间不发生安全问题。

10月5日 市安全监管局副局长贾太保带队检查了门头沟区赵家台叶蜡石矿安全生产情况。

同日 市安全监管局副局长汪卫国带队对大中电器瓷器口店、北京老浒记民俗酒楼等两处人员密集场所进行安全检查。

10月6日 市安全监管局副局长唐明明带队对通州区中国石化东方油库和东方化工厂安全生产管理情况进行检查。

10月7日 市安全监管局副巡视员刘岩带队对西城区“十八大”代表驻地周边两家人员密集场所节日期间的安全生产管理情况进行检查。

10月8日 市安全监管局副巡视员刘岩带队赴沈阳市安全监管局调研计算机仿真技术在特种作业考试中的应用。沈阳市安全监管局、安全工程研究培训中心负责人陪同调研。

10月9日 市安全监管局副局长贾太保主持召开了煤矿“安全·和谐”班组建设座谈会。

10月10日 国家安全监管总局副局长孙华山到朝阳区调研安全监管执法信息化技术应用工作。

10月11日 市安全监管局副局长蔡淑敏带队前往中国安全生产报社，就共同创办刊物《首都安全生产》有关工作进行沟通。中国安全生产报社社长马占平、总编辑崔涛、副社长王正民，以及报社有关人员陪同。

同日 市安全监管局副局长蔡淑敏组织召开新版网站重点栏目设置维护工作专题会。局相关处室和直属事业单位负责人参加了会议。

同日 市安全监管局副局长陈清、唐明明带领局相关处室，与国家安全监管总局二司召开座谈会，结合近年来调查处理的特别重大事故案例，就生产安全事故调查工作方式、方法、事故定性以及科学掌握事故责任追究尺度和标准等方面的内容进行专题研究。国家安全监管总局二司司长苏洁、监察专员黄智全、副司长官山月、副巡视员赵瑞华等参加座谈。

10月12日 国家安全监管总局副局长孙华山带队到朝阳区调研安全监管执法信息化建设应用工作。孙华山一行听取了市安全监管局和朝阳区安全监管局有关安全生产综合监管信息平台建设使用、隐患自查自报以及安全生产标准化工作情况的汇报，并进行了座谈。国家安全监管总局办公厅、监管四司、培训中心有关负责人参加了调研。市安全监管局局长张家明，副局长蔡淑敏、陈清及局相关处室和直属事业单位有关人员陪同。

同日 市安全监管局副局长蔡淑敏听取了有关单位关于第六届安全文化论坛筹备情况的汇报。

10月14日 市安全监管局执法监察总队组织东城、西城和海淀3个区安全监管局主管领导召开“十八大”会场驻地周边安全保障执法工作部署会，副局长蔡淑敏主持会议。会议传达了市委、市政府10月10日和11日紧急会议精神，要求各单位抓紧梳理“十八大”会场驻地周边500米范围内的生产经营单位基础台账，继续组织开展拉网式、滚动式排查。

10月17日 市应急办到市安全监管局调研应急队伍建设及应急管理工作情况。市安全监管局副局长唐明明主持召开了座谈会。

同日 中国职业安全健康协会理事长张宝明和副理事长纪明波、任树奎到北京水泥厂、北京通美晶体技术有限公司职业安全健康先进候选单位进行现场考察。市安全监管局副局长蔡淑敏、副局长常纪文和昌平区安全监管局等相关人员陪同。

10月18日 市安全监管局理论中心组（扩大）进行第8次集体学习，邀请原中共北京市纪委常委、正局级纪检监察员刘经宇，就党风廉政建设作专题辅导。局党组中心组成员、局（煤监局）机关干部和直属事业单位处级干部共计90余人参加学习。

同日 市安全监管局局长张家明带队检查液氯使用单位北京自来水集团第九水厂密云分厂。副局长唐明明、密云县安全监管局等有关人员参加检查。

同日 国家安全监管总局在北京召开安全科技“四个一批”项目推进会。会议主要目的是贯彻落实《国家安全监管总局关于加强安全生产科技创新工作的决定》，部署第一批安全科技“四个一批”项目共69项。

10月19日 市安全监管局局长张家明带领市委政法委、市住房城乡建设委、市市政市容委、市农委和市环保局有关负责人组成的督查组，对市民防局“十八大”安保专项行动工作进行了督导检查。

同日 市安全监管局副局长唐明明主持召开专题工作会，研究推进安全监管物联网应用示范工程项目建设工作。

10月22日 朝阳区东风地区东山墅别墅区62号楼、63号楼北侧一在建酒窖施工过程中，现场基坑北侧砖墙发生倒塌，造成6人死亡、3人受伤。事故发生后，市委副书记、代市长王安顺立即做出重要批示，市政府及相关部门领导迅速赶赴事故现场指导开展事故调查和善后处理工作。10月23日下午，国家安全监管总局监管二司韩泓处长赴事故现场，全面了解事故的调查进展情况并对下一步的工作提出了要求。

10月22日至25日 市安全监管局联合市卫生局、市人力社保局和市总工会4个部门对大兴区、房山区和怀柔区进行了职业卫生专项执法检查。

10月22日至26日　市安全监管局预防中心组织了第二期特种作业实操考核标准培训班，副巡视员刘岩出席了开班仪式并讲话，预防中心领导及部分科室干部参加了本次培训。

10月24日　市安委会办公室转发国务院安委会办公室关于学习借鉴北京市经验做法，加强人员密集场所安全检查的通知，要求各区县安委会，按照国务院安委会要求，发扬和巩固好经验、好做法，进一步加强人员密集场所安全管理，全面开展监督检查工作，治理消除安全隐患，坚决遏制重特大事故发生。

10月25日　国家安全生产应急救援指挥中心协调部副主任甄小丰一行到市安全监管局开展应急指挥平台和数据库建设工作调研，市安全监管局副局长唐明明等参加了调研活动。

10月26日　市公安局交管局、市交通委、市安全监管局3个部门联合召开全市迎保“十八大”专业运输单位交通安全工作会，对“十八大”交通安全工作进行再动员、再部署。市安全监管局副局长陈清出席会议并讲话。

同日　市安全监管局张家明局长带队对位于北京经济技术开发区的北京京东方集团所属显示技术有限公司和光电科技有限公司两家液氯使用单位的“十八大”安全保障工作进行检查。

10月27日　市安全监管局副局长陈清带领市安委会第三督查组到大兴区督导检查“十八大”安保暨安全生产“护航”行动工作。

10月29日　市安全监管局副局长唐明明带领市安委会第五督查组，分别对房山区和市质监局“十八大”安保暨安全生产“护航”行动工作开展情况进行了督导检查。

同日　市安全监管局副局长贾太保带领由市安全监管局、市市政市容委、市民防局、市工商局等部门组成的第四督查组到海淀区督导检查“十八大”安保暨安全生产“护航”行动工作。

同日　市安全监管局副局长唐明明对应急值守人员进行了备战动员，对移动指挥通信系统进行了实战检验。

同日　市安全监管局副局长常纪文带领市安委会第六督查组，分别对丰台区和市市政市容委“十八大”安保暨安全生产“护航”行动工作开展情况进行了督导检查。

同日　市安全监管局副局长陈清带领市安委会第三督查组到市旅游委督导检查“十八大”安保暨安全生产“护航”行动工作。

同日　市安全监管局副局长唐明明带队，对北京市熊猫烟花有限公司、北京市逗逗烟花爆竹有限公司、中石油石楼油库、润福通油库、海华丽油库5家危险化学品、烟花爆竹重点企业进行检查。

11月

11月1日　副市长苟仲文带领市安全监管局、市市政市容委、市质监局、市公安局消防局负责人对海淀区涉及的“十八大”代表驻地周边重点区域，进行了联合检查。

同日　市安全监管局副局长陈清组织召开工业企业燃气使用安全专项审计情况通报会。会议通报了安全审计情况，针对发现的11类共性问题进行了分析并提出了对策建议，下发了《工业企业燃气使用安全审计工作标准》。

同日 根据市委、市政府重要部署以及《北京市安全生产委员会关于开展“十八大”安全保障暨安全生产“护航”行动的通知》要求，市安全监管局副局长贾太保带队到京煤集团昊华公司大安山煤矿，检查“十八大”期间煤矿安全保障工作开展情况。

同日 市安全监管局副局长蔡淑敏主持召开“十八大”安全生产保障工作会，市商务委、市旅游委、市交通委、市住房城乡建设委、市文化局、市体育局、市文物局等7个行业部门和东城、西城、海淀等3个区安全监管局的负责人参加了会议。

11月3日 国家安全监管总局副局长、国家安全生产应急救援指挥中心主任王德学带队到北京中国铁建股份有限公司调研检查安全生产工作，现场检查了中铁十四局集团公司及中铁十九局集团公司承建的地铁施工项目部和员工宿舍。市安全监管局局长张家明、副局长陈清以及局相关处室负责人陪同。

同日 延庆县52年来的最大暴雪导致延庆县日用杂品公司烟花爆竹仓库坍塌。之后，该公司聘请了北京市城乡建筑设计院（拥有建筑行业甲级资质）进行设计，并尽快恢复重建。

11月6日 国家安全监管总局二司副司长王力争带队，在市安全监管局副局长陈清的陪同下，对本市轨道交通建设及运营工作进行了专题调研。

11月7日 市安全监管局副局长贾太保带队到京煤集团昊华公司长沟峪煤矿，检查“十八大”期间煤矿安全保障工作开展情况。

同日 市安全监管局副局长唐明明带队前往北京市烟花鞭炮有限公司魏善庄仓库，对批发企业“十八大”安全管理工作和2013年春节烟花爆竹筹备工作情况进行了重点检查和调研。

11月8日 市安全监管局副局长唐明明带队到市民防局，就应急移动指挥通信系统为生产安全事故处置提供支持的相关事项进行了专题研究，达成了共识。

11月9日 市政府副秘书长徐波主持召开轨道交通建设质量安全专题会议，分析研究轨道交通建设质量问题。市安全监管局副局长陈清参加会议。

11月13日 市安全监管局副局长贾太保带队到京煤集团昊华公司木城涧煤矿检查“十八大”期间煤矿安全保障工作开展情况。

11月21日 市安全监管局副局长唐明明主持召开会议，研究安全生产领域物联网项目资金支付工作。

11月22日 市安全监管局理论中心组（扩大）进行第9次集体学习，局党组书记、局长张家明主持会议，局党组中心组成员、局（煤监局）机关干部和直属事业单位处级干部共计90余人参加学习。《北京日报》、北京电视台等新闻媒体对学习情况进行了报道。

11月23日 国家安全监管总局四司司长欧广带队到市安全监管局调研，专题研讨事故隐患自查自报管理系统对接工作。市安全监管局局长张家明、副局长陈清参加调研。

11月25日 市安全监管局副巡视员

刘岩带队检查了石景山区首钢技校理论计算机考点的考试情况。刘岩详细了解了石景山区特种作业考试的地域特点，并与考点单位有关负责人座谈。

11月27日 由市安全监管局、中国石油大学（北京）和北京市科学技术研究院主办，国家安全监管总局国际交流合作中心、中国安全生产科学研究院、清华大学公共安全研究院、首都经济贸易大学特大城市经济社会发展研究院等单位共同协办，以“安全 健康 发展”为主题的第六届北京安全文化论坛在北京会议中心隆重举行。国家安全监管总局副局长杨元元，北京市副市长苟仲文，国际劳工组织北京局局长霍百安出席论坛并讲话。开幕式由市政府副秘书长戴卫主持。市安全监管局局长张家明参加论坛并进行演讲。

12月

12月1日 本市举行了2012年烟花爆竹经营单位从业人员安全资格考试。市安全监管局局长张家明，副局长常纪文、唐明明，副巡视员刘岩及局相关处室负责人参加检查工作。本次考试全市共设置12个考点，报考1093人，实考1036人，合格944人，考试通过率为91%。

12月3日 国家安全监管总局召开全国安全生产调度视频会议，会议通报了山西省寿阳县“11·23”重大液化气爆炸事故、黑龙江七台河市福瑞祥煤炭公司“12·1”重大透水事故及贵州盘南煤炭开发公司响水煤矿“11·24”重大煤与瓦斯突出事故的调查处理情况，对防范同类事故发生提出了具体要求。国家安全监管总局局长杨栋梁出席会议并讲话。

12月5日 市安委会召开工作会议，贯彻全国安全生产视频会议精神，通报了全市安全生产“护航”及“打非治违”行动开展情况，部署全市安全生产工作，研究讨论《关于进一步推进企业安全生产标准化建设工作的意见》和《关于在各类燃气使用单位安装燃气泄漏安全保护装置的规定》。副市长苟仲文出席会议并讲话，市安委会有关成员单位和各区县安委会主管领导，有关部门负责人，以及首都部分新闻单位参加了会议。

12月10日 市安全监管局理论中心组（扩大）进行第10次集体学习，局党组中心组成员、局（煤监局）机关干部和局直属事业单位处级干部共计100人参加。

12月11日 市安全监管局副局长唐明明主持召开怀柔区“2·22”塔式起重机倒塌事故技术专家组第一次会议。北京住总钢结构工程公司，北京建工集团机械施工公司，国家钢铁研究总院，中建正和建筑机械施工股份有限公司，市安全监管局相关处室等有关人员参加会议。

12月13日 市安委会召开全市安全生产标准化建设工作推进大会。国家安全监管总局副局长孙华山、北京市副市长苟仲文出席会议并讲话，国家安全监管总局四司司长欧广出席会议。市安全监管局局长张家明主持会议。

12月14日 市卫生局组织召开了“十八大”安保公共卫生专项行动总结

会，市安全监管局副局长常纪文出席了会议。市“十八大”公共卫生专项行动成员单位领导、市卫生局有关部门领导、各区县政府主管领导，以及参与核心区医疗保障医院主管领导共100余人参加了会议。

同日 市安全监管局副局长常纪文在北京经济管理职业学院主持召开座谈会，宣传贯彻《国务院安委会关于进一步加强安全培训工作的决定》（安委〔2012〕10号）文件精神，并针对全市安全培训工作情况和面临的主要问题进行分组讨论。各区县安全监管局主管领导和全市96家安全培训机构主要负责人参加了会议。

同日 市安全监管局局长张家明、副局长蔡淑敏赴中国安全生产报社，与报社社长马占平、党委书记、副社长林冰、总编辑王正民等有关负责人，就共同创办刊物《首都安全生产》有关工作进行座谈。

12月20日 本市通过电视电话会议形式，对加强交通、治安、环境工作进行动员部署，会议由市政府副秘书长周正宇主持。市委常委、市公安局局长傅政华出席会议并讲话。

同日 市安全监管局副局长陈清带领局相关处室有关人员到顺义区安全监管局专题调研标准化工作，重点就培训内容进行了深入的探讨。

12月21日 国家煤矿安全监察局副局长彭建勋带队到本市调研京煤集团昊华公司煤矿安全生产工作和小煤矿整顿关闭工作。市安全监管局局长张家明、副局长贾太保等参加了座谈会。

同日 由国家发展和改革委员会组成的国家城市轨道交通安全检查组，对2011年轨道交通安全检查有关工作意见落实情况进行督导检查。其间，市发展改革委、市住房城乡建设委、市交通委以及轨道交通建设单位、运营单位分别就落实2011年安全检查有关意见整改情况及2012年开展安全生产工作进行了专题汇报。市安全监管局副局长陈清从综合监管角度，介绍了2012年本市轨道交通建设和运营安全监管工作情况。

12月24日 第三届中国安全生产电视作品展映颁奖典礼在北京隆重举行，国家安全监管总局总工程师黄毅出席并讲话、市安全监管局副局长蔡淑敏等领导为获奖单位颁奖。

12月25日 市安全监管局副局长常纪文带队对本市城区重点街道有限空间作业进行了检查。要求各区县安全监管局同步组织开展本辖区有限空间作业检查。

同日 市安全监管局在京煤集团昊华公司培训中心召开了长沟峪煤矿“12·8”事故分析会，会议由市安全监管局副局长贾太保主持。

12月28日 市安全监管局局长张家明应邀做客首都之窗“政风行风”热线直播间访谈节目，围绕本市烟花爆竹销售安全、安全生产标准化推进工作，以及2012年全市开展的安全生产“护航”联合行动等内容，与网友和广大市民进行交流。

安全生产监督管理

综述

2012年，全市共发生道路交通、生产安全、火灾、铁路交通、农业机械死亡事故982起，死亡1073人，事故起数同比增加5起，上升0.51%，死亡人数同比减少16人，下降1.47%。各项事故指标均在年度目标范围内，事故死亡人数占国务院安委会下达年度控制指标的93%。全市共发生一次死亡3人以上较大事故17起，死亡62人，同比减少3起23人，分别下降15.1%和27.1%，占年度控制指标的73.9%，控制在年度目标范围内。各相对指标总体控制在年度目标内。亿元地区生产总值生产安全事故死亡率0.06（国务院安委会下达控制指标为0.067），工矿商贸从业人员10万人死亡率为0.98（国务院安委会下达控制指标为1.4），煤矿百万吨死亡率为0.41（国务院安委会下达控制指标为1.8）。道路交通万车死亡率为1.77（国务院安委会下达控制指标为1.7）。

一、加强安全生产法制建设

围绕新修订的《北京市安全生产条例》和市委、市政府已经出台的政策措施，积极推进规章、标准和规范性文件的制定、修订，完善相关配套措施。向市人大常委会申报了《北京市危险化学品安全管理办法》等地方法规立法规划项目，向市政府法制办申报了《北京市安全生产事故隐患排查治理办法》等市政府规章立法意向。在积极争取立法资源的同时，强化行政规范性文件和安全标准的制修订工作，相继制发了《关于特种作业操作证申领有关问题的通知》、《关于危险化学品经营许可有关工作的通知》等5件规范性文件和《地下有限空间作业安全技术规范》1项地方标准。会同市委督查室、市政府督查室和市监察局，对本市部分区县和部门贯彻落实《进一步加强首都安全生产工作的实施意见》落实情况进行了专项督察，这是近年来第一次针对市委、市政府重要文件开展的督导检查活动，对于今后推动重要文件的贯彻落实提供了好的经验。

二、深化重点行业领域的安全监管工作

继续深化京西煤矿安全生产保障行动，组织召开了2012年煤矿安全生产重点工作推进会，督促京煤集团制定了具体的实施方案，严格按照确定的实施方案推进各项工作的落实。非煤矿山整顿关闭暨“打非治违”工作取得新成效，国家安全监管总局召开了全国推进会，推广北京市安全生产工作经验。深入推进危险化学品安全生产标准化工作，所有参评单位均已完成标准化体系建设和自评人员培训工作，危险化学品集中管理体系建设总体方案已获市政府批准，各项工作有序推进。职业卫生监管方面，通过职业病防治法宣传周活动等形式，认真做好新修订的《职业病防治法》的宣贯工作；积极推进职业卫生专家支撑体系、职业卫生技术支撑体系、职业卫生培训体系建设工作；升级改造了职业病危害项目申报系统，为职业卫生监管工作提供信息支持。组织、督促、指导各相关行业部门开展有限空间作业大比武活动，进一步提升了一线作业队伍安全技能和安全意识。加强执法检查，制定了安全生产重点执法检查计划，实施“双十”行动，即市安委会办公室牵头组织10项执法行动，行业监管部门组织实施10项执法行动，进一步规范了安全生产秩序。

三、深入开展“打非治违”专项行动

市政府办公厅印发了《关于集中开展安全生产领域打非治违专项行动的通知》，制订了专项行动方案并认真组织实施。全市共排查发现违法建设620.9万平方米，累计拆除487.2万平方米，拆除率达到78.5%。共查处在建违法建设160.4万平方米，已拆除154.1万平方米，拆除率为96.1%。共对157.5万平方米在建违法建设实施了断水、断电等措施。出动检查人员54.6万人次，检查企业38万家，打击各类非法违法、纠正违规违章行为38.9万起，其中责令改正、限期整改19.96万起，责令停产停业停止建设6420家，没收违法所得、非法生产设备3249起，关闭非法违法企业5433家，行政拘留2269人，罚款10560.42万元。

四、不断强化安全生产综合监管机制

印发了《关于进一步加强本市安全生产综合监管工作的意见》，探索建立了综合协调、监督指导等4种综合监管模式，完善了调查评估、约谈和函告等12项安全生产综合监管工作制度。制订了《关于明确首都机场区域安全生产监管职责分工的意见》，解决了该地区存在的安全生产监管职责不清问题。会同市交通委、市商务委等部门组织开展了轨道交通运营与建设、交通运输单位、燃气使用单位、再生资源回收、人员密集经营场所、地下空间经营、电力生产供应等单位的安全生产联合检查。充分发挥“12350”举报投诉电话作用，广泛调动全社会力量加强对安全生产的监督，受理举报投诉4087件，办结率达96.8%。

五、依法开展事故调查处理

严格按照“四不放过”和“依法依规、实事求是、注重实效”的原则查处每一起生产安全事故，并将事故调查处理情况及时向社会公布。当年，共查处生产安全事故79起，结案62起，向司法机关移送追究刑事责任50人，给予党政纪处分10人，行政罚款946万元。修订了《北京市生产安全事故统计报告制度》、制定了《北京市生产安全事故调查处理信息公开若干规定》。积极推进事故查处工作的信息化建设，先后开发了生产安全事故调查处理文书档案管理和事故统计上报及分析两套系统，实现了事故统计的“当日报告、当日统计”。

六、深入开展安全生产标准化达标创建工作

召开了全市安全生产标准化推进大

会，对全面推进安全生产标准化工作进行了部署。成立北京市安全生产标准化建设专家委员会，建立了标准化专家库，建设标准化信息管理平台。完成了《北京市人民政府办公厅关于进一步推动企业安全生产标准化建设工作的指导意见》等3个指导性文件的起草工作以及基本标准和工业企业二级通用评审标准的修订工作，确定了工业企业二级标准化评审机构推荐程序。

七、加强安全生产宣传教育和培训工作

组织开展第11个北京市安全生产月活动，举行了安全生产月宣传咨询日暨“护航”联合行动第二战役启动仪式，举办了第六届北京安全文化论坛，深入开展安全社区和安全文化示范企业创建活动。印发《北京市京外特种作业操作证登记管理办法》和《北京市特种作业人员违章行为登记管理办法》，进一步加强了对特种作业人员作业的监管。抓好高危行业主要负责人、安全生产管理人员、班组长、农民工安全生产培训，落实持证上岗要求，全年培训29万余人次。

八、圆满完成“十八大”安全生产保障任务

把“十八大”安全生产保障工作确定为年度工作的重中之重，制订方案，明确工作内容和工作节奏，进行了部署，把具体工作进行了分解细化。一是深入开展安全生产“护航”行动，强化重点区域、重点部位和重点行业安全生产监督检查，依法严惩非法违法行为，有效防范和坚决遏制重特大事故发生；二是启动“十八大”安全生产保障专项执法检查行动。采取统一部署、市区联动、部门联合的方式，统筹整合安全监管执法力量，运用集中战役、专项战役等模式，对重点地区、重点行业（领域）开展执法检查。三是加大新闻报道力度。组织《北京日报》等主流媒体，对“十八大”安全生产专项执法进行深入报道，对违法企业进行曝光，有效震慑企业违法行为；四是组织开展督导检查活动，采取实地检查、听取汇报、明察暗访等形式，会同有关部门对各区县和部门工作开展情况进行督导检查，督促各项措施的落实。

九、增强队伍凝聚力和战斗力

广泛开展以“争做安全发展忠诚卫士，创建为民务实清廉安全监管机构”为主题，以“三进两促”活动为载体，深入推进创先争优活动。以迎接建党91周年为契机，组织开展了书法摄影比赛、共产党员献爱心、评选表彰先进党组织和优秀共产党员等活动，涌现出了一批先进模范人物，进一步增强了安全监管队伍的凝聚力和战斗力。通过持续深入地开展“三进两促”活动，建立健全了机关结对、领导干部下基层调研等联系群众制度，解决了党员干部在思想作风、学习作风、工作作风和生活作风等方面存在的突出问题，打造了一支政治素质过硬、作风素质顽强、业务素质优秀、领导和实践能力较强的党员干部队伍。

北京市安全生产委员会办公室工作

【贯彻全国视频会和中央领导讲话精神】 全市各区县、各部门、各单位贯彻落实1月13日全国安全生产电视电话会议和副总理张德江讲话精神。一是市安委会办公室及时印发副总理张德江讲话，转发国务院安委会办公室有关文件，研究提出了全市2012年安全生产工作思路和要点，明确重点工作任务，并召开全市大会进行全面部署。二是市政府各有关部门根据本行业领域、本系统安全生产特点，抓紧制订工作计划，周密部署2012年重点工作。市安全监管局召开安全监管系统大会，学习贯彻张德江讲话精神，分析研究面临形势和任务，全面部署安全监管工作。按照市委、市政府关于做好全国“两会”服务保障工作的要求，采取完善预案、建立台账、严格检查、落实整改的方式，对代表驻地和行车路线周边生产经营单位进行全面检查，及时消除安全隐患。市市政市容委、市住房城乡建设委、市经济信息化委、市商务委、市公安局消防局等部门均研究制定2012年安全生产工作要点，对本行业领域安全生产工作进行全面部署，履行安全生产职责，加强安全监督管理。三是各区县政府结合辖区工作实际，研究制订2012年工作安排并提出具有针对性和可操作性的实施意见，加强领导，落实责任，强化落实综合监管、行业监管、属地监管责任，加强安全生产执法检查和应急管理，确保国务院、北京市安全生产重要部署落到实处，确保首都安全稳定。（靳玉光）

【年度重点工作部署会议】 2月10日，市安委会召开工作会议，研究全市安全生产工作会议工作报告、2012年北京市安全生产重点执法检查计划和安全生产责任保险试点工作实施方案等工作。副市长苟仲文出席会议并讲话。会上，市安委会办公室通报了全市安全生产情况，分析了安全生产形势，对2012年安全生产重点执法检查计划、安全生产责任保险试点工作实施方案、全市安全生产工作会议筹备情况进行了说明。与会人员对会议议题进行了讨论，提出了修改意见。苟仲文在讲话中深刻分析了2012年全市安全生产工作面临的形势，他强调，各区县、各部门要主动作为，切实抓好安全保障工作。要推广顺义区“隐患自查自报”等成功经验。坚持谁主管谁负责、谁许可谁负责、谁监管谁负责的原则，努力使本市安全生产工作再上新台阶。会议由市政府副秘书长戴卫主持，市安委会成员单位和各区县政府、北京经济技术开发区管委会主管领导，以及部分新闻单位参加了会议。

（靳玉光）

【全市安全生产大会】 2月16日，市安委会召开“2012年北京市安全生产大会”，总结2011年安全生产工作，表彰安全生产先进单位，全面部署2012年工作。会上，市安委会副主任、市安全监管局局长张家明通报了全市安全生产工作情况，分析了面临的形势，部署了2012年重点工作；朝阳区政府、市市政市容委、市交通委、京煤集团领导作了大会发言；市人力社保局副局长程静宣读了关于表彰2011年度安全生产综合考核先进单位的决定。副市长苟仲文讲话指出，在各方面的共同努力下，全市安全生产工作明显进展，安委会统筹调度、组织推动的作用得到充分发挥，“打非治违”专项行动取得显著成效，社会舆论监督成为促进安全生产工作的一项重要手段。全市安全生产形势持续向好，实现了“十二五”安全生产工作的良好开局。

会议由市政府副秘书长戴卫主持。市安委会成员单位主管领导及联络员，各区县政府、北京经济技术开发区管委会主管领导、区县有关部门和乡镇、街道及重点企业主要负责人，部分市属企业集团（总公司）和中央在京企业主要负责人，市级安全生产应急救援队伍，部分安全生产科研机构、培训机构负责人和安全生产专家，以及首都部分新闻单位约1200人参加了大会。 （靳玉光）

【市安委会季度工作会议】 4月13日，市安委会召开工作会议，通报第一季度全市安全生产情况，分析安全生产形势，研究部署安全生产“护航”行动。会上，市安委会办公室通报了第一季度全市安全生产情况、安全生产“护航”联合行动第二战役实施方案；市住房城乡建设委、市公安局交管局、市公安局消防局分别汇报了建委系统、道路交通和消防安全情况。副市长苟仲文在讲话中，要求各区县、各部门提高思想认识，切实解决存在的问题，采取有效措施，加大安全监管力度。苟仲文强调，要发挥好安委会平台作用，全面开展隐患排查治理，依法严厉打击非法违法生产经营建设行为，组织开展重点行业领域安全生产专项整治，打好安全生产“护航”联合行动第二战役，为“十八大”和市委第十一次党代会胜利召开创造良好的安全生产环境。

会议由市政府副秘书长戴卫主持，市安委会成员单位和各区县政府、北京经济技术开发区管委会主管领导，有关部门和单位负责人，以及部分新闻单位参加了会议。 （靳玉光）

【全市“打非治违”电视电话会议】 5月9日，市长郭金龙主持召开全市安全生产工作电视电话会议，传达全国集中开展安全生产领域“打非治违”专项行动电视电话会议精神，通报朝阳区“5·5”事故情况，全面部署“打非治违”专项行动。副市长苟仲文主持会议，市领导吉林、刘敬民、陈刚，北京卫戍区副司令员石志远，市政府秘书长孙康林出席会议。市政府各部门和各区县、乡镇、街道负责人1200多人在分会场参加会议。会上郭金龙市长强调指出，打击非法违法生产经营建设行为，是加强首都社会治理和经济管理工作的重要内容，要突出重点、狠抓落实，坚决打好“打非治违”攻坚战。各区县、各部门、各单位一要理直气壮，采取更加有力的措施，形成新的高压态势，争取全社会的广泛支持参与；二要明确目标任务，以城乡结合部地区为重点，以确保不产生新的违法建设为阶段目标，集中力量打击非法违法生产经营建设，同时要加快治理既有非法违法建设，坚决治理纠正违规违章行为；三要探索创新行政执法，把各部门的执法力量集中到区级层面，深入实施网格化管理，全面推进联合执法；四要加快城乡结合部城市化改造和产业升级，尽快改变“瓦片经济”格局，促进经济社会协调发展。（靳玉光）

【“打非治违”专项行动领导小组会议】 5月10日，副市长苟仲文召开市安全生产“打非治违”专项行动领导小组第一次会议，研究讨论市安全生产“打非治违”专项行动领导小组及办公室工作制度和市安全生产领域“打非治违”1号行动方案，部署“打非治违”工作。市安全监局管局长张家明、副局长陈清，市国土局、市监察局、市规划委、市农委、市工商局、市公安局、市供电公司、市自来水公司等主管领导出席会议。

会议对市安全生产“打非治违”专项行动领导小组及办公室工作制度和市安全生产领域“打非治违”1号行动方案进行了认真研究。经充分研究讨论，会议原则同意两项制度和行动方案内容。

会议指出，“打非治违”是加强首都社会治理和经济管理工作的重要内容，是有效减少一般事故、遏制重特大事故发生的重要手段，打击非法违法生产经营建设行为刻不容缓。各部门要认真贯彻落实《国务院办公厅关于集中开展安全生产领域“打非治违”专项行动的通知》要求和市政府专题会、市政府安全生产电视电话会议精神，齐心协力，共同努力，统筹研究有关重大问题，全力做好“打非治违”工作。（靳玉光）

【市委第十一次党代会安全保障工作】 6月26日，市安委会召开工作会议，通报全市安全生产情况，部署北京市第十一次党代会安全保障等安全生产工作。会议传达了国务院安委会办公室“打非治违”专项行动第二阶段动员部署视频会议精神，市安全监管局、市公安局消防局分别通报了“打非治违”专项行动、安全生产“护航”联合行动第二战役、安全生产执法、安全生产月、举报投诉等工作开展情况和全市消防安全情况，分析了安全生产形势，提出下一步工作措施，并就做好北京市第十一次党代会安全保障工作提出要求。

市安委会副主任、市安全监管局局长张家明对全市安全生产形势进行了全面分析，并就下一步工作进行了部署。副市长苟仲文在讲话中强调，各地区、各部门、各单位要充分认清当前安全生产面临的形势和任务，要继续依法严厉打击各类非法违法生产经营建设行为，全面整治隐患，针对重点领域、重点行业实施不间断、全覆盖的执法检查，全力以赴抓好北京市第十一次党代会安全生产保障工作。

会议由市政府副秘书长戴卫主持。市安委会成员单位和各区县政府、北京经济技术开发区管委会主管领导，以及部分新闻媒体参加了会议。（靳玉光）

【开展暴雨灾后安全生产大检查工作】 8月1日，市安委会印发《关于开展安全生产大检查的紧急通知》（京安发〔2012〕7号）。受“7·21”特大暴雨袭击，本市部分地区受灾情况严重。为了认真贯彻落实市委、市政府关于做好防汛抗灾的一系列部署要求，切实做好各项安全生产工作，防止因暴雨灾害引发次生安全事故，市安委会决定，立即在全市范围内全面开展安全生产大检查，消除各类安全隐患。通知要求各区县、各部门、各单位切实贯彻落实大检查的有关工作要求。检查内容包括：交通运输、建筑施工、危险化学品、煤矿和非煤矿山、工业制造、市政设施、人员密集场所。此次检查采取属地负责、行业指导、专家参与、联合检查方式，结合实际情况，迅速动员部署，督促各类企业按要求进行全面自查，确保安全生产大检查取得实效。（多化龙）

【城市轨道交通安全工作会议】 8月2日，市安委会办公室、市交通委联合召开城市轨道交通控制保护区安全管理工作会议。会议对市政府办公厅《关于进一步加强城市轨道交通保护区安全管理指导意见》进行了宣贯，宣布成立本市轨道交通检查大队。市园林绿化局、市城管执法局、昌平区安全监管局等单位进行了发言，市安委会办公室、市交通委主管领导结合当前本市安全生产重点工作、控制保护区打击非法违法行为，以及汛期轨道交通安全运营等，对各区县、各部门和各单位提出了工作要求。（张聪）

【国务院安委会督查组来京督察】 从9月10日开始，由国务院安委会办公室副主任、国家安全监管总局副局长王德学带队的国务院安委会督查组来京进行为期5天的安全生产督察工作。在此期间，督查组听取了本市部分区县、部门和企业安全生产工作汇报，现场检查了密云矿业公司、燕山石化公司、房山区立马矿业公司、西红门镇“打非治违”现场、六里桥交通枢纽、地铁14号线、京煤集团昊华公司煤矿和奥林匹克公园建筑施工项目的安全生产情况。9月12日，市委书记郭金龙、代市长王安顺等市领导与王德学及督查组全体人员进行了座谈。（靳玉光）

【国务院安委会督查组反馈督察意见】 9月14日，市政府召开国务院安委会督查组来京督察反馈意见会。参加会议包括国务院安委会办公室副主任、国家安全监管总局副局长王德学等督查组一行9人，副市长苟仲文，市政府各有关委、办、局，各区县政府和部分重点企业的负责人，以及部分新闻单位参加了会议。会上，市安委会副主任、市安全监管局局长张家明向国务院安委会督查组汇报北京市安全生产工作情况。督查组通报了此次安全生产督察工作情况，向北京市政府反馈了安全生产督察意见。苟仲文表示，准确把握督查组提出的工作要求，加大力度，确保各项建议的整改落实；完善工作措施，进一步推动“打非治违”专项行动深入开展；从讲政治的高度，切实抓紧抓好安全生产工作，为“十八大”的胜利召开营造良好的安全生产环境。（靳玉光）

【“十八大”安全保障电视电话会议】 9月14日，市安委会召开全市安全生产工作电视电话会议，全面部署以“十八大”安全保障工作为重点的安全生产“护航”行动，动员全市各级政府、政府各部门以及广大生产经营单位，立即行动起来，集中时间，集中力量，打一场“打非治违”攻坚战，开展一次安全隐患大排查、大治理，坚决遏制非法违法生产经营建设行为，治理消除重特大事故隐患。

副市长苟仲文就进一步做好“十八大”安全保障暨安全生产“护航”行动，确保首都的安全和稳定等工作讲话强调，“十八大”安全生产保障工作，是一项重大政治任务，是对安全生产保障能力的又一次全面检验和严峻考验。各地区、各部门、各单位都要牢固树立政治意识、大局意识，认清面临的形势和任务，务必增强做好保障工作的使命感和紧迫感。要周密部署全面落实核心区保障任务，确保万无一失；要特别盯住城乡结合部等重点区域的安全生产，加大力度严密防控重特大事故。

市安委会各成员单位主管领导、各区县政府、北京经济技术开发区管委会主管领导、部分市属企业集团（总公司）和中央在京企业主要负责人以及部分新闻单位同志在主会场参加了会议。16个区县设立了分会场，各区县安委会负责人，区县有关部门和乡镇、街道及重点企业主要负责人在分会场参加了会议。

（靳玉光、张玉红）

【中秋节和国庆节期间安全生产工作】 9月18日，市安委会办公室印发《关于做好中秋节和国庆节期间安全生产工作的通知》（京安办发〔2012〕49号），要求全市各区县、各部门、各单位加强领导，落实责任，加强检查，消除隐患（尤其要加强交通运输、建筑施工、矿山和危险化学品、市政设施、商场超市、宾馆饭店、地铁、车站、学校、医院、文化娱乐和体育运动等人员密集场所的安全监管和安全管理），落实制度，加强值守。9月20日，市安委会办公室转发了《国务院安委会办公室关于加强2012年国庆节期间及节后安全生产工作的通知》。

（张玉红）

【液化石油气罐使用安全监管】 11月，市安委会办公室印发了《进一步加强餐饮经营单位液化石油气罐使用安全监管工作的通知》，要求各区县政府和市安委会有关成员单位要立即采取有效措施，强化餐饮经营单位燃气使用安全监管工作。一是立即对餐饮经营单位燃气使用情况开展安全检查，坚决消除各类事故隐患；二是迅速组织对瓶装液化石油气充装、供应及运输企业开展安全检查，确保达到安全标准；三是全面开展安全使用燃气的宣传教育活动，提高安全防范意识和技能。

（张聪）

【通报部署安全生产工作】 12月6日，市安委会召开工作会议，贯彻全国安全生产视频会议精神，通报部署全市安全生产工作，研究讨论《关于进一步推进企业安全生产标准化建设工作的意见》和《关于在各类燃气使用单位安装燃气泄漏安全保护装置的规定》。副市长苟仲文出席会议并讲话，市安委会有关成员单位和各区县安委会主管领导，有关部门负责人参加了会议。

会上，市安委会副主任、市安全监管局局长张家明通报了全市安全生产“护航”及“打非治违”行动开展情况，安排部署下一步安全生产工作。市安全监管局副局长陈清对《关于进一步推进企业安全生产标准化建设工作的意见》和《关于在各类燃气使用单位安装燃气泄漏安全保护装置的规定》两个讨论文件进行说明。与会单位在会上也发表了意见。副市长苟仲文在讲话中充分肯定了各区县、各部门在落实国务院安委会和市委、市政府工作部署，开展安全生产工作方面所取得的成绩。同时，分析提出了当前面临的形势和存在的问题，对下一步工作提出要求。 （靳玉光）

【部署冬季安全生产工作】 12月26日，市安委会办公室印发《关于认真做好今冬明春安全生产工作的通知》（京安办发〔2012〕62号），要求各区县、各部门贯彻落实国务院安委会工作部署和市政府领导同志重要批示精神，高度重视安全生产，切实加强组织领导，进一步加强重点行业和领域安全监管、监察，认真做好风险评估，加强应急管理工作。 （张玉红）

【安全生产“护航”联合行动】 从2011年12月至2012年2月下旬，市安委会在全市范围内部署开展了安全生产“护航”联合行动，主要目的是通过严格执法，曝光一批、处罚一批，停业一批、关闭取缔一批违法违规生产经营单位，有效防范和坚决遏制重特大事故发生，为“两节”、“两会”创造良好的安全生产环境。主要特点：一是各级领导高度重视，周密部署。二是突出行业领域和季节特点，明确目标任务。三是强化统筹，健全5项制度，确保行动顺利开展。四是坚持部门联动，积极开展联合执法。五是坚决落实属地责任，严厉查处违法违规生产经营单位。 （靳玉光）

【安全生产“护航”联合行动第二战役】 4月24日，市安委会印发《关于开展安全生产“护航”联合行动第二战役的通知》（京安发〔2012〕3号）。市安委会决定，自即日起至2012年12月底，在全市范围内集中时间、集中力量、集中精力，实施安全生产“护航”联合行动第二战役，全力消除安全隐患，为首都安全稳定保驾护航。通知将《安全生产“护航”联合行动第二战役方案》同时印发，要求各单位认真贯彻落实并及时报送工作进展情况。该方案中明确规定了安全生产“护航”联合行动的指导思想、工作原则、组织机构、主要任务及职责分工。此次专项行动在全面检查各行业领域安全生产工作的同时，重点开展8个方面的检查工作，即建筑施工工地专项检查、道路交通运营单位专项检查、餐饮等燃气公服用户专项检查、危险化学品生产经营单位专项检查、再生资源回收单位专项检查、商（市）场、农村集贸市场等消防安全专项检查、电梯安全专项检查、铁路沿线安全专项检查。主要保障措施包括：开展全过程督察考核工作、建立健全联合执法的工作机制、进一步加强组织领导严格执法确保实效，搞好统筹兼顾，坚持群防群治，加强宣传和信息报送工作。

（靳玉光、张玉红）

【深化安全生产“护航”联合行动】 5月4日，市安委会办公室组织召开全市安全生产“护航”联合行动工作会议，研究部署有关工作，进一步推动安全生产“护航”联合行动第二战役有关工作的开展。

会议听取了各区县安全生产“护航”联合行动部署开展情况，市城乡建设委、市交通委、市市政市容委、市商务委、市质监局、北京铁路局、市公安局消防局等部门就“护航”行动开展中有关问题进行了说明。与会各单位还对《安全生产“护航”联合行动、“打非治违”专项行动考核细则》进行了研究、讨论。会议要求，各区县要认真组织开展好“护航”联合行动，切实解决存在的各类非法违法问题；8个行业牵头部门要做好相关行业的指导、督促、检查工作，协调解决区县在联合护航行动中遇到的问题。各区县安委会办公室主管领导、市安委会有关成员单位联络员参加了会议。

（靳玉光、张玉红）

【研究“十八大”安全保障工作】 8月9日，市安委会副主任、市安全监管局局长张家明主持召开安全生产“护航”联合行动工作会，听取“护航”联合行动工作情况，研究“十八大”安全保障工作措施。

据统计，截至7月底，各区县、各部门、各单位共检查生产经营单位39604家次，共下达各类执法文书21742份。通过严格执法，共检查发现各类安全隐患4.17万个，其中已整改4 .02万个，整改率96.5%。因隐患严重被责令停产停业整顿的生产经营单位811家，关闭取缔单位213家。会议认为，经过各区县、各部门、各单位的共同努力，安全生产“护航”联合行动取得了一定成效，但也反映出一些问题。一是城乡结合部非法违法生产经营建设活动依然突出；二是执法力度有待进一步加强；三是联合执法工作机制有待进一步完善。

（靳玉光、张玉红）

【部署“十八大”安全保障工作】 9月12日，市安委会印发《关于开展“十八大”安全保障暨安全生产“护航”行动的通知》（京安发〔2012〕10号）。根据市委、市政府工作部署，经市安委会研究决定，在全市开展“十八大”安全保障暨安全生产“护航”行动。通知进一步明确了“十八大”安全保障暨安全生产“护航”行动的指导思想及工作目标、组织机构、重点任务、实施步骤、工作要求，要求各区县政府，市政府有关委、办、局，有关单位迅速贯彻落实。

（靳玉光、张玉红）

【督察“十八大”安全保障开展情况】 10月23日，市安委会办公室印发《关于开展“十八大”安全保障暨安全生产“护航”行动督查工作的通知》，根据市委、市政府工作部署以及《北京市安全生产委员会关于开展“十八大”安全保障暨安全生产“护航”行动的通知》要求，市安委会办公室会同部分成员单位组成7个督查组，由市安委会办公室领导同志带队，于10月下旬，对重点区县和有关部门“十八大”安全保障暨安全生产“护航”行动开展情况进行集中督察。（靳玉光）

【安全生产“护航”联合行动取得成效】 本市有步骤、分阶段在全市范围内部署开展了安全生产“护航”联合行动。安全生产“护航”联合行动第二战役工作取得明显成效。截至2012年底，全市安全监管部门实际检查生产经营单位10.7万家次，下达执法文书5.79万份，停产停业整顿1658家，关闭取缔2249家，处罚金额1977.85万元。发现隐患12.17万项，隐患整改率98.23%，非法违法单位媒体曝光数量152家。

（靳玉光、张玉红）

【部署“打非治违”专项行动】 4月24日和5月8日，市长郭金龙两次主持召开市政府专题会议，研究部署本市安全生产和“打非治违”工作。郭金龙要求全市各区县、各相关部门要进一步提高认识，下定决心，以高度负责的态度，加强安全生产工作，全面开展“打非治违”专项行动。各区县要负起属地责任，强化网格化管理，组织力量，多管齐下，综合执法。各有关部门要加强对城乡结合部建设管理的调查研究，加强对区县的指导，把集体土地管理好，把安全生产抓好，扎实推进“打非治违”各项工作。5月9日，市长郭金龙主持召开全市安全生产工作电视电话会议，全面部署“打非治违”专项行动。5月10日和5月11日，副市长苟仲文两次主持召开安全生产“打非治违”专题会议，研究部署安全生产“打非治违”专项行动有关工作。

各区县、各部门、各单位迅速落实市领导指示，召开会议进行动员部署，传达贯彻国务院和市委、市政府关于安全生产“打非治违”专项行动的有关要求，积极推进本地区、本行业领域安全生产“打非治违”工作。（靳玉光）

【建立“打非治违”组织机构】 一是设立“安全生产打非治违”专项行动领导小组。组长由主管副市长担任，副组长由分管市政府副秘书长和市安委会副主任担任。领导小组成员包括：市公安局、市监察局、市国土局、市规划委、市农委、市工商局、市安全监管局主要领导，主要职责是：在市政府领导下，负责全市“安全生产打非治违”专项行动的组织领导工作，协调各地区、各部门强化落实市政府令第228号等有关法规规定，研究解决工作中遇到的新问题。二是领导小组下设“安全生产打非治违”专项行动办公室。办公室设在市安委会办公室，主任由市安委会办公室主管领导担任，副主任由市公安局、市监察局、市国土局、市规划委、市农委、市工商局主管领导担任，主要职责是：在市“安全生产打非治违”专项行动领导小组领导下，加强信息报送和舆论引导，汇总统计各区县、各有关部门和单位专项行动开展情况，发现并总结推广典型经验，组织开展专项督导检查，推进实现专项行动各阶段工作目标。市政府各委办局和各区县政府相应成立组织领导机构。市安委会办公室充分发挥监督指导、统筹协调职能，研究建立6项工作制度，确保专项行动顺利开展。（靳玉光）

【“打非治违”1号行动】 5月10日，市安全生产“打非治违”专项行动领导小组下发通知，从即日起实施“打非治违”1号行动，依照市政府令第228号等有关规定，对全市在建违法建设实施断水、断电、禁运建筑材料等措施，确保新增违法建设得到有效遏制和铲除。查处在建违法建设应达到5条标准：①负有查处职责的部门应当立即下达整改通知书，依法责令限期拆除；

②停止供电，拆除供电设备设施；③停止供水，拆除供水设备设施；④查封施工现场，对工地所需水泥、钢材等建筑材料实施禁运；⑤收回已颁发的有关证照。（靳玉光）

【落实全市“打非治违”电视电话会议精神】 5月21日，市安委会办公室下发《关于印发郭金龙市长在全市安全生产工作电视电话会议上讲话等有关会议文件的通知》（京安办发〔2012〕26号），将5月9日市长郭金龙在全市安全生产工作电视电话会议上的讲话、关于朝阳区“5·5”事故和安全生产“打非治违”专项行动的情况通报等有关会议文件，印发至各区县安委会、市安委会各成员单位和有关单位，要求认真组织学习，抓好贯彻落实。（靳玉光）

【制发“打非治违”工作方案】 5月22日，市政府办公厅印发《北京市人民政府办公厅关于集中开展安全生产领域“打非治违”专项行动的通知》（京政办发 〔2012〕27号），明确了“打非治违”专项行动的总体要求、组织机构、重点范围、重点内容、实施步骤等内容。“打非治违”专项行动方案特点为，整治内容有所突破，组织领导体系规格高，注重抓住关键环节，探索创新行政执法体系，强化督导检查考核。（靳玉光）

【印发行业领域“打非治违”工作方案】 6月6日，根据国家安全监管总局《关于印发非煤矿山危险化学品烟花爆竹冶金等行业领域“打非治违”专项行动工作方案的通知》（安监总办〔2012〕64号）和《北京市人民政府办公厅关于集中开展安全生产领域打非治违专项行动的通知》（京政办发〔2012〕27号）文件要求，市安全监管局制定了冶金有色、危险化学品和烟花爆竹、煤矿、非煤矿山等行业领域“打非治违”专项行动工作方案，将该方案印发至各区县、北京经济技术开发区安全监管局，并要求认真贯彻落实。（靳玉光、张玉红）

【“打非治违”2号行动】 6月15日，市安全生产“打非治违”专项行动领导小组召开扩大会议，总结全市“打非治违”工作进展情况，研究部署“打非治违”2号行动及有关工作。副市长苟仲文出席会议并讲话。各区县政府、北京经济技术开发区、市政府有关部门主管领导参加会议。市“打非治违”领导小组办公室主任，市安全监管局副局长陈清通报了“打非治违”专项行动进展的情况，对“打非治违”2号行动进行了部署。

苟仲文指出：各区县、各有关部门要认真落实安全生产责任，全力以赴开展“打非治违”工作。市“打非治违”领导小组部署开展的1号、2号行动具有很强的针对性，在落实上不能打折扣。各区县、各有关部门要根据本区域、行业特点，做好推动落实工作。要出台一些相应的指导性意见和措施，继续深入、扎实、有效地开展“打非治违”专项行动。要对违法建筑内从事非法违法生产、经营活动的，坚决予以制止和取缔，特别是对城乡结合部2层以上的建筑，要采取有效措施，消除安全隐患，有效防范和坚决遏制因非法违法生

产、经营导致的重特大事故和群死群伤事故。（靳玉光）

【督察调研朝阳区“打非治违”工作】 8月10日，副市长苟仲文带队赴朝阳区督察调研“打非治违”和“护航”行动开展情况，市安全监管局、市规划委、市工商局、市国土局、市公安局执法总队、市公安局消防局、市城管执法局等部门主管领导参加。督察调研组先后实地察看了朝阳区亚运村街道和东湖街道违法建设拆除情况，并听取了朝阳区政府有关情况汇报，详细察看了各类档案、台账建立等情况，朝阳区副区长汪洋代表区政府汇报了“打非治违”和“护航”行动进展情况。朝阳区代区长吴桂英总结了本区安全生产特点，对下一步工作提出了意见和建议。

苟仲文指出，各区县要认真落实市委书记郭金龙、代市长王安顺等领导重要指示精神，继续深入开展“打非治违”和“护航”行动，切实做好“十八大”安全保障工作。要继续保持高压态势，不断完善机制，增强工作实效。要采用稳妥的工作措施和方式方法，坚定信心，稳步推进。市政府各有关部门要认真研究解决工作中出现的新情况、新问题，弥补监管漏洞和盲区。各市属企业要行动起来，清理整顿权属土地违法违规行为，坚决防范重大事故和群体性事件发生。

（靳玉光）

【督导检查“打非治违”情况】 8月29日，副市长苟仲文带队赴丰台区、大兴区督导检查“打非治违”和“护航”行动开展情况，市安全监管局、市公安局、市规划委、市工商局、市公安局消防局、市城管执法局部门主管领导参加。检查组先后实地察看了丰台区卢沟桥街道京铁家园小区、丰台区南苑乡南园村、大兴区西红门寿保庄、大兴区庞各庄镇水厂违法建设拆除情况，并听取了当地负责人的情况汇报和工作建议。苟仲文对丰台区、大兴区工作给予充分肯定。（靳玉光）

【市政府研究部署安全生产和“打非治违”工作】 9月25日，市政府召开常务会议，研究部署安全生产和“打非治违”等工作。市委副书记、代市长王安顺主持会议。会上，播放了安全生产专题片，并通报了安全生产工作情况。王安顺指出：安全生产事关人民群众生命财产，事关首都安全稳定，怎么强调都不为过。安全事故触目惊心，教训深刻，反映出一些地方和单位对“打非治违”工作认识不到位，责任意识不够强，工作作风不扎实。王安顺强调：一是提高认识，进一步增强工作的紧迫感。二是下先手棋，打主动仗，巩固完善联合执法工作机制，形成合力；要落实属地和部门职责，做好预防工作。三是继续保持高压态势，加强领导，落实责任，为“十八大”胜利召开营造良好的安全生产环境。（靳玉光）

【通报违法建设伤亡事故】 10月，市安委会办公室印发《关于对近期两起别墅区内违法建设伤亡事故情况的通报》（京安办发〔2012〕59号），对各区县政府、各部门及物业等有关企业提出具体要求，采取有力措施，消除监管死角，坚决杜绝事故重复发生。

《通报》强调：一是进一步深入落实市政府专题会议精神，深刻汲取事故教训，举一反三，以“零容忍”的态度，坚决打击非法行为。二是进一步加大打击非法违法建设力度，全面贯彻落实《北京市禁止违法建设若干规定》（市政府令第228号），保持“打非治违”高压态势，认真履行职责，主动作为。三是进一步加强物业服务领域安全生产基础工作，全面排查物业服务区域内事故隐患，特别是要排查检查非法违法建设、装修施工情况，做到早发现、早制止、早报告。四是进一步发挥安全生产综合监管作用，市区两级安全监管部门要加大安全生产指导、协调、监督工作力度，依法依规严肃事故调查处理，严厉追究有关事故责任单位和责任人的责任。（张聪）

【“打非治违”专项行动“回头看”】 11月22日，市安委会办公室发出通知，贯彻落实《国务院安委会关于进一步深化“打非治违”专项行动集中开展“回头看”活动的通知》（安委明电〔2012〕3号）文件要求，在本市集中开展“打非治违”专项行动“回头看”活动。要求各区县政府，市政府有关委办局切实增强进一步深化“打非治违”专项行动的责任感、紧迫感和主动性。通知明确了“打非治违”专项行动“回头看”活动的主要内容和工作要求，并要求各地区、各有关部门对“打非治违”专项行动及开展“回头看”活动情况进行认真总结，形成总体工作报告，按时报送市安委会办公室。（靳玉光）

【推进“打非治违”专项行动】 截至年底，全市共排查发现违法建设620.9万平方米，累计拆除487.2万平方米，拆除率达到78.5%。共查处在建违法建设160.4万平方米，已拆除154.1万平方米，拆除率为96.1%。共对157.5万平方米在建违法建设实施了断水、断电等措施。各区县共组织检查组10.1293万个，出动检查人员54.6万人次，检查企业38万家，打击各类非法违法、治理纠正违规违章行为38.9万起，其中责令改正、限期整改行为19.9614万起，责令停产停业停止建设6420家，没收违法所得、非法生产设备3249起，关闭非法违法企业5433家，行政拘留2269人，罚款10560.419万元。

在专项行动中，编制了专项行动方案，建立了组织领导机构，确定工作重点，确保专项行动方案的可行性。建立调度例会、督导检查、信息统计、跟踪督办和责任追究、考核奖励、新闻宣传6项制度，做到了机制明确、职责明确、任务明确，有力推动专项行动的顺利开展。（靳玉光、张玉红）

【实施安全生产综合考核】 2011年12月中旬至2012年1月上旬，市安委会办公室组织有关部门对区县政府和市政府有关部门进行年度安全生产综合考核。考核采取日常考核与集中考核相结合的方式进行，其中对区县考核，由市安委会办公室领导带队，市发展改革委、市经济信息化委、市住房城乡建设委等22个成员单位参加，实施安全生产综合考核工作。

各区县、各部门精心准备，密切配合，客观公正、认真负责地开展考核考评工作，在不影响区县政府换届工作的情况下，于2012年1月6日前按计划完成了集中考核的阶段性工作。从考核情况看，各区县、各部门高度重视，认真总结，安全生产整体水平显著提高。

市安委会办公室向市政府报告了安全生产综合考核情况，并向各区县、各部门反馈考核意见。全部工作于是年2月底前完成。（多化龙）

【表彰安全生产综合考核先进单位】 2月，经市政府同意，市安委会印发《关于表彰2011年度安全生产综合考核先进单位的决定》（京安发〔2012〕1号），决定东城区、西城区、朝阳区、海淀区、丰台区、石景山区、门头沟区、房山区、顺义区、昌平区、通州区、怀柔区、平谷区、密云县、延庆县和北京经济技术开发区等16个区县政府（管委会）为“安全生产工作先进区县”；决定市住房城乡建设委、市市政市容委、市交通委、市经济信息化委、市商务委、市旅游委、市文化局、市质监局、市安全监管局、市广电局、市体育局、市园林绿化局、市民防局、市公安局消防局、市公安局交管局等15个市政府工作部门为“安全生产工作优秀单位”。同时，授予顺义区政府“安全生产工作特别贡献奖”，授予朝阳区政府“安全生产工作基础管理创新奖”，授予昌平区政府“安全生产工作重大进步奖”。

（多化龙）

【印发综合考核细则】 7月12日，市安委会办公室印发《关于2012年各区（县）政府安全生产综合考核细则的通知》。2012年各区县政府安全生产综合考核细则包含基础管理、重点任务、控制指标三个部分，共12个考核项目，24个考核指标。同时，在全市部署开展安全生产先进单位、安全生产先进个人的评选表彰工作。（多化龙）

【部门综合考核年终考评工作】 12月，按照《2012年度市政府有关部门安全生产综合考核工作方案》的统一部署，开展市政府有关部门安全生产综合考核年终考评工作。市政府有关部门开展年终总结、自评打分工作，区县安委会开展对市有关部门的打分评定。在此基础上，市安委会办公室做好有关统筹协调和最终考核评定工作，建立健全部署、考评、反馈、跟踪落实的综合考核工作闭环运作机制，提升市政府有关部门安全生产监督管理水平。（张聪）

【区县政府集中检查考评工作】 12月26日，市安委会办公室印发《关于做好区县政府绩效考核集中检查及安全生产综合考核工作的通知》（京安办发〔2012〕61号）。要求各区县、各部门根据市政府办公厅、市监察局有关文件精神，按照统筹安排，提高效率，服务区县的原则，由市安委会办公室组织实施的安全生产综合考核过程中的集中检查考评，要与市政府绩效管理集中检查衔接。由市政府绩效管理工作领导小组统一组织开展区县政府集中检查，采取“集中见面、各自检查，统一反馈”的检查模式，集中检查16个区县政府。检查内容及方式：按照《北京市安全生产综合考核办法（试行）》和《2012年各区（县）政府安全生产综合考核细则》等文件要求，主要采取对口听取年度安全生产工作汇报，现场查阅区县政府有关文件资料，随机抽查乡镇、街道安全生产工作落实情况等形式进行检查考评。（多化龙）

【分解安全生产控制指标】 3月5日，市安委会办公室印发《关于认真做好2012年度安全生产控制指标分解工作的通知》（京安办函〔2012〕11号），根据国务院安委会《关于下达2012年全国安全生产控制指标的通知》（安委〔2012〕3号）文件要求，确定2012年北京市各类事故（工矿商贸、道路交通、火灾、铁路交通、农业机械五项合计）死亡人数要控制在1154人以内，比2011年指标减少116人，下降9.13%，其中工矿商贸144人，道路交通947人（生产经营性315人），火灾27人（生产经营性15人），铁路交通32人，农业机械4人。通知明确工矿商贸（生产安全）事故控制指标由市安全监管局负责分解落实；道路交通事故控制指标由市公安局交管局负责分解落实，其中生产经营性道路交通事故控制指标，由市公安局交管局会同市交通委分解落实；火灾事故控制指标由市公安局消防局负责分解落实；铁路交通事故控制指标由北京铁路局会同首都综治办负责分解落实；农业机械事故控制指标由市农业局负责分解落实。要求市公安局交管局、市公安局消防局、市农业局、北京铁路局按照国务院安委会有关文件要求和市领导的批示精神，研提各自行业领域控制指标分解意见，将安全生产控制指标分解落实到各区县，并及时向市安委会办公室反馈。

各区县政府控制考核指标：包括总体控制指标、工矿商贸（生产安全）控制指标、道路交通控制指标、火灾控制指标、铁路交通控制指标5项。

重点行业领域控制考核指标：

市安全监管局、市住房城乡建设委等有关部门、市质监局分别负责工矿商贸（生产安全）、亿元国内生产总值生产安全事故死亡率、工矿商贸就业人员10万人生产安全事故死亡率、煤矿百万吨死亡率、特种设备万台死亡率控制指标的管理工作。

市公安局交管局、市交通委负责道路交通、道路交通万车死亡率控制指标的管理工作。

市公安局消防局负责火灾控制指标的管理工作。

北京铁路局会同市有关部门负责铁路交通控制指标的管理工作。

市农业局负责农业机械控制考核指标的管理工作。

2012年全市安全生产控制指标体系，由总体控制指标、行业领域控制指标、相对控制指标和事故起数控制指标4类15个指标构成。

总体控制指标：全市各类事故（指工矿商贸、道路交通、火灾、铁路交通、农业机械）死亡总人数控制在1154人以内。

行业领域控制指标：工矿商贸（生产安全）事故死亡人数控制在144人以内（含特种设备事故），其中：建筑事故死亡人数控制在90人以内；道路交通事故死亡人数控制在947人以内，其中：生产经营性道路交通事故死亡人数控制在315人以内；火灾事故死亡人数控制在27人以内，其中：生产经营性火灾事故死亡人数控制在15人以内；铁路交通事故死亡人数控制在32人以内；农业机械事故死亡人数控制在4人以内。

相对控制考核指标：亿元国内生产总值生产安全事故死亡率0.067；工矿商贸就业人员10万人生产安全事故死亡率1.40；煤矿百万吨死亡率1.8；道路交通万车死亡率1.7；特种设备万台死亡率0.44。

较大事故起数控制考核指标：全市工矿商贸（生产安全）、道路交通、火灾、铁路交通、农业机械较大事故控制在23起以内。 （何明明）

【下达安全生产控制指标】 4月5日，根据国务院安委会《关于下达2012年全国安全生产控制指标的通知》（安委〔2012〕3号）文件精神和市政府的要求，市安委会办公室印发《关于下达2012年全市生产安全控制考核指标的通知》（京安办发〔2012〕14号），将2012年全市生产安全（工矿商贸）控制考核指标下达至各区、县人民政府和北京经济技术开发区管委会，并要求认真贯彻落实。5月10日，市安委会印发《关于下达2012年全市安全生产控制考核指标的通知》（京安发〔2012〕5号），根据国务院安委会《关于下达2012年全国安全生产控制指标的通知》（安委〔2012〕3号）、《关于补充下达2012年全国安全生产控制指标的通知》（安委〔2012〕5号）文件精神，将2012年全市安全生产控制考核指标予以下达，要求各区、县人民政府，市政府有关委、办、局，有关单位认真贯彻落实。 （何明明）

【安全生产控制指标落实情况】 2012年，全市安全生产事故继续下降，安全生产形势总体稳定。

据统计，2012年全市共发生道路交通、生产安全、火灾、铁路交通、农业机械死亡事故982起，死亡1073人，死亡人数同比减少16人，下降1.47%。各项事故指标均控制在年度目标范围内，事故死亡人数占国务院安委会下达年度控制指标（1154人）的93%。其中：发生道路交通死亡事故845起，死亡918人，死亡人数同比减少6人，下降0.65%；发生生产安全死亡事故83起，死亡99人，死亡人数同比减少2人，下降1.98%；发生火灾死亡事故24起，死亡26人，死亡人数同比减少4人，下降13.3%；发生铁路交通死亡事故29起，死亡29人，死亡人数同比减少4人，下降12.1%；发生农业机械死亡事故1起，死亡1人，死亡人数同比持平。 （何明明）

【安全生产统计重点工作】 2012年，市安全监管局按照突出重点数据、兼顾区县可承受力的原则，对综合指标体系进行了调整完善，由原先3级209项指标调整为24个核心指标和97个一般指标。完成综合指标体系设计后，市安全监管局又制定下发了《北京市安全生产综合统计报表制度》，开发了北京市安全生产综合统计指标信息化平台，进一步推进了调度统计工作的制度化、规范化。

2012年1月上旬完成北京煤矿2011年度职业健康统计分析上报工作，煤矿从业人员16700人，接触粉尘11800人，职业病在职人员864人。

（靳玉光、何明明）

【编辑安全生产简报】 2012年，市安委会办公室共编辑刊发简报20期，及时传达国务院安委会、市委、市政府有关安全生产工作的重要指示和工作部署，反映全市各区县、各行业安全生产动态，交流安全生产经验做法，分析通报安全生产形势。（张玉红）

北京市安全生产监督管理局、北京煤矿安全监察局安全监管监察

安全生产综合监管

【保障春节期间交通运输安全】 1月，市交通委制定了交通保障方案。市交通委运输局根据春节运输特点，安排公交、地铁配备充足运力，做好运输服务工作。同时，以道路客运行业安全检查、轨道交通行业安全检查、危险化学品及烟花爆竹运输检查为重点，全面开展节日运输安全生产大检查，确保交通运输安全平稳。市交通执法总队启动专项勤务，加强对机场、火车站、长途客运站等重点地区管控。根据实际需要部署执法力量，维护场站、繁华商业区、庙会、旅游景区周边的运输市场秩序，营造祥和有序的节日运输市场氛围。市交通委路政局加强对所管辖道路、桥梁等交通基础设施的检查及检查频率，确保路政设施运行良好。各级交通运输管理部门切实加强节日期间安全生产大检查，以道路客运行业安全检查、轨道交通行业安全检查、危险化学品及烟花爆竹运输检查为重点，全面开展节日运输安全生产大检查工作，确保交通运输安全平稳。同时，密切关注节日期间天气预报、客流动态和交通运输动态情况，遇雪天时及时启动应急预案，做好安全服务工作，确保广大人民群众节日期间平安出行。（张聪）

【首农集团安全生产专题讲座】 1月10日，北京首农集团召开2012年安全工作会议，市安全监管局副局长陈清到会以“安全第一、预防为主、综合治理”为主题，进行了安全生产专题讲座。通报了2011年本市安全生产形势，以及全市安全生产“打非治违”专项行动、“护航”联合行动等重点工作。要求企业主要负责人从建设中国特色世界城市角度，深刻理解落实安全生产主体责任的重要意义，加强上下游、产业链的安全管理，强化企业安全生产基础工作。市国资委主管领导和相关处室负责人、首农集团主要领导及其所属50余家企业负责人等200余人参加。（张聪）

【部署重要时期建筑工程安全生产工作】 1月12日，市安全监管局会同市住房城乡建设委、市公安局消防局联合召开2012年建设工程施工现场消防

工作联席会议。会上，市住房城乡建设委通报了建设工程施工现场元旦、春节烟花爆竹安全管理工作方案和2012年安全生产网格检查计划主要内容。市公安局消防局总结了2011年全市建设工程施工现场火灾形势，通报了施工现场“清剿火患”战役暨消防平安二号行动开展情况，特别是6起建设工程施工现场火灾情况及所反映出的问题，部署建设工程施工现场下一步消防工作。市安全监管局通报了2011年本市安全生产形势和安全生产“护航”等重点工作以及《北京市京外特种作业操作证登记管理办法》和《北京市特种作业人员违章行为登记管理办法》。会议要求：强化春节期间烟花爆竹防控工作，严格落实值班制度，加强值守应急，全力做好春节及“两会”期间的安全生产工作。在京施工企业集团消防安全主管领导、在京施工企业集团二级法人单位消防安全主管领导和监理单位主管领导等150余人参加了会议。 （张聪）

【推进园林绿化行业“一岗双责”】 2月1日，市安全监管局与市园林绿化局召开会议，共同研究园林绿化行业安全生产管理规范的修改工作，督促园林绿化行业建立安全生产“一岗双责”制度。市安全监管局搜集相关法律、法规、标准以及重要文件，与市园林绿化局对行业安全生产管理规范进行深入探讨，专题研究行业安全生产监管工作。建议市园林绿化局建立本系统安全生产“一岗双责”制度。

（张聪）

【地铁安全隐患投诉举报现场会】 2月3日，市安全监管局会同市交通委、市住房城乡建设委，并邀请相关专家，召开了地铁15号线举报隐患问题调查处理现场会，现场勘察核实举报问题，研究制定工作措施。市交通委路政局、市交通委运输局、北京地铁运营公司、东直门机场快速轨道有限公司、电气设备设计及生产制造单位负责人参加了现场会。（张聪）

【全程监测燃气抢修施工】 2月，市市政市容委印发通知，要求燃气企业在抢修过程中，全程监测燃气气体浓度，严防爆炸、中毒窒息事故。通知要求，燃气抢修作业人员到达抢修现场后，首先做好现场控制，根据燃气泄漏程度及抢修作业空间要求建立警戒区，设置警示标志，控制气源、消除点火源。同时，警戒区内严禁无关人员进入。抢修发生泄漏的燃气设施时，必须对周围的建筑物、相邻市政井室、低洼地区进行燃气浓度检测，逐步扩大泄漏检测范围，直到燃气浓度为零。及时驱散聚积燃气，并疏散建筑物内人员。同时，应急抢修作业期间，要连续监测作业环境，当燃气气体浓度在爆炸范围内、一氧化碳浓度超标或含氧量不足时，必须强制通风，确认作业环境安全后方可作业。涉及有限空间作业，要严格遵守相关规范，防范中毒窒息事故。 （张聪）

【安全生产综合监管工作意见】 2月13日，市安全监管局《关于进一步加强本市安全生产综合监管工作的意见》正式印发实施。《意见》共分为工作含义、工作体制、监管模式、监管手段4个部分。其中，在“监管模式”部分，根据各行业领域的不同情况，提出对行业领域的安全生产监管工作进行分类指导，探索创新了安全生产综合监管模式。将已有综合监管10项工作制度进一步补充完善，制定了12项安全生产综合监管工作制度以附件形式随文印发。《意见》的内容实现了理论性、指导性、针对性、操作性的统一。

（张聪）

【特种作业人员培训考核】 2月，针对电焊作业引发火灾事故多发的情况，市公安局消防局会同市安全监管局专题研究焊工特种作业人员培训考核工作，共同研究焊工特种作业人员的安全监管工作。市安全监管局预防中心介绍了特种作业人员培训、考核和年审的工作开展情况，以及培训学校、培训教材、考核安排、京外特种作业人员管理等情况。市公安局消防局结合焊工作业引发的火灾事故，指出了焊工安全监管存在的薄弱环节，建议在特种作业人员的培训考核管理工作中加强消防与安全监管部门的联动机制建设，将消防安全列为重点内容，联合做好培训考试工作：一是消防部门参与特种作业培训考核工作，选派专业人员配合教材的修订、师资培训等工作；二是选择重点培训学校，投入力量开展针对焊工的消防安全培训；三是组织特种作业人员消防安全大型公开课；四是组织联合检查，重点检查轨道交通建设工地焊工岗位责任落实情况，规范特种作业人员的监管工作。（张聪）

【南水北调部门汲取事故教训】 2月14日，北京翔鲲水务建设有限公司在北京市南水北调配套工程南干渠工程第8标段15号竖井施工区施工作业时，1名维修工人在对装载机进行维修保养后试车，车辆发生侧翻，被砸压致死。经查明，该工人无特种作业人员资格上岗证。针对此情况，市安全监管局立即向市南水北调办了解相关情况，并督促市南水北调办开展相关工作，组织对重点工程开展特种作业人员安全管理专项检查，重点检查特种作业岗位人员岗位设置情况、人员持证上岗情况、作业岗位安全生产责任制及安全管理制度和岗位操作规程的制定情况。市南水北调办主任孙国升立即召开了各单位“一把手”会议，要求各施工单位要深刻汲取事故教训，查找安全隐患，并对下一阶段做好安全生产工作进行了部署。市安全监管局对本市南水北调建设工程安全生产工作进行了抽查。（张聪）

【召开建设施工安全生产紧急电视电话会议】 2月22日，怀柔区北房镇驸马庄5号楼工程在建工地发生一起塔吊顶升作业倒塌事故，造成7名作业工人死亡，1名受伤。2月23日，市安全监管局会同市住房城乡建设委召开全市建设施工安全生产紧急电视电话会议，通报怀柔“2·22”塔吊倒塌事故情况，紧急部署建设施工安全生产工作。市安全监管局副局长陈清就加强本市建设施工安全生产工作提出具体意见。会议决定：全市各施工单位要立即停工进行一次安全隐患全面排查治理。施工单位、监理单位、起重机械产权单位、拆装单位、检测单位要立刻对施工现场起重机械安全生产条件进行全面排查，严格审查起重机械登记备案手续和特种作业人员操作资质。同时，各区县要对起重机械登记备案、安装拆卸告知及使用登记等相关手续进行检查，重点复查第三方安装验收检测程序，确保进入施工现场的起重机械设备和机组人员的手续齐全，安全运行。各施工单位、监理单位要组织人员对施工现场安全生产条件进行全面验收，未进行验收或验收不合格的施工现场，严禁复工。同时要加强对农民工的上岗安全培训，严格施工安全技术交底。各级建设主管部门要加强对施工现场的排查力度，对排查出的安全隐患要建立台账，限期整改，对重大安全隐患，要挂牌督办；要加强起重机械租赁、安装、拆卸、使用检验管理，特别要对建设施工起重机械实施严管、严查、重罚，有力打击建设施工安全生产违法行为。各级安全监管部门要发挥安全生产综合监管作用，在安全生产“护航”行动中，加大联合检查力度，依法查处生产安全事故，严肃追究事故相关责任单位和责任人的责任。（张聪）

【“两会”电力安全保障工作】 2月，为确保全国“两会”期间首都电网安全稳定运行，市发展改革委副主任王英建带队，会同市安全监管局、华北电监局、市公安局内保局、市反恐办等单位，对国家电网门头沟区500千伏变电站、朝阳区立水桥变电站、大兴区重要输电线路和北京会议中心等“两会”代表驻地，联合开展了保电安全的专项检查。检查组明确了检查事项，针对低温大风干旱的情况，以防污、防异物、防故障、防外力破坏作为重点，要求从形势分析、运行检查、状态监测、专家会诊、隐患排查、应急保障等方面细化“两会”期间的安全保障方案，督促各单位逐条落实。（张聪）

【研究出租房屋安全管理工作】 2月29日，市安全监管局副局长陈清主持召开会议，针对朝阳区“2·16”出租房屋火灾事故，专题研究本市出租房屋安全管理工作。市住房城乡建设委、市流管办、市公安局消防局、市公安局人口管理总队、市公安局治安总队、市工商局等部门有关处室负责人参加会议。2月16日19时20分，朝阳区安慧北里安园6号楼1201房间发生火灾事故。此起事故暴露出的出租房屋安全管理突出问题再次引起市领导的重视和各界的广泛关注。会上，市安全监管局传达了市委、市政府领导关于出租房屋安全管理工作的重要批示。市公安局消防局通报了朝阳区“2·16”出租房屋火灾事故情况。与会各部门结合《北京市房屋租赁管理若干规定》（市政府令第231号），介绍了相关工作开展情况，并就整治规范出租房屋经纪机构安全经营行为及出租房屋安全管理难点问题进行了深入研讨。（张聪）

【交通行业先进单位推选活动】 2011年10月至2012年2月，市安全监管局会同市交通委、首都综治办、市公安局等部门联合面向全市交通行业，组织开展了第一届“北京·平安交通优秀团队”和“北京·平安交通卫士”推选活动。活动先后从市交通委路政局、市交通委运输局、市交通执法总队等部门和市属交通企业、京港地铁公司等单位中，推选出了一批工作态度积极、业务实绩突出、行为示范性强、社会影响力大的安全工作典型。最终，活动决定分别命名10个团队为“北京·平安交通优秀团队”，10名个人为“北京·平安交通卫士”称号。首届评选活动创新性强、影响力大和示范作用好。通过活动的开展，在交通行业范围内营造了学习先进、争当先进和扎根基层工作岗位、努力干好本职安全生产工作的良好氛围。（张聪）

【部署轨道交通建设安全生产工作】 3月1日，市安全监管局、市住房城乡建设委、市总工会联合召开了2012年“地铁安全质量月”暨全市安全质量工作动员会，部署全年轨道交通建设安全生产工作。会上，北京建设工程安全质量监督总站对“安全质量生产月”活动做出明确安排，对全年轨道交通质量安全管理重点工作进行部署；市总工会说明了2012年“安康杯”竞赛活动的具体安排；市住房城乡建设委分析了轨道交通安全生产面临的严峻形势，对全年工作提出了要求。会上，市安全监管局提出两点意见：一是各部门、各单位应充分认清轨道交通建设安全生产面临的严峻形势，深刻认识工作中存在的薄弱环节，采取有力措施，全力遏制重特大事故、压减一般性事故；二是各参建单位要认真落实市政府2011年《关于印发全面规范本市建筑市场进一步强化建设工程质量安全管理工作意见的通知》要求，建设单位要对工程建设质量安全负首要责任，严格执行工程项目基本建设程序，督促各单位落实安全生产主体责任；施工单位要对施工现场工程建设安全生产的实施负总责，开展好安全生产标准化活动，特别是要加强对特种作业人员的管理；监理单位要进一步落实监理责任，按程序严格监理，对发现存在安全事故隐患的，按要求分级进行处置。各区县住房城乡建设委、轨道交通建设单位、北京地铁指挥部主管负责人和各标段项目经理、总监等250余人参加了会议。（张聪）

【地铁10号线停运事故调查专题会】 3月7日，市安全监管局副局长陈清主持召开了“2·27”事故调查专题会议。会上，北京地铁运营公司汇报了“2·27”地铁10号线停运事故基本情况、相关抢险处置经过及事故初步调查情况。市安全监管局对“2·27”地铁10号线停运事故调查进行了工作部署，成立了事故调查组，并对事故调查工作提出了工作安排。市交通委运输局、市监察局、市安全监管局分别对北京地铁运营公司安全生产工作及事故调查有关工作提出了意见和建议。（张聪）

【轨道交通建设安全管理工作】 3月，市轨道交通建设管理公司研究出台了《合同履约评价管理办法（暂行）》和《北京市轨道交通工程特殊保证期安全管理专项措施规定》，强化轨道交通建设安全生产管理工作。《合同履约评价管理办法（暂行）》通过明确评价组织及职责、评价内容及周期、评价标准及结果等内容，划分了评价结果的5个方面中的使用，即下发通报网站公布、奖优罚劣及时兑现、劳动竞赛评比综合考虑履约评价结果、履约评价结果作为监理单位履约考评重要因素、履约评价结果与投标资格预审联动。按照实体检查与行为监督并重、诚信激励与失信惩戒并行的原则，通过对土建施工单位施工现场进行动态评价，将评价结果应用于轨道交通土建招投标市场活动中，实现轨道交通工程施工现场与发包承包交易市场“两场”联动、闭合管理，有效地督促轨道交通工程的土建施工总承包单位、监理单位对安全生产全过程的管理。《北京市轨道交通工程特殊保证期安全管理专项措施规定》，首次提出在重要节假日、重大政治活动、汛期等特殊保证期间，本市轨道交通工程建设各参建单位的安全生产工作要求。规定中明确了特殊保证期时间段、一般要求、特殊规定以及奖惩规定，规范了“特保期”驻场人员考勤表、“特保期”驻场人员值班日记、“特保期”施工现场驻场人员日检查表等表格。此规定对轨道交通工程建设各参建单位提出了更为严格的要求，为做好特殊保证期安全生产工作打下了良好的基础。（张聪）

【研究城市道路塌陷预防工作】 3月15日，市交通委会同市安全监管局等部门召开了会议，专题研究防范城市道路塌陷安全生产工作。会上，市交通委路政局总结了2011年道路养护、地下穿越工程监管等工作情况并通报了去年城市道路塌陷治理工作情况。指出去年市管城市道路塌陷事故发生共计224起，比2010年（108起）增长107%，其中地铁沿线发生道路塌陷114起，占50.89%。同时，对道路塌陷主要原因进行了初步分析，并提出了2012年的重点工作。市住房城乡建设委、市市政市容委等部门分别介绍了2011年相关工作开展情况，提出加强城市道路安全管理工作的建议。市安全监管局通报了2011年关于城市道路等基础设施安全生产综合监管工作情况，并就下一步工作提出意见：一是完善联合执法工作机制，开展重点建设工程安全生产联合执法；二是强化信息沟通机制，定期召开联席会议，通报安全监管动态工作情况，提出防范工作措施；三是严厉查处生产安全事故。针对道路塌陷事故，发现一起、曝光一起、查处一起。通过事故调查，全面分析原因、提出事故处理意见和改进措施，督促企业举一反三，防范类似事故重复发生。（张聪）

【反馈京港地铁调研意见】 3月20日，市安全监管局副局长陈清带队赴京港地铁公司，专题反馈运营安全生产管理调研工作意见。市交通委运输局副局长王春强和市交通委、市质监局、市特检中心以及市劳保所等单位相关处室负责人参加了专题会议。会上，市安全监管局对调研反馈意见进行了通报。与会各部门按照工作职责，结合反馈意见分别对京港地铁公司加强安全管理工作提出了有关要求。针对调研反馈意见京港地铁公司认为，市安全监管局牵头组织开展的运营安全管理调研工作是在全面了解安全状况的基础上，对企业安全生产管理工作进行了“把脉”，指出的问题全面准确，提出的对策措施切实可行，为企业改进安全生产管理工作提供了思路和途径。（张聪）

【启动“道路客运安全年”活动】 3月28日，交通运输部、公安部、国家安全监管总局联合召开“道路客运安全年”活动动员部署工作会。交通运输部副部长冯正霖、公安部副部长黄明、国家安全监管总局副局长王德学出席并讲话，全面动员部署“道路客运安全年”活动。市交通委、市公安交管局、市安全监管局及各区县相关部门负责人参加了会议。会议指出，第一季度还没有结束，全国已经发生了5起一次死亡10人以上的道路交通运输事故，反映出当前道路客运安全形势仍然十分严峻。为全力压减道路交通事故，国家三部局研究决定，联合开展“道路客运安全年”活动。“道路客运安全年”活动的主要内容：一是全面开展道路客运驾驶人安全素质教育；二是全面落实道路客运企业安全管理规范；三是建立健全道路运输车辆动态监管制度；四是加强和改进旅游包车客运安全管理；五是在高速公路客运全面推广使用安全带；六是严管客运车辆严重交通违法行为；七是进一步完善和细化客运站安全管理制度。（张聪）

【启动老旧小区综合整治工作】 3月份，市住房城乡建设委印发《关于老旧小区综合改造工程外保温材料专项备案和使用管理有关事项的通知》，明确提出此次老旧小区改造的建筑外保温工程中，必须采用燃烧性能为A级的保温材料以及燃烧性能为复合A级的热固性保温材料。同时，要求改造中，施工单位应安排撤离居住人员安置场所或妥善安置撤离确有困难人员。（张聪）

【“落实主体责任，保障商务安全”宣传日】 4月1日，时值《北京市商业零售经营单位安全生产规定》和《北京市餐饮经营单位安全生产规定》实施5周年之际，市商务委、市安全监管局等部门会同西城区政府举办了以“落实主体责任，保障商务安全”为主题的宣传日活动。活动中，市商务委要求各区县商务部门、各经营单位要不断增强做好安全生产工作的责任感和使命感，切实担负起行业安全监管责任和企业安全生产主体责任；市安全监管局从进一步扎实推进“两个规定”的贯彻落实、全面推进安全生产达标创建活动、继续强化安全生产联合执法检查行动等3个方面提出了工作要求；市商联会向全市商业、餐饮业经营单位发出了“落实企业主体责任，加强安全生产管理”的倡议；西城区商务委对做好属地“两个规定”贯彻落实工作进行了部署；北京庄胜崇光百货公司代表企业做出了“认真执行‘两个规定’，履行安全生产责任”的承诺。与会部门的领导和单位，现场向广大市民开展了安全生产法规、安全生产知识宣传咨询活动，并发放安全生产法律法规宣传单、商务安全宣传册、人员密集场所安全生产规定文件汇编等材料共计8000余份。（张聪）

【南水北调工程质量安全会议】 4月5日，市安全监管局参加市南水北调办召开的市南水北调工程2012年质量安全工作会议。会议指出，2012年本市南水北调建设工程18个项目开工建设。会上，市南水北调建设委员会建设管理中心负责人对2011年安全生产和文明工地工作进行了总结，市南水北调办工程管理处负责人对2012年市南水北调工程质量、安全工作进行了部署，北京燕波工程管理有限公司，北京市政建设集团代表发言介绍了工作经验，市南水北调办副主任王汉卿对各单位做好安全质量工作提出了要求。市安全监管局就市南水北调工程建设如何更好地开展安全生产工作提出了意见，特别是完善本系统安全生产“一岗双责”等制度建设，履行基本建设程序，科学合理确定工期，安排必要的安全投入，执行安全生产“三同时”制度。（张聪）

【调研轨道交通供电安全】 4月，国家电力监管委员会华北电监局会同市安全监管局和市发展改革委联合开展了对本市轨道交通运营供电安全调研。本市轨道交通运营线路15条，城铁总里程372公里，设置车站218座，其中换乘车站24座。涉及供电客户90余座，分布在东城、西城、海淀、朝阳和丰台等区域。调研组先后走访了北京市电力公司、北京地铁运营公司、北京京港地铁有限公司等相关单位，听取了北京城铁用电安全情况介绍，现场察看了城铁用户的配电设施，并与现场一线人员进行了深入交流。（张聪）

【研究轨道交通综合监管工作】 4月11日，市安全监管局赴市交通委路政局，专题研究轨道交通建设地下穿越工程安全生产综合监管工作。市交通委路政局主管领导、相关处室及道路养护中心负责人参加了会议。（张聪）

【轨道交通建设安全质量工作会】 4月12日，市重大办、市住房城乡建设委、市安全监管局等部门在北京会议中心，联合组织召开了轨道交通建设工程2012年第一季度安全质量工作会。会议对2011年下半年获得“安全优胜杯”的13家单位进行了表彰。市住房城乡建设委、市市政市容委、市公安局消防局等部门分别通报了轨道交通建设安全检查存在的问题，以及火灾、塌陷、涌沙等事故情况，对下阶段安全质量工作进行部署。会上，市安全监管局结合全市安全生产“护航”联合行动等重点工作提出要求，特别指出要紧紧抓住已发生的涉险事故，严查原因，汲取教训，采取有力措施，切实加大重点风险工程安全监管工作。（张聪）

【行业领域安全监管工作会】 4月16日，市安全监管局副局长陈清主持召开2012年度本市行业安全生产监管工作会议。市发展改革委、市住房城乡建设委、市市政市容委等31个部门和市安全监管局相关处室负责人参加了会议。会上，市安全监管局通报了2011年本市安全生产综合监管工作开展情况和市政府有关部门安全生产综合考核工作情况，并就2012年行业领域安全监管工作重点任务及部门综合考核工作做出部署。与会人员结合工作实际进行了深入交流，并提出针对性建议。（张聪）

【检查老旧小区综合整治施工安全】 4月17日，市政府副秘书长张玉平带队对海淀区老旧小区综合整治施工安全工作进行检查，并召开现场会对综合整治施工安全工作提出要求。会上，市住房城乡建设委、市公安局消防局分别就施工安全、消防安全工作提出了工作要求。市安全监管局针对老旧小区综合整治施工安全生产监管工作提出3点建议：一是要高度重视，严密组织，充分认清老旧小区安全生产面临的严峻形势，认真分析施工中的重点、难点问题；二是认真落实市政府老旧小区综合整治工作的总体要求，依法依规履行施工程序，严格落实建设施工中的各项安全管理规定；三是深刻汲取上海“11·15”火灾事故的教训，采取有效措施，坚决防范类事故发生。张玉平分析了老旧小区综合整治和安全生产面临的严峻形势，对相关委办局、区县和参建单位提出了工作要求。（张聪）

【部署地下空间综合整治工作】 4月21日，市政府办公厅召开了全市地下空间综合整治工作会议，副市长刘敬民出席会议并讲话。会议进一步明确了地下空间综合整治的重点任务，即强化联合执法，加大整治工作力度；深入调查研究，解决整治工作重点难点问题；维护安全稳定，确保整治工作的平稳推进等。会议强调要继续围绕安全隐患整治这一重点，完成普通地下室重新备案，重点打击违法违规使用行为，清理存在重大安全隐患和严重扰民的普通地下室。同时提出了对综合整治要实行挂账整治的方法，强化属地责任，将挂账整治任务分解到街道、乡镇，与社会治安综合治理工作相结合，抓好考核考评工作。（张聪）

【核查轨道交通建设安全隐患举报问题】 4月26日，市安全监管局会同市住房城乡建设委组成调查组，在地铁14号线07标段西铁营站施工现场召开举报隐患现场调查会，现场勘察核实举报问题，研究制定工作措施。建设单位北京市轨道交通建设管理有限公司、施工单位中交隧道工程局有限公司、监理单位北京方达工程管理有限公司负责人参加了会议。14号线07标段施工、监理和建设单位分别介绍了该车站施工现状，污水管线加固的过程中施工、监理相关手续办理等方面情况。同时，调查人员查阅了相关资料，并对施工现场实地查勘，核实举报投诉的相关内容。调查组发现在污水管线加固施工过程中，施工单位没有与排水集团办理污水管线保护相关手续，施工安全管理过程不严密，个别资料手续办理不及时、不准确，监理单位旁站监理资料、隐蔽验收资料不齐全等问题。调查组就进一步加强安全生产管理工作提出3条工作意见：一是建设单位牵头，施工、监理单位积极配合，及时办理此管线的相关手续，完善管线安全管理工作；二是地铁14号线07标段施工、监理单位要对该车站污水管线加固过程的手续办理、资料办理等方面情况进行整理，并对施工、监理管理的不足，研究有效的改进措施；三是建设单位会同相关参建单位，针对此次检查发现的问题或不足，举一反三，在今后的施工过程中，严格贯彻落实轨道交通建设相关法规、规范性文件的要求，防止类似情况的发生。（张聪）

【贯彻道路安全视频会议精神】 5月3日，国务院安委会办公室关于加强道路安全工作视频会议后，本市结合首都道路交通安全监管工作实际，迅速召开道路安全工作视频会议，对加强全市道路交通安全管理工作进行深入动员部署。一是集中开展道路交通“打非治违”专项行动，依法严厉打击道路交通运输非法违法行为，有力消除影响道路运输安全的事故隐患。二是全面落实“道路运输安全年”各项措施，进一步加强营运驾驶员安全素质教育和管理，加强重点车辆安全动态监控，加强道路设施隐患排查治理，提高道路运输安全水平。三是进一步加大《道路交通运输企业安全管理规范》的宣传贯彻力度，组织开展专题培训，督促企业对照《规范》要求，认真逐条逐款进行落实和整改，夯实道路运输企业安全生产基础工作。（张聪）

【落实老旧小区改造安全措施】 5月，市住房城乡建设委、市安全监管局等部门在北京工商大学老旧小区节能改造现场，召开安全检查现场会，检查安全措施落实情况，加强对施工改造安全工作的宣传和指导，明确提出相关要求：一是严格主要建材质量把关，所用的主要建材必须在市住房城乡建设委网上备案并进行专项检查；二是施工作业期间应完全撤离居住人员，不能做到完全撤离居住人员时，必须采取作业区与非作业区防火分隔、外门窗防火封堵及其他施工现场综合防火措施，并由属地街道、施工企业和被看护人员亲属签订安全责任书；三是施工单位必须在危险性较大的工程施工前编制专项方案，并经专家论证后严格按方案施工；四是吊装作业区周围设禁区围栏、警戒标志，并派专人监护，禁止非施工人员进入作业现场；五是外墙保温材料施工开始后，现场一律禁止明火作业。（张聪）

【商品市场安全管理调研】 5月9日，市安全监管局前往昌平区城北街道进行调研。了解昌平区特别是城北街道关于商品交易市场安全管理现状及难点问题，并以城北街道辖区内的北京阳光鑫隆百货市场为典型样本，对其进行了实地调研和解剖分析。对基层安全监管工作中存在的力量不足、“权责不匹配”及“执法难、监管软”等难点问题进行了深入交流，提出了指导性建议。（张聪）

【商务系统“打非治违”专项行动】 5月9日，全市安全生产电视电话会议召开后，市商务委成立了以委主要领导为组长的商务行业安全生产“打非治违”行动领导小组，制订了工作方案，明确了工作重点、内容和要求，立即在全市规模以上商业零售和餐饮经营单位开展安全生产“打非治违”专项行动。5月份，市商务委会同市公安局消防局，组织对百盛购物中心复兴门店、统杰法宝超市西直门店等商业零售经营单位进行了安全生产检查，对发现的问题和隐患及时进行整改。并对京客隆、大中电器、国美电器、物美等重点商业企业进行抽查。（张聪）

【物业服务企业安全生产管理调查评估项目】 5月10日，市安全监管局组织召开2012年北京市物业服务企业安全生产管理调查评估项目竞争比选会议。北京城市系统工程研究中心、中安质环技术评价中心及北京安信创业信息科技发展公司参加了该项目的竞争比选。会上，市安全监管局首先向比选工作小组成员介绍了项目情况、参加比选单位情况以及项目比选标准。参加比选的单位分别对各自公司的基本情况、项目实施方案等方面作了介绍。在听完各单位汇报后，比选工作小组分别向有关单位进行了质询。最后经比选小组票决，确定由北京城市系统工程研究中心承担2012年北京市物业服务企业安全生产管理调查评估项目的实施工作。

（张聪）

【调查大兴区旧宫房屋坍塌事故】 5月11日，位于大兴区旧宫镇南街三村一座四层房屋中的一层楼板发生坍塌，现场3人被困。事故发生后，市安全监管局立即赶赴事故现场实地勘察。经查，事故发生地点位于大兴区旧宫镇南街三村向阳路北侧的一栋四层出租民房内，其中二层以上空置，一层出租从事超市批发经营活动。11时44分左右，该超市顶部突然发生坍塌，造成该超市的一名收银员、理货员和一名购物人员被困。消防人员赶到后将3名被困人员救出，并送往附近的医院进行救治。经初步判断，事故发生的主要原因为房主使用非承重钢架和轻质楼板，致使建筑物内一层房屋不能承受二层物重，从而发生坍塌。事故发生后，大兴区旧宫镇政府立即组织对该非法建筑进行了拆除。由于该起事故是一起非法违法建设、经营导致的坍塌事故，市安全监管局以此为典型案例，进一步督促区县政府加大“打非治违”工作力度，避免事故重复发生。

（张聪）

【反馈地铁停运事故调查意见】 5月11日，市安全监管局副局长陈清带队，会同市交通委、市交通委运输局等部门，赴北京地铁运营公司就“2·27”地铁10号线停运事故调查工作情况及有关工作意见进行专题反馈。专题会上，通报了“2·27”地铁10号线停运事故调查工作情况，并就汲取事故教训，进一步加强地铁安全生产管理工作向运营企业提出了工作意见。（张聪）

【调研集体土地“打非治违“工作】 5月15日，市安全监管局针对朝阳区十八里店乡“5·5”钢结构房屋倒塌事故中暴露出的集体土地“打非治违”存在的问题，与朝阳区部分乡镇政府和村委会主管负责人进行了广泛的交流。与会人员分别就集体土地建设工程管理、规划管理、区域内控违拆违、基本建设程序、经济发展管理、闲置土地利用等方面，以及对下一步集体土地管理工作提出了工作建议。（张聪）

【加强建设领域安全生产工作】 5月15日，市安委会办公室印发《关于进一步加强本市建设工程领域安全生产工作的意见》。《意见》要求各区县、各部门、各单位坚决贯彻国务院40号文件和市委、市政府20号文件以及《全面规范本市建筑市场进一步强化建设工程质量安全管理工作的意见》（京政办发〔2011〕46号）等一系列关于安全生产工作的重要文件精神，切实加强对建设工程安全生产工作的领导。建设单位、施工单位、设计单位、监理单位、工程检测单位等各参建单位，要严格履行基本建设程序，认真落实法定职责，强化企业安全生产主体责任落实。针对老旧小区综合改造、轨道交通建设、城乡结合部建设、城南行动、CBD核心区工程和校舍安全工程等重点建设工程难点及特点，进一步明确了具体安全措施。各区县政府作为“打非治违”的主要力量，结合实际情况，建立相应机构，明确职责分工。要采取网格化和分片包干方式，根据市政府第228号等有关规定，组织开展监督执法工作。（张聪）

【答复校车问题提案】 5月16日，市教委牵头组织座谈会，就北京市十三届人大五次会议和北京市政协十一届五次会议有关代表委员提出的校车问题，向代表委员进行集中答复。市人大代表田媛、柳茹，市政协委员邢念增、沈杰、巫永平以及市人大代表联络室副主任张喜发、市政府办公厅副巡视员胡蓉、市政协提案委员会主任董瑞龙出席会议。会上，市教委委员叶茂林代表市教委及相关建议提案会办单位汇报了建议提案的办理报告。在此基础上，各会办单位进行了补充情况说明。市安全监管局主要提出3个方面的工作措施：一是将校车安全管理纳入法制化轨道。国务院《校车安全管理条例》已于4月5日正式颁布实施，按照《条例》的有关规定，结合新修订的《北京市安全生产条例》，市安全监管局会同市教委制订《北京市校车安全管理实施办法》，从运营企业安全生产责任制、安全生产管理制度、安全生产条件以及安全应急管理等方面，重点细化具体规定内容。二是依法强化安全监管，加强对校车运营企业安全生产管理工作的执法检查。三是落实安全生产综合监管职责，协调指导和监督检查有关部门和属地政府履行校车运营企业安全监管工作。（张聪）

【专题研究道路交通检查工作】 5月17日，针对“5·13”怀柔重大道路交通事故情况，市安全监管局召开专题会议，研究对事故责任企业进行执法检查有关工作。市交通委、市工商局、市公安局交管局、市交通委运输局等部门相关负责人参加会议。会上，市公安局交管局通报了“5·13”重大道路交通事故基本情况，同时基于事故责任初步认定，交管部门已责令事故企业将所属车辆集中存放管理，停止车辆上路行驶。市交通委运输局介绍了事故责任单位车辆备案情况、日常监管工作中发现的问题，同时朝阳运管处已责令该事故企业停业整改。参会各方对执法检查工作安排进行了充分讨论，提出了工作建议。（张聪）

【市粮食行业“打非治违”专项行动】 5月21日，市粮食局召开了全市粮食行业集中开展安全生产领域“打非治违”专项行动动员部署大会。市粮食局成立了以副局长任组长的领导小组，制定了《北京市粮食行业集中开展安全生产领域“打非治违”专项行动实施方案》。市粮食局局长李广禄在对“打非治违”专项行动进行工作部署时强调：各区县粮食行政管理部门、各粮食加工、储存、运输企业，广大职工要以专项行动为契机，杜绝行业各类违法、违规、违章行为，防范和遏制安全生产事故；牢固树立依法行政、做到严格程序、严格标准、严格实施、严格督察、严肃纪律；各企业要在专项行动中突出重点、认真自查、依法依规、边整边改；各单位“一把手”要亲自部署亲自抓，分管领导通盘负责直接抓，确保“打非治违”专项

行动取得实效。（张聪）

【道路客运交通安全工作会议】 5月23日，市交通安委会办公室、市安全监管局、市交通委运输局、市交通执法总队联合召开全市道路交通安全工作会议。会上，市公安局交管局通报了“5·13”怀柔重大道路交通事故情况及对事故责任人、责任单位有关处理决定。市交通委运输局副局长黄建平、市公安局交管局副局长高军分别就道路客运安全监管工作以及“道路客运安全年”活动进行了部署并提出了有关工作要求。市安全监管局副局长陈清指出，“5·13”怀柔重大道路交通事故是一起由非法营运、违法挂靠、企业安全管理混乱等原因造成的恶性事故，要通过严厉查处反面典型，有力打击震慑道路运输企业安全生产非法违法行为。

（张聪）

【通报地铁生产安全事故情况】 5月23日，针对“5·22”地铁9号线丰台北路站生产安全事故情况，市安全监管局会同市建设部门对该工程进行了安全生产检查。通过检查发现该施工现场安全问题较多，特别是有些机械设备缺乏防护和标识、电气设备破损并缺少必要的装置、缺乏临边防护措施、劳保用品使用不规范等。对此责令施工单位进行整改，并要求切实加强施工安全管理工作。为严防同类事故重复发生，切实加强施工安全管理工作，市安全监管局印发了《关于地铁9号线丰台北路站施工生产安全事故情况的通报》，明确提出4项工作要求：一是轨道交通建设各参建单位务必要进一步增强安全生产法律法规及政策文件的执行力，切实落实建设、施工、监理的安全责任。二是施工总承包企业要加强对施工项目部安全生产工作的检查、指导和考核，切实落实安全生产管理责任制以及“三宝”、“四口”防护等各项安全生产管理制度。三是轨道交通建设单位要加强驻场安全监管，及时发现和纠正施工中的各种违法违规行为，强化履约考核管理；监理单位要加强旁站式监理，根据发现的安全隐患，要求施工单位立即处置并及时报告，切实落实施工安全监理责任。四是市住房城乡建设委应进一步强化安全生产网络化监管，通过严格落实施工单位资质动态管理、安全生产违法警示等制度强化对施工、监理、建设单位的安全监管。安全监管部门依法认真组织开展事故调查工作，深刻分析事故原因，对事故负有领导、监督、管理责任的单位和人员，要依法依规严肃处理。（张聪）

【部署旅游行业安全工作】 5月25日，市旅游委召开全市旅游行业安全生产月暨“一日游”市场秩序夏季专项治理工作动员部署大会。市旅游委主任鲁勇、副主任于德斌、市安全监管局副局长陈清出席会议并讲话。市应急办、市公安局消防局、市公安局治安总队有关负责人及各区县旅游委、全市星级饭店、A级旅游景区、旅行社等1200家单位的相关负责人参加了会议。会上，市旅游委对2012年全市旅游行业安全生产月活动及“一日游”市场秩序专项治理工作进行了动员部署。（张聪）

【轨道交通建设指挥部安全质量专题会】 5月29日，市政府副秘书长徐波主持召开了市轨道交通建设安全质量专题会，研究轨道交通建设保险工作及城市轨道交通建设中电梯质量安全管理工作，市安全监管局等相关部门和单位的负责人参加了会议。会上，华泰、江泰、世纪3家保险经纪公司分别对2009年以来开展保险业务的8条线路的牵头保险公司服务水平、履约水平进行了评价，对轨道交通建设管理工作提出建议；市轨道交通建设管理公司汇报了轨道交通建设工程保险考察调研情况；市重大办对管理风险分析情况进行了通报；市质监局介绍了《关于进一步加强城市轨道交通建设中电梯质量安全工作的通知》的编制情况及内容。与会部门和单位分别对保险经纪公司的主要做法及如何进一步发挥保险公司作用提出了意见和建议，同时对市质监局起草的通知文件提出了修改意见。徐波明确了两项要求：一是请市重大办制定轨道交通建设保险工作实施意见，明确保险的工作程序、保险和中介单位的职责、赔付对象及内容情况；二是市质监局根据住房城乡建设委、市规划委、市交通委等部门和相关单位的修改意见，尽快完成通知代拟稿。 （张聪）

【调研通州区商品市场安全管理】 5月30日，市安全监管局前往通州区永顺镇八里桥市场进行调研。详细了解通州区特别是永顺镇关于商品交易市场安全管理现状及难点问题，并以八里桥农产品中心批发市场及其周边地区为典型样本，对其进行了实地调研和解剖分析。通过调研了解到，八里桥农产品中心批发市场作为国有大型商品交易市场近年来在安全生产管理工作中摸索出一套较为有效的安全管理模式。但市场的部分经营区由于历史原因导致安全生产条件先天不足，给安全管理带来一定难度。特别是，多年来市场周边地区受八里桥市场辐射，个体商户逐渐自发形成了连片的商品交易市场。由于在建立初期招商引资后的管理没有及时配套，市场周边部分地区流动人口多，彩钢板简易房内集经营、储存、住宿为一体且没有防火隔离；部分商户违章建设已形成规模，整治难度较大。上述问题的存在导致八里桥市场周边地区存在不同程度的安全隐患。调研中，市安全监管局结合市场实地调研情况对商品交易市场的安全管理工作进行了分析，并对区县相关工作的开展提出了指导性建议。 （张聪）

【村党组织书记安全生产专题培训】 5月31日，在市委组织部、市委农工委联合组织的北京市村党组织书记示范培训班上，市安全监管局副局长陈清以“安全第一、预防为主、综合治理”为主题，进行安全生产专题讲座。会上，陈清以朝阳区十八里店乡“5·5”在建钢结构房屋倒塌事故为切入点，通报了2012年1月至4月本市安全生产形势和3起社会影响较大事故及多起火灾事故的情况，对4类事故呈现的突出特点和事故成因进行了分析。同时，结合本市新农村建设的现状，对市政府令第228号等法规政策进行了解读。讲解了全市开展的安全生产领域“打非治违”专项行动工作内容，要求与会人员认真做好市长郭金龙批示的两项重点工作：在依法依规、依据政策清理旧有违法建设的同时，坚决刹住新的违法建设；区域上要把城乡结合部作为重点，找出突破口，加以突破。市委组织部、市委农工委相关处室负责人、全市村党组织书记约 240 余人参加。（张聪）

【建设系统安全生产月启动大会】 6月1日，市住房城乡建设委召开了 2012 年建设系统安全生产月启动大会，全面部署安全生产月工作。会上，市安全监管局提出 3 点建议：一是各单位要通过组织开展安全生产月活动，采取有效措施，切实做好企业的安全生产宣传培训工作。二是各单位要以安全生产月活动为契机，组织开展隐患排查治理工作，将事故消灭在萌芽之中。三是各单位要严格按照建设施工安全生产标准，深入开展安全生产标准化达标创建工作，提升企业的本质安全水平，从根本上减少施工安全事故的发生。各区县建设部门、各施工企业集团主管负责人、施工人员代表近 300 人参加了启动大会。（张聪）

【军工行业安全生产主题报告会】 6月4日，本市召开军工行业安全生产主题报告会，来自本市的航天科技集团、中航工业集团、兵器工业集团等 50 家在京军工单位参加会议。本次会议旨在进一步坚持安全发展，促进安全生产形势持续稳定好转，扎实做好安全生产月活动。市国防科工办领导和军工领域知名专家先后作了创新思路、强化服务和全面提升军工安全生产工作水平的专题报告。针对专业覆盖面广、技术集成度高、有毒有害易燃易爆危险作业多、风险概率高的不利形势，市国防科工办有的放矢，始终抓好监管。一是严格贯彻落实国防科技工业安全生产监管规定，科学定位，突出服务，有效履职，强化监管。二是创新思路拓展监管手段，根据北京特殊政治地位和军工领域的特殊性，强力推进安全生产闭环管理，建立了科学、高效的隐患排查治理的长效机制。三是启动安全生产标准化建设的相关准备工作，明确二级、三级达标单位内容标准和监管流程，明确责任和落实经费，为安全生产标准化建设奠定了坚实的基础。（张聪）

【燃气经营使用安全监管工作】 6月8日，市安全监管局局长张家明带队赴市市政市容委专题研究燃气经营使用安全监管问题。市市政市容委主任陈永、副主任柴文忠，市市政市容委相关处室负责人参加了专题会。张家明一行首先参观了市市政市容委城市运行监测中心，并就监测平台建设、功能实现等方面进行了深入了解。在之后的专题会上，市市政市容委燃气办从全市餐饮经营单位发展现状、餐饮经营单位存在燃气使用安全隐患分析、市市政市容委在治理餐饮经营单位燃气使用安全隐患以及工作建议措施等方面介绍了工作情况。张家明强调，要结合社会发展的实际，探索新形势下燃气安全监管工作的新思路。要从安全监管的合法性、经营服务的社会化以及源头管理的针对性等方面，研究建立燃气安全监管工作的新机制。（张聪）

【起重机械租赁使用安全管理】 6月，市住房城乡建设委印发《关于进一步加强租赁建筑起重机械安全使用管理的通知》，通知要求，一是各建筑起重机械租赁企业要贯彻落实建筑起重机械安全监管有关法规要求，强化对起重机械的日常检查和维修保养，确保起重机械安全装置的齐全、整机安全技术状况完好；二是建筑起重机械产权单位要严格按照《建筑起重机械安全监督管理规定》办理登记备案，特别是产权单位变更时要及时办理相关手续；三是外埠建筑起重机械产权单位要认真办理设备安装拆卸告知、使用登记、检验检测等手续；四是自购建筑起重机械用于内部使用的施工企业应设置起重机械管理部门，配备专业技术人员和管理人员；五是建筑起重机械司机和安装拆卸工必须取得《建筑施工特种作业人员操作资格证书》后方可上岗作业；六是建筑起重机械安装拆卸作业前，拆装单位应对设备的完好性进行检查；七是市建设工程物资协会建筑机械分会严格按照有关文件规定的要求，开展建筑起重机械租赁企业资信等级评定工作，并加强对取得“资信等级证书”租赁企业的日常动态管理；八是施工总承包单位、监理单位应严格审核起重机械拆装相关的资质证书以及安装、拆卸专项施工方案等；九是建设行政主管部门安全监督执法机构应加强对施工现场建筑起重机械的监督执法检查工作，整改消除事故隐患。（张聪）

【安全乘坐地铁电扶梯示范宣传活动】 6月9日，市交通委在地铁4号线公益西桥站举行2012年北京市轨道交通行业“顺畅出行、扶稳才行”安全乘坐电扶梯示范宣传活动启动仪式。本次活动作为市交通委2012年安全生产月宣传咨询日活动的重要组成部分，自6月10日开始，至6月15日结束，主要是为了向社会公众普及安全搭乘电扶梯常识，强化安全出行理念，营造更加安全、便捷、舒适的公共交通出行环境。启动仪式上向社会公众倡议：一是搭乘电扶梯前，看清安全警语、标志、注意事项和电梯运行方向；二是踏进、踏出电扶梯时要特别小心，避免贴近梯级边缘，以免双脚及衣物被卡在夹缝中；三是搭乘电扶梯时，双脚踏在同一梯级的黄色安全线内，靠右侧站稳；四是搭乘电扶梯时，小心照顾同行的小孩和老人，小心看管所带行李，如遇意外，按下电扶梯紧急停机按钮；五是电扶梯故障或正在维修时，请勿使用；六是请勿将婴儿车、手推车推上电扶梯或携带大型行李时使用电扶梯。（张聪）

【农机安全生产宣传咨询日】 6月12日，市农业局会同市农委、市安全监管局、市公安局交管局及房山区琉璃河镇政府共同组织开展了“2012年农机安全生产宣传咨询日”活动。咨询活动在房山区琉璃河镇庄头村北京金利农机服务专业合作社举行。在咨询活动中，与会部门领导与现场农机操作手就农机安全生产知识采取有奖问答的形式进行了互动；现场对“三夏”农机进行了检查，为小麦联合收割机、拖拉机张贴农机专用反光标识；为参加“三夏”作业的区县和农机手发放宣传材料和劳保用品。为做到不死人、不伤人，不发生较大以上农机事故，市、区农机监管职能部门重点采取了5项措施：一是抓实抓好安全检验工作，确保投入作业农机具技术状态良好；二是抓实抓好农机跨区作业监管，确保宣传服务到每一位机手；三是抓实执法检查工作，强化各项安全保障措施；四是强化农机安全宣传教育，营造平安农机良好氛围；五是严格值班制度，保障信息畅通。（张聪）

【人防工程“打非治违”专项行动】 6月13日，市民防局召开人防工程“打非治违”专项行动部署工作会议。会议传达学习了市安委会、市防火委和市防汛办文件精神；部署了“打非治违”专项行动；研讨了《人防工程使用证》管理办法；对2012年新编制的《人防工程维护维修定额标准测算》进行了讲解；举行了消防知识及人防工程设施设备维护维修专题讲座。（张聪）

【调研物业企业安全管理工作】 6月14日，市安全监管局与市住房城乡建设委就本市物业服务企业安全管理工作进行了座谈调研。此次调研，详细了解了本市物业管理行业基本情况、行业监管工作情况及物业管理行业发展中存在的问题。与会双方重点就物业管理区域内安全管理问题特别是物业服务企业在安全管理工作应发挥的作用等问题进行了深入研讨。（张聪）

【地铁“安全与责任”演讲比赛】 6月14日，北京地铁运营公司2012年安全生产月系列活动之“安全与责任”演讲比赛决赛在古城车辆段举行。市安全监管局副局长陈清、市国资委副巡视员谢忠胜以及市交通委、市交通委运输局相关领导莅临现场。司机、站务员、维修工、车辆设计人员等来自不同岗位的15名参赛选手宣讲、传递着同一个理念——“安全”。通过初赛、复赛，选手对“安全”与“责任”有了更深层次的领悟和把握。本次演讲主题鲜明、语言精练。经过紧张的角逐，本年度演讲比赛评选出一等奖2名，二等奖4名，三等奖9名，优秀奖10名。（张聪）

【文化市场安全日活动】 6月15日，市文化局、石景山区政府在石景山百乐迪KTV召开了第8个“6·16文化市场安全日”现场会。现场会上，石景山百乐迪KTV在区消防支队、区文化委的指导下，开展了火灾事故消防应急演练，主要包括：火灾发现、灾情报警、人员疏散、伤员救治以及施救灭火等内容，石景山区消防支队以及区文化委分别对火灾应急演练进行了工作讲评。演练结束后，石景山百乐迪KTV主要负责人代表娱乐场所经营单位宣读了落实安全生产主体责任倡议书。市文化局、石景山区政府有关领导就进一步提高安全生产责任意识，强化“两个主体、两个责任制”的落实，持续推进文化娱乐场所安全发展提出了工作要求。市文化局巡视员叶重文，市文化执法总队有关领导，市安全监管局有关负责人参加现场会，石景山区区委、区政府有关领导及区相关部门参加现场会。（张聪）

【南水北调配套工程安全监管】 6

月，市南水北调办组织专业机构和有关专家编制了《北京市南水北调配套工程盾构施工安全生产监管要点》和《北京市南水北调工程安全生产违章处罚管理办法》，市安全监管局参与办法编制工作，提出建设性意见。《北京市南水北调配套工程盾构施工安全生产监管要点》按照盾构施工工程有关的安全生产管理要求，制定了安全生产管理、文明施工、施工用电、龙门吊设备、消防安全和常见盾构法施工突发工程及环境事件要点以及盾构施工过程中易发的事故预防要点等具体的监督检查工作内容。在《北京市南水北调工程安全生产违章处罚管理办法》中明确了对南水北调工程建设安全进行分级管理，落实了参建各方的安全责任，针对不同安全违章和安全生产事故，制定了诫勉谈话、书面批评、经济处罚、行政处罚等实施办法。

（张聪）

【交通行业平安工地建设活动】 6月29日，由市交通委、市安全监管局、市交通委路政局主办，门头沟区公路分局、中交一公局五公司承办的“2012年交通行业平安工地建设交流暨送安全文化进工地活动”启动仪式，在门头沟区鲁坨路施工现场举行。启动仪式上，施工单位中交一公局五公司介绍公路工程平安工地建设经验，门头沟区公路分局介绍了安全文化建设经验，市交通委路政局介绍北京市开展平安工地建设及安全生产标准化情况。与会有关部门、市属公路建设管理企业领导和现场施工人员共同观看了由中交一公局五公司自编自导自演的安全生产文艺节目。门头沟区政协、区安全监管局主管领导和执法部门负责人、市路政局和首发集团、公联公司、市政路桥控股集团相关负责人以及公路工程建设的相关施工单位、监理单位、设计单位主管领导及相关人员约300人参加了此项活动。（张聪）

【国家电监会电力监管工作座谈会】 7月5日，国家电监会在京召开2012年电力监管工作（北京）座谈会，国家电监会党组书记、主席吴新雄，市委副书记、常务副市长吉林莅临并作指示，本市各有关委办局负责人应邀参加。市安全监管局局长张家明参加会议并提出全面扎实做好首都电力安全生产工作的意见。张家明在讲话中要求本市各电力企业扎实做好基础工作，进一步梳理企业安全生产责任制、管理制度和重点岗位操作规程，深入开展隐患排查治理，切实做好全员安全培训工作。同时要求企业要按照有关要求，加快安全生产标准建设进程。建议电力部门要建立有效的电力系统事故和突发事件应急联动工作机制，安全监管部门继续加强与电力、建设等相关部门的协调联动，形成加强电力设施安保的合力，确保首都电力安全生产的有效运行。（张聪）

【确保度夏用电安全】 7月，本市15项主网度夏改扩建工程、50项配网度夏大型技改项目全部竣工，新增主网变电容量1180兆伏安，输电线路130.67公里。为提高设备供电可靠性，确保度夏用电安全，市发展改革委、市安全监管局和华北电监局等部门组织了多次专项用电安全检查，要求认真排查隐患，做好预案，确保安全。本市电力企业重视夏季暴雨灾害的防御和

应急管理，开展电网运行薄弱环节的全面排查，消除供电设施和重要输电通道的设备隐患。（张聪）

【人防工程抢险及安全检查工作】 7月，针对“7·21”特大暴雨灾害，市民防局紧急部署开展人防工程抢险和安全检查工作。灾害发生后，市民防局迅速召集各区县民防局等单位，了解掌握民防系统参与抢险救灾和人防工程受灾受损情况，并对做好善后工作作出进一步安排。同时，市民防局主要领导带领人防工程事故应急指挥部成员，赴房山区瑞雪春堂小区地下停车库、碧桂园小区民防宣传中心，东城区东花市街道广渠家园人防工程实地察看地下空间灾情，并看望慰问一线职工。在此基础上，紧急投入300万元资金，用于受损人防工程抢险抢修，对212处进水的人防工程组织全力排水，把损失减少到最低限度。对在册的早期人防工程进行全面排查、加固，防止次生灾害发生。（张聪）

【强降雨天气轨道交通安全保障】 7月，“7·21”特大暴雨导致本市部分新运营线路出现渗水，特别是霍营至立水桥区间出现路基滑坡险情、房山线阎村车辆段场区路基塌陷以及15号线的顺义站3个出入口出现严重的漏雨。面对突发的强降雨，北京地铁运营公司及时进行部署，迅速下发了《关于做好应对强降雨天气的紧急通知》和《做好运营结束后的防汛工作通知》。同时，各运营线路根据客流情况及时加开临时列车，机场线21日当晚延长运营时间80分钟，原计划21日夜进行的10号线信号倒接调试任务，决定临时取消，恢复10号线正常运营时间，满足乘客出行。其间，地铁运营公司共投入抢险值守人员8051人次，其中车站客运服务人员5500余人次，铺设防滑垫3100个，设置防滑提示牌2800个，向乘客提供一次性雨衣近4万件。所辖各条线路上的洞口及部分车站，共计排水约41883吨。（张聪）

【轨道交通工程电梯质量管理】 7月，市轨道交通建设指挥部牵头组织相关部门和单位，依照相关法律法规及文件规定，制定并印发了《关于进一步加强城市轨道交通工程建设中自动扶梯和电梯质量管理工作的意见》（京轨建指〔2012〕18号），强化城市轨道交通工程建设中自动扶梯和电梯质量管理工作机制建设。该意见从5个方面明确了26项具体规定，弥补了轨道交通建设电梯设计、采购、安装与使用各环节的监管空隙。一是电梯设计选型方面。明确轨道交通项目中电梯的选型须在项目总体设计时进行，以客流预测报告等作为电梯选型采购和使用维护管理基本技术依据，轨道交通项目中电梯选型应满足北京市地方标准《重型自动扶梯、自动人行道技术要求》。二是电梯采购招标方面。要求建设单位在实施电梯招标时，严格按照北京市有关规定要求进行公开招标。特别强调轨道交通项目中的电梯实行制造单位对安装、改造、维修和日常维护保养的“终身负责”制度。三是涉及电梯各环节质量管理方面。要求建设单位会同设计单位、电梯制造单位加强电梯与建筑结构联结部位的设计质量管理工作，减少每部自动扶梯的提升高度，在其上下端设计预留安装视频监控设施的位置等。四是电梯建设与运营衔接工作方面。要求建设单位及监理单位要邀请运营单位共同组织电梯制造单位对电梯进行磨合运行测试，同时明确了检验验收程序。五是强化轨道交通电梯安全工作方面。要求质监部门依法加强城市轨道交通电梯的安全监察，会同市相关部门建立工作通报、协商机制，共同研究、协调解决城市轨道交通建设中电梯安全质量的重大问题。（张聪）

【房屋建筑安全管理】 7月，市住房城乡建设委印发了《北京市房屋建筑安全管理员管理办法》，自2012年10月1日起实行。《办法》规定本市每一个物业管理区域或者自管房项目应当至少配备一名房屋建筑结构安全员和一名设备设施管理员对所辖房屋建筑进行安全管理，明确了安全管理员所具备的条件，并要求其必须具备相关专业知识，经考试合格并取得《考试合格证书》后上岗。《办法》还规定了不同房屋管理单位安全管理员的配备标准以及安全管理员的工作职责。分别明确了房屋建筑结构安全管理员和房屋建筑设施设备安全管理员的日常检查内容以及特定情况下的检查内容。《办法》规定房屋行政主管部门负责房屋管理员的监督和指导，并明确了具体的监督管理办法。（张聪）

【核查轨道交通建设安全隐患】 7月26日，市安全监管局会同市住房城乡建设委，在地铁6号线8标车公庄站施工现场召开了举报隐患核查现场会，现场勘察核实举报问题。6号线8标车公庄站附属结构疏散口为一级环境风险源。施工前，项目部制定了专项施工方案，并进行了专家论证。现场会上，各参建单位分别介绍了该车站和疏散出入口施工情况、监理工作情况以及第三方监测情况等。同时，调查人员查阅了施工图纸、设计交底、风险管理台账等资料，并对施工现场实地查勘，核实举报投诉的相关内容。经查，车公庄站北侧主体设置1号、3号两个安全疏散口，疏散口距离北侧富通大厦净距7m。设计图纸要求：安全疏散口沉降控制标准值为-15mm，最大差异沉降值小于5mm。实际监测数据显示，邻近建筑物地表测点累计最大值为-5.96mm，最大差异沉降值为2.38mm。因此，实际施工沉降在设计沉降控制标准范围内。建设单位北京市轨道交通建设管理有限公司、施工单位中铁十六局集团有限公司、监理单位北京华铁工程咨询有限责任公司、设计单位中铁隧道勘测设计院有限公司、第三方监测单位中铁第五勘察设计院集团有限公司负责人参加了现场会。（张聪）

【暴雨灾后电力安全生产工作】 7月，华北电监局印发了《关于做好北京地区暴雨山洪灾后电力安全生产工作的紧急通知》，对暴雨灾害后的电力安全生产工作提出明确要求。一是要求各电网企业要加强北京周边地区输变电设施检查，重点防范由暴雨山洪引发的输电线路附近山体塌方、房屋树木倾倒等引发线路跳闸事件，对输变电设施基础塌陷、杆塔倾斜和电气设备因进水、受潮导致的绝缘强度降低等安全隐患进行认真排查，对排查出的安全隐患立即进行整改。二是要求各电网企业全力做好雨毁供电设施修复工作，特别要做好城市配电变压器、电缆沟道、地下配电室、抽水泵站电源等电力设施的水患检查。三是要求各发电企业和电力工程建设项目加强设备运行区域和施工现场用电的安全检查，做好生产区域、建设场地内涝区的排水工作，特别要加强对潮湿环境下带电设备的安全检查，防止设备漏电给电力生产和建设施工带来影响。各电力企业要进一步加强度夏期间的防汛应急准备工作，做好灾害天气跟踪和电网安全预测预警工作，提高处置电力突发事件的应急处置能力。（张聪）

【旅游预警分级及响应工作】 7月，市旅游委下发了《关于发布北京市旅游预警信息相关说明的通知》，对做好预警信息发布后的各项工作提出具体要求。根据可能发生旅游突发事件的性质、严重程度、可控性和影响范围等因素，将预警信息分级划分为一般（Ⅳ级）、较重（Ⅲ级）、严重（Ⅱ级）、特别严重（Ⅰ级）四个级别，依次用蓝色（提供相关信息）、黄色（提示注意事项）、橙色（劝告不要前往）和红色（警告不要前往）。旅游预警信息将通过北京旅游信息网、报纸、短信、传真、电话等方式向各区县旅游主管部门、各单位和旅游者发布。《通知》还进一步明确了预警信息响应处置工作要求。（张聪）

【地下空间电梯安全运行】 7月27日，市民防局就“7·21”暴雨导致部分地下空间进水影响电梯运行事宜，会同市安全监管局、市住房城乡建设委、市质监局研究具体解决措施。市安全监管局从安全生产综合监管的角度，提出4条工作措施：一是市住房城乡建设委、市民防局分别要求房屋管理单位、人防工程管理单位全力组织加快排水、清淤、干燥等抢险救灾工作；二是市质监局督促电梯维保单位随时监控电梯底坑抢修进程，加紧电梯维保工作，尽快恢复电梯运行；三是结合当前汛期特点，督促房屋管理单位、人防工程管理单位进一步采取措施，做好地下空间防汛工作，严防地下空间进水，影响电梯运行；四是组织对地下空间防汛工作情况进行督导检查。（张聪）

【人防工程安全紧急措施】 7月28日至29日，市民防局组织8个督导检查组，分别到全市16个区县防汛抗灾一线，检查人防工程隐患排查和应对强降雨的防汛准备工作，指导人防工程抢险、救灾、善后和处置工作。强化以下措施：一是加强防汛值班值守，严格落实在用人防工程24小时有人值守要求，严格落实雨前监视天气变化、雨中检查水情、雨后检查设施的要求。安排专人对地势低洼处和与市政管网邻近的人防工程进行重点检查。二是强化人防工程口部封堵措施，每处工程增加口部封堵沙袋的数量，视情采取封堵措施。三是属地政府、使用单位、管理单位，视雨情和防汛预警信息及时组织人防工程内人员疏散，确保人员安全。四是检修人防工程密闭门，对未用人防工程提前封闭；对在用的非住人人防工程，视情关闭密闭防护门；对住人的人防工程要视情疏散人员，人员全部撤离后采取封闭防护门的措施。五是提高应急处置能力，补充排水设施设备，遇有险情立即组织排水抢险。六是加强隐患排查，重点针对住人工程、进水工程等开展排查，防止次生、衍生灾害的发生。（张聪）

【物业管理区域安全生产检查】 6月28日至8月1日，市安全监管局会同北京城市系统工程研究中心有关人员及专家组成调研检查组，用为期一个月的时间对本市30个物业管理区域内的安全生产管理工作进行了现场调研检查。此次调研检查对象的选取具有区域代表性、物业项目类型多样性、物业企业资质差异性、物业管理模式多元性、事故针对性等特征。（张聪）

【轨道交通建设地下管线工程安全综合监管会】 8月2日，市住房城乡建设委会同市安全监管局等部门组织召开轨道交通建设工程涉及地下管线保护及隐患排查治理工作会议。会上，市轨道交通建设管理公司汇报了轨道交通14号线地下管线保护方案总体思路、采取的相应措施以及地下管线监测预警情况；施工单位中铁十四局集团有限公司、中铁二局股份有限公司、中建股份有限公司汇报了管线保护方案及采取的具体措施；供水、排水、燃气、电力等管线产权单位对管线保护方案及采取的措施发表了意见。针对轨道交通建设涉及地下管线的风险工程，市安全监管局分别从建设施工方面和管线产权管理两方面提出明确要求。要求各参建单位认真制定保护方案，组织专家进行充分的论证，产权单位要参加论证工作，严格落实保护方案；加密管线沉降数据检测并定期进行数据分析，及时向产权单位报送监测数据及其分析；组织对管线工程验收，并形成长效工作机制。（张聪）

【施划水位警示警戒标线】 8月，市公安局交管局对全市133处下凹式立交桥、易积水路段施划水位警示、警戒标线，累计施划标线5400米，喷涂文字506组。警示标线为黄色，距地面20厘米，水面在警示线以下时，道路可通行；警戒线为红色，距地面27厘米，当水面达到警戒线时，道路积水严重，不能通行。司机可通过标线及时了解积水情况，降低车辆涉水过程中的抛锚几率。交警可依据标线，适时采取临时交通管理措施，在积水桥区远端进行分流疏导。（张聪）

【发布30处桥区积水点安全提示】 8月，市交通委发布交通出行安全提示，一旦北京再次遭遇大暴雨或特大暴雨，“7·21”强降雨导致积水的30处桥区，建议市民不要走，同时尽量选择公交出行。这30处积水点在“7·21”暴雨中积水都超过了30厘米。积水点具体包括：朝阳区的肖村桥下、分钟寺桥下、安华桥下、十里河桥下；海淀区的五路居桥下、西直门桥下、万泉河桥下；丰台区的京港澳高速南岗洼、大红门桥下西、玉泉营北铁道桥下、大瓦窑桥下、莲花桥下、方庄桥下、六里桥、正阳桥下、木樨园桥下、赵公口桥下、西站北广场隧道、会城门桥南铁道桥下、科丰桥下、杜家坎西侧、岳各庄桥南北向南主路；石景山区的金安桥下、麻峪桥下；东城区的左安门桥下、广渠门桥下、东土城路北口、东便门桥下；西城区的菜户营桥下、复兴门桥下。（张聪）

【商务行业安全生产工作会】 8月10日，市商务委召开2012年上半年全市商务行业安全生产工作会。会议总结了上半年全市商务行业安全生产工作，部署了下半年行业安全生产暨“十八大”行业安全保障工作。市安全监管局和市公安局消防局分别通报了上半年全市的安全生产和消防安全形势以及下半年重点工作。（张聪）

【部署“十八大”交通安全工作】 8月20日，市交通委召开系统专题会议，对本市交通行业“十八大”安全维稳保障工作进行全面部署，并启动本市交通行业“十八大”交通安全“十大专项行动”。“十大专项行动”主要包括：道、桥、隧隐患排查整治专项行动；公路施工工地安全生产检查专项行动；轨道交通控制保护区专项执法行动；公共交通隐患排查整治专项行动；出租汽车行业维稳专项行动；汽修、租赁、危险化学品运输安全保障专项行动；场站秩序维护专项执法行动；公共交通安检水平提升专项行动；超限超载治理专项行动；北京平安交通志愿者安全应急宣传实践专项行动。专项行动共分为3个阶段，持续时间至“十八大”闭幕。（张聪）

【检查物业管理热力安全】 8月21日，市安全监管局带领物业调查评估项目组，前往市热力集团输配分公司进行了安全生产管理检查调研。检查调研采取座谈和现场检查安全管理情况相结合的方式进行。座谈会上，市热力集团及输配分公司分别从集团和分公司两个层面汇报了业务管辖范围内集中供热管线运行基本情况、安全生产管理情况以及“4·1”热力管线塌陷事故后有关工作情况。其中，输配分公司作为市热力集团辖内供热管线的管理单位，重点介绍了供热面积分布、日常工作主要内容、热力管线产权及管理职责界限划分以及有关工作存在的难点问题和工作建议。其间，检查组检查了输配分公司的安全管理责任制、管理制度、工作记录、应急预案及有关协议等情况。会上，市安全监管局要求市热力集团吸取“4·1”热力管线塌陷事故教训，并从强化安全生产管理责任体系建设、一线员工安全培训教育、创新安全检测技术手段以及开展热力管线运行安全基础调研等方面提出具体工作要求。（张聪）

【汲取轨道交通建设事故教训】 8月23日，市安全监管局会同市住房城乡建设委召开座谈会，专题研究总结本市轨道交通建设生产安全事故“回头看”检查及汛期安全生产综合监管工作。本市建工、城建、住总、市政以及中铁电气化局、中铁十四局的安全部门负责人参加会议。6月中旬和8月上旬，市安全监管局会同市住房城乡建设委分别组织开展了轨道交通建设生产安全事故“回头看”专项检查及2012年汛期安全生产综合检查，其后认真总结了检查情况，深刻分析问题及原因，提出了改进轨道交通建设安全生产工作的对策与意见。会上，参会各单位充分肯定了市安全监管局安全生产综合监管工作的做法，指出报告客观公正、全面细致，同时，就报告内容展开了讨论。各集团分别介绍了各自安全生产工作的特点及成效、存在的难点问题以及意见和建议。市住房城乡建设委分别从建设单位、施工单位落实安全生产责任的角度提出了有针对性的意见，同时对报告提出了具体意见。市安全监管局结合座谈会讨论的意见，对报告进行了修改完善，在此基础上，围绕“十八大”安全生产保障，开展了有针对性的轨道交通建设安全生产综合监管工作。（张聪）

【规范公共交通领域电梯安全】 8月17日，市质监局、市交通委、市安全监管局、北京铁路局、民航北京安全监管局联合印发《进一步加强公共交通领域电梯安全工作的通知》。8月23日，市质监局联合市重大办、市交通委、市安全监管局、北京铁路局、民航北京监管局，召开全市公共交通领域电梯安全工作会议，对《通知》有关工作要求进行了宣贯，同时对“十八大”公共交通领域电梯安全保障工作提出了要求。会上，市质监局对《通知》有关重点内容进行了宣讲，副局长张巨明结合《通知》要求及公共交通领域电梯安全工作现状，就进一步加强首都公共交通领域电梯安全工作提出了工作意见。市安全监管局从安全生产综合监管角度进一步强调，要充分认清加强首都公共交通领域电梯安全工作的重要性和紧迫性，特别是“十八大”召开在即，全力以赴维护和保障首都良好的安全生产环境，责任重大。要进一步强化企业安全主体责任的有效落实，电梯使用、维保企业要结合《通知》要求，全面开展企业安全隐患自查自纠工作，重点排查保障电梯运行安全的关键部件、重要设施等的安全状况，加强日常的维护保养和检查检修，提高电梯运行安全应急处置能力。要进一步强化政府部门监管监察和行政执法工作力度，行业主管部门、专项监管部门和综合监管部门要进一步建立健全协调联动的工作机制，要从部门依法履职的角度，形成监管合力，强化对公共交通领域电梯安全工作的监管。地铁建管公司、基础设施投资公司、东直门快轨公司、北京地铁运营公司、京港地铁公司、首都机场、北京火车站、北京西站、北京南站、轨道交通、机场、火车站的电梯维保单位负责人以及区县质监局主管领导等200人参加了会议。（张聪）

【通报延安市特别重大道路交通事故】 8月26日，陕西省延安市境内包茂高速公路安塞段由北向南K484+95米处发生一起特大交通事故。一辆双层卧铺客车与一辆装有甲醇的罐车追尾，引发甲醇泄漏起火，并致两车起火，事故确认共有36人遇难。8月27日，市交通委主任刘小明、副主任张树森组织行业监管部门及相关交通企业召开专题会议，通报事故情况，对本市省际客运安全工作进行了再强调、再部署，并下发《关于进一步加强本市省际客运安全运营工作的紧急通知》。组织省际客运专项督察活动，深入省际客运场站一线开

展督察工作。（张聪）

【实施《滑雪场所安全运营管理规范》】 9月1日，由市体育局和市安全监管局共同编制的《滑雪场所安全运营管理规范》（DB11/T 875—2012）地方标准正式实施。《滑雪场所安全运营管理规范》地方标准对北京市滑雪场所的滑雪场地、滑雪装备、设备设施、安全管理等方面作了具体规定。该标准的颁布实施在北京市尚属首次，填补了滑雪场所安全运营管理的空白，对规范北京市滑雪场所安全运营，将起到有力的促进作用。（张聪）

【电力事故应急指挥部成员单位联席会议】 9月3日至4日，市发展改革委组织召开了本市电力事故应急指挥部成员单位联席会议。市委宣传部、市公安局、市住房城乡建设委、市市政市容委、市交通委、市安全监管局等10多个本市电力事故应急指挥部成员单位参加本次联席会议。会上，成员单位再次就《北京地区电力突发事件应急预案（2012年版）》进行了修改完善，并深入研讨了本市电力突发事件应急处置中各成员单位的联动机制。会议还结合本市的电力运行现状，重点细化了《“十八大”保电工作方案》，确保“十八大”期间电力供应平稳有序，确保主网、主系统零故障、零闪动、零事故，确保相关重要用户供电安全可靠。（张聪）

【部署“中秋”、“国庆”假日旅游安全工作】 9月，市旅游委组织召开2012年“中秋”“国庆”假日旅游咨询服务工作会议，对假日旅游咨询服务和安全工作进行了部署。针对假日旅游接待面临“双节”叠加假期长，“7·21”特大自然灾害后旅游需求集中释放，节日期间小客车高速路免费通行等突出特点，市旅游咨询服务中心下发了《关于切实做好“中秋节”和“十一”黄金周假日旅游咨询接待服务和安全工作的通知》，提出了工作要求，确保假日旅游安全。（张聪）

【市政市容行业“十八大”安全保障】 9月，市市政市容委召开2012年第四季度安全形势分析暨“两节”、“十八大”安全保障工作部署会。会议对第三季度安全生产工作进行了总结，认真分析第四季度面临的安全生产形势，对做好第四季度特别是“十八大”安全保障和应急管理工作进行了部署。（张聪）

【人防工程“十八大”安全保障】 9月，市民防局召开会议对全市民防系统“十八大”人防工程安全保障工作进行了专题部署，传达了《市民防局开展党的“十八大”人防工程安保专项行动工作方案》，并对东城、西城、朝阳、海淀、丰台、石景山6个区提出了专项要求。要求在“十八大”召开前对会场、代表驻地周边200米范围内、长安街沿线、城市核心区、政治敏感区的人防工程严密布控，认真检查，不留死角，责任到人。市民防局会同有关部门，组成联合检查组对各区县民防部门保障工作落实情况进行抽查。（张聪）

【“京石二高速”电力设施保护工作会】 10月15日，市电力设施保护办公室组织召开了本市“京石二高速”工程电力设施保护工作会议。市交通委、市住房城乡建设委、市重大办、市交通委路政局、市质监局、市安全监管局等10多个相关单位参加本次会议。会上，北京首发集团汇报了“京石二高速”工程进展情况。“京石二高速”工程实施，对多条电力输电架空线路安全运行产生较大影响。北京市电力公司表示配合工程的需要，确保电力运行的安全平稳。市电力设施保护办公室要求各部门和相关单位要充分认识建设“京石二高速”工程的重大意义，全力确保这一工程的顺利推进，全力确保首都电网电力架空线路的安全运行，为此，必须强化架空线下的施工安全，尤其注重防护大型机械设备在施工过程中的防触电的外力伤亡事故。市安全监管局提出要求：一是提请北京首发集团和北京市电力公司建立“京石二高速”工程的联动协商机制，及时解决工程衔接问题。二是工程相关方签订安全生产协议，明确责任和管控内容。严格管控进场的人员、设备，确实落实作业规范和防违章、防触电等规章。三是进一步加强工地现场的安全培训教育，增强一线施工人员的安全意识。（张聪）

【轨道交通“十八大”安全保障】 10月12日，市重大办、市住房城乡建设委、市安全监管局等部门联合召开了安全质量工作通报会，联合部署轨道交通建设“十八大”期间安全生产保障工作。会上，市重大办，市住房城乡建设委、市市政市容委、市公安局消防局、市公安局轨道治安办分别通报了第三季度轨道交通建设监督管理的情况，就“十八大”期间各项工作提出了具体要求。市安全监管局通报了第三季度开展的监督检查工作，指出了发现的突出问题，就“十八大”期间轨道交通建设安全生产工作提出要求。有关区县住房城乡建设委、轨道交通建设单位、各施工企业主管负责人和各标段项目经理、总监等300余人参加了会议。（张聪）

【督察朝阳、东城区地下空间安全工作】 10月24日，市民防局副巡视员许金宝带队，会同市住房城乡建设委、市安全监管局、市公安局、市公安局消防局等部门组成联合督导检查组，对朝阳区、东城区地下空间使用安全管理工作进行督导检查。检查采取听取汇报、实地检查相结合的方式，对朝阳区、东城区用于人员居住和人员密集场所的地下空间开展督导检查工作。检查内容包括：地下空间建筑结构安全、设施设备管理、消防工作、治安管理工作、管理制度的落实情况等。督导检查组重点对“十八大”会议场所及代表驻地周边200米范围内地下空间的安全隐患排查整治、流动人口重点人员排查、消防设备设施及各项应急方案、值班人员操作等进行了检查。（张聪）

【督察民防局“十八大”安保工作】 10月19日，市安全监管局局长张家明带领由市委政法委、市住房城乡建设委、市市政市容委、市农委及市环保局有关负责人组成的督查组，对市民防局的“十八大”安保专项行动工作进行了督察。督查组认真听取了市民防局关于“十八大”安保专项行动的工作情况汇报并观看了“本市人防工程公益使用服务工作宣传片”。督查组成员提出了工作意见建议，并围绕本市人防工程散租住人清理整治工作难点和人防工程公益使用中存在的后续管理等问题进行了交流。张家明代表督查组对市民防局贯彻落实市委、市政府的决策部署给予了肯定。市住房城乡建设委副主任王钢、市市政市容委委员蒋志辉、市农委委员郝霞、市环保局副巡视员姚辉、市委政法委干部处处长贺卫等有关负责人参加督察。市民防局局长刘宝杰、巡视员黄杨、副巡视员许金宝及局相关处室负责人陪同。

（张聪）

【启动“十八大”安保“零点夜查1号行动”】 10月17日，市消防部门在全市范围内组织开展“零点夜查1号行动”，夜查时间为晚21时至24时。此次行动中，市公安局消防局组成8个督导组，深入各区县开展夜查行动。检查范围：“十八大”涉会场所、首都政治中心区、“五供”单位；挂牌督办火灾隐患单位；影剧院、礼堂、酒吧、夜总会、歌厅舞厅、游艺厅、网吧、营业性室内健身或休闲场馆、桑拿浴室等公共娱乐场所；宾馆、饭店和营业性餐馆等餐饮住宿场所；商场、市场、超市；医院、寄宿制学校和幼儿园。检查内容：主要对建筑物安全疏散情况、建筑物内部自动消防设施运行和消防器材配备情况、单位内部值班巡逻情况；单位消防控制室值班情况；单位应急处突准备情况、其他存在的火灾隐患和消防安全问题等方面。（张聪）

【强化中小学校车交通安全】 10月24日，本市召开接送学生车辆交通安全工作会。会议通报了全市当前接送学生车辆交通安全工作形势，对接送学生车辆安全工作进行再部署。同时，市交通安委会办公室与各区县交通安委会办公室签订《迎保“十八大”接送学生车辆交通安全责任书》。会议强调，接送学生车辆安全直接关系到学生出行安全，是社会关注的焦点和敏感问题。全市各区县、各有关部门要进一步明确职责任务，充分认识接送学生车辆交通安全的重要性。一是全面开展安全检查，切实消除各类交通安全隐患。要逐校逐园逐车进行拉网式清查，检查车辆备案、安全状况、日常运行管理等情况。二是逐级落实责任，采取有效措施，强化接送学生车辆运行安全。各区县要与使用车辆学校（幼儿园）签订接送学生车辆交通安全责任书，各学校（幼儿园）要与提供接送学生车辆服务的单位、车辆驾驶人逐一签订交通安全责任书。三是综合治理校园周边秩序，严厉查处各类交通违法行为。进一步强化校园周边秩序维护工作，保障师生出行安全。严格落实校园周边实名固定岗位制度，强化上下学高峰时段，校园及周边交通秩序维护力度。四是全面开展宣传教育活动，努力提高学生群体交通安全意识。要组织力量深入辖区学校、幼儿园，通过讲解事故案例、组织召开家长会、学生班会，以及发放《致学生家长的一封信》等形式集中开展一次交通安全宣传。（张聪）

【部署“十八大”专业运输单位交通安全工作】 10月24日，市公安局交管局、市交通委、市安全监管局三部门联合召开全市迎保“十八大”专业运输单位交通安全工作会，对“十八大”交通安全工作进行再动员、再部署，进一步加强全市专业运输单位安全监管。会议对1月至9月全市专业运输单位交通安全状况进行了通报，对6家交通安全隐患突出单位进行公开处理。同时，市公安局交管局代表市交通安委会办公室与各区县交通安委会办公室签订了“十八大”专业运输单位交通安全责任书。市安全监管局副局长陈清出席会议并讲话。各区县安办、各交通支（大）队领导及部分专业运输单位领导代表共240人参加会议。（张聪）

【通报东山墅小区违法建设事故】 10月24日，市住房城乡建设委组织各区县住房城乡建设委（房屋管理局）和全市物业服务企业召开了紧急会议，通报东山墅小区违法建设事故情况，并就下一步工作做出动员部署。会议提出以下工作要求：一是全市物业服务企业要迅速开展《北京市禁止违法建设若干规定》（市政府令第228号）的学习活动，增强贯彻落实政策法规的自觉性、主动性。各区县住房城乡建设委（房屋管理局）要对属地企业培训学习228号令的情况进行督促、检查和考核。二是积极开展行政监管，督促物业服务企业配合基层行政管理部门加强日常检查，并切实履行对违法建设的制止和报告责任，对怠于履行责任的企业和负责人，要严肃处理并计入信用档案。三是全市物业服务管理项目要建立向有关部门报告违法建设行为的畅通渠道，项目现场要长期张贴反映违法建设的举报热线、电子邮箱和网站等信息。物业服务企业务必完善管理制度，要确定时限，责任到人。（张聪）

【别墅区域内“打非治违”】 10月29日，针对连续发生“10·22”、“10·28”两起别墅小区内私自改建施工伤亡事故，市安全监管局组织市、区相关部门召开紧急会议，进行专题研究、部署，进一步贯彻落实市政府“10·23”专题会议精神。会议通报了发生在别墅区内的两起违建施工事故情况，传达了市政府“10·23”专题会议精神，提出具体工作意见。市区两级规划、城管、住房城乡建设部门围绕本部门（系统）开展打击非法违法建设工作情况、存在问题，以及下一步具体工作措施进行了通报。会议主要议定如下事项：一是市规划委、市城管执法局要根据市政府令第228号相关要求，对本系统打击非法违法建设工作进行再研究、再部署，继续保持“打非治违”高压态势，全面排查违法建设事故隐患，建立基础台账，并严格按照“四个一律”要求，依法严厉查处违法违章建设，及时消除事故隐患，坚决遏制此类事故多发态势。二是市住房城乡建设委要根据市政府令第219号和市政府“打非治违”、“护航”行动等工作部署，组织本系统开展对物业服务企业履责情况的检查，督促物业服务企业自觉落实法律法规，对物业区域的违法建设进行全面细致排查，对违法建设早发现、早制止、早报告，将事故消灭在萌芽状态。三是区县安全监管部门应充分发挥安委会办公室作用，加大指导、协调、监督力度，并与属地政府、相关部门组织开展联合检查。对发生伤亡事故的，要依法严肃事故查处和责任追究，严防同类事故的重复发生。市规划委、市住房城乡建设委、市城管执法局，以及朝阳区安全监管局、朝阳区住房城乡建设委、朝阳区城管大队、昌平区安全监管局、昌平区住房城乡建设委、昌平区城管大队等部门有关负责人参加了会议。（张聪）

【贯彻落实市政府消防工作意见】 10月，市安全监管局印发了《关于贯彻落实〈市政府关于进一步加强和改进消防工作的意见〉的通知》。分别从组织学习贯彻、加大监督检查力度、严格许可及标准、将安全生产与消防安全培训相结合及健全完善工作机制等方面，对安全监管系统落实《意见》，进一步做好工业企业、危险化学品、烟花爆竹、煤矿及非煤矿山等重点行业领域消防安全工作提出具体要求。（张聪）

【总局检查中央在京建筑施工企业】 11月3日，国家安全监管总局副局长、国家安全生产应急救援指挥中心主任王德学带队到北京中国铁建股份有限公司调研检查安全生产工作，现场检查了中铁十四局集团公司及中铁十九局集团公司承建的地铁施工项目部和员工宿舍。市安全监管局局长张家明、副局长陈清以及局相关处室负责人参加检查。在调研检查中，王德学强调，中央企业是国家队、是排头兵。落实企业主体责任，中央企业要率先垂范，切实加强自我管理和约束，自觉做好安全生产工作，发挥好示范带动和引领作用。企业要时刻把握好“安全、质量、速度、效益”之间的关系，切实做好“十八大”前后和会议期间安全生产工作，有效防范和坚决遏制各类事故尤其是重特大事故发生。（张聪）

【首都机场综合监管职责分工】 11月，市安全监管局印发了《关于明确首都机场区域安全生产监管职责分工的意见》，明确了首都机场区域内安全生产综合监管职责分工，建立健全了该区域安全生产属地监管、行业监管、综合监管有机结合的工作机制。明确指出了市安全监管局对首都机场地区的重点监管任务，朝阳区安全监管部门与顺义区安全监管部门的具体监管职责分工意见，强调了行业主管部门安全监管的重点工作内容。（张聪）

【调研沙河镇别墅区物业管理】 11月14日，市安全监管局赴昌平区沙河镇进行了调研。昌平区安全监管局及沙河镇政府有关负责人参加。本次调研结合昌平区沙河镇“10·28”碧水庄园别墅区违建事故，重点了解了昌平区特别是沙河镇辖区内别墅数量分布及别墅区内非法违法建设基本情况，规划、建设、城管等部门及沙河镇政府查处别墅区内违建有关工作开展情况。重点对物业服务企业在查处别墅区非法违法建设工作中的责任落实及工作中存在的难点问题进行了研讨。（张聪）

【部署滑雪场所安全运营工作】 11

月21日，市体育局组织召开了2012年至2013年滑雪场所安全运营工作会。全市19家滑雪场所负责人和所属区县体育局负责人共计40余人参加了会议。会议对各级体育行政管理部门和滑雪场所安全工作提出要求。（张聪）

【制订游泳场所安全管理规范】 12月，市安全监管局配合市体育局编写《游泳场所安全运营管理规范》，进一步规范本市游泳场所安全管理工作，健全和完善游泳场所安全管理服务标准体系，提高全市游泳场所安全生产的管理水平。《游泳场所安全运营管理规范》对游泳场所的场地、安全设备设施、救生设备设施、安全运营管理、人员管理及配备等方面做出了具体规定，计划在2013年作为地方标准颁布实施。（张聪）

【督促行业部门汲取事故教训】 12月1日，《京华时报》刊登了北京平谷渔阳滑雪场开业第一天，一辆雪地救援摩托车撞伤了4名游客的消息。市安全监管局得到该事故信息后，立即与市体育局了解事故相关情况，并督促市体育局开展相关工作。市体育局领导立即派人员到雪场调查了解情况，并将此事故情况进行通报，要求各区县体育局立即组织开展安全大检查，深刻汲取事故教训，举一反三查找安全隐患，杜绝此类事故再次发生。（张聪）

【电梯安全物联网实时监控系统】 2012年，市质监局在本市建立电梯安全物联网传感技术监控预警系统，试点阶段通过该系统完成对全市2000部电梯的实时监控。该系统通过射频技术和传感器采集记录电梯的运行状态，对电梯的运行情况进行远程实时监控，通过移动无线网络传输技术将数据传输到市电梯远程监控中心。中心采集到的数据自动记录、汇总、分析、反馈和预警，将故障及时反馈给维保企业和管理者，通过网站公布电梯设备的年检和维护保养情况。“电梯物联网试点工程”已在东城区进行，对分布在东城区居民楼、商场、写字楼等地的2000部试点电梯进行物联网技术搭建。（张聪）

【机械冶金等行业安全生产检查】 1月18日，市安全监管局会同海淀区安全监管局等部门及有关专家，对华德铸造分公司和翔牌墙体材料有限公司进行了安全检查，重点检查了风险点防控措施落实情况和节日期间安全生产值守工作安排，并就企业抓好节前安全生产工作提出了具体要求：一要加强隐患整改期间的安全管理，确保措施得力、防范可靠；二要做好职工节日期间教育和疏导工作，防止思想波动、松懈麻痹；三要认真落实节日期间的各项值守要求，确保人员在位、通信畅通、装备良好、反应迅速。（赵昕）

【企业上下游环节安全管理】 2月24日，市政府办公厅印发《关于进一步加强企业生产经营建设上下游环节安全生产工作指导意见》，对企业生产经营建设活动中供应链上下游环节的安全生产行为进行了规范。《意见》主要由5部分构成：企业上下游环节的安全生产责任界定、生产经营建设上游企业和下游企业安全生产责任和权利、政府部门的监管要求和激励政策。重点对危险化学品等原材料采购、产品销售、货物运输以及建设工程发包承揽等易产生较大安全生产风险的活动中，企业如何履行主体责任进行了规范。（赵昕）

【抽查“两会”周边工业企业】 2月29日，市安全监管局会同东城区安全监管局，对“两会”驻地周边工业企业进行了抽查。检查人员详细了解了各企业的风险点防控情况以及“两会”期间安全生产应急值守安排，重点抽查了危险源和风险点，对存在问题的企业下达了限期整改指令书。检查组要求高度重视并全力做好“两会”安全生产工作，提高全员安全生产意识，防止因松懈麻痹和经验主义引发事故；要认真落实“两会”期间安全生产应急值守和应急处置工作的要求，确保人员24小时在岗在位，确保通信畅通，确保第一时间有效处置；要进一步完善安全生产管理制度，加强对危险化学品、特种设备以及易燃品的管理，加大安全检查力度，及时排查和消除安全隐患。（赵昕）

【北汽集团“两会”安全保障】 3月8日，市安全监管局副局长陈清带领局相关处室负责人检查了北汽集团所属企业伟世通空调有限公司，听取了集团三级安全生产部门“两会”安全保障工作汇报，征求了深入推进安全生产标准化工作的意见建议，并抽查了伟世通空调有限公司生产现场。陈清对北汽集团“两会”安全保障工作给予了充分肯定，希望集团认真落实市政府和市安委会安全生产工作部署，全面推进安全生产标准化达标工作，全力开展全员大培训活动，不断提升企业本质安全水平。（赵昕）

【重点企业跟踪指导】 4月13日，市安全监管局召开会议，就贯彻落实市政府办公厅《关于进一步加强安全生产工作的指导意见》，部署对有关行业企业开展重点跟踪指导工作。会议决定在机械、建材、纺织、建筑、危险化学品等5个行业中各选取2家有代表性的企业，进行为期2个月的重点跟踪指导，总结出典型经验做法后在全市推广。会议明确了重点跟踪指导的方式、范围、内容、分工和有关要求。承担重点跟踪指导工作任务的海淀区、丰台区安全监管局和金隅、京城机电、纺织等市属企业集团有关负责人参加了会议。（赵昕）

【督察市交通委安全生产工作】 6月5日，市安全监管局对市交通委贯彻落实《中共北京市委、北京市人民政府关于贯彻落实国务院安全生产工作部署进一步加强首都安全生产工作的实施意见》情况进行督导检查。督查组先后来到六里桥客运主枢纽和市交通安全应急指挥中心，检查了解安全运营和建设情况。市交通委副主任张树森及运输局、路政局、交通执法总队、祥龙公司等有关负责人参加检查。

（李玉祥、刘曦、罗旋）

【督察朝阳区安全生产工作】 6月5日，市安全监管局对朝阳区贯彻落实《中共北京市委、北京市人民政府关于贯彻落实国务院安全生产工作部署进一步加强首都安全生产工作的实施意见》情况进行督导检查。督查组先后到东湖街道、来广营乡及京城机电天海公司等单位进行现场检查，听取了有关方面意见和建议。朝阳区副区长汪洋和朝阳区相关部门负责人参加检查。

（李玉祥、刘曦）

【检查工业企业安全生产】 6月28日，市安全监管局副局长陈清带领局相关处室、开发区安全监管局和北京电子控股集团以及安全生产专家等有关人员赴亦庄经济技术开发区，对京东方科技公司第5代生产线和第8.5代生产线安全生产情况进行了检查。陈清一行听取了京东方光电科技有限公司安全生产工作汇报，察看了特种气体库房和值班室、燃气调压站等场所设施设备安全状况，了解了值班室预警报警工作流程、应急处置措施、值班人员技能和培训等情况。陈清指出，各单位要认真汲取前期事故教训，举一反三，强化管理，超前防范。一要认真排查隐患，严格将规章制度落实到每一位一线员工的具体行动上；二要采取多种形式，结合安全生产月活动，通过广泛宣传教育，对事故原因的深刻剖析反思，对应急情况处置的实战演练，进一步提升和强化全员安全生产意识，规范安全生产行为；三要积极推进企业安全生产标准化和物联网示范工程建设，以过程控制和科技手段为支撑，不断提高企业安全管理科技含量和智能化水平，实现本质安全。

（赵昕）

【检查工业企业燃气使用安全】 6月29日，市安全监管局会同朝阳区安全监管局和燃气专家，抽查了肯堡博美（北京）玻璃有限公司燃气使用安全情况。对燃气使用安全涉及的制度、规程、职责、设施设备配置、培训和应急处置等情况进行了检查。针对检查情况指出了存在问题并提出3点要求：一是认真吸取事故教训，举一反三，排查隐患；二是严格操作人员安全知识培训和技能考核，落实持证上岗制度；三是按实战化标准组织企业应急情况处置训练，确保快速反应，有效处置。（赵昕）

【指导机械冶金等行业灾后安全生产工作】 7月26日，市安全监管局会同相关区县安全监管局和专家对房山、门头沟、丰台、海淀、石景山、通州、密云、平谷等区县的重点受灾企业进行安全生产指导，重点指导企业暴雨灾害后恢复生产前厂房等建筑物的稳定性排查、检测，电气设备绝缘接地及漏电保护器的有效性，危险化学品防潮防漏，应对极端天气的措施、预案和排水设备设施的有效保障等，及时排查治理事故隐患，防止发生次生事故。同时，市安全监管局印制了机械冶金等行业企业灾后安全生产排查要点，过水电气设备安全排查要点等提示材料，连同有关文件发送区县安全监管局和市属企业集团，为企业提供救灾善后安全生产指导服务。

（赵昕）

【检查一轻集团和石景山区安全生产工作】 8月3日，市安全监管局副局长陈清带领局相关处室到一轻集团和石景山区检查指导安全生产工作，同时听取了金隅集团和汽车集团专项工作汇报。陈清一行来到一轻集团下属企业北京义利食品有限公司，实地察看了面包和汽水生产车间，并召开座谈会，听取了一轻集团、汽车集团、金隅集团和义利食品有限公司贯彻落实市安委会紧急通知（京安发〔2012〕7号）、救灾善后防汛工作和“打非治违”等工作专题汇报。在石景山区检查期间，陈清听取了区安全监管局工作汇报，座谈了工作体会，现场检查了天山新材料技术股份有限公司车间安全生产管理工作。陈清要求：一是要认真落实市委、市政府各项工作部署和市安委会关于开展安全生产大检查紧急通知精神，严控事故风险，做好物资储备和应急准备，确保汛期安全生产。二是要认真落实市安委会“打非治违”工作部署，坚决遏制由于非法、违法行为引发的事故，严查安全死角和漏洞，做到常抓不懈。三是要认真落实安全生产责任制，强化责任，增强实效，确保安全生产文件要求全面落实到企业一线员工，提高企业本质安全水平。（赵昕）

【机械冶金行业安全审计工作】 9月13日，市安全监管局会同相关区县和安全生产专家组成安全审计工作组，对机械、冶金、轻纺、建材等行业企业燃气安全管理情况开展安全生产审计。主要内容是了解企业燃气安全管理现状，特别是控制风险措施的落实情况，查找安全管理薄弱环节，采取有效措施，督促企业严格落实安全生产主体责任，防止事故发生。截至9月26日，审计工作组按计划完成了11家燃气使用工业企业的安全生产现场审核工作。被审计企业涉及机械、冶金、建材、轻纺4大行业，包括管道天然气、压缩天然气、液化石油气3种用气方式，企业规模涵盖大、中、小，企业驻地兼顾开发区、标准化和物联网示范区、一般区县，具有一定的代表性。在此基础上，市安全监管局组织有关专家对审计数据资料进行分析整理，总结经验，协调相关部门共同研究对策措施，最终形成工业企业燃气使用安全审计报告，对全市各行业企业做好燃气安全管理工作具有重要作用。（赵昕）

【工业企业安全审计通报会】 10月31日，市安全监管局组织召开工业企业燃气使用安全专项审计情况通报会。会议通报了安全审计情况，针对发现的11类共性问题进行了分析并提出了对策建议，下发了《工业企业燃气使用安全审计工作标准》，用于指导区县、企业燃气使用安全生产工作。会议就工业企业“十八大”期间安全保障进行了再动员、再部署。副局长陈清重申了加强燃气使用安全管理对完成“十八大”安全保障工作的重要作用，指出：一是高度重视，切实把防范工业企业燃气使用事故作为重中之重抓紧抓实。二是采取果断措施，切实督促企业整改问题，消除隐患。三是举一反三，切实推动工业企业燃气使用安全工作上一个台阶。市市政市容委、市公安局消防局等部门以及各区县安全监管局有关负责人参加了会议。（赵昕）

【“三同时”备案管理研讨会】 11月12日，市安全监管局就加强本市建设项目安全设施“三同时”备案管理工作召开座谈研讨会。会议对《北京市建设项目安全设施“三同时”备案管理暂行办法》进行了认真研读，并就下一步如何做好备案管理工作，建立科学有效的工作流程和

工作制度展开了深入沟通和交流。部分区县安全监管局有关负责人和安全生产专家参加了此次研讨。（赵昕）

【指导京津安全生产互检工作】 12月4日，国家安全监管总局四司副司长马锐带领天津市安全监管局来京，对京津开展有限空间作业和铝镁制品机加工企业安全生产专项治理互检工作进行检查指导。市安全监管局副局长陈清和局相关处室负责人参加检查。马锐和天津市安全监管局有关人员实地察看了市劳保所有限空间培训学校和海淀区2家企业的工作开展情况。马锐指出，北京市对有限空间作业和铝镁制品机加工企业安全生产专项整治工作高度重视，企业治理重点、治理内容和治理措施落实到位，有限空间作业教育培训、考核、取证、防护检测、应急演练等真正从一线员工的实际操作当中得到了检验，有效地规避了生产风险。（赵昕）

【京城机电公司安全管理】 2012年，京城机电控股公司坚持科学发展、安全发展理念，围绕“一条主线”、“一个主题”、“三个着力点”工作部署，凝聚创优争先共识，激发科学发展力量，多措并举，扎实抓好安全生产各项重点工作的落实，安全生产管理基础日益坚实。主要做法：一是全面推进安全生产标准化达标创建工作。公司共有一级标准化企业4家，二级标准化企业3家，计划对5家企业完成二级或以上标准化达标创建工作，并积极探索实施公司整体一级标准化达标创建工作的方法途径。二是探索运用物联网等现代科技手段提升企业安全管理水平。公司下属企业北京天海公司，作为全市工业企业物联网应用示范工程建设试点单位，在喷漆间、燃气锅炉、燃气调压站等高风险场所运用物联网技术实施动态监管和分级预警，着力实现安全生产全程可控。三是严格落实企业生产经营上下游环节安全生产工作要求。北开电气股份公司作为全市重点跟踪单位，制定了详细的落实方案，认真排查登记各业务相关上下游企业，签订安全生产协议书和资质查验审定，全面梳理相关方安全状况，并将查出的问题列为安全监控的重点内容。四是强化安全文化建设，多种途径普及安全知识。通过举办各类安全知识竞赛和安全征文活动、在公司报刊《京城机电》上开辟安全生产月专版、印制《京城机电安全文化手册——案例篇》向全公司班组发放等方式，营造了良好的安全生产氛围。一系列的活动和举措，在健全公司系统安全生产责任体系、营造安全文化氛围、有效预防和控制生产事故方面发挥了积极作用。（赵昕）

危险化学品安全监管

【“两会”期间危险化学品安全保障】 2月28日，市安全监管局召开全市安全监管系统视频会议，对“两会”期间安全保障工作进行了全面部署。一是要加强管控易制毒化学品的管理。要明确专人对系统基础信息进行再清理、再规范，对基础数据进行补充完善，对企业信息进行数据更新，确保底数清、情况明。在特殊时段对于管控化学品数量、流向要实行定期报告制度。所有生产经营单位必须按要求登录系统，对销售情况如实填报，没有销售的要严格落实“零报告”，确保上报信息的准确性。开展对易制毒和管控化学品生产经营单位的安全检查，对于销售未实施实名登记或销售情况与实际储存情况不符的要严肃查处。二是要全面开展危险化学品生产经营单位的安全检查工作。分加油站、油库、生产单位、经营单位、涉氯涉氨单位和烟花爆竹生产经营单位等类别，分别明确具体检查内容。对检查中发现的问题，要督促企业立即整改；对于一些可疑或敏感情况要及时与市安全监管局联系，防患未然。三是要强化应急值守工作，按照市安全监管局有关工作要求，做好应急值守和信息报送工作。

（魏志钢）

【部署全年危险化学品重点工作】 3月28日至29日，市安全监管局召开2012年全市安全监管系统危险化学品和烟花爆竹安全管理工作会，全面研究部署2012年度危险化学品重点工作。2012年重点工作包括：切实做好调整期危险化学品行政许可工作、全面推动安全生产标准化达标创建工作、开展危险化学品两个专项整治工作、实施危险化学品安全管理专业素质提升工程、加强法规标准体系建设、深入推进危险化学品集中管理体系建设、继续推进安全生产责任险、借助危险化学品物联网建设强化危险化学品重大危险源安全监管、切实做好危险化学品反恐怖各项工作等。会议提出如下要求：一是切实做好危险化学品企业安全生产标准化工作，要通过标准化工作提升企业的本质安全水平；二是切实抓好两项专项整治工作，充分认识“两重点一重大”和液氨安全管理的重要性；三是切实抓好危险化学品重大危险源安全管理工作，进一步消除事故隐患；四是切实做好行政许可工作，要将行政许可和日常管理工作充分结合；五是做好危险化学品法律法规标准体系建设，为安全管理工作提供智力支持和法律保障；六是切实加强危险化学品集中管理系统建设，促进危险化学品集中统一管理；七是切实加强自身业务知识和法律法规的学习，提升依法行政水平；八是切实采取有效措施，扎实推进各项工作开展。

（魏志钢）

【约谈北化集团负责人】 3月30日，市安全监管局针对行政许可工作中发现的问题，约谈了北京化学工业集团有限责任公司有关负责人。市安全监管局对北化集团提出如下工作意见：一是集团所属北京东方锐波化工厂、北京东光恒远工贸中心和北京东方亚科力化工科技有限公司三家企业存在安全管理水平低、设备设施不符合安全生产条件等情况。北化集团应加强对其下属企业的管理，对所属企业集中开展一次安全生产教育活动，并对各企业安全状况进行全面排查整改。二是北化集团化工园区内部企业之间的安全管理松散、管理边界模糊，一体化管理水平尚待进一步提升。北化集团要高度重视化工园区的安全管理工作，立即组织开展现有化工园区整体安全风险评估，采取有效措施全面提升安全生产管理水平；要科学规划化工园区产业链，优化园区内的企业布局，严格企业入园条件；要充实专门的安全生产管理机构，充分利用园区内各企业的监测监控、应急救援等资源，构建园区一体化管理信息平台，对园区安全生产进行一体化封闭管理。三是北化集团应督促所属企业，高度重视安全生产许可证换证工作，将其作为全面改善和提升企业软硬件环境、提高企业安全管理水平的重要契机和核心工作，切实抓紧、抓好。四是要按照国家安全监管总局关于加强“两重点一重大”安全管理的有关要求和市安全监管局有关通知精神，立即组织制定相关落实工作方案，缜密组织所属企业开展相关工作，全面提升企业安全生产水平。五是针对东方化工厂厂区内有关企业人员的思想混乱和波动现象，要以保证安全为宗旨，全力做好企业主要负责人和职工的思想工作，综合考虑现实情况，加大工作力度，保证必需的安全投入，确保特殊时期的绝对安全。（魏志钢）

【印发生产许可通知】 4月6日，为贯彻落实《危险化学品生产企业安全生产许可证实施办法》（国家安全监管总局令第41号），市安全监管局印发了《关于做好危险化学品生产企业安全生产许可证颁发管理工作的通知》（京安监发〔2012〕17号）。《通知》提出了企业有关规划许可、安全生产标准化、购买安全生产责任保险或存缴安全生产风险抵押金等工作要求，明确了企业安全评价报告和提交申请材料的具体要求以及网上办理等事项。（魏志钢）

【危险化学品运输省际联席会议】 4月19日至20日，国务院安委会办公室在北京市组织召开京、津、冀、晋、蒙、鲁、辽七省（自治区、直辖市）危险化学品道路运输安全监管省际联席会议第二次会议。国务院安委会办公室副主任、国家安全监管总局副局长孙华山出席会议并讲话，北京市副市长苟仲文致贺词，市安全监管局局长张家明代表市安委会办公室介绍了北京市危险化学品安全管理工作情况，并对下一步七省（自治区、直辖市）危险化学品道路运输安全监管省际联席工作提出新的构想。会上，七省（自治区、直辖市）安委会办公室等部门就危险化学品道路运输安全监管联管联控工作达成一致意见：一是切实加强机构、人员和职责体系建设，密切沟通协作，全力推动危险化学品道路运输区域安全监管联控机制建设；二是以构建七省（自治区、直辖市）危险化学品道路运输安全联控管理信息平台为核心，推进联控机制建设取得实质性进展；三是全面推广先进适用技术，不断提升危险化学品道路运输的本质安全水平。孙华山在讲话中强调：一是要认清形势，进一步增强加快联控机制建设的紧迫感和责任感；二是加强协作，不断推进联控机制建设；三是加大投入，确保议定事项落到实处。（魏志钢）

【“两重点一重大”专项整治】 4月24日，为贯彻落实国家安全监管总局《关于开展提升危险化学品领域本质安全水平专项行动的通知》（安监总管三〔2012〕87号）的有关要求，市安全监管局印发了《关于开展涉及“两重点一重大”危险化学品企业安全生产专项整治（2012—2013年）工作的通知》（京安监〔2012〕23号），在全市范围内开展了历时两年的对涉及重点危险化工工艺、重点监管危险化学品、危险化学品重大危险源企业（简称“两重点一重大”危险化学品企业）的安全生产专项整治工作。（魏志钢）

【加油站形象管理】 4月24日，为加强本市加油加气站外观形象管理，提高加油加气站行业整体管理水平，市安全监管局会同市市政市容委联合印发了《北京市加油加气站外观形象管理规范》（京安监发〔2012〕25号）。《管理规范》对加油加气站总平面布置原则和站房、罩棚、油罐区、加油机、加油岛、地面、围墙、出入口等主要部位外观形象提出了明确要求。（魏志钢）

【化工园区监管】 5月9日，按照国家安全监管总局关于加强化工园区安全一体化管理的要求，市安全监管局组织有关专家对华腾精细化工园区安全一体化管理体系建设进行检查指导。华腾精细化工园区总占地面积近千亩，有6家入驻化工企业，危险化学品库房甲类库11座，储存的危险化学品约1170余种。专家们在听取了关于园区情况的详细介绍后，实地考察了园区一体化中控监控室和试剂所电解液生产车间，并与企业深入交换意见。专家建议：一是要整体考虑园区的消防、应急等工作，做好整体规划、科学管理，解决产业链及产业布局问题；二是要依靠现有标准和规范加强园区内部企业间的整体协调管理；三是要密切关注园区和周边环境关系的处理，防止周边环境变化对园区整体安全生产工作带来影响；四是加强风险辨识，做好安全评价，实现安全生产标准化；五是要充分发挥园区安全生产管理委员会的整体管理优势，通过“一次规划、分步实施、配套建设、跨越发展”，推动园区安全一体化管理体系建设。

（魏志钢）

【检查调研油库安全监控情况】 5月10日至17日，市安全监管局到朝阳区、丰台区、怀柔区、平谷区等地对中国航空油料有限责任公司北京分公司、中油蓝天燃油销售有限公司、北京铁道物资公司、中油国门油料销售有限公司、龙禹石油化工有限公司等所属油库进行了专题调研。调研组结合《危险化学品重大危险源安全监控通用技术规范》（AQ 3035）和《危险化学品重大危险源罐区现场安全监控装备设置规范》（AQ 3036）要求，重点对油库的罐区、装卸区、油泵站、消防泵房、中心控制室等部位进行了现场检查，并听取了企业对有关情况的介绍。（魏志钢）

【检查城区加油站】 5月16日，为落实市安委会办公室《关于进一步加强全市机动车维修企业及加油站安全检查的通知》（京安办函〔2012〕19号）精神，市安全监管局对东城、西城、丰台3个区6座加油站进行了安全检查。6座加油站分别是北京安顺成经贸中心加油站、天利加油站、陶然桥加油站、牛街加油站、阳光石油右安门加油站和阳光石油滨河加油站。按照检查方案，首先向加油站负责人通报福建省龙岩市新罗区“4·15”爆炸事故相关情况，传达市领导有关批示及市安委会办公室的通知精神，并要求负责人传达给加油站每个员工。然后，逐项对加油站的加油设施、储罐及各种人员资质、证件证照、规章制度、操作规程、应急预案、监控设备等情况进行认真细致的检查。对检查发现的问题，检查组当场责令进行了整改，并对相关人员予以警告。

（魏志钢）

【落实危险化学品建设项目安全审查】 5月17日，为贯彻落实《危险化学品建设项目安全监督管理办法》（国家安全监管总局令第45号），市安全监管局印发了《关于实施危险化学品建设项目安全审查有关工作事项的通知》（京安监发〔2012〕28号）。《通知》明确了市区两级安全监管部门实施危险化学品建设项目安全审查的范围，明确了简化审查程序的危险化学品建设项目内容及其他有关工作事项。（魏志钢）

【研讨危险化学品集中管理体系建设】 5月22日，为落实北京等七省区市危险化学品道路运输安全监管省际联席会议第二次会议精神，进一步推动本市危险化学品集中管理体系建设，市安全监管局组织召开了危险化学品集中管理体系建设试点推进工作研讨会。会议形成如下意见：一是各部门要梳理监管需求，依据监管需求，建设统一集中平台，通过集中平台的管理，进一步提升安全监管水平；二是各部门依据各自职责和上级要求，利用统一的危险化学品集中管理平台，齐抓共管、部门联动，形成监管合力；三是充分利用社会资源，调动各方面的积极性，建设成“集中销售、专门储存、统一配送”的危险化学品集中管理体系；四是将各部门的建议和共识变成可操作性的计划和方案，推进北京市危险化学品集中管理体系试点建设工作顺利进行。（魏志钢）

【检查大兴区汛期危险化学品安全管理】 6月5日，市安全监管局局长张家明带队对大兴区两家危险化学品生产经营企业汛期安全生产工作进行了检查。检查组首先对北京兴利工贸有限公司进行了检查，重点对安全警示标志、喷淋降温设施、疏通管道及汛前安全教育培训、应急救援预案等进行了检查；随后，检查组对北京化学试剂研究所进行了检查，听取了该所汛期安全生产工作情况汇报，对生产车间生产设备、安全生产规章制度落实等进行了检查。检查组要求：一是要高度重视防汛工作，落实市长郭金龙在防汛抗旱会议上提出的进一步完善安全度汛措施、狠抓各项度汛措施落实、提高防汛应急管理能力等要求；二是要组织有针对性的应急演练，强化应急处置能力，按规定进行防雷、防静电检测，严防高温、雨水、雷电等自然灾害引发安全事故；三是要充分利用信息化手段，强化物联网建设，加强对重点工艺、重点部位的监测监控，严防事故发生。（魏志钢）

【检查房山区危险化学品企业】 6月16日，市安全监管局组织专家对房山区北京宏悦顺化工厂、北京市京东物资公司安全生产工作进行了检查。检查人员听取了企业安全生产情况汇报，详细了解了企业生产、经营情况，并对企业开展“两重点一重大”专项整治工作进展情况、有关安全生产规范的落实情况、易制毒单位的流向登记工作等进行了检查。针对原始设计存在缺陷和不足、工艺和控制措施落后、安全设施安全检查不到位等问题，检查人员分别对两家企业下达了停产整顿指令书。检查组对企业提出要求：一是要高度重视此次检查中发现的问题，要聘请符合资质要求的设计单位对安全设施设计进行改造，要通过整改，进一步提升本质安全水平；二是要认真组织学习国家安全监管总局相关规范，并严格贯彻落实；三是进入汛期，企业要严格执行汛期应急值守工作制度，确保24小时有人值班、领导带班，保持通信畅通，确保遇有突发情况时能及时处理。（魏志钢）

【召开油库安全现场会】 6月20日，市安全监管局在北京中油晟德油库组织召开了全市贯彻落实《石油储罐机械化清洗施工安全规范》（DB11/754—2010）《危险化学品重大危险源 罐区现场安全监控装备设置规范》（AQ 3036—2010）两个规范工作现场会。会上，参会人员对北京中油晟德油库油罐清洗作业和油品泄漏土壤还原应急处置进行了观摩，有关专家对《石油储罐机械化清洗施工安全规范》和《危险化学品重大危险源罐区现场安全监控装备设置规范》进行了解读，市安全监管局对《关于开展涉及“两重点一重大”危险化学品企业安全生产专项整治（2012—2013年）工作的通知》中有关成品油库整治工作要求进行了说明。会议要求各企业认真落实两个规范和相关工作要求，通过安全技术改造提升安全管理水平，使自身安全生产条件与首都功能定位相适应。（魏志钢）

【危险化学品专项培训】 7月2日至27日，市安全监管局在北京石油化工学院举办了两期危险化学品安全监管人员培训班。市、区县安全监管部门危险化学品安全监管和执法人员共56人参加了培训。为做好此次培训工作，市安全监管局编写了《危险化学品安全管理知识》、《危险化学品安全生产行政监管》、《危险化学品安全生产执法检查》和《烟花爆竹安全监管》共4册约120万字的系列培训教材，并聘请了国家安全监管总局、国家行政学院、国家安全生产科学研究院、北京石油化工学院、北京化工协会、中国石化燕山分公司、北京市劳动保护科学研究所、兵器工业安全技术研究所等单位的20多位领导及专家教授进行授课。（魏志钢）

【部署汛期安全生产工作】 7月23日，针对本市7月21日出现的灾害性强降雨天气，为应对自然灾害的影响，进一步加强本市汛期危险化学品安全监管工作，市安全监管局副局长唐明明主持召开了全市危险化学品监管系统电视电话会议。会上听取了各区县汛期危险化学品监管工作的汇报，重点对灾后隐患排查工作进行了部署：一是对地下和半地下储罐的稳固情况进行检查，对罐体沉降或管线变形的状况要及时采取措施进行加固，严防泄漏事故发生；二是全面检查防雷防静电设施和生产储存装置；三是对大型生产和储存装置进行地质监测，发现异常情况要立即停止生产经营活动，经专家论证后方可恢复生产；四是及时转移地处低洼地段库房的危险化学品，并进行晾、晒等干燥处理，对由于浸泡等造成包装破损的要委托有资质的单位及时进行无害化处理，有毒和遇水易发生化学反应的物质不得存放在潮湿、透水和屋面渗漏的库房。并要求各区县安全监管局加大检查力度、督促辖区从业单位采取有效防范措施，按照“不伤亡，少损失”的原则，抓好安全监管工作：一是加强对生产、储存设施温度、压力等参数的监控，落实防止超温、超压、超负荷措施，严禁化工生产的“三超”现象；二是在雷雨天气情况下，要停止露天作业，油库、加油站要停止收发油作业； 三是危险化学品仓库存放总量应严格控制在允许范围之内，不得超量储存，对储存场所要进行通风、防水、防漏、防潮措施检查；四是对遇湿或高温容易分解出易燃、有毒气体的原材料和产品，要采取有针对性的防水、防潮、降温措施并加强检查；五是对罐区和储罐围堰、易积水的生产区域、生产设备设施、储存库房应采取防洪围挡措施，并准备必要的排水设施；六是采取非常态应急保障措施，进一步修订应急救援预案，加强对员工抗洪救灾、减灾、自身保护的安全培训教育，并针对企业特点配备必要的应急救援物资。（魏志钢）

【检查丰台房山汛期危险化学品安全生产工作】 8月2日，市安全监管局副局长唐明明带队到房山区、丰台区检查指导汛期安全生产工作。检查组首先到房山区察看了7月23日化工原料泄漏事故现场和因洪水受灾的房山燕琉加油站。检查组要求房山区继续做好事故处置工作，严肃处理事故责任人。同时，要继续深入开展“打非治违”工作，全面掌握辖区内非法储存危险化学品和其他化学品情况并及时予以处理。对于受灾的加油站要加强值守，确保停业期间的安全，并按照规定程序对加油站进行改造重建。随后检查组检查了位于丰台区的北京大红门北方化工有限公司和辛普劳食品有限公司。针对检查中发现的企业在安全管理工作中存在的问题，检查组提出建议：一是进一步加强安全管理工作，梳理完善各项安全管理制度、安全生产责任制和事故应急救援预案，特别是实现隐患治理的闭环管理，完善第一时间的现场处置方案；二是加强对重大危险源的监控，实现对重大危险源管理的连锁联控，定期对水喷淋系统和报警装置进行检查，完善重大危险源应急救援预案，实现本质安全；三是完善配电箱指示标志，移除现场废弃设施。为保证汛期安全生产，检查组对两个区提出了明确要求：一是要高度重视汛期的安全生产工作，加强对企业的监督指导，督促企业做好各项汛期准备工作；二是要认真落实市安委会《关于开展安全生产大检查的紧急通知》要求，积极开展安全检查，消除各类安全隐患；三是切实做好汛期的应急值守工作，确保信息畅通。（魏志钢）

【检查危险化学品使用企业】 9月3日，市安全监管局组织有关专家组成检查组，对北京东方石油化工有限公司助剂二厂进行了检查，并就企业生产工艺、生产设备设施、安全措施等情况进行了专题调研。检查组在听取了助剂二厂的情况介绍后，重点检查了生产设备设施、危险化学品储存场所、监控室及连锁控制等部位。检查组对企业在生产过程中对温度和压力采取了自控连锁措施表示肯定，对企业存在的问题，要求企业立即进行整改。（魏志钢）

【部署标准化评审工作】 9月6日，市安全监管局在通州区展辰涂料有限公司召开全市危险化学品企业安全生产标准化现场会暨标准化评审启动大会，对全市危险化学品企业标准化评审工作进行部署。按照国家安全监管总局的工作要求和全市危险化学品安全生产标准化整体工作安排，所有企业应于2012年12月31日前完成标准化评审工作，全面实现标准化三级达标。会议要求，各单位要通过这次现场会“抓先进，促后进”，互相学习借鉴，严格按照时间节点，全面推进标准化达标评审工作。各评审机构要严格评审标准，确保评审质量，要通过标准化评审工作，促进企业积极整改隐患，强化安全管理；要在标准化评审过程中，进一步落实市委、市政府一系列安全管理要求，提升安全生产管理水平和保障能力。（魏志钢）

【部署“十八大”期间危险化学品安全保障工作】 9月6日，市安全监管局组织各区县安全监管局召开专题会议，印发了《关于“十八大”期间危险化学品安全保障工作方案》，确定了“企业负责，属地监管，市局监察”和“立足全面整治，突出重点管控”的原则，突出“两推进，五重点”的工作措施，对危险化学品“十八大”安全保障工作进行了全面部署。（魏志钢）

【国务院督查组检查燕山分公司】 9月11日，国家安全监管总局副局长王德学带领国务院安委会督查组到中石化北京燕山分公司安全生产工作进行督察。督查组先后听取了中石化安全环保局和燕山分公司关于安全生产特别是“打非治违”的工作汇报，并到燕山分公司炼油一厂、应急指挥中心实地检查了安全生产工作。王德学对燕山分公司安全生产工作和指挥中心物联网应急状态下精细化、科学化、智能化的管理措施给予了高度评价。王德学强调：一是继续贯彻落实国务院安委会关于“打非治违”工作的精神，严厉杜绝非法违法行为；二是进一步落实企业主体责任，加大力度开展反“三违”行动和隐患排查工作，做到重视细节，重视精细化管理；三是在保持现有工作的基础上，继续做好安全生产和“打非治违”相关工作，为迎接“十八大”作出贡献。

（魏志钢）

【检查东方油库国庆安全保障】 10月6日，市安全监管局副局长唐明明带领检查组对中国石化东方油库和东方化工厂进行安全检查。检查组详细了解了两家企业节日期间值班和应急值守情况，重点察看了中国石化东方油库的自动化改造情况、防恐工作情况以及东方化工厂停产后的安全生产管理情况。从检查情况看，两家企业的应急值守工作安排有序，节日安全保障措施到位，各项工作措施落实有力。（魏志钢）

【检查液氯使用单位】 10月18日，市安全监管局局长张家明带队检查液氯使用单位——北京自来水集团第九水厂密云分厂安全生产工作。检查组对液氯存储、使用场所、监控设备等进行了检查，同时就做好“十八大”期间安全管理工作提出要求：一是以确保“十八大”期间安全稳定为第一要务，制定专项安保措施，确保液氯储存、使用场所不发生任何安全事故。二是提高反恐意识，完善安保力量，加强对剧毒化学品安全管理。三是继续保持高度谨慎的工作态度，定期开展隐患排查和安全检查，确保应急救援物资、安全监控设备、劳动防护用品完备有效，运转良好。（魏志钢）

【督察大兴区“十八大”安全保障工作】 10月19日，市安全监管局督查组到大兴区督察“十八大”期间危险化学品安全生产工作。督查组听取了大兴区安全监管局关于“十八大”期间安全保障工作汇报。同时督查组对3家危险化学品生产企业进行了检查，对检查中发现的问题要求企业立即整改。督查组强调：一是继续贯彻落实国务院和市委、市政府关于“十八大”期间安全保障工作的有关指示精神，并将有关精神传达到每一家危险化学品企业；二是严防死守，加大力度开展反“三违”行动和隐患排查工作；三是在保持现有工作的基础上，坚决落实“十八大”安全保障的各项工作措施，推进“打非治违”，深化液氯、液氨专项整治、重大危险源专项整治、危险化学品标准化等相关工作；四是严格按照《关于“十八大”期间危险化学品安全保障工作方案》中提出的“两推进，五重点”，全面加强危险化学品安全生产基础管理和反恐防范管控措施，切实消除事故隐患。

（魏志钢）

【危险化学品安全保障再部署】 10月22日，市安全监管局召开视频会议，贯彻落实市政府有关会议精神，对“十八大”期间危险化学品安全保障工作进行再部署。各区县安全监管局和重点危险化学品生产经营单位负责人参加会议。会议通报了危险化学品安全管理工作进展情况，并就“十八大”期间安全保障工作提出具体工作要求：一是剧毒、易制毒、易制爆危险化学品生产经营单位，油库、加油站，“两重点一重大”生产经营单位，液氯、液氨使用单位，管道输送单位，烟花爆竹批发仓库和核心保障区的危险化学品单位要按照12项具体工作要求，于10月31日前完成各项措施的落实工作，并报属地安全监管部门备案；二是各区县要严格落实属地监管责任，结合正在开展的安全生产标准化评审和“打非治违”专项行动，组织开展全面的和不间断的安全检查，促进生产经营单位落实各项安全生产要求。重点加强对液氯液氨、“两重点一重大”、易制毒易制爆和重点核心区域的安全检查，严防出现脱管、漏管；三是“十八大”期间监督检查和值守应急要做到人员值守到位、监督检查到位、信息上报到位。（魏志钢）

【检查开发区液氯企业安全保障工作】 10月23日，市安全监管局对开发区北京京东方显示技术有限公司和北京京东方光电科技有限公司两家液氯使用单位的“十八大”安全保障工作进行检查。为保障液氯的安全使用，企业库房和供气间均设有视频监控、红外对射和泄漏报警等装置，实施双人双锁管理，严格落实使用登记。监控室配备了充足有效的应急防护用品。在应急装备使用的现场检查中，岗位作业人员快速准确地完成了正压式空气呼吸器的佩戴。但检查中也发现，京东方光电科技有限公司供气间存在多种气体共用排风通道，隔断分布不利紧急疏散等设计缺陷，库区外围无隔离防护和岗位作业人员职责不清等问题。针对问题，检查人员要求企业立即整改，封闭库前道路，对岗位作业人员进行教育培训，并立即组织专家进行论证，确保供气间安全排风。

（魏志钢）

【检查房山区危险化学品安全保障工作】 10月30日，市安全监管局副局长唐明明带队对位于房山区的北京市熊猫烟花有限公司、北京市逗逗烟花爆竹有限公司、中石油石楼油库、润福通油库、海华丽油库5家危险化学品和烟花爆竹重点企业进行检查。检查组听取了各企业“十八大”安全保障工作汇报，先后检查了企业整体运营、安全保障及自动化控制改造情况。检查组要求在现有措施的基础上，确保各项工作严、细、实，确保日常管理和监控措施到位。（魏志钢）

【“十八大”期间危险化学品运输监管】 10月30日，为保障临时交通管理措施实施期间本市危险化学品运输需要和危险化学品运输安全，市安全监管局会同市交通委、市公安局联合印发了《关于对机动车采取临时交通管理措施期间道路危险化学品运输保障的通告》（京交发〔2012〕137号），并按照《通告》要求于2012年11月1日至18日，开展了对本市危险化学品运输需求审核工作。其间，共审核批准危险化学品运输需求申请单位13家。其中，运输气体4家，燃气3家，液氨2家，危险废物2家，其他危险品2家。申请办理通行证的危险化学品运输车辆共428辆。

（魏志钢）

【检查通州区危险化学品安全保障工作】 11月1日，市安全监管局对通州区北京大澳巴德士涂料有限公司和北京恐龙制漆有限公司两家危险化学品生产企业进行执法检查。检查组对发现的问题责令企业立即整改，并责令北京恐龙制漆有限公司进行停产停业整顿。同时要求企业在“十八大”期间严格落实各项安全保障措施，确保安全稳定。（魏志钢）

【应对强降雪对危险化学品企业影响】 11月4日凌晨，北京市气象台对北京市西部、北部地区发布暴雪红色预警信号。为有效应对极端天气条件下危险化学品从业单位及烟花爆竹经营（批发）企业的生产安全，各区县均根据暴雪预警情况加强了应急值守工作。房山区安全监管局主要领导在岗值班，危险化学品科全体人员在岗待命；延庆县要求各生产经营单位立即启动雨雪应急预案，有效防范雨雪天气各类安全事故的发生；石景山区及时下发通知进行工作部署并提出防范要求，通过短信平台向企业下发短信提醒；昌平区将《强降雪橙色、局地红色预警信息》通过昌平区危险化学品公共邮箱、QQ群、短信平台等方式转发至各危险化学品企业；门头沟区建立了安全生产日报制度，随时掌握安全动态。（魏志钢）

【检查“十八大”核心保障区加油站】 11月6日，市安全监管局对“十八大”代表驻地及沿线周边的中石化北京站加油站、宣武门加油站，中石油宣武门加油站进行了执法检查。执法人员重点检查了加油站对市安全监管、公安、工商、商务、市政市容等五部门下发的《关于进一步加强加油站成品油经营及安全管理工作的通知》的落实情况，禁止散装成品油经营行为执行情况，站内人员看护情况以及突发事件的应对能力。同时，对加油站站内员工关于严格禁止散装汽油销售行为，自助加油机、非卡机联动式加油机的安全监管等措施当场进行询问并检查登记备案情况。针对中石油宣武门加油站对各项监管措施落实不到位的现象，执法人员要求企业：要坚决贯彻执行各项安全监管措施；要全力做好站内员工的培训教育考核工作，以高度的责任心和踏实的工作态度圆满完成“十八大”期间核心保障区内加油站的管理及服务工作。（魏志钢）

【检查昌平、顺义危险化学品企业安全】 11月8日，市安全监管局检查组对昌平区的中石化北京石油公司沙河油库和顺义区的北京首钢氧气厂进行了安全检查。检查组对企业现场作业情况、设备运行情况、消防设备设施使用情况及应急物资和应急演练情况进行了详细的询问和认真的察看。检查组要求企业加强安全管理，加大值守和现场巡检力度，进一步做好各项措施的落实和整改，继续强化“十八大”期间的各项安全管理措施。（魏志钢）

【石油、烟花爆竹冬季安全检查】 11月25日，市安全监管局检查组分别到怀柔区、密云县检查石油库、烟花爆竹仓库冬季安全生产工作。检查组对怀柔区烟花爆竹批发仓库、北京中油国门油料销售有限公司油库、中石化庙城油库、中石化密云油库4家企业进行了执法检查。重点检查四个方面内容：一是烟花爆竹仓库储存、保管情况；二是仓库的物联网实时监测情况；三是石油库监测报警及连锁控制情况；四是企业关于冬季安全生产的应急值守情况。执法人员对检查发现的问题责令企业立即整改，切实做到措施、资金、责任、时限和预案“五落实”。（魏志钢）

【检查大兴区石油库安全】 12月16日，市安全监管局检查组对位于大兴区的北京吉利石油产品服务有限公司和北京市天金商贸公司两家石油库进行了现场检查。检查组重点检查了石油库的储罐区、卸油区、泵房和发油区的安全生产情况，督促并指导了石油库自动化控制改造工作。（魏志钢）

【危险化学品许可证到期监管】 12月17日，市安全监管局检查组分别到顺义区和昌平区，对危险化学品经营许可证到期的中石化顺义李桥东加油站、中石化顺义李桥西加油站和北京益利农土产杂品有限公司、北京市昌平陶瓷杂品公司进行执法检查。针对上述4家企业许可证到期的问题，执法人员下达现场处理措施决定书，责令4家企业暂时停止经营活动，待取得许可后方可经营。执法人员通过采取记录液位计读数、封库等有效措施，切实落实暂时停止企业经营行为的要求，同时要求相关区县安全监管局做好对企业的监督管理工作。（魏志钢）

【调整危险化学品经营许可证】 12月26日，市安全监管局印发了《关于危险化学品经营许可证办理工作有关事项的通知》（京安监发〔2012〕8号）。《通知》提出自2013年1月1日起危险化学品经营许可证审批工作全部下放至区县安全监管局，并进一步明确了许可申请地、审批程序和文书、提交材料要求、现场核查标准、许可证载明事项、定期公布与通报、网上申办等有关工作事项。（魏志钢）

【安全生产许可证核发】 截至12月31日，全市持有安全生产许可证的危险化学品生产企业共62家，比上年减少14家，同比减少18.4%。2012年，市安全监管局受理安全生产许可证申请企业30家，其中变更申请企业5家，延期申请企业25家。2012年，市安全监管局注销安全生产许可证企业14家。（魏志钢）

【危险化学品经营许可证核发】 截至12月31日，全市持有危险化学品经营许可证的单位共2485家，比上年增加145家，同比增加6.2%。其中，持有甲证（经营剧毒或成品油）的单位1249家，持有乙证（经营除剧毒和成品油以外的其他危险化学品）的单位1236家。（魏志钢）

【非药品易制毒化学品许可】 截至12月31日，全市没有一类非药品类易制毒化学品生产企业。持有一类非药品类易制毒化学品经营许可证的企业共3家，与上年持平；取得二类、三类非药品类易制毒化学品生产备案证明的企业5家，比上年减少5家；取得二类、三类非药品类易制毒化学品经营备案证明的企业332家，比上年增加7家。（魏志钢）

【危险化学品建设项目安全审查】 2012年，市安全监管局共审查危险化学品建设项目15项，比上年减少3项。其中，安全条件审查6项，安全设施设计审查4项，安全设施竣工验收5项。建设单位主要包括中国石油化工股份有限公司北京燕山分公司、中油北京销售有限公司、北京壳牌石油有限公司、北京东进世美肯科技有限公司等。（魏志钢）

【液氨单位专项整治】 2012年，市安全监管局印发了《关于开展液氨从业单位安全生产专项整治工作的通知》（京安监发〔2012〕24号），在全市范围内组织开展了液氨从业单位的安全专项整治工作。通过专项整治工作，全面规范了本市所有液氨经营、使用单位的从业人员条件、管理制度编制、安全设施设置等内容。（魏志钢）

【易制毒化学品专项整治】 2012年，市安全监管局印发了《关于集中开展非药品类易制毒化学品专项排查整治行动的通知》（京安监发〔2012〕52号），重点针对高锰酸钾、硫酸、盐酸和丙酮四种涉爆易制毒化学品和醋酸酐等非药品类易制毒化学品开展了专项整治。通过整治，使相关企业从制度完善和流向登记管理、上下游环节安全管理等方面得到了有力提升，有效防止了易制毒化学品流入制毒、制爆非法渠道。

（魏志钢）

【危险化学品“打非治违”】 2012年，市安全监管局开展了危险化学品和烟花爆竹领域“打非治违”专项行动，严厉打击危险化学品和烟花爆竹行业领域24种非法违法生产经营行为。专项行动期间，市、区共出动执法检查人员3072人次，检查生产经营单位3392家次，发现隐患518项，下达限期整改指令书213份，9家危险化学品生产经营单位被责令停业整顿，经济处罚11家，共罚款18.7万元。8家非法生产经营单位被取缔，移送公安、司法机关5人。（魏志钢）

【石油库专项检查】 2012年，市安全监管局按照国家七部委《关于组织开展石油库安全专项检查的通知》（安监总厅管三〔2012〕57号）要求，组织市发展改革委、市经济信息化委、市公安局、市环保局、市交通委、市国资委等有关部门按照检查的范围和内容对本市8家二级以上油库进行了安全专项检查，发现并整改问题和隐患37项。（魏志钢）

【危险化学品企业安全生产标准化工作】 2012年，市安全监管局按照国家安全监管总局《关于进一步加强危险化学品企业安全生产标准化工作的通知》（安监总管三〔2011〕24号）的工作部署和要求，全力推动危险化学品安全生产标准化工作。主要工作包括：一是建立参评企业自评员工作机制，委托中国安全生产科学研究院为全市1300余家参评企业自评员进行培训考核；二是根据行业特点，分别制定印发了《加油站安全生产标准化模板》、《瓶装工业气体安全生产标准化模板》和《石油库安全生产标准化模板》，进一步提高了对三类企业标准化评审工作的针对性和可操作性；三是在通州区展辰涂料有限公司召开全市危险化学品安全生产标准化现场会暨评审工作启动会，促进企业间相互学习和交流，推动标准化评审工作的有序开展；四是对房山、通州、大兴、顺义和怀柔等危险化学品重点区县标准化评审工作进展情况进行督察，及时了解标准化评审工作中存在的问题，并及时予以协调解决；五是组织对危险化学品从业单位安全生产标准化达标信息管理系统进行培训，规范标准化评审、备案工作。截至12月31日，全市1317家开展标准化的危险化学品生产经营单位中，已有826家完成标准化三级达标评审，占总数的62.7%；正在评审的企业384家，占总数的29.2%。东城、昌平、丰台和延庆4个区县标准化三级达标评审工作已经全部完成。中国石化北京燕山分公司顺利通过二级标准化达标评审工作。（魏志钢）

【危险化学品集中管理体系建设】 2012年，为实现本市危险化学品的“集中销售、专门储存、统一配送”，建立以交易为核心的全市危险化学品集中管理体系，市安全监管局重点开展了以下工作：一是先后赴市公安局交管局、市公安局消防局、市公安局治安总队、市交通委运输局调研其危险化学品管理职能以及在危险化学品集中管理体系中的建设需求，形成了一系列主要工作思路；二是向市政府提交了《关于研究建立本市危险化学品集中管理体系工作思路的请示》，总体工作思路得到市政府批准；三是全力推进危险化学品集中管理平台的建设工作，并已具备上线运行条件。（魏志钢）

【危险化学品安全物联网建设】 2012年，为进一步提高危险化学品安全监管水平，实现监管方式由传统向现代的根本性转变，按照全市统一部署，市安全监管局在危险化学品安全监管领域实施了物联网示范工程。一是通过对危险化学品生产企业、油库、加油站的现场调研和专家论证，制定了《危险化学品生产企业安全生产物联网建设规范》、《危险化学品储存场所安全生产物联网建设规范》、《油罐、加油站安全生产物联网建设规范》；二是根据物联网建设规范，对首期参与安全生产物联网建设的22家危险化学品从业单位进行物联网初步设计，形成了22份初步设计方案及施工方案，并组织进行现场施工；三是积极协调区县、企业、施工方、监理方等各方关系，及时解决工程建设过程中出现的问题，确保各项工作进展顺利。

（魏志钢）

【危险化学品行政许可信息系统】 2012年，市安全监管局搜集整理市区两级及相关企业在危险化学品行政许可系统使用过程中发现的问题，及时将有关问题与信息中心和系统建设单位进行沟通解决，不断优化系统功能。进一步完善了危险化学品自动分类、电子签名、审批提醒、现场审查、分类通知、企业撤销、证书打印等功能，系统的易用性和严谨性得到了进一步提高。全年共有2416家企业通过行政许可系统办理了许可业务。

（魏志钢）

【危险化学品安全监管信息专刊】 2012年，为拓宽本市危险化学品监管人员的信息渠道，使有关人员及时了解掌握国家有关危险化学品的法规政策以及国际国内有关危险化学品的安全管理动态，市安全监管局组织市劳保所和北京石油化工学院编纂了《危险化学品安全监管工作重要信息专刊》（月刊）共12期，及时印发给相关监管人员，并在市安全监管局政务网站发布。（魏志钢）

烟花爆竹安全监管

【烟花爆竹批发执法检查】 1月9日至13日，按照全市春节期间烟花爆竹管理工作统一部署，市安全监管局执法监察总队开展了对全市烟花爆竹批发单位（存储仓库）的专项执法检查。此次检查成立6个小组，重点检查企业资质、人员配备、劳动防护、安全标识、管理制度、安全设施、档案记录、预案及演练等9个方面共25个子项。检查发现：一是库区整体情况良好。库区车辆管理井然有序，安全标识醒目规范；消防设施完备，温湿度监控数据正常；监控室设备设施运转正常，堆垛码放有序，墙距、垛距、通道宽度符合标准要求。二是各项制度健全，落实到位。各存储仓库的安全生产制度、应急预案及演练记录、出入库登记、从业人员教育培训档案等文字材料健全，工作人员严格执行值班和巡逻制度，不间断进行检查，各项检查记录完备。三是内筒型组合烟花的管理工作比较扎实。对于存有去年剩余的内筒型组合烟花的仓库，能够做到分开储存，设置标识，避免流入销售网点。同时检查发现：电子标签的扫描录入工作不落实、不到位的滞后问题比较普遍，不利于在零售网点通过扫描器识别烟花的真伪。少数存储仓库存在着出入库登记不及时、未按规定发放和佩戴劳动防护用品、工作人员未持证上岗等问题，检查组对此下达了责令整改指令书。（张国宁）

【烟花爆竹零售执法检查】 1月19日，市安全监管局执法监察总队对东城区烟花爆竹零售网点安全情况进行了抽查，共检查5家网点。从检查情况看，各网点均已进货，按照要求1月20日零时以后可以进行售卖，检查时没有发现违规售卖情况。执法人员对零售网点的相关资质、人员配备、劳动防护、安全标识、管理制度、灭火器材、检查记录、视频监控等方面内容进行了重点检查。总体来看，各零售网点安全状况较好。一是零售棚采用硬质防火阻燃材料搭建或采取室内销售，提高了防火能力；二是各零售网点设立了视频监控系统对存储区及周边进行实时监控；三是烟花爆竹电子标签张贴齐全，经检测仪扫描货物来源符合要求；四是值守人员均持证上岗，灭火器材完备，警示标识醒目规范。检查也发现个别零售网点存在超高码放、超量储存等问题隐患，如北京市逗逗烟花爆竹有限公司东城区第五零售点批准存储150箱，实际存储210箱，超量储存60箱。针对此项问题执法人员下达了责令限期整改指令书，要求企业迅速消除隐患，确保安全经营。（张国宁）

【国务院安委会办公室检查烟花爆竹安全】 1月20日，国务院安委会办公室副主任、国家安全监管总局副局长孙华山带领国家安全监管总局、公安部、国家工商总局、国家质检总局组成的联合督查组，对本市春节期间烟花爆竹安全工作进行了督导检查。市长郭金龙专门会见了督查组，并就本市安全生产工作，特别是烟花爆竹安全交换了意见。副市长苟仲文、市政府副秘书长周正宇陪同检查。（李怀峰）

【检查大兴区烟花爆竹安全】 1月22日，市安全监管局局长张家明带领检查组对大兴区烟花爆竹零售网点进行安全检查。检查组首先来到大兴区与河北省固安县交界的榆垡镇太子务村，对烟花爆竹零售网点北京榆垡淑芬日杂商店进行检查。检查组询问了人员培训、应急值守及配送和销售情况。经查，该网点许可烟花爆竹数量为150箱，实际存货120箱，经检测仪扫描全部为燕龙公司合格产品。网点内各项制度齐全，灭火器材齐备。张家明要求网点负责人一定要合法经营，不能售卖假冒伪劣产品。随后，检查组又来到大兴区观音寺街道，对北京兴安阳阳日用百货店网点进行检查。该网点整体情况良好。经检测仪扫描该网店货物全部为逗逗公司合格产品，没有超量存储情况，也没有发现违规烟花爆竹。检查人员要求网点要及时将废弃包装箱等杂物清理出爆竹存放区。（张国宁）

【烟花爆竹回收】 1月31日，市安全监管局组织召开烟花爆竹回收工作部署会，对正月十五24时停止经营活动后的烟花爆竹回收安全管理工作进行了部署。（李怀峰）

【烟花爆竹零售网点突击检查】 1月31日，市安全监管局采取不打招呼的方式检查了西城区、丰台区和朝阳区烟花爆竹零售网点安全管理工作。检查组现场察看了3个区县13个零售网点的安全管理工作。从检查的情况看，零售网点安全管理工作总体良好，各零售网点均按要求配备至少两名安全管理人员在现场值守。（李怀峰）

【完成烟花爆竹回收】 2月8日18时，全市2012年春节期间烟花爆竹回收工作全部完成。据统计，全市12家批发企业共回收烟花爆竹3.2万箱，库存共12.7万箱。（李怀峰）

【烟花爆竹回收入库安全管理】 2月10日，市安全监管局检查了3家专营单位烟花爆竹回收入库安全管理工作。经检查，烟花爆竹批发企业已对回收的烟花爆竹产品进行了清点分类，并按标准入库储存。（李怀峰）

【烟花爆竹安全工作座谈会】 2月28日，市安全监管局召开烟花爆竹安全工作座谈会。会议主要对2012年春节烟花爆竹的销售储存安全管理、培训考核、执法检查、信息化、宣传教育、举报投诉等工作进行了总结和座谈交流，并针对烟花爆竹安全管理工作中存在的问题，提出了有针对性的意见和建议。（李怀峰）

【部署烟花爆竹批发安全管理工作】 3月8日，市安全监管局召开烟花爆竹批发企业工作会议，专题研究部署烟花爆竹批发仓库物联网建设和烟花爆竹流向监控有关工作。北京市烟花鞭炮有限公司、北京市熊猫烟花有限公司、北京市逗逗烟花爆竹有限公司，技术支撑单位北京时代凌宇科技有限公司、北京天之华软件开发科技有限公司有关负责人参加会议。会议明确：一是各烟花爆竹批发企业应于3月底前完成回收返库烟花爆竹流向信息的上传工作，上传完成后的库存烟花爆竹数据即为2013年春节烟花爆竹库存数据；二是烟花爆竹批发单位应与各自的流向监控和电子标签扫描门供应商协调，在扫描系统和流向监控系统间增加无线传输设备，并实现电子标签扫描信息实时传输；三是远郊区县供销社系统各烟花爆竹批发单位物联网监控数据信息传输费用由北京市烟花鞭炮有限公司统一代缴，由北京时代凌宇科技有限公司代办，解决因欠费导致的信号传输中断问题；四是协调京仪集团将远郊区县烟花爆竹批发单位物联网监控数据传输服务器转移至北京市烟花爆竹有限公司统一管理。北京市烟花鞭炮有限公司配合服务器搬迁相关工作，并协助做好后续的远郊区县烟花爆竹批发仓库物联网监控管理工作；五是北京时代凌宇科技有限公司负责各烟花爆竹批发单位需更新的物联网摄像设备、周界报警设备、电子标签扫描门和扫描枪等设备的确认和更新工作，并完成与各烟花爆竹批发单位签订确认书工作，完成设备更新和安装工作；六是各烟花爆竹批发单位要严格依照地方标准的要求加强临时销售大棚的制作工作，解决销售区和储存区隔断材质、电线和数据线穿管、安全出口设置数量、销售大棚固定方式、大棚外饰等方面存在的问题。（李怀峰）

【调度烟花爆竹流向管理系统对接工作】 3月23日，市安全监管局召集国家、北京市以及批发企业三级流向管理系统的建设单位共同商讨烟花爆竹流向管理系统的对接工作。会议还针对批发仓库物联网建设相关问题进行了讨论，对存在的温湿度监测系统故障等问题进行了协商，并提出了解决方案。（李怀峰）

【危险化学品和烟花爆竹安全管理工作会】 3月28日至29日，市安全监管局召开2012年全市安全监管系统危险化学品和烟花爆竹安全管理工作会，全面研究和部署2012年危险化学品和烟花爆竹行政许可、安全生产标准化、专项整治等工作。（李怀峰）

【督导烟花爆竹汛期安全】 6月12日至21日，市安全监管局会同兵器工业安全技术研究所分别对房山区北京市熊猫烟花有限公司、北京市逗逗烟花爆竹有限公司、北京汇源北路工贸有限责任公司的烟花爆竹储存仓库，密云县北京檀州烟花鞭炮有限公司、门头沟区生产资料日用杂品公司、通州区北京市烟花鞭炮公司、顺义区北京益利农土日用杂品公司及怀柔区北京怀欣合花炮有限公司烟花爆竹储存仓库汛期安全生产工作进行督导检查。（李怀峰）

【参加全国烟花爆竹视频会议】 10月19日，国家安全监管总局召开全国烟花爆竹生产经营旺季安全监管工作视频会议。市安全监管局、各区县安全监管局及烟花爆竹批发企业在北京分会场参加了会议。全国视频会议之后，市安全监管局副局长唐明明立即组织召开会议，部署落实全国视频会议精神，并专题研究烟花爆竹批发企业2013年春节销售、储存安全生产有关工作。（李怀峰）

【督察烟花爆竹仓库安全管理工作】 11月7日，市安全监管局副局长唐明明带队前往北京市烟花鞭炮有限公司魏善庄仓库，对烟花爆竹批发企业“十八大”期间安全管理工作和2013年春节烟花爆竹筹备工作情况进行了重点检查和调研。（李怀峰）

【检查烟花爆竹仓库和石油库冬季安全工作】 11月26日，市安全监管局赴怀柔区、密云县检查了烟花爆竹仓库和石油库的冬季安全生产工作。（李怀峰）

【烟花爆竹储销安全监管工作会】 12月7日，市安全监管局组织召开2013年春节烟花爆竹销售（储存）安全管理工作部署会，对烟花爆竹的行政许可和物联网建设工作进行详细安排。会议明确：一是严格贯彻地方标准要求，扎实做好零售网点选址设置工作；二是进一步完善烟花爆竹零售网点监控系统管理工作；三是固化烟花爆竹零售经营安全生产责任保险制度；四是进一步提升现场执法检查工作水平；五是进一步提升烟花爆竹批发仓库安全生产物联网管理水平；六是进一步完善烟花爆竹流向登记管理；七是继续实行烟花爆竹安全管理承诺书制度。同时对危险化学品、烟花爆竹标准化工作进展情况进行了总结，督促各区县按照时间节点完成评审工作。（李怀峰）

【烟花爆竹许可强制措施】 12月17日，市安全监管局分别对顺义区和昌平区经营许可证到期的北京益利农土产杂品有限公司、北京市昌平陶瓷杂品公司两家烟花爆竹仓库采取封库停业强制措施。（李怀峰）

矿山安全监管监察

【煤矿复工检查】 1月30日至31日，北京煤监局对京煤集团昊华公司木城涧煤矿和大台煤矿的复工情况进行了检查。检查人员对煤矿复工安全技术措施、复工申请等进行了检查，抽查了木城涧煤矿+570m水平6石门5槽综采工作面、大台煤矿-210m水平西四采区开拓4段41队工作面。针对木城涧煤矿综采工作面下顺槽端头沿空留巷盲巷过长，工作面个别锚索不符合规程要求等问题，下达了责令改正的监察指令，严格按照复工程序和标准组织验收，并监督整改。（庄过兵）

【煤矿班组安全建设座谈会】 2月13日，市安全监管局副局长贾太保组织京煤集团有关人员，召开了煤矿班组安全建设工作座谈会。参会人员就如何以创建“安全·和谐”示范班组工作为抓手，发挥典型引路的作用，进一步加强班组安全建设等方面进行了座谈，并提出了建议。（贾宏）

【调研煤矿隐患排查信息系统】 3月20日，国家安全监管总局通信信息中心主任张瑞新、市安全监管局副局长贾太保带领调研组到京煤集团昊华公司木城涧煤矿调研煤矿隐患排查信息系统运行情况。隐患排查信息系统为企业提供了全面、准确的有关安全隐患信息及其处置状况的统计，便于管理人员动态把握安全隐患的排查情况，从而提高煤矿安全管理的科学性和有效性。调研组就如何最大限度地发挥隐患排查信息系统的作用与企业进行了座谈讨论，并对煤矿物联网应用建设工作提出了建议。（贾宏）

【领导下井带班重点监察】 3月20日至22日，北京煤监局对京煤集团昊华公司大安山煤矿开展了隐患排查治理和矿领导下井带班的重点监察。监察人员重点检查了矿领导带班下井制度的制定和落实、带班下井工作计划以及工作计划执行、下井交接班记录以及矿井的隐患排查治理等相关资料，并抽查了+400m水平西大巷37队掘进工作面。针对矿领导下井带班制度的制定和执行有出入，抽查工作面的瓦斯传感器隔爆罩上沾有大量水泥喷浆等问题，监察人员下达了责令改正的监察指令，并提出了整改意见。该矿已按下达的指令和整改意见进行整改。（庄过兵）

【“安全健康·绿色和谐”矿山推进会】 3月23日，市安全监管局、北京煤监局组织召开北京市矿山安全生产工作暨建设“安全健康·绿色和谐”矿山推进会。市国资委、市发展改革委、市国土局、市环保局、市经济信息化委等有关部门参加了会议。市安全监管局局长张家明指出，矿山企业建设“安全健康·绿色和谐”工作目标是：全面提升企业技术装备和安全管理水平，实现安全生产零死亡；完善职业健康防护措施，实现职工零伤害；综合利用，绿化环境、恢复生态，实现企业废弃物零排放；以人为本，科学发展、安全发展，实现矿山与周边生态环境友好、社会环境和谐。张家明要求，要进一步深化矿山专项整治，对浪费资源、破坏环境、工艺落后的矿山企业坚决予以关闭；要坚持严格执法、公正执法，督促矿山企业严格落实安全生产各项制度、标准；要严格落实《职业病防治法》各项要求，建立完善职业病防治相关制度，保护职工身心健康；要加强矿山安全生产应急管理工作，认真制定应急预案，强化对突发事故的应急演练，提高应急自保能力；要高度重视汛期的矿山安全生产工作，早动手、早部署、早落实，超前防范。有关区县、乡（镇）政府、矿山企业负责人参加了会议。（董伟）

【检查煤矿安全培训工作】 3月31日，北京煤监局对京煤集团昊华公司长沟峪煤矿开展了安全培训工作专项监察。检查了煤矿2012年安全培训计划的制定情况、特种作业人员培训情况、第一季度安全生产培训工作开展情况。（贾宏）

【煤矿运输系统监察】 4月11日至12日，北京煤监局对京煤集团昊华公司长沟峪煤矿开展了运输系统重点监察。监察人员察看了运输系统有关安全管理制度，综采物料提升、斜坡皮带运输安全技术措施，提升设备定期检修、检验记录等资料，并对-140m水平北三4槽2壁综采工作面和-140m至+140m水平副井提升系统进行了抽查。针对综采工作面上下端头需加强支护、综采工作面下顺槽上帮超前支护不符合规定要求等问题，监察人员下达了监察指令，并提出了整改意见。该矿已按监察指令和意见整改。（庄过兵）

【煤矿班组长综合素质培训工作】 4月16日，市安全监管局副局长贾太保出席了京煤集团昊华公司在北京工业职业技术学院举行的班队长综合素质培训启动仪式。培训采取综合素质培训与军事化训练相结合的方式。计划培训18期，每期脱产培训5天，共1000人参加。贾太保强调班组虽小却事关大局，班组长职务不高却责任重大；班组长要有防控思想意识，做到不伤害自己，不伤害别人，不被别人伤害，不让班组人员受到伤害；要通过培训提高班组长对危险源辨识能力和现场应急处置能力。（贾宏）

【煤矿标准化工作专项监察】 4月17日至18日，北京煤监局对京煤集团昊华公司大安山煤矿进行安全质量标准化工作专项监察。监察人员听取了煤矿安全质量标准化工作开展情况的汇报，查阅了安全质量标准化考评办法、第一季度安全质量标准化考评记录、开展安全质量标准化工作的主要措施和做法，参加了对科段、班组和岗位标准化考评的整个流程。针对科段对班组达标和岗位达标工作考评规定不明确、岗位达标监督检查考核表填写不规范等问题，监察人员提出了整改建议。该矿已按监察人员建议整改。（贾宏）

【“五一”前煤矿安全检查】 4月23日至27日，北京煤监局联合市发改委对京煤集团昊华公司所属煤矿开展了“五一”前安全大检查。此次检查采取听取汇报、查阅资料、现场检查的方式，对大安山煤矿、长沟峪煤矿和木城涧煤矿的采掘、机电、运输、通风、规章制度建设等方面进行了检查。同时，检查组抽调煤矿有关专家参与交叉互检。此次检查共查出问题和隐患65条，每矿检查结束后，检查组及时召开检查通报会，并依法下达了责令整改的监察指令。各矿均已按监察指令整改。

（庄过兵）

【煤矿工伤急救预案专项监察】 5月8日至10日，北京煤监局组织开展了煤矿企业工伤急救预案及应急知识培训情况的专项监察。监察人员采取听取汇报、查阅相关资料、进行抽查的方式，重点检查了京煤集团昊华公司大安山煤矿、长沟峪煤矿和大台煤矿工伤急救处置预案的制定，全员工伤急救知识培训，特别是班组长、队长现场急救知识的培训以及工作面急救箱器材配备是否齐全有效等情况。针对没有制定急救员相关管理制度、个别段队存在当班没有经过培训的急救员上岗等问题，监察人员下达了责令改正的监察指令，并提出了整改意见。各矿已按监察指令整改。

（庄过兵）

【国家煤矿安全监察局调研大台煤矿】 5月15日，国家煤矿安全监察局副局长黄玉治带队到京煤集团昊华公司大台煤矿调研。黄玉治深入井下柔性掩护支架采煤工作面，了解采煤方法的生产工艺、安全生产情况。黄玉治主持召开座谈会时强调：一是要牢固树立以人为本、安全发展的理念。随着社会的进步，人们的安全意识不断加强，对安全生产的要求越来越高，社会、媒体对安全的关注度也越来越大，这就要求我们要始终坚持以人为本，不安全不生产。要处理好安全与生产、安全与效益的关系，始终把人的生命放在第一位；二是要深入开展“打非治违”专项行动。这次“打非治违”除要严厉打击非法违法生产外，更要把企业自律、自纠违章、治理“三违”现象作为重要工作内容，持续保持高压态势，确保取得实效；三是要落实企业主体责任。继续贯彻《国务院关于进一步加强企业安全生产工作的通知》精神，进一步落实好企业的主体责任，要理顺京煤集团、昊华公司及煤矿企业各自的责任，落实好各级责任体系；四是要依靠科技进步，实现科技兴安。同时要及时总结煤矿安全管理中好的做法。

国家煤矿安全监察局监察司副司长刘志军，市安全监管局副局长贾太保，京煤集团总经理阚兴、昊华公司董事长耿养谋及煤矿负责人参加了调研。（董伟）

【煤矿“打非治违”专项行动】 5月29日至30日，市安全监管局、北京煤监局会同市发展改革委、市国土资源局、市国资委、市环保局等部门，对京煤集团昊华公司长沟峪煤矿、木城涧煤矿开展了专项执法行动。检查组分组重点检查了煤矿汛期安全生产工作情况，井下防治水制度、措施制定落实情况，井下探放水制度落实情况，水害应急救援措施落实情况；煤矿企业安全生产责任制、规章制度等落实情况，隐患排查治理情况；煤矿企业建设绿色矿山、开展环境保护工作情况，废弃物排放、环境治理措施建立及落实情况等。此次专项检查共发现问题和隐患11个，依法下达了责令整改的监察指令，并提出了整改意见。各矿已按监察指令整改。

（庄过兵）

【煤矿顶板管理与综合机械化监察】 6月5日至14日，北京煤监局分别对京煤集团昊华公司大安山煤矿和木城涧煤矿进行了顶板管理和综合机械化开采专项监察。检查人员听取了煤矿顶板管理、综合机械化开采和深化京煤保障行动10项重点工作开展情况的汇报，查阅了岗位责任制、作业规程、机械设备管理制度、设备检修台账等，并现场检查了综采工作面的瓦斯和通风管理、顶板监测、支架压力监测、端头管理等情况。针对检查中发现的设备管理制度与实际不符、班组作业关系不明确等问题，监察人员下达了责令改正的监察指令。各矿已按监察指令整改。

（庄过兵）

【煤矿防灭火、“一通三防”检查】 7月11日至12日，北京煤监局对京煤集团昊华公司长沟峪煤矿进行防灭火及“一通三防”专项监察。检查人员听取了煤矿防灭火及“一通三防”工作开展情况的汇报，查阅了通风、防瓦斯、防灭火及防尘各项制度的建立和落实、“一通三防”机构设置、密闭管理台账以及安全仪器仪表的标校等，并现场检查了-310m水平中三北15槽掘进三段33队工作面的局部通风，防尘系统，避灾路线安设，栅栏管理，机电硐室、电缆的灭火器材配备及防灭火等情况。针对瓦斯日报有涂改、井下栅栏缺少瓦斯检查牌板等问题，监察人员下达了责令改正的监察指令。该矿已按监察指令整改。

（庄过兵）

【煤矿井下设备安全标志专项监察】 7月12日，北京煤监局对京煤集团昊华公司木城涧煤矿进行井下设备安全标志管理专项监察。监察人员对淘汰设备更新改造情况及重要设备检修计划制定及落实提出了整改要求。该矿已按要求整改。 （贾宏）

【煤矿隐患排查治理专项监察】 7月17日至19日，北京煤监局对京煤集团昊华公司木城涧煤矿和大台煤矿开展了隐患排查治理专项监察。检查人员听取了煤矿隐患排查治理工作开展情况，较大事故隐患排查治理、危险源监控管理工作落实情况的汇报，查阅了隐患排查治理各项制度的建立和落实，特别是矿、段两级较大隐患排查治理和危险源监控管理等工作情况，现场检查了木城涧煤矿+700m水平四石门8槽机采安装工作面和大台煤矿-10m水平石炭纪三石门掘进工作面的隐患排查治理、矿段两级检查等情况。针对举报隐患没有纳入到矿隐患排查体系、较大危险源管

理方案不具体等问题，监察人员下达了责令改正的监察指令。各矿已按监察指令整改。（庄过兵）

【长沟峪煤矿灾后检查】 7月24日，市安全监管局局长张家明带队到京煤集团昊华公司长沟峪煤矿检查煤矿灾后安全生产工作。张家明首先听取了煤矿在暴雨期间的应急处置情况和灾情情况汇报，询问了煤矿安全生产有关措施，并对安全生产工作提出了要求：一是要全面排查强降雨后可能引发的水灾事故隐患。各煤矿要停止生产，立即开展隐患排查，隐患排查不清，不能确保安全的，一律不准恢复生产。二是进一步完善应急预案，京煤集团昊华公司及各煤矿要认真思考，科学、合理地编制应急预案，明确各级应急预警的启动机制。要求井下职工发现涌水异常的立即撤人；发现工作面淋水增大的立即撤人；发现工作面不安全的立即撤人。三是加强雨后设备、设施的检查，加强对采空区积水、煤仓、矸石山等重点部位的检查。各级管理人员要提高责任心、增强责任感，以对生命财产安全高度负责的态度分析可能存在的问题，确保安全生产。市安全监管局副局长贾太保、副局长唐明明，局相关处室和直属事业单位负责人及京煤集团负责人参加了检查。（董伟）

【煤矿防汛工作会】 7月30日，市安全监管局副局长贾太保在昊华公司培训中心主持召开了煤矿防汛工作专题会，对煤矿防汛工作进行了再动员、再部署。贾太保传达了市委、市政府关于防汛应急工作的有关要求，对煤矿防汛工作提出了“救灾、排查、应急”的工作原则，并提出工作要求：一是煤矿企业要举一反三，认真吸取教训，做好充分的应对准备；二是坚决克服麻痹思想，加大预警宣传力度，提高群众防灾避险意识；三是各级管理人员（包括矿长、段长和班长）思想认识到位，责任和任务到位，隐患排查（安全检查）到位，应急措施到位；四是利用各种宣传工具，加大宣传力度，宣传防灾避灾知识和在防汛救灾中涌现出的好人好事和感人事迹；五是做到不死人、不发生透水事故、不出现洪水灌井淹井，要对地面防洪沟、塌陷坑进行认真排查，中雨以上井下必须撤人。（庄过兵）

【煤矿领导下井带班检查】 8月1日至2日，北京煤监局对京煤集团昊华公司长沟峪煤矿开展了矿领导下井带班的重点监察，并对灾后安全工作进行了再次检查。检查人员听取了煤矿领导履职及下井带班、雨季“三防”及灾后安全工作采取的措施等方面的汇报，重点检查了矿领导下井带班相关制度的建立和落实，矿领导下井带班计划制定落实、井下交接班记录、带班下井台账、“三防”有关物资的储备等情况。针对领导下井次数与文件规定有出入、矿领导下井带班检查问题没有分条记录处理等问题，下达了责令改正的监察指令。该矿已按监察指令整改。（庄过兵）

【煤矿安全管理机制座谈】 8月13日，北京煤监局组织召开了创建企业内部有效的安全管理制约工作机制座谈会。京煤集团昊华公司分别从集团、公司层面就创建企业内部有效的安全管理制约工作机制进行了发言。与会人员结合工作实际，针对充分发挥综合监管职责，进一步创新企业内部的监管方式和方法，创建有效的安全管理制约工作机制进行了座谈研讨。（庄过兵）

【煤矿领导履职检查】 8月21日至23日，北京煤监局对京煤集团昊华公司大安山煤矿开展了矿领导履职及下井带班情况的重点监察和安全许可证颁发管理及爆炸物品使用管理的专项监察。检查人员听取了大安山煤矿安全生产情况的汇报，对火工品使用管理制度及相关资料、矿领导下井带班管理制度及履职情况相关资料、煤矿安全生产岗位责任制和安全管理制度及落实情况相关资料进行了检查，并对+920m水平和+550m水平两个井下火药库和综采二段+550m水平西三轴10下槽东三工作面进行了现场检查，抽查了开拓二段和矿材料科两个科段的安全管理情况及有关资料。对监察中发现的问题，下达了责令立即整改和限期整改的监察指令。该矿已按监察指令整改。（庄过兵）

【班队长综合素质培训结业典礼】 8月24日，市安全监管局副局长贾太保参加了京煤集团昊华公司在北京工业职业技术学院操场举行班队长综合素质培训结业典礼。结业典礼上，毕业学员们分别进行了集体军训科目汇演、岩巷掘进、煤巷掘进专业施工流程演练、矿山救护创伤急救演练。贾太保要求参加培训的班队长，要牢记使命，学以致用，充分发挥模范带头作用，增强班组的战斗力、凝聚力、亲和力，为“安全·和谐”班组建设工作作出更大贡献。（贾宏）

【调研煤矿安全文化示范矿井建设】 8月24日，市安全监管局副局长贾太保到京煤集团昊华公司大台煤矿调研安全文化示范矿井建设工作。大台煤矿积极探索具有首都煤矿特色的安全文化示范矿井建设工作，初步建立形成了以安全观念文化、安全诚信文化、安全制度文化、安全教育文化、安全行为文化、安全警示文化、班组安全文化为主要内容的建设工作体系。2011年，大台煤矿曾被评为北京市安全文化建设示范企业。贾太保要求京煤集团昊华公司及大台煤矿在现有成果的基础上，学习和吸收全国其他先进企业的成功经验，进一步解放思想、开拓思路、务实创新，丰富、提炼和完善企业安全文化的内涵，建设具有首都煤矿特色的安全文化体系。（贾宏）

【国家煤矿安全监管局检查标准化工作】 9月10日至13日，国家煤矿安全监察局煤矿安全质量标准化检查组对本市煤矿安全质量标准化工作开展情况进行检查。检查组听取了京煤集团昊华公司和大安山煤矿安全质量标准化工作汇报。检查组分4个小组重点检查了煤矿贯彻落实国家有关煤矿安全质量标准化达标情况；2011年煤矿标准化达标情况；煤矿企业开展安全质量标准化工作情况；安全隐患自查自纠情况；煤矿现场管理存在的安全隐患及问题等方面。检查组对京煤集团昊华公司及大安山煤矿安全质量标准化工作开展情况给予了高度评价，并就现场检查中发现的问题，提出了整改建议。市发展改革委

有关人员陪同检查。（董伟）

【国务院安委会督察煤矿安全】 9月13日，国务院安委会办公室副主任、国家安全监管总局副局长王德学带领国务院安委会督查组到京煤集团昊华公司木城涧煤矿检查安全生产工作。督查组分别听取了京煤集团及木城涧煤矿、大台煤矿安全生产工作和“打非治违”工作情况汇报，检查了矿调度指挥系统运行情况，并察看了煤矿“打非治违”、领导下井带班、安全生产标准化和“十八大”安全保障措施等方面的制度、文件和会议记录等，调看了人员定位系统的运行记录，察看了井下安全保护措施。王德学一行还到京煤集团矿山救护队，看望并慰问了救护队员。市安全监管局副局长蔡淑敏、贾太保、市国资委有关领导陪同检查。（董伟）

【国庆节前煤矿安全检查】 9月18日至27日，北京煤监局对京煤集团昊华公司大安山等煤矿进行专项监察和国庆前安全生产定期监察。检查人员听取了煤矿有关事故整改措施落实情况及国庆节前有关维稳工作情况的汇报，重点检查了整改措施落实情况；国庆节前及“十八大”期间煤矿安全保障措施的制定及落实情况；应急值守工作情况；抽查了井下工作面创作急救人员的培训、劳动组织等情况。针对发现问题，下达了责令改正的监察指令。各矿已按监察指令整改。（庄过兵）

【安全生产许可证变更】 9月29日，京煤集团昊华公司木城涧煤矿、大台煤矿、大安山煤矿分别向北京煤监局提出变更安全生产许可证申请，经过对申请人提交的相关文件、资料审核后，办理了安全生产许可证变更手续并换发了新的安全生产许可证。（庄过兵）

【“安全·和谐”班组建设工作座谈会】 10月9日，市安全监管局副局长贾太保主持召开了煤矿“安全·和谐”班组建设工作座谈会。参会人员听取了煤矿开展“安全·和谐”班组建设情况汇报，并认真总结分析了工作开展情况和存在的问题，就开展“安全·和谐”班组建设工作提出了建议。（贾宏）

【煤矿粉尘防治专项监察】 10月24日，北京煤监局对京煤集团昊华公司木城涧煤矿进行了煤矿作业场所粉尘危害防治专项监察。木城涧煤矿按照《煤矿作业场所职业危害防治规定》建立了粉尘危害防治制度；配备了12名粉尘监测人员及有关设备，每半个月对全矿234个产尘点进行一次监测；工作面采用湿式打眼，放炮采用水炮泥，岩石工作面采用装岩洒水、冲洗巷帮等措施；综采和综掘工作面采取内外喷雾等进行降尘；工作面各转载点安装了喷雾降尘装置。针对工作面在爆破作业过程中的喷雾降尘措施不完善，转载点喷雾洒水装置喷头堵塞疏通不及时等问题，检查人员提出了整改意见。该矿已按整改意见整改。

（贾宏）

【督察煤矿“十八大”安全保障工作】 11月1日，市安全监管局副局长贾太保带队到京煤集团昊华公司大安山煤矿，督察“十八大”期间煤矿安全保障工作开展情况。大安山煤矿制定了“十八大”安全保障暨安全生产“护航”行动方案，成立了领导组织机构，落实安全责任，对重点工作进行了分工，明确了工作目标和工作措施。贾太保要求大安山煤矿高度重视、周密部署、落实责任，认真做好安全保障工作，确保安全生产。（贾宏）

【“六大系统”、瓦斯治理专项监察】 11 月 20 日至 21 日，北京煤监局对京煤集团昊华公司木城涧煤矿进行“六大系统”和瓦斯隐患排查治理专项监察。检查人员听取了“十八大”后煤矿复工和第四季度安保措施的制定、“六大系统”建设运转情况及上次“六大系统”专项检查问题整改落实情况、瓦斯隐患排查治理等情况的汇报，查阅了相关资料和台账，并对＋ 150m 水平首采区开拓 12 队进行了安全检查。针对个别临时栅栏没有瓦斯日检记录、井下工作面电缆吊挂混乱、文明整洁差等问题，检查人员下达了立即整改的监察指令。该矿已按监察指令整改。（庄过兵）

【“一通三防”、防灭火专项监察】 11 月 28 日至 29 日，北京煤监局对京煤集团昊华公司大安山煤矿进行“一通三防”和防灭火专项监察。检查人员首先听取了煤矿“十八大”后煤矿复工和第四季度安保措施的制定、“一通三防”和防灭火工作、事故整改措施和专项检查问题整改落实情况的汇报，查阅了相关资料和台账，并对＋ 550m 水平西二轴 13 槽东三下巷掘进一段 15 队掘进工作面进行了安全检查。针对“一通三防”综合管理制度落实和密闭管理台账以及作业规程与实际不符等问题，检查人员下达了立即整改的监察指令。该矿已按监察指令整改。（庄过兵）

【煤矿安全保障措施督察】 12 月 4 日至 5 日，北京煤监局对京煤集团昊华公司长沟峪煤矿年底前安全保障措施制定和落实情况进行了督察。检查人员首先听取了京煤集团昊华公司及长沟峪煤矿年底前安全生产工作的整体安排和部署，查阅了相关资料和台账，对“六大系统”专项检查中查出问题进行了复查，同时抽查了 -410m 水平东二西 4 槽采煤一段 12 队的安全生产情况。针对工作面端头加强支护不合格、作业规程没有编号等问题，检查人员与矿有关部门交换了意见，要求对检查出的问题进行认真整改。该矿已按整改意见整改。（庄过兵）

【煤矿安全标准化达标考核】 12 月 11 日至 20 日，北京煤监局会同市发展改革委，并聘请了 6 名专家，组成考核验收组，对京煤集团昊华公司所属 4 个煤矿 2012 年安全质量标准化矿井达标工作进行了现场检查考评。考评工作分成安全管理、采煤、掘进、机运、地测防治水和“一通三防”共 6 个专业组，采取听取汇报、查阅相关资料和井下现场抽查考核的方式进行。经检查考评，核准大安山煤矿、木城涧煤矿和大台煤矿为 2012 年安全质量标准化一级矿井；核准长沟峪煤矿为 2012 年安全质量标准化二级矿井。（贾宏）

【“两会”期间非煤矿山安全生产工作】 2月23日至24日，市安全监管局对北京水泥有限公司凤山矿、北京玉林采石厂进行了安全检查。重点检查了“两会”期间安全生产方案及保障措施制定情况、“两会”期间应急值守和领导带班计划内容，安全隐患排查治理情况、节后安全培训教育及复产验收情况，并对存在安全隐患排查没有记录等问题的北京玉林采石厂下达了责令改正指令书。昌平区、顺义区安全监管局相关负责人参加了检查。（杜金颖）

【调研“安全·和谐”示范矿山建设工作】 2月28日，市安全监管局会同市国土局、市环保局组成调研组，到金隅集团北京水泥厂凤山矿进行调研。调研组察看了凤山矿石开采、调度指挥中心建设及运输道路整治等情况，听取了金隅集团及北京水泥厂就矿山专项整治工作落实、示范矿山建设进展情况及存在问题的汇报。调研组就国家和本市有关文件精神的落实、示范矿山建设情况提出了意见和建议。昌平区安全监管局、金隅集团等有关领导一同参加了调研活动。（杜金颖）

【地勘单位安全监管工作会议】 3月2日，市安全监管局组织召开地质勘探企业安全生产工作座谈会，传达贯彻国家安全监管总局有关文件精神，听取了有关地勘企业安全工作开展情况，部署下一阶段地质勘探企业行政许可工作。（杜金颖）

【非煤矿山“安责险”试点】 3月2日，市安全监管局组织安润国际保险经纪公司、人保公司等保险机构有关负责人组成调研组到密云县非煤矿山调研推行非煤矿山安全生产责任保险试点工作。首云铁矿介绍了非煤矿山企业安全生产责任保险险种定位、出台背景、意义、条款内容和推行非煤矿山企业安全生产责任保险试点工作要求；密云县安全监管局及非煤矿山企业相关负责人对完善非煤矿山企业安全生产责任保险条款及实行试点工作提出了意见和建议。（杜金颖）

【调研房山区非煤矿山安全生产工作】 3月7日，市安全监管局到房山区周口店镇立马水泥厂调研非煤矿山安全生产工作。听取了北京立马水泥厂主要负责人关于企业概况和所属石灰石矿整合工作进展情况的汇报后，检查了矿山整改施工现场。房山区安全监管局、周口店镇政府主管领导一同参加了调研。（杜金颖）

【督导首钢矿业公司安全生产工作】 3月14日至16日，市安全监管局到河北省迁安市，对首钢矿业公司安全生产工作进行调研督导。先后检查了首钢矿业公司所属杏山铁矿、水厂铁矿，详细查阅了企业安全管理规章制度落实、隐患排查、安全教育培训等资料，并现场检查杏山铁矿的井下安全避险“六大系统”建设情况、水厂铁矿的指挥大厅、采场、排土场、尾矿库等。首钢总公司、首钢矿业公司有关领导参加了检查及座谈会。（杜金颖）

【非煤矿山物联网建设】 3月29日，列入本市非煤矿山物联网示范建设的密云冶金矿山公司所属的5家矿山已全部实现了尾矿库在线监测和视频监控；新增加的高点高清视频监控、采场边坡位移监控、尾矿库巡更系统开始安装；企业到区县、市级安全监管部门的数据采集、汇聚、传输设备网络开始架设。为企业的安全管理以及市区两级安全监管部门的安全监管、事故预警处置提供有力支撑。（杜金颖）

【非煤矿山专项执法行动预备会】 5月8日，市安全监管局组织召开会议，对非煤矿山企业专项执法行动进行了部署。此次专项行动采取联合执法和抽查形式，重点对非煤矿山企业安全生产状况和相关资料等进行执法检查。市经济信息化委、市国土局、市环保局等部门参加会议。与会单位根据各自职能，对专项执法行动方案提出了修改意见。（杜金颖）

【非煤矿山安全监管协调会】 5月8日，市安全监管局召开非煤矿山监督管理工作协调会，介绍了本市金属非金属矿山、尾矿库安全生产总体情况，分析了存在的主要问题，集体学习了《关于进一步加强尾矿库监督管理工作的指导意见》。与会单位根据各自职能，就如何加强金属非金属矿山、尾矿库的管理，建立金属非金属矿山监督管理工作部门协调机制，加强部门之间相互配合，实现信息共享、工作联动，开展联合执法等进行了认真讨论。市发展改革委、市经济信息化委、市国土局、市环保局有关负责人参加了会议。（杜金颖）

【汛期安全电视电话会议】 5月24日，市安全监管局召开全市安全监管系统汛期安全生产工作视频会。会议传达了市防汛抗旱指挥部第一次全体会议和北京市市长郭金龙讲话精神，对本市安全生产监管监察系统特别是煤矿、金属非金属矿山、危险化学品企业的防汛工作进行了动员部署。会议要求各区县安全监管局、各有关企业要贯彻落实市防汛抗旱指挥部第一次全体会议和郭金龙讲话精神；要时刻保持清醒头脑，警钟长鸣，增强做好汛期安全生产工作的责任感；要开展汛期隐患排查治理和安全生产大检查，切实落实企业主体责任；要开展应急救援演练工作，确保因自然灾害引发事故时能做到及时、有力、有效地处置。部分重点企业分管负责人在主会场参加会议，各区县安全监管局局长、分管副局长以及相关科室负责人在分会场参加会议。（杜金颖）

【石油天然气长输管道安全工作会】 5月31日，市安全监管局组织召开石油天然气长输管道安全现状调查评估工作通报会。会议就石油天然气长输管道评估工作有关背景进行了简要介绍，中国安全生产科学院作为评估工作项目承担单位，就实施方案及有关调查表征求了各有关单位的意见，并进行了讨论。会议要求：一是各有关油气长输管道产权或运维单位要高度重视此次评估工作，确定联系人，建立与市、区安全监管局和安科院的联系制度，全力配合做好此次评估工作；二是安科院要先期开展有关评估工作，及时将阶段性成果反馈市安全监管局。房山区、大兴区、通州区安全监管局以及中石化管道储运公司、华油东方燃气有限公司、中石油北京天燃气管道有限公司、中石油管道公司北京输油气公司有关人员参加了会议。

（杜金颖）

【尾矿库防汛专项检查】 5月，市安全监管局重点对本市运行尾矿库及部分已关闭库进行防汛专项检查。检查人员采取听取汇报与查阅资料相结合、随机询问与现场检查相结合的方式，重点检查了尾矿库防汛预案及演练情况、汛期防汛方案制定及落实情况、尾矿坝、排水设施、监（观）测监控系统、干滩及浸润线、尾矿库周边状况、安全管理制度落实情况、汛期应急值守安排、应急救援物资储备情况、已闭库安全管理及汛期检查情况等。对存在问题的尾矿库，检查人员提出了限期整改建议，并要求尾矿库企业进一步建立健全安全生产责任制及各项安全管理制度，明确分工，落实责任，完善防汛措施，开展防汛演练，储备好防汛物资，强化值班和检查，保证通信畅通，确保尾矿库安全度汛。 （杜金颖）

【非煤矿山专项执法行动】 5月，市安全监管局会同市国土局、市环保局等部门在本市非煤矿山领域开展专项执法行动，此次专项执法行动中，各部门密切配合，采取听取汇报与查阅资料相结合、随机询问与现场检查相结合的方式，重点检查矿山企业依法依规组织生产情况、“安全健康·绿色和谐”矿山建设情况、防汛措施落实情况、扬尘污染控制情况以及环境治理措施建立及落实情况等，充分发挥联合执法的作用。 （杜金颖）

【检查首云矿山安全防汛工作】 6月4日，市安全监管局局长张家明带队到密云县首云铁矿检查矿山安全防汛工作。首先察看了矿指挥调度中心，调看了有关监控监测图像、数据，深入井下和尾矿库现场分别检查了矿山及尾矿库安全防汛工作。在距离地面数百米井下，检查了设备运行、安全生产规章制度落实及电气设备防水防潮、特种作业人员安全培训及持证上岗等。通过检查，对首云铁矿的安全生产工作和尾矿库尾砂综合利用工作给予了充分肯定，认为矿山安全生产条件、安全基础工作有了较大提升，特别是在尾砂综合利用、消除尾矿库危害方面进行了有益探索。张家明强调：要高度重视矿山及尾矿库安全防汛工作，强化应急值守，加强地采矿山井下水害防治和尾矿库检查监控，要做好矿山安全防汛各项措施的落实，确保安全度汛；要做好露天转地下开采工作，强化地采技术力量；要充分利用信息化手段，加强对监测监控系统操作人员的岗位培训，确保尾矿库和露天转地下开采安全；要与市科委等部门联系沟通，争取对尾矿库尾砂综合利用项目的支持帮扶，拓宽尾砂的利用途径，提高尾砂利用的效益，促进尾砂综合利用工作。 （杜金颖）

【首钢矿业公司安全生产检查】 6月18日至20日，市安全监管局聘请采矿、通风、尾矿库等方面的专家组成检查组，对首钢总公司所属首钢矿业公司露天采场、地下开采、尾矿库、排土场等安全生产情况进行了专项检查。检查组分为采矿和尾矿库两个专项检查组，在全面检查的基础上，突出重点，注重细节。采矿检查组检查了露天采场施工情况、排土场生产情况、“六大系统”建设情况并重点听取了杏山矿地下开采有关情况、防汛及“安全·和谐”矿山建设情况的汇报，深入井下每个水平，检查了主要通风系统、局部通风系统运行情况和火药库、防水闸门、现场施工作业、特殊工种持证上岗及安全生产标准化建设等情况，查阅了通风、粉尘检测等记录。尾矿库检查组检查了运行尾矿库的生产、防汛、安全监测监控等情况，并检查了已闭库尾矿库的安全管理情况。（杜金颖）

【筹备非煤矿山整顿推进会】 7月22日，市安全监管局召开非煤矿山整顿关闭及“打非治违”推进会，汇报了非煤矿山整顿关闭及“打非治违”推进会各项工作的进展情况。密云县政府及县安全监管局、密云冶金矿山公司汇报了会议的筹备等情况，金隅集团汇报了交流发言材料准备情况。（杜金颖）

【检查强降雨后尾矿库、排土场安全】 8月2日至3日，市安全监管局组织检查组对怀柔区和密云县的尾矿库、排土场等安全生产工作进行了全面检查。检查组听取了关于“7·21”强降雨后尾矿库、排土场的安全生产工作的情况汇报，并对怀柔区北京京冀工贸公司尾矿库、密云建昌铁矿和放马峪铁矿尾矿库、排土场、采场在强降雨后的安全情况进行了全面检查。检查组充分肯定了两区应对“7·21”强降雨所采取的措施及取得的显著成绩，同时强调：一是有关区县安全监管局和非煤矿山企业要坚决克服疲劳厌战情绪，杜绝麻痹大意思想，充分借鉴“7·21”暴雨应对工作的成功经验，特别是尾矿库要提前做好监测预警和应对突发事件准备工作。二是尾矿库、排土场、采场要认真开展隐患排查，发现隐患和问题，立即采取措施解决。三是切实加强应急值守，落实领导干部24小时值班制度，及时做好信息报送，确保各项指令、措施落到实处。（杜金颖）

【督察非煤矿山整顿推进会筹备情况】 9月10日，由国务院安委会办公室副主任、国家安全监管总局副局长王德学带队的国务院安委会督查组一行到密云县督察了全国非煤矿山整顿关闭工作暨“打非治违”专项行动推进会筹备情况，副市长苟仲文、市安全监管局局长张家明、副局长贾太保及密云县县委书记汪先永、县长王海臣等陪同。王德学一行先后到密云威克公司现场检查了尾沙综合利用车间、小铁矿整顿关闭情况及整合后露天采场有关开采情况、露天边坡治理情况等；在密云首云公司现场察看了综合调度指挥中心、井口职工安全文化长廊等，并到密云太师屯镇现场察看了已关闭矿山的回填治理、生态恢复情况。督查组对密云县非煤矿山整顿关闭及“打非治违”工作所取得的显著成效给予了充分肯定。（杜金颖）

【非煤矿山整顿推进会召开】 9月19日至20日，全国非煤矿山整顿关闭暨“打非治违”工作推进会议在密云县召开。国务院安委会副主任、国家安全监管总局局长杨栋梁出席会议并讲话，市委副书记、代市长王安顺到会致辞，国家安全监管总局副局长（国家煤矿安全监察局局长）付建华、副市长苟仲文、市政府秘书长孙康林、国家安全监管总局总工程师黄毅、国家煤矿安全监察局副局长李万疆等出席。此次会议的主要内容是深入贯彻国务院领导重要指示精神，深刻分析当前安全生产严峻形势，深入探讨矿山安全生产规律，交流推广密云县等地矿山整顿关闭和“打非治违”工作的经验，部署开展金属非金属矿山整顿关闭攻坚战，推动产业结构优化和经济发展方式转变，提升矿山企业安全生产水平。（杜金颖）

【俄罗斯考察团考察密云县非煤矿山】9月20日，俄罗斯环境技术与核能监督总局副总局长克拉斯内赫一行6人到密云县非煤矿山企业考察。考察团参观了北京首云矿业股份有限公司综合调度指挥中心、矿山博物馆和北京威克冶金有限公司露天采场，在北京首云矿业股份有限公司进行了座谈交流，了解非煤矿山总体情况和安全管理情况，详细询问了两家矿山的开采规模、开拓方式、采矿方法、技术装备、安全监控等。考察团对两个公司的规范化管理、先进采矿方法、技术装备、安全监控技术手段的使用、矿山生态环境保护、职工安全文化建设等给予了高度评价。国家安全监管总局监管一司副司长王启明、市安全监管局副局长贾太保以及密云县安全监管局、密云冶金矿山公司等有关人员陪同考察。（杜金颖）

【非煤矿山座谈会】 9月27日，市安全监管局在密云首云公司召开了非煤矿山工作座谈会，主要任务是落实全国非煤矿山整顿关闭工作暨“打非治违”专项行动推进会议精神，推进“安全·和谐”矿山建设，安排部署节日、“十八大”期间安全生产工作。与会人员参观了北京威克冶金有限公司露天采场，北京首云矿业股份有限公司综合调度指挥中心及井下车场、主要硐室等，观看了整顿关闭专题片。会议传达了国家安全监管总局局长杨栋梁、副局长王德学和副市长苟仲文的讲话精神。会议要求有关区县安全监管部门、矿山企业要按照“四个到位”，落实好全国现场会议精神。会议提出了四点要求：一是认真分析研究本区域矿山现状，科学规划，合理部署。二是依法依规制订工作方案，严格落实市安全监管局、市国土局、市环保局关于文件精神，并加强监督检查。三是切实做好整合提高工作，区县安全监管部门要下大力气，督促企业整改提高。四是加强领导，落实责任，强力推进“安全·和谐”矿山建设。同时，对做好节日、“十八大”期间安全生产工作进行了安排部署。房山、门头沟等6区县安全监管局主管副局长、重点非煤矿山企业主要负责人参加了会议。（杜金颖）

【节日期间非煤矿山安全生产检查】 10月4日，市安全监管局副局长贾太保带队检查了门头沟区赵家台叶蜡石矿安全生产情况。检查中重点察看该矿节日期间安全保障措施落实、应急值守及井下作业面安全情况。检查组要求企业切实落实安全生产主体责任，加强节日期间安全管理，强化应急值守，做好应对突发事件的准备，确保安全生产。

（杜金颖）

【非煤矿山行政许可】 2012年，本市有金属非金属矿山34家，地勘企业10家。全年共受理行政许可申请48件，按许可类别分，其中采掘施工类2件，矿山类36件、地质勘探类10件；按许可形式分，初次申请的24件，延期申请的10件，变更申请的14件。经过审查，同意许可的48件。针对许可工作共组织现场审查28余次，出动安全监管人员及专家近80人次。（杜金颖）

安全生产事故隐患排查治理

【市级挂账隐患整改销账工作】 1月21日，市安委会办公室向市政府请示石景山南马场水库等6项市级挂账安全隐患验收销账工作。按照《北京市市级挂账生产安全隐患治理管理办法（试行）》（京安发〔2010〕5号）工作要求，市安全监管局、市水务局分别对各自牵头负责的市级挂账生产安全隐患治理情况进行了验收。经审核，根据安全隐患验收情况，验收组同意对石景山区南马场水库、门头沟区龙口灰场、门头沟区废弃煤熏口、平谷区废弃水井、房山区废弃矿山采场、延庆县废弃矿山采场等6项予以销账，并将有关情况上报市政府。

（靳玉光、何明明）

【铁路跨线桥隐患治理协调会】 2月3日，市安委会办公室召开房山区两座铁路跨线桥隐患治理协调会。市安全监管局、市交通委路政局、北京铁路局、房山公路分局等单位相关负责同志参加了会议。会议在前期北京铁路局与房山区政府有关部门一致共识基础上，就隐患治理相关责任分工问题进行了重点研究，并形成了议定事项：一是统一思想、高度重视。经专业资质单位检测确认，河北镇半壁店1号桥为四类危桥，周口店镇良各庄铁路跨线桥为五类危桥，继续使用可能导致桥梁垮塌严重后果，将对列车运行安全和居民出行安全造成极大威胁。各单位应本着“首都无小事”、“安全第一、隐患必除”的精神，在各自职责范围内，做好隐患治理相关工作。二是通力配合、共保安全。各单位要通力配合、协同作战，争取用最短的时间、最佳的方式，把涉及人民群众生命财产安全和社会公共利益的危桥隐患尽快消除。铁路、路政、房山区政府等隐患治理相关单位要认真做好桥梁改造设计方案的研究制定工作，市安全监管局要做好协调和督促工作。三是从共保安全的角度出发，多渠道筹集资金。争取由桥梁产权和管理使用单位承担一部分，从市交通委消除隐患的大盘子里支持一部分，从市财政隐患治理资金中补贴一部分。四是桥梁改造施工期间，要死看死守，加强桥梁检查和桥面检查，确保安全。

（靳玉光、何明明）

【铁路跨线桥隐患治理改造方案】 2月24日，北京铁路局、房山公路分局在国宏宾馆组织召开了房山区河北镇半壁店1号桥、周口店镇良各庄铁路跨线桥危桥改造方案设计专家审查会。市安全监管局，北京铁路局有关部门，房山公路分局、河北镇政府、周口店镇政府，北京铁建监理有限公司、中铁咨询、北京交通大学等单位专家及相关人员参加会议。会议听取了中铁第五勘察设计院集团有限公司的方案设计汇报，并经讨论形成了以下评审意见：一是河北镇半壁店1号桥：既有桥拆除重建，施工方案可行，同意主梁采用型钢混凝土梁；原有桥梁基础利用需结合勘察资料并经计算确定。二是周口店镇良各庄铁路跨线桥：既有桥拆除重建，施工方案可行，同意主梁采用钢—混结合梁；钢结构防护应采用氟碳漆长效体系。

（靳玉光、何明明）

【协调属地政府隐患治理工作】 3月13日，市安全监管局印发《关于加快推进河北镇半壁店1号桥、周口店镇良各庄铁路跨线桥隐患治理工作的函》（京安监函〔2012〕76号），对房山区人民政府《关于河北镇半壁店1号桥、周口店镇良各庄铁路跨线桥存在重大安全隐患情况报告的函》（房政函〔2011〕455号）进行了回复。要求房山区政府高度重视此项危桥改造消隐工作，加强与北京铁路局等部门的协调配合，严格按照“措施、责任、资金、时限、预案”五落实的要求落实属地责任，力争用最短的时间、最佳的方式尽快消除隐患。并要落实各项保障措施，桥梁改造施工期间要死看死守，加强桥梁检查和桥面检查，确保安全。（靳玉光、何明明）

【检查潘家园沼气池隐患整治情况】 3月28日，市安全监管局副局长陈清带领局相关处室负责人，深入朝阳区潘家园社区督促检查沼气池隐患整治情况。朝阳区安全监管局、朝阳区潘家园街道办事处有关负责人参加检查并汇报了该项隐患整改进展情况。自潘家园沼气池隐患实施挂账督办以来，此项工程定为“政府消除隐患抢险工程”，并列入政府折子工程项目。该隐患治理工作由首开集团作为项目承担单位，履行相关立项、招投标手续。由北京市政设计研究总院承担改造工程设计。朝阳区政府作为隐患责任单位，成立了隐患治理工作协调小组，由区安全监管局、区住房城乡建设委、潘家园街道办事处、首开集团及项目施工、监理单位参加。2011年11月14日，施工队伍正式进场施工。2012年1月19日，第一期11个沼气池中5号、8号、9号、10号池全部完工。2月13日，第二期的3个沼气池如期开工，基本完成施工作业。剩余4个化粪池于5月底前全部完成工程建设。陈清察看了施工现场情况，了解施工进度和安全防护措施落实情况，并询问了在场居民对隐患治理工作的意见和要求。陈清对下一步隐患整改工作提出要求：一要加强协调沟通，把问题想在先，解决在初期，确保施工顺畅；二要确保居民安全、施工安全和环境安全，严防在治理隐患的过程当中发生事故；三要做好群众工作以及树木、车棚等迁移工作，保证施工正常进行。

（靳玉光、何明明）

【研究机场线隐患治理工作】 5月9日，市安委会办公室召开会议，专题研究消除机场线4号、5号桥支座钢板压溃重大安全隐患等相关问题。市交通委、市财政局、市政府督查室及北京地铁运营公司有关负责人参加了会议。会议听取了市交通委和北京地铁运营公司关于轨道交通机场线4号、5号桥梁支座安全隐患情况汇报，并就隐患危险程度、治理责任、治理方案、治理资金等问题进行了研究讨论。会议在市交通委协调议定事项的基础上，就该隐患是否列入市级挂账重大隐患及相关资金问题进行了重点研究。会议强调，各有关单位要本着“首都无小事”的精神，高度重视轨道交通机场线4号、5号桥梁支架重大安全隐患，要充分领会“隐患险于明火，防范胜于救灾，责任重于泰山”的内涵，将机场线桥梁支座等重大隐患整改治理工作作为头等大事来抓，坚决遏制重特大事故的发生。

会议议定事项：一是原则同意将轨道交通机场线4号、5号桥梁支座重大安全隐患列为市级挂账生产安全隐患。由市安全监管局书面征求市监察局、市政府督查室意见后，报请市政府挂账督办。二是原则同意市交通委意见，由北京地铁运营公司作为该重大隐患的整改治理承担主体。三是隐患治理资金由北京地铁运营公司先期垫付。市安全监管局将结合隐患形成原因等综合因素，按有关要求，协调市财政局落实相应比例隐患治理支持资金。四是由市交通委组织相关部门和具备相应资质的机构、专家，在分类排查和全面治理的基础上，对机场线桥梁支架等安全隐患形成原因进行评估论证。五是北京地铁运营公司要加快推进隐患治理工作，加快相关手续、程序、环节的履行，在6月30日前完成机场线4号、5号桥梁支架消隐工程。隐患治理过程中，要加强监管监控，确保安全。

会议还结合此项隐患治理工作，对相关部门和单位下一步健全工作机制提出了相关建议：一是建议北京地铁运营公司加大人力和科技投入，推动巡检维保队伍向专业化方向发展。运用物联网技术，对线路设施和营运安全状况进行实时监控。二是建议市交通委、北京地铁运营公司要与市住房城乡建设委、市重大办等部门沟通，参与工程设计和验收等环节，防止出现同类问题。

（靳玉光、何明明）

【协调机场线隐患治理工作】 6月29日，市安委会办公室印发《关于落实市级挂账安全隐患整改治理工作任务的函》。市交通委上报的轨道交通机场线4号、5号桥梁支座安全隐患，经市政府审核同意，列为市级挂账安全隐患，纳入市政府挂账督办体系。按照《北京市市级挂账生产安全隐患治理实施办法（试行）》（京安发〔2010〕5号）文件规定，由市交通委作为行业监管部门，负责审定隐患治理方案，及时协调解决隐患治理过程中出现的各类问题，督促隐患治理承担单位在6月30日前完成消隐改造工作，牵头组织隐患治理验收工作，并报市安全监管局备案销账。同时，函告北京地铁运营公司，由北京地铁运营公司作为隐患整改治理承担单位，负责制定科学、合理、可行的隐患治理方案，落实各项治理措施，确保在6月30日前完成消隐改造工作。

（何明明）

【隐患排查治理工作座谈会】 8月9日，市安全监管局组织召开安全生产隐患排查治理工作座谈会，通报了上半年安全生产隐患排查治理情况，特别是隐患自查自报工作情况，并就安全隐患排查治理和“打非治违”统计分析工作进行深入座谈。会议要求各区县进一步提高对隐患排查治理工作和企业隐患自查自报工作的认识，要认真执行法律、法规的有关规定。一是继续加大力度，推进隐患排查治理工作；二是坚持依法治理，严厉打击非法违法行为，进一步规范生产经营建设秩序；三是深入推进企业隐患自查自报工作；四是做好隐患信息统计和报送工作。会议强调，各区县要认真梳理隐患自查自报的数据，加强自查自报数据的核查与执法检查之间的联系，做好对乡镇、街道的动员部署工作，保证自查自报的覆盖率，通过自查自报系统推进隐患排查治理“三动态”。对于工作存在的问题，市安全监管局将加强研究，尽快予以解决，并做好服务工作。（靳玉光、何明明）

【轨道交通建设隐患排查治理】 9月，市住房城乡建设委印发了《关于开展轨道交通建设隐患排查治理全力做好“十八大”期间施工现场保障工作的通知》，在全市开展轨道交通建设隐患排查治理工作。通知明确要求轨道交通建设工程各参建单位要加强组织领导，认真履行施工安全管理责任，落实各项防控措施，预防安全生产事故的发生，切实做到“大事不出，小事也不出”。通知确定从9月中旬到“十八大”闭幕分3个阶段开展隐患排查治理工作。（张聪）

【市政市容领域隐患排查治理】 9月，市市政市容委印发了《北京市市政市容管理委员会保障党的“十八大”排查整治安全隐患专项行动工作方案》，决定在全市市政市容领域开展安全隐患排查整治专项行动。为做好此次隐患排查工作，市市政市容委成立了市政市容系统安全隐患排查整治工作领导小组，负责此次专项行动的领导工作。在工作方案中明确了委各相关业务处室、各区县市政市容委、各直属事业单位以及市燃气集团、市热力集团、北京环卫集团、市路灯管理中心和各地下管线权属单位的职责和工作分工。要求在全市范围内全面开展燃气、供热、地下管线、景观照明、户外广告、环境卫生等方面安全隐患排查整治工作。并会同属地相关部门，重点排查整治“十八大”会场、代表驻地周边200米以内和代表行车路线两侧的设施设备以及连接会场、驻地主要地下管线的隐患，杜绝安全事故的发生。

（张聪）

【欧陆经典小区隐患治理】 9月26日，市安委会办公室召开会议，专题研究朝阳区大屯街道欧陆经典小区安全隐患整改治理工作。市住房城乡建设委、市工商局、市民防局、市公安局消防局、市公安局治安总队，朝阳区政府及区属有关部门和单位负责人参加了会议。

会议听取了朝阳区政府有关部门和单位关于欧陆经典小区安全隐患整改治理工作进展情况汇报，并就隐患治理重点难点问题进行了研究讨论。会议认为，朝阳区及市有关部门对欧陆经典小区安全隐患问题高度重视，采取了有力措施，对现存隐患提出了针对性的解决意见，取得了成效。会议强调，各有关单位要本着“首都无小事”的精神，从“讲政治”的角度，高度重视欧陆经典小区安全隐患，下先手棋，打主动仗，尽快、尽早消除隐患。对确实难以消除的，要落实监控、防范措施，坚决遏制事故发生，防止群体性事件发生。

会议议定事项：一是严格落实属

地责任。请朝阳区政府将欧陆经典小区安全隐患纳入“打非治违”工作台账，制定专项工作方案，完善应急预案，组织区内职能部门开展联合执法，用够、用足法律、行政手段，多管齐下，形成工作合力，整改消除安全隐患。二是加强部门协助配合。建议市住房城乡建设委利用公共维修基金将消除电梯系统安全隐患和二次供水卫生安全隐患工作纳入审批绿色通道，并做好普通地下室隐患消除和规范管理工作。请民防部门坚持公益性使用原则，做好剩余部分租住人员清出和人防工程收回管理的攻坚工作。请消防部门按照市级挂账重大消防隐患治理要求，明确隐患整改责任，加大执法力度和频次，督促有关单位抓紧整治。请公安部门强力介入，形成高压态势，做好清理整治相关保障工作。请相关部门从企业主体、资质证照、依法纳税、遵纪守法等角度，予以综合整治。三是严防死守，确保安全。各单位按照“属地负责、部门协同、综合治理”的原则，认真落实各项防控措施，严防死守，切实做好“十八大”期间的安全稳定。街道办事处、物业管理公司要加强小区隐患现场的监管，指派专人负责，建立24小时巡防机制，加强宣传工作，采取有效防范措施，发现问题及时报告。各有关部门要通力协作配合，指派精干人员，形成工作合力，加快隐患整改治理工作进度。（张聪）

【协调机场线有关隐患治理工作】 10月12日，市安全监管局印发《关于落实责任加快推进轨道交通桥梁支座隐患治理工作的函》，同意市交通委路政局关于《轨道交通机场线房山线亦庄线桥梁支座病害成因分析报告》中关于轨道交通机场线、房山线、亦庄线桥梁支座病害成因分析报告和专家组意见。要求市交通委加强组织领导，认真履行行业监管职责，根据轨道交通桥梁支座隐患形成原因，明确责任主体，督促相关单位制定治理方案，抓紧整改治理和日常监控工作，确保及时消除各项安全隐患。

（靳玉光、何明明）

【隐患治理项目支持资金】 10月15日，市安全监管局制发《关于商请拨付部分重大事故隐患治理资金余款的函》。函中提出，2011年底，市财政局根据项目申报预算的30%拨付了2011年市政府挂账重大隐患治理项目的先期启动资金。至2012年10月，部分隐患治理项目已完成投资评审，隐患治理工作已全部完成，特请市财政局再行拨付剩余资金，合计2117.89万元。

（靳玉光、何明明）

【协调铁路桥梁运行安全】 11月2日，市安委会办公室印发《关于依法打击永定河违法采砂行为确保铁路桥梁运行安全的函》，将《北京铁路安全监督管理办公室关于依法打击永定河铁路桥河道违法采砂行为的函》（京铁监管办函〔2012〕5号）转给市国土局，函告其北京铁路局所报告的房山区长阳镇境内违法采砂危及永定河铁路桥安全运行情况。要求市国土局认真履行监管职责，组织有关区县和部门，加大“打非治违”工作力度，密切追踪工作落实情况，确保铁路桥梁运行安全，并将相关工作进展情况反馈市安委会办公室。

（靳玉光、何明明）

【协调消除民航天线塔安全隐患工作】 11月2日，市安委会办公室印发《关于消除民航天线塔安全隐患的函》，将民航华北空管局《关于200号发射台天线设施安全风险告知函》（民航华北空局函〔2012〕43号）转给朝阳区人民政府，函告朝阳区人民政府民航华北空管局所报告的朝阳区部分单位和个人在民航短波天线设施保护区内搭建构筑物，建设公众游乐设施，致使天线设施存在严重安全隐患。要求朝阳区政府，认真落实属地监管责任，组织有关部门和单位，加大“打非治违”工作力度，及时整改消除安全隐患，确保民航空管安全，并及时将相关工作进展情况反馈市安委会办公室。（靳玉光、何明明）

【协调消除机场安全隐患】 12月7日，市安委会办公室印发《关于消除首都机场西跑道净空安全隐患的函》，将民航华北局《关于商请协调解决首都机场西跑道外侧重大安全隐患的函》（民航华北函〔2012〕284号）、首都机场《关于协调解决首都机场西跑道净空安全隐患的函》（京机场股份〔2012〕497号）转给顺义区政府，要求认真落实属地监管责任，组织有关部门和单位，加快工作节奏，追踪工作落实，确保首都机场运行安全，并将相关工作进展情况按时反馈市安委会办公室。（靳玉光、何明明）

【协调部分隐患治理支持资金】 12月12日，市安全监管局印发《关于商请拨付部分隐患治理项目资金的函》，函告市财政局机场线4号、5号桥梁支座隐患治理项目和牛栏山酒厂外部间距隐患治理项目均已完成财政投资评审，请市财政局拨付项目资金共计1260.06万元。（靳玉光、何明明）

【推行隐患自查自报系统】 2012年，全市以落实企业主体责任为核心，推广运用企业隐患自查自报系统。企业隐患自查自报系统上线运行后，市安全监管局认真研究企业自查标准与执法检查标准、标准化建设的融合，每季度召开例会，积极推动系统推广应用，不断完善系统功能，推动工作深入开展。通过自查自报全市共发现各类安全生产事故隐患2.2587万项，其中已整改消除2.1903万项，整改率97%。隐患发现率为42.3%。（靳玉光、何明明）

【市级挂账重大隐患治理工作】 2012年，市安全监管局以确保人民生命财产安全和城市运行安全为主线，积极开展重大隐患治理。完成2011年遗留4项和2012年新上报1项市级挂账隐患的财政资金评审、隐患整改治理和验收销账备案工作。协调市财政局拨付隐患治理资金3483.89万元。对群众关心、领导关注、社会面聚焦的朝阳区潘家园沼气化粪池等隐患项目做到了工作力量、工作精力重点倾斜，协调市区两级财政落实资金1200万元，使历时近3年的重大隐患最终得到彻底解决。该项隐患治理工作不仅得到小区居民的认可，还被市政府办公厅评为代表委员建议提案优秀办理件。认真做好顺义区龙苑别墅隐患、房山铁路跨线桥隐患、琅山苗圃隐患、欧陆经典小区隐患的协调调度工作，落实了隐患治理相关单位责任，提出了工作建议措施。并对违法采砂危及永定河铁路桥安全隐患和蟹岛度假村天线塔安全隐患及时移交市国土局、朝阳区政府等单位办理，跟踪督促隐患整改进展情况。（靳玉光、何明明）

安全生产应急救援

【轨道交通运营应急演练】 1月6日，市安全监管局、市交通委、市公安局、市国资委等部门组织北京地铁运营公司开展了突发事件应急演练。轨道指挥中心、公交集团、京港地铁公司等单位参加了演练工作。其目的，为了吸取“7·23”动车追尾事故和“9·27”上海地铁追尾事故教训，提高轨道交通运营企业处置突发事件的应急救援能力，检验应急救援预案的合理性和可操作性。应急演练以地铁列车在轨道区间发生追尾事故后，紧急组织乘客区间内疏散，恢复运营后使用电话闭塞方式组织列车运行为重点内容，从事故情况通报、应急救援预案启动、现场实施抢险救援以及电话闭塞方式组织运营等几个环节进行了重点演练。地铁运营公司在演练实施过程中组织周密，预案翔实，处置得当。特别是参演人员严肃认真、动作准确，见习人员精力集中、认真记录。演练结束后，市交通委、市公安局、市安全监管局及地铁运营公司分别对应急演练情况进行了点评，从情况设置、现场控制、情况调查以及协调联动等方面提出了工作意见。通过此次应急演练，进一步检验了应急救援预案的合理性和可操作性，进一步梳理了应急处置流程，提高了突发事件的应急处置能力以及各单位的协调能力。（张聪）

【调研重大危险源监控工作】 2月1日至7日，市安全监管局会同市市政市容委就编制液化石油气（天然气）、尾矿库、煤矿和本市具有代表性的5类危险化学品重大危险源监测监控系统建设模板进行了沟通，并组织中国安科院等专业机构对燕山石化、化工六厂、东方化工厂、中石油晟德油库4家企业危险化学品重大危险源监测监控工作情况进行了调研。本市161个危险化学品重大危险源完成了备案；7个运行的尾矿库待有关规章和辨识标准颁布后，组织开展重大危险源辨识、登记建档、评估和备案等工作；本市没有构成重大危险源的金属非金属矿山和煤矿。市市政市容委按照《北京市燃气管理条例》加强了本市民用燃气安全监管工作，建立了本行业燃气风险管理和评估制度，但未按照国家标准开展燃气重大危险源的管理工作。市市政市容委燃气管理办公室负责人表示，下一步将认真组织研究，加强与市安全监管局的沟通、协调和配合。

燕山石化、化工六厂和东方化工公司制定了《重大危险源安全管理规定》和《重大危险源报警处置程序》等文件，引进国外先进技术建立了四级（公司、厂矿、车间、班组）监测监控系统，建立了一数一源、一源一案和9大监测预警功能体系。并建立了紧急切断装置和自动化控制系统。但系统事故后果模拟分析和定量分析等功能还需按照《危险化学品重大危险源安全监控通用技术规范》（AQ 3035）、《危险化学品重大危险源罐区现场安全监控装备设置规范》（AQ 3036）进行梳理完善。中石油晟德油库建立了储罐液位检测系统和视频系统，监测监控工作未执行AQ 3035和AQ 3036标准，基础薄弱。其间，还对重大危险源属地政府“一对一”应急预案编制、预案衔接、政府响应、应急资源调度等进行了调研。房山区和通州区安全监管局有关负责人参加调研。

（封光）

【继续调研重大危险源监控工作】 2月15日至21日，市安全监管局组织中国安科院等专业机构分别对北京五星青岛啤酒股份有限公司、北京燃气集团有限责任公司高压管网、北京中油国门油料销售有限公司、北京啤酒朝日有限公司和北京市密云清源净水剂厂5家企业重大危险源监测监控工作进行了调研，并与海淀区、怀柔区和密云县安全监管局就加强重大危险源安全管理、属地政府“一对一”预案编制及试点工作进行了沟通。

调研中，专业技术人员对重大危险源储罐、作业场所、仓库、中控室及有毒有害气体传感器设置、安装密度，可燃气体报警器配备安装，压力、温度和液位的检测精度，风速风向气象监测器材配备和安装密度，防雷、防静电接地数据实时监测，以及传感数据采集、异常情况自动报警、现场处置等逐一进行了实地察看，对相关企业存在的问题提出了整改要求。（封光）

【市区两级预警调度平台建设】 2月23日，市安全监管局就市区两级预警调度平台建设工作与北京东方正通科技有限公司、北京天之华软件系统技术有限责任公司等技术支持单位进行了沟通、商议，初步确定了整体建设工作的主要内容、进度安排和管理运行机制。各方就市区两级预警调度平台的建设思路、总体框架、工作进展和管理运行模式等进行了充分探讨。明确平台由值守应急、应急管理、事故调查和信息终端等10项管理系统组成。各方明确了平台建设的专门联络人员，建立沟通联络机制，每周通报各项工作进展情况。

（封光）

【国家应急救援指挥中心来京指导本市应急工作】 3月9日，国家安全生产应急救援指挥中心副书记张平远带领信息管理部到本市调研、指导应急管理工作。市安全监管局副局长蔡淑敏、唐明明及相关部门负责人参加了调研。会上，市安全监管局汇报了应急指挥大厅改造建设基本情况，现场演示了移动应急指挥通信系统、信息化办公等主要功能，就本市安全生产应急管理工作进行了汇报。张平远对本市安全生产应急管理工作给予了充分肯定，表示关注《北京市安全生产应急管理条例》的制订工作并给予支持。（封光）

【研讨应急救援队伍建设】 3月13日，市安全监管局赴燕山石化公司安全生产应急救援队，就2012年本市安全生产专业应急救援队伍建设、管理重点工作，与救援队领导、专家及燕山石化公司安全部共同进行了研讨。会上，通报了北京市应急队伍建设工作计划，重点就安全生产综合演练、“十二五”期间应急救援队伍装备建设工程和危险化学品“一对一”专业处置预案等进行了沟通研讨。燕山石化有关负责人表示将落实市安全监管局要求，高标准、高质量完成综合演练工作任务，并全力配合做好队伍装备建设工程和“一对一”专业处置预案编制工作。各方还就重点工作内容、程序和实施细节等进行了深入探讨，形成了一致意见。

（封光）

【属地政府应急预案编制】 3月26日，市安全监管局召开专题会议，听取了中国安科院的工作进展情况，研究了预案模板编制思路、主要内容和工作计划。中国安科院组织专家按照预案模板思路和主要内容汇总了调研情况、搜集了相关标准和资料，形成预案模板征求意见稿。（封光）

【应急管理工作会】 3月30日至31日，市安全监管局在北京会议中心召开了本市生产安全事故调查处理暨应急管理工作会议，对2011年本市安全生产应急管理工作进行了总结，并对2012年的重点工作进行了部署，副局长唐明明参加会议并讲话。会议分析了当前形势，指出了工作中存在的问题，并明确了是年深入推进重大危险源监管工作、加强应急救援队伍建设工作、深化应急预案管理工作和做好应急演练和宣教培训工作等7项重点工作。市安全监管局相关处室就重大危险源监控、企业专兼职队伍建设试点和企业现场应急处置方案编制试点等具体工作进行了专题说明。朝阳区安全监管局就朝阳区安全生产应急管理工作在会上作了典型发言，介绍了应急队伍建设、预案管理和信息化建设等方面的经验做法。各区县安全监管局主管领导和相关人员参加了会议。（封光）

【调研兼职应急救援队伍管理工作】 4月17日至20日，市安全监管局赴房山区、海淀区、顺义区、密云县、大兴区和朝阳区安全监管局进行调研，实地走访了中油燕宾油库、石楼油库、首云矿业和北京现代汽车等企业，与区县安全监管局有关人员、企业基层安全管理人员，特别是企业专、兼职应急队伍的人员进行了交流。重点调研了5个方面的内容：一是生产经营单位贯彻落实《北京市矿山、危险化学品企业安全生产应急救援队伍建设管理规定（试行）》（京安监发〔2010〕101号）文件精神情况；二是生产经营单位建立专、兼职应急救援队伍情况；三是已建立的专、兼职应急救援队伍在人员构成、装备配备、管理制度、运行机制和综合保障等方面成型的经验和做法；四是生产经营单位应对突发生产安全事故的救援模式；五是征求各单位对进一步加强生产经营单位安全生产专、兼职应急救援队伍建设管理方面的意见和建议。

通过调研，进一步了解掌握了各区县安全监管局和生产经营单位专、兼职队伍建设面临的实际困难，梳理总结了部分单位队伍建设管理工作的经验和做法，对下一步全面推进生产经营单位安全生产专（兼）职应急救援队伍建设管理工作起到积极的促进作用。（封光）

【“5·12”防灾减灾日主题宣传活动】 5月12日，市政府在大兴区南海子公园举办北京市2012年防灾减灾日主题宣传活动，市长郭金龙和中国武警部队、北京卫戍区等领导作了重要讲话，为北京武警总队地震灾害应急救援队举行了授旗、揭牌仪式，并现场发布了本市社区防灾减灾电子地图。市安全监管局局长张家明陪同市领导和中国武警部队、北京卫戍区等领导检阅了应急救援队伍，观看了应急装备展示。

市安全监管局组织京煤集团昊华公司、燕化公司安全生产应急救援队伍参加了本次活动，两支队伍共出动66名队员进行了现场展示，并接受了领导检阅。

（封光）

【协商建立应急救援联动机制】 5月23日，市安全监管局副局长唐明明带领局相关处室有关人员赴市公安局消防局大兴培训中心，就进一步加强危险化学品突发事故应急救援现场指挥、日常协作、信息互通、开展联合培训、应急资源共享和事故处置善后事宜等，与市公安局消防局负责人进行了深入交流探讨，双方在建立危险化学品突发事件应急救援联动机制、建立联合培训机制、建立资源共享机制和建立事故信息通报制度等方面初步达成了合作共识。

（封光）

【自然灾害引发事故应急桌面推演】 6月19日，市安全监管局以汛期因极端气候引发首云矿业公司尾矿库漫顶事故为背景，开展了桌面推演。主要推演了两个方面的内容：一是汛期预警信息的接收和处置。模拟上汛期间，局防汛领导小组办公室接收、处置和取消三级（黄、橙、红）汛情预警信息的程序、内容；二是汛情引发生产安全事故应急救援行动。模拟因汛情引发首云矿业公司尾矿库漫顶事故，启动防范和应对自然灾害引发生产安全事故应急救援预案，展开初期响应、启动现场指挥部工作、组织现场处置、组织应急处置和新闻发布等工作的程序和内容。市安全监管局副局长蔡淑敏、贾太保、唐明明，局相关处室和直属事业单位有关人员，以及相关市级安全生产应急救援队、副岗值班员参加了演练。（封光）

【安全生产综合应急演练】 6月21日，市生产安全事故应急指挥部办公室在北京燕山石化公司组织开展了2012年北京市安全生产综合应急演练。国家安全生产应急救援指挥中心副书记张平远，市安全监管局局长张家明、副局长陈清，市消防局副局长武志强和市应急办、市环保局等领导到场指导观摩。演练中，动用消防车、气防车、环境监测车等各种大型设备25台（套），参演人员达260余人。其中，燕化安全生产应急救援队在演练中承担救援灭火主力，消防车占据3个方位控制和灭火，同时出动环境监测车、气防车等救援车辆实施专业处置。随着燕化安全生产应急救援队队长下达命令，20余辆消防车集中出水扑灭了火灾，特别是高举消防车和拖车消防炮等先进装备显示了极强的灭火实战威力。演练还通过应急移动指挥车实现了现场图像的实时传输，保证了指挥部领导能够及时观看到演练现场的各个细节。燕化公司解说、音响和视频等保障工作及时到位，确保了演练的顺利进行。（封光）

【区县安全生产应急预案演练】 6月18日至24日，全国安全生产月“应急预案演练周”，各区县安全监管局组织开展了丰富多彩的应急预案演练活动。其中，大兴区安全监管局组织属地11家加油站开展了应急演练暨安全技能“大比武”活动。西城区安全监管局结合属地安全维稳工作特点，组织开展了危险化学品事故应急侦检与救援综合演练活动。（封光）

【市体育局应急演练周活动】 6月18日，市体育局在西城区文化中心举办了北京市体育运动项目经营单位应急演练周启动仪式暨应急演练活动。市体育局副局长陈杰、西城区人大副主任刘永先出席了启动仪式和演练活动，市应急办、市安全监管局、市体育局有关负责人和16个区县体育局、西城区相关委办局共100余人参加了启动仪式并观摩了应急演练活动。此次应急演练活动模拟了游泳馆发生溺水事故，演练了救生员水上救生、溺水者救治。模拟了场馆发生火情，演练了失火现场火情报警、灭火处置，人员疏散等内容，演练启用了120急救和消防系统。（张聪）

【首农集团应急演练活动】 6月20日，首农集团在三元食品工业园举行冷冻机氨泄漏疏散演练，市安全监管局、市国资委主管领导及相关处室负责人参加了演练活动。三元食品工业园冷冻氨泄漏演练是首农集团安全生产月期间重要活动之一。演练前，首农集团精心筹划。演练中，各部门按照职责分工，迅速组织事故现场设备问题排查、抢修，紧急疏散现场人员，消防支队立即赶赴现场进行抢险，医疗救护人员进行现场救护。演练结束后，到会领导对演练工作给予肯定，同时进行了点评。应急演练活动对集团员工进行了一次实地培训，对于增强集团管理人员和一线员工的安全意识和素质起到了良好作用。

（张聪）

【轨道交通建设工程应急演练】 6月26日，市住房城乡建设委、市重大办、市安全监管局联合开展了轨道交通建设工程安全生产应急演练。市住房城乡建设委副主任朱和平主持演练，市重大办、市住房城乡建设委应急办、市建设工程安全质量监督总站和东直门机场快轨公司、轨道建管公司、住总集团公司等有关单位的领导参加并观摩了演练。通过对施工人员基坑逃生、人员被埋急救、雨污水管线断裂抢险与抢修、围堰挡水与基坑排水、基坑加固排除险情等演练科目进行了实战演练，进一步完善建设工程事故专项应急救援体系和预案，规范安全事故应急处理流程，推动重大安全事故应急管理工作的规范化、制度化。对演练过程中发现的问题，及时进行整改，全面提升应对各类突发事件处置能力。（张聪）

【应急救援物资更新项目竞争比选会】 6月26日，市安全监管局组织召开会议，对5个市级危险化学品事故应急救援物资库即将到使用期和标定期的物资更新项目进行竞争比选。会议按照《政府采购法》相关规定及财务管理有关要求进行，介绍了竞争比选项目基本情况及比选评分标准。北京北科绿洲安全环境科技有限公司、北京市劳保所科技发展有限责任公司、北京中惠普分析技术研究所3家单位分别介绍了本单位参与竞争比选的工作方案和项目执行计划等。与会人员认真查阅了3家参与竞争比选单位提交的项目执行计划、质量保障方案、售后服务承诺书、项目报价单及主要技术参数等，并对有关问题进行了询问。经评审，确定北京市劳保所科技发展有限责任公司为此项目比选中选单位。（封光）

【昌平区安全生产技能比武大赛】 6月26日，昌平区安全监管局联合区消防支队、区市政市容委共同组织开展了第一届“安康杯”危险化学品安全生产技能比武大赛。来自24家危险化学品从业单位的40名一线员工参加了本次大赛，开展了快速着防护服、连接消防水带、灭火毯灭火、灭火器灭火4个实际操作项目的比赛。比赛中，参赛员工动作熟练、处置得当，表现了较高的应急处置能力。（封光）

【市区两级应急调度平台建设】 6月，市安全监管局召开市区两级应急调度平台建设工作会议，对调度平台建设工作进行了部署。对市区两级应急调度平台建设内容和整体工作进展，提出了总体进度安排，明确了加强建设组织统筹力度、细化建设需求和加强沟通配合等重点工作任务。7月，重点就风险源管理、应急准备、应急救援和监测预警四项主要业务系统进行了需求分析、系统开发建设等情况的总结说明，明确了数据资源整合、征求区县需求意见和整体进度等方面的工作要求。8月，专题研究并就数据格式确认、专业技术支持、信息整合和移动视频等问题研究确定了解决措施，明确了具体完成时限。9月，通报了平台建设整体情况，分别对应急救援、应急准备、风险管理和监测预警等主要业务系统具体功能、流程进行了说明。着重就两级平台区（县）局应用方面进行了演示。要求各区县安全监管局结合日常应急管理工作实际，继续为完善两级平台提出修改意见。

（封光）

【房山区油品泄漏事故现场应急处置】 7月23日，房山区韩村河镇东南章村因暴雨发生油品泄漏导致火灾事故，被消防部门及时扑灭，但现场的残油仍有随时发生火灾的危险。市安全监管局接报后，副局长唐明明带领局相关处室负责人到事故现场指导开展应急救援工作。房山区安全监管局针对泄漏油罐围堰内硫化氢、可燃气体超标的实际情况，迅速启动危险化学品事故应急预案，组织区公安、交管等部门以及镇、村干部和群众，实施现场警戒，控制可能导致事故的各类因素。同时，组织危险化学品专家现场勘察，制定应急处置方案。燕化安全生产应急救援队赶赴现场救援，参加制定处置方案。燕化安全生产应急救援队和燕化东方工贸公司共出动消防车、油罐车10台，救援人员60人，成功处置此次油品泄漏事故。

（封光）

【应急救援物资处置化工原料泄漏】 7月23日，房山区韩村河镇东南章村油品泄漏火灾事故后，为防止事故现场发生油气爆燃、泄漏的化工原料燃烧等次生事故，市安全监管局紧急调拨了房山区内市级物资库的类油性物质吸附剂和防爆可燃气体检测报警仪参与应急抢险救援。抢险过程中，共使用43箱类油性物质吸附剂（专业机构40箱，市级物资库3箱），吸附油污约1吨，处置泄漏地面约1200余平方米；防爆可燃气体检测报警仪对事故现场油气浓度进行了不间断检测，为事故抢险救援提供了保障。此次市级应急救援物资的调度使用，严格按照《北京市市级危险化学品事故应急救援物资储备和使用管理办法》执行。一是紧急情况下，区安全监管局通报情况后直接调用物资，并在应急救援结束后及时反馈了物资调用理由和物资调拨使用情况；二是区安全监管局在事故发生后及时将物资使用时间、地点、处置危险化学品名称及消耗量等情况书面向市安全监管局进行报告。 （封光）

【极端天气生产安全事故应对措施】 7月31日，市安全监管局组织会议，研究预防极端天气引发生产安全事故的应对措施。会上通报了预防汛期强降雨引发生产安全事故的相关应对措施，对《市安全监管局关于预防极端天气条件下引发生产安全事故应对措施表》进行了填制说明。并就相关应对工作进行了讨论，提出了工作建议。会议强调：一是研究梳理极端天气条件下（强降雨、强降雪、雷电、大风、大雾、高温、冰冻、地震）可能引发生产安全事故应对措施，是做好汛期值守应急、预防生产安全事故发生的重要工作，必须抓紧抓好；二是认真研究提出相关行业领域生产经营单位在极端天气条件下，需要的提示性预警信息和具体的应对措施，必要时组织专家进行研究论证；三是及时汇总各单位提供的应对措施，编写极端天气条件下引发生产安全事故预警信息模板，确定发布范围，研究制定相关预警信息发布制度。 （封光）

【市级矿山、危险化学品专项应急预案】 8月2日，市政府正式发布了《北京市矿山事故应急预案》和《北京市危险化学品事故应急预案》。根据《北京市突发事件总体应急预案》，市安全监管局在2010年底即启动了市级矿山、危险化学品专项预案的编制修订工作，在市应急办的指导下，顺利完成了预案编制修订和上报批准等工作。

修订后的《北京市危险化学品事故应急预案》细化了现场处置流程，明确了各个处置节点的基本任务，保障各项应急措施落到实处。修订后的《北京市矿山事故应急预案》细化了预警信息发布和预警响应程序，完善了矿山事故的分级处置程序，明确了企业和区县、市级相关部门的应急响应流程。

（封光）

【应急管理规定立法调研】 8月9日，市安全监管局组织召开立法调研工作会，就正在编制的《安全生产应急管理规定》立法必要性和主要框架、内容等，与市政府法制办、市应急办有关负责人和有关专家进行了认真沟通研讨。

（封光）

【应急处置编制指南论证会】 8月9日，市安全监管局会同市劳保所组织召开专家论证会，就《重点生产经营单位现场处置方案编制指南》进行了专家论证。本市化工、矿山等行业领域的有关专家参加了本次会议。

会上介绍了指南编制和调研等工作情况，详细解释说明了具体条款内容。

专家组对指南框架、内容进行了讨论，对相关法律标准依据、调研资料等进行了查阅和询问。经过论证，专家组一致认为本指南具有较强的指导作用和可操作性，建议对部分文字表述进行修改后，尽快形成正式文件下发到企业。

（封光）

【应急救援队伍骨干培训班】 8月20日，市安全监管局在北京消防教育训练中心组织了“全市危险化学品生产企业救援骨干应急救援知识专题培训班”，全市52家危险化学品生产企业共计69名救援骨干参加了培训。本次培训共分两期，对全市91家规模以上危险化学品生产经营单位共141名企业应急救援骨干进行专业技能培训。

（封光）

【第九届全国矿山救援技术竞赛】 8月27日至30日，第九届全国矿山救援技术竞赛在宁夏回族自治区石嘴山市举办。京煤集团昊华公司矿山救护队参加了理论考试、综合体能、模拟救灾、呼吸器操作和医疗急救5个项目的比武竞赛。竞赛期间，京煤集团昊华公司矿山救护队与其他省市的矿山救护队进行了相互交流，观摩了其他救护队的比武竞赛情况，参观了神华宁煤矿山救护总队的装备展。（封光）

【应急处置预案通过专家论证】 9月7日，市安全监管局会同市劳保所，组织召开《北京市常见危险化学品突发事件分类应急处置预案》专家论证会。会议通报了处置预案的编制意义、背景和过程等情况。专家组听取了项目组成人员的汇报，审阅了有关材料，提出了增补危险化学品种类、完善应急队伍和物资内容等修改意见。经研讨，专家组认为处置预案内容翔实，具有较强的可操作性，建议将处置预案进行推广应用，并作为重要内容纳入市安全监局应急调度平台。（封光）

【电影放映场所应急演练】 9月26日，市广电局在万达影城CBD店组织开展了北京市电影放映场所应急安全疏散演练活动。市广电局局长李春良、副局长王霞，市安全监管局、市应急办、市公安局消防局等单位相关负责人，以及各区县文化委等单位负责人参加此次观摩。此次演练主要分为发现火情、启动应急预案、初起火灾扑救、火场逃生自救、电影院与物业联动、受伤人员搜救与现场处置、消防官兵高层建筑火灾扑救等环节。此次演练突出3个亮点：一是突出真实性和实效性，由本市电影放映场所主要负责人扮演观众，全过程参与到应急疏散演练当中，有效地扩大安全生产工作的影响力，使安全意识深入到每一位电影放映场所经营者心中。二是具有明确的针对性，将演练地点选择在人员密集的万达影院（CBD店），重点强化高层建筑中文化娱乐场所的应急疏散能力。三是注重细节，实操性强。万达广场店内还设置了应急逃生的专业工具箱，里面配备了毛巾、水等用品，防止观众在逃生中因烟雾窒息、受伤。电影放映场所与物业及消防官兵的联动、衔接有序，演练圆满完成。

（张聪）

【国家应急指挥中心调研本市应急指挥平台】 10月25日，国家安全生产应急救援指挥中心协调部副主任甄小丰一行到市安全监管局，对应急指挥平台和数据库建设工作进行调研，市安全监管局副局长唐明明等参加了调研活动。甄小丰通报了国家安全监管总局领导关于应急平台建设要实现国家和省、市各级安全监管部门间互联互通的要求，介绍了总局应急平台建设现状和下一步工作计划。唐明明介绍了以建立重大危险源管理机制为基础，提升应急反应能力和应急处置水平的应急平台建设思路，介绍了物联网技术在风险源管理和监测预警中的运用情况，并提出了落实企业安全监控主体责任工作中遇到的一些问题。局相关处室和直属事业单位汇报了市区两级应急调度平台的建设框架和主要内容和北京市安全生产应急资源数据库的建设以及四级机构三级网络间互联互通的情况。双方就应急指挥平台和数据库建设进行了沟通和交流。（封光）

【“十八大”应急保障准备工作】 10月29日，市安全监管局开展了信息传输专项演练，逐项检验了卫星通信、视频会议、CDMA和海事卫星电话等系统功能，并要求各级应急值守人员强化责任意识，严守工作纪律，进入应急状态。（封光）

【开发区“十八大”应急保障演练】 10月30日，北京经济技术开发区举行了危险化学品事故桌面演练。开发区管委会主任张伯旭到场并讲话，开发区安全监管局及相关部门参加了演练，市安全监管局参加演练并进行了指导。（封光）

【夜查“十八大”值守应急】 11月1日，市安全监管局通过值班电话对16个区县和开发区安全监管局值班情况进行了检查，通过800兆无线电台对市级应急救援队伍值班备勤人员进行了呼点检查。从检查情况看，全市安全监管系统各级值守应急人员坚守岗位、职责清晰，特别是市级应急救援队伍接报反应迅速，应急人员、车辆和装备物资等应急准备工作有效落实。检查中，对个别区县没有按时传真上报当日生产安全事故信息“零报告”的情况进行了通报。（封光）

【研究建立应急救援联动机制】 11月8日，市安全监管局副局长唐明明带领局相关处室赴市民防局就市民防局应急移动指挥通信系统为本市生产安全事故处置提供支持的相关事项进行了专题研究，达成了共识。一是按照积极合作、资源共享、认真谋划、稳步推进的原则，建立部门间联动工作机制。二是市民防局815D应急移动指挥通信车，在“十八大”期间，为市安全监管局提供应急处置支持。三是“十八大”安保任务完成后，双方具体研究应急通信系统互联互通及应急保障制度建设等事宜。四是通过探索，逐步扩大合作范围、完善联动机制，实现信息互通、资源共享、双向促进的目标。（封光）

【研究极端天气应对工作制度】 11月15日，市安全监管局结合《防范和应对自然灾害引发生产安全事故应急预案》，对极端天气引发生产安全事故应对工作制度进行了研究，进一步明确了组织机构、部门工作职责和强降雨、强降雪和地震三种极端天气条件下应对工作流程，以及预警信息发布要求和发布范围等内容。对已发布的极端天气预防和应对措施进行了充实完善。通过研究讨论，进一步规范了因极端天气引发生产安全事故的预测预警、应急响应工作程序，健全完善了统一指挥、分级负责、专业处置的应急工作机制。（封光）

【“十八大”应急救援物资保障】 “十八大”期间，市安全监管局组织检查了市级危险化学品事故应急救援物资储备保障工作，并提前完成了应急物资更新重点工作。一是建立了物资管理台账。对5个市级库的物资名称、规格型号、配备数量和有效期等重新进行了清点核对、汇总，建立了5个物资管理台账。二是及时落实更新标定。将5个市级物资库中即将过使用期和标定期的9类物资进行了回收、返厂、更新和标定。共组织出动运输车辆26台次、运输配送18批物资、对每个仓库的24类物资性能进行了检查验收。三是规范管理物资调度使用程序。制定印发了《北京市市级危险化学品事故应急救援物资储备和使用管理办法》，对市级物资库物资的调度使用各环节进行制度化、规范化管理，确保应急救援物资在事故发生后的使用渠道畅通、调度命令落实迅速，以及物资的损耗、损坏和相关管理信息反馈及时。 四是强化了应急物资储备管理和应急保障能力。针对各类物资的作用，结合物资验收、检查等工作，有针对性地对相关区县局物资管理人员进行了培训，并对物资的日常维护保养及管理提出了要求。重新与相关区县局签订了物资委托保管协议，明确了委托保管责任和义务，并就物资调度使用、运输配送和管理信息反馈与相关区县局进行了沟通，进一步强化事故预防与应急准备意识，提高了应急救援物资调配、使用、维护、保养等保障能力。（封光）

【应急物资储备管理】 2012年，市安全监管局起草制定了《北京市生产经营单位应急物资储备管理办法》，对本市矿山、危险化学品、烟花爆竹和机械、冶金、建材、轻纺、烟草等重点行业生产经营单位的应急物资储备进行规范管理；组织专业机构起草了《市级危险化学品生产安全事故应急物资储备管理办法》，对市级5座危险化学品应急物资储备库的管理，以及过期、失效物资的更换和资金保障等进行规定；对各区县生产安全事故应急物资库建设、物资管理和调度、使用、更新以及补充情况进行了调研摸底；协调落实市级5座危险化学品应急物资储备库过期、失效物资的更换和资金保障等工作；组织专业机构研究制订本市危险化学品应急物资储备管理地方标准，对应急物资配备及管理进行规范化管理。（封光）

【在线咨询重大危险源安全管理工作】 自市安全监管局网站应急管理栏目开辟“在线咨询”功能模块以来，共接受在线问题咨询145个，其中危险化学品重大危险源安全管理类问题共96个，占66%；特种作业培训考核和注册安全工程师咨询类共49个，占34%。市安全监管局安排专人负责“在线咨询”受理、解答工作，对各类问题做到有问必答，落实了首问负责制。对于各类重大危险源的辨识、登记建档、监测、安全评估、应急管理、监控和备案工作的高难度技术问题，及时组织专业技术力量会商解答；对于特种作业培训考核和注册安全工程师等咨询类问题，及时与相关处室沟通联系，加以解决。

（封光）

安全生产执法监察

【广电行业安全生产联合检查】 1月12日，市安全监管局会同市广电局对广电行业安全生产工作进行重点检查。联合检查组首先来到位于东城区东方广场的新世纪影院，听取了东城区文化委关于安全管理工作情况汇报。同时，分成两个组实地检查了新世纪影院安全生产责任制以及安全生产管理制度文件的建立情况、安全生产协议签订情况以及营业场所设备设施安全状况等。检查组认为新世纪影院安全管理存在的问题，主要是安全生产责任制和安全管理制度不健全，没有建立特种作业人员管理档案，没有与相关企业签订安全生产协议，电气设备缺乏安全标识，电气设备管理存在缺陷等。检查人员依法下达了隐患限期整改指令书，责令企业迅速对存在的问题和隐患进行整改。联合检查组还对北京电视台的安全生产工作情况进行检查。（张聪）

【滑雪场安全联合检查】 1月16日至17日，按照市假日旅游领导小组安全保障组的工作部署，由市体育局牵头，市旅游委、市安全监管局、市质监局、市国土局、市水务局、市公安局治安管理总队和市消防局等部门组成联合检查组，按照各自职责，对狂飙雪场、金辉雪场、国家体育场欢乐冰雪季安全运营情况进行了检查。检查组首先听取了各单位做好欢乐冰雪季开业前各项安全生产工作的情况汇报，对场地设施、器材使用、卫生救护、防火防盗、人员疏散以及应急预案的准备和演练等情况进行了全面检查，实地测试了安全保障设施设备，随后检查组对检查中发现的问题提出了整改意见和建议，对各单位在“春节”黄金周安全运营工作提出了要求。

（张聪）

【区县预防煤气中毒联合检查】 1月17日，市预防煤气中毒工作协调小组办公室组织16个检查小组，对全市16个区县开展预防煤气中毒工作进行了集中互查。市安全监管局参加了对房山区城关街道办、东风街道办的检查工作。检查小组重点检查了取暖户使用正规炉具、责任书签订、宣传材料发放、风斗和报警器的安装等情况。检查中发现，绝大部分常年使用炉火取暖的用户，基本上能够正确地使用炉具，能够有效地预防煤气中毒事故的发生。但有些临时用户，为节省用电，一直未使用所配备的一氧化碳报警器。针对问题，检查小组对区县和街乡政府提出了进一步加强监管的工作要求。（张聪）

【热电厂安全联合检查】 1月17日至18日，市发展改革委会同市安全监管局、华北电监局组成联合检查小组，按照各自职责，对本市大唐国际发电股份有限公司北京高井热电厂、北京京能热电股份有限公司和京丰燃气发电有限公司等进行了节日前安全检查。联合检查组分别听取了大唐国际发电股份有限公司北京高井热电厂3家企业负责人有关安全管理工作情况汇报；实地检查了企业落实安全生产责任制以及安全生产管理制度建立情况、安全生产应急演练情况，以及营业场所设备设施安全状况等，抽查了春节期间应对燃放烟花爆竹的防控情况。通过检查发现，企业安全生产工作力度明显加大，企业的安全生产主体责任明显加强。联合检查组在实地检查中也发现了一些问题：一是个别从事有限空间作业的监护人员还未经过培训取证，配备的专用设备还需加强。二是个别存放燃油以及高压配电的场所安全距离过近，应急值守人员偏少。针对问题，联合检查组要求企业高度重视，迅速整改，拿出切实有效的方案，确保春节期间的绝对安全。（张聪）

【副市长节前带队检查安全生产工作】 1月19日，副市长苟仲文带队对本市烟花爆竹零售网点和天然气加气站进行了安全检查。检查组首先检查了北京公交集团石景山区古城压缩天然气加气站，苟仲文了解了压缩天然气加气站的运转情况，询问了节日期间的安全保障措施和落实情况，并实地检查了加气机、控制室等要害部位，从检查情况看，该单位安全状况总体良好。随后，检查组随机抽查了石景山区的2家烟花爆竹零售网点，经查，零售网点规章制度健全，货物码放、视频监控、灭火器材、人员值守等方面基本符合要求。苟仲文强调：各单位要加强节日安全管理，严格落实制定的安全措施，特别是烟花爆竹的销售必须按照相关规定严格执行，各有关部门要加强检查，严厉查处违法违规销售行为，确保烟花爆竹销售期间的安全。

市安全监管局副局长蔡淑敏、唐明明，市质监局副局长张巨明、市市政市容委委员李楠，市公安局消防局防火部副部长臧桂丛等参加了检查。北京电视台、《北京日报》等新闻媒体参加了检查。（张国宁）

【春节期间安全生产执法检查】 1月25日，市安全监管局副巡视员刘岩带队，对海淀区节日期间安全生产工作进行检查。检查组共检查了2家商业零售企业和3家烟花爆竹零售网点。在检查超市发连锁股份有限公司利客隆双榆树店时，发现该店存在应急疏散出口被临时堵占、应急出口标识不规范、疏散主通道宽度不足、个别配电柜前堆放杂物等安全隐患，检查人员下达了责令限期整改指令书，要求企业彻底整改，消除隐患。（张国宁）

【2012年执法计划研讨会】 1月31日，市安全监管局副局长蔡淑敏主持召开《2012年北京市安全生产重点执法检查计划（讨论稿）》研讨会。研讨会分为局内处室和行业部门两个层面进行。会议介绍了计划编制的总体思路和主体内容，并对计划设定的“双核”模式和“双十”行动、特别是对行业部门牵头的10项行动安排进行了详细介绍，听取了各方面的意见。蔡淑敏指出，召开研讨会，一方面是把执法需求与执法计划契合起来，使计划更具针对性和实效性，使实际执法检查更加有的放矢；另一方面是群策群力，集中大家智慧，进一步修改

完善《讨论稿》，使计划更具科学性和可行性，使计划对全市安全执法力量的统筹与整合作用和全市安全执法工作的引领与辐射作用更加凸显。（张国宁）

【检查朝阳区烟花爆竹零售网点】 2月2日，市安全监管局执法监察总队对朝阳区烟花爆竹零售网点进行了执法检查。执法人员重点抽查了3个街道5家零售网点，对各单位的资质证照、人员值守、安全标识、制度管理及当日储存数量等方面进行了细致检查。从总体情况看，零售网点安全状况较好，现场人员值守到岗到位，未发现违规售卖及超量储存的情况。但也发现有个别零售网点存在日常检查记录不连续等问题，执法人员当场责令其立即进行整改，同时强调零售网点要严格遵守烟花爆竹经营的各项安全管理规定，加强夜间值守检查，确保安全经营。（张国宁）

【检查东城区烟花爆竹零售网点】 2月3日，市安全监管局执法监察总队抽查了东城区5家零售网点，从这5家网点检查情况看，安全状况总体良好。经过前一段时间的集中销售，各网点烟花爆竹存储数量大大低于许可数量。经检测仪扫描，各网点销售的产品均为合格产品，没有发现违规产品。各网点安全标识设置规范齐全，网点内值班售卖人员持证上岗，检查记录翔实，灭火器材配备合格。个别未营业网点仍有管理人员坚持值守。但检查也发现有个别零售网点存在杂物清理不及时、灭火水桶结冰等问题。检查人员要求网点管理人员立即采取措施，消除隐患。（张国宁）

【检查海淀区、昌平区烟花爆竹零售网点】 2月6日，市安全监管局执法监察总队对海淀区和昌平区烟花爆竹零售网点进行了执法检查。执法人员重点抽查海淀区5家、昌平区5家，共10家烟花爆竹零售网点。由于节日接近尾声，各零售网点内的烟花爆竹储存量都远低于许可数量，其中海淀区的零售网点内基本没有储存。从总体上看各零售网点安全情况较好，未发现存售违规产品的情况，安全警示标识齐全，各类安全设备完备，人员持证值守。但也有个别零售网点存在将货物码放到棚外，未及时清理空箱、杂物等问题，执法检查人员责令其立即整改并加强值守。

（张国宁）

【检查丰台区烟花爆竹零售网点】 2月6日，市安全监管局执法监察总队对丰台区烟花爆竹零售网点进行了执法检查。执法人员共抽查了5家零售网点，重点对人员值守、安全标识、日常检查记录及储存量等方面进行了检查。经查，各零售网点安全标识齐全，销售人员持证上岗，储存数量符合要求，灭火器材配备合格，整体情况良好。但在检查中，也发现个别零售网点日常检查记录不完善等问题，执法人员责令其立即进行整改。（张国宁）

【"两会"驻地周边安全执法检查】 2月14日，市安全监管局会同市住房城乡建设委、市城管执法局等单位参加了朝阳区"两会"驻地周边生产经营单位的安全检查。朝阳区"两会"驻地共4家（北京会议中心、歌华开元酒店、广西大厦与河南大厦），驻地周边200米范围内生产经营单位共36家。从整体情况看，朝阳区安全监管局联合驻地所在街道对周边生产经营单位开展了全覆盖隐患排查，有针对性地加强“两会”期间安全生产工作。检查组抽查了金海湾饭店和北京城建港源建筑装饰有限公司，重点检查了“两会”保障预案、工作值守等情况。检查组要求：一是“两会”期间企业负责人要进一步加强安全管理，做到责任到岗，责任到人，认真履职，恪尽职守；二是在施工程要加强施工人员管理，建立健全特种作业人员档案；三是做好场内施工的自查自纠，对违反操作规程和违章指挥的行为，要严肃处理，及时消除安全隐患。（张国宁）

【“第七届世界草莓大会”安全保障】 2月14日，市安全监管局副巡视员刘岩带队对“第七届世界草莓大会”的安全生产保障工作进行了检查。昌平区副区长周云帆以及昌平安全监管局等有关人员参加了检查。检查组对草莓大会博览园、国际风情展、展厅连廊、展示中心、农机展示大棚以及九华山庄主会场等重点部位进行了检查。经查，现场存在安全管理缺位，展区内临时搭建展位稳定性较差、缺少拉结，临时用电不符合安全要求，配电柜未设置硬质隔离，高处作业人员缺少安全防护，安全警示标识缺失，配电室和中控室管理不到位，消防通道堆放杂物等问题。针对检查发现的问题，2月15日上午召开了紧急会议，部署相关隐患整改工作。会议由昌平区安全监管局局长金东彪主持，副区长周云帆针对检查情况进行了工作部署。市安全监管局副巡视员刘岩通报了草莓大会的检查情况，并提出了相关隐患整改意见。会议要求：各部门要明确职责分工，将临时搭建工作落实到位；各部门要按期将隐患整改完毕，由大会组委会组织各部门进行严格验收；要加强检查，加强对大会周边的安全生产保障，尤其是要加大对周边区域危险化学品企业的检查力度；各部门要相互配合，全力保障草莓大会各项工作的顺利进行。昌平区安全监管局有关人员，昌平区相关委办局、属地乡镇政府、草莓大会组委会、区农服中心、相关搭建单位、九华山庄等单位的负责人以及新闻媒体参加了会议。（张国宁）

【西城区“两会”驻地周边安全检查】 2月14日至15日，市政府组织市住房城乡建设委、市市政市容委、市旅游委和市安全监管局等16个部门，对西城区涉及的6处全国“两会”驻地进行联合检查。按照分工，市安全监管局会同市住房城乡建设委、市城管执法局作为第三小组，对驻地周边安全施工及环境整治等情况进行了重点检查。西城区“两会”驻地周边200米范围内生产经营单位共180家。从整体情况看，驻地周边无危险化学品等高危行业，周边施工单位也在全国“两会”期间按照市住房城乡建设委的要求暂时停工，周边生产经营环境高危因素较少，主要以商业零售、餐饮及其他服务型行业为主。检查组抽查了新大都饭店周边的地铁施工标段、职工之家饭店内部装修工程，现场安全管理情况比较有序。为做好下一步工作，检查组要求有关单位：一是“两会”期间要按照行业主管部门的要求，进一步落实现场值班值守工作，做到责任到岗，人员到位；二是要加强施工作业人员的教育培训，提高员工对“两会”保障工作的重视程度；三是强化安全生产动态检查，发现隐患要迅速处理。

（张国宁）

【海淀区“两会”驻地安全检查】 2月14日至15日，市政府组织市市政市容委、市住房城乡建设委、市质监局、市卫生局和市安全监管局等16个部门，对海淀区涉及全国“两会”的7处驻地进行了联合检查。海淀区“两会”驻地周边200米范围内生产经营单位共180家，绝大部分企业为小商店、小餐饮、小美发、小旅馆等规模以下企业，驻地周边无危险化学品生产经营单位。建筑施工方面，除京西宾馆东楼维护修缮二期工程外，驻地周边施工单位均已按照要求暂时停工，会议期间不再进行施工。检查组对会议驻地周边的企业进行了随机抽查，从抽查情况看，企业安全状况总体较好。但检查也发现了一些问题。对铁道大厦周边检查时发现，其南边的“光耀大厦”建筑围挡搭建不规范、高度不足，缺口未封闭，行人随意出入；建筑垃圾随意倾倒未及时清理，未采取遮挡防风措施。在对京西宾馆东楼维护修缮二期工程检查时发现：塔吊作业、钢筋加工存在交叉作业现象，现场缺少安全标识，路边大坑未及时填埋等问题。针对发现问题，检查人员要求企业立即整改，举一反三，全面排查隐患。并要求有关部门和单位加强监管，确保不发生生产安全事故。

（张国宁）

【“两会”电力安全保障】 2月21日，市安全监管局、华北电监局组成两个联合检查小组，按照各自职责，对市电力公司所属的青塔变电站和长椿街运维队，华电北京热电公司，华北电网公司以及大成路9号的“两会”代表驻地等场所进行了实地检查。检查组分别听取了4家单位负责人有关“两会”保电方案及其安全管理工作的情况汇报；实地检查了企业落实安全生产责任制、安全运营制度的建立、安全生产的应急演练以及安全生产的设备设施等安全状况。

（张聪）

【“三八”节安全保障】 3月8日，按照市政府办公厅紧急通知要求，为做好全国政协举办的国际劳动妇女节联欢活动的安全生产保障工作，市安全监管局执法监察总队派员赶赴国际饭店，对联欢晚会施工现场安全进行检查。经现场检查，国际饭店三层会议大厅内，承办方为晚会需要临时搭建舞台一座（14m×12m×0.5m），LED大屏幕一座（高5m），灯光桁架3座（15m×6m／座），背景装饰6块（高5 m）。市安全监管局现场工作人员仔细察看了施工单位的搭建情况，发现现场存在灯光架悬吊部位缺少防高坠措施、背景装饰背部缺少硬支撑等4项明显问题。检查结束后，执法监察总队将此情况通报市政协“两会”服务保障有关负责人员，并会同市警卫局驻地警卫组，召开了现场安全协调会，要求临建施工单位立即落实整改措施。当日下午，执法监察总队再次前往国际饭店，就现场隐患解决情况进行复查。情况表明，有关施工单位行动迅速，落实整改态度坚决，问题已经得到有效解决。同时，为保障临时舞台的安全，市安全监管局工作人员会同市政协、市警卫局与中央电视台晚会导演进行了现场沟通，制定了适当减少舞台上演职人员数量的临时措施，保障了全国政协“3·8”国际劳动妇女节联欢晚会的演出安全。保障任务结束后，执法监察总队撤离现场时，市政协有关负责人对安全保障工作表示了肯定和感谢。（张国宁）

【“两会”闭幕前夕企业安全监管】 3月13日至14日，市安全监管局局执法监察总队对东城区、石景山区涉及的“两会”驻地周边企业进行重点抽查，着力加强重点区域的安全生产监管。执法监察总队共抽查2个驻地周边200米范围内10家单位。其中，包括4家商业零售企业，4家小型餐饮企业，2家文化娱乐场所。经了解，“两会”期间，各行业主管部门及属地安全监管部门多次派员对上述企业进行监督检查，督促各单位及时消除安全隐患，安全生产动态检查工作持续不间断，保持了高压监管态势；同时，多数企业能够在“两会”期间保持安全管理良好有序的状态，并落实领导带班值守制度，保证经营期间出现的动态问题得以有效解决。

（张国宁）

【造林工程建设启动仪式安全保障】 3月16日，北京市平原地区造林工程建设启动仪式暨植树活动在通州区举行。副市长、市平原地区造林工程建设总指挥部总指挥夏占义出席了会议。市委、市政府有关领导，相关委办局主要领导，驻京部队主要负责人，各区县委书记，以及首都各界代表等1000余人参加了本次活动。按照《北京市平原地区造林工程建设启动仪式暨植树活动方案》的工作部署，市安全监管局执法监察总队抽调专人，成立检查组，制定了专项保障工作方案。检查组联合通州区安全监管局和属地镇政府深入活动现场，对施工单位资质、人员教育培训、灯光、舞台与背板搭建、安全防护和电气设施进行了检查，并全程对临建设施建设、安全标识设置、线路维修、土方作业和机械施工进行了现场指导，保证了本次活动顺利进行，圆满完成了市委、市政府交办的任务。（张国宁）

【年度执法监察工作会】 3月21日，全市安全监管系统召开2012年安全生产执法监察工作会议。会议回顾了2011年全市安全生产执法监察工作，部署了2012年全市执法监察工作任务。

市安全监管局副局长蔡淑敏出席会议并作《恪尽职守　砥砺奋进　全力推进安全生产执法监察工作再上新台阶》的工作报告。报告从全市执法检查考评目标的完成、年度执法计划的推进落实以及执法监察队伍建设等7个方面对2011年全市安全生产执法监察工作进行了总结，充分肯定了全市安全监管系统所取得的成绩，深入分析了安全生产面临的严峻形势，并对2012年的重点工作进行了全面部署。副局长汪卫国通报了2011年全市安全生产执法监督工作情况，并就执法监督工作提出了要求。西城区、朝阳区、通州区、昌平区4个区县结合区域特点进行了经验交流。市安全监管局相关处室和直属事业单位负责人，各区县及开发区主管领导和执法

监察队长参加了会议。（张国宁）

【未来科技城在施工程集中执法】 4月10日至12日，市安全监管局执法监察总队对昌平区未来科技城在施工程进行了集中执法检查。共抽查16个在建项目，发现问题隐患60项，下达限期整改指令书8份，责令1家企业暂时停工整顿，立案处罚6家。

经查，昌平区未来科技城是全市重点建设工程，建设任务十分繁重。具有开工面积大，在施项目密集，作业人员数量大等特点。同时，众多央企作为承建单位，属地监管难度较大。为了保障城市建设安全，服务区域经济发展，指导帮扶基层安全监管工作，市安全监管局执法监察总队采取了“集中检查，集中办案，集中通报”的做法，力求行动推进快速、统一；执法处罚高效、有序；反响效果显著、有力。4月10日，执法监察总队分为3个组完成了16家在施工地的抽查工作；4月11日，各组集中进行行政处罚立案、调查笔录询问以及证据采集工作；4月12日，召开检查情况通报会，对检查发现的问题隐患进行梳理，对安全管理工作提出要求。各项工作环环相扣，消除了安全隐患，惩治了违法行为，达到了预期效果。

（张国宁）

【北京国际电影节安全保障】 4月28日，被誉为“世界电影嘉年华”的第二届北京国际电影节落下帷幕。本届电影节由国家广播电影电视总局、北京市人民政府主办。按照市政府的工作要求，市安全监管局成立专项安全生产保障工作领导小组，由市安全监管局局长张家明担任组长，副局长蔡淑敏、副巡视员刘岩担任副组长。同时，制定专项安全生产保障工作方案，由执法监察总队抽调专人组成检查组，并邀请多名专家参与本次保障工作。检查组成员采取全面排查与重点督察相结合的方式，针对检查发现的架体结构不稳定、缺少防倾倒措施、底部配重不足、缺少安全防护等问题，督促搭建单位及时进行整改，圆满完成了各项活动搭建项目的安全生产保障工作。（张国宁）

【检查万达广场安全生产】 4月29日，市安全监管局副局长陈清带队对位于石景山区的万达广场商业管理有限公司“五一”节日期间安全生产工作进行检查。检查组首先听取了万达广场商业管理有限公司总经理关于公司开展“五一”节日期间安全安全生产工作及日常安全管理情况的汇报。随后，检查组分别对安全工作基础档案资料、配电室等部位的安全管理情况进行了实地检查。同时对检查中发现的值班电工未随身携带特种作业操作证、配电室内应急照明配备不足、部分劳动保护用品检验检测不及时、个别特种作业人员操作证件过期等问题，提出了具体整改意见。石景山区安全监管局针对检查组发现的问题，对万达广场商业管理有限公司下达了限期整改通知书。（张聪）

【机动车维修等企业专项检查协调会】 5月9日，市安全监管局组织市市政市容委、市交通委、市质监局召开工作协调会，研究部署机动车维修企业、加油站和燃气站专项执法检查工作。会议传达了市领导在政协北京市委员会刊物《诤友》（专报第3期）上的重要批示精神，通报了5月8日市安委会办公室印发的《关于进一步加强全市机动车维修企业及加油站安全检查的通知》（京安办函〔2012〕19号）。就集中1个月时间开展专项大检查工作进行了安排部署。会议要求，市市政市容委、市交通委尽快按要求分别提供液化石油气灌装站、机动车维修企业检查名单，统筹组织执法抽查。会议还就检查时间、检查内容、任务分工等进行了研究安排。

（张国宁）

【公交场站安全生产联合检查】 5月14日至16日，市交通委，市安全监管局、市公安局消防局组成联合检查组，对本市祥龙资产运营管理有限公司、北京公交集团两公司所属的公交场站安全生产工作情况进行联合执法检查。检查组按照各自职责，分别对场站车辆运营安全、消防安全、安全生产管理工作落实情况开展检查。从检查的总体情况看，两家单位对安全工作比较重视，开展了安全教育培训工作。在设备设施管理上基本能够做到操作规程上墙，每台设备明确安全责任人。但个别场站不同程度地存在特种作业人员未持证上岗、未建立特种作业人员管理档案；应急预案没有及时更新完善；氧气、乙炔瓶存储不规范，存放处未设置禁火标识及防倾倒装置；场内加油站未设置消防沙；维修车间内存在带电体明露现象；小型起重吊装设备未设置保险装置；对设备设施未有自检记录；职工食堂的液化气瓶间管理不规范，空瓶未分开存放，软管过长等问题。联合检查组对在检查中发现的问题，进行了立案处罚。（张聪）

【轨道交通建设事故现场检查】 5月23日，市安全监管局会同市住房城乡建设委有关人员及专家对“5·22”事故现场进行了安全检查。5月22日凌晨，由北京市政建设集团公司负责施工的地铁9号线丰台北路站施工现场发生一起高处坠落事故。一名作业人员在进行冠梁开槽施工的过程中高处坠落，经抢救无效死亡。此次检查主要从机械设备使用维护保养、临时用电、安全防护、制度文件4个方面展开。并针对检查发现的问题，提出具体整改要求。

（张聪）

【再生资源回收单位安全检查】 5月25日，市商务委组织市公安局、市安全监管局、市公安局消防局、市工商局、市市政市容委、市环保局、市城管执法局等部门，开展了2012年全市再生资源回收单位专项检查工作，对大兴区再生资源回收单位专项检查工作情况组织抽查。检查组对北京兴海隆华再生资源市场有限公司的安全管理档案、各项管理制度、特种作业人员持证、现场的安全设备设施、商户无照经营、生活区与生产区设置等情况进行了检查。对检查中发现的特种作业人员档案管理不规范问题，提出了整改意见。

（张聪）

【检查城区加油站安全管理工作】 5月28日，市安全监管局执法监察总队对海淀区、朝阳区两个区4座加油站进行了安全检查。执法监察人员首先向加油站的负责人通报福建省龙岩市新罗区“4·15”爆炸事故情况，传达市领导的有关批示及市安委会办公室的通知精神。然后对加油设施、储罐及人员资质、证件证照、规章制度、操作规程、应急预案、监控设备等情况进行检查。经查，以上4座加油站都按要求加装了阻隔防爆装置，加油站工作人员资质齐全，设备设施良好，加油现场整洁有序。加油站取得危险化学品经营许可证后，其周边建、构筑物的情况未发生变化，均符合规范要求。针对北京三元石油有限公司双桥及北沙滩两个加油站销售矿泉水、饮料占用安全通道的问题，执法人员要求立即整改。针对万顺达加油站存在的人员安全教育培训档案不健全的情况，执法人员下达了责令限期整改指令书。（张国宁）

【督察西城区安全生产工作】 5月30日，市安委会办公室副主任、市安全监管局副局长蔡淑敏带队，市监察局、市总工会、市住房城乡建设委、市商务委、市旅游委、市公安局消防局等单位参加，赴西城区督察市委、市政府20号文件落实情况和开展安全生产集中执法检查。督查组查阅了区政府、区安委会有关文件、资料和基础台账。并召开会议与西城区政府主管领导等就加强安全生产工作进行了交流。5月30日至6月1日，督查组组成4个专业执法检查组，分别对西城区建筑施工、加油站、商业零售、社会旅馆等4个重点行业企业开展随机执法检查。（张国宁）

【对燃气站进行联合执法检查】 5月25日至29日，市安全监管局、市市政市容委、市质监局、市城管执法局等部门对位于通州区、昌平区和房山区的10家燃气灌装企业开展了联合执法检查。经查，部分单位因存在新购置气瓶未打印钢印号、充装记录不完善、皮带轮破损等问题，被责令立即进行整改。有关部门针对液化气灌装企业违规掺混二甲醚行为进行了约谈。其中，通州区白庙气站液化气罐因违规掺混二甲醚，已被责令停业整顿。（张国宁）

【首届京交会安全生产保障工作】 5月28日至6月1日，由商务部和北京市人民政府共同主办的首届中国（北京）国际服务贸易交易会在北京国家会议中心举行，国务院总理温家宝出席开幕式并发表演讲。按照市政府的要求，市安全监管局成立了以局长张家明为组长的安全生产保障工作领导小组，制订专项保障方案，由执法监察总队指派专人对本次活动进行保障。派驻会场检查人员会同5名专家对142家搭建企业、3000余名施工人员参与搭建的5万余平方米临建设施进行了全覆盖检查。针对搭设面积大，施工人员多，特装多等特点，检查人员要求主场管理部门及施工单位，一是要严格按照施工方案进行搭建，确保设施结构安全稳定；二是要严格施工现场劳动纪律，做好安全防护，派专人对施工现场进检查，及时纠正违规作业行为；三是要严格对存在的安全隐患进行整改，防止各类安全问题发生。搭建期间，市安全监管局共排查各类安全问题48项，及时督促搭建单位进行了整改，保障了活动圆满举行。

（张国宁）

【地下空间“直击现场”执法检查】 6月5日，市安全监管局会同市民防局、市住房城乡建设委、市公安局治安总队、市公安局消防局等部门开展“直击现场”检查活动。6月5日，检查组分别对房山区北京国润富力酒店物业管理有限公司、北京梦鑫岛KTV两家单位地下空间进行了执法检查。针对北京国润富力酒店物业管理有限公司地下设施内的洗衣间存放四氯乙烯、厨房操作间机械设备缺少操作规程、配电箱堆放杂物等问题，要求企业限期整改，并要求企业负责人切实落实企业安全生产主体责任，加强企业安全生产工作的管理，把安全工作落实到人，及时发现和消除安全隐患，防止发生各类安全问题。北京电视台、北京城市服务管理广播等新闻媒体一同参加了检查。

（张国宁）

【汽车维修业“直击现场”执法检查】 6月15日，市安全监管局执法监察总队对汽车维修企业开展“直击现场”检查活动。检查组分别对爱义行万柳桥店、爱义行窑洼湖店及爱义行酒仙桥店三家具备汽车维修资质的经营单位进行了执法检查。针对被查单位存在的部分从业人员未经安全教育培训上岗作业、易燃易爆品库房排风扇不符合防爆要求、特种作业人员档案不健全等问题，要求企业限期整改；对窑洼湖店存在烤漆车间安全通道不符合安全要求的问题下达了现场处理措施决定书。并要求企业负责人切实落实企业安全生产主体责任，加强企业安全生产工作的管理，把安全工作落实到人，及时发现和消除安全隐患。《北京晚报》、《法制晚报》、《新京报》、《北京青年报》、北京电视台、北京城市服务管理广播等新闻媒体参加了检查。

（张国宁）

【茶叶城“直击现场”执法检查】 6月29日，市安全监管局执法监察总队对马连道茶叶城及音像大厦进行了突击检查。检查组听取了北京海天润德文化有限公司（音像大厦物业管理方）安全工作情况介绍，对大厦的中控室、配电室、制冷机房及经营场所的安全设施进行了现场检查。检查发现：一是电工未持证上岗、配电室未安装防鼠板；二是二楼部分通道被摆放的家具堵塞、安全出口锁闭；三是安全出口缺少应急照明和疏散标识；四是未建立安全教育培训档案。针对上述问题，执法人员下达了责令限期整改指令书和询问通知书，要求对存在的问题在一周内整改完毕，并根据相关规定，对其进行依法处理。北京人民广播电台、《北京晚报》、《劳动保护杂志》、《现代职业安全》等新闻媒体参加了检查。

（张国宁）

【轨道交通建设“回头看”安全检查】 6月，市安全监管局会同市住房城乡建设委组织有关专家对2011年发生生产安全事故的轨道交通建设工程项目开展“回头看”安全检查，检查汲取事故教训及现场安全管理工作。市轨道交通建设管理公司安全部，总包单位指挥部、项目部监理等单位相关安全管理人员参加了检查。其间，检查组对海淀区、朝阳区、东城区轨道交通建设工程项目发生事故的4个标段进行了“回头看”检查。检查组集中听取了项目建设、总包单位事故教训汲取、整改措施落实情况，以及安全生产管理情况的汇报。随后，检查组重点对安全生产责任制、管理制度、总包与分包责任分工、安全防护、临时用电等12个方面进行了检查。经检查发现，工程施工现场安全管理整体受控。但是，安全问题依然较多，主要是安全生产制度文件缺乏针对性、部分施工作业面、孔洞等临边防护措施缺失，一些临时用电配电箱接线、使用不规范，劳动防护用品登记与实际使用不对应，中小型机械设备防护罩缺失和保养不及时，地下施工区域安全标识、照明不足，现场检查、验收记录不规范等问题。针对存在的问题，检查人员责令企业迅速整改，并要求监理、建设单位加强监督管理，市住房城乡建设委进行复查。检查组从落实总包、分包、监理、建设等各方安全管理责任方面，就进一步加强轨道交通建设安全生产工作提出了具体要求。（张聪）

【人员密集场所执法抽查】 7月3日，为吸取“6·30”天津市蓟县莱德商厦火灾事故教训，按市防火委员会统一部署，市安全监管局会同市公安局消防局、市市政市容委、市商务委和市工商局组成两个检查组，分别对城区4家商场超市、批发市场进行安全执法抽查。检查组针对被查单位存在的消防中控值班员跑点不及时、消防通道堆放杂物、电工上岗未正确穿戴劳保用品等问题，要求立即整改。对金开利德服装市场二楼至四楼部分安全出口上锁的问题下达了整改指令书。（张国宁）

【地下变电站防汛联合检查】 7月9日，市安全监管局会同市发展改革委、市防汛办和市公安局内保局对市电力公司所属的白塔寺变电站、复兴门变电站等供电场所进行了防汛安全检查。检查组听取了市电力公司负责人有关防汛安全管理工作的情况汇报，查阅了相关保障工作方案和应急抢险预案等；实地检查了变电站等供电场所迎峰度汛的防控情况。通过检查，变电站等供电场所的防汛安全管理情况总体尚好，变电站内配备了适量的防汛设备、物资，防汛设备处于完好状态，防汛物资定点到位。（张聪）

【再生资源回收单位联合检查】 7月24日，市商务委组织市公安局、市安全监管局、市公安局消防局、市工商局、市市政市容委、市环保局、市城管执法局等部门，对北京顺通天华再生资源贸易中心和北京市鑫木振兴废品回收有限公司进行了安全生产联合检查。检查组听取了通州区商务委关于落实市安委会“护航”行动，排查整治再生资源回收风险的工作汇报并进行安全检查。经检查，两个企业签订了安全生产责任书、发放了宣传材料、安防自查已经落实。检查中也发现，个别废品回收区和生活区未有效隔离，应急预案没有按期演练以及灭火设施不足等问题。检查组提出了明确的整改要求，企业限期整改到位。（张聪）

【督导昌平区汛期安全工作】 7月26日，市安全监管局组成督导组，赴昌平区检查汛期安全生产工作。检查组对北京市水泥厂凤山矿区，对矿山边坡、排洪沟、排土场等开展了隐患排查，听取昌平区安全监管局关于防汛工作开展情况的汇报，特别是本市特大自然灾害发生后采取的措施。督导组强调，针对本次特大自然灾害教训，矿区应结合灾害中暴露的危险点开展隐患排查，重新梳理完善应急预案，按照四级预警层次制定相应措施，细化应急处置程序，补充应急物质，做好防汛工作。区县安全监管局应结合工作特点，转变执法方式，有针对性地帮助生产经营单位排查隐患，保障汛期生产安全。（张国宁）

【督导海淀区、门头沟区汛期安全工作】 7月25日至26日，市安全监管局组成督导组，赴海淀区和门头沟区检查汛期安全生产工作。检查组深入4家企业及门头沟石龙经济开发区进行了检查。了解企业在汛期的生产经营、厂房、设备安全生产等多方面情况，重点检查了配电室等场所，以及电气设备运行。督导组要求，各单位要加强应急值守，结合此次汛情，认真开展隐患排查，细化应急处置程序，及时补充应急物资。同时，采取有针对性措施，防止次生灾害发生。（张国宁）

【督导怀柔区汛期安全工作】 7月27日，市安全监管局组成督导组，赴怀柔区检查汛期安全生产工作。经了解，本市特大自然灾害前后，怀柔区安全监管局对辖区内非煤矿山逐一检查，并下发紧急通知，要求各非煤矿山、危险化学品企业和建筑在施工程等生产经营单位加强防汛预警，做好异常天气下的应急处置及人员撤离工作，确保安全度汛。督导组对前安岭尾矿库进行了实地抽查，察看了防汛措施及人员在岗情况。前安岭尾矿库进入雨季后提升了应急值守等级，增加值守人数，加强汛期检查和日常看护工作。督导组强调，区县安全监管局要按照《北京市安全生产委员会关于开展安全生产大检查的紧急通知》（京安发〔2012〕7号）的要求，及时调整工作重点，督促各生产经营单位做好防汛工作，继续开展安全生产隐患排查与整治，预防各类生产安全事故的发生。（张国宁）

【餐饮商户燃气安全检查】 7月，市城管执法局对餐饮商户的燃气安全进行了排查。在全市范围内开展燃气安全专项执法检查，累计开展检查190余次，出动执法人员1800人次，执法车辆815车次，检查工地、餐馆等单位共745个。同时，广泛开展安全用气宣传教育活动，着重宣传未安装燃气浓度检测报警装置和非法违法用气行为对公共安全和公共利益造成的危害，发放宣传材料。一个月来，全市各级城管执法部门共发放和张贴宣传品4500余份。（张聪）

【轨道交通建设工程安全检查】 8月9日，市安全监管局会同市住房城乡建设委，对地铁7号线2标事故现场进行了安全联合检查。通过检查发现，该工程施工现场应急预案没有严格按照《生产经营单位安全生产事故应急预案编制导则》（AQ/T 9002—2006）要求编制，施工现场个别配电箱防雨防潮措施不到位，吊车钢丝绳卡扣数量、间距和方向不符合规范，个别施工脚手架搭设等防护措施不严密等。针对检查发现的问题，检查组要求建设、监理和施工单位迅速进行整改，全面排查施工现场安全隐患，强化施工现场安全管理工作。（张聪）

【轨道交通建设汛期联合检查】 8月，市安全监管局联合市住房城乡建设委等部门及有关专家，对地铁6号线一期、9号线北段、10号线二期的10个标段进行了汛期安全生产联合检查。此次检查的标段均为年底前交付通车线路，工程正处于结构收尾，装饰装修，以及信号、供电、电梯、轨道等安装阶段，时间紧迫、施工种类多、交叉作业普遍，安全管理难度大。经检查发现，各标段不同程度存在问题：一是安全基础管理制度不足。特种作业人员管理不规范，部分证件已过期；工程技术交底记录没有针对性、责任人不明确；应急预案编制缺乏针对性。二是用电管理存在漏洞。部分开关箱破损严重且没有线路图；配电箱、开关箱接线不规范，施工现场的开关箱一箱多闸现象普遍。三是现场安全防护不到位。沟槽作业现场、施工楼梯临边围护搭设不规范；高处作业人员个人防护意识较差，安全帽及安全带等佩戴不符合要求。四是机械设备管理不到位。机械防护罩缺失，安全标识不明；机械设备接线配电不规范，消防设备配备不足。五是施工作业区安全管理不到位。现场材料堆放混乱，建筑垃圾清理不及时；安全通道照明和指示标志不足，甚至个别工地出入地面只有一个出入口。针对检查发现的问题，检查组要求参建各单位认真组织自查自纠并迅速整改。（张聪）

【部署“十八大”专项执法行动】 9月10日，市安全监管局召开视频会议，对“十八大”安全生产保障专项执法检查行动进行了部署。会上，市安全监管局执法监察总队通报了《“十八大”安全生产保障专项执法检查行动实施方案》，对专项行动各项执法任务进行了部署。

专项执法行动采取了市、区联动的方式，统筹考虑了各区县安全生产执法力量配备、车辆配置和区域任务数量等因素，通盘布置，集中调度，实现任务整合、力量整合和时间整合，用集团战役和攻坚战役的形式，解决安全生产领域的突出问题。行动期间，全市安全生产执法力量面向“十八大”保障的核心区、外围区和重点园区3个区域，开展四大执法战役，重点解决危险化学品单位、工业企业、人员密集场所等行业领域的突出问题和隐患，为“十八大”胜利召开创造良好的安全生产环境。

（张国宁）

【“查百家”行动】 9月10日至10月26日，全市开展综合执法战役设定的街乡“查百家”行动。行动由各区县安全监管局部署、协调和调度，各街乡组织力量具体落实，完成辖区100家次企业的检查任务。行动第一周，东城、朝阳、海淀、丰台、石景山、门头沟、大兴、平谷和密云9个区县177个街乡镇开展“查百家”大检查，共出动检查人员5906人次，检查各类生产经营单位5528家，查处安全隐患4872项，下达执法文书4353份，行政处罚20起，罚款13.3万元。西城、通州、顺义、昌平、怀柔等区县分别组织召开了全区街乡“查百家”行动部署会。（张国宁）

【“十八大”执法检查行动启动仪式】 9月11日，“十八大”安全生产保障专项执法检查行动启动仪式隆重举行。副市长苟仲文参加了启动仪式并讲话。10时45分，市区两级安全生产监管监察干部300余人统一着装，整齐列队，20余辆执法车辆进入指定位置待命。市安全监管局副局长蔡淑敏作了动员讲话，她指出，“十八大”安全生产保障任务神圣而艰巨，是当前各项安全生产工作中的重中之重。全市安全监管系统要发扬奥运会和新中国成立60周年安全生产保障工作中坚韧不拔、连续作战的精神，采取超常规监管措施，实施超强度执法检查，全力以赴做好安全生产领域的保障工作，以优异的成绩向“十八大”献礼！

启动仪式上，苟仲文向执法监察人员进行了授旗。勉励全市执法监察人员进一步提高认识，增强做好保障工作的使命感和紧迫感，集中力量，集中时间，打一场执法检查攻坚战。要进一步加强执法宣传力度，充分调动媒体资源，以广播、电视、报刊、微博等为载体，加强社会舆论监督，增强安全自律意识，营造良好的安全生产环境和氛围。希望大家认真贯彻落实市委、市政府各项决策部署，再接再厉，加大工作力度，以首都科学发展、安全发展的新局面，迎接“十八大”召开。仪式最后，苟仲文宣布“十八大安全生产保障专项执法检查行动”启动，并命令执法人员出发。随着命令的下达，市区两级安全生产执法监察人员有序登车，赴一线开展执法检查工作。 （张国宁）

【“十八大”会场驻地周边执法检查】 9月11日，“十八大”安全生产保障专项执法检查行动启动首日，各有关部门对“十八大”会场驻地周边生产经营单位和如家快捷连锁酒店开展执法检查。共检查各类生产经营单位60家，下达责令整改指令书22份，责令1家单位暂时停业整顿，立案处罚3家，查处各类安全隐患108项。全市共出动执法检查人员101人次，出动车辆40台次。经查，如家酒店各类安全隐患主要体现在配电室、中控室管理不到位，特种作业人员管理不规范，员工安全培训教育档案不健全，疏散指示标识和各类警示标识设置不足等方面。其中，3家门店问题较为突出，被予以行政处罚。 （张国宁）

【“十八大”安全保障城区执法战役】 9月11日至17日，市、区安全监管部门通力协作，圆满完成“十八大”驻地周边连锁企业集中检查。对“十八大”会场及驻地周边200米范围内的650家生产经营单位和城六区205家大型住宿、超市、餐饮连锁企业开展了安全执法检查，累计消除安全隐患453项。检查发现，还有相当一部分生产经营单位存在“求规模、轻管理；求效益、轻安全；求表面、轻细节”的问题，致使安全管理不到位，隐患滋生。据统计，城区执法检查，共下达责令整改指令书141份，立案处罚18家。 （张国宁）

【“十八大”会场驻地周边执法检查】 9月12日，按照市安委会办公室关于专项执法检查行动安排，各有关部门对“十八大”会场驻地周边生产经营单位开展执法检查。共检查各类生产经营单位102家，下达责令整改指令书53份，责令1家单位局部停业整顿，立案处罚8家，查处各类安全隐患141项。全市共出动执法检查人员202人次，出动车辆75台次。市区两级安全监管部门采取市、区联动方式，对东城、西城、朝阳、海淀、丰台、通州、昌平、大兴8个区县78家如家连锁快捷酒店开展了集中执法，查处安全隐患141项，下达责令整改指令书51份，现场处理措施决定书1份，立案处罚5家。

（张国宁）

【约谈如家酒店】 9月13日，为进一步推动如家酒店整改安全隐患，规范安全管理，市安全监管局执法监察总队约见了如家连锁集团的负责人，通报检查情况，提出了整改要求。

此次执法检查，市区两级安全生产监管部门共组成40余个执法组，对全市95家如家连锁酒店进行了集中执法检查，共发现各类安全问题和隐患230项，下达限期整改指令书77份，立案处罚7家。通过检查，主要发现安全管理制度未建立健全、应急疏散管理不到位、重点部位管理不到位、员工培训教育不到位、特种作业管理不到位等5个方面的问题。其中，配电室、消防中控室堆放杂物，无人值守，未配备劳动防护用品，配电室绝缘工具过期未检测等重点部位的管理的问题较为突出，在检查的95家单位中，有30家单位存在此类问题，占检查总数的32%。针对检查发现的问题，市、区安全监管部门下达了限期整改指令书，责令各门店按照规定期限进行整改。对于直接违反了安全生产法律法规的，依法实施行政处罚。如家酒店集团及四个片区的负责人表示，按照市安全监管局的要求，认真反思自身存在的问题，逐项进行整改，并举一反三，彻查盲区和死角。对受到处罚的单位和个人，集团内部将予以通报，并承担相应的责任。

北京城市服务管理广播、《北京日报》、《劳动保护》和北京电视台等新闻媒体进行的现场报道。（张国宁）

【物美连锁超市执法检查】 9月13日，市安全监管局执法监察总队会同东城、西城、朝阳、海淀、丰台和石景山6个区安全监管局，采取市区联动、集中执法的方式，分成11个检查组对35家物美连锁超市开展安全生产专项执法检查，共下达责令整改指令书27份，立案处罚5家，查处各类安全隐患78项。市区两级安全监管部门共出动执法检查人员92人次，出动车辆30台次。从检查情况看，35家物美连锁超市的安全隐患主要集中在特种作业人员管理不到位、用电管理和配电间管理不规范、员工安全培训教育档案不健全、疏散指示标识和各类警示标识设置不足等方面，其中，物美大卖场商业管理有限公司新街口分店、崇文门菜市场物美综合超市有限公司花园路店、物美京西便利超市有限责任公司68号店、物美生活超市开阳桥店、物美生活超市右安门店等5家门店安全隐患相对突出，执法人员依法下达责令整改指令书，并立案处罚。

（张国宁）

【餐饮连锁企业执法检查】 9月14日，市安全监管局执法监察总队会同东城和朝阳区安全监管局，分成7个检查组对湘鄂情、俏江南、全聚德、净雅和大宅门等餐饮连锁企业开展专项执法检查，检查企业31家，下达责令整改指令书19份，立案处罚1家，查处各类安全隐患73项。市区两级安全监管部门共出动执法检查人员64人次，出动车辆20台次。从检查情况看，餐饮连锁企业安全隐患主要集中在安全生产管理制度不健全、员工教育培训不到位、疏散通道被挤占、特种作业人员管理不规范、应急预案不完善等方面。其中北京黄寺净雅餐饮有限公司因未健全员工培训档案、缺少应急标志等问题，安全监管部门依法进行立案处罚。

（张国宁）

【深查城区餐饮连锁企业】 9月17日，市安全监管局执法监察总队联合西城、海淀和丰台区安全监管局执法人员，对湘鄂情、俏江南、全聚德、净雅和大宅门等餐饮连锁企业开展专项执法检查，检查企业27家，下达责令整改指令书20份，立案处罚1家，查处各类安全隐患53项。市区两级安全监管部门共出动执法检查人员63人次，出动车30辆次。（张国宁）

【全面开展郊区专项执法检查行动】 9月18日，针对全市危险化学品单位、烟花爆竹仓库和矿山的郊区执法行动启动。市安全监管局执法监察总队联合房山、通州区安全监管局执法人员，对北京北油化工集团有限公司、北京阿科玛化学有限公司等危险化学品生产经营单位开展专项执法检查，检查企业31家，下达责令整改指令书17份，处罚1家，查处各类安全隐患50项。市区两级安全监管部门共出动执法检查人员62人次，出动车21辆次。从检查的情况看，房山、通州两区的19家单位（13家危险化学品单位、1家烟花爆竹批发单位和5家非煤矿山）安全状况总体较好，但也存在3个较为明显的问题：一是特种作业人员及其他从业人员培训教育不到位。有9家单位存在特种作业人员档案不健全、员工培训教育档案不完善、劳动防护用品发放记录不健全等问题，此类问题占查处隐患总数的26%。二是配电室安全管理不规范。有8家单位的配电室存在缺少挡鼠板、堆放杂物、缺少应急照明设施、未铺设绝缘地胶等安全隐患，此类问题占查处隐患总数的28%。三是部分停产状态的危险化学品单位安全管理弱化。有5家危险化学品单位处于停产状态，厂房、库房看管和值班值守人员减少。房山区北京高盟新材料股份有限公司燕山分公司存在电工违章作业、防护用品过期和配电室管理混乱等问题，安全监管部门依法对其进行立案处罚。（张国宁）

【危险化学品联合执法】 9月19日，市安全监管局执法监察总队联合房山、通州区安全监管局执法人员对危险化学品单位、烟花爆竹批发单位进行执法检查，共检查企业30家，下达责令整改指令书6份、现场处理措施决定书1份，查处各类安全隐患11项。市区两级安全监管部门共出动执法检查人员63人次，出动车21辆次。本次检查危险化学品单位23家、烟花爆竹批发单位2家、非煤矿山5家。检查发现主要存在两方面问题：一是存在从业人员教育培训不规范的问题。有3家单位存在从业人员教育培训记录不完善、考试记录管理不健全等问题。二是重点部位安全管理存漏洞。存在油库液位石油气装置未做静电跨接、配电室高压操作工具未按规定检验、烟花爆竹仓库警示标识缺少、入库管理不规范等问题。房山区北京燕源鸿达石油制品有限公司（加油站）出入口设置、罩棚、加油设备不符合相关规范要求，安全监管部门依法对该单位下达了现场处理措施决定书，责令其暂时停业整顿。检查中有9家危险化学品单位和5家非煤矿山单位处于停产状态，执法人员要求企业负责人在停产期间要加强安全管理和检查力度，做好重要时期的应急值守工作。（张国宁）

【地下穿越工程安全监管】 9月18日，市安全监管局会同市交通委路政局对轨道交通建设在建工程，地下穿越工程进行监督检查。其间，检查人员分别听取了地铁8号线8标安华桥站，14号线10标永定门外站、17标大望路站，15号线12标大屯路站4个标段施工总包、第三方监测、监理、建设等单位地下穿越工程安全生产工作汇报。从检查整体情况看，各标段能够按照相关规定，制订专项施工方案，组织专家论证，并严格按照方案进行施工，沉降情况相对稳定。但仍有个别标段出现观测点沉降超标严重的情况。对此，检查组对轨道交通建设各参建单位从加强联动、互通信息、加强监测、有效应对、严防路面塌陷事故等方面提出要求，并特别强调了各单位要全面制定并落实“两节”、“十八大”安全生产保障工作措施。市城市道路养护管理中心、市轨道交通建设管理公司、北京东直门机场快轨有限公司、市公联公司、市政路桥养护集团等单位的领导及相关人员参加了检查。（张聪）

【建筑起重机械安全大检查】 9月19日，市住房城乡建设委在全市范围内组织开展建筑起重机械安全大检查，保障“十八大”期间安全生产。本次检查以在本市房屋建筑工地和市政工程工地安装、拆卸、使用的起重机械为对象。主要采取企业自查自纠、区县住房城乡建设委监督执法检查、市住房城乡建设委专项执法抽查三级检查并行的方式。其间，重点检查了起重机械登记备案情况、设备实体的全面检查与维护情况、起重设备安装工程专业承包企业资质审核情况、特种作业人员持证上岗作业情况、第三方检测与验收情况、设备管理人员配备情况、法律法规政策文件的执行情况等内容。（张聪）

【危险化学品等重点行业执法检查】 9月20日，市安全监管局执法监察总队联合丰台、顺义、昌平、大兴和开发区安全监管局执法人员对部分危险化学品企业、油库及非煤矿山开展执法检查，检查企业18家，其中危险化学品单位16家、非煤矿山2家，下达责令整改指令书5份，查处各类安全隐患14项。市区两级安全监管部门共出动执法检查人员38人次，出动车17辆次。从检查情况看，16家危险化学品企业有5家存在安全隐患，存在的主要隐患有：危险化学品生产企业未提供危险化学品安全技术说明书；危险化学品储存未按要求采取安全隔离措施；危险化学品专用仓库无专人负责管理；未对从业人员进行安全教育培训考核；个别单位电气线路敷设不规范、缺少漏电保护。检查的昌平区2家非煤矿山未取得安全生产许可证，现场无开采作业，处于标准化认证整改阶段。（张国宁）

【“十八大”工业园区执法检查】 9月24日，市安全监管局执法监察总队会同朝阳区安全监管局执法队，组成5个检查组，对朝阳区兆维工业园和七星大院工业园进行了集中执法检查。检查组对两个园区内17家工业企业进行了执法检查，查处各类安全问题隐患33项，下达限期整改指令书8份，立案处罚2家。市区两级执法队出动执法人员40人次，出动执法车辆10台次。兆维工业园和七星大院工业园是以电子、仪表制造为主的轻工业园区。检查发现，各企业在危险化学品管理、用电管理和人员管理方面存在一定的安全隐患，主要表现在危险化学品未专库储存，禁忌危险化学品混存，配电室及电气线路敷设不规范，员工安全教育不到位，特种作业档案不健全等方面。朝阳区安全监管局结合本次检查发现的问题，督促兆维工业园和七星大院工业园集中整改安全隐患，确保“十八大”期间生产安全。（张国宁）

【道路客运安全年联合检查】 9月24日至27日，由市交通委组织市安全监管局、市公安局成立联合检查组，对本市交通运输企业开展“道路客运安全年”工作情况进行检查。联合检查组按照各自职责，分别对企业营运安全管理情况、交通安全管理情况、安全生产管理工作落实情况开展检查。联合检查组共检查了3家省际客运企业、3家旅游客运企业、2家汽车租赁企业、2家危险化学品运输企业。从检查的总体情况看，各单位对安全工作比较重视，按照《北京市“道路客运安全年”活动方案》的要求，组织开展了对驾驶人员的安全教育培训工作，特别是针对“8·26”等特别重大事故情况组织召开了会议，结合事故情况提出了安全工作要求，并利用短信、板报、电视循环播放等形式让每位驾驶员引起高度重视，提高安全意识。在运营安全动态监控方面，建立了监控平台，对车辆速度、运行轨迹、疲劳驾驶等实施动态监控。但在检查工作中发现部分单位不同程度地存在一些问题：一是部分企业未按照新修订的《北京市安全生产条例》的规定，补充完善安全生产规章制度；二是各级人员和管理部门安全生产责任制不健全；三是应急预案编制不规范，缺乏针对性和可操作性；四是个别企业维修车间内存在用电管理不规范，配电箱损坏、带电体明露现象，并存在特种作业人员未持证上岗现象；五是个别危险物品运输车辆存在未配备灭火器等问题。对发现的问题，责成企业立即进行了整改。（张聪）

【节前工业与地铁安全检查】 9月26日，副市长苟仲文带队对本市工业企业及地铁运营单位进行安全检查。检查组首先检查了北京天海工业有限公司，苟仲文了解公司车间的安全生产条件和设备运转状况，询问节日期间安全生产保障措施和部署情况。实地检查了焊接生产处等重点部位。从检查情况上看，安全状况总体良好，企业对节日期间安全生产工作进行全面部署，制定了应急处置预案，对员工进行了再教育。随后检查组对地铁1号线四惠车站进行了检查，经查，站内各项安全、消防设备设施齐全，应急值守和安全保障措施落实情况符合要求，对各项法律法规的宣传教育到位。市安全监管局副局长蔡淑敏，市交通委副主任孟桥，市交通委运输局副局长王春强，市经济信息化委副主任王学军，市质监局副局长张巨明，市消防局副局长李进，朝阳区区长吴桂英、副区长汪洋参加了检查。北京电视台、《北京日报》等新闻媒体进行了跟踪报道。

（张国宁）

【门头沟工业园专项执法检查】 9月26日至27日，市安全监管局执法监察总队会同门头沟区安全监管局、门头沟石龙开发区管委会，对门头沟石龙开发区进行了集中执法检查。专项检查组成4个执法组，共检查20家工业企业，查处各类安全问题隐患51项，下达限期整改指令书11份，立案处罚2家，共出动执法人员20人次，出动执法车5辆次。检查组对开发区的2家市级安全生产标准化达标企业和14家区级达标企业开展了执法检查，检查发现：企业安全管理较为规范、规章制度齐全、生产秩序井然，未发现明显安全隐患。对部分未开展安全生产标准化的企业开展执法检查发现，企业整体安全状况堪忧，存在安全管理漏洞，安全隐患较为突出。其中，北京世纪兴业印刷有限公司和北京东方大源非织造布有限公司使用较大数量的危险化学品未进行专库储存；北京东西分析仪器有限公司等3家企业存在配电室无应急照明、无人值守等问题；北京凝华科技有限公司等6家企业存在电气线路敷设不规范问题；北京金龙泉泵业有限公司等4家企业存在未配备劳动防护用品问题；北京华腾佳和塑胶挤出机有限公司等4家企业存在气瓶无防震圈或无防倾倒措施问题。另外，还有个别企业存在员工培训教育不到位，特种作业档案不健全等问题。针对专项检查情况，门头沟区安全监管局和石龙开发区管委会全力督促园区企业整改安全隐患，进一步深化和推进企业安全生产标准化工作，为“十八大”胜利召开创造良好的安全生产环境。（张国宁）

【中秋国庆假日旅游安全检查】 9月，市公安局治安总队组织市安全监管局、市旅游委、市质监局、市公安局消防局等部门，成立市假日旅游安全联合检查组，对全市重点公园等游乐场所进行检查。其间，先后到延庆县、昌平区、朝阳区和丰台区检查了4家相关单位。检查组检查了相关区县假日旅游工作办公室关于节日期间安全应急保障工作的准备情况，实地察看了龙庆峡旅游景区、温都水城、欢乐谷和世界公园，重点检查了有关单位的节日安全应急保障方案、日常值守、设备能力、应急演练、重点部位监控等管理情况。从检查整体情况看，各单位对假日旅游安全工作高度重视，制订了节日期间的安全保障措施和应急预案，并组织对游乐场进行了安全隐患排查治理工作。针对发现的问题，检查组下发了安全检查记录，要求

企业迅速整改。（张聪）

【海淀区节日期间安全生产检查】 10月1日，市安全监管局会同海淀区安全监管局，对人员密集场所和加油站节日期间的安全生产工作进行了联合检查。检查组检查了北京市王府井百货双安商场有限责任公司和北京祥发汽车服务有限公司万泉庄加油站，经查，两家单位都制定了节日期间安全保障工作措施，领导带班及应急值守情况良好。但在北京市王府井百货双安商场有限责任公司，检查发现，该单位存在个别安全出口缺少应急照明，部分安全指示标志设置错误，配电室缺少绝缘胶垫等问题；在北京祥发汽车服务有限公司万泉庄加油站，检查发现，该单位疏于对外聘电工的管理，缺乏对低压配电箱的日常维护和安全管理。针对存在的问题，执法人员责令其限期进行整改，并由海淀区安全监管局跟踪复查。（张国宁）

【石景山区节日期间安全检查】 10月2日，市安全监管局执法监察总队会同石景山区安全监管局，对辖区内重点行业和领域开展节日期间安全生产检查，区委副书记吴克瑞参加了检查。检查组分别对永辉超市和石景山游乐园两个人员密集场所进行了安全检查。从总体情况看，两单位节日安全保障措施落实到位，应急值守安排有序，安全出口、疏散通道畅通，进行了节前安全教育培训，特种作业人员做到了持证上岗。检查组要求，各单位应本着“高度重视、全面落实、注重细节”的原则，严格执行本单位安全生产保障方案，确保安全生产工作不出问题。（张国宁）

【通州工业园区专项执法检查】 10月9日至10日，市安全监管局执法监察总队会同通州区安全监管局、中关村科技园区光机电一体化产业基地管理委员会，对通州区光机电基地开展了安全生产专项检查。5个执法检查组共检查工业企业21家，查处各类安全问题隐患70项，出动执法人员50人次，出动执法车12辆次，下达责令限期整改指令书15份，立案处罚3家企业。检查发现，该工业园区企业总体安全情况良好，部分企业管理较为规范。但同时也发现部分企业存在危险化学品未进行专库储存、部分机械缺少防护装置、劳动防护用品未按期进行检测、缺少安全警示标志、员工安全教育培训不到位、从业人员未按规定佩戴防护用品等问题。结合本次检查，通州区安全监管局和园区管委会督促园区内所有企业立即开展检查和整改，消除各类安全问题和隐患。（张国宁）

【轨道交通建设“十八大”安全保障】 10月15日至19日，市重大项目建设领导小组办公室、市住房城乡建设委、市安全监管局、市市政市容委、市卫生局、市公安局消防局、市公安局内保局7部门对轨道交通建设“十八大”期间安全生产保障工作进行检查。检查组共检查了6号线、8号线、9号线、10号线和15号线10个标段的建设工程，主要采取听取汇报、现场检查、集中反馈的形式，重点了解轨道交通建设进度情况、安全管理状况及存在的问题，以及“十八大”期间的安保措施等内容。

通过查阅资料和实地检查，检查组发现安全生产问题和隐患共计57条。其中，存在突出问题是：安全生产管理制度不健全，普遍缺少安全生产隐患排查治理制度、领导干部和管理人员现场带班制度。二是特种作业人员管理不到位，特种作业证件过期、未及时办理年审。施工现场均存在着防护措施不足的问题，有的通道进出口、基坑临边缺乏防护设施、安全防护栏设置不合格、不牢固等。临时用电管理不规范，有的开关箱设置不符合“一机、一闸、一箱、一漏”要求，个别配电箱带电体明露。个别标段存在龙门吊限位器距止挡器太近，设备设施维护保养不到位等问题。针对检查发现的问题，检查组责令轨道交通施工单位制订措施、立即进行整改，消除隐患，并针对“十八大”期间安全生产保障工作提出具体要求。 （张聪）

【昌平工业园区执法检查】 10月16日至17日，市安全监管局执法监察总队会同昌平区安全监管局、昌平区小汤山镇人民政府，对昌平区小汤山工业园区开展了集中执法检查。市、区联合组成5个执法小组，出动执法人员20人次，出动执法车辆5台次，检查20家工业企业，查处各类安全问题隐患60项，下达限期整改指令书10份，立案处罚3家。昌平区小汤山工业园区目前已入驻企业37家，主要生产耐火材料、生物饲料、机械制造、彩色印刷、电器、电子产品等。检查发现，北京港源建筑装饰工程有限公司等企业安全管理较规范，规章制度齐全，未有明显隐患。但也发现，仍有部分企业安全管理存在漏洞，安全隐患较为突出，配电室管理、特种作业人员管理、安全生产教育培训存在问题依然严重。其中，北京光明日化有限责任公司等6家企业存在配电室劳动防护用品未定期检测、缺少应急照明等隐患；北京中创瑞普科技有限公司等4家企业存在未健全特种作业人员培训档案、特种作业人员未按规定穿戴劳动防护用品等问题；北京英佳麦迪克医用材料有限公司等5家企业存在安全教育培训内容不全面、新员工岗前安全培训教育学时不足等问题。安全监管部门依法对安全隐患较为突出的3家企业予以立案处罚。 （张国宁）

【石景山工业园区执法检查】 10月23日至24日，市安全监管局执法监察总队会同石景山区安全监管局对中关村科技园石景山园进行了集中执法检查。本次检查共组成4个执法组，出动30人次，车辆8台次，检查20家工业企业，查处各类安全问题隐患21项，下达限期整改指令书8份，立案处罚单位1家。此次工业园区检查单位主要以电子仪器组装生产企业为主，20家单位中有14家为此类企业。经查，北京超思电子技术股份有限公司等单位安全管理较规范，规章制度齐全，此次检查未发现明显隐患。但检查也发现部分企业安全管理存在漏洞，未落实企业主体责任，用电安全、安全生产教育培训依然是突出问题。其中，北京凯利华维包装制品有限公司等4家单位存在线路敷设极不规范、用电设备缺少漏电保护等问题；北京中创瑞普科技有限公司等4家企业存在未健全特种作业人员培训档案、特种作业人员未按规定穿戴劳动防护用品等问题；北京英佳麦迪克医用材料有限公司等5家企业存在安全教育培训内容不全面、新员工岗前安全培训教育学时不足等问题。（张国宁）

【供电行业"十八大"安全检查】 10月23日至25日，华北电监局、市发展改革委、市安全监管局、市公安局内保局、市反恐办等部门联合开展供电行业领域"十八大"安全生产检查。检查共涉及北京京能热电股份有限公司、大唐国际发电股份有限公司北京高井热电厂、华电（北京）热电有限公司、神华国华国际电力股份有限公司北京热电分公司、北京城区供电公司及其所属前门和崇文门变电站。重点检查"十八大"保电方案的落实情况、安全管理状况和应急预案及其演练等。通过检查，检查组认为企业安全管理情况总体尚好，安全生产工作力度明显加大，企业的安全生产主体责任明显加强。检查中发现的主要问题是，个别从事有限空间作业的监护人员未经过培训取证，配备的专用设备还需加强；个别基建工程的作业人员没有佩戴劳动保护用具等。检查组要求迅速整改，确保"十八大"期间的绝对安全。（张聪）

【"十八大"交通安全督导检查】 10月25日，市交通安全委员会办公室组织市公安局交管局、市安全监管局、市交通委运输局、市交通执法总队等单位组成联合督导检查组，对首汽集团、永定门长途客运站、北京普莱克斯实用气体有限公司等运输单位及东城、朝阳交通支队进行交通安全工作督导检查。督导检查组分别听取了各单位"十八大"安全保障工作汇报，并实地了解各单位"十八大"保障专项措施、驾驶员教育培训、车辆隐患排查检验、责任书签订、应急预案制订及应急演练等情况。督导检查组要求各单位再接再厉，继续按照中央"一丝不苟、滴水不漏、准确无误、万无一失"的工作方针，按照市委、市政府的指示精神和工作部署，全力以赴做好组织保障、车辆保障、人员保障、技术保障，以更加扎实、细致的工作迎接"十八大"召开。（张国宁）

【"科学发展　成就辉煌"图片展安全保障】 10月26日至11月26日，"科学发展　成就辉煌"大型图片展在北京展览馆举办。该活动由中央宣传部、国家发展改革委、解放军总政治部、北京市委共同主办。按照市委要求，市安全监管局负责对北京展览馆布展现场的临时设施搭建过程开展安全检查，纠正各类违章作业行为，确保临建设施安全稳定。市安全监管局执法监察总队抽调专人对本项工作开展安全保障。一是制订专项安全生产保障方案，成立组织机构，明确责任目标；二是组织召开协调会，对搭建单位提出具体工作要求；三是多次会同专业技术人员开展安全检查，纠正各类违章作业行为。通过检查，共发现影响结构稳定、施工人员违反劳动纪律等12项问题，要求施工单位及时进行整改。（张国宁）

【市市政市容委"十八大"安全检查】 10月，市市政市容委组成检查组，对供热、环境卫生、城市照明行业及直属单位的节前安全工作进行了督导检查。检查组先后检查了市垃圾渣土管理处、环卫集团马家楼垃圾转运站、市热力集团西马供热厂和市城市照明管理中心应急抢险队驻地，听取了各单位“十八大”安全生产保障准备情况的工作汇报，检查了各单位安全生产责任制度落实、隐患排查治理、防火安全、交通安全、反恐防范、职工安全教育以及应急抢险队伍、装备、物资准备等工作。

（张聪）

【南水北调配套工程联合检查】 10月31日，市南水北调办会同市安全监管局及有关专家，对本市南水北调配套工程南干渠工程、东干渠工程安全生产工作进行检查。检查组对南干渠工程的5个标段、东干渠工程的8个标段进行了检查。检查重点为安全生产管理制度、特种作业人员管理、安全生产教育培训考核、应急预案的编制与演练，同时抽查施工现场的安全防护设备、设施，临时用电以及机械设备安全使用管理等情况。通过检查，发现被检查的工程，在日常管理方面不同程度存在问题。检查人员要求施工单位和工程监理单位制定措施、立即全面进行整改，及时消除隐患，严防事故发生。（张聪）

【副市长带队检查“十八大”安保工作】 11月1日，副市长苟仲文带队，组织市安全监管局、市市政市容委、市质监局、市公安局消防局对海淀区涉及的“十八大”代表驻地周边重点区域，进行了检查。检查组抽查了一家印刷厂和一家液化石油气站，这两家企业均位于驻地周边200米台账范围内，属于重点监管单位。经查，两家企业均高度重视大会期间的安全生产保障工作，落实了重要时期值班值守制度，加强了对员工岗位安全的培训，强化了日常安全检查，现场安全管理情况比较有序；检查组还对员工使用灭火器等应急器材的能力，随机进行了询问和抽查，员工均能熟练掌握应急救援技能。但在检查中，也发现印刷厂在车间内零散放置了少量油墨等个别问题，检查组立即要求被查单位进行了现场整改。（张国宁）

【部署“十八大”执法检查工作】 11月1日，市安全监管局副局长蔡淑敏主持召开“十八大”安全生产保障工作会，市商务委、市旅游委、市住房城乡建设委、市文化局、市体育局、市交通委、市文物局等7个行业部门和东城区、西城区、海淀区3个区安全监管局的负责人参加了会议。会议传达了市委、市政府关于进一步做好“十八大”安保维稳工作的指示，通报了“十八大”驻地及会场周边500米范围内生产经营单位的分布情况，并就行业部门安全生产保障工作以及“十八大”新一轮安全生产执法检查工作进行了部署。会议要求，做好沟通协调，加强部门联动，做好驻地周边500米范围内生产经营单位安全监管；要加强市区联动，做好驻地周边重点单位执法检查；全力以赴做好“十八大”安全生产保障工作。（张国宁）

【丰台区和西城区地下空间安全督察】 11月1日，市民防局副巡视员许金宝带队，市住房城乡建设委、市公安局、市公安局消防局等部门组成联合督查组，对丰台区、西城区“十八大”会场及代表驻地周边200米范围内用于居住、人员密集场所经营的地下空间进行了实地检查。对个别地下空间存在乱拉电线、卫生环境差等问题，督查组现场下达执法文书，要求限期整改，整改后经过复查。（张聪）

【重点区域“十八大”执法检查工作】 11月5日，市安全监管局执法监察总队采取“联合区县、力量下沉”的工作方式，组成4个执法小组，分别会同东城区、西城区、海淀区以及朝阳区4个区局执法人员，以“十八大”驻地及会场周边500米范围为重点，同时兼顾外围区域，开展安全生产执法检查。检查当日，市、区联合出动104人次、车辆26台次，检查重点区域各类生产经营单位48家，下达责令整改指令书23份，查处安全隐患52项。

（张国宁）

【西城区“十八大”安全保障】 11月9日，市安全监管局执法监察总队对西城区安全保障工作情况进行了检查。检查组听取了西城区安全监管局“十八大”安全保障工作的情况汇报，对代表驻地周边的复兴商业城安全生产情况进行了检查。西城区在安全保障工作方面，一是建立了基础台账；二是采取了多部门联动执法检查方式，分片包干、责任到人；三是企业主动参与、主动融入，严格落实各项安保措施。保障工作始终处在管控之中。（张国宁）

【地下穿越工程安全联合检查】 12月26日，市交通委路政局会同市安全监管局对轨道交通建设在建工程，开展了“元旦”前地下穿越工程安全监督检查。市城市道路养护管理中心、市轨道交通建设管理公司、市公联公司、市政路桥养护集团，以及被检查单位的相关人员参加检查。检查人员分别听取了地铁14号线17标大望路站，18标朝阳公园站2个标段施工总包、第三方监测、监理、建设等单位关于地下穿越工程安全生产的汇报。从整体情况看，各标段能够按照相关规定，制订专项施工方案，组织专家论证，并严格按照方案进行施工，沉降情况相对稳定。但有个别标段出现观测点沉降超标严重的情况、专家论证意见没有全面落实等问题。对此，检查组责令存在问题单位立即进行了整改。

（张聪）

【“新年倒计时”安全保障】 12月31日，“2013北京新年倒计时”活动在颐和园举行。市安全监管局执法监察总队抽调专人对临建设施开展安全检查，并多次组织现场负责人、搭建单位及监理单位召开现场协调会。执法监察人员对现场冰面舞台搭建、高空作业、灯光用电、特种人员作业等内容进行了全面检查，并针对高空作业缺少安全防护措施、舞台缺少连接等问题，责令有关单位立即整改。执法监察人员强调：要认真落实整改意见，及时消除各种安全隐患；要提高安全生产意识，把安全生产的理念贯彻到施工作业全过程，保障迎新跨年庆典如期、安全举行。（张国宁）

职业安全健康

【制订《机动车维修场所职业卫生技术规范》】 3月22日，市安全监管局召开了《机动车维修场所职业卫生技术规范》地标制定调研工作部署会。朝阳区、大兴区、昌平区、开发区安全监管局和市劳保所有关人员参加了会议。会议介绍了地标制定调研工作的背景目的、内容方式和时间安排，并对下一步工作进行了安排部署。与会人员就调研工作对象选取、次序进度、协调配合等内容进行了讨论。会议确定，地标调研工作于4月1日正式开始，选取大兴区、昌平区、朝阳区、开发区汽修企业，进行为期一个月的实地调研。4月1日至5月16日，《机动车维修场所职业卫生技术规范》标准编制组在全市范围内对轿车、大客车、环卫行业专用车辆（厨余垃圾车、垃圾清运车、粪便运输车、医疗废弃物运输车、洒水车等）、摩托车等不同类型、不同规模（含一类、二类、三类维修企业）的24家机动车维修企业进行调研。通过调研，标准编制组了解掌握了机动车维修场所存在的职业病危害因素种类、产生位置、职业病危害控制手段和职业卫生管理工作现状，发现企业存在的一些问题，为研究制定标准奠定了坚实的基础。6月12日至8月30日，《机动车维修场所职业卫生技术规范》标准编制组通过函调的形式，向市交通委和22家机动车维修经营业户以及安全工程、个体防护、通风除尘、职业卫生等领域的6名专家征求了意见。同时，通过网上公示的形式，面向社会广泛征求意见。共发出“征求意见稿”29份，其中收到“征求意见稿”后并回函的数量为28份。回函并提出意见的单位7家，意见主要集中在建（构）筑和布局、维修操作过程中职业病危害控制、个体防护、管理措施等方面，标准编制组对50余条修改意见进行研究，在充分吸纳合理意见的基础上，对标准征求意见稿有关内容进行了修改，形成标准送审稿。12月6日，市质监局组织召开了标准审查会，对市安全监管局组织制订的《机动车维修场所职业卫生技术规范》进行了正式发布前的终审。国家安全生产标准化技术委员会、中国疾病预防控制中心、市交通委、市劳保所等相关单位的专家参加了评审。专家组一致通过了对《机动车维修场所职业卫生技术规范》的审查，并认为：一是该标准按照机动车维修的工艺流程，对每个作业环节的职业卫生管理、工程防护和个体防护提出了科学合理的要求；二是标准具有北京城市发展特点，切合本市机动车维修行业职业危害实际，具有较强的针对性和操作性；三是标准的制订对于规范机动车维修行业职业卫生管理，提升企业职业卫生管理水平，保障作业人员健康权益具有重要意义。12月11日，标准编制组根据专家意见进行修改后，形成标准报批稿。（刘卫坤）

【有限空间作业安全工作总结会】 1月12日，市安全监管局副局长常纪文主持召开了全市有限空间作业安全工作总结会，市发展改革委、市住房城乡建设委、市市政市容委、市水务局、市通信管理局，燃气集团、热力集团、环卫集团及市劳保所、排水集团培训学校等22家行业主管部门、企业集团和培训机构负责人参加了会议。会上，通报了2011年全市有限空间安全生产事故情况，对2011年有限空间安全生产工作进行了总结，并对2012年有限空间安全生产工作进行了部署。各参会单位介绍了本行业2011年有限空间安全生产工作开展情况，并对有限空间安全生产工作存在的问题、下一步监管对策及工作建议进行了充分研讨。常纪文对各部门和企业集团2011年有限空间监管（管理）工作给予了充分肯定并指出，一是继续加强部门间的密切合作，巩固现有成果，把有限空间安全生产监管工作做深、做细、做实；二是积极探索有限空间安全生产监管新模式，成立有限空间安全生产专业协会，逐步建立专业协会引导，生产经营单位自律，有限空间作业集中化、规模化、市场化的运行机制；三是狠抓有限空间作业监护人员培训工作，注重培训质量和培训效果；四是2012年继续在行业内部开展有限空间作业大比武活动，进一步提升一线作业人员的安全意识和业务技能。

（刘卫坤）

【商讨职业健康监护监管工作】 2月10日，市安全监管局和市卫生局有关负责人就如何开展职业健康监护监管工作进行了商讨。双方一致认为，要共同做好本市职业健康监护监管工作，一是应加强联系沟通，密切配合，实现信息共享；二是探索建立职业健康监护信息系统，实现信息化管理；三是强化监管，切实保护劳动者职业健康权益。根据新修订的《职业病防治法》规定，职业健康监护监督管理工作由安全监管和卫生部门依据职责分工共同负责；用人单位职业健康监护责任主要包括组织劳动者上岗前、在岗期间、离岗时、应急职业健康检查，离岗后医学随访和职业健康监护档案管理等；安全监管部门依法对用人单位执行有关职业健康监护的法律、法规、规章和标准情况进行监督检查；省级以上卫生部门负责批准医疗卫生机构承担职业健康检查工作。（刘卫坤）

【5部职业卫生规章征求意见会】 2月14日至15日，国家安全监管总局组织召开5部职业卫生规章征求意见会。北京市、广东省、浙江省等共16个省市安全监管部门有关负责人参加了会议。国家安全监管总局按照新修订《职业病防治法》的职责分工，起草了《职业卫生技术服务机构监督管理办法》、《建设项目职业卫生“三同时”监督管理办法》、《职业健康监护监督管理办法》、《用人单位职业卫生监督管理规定》、《职业病危害项目申报管理办法》共5部规章（送审稿）。会上，各参会单位针对职业卫生“三同时”审查程序、职业健康监护内容和管理、职业卫生技术服务机构认可条件等问题，提出了相应的修改意见和建议。（刘卫坤）

【调研粮库有限空间安全工作】 2月24日，市安全监管局到市粮食集团就粮食熏蒸企业有限空间安全管理情况进行了调研。通过调研了解，本市共有粮库50余座，近200座粮食库房，主要分布在10个远郊区县。粮食熏蒸环节主要使用磷化铝剧毒化学品，熏蒸过程中作业人员操作不当，易引发中毒窒

息事故。调研为制定专项治理工作方案，联合相关行业主管部门开展专项治理工作打下基础。（刘卫坤）

【职业健康状况调查评估部署会】 2月24日，市安全监管局会同市卫生局召开了全市职业健康状况调查阶段性评估工作会。市安全监管局、市卫生局、市疾控中心相关处室，以及各区县职业健康状况调查领导小组、技术指导小组、疾控中心、卫生监督所和安全监管局负责人参加了会议。会上，市卫生局对本市职业健康状况调查工作开展情况进行了总结，在充分肯定前期调查工作的基础上，强调了做好此次阶段性评估工作的重要意义并对下一步工作进行了部署。市安全监管局对与会单位特别是试点区县提出了要求。一是要提高认识，增强责任感和使命感；二是要克服困难，加强协作、狠抓落实；三是要增强争先意识和大局意识，要积极主动配合有关部门，扎实做好阶段性评估工作。

（刘卫坤）

【调研有限空间安全生产】 2月28日，市安全监管局副局长常纪文带领局相关处室赴密云县，对北京紫云腾中药饮片有限公司、中央储备粮北京密云直属库有限空间安全生产工作进行了深入调研。调研组先后听取了两家企业关于有限空间安全管理、药物熏蒸作业安全管理等内容的工作汇报，并实地察看了紫云腾、密云直属库进行熏蒸作业的仓房、作业设备设施等。常纪文对两家企业有限空间熏蒸作业安全管理工作给予了肯定。针对企业有限空间安全管理、防护用品配备使用、熏蒸作业操作程序等方面存在的问题，调研组要求：一是要深刻吸取江苏金湖粮库事故教训，严格执行有关管理制度和技术规范；二是要加强对磷化氢熏蒸作业的管理，严格执行有限空间作业操作规程和监护人持证上岗制度；三是要进一步加强磷化氢熏蒸作业安全措施，强化作业人员防护用品配备。通过调研，基本掌握了本市药材加工、粮食储备行业有限空间熏蒸作业基本情况，为下一步有效开展两个行业专项整治行动打下了基础。

（刘卫坤）

【调研职业卫生管理工作】 2月28日，市安全监管局副局长常纪文带领局相关处室对首云矿业股份有限公司职业卫生管理工作进行了调研。调研组听取了该公司关于职业危害申报、职业健康监护、职业危害预防等方面工作的汇报，察看了企业职业危害防治制度，并实地调查了调度指挥中心、矿区地下深部、选矿车间。常纪文充分肯定了首云矿业的职业健康管理工作。要求全面贯彻落实《北京市金属非金属矿山作业场所职业健康管理规范（试行）》等法律法规、标准，进一步加强职业健康管理工作；加快工艺技术改造进度，采取有效措施控制粉尘、毒物、噪声等危害，保证作业场所符合国家职业卫生标准；切实加强教育培训，配备有效防护用品，确保劳动者职业健康权益。密云县安全监管局有关人员参加了调研。（刘卫坤）

【调研门头沟区职业卫生监管工作】 3月6日，市安全监管局副局长常纪文带领局相关处室到门头沟区调研了职业卫生和有限空间安全监管工作。调研组听取了区安全监管局关于有限空间安全生产专项治理行动、职业病危害申报、安全生产培训的汇报。常纪文对门头沟职业卫生和有限空间安全监管工作给予了充分肯定并强调：一是要结合辖区实际，进一步强化有限空间安全监管工作；二是认真研究职业卫生的新形势和任务，为职业卫生职能调整做好准备；三是加大执法力度，提升辖区生产经营单位职业安全管理水平。调研组还实地调研了北京鑫华源机械制造有限责任公司职业卫生工作及韭园酱菜厂有限空间安全管理工作。（刘卫坤）

【职业健康状况调查阶段性评估】 3月15日，市安全监管局会同市卫生局完成了全市职业健康状况调查阶段性评估工作。评估采取市、区县自我评价方式，围绕调查进度、质量控制，行政支持、人员投入等内容进行。通过评估全面掌握了调查工作的组织实施及项目达标情况，分析和解决了存在困难和问题，总结了经验教训。（刘卫坤）

【全国职业卫生监管视频会】 3月16日，国家安全监管总局召开全国职业卫生监管工作视频会。市安全监管局设立了分会场，局主管领导和局相关处室、直属事业单位有关人员参加了视频会议。会上，黑龙江、江西、重庆，中海油、一汽集团等地区和中央企业介绍了各自职业卫生管理经验；国家安全监管总局副局长杨元元作了重要讲话，总结了2011年职业卫生监管工作情况，并对新《职业病防治法》宣贯及2012年职业卫生监管工作进行了安排部署。（刘卫坤）

【有限空间监管工作会】 3月27日，市安全监管局副局长常纪文主持召开了2012年有限空间监管工作会，市发展改革委、市住房城乡建设委、市市政市容委、市水务局、市通信管理局、市广电局等9个行业主管部门，市电力公司、市燃气集团、市环卫集团、市排水集团等13个企业集团及市劳保所等4家特种作业培训机构主要负责人，17个区县安全监管局主管领导等相关人员参加会议。会上，对2011年本市有限空间安全监管工作进行了总结，重点对2012年工作进行了部署。一是全面落实企业安全生产主体责任，提升有限空间作业单位管理水平和安全保障能力；二是继续开展行业有限空间作业大比武活动，进一步提升一线作业人员安全意识和技能；三是探索有限空间行业协会自律管理模式，逐步建立政府监管、专业协会引导、生产经营单位自律，有限空间作业集中化、规模化、市场化的运行机制；四是建立有限空间约谈工作机制，加大对发生有限空间事故、存在严重违法违规行为的行业主管部门、企业集团主要负责人约谈力度，消除安全隐患。会上，电力公司和燃气集团代表作了“落实企业主体责任，强化有限空间监管”的典型发言。

常纪文对各相关行业部门、企业集团及各区县2011年有限空间安全监管工作给予了充分的肯定，并指出：一是继续巩固完善现有的市安委会统筹、协调、综合监管，行业部门各司其职、各负其责，条块结合、齐抓共管的监管机制；二是加大有限空间执法力度，特别是要加大不定期检查和夜查力度，检查要点面结合、突出重点；三是增强“科技创安”能力，各行业部门充分发挥科研和人才优势，积极调动企业集团“科技创安”的积极性，着力推广先进适用技术和设备，全面提升有限空间作业安全保障能力；四是加大对有限空间薄弱环节的监管力度，特别是要加大对养殖企业、沼气工程及酱菜加工、酿酒及造纸企业的监管力度。（刘卫坤）

【调研水泥行业职业卫生工作】 4月18日，中国职业健康协会理事长张宝明带队到房山区琉璃河水泥厂和太行前景水泥厂调研职业卫生工作。市安全监管局局长张家明、副局长常纪文，市安全生产协会会长丁镇宽及房山区政府和安全监管局有关负责人陪同调研。调研组首先听取了琉璃河水泥厂和太行前景水泥厂职业卫生工作情况汇报，并和与会人员就职业卫生管理工作进行了交流。随后，调研组对两家企业的生产车间进行了实地调研，市劳保所对作业现场职业病危害因素进行了检测。张宝明对两家企业的职业卫生管理情况给予了充分的肯定，并强调指出：一是要高度重视职业卫生工作，进一步落实企业职业危害防治主体责任；二是充分发挥企业集团示范带头作用，树立水泥行业职业卫生管理典范；三是认真总结好的经验和做法，创新发展，进一步保障劳动者身心健康。（刘卫坤）

【《职业病防治法》宣贯视频会】 4月19日，国家安全监管总局召开《职业病防治法》宣贯视频会，市安全监管局设立了分会场。市安全监管局副局长蔡淑敏、常纪文，局相关处室和直属事业单位及5个区县负责人参加了会议。会上，由全国人大常委会法制工作委员会信春鹰副主任讲解了新修订的《职业病防治法》，国家安全监管总局副局长杨元元作了重要讲话。一是要做好《职业病防治法》的学习和宣贯工作，深刻领会此次新修订《职业病防治法》的背景、目的及安全监管监察部门的职责；二是要认真贯彻落实国家安全监管总局即将颁布的5部职业卫生规章，进一步督促用人单位落实职业危害防治主体责任；三是要做好职业病防治法宣传周活动，充分利用报刊、杂志、广播、电视、网络等新闻媒体，广泛宣传普及职业卫生法律知识；四是认真落实全国职业卫生监管工作视频会会议精神，进一步提升职业卫生监管水平，保障劳动者健康权益。（刘卫坤）

【职业病防治自查工作】 4月20日，按照国家安全监管总局、卫生部、人力资源和社会保障部、全国总工会联合下发的《关于开展职业病防治工作督查的通知》精神，市安全监管局、市卫生局、市人力社保局和市总工会四部门联合开展并完成了全市职业病防治自查工作。自查围绕本市是否将职业病防治工作纳入经济社会发展规划，是否将相关规划指标列入政府绩效考核体系，是否结合实际制订本地区职业病防治规划及实施方案，有关指标和主要任务是否列入职业病防治年度计划，多部门职业病防治长效机制建立的情况，本市组织开展职业健康状况调查工作情况，职业危害重点行业领域进行整治的情况，企业落实职业危害防治主体责任情况，职业病防治机构建设情况，职业卫生重点监督检查工作开展情况等几个方面展开。通过自查，本市职业卫生管理机构再次梳理了全市职业病防治情况，查找了不足，进一步推进本市职业卫生工作。（刘卫坤）

【劳动者健康权益保障宣传日】 4月25日，市安全监管局会同市人力社保局在朝阳区万达广场举办了“维护劳动者健康权益”主题宣传活动。市住房城乡建设委、市劳动鉴定中心、市社会保险基金管理中心和朝阳区人力社保局等相关部门参加了此次活动。主题宣传活动由市人力社保局主管领导主持，各相关部门作了“认真履职，维护劳动者健康权益”的讲话。各相关企业、职工代表作了“落实企业主体责任，保障劳动者合法权益”的典型发言。现场进行了《职业病防治法》等相关法律法规的现场咨询活动。向现场企业代表、参加活动群众发放了《职业病防治法》、《职业病防治法宣传挂图》、《北京市工伤保险政策汇编》等宣传材料共计2000余份。（刘卫坤）

【《职业病防治法》宣传日活动】 4月28日，市安全监管局会同市卫生局、市人力社保局、市总工会在华能北京热电厂联合举办了主题为“防治职业病，爱护劳动者”的宣传日活动。活动中，各相关部门领导分别就自身监管职责作了讲话。市安全监管局作了“认真履行监管职责，提升职业卫生管理水平”的主题发言。华能北京热电厂主管领导代表作了典型发言。各相关部门向参加活动的职工代表赠送了《职业病防治法》单行本、职业病防治知识手册、宣传挂图等相关材料。职业卫生专家就职业病防治修订情况、职业病防治知识进行细致讲解和现场咨询，并现场对企业职工进行了义诊活动。此次宣传发放职业病防治材料共计3000余份。（刘卫坤）

【《职业病防治法》讲解视频会】 5月4日，市安全监管局召开视频会，邀请国家安全监管总局职业安全卫生研究所所长马骏讲解《职业病防治法》。市安全监管局主管领导、局相关处室和直属事业单位有关人员，各区县安全监管局主管领导及相关科室有关人员共120余人参加了视频会议。（刘卫坤）

【市市政市容委有限空间作业大比武】 5月9日，市市政市容委在大兴区培训中心开展了市政系统有限空间作业大比武，共有43支队伍251人参加了大比武。市安全监管局副局长常纪文参加并指导了大比武活动。（刘卫坤）

【有限空间联合检查行动协调会】 5月9日，市安全监管局召开有限空间联合检查行动协调会。市发展改革委、市住房城乡建设委、市市政市容委、市水务局、市广电局、市通信管理局有关负责人参加了会议。会议对联合检查的时间安排、检查区县、参加人员和保障措施进行了部署。会议要求：一是要抓好落实，形成合力；二是依法行政，文明、公正执法；三是明确职责，突出重点；四是宣传造势，发挥教育监督作用。（刘卫坤）

【职业卫生管理制度编制要点】 5

月20日，市安全监管局编制完成了13项职业卫生管理制度的编制要点和范例，并下发到本市用人单位，督促用人单位对照进行补充、完善、整改。13项要点和范例为督促并指导全市用人单位建立、健全规范、统一的职业卫生管理制度，提高职业卫生管理水平，以及为安全监管部门开展职业卫生监督检查工作提供了便利。4月27日，国家安全监管总局颁布了《工作场所职业卫生监督管理规定》，自2012年6月1日起施行。《工作场所职业卫生监督管理规定》对用人单位应当建立、健全的职业卫生管理制度进行了重新调整和规定，职业卫生管理制度共计13项。市安全监管局根据《工作场所职业卫生监督管理规定》制订了13项职业卫生管理制度的编制要点和范例。（刘卫坤）

【职业卫生监管干部培训班】 5月24日至25日，全市职业卫生监管干部培训班在北京经济干部管理学院举行。市安全监管局副局长常纪文作了开班动员。各区县及北京经济技术开发区安全监管局主管职业卫生工作的副局长及职安科全体干部共65人参加了培训。培训结合职业卫生工作任务和工作重点，对新修订的《职业病防治法》、国家安全监管总局新颁布的《工作场所职业卫生监督管理规范》、《职业病危害项目申报办法》、《用人单位职业健康监护监督管理办法》、《职业卫生技术服务机构监督管理暂行办法》和《建设项目职业卫生“三同时”监督管理暂行办法》进行了解读。同时，针对职业卫生作业场所监督执法检查的重点、要点以及执法文书案卷制作等作了讲解。国家安全监管总局职业安全卫生研究所职业卫生评价中心主任刘卫东为参训人员作了职业卫生标准方面的培训。

（刘卫坤）

【指导有限空间作业大比武活动】 5月至9月，市安全监管局全程督促、指导各行业部门做好大比武活动，确保大比武活动取得实效。2012年有限空间大比武活动由各行业部门结合本行业特点，自行安排组织；活动侧重于基层和普及性要求，各行业部门所有的基层一线作业队伍和作业人员全部参加大比武活动。全市9个行业，200余支队伍参加了比武。进一步巩固了2011年全市大比武取得的成效，提升了一线作业队伍的素质和安全技能。（刘卫坤）

【第一次约谈有限空间单位负责人】 6月1日，市安全监管局针对北京市电话工程公司有限空间作业队伍违规作业问题，对该公司分管安全的副总经理进行了约谈。通报了该公司一线作业队伍违章情况，介绍了本市有限空间安全生产形势并要求：一是要高度重视有限空间安全生产工作，进一步完善相关管理制度和机制；二是要结合本系统有限空间作业实际，开展有限空间作业大比武；三是要进一步强化安全教育培训，提升一线作业队伍安全技能和安全意识；四是要认真吸取此次违章作业的教训，举一反三，全面排查、认真整改，确保整改到位。北京市电话工程公司表示，针对一线作业队伍存在的问题，全力进行整改，在全公司开展一次全员培训，组织全公司一线作业队伍大比武活

动，对违章作业分公司停业整顿3天，一周内完成整改。（刘卫坤）

【光环电信集团有限空间作业大比武】 6月1日，北京市光环电信集团开展了一线作业队伍有限空间作业大比武，市安全监管局参加并指导了大比武活动。光环集团共有16支队伍80多人参加比武，12个分公司主要领导现场进行了观摩。大比武活动采取现场实际操作的方式进行，重点考评作业人员作业过程规范性、仪器设备使用正确性、检测结果准确性、个人防护用品佩戴适合性等。比武过程中，市安全监管局对各参赛队伍进行了现场点评，并对光环集团开展此次大比武活动给予充分肯定。（刘卫坤）

【第二次约谈有限空间单位负责人】 6月5日，针对5月23日至24日市安全监管局联合相关行业部门对本市部分区县有限空间检查中发现的问题，市安全监管局对市自来水集团、市金河水务建设有限公司、北京翔鲲水务建设有限公司、市电信工程局有限公司4家单位主管安全生产的主要负责人进行了约谈。约谈会上，向被约谈单位播放了相关材料视频，说明了作业单位违章作业时间、地点、行为、存在主要问题，并要求，要针对发现问题，进行整改；要加强有限空间特种作业培训，现场监护人员必须持证上岗；要配备有限空间作业防护设备设施，强化实际操作锻炼；要加强内部安全管理，提高安全作业管理水平；要借鉴先进单位经验，组织开展有限空间大比武活动。被约谈单位均对违章作业事实表示认可，认为约谈敲响了警钟、具有重要指导意义。表示深刻认识到了存在的问题，将严格按照有关规范要求，认真进行整改，确保安全作业。（刘卫坤）

【第三次约谈有限空间单位负责人】 6月6日，针对5月23日至24日开展的全市有限空间作业安全检查中发现的问题，市安全监管局对市发展改革委、市住房城乡建设委等3家行业主管部门及存在违章作业的市排水集团、北京市路灯管理中心、华北铁建建设有限公司、北京冠亚伟业民用建筑设计有限公司、北京市煤气工程有限公司、广州天力建筑工程有限公司6家单位负责人进行了约谈。通报了全市有限空间安全检查情况，各违章作业单位的作业地点和时间、作业内容及违章作业具体情况，解答了被约谈单位提出的问题，并对每个被约谈单位提出了具体整改措施和管理要求。一是各单位认真梳理有限空间安全管理工作存在的问题，进一步完善管理措施，全力预防控制有限空间事故的发生；二是加大安全生产投入，进一步完善一线作业队伍安全设备设施，提升一线作业队伍安全生产条件；三是行业部门要强化监管，进一步督促所属企业和一线作业队伍落实安全生产主体责任，确保各项管理措施落到实处；四是各部门要认真研究，建立有限空间长效监管机制，逐步建立有限空间作业制度化、科学化、规范化管理模式。被约谈单位均表示，通过约谈进一步提高了安全意识，接受了深刻的安全教育。并针对存在的问题，按照提出的整改意见立即进行整改。（刘卫坤）

【水务系统有限空间工作会】 6月8日，市安全监管局副局长常纪文出席了市水务系统有限空间安全生产工作会。会上，常纪文通报了全市有限空间安全生产形势和安全大检查情况，对水务系统有限空间安全生产工作给予了充分的肯定。同时指出：要继续加大有限空间安全投入，提升一线作业队伍安全生产条件；强化安全管理制度建设和管理措施创新工作，确保各项管理措施落到实处；针对有限空间事故高发时期，抓好对一线作业人员的宣传培训工作；借助本系统特种作业培训学校，做好监护人员特种作业培训。（刘卫坤）

【复查有限空间隐患整改情况】 6月27日，市安全监管局到市煤气工程公司进行了安全隐患整改复查，听取了市煤气工程公司有限空间安全隐患整改情况。市煤气工程公司针对检查发现的隐患，采取了一系列措施进行整改，加大了安全生产投入，购置了10台“四合一”气体检测设备，制作了燃气作业警示标识，对所有作业人员进行了有限空间安全教育培训，完善了各项安全管理制度，积极组织监护人员参加有限空间特种作业培训。（刘卫坤）

【第四次约谈有限空间单位负责人】 6月29日，针对6月20日至21日有限空间作业安全检查中发现的问题，市安全监管局进行了有限空间作业安全约谈工作。此次被约谈的单位为：市通信管理局、市住房城乡建设委等相关行业部门有关负责人，北京养护集团、北京时代互通电信工程有限责任公司、北京市政建设集团有限责任公司、北京信息基础设施建设股份有限公司、北京市合力电信集团、光环电信集团6家有限空间违章作业单位主管领导。通报了有限空间作业安全联合执法检查的总体情况，以及本市发生的有限空间事故情况。并详细通报了6家违章作业单位的作业时间、地点、内容和具体违章行为等。6家违章作业单位负责人均表示：一是高度重视，加强管理，消除隐患；二是通过约谈，进一步提高了安全意识，接受了深刻的安全教育；三是针对存在的问题，按照整改意见立即进行整改。（刘卫坤）

【有限空间作业信息公示制度】 7月1日，为进一步规范有限空间作业行为，市安全监管局在全市范围实行了有限空间作业现场信息公示制度。一是有限空间作业单位在作业现场须设置安全警示标识；二是在作业现场公示作业单位名称和地址、主要负责人姓名和联系方式、作业主要内容等相关信息；三是现场监护人员应持有限空间特种作业操作证上岗，并佩戴标有“有限空间作业现场监护”字样的袖标；四是作业人员应佩戴相关工作证件。（刘卫坤）

【实施有限空间警示约谈制度】 7月4日，市安全监管局下发了《关于开展有限空间作业安全生产警示约谈工作的通知》（京安监办发〔2012〕37号），在全市范围内实施有限空间作业安全生产警示约谈制度。有限空间作业安全生产警示约谈工作，按照“谁检查、谁约谈”的原则，由市区两级安全监管局对监督检查时发现存在安全隐患及违章作业行为的有限空间作业单位的主要负责人、上级主管部门及行业管理部门安全生产负责人进行警示约谈。通报作业单位安全隐患和违章作业相关情况，要求被约谈部门和单位对存在的安全隐患及违章作业行为做出检查，提出整改计划和措施，并在5日内提交整改报告。同时，要求各区县严格按照“问题不解决不放过、整改不到位不放过”的要求，认真跟踪作业单位的整改情况，确保各项整改措施落到实处，取得实效。（刘卫坤）

【西城区有限空间安全工作会】 7月6日，市安全监管局参加了西城区安全监管局组织召开的有限空间安全管理工作会，区卫生局、区环保局、区市政市容委及辖区各级医院、环保作业队伍、环卫作业队伍等主管领导和作业队伍负责人，共计100余人参加了会议。会上，西城区安全监管局通报了“7·3”北京军颐中医医院有限空间事故情况，并对有限空间安全监管工作进行了部署。会议要求，要深刻吸取此次“7·3”有限空间事故教训，举一反三，强化有限空间作业管理，加大安全生产投入，积极探索有限空间“网格化”安全管理模式，建立有限空间长效管理机制。（刘卫坤）

【第五次约谈有限空间单位负责人】 7月9日，针对有限空间作业安全生产检查中发现的问题，市安全监管局进行了有限空间作业安全约谈工作。被约谈单位为：中国移动北京分公司、中国联通北京分公司有关负责人。通报了有限空间作业安全检查总体情况，并对违规作业单位的作业时间、地点、内容及具体违规行为、存在的问题等进行了详细说明。被约谈单位均表示，按要求对发现问题认真进行整改，并举一反三，加强管理，预防事故发生。

（刘卫坤）

【排水集团有限空间作业大比武】 7月12日，市排水集团在高碑店污水处理厂举办了一线作业队伍有限空间作业大比武活动决赛。北京排水集团共有14支队伍80多人参加比武，集团各分公司主要领导现场进行了观摩。市安全监管局参加并指导了大比武活动。大比武活动旨在提高一线作业人员安全意识，规范有限空间作业安全生产行为，在集团内部打造一批高技能、高素质的有限空间作业队伍。活动分为预赛和决赛两个阶段，采取现场实际操作的方式进行。比赛中设置了井下施救和心肺复苏人工呼吸等项目。（刘卫坤）

【部署暴雨灾后有限空间安全工作】 7月23日，市安全监管局副局长常纪文召开专题会，分析了暴雨后有限空间作业安全生产形势，并对暴雨后有限空间安全管理工作进行了安排部署。会议要求：一是要向各行业部门发布有限空间作业安全生产信息提示，督促各单位切实履行有限空间安全管理职责；二是要指导各区县加大监督检查力度，保障有限空间抢险作业安全；三是要提醒各生产经营单位加强有限空间安全管理，切实提高员工安全作业意识。（刘卫坤）

【养殖场有限空间安全工作】 7月25日，为预防“7·21”灾后养殖企业有限空间事故的发生，市安全监管局副局长常纪文带领相关处室赴房山区指导养殖企业沼气池安全处置工作。常纪文分别对房山区莲天养殖、华福源养殖场、琉璃河三街养殖场3家养殖企业进行实地察看，对沼气池的安全处置工作进行了实地指导，并指出：一是养殖企业要充分认识沼气池处置的危险性，进一步强化安全保障措施，防止中毒窒息事故发生；二是要配备机械通风设备，经充分通风和检测后，方可进入沼气池进行清理工作；三是区安全监管局和区农业局要密切配合，认真指导好养殖企业有限空间安全生产工作。（刘卫坤）

【调研职业卫生统计工作】 7月26日，国家安全监管总局统计司监察专员张宏波带领中国安全生产科学院有关专家来京调研职业卫生工作。市安全监管局局长张家明会见了调研组，副局长常纪文和局相关处室及丰台区安全监管局相关人员陪同了调研。会上，市安全监管局汇报了本市职业卫生监管体制和机制建立、法规标准建立、职业卫生管理员队伍建立、职业卫生监督执法等工作开展情况；汇报了煤矿职业危害防治及煤矿职业卫生信息统计分析工作开展情况。与会人员围绕职业危害防治控制考核指标的确立、指标分类、统计方法、试点的运行及煤矿职业健康统计体系运行存在的问题进行座谈交流。调研组到丰台区北京二七轨道交通装备有限责任公司实地调研，并与丰台区安全监管局、北京二七公司相关领导进行交流座谈。调研组对本市职业卫生工作开展情况给予了充分肯定，并要求结合北京市职业危害特点，侧重新型职业危害的研究和监管工作，认真研究分析职业危害防治控制考核体系建立工作，认真做好考核指标的试点准备工作。（刘卫坤）

【第六次约谈有限空间单位负责人】 7月30日，针对7月17日至18日开展的全市有限空间作业安全检查中发现的问题以及海淀区“7·30”有限空间事故情况，市安全监管局对存在违章作业的北京自来水集团、中国移动北京分公司以及海淀“7·30”事故责任单位中国联通北京分公司、北京电话工程公司4家单位主要负责人进行了约谈。市水务局、市通信管理局、海淀区安全监管局相关负责同志参加约谈。首先通报了全市有限空间安全检查情况，各违章作业单位的作业地点和时间、作业内容及违章作业具体情况和海淀“7·30”有限空间事故情况，并对被约谈单位提出了具体整改措施和管理要求。一是各单位要认真吸取“7·30”事故教训，举一反三，认真梳理有限空间安全管理工作存在的问题，进一步完善管理措施，全力预防控制有限空间事故的发生；二是加强有限空间特种作业培训，现场监护人员必须持证上岗；三是有限空间一线作业队伍必须配备有限空间作业防护设备设施，强化实际操作锻炼；四是行业部门要强化监管，进一步督促所属企业和一线作业队伍落实安全生产主体责任，确保各项管理措施落到实处。

（刘卫坤）

【第七次约谈有限空间单位负责人】 7月31日，市安全监管局副局长常纪文针对北京久恒送变电工程安装有限公司有限空间作业队伍违规作业问题，对该公司总经理进行了约谈。会上，通报了该公司一线作业队伍违章情况，并就其未配备通风、检测设备，无安全带、三脚架等防护用品，无持特种作业证的现场监护人员等问题提出了明确整改要求。一是要高度重视有限空间安全生产工作，进一步完善相关管理制度和机制；二是必须配备有限空间作业防护设备设施，强化实际操作能力；三是要进一步强化安全教育培训，现场监护人员必须持证上岗；四是要认真吸取此次违章作业的教训，全面排查、认真整改，确保整改到位。（刘卫坤）

【联通北京分公司有限空间督察】 8月1日，市安全监管局会同市通信管理局相关人员到中国联通北京分公司督察有限空间安全。督查组通报了海淀“7·30”有限空间安全生产事故情况，分析了当前通信系统有限空间作业存在的问题。并听取了中国联通北京分公司关于“7·30”事故发生后有关安全生产工作的开展情况。一是召开了全系统安全生产紧急工作会，通报了“7·30”有限空间事故情况；二是下发了《关于加强有限空间安全生产工作的通知》，对全系统一线作业队伍开展安全生产大检查；三是进一步加大安全生产投入，继续为一线作业队伍配备一批安全防护设备设施。（刘卫坤）

【市燃气集团有限空间安全检查】 8月6日，市安全监管局对市燃气集团有限空间安全生产管理进行了检查指导。检查组听取了市燃气集团关于有限空间安全生产资金投入、有限空间分布、作业人员构成、设备设施配备、宣传教育培训、安全检查管理、特种作业取证等情况的汇报。双方围绕承发包管理、日常作业管理、暴雨后排水作业、作业现场信息公示牌设置等内容进行了交流。督查组还深入市燃气集团第五分公司及其运行维护一所进行了现场检查。要求全力以赴抓好有限空间安全管理，切实提高一线作业人员安全意识和能力。（刘卫坤）

【歌华有线和排水集团有限空间安全检查】 8月8日，市安全监管局到歌华有线和排水集团小红门污水处理厂检查有限空间安全生产工作，听取了歌华有限和排水集团有限空间工作汇报，并对小红门污水处理厂气体在线监控系统和有限空间现场作业情况进行了实地察看。歌华有线和排水集团重视有限空间安全生产工作，排水集团加大了安全生产投入，共投入1000余万元，在75个泵站安装了有毒有害气体在线监测、语音报警、视频监控系统，定期组织演练，强化对一线作业人员安全培训。歌华有线公司根据自身行业特点，建立了有限空间预警提示平台，第一时间把有限空间事故情况和作业预警信息通知到一线作业班组，并进一步完善了安全管理制度和操作规程，编制了《有限空间作业口袋书》，发放给每个一线作业人员。（刘卫坤）

【第八次约谈有限空间单位负责人】 8月8日，针对海淀“7·30”有限空间中毒窒息事故暴露出的问题，市安全监管局会同北京市通信管理局对北京市电话工程公司主管安全的领导进行了约谈，听取了北京市电话工程公司事故发生后，采取的整改措施和落实情况的汇报。北京市电话工程公司全面开展安全隐患大排查，完善了相关安全管理制度，对所有一线作业人员开展了安全培训。（刘卫坤）

【联通北京分公司有限空间安全工作会】 8月10日，中国联通北京分公司召开全系统有限空间安全生产工作会。会上，中国联通北京分公司对“7·30”事故有关情况进行了通报，北京市电话工程公司、中国联通北京分公司二分区公司分别就“7·30”事故进行了深刻检查，中国联通北京分公司宣布对北京市电话工程公司“7·30”事故处理决定。（刘卫坤）

【市电话工程公司有限空间安全检查】 10月26日，市安全监管局会同市通信管理局有关处室负责人，对市电话工程公司有限空间安全生产工作进行了检查。针对海淀区“7·30”有限空间中毒窒息事故暴露出的问题，市电话工程公司加强了有限空间作业安全管理，全面开展了安全隐患大排查，完善了相关安全管理制度，对所有一线作业人员开展了安全培训。（刘卫坤）

【建立职业卫生技术支撑体系】 8月7日，市安全监管局确定了3家市级职业卫生技术支撑机构，分别为国家安全监管总局职业安全卫生研究中心、北京市工伤及职业危害预防中心、北京市劳动保护科学研究所。3家技术支撑机构主要是为职业卫生监管执法提供技术支持。参与职业病危害防治方针政策规划及职业卫生法规和标准的研究制订工作；参与重大职业危害事故调查处理和职业危害防治的科研工作；参与重点行业职业危害的检测和评价工作。（刘卫坤）

【职业病防治信息共享机制】 8月9日，市安全监管局和市卫生局建立了职业病防治信息互通共享机制。一是建立职业卫生基础信息通报机制，市安全监管局和市卫生局定期相互通报职业病发病情况、职业卫生监管和职业健康体检等信息；二是完善职业中毒处置联动机制，明确职业中毒应急处置的分工和信息通报程序；三是明确职业卫生监管重点，市安全监管局和市卫生局根据共享的信息，有针对性地开展重点行业和企业的职业卫生监管工作。（刘卫坤）

【开发区电子行业职业危害专项治理】 8月17日，市安全监管局到开发区检查电子行业职业危害专项治理工作开展情况。开发区安全监管局按照《关于开展电子行业职业危害专项治理行动的通知》要求，结合区域职业危害特点，制订了具有针对性的行动方案，并认真贯彻落实专项行动有关要求，专项行动开展扎实有序。一是周密部署，召开了专项行动部署会；二是调查摸底，建立了详细台账；三是全力督促企业自查自改，全面排查隐患，落实职业卫生管理要求。检查组对揖斐电子有限公司和京东方光电子科技有限公司进行了实地检查。开发区安全监管局主要领导及相关科室人员参加了检查。（刘卫坤）

【改造职业病危害项目申报系统】 8月22日，按照国家安全监管总局《关于贯彻落实〈职业病危害项目申报办法〉进一步加强职业病危害项目申报工作的通知》的文件要求，市安全监管局完成了职业病危害项目申报系统升级改造工作。新职业病危害项目申报系统对原系统的总体框架、申报流程、统计分析功能、管理权限等进行了升级改造。一是进一步完善统计分析功能，实现不同行业的统计报表；二是保证新旧申报系统的对接，做好原有数据的导入和备份工作；三是对申报系统的申报和打印环节进行调整，确保申报数据的完整。

（刘卫坤）

【市编办调研职业卫生监管工作】 8月22日，由市编办副主任左铭飞带队，一行3人到市安全监管局调研职业卫生监管工作。市安全监管局副局长常纪文、局相关处室和直属事业单位有关人员参加了调研座谈。会上，通报了中编办关于职业卫生监管部门职责分工、国家及各省职业卫生职能调整情况、需划转的职能、处室设置及人员编制建议等情况。双方就本市存在职业危害情况、职业卫生监管工作开展情况、职业卫生监管工作存在的问题、处室设置及人员编制等内容进行了深入交流。左铭飞表示，职业卫生工作事关广大劳动者身心健康，社会影响巨大，应尽快理顺本市职业卫生监管体制，完善工作机制，有效防治职业病。（刘卫坤）

【职业病危害专项治理互查工作】 9月10日至14日，按照国家安全监管总局《关于开展职业病危害治理交叉检查工作的通知》的文件要求，青海省安全监管局副局长范士伟一行5人，对北京市职业病危害专项治理工作进行了检查，市安全监管局副局长常纪文、局相关处室负责人全程参加了检查。此次检查采取听取汇报和现场检查企业的方式进行。市安全监管局对职业卫生监管体制机制的建立、法规体系建设、职业卫生管理员的设立、职业卫生监督执法、职业病危害专项治理工作开展等情况进行了介绍。检查组对朝阳区、海淀区、通州区、大兴区等6个区县的木质家具制造、电子加工、汽修等共11家企业职业卫生管理情况进行了现场检查。青海省检查组对本市职业卫生监管工作和职业病危害专项治理工作给予了肯定。

9月20日至25日，市安全监管局副局长常纪文带领检查组对青海省职业病危害专项治理工作进行了检查。听取了青海省职业病危害专项治理工作开展情况的汇报，并对部分企业进行了现场检查。青海省安全监管局按照国家安全监管总局的要求，结合本省职业病危害的特点，制订了《青海省职业危害专项治理工作方案》，明确了工作目标、治理重点、工作内容和要求，扎实推进了职业危害专项治理工作。从企业现场检查结果来看，大部分企业重视职业卫生工作，职业危害防护设施较为齐全，每年对职业病危害因素进行检测，定期组织劳动者进行职业健康体检。对检查发现的问题，及时反馈给青海省安全监管局。

（刘卫坤）

【瑞典工作环境局来京交流】 9月19日，经国家安全监管总局安排，瑞典工作环境局局长迈克尔·萧伯格一行来北京市，与市安全监管局就职业健康管理等进行了交流座谈。国家安全监管总局国家交流中心，市安全监管局副局长常纪文、局相关处室和直属事业单位有关人员，西城区、朝阳区、通州区、大兴区、开发区安全监管局有关人员参加了座谈。会上，常纪文致欢迎词，介绍了本市安全生产与职业健康监管整体情况。瑞典工作环境局与我方人员就关心的人员配备、办公场所设置、执法检查、法规标准建设等情况进行了交流。

（刘卫坤）

【公共卫生隐患排查整治行动】 8月30日至11月12日，市卫生局牵头组织了“十八大”安保公共卫生安全隐患排查整治专项行动，市安全监管局、市财政局、市文化局参加了专项行动的督察工作。先后对海淀区、通州区、延庆县、平谷区、顺义区、东城区、大兴区“十八大”安保公共卫生安全隐患排查整治情况进行了督察。督查组分别听取了区县关于“十八大”安保及公共卫生安全隐患排查整治专项行动的方案制订、机构建立、信息上报、台账完善、服务保障、方案落实等情况的汇报，重点了解了强化联防联控措施、集中整治解决突出问题、总结好经验做法、建立长效工作机制、建立责任追究制度、群防群治、加强对外宣传报道等工作开展情况。现场察看了医疗卫生机构、建筑工地、学校、餐饮企业等场所，检查了公共场所卫生安全、突发公共卫生事件应急处置等工作。（刘卫坤）

【考察职业安全健康先进候选单位】 10月17日，中国职业安全健康协会理事长张宝明，副理事长纪明波、任树奎到北京水泥厂和北京通美晶体技术有限公司两家职业安全健康先进候选单位进行了现场考察调研。考察组听取了北京水泥厂和北京通美晶体技术有限公司职业卫生工作情况汇报，并对企业职业危害防治机构建立、职业危害防治经费保障、职业危害防治知识宣传、培训、告知和职业危害申报等情况进行了重点了解。随后，现场实地考察了两家企业。张宝明对两家企业的职业卫生管理情况给予了充分的肯定，并指出：一是要继续加强职业卫生管理工作，特别是要在职业危害源头控制、过程控制措施制定、落实上狠下工夫；二是充分发挥职业卫生先进企业集团示范带头作用，树立职业卫生管理典范，更好地履行社会责任；三是认真总结好的经验和做法，查找自身存在问题，加强与其他优秀企业之间的经验交流，取长补短，创新发展，进一步落实企业职业危害防治主体责任。市安全监管局副局长蔡淑敏、常纪文，局相关处室及通州区、昌平区安全监管局有关人员陪同考察。（刘卫坤）

【职业卫生专项执法检查】 10月22日至11月2日，按照2012年安全生产重点执法检查总体安排，结合“十八大”安全保障工作要求，由市安全监管局副局长常纪文带队，会同市卫生局、市人力社保局和市总工会相关部门负责人，对大兴区、房山区、怀柔区、平谷区和密云县共32家用人单位进行了专项执法检查。此次专项执法检查采取听取区县汇报、查阅相关资料和现场检查的方式。同时，为做好此次专项执法行动，按照职业卫生职责分工，专门设计了职业卫生执法检查表，对用人单位的职业卫生管理制度、职业卫生管理员的设置和培训、职业病危害申报、职业病防护设施的配备及个体防护用品的佩戴等情况进行了全面检查。通过检查发现，各区县高度重视职业卫生工作，按照年初的总体工作安排，对各项职业卫生工作进行了认真安排部署，32 家用人单位职业卫生管理人员全部持有《职业卫生管理员培训合格证》，制定了职业卫生管理制度，工作场所设置了警示标识，接触职业病危害因素的劳动者均佩戴了防护用品。检查中也发现，部分用人单位存在职业卫生管理制度不健全，个体防护用品佩戴不正确，劳动合同中未对劳动者进行职业病危害告知，未建立职业健康监护档案等问题。对检查发现职业卫生危害问题和隐患，检查组当即责令整改。（刘卫坤）

【职业卫生培训教师报名工作】 11 月 8 日，本市职业卫生培训教师报名工作结束。全市共有 33 家安全培训机构的 195 名教师报名参加此次职业卫生教师培训。《职业病防治法》第三十五条规定用人单位主要负责人和职业卫生管理人员应当接受职业卫生培训。职业卫生培训是督促用人单位落实职业卫生主体责任的重要手段。本市大部分用人单位职业卫生管理仍然薄弱，主要负责人和职业卫生管理人员的职业危害防护意识、职业卫生知识和管理能力与职业病防治的要求还有很大差距，亟须建立职业卫生培训体系，加强对用人单位主要负责人、职业卫生管理人员的培训。10 月 23 日，市安全监管局下发了《关于安全生产培训机构开展职业卫生培训工作的通知》，充分利用现有安全生产培训资源开展了职业卫生培训工作。（刘卫坤）

【新版职业病危害项目申报系统】 11 月 12 日，改造升级后的新版职业病危害项目申报系统正式投入使用。职业病危害项目申报是存在职业病危害因素的用人单位，必须向安全监管部门履行的申报危害项目的法定义务，是安全监管部门履行职业健康监管职责的重要内容。开展职业病危害项目申报，有助于引导用人单位自觉做好职业病防范防控，有助于安全监管部门有针对性地开展监管执法。新修订的《职业病防治法》及新施行的《职业病危害项目申报办法》进一步规范了用人单位职业病危害申报，加强了申报的管理。为贯彻落实新规定，进一步加强本市职业病危害项目申报工作，市安全监管局在结合本市实际，认真梳理法律法规要求，广泛讨论研究的基础上，对 2007 年开发启用的职业病危害申报系统进行了升级改造。新版系统在保留原 2007 年版申报系统数据基础上，对申报内容、程序、方式等方面进行了修改：一是规范了申报内容，大幅减少了用人单位申报项目，申报内容更加合理；二是简化了申报程序，取消了乡镇审核步骤，缩短了申报流程；三是加强了操作管理，强化即时打印功能，区县可进行批量审核和打印。新版系统具有内容科学、程序简化、操作便捷等特点，有利于更加简便地反映用人单位职业病危害状况，有利于及时摸清本市职业危害状况底数，同时有利于减轻用人单位工作负担。（刘卫坤）

【电子行业职业危害专项治理】 12月4日，全市电子行业职业危害专项治理行动经过动员部署、摸底排查、自查自改、复查整改、检查验收和总结5个阶段，圆满地完成了年初制定的工作目标。通过摸底调查，全市共有电子企业171家，劳动者71438人，其中接触有毒有害的劳动者6831人。通过专项治理工作的开展，全市电子行业职业卫生管理水平得到进一步提升。一是建立完善了管理制度，171家电子企业全部按照新修订的《职业病防治法》和《职业卫生管理制度编制要点和范例》的要求，建立完善了职业卫生管理制度和操作规程；二是职业卫生管理人员全部持证上岗，全市电子行业377名职业卫生管理人员全部参加了市区两级组织的培训，均持有《职业健康管理员培训合格证》上岗；三是工作场所作业条件进一步改善，通过专项治理行动，企业加大了职业卫生投入，在专项治理行动期间，通过监督执法检查和企业自查共发现职业危害隐患412项，企业共投入整改资金298.87万元，进一步完善了职业危害防护设备设施。 （刘卫坤）

【“十八大”安保公共卫生专项行动总结会】 12月14日，市卫生局组织召开了“十八大”安保公共卫生专项行动总结会，市安全监管局副局长常纪文出席了会议。市“十八大”公共卫生专项行动成员单位、市卫生局、各区县政府以及参与核心区医疗保障医院有关领导共100余人参加会议。会议总结了本市“十八大”公共卫生专项行动开展情况。 （刘卫坤）

【“神华神东杯”颁奖在京举行】 12月20日，全国“神华神东杯”《中华人民共和国职业病防治法》知识竞赛颁奖仪式在京举行。市安全监管局及顺义区、北京经济技术开发区安全监管局获得优秀组织奖。本次知识竞赛由国家安全监管总局和全国总工会联合举办，由工人日报社承办。

为组织开展好本次竞赛活动，市安全监管局、市总工会联合下发了《关于开展〈职业病防治法〉知识竞赛的通知》（京安监发〔2012〕47号）。为企业印发了竞赛试题，并以各区县为单位统一回收并提交答卷。据统计，全市共回收答卷7万余份。通过本次竞赛，进一步普及了职业危害防治知识，提高了劳动者职业卫生意识。 （刘卫坤）

【有限空间安全日夜连查行动】 2012年，市安全监管局对全市有限空间安全生产情况进行了20次日夜连查行动，市发展改革委、市住房城乡建设委、市市政市容委、市通信管理局及北京电视台、城市服务管理广播、《新京报》等新闻媒体参加了检查。检查采取现场随机检查的方式分别对城六区、郊区县及开发区主要街道进行了检查，共检查了生产经营单位143家，发现安全隐患126处，共下达行政执法文书79份。从现场检查情况来看，大部分作业单位为作业人员配备了气体检测仪、安全带、呼吸防护用品、通风设备等防护设备设施。但检查中也发现部分生产经营单位防护设备设施配备不全，从业人员作业不使用防护设备设施等问题。针对存在的问题，相继约谈了相关行业和企业集

团负责人，并召开了由行业部门和企业集团参加的通报会。（刘卫坤）

【有限空间安全监管成效显著】 2012年，本市未发生有限空间较大安全生产事故。2009年至2012年，有限空间生产安全事故死亡人数分别为19人、11人、8人和5人，事故伤亡人数逐年下降。一是制订了两项有限空间作业地方标准，实现了有限空间作业精细化、规范化、标准化管理；二是对现场监护人员实行特种作业管理，共有12434人取得了特种业操作证；三是开展有限空间作业大比武活动，2000余名一线作业人员参加了大比武活动，全面提升了安全技能和安全意识；四是持续开展有限空间作业日夜连查，及时消除作业单位违规违章行为；五是建立了有限空间警示约谈机制，对违规违章作业单位主要负责人进行警示约谈。（刘卫坤）

【职业卫生管理员队伍建设】 2012年，本市存在职业危害的用人单位职业卫生管理员经过培训，取得了北京市职业卫生管理员培训合格证，总人数达到8000余人，提升了本市企业职业卫生管理水平，落实了企业职业危害防治的主体责任。一是建立职业卫生培训体系，依托现有的安全生产培训机构，确立一批职业卫生培训机构，初步建立由安全监管部门引导，社会培训机构积极参与的职业卫生培训体系。二是强化职业卫生管理员培训考核，进一步修订完善职业卫生管理员培训教材和考试题库，指导区县做好职业卫生管理员培训和考核工作。三是充分发挥职业卫生管理员桥梁和纽带作用，加大对职业卫生管理员工作的督促和指导，充分发挥职业卫生管理员的上传下达和专业化管理作用，逐步建立引导企业守法和执法相结合，企业自律与外部监督相结合的长效监管机制。（刘卫坤）

安全生产宣传培训

【“特种作业安全监管”新闻发布】 1月10日，市安全监管局就新制定的《北京市京外特种作业操作证登记管理办法》和《北京市特种作业人员违章行为登记管理办法》召开新闻发布会。局新闻发言人、副局长蔡淑敏进行了新闻发布，副巡视员刘岩，局相关处室和直属事业单位负责人参加了发布会。会议回答了媒体的有关提问。

在新闻发布会上，蔡淑敏指出：两个管理办法的制定是本市加强特种作业管理，创新安全监管手段，遏制重特大生产安全事故发生的重大举措之一。蔡淑敏向新闻媒体介绍了两个管理办法的起草背景和过程等主要内容。

蔡淑敏对有关工作措施和要求进行了说明：

1. 关于京外特种作业操作证登记工作：一是争取通过立法手段，解决生产经营单位不履行登记的处罚措施问题。二是将登记范围从安全监管部门拓展到其他行业部门。三是尽快解决京外操作证真伪辨识问题。四是牢固树立服务理念，强化对京外特种作业人员的教育培训。

2. 关于特种作业人员违章行为登记工作：一是加大宣传力度，通过主流媒体刊登特种作业人员违章行为的主要内容，向生产经营单位发放宣传册和张贴画，加大宣传力度，积极营造良好的舆论氛围。二是组织各级执法人员进行业务培训，尽快掌握特种作业人员违章具体行为的识别和处理程序，熟练使用登记管理系统。三是将特种作业人员违章行为检查列入翌年执法工作计划，加大生产经营单位特种作业的监督检查力度，集中开展专项整治工作，并将其作为日常检查工作内容。四是通过违章行为登记，为下一步制定特种作业违章证件暂扣、吊销以及违章人员强制培训考核等有关规定积累实践经验，最终实现对违章行为处罚与证件管理的有效衔接。

《中国安全生产报》、《北京日报》、《北京青年报》、《北京晨报》、《北京晚报》、《法制晚报》、《北京新闻广播》、《新京报》、《京华时报》、千龙网等10家新闻媒体出席了发布会。 （李子扬）

【“开展安全生产大检查”新闻发布】 7月26日，市安全监管局召开新闻发布会，及时向社会发布《北京市安全生产委员会办公室关于开展安全生产大检查的紧急通知》等重要内容。局新闻发言人、副局长蔡淑敏向新闻媒体介绍了有关《紧急通知》出台的主要目的和重要意义，对此次全市安全生产大检查涉及的交通运输、建筑施工、危险化学品、煤矿和非煤矿山、工业制造、市政设施、人员密集场所7个领域及检查的方式进行了重点解读。对各部门、各单位开展检查工作提出了具体要求。7月21日灾情发生后，按照市委、市政府领导的要求，市安委会各成员单位立即采取措施，调动协调各方救援力量，投入到灾情严重的地区进行抢险救援。《紧急通知》的发布，是为了有效遏制特大暴雨灾害可能引发的安全事故及次生灾害。蔡淑敏在新闻发布会上讲到，市安全监管局、北京煤监局，已经组织全体监管干部投入到大检查的工作中。暴雨灾害对北京市的安全生产监管工作是一次严峻的考验，对今后的安全监管工作更是提出了更高的要求，下一步安全监管部门将在总结经验的基础上，进一步做好安全生产工作，加强安全监管能力建设，健全完善应急预案和应急响应机制，有效应对各种灾害对安全生产带来的影响，为保障首都城市运行安全发挥重要作用。

新华社、北京电视台、《北京青年报》、《北京晨报》、《北京晚报》等16家新闻媒体应邀参加新闻发布会。（李子扬）

【“实施应急预案”新闻发布】 9月11日，市安全监管局就实施北京市烟花爆竹生产安全事故应急预案和北京市尾矿库事故应急预案召开新闻发布会。《北京市烟花爆竹生产安全事故应急预案》和《北京市尾矿库事故应急预案》已获得市生产安全事故应急指挥部的批准。市安全监管局新闻发言人、副局长蔡淑敏进行了新闻发布。

在发布会上，蔡淑敏对两个应急预案编制的背景、原则和依据向媒体进行了介绍。对预案编制的主要内容进行了说明，为进一步增强预案的实效性和可操作性，提高处置效率，预案的编制修订，力争达到5个明确：明确应急指挥体系与职责；明确监测与预警机制；明确应急处置与救援程序；明确后期处置与调查评估程序；明确保障措施。蔡淑敏还就全市安全生产监管系统将调集一切执法力量，通过联合联动的方式，组织开展“十八大”安全生产保障专项执法检查行动，进一步规范安全生产秩序，为“十八大”胜利召开创造良好的安全生产环境的情况，向媒体进行了通报。

副局长唐明明，局相关处室和直属事业单位负责人参加了发布会，并回答了媒体的提问。

《中国安全生产报》、《北京日报》、北京电视台、《北京青年报》、《北京晨报》、《北京晚报》、《法制晚报》、《北京新闻广播》、《新京报》、《京华时报》、千龙网等新闻媒体参加了发布会。

（李子扬）

【“常见危险化学品应急处置预案”新闻发布】 11月6日，市安全监管局就《北京市常见危险化学品突发事件分类应急处置预案》等3项内容召开新闻通报会。新闻通报会上，一是就《北京市常见危险化学品突发事件分类应急处置预案》和《北京市安全监督管理局、北京煤矿安全监察局极端天气引发生产安全事故预防和应对措施》进行通报和说明；二是对市安全监管局新版网站上线情况进行通报和说明。

新闻通报会邀请了《北京日报》、《北京晚报》、《北京青年报》、《北京晨报》、北京新闻广播、《法制晚报》、《京华时报》、《新京报》、城市服务管理广播、新华社北京分社、《劳动保护杂志》、《现代职业安全杂志》12家新闻媒体。

（李子杨）

【安全生产广播宣传报道】 2012年，市安全监管局继续与北京城市服务管理广播和北京交通广播通力合作，通过新闻资讯、案例分析、热点评述、直播访谈、栏目访谈等形式，对安全工作进行多维度的宣传。

1月16日，市安全监管局与北京城市服务管理广播《安全新干线》栏目共同制作了第一期“护航”联合行动专题广播节目。节目播出了市质监局关于开展居民住宅电梯安全专项检查的工作情况。市质监局特种设备安全监察处负责人在节目中详细介绍了开展居民住宅电梯“护航”行动的目的意义，并特别就居民电梯的责任划分问题进行了详细的解释。从电梯技术运行及隐患发现和举报上回答了主持人和听众的提问。

1月17日，市安全监管局与北京城市服务管理广播《安全新干线》栏目共同制作了第二期“护航”联合行动专题广播节目。节目播出了市民防局和市住房城乡建设委关于开展地下空间专项检查的有关情况。主要从人防工程方面，介绍了在使用过程中可能存在的一些安全隐患问题及本次检查时需要重点检查的范围。介绍了目前北京普通地下室的数量，并特别提到在地下室使用过程中不得存放易燃易爆等危险化学品的有关问题。

1月18日，市安全监管局与北京城市服务管理广播《安全新干线》栏目共同制作了第三期“护航”联合行动专题广播节目。市市政市容委燃气办负责人介绍了本次“护航”行动的检查对象和现阶段本市燃气安全使用状况。着重从目前在丰台区试点的燃气报警装置的安装使用情况进行了详细的介绍。节目最后，还向广大听众送去了春节燃气使用安全提示。

1月19日，市安全监管局与北京城市服务管理广播《安全新干线》栏目共同制作了第四期“护航”联合行动专题广播节目。节目播出了市交通委关于开展轨道交通运行专项检查的有关情况。市交通委运输局负责人，北京地铁运营公司新闻发言人做客《安全新干线》栏目访谈间与主持人进行对话。访谈以“7·5”地铁4号线电梯事故开始，就地铁电梯安全和本市地铁运行安全展开，重点介绍了地铁在突发状况时的应急救援措施以及市民在乘坐地铁时应该注意的几个重点问题。由于春节临近，春运压力明显增加，在火车站附近的地铁站点也都成为了安全防范的重点部位，北京地铁运营公司采取了多种措施力保春节运输客流的安全平稳。

1月20日，市安全监管局与北京城市服务管理广播《安全新干线》栏目共同制作了第五期“护航”联合行动专题广播节目。节目播出了市安全监管局关于开展烟花爆竹和危险化学品专项检查的有关情况。详细介绍了2012年烟花爆竹在销售过程中的安全注意事项，以及春节期间对危险化学品生产经营单位提出的多项安全管理要求，详细介绍了在烟花爆竹销售过程中实行安责险的有关情况。同时，围绕全市“护航”联合行动的进展情况，以及隐患发现后如何进行处置等问题回答了主持人和听众的提问。

1月21日，市安全监管局与北京城市服务管理广播《安全新干线》栏目共同制作了第六期“护航”联合行动专题广播节目。节目播出了市商务委关于开展商场、超市专项检查的有关情况。介绍了“护航”行动检查的重点。主要分为4个方面：一是企业安全生产法规落实情况；二是企业消防安全法规落实情况；三是商业促销安全管理情况；四是企业是否有非法违法经营行为。在节目中特别提示商场、超市要严格禁止粮食、食用油、肉、蛋等生活必需品的限时限量促销活动，以保障市民的购物安全。节目中还介绍了商场、超市在突发安全事故时，应该采取的一些应急措施以及市民在购物时应该注意的安全提示信息。

3月3日，市安全监管局联合北京城市服务管理广播《安全新干线》栏目推出爱耳日“预防噪音危害，保护职工安全”系列专题，组织记者实地走进奔驰汽车生产车间、3M劳动保护用品咨询单位、市劳保所噪声实验室，从政府监管、企业防护、专家建议和科学实验四个方面进行科普宣传。市安全监管局有关负责人接受了《安全新干线》栏目记者的专访。介绍噪声、粉尘、毒雾已成为现代工业生产中并列的三大危害职工身体健康的因素，且“噪音聋”一旦形成将不可逆转，对职工身心健康造成严重危害。企业应首先落实好职业病防护的主体责任，建立相应制度。一方面要通过设置隔声罩等工程技术手段减少噪声损害，另一方面要为企业职工配备耳塞耳罩等个人劳保用品，并加强日常巡检、督察工作，定期给员工进行听力体检。同时，呼吁广大从业者一定要坚持佩戴防噪声耳塞耳罩，如果企业未按有关要求为职工配备有效防护用品，职工应及时拨打“12350”进行举报投诉。

3月21日，市安全监管局局长张家明应邀做客城市服务管理广播“说民生、汇民意，市民对话‘一把手’”直播访谈节目，就本市安全生产工作与市民进行交流，并现场回答市民提出的问题。访谈中，张家明围绕本市安全生产责任保险推进工作的有关安排，人员密集场所安全管理，以及即将在全市开展的安全生产大培训工作有关情况进行了详细介绍。并就轨道交通安全管理有关问题，以及市民提到的地铁中增设应急逃生知识宣传栏等问题与市民进行了互动。

8月12日，北京城市服务管理广播《安全新干线》对话市安全监管局，对安全生产全员大培训行动进行了详细介绍。节目中，从全市整体培训进展情况和近几年的发展变化进行了介绍。全员大培训将在培训数量和培训质量上重点提升，把培训范围从过去的高危行业、特种作业、安全负责人等重点人群拓展到一般的生产经营单位从业者，甚至包括超市的每位员工，理发店的美发师等。通过颁发培训结业证书或自制培训卡等形式，实现全市通用有效的培训证明，以便人员管理及日常安全检查。大兴区作为全员大培训行动的试点地区，已经实现了对2万余从业者的培训，培训合格者可获得全区通用的安全生产培训合格证，在有效期之内可免予二次培训，大大避免了过去重复培训或不培训的情况。另外，为了提高培训质量，全员大培训还十分注重对于培训教师和培训教材的选用，并特别注重培训方式的创新，增添了包括研究讨论式、多媒体展示式、互动体验式等更为易于理解、易于记忆、易于实际操作的培训方式，努力实现培训环境与工作环境相一致，从而全面提高生产经营单位从业人员的安全素质、责任意识、法规意识和安全技能，促进安全生产形势的稳定好转。

9月17日，北京城市服务管理广播邀请市安全监管局做客《安全新干线》“对话安全”节目，就安全生产事故情况和下一阶段的事故预防进行了说明。介绍上半年全市生产安全事故情况，分析了事故发生的原因，提出了防范措施。

9月23日，市安全监管局会同北京城市服务管理广播，在《安全新干线》栏目策划播出了对举报投诉中心工作人员的访谈录音，介绍了“12350”协调工作的背后故事。当主持人问及在解决市民提出的问题时，会不会在转接协调的过程中，把某问题漏掉，举报投诉中心的工作人员肯定的回答：“不会。因为首先实行双核查制度，先要一一登记，再转办给区县有关部门、区县政府，在办结后，还要进行2次对账，每一条都要进行核对，之后才能办结，这样就避免了遗漏问题，形成了双保险。”为了更好地解决市民举报上来的问题，“12350”举报投诉中心透露，计划增加一项“现场回访”工作，深入举报现场，实地了解查处情况，同时，将一段时间的举报内容进行分析梳理，在局政务网站公开，使百姓对举报投诉工作有进一步的了解。

10月14日，市安全监管局联合北京城市服务管理广播，在《安全新干线》栏目，策划播出了对执法监察总队的采访录音。节目中，执法人员用“有序推进”4个字概括了“十八大”安全生产专项执法行动的开展情况。

10月28日，市安全监管局联合北京城市服务管理广播，在《安全新干线》栏目，围绕本市危险化学品安全管理工作，策划播出了对安全监管人员的采访录音。主要从全市危险化学品企业标准化达标评审工作进行了介绍。对于下一步工作，要抓住北京建设世界城市所必需的城市管理精细化、产业结构升级和产业布局优化等一系列内在要求的难得契机，以更高的标准、更严的要求推进全市危险化学品企业安全设施设备和管理水平的提高，借助先进适用技术，实现危险化学品的本质安全。

11月11日，市安全监管局联合北京城市服务管理广播《安全新干线》栏目，围绕本市煤矿企业安全管理工作，策划播出了“对话安全——关注首都煤矿安全发展”专题访谈节目。北京煤监局接受了采访。访谈中介绍了本市煤矿的分布情况、地质构造特点，煤炭开采方式、易发事故类型，以及近年来煤矿行业安全生产工作开展情况，并着重介绍了本市推进煤矿安全生产“科技兴安、装备强安、文化创安”三大工程的有关工作。节目中，受访嘉宾就近年来本市通过开展京西煤矿安全生产保障行动，不断深化综合治理，逐步推动煤矿加大安全投入，规范安全管理，提升安全文化等情况与主持人进行交流。对工作中取得的经验和成果，以及下一步的工作重点进行了说明。

11月20日，市安全监管局做客北京城市服务管理广播《城市零距离》“温暖城市冬天”系列节目，围绕大风天气的安全生产应急工作与主持人互动交流，并现场接听市民来电，回答市民关心的问题。访谈中，介绍了八类极端天气，以及划分的预警等级，并重点就大风天气对采矿、建设、高处作业的安全影响及企业应当采取的安全措施进行了说明。

12月16日，“12350”安全生产举报投诉中心有关人员做客北京城市服务管理广播《安全新干线》栏目，围绕本市“12350”安全生产举报投诉工作，播出了“对话安全——举报安全隐患，共享平安生活”专题访谈节目。节目中，两位嘉宾通过接听电话时的亲身经历和发生在身边的有趣故事，为大家讲述“12350”热线工作背后的辛苦与欢乐。特别就市民朋友关注的举报奖励金的发放标准、流程和个人信息如何保密等情况与主持人进行交流。

12月27日，市安全监管局局长张家明应邀做客首都之窗“政风行风”热线直播间访谈节目，围绕本市烟花爆竹销售安全、安全生产标准化推进工作，以及全市开展的安全生产“护航”联合行动等内容，与网友和广大市民进行交流。张家明重点就市民关心的蛇年烟花爆竹销售安全工作回答了网友提问，并介绍了本市烟花爆竹经营单位相关人员资格考试情况，以及烟花爆竹零售网点设置方面的有关安全要求。同时，张家明还就本市安全生产标准化工作推进模式和主要做法，以及安全生产“护航”联合行动中，全市各部门作用的发挥方面进行了介绍。

12月31日，市安全监管局副局长蔡淑敏做客北京城市服务管理广播《城市零距离》直播访谈节目，围绕

“12350”举报投诉专线成立三周年的工作情况，与市民共话3年来举报投诉工作中的发展变化和感人故事。访谈中，蔡淑敏详细介绍了3年来本市举报投诉工作的发展变化，以及“12350”的工作流程等相关内容。现场接听了听众的来电，就他们关心的问题与听众作了深入交流。据统计，2012年市安全监管局共发布广播信息近千余条，“12350每日安全播报”和“对话安全”板块，全年不间断地播出节目366期。（王宇）

【安全生产环境布置工作】 2012年，副市长苟仲文两次对安全生产环境布置工作提出要求。5月，市安委会印发了《关于在部分人员密集场所开展安全生产应急自救知识宣传的方案》。6月初，又印发了《关于进一步做好2012年安全生产月环境布置工作的通知》。组织全市各区县、各部门开展安全氛围营造工作。据统计，全市共悬挂安全生产标语5万余条，张贴安全生产海报16万张，利用2000多块电子显示屏播放安全生产公益宣传片和安全生产口号40余万次，本市的安全生产社会氛围日益浓厚。（王宇）

【宣传咨询日启动仪式】 6月9日，围绕“安全责任、重在落实”这一主题，2012年北京市安全生产月宣传咨询日暨“护航”联合行动第二战役启动仪式在中华世纪坛隆重举行。本次活动由国家安全监管总局作为指导单位，市委宣传部、市安全监管局、首都精神文明办、市教委、市公安局、市文化局、市广电局、市总工会、共青团市委、市妇联等10部门共同主办，海淀区政府和歌华文化发展集团具体承办。国家安全监管总局党组书记、局长杨栋梁，北京市市委副书记、市长郭金龙，国家安全监管总局副局长杨元元，国家煤矿安全监察局副局长李万疆，北京市政府副市长苟仲文，市政府秘书长孙康林出席活动。活动由副市长苟仲文主持。市安全监管局局长张家明介绍了安全生产月活动及“护航”联合行动第二战役的有关情况。北京建工集团总经理戴彬彬代表全市企业宣读了安全生产倡议。国家安全监管总局局长杨栋梁在讲话中充分肯定了北京市安全生产工作所取得的显著成效。与会领导为参与“护航”联合行动第二战役的市、区两级安全生产执法监察队伍授旗。最后，郭金龙宣布2012年北京市安全生产月宣传咨询日暨“护航”联合行动第二战役正式启动，现场彩旗飘扬。仪式结束后，出席活动的领导与广大职工一起参加了宣传咨询活动。与往年相比，咨询日的主要特点：一是注重紧密结合当前安全生产中心工作。把咨询日活动与安全生产“护航”联合行动、“打非治违”专项行动等重点工作紧密结合起来，举行了隆重的“护航”联合行动第二战役授旗仪式，力求以安全生产月为契机，推动各项重点工作有效开展。二是咨询日活动内容更加丰富。首次举办安全生产工作展和安全科技成果展，通过20块大型宣传展板，重点介绍了近年来北京市安全生产工作成果、工作措施和突出成绩。举办安全科技成果展，邀请安全生产科研院所和重点企业，展示多种安全科技装备和科技成果，取得了较好的宣传效果。此外，为进一步丰富活动内容，在咨询日现场设置了“12350”举报投诉受理区，安排接线人员现场接听安全生产投诉举报电话，向市民宣传安全生产知识。活动现场还安排了北京市安全生产形象大使北京电视台著名节目主持人王业面向广大市民现场发放有关宣传品。三是新闻宣传工作力度加大。安排城市服务管理广播、首都之窗等新闻媒体在主会场设置直播台，对活动进行全程音视频直播。此外，北京交通广播一路畅通栏目在活动当天还开设了安全生产话题类节目，围绕“安全是您回家最近的路”这一主题，与听众进行在线互动，吸引了广大市民的积极参与。市安全生产月活动组委会、市安委会有关成员单位、各区县政府主要领导以及市安全监管局领导出席了当天的活动，北京市各行各业企业职工和社区群众代表800余人参加了活动。6月10日，按照全市安全生产月活动的统一部署，各区县都设立了咨询日分会场，各乡镇、街道设立宣传咨询一条街，高危行业和重点企业设立宣传站。

（王宇）

【安全生产大型公开课活动】 6月28日，2012年安全生产大型公开课活动首场讲座在市委党校隆重举行。全市600余家企业的800余名负责人齐聚一堂，共同开启新一轮公开课活动序幕。活动由市安全监管局副局长蔡淑敏主持。活动正式开始前，参会人员首先观看了市安全监管局拍摄制作的安全生产典型事故案例教育片。随后，中国地质大学（北京）的罗云教授，以“文化兴安，管理固安——企业安全文化管理前沿研究与实践”为题开始授课。6月至10月，本市集中组织开展安全生产大型公开课活动，邀请来自各研究机构、高等院校、企业安全管理一线，以及国家机关单位的专家学者，深入各企业、各社区开展安全生产知识的专门授课。市安全监管局还会同北京地铁运营公司、北京电力公司、北京燃气集团等承担本市城市运行保养工作的专业单位，建立了专门的宣传团队，深入各乡镇街道、社区居委会，为普通市民进行安全生产应急知识的专题宣讲。据统计，6月至11月，共计组织活动45场，直接参与人数近万人。

（王宇）

【安全文艺基层巡演活动】 安全文艺基层巡演活动是2012年安全生产月期间的一项重要活动。根据北京市安全生产月活动的总体部署，该活动面向全市16个区县及经济技术开发区，依托北京平安艺术团，组成北京市安全文艺演出队，深入乡镇街道、深入社区、深入基层一线。从6月持续到10月，共计演出16场，发放宣传品1万余件，直接受众近万人。同时，各区县以本次活动为契机，挖掘基层文艺人才，开展安全文艺创作，组成安全文艺演出小分队，深入社区、车间、班组开展文艺演出，以进一步深化安全生产宣传教育行动，传播安全知识，弘扬安全文化，为建设世界城市和“人文北京、科技北京、绿色北京”营造良好的安全环境。

6月15日，由市安全监管局、市文化局联合主办，通州区安全监管局、通州区文化委承办的北京市安全文艺基层巡演活动，在通州举行首场演出。市安全监管局副局长蔡淑敏，市文化局巡视员叶重辉、通州区副区长肖志刚，通州区安全监管局局领导班子全体成员出席活动并观看演出。此次活动主题是“践行北京精神，弘扬安全文化”。活动依托北京平安艺术团，以满足群众的安全需求为目的，通过寓教于乐、通俗易懂的表演方式，向观众普及安全生产知识、强化安全生产理念。其中小品《平安万事兴》，男女声二重唱《拥抱平安》、相声《我要安全》、男声独唱《牵手平安》、群口快板 《安全安监话平安》等节目受到观众的热烈欢迎。值得一提的是小品《平安万事兴》巧妙地将安全生产与家庭和睦联系在一起，幽默风趣、发人深省，博得现场观众的阵阵掌声。据悉，通州区15个乡镇街道近500名一线工作人员参加了此次活动。当天，活动还向观众发放《首都市民安全手册》近600份。

7月10日，安全文艺基层巡演活动走进朝阳区，通过安全生产小品、快板、歌舞等形式，在企业员工间普及安全知识，宣传安全文化。当天有来自朝阳区部分企业的1000余名职工参加了活动，发放市民防火折页、安全生产小扇子等宣传品近1200份。

8月22日，安全文艺基层巡演活动走进顺义区。活动在顺义区安全监管局培训中心举行，来自顺义区乡镇街道、部分企业的300余名职工观看了演出。活动当天发放市民安全折页、安全生产小扇子等宣传品近400份。

12月15日，安全文艺基层巡演活动走进门头沟区。活动在门头沟区安全监管局培训中心举行，来自门头沟区乡镇街道、部分企业的300余名职工观看了演出。活动当天发放市民安全折页、安全生产小扇子等宣传品近400份。

（王宇）

【安全生产演讲团巡回演讲】 “安全在我身边”巡回演讲是2012年安全生产月活动中的一项重要任务。活动旨在贯彻落实《北京市关于进一步加强企业安全生产工作的通知》精神，启发和教育在职人员重视安全生产、遵章守纪，夯实安全生产基层基础工作。市安全监管局联合市总工会于6月初在全市下发了《关于开展2012年“安全在我身边”巡回演讲活动的通知》，并在全市范围内征集企业在安全生产工作中的先进事迹和先进经验，组织一线职工成立演讲团在全市进行演讲。本次演讲活动，内容涉及生产安全、交通安全、消防安全3方面，演讲员皆来自企业一线，通过讲述身边的事故案例使大家受到启发教育。演讲团一行5人从建筑工地到车间班组，从商场超市到文化剧院，历时半年，以通俗易懂的道理、生动活泼的故事、声情并茂的演讲，抒发了对安全生产的感悟和认识，讴歌了一线安全生产工作者坚持原则的感人事迹，诠释了安全是掌握在每个人手中的真理，把安全理念、安全文化送进职工心中。据统计，巡回演讲活动已在全市32家企业共计演讲51场，有近2万人在活动中受益。

6月29日，巡回演讲活动在京煤集团启动并进行首场演讲。市安全监管局副局长蔡淑敏，市总工会副主席高小强，京煤集团党委副书记常海波、总工程师何孔翔等出席。京煤集团二级公司安全生产负责人共计200余人参加此次活动。

7月30日，巡回演讲活动，在燕山石化档案馆报告厅举行。燕山石化机关部门负责人、二级公司安全生产负责人约300人聆听演讲。活动中，参会人员首先观看了市安全监管局拍摄制作的安全生产典型事故案例教育片《以生命的名义》。随后，演讲员为燕山石化的员工带来了一场精彩的演讲。排水集团演讲员李浩通过亲身经历的一次空调安装事故，进一步强调安全生产不能麻痹大意，不能懈怠；建工集团演讲员刘雅周通过身边小事向观众普及安全生产知识，呼吁大家要时刻注重生产安全，确保岗位操作安全；来自燕山石化的员工也表演了自创的以安全生产为主题的快板《安全是福》，形式活泼、寓教于乐。演讲中还穿插安全问答互动环节，燕山石化广大员工热情参与使活动气氛达到高潮。活动后，在场观众感言：演讲中反映的事故案例真实典型，发人深省，给自己上了一堂生动感人的思想教育课。

8月2日，巡回演讲活动走进金隅集团，在北京水泥厂、北京建材科研总院进行两场演讲。金隅集团副总裁郭燕明、工会主席臧峰出席活动并讲话。上午，演讲团首先来到北京水泥厂，为水泥厂300余名新入职员工、一线工人作了一场生动的安全生产主题演讲。下午，演讲团在建材科研总院为200名技术研究人员宣讲安全生产的重要意义。

8月7日，巡回演讲活动在建工集团举行。建工集团安监部门管理人员、一线职工约300人聆听演讲。演讲中还穿插安全问答互动环节，建工集团广大员工热情参与使活动气氛达到高潮。

8月10日，巡回演讲活动在中建一局举行。中建一局机关部门负责人、一线职工约300人聆听演讲。来自一线的演讲员为中建一局的员工带来了一场精彩的演讲。中建一局领导对演讲员的生动演讲致以诚挚感谢，同时要求公司职工要以演讲中反映的事故案例为戒，强化安全生产重要性认识，进一步落实各项安全生产规章制度，确保各项任务安全运行。

8月14日，巡回演讲活动走进中建交通建设集团地铁14号线22标工地，为奋战在施工一线的工人师傅带去一场精彩演讲。演讲员通过讲述亲身经历的典型事故案例，向职工普及安全生产知识，呼吁大家要时刻注重生产安全，确保岗位操作安全，演讲扣人心弦、寓教于乐，引起在场职工的强烈共鸣。演讲中还穿插安全问答互动环节，现场工人师傅们的热情参与使活动气氛达到高潮。为了进一步加深大家对工地安全的认识，演讲员还把工地安全生产规章制度总结成顺口溜，朗朗上口，易学易记，最后在现场全体工人师傅的背诵声中，此次演讲活动结束。

8月22日，巡回演讲活动走进北辰集团。活动在五洲会议中心举行，北辰集团副总经理吕健、安全生产与保卫部和企业员工400余人出席演讲活动。来自一线的演讲员就消防安全、交通安全、生产安全等内容进行了演讲。其中演讲《一个烟头引发的悲剧》、《空调惊魂》等涉及人员密集场所安全生产，引起了在座商场一线职工的强烈共鸣，演讲员通过自己亲身经历和身边小事向观众传达了“安全生产无小事”的切身体会。

8月27日，巡回演讲活动走进北京地铁运营公司。地铁运营公司机关部门负责人、二级公司安全生产负责人、一线职工约300人聆听演讲。来自公交集团、北京铁路局等单位的四位演讲者，以身边发生的事故为案例，声情并茂地讲述了安全生产的重要意义。活动中，演讲员还对生产一线的广大职工发出倡议：增强安全生产责任感、使命感，从我做起、从点滴做起。整个演讲历时1个小时，不时赢得听众阵阵掌声。演讲结束后，现场观众反映：平常讲安全，大多都是以文件传达的形式，此次演讲借助生产一线员工进行现身说法，效果很好。

10月15日，巡回演讲活动在二商集团举行。二商集团各企业主管安全的领导、工会主席，安保干部和部分职工代表200多人聆听演讲。活动中，演讲员紧紧围绕“抓基层、打基础、查隐患、降事故”这条主线，突出“以人为本”，讲述一线工人排查隐患、防范事故的典型经验，讲述安全员制止“三违”的铁面无私，讲述基层单位落实岗位安全责任、强化现场管理的生动细节。

11月30日，巡回演讲在首旅集团举行。首旅集团各二级公司及下属企业、直属企业员工近400人聆听了演讲。来自建工集团、京城机电、公交集团和北京铁路局等单位的演讲者，以发生在自己身边、工作中，或是亲身经历，一件件、一桩桩身边发生的事故为案例，从不同的角度、用生动、精练的语言，声情并茂地讲述安全是企业生命线、安全责任重于泰山的道理，讲述了牢记事故教训、杜绝违章、筑牢安全生产的防线，同时也诠释了关爱生命、关注安全的重要意义。

12月27日，安全生产演讲活动在首农集团三元礼堂举行，包括公司安全生产负责人及一线工作人员在内的300余名职工聆听了演讲员的演讲。伴随首农集团演讲结束，2012年“安全在我身边”巡回演讲活动圆满落幕。（王宇）

【“安全伴我在校园，我把安全带回家”主题征文活动】 7月至12月，市安全监管局联合市教委、北京青年报社在全市中小学范围内组织开展了第三届“安全伴我在校园，我把安全带回家”主题征文活动。本届征文活动按照组织命题、作品征集、专家评选和总结表彰四个阶段组织开展。承办单位聘请中小学优秀语文教师命题，并由专家评委会对参赛作品进行评奖。在全市中小学生的参与下征文活动取得圆满成功，全市17个区县近6000名中小学生踊跃投稿，小学组、初中组、高中组各评选出一等奖作品10篇，二等奖作品20篇，三等奖作品30篇。获奖作品在《北京青年报》、《中学时事报》、《北京少年报》、《作文宝典》专版及专栏中进行刊登。市安全监管局还精挑细选出30篇获奖作品，让小作者们走进北京城市服务管理广播《安全新干线》栏目进行了节目录制并播出。这些作品大多立意不凡、见解新颖，小作者们以开阔的视野、亲身的实践、丰富的想象、认真的态度、流畅的文笔看安全、想安全、写安全、议安全，从不同视角对安全进行了阐述，触动人心，发人深省。（王宇）

【“十八大”安全生产新闻宣传】 自9月11日，“十八大”安全生产保障专项执法检查行动启动后，市安全监管局共组织北京电视台、《北京日报》、北京电台等30余家新闻媒体，刊发新闻报道353条。其中，北京电视台播报27条，《北京日报》报道16条，都市媒体刊发56条，北京电台及网站发布254条。另外，通过“北京安监”官方微博发布博文203条，网友评论、转发415次。其中，约谈“如家”酒店的消息受到各级领导和社会公众的高度关注，新闻报道转载上百条，《京华时报》、《中国新闻网》等4家媒体专门发表评论，国务院领导看到报道后作出重要批示，充分肯定北京做法，并要求全国各地学习借鉴。（王宇）

【安全文化建设示范企业创建工作】 9月，市安全监管局根据《国家安全监管总局关于开展安全文化建设示范企业创建活动的指导意见》的精神，制定下发了《关于开展2012年度北京市安全文化建设示范企业评选工作的通知》，在全市各企业广泛开展2012年北京市安全文化建设示范企业创建工作。截至10月18日，共收到各区县安全监管局、市属企业推荐申报2012年北京市安全文化建设示范企业材料52份。

10月19日，专家评审组对上报的52家企业的材料进行了初审，初审以查阅资料、专家评分和讨论相结合的形式进行，共筛选出20家在安全文化建设方面表现突出的优秀企业，进入现场评审阶段。

10月25日至30日，专家组依据《北京市安全文化建设示范企业评定标准》，对材料初审入围的20家企业安全文化建设进行了现场考察和综合评审。现场评审以座谈、查阅资料、提问和实地评审相结合的形式进行。通过现场评审，对企业安全文化建设情况进行现场抽查和量化评估，评审企业安全文化建设的实际水平，对企业安全文化建设情况做出专家考评结论。至此，2012年北京市安全文化建设示范企业评审工作圆满结束。

2012年，全市各创建单位高度重视企业安全文化建设，安全承诺落实，企业班、组安全管理扎实有效，企业安全文化建设各具特色、可视性好，安全文化建设示范企业创建工作得到有效落实。根据《国家安全监管总局关于开展安全文化建设示范企业创建活动的指导意见》和《北京市安全生产监督管理局关于开展安全文化建设示范企业创建活动的指导意见》总体要求，为了公开、公平、公正地评选出具有示范作用的安全文化建设企业，市安全监管局依据《北京市安全文化建设示范企业评定标准》，制定了详细的评审方案，组织企业安全文化建设专家队伍，确定了评审步骤和评审要求。按照材料初审、现场考察和综合评审的步骤，对申请2012年北京市安全文化建设示范企业的52家企业安全文化建设情况进行了评审。评审过程中，专家组深入企业，深入生产现场和班组一线，就评审中的问题与企业领导、安全管理人员、员工进行了面对面的交流和座谈，深入了解和掌握企业安全文化建设的实际情况，提出改进的意见和建议，并对企业的安全文化建设进行现场评估。按照专家组评审的综合评分，提出18家企业获局党组会审定通过。其中北京云冶矿业有限责任公司、北京经开投资开发股份有限公司被推荐参加全国安全文化建设示范企业的评选。

（王宇）

【“安全生产一线行”活动】 自9月起，市安全监管局启动了“安全生产一线行”专题采访工作。围绕全市安全生产工作重点，分别以“安全管理潮头的领航者”、“城市生命线上的安全战士”、“安全线就是生命线，中小企业的安全生意经”、“安全好人”为主题，对重点大型企业，城市运行领域重点企业，小型企业等不同规模和类型的企业进行一线采访和报道，深入反映本市各企业、各单位对内精于管理，创新手段，确保职工安全，对外忠于职守，加强保障，确保市民平安和城市运行安全的工作措施、工作经验。同时，注重挖掘基层先进人物典型，选取燕山石化公司消防支队队员、地铁运营公司列车驾驶员、排水集团防汛应急抢险队队员，以及通州区街道安全员等作为报道对象，宣传典型人物、典型事迹，弘扬安全人踏实敬业、无私奉献的优良品质，感染、引领、带动安全战线职工克己奉公、踏实工作，为安全监管事业继续努力奋斗。一方面，广泛发动各类新闻媒体。专题采访活动共邀请北京新闻广播、城市服务管理广播、千龙网、《北京晨报》、《中国安全生产报》、《劳动保护杂志》、《现代安全杂志》、《中国安全生产杂志》8家新闻媒体先后组织一线集中采访近20次。另一方面，注重采访安排的针对性。研究各媒体的报道特点和偏好，针对都市媒体注重新闻时效性，倾向于体验式报道的特点，为都市媒体重点安排一线跟踪体验，并邀请普通职工接受采访；同时，结合行业媒体报道篇幅大，侧重深度报道的特点，注重挖掘和提供背景材料，并着重安排深入访谈。为各类新闻媒体的报道提供条件。采访活动结束后，做好与各新闻媒体的持续沟通工作，对媒体提出的补充采访需求及时给予协调落实。对媒体发稿情况进行持续跟进，确保各新闻媒体按照计划如期刊发稿件。此外，为进一步深化报道效果，与各媒体记者充分沟通，挑选部分优秀稿件，在各重点互联网站，以及市安全监管局官方微博进行转发，有效扩展新闻报道覆盖面。活动开展以来，报道组先后走访14个基层企业，宣传企业一线典型人物4人，刊发各类稿件70篇，相关稿件被各大网站转发百余次，宣传效果明显。

9月19日，市安全监管局组织《北京晨报》、千龙网、北京新闻广播、城市服务管理广播、《中国安全生产报》等8家新闻媒体，正式启动了“安全生产一线行”专题采访工作。第一站来到北京地铁运营公司昌平线，走访了拥有28年驾龄，72万公里安全行车无事故的地铁老司机王刚，深入一线探访首都地铁安全运营的真实故事。采访过程中，记者们先后与驾驶员王刚，以及地铁昌平线有关负责人进行交流座谈，听王刚讲述多年以来自己和身边同行的安全驾驶经历。

10月11日，报道组来到了系列采访的第二站——北京排水集团应急抢险队，与抢险队队长王长兴进行了深入交流。从王长兴身上，看到了一个普通排水人的辛劳和朴实，感受到普通排水人面对安全工作的严谨作风和乐观胸襟。

10月12日，“安全生产一线行”专题报道组前往通州区于家务乡采访安全员车鹏飞，以及两家重点企业，瑞中天明有限公司和展辰化工有限公司。车鹏飞是2009年通过考试正式进入于家务乡安监科，经历了3年的积累，从一个完全不懂安全的“门外汉”逐渐成为“专家”，他主讲有几百场，内容紧紧联系辖区安全工作实际，深受乡里各企业和普通老百姓的欢迎，在平凡的安全岗位上传递着安全知识和理念。在瑞中天明有限公司和展辰化工有限公司，对两家企业各具特色的安全管理理念和管理方法，以及企业安全文化建设，企业职工安全意识培养等进行了深入了解。采访中，两家企业利用先进技术提升安全管理水平的工作成效，以及“投入保安全，安全促效益，效益奖安全”的安全生产良性循环管理理念令人印象深刻。企业用正向激励和评优评奖等方式取代了以往“以罚为主”的管理方式，在企业内营造了员工人人争当安全模范，人人重视安全行为的良好氛围，强化职工安全意识，保证了企业安全管理水平的持续改进和不断好转。

10月18日，“安全生产一线行”专题报道组对丰台区安全生产典型企业开展新闻报道。报道组在对北京北整长欣整流器有限公司的采访中，记者深入了解了这家拥有200多名员工的镇办企业的安全工作情况，听企业负责人和员工介绍本单位如何在领导身先士卒的管理带动下，通过加大管理投入，强化制度落实，规范安全管理，利用一年多的时间，从一个安全条件落后，各类安全事故频发的单位，迅速转变为一家通过安全生产标准化认证，获得丰台区安全生产标准化优秀单位称号的发展历程。采访组到中石化长辛店油库，深入了解了这座承接着全市4座油库和首都机场用油需求的大型企业的安全管理工作经验，前往油库储油罐区，体验企业严谨细致的安全保障工作。

10月19日，“安全生产一线行”专题报道组到坐落于大兴区黄村镇的京冶轧机轴承制造有限公司采访。这是一家主要从事大型风车发电机设备轴承生产的企业，企业通过加大研发力度，有效降低生产过程中的危险系数，强化企业安全作业条件。在安全生产管理创新方面，企业返聘国有企业退休人员主抓安全，借鉴他们成熟的管理经验，融入到生产的方方面面。通过分步实施、分类指导、以点带面的方式，建立起一套“三级”安全管理机制。

10月30日，“安全生产一线行”专题报道组先后赴燕山石化集团，对燕山石化公司橡胶一厂，燕山石化消防支队进行了走访，详细了解企业各具特色的安全管理经验。在燕山石化橡胶一厂，安全部负责人介绍这个2010年重组建成的新工厂，如何实现了安全管理的“触底反弹”，从2011年11个月被公司挂牌考核，几乎月月有问题，到2012年连续6个月直接作业环节无违章，在燕山石化公司173项检查中，只有一项存在轻微问题，成为公司安全管理的“新标杆”。在燕山石化公司消防支队，采访组的记者们认识了这支肩负燕山石化集团和燕山地区“双重”消防保卫任务的集体，同时了解到这支3年内赢得20多项先进集体荣誉的“消防铁军”背后的艰辛故事。

10月31日，采访组按照计划来到了大栅栏街道。大栅栏街道安委办的工作人员们蹲点儿考察，努力探索破题之道，创造出“1 5 3 3”安全监管模式，实施了“一个平台、五类安全、三项机制、三个层面”的安全生产工作模式，建立安全生产统筹协调的工作体系，提高工作效率，提升企业安全水平，保障地区安全生产形势稳定。采访组跟随着街道工作人员来到了内联升、东来顺等“老字号”参观，无论是企业员工，还是普通百姓，安全意识之强，安全自救知识之熟悉，令记者印象深刻。（王宇）

【第六届北京安全文化论坛】 11月27日，由市安全监管局、中国石油大学（北京）和北京市科学技术研究院主办，国家安全监管总局国际交流合作中心、中国安全生产科学研究院、清华大学公共安全研究院、首都经济贸易大学特大城市经济社会发展研究院等单位共同协办，以“安全·健康·发展”为主题的第六届北京安全文化论坛在北京会议中心隆重举行。

国家安全监管总局副局长杨元元，北京市政府副市长苟仲文，国际劳工组织北京局局长霍百安出席论坛并讲话。开幕式由市政府副秘书长戴卫主持。市安全监管局局长张家明参加论坛并进行演讲，中国石油大学（北京）校长张来斌、国家安全监管总局国际交流合作中心主任柏然等出席此次论坛。论坛以“安全·健康·发展”为题，倡导安全共建和安全共享，全面提升以人为本的安全生产理念，稳步提高应急保障能力和职业健康保障能力，推动本市安全生产和职业健康水平不断迈上新的台阶，为安全生产发展作出应有的贡献和努力。第六届北京安全文化论坛历时一天，来自美国、阿联酋、中国香港等国内外的安全领域的知名专家学者分享了他们的研究成果，并同现场观众进行互动交流。论坛同时设置了高层研讨环节，北京交通大学宋守信教授，美国Quality Safety Edge公司副总裁Christian Ingle，清华大学公共管理学院副院长彭宗超，中国矿业大学（北京）资源与安全工程学院党委书记傅贵教授分别进行了演讲，同时参加高层研讨会的与会人员还围绕特大城市的安全发展、科技兴安以及安全责任如何落实等话题，进行了热烈的探讨。

全市各区县、各行业部门负责人，企业负责人，以及各高等院校、研究机构的700余人参加论坛。新华社北京分社、《北京日报》、《中国安全生产报》等10余家新闻媒体对论坛作了报道，新华网、千龙网、首都之窗进行了图文直播。（王宇）

【安全生产宣传品制作】 2012年，市安全监管局围绕近年来本市发生的安全生产事故，编辑制作了典型事故案例宣传片《以生命的名义》，发放至全市各区县和重点企业2000套，并在全市数字影院播放4000场次，以起到警示从业人员安全行为的作用。制作全市“打非治违”专题片《刻不容缓》，得到市领导的高度评价，认为该片“画面震撼，引人深思”。密云县政府制作的非煤矿山《打非治违专题片》，荣获第三届中国安全生产电视作品大赛特别创作奖。此外，广泛开展安全生产宣传品设计开发工作，紧密围绕安全生产中心工作，编辑制作并下发首都市民安全知识手册等宣传用品约12万份，得到广大基层单位和群众的一致好评。（王宇）

【“直击安全现场”活动】 2012年，安全生产月活动期间，本市集中开展各类安全生产专项执法检查，组织开展了丰富多彩的宣传教育活动。为了扩大各项宣传工作和专项执法的社会影响力，引导、震慑生产经营单位严格依法开展生产经营活动。市安全监管局宣传教育中心在北京电视台、北京电台、《北京日报》、《北京晚报》等新闻媒体开办了“直击安全现场”宣传专栏。在市有关部门和单位的配合下，先后对15次重点执法和宣传工作进行现场报道，检查范围覆盖危险化学品、固体矿山、有限空间作业、人员密集场所、建设施工工地、工业企业和交通运输行业等重点行业领域。通过“直击安全现场”活动，对北京兴利工贸有限公司、北京音像大厦、北京爱义行汽车服务有限责任公司部分门店等生产经营单位的安全隐患进行了曝光，在各新闻媒体组织播发新闻稿件共计117篇。（王宇）

【安全生产电视宣传报道】 2012年，市安全监管局以新闻发布会、专题参访栏目、重点会议活动跟踪报道等方式与北京电视台通力合作，加强本市安全生产电视宣传力度。利用北京电视台“直击安全现场”专题栏目，对生产经营单位违反安全生产法律法规的行为和发生重特大事故的单位进行曝光，并对事故查处情况及“12350”举报投诉情况进行报道；在《北京新闻》对执法检查情况、安全生产月等重点工作进行宣传报道；在《北京您早》栏目发布节假日安全生产提示，同时以滚动字幕的形式在《都市晚高峰》、《晚间新闻报道》、《特别关注》等新闻栏目发布烟花爆竹、冰雪天气、大风天气、“打非治违”、春季安全、防汛安全、高温天气等提示；在北京电视台，北广传媒城市电视、移动电视、楼宇电视等平台，播出由市安全监管局录制的动漫版烟花爆竹安全零售宣传片，累计播放300余次。与北京电视台科教频道合作，开辟“大家说法”安全生产专题节目，围绕安全生产典型事故案例，制作播出了4期节目，受到了广大观众的欢迎。市安全监管局通过与媒体共同搭建的安全生产工作视窗，让从业人员及广大群众通过多种形式、多种渠道了解安全生产工作及相关知识，从而关注安全生产工作，增强安全生产意识，认识安全生产重要性。（王宇）

【安全生产报刊宣传报道】 2012年，市安全监管局不断加强报刊媒体宣传，形成多角度、深层次的宣传报道。与《中国安全生产报》继续办好“首都安全”专版，充分发挥驻北京记者站作用，深入区县、乡镇街道和企业进行采访，共刊发首都安全专版22期、北京市安全生产工作新闻249条。另一方面，继续加大新闻宣传力度，与主流新闻媒体沟通，重点策划《北京日报》“安全生产视点”专栏，《北京晚报》“12350”百姓安全身边事专栏，围绕“十八大”安全保障、“护航”行动、“打非治违”专项行动进行宣传报道，共刊发专题稿件81期。同时结合本市安全生产重点工作，通过专题采访、跟踪报道等形式，加强新闻媒体对安全生产重要措施、重点工作的报道。组织《北京日报》等新闻媒体，围绕“打非治违”专项行动、“护航”行动第二战役、安全生产月活动、煤矿企业实现安全生产“零死亡”、安监系统优秀女干部、防汛安全、“十八大”安全生产保障等工作进行宣传报道。据统计，截至12月底，共刊发稿件近3000篇。（王宇）

【舆情监控】 2012年，市安全监管局制作《安全生产每日舆情》248期，《安全生产每月舆情分析》12份。对西城区“4·1”灼烫事故、朝阳区“5·5”坍塌事故和朝阳区“10·22”违法建设事故的媒体报道情况专门制作了事故舆情专报，为及时洞悉媒体宣传导向，做好新闻舆论引导，辅助领导决策起到了很好的作用。（王宇）

【安全生产网络宣传】 2012年，市安全监管局利用互联网、微博等新媒体进行安全生产新闻宣传，协调各大网络媒体发布新闻260余条。加强政务网站和政务微博“两网”建设，完成政务网站全新改版，重点突出了信息公开、在线服务和公众参与三大功能定位。“十八大”保障工作期间，在局政务网站推出“十八大”安全生产保障专项执法检查行动专题网页，实时发布工作动态，专题点击量达上万次。利用局官方微博和新闻发言人微博发布博文1001篇，及时发布安全监管工作动态，普及安全生产知识，回复网友咨询和关切，加强了同网民的互动交流。自开通以来，市安全监管局政务微博和新闻发言人微博收到网友转发、评论共计7162条，粉丝数量合计40.3万余人。（王宇）

安全生产法制建设

【北京市安全生产五年立法规划】 1月，市安全监管局印发了《北京市安全生产立法规划（2011—2015）》（京安监发〔2012〕1号），该文件结合近年来首都安全生产监管工作呈现的新形势、新特点，以及法规标准体系中存在的问题，明确了本市安全生产的立法思想、基本原则，统一规划了立法任务。

（冯羽洁）

【安全生产行政执法调研】 5月，市安全监管局、北京煤监局组织开展了北京市安全生产行政执法情况调研。调研采取了听取汇报、实地考察、座谈讨论和书面调研等方式进行。经过近3个月的调研，形成了调研报告。调研报告对北京市行政执法专门机构、专职队伍建设情况，规范安全生产日常监督检查、行政许可、事故调查处理情况，开展行政执法监督和行政复议、行政应诉情况等，进行了摸底和分析，并收集研究了行政执法及执法监督中的热点难点问题，提出了加强和推进行政执法和完善法制、体制、机制方面的意见和建议。（冯羽洁）

【2013年地方立法项目】 7月，市安全监管局组织召开推进规章立法培训会，邀请市政府法制办有关领导和专家进行专门指导，全面梳理需要立法解决的问题。其间，市安全监管局组织进行调研、座谈，使一批立法意向逐渐成熟，具备了立项基础。

按计划，市安全监管局向市人大常委会申报了《北京市危险化学品安全管理办法》，作为市人大常委会立法规划项目；向市政府法制办申报了《北京市建设项目安全设施“三同时”监管办法》和《北京市安全生产应急管理规定》等5个市政府规章立法意向。（冯羽洁）

【行政处罚案卷评查活动】 8月，市安全监管局在全市案卷评查中取得了良好的成绩，参评案卷均为优秀，其中1卷为满分。9月，组织专人从全市16个区县抽调72份安全生产行政执法案卷，进行了严格的评查。从评查的结果看，案卷质量普遍较高，行政处罚实施不清、证据不足、适用法律法规不够准确的现象大幅度减少，体现出基层行政执法人员的法制观念不断加强，安全生产执法质量明显提升。（冯羽洁）

【安全评价机构专项整治】 9月，市安全监管局召开全市安全评价机构深化专项治理工作会，对本市开展深化专项治理活动进行了部署。在安全评价机构专项整治工作中，坚持深化专项治理工作与党风廉政建设、安全监管政风行风建设工作相结合，邀请驻局纪检监察机构派员全程参加，深入现场，直接与评价机构管理人员对话，查找各级安全监管部门在资质审批和日常监管工作中存在的可能影响部门权威性和政府公信力等风险点，制定防控措施。同时，向社会公布了市安全监管局纪检监察部门和投诉举报中心的联系方式，充分发挥媒体和群众的监督作用，努力构建政府监管与社会监督有效结合的监管体系。

在对评价机构的日常监管工作中，改变工作思路，抓好自查与抽查相结合、表彰先进与查处违规相结合、日常管理与年度考核工作相结合，对评价机构进行指导、帮助。创新方式方法，引入信息化建设等科技手段，增加评价机构信息公开与报送业绩相联动的模块，实现市安全监管局政务网站可浏览各评价机构的公开信息，机构报送业绩自动进行技术支撑统计等功能。

在行政许可环节，严格行政许可工作，保证公平、公正。同时秉承“便民、高效、服务”的原则，为各机构咨询的问题进行耐心解答。是年，共办理甲级安全评价机构资质业务范围增项审核10项、变更登记审核14项、乙级资质升级为甲级资质1项；办理乙级资质许可1项；办理甲级检测检验机构资质延期1项、扩项2项、变更2项；安全评价师初次登记545人次，变更登记审核101人次，办理审核咨询材料689项次。（冯羽洁）

【安全生产行刑衔接机制】 10月，市安全监管局组织起草了本市安全监管系统行政执法与刑事司法衔接（行刑衔接）工作规程和案件移送标准。工作规程主要面向日常执法检查中发现的涉嫌犯罪案件，事故调查刑事案件移送按照有关规定执行。根据有关法律和司法解释关于具体罪名、犯罪构成和立案标准的规定，明确了安全生产行刑衔接案件的移送标准。除了事故犯罪之外，还梳理了非法经营、渎职侵权犯罪的标准。
（冯羽洁）

【行政审批制度改革】 2012年，市安全监管局积极开展行政审批制度改革工作，对照法律法规对行政审批事项逐一清理，查找行政审批工作中存在的深层次问题，按照“集中审批、清晰事权、规范流程、优化服务、阳光审批”的总体原则，以“两集中、两到位”为主要方向，综合考虑前台和后台相互关系，稳步推进行政审批制度改革。其间，市安全监管局局长张家明多次召开专题会，听取汇报，对该项工作提出了明确要求和指导意见。市安全监管局副局长汪卫国多次带队调研，研究办法草案，对该项工作进行具体部署。

10月27日，《关于推进行政审批制度改革的工作方案》（京安监办发〔2012〕56号）文件正式印发。10月31日，市安全监管局召开专题会，调度、部署《方案》落实工作，会议决定正式启动行政审批办公室（临时）工作机制。制订《北京市安全生产监督管理局行政许可工作管理办法》（草案），对16项行政许可事项进行全面梳理，进一步简化审批流程，规范审批行为，强化审批职责和考核监督。
（冯羽洁）

【局务会“会前学法”】 2012年，市安全监管局制定了“会前学法”工作制度。“会前学法”制度，是市安全监管局强化干部学法、用法意识，进一步提高依法行政能力水平所采取的特色培训新尝试。按照年度学法计划，市安全监管局共开展了职业病防治、行政强制执行、行政复议应诉制度、生产安全事故行政处罚的法律适用等20次专题学习，推进市安全监管局领导干部学法经常化、制度化。
（冯羽洁）

【安全生产地方标准建设】 2012年，市安全监管局针对首都城市运行领域的特点，以及日常安全生产监管的难点问题，深入研究，抓紧安全生产地方标准的制订工作。完成《机动车维修场所职业卫生技术规范》、《地下有限空间作业安全技术规范　第2部分：气体检测与通风》、《液氨使用与储存安全技术规范》3项地方标准的送审工作和《物联网应用技术规范　危险化学品生产经营场所》1项地方标准的申请终止工作。此外，还完成了《高处悬吊作业企业安全生产管理规范》、《用人单位职业病危害现状评价技术导则》、《北京市加油加气站外观形象管理规范》、《实验室危险化学品安全管理规范》等6项地方标准的立项申报工作。（冯羽洁）

【安全生产法制宣传教育】 2012年，市安全监管局研究制订了《北京市安全生产监督管理局安全生产法制宣传教育第六个五年规划》。是年，市安全监管局继续创新普法教育的方式方法，以培训教育为基础，以新闻媒体宣传为依托，开展了形式多样、丰富多彩的法制宣传教育活动。
（冯羽洁）

【制订建设项目安全设施“三同时”备案办法】 2012年，为贯彻国家安全监管总局36号令，市安全监管局研究起草了北京市建设项目安全设施“三同时”备案办法，经局务会审议后通过。该办法政策性强、涉及面广，局相关处室多次与市政府有关部门、有关区县安全监管局、安全评价机构进行了专题座谈研讨，同时还对具体项目进行跟踪调研。该办法结合本市实际，规定了实施建设项目安全设施备案管理的行业领域，规定了市级重点建设项目的范围，明确了有关安全措施规定的衔接适用，提出了已经建成投产项目“三同时”事项处理要求。（冯羽洁）

【规范性文件审核备案】 2012年，市安全监管局起草了《行政规范性文件管理办法》。该办法对行政规范性文件的概念、起草和报审程序进行了界定，对规范性文件的起草、审核、征求意见、报批等实施环节予以规范。（冯羽洁）

【制订安全生产行政执法意见】 2012年，在广泛调研和听取各方面意见基础上，市安全监管局起草了《关于进一步加强安全生产行政执法工作的意见（代拟稿）》，并参加国家安全监管总局组织的8个省市研讨会，对代拟稿进行了修改完善。代拟稿分为提高思想认识，明确任务目标，创新工作方法，完善执法机制，加强制度建设，规范执法流程，强化监督问责，提升执法效能，夯实基层基础，推进队伍建设等5个部分，提出了30项措施和意见。（冯羽洁）

【调研区县执法检查工作】 2012年，市安全监管局以监督、指导、服务为出发点，对全市执法监察和处罚基本数据进行了汇总、分析，查找问题，分析原因，研究对策。从全市执法处罚金额数量看，2011年处罚金额最多的区县是最少的30倍。执法人员和规模发展水平相当的区县，执法力度与监察频次差别也较大。对此，市安全监管局会同有关科研单位对本市安全生产行政执法差异情况进行了深入研究，力求从深层次分析产生差异化的原因及对策措施。在对各区县执法差异客观分析的基础上，完成了调研报告，并根据调研报告的结果，对区县开展个性化的指导、服务，全力提升行政执法能力和监管水平。

（冯羽洁）

【编制行政执法典型案例评析】 2012年，市安全监管局组织开展安全生产行政执法典型案例评析编写工作，从全市约200件案例中进行筛选，选取了20件典型案件，进行了分析、研讨，组织有关人员编写了案例评析。编制案例的同时，组织各区县选报了本区县法制部门案卷评查的优秀案卷，汇编入册，从案例、案卷两个方面，为了一线执法人员提供指导和支持，实现执法部门与法制机构的有效沟通和良性互动。

（冯羽洁）

【行政处罚统计分析制度】 2012年，市安全监管局进一步健全完善了安全生产行政执法统计有关内容，实现安全生产警示信息制度、监督检查信息公开、企业信用信息归集等方面的数据口径统一。提出了行政处罚、复议应诉及执法资格管理3个部分、6个统计表的调整修订意见，基本涵盖了常用的行政处罚及信用信息归集方面的需求。在此基

础上，起草了统计分析制度，对分析的期限、分析的主要内容及分析报告的基本格式做出了规定。（冯羽洁）

【行政执法依据公开和动态管理】 2012年，按照《国务院关于加强法治政府建设的意见》（国发〔2010〕33号）、《北京市人民政府关于加强法治政府建设的实施意见》（京政发〔2011〕20号）等文件要求，市安全监管局对行政执法依据进行全面清理，修订完善了2006年公开的行政执法主体的30项依据和目录，272项行政处罚、13项行政许可、5项行政强制措施的名称和法律依据。于翌年1月1日起，对相关行政执法依据进行实时管理，并按月进行政务网站的公开更新。（冯羽洁）

【行政处罚自由裁量规范】 2012年，根据《安全生产行政处罚自由裁量适用规则（试行）》、《北京市关于规范行政处罚自由裁量权的若干规定》（京政发〔2007〕17号）等规定，结合2011年市政府绩效考核要求，市安全监管局对2010年8月以来制定修订的约20部法律、法规、规章进行了系统梳理，研究拟订行政处罚自由裁量标准。根据依法裁量、公正公平、实用易行的原则，综合考虑违法行为的主体、对象、内容、方式、时间、空间、后果等因素，围绕行政处罚的具体规定选取裁量方法，划分出行政处罚的不同档次。主要裁量方法共有7种，裁量方法主要包括：违法所得、发生事故或者职业危害程度、项目投资额、违法行为期限、违法行为方式、违法行为当事人数量和违法行为的场所、设备、构成要素数量等。（冯羽洁）

【安全生产行政复议应诉工作】 2012年，市安全监管局共受理3起行政复议案件，作为被申请人的行政复议1起，申请人民法院强制执行案件1起。市安全监管局受理的3起行政复议已经办结，均维持了区县安全监管局的行政处罚决定。案件办理过程中，一是重视化解争议，与申请人充分沟通，了解他们的诉求和理由，向他们解释有关安全生产法律法规。对其中1起申请人为个体工商户的复议案件，基本上保持每周与申请人电话沟通，询问相关情况，避免出现过激事态。二是指导做好复议和应诉准备工作。三是通过复议案件，加强对有关行政处罚法律适用的研究和指导。对于市安全监管局作为被申请人的案件，严格依照有关法律法规的规定，会同有关单位，做好行政复议答复工作。

（冯羽洁）

【安全生产行政执法证件管理】 2012年，市安全监管局全力满足“十八大”安全保障关于紧急制证需要，主动协调，加快办理，为市和区县安全监管部门执法人员新办、复审、变更、补办、注销证件663人次，为乡镇、街道检查人员新办、复审、变更、补办、注销证件1485人次。市安全监管局持证人员合计103人，区县安全监管局持证人员合计1002人，乡镇、街道持证人员合计2432人。（冯羽洁）

安全生产科技

【矿山安全实验室建设项目竣工】 3月23日，市安全监管局组织专家组，对首都经贸大学承建的北京市安全生产技术支撑体系专业中心矿山安全实验室项目进行竣工验收。验收会议在首都经贸大学博学楼会议室进行。来自国家安全监管总局、中国安全生产科学研究院、京煤集团昊华公司等单位的专家组成的验收组听取了矿山安全实验室负责人关于项目建设、运行管理、财物审计等情况的汇报后，审阅了相关资料，并勘察了实验室现场。矿山安全实验室按照《北京市安全生产技术支撑中心矿山安全实验室建设方案》要求，完成了设备采购、安装、调试、性能检测和试运行等建设任务。实验室的设备、管理运行、专业人员配备均达到了实验室认证的基本条件。并在煤矿、金属非金属矿山和职业卫生等行业领域开展了相关技术服务，产生了较好的社会效益和经济效益。验收专家组经质询和讨论，一致认为项目已经完成了合同书规定的各项任务，符合国家安全监管总局规定的省级安全生产技术支撑体系专业中心实验室建设及验收有关规定，同意通过验收。

（李玉祥、刘曦）

【推荐重大事故防治关键科技项目】 4月5日，根据国家安全监管总局办公厅《关于组织开展2012年安全生产重大事故防治关键技术科技项目征集工作的通知》（安监总厅科技〔2012〕3号）文件要求，市安全监管局经过近3个月的广泛征集、认真筛选，在科研机构、高校和企业中共征集科技项目57项，其中48个优秀项目已通过初审向国家安全监管总局推荐。市安全监管局征集的科技项目来自25个科研机构、高校和企业，涉及矿山、轨道交通、大型油库、燃气管道、工业场所职业安全、建筑工地、有限空间以及尾矿库等关键领域和生产环节。其中，远东仪表公司申报的“北京市六环路天然气管线工程主干线音波测漏系统”，主要是解决长输管道测漏关键技术，通过超低频音波自动检测最小达2mm的泄漏孔径，实现在测漏后几十秒内自动关闭管路的目的；市劳保所申报的“作业场所职业危害预测、检测、评价及控制技术研究”将建立世界上第一套纳米颗粒暴露评价操作、接触限值标准，作为今后类似材料毒性筛查的参考标准等。

（李玉祥、刘自杰、刘曦）

【调研安全生产科技工作】 5月3日，市科委到市安全监管局就安全生产科技需求、重大科技项目立项等内容开展调研。市安全监管局重点汇报了《有毒有害危险化学品全过程监测装备产业化关键技术研究》项目情况。介绍了危险化学品监管工作现状，分析了技术法规标准体系、仓储监管、集中交易平台等方面的重大科技需求。介绍了开展危险化学品应急救援物资储备标准、不明化学物质快速检测、应急救援辅助决策系统及现场智能处置技术等方面研究的必要性和重要意义。市科委肯定了市安全监管局科技项目的组织工作并提出建议。（李玉祥、刘曦、罗旋）

【“科技北京”行动折子工程】 5月4日，市安全监管局召开会议，部署落实市委、市政府办公厅关于《“科技北京”行动计划2012年折子工程》相关内容。《“科技北京”行动计划2012年度折子工程》中，市安全监管局负责5个大项的落实工作，包括：继续做好

"京安"工程建设，提升信息化水平，完善安全监管信息平台功能，建设标准化系统、纪检监察系统，对执法检查、行政许可、隐患自查自报等系统进行优化完善；推动"智慧安监"建设，在矿山等重点行业领域开展物联网应用示范工程；完善煤矿物联网建设，实现风机开停等设备动态监控、井下主要岗点及工作面人员到位情况及隐患排查治理的过程监控；落实网络化地方标准，推进重大危险源安全监测监控主体责任落实，编制尾矿库等重大危险源监测监控系统设计建设方案模板并组织实施；实施露天和地下矿山安全生产试点工程，开展技术支撑专业实验室能力建设，拓展职业卫生检测范围。会议要求，市安全监管局参加《"科技北京"行动计划折子工程》落实的各处室和事业单位要高度重视、明确责任，尽快制定本部门负责的折子工程落实方案，保证每季度有进展情况汇报，并及时梳理折子工程落实过程中的工作亮点和好的做法、存在的问题、困难及工作建议，要加强统筹，积极协调，特别对涉及多部门共同完成的工程任务要加强督促，整体推进。

（李玉祥、刘曦）

【第十五届科博会接待任务】 5月22日至27日，第十五届科博会在北京隆重举行，根据市委、市政府的统一部属，市安全监管局负责接待新疆和田地区代表团。一是严格按照本届科博会接待工作协调会的要求开展工作；二是认真总结往年接待工作的不足和经验；三是落实责任，细化方案，派出一名联络员在本届科博会内宾接待工作小组的指导下全面负责接待工作。5月20日，市安全监管局派出的联络员进驻本届科博会代表团驻地。5月21日，市安全监管局有关领导到科博会代表团驻地看望和田地区代表团。会议期间，市安全监管局按照本届科博会内宾接待工作小组提出的工作要求和接待程序，引导、陪同和田地区代表团参加了本届科博会主题报告会、市委市政府招待宴会、领导参观专场等大型活动。同时，为和田地区的参展提供了优质服务和有力保障，接待任务圆满完成。5月25日晚，和田代表团离京，艾尼·苏里坦团长对市安全监管局在科博会期间的热情接待和周到服务表示衷心感谢。

（李玉祥、刘自杰、刘曦）

【签署战略合作框架协议】 6月16日，市安全监管局与北京石油化工学院战略合作框架协议签约仪式在北京石油化工学院隆重举行。市委常委、市教工委书记赵凤桐，副市长苟仲文出席了签约仪式。市安全监管局局长张家明与北京石油化工学院院长郭文莉分别在合作框架协议上签字并致辞。在签字仪式上，赵凤桐、苟仲文为"北京市安全生产科技创新研究院"、"北京市安全生产应急救援实训重点单位"、"北京市安全生产创新人才培养重点单位"揭牌。签约仪式结束后，与会领导还参观了北京石油化工学院焊接实验室、自动化实验室。（李玉祥、刘曦、罗旋）

【安全生产与职业健康展览会北京展区筹备会】 8月15日至17日，市安全监管局组织召开"第六届中国国际安全生产及职业健康展览会北京展区筹备会"，协调部署北京展区各项展览准备工作。由国家安全监管总局主办的第六届中国国际安全生产及职业健康展览会于9月18日在国家会议中心举办，有来自14个国家和地区的200家企业参展。筹备会邀请了北京国际科技服务中心等单位帮助策划。根据国家安全监管总局展会的整体要求和北京展区的具体展示内容设计了四套展示方案，并对室内外展区3D效果图、布展规划设计、展览经费预算等项目的审核提出要求。要结合北京安全生产科技发展实际，充分体现北京展区节约、简朴、大方的特点，保证展示项目的先进适用性，确保布展方式科学性、合理性和功能性，以最低的展示成本展示近年来北京市安全生产科技装备发展成果。（刘曦）

【筹备安全生产与职业健康展览会】 9月7日，市安全监管局召开会议，协调“第六届中国国际安全生产及职业健康展览会北京展区”应急救援指挥车辆布展工作，参加展示的10家集团公司及其救援队主要负责人参加会议。市安全监管局与参会各集团公司和应急救援队负责人深入讨论车辆展示方案和布展事项。9月16日，局长张家明检查展会准备工作，检查指导展台搭建工作，并提出安全要求。

（李玉祥、罗旋、刘曦）

【国务委员马凯参观展览会北京展区】 9月18日，国务委员兼国务院秘书长马凯出席第六届中国国际安全生产及职业健康展览会并最先参观了北京市安全生产应急救援装备和科技成果展区。马凯首先参观了北京市应急救援指挥与装备展示区，逐一察看了来自燕化集团、自来水集团、电力公司、公联公司、京煤集团昊华公司、养护集团、热力集团和燃气集团的应急救援车辆，并了解抢险装备在矿山、危险化学品、有限空间、城市运行保障领域以及在抗洪抢险中发挥的重要作用。随后，马凯参观了北京市安全科技成果展示区，对地铁模拟培训、燃气泄漏远程报警、救援机器人等技术产品进行了深入了解，强调要结合首都特点，高度重视涉及城市安全运行领域的技术研发和应用，坚决保障人员密集地区的广大市民的生命安全。国家安全监管总局局长杨栋梁、铁道部部长盛光祖、国务院副秘书长肖亚庆等领导陪同参观。（李玉祥、罗旋、刘曦）

【总局领导参观北京展区】 9月19日至20日，第六届中国国际安全生产及职业健康展览会举行期间，国家安全监管总局副局长孙华山、国家煤矿安全监察局副局长彭建勋、副局长黄玉治等参观了北京展区。孙华山等领导重点观看了由远东仪表公司展示的安全培训身份卡管理系统和消防安全虚拟培训系统。培训身份卡系统可快速识别具有二维码的从业人员安全培训证件，并具有GPS定位功能，可随时查询人员就业情况、工作位置以及安全培训相关信息，能够为北京市开展“全员大培训”工作奠定重要的技术基础；消防虚拟培训系统通过红外射频装置，配合屏幕模拟火灾现场，培训学员针对不同着火介质正确使用和选择消防设备。

（李玉祥、罗旋、刘曦）

【论坛、展览会总结】 9月25日，国家安全监管总局召开第六届中国国际安全生产论坛暨中国国际安全生产及职业健康展览会总结会，对本届论坛及展会活动情况进行了系统总结和交流讨论。会上，市安全监管局对北京安全生产科技装备展览专区的筹备组织、方案设计与实施、展出内容和形式、展出效果、观众组织及外宾接待等工作进行总结汇报。国家安全监管总局对北京展区的各项工作给予充分肯定，对北京市在配合国家安全监管总局办好本届论坛及展会中所做的协调及服务保障工作予以高度评价。（李玉祥 、罗旋 、刘曦）

【“科技兴安”提升科技支撑能力】 10月18日，国家安全监管总局在北京召开安全科技“四个一批”项目推进会。会议贯彻落实《国家安全监管总局关于加强安全生产科技创新工作的决定》精神，研究部署第一批安全科技“四个一批”项目共69项（即一批安全生产科研攻关课题22项、一批可转化的安全科技成果15项、一批可推广的安全生产先进适用技术14项、一批安全生产技术示范工程18项）实施工作。推进会上，中国煤炭科工集团、中国安全生产科学研究院、北京化工大学等“四个一批”项目承担单位代表发言。燕山石化教育培训中心、京煤集团昊华公司等单位负责人参加分组讨论。

（李玉祥、罗旋、刘曦）

【编制安全监管监察能力建设规划】 5月9日，市安全监管局召开会议，研究部署《北京市贯彻落实〈安全生产监管部门和煤矿安全监察机构监管监察能力建设规划（2011—2015年）〉实施方案》编制工作。会上，与会人员集中学习了国家发展改革委、国家安全监管总局联合发布的《安全生产监管部门和煤矿安全监察机构监管监察能力建设规划（2011—2015年）》，传达了局领导对《规划》实施方案编制工作的指示，通报了《〈规划〉实施方案》编制工作的总体安排。就开展安全监管监察基础设施和装备配备现状调研和安全生产监管监察6个专项能力建设规划编制工作进行了部署，明确了工作要求，落实了相应的责任部门。

（李玉祥、刘自杰、刘曦）

【调研丰台安全监管监察能力建设】 5月10日，市安全监管局到丰台区安全监管局调研安全监管监察能力建设工作，现场考察了丰台区安全监管局办公用房、监管装备、执法车辆配备现状，了解基础设施建设和装备配备的需求。丰台区安全监管局汇报了近几年监管监察能力建设的进展情况，随着监管队伍的壮大和监管工作的不断深入，丰台区安全监管局面临办公用房紧张、业务用房短缺、监管车辆不足、执法装备落后等突出问题。市安全监管局还调研了卢沟桥乡安全科办公用房、装备、车辆等方面的配备情况，并亲切慰问了基层安全监管人员。

（李玉祥、刘自杰、刘曦）

【调研基层安全监管监察能力建设】 5月10日至15日，市安全监管局到区县调研安全生产监管能力建设情况，并就乡镇街道机构和队伍建设情况深入卢沟桥乡、西潞街道办事处、林校路街道办事处等地进行调研。市安全监管局听取当地安全监管部门领导对基层机构和队伍建设情况汇报，并对各地积极推进安全监管机构和队伍建设表示了肯定。通过调查了解全市各乡镇街道（少数除外）安全监管机构的主要负责人能够享受科级或副科级待遇，而其他监管人员名单虽报所属区县安全监管局备案，但多数是临时聘用制。这些人流动性大，岗位对人员的吸引力小，有的实行岗位补贴，每人每月不足1000元，虽有地区差异，但总体待遇不高，严重影响了基层安全监管能力的稳定提高。调研指出，加强全市安全监管监察能力建设，更要从健全乡镇街道机构加强队伍建设入手，根据安全生产检查范围和需要，明确专职人员数量，规范工作要求，制定规范乡镇街道安全监管机构职责和工作任务，真正做到工作有机构、办公有场所、干事有专人、经费有保障。（李玉祥、罗旋、刘曦）

【调研石景山区安全监管装备及培训】 5月28日，市安全监管局到石景山区安全监管局就安全监管装备配备及安全培训工作进行调研。区安全监管局汇报了石景山区安全监管装备配备和安全培训的工作情况，同时针对区县、街道安全监管装备配备的现状和存在的问题进行了深入探讨和交流。在安全培训方面，石景山区安全监管局制订了分层次、有重点的安全培训计划，对党政领导干部、监管干部、企业负责人进行培训。市安全监管局介绍了国家发展改革委、国家安全监管总局关于监管监察能力建设规划有关内容，并就北京市如何贯彻规划与石景山区安全监管局进行了交流。（李玉祥、刘自杰、刘曦）

【调研通州区安全监管装备情况】 5月29日，市安全监管局到通州区对区县、乡镇安全监管装备配备情况进行调研。通州区安全监管局结合本区县安全监管现状以及安全监管装备需求进行了介绍。潞城镇安全科负责人介绍了该镇安全科的人员、装备、制度情况以及急需解决的问题。调研组参观了潞城镇安全科的办公场所，与安全生产检查人员进行了交流，充分肯定了通州区安全监管局在加强基层安全监管工作和规范管理等方面所做的努力，同时对潞城镇安全科在基层安全监管工作中的做法提出了表扬。（李玉祥、刘自杰、刘曦）

【安全监管监察能力建设研讨会】 7月6日，市安全监管局召开安全生产监管监察能力建设研讨会，对研究制订安全生产监管监察能力建设规划实施方案进行了总结和部署。会议通报了贯彻落实国家安全监管总局、国家发展改革委联合发布的《安全生产监管部门和煤矿安全监察机构监管监察能力建设规划（2011—2015年）》开展的宣传、现状调研及实施方案编制的等工作进展情况，介绍编制完成实施方案（讨论稿）的具体内容。会议提出了四点要求：第一，要系统梳理和总结各单位提出的意见，进一步修改完善方案；第二，实施方案要充分征求各区县安全监管局的意见，广泛吸纳基层单位的建议；第三，各部门要加强沟通，通力配合，对具体项目的建设目标、内容和进度反复推敲，确保科学可行；第四，实施方案要统筹考虑安全监管和煤矿监察能力建设的重点需求，并与市安全监管局在建项目很好衔接。（李玉祥、刘曦、罗旋）

【调研延庆县社会管理综合治理工作】 7月12日，市安全监管局赴延庆县永宁镇调研综治工作并走访察看部分街区现场了解实际情况。延庆县综治委、县安全监管局有关负责人参加调研。永宁地区被确定为市级挂账整治街面治安重点地区，由市安全监管局进行对口帮扶。

（李玉祥、何川、刘曦、罗旋）

【编制安全生产培训工作计划】 1月30日，市安全监管局结合北京市安全生产实际，研究制订了2012年安全生产培训工作计划。培训计划主要从目标任务、职责分工、组织实施、管理机制、保障措施等方面进行了阐述。计划提出要落实市领导的指示精神，建设安全生产大培训工程，营造社会参与的安全培训氛围，必须充分发挥安委会的综合协调作用，调动和发挥行业部门的积极性，落实部门职责进行推动实施，并做好资源整合和机构、教材、师资等基础工作。市安全监管局按照市领导的指示要求，紧密围绕建设世界城市总体目标，适应城市运行安全保障需要，做好与有关部门和行业企业的调研，探索创新安全生产培训监管、深化安全生产全员培训的模式和思路，在2012年安全生产培训工作中充分发挥与各个部门的沟通和合作，强化城市楼宇、地铁运营等涉及城市安全运行领域的安全培训工作，研究非高危领域安全生产培训监管方式方法和工作措施，深化和拓展安全生产培训覆盖面，提升北京市整体的安全培训工作水平，为保障北京市城市安全监管作出贡献。 （李玉祥、刘曦、张德武）

【交流座谈创新培训工作】 2月1日，市安全监管局就创新培训工作与本市部分行业所属培训机构的负责人进行了交流座谈。会上，传达了市有关领导关于安全生产培训的指示要求，同时对北京市安全生产培训工作现状、面临的形势以及当前的工作重点进行了分析，提出了下一步加强北京市安全生产培训工作的新思路。北京经济管理职业学院、北京金隅科技学校、燕山石化有限公司、北京地铁运营公司等机构负责人分别就本单位的培训情况、优势、特色作了汇报，并就安全生产培训工作创新及工作需求提出了建议。

（李玉祥、刘曦、张德武）

【注册助安师安全专业论证会】 2月1日，市安全监管局组织召开注册助理安全工程师考试设立交通行业安全专业可行性论证会，并对起草的考试大纲进行了论证。

为满足北京市加强交通运输行业安全生产管理工作的需要，促进交通运输行业安全管理人才队伍的培养，市交通委建议北京市注册助理安全工程师资格考试在原有5个专业基础上增设交通行业安全专业。市安全监管局联合市人力社保局专业技术处、国家安全监管总局人事司职业资格管理处、国家注册安全工程师管理中心、北京红星股份有限公司、北京市劳动保护科学研究所、北京交通运输职业学院、北京经济管理职业学院召开了论证会。会议认为北京市在全国率先开展注册助理安全工程师资格考试工作，并组织分专业考试，为全国细化注册助理安全工程师的管理提供了参考。建议交通行业安全注册助理安全工程师资格考试大纲要紧密结合地方法规和标准，紧密结合交通行业安全工作要求，紧密结合岗位对专业人员的能力要求，文字描述要进一步针对适用人员范围。论证过程中，专家提出开展注册助理安全工程师资格考试，增设交通行业安全专业，紧密结合了北京城市运行安全的特点，体现了交通运输行业安全在城市运行安全中的重要性，是可行且必要的。同时，专家对考试大纲的编写提出了建设性意见。

（李玉祥、刘自杰、刘曦）

【调研人力社保局培训工作】 2月2日，市安全监管局到市人力社保局调研培训工作情况。调研的主要内容是职业技能培训机构建设情况，包括数量、规模、培训模式、培训内容以及培训教师队伍、教材建设情况；开展岗前培训、技能培训、再就业培训等相关政策及经验做法；搭建培训机构与企业间服务平台中发挥哪些作用等。座谈会上，双方就两部门在培训工作中如何加强合作、资源共享等方面交换了意见。双方认为，在从业人员培训中，职业技能、职业道德和职业安全的培训要成为培训的整体，因此加快推进职业安全培训与职业技能培训、职业道德培训一体化是创新培训思路的重要举措，既有利于发挥培训机构资源优势，又能减轻从业人员多头培训负担。双方愿意在职业技能培训中，选择一些典型专业，增加专业安全生产知识培训进行尝试，然后总结经验，逐步全面展开。同时在发证方面，尝试对考试合格的人员既发放劳动技能证书，也由市安全监管局发放安全培训合格证书。共同希望围绕城市安全运行保障，如在建筑行业领域加强对外来务工人员的培训中要强化准入基础上的提升培训教育。（刘曦）

【调研地铁运营公司安全培训】 2月3日，市安全监管局对北京地铁运营公司安全生产培训情况进行调研，共同交流了地铁运营领域安全生产培训工作。北京地铁运营公司是国有独资的特大型专门经营城市轨道交通运营线网的专业运营企业，拥有职工2万余人，从事地铁运营人员近1万人。自1969年开通地铁1号线以来，积累了40多年的运营管理经验，为首都社会经济发展作出了重要贡献。调研组参观了运营二分公司四惠车辆段的城轨电动列车司机安全作业培训基地，参观了模拟驾驶教室以及其他教学培训设施，随后与北京地铁运营公司领导和培训部门负责人进行了座谈。北京地铁运营公司有关负责人介绍安全生产培训尤其是地铁电动列车司机培训方面的情况，以及全公司今后对从业人员开展安全生产培训的初步思路。（李玉祥、张德武、刘曦）

【调研地铁运营公司培训机构】 2月4日至6日，市安全监管局到北京地铁运营公司回龙观地铁站培训中心、太平湖培训中心、机电公司宋家庄培训中心调研安全生产培训工作。参观了地面信号转换模拟装置、列车通信信号高级技师工作室等教学设备设施、防灾自动报警系统（FAS）、环境与监控系统（BAS）、低压配电系统、电梯系统及安全门系统等模拟教学设施，以及该培训机构开发的各工种教学用书和训练试题。调研组与公司负责人就安全生产培训工作进行了座谈交流。

（李玉祥、刘曦）

【安全生产培训日启动仪式】 3月3日，北京市安全生产培训日暨安全生产全员大培训行动计划启动仪式在北京经济管理职业学院举行。市安全监管局副局长蔡淑敏、常纪文，北京经济管理职业学院党委书记赵永平、副院长谢朝斌，中国环境出版有限责任公司董事长王新程出席启动仪式。

在启动仪式上，市安全监管局对全市安全生产工作进行了总结，充分肯定了安全生产培训工作所取得成绩。部署2012年全市以落实安全生产全员大培训行动计划为核心，以完善监管制度，健全培训体系，创新工作机制，启动高端培训，开展创先争优为重点任务，推动全市安全生产培训工作不断向前发展。

在启动仪式上，市安全生产协会宣布成立北京市安全生产教育培训专业委员会；北京地铁运营公司职工学校等单位被授予北京市安全生产高端培训示范基地、北京市安全生产体感式培训示范基地；市安全监管局分别与北京经济管理职业学院、大兴区安全监管局签订安全生产培训“两方责任书”。大兴区安全监管局与瀛海镇政府签订了安全生产培训“两方责任书”；与北京物美大卖场商业管理有限公司、北京市兴南培训学校共同签订了安全培训“三方责任书”。

市安全监管局、各区县安全监管局，全市一级、二级、三级、四级培训机构和重点企业负责人代表以及市安全生产协会、部分科研机构相关负责人共计200余人参加此次活动。

（李玉祥、刘曦、张德武）

【安全生产培训工作会】 3月27日，市安全监管局在北京会议中心召开了2012年全市安全生产培训工作会议。会议学习贯彻了国家安全监管总局颁布的《安全生产培训管理办法》，总结交流近年来安全生产培训工作经验，安排部署2012年安全生产培训工作任务。各区县安全监管局主管副局长和科长、各级安全生产培训机构负责人、部分国有重点企业负责人等120余人参加了会议。会议就国家安全监管总局颁布的《安全生产培训管理办法》的主要内容进行了宣贯，重点阐述了新的安全生产培训机构审核标准，并就贯彻的具体工作措施进行了部署。会议还进行了培训工作经验交流，朝阳区安全监管局、燕山石化职工教育培训中心、北京地铁运营公司分别就本单位的安全生产培训工作情况进行了发言。

（李玉祥、刘曦、张德武）

【市安委会成员单位安全培训工作座谈会】 4月20日，市安委会办公室召开市安委会成员单位安全培训工作座谈会，市发展改革委、市住房城乡建设委、市市政市容委、市交通委、市旅游委、市商务委、市人力社保局、市质监局、市水务局、市园林绿化局、市公安局消防局、华北电监局12家单位主管安全培训工作的负责人参加了座谈会。与会人员重点介绍了本部门安全培训工作的开展情况及面临的突出问题，并对市安委会办公室研究起草的《北京市安全生产全员大培训行动计划（2012—2015年）》和《2012年北京市安全生产全员大培训行动计划实施方案》进行了讨论，各单位就全员大培训工作的开展提出了中肯的建议和意见。会议就抓好安全生产培训工作提出明确要求：一是要充分认识安全培训工作对有效避免和预防事故发生的重要性；二是各单位必须按照职责分工切实履行安全培训工作的监管责任，不推卸，不懈怠；三是在安委会的统一指导、协调下，加强沟通，密切协作，形成全市安全培训一盘棋的局面；四是抓好基础工作，落实投入，确定目标，制订实施方案，坚决杜绝安全培训工作流于形式。

（李玉祥、刘曦、张德武）

【企业管理人员安全专题培训班】 4月23日，由市国资委、市安全监管局联合举办的市属国有企业管理人员安全生产和应急管理专题培训班开班。建工集团、化工集团等30余家国有一级企业及部分二级企业主管领导、安全机构负责人180余人参加培训班。这次培训班的主要目的是，进一步深入贯彻《国务院关于进一步加强企业安全生产工作的通知》（国发〔2010〕23号）、《国务院关于坚持科学发展安全发展促进安全生产形势持续稳定好转的意见》（国发〔2011〕40号），深入落实加强对各级各类人员安全生产培训的有关规定。通过培训，帮助企业经营管理者更加全面了解当前北京市安全生产总体形势，学习安全生产有关政策、法律法规，明确全市安全生产工作重点，掌握在新时期做好安全生产工作的方式方法，促进全市生产经营单位进一步提高安全生产管理水平。（李玉祥、刘曦、张德武）

【总局督察安全生产培训工作】 6月19日至21日，国家安全监管总局安全培训专项督查组一行6人，对北京市安全培训工作进行了专项督察。市安全监管局副局长贾太保、常纪文等先后陪同督察。督查组深入北京地铁运营公司、京煤集团昊华公司及其培训中心、中国石化燕山石化分公司及其培训中心、大兴区及瀛海镇、兴南电气培训学校等单位进行督察，听取了各单位安全培训工作情况汇报，召开座谈会，察看安全培训有关资料，询问企业安全培训状况及从业人员参加培训情况，并现场组织企业“三项岗位”人员90余人进行了安全知识应知应会答题考试。督查组充分肯定了北京市安全培训教育工作所取得的成绩。（刘曦）

【区县安全监管干部执法资格培训】 7月2日，来自各区县安全监管局新上岗的157名安全监管干部在北京安全生产教育培训基地参加执法资格培训班。此次培训是适应各区县安全监管执法机构建设的需要，以提高安全生产执法队伍的素质为目标，通过系统学习安全生产监管理论和安全生产法律法规知识，帮助新上岗的安全监管干部掌握安全生产行政执法基本常识和执法技能，增强执法能力。市安全监管局副局长蔡淑敏出席培训班并作动员。市安全监管局相关处室和培训基地的负责人共同参加了开班动员。

（李玉祥、刘曦、张德武）

【安全培训机构专项执法检查】 7月24日至25日，市安全监管局对西城区、海淀区、顺义区、昌平区、平谷区和延庆县的10个三级培训机构进行专项执法检查。新修订的《安全生产培训管理办法》于3月1日起施行，对安全生产培训工作作了新规定，对生产经营单位、安全培训机构、安全监管部门安全培训和监管工作提出了新的更高要求。提高了培训机构准入门槛，取消了原有的四级培训机构资质，将二、三级培训机构的资质审核权下放到省级安全监管部门，对注册资金、专职教师和管理人员提出了更高要求，特别对专职教师中注册安全工程师人数提出了明确要求，同时进一步明确了各级监管监察部门培训、考核和发证的职责。在检查过程中发现，多数三级培训机构能够按照《安全生产培训管理办法》要求，在资质许可范围内开展培训，公开收费项目，建立培训管理制度，配备专兼职教师，并按照培训大纲要求设置课程内容，保证培训质量。但也发现个别培训机构存在培训档案不健全、记录不完整、实操训练场地杂乱、教学设施损坏不及时修理等问题。检查人员现场要求培训机构对存在的问题立即进行整改。在检查和座谈中了解到，区县在贯彻落实《安全生产培训管理办法》中的一些实际问题：一是培训教材的更新相对培训大纲的调整滞后，急需更有针对性的培训教材满足学员需求，并建立教材编制、审核、出版、更新的长效机制；二是培训收费标准已多年没有调整，面对逐年增长的教学成本机构缺少办学热情，希望通过整体提高培训收费标准来保护培训机构提高培训质量的积极性；三是管理办法对特种作业实操考官的学历限制更加严格，使得很多有经验的高级技工无法继续担任实操考官，造成考试组织安排困难；四是理论培训与实操培训的内容安排需要根据实际工种进行调整，如理论教学内容不应过多讲解深奥的理论知识，而应更加注重实用性强的实操培训。根据全市安全培训机构检查中掌握的情况和发现的新问题，市安全监管局对全市安全生产培训和管理工作进行进一步梳理，制定加强北京市安全培训工作的指导意见，以规范安全培训健康发展。（何川、刘曦）

【调研应急管理培训工作】 8月21日，国家安全生产应急救援指挥中心到市安全监管局调研应急管理培训工作情况。调研的主要内容是如何加强应急救援体系的安全培训，增强应急救援能力，减少应急救援过程的次生伤害。调研座谈中，北京建工集团应急救援队负责人汇报了应急救援队的建设情况，在历次救援工作中的感受以及集团内部安全培训开展情况，对应急救援队伍日常培训和演练情况进行了重点介绍。调研组肯定了北京市应急救援安全培训成果，赞扬了北京建工集团应急救援队在建筑领域安全生产应急抢险工作中作出的贡献，并就下一步应急救援培训工作提出3点建议：一是抓好应急救援培训师资队伍建设，做好教学大纲、考核标准的建设，保证培训取得实效；二是继续抓好应急救援人员的培训和应急演练活动，不断提高应急意识和救援技能，尤其提高领导干部在应急救援中的协调指挥能力；三是结合培训和演练工作，认真总结应急救援培训工作的先进经验，切实抓好应急救援队伍的建设，切实提高应对突发灾害事件的应急救援能力。

（李玉祥、刘曦、张德武）

【特种作业高危行业安全资格考试】 2012年，市安全监管局组织完成特种作业人员安全技术考试10期，高危行业主要负责人安全管理人员安全资格考试11期。其中：特种作业人员操作资格总报名人数20.7553万人，合格人数15.1954万人，合格人员中，电工作业类9.6164万人，金属焊接切割作业类3.1829万人，企业内机动车辆驾驶类1.1283万人，高处作业类2282人，制冷作业类2227人，矿山排水作业类103人，有限空间作业类4789人，煤矿类3277人。高危行业主要负责人安全管理人员安全资格考试报名1.1142万人，实考9342人，合格7142人。合格人数中，危险化学品类4509人，煤矿类987人；燃气类389人；非煤矿山类158人；矿泉水、地热、地堪类218人；烟花爆竹类866人。

（张德武、刘曦）

安全生产标准化建设

【昌平区安全生产标准化总结会】 1月11日，市安全监管局副局长陈清出席昌平区2011年安全生产标准化总结暨2012年工作部署会并讲话。陈清充分肯定了昌平区安全生产工作，特别是标准化工作取得的显著成绩。强调指出，要充分领会、全面把握国务院、国家安全监管总局、北京市有关文件的精髓要旨，切实增强搞好安全生产标准化建设的自觉性和主动性，要做好协调工作，努力做到资金投入到位，确保安全生产标准化建设持续开展；联动机制到位，各有关部门要加强协调联动，建立推进安全生产标准化建设工作机制；激励约束政策到位，要积极研究采取相关激励政策措施；监督实施到位，要切实加强安全生产标准化建设过程方案制定、组织实施、现场落实等各个阶段环节工作的监督，严格对有关评审和咨询单位的规范管理，提高服务水平。 （赵昕）

【调研顺义区标准化工作】 1月12日，市安全监管局赴顺义区安全监管局就安全生产标准化工作进行调研。副局长陈清听取了顺义区安全生产标准化工作的汇报，并就标准化工作模式，事故隐患分级分类标准、标准化达标标准与执法标准三者统一等问题进行了充分交流和探讨。针对下一步工作，陈清指出：要通过进一步研究交流，力争在定标、评标和结果运用等方面有所突破。要认真梳理思路，处理好标准化达标标准与隐患分级分类标准、规模以上与规模以下企业、直管行业与综合监管行业、标准体系和配套政策及企业、协会与政府之间的关系。要对相关标准进行充分对接，对标准化工作模式进行深入研究，全面、扎实、稳步推进标准化工作。

（赵昕）

【两家企业通过标准化企业复评】 2月20日，北京东方大源非织造布有限公司、北京精雕科技有限公司两家企业在认真开展安全生产标准化活动自评的基础上，通过北京市安全生产标准化复评机构组织的专家评审，取得了“北京市安全生产标准化企业”称号。 （赵昕）

【总局调研朝阳区、顺义区标准化工作】 2月28日，国家安全监管总局四司司长欧广带队到朝阳区和顺义区调研标准化工作，市安全监管局局长张家明、副局长陈清陪同调研。欧广听取了朝阳区天海有限责任公司的标准化工作汇报，实地察看了企业生产车间，并与朝阳区安全监管局就执法信息系统建设工作进行了座谈。他肯定了朝阳区执法信息系统建设的成绩，提出系统要努力实现全行业、全企业覆盖的工作要求。在顺义区，欧广听取了顺义区安全监管局和中国安科院关于开展标准化建设工作进展情况的汇报，并就标准化建设实施指南编制工作与有关各方进行了充分研讨。欧广要求：一是要认真学习《国务院关于坚持科学发展促进安全生产形势持续稳定好转的意见》等文件精神，提出贯彻落实方案；二是要充分认识到安全生产标准化建设作为一项系统工程和基础工作，具有长期性和持久性，应逐步推进，分步实施；三是要努力实现“三个结合”，即把安全生产标准化建设工作与企业安全投入、隐患排查和整改相结合，与企业管理水平的提升、创新和升级相结合，与安全管理的体制、机制创新相结合。（赵昕）

【参加全国标准化建设推进会】 4月4日，国家安全监管总局在山东省诸城市召开全国安全生产标准化建设推进会，市安全监管局副局长陈清参加会议并就本市安全生产标准化建设情况作了发言。会议总结了近年来全国各地标准化建设情况，对下一步工作提出了意见。部分省市、企业单位介绍了标准化建设的典型经验和做法。与会代表实地参观了典型企业建设情况。（赵昕）

【安全生产标准化建设示范城市动员部署】 4月11日，市安全监管局副局长陈清出席顺义区创建国家安全生产标准化建设动员部署会并讲话。会议传达贯彻了《顺义区创建国家安全生产标准化建设示范城市工作方案》，部署和安排了安全生产标准化建设的重点任务和工作措施，全面启动示范城市创建工作。陈清传达了全国安全生产标准化建设工作推进会精神，提出要认清形势，统一认识，分析现状，理清思路，学习借鉴各地先进经验，对照示范典型找差距，采取切实可行的措施和办法，全面推进安全生产标准化建设工作。

（赵昕）

【总局调研昌平区标准化工作】 4月12日，国家安全监管总局副局长孙华山到昌平区调研安全生产标准化工作。市安全监管局局长张家明、副局长陈清参加调研。调研组实地调研了北汽福田环保动力股份有限公司、北京环鼎科技有限责任公司开展创建标准化企业的情况，并就标准化的有关问题进行了广泛的交流。孙华山充分肯定了昌平区的安全生产工作，指出：要全面实施安全发展战略，切实开展企业标准化工作，实现安全监管信息化和执法科学化、规范化。（赵昕）

【15家企业通过标准化企业复评】 5月1日，北京兴发水泥有限公司、北京金隅顺发水泥有限公司、北京京东方光电科技有限公司、北京龙源冷却技术有限公司、贝迪印刷（北京）有限公司、北京当纳利印刷有限公司、北京特力昆热力服务有限公司、北京市特得热力技术发展有限责任公司、北京特洁天热力服务有限公司、北京热力天禹供热服务

有限公司、北京创合供热有限公司、北重阿尔斯通（北京）电气装备有限公司、北京金辰西维科安全印务有限公司、北京天坛股份有限公司、北京华联印刷有限公司等15家企业在认真开展安全生产标准化活动自评的基础上，通过了北京市安全生产标准化复评机构组织的专家评审，取得了“北京市安全生产标准化企业”称号。（赵昕）

【烟花爆竹批发企业标准化工作】 5月9日，市安全监管局召开烟花爆竹经营（批发）企业安全生产标准化工作宣贯会议。会议针对烟花爆竹新标准与旧标准如何衔接、工作开展时间节点等几方面提出明确要求，并强调年底前未按时达标的烟花爆竹经营（批发）企业，将暂扣其烟花爆竹经营（批发）许可证；许可证到期的，不予换发；对经整改逾期仍未达标的，提请属地政府予以关闭。（李怀峰）

【全国标准化建设座谈会】 5月31日，国家安全监管总局在长春召开部分省市安全生产标准化建设座谈会，市安全监管局副局长陈清参加会议并发言。会议代表广泛交流了本地区标准化建设情况，国家安全监管总局就标准化建设过程中重点把握的问题提出了明确意见和要求。华北、东北地区以及部分地市安全监管局有关负责人参加了此次会议。（赵昕）

【园林行业标准化建设培训班】 5月，市园林绿化局举办了全市园林绿化行业安全生产标准化建设工作培训班，各区县园林绿化局及直属林场苗圃主管领导及科室负责人、局相关处室负责人参加了培训。此次培训，对《北京市园林绿化行业安全生产管理规范》编制的意义和背景、园林绿化工程施工安全、森林防火安全等方面进行了全面辅导和讲解。市园林绿化局印发了5000本《规范》手册，分发给各单位。市园林绿化局副局长黄德峰要求：一要充分认识到《规范》是贯彻落实国务院和市政府关于进一步加强企业安全生产工作一系列指示精神的具体体现，是当前园林绿化行业安全生产工作的依据和准则，是保证行业安全生产的抓手；二要加强组织领导，各单位要成立宣传贯彻《规范》领导小组，制定宣传贯彻实施方案，切实把宣传贯彻《规范》工作落到实处；三要深入开展各种宣传教育活动。将宣传贯彻工作深入到工地、深入到一线，进一步增强宣传教育的针对性和实效性。（张聪）

【督导烟花爆竹批发企业标准化工作】 6月7日至8日，市安全监管局会同兵器工业安全技术研究所对大兴区、延庆县烟花爆竹批发企业安全生产标准化工作进行督导检查。检查人员对企业安全管理制度、机构和职责、储存设施与运输车辆、仓储管理、经营管理、隐患治理、应急救援等方面进行了检查。针对存在的管理台账不齐全、未安装火灾自动报警系统、电缆不是钢管套装、周边防火隔离带不符合要求等问题，提出了整改建议。（李怀峰）

【电力行业安全生产标准化建设】 7月3日，市安全监管局与华北电监局召开会议，专题研究电力安全生产标准化及电力行业安全监管工作。会上，华北电监局介绍了本局组织机构、职能以及本市电力分布等背景情况，提出了在京的电力企业安全生产标准化工作的推进意见。会议议定，市安全监管局和华北电监局进一步做好本市前期摸底调研，计划安排好本市电力安全生产标准化建设分步实施内容和配套的评定标准等，有效开展电力安全生产标准化建设工作。会议还针对如何充分发挥电力行业监管部门作用，督促电力企业落实企业主体责任，切实做好电力企业安全监管工作进行了深入研讨。（张聪）

【北京电子控股有限责任公司标准化达标工作】 8月27日，北京电子控股有限责任公司已有市级标准化达标企业2家，公司级达标企业6家，区县级达标企业3家，共计11家企业达到了区县级以上标准。通过开展安全生产标准化达标工作，该公司安全生产形势持续好转，安全管理进一步规范，从业人员安全意识不断提高。

北京电子控股有限责任公司为市国资委管理的一级公司，其所从事的主营业务为市国资委批复的电子信息产业、园区地产服务业和文化创意产业（即“1+2”产业格局）。该单位所属二级企（事）业26家，其中从事生产制造业的企业有21家（含集体企业1家）。自2010年开始，公司在全系统开展了安全生产标准化达标工作，成立了“安全生产标准化工作领导小组”，制定下发了《北京电控公司关于开展“安全生产标准化”达标活动的通知》，将企业的达标数量纳入《经济目标责任书》，与二级企业经营班子人员年薪挂钩，要求所属各企业结合自身实际，以达到本质性安全为目标，认真开展安全生产标准化达标创建工作。同时，公司组建了专家组，具体指导基层企业安全生产标准化工作。（赵昕）

【总局调研企业标准化工作】 8月29日，国家安全监管总局四司监察专员刘云昌带领调研组对本市企业抓基层、打基础工作，特别是对企业安全生产标准化、隐患排查和“打非治违”工作的开展情况进行调研，市安全监管局副局长陈清以及市商务委、通州区安全监管局、海淀区安全监管局、海淀区商务委和市安全监管局相关处室有关人员参加此次调研。刘云昌通过听汇报、座谈交流、实地参观等方式，现场走访了北京市铜牛股份有限公司、北京翠微大厦，听取了北京纺织控股有限责任公司、北京市铜牛股份有限公司、北京翠微大厦的汇报。调研组肯定了企业抓基层、打基础的各项工作，指出北京市纺织集团、北京翠微大厦对于安全生产工作领导重视、理念先进、思路清晰、目标明确、工作扎实、效果显著。刘云昌强调指出：一是安全生产标准化工作要借鉴体系认证工作，但不要走入重形式、轻实质的误区；二是标准化企业达标后要注重持续改进、不断完善，建立有企业特色的安全文化；三是标准化建设重在班组和岗位，特别是要完善岗位规程、做好岗位培训；四是要深刻认识标准化工作是安全管理工作的切入点；五是要兼顾效益与安全，牢固树立“抓安全、保生产”的理念，要以“首都标准”做好各项安

全生产工作。（赵昕）

【17家企业通过标准化复评】 9月7日，北京李尔岱摩斯汽车系统有限公司、圣尼斯种子（北京）有限公司、北京北广科技股份有限公司、北京北方微电子基地设备工艺研究中心有限责任公司、中国石油化工股份有限公司长城润滑油分公司、北京统一饮品有限公司、北京华联印刷有限公司、北京金隅加气混凝土有限责任公司石景山基地、北京金隅加气混凝土有限责任公司窦店生产基地、首钢日电电子有限公司、北京金隅混凝土有限公司、北京生态岛科技有限责任公司、北京方恒第一太平物业管理有限公司、北京金隅红树林环保技术有限责任公司、北京天马轴承有限公司、北京星宇车科技有限公司、北京爱尊汽车部件有限公司等17家企业在认真开展安全生产标准化自评的基础上，通过北京市安全生产标准化复评机构组织的专家评审，取得“北京市安全生产标准化企业”称号。（赵昕）

【首家电力企业通过标准化达标评审】 9月7日，华北电监局会同市安全监管局共同组织审核组对大唐国际北京高井热电厂安全生产标准化二级达标进行审核，这是本市电力行业第一家提出电力安全生产标准化二级企业达标申请且接受评审的企业。该企业是一座以电为主、热电联产的燃煤电厂，始建于1959年，1961年第一台机组投产，1974年6台机组全部竣工投产，是全国最早按照扩大单元集中控制的火力发电厂。审核组本着认真负责、实事求是、客观公正的态度，严格按照国家安全监管总局发布的《企业安全生产标准化基本规范》（AQ / T 9006－2010）和《发电企业安全生产标准化规范及达标评级标准》（电监安全〔2011〕23号）等文件的要求，对大唐国际北京高井热电厂及其第三方提交的《电力安全生产标准化评审报告》进行了细致的审核，认为本次评审工作符合有关要求，评审程序及现场评审规范，评审报告客观、公正、真实、完整，符合电力安全生产标准化二级企业达标的要求。审核组同时也对审评过程中发现的不足，提出了整改要求。（张聪）

【5家企业通过标准化复评】 9月11日，北京市诚至物业管理有限公司、北京海龙资产经营集团有限公司、北京盛煌天宇商品市场有限责任公司、北京畅春园商业管理有限公司、北京东方宫宵酒店有限责任公司等5家企业在开展安全生产标准化自评的基础上，通过了北京市安全生产标准化复评机构组织的专家评审，取得了“北京市安全生产标准化企业”称号。（赵昕）

【烟花爆竹批发企业标准化评审】 9月18日，市安全监管局会同兵器工业安全技术研究所完成了对平谷区北京市农达丰农业生产资料有限公司、北京市延庆县日用杂品有限公司烟花爆竹仓库的安全生产标准化现场评审工作。（李怀峰）

【标准化达标工作研讨会】 9月18日至19日，市安全监管局就安全生产标准化达标基本标准等有关问题召开座谈研讨会。市安全监管局相关处室、市安全生产协会，顺义、通州等区县安全监管局，市劳保所以及有关安全生产专家参加了此次会议。会议深入探讨了本市企业安全生产标准化达标基本标准与国家安全监管总局有关标准、本市危险化学品企业安全生产标准化评审标准的无缝对接问题，认真研究了标准化标准、隐患自查自报标准以及安全生产执法检查标准等“三标统一”问题，并就企业安全生产标准化达标基本标准的普适性广泛征求与会各方意见建议。会议还对标准化达标评审机构收费问题进行了充分交流。（赵昕）

【调研顺义区标准化工作】 10月11日，市安全监管局局长张家明带队到顺义区调研安全生产标准化工作、隐患自查自报工作和信息化系统建设工作。国家安全监管总局四司司长欧广参加调研并讲话。副局长陈清、汪卫国，局相关处室和直属事业单位负责人一同参加了调研。

张家明指出：顺义区委、区政府高度重视安全生产工作，区安全监管局安全生产标准化工作卓有成效，解决了一系列难点问题，特别是在“三标统一”和信息化建设工作中取得重大成果，为全市作出重大贡献。他强调，要在全市推广顺义区46个行业标准化标准和小微企业岗位达标标准作为首都基础标准和企业必须达到的标准。并就如何在全市推广顺义做法提出3点要求：一是要梳理清楚，推动全市标准化工作中的每一个环节，拿出专门工作方案；二是要研究如何充分发挥社会力量共同推动标准化工作；三是要把全市标准化推进会议开好、开实；四是要进一步研究标准化工作的有关立法推动工作，保障标准化工作依法深入推进。（赵昕）

【总局调研朝阳区执法信息化工作】 10月10日，国家安全监管总局副局长孙华山带队到朝阳区调研安全监管执法信息化建设应用工作。孙华山一行听取了市安全监管局和朝阳区安全监管局有关安全生产综合监管信息平台建设使用、隐患自查自报以及安全生产标准化工作情况的汇报，并进行了座谈。孙华山对朝阳区安全监管执法信息化工作推进情况给予了充分肯定。指出：朝阳区创新思路，勇于探索，安全监管执法信息化建设应用工作具有一定的前瞻性和创新性，有效解决了监管不到位的问题，并通过部门横向互动、上下联动解决了重复执法、执法过度给企业造成负担的问题。孙华山强调：一是要认真总结经验，不断健全完善安全监管执法信息化系统，确保实现安全监管内容标准化、执法程序标准化、监管手段信息化。二是要坚持完善“党委领导、政府监管、行业管理、企业负责、社会监督”的安全生产工作格局，进一步强化安全生产工作的组织领导体制机制。三是要继续创新监管，在综合监管、体制机制等方面积极探索，为北京乃至全国做出榜样，为全国安全生产工作作出积极贡献。

国家安全监管总局办公厅、四司、培训中心有关负责人参加了调研。市安全监管局局长张家明、副局长蔡淑敏、陈清及局相关处室和直属事业单位有关负责人参加调研。（赵昕）

【酒店业标准化评定标准研讨会】 10月19日，国家安全监管总局四司组织召开《酒店业企业安全生产标准化评定标准》研讨会，相关协会、企业负责人及市安全监管局、海淀区安全监管局相关负责人参加了会议。该标准由国家安全监管总局监管四司牵头组织制订，中国安科院负责具体起草，内容包括安全生产目标、组织机构和职责、安全投入、安全管理制度等13项考评类目以及47项考评项目和124条具体考评内容。（张聪）

【行业标准化工作座谈会】 10月30日，市安全监管局召开了行业领域安全生产标准化工作座谈会。市住房城乡建设委、市交通委、市市政市容委、市商务委、市旅游委、市水务局、市文化局、市体育局、市广电局、华北电监局等部门有关负责人参加了会议。会议重点听取了有关行业部门对《北京市安全生产委员会关于进一步推进企业安全生产标准化建设工作的意见》的意见建议及有关工作开展情况。会上，市安全监管局有关负责人解读了《意见》起草的背景、工作目标及工作任务等内容，并重点就安全生产标准化工作的总体模式及有关操作细节进行了介绍。与会部门围绕各自行业领域的安全生产标准化工作进展情况、存在的难点问题等进行了讨论。会议就持续推进本市行业领域安全生产标准化工作达成了共识，同时针对标准化实施过程中有关难点，提出意见和建议。

（张聪）

【安全生产标准化推进大会】 12月13日，市安委会召开全市安全生产标准化建设工作推进大会。国家安全监管总局副局长孙华山、北京市副市长苟仲文出席会议并讲话，市安委会副主任、市安全监管局局长张家明主持大会。

会议传达了市政府专题会关于在全市推进安全生产标准化工作的精神，部署了安全生产标准化推进工作。顺义区安全监管局作了经验介绍。市交通委、大兴区政府、京城机电公司和中机爱生公司分别代表行业、区县、企业和评审单位进行了发言。会议要求，各地区、有关部门和单位要认真贯彻落实国家和本市有关文件精神，统一思想，提高认识，按照“政府推动、行业指导、企业主体、社会参与”的原则，以区县为主，推动企业达到基本标准，鼓励企业争创一级或二级标准。要积极学习、借鉴、推广顺义标准化工作模式。企业作为安全生产标准化建设主体，要进一步建立完善企业安全生产标准体系，扎实推进企业达标、班组达标和岗位达标，并通过标准化建设，逐步建立健全职责明确、标准全面、动态排查治理隐患的长效工作机制。同时，要充分发挥安全生产专家的作用，为标准化工作的咨询、评审、检查指导提供安全技术支持，确保达标创建收到实效。

孙华山充分肯定了北京市安全生产标准化建设工作，提出要推动实现安全生产“5个转变”，即在管理时段上，从事后转变为事前；在管理对象上，从事故转变为隐患；在管理方式上，从应急转变为预警；在管理手段上，从行政强制转变为法律和经济手段；在管理内容上，从事故伤亡转变为职业健康。

苟仲文强调，各区县、各部门、各企业一定要提高思想认识，把标准化作为推动安全生产工作的重要抓手，进一步明确职责任务，严格依法，规范运行，构建起适合北京特色的安全生产标准化工作体系和工作机制，为首都安全生产形势持续好转贡献力量。

市安委会成员单位、各区县政府及其有关部门、部分企业和评审单位的负责同志，市安全生产标准化专家，市安全监管局相关处室和直属事业单位负责人共1000余人参加了会议。（赵昕）

【调研顺义区标准化培训工作】 12月20日，市安全监管局副局长陈清带领相关处室有关人员到顺义区安全监管局专题调研标准化工作，重点就培训内容进行了深入的探讨。会上，顺义区安全监管局全面介绍了顺义区企业基本标准达标评审工作情况，并演示了三级标准化评审工作系统。参会人员围绕培训的方式及内容等进行了讨论。陈清指出：一是要进一步统一思想，坚定不移地在全市推广顺义区标准化工作模式，加大工作研究力度；二是要市、区联动，形成推动标准化工作合力，要在工作步骤、工作项目上实现对接；三是顺义区的三级评审工作要开展“回头看”，加快标准融合和系统对接工作。（赵昕）

【标准化建设成效显著】 自2004年，国务院印发了《关于进一步加强安全生产工作的决定》，要求开展安全生产标准化活动。市政府据此研究制定了《贯彻落实国务院进一步加强安全生产工作决定的若干意见》，在全市开展了标准化试点创建活动。通过试点推行，全市达标企业已达1865家，其中一级企业17家，二级企业154家，三级企业1694家。实践证明：安全生产标准化建设是强化企业基础工作的重要内容，也是加强过程控制、进一步推动企业落实安全生产主体责任的重要手段。主要表现在以下4个方面：

1. 工作标准日趋健全。几年来，本市在贯彻执行国家安全监管总局颁布实施的标准化评审标准的基础上，不断建立完善各类生产经营单位标准化评审标准，为企业开展标准化活动创造了有利条件。先后制定实施了商业零售、餐饮经营、星级饭店、体育运动项目和文化娱乐场所经营单位5项安全规定，机械、冶金、建材、纺织等行业标准化工作指南，矿山、危险化学品、工业制造业、建筑、交通运输等行业领域一系列评审标准。

2. 评审工作机制初步建立。本市在危险化学品、矿山和机械、冶金等行业领域培育了近50家安全生产标准化评审单位。同时，充分发挥大型企业集团技术优势，由企业集团对所属企业安全生产标准化组织评审。初步形成了政府建标监标、企业对标达标、第三方进行评审的工作机制。

3. 标准化建设氛围日益浓厚。从区县层面看，顺义区在对属地企业进行分级分类监管、开展安全隐患自查自报的基础上，组织制定了“46＋1”行业标准化评审标准，明确了各年度工作任务。海淀区在总结人员密集场所“百分验收”工作经验基础上，开展了工业企业标准化建设工作。通州区开展“金安”企业创建工作，先后有108家企业通过验收。大兴、昌平、开发区，结合本区域企业实际，开展标准化企业建设工作。从企业层面看，京城机电公司成立标准化推进小组，对所属企业标准化创建工作进行指导、考评，是年已上报国家安全监管总局申请整体上一级标准化企业。金隅集团制定了集团标准化考核标准300项和考核评级办法。纺织、汽车、电子等控股公司开展了多种形式的创建工作。

4. 标准化试点初见成效。通过安全标准化建设工作，企业安全生产管理水平逐步提高，员工安全意识和安全防范技能稳步提升，生产安全事故逐年降低。据统计，2011年，本市工矿商贸从业人员10万人生产安全事故死亡率由2005年的2.21下降到1.45，下降了34%；工业制造业从“十一五”期间平均每年发生生产安全死亡事故26起，减少到平均每年10起之内。（赵昕）

【全面推进企业标准化建设】 2012年，安全生产标准化建设是落实“十八大”提出的“强化公共安全体系和企业安全生产基础建设，遏制重特大安全事故”的重要举措，是本市实施标准化战略的重要内容，是落实企业主体责任的重要抓手，是首都“十二五”时期实现安全生产根本好转的重要保障。为此，市安委会根据国家和本市有关要求，在总结标准化建设试点经验的基础上，制订了《北京市关于进一步推进企业安全生产标准化建设工作的意见》，并上报市政府通过。

1. 明确工作目标。以科学发展观为统领，牢固树立安全发展理念。通过全面开展标准化建设工作，实现企业安全生产基础工作明显增强，安全生产水平明显提高，安全事故防范能力明显提升。

2. 明确工作思路。本市标准化建设工作按照“政府推动、行业指导、企业主体、社会参与”的原则，全面推进企业安全生产标准化建设。

（1）建立评审标准体系。根据国家安全监管总局的统一要求，安全生产标准化标准分为一级、二级、三级，其中三级为本市标准化建设的基本标准，也是本市企业必须达到的标准（小微企业要达到岗位达标标准）。鼓励本市规模以上企业创建一级或二级标准化企业，并严格按照国家相关行业管理部门制定的评审标准执行；国家尚未制定评审标准的行业，可以按照市行业管理部门制定的行业二级达标标准，或依据《企业安全生产标准化基本规范》及《评分细则》开展创建工作。

（2）推广顺义模式。顺义区在国家安全监管总局的悉心指导下，在相关行业部门的支持配合下，深入研究，大胆实践，在推进标准化试点工作过程中，探索建立了一套符合实际的标准化标准体系和工作机制。经研究，市安委会决定在全市范围内推广顺义模式，并将顺义标准化体系作为全市标准化建设的基本标准。顺义模式的主要内容是：一是出台标准，编制了46类行业和小微企业标准化评审标准，做到了与隐患自查自报和执法检查标准有机融合，与国家安全监管总局相关评审标准无缝对接；二是规范流程，通过明确企业标准化创建步骤和评审工作程序，组建专门的专家评审队伍，建立标准化管理信息系统，全面规范企业申报和机构评审工作流程；三是夯实基础，坚持以隐患自查自报为核心，以分类分级为基础，以四级人员培训为保障，实现了标准化建设过程即隐患排查治理过程的统一；四是落实责任，将标准化建设工作纳入政府各部门、各单位及街乡安全生产责任考核内容，逐级签订责任书和承诺书。顺义模式充分调动了企业和政府部门标准化达标创建的积极性，推动了安全生产工作从粗放式管理向精细化管理的转变。

（3）以区县为主推动企业达到基本标准。各区县政府负责本地区企业安全生产标准化推进工作，充分学习借鉴顺义模式，组织行业管理部门建立完善符合本地区、本行业实际的评审标准，作为本区县企业标准化建设基本标准，同时明确评审机构或专家、建立评审机制，推动辖区企业达到基本标准。针对小微企业的评审，各区县结合具体情况，简化程序，以企业自查自评为主，并由区县组织评审验收。

3. 明确工作步骤。标准化工作要分步实施、试点先行、全面推进。

（1）动员部署阶段。各地区、各行业开展动员部署工作，在摸清本地区、本行业企业数量、规模、类型的基础上，制订本地区、本行业企业安全生产标准化推进工作方案，明确责任部门、工作目标、工作任务、工作进度安排和保障措施。

（2）教育培训阶段。市安委会组织对市行业管理部门、区县安全监管局、市属企业集团公司和评审单位相关人员的多层次标准化业务培训。各区县、各行业管理部门按期完成相关单位人员的初始培训工作。

（3）试点推广阶段。本市确定海淀区、朝阳区、顺义区、大兴区、开发区作为全市标准化建设示范区，鼓励示范区先行先试，探索和推广不同地区、行业、企业工作开展的成功经验和做法。各区县、各行业管理部门结合本地区、本行业实际，确定一定数量的示范地区、示范园区、示范企业，及时总结推广经验，以点带面促进本地区、本行业标准化建设工作。

各企业高度重视标准化建设工作，组织本单位各职能部门及全体员工广泛参与，在自评工作中，结合本行业评审标准和企业实际，建立完善本单位安全生产标准体系，扎实推进企业达标、班组达标和岗位达标，逐步建立职责明确、标准健全、动态排查治理隐患的长效工作机制。各大型企业集团公司、各评审单位严格标准，热情服务，积极做好对企业的指导、咨询和评审等工作。

4. 明确工作要求。

（1）加强组织领导。市安委会进一步加强组织领导，研究、指导和协调标准化建设中的有关问题。各区县、各行业以及大型企业集团要切实加强本地区、本行业、本单位标准化建设的领导，明确工作机构，制订工作方案，确定建设目标，加大人力、财力、物力投入和力度，分阶段、分步骤实施。

（2）严格评审管理。建立完善安全生产标准化评审工作程序，严格评审流程控制，加强对评审组织单位和评审单位的管理，规范评审工作，严把评审质量关，切实把企业达标创建工作抓细、抓实、抓出成效。

（3）建设完善标准化信息化管理体系。在摸清本地区、本行业企业基本情况，建立完善企业监管信息化基础台账，利用信息化手段，加强对标准化工作进展的动态管理。同时，建立标准化建设信息管理平台，指导企业按照评审标准及程序开展自评、隐患排查整治、标准化企业等级申请等网上申报工作，逐步健全完善标准化评审信息化管理体系。

（4）加强监督考核。加强对标准化工作的跟踪和监督检查，不断巩固建设成果，并将标准化建设作为对属地政府及其有关部门安全生产考核的重要内容。对在本地区、本行业具有示范带动作用的达标企业，要加大支持力度，巩固成果；对在规定期限内达不到基本标准要求、不具备安全生产条件的企业，要停产停业整顿直至依法关闭或取缔。

（5）加强激励政策措施研究。要结合地区、行业实际，加强安全生产标准化激励政策措施的研究，积极探索将达标结果与企业绩效考核、信用评级、投融资、政府采购、评先推优等相结合。同时，利用行政许可、执法检查、事故查处、黑名单制度等多种制约手段推进工作。（赵昕）

安全社区建设

【创办《北京安全社区报》】 1月4日，市安全社区建设促进委员会办公室召开专题会，根据本市各区县对安全社区建设工作认识不足，发展不平衡的状况，决定以简报为载体，扩大安全社区宣传，普及安全知识，搭建学习交流的平台。3月20日，市安全生产协会与市安全监管局宣教中心主办、北京城市系统工程研究中心协办的《北京安全社区报》创刊定稿印刷，截至2012年12月共出版2期，每期印发600份。

（王素琴）

【安全社区报栏目设置】 2月，市安全生产协会征求了北京城市系统研究中心社区安全研究部主任马英楠对安全社区报版面与内容编辑意见，与市安全监管局宣教中心共同研究，确定了安全社区报版面栏目设置及创刊内容，头版为安全要闻、二版为工作交流（安全社区创建）、三版为安全常识、四版为标准文件、安全法规。

（王素琴）

【确定市级安全社区标志】 3月6日，市安全社区建设促进委员会办公室，根据北京市特点，体现城市特色，确定了以环形绿色为底色，内含首都古建筑天坛和家庭和谐的内容，体现人文北京、绿色北京、构建和谐家园，体现安全与健康的社区理念。并在《北京安全社区报》创刊报头上使用。（王素琴）

【安全社区工作交流】 3月14日，市安全监管局宣教中心领导、市安全生产协会负责人及有关人员在国家安全监管总局会议室与中国职业安全健康协会安全社区工作委员会领导进行了工作交流。首先，中国职业安全健康协会安全社区工作委员会领导介绍了安全社区在国内的建设情况。市安全监管局宣教中心和市安全生产协会分别介绍了本市全面推进安全社区创建情况，希望得到中国职业安全健康协会在安全社区建设工作方面的支持和帮助。中国职业安全健康协会安全社区工作委员会领导对北京市的安全社区推进工作给予了肯定，并表示全力支持北京市安全社区建设工作。（王素琴）

【安全社区工作例会】 3月29日，市安全监管局宣教中心在市安全监管局203会议室，召开了市安全社区建设促进委员会办公室工作例会。市安全监管局宣教中心和市安全生产协会主管领导及有关人员到会，会上市安全生产协会汇报了2011年本市安全社区创建情况和2012年安全社区建设重点工作计划，会议对2012年的重点工作进行了深入研讨，根据工作进展情况，确定了2012年本市安全社区建设推进工作重点。 （王素琴）

【安全社区工作调研】 4月6日，市安全生产协会组织专家到石景山区八角街道和八宝山街道进行调研及创建工作指导，石景山区安全社区促进委员会主管领导一起参加调研，调研组听取工作汇报，了解安全社区创建工作进展情况，针对街道安全促进工作中存在的不足，提出了建议。 （王素琴）

【西罗园街道全国安全社区评定】 4月11日至12日，丰台区西罗园街道接受中国职业安全健康协会专家评定组现场评定，市安全社区建设促进委员会办公室派员参加首次会议。评定组依据《安全社区建设基本要求》和安全生产有关法律法规、标准、规定等，通过听取工作汇报，查阅档案资料、现场察看，验证安全社区创建效果和工作。该街道于5月获得全国安全社区认证。 （王素琴）

【安全社区创建骨干培训】 4月23日至28日，本市大兴区、海淀区安全社区创建骨干和市安全社区促进委员会办公室等8人参加了中国职业安全健康协会在安徽黄山文化园举办的《安全社区建设标准和方法培训班》，使培训人员系统地学习了安全社区标准和建设方法。 （王素琴）

【首例市级安全社区评定报告初审】 5月21日，市安全生产协会完成了本市第一家申请评定的石景山区八角街道申报材料初审工作，组织专家到八角街道进行材料初审意见反馈，专家针对报告中存在的问题与街道主管领导及项目负责人进行了交流，并提出报告修改意见。该街道根据市安全生产协会的修改意见进行了补充和完善，于6月中旬完成创建工作报告的修改。 （王素琴）

【安全社区宣传活动】 6月9日，市安全生产协会参加了本市在中华世纪坛举办的安全生产月宣传咨询日活动，市安全生产协会在咨询现场进行安全社区理念宣传，并发放了安全社区建设工作指南100余册。 （王素琴）

【安全社区工作交流】 6月19日，市安全生产协会负责安全社区工作相关人员到北京城市系统工程研究中心社区研究部（全国安全社区北京支持中心）进行工作交流，针对本市市级安全社区评定工作程序、评定工作报告的编制要求及格式、评定工作计划编制、评定工作方案等事项进行了深入交流。 （王素琴）

【全国安全社区建设培训班】 6月25日至29日，西城区、丰台区等区安全社区创建骨干21人参加了中国职业安全健康协会在杭州举办的“全国安全社区建设方法和建设标准培训班”，培训班系统地解读了安全社区建设12个一级指标要素，以丰富的安全社区促进项目典型实例，介绍了安全社区建设方法，使学员开阔了思路，提高了对安全社区创建工作的认识。（王素琴）

【安全社区评定工作方案报批】 7月5日，市安全生产协会根据《北京市市级安全社区评定管理办法》，制订了《北京市安全社区评定工作方案》，并报市安全社区建设促进委员会办公室审批。8月16日，市安全社区建设促进委员会办公室反馈了修改意见，经市安全生产协会修改完善后获得批准。（王素琴）

【受理安全社区评定申请材料】 7月13日，市安全生产协会受理了石景山区八宝山街道安全社区评定材料，组织专家进行初审。根据专家审核意见，市安全生产协会向街道提出了修改意见。该街道于8月初完成工作报告修改。

（王素琴）

【昌平区启动安全社区创建试点】 7月23日，昌平区安全社区建设促进委员会办公室，向市安全生产协会报送了昌平区百善镇、阳坊镇、崔村镇创建市级安全社区申请表及创建安全社区工作方案。（王素琴）

【石景山区安全社区创建调研】 8月17日，市安全生产协会组织有关专家到石景山区八宝山街道进行安全社区创建工作调研，调研组听取了街道主管领导作的创建工作汇报，并实地察看了部分安全促进项目现场，察看了社区防灾减灾宣传教育基地，对八宝山街道的创建工作给予了肯定，并提出了改进意见。

（王素琴）

【大兴区安全社区创建调研】 9月7日，市安全生产协会组织专家到大兴区庞各庄镇进行了安全社区创建工作调研。庞各庄镇项目负责人介绍了庞各庄镇开展安全促进工作的情况，调研组根据大兴特点，提出了改进意见。9月14日，市安全生产协会组织专家，到大兴区兴丰街道，听取了兴丰街道项目负责人介绍创建安全社区工作情况，专家根据街道安全促进工作的进展，提出要突出重点、分步实施，加强重点干预的建议。

（王素琴）

【全市安全社区建设工作推进会】 9月26日，市安全社区建设促进委员会办公室、市安全监管局组织召开安全社区建设工作推进会议，研究部署本市安全社区建设工作。市社工委委员、市社会办副巡视员王智玲出席会议，安全社区专家、各区县安全监管局负责安全社区创建工作的人员参加了会议。会上，市安全生产协会代表市安全社区促进委员会办公室总结了本市安全社区建设工作的进展情况，对下一阶段的重点工作做了安排。市社工委委员、市社会办副巡视员王智玲对下一步工作提出要求。北京城市系统工程研究中心社区安全研究部主任马英楠对市级安全社区创建基本条件，安全社区建设一级指标的12个要素进行了讲解。各区县汇报了安全社区创建工作的进展情况以及下一步的工作计划和安排，对开展创建过程中存在的问题，提出了意见和建议，并与专家进行了现场讨论和交流。截至8月，

本市共建成国际安全社区18个，全国安全社区37个，申报创建市级安全社区的乡镇街道共53个。（王宇）

【海淀区安全社区创建调研】 9月28日，市安全生产协会组织专家到海淀区花园路街道进行调研，听取了创建办负责人的创建工作汇报，专家对街道开展伤害监测等工作进行了现场察看，并根据实施情况提出了改进意见。10月24日，市安全生产协会及专家到万寿路街道进行安全社区创建工作调研，万寿路街道项目负责人介绍了安全社区创建工作情况，调研组察看了部分社区，了解安全社区理念的知晓情况及伤害检测渠道，并根据促进项目的进展情况，提出了改进意见。（王素琴）

【推荐全国安全社区先进单位及个人】 10月18日，市安全社区建设促进委员会办公室向中国职业安全健康协会推荐本市全国安全建设先进单位2个，其中西城1个、朝阳1个；先进个人6名，其中朝阳2名、西城2名、海淀1名、丰台1名。（王素琴）

【月坛街道全国安全社区复评】 10月29日，西城区月坛街道接受全国安全社区评定组的现场评定，西城区安全监管局、西城区社工委、市安全生产协会有关负责人参加了现场评定会，月坛街道主任汇报了持续推进安全社区建设的工作情况。评定组通过听汇报、查阅档案及现场察看，验证安全社区持续推进情况。该街道于11月获得全国安全社区再命名。（王素琴）

【八角街道市级安全社区评定】 11月19日至20日，市安全生产协会组织专家评定组，到石景山区八角街道进行安全社区现场评定工作，市安全社区建设促进委员会办公室、市安全监管局宣教中心主管领导参加了评定会议。这是石景山区首批试点单位之一，也是市安全生产协会第一家现场评定的单位。评定组通过听取街道创建工作汇报、查阅档案资料、现场察看与社区居民交流等方式，验证了安全社区促进项目效果，评定组在会上反馈了现场评定意见。

（王素琴）

【全国安全社区建设工作会】 11月21日，全国安全社区建设工作会议在西安召开。国家安全监管总局副局长杨元元、陕西省副省长李金柱出席会议并讲话，中国职业安全健康协会理事长张宝明作工作报告。会议总结了全国安全社区建设工作10年来的总体情况并对2013年主要工作作了部署。强调，安全社区建设是安全监管工作和社会服务管理创新的主要结合点之一，是一项长期任务和系统工程，国家安全监管总局党组高度重视。会议要求各地在推进安全社区建设时一定要提高认识，科学规划，实事求是，注重质量，有序推进。

会上命名了104个全国安全社区（其中有北京市丰台区西罗园街道、西城区广外街道），表彰了20个全国安全社会建设先进单位（其中有北京市朝阳区建外街道、西城区安全社区建设促进委员会办公室）、50名先进工作者（其中有北京市朝阳区社会办时春岗、香河园街道孔磊，西城区社工委赵书凯、新街口街道冯沛、月坛街道高聪聪，海淀区学院路街道刘志平，丰台区西罗园街道肖辉，朝阳交通支队东外大队于家骥，中国石化集团北京燕山公司李刚）。

西城区月坛街道等8个单位在会上作交流发言。市安全社区建设促进委员会及本市全国安全社区代表共26人参加了会议。（王素琴）

【国际安全社区命名仪式】 11月22日，国际安全社区命名仪式在西安召开。中国职业安全健康协会理事长张宝明，副理事长刘根元、杨中，秘书长肖克源，新西兰安全社区认证中心主席卡洛琳·科根女士，香港安全社区认证中心主席、亚洲安全社区网络中心主席邓华胜以及国内安全社区建设单位的代表200余人出席了会议。会上，张宝明指出安全社区建设是只有起点而没有终点的系统工程，通过系统认证，获得安全社区称号既是对过去成就的肯定，更是对今后持续改进的承诺。

本市朝阳区团结湖街道、劲松街道、双井街道，海淀区学院路道，西城区德胜街道、新街口街道在2012年通过国际安全社区现场评定，获得命名，成为国际安全社区网络成员。（王素琴）

【八宝山街道市级安全社区评定】 11月28日至29日，市安全生产协会组织专家评定组，到石景山区八宝山街道进行现场评定工作，市安全社区建设促进委员会办公室、市安全监管局宣教中心主管领导参加会议。评定组依据《北京市安全社区基本条件》及有关安全法律法规、标准等文件，通过听取街道负责人创建工作汇报、查阅档案资料、现场察看及社区居民访谈等方式，验证了安全社区促进项目的实施效果，评定组反馈了现场评定意见。（王素琴）

【市安全社区建设工作例会】 12月7日，市安全社区建设促进委员会办公室召开工作例会，市安全监管局宣教中心主任孟庆武、副主任李建中，市安全社区审定组专家、全国安全社区工作委员会安全社区办公室主任欧阳梅，市安全社区审定组专家、北京城市系统工程研究中心社区安全研究部主任马英楠，市安全生产协会会长丁镇宽及有关负责人参加会议。会上，市安全生产协会总结了安全社区评定工作的情况，就如何规范安全社区评定，如何把握安全社区12个一级指标要素和40项评定指标等进行了认真的研讨，达成了共识，会议通过了市安全生产协会起草的市安全社区综合审定组工作方案。（王素琴）

【万寿路街道市级安全社区评定】 12月24日至25日，市安全生产协会组织专家评定组到海淀区万寿路街道进行现场评定工作，市安全监管局宣教中心、市安全生产协会主管领导参加会议。评定组根据街道创建工作汇报及现场交流、查阅档案资料、社区居民访谈、安全促进项目现场察看等方式，查验了工作效果，并反馈了评定意见。（王素琴）

【花园路街道市级安全社区评定】 12月25日至26日，市安全生产协会组织专家，到海淀区花园路街道进行现场评定工作，市安全监管局宣教中心、市安全生产协会主管领导参加会议。评定组通过听取街道工作汇报，与项目组负责人交流、查阅档案资料、现场察看等方式，查验了工作效果，并反馈了现场评定意见。

（王素琴）

【庞各庄镇市级安全社区评定】 12月28日至29日，市安全生产协会组织专家评定组，到大兴区庞各庄镇进行安全社区现场评定工作，市安全监管局宣教中心、市安全生产协会负责人参加会议。评定组根据工作报告，现场访谈与安全促进项目负责人进行交流，查阅档案资料及现场察看等方式，检验了该镇安全社区创建工作情况及安全促进项目效果，并反馈了现场评定意见。（王素琴）

【安全社区建设成果】 2012年，北京市获得国际安全社区命名的6个（其中有朝阳区团结湖街道、劲松街道、双井街道，西城区新街口街道、金融街街道，海淀区学院路街道），新命名的全国安全社区2个（丰台区西罗园街道，西城区广外街道），本市有6个街道获得全国安全社区再命名（朝阳区望京街道、麦子店街道、建外街道、亚运村街道，西城区月坛街道、金融街街道），新建市级安全社区5个（石景山区八角街道、八宝山街道，海淀区花园路街道、万寿路街道，大兴区庞各庄镇）。

（王素琴）

3 月 6 日，东城区安委会第 1 次全体会议。

3 月 6 日，东城区区长牛青山（左）为安全生产先进个人颁奖。

3 月 6 日，东城区区长牛青山（左）与安委会成员单位签订《安全生产责任书》。

6 月 10 日，东城区副区长朴学东为安全生产月宣传咨询日活动致辞。

8月24日，东城区副区长朴学东、王中华出席"十八大"安保专项行动生产安全工作例会。

9月29日，东城区安全监管局局长赵鹏锦带队检查加油站。

10月17日，东城区街道安全检查员工作会议现场。

11月9日，东城区安全监管局联合区消防支队、建国门街道办事处检查北京站加油站。

1月20日，西城区区长王少峰（左一）检查烟花爆竹销售网点安全工作。

1月17日，西城区副区长吴铁男（右二）到区安全监管局调研工作。

2月2日，西城区安全监管局局长陈国红检查烟花爆竹安全工作。

3月29日，西城区2012年安全生产工作大会。

6月10日，西城区安全生产月宣传咨询日活动启动仪式。

6月19日，西城区安全监管局开展危险化学品应急演练。

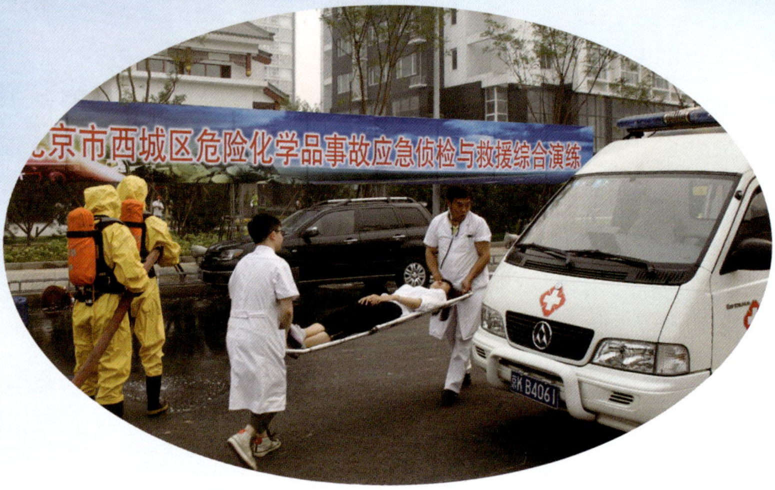

10月26日，西城区安全监管局开展安全生产大型公开课活动。

2月28日，朝阳区区委书记陈刚（前中）检查“两会”期间人员密集场所安全生产情况。

5月6日，朝阳区区长程连元（前中）检查安全生产工作。

9月29日，朝阳区副区长汪洋（右二）检查安全生产工作。

6月10日，朝阳区安全监管局局长张仲凯在安全生产月宣传咨询日活动现场发放宣传材料。

2月29日，朝阳区召开安全监管系统依法行政工作会。

3月8日，朝阳区安全监管局对全国“两会”代表驻地周边开展安全执法检查。

5月31日，朝阳区召开“打非治违”专项行动动员部署大会。

7月10日，北京市安全文艺基层巡演活动走进朝阳区。

11月30日，朝阳区开展安全生产应急演练。

4 月 26 日，海淀区应急委第四次全会暨安委会第一次全会。

6 月 9 日，海淀区区长孙文锴(左二)、副区长刘长利（左一）、区安全监管局局长王勇禄在安全生产月宣传咨询日活动现场发放宣传材料。

6 月 27 日，海淀区区长孙文锴（前排左二）“十八大”前带队检查人员密集场所安全工作。

6月27日，海淀区区长孙文锴（前排左三）、副区长刘长利（前排右一）带队检查建筑领域“打非治违”工作。

7月6日，北京市安全文艺基层巡演活动走进海淀区。

9月14日，海淀区召开“十八大”安全生产保障“护航”行动部署会。

3月7日，丰台区2012年安全生产工作大会。

9月27日，丰台区区长冀岩在中秋、国庆两节前带队检查安全生产工作。

4月11日，中国职业安全健康协会专家组验收评审丰台区西罗园街道“全国安全社区”创建工作。

6月10日，丰台区安全生产月宣传咨询日活动现场。

6月21日，丰台区危险化学品事故应急救援与消防演练。

6月25日，丰台区工业企业安全生产标准化建设现场学习交流活动。

8 月 7 日，国家安全监管总局调研组到丰台区调研职业安全健康工作。

10 月 17 日，新闻媒体采访报道丰台区危险化学品企业安全文化建设成果。

11 月 5 日，丰台区“安正杯”家庭消防安全知识竞赛活动。

2月29日，石景山区安全生产工作大会。

2月29日，石景山区区长夏林茂（左）在全区安全生产工作大会上与各单位签订安全生产责任书。

11月5日，石景山区区委常委、区纪委书记刚杰（前排右一）检查京能热电公司安全生产工作。

6 月 10 日，石景山区安全生产月宣传咨询日活动现场。

8 月 2 日，石景山区安全监管局检查丰辰加油站消防设备设施。

11 月 1 日，石景山区政协副主席刘国庆（右三）带队检查首钢医院安全工作。

9 月 27 日，石景山区安全监管局党组书记韩从笔到韩建集团工地检查安全生产工作。

11 月 1 日，石景山区安全监管局接受群众赠旗“情系社区排隐患，为民解忧保安全”。

2 月 20 日，门头沟区安全生产大会。

2 月 27 日，门头沟区区长王洪钟（前排左二）带队检查安全生产工作。

4 月 20 日，门头沟区副区长张满仓（前排左二）对定都阁景区开业前进行安全检查。

6 月 10 日，门头沟区安全生产月宣传咨询日活动。

8 月 9 日，门头沟区举办有限空间暨职业安全生产培训。

9 月 19 日，门头沟区区领导对戒台寺进行国庆节前安全检查。

10 月 24 日，门头沟区召开第四季度安全生产工作会。

12 月 2 日，门头沟区安全监管局参加全国法制宣传日活动。

2 月 29 日，房山区安全生产工作会。

9 月 28 日，房山区区委书记刘伟（中）带队检查国庆节前安全生产工作。

9 月 29 日，房山区区长祁红（中）带队检查国庆节前安全生产工作。

6月21日，房山区有限空间作业演练现场。

6月15日，房山区安全生产举报投诉工作接受媒体采访。

5月31日，房山区2012年安全生产月活动启动仪式。

6月10日，房山区安全生产月宣传咨询日活动现场。

7 月 26 日，“众志成城、风雨同舟”——房山区安全监管局“7·21”特大自然灾害捐款活动。

8 月 1 日，中石化北京石油分公司向房山区安全监管局赠送锦旗。

▶ 10月29日，大兴区区委书记林克庆（右二）带领公安、安监、商务等部门，对人员密集场所安全生产工作进行检查。

◀ 1月21日，大兴区副区长沈洁（左二）带领区安监、消防等部门对旧宫镇部分烟花爆竹销售点进行安全专项检查。

▲ 6月1日，大兴区长子营镇强制拆除牛坊村一处违章建筑现场。

▲ 7月6日，大兴区长子营镇强制清理违规占地停车场。

6 月 10 日，大兴区安全生产月宣传咨询日活动主会场。

大兴区安全生产宣传教育志愿者开展宣传活动，工人们正在学习刚刚拿到手的宣传资料。

大兴区举办安全生产检查员培训班。

大兴区瀛海镇安全生产全员大培训行动启动仪式现场。

6 月 16 日，通州区安全生产工作会。

6 月 10 日，通州区安全生产月宣传咨询日活动现场。

6 月 21 日，通州区安全监管局举办“安全形象小天使”活动。

11月9日，通州区安全监管局局长曹树常带队检查通州新城核心区建设。

通州区基层专职安全员招聘考试现场。

通州区安全监管局执法人员检查通州新城核心区重点工程建设。

通州区安全监管局执法人员检查烟花爆竹零售网点视频监控装置。

4 月 11 日，顺义区召开创建国家安全生产标准化建设示范城市动员部署会。

4 月 28 日，"世界安全生产与健康日"纪念活动在顺义举行。

5 月 29 日，顺义区召开"打非治违"专项行动工作部署会。

6 月 12 日，顺义区开展安全生产月宣传咨询日活动。

▲ 10月1日，顺义区副区长盛德利（左二）带队检查安全生产工作。

▲ 10月23日，顺义区安全监管局组织开展危险化学品生产经营单位安全生产检查工作。

▲ 7月18日，顺义区组织安全生产标准化培训。

▲ 11月2日，顺义区安全监管局检查指导企业应急救援演练活动。

▲ 6月18日，顺义区组织有限空间应急救援演练。

▶ 1月17日，昌平区副区长周云帆（右二）带队检查烟花爆竹储存库房安全。

▶ 2月9日，昌平区安全监管局举办安全生产专项培训。

◀ 1月1日，昌平区安全监管局安全生产执法人员对拆迁工地安全生产进行检查。

◀ 3 月 13 日，昌平区安全监管局对建筑工地安全生产开展执法检查。

▲ 6 月 10 日，昌平区安全生产月宣传咨询日活动现场。

▼ 6 月 26 日，昌平区组织“安康杯”危险化学品应急预案演练。

◀ 10 月 18 日，昌平区安全监管局对非煤矿山进行专项执法检查。

▶ 2月23日，怀柔区区委书记张建东（中）带队检查建筑工地安全生产工作。

◀ 1月4日，怀柔区区长齐静(左三)带队检查安全生产工作。

▶ 2月24日，怀柔区2012年安全生产工作会。

◀ 3月28日，怀柔区安全监管局开展送安全知识到企业活动。

▲ 6 月 8 日，怀柔区商业大厦应急演练现场。

▲ 6 月 10 日，怀柔区安全生产月宣传咨询日活动现场。

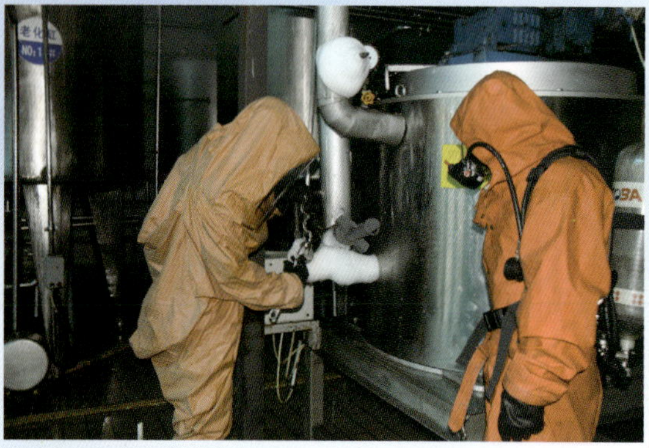

▲ 6 月 17 日，怀柔区液氨泄漏事故应急救援演练现场。

▲ 6 月 20 日，怀柔区兴发水泥有限公司山体滑坡事故应急救援演练。

▼ 8 月 3 日，怀柔区“安康杯”知识竞赛决赛。

4月24日，平谷区副区长刘晓光（右一）带领区安全监管局、区商务局等部门负责人到人员密集场所进行安全检查。

1月12日，平谷区应急办联合开展烟花爆竹安全宣传工作。

6月10日，平谷区启动安全生产月宣传咨询日活动。

▲ 9月18日，平谷区安全监管局联合区住房城乡建设委到在建施工工地进行安全生产执法检查。

▲ 2月24日，平谷区安全监管局检查烟花爆竹临时销售网点。

▲ 5月15日，平谷区安全监管局、疾控中心、卫生监督所、兴谷街道等部门联合开展《职业病防治法》宣传活动。

▶ 1月30日，平谷区应急办、安全监管局、公安分局、消防支队等部门联合在农达丰烟花爆竹仓库开展应急演练活动。

1月13日，密云县副县长郭鹏（左三）带队检查加油站。

12月11日，国家安全监管总局在密云县召开首云矿业股份有限公司地下开采项目验收评审会。

5月12日，密云县“防灾减灾日”宣传活动。

5月30日，密云县"打非治违"专项行动部署会。

6月10日，密云县安全生产月宣传咨询日活动。

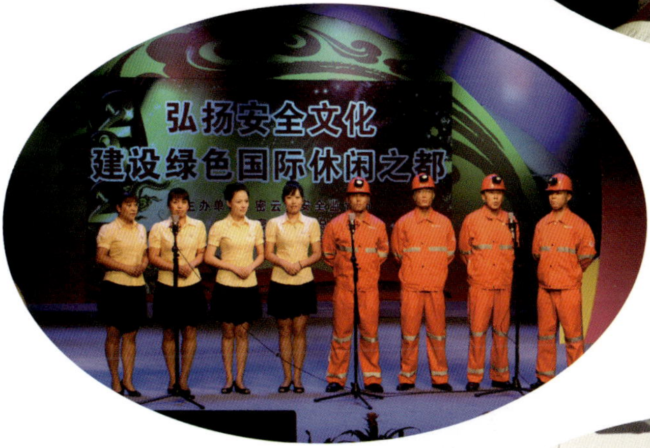

7月31日，密云县举办"弘扬安全文化，建设国际休闲之都"安全生产歌咏比赛。

5月8日，密云县安全生产检查员培训。

1月20日，延庆县县长李先忠（左三）带队检查烟花爆竹安全工作。

4月13日，延庆县召开危险化学品安全生产工作会。

6月7日，延庆县供电公司举行有限空间作业应急演练。

10月29日，延庆县市政市容委举行有限空间作业应急演练。

6 月 10 日，延庆县安全生产月宣传咨询日活动。

8 月 14 日，北京联通延庆分公司举行有限空间作业应急演练。

10 月 18 日，延庆县举办 2012 年安全生产大型公开课。

3月7日，开发区管委会副主任高言杰（中）带队检查安全生产工作。（孙鹏摄）

6月10日，开发区管委会副主任高言杰（左三）、王合生（左二）在安全生产月宣传咨询日活动现场为群众发放宣传资料。（冯丽颖摄）

5月22日，开发区夏季安全生产工作会。（冯丽颖摄）

9 月 11 日，开发区职业健康管理员培训班。（孙鹏摄）

10 月 30 日，开发区多部门联合开展危险化学品事故应急救援预案桌面推演。（刘占超摄）

▲ 6月15日，开发区联华林德公司氢气泄漏事故应急演练。(刘占超摄)

区县安全监管监察

东城区

概述

东城区安全生产工作坚持以“科学发展、安全发展”为总要求，以进一步减少事故总量、有效防范和坚决遏制较大以上事故为目标，深入开展“安全生产年”活动，加强安全生产执法检查和事故查处工作，严厉打击安全生产非法违法行为，加强安全生产教育培训，推行安全生产标准化建设，切实把各项责任落实到位，把各项政策措施落到实处，全力以赴做好安全生产各项工作，全区安全生产形势持续稳定好转。

全年重点工作取得了新突破。一是安全生产综合监管责任进一步明确，将安全生产工作纳入政府年度考核工作计划，明确工作任务书和折子工程中的要求，坚持“一岗双责”制度，确保政府安全监管责任落实到位，同时坚持把安全生产工作纳入区委常委会和区政府常务会议重要议题，定期听取安全生产工作汇报，研究解决安全生产重大问题。二是以“零事故”的优异成绩圆满完成了“十八大”安全生产保障工作任务，全区安全生产形势持续稳定好转。三是安全生产事故总量控制明显下降，取得了自2008年奥运以来新的突破，除火灾指标外，其他3项指标全都实现事故总量和死亡人数的双下降，共发生安全死亡人事故10起，死亡11人，占年度控制指标的52.4%。四是“打非治违”专项行动成效显著，给予警告1295次，责令改正2766起，没收违法所得及非法生产设备2起，责令停产停业154家，行政拘留16人，罚款165.1万元，打击安全生产领域非法违法、治理纠正违规违章行为1416起，拆除违法建设3384平方米。五是安全生产宣传教育活动组织有力，营造了良好的安全生产宣传氛围，东华门街道、朝阳门街道、区安全监管局获得2012年北京市安全生产月活动优秀组织奖；东花市街道、前门街道获得2012年北京市安全生产月活动最佳实践活动奖；区新闻中心获得2012年北京市安全生产月活动优秀新闻报道奖；区安全监管局获得“神华杯”全国危险化学品安全法规知识竞赛优胜单位奖。《北京日报》10月29日在第13版安全生产视点栏目刊登了“东城区全力开展安全生产保障专项执法行动”的专题报道。五是稳步推进安全生产标准化工作，辖区内13个加油站全部通过安全生产标准化达标评审，具备了安全生产标准化三级资质，形成了符合行业标准的三级安全生产标准化体系。同时根据市安全监管局《北京市加油站反恐怖防范标准》，积极推进加油站反恐防范建设工作。六是不断加大执法检查力度，按照年度安全生产重点执法检查计划要求，严格执行“立足平时、严管重罚”的“高压线”管理，累计出动执法检查人员16.6万人次，检查企业8.3万家次，发现隐患4.2万余处，罚款549.6万元，责令停业整顿595家，查封30家。

安全生产综合监管

【安全生产控制考核指标落实情况】 2012年，市安委会下达东城区的安全生产控制考核指标21人，其中：生产安全7人，道路交通12人，火灾1人，铁路交通1人。2012年，东城区共发生安全死亡事故10起，死亡11人，占年度控制指标的52.4%，其中：生产安全3起、死亡3人，占指标的42.85%；道路交通6起、死亡7人，占指标的58.3%；火灾1起、死亡1人，占指标的100%；未发生铁路交通死亡人事故。除火灾指标外，其他3项指标全都实现事故总量和死亡人数的双下降。（孟庆喜）

【区安委会全会】 3月6日，东城区召开2012年安委会第1次全体会议，区安委会主任、区长牛青山，区安委会副主任、副区长徐熙、朴学东、陈之常、王中华、颜华、许汇及安委会70家成员单位的主要领导出席会议。会议总结2011年度安全生产工作，部署2012年度安全生产重点任务，通报2011年度安全生产综合考核情况，表彰2011年度安全生产先进单位和先进个人。区长牛青山与安委会各成员单位签订了《2012年度安全生产工作责任书》。（张洪道）

【区安委会第2次全体会议】 4月27日，东城区召开2012年安委会第2次全体会议，区安委会副主任、副区长王中华及区安委会70家成员单位的主要领导出席会议。会议通报全区第一季度安全生产情况，分析当前安全生产形势，全面部署第二季度生产、消防和道路交通安全重点工作，对安全生产“护航”联合行动第二阶段工作和2012年重点执法检查工作以及“五一”期间社会面防控工作进行重点部署。（张洪道）

【安全生产例会】 8月24日，东城区召开“十八大”安保专项行动安全生产工作例会，区委常委、区安委会副主任、副区长朴学东、副区长王中华及安委会44家成员单位的主要领导出席会议。会议部署“十八大”安保“十大专项行动”生产安全隐患排查整治工作，通报发生的两起生产安全事故，东城消防支队部署了“十八大”期间消防安全工作，区住建委、商务委、王府井建管办、东直门街道分别汇报近期安全生产保障工作开展情况。（张洪道）

【“十八大”安全生产保障调度会】 10月8日，东城区召开“十八大”会场、驻地周边安全生产保障工作调度会，区委常委、副区长朴学东及相关属地部门主要领导出席会议。会议听取各单位“十八大”会场、驻地周边安全生产保障工作情况汇报，分析安全生产形势。（张洪道）

【“十八大”安全生产保障第2次调度会】 10月23日，东城区召开“十八大”安全生产保障工作调度会，会议听取各单位“十八大”安全生产保障工作情况汇报，分析全区安全生产形势，提出当前存在的重点难点问题和解决措施，部署下一阶段安全生产执法检查工作。（张洪道）

【分解安全生产控制考核指标】 第一季度，东城区安委会办公室印发《关于下达2012年全区安全生产控制考核指标的通知》，将市安委会下达东城区的安全生产控制考核指标进行分解，明确区安委会各成员单位2012年度指标考核控制情况，确保安全生产监管责任落到实处。（张洪道）

【强化安全生产综合考核工作】 东城区安委会办公室先后制发《东城区2012年安全生产综合考核实施方案》和《北京市东城区安全生产委员会办公室关于东城区2012年度安全生产综合考核情况的通报》，表彰先进单位和先进个人，同时要求全区各单位，牢固树立科学发展、安全发展理念，严格落实安全生产监督管理责任，立足平时，立足防范，立足法制，扎实开展安全生产各项工作，为构建“国际化、现代化新东城”战略目标的实现作出新的更大贡献。（张洪道）

【加强对安全生产形势分析】 东城区安委会办公室按照季度、半年、全年3个层面对东城区的安全生产形势进行分析和总结，通过事故指标控制情况、形势分析预测、存在的问题及下一步工作重点等方面对全区的安全生产形势进行系统全面的分析，针对存在的问题和薄弱环节，强化措施，有重点地开展工作。（张洪道）

【制发安全生产实施意见】 东城区安委会办公室起草《关于进一步加强安全生产工作的实施意见》，经东城区区委常委会审议通过，明确全区各部门、各单位行政“一把手”为安全生产第一责任人等制度，进一步强化安全生产工作的组织、领导、协调等工作落实。（张洪道）

危险化学品安全监管

【危险化学品经营许可证核发】 2012年，东城区安全监管局完成危险化学品经营许可证（乙证）审批12家，危险化学品经营许可证（甲证）现场审核17家。完成非药品类易制毒化学品经营备案12家。（冯岩）

【危险化学品生产经营单位专项整治】 2012年，东城区安全监管局根据《关于集中开展非药品类易制毒化学品专项排查整治行动的通知》，区安全监管局从严核发非药品类易制毒化学品备案证明，严查辖区19家易制毒经营备案单位各项制度落实情况、购销管理及相关凭证存档情况、流向信息网上如实记录情况等，并会同相关部门及时督促企业在线报送信息，并对1家有资质但常年未经营醋酸酐的单位进行了注销。（冯岩）

【加油站专项整治】 2012年，东城区安全监管局为进一步贯彻《在全市推广应用顺义区安全生产事故隐患自查自报系统工作的实施意见》，区安全监管局逐季度组织加油站安全生产事故隐患自查自报的管理，督促企业每季度末及时登录区公共安全监管平台，认真开展自查。（冯岩）

【危险化学品生产经营单位检查】 2012年，针对重要节日及重大活动，区安全监管局安排对加油站等危险化学品经营单位实施不间断的安全检查工作，确保不发生危险化学品安全事故。“十八大”召开期间，制发了《致加油站员工、广大驾驶员及周边居民的一封信》，督促各加油站确保落实人防、物防、技防措施，针对核心保障区涉及的北京站加油站等重点单位制定周密细致的监督检查计划，开展每日检查。同时对于剧毒、易制毒、易制爆特殊危险化学品经营单位严格流向管理，督促其落实购买实名制和销售登记制度，要求易制爆化学品、剧毒化学品经营单位在“十八大”召开期间贯彻“四停一封”的管理措施。

（冯岩）

【危险化学品信息匹配核查】 2012年，东城区安全监管局对危险化学品经营单位台账全部基础信息和北京市区县安全生产监管信息平台上东城区危险化学品经营单位许可、备案、销售等信息进行匹配性核查。着重安排人员对涉及经营易制毒化学品的单位醋酸酐、邻氯苯基环戊酮等销售信息进行严查，未发现危险化学品、烟花爆竹领域的违法违规现象。（冯岩）

【督导汛期危险化学品企业安全】 6月至8月汛期，东城区安全监管局对辖区13家经营性加油站防雷防静电设施、地下和半地下储罐安全稳固情况进行重点检查，严格监督辖区危险化学品经营单位在汛期工作中做到“三个到位”，即：防汛安全责任必须分解落实到位，汛期的各项工作措施必须细化落实到位，汛期应急工作预案的编制和演练工作必须落实到位。（冯岩）

烟花爆竹安全监管

【烟花爆竹管理人员安全资格培训】 1月，东城区安全监管局如期完成烟花爆竹零售单位主要负责人资格考试报名公告、资格审核及组织安全培训、考试工作，13人参加考试。同时，组织3家批发企业对所有零售网点从业人员进行安全生产培训考核工作，系统学习烟花爆竹安全管理法律法规、事故预防及应急救援、典型事故案例等，并向考核合格的近300名从业人员发放了上岗胸卡。

（冯岩）

【烟花爆竹零售布点】 2012年，东城区烟花爆竹零售网点继续实施总量控制，在2011年基础上适度缩减。区安全监管局制定《东城区2012年春节烟花爆竹经营许可工作实施方案》，分街道对全区烟花爆竹销售单位数量进行规划，并召开专门会议向有关部门就网点总量控制、行政许可工作、安全监管各项措施要求等进行了重点部署。（冯岩）

【烟花爆竹经营许可证核发】 2012年，东城区安全监管局共审批29家烟花爆竹零售点，其中店面11家，大棚18家。主渠道单位占26家，其中熊猫烟花13家，燕龙烟花7家，逗逗烟花6家。（冯岩）

【烟花爆竹燃放高峰安全检查与夜查】 2012年，东城区安全监管局严格制定并执行了执法检查计划，每日保障两个执法小组分区域进行全面检查，保证每日进行一次夜检，及时消除安全隐患。制作《东城区安全监管局检查工作手册》，下发到每个销售网点，执法检查人员都要将每日检查的详细情况记录在册，并由网点负责人签字确认。同时，每日区安全监管局值班人员通过视频监控网络全面掌握各零售网点情况，建立监控档案，对出现问题及时通知执法检查人员采取措施纠正惩处。在烟花爆竹销售期间，共出动80个检查小组，执法人员1258人次、执法车辆1160车次，共检查销售网点1160家次，下达执法文书43份，行政处罚1起。（冯岩）

【烟花爆竹监管工作部署】 11月10日，东城区安全监管局组织区公安分局、工商分局、消防支队、交通支队、城管委、监察局、各街道办事处以及部分安委会成员单位召开安全生产综合会议，会上重点部署烟花爆竹行政许可工作。12月20日，区安全监管局召开烟花爆竹经营许可工作部署会。烟花爆竹销售网点主要负责人、熊猫、逗逗、北京烟花3家批发单位有关负责人以及中国人寿财产保险股份有限公司、交通银行、中电华通通信有限公司有关人员参加了会议。12月30日，区安全监管局组织2012年春节烟花爆竹（零售）经营网点负责人、熊猫烟花有限公司、逗逗烟花爆竹有限公司、北京烟花鞭炮有限公司负责人参加的2012年春节烟花爆竹经营（零售）许可证领发工作会。（冯岩）

【烟花爆竹视频监控系统建设】 2012年，东城区安全监管局独立负责烟花爆竹零售网点视频监控平台建设，多次协调区信息办与服务单位中电华通通信有限公司，按时完成视频监控平台的建设工作。并督促中电华通通信有限公司制定春节期间视频监控运行应急预案，保证节日期间系统运行正常。（冯岩）

【烟花爆竹销售情况】 2012年，东城区29家销售网点共计销售烟花爆竹8590.24箱、销售金额475.59万元。（冯岩）

【烟花爆竹回收入库】 2月，东城区安全监管局组织3家烟花爆竹批发单位、视频设备安装公司召开烟花爆竹回收、视频设备拆除及大棚清理工作部署会，确保回收拆除工作安全快速高效的完成。元宵节当晚至2月7日上午，29个烟花爆竹销售点剩余烟花爆竹全部回收完毕。至2月8日，视频监控设备及大棚全部拆除清理完毕。（冯岩）

安全生产事故隐患排查治理

【“打非治违”1号行动】 上半年，东城区安委会办公室制发《东城区安全生产领域“打非治违”1号行动方案》，要求区安委会成员单位迅速行动起来，坚决制止新增违法建设，及时发现和整改安全隐患，有效防范和坚决遏制因非法违规行为导致的安全生产事故，在全面开展安全生产领域“打非治违”专项行动的同时，重点实施“打非治违”1号行动。专项行动期间共拆除非法、违法建设房屋490间。（张洪道）

【强化“打非治违”工作力度】 第二季度，东城区安委会办公室转发《北京市安全生产委员会办公室关于进一步深化“打非治违”专项行动集中开展“回头看”活动的通知》，要求各区安委会各成员单位加强对进一步深化“打非治违”专项行动、开展“回头看”活动的组织领导，重点检查企业自查自纠是否到位、“四个一律”要求是否落到实处、非法违法行为是否得到有效遏制、重点治理任务是否取得成效，有效遏制安全生产非法违法生产经营建设行为。（张洪道）

【“打非治违”专项行动】 2012年，东城区开展打击道路交通、建筑施工、消防、危险化学品等行业（领域）非法违法生产经营建设行为和违规违章行为，区安委会办公室制发《东城区安全生产“打非治违”专项行动实施方案》，同时制定了《东城区安全生产“打非治违”专项行动领导小组办公室工作制度》，建立全区生产经营单位事故隐患自查自报台账，确保专项行动的顺利开展。累计排查各类生产经营单位14097家，整改各类安全隐患4544项。

（张洪道）

安全生产应急救援

【组织建立应急志愿者队伍】 2012年，东城区安全监管局建立局机关应急志愿者队伍，共有15名机关干部参加。建立全区13座加油站共221名工作人员参加的安全生产应急志愿者救援队伍，为突发事件初期应急救援工作提供保障。（张洪道）

【转发应急预案管理办法，加强应急物资储备】 东城区安全监管局转发《北京市安全生产监督管理局办公室 北京煤矿安全监察局综合办公室关于印发〈北京市生产安全事故应急预案管理办法〉的通知》，要求各单位将本办法转发至辖区内生产经营单位，并就预案编制完善、培训、演练和备案等提出具体要求。将本办法作为当前安全生产培训教育、宣传活动和执法检查的重要内容，指导和监督生产经营单位遵照执行。转发《北京市安全生产监督管理局关于加强重点生产经营单位应急物资储备的指导意见》，指导、督促生产经营单位开展应急物资储备管理工作，结合企业风险评估并依托专家确定应急物资种类、数量，确保配备种类齐全、满足应急需要，建立应急物资检查、维护、调用、补充和演练、考核等管理制度，保证应急物资状态完好、有效使用。

（张洪道）

【加强对防化应急分队建设】 4月，东城区防化应急分队对在编人员进行了核对编组，共计8个班64人；确保应急队伍人员在位率和完整性。4月20日在地坛公园完成了卫戍区防化团的点验工作，又分别在5月16日、25日完成卫戍区防化团的集结演练任务，并对参加演练的人员进行了政审；8月12日精心挑选12人参加了防化团组织实施的20天专业训练；10月24日东城防化应急分队第三次完成了防化团的集结演练任务，并部署“十八大”会议期间防化应急分队的战备值班工作。（冯岩）

安全生产执法监察

【制订安全生产重点执法检查计划】年初，东城区安委会办公室制订了2012年安全生产重点执法检查计划，有效整合和统筹全区安全生产执法力量，切实发挥好行业、专业、属地和综合监管部门的作用，采取区安委会办公室和各有关行业部门“三核驱动”的模式，即区安委会办公室牵头组织综合执法行动，行业管理部门组织专项执法行动，街道办事处和地区管理机构分别进行安全检查，合力推动生产经营单位安全生产主体责任的落实。（张洪道）

【燃气使用安全大检查】 第二季度，东城区安委会办公室转发《北京市安全生产委员会关于开展燃气使用安全大检查的紧急通知》，要求各单位认真汲取事故教训，结合各自实际和“护航”联合行动第二战役，贯彻落实市安委会关于组织开展燃气使用安全大检查的工作要求，采取切实有效措施消除各类事故隐患，确保安全生产“两个”主体责任落实。（田利和）

【“两会”安全生产保障】 2月，东城区安委会办公室制发《东城区2012年全国“两会”安全生产保障工作方案》，认真贯彻落实市、区关于做好全国“两会”期间服务保障工作会议精神及要求，认真履行安全生产监管监察职责，加强代表驻地周边200米范围内及代表行车沿线生产经营单位的安全生产监管，通过全面开展安全生产执法检查，进一步落实企业安全生产主体责任和政府安全监管责任，排查治理事故隐患，解决安全管理上存在的突出问题和薄弱环节。其间，对“两会”代表驻地及行车路线200米范围内的生产经营单位进行2轮次以上的执法检查，共出动执法人员582人次，检查生产经营单位277家次，消除问题及隐患81处，下达执法文书153份。

（田利和）

【节假日和重要活动期间执法检查】 2012年，东城区安委会办公室制发有关节日期间领导带队检查工作方案及相应的工作部署，要求各行业、专业及属地部门抓好工作落实，对所属生产经营单位进行全覆盖安全执法检查，专人盯守突出的隐患问题，确保隐患问题不整改不放过，有效遏制安全生产事故的发生。同时，区领导坚持重大节日、重要时期带队开展安全生产执法检查。

（张洪道）

【“十八大”安全生产隐患排查治理】 10月，东城区安委会办公室制定《东城区“十八大”安保“十大专项行动”生产安全隐患排查整治专项行动工作方案》，方案分两大类11分项，明确各行业和领域的工作任务，提出工作要求。同时制发《东城区“十八大”安保“生产安全隐患排查整治行动”督察工作方案》、《“十八大”安保“生产安全隐患排查整治行动”考核评比办法》、《东城区“十八大”安保生产安全隐患排查整治专项行动工作例会制度》等配套措施，实现“十八大”期间安全生产“零事故”的工作目标。其间，共出动执法队员1478人次，检查单位732家次，发现并整改安全隐患442个，处罚30

余起。（田利和）

【安全生产“护航”联合行动】 第二季度，东城区安全监管局开展为期3个月的安全生产“护航”联合执法行动，先后联合区城管委、区消防支队、属地街道等单位对全区餐饮、学校、医院、建筑工地、宾馆、旅游景区等涉及燃气安全的单位进行检查，联合区房管局等相关单位对全区216家地下空间单位进行检查，联合区商委、区文化委、属地街道等单位对全区86家商场超市等人密场所进行检查，配合区燃气办开展餐饮行业燃气使用安全专项检查，共检查48家，联合区质监局、属地街道等单位针对电梯运行单位存在的突出问题对居民电梯运行状况进行检查，配合区交通部门对轨道交通运营企业和汽车修理企业进行检查。（田利和）

职业安全健康

【职业安全健康管理干部培训】 5月24日至26日，为更好地宣传贯彻《职业病防治法》，加强队伍建设，努力提高自身监管水平，东城区安全监管局主管领导及职业卫生监管干部全员参加了市安全监管局组织的职业卫生监管人员培训班。系统学习了新修订的《职业病防治法》和国家安全监管总局新颁布的5个部门规章，提高职业卫生监管干部的依法履职能力和理论水平。（李学峰）

【职业安全健康宣传教育】 6月，职业病防治法宣传周活动期间，东城区深入开展职业健康宣传教育活动，加大职业健康法律法规的宣传力度，全面提升全社会对职业健康的关注度，东城区安全监管局累计发放宣传材料1150份。安全生产月活动期间，为帮助用人单位提高职业病防治水平，做好安全文化建设工作，协助开展好企业的安全生产知识竞赛活动，向用人单位发放了《职业病防治法100问》材料300份。8月，动员用人单位参加国家安全监管总局开展的《职业病防治法》知识竞赛活动，共联系参赛用人单位8家，发放《职业病防治法》知识竞赛试题及答题卡650份。（李学峰）

【职业安全健康管理员队伍建设】 7月25日，东城区安全监管局完成年度职业健康管理员培训工作，对因离职退休等5名职业健康管理员所在单位发出通知，要求及时上报新任人员名单。并对用人单位配备的专兼职职业健康管理员普遍存在年龄结构不合理、流动性强，从业时间相对较短的问题向市安全监管局进行了汇报。（李学峰）

【职业卫生检查与隐患自查整改】 8月，“十八大”安全生产保障专项行动启动后，东城区安全监管局着手制定工作方案和检查计划，动员用人单位开展各类安全隐患自查整改工作。加强执法检查力度和频次，扩大检查覆盖面，对汽修、印刷、工业企业工作场所进行了拉网式检查，共排查整治职业安全隐患9处，其他安全隐患11处，及时上报周报表12期，撰写信息8篇，中期工作报告1篇。10月，按照第三阶段重点防控的工作要求，对“十八大”会场、代表驻地周边500米范围内存在职业病危害因

素的用人单位进行重点防控。（李学峰）

【职业安全健康监测与检测】 2012年，东城区安全监管局在监督检查用人单位落实职业病危害因素检测工作的过程中，重点结合印刷行业工作场所易产生噪声超标的问题，督促用人单位在改进工艺技术，完善职业病防护设备设施上想办法，在人员管理，宣传培训上下工夫，改善工作场所的劳动条件，32家用人单位均按照要求进行职业病危害因素检测。（李学峰）

【职业危害专项治理】 5月15日，东城区安全监管局对电子行业用人单位情况进行了梳理，召开动员会，对专项治理工作进行部署，组织用人单位填报《电子行业用人单位职业卫生基本情况表》，确定用人单位经营状况以及是否使用正己烷、三氯乙烯等高毒清洗剂，进一步摸清本区电子行业用人单位的真实状况。7月至10月，陆续开展用人单位自查，并督导检查工作。（李学峰）

【企业网上职业危害申报】 2012年，东城区安全监管局督促指导32家用人单位登录市安全生产监管信息平台，启用新版职业病危害因素申报系统，对用人单位职业健康管理相关信息进行了统一申报，并对已通过审核的用人单位发放了回执。（李学峰）

【地下有限空间作业单位安全检查】 2012年，东城区安全监管局配合区流管办、民防局开展地下空间综合整治检查131家。其中，开展有限空间夜间抽查3家。（田利和）

【转发有关事故情况通报】 2012年，东城区安委会办公室先后转发《北京市安全生产委员会办公室转发国务院安委会办公室关于近期盲目施救导致较大事故多发情况通报有关文件的通知》、《北京市安全生产委员会办公室关于三起中毒窒息事故的通报》以及《北京市安全生产委员会办公室关于近期有限空间安全生产情况的通报》，要求各有关成员单位深刻吸取事故教训，严格按照国务院安委会办公室通报中提出的要求，切实抓好贯彻落实，有效防范和遏制各类安全生产事故的发生，强化有限空间作业现场安全管理，坚决防止有限空间安全生产事故的发生。（张洪道）

安全生产宣传培训

【“安全生产培训日”活动】 3月3日，东城区安全监管局组织生产经营单位从业人员参加“安全生产培训日”活动。组织或督促指导生产经营单位开展安全生产培训和宣传活动，为全市广泛深入开展安全生产培训营造社会氛围。（赵剑）

【安全生产走基层活动】 3月14日，东城区安全监管局参加安全生产走基层活动，通过“北京人民广播电台安全新干线栏目”讲述东城区的安全生产情况，帮助市民解决身边的安全隐患。（赵剑）

【街道安全生产检查员业务培训】 4月9日至11日，东城区安全监管局组织街道安全生产检查员在北京经济管理

干部学院培训。52人参训，50人参加考试并合格。（张皞）

【防灾减灾主题宣传活动】 5月11日，东城区安全监管局在南馆公园参加东城区防灾减灾主题宣传活动，发放宣传材料2000份。（赵剑）

【安全生产月宣传咨询日】 6月10日，东城区政府在银河搜候中心工程现场举行以“践行北京精神，弘扬安全文化，推进安全发展城市建设”为主题的2012年安全生产月宣传咨询日活动。市安全监管局、市住建委相关部门领导和区委常委、副区长朴学东、区人大副主任于静以及安全生产月活动组委会、安委会成员单位的领导出席此次活动。区安全生产月宣传咨询日活动共设主会场1个，分会场19个，发放宣传材料15万余份，参加群众12万余人次。

（赵剑）

【“神华杯”危险化学品安全法规知识竞赛】 5月至8月，东城区安全监管局组织相关单位参加国家安全监管总局“神华杯”危险化学品安全法规知识竞赛，被评为竞赛活动优胜单位奖。

（赵剑）

【安全生产主题摄影比赛】 5月至8月，东城区安全监管局组织开展“生命的呼唤，心灵的震撼”安全生产主题摄影比赛，比赛征集到区安委会21个成员单位，87位选手的作品共计224份。（赵剑）

【街道检查员工作会议】 10月17日，东城区安全监管局召开由17个街道办事处公共安全办公室全体工作人员参加的街道安全生产检查员工作会议。制发检查员证，制定《街道安全生产检查员管理办法》。（张皞）

【特种作业培训考试管理工作】 2012年，东城区安全监管局完成10次特种作业安全资格考试工作。其中，理论考试部分，共考核22922人次，合格人数18089人次，合格率为79%；实操部分，共考核21112人次，合格人数19182人次，合格率为91%。（田利和）

【安全生产培训机构资质延期工作】 第四季度，东城区安全监管局督促安全生产培训机构开展资质延期工作，各培训机构结合自身情况，已相继向市安全监管局提交申请材料。（田利和）

【特种作业考官资质保持情况】 2012年，东城区现有电工作业、金属焊接切割等5类工种共计96名考官，均取得了特种作业考官证书。（田利和）

安全生产法制建设

【执法案卷评查】 7月，东城区安全监管局配合区法制办开展执法案卷评查，4卷优秀卷。配合市安全监管局开展执法案卷评查，2卷优秀卷，2卷合格卷。（张皞）

【行政执法涉权事项及风险点查找防控梳理】 6月至12月，东城区安全监管局按照区监察局统一部署，梳理执法依据146条，并将执法依据内容、执法流程、权力部门、自由裁量标准等情况在"北京市东城区行政权力运行平台"予以公示，自觉接受公众监督。

（张皞）

【编印执法检查工具书】 11月，东城区安全监管局编印《工作手册》、《监督检查要点》，作为工具书，供执法人员随身携带参考。内容包括基本概况、岗位说明、执法依据、执法程序、职业规范、工作礼仪、服务承诺和廉政要求8个部分。（张皞）

安全生产科技

【组建职业卫生专家队伍】 2012年，东城区安全监管局建立了10人的职业卫生安全专家库，参与本区职业危害事故的调查处理和职业危害因素检测。共享市安全监管局的安全专家资源，为本区的安全生产科技队伍素质建设提供人才保障和智力支撑。（李学峰）

【公共安全新体系建设】 2012年，东城区政府印发《东城区公共安全监管标准化管理办法》，该办法共分5章21条，规定了公共安全监管标准体系管理的组织机构、工作职责、人员和经费保障、标准制定与审批、标准实施的监督等事项，为东城区公共安全监管工作的科学化、规范化、精细化和常态化建设提供指导依据。（张洪道）

安全生产标准化

【生产型企业标准化工作】 2012年，东城区安全监管局继续依照标准化相关法规、文件，结合日常安全生产执法检查，对重点生产型企业安全生产标准化筹备及复审（3年1次）工作进行督促，北京航星机器制造有限公司等3家单位及时完成安全生产标准化复审，诺基亚西门子通信系统有限公司等5家未完成标准化的单位加快筹备工作。东城区共有重点生产型企业10家，已有5家完成了安全生产标准化达标工作。

（关宏建）

【危险化学品企业安全生产标准化体系建设】 从2011年4月开始，至2012年12月结束，东城区安全监管局对辖区内13家加油站经营企业全面开展安全生产标准化工作，先后经过标准化体系培训、标准化体系构建、标准化试运行、企业自评、咨询机构诊断、企业对标整改、评审机构审定、职能部门认证等8个阶段，涉及《危险化学品从业单位安全标准化通用规范》中10类A级安全标准、53类B级安全标准的达标工作。2012年10月底，全部通过评审机构的达标评审，评审分数均在80分（达标线）以上，初步具备安全生产标准化三级达标标准资质，并以《安全生产标准化体系运行发布令》的形式正式颁布，完成标准化达标工作。（冯岩）

西城区

概述

2012年，西城区安全生产工作持续以强化落实“两个主体”责任为目标，加强组织领导，强化宣传教育、加大安全监管和应急管理力度，严厉打击非法违法生产经营建设行为，集中整治安全生产事故隐患，严肃查处事故，辖区安全生产形势持续平稳。2012年西城区安全生产工作重点开展5个方面工作：一是创新机制，健全制度，落实政府主体责任。及时调整区安委会格局，由区长王少峰担任安委会主任，各副区长担任副主任，各单位行政主要负责人担任安委会委员。与58家成员单位签订安全生产责任书。制定《西城区安全生产委员会关于进一步加强街道社区安全生产监督管理工作的意见的通知》。完善安委会考核工作制度，制定《2012年度西城区政府有关部门和属地安全生产综合考核工作方案》，建立健全综合考核体系。继续坚持街道联席会议制度，开展联合执法周活动。会同区法制部门审核高处悬吊作业和商贸类综合楼宇安全管理办法，印制管理文件汇编，拍摄高处悬吊作业安全生产操作规范宣传片。建立区安全监管局街道执法分队和街道安全生产办公室“科队合一”的监管工作模式。将有限空间、高处悬吊作业纳入城市网格化管理，建立网络监督员发现报告机制和街道全响应快速查处机制。二是强化重点，加大力度，集中削减事故隐患。继续实施“护航”联合行动、“打非治违”等专项行动，全面开展全国“两会”、“十八大”等重点时段安全保障。在全区范围内开展批发市场和老旧小区安全生产隐患排查整治专项行动，收集整理各单位排查上报隐患，分类建立安全隐患台账并督促整改。截至12月底，共排查发现违法建设28387平方米，累计拆除9280平方米，各部门、街道共组织执法力量23991人次，检查生产经营单位17248家，打击非法违法、治理纠正违规违章行为8047起，罚款1111850元。以汽车修理行业为主开展职业卫生监督抽检，持续坚持职业卫生监测工作。三是深入探索，夯实基础，强化企业责任落实。完成8个行业部门区级标准制定，确定评审机构，全区17家加油站完成标准化达标工作。健全应急救援组织，完善工业企业综合应急救援预案。将安全生产隐患自查自报工作纳入区安委会年度考核，召开培训会，对企业建立一对一交流，梳理企业台账，对3000家生产经营单位分行业进行了分解，调度、督促31家区政府有关部门和街道办事处推进隐患自查自报工作。截至12月底，纳入隐患自查自报系统生产经营单位6021家，新增783家，关闭245家，变更534家，填报3013家，梳理台账980余家，组织参加培训12

次，培训人员1550余人。四是加强培训，做好宣教，营造安全文化氛围。深入开展安全生产月宣传活动，咨询日当天共有321人次参加活动，接待咨询7102人，摆放展板135块，发放宣传材料162150份。加强培训机构管理，开展京外特种作业操作证登记工作和特种作业人员违章行为登记工作。截至10月全区共参加特种作业考试8期，培训考生21551人，通过考试17401人。开展“西城区2012年安全生产大型公开课”和“安康杯”活动。督促指导西城区创建街道建立组织机构，采取“一把手”负责制，成立16个工作组和创安办，组织安全社区专家走访牛街、广外、椿树等重点街道进行检查指导，共有8个街道获得“全国安全社区”称号，新街口、德胜街道办事处先后通过国际安全社区现场认证。五是依法行政，从严查处，落实事故追责制度。按照“四不放过”原则从严查处事故，落实责任追究制度，截至12月底，共调查处理7起生产安全责任事故，5人被追究刑事责任，对责任单位和责任人罚款84万元。另对区政府2012年初批复的2011年底发生的3起生产安全事故进行了处罚。

2012年，西城区安全监管局被评为“全国安全生产月先进单位”，“2010—2012年度北京市安全生产先进单位”和“2012年元旦、春节烟花爆竹安全管理工作先进集体”。经市安委会考核，西城区被评为北京市2012年“安全生产先进区县”，并获得“安全生产工作基础管理创新奖”。

在肯定成绩的同时，也认识到，西城区安全生产基层基础还比较薄弱，一些问题还比较突出。根据历年事故情况分析，建筑施工、燃气使用、高处悬吊作业仍是本区一般事故高发领域；批零市场、住人地下空间重特大安全生产事故风险较高；规模以下餐饮零售、有形市场、高处悬吊、燃气等行业领域的安全生产管理薄弱，仍存在解决职责不清、职能交叉、监管缺位及检查与执法环节脱节等问题。同时，政府及部门安全监管有待加强，安全监管职责、措施还需进一步落实；企业落实安全生产主体责任还不到位，从业人员安全意识淡薄、安全技能缺乏；大量务工人员文化水平低、专业知识少，自身安全意识淡薄，安全技能缺乏，成为当前事故多发群体；基层安全监管体系建设有待完善，监管业务水平还需进一步提高。

安全生产综合监管

【安全生产控制考核指标落实情况】 2012年，市安委会下达安全生产控制考核指标23人，其中：生产安全8人，道路交通14人（包括生产经营性道路交通5人），火灾1人。截至12月底，全区发生道路交通、生产安全、火灾和铁路交通事故共168起，死亡16人，其中：发生道路交通事故9起，死亡9人；发生火灾152起，死亡2人；发生生产安全事故7起，死亡5人；未发生铁路交通事故。（何爱民）

【动物园周边市场安全生产调研】 1月6日，西城区安全监管局联合展览路街道对动物园周边服装批发市场安全生产进行专题调研。通过调研，动物园地区现有大型服装批发市场8家，在建市场2家，存在的主要问题：一是人员高度密集，遇突发事件时人员疏散安全隐患十分突出；二是市场主体安全管理意识、安全管理能力薄弱；三是批发市场动态性安全隐患长期存在，自身难以解决；四是设备设施安全隐患、火灾隐患难以控制，一旦发生事故后果不堪设想；五是政府监管部门缺失，长期以来没有建立有效监管机制。针对调研存在问题，区安全监管局采取7项措施：一是成立动物园服装批发市场专项治理工作机构，负责专项治理日常工作。二是对动物园服装批发市场进行全面排查、摸底，建立市场基础信息台账。三是根据台账建立情况，对每个市场硬件设备设施进行全方位分析，查找安全隐患，督促市场进行必要的安全投入和改造。四是指导市场主体完善安全生产责任制和安全生产规章制度，提高市场自我管理能力。五是邀请有关安全生产专家和相关部门，对动物园批发市场风险源进行分析评估，制定整改工作措施。六是建立动物园服装批发市场安全联席会议制度、信息通报制度，定期传达市、区政府有关文件，通报工作开展情况，部署安全生产工作。七是结合标准化管理模式，在动物园服装批发市场推行安全生产标准化管理工作，全面提升市场安全管理能力和水平。（何爱民）

【人员密集场所专项检查】 2月1日，针对新一代商城“1·29”死亡事故暴露出的问题，西城区安全监管局联合区质监局对西单大悦城进行了专项执法检查。经现场了解，西单大悦城共有电梯65部，多数处于自动运转状态，无专人引导服务，采取定时检查管理手段。检查中发现部分扶梯入口处无乘梯须知、乘梯警示标识缺少文字说明、无禁止儿童手推车标志等问题。检查人员对大悦城物业部门下发了责令整改指令书，要求物业管理部门对存在问题立即进行整改，加大对本单位65部电梯的检查力度，加强人员配备，结合本单位实际情况，组织一次应急演练，切实提高从业人员应急能力和水平。

（何爱民）

【部署安全生产工作】 2月9日，西城区安委会组织召开2012年安全生产工作部署会，会议认真分析去年安全生产形势，明确2012年工作目标。2012年西城区将继续坚持“安全第一，预防为主，综合治理”的方针，狠抓5个方面的工作：一是进一步加强安全生产体制机制建设。推进基层安全生产监管工作机构建设，深化委托街道执法工作模式，实现安全生产监管重心下移、关口前置。二是进一步强化企业安全生产主体责任落实。继续推进隐患自查自报工作，继续开展安全质量标准化活动。三是进一步深化重点行业领域的安全监管。探索行业部门联席会议机制，充分履行区安委会办公室协调职责，及时协调解决工作中的问题。四是进一步加大宣传教育培训力度。开展以安全生产月为核心的宣传教育活动，继续推动街道安全社区创建活动，建立街道执法人员定期培训制度，加强信息报道工作，弘扬安全文化。五是进一步提高科技创安水平。开展餐饮行业加装燃气报警装置和电梯安全物联网试点，加强安全监管综合平台信息化建设等工作，全面提高事故风险防控水平，持续压减事故总量，为全区经济社会发展和城市运行营造良好的安全生产环境。（许东）

【安全生产表彰大会】 3月29日，西城区召开2012年安全生产工作会，总结回顾2011年工作成果，安排部署2012年工作。市安全监管局副局长汪卫国，区委常委、常务副区长苏东参会并讲话，会议由区委常委、副区长梁昌新主持。区安委会成员单位主管领导，先进单位、个人及辖区生产经营单位代表，共260余人参加大会。会上对取得先进监管机构先进单位区体育局等21家；监管机构先进个人杨鑫等64名；生产经营单位先进集体北环国际中心管理处等69家；生产经营单位先进个人张入通等69名；安全生产先进社区德胜街道马甸社区居委会等30家；安全生产优秀信息员陈和福等38名进行通报表扬。汪卫国对西城区安全生产工作给予充分肯定，并传达了市委、市政府和市安委会关于2012年安全生产工作要求，就做好西城区安全生产工作进行了指导。区委常委、常务副区长苏东就下一步安全生产工作提出4点意见：一是2011年全区安全生产工作取得积极进展，安全生产形势持续好转；二是充分认识当前安全生产面临的形势，切实增强做好安全生产工作的主动性和责任感；三是加强领导，落实责任，确保各项安全生产措施落到实处；四是坚持安全发展，推进各项工作，以安全生产的新成效迎接“十八大”召开。（许东）

【部署第二季度安全生产工作】 4月25日，西城区区长王少峰在第13次区政府常务会议上，对第一季度安全生产工作给予了充分肯定，并对第二季度工作提出要求：一是加大宣传教育力度，进一步增强生产经营单位及居民的安全意识，营造安全生产良好氛围；二是要进一步明确安全生产职责，整合执法检查力量，突出重点，确保重点行业（领域）的安全生产；三是要强化安全监管，借鉴“打非治违”专项行动经验，加强安全生产针对性，全面启动“护航”行动第二战役，力争取得阶段性成果；四是要针对第二季度季节特点，加强在建工地的安全隐患排查力度，消除隐患于萌芽状态，确保安全；五是要创新手段，推广电梯安全物联网试点等科技创安工作，推进科技创安实施进程，进一步提升科技创安水平。（许东）

【市安全监管局领导带队检查安全生产工作】 5月，市安全监管局副局长汪卫国带队，区安全监管局副局长毕军东等陪同，对西城区节日期间安全生产工作进行检查。检查组重点对安全生产制度建立、教育培训、领导带班、重要岗位人员值守、应急处置能力、重点部位检查、安全措施落实情况、设备设施安全运行等进行检查。通过检查，未发现安全隐患，检查组对西城区安全生产工作给予充分肯定，同时对生产经营单位提出要求：一是所有从业人员必须经过安全生产教育培训，经考试合格后才能上岗、所有特种作业人员及管理人员必须持证上岗；二是所有管理人员及从业人员要认真学习掌握《北京市安全生产条例》；三是生产经营

单位要将安全生产隐患排查作为本单位的一项重要工作。（何爱民）

【高处悬吊作业管理研讨会】 5月，西城区安全监管局组织召开了高处悬吊作业安全管理研讨会，区商务委、房管局、北京市劳动保护科学研究所等9家部门和企业的主管领导参加会议。会议针对该管理办法和检查规程涉及的法律法规适用范围、规范用语、问题处置措施、各部门监管职责等方面进行了讨论。会议要求：一是各单位在办法和规程推广过程中，不断总结经验，及时完善管理办法和检查规程。二是各单位之间要加强沟通，预防各类生产安全事故的发生，为全区经济发展提供一个良好的安全生产环境。（何爱民）

【区人大代表检查安全生产工作】 6月14日，西城区人大常委会副主任周慧来、区人大财经委委员和部分街道人大代表共29人到西单大悦城检查安全生产情况，区安全监管局、商务委、文化委、旅游委、质监局、消防一支队、西长安街街道办事处等相关部门人员陪同。区人大代表检查了电影院、游泳馆、酒店客房、消防通道及中控室等场所和设施的安全情况，并就一些问题与相关部门进行沟通。座谈会上，区安全监管局局长陈国红汇报了全区安全生产工作情况，代表们充分肯定了各项工作取得的阶段性成效，并就安全生产标准的制定、安全法规的宣传教育、安全管理的经验推广等问题提出了建议。

（何爱民）

【区政协委员调研安全生产工作】 6月20日，西城区政协副主席姜立光带领区政协委员一行10人到区安全监管局调研安全生产工作。区安全监管局局长陈国红就近年安全生产工作方式、方法以及取得的工作成效进行了汇报并认真解答委员们提出的相关问题，希望各位委员多支持安全监管工作，特别是在安全生产监管监察编制问题方面多提好的建议和议案。姜立光对区安全监管局的监管工作予以充分肯定，并提出两点建议：一是要加大安全生产工作的宣传力度，形成“人人为安全，人人要安全”的社会氛围。二是进一步加大安全监管力度，特别是针对监管不到位的“六小”企业，实行制度化管理，采取“全覆盖”的方式落实企业主体责任，从而确保全区安全生产监管水平稳步提升。（何爱民）

【西直门地区安全生产调研】 8月23日，西城区安委会办公室、展览路街道与西直门管委会共同研讨西直门地区安全生产工作，并对北京北站周边安全生产状况进行了实地察看。通过调研，一是进一步明确了西直门管委会的机构设置、安全生产管理职责、管理模式等情况。二是有效推动了该地区安全生产长效工作机制建设，为强化地区执法力量、全面提升安全生产工作水平奠定了基础。三是切实加强了综合监管部门与属地监管部门之间的信息沟通，针对安全生产工作中的突出问题，形成群防群治、齐抓共管的工作格局。

（何爱民）

【区委书记检查加油站安全】 10月，西城区区委书记王宁率领有关单位负责人组成检查组，对西城区内的加油站“十八大”安保专项行动工作进行了检查。在中石化北京宣武门加油站，王宁重点对加油站的安全生产管理制度、现场安全管理、员工安全生产培训教育、生产安全事故应急救援预案及演练等几个方面进行了检查。王宁要求：一是加油站要将“十八大”安保作为当前工作的重中之重，要按“安保措施严于以往、工作目标高于以往、工作成效好于以往”的工作原则，以“大事不出，小事也不出”的高标准要求，周密部署，加大隐患排查整治力度，严防死守。二是要提高全体员工的安全防范意识和应急处置能力。制定和完善“十八大”期间安全生产事故应急预案，完善应急救援工作机制，有针对性地组织开展应急演练。三是要确保加油站安全运营，形成共保安全的浓厚氛围。（何爱民）

【安全生产考核工作】 11月15日，西城区安委会依据《2012年度区政府有关部门和街道安全生产综合考核工作方案》，利用3天分两组对20个委办局和15个街道进行安全生产考核，考核组听取各单位全年安全生产汇报，察看安全生产工作档案，梳理安全生产指标落实情况，通过各单位自评、考核组打分，召开考核通报会议，研究全年安全生产落实情况，对各单位考核情况进行通报，研究被考核单位考核排名。经考核组研究并报请区政府同意，决定区教委等13家单位和德胜街道等8个街道被评为“2012年度安全生产先进单位”。（许东）

危险化学品安全监管

【加油站“两会”期间安全部署会】 2月23日，西城区安全监管局组织辖区内18家加油站站长召开“两会”期间加油站安全生产管理工作部署会。对“两会”期间安全生产工作提出要求：一是“两会”期间各加油站站长要提高安全责任意识，加强员工安全教育培训；二是采取多项有效措施，加强监控，加大安全检查力度，防止各类安全事故的发生；三是制定领导带班轮值制度，完善细化应急预案，强化应急演练，进一步提高突发事件处置能力；四是确保通信畅通，遇有突发事件要果断处置、迅速上报；五是强化行业自律和自我防范意识，同时做好周边居民的安全教育和安全防控工作，加强安全检查和隐患排查工作。（张文）

【危险化学品行政许可】 2012年，西城区安全监管局共受理、审核、发放危险化学品经营许可证（乙证）17家，其中新取证8家，换证9家，现场审核26家，发放非药品类易制毒化学品经营备案证明11家。经过开展对危险化学品经营单位专项治理，对3家危险化学品经营许可证到期不及时办理延续手续及经营场所不符合规范要求的危险化学品经营单位办理注销手续。截至年底，全区共有危险化学品经营单位91家（甲证35家、乙证56家）和加油站17家。（张文）

【危险化学品专项整治】 4月10日，西城区安全监管局按照市安全监管局关于开展涉及“两重点一重大”危险化学品企业及开展液氨从业单位安全生产专项整治工作有关精神，采取以下4项措施开展危险化学品企业专项整治工作：一是针对辖区涉氨涉氯、重点监管品种和工艺企业组织召开全区危险化学品经营单位专项整治工作动员部署会。二是向各街道办事处传达、下发了整顿工作方案和规范文件，提出工作要求。三是迅速组织专家组深入到辖区危险化学品企业进行现场摸底排查。四是各街道高度重视，主管领导统筹协调，精心组织安排制订详细工作计划，分片包干，督促相关企业落实整改。（张文）

【危险化学品“打非治违”专项行动】 5月25日，西城区安全监管局联合区公安分局对辖区内70多家危险化学品经营单位负责人开展安全生产工作培训。区安全监管局通报了通州“5·8”危险化学品爆燃事故情况；公安分局宣贯了国务院新修订的《危险化学品安全管理条例》（国务院令第591号）中关于易制爆危险化学品的相关管理要求及职责。区安全监管局要求：一是各危险化学品经营单位要重视安全生产工作，加强隐患自查自报，严禁非法存储危险化学品。二是生产、经营、使用及储存易制爆危险化学品单位如实记录其生产、经营、使用及储存易制爆危险化学品的数量、流向，采取安全防范措施。严格易制爆危险化学品销售、购买监督管理及运输监督管理。三是结合北京市危险化学品领域和烟花爆竹行业“打非治违”专项行动工作，区安全监管局协同西城公安分局重点对未经批准，擅自从事危险化学品生产、经营、储存的行为开展专项整治。四是对危险化学品生产、经营许可证到期未换证或已责令停产关闭仍擅自从事危险化学品生产经营行为，进行全面清查，一经发现，将对非法违法单位予以严厉打击，对相关责任人员严肃追究法律责任。（张文）

【非药品类易制毒化学品专项整治】 7月中旬，西城区安全监管局开展为期一个半月非药品类易制毒化学品专项整治行动。成立领导小组和工作机构，认真开展非药品类易制毒化学品生产经营情况调查摸底，逐一核实企业负责人、生产经营非药品类易制毒化学品产量、品种、购销渠道等。强化源头管理，督促企业强化非药品类易制毒化学品管理责任制，完善各项管理制度，依法履行许可和备案手续，建立非药品类易制毒化学品生产经营单位台账，实行严格流向管理，确保非药品类易制化学品不流入非法渠道。加强对重点整治的高锰酸钾、硫酸、盐酸、丙酮、醋酸酐等非药品类易制毒化学品全面清查，做到查清每笔非药品类易制毒化学品来源、流向和用途，查清最终用户情况。联合区公安分局刑侦支队、治安支队等部门多次对辖区易制爆、易制毒危险化学品73家生产经营企业进行专项执法检查。

（张文）

烟花爆竹安全监管

【烟花爆竹行政许可】 2012年元旦、春节，西城区安全监管局联合区治安支队、工商分局、监察局、消防支队、交通支队、市政市容委、城管大队等部门组成联合检查组，对街道报名初选48处零售网点地址多次进行实地勘察，联合检查组本着“统一规划、保障安全、合理布局、总量控制”的要求，依据《烟花爆竹零售网点设置安全要求》，确定2012年烟花爆竹零售经营网点41处并为其办理行政许可手续，与2011年相比经营网点减少10家，减少19.6%，其中固定房网点16家，临时搭建网点25家。

（张文）

【烟花爆竹安全教育培训】 2012年元旦，西城区安全监管局邀请区公安分局、消防支队、工商分局、区质监局、城管大队和区发改委对零售网点负责人和安全管理人员进行相关知识培训，培训采取集中授课、案例讲座、发放宣传册等形式，重点围绕法律知识、安全生产常识和各职能部门新政策、新规定、新要求。区安全监管局分两次对销售网点负责人和安全管理员进行专项业务知识培训，培训人员累计800余人，经考试合格共有500余人取得从业人员上岗证书。 （张文）

【烟花爆竹安全执法检查】 1月18日至2月6日，烟花爆竹销售期间，西城区安全监管局采取日常检查与夜间抽查和相关部门联合检查等多种监管形式对41家销售网点开展拉网式执法检查，“元旦”、“春节”、“元宵节”期间采取局领导带队，分片包干等形式共分为8个片区出动37名执法人员，分9路对全区41家烟花爆竹经营网点进行地毯式检查，值班室利用监控视屏循环监控各销售网点情况，并实施通过对讲系统对销售网点提出具体要求。截至2月7日，共出动执法检查人员1638人次，出动执法车385辆次，日常检查1736家次，夜查362家次。下达责令改正指令书17份，查出并监督整改安全隐患24处。 （张文）

【烟花爆竹回收】 2月7日，西城区安全监管局督促烟花爆竹批发企业做好剩余烟花爆竹回收工作，要求销售网点2月10日前完成大棚拆除。截至2月7日早6时全区41家销售网点剩余烟花爆竹已全部回收完毕。2012年烟花爆竹共销售17349箱、总销售金额854.21万元。 （张文）

安全生产事故隐患排查治理

【批发零售市场安全专项整治】 3月29日，西城区安全监管局联合展览路街道、区工商分局、商务委、质监局、卫生局、住建委、消防支队、公安派出所等部门对展览路地区批零市场安全进行专项整治。通过专项整治，完善了展览路地区批零市场整治安全生产基础信息台账，规范了批零市场的安全管理制度，提升了批零市场的硬件设备设施，建立起批零市场安全生产联合执法检查机制、市场安全生产联组议事机制两个平台。整治期间，共召开联合执法工作例会5次，市场整治工作会4次，出动人员122人次，车辆16辆次，报送信息11篇，发放宣传资料35份，提供安全生产法规283份，对4家生产经营单位实施了行政处罚，罚款2.1万元。 （何爱民）

【老旧小区隐患排查整治】 4月至6月，西城区安全监管局在全区范围内开展批发市场和老旧小区安全生产隐患排查整治专项行动，行动按照“动态分类排查、动态评审挂账、动态整改销账”三动态工作机制，发动各部门、各街道对本单位、本区域本行业监管范围内安全隐患进行全覆盖式大排查，以联合检查方式督促存在隐患的生产经营单位及时整改隐患，截至6月底，行动共排查整改安全隐患56项，其中包括1项整改难度较大隐患，由街道综治办实时跟踪整改过程。（何爱民）

【安全生产事故隐患自查自报工作】 9月份，西城区安全监管局协调各相关行业部门，广泛发动街道、社区力量，持续推进隐患自查自报工作。协助区旅游委、房管局等6家单位梳理台账，对24个单位建立一对一交流，加强对基数大、进度慢的单位、街道进行督促与指导，企业上报率逐步提高。截至12月25日，纳入隐患自查自报系统生产经营单位6021家，新增783家，关闭245家，变更534家，填报3013家。其中月度上报2664次，季度上报3141次，解决密码重置420余个、系统操作问题210余个、业务问题70余个，梳理台账980余家，组织参加培训12次，培训人员1550余人。（何爱民）

【从严查处生产安全事故】 2012年，西城区安全监管局联合相关部门组成事故调查组，按照“四不放过”原则从严查处事故，落实责任追究制度。对定性为生产安全事故“4·1”热力管线一般生产安全事故、“5·14”复兴门外大街16号一般生产安全事故、“6·16”马兰拉面天宁寺分店燃气爆燃安全事故、“7·3”广安门南街54号一般生产安全事故、“8·31”安德路102号一般生产安全事故、“9·18”前门西大街141号一般生产安全事故、“12·30”西单北大街133号一般生产安全事故的7起事故责任单位、责任人员进行处理，罚款96万元，刑事立案处理5人。另对2011年年底发生、区政府2012年年初批复的3起生产安全事故进行了处罚。（赵常华）

【安全生产举报投诉查处】 2012年，西城区安全监管局梳理举报投诉办理流程，强化办理实效，提高办理质量。对市安全监管局“12350”平台、西城区城市运行管理平台、来信、来人、来电等线索逐一进行登记，由局长批复意见，督促业务科室抓好落实。截至12月底，共接举报投诉103件，其中：“12350”72件；区转11件；其他20件。（何爱民）

安全生产应急救援

【直属侦测连“整组点验”】 4月22日，西城区安全监管局与北京陆军预备役防化团直属侦测连根据年度工作安排，对辖区预备役防化团直属侦测连进行2012年度“整组点验”。预备役防化团直属侦测连是西城区一支专业性较强的防化救援队伍，连部设在区安全监管局，由全区15个街道抽员组建。此次“整组点验”的主要任务是整合军地资源，坚持军民共建，全面提升应急分队快速反应能力，处置化学恐怖袭击及处置疑似放射性物质时的应急救援行动，为连队建设打下坚实基础。

（张文）

【危险化学品应急演练】 6月20日，西城区安全监管局和区应急办联合在广外马连道粮库中路举行危险化学品事故应急救援综合演练。市安全监管局副局长唐明明、区人大副主任周慧来、副区长吴铁男、区政协副主席姜立光出席并观摩演练。区委宣传部、卫生局、环保局、公安分局、交通支队、消防二支队、广外街道、预备役防化团等单位参加了演练。此次演练结合地区安全维稳特点，设置应急侦检和堵漏、火灾扑救、洗消、救助伤员、事故现场安全警戒、交通管制和疏导、事故现场周边空气环境的实时监测等主要环节。通过演练，增强了参演、观摩人员、公众防范危险化学品事故应急意识和自救互救能力；提高了应急救援人员在紧急情况下妥善处置危险化学品事故的能力；提高了各专业队伍协调配合能力，为全力保障“十八大”期间辖区安全，打下良好基础。（张文）

安全生产执法监察

【“两会”安全保障】 2月10日，为做好全国“两会”服务保障工作，西城区安全监管局结合辖区实际，制定《西城区安全监管局关于开展2012年全国“两会”安全保障工作方案》，成立以局长陈国红为组长的“两会”保障工作领导小组。“两会”期间确定建筑工地、燃气使用单位、地下空间、危险化学品、加油站、工业企业、电梯等行业（领域）为重点，采取综合监管、行业联合、依托属地等形式，对涉及本辖区会场、驻地周边及代表行车沿线等核心区域开展安全生产管控工作。“两会”期间，执法队出动检查人员560人次，检查生产经营单位332家，查出安全生产隐患559项，下达行政执法文书136份，行政处罚立案22起。（何爱民）

【区街安全生产执法周行动】 2月至11月，西城区安全监管局先后与广外街道、德胜街道、什刹海街道、西长安街道、大栅栏街道、天桥街道、新街口街道、金融街街道、椿树街道和陶然亭街道开展11次安全生产执法周行动，其间，区安全监管局执法人员与各街道安办有关人员对辖区生产经营单位进行检查，及时督促整改隐患，通过街道联席会议通报执法检查情况，共同交流执法经验，探讨监管措施，促进了西城区的区、街两级安全监管联动机制，提升了西城区安全生产监管总体水平。

（何爱民）

【地下空间执法检查】 6月4日，西城区安全监管局对区部分普通地下室生产经营单位进行安全检查。检查普通地下室生产经营单位18家，下达整改指令书17份，发现安全隐患54处。检查中发现普遍存在以下问题：一是对员工安全生产教育培训重视程度不够；二是疏散通道及楼梯拐角处疏散指示标志不连贯或缺失；三是部分通道及安全出口缺应急照明灯，疏散门封闭上锁；四是库房货物码放混乱、超高等。针对发现安全隐患，执法人员当场下达整改指令书，要求各单位要加强员工安全生产教育培训，员工务必明确火灾扑救、安全逃生、灭火器和消火栓使用等常识，提高安全防范意识。要完善疏散通道指示标志，保证安全出口畅通。要加大日常安全检查力度，及时疏通被货物挤占的通道，把隐患消灭在萌芽状态，防止重大安全事故发生。（何爱民）

【“十八大”安全保障】 8月，西城区安委会组织30家行业监管部门和属地监管部门在区政府召开“十八大”安全生产保障工作动员部署会。会议部署了“十八大”安全生产隐患排查整治工作，相关单位汇报了安全生产保障筹备工作。副区长吴铁男就“十八大”安全生产保障工作提出4点要求：一是提高认识，明确目标，增强“十八大”安全生产保障工作的责任感和使命感。二是切实落实政府部门监管责任，强化生产经营单位的主体责任。三是采取有力措施，梳理企业台账、坚持依法文明执法，加大处罚和督察力度。四是建立安全生产监管工作的长效机制，使安全生产各项工作常态化、制度化、规范化。

（何爱民）

【星级宾馆综合监管】 9月12日，西城区安全监管局共分为4个联合执法检查小组，对20家如家连锁酒店开展安全生产执法检查。重点检查酒店配电室、消防中控室、安全出口及疏散通道、安全生产制度及员工安全生产教育培训等。检查总体情况较好，各单位都能按照法律法规要求规范生产经营活动，但个别单位存在以下问题：一是未建立健全特种作业人员档案。二是安全出口及疏散通道部分疏散指示标志悬挂错误，安全出口疏散门内外1.4米范围内设置踏步。三是配电室劳动防护用品过期未年检。针对发现问题，执法人员当场下达了整改指令书并限期3日内整改完毕。

（何爱民）

【建筑工地综合监管】 10月24日，西城区安全监管局对“十八大”代表驻地周边部分在建施工工地进行联合安全执法检查。共检查生产经营单位2家，主要存在未建立健全特种作业人员档案，物料码放、乙炔瓶、氧气瓶码放以及邻边围挡不符合要求等隐患。执法人员针对存在问题当场下达整改指令书1份，责令被检查单位限期消除安全隐患，提高安全生产意识，切实消除隐患，确保生产安全。（何爱民）

【“六小”单位执法检查】 11月7日，西城区安全监管局对“十八大”代表驻地周边500米范围内人员密集场所及“六小”生产经营单位进行检查，检查中存在主要问题：一是安全疏散通道被杂物挤占；二是后厨临时用电线路老化；三是各种安全指示标识悬挂不规范、不连贯、位置不正确，楼梯拐角处缺少应急照明灯等。针对检查问题，检查组下达责令改正指令书1份、现场检查记录6份、发现安全隐患问题6处。检查组要求各生产经营单位加强人员密集场所安全管理、严防火灾和拥挤踩踏等伤亡事故发生。加强对重点部位、重点区域检查，坚决不留死角。检查出的问题已得到整改。（何爱民）

职业安全健康

【汽修行业职业卫生检测】 9月至11月，西城区安全监管局制定下发《2012年西城区职业卫生现场监督抽检工作方案》，确定汽修行业作为2012年职业卫生监督抽检工作重点，区安全监管局联合技术服务机构对10家汽修生产车间进行检测，分析建设地点、总平面布置、卫生工程技术防护设计、个人防护措施、辅助卫生用室设置、职业卫生管理措施等方面，提出该单位职业病危害现状评价，综合所有单位被抽检结果，得出整体有参考价值信息，用于指导下一步监管工作。（王之波）

【医疗机构职业卫生监管】 11月25日，西城区安全监管局对10家医疗机构易产生职业病危害因素进行检查。检查总体情况较好，但仍存在一些问题：一是个别医疗机构对工作场所产生职业病危害因素识别不清，检测项目不全。二是接触职业病危害因素劳动者的职业健康体检、工作场所检测工作进展较慢，存在“等、靠”的现象。执法人员当场下达责令指令书5份，现场检查记录10份，行政处罚1家。并要求所有医疗机构年底前完成对工作场所检测及对劳动者进行职业健康体检。上述问题已得到解决。（王之波）

【有限空间作业安全联合督察】 8月29日，西城区安全监管局联合区监察局、区应急办组成督查组对区市政市容委、区环保局、区卫生局有限空间作业安全管理工作进行督察。督查组首先听取被督察单位工作落实情况汇报，并对有关问题进行了详细询问，针对有关单位有限空间作业安全管理中的不足，督查组从落实管理责任、完善沟通机制、找准管理定位、强化人员管理素质等方面进行了解答。（王之波）

【有限空间作业培训】 6月至10月，西城区安全监管局分别联合区房管局、展览路街道、椿树街道、广内街道、牛街街道对辖区涉及有限空间作业的生产经营单位相关人员进行知识培训8次，培训人员700余人。培训采取集中授课，案例讲座等形式，通过培训教育增强生产经营单位负责人、管理人员、作业人员安全意识。（何爱民）

安全生产宣传培训

【部署安全生产月工作】 5月份，西城区安全监管局制定并下发了《西城区2012年安全生产月活动方案》，召开2012年度安全生产月宣传部署会，明确活动主题和活动内容，提出工作要求：一是加强检查督办，督促各单位提早安排，落实专门活动经费。二是突出宣传发动及环境布置，营造安全生产月活动氛围。要求各街道、各部门在公交车站等交通枢纽以及商（市）场、公园、广场、公众娱乐场所等人员密集场所悬挂安全标语、安全生产月主题宣传画、事故警示挂图等。企业在正门、车间、厂房、礼堂、食堂、职工宿舍区等区域悬挂安全生产宣传横幅、张贴主题宣传画及安全文化理念标语。各街道在社区出入口、活动中心、社区宣传栏等区域悬挂安全文化理念标语，安全生产月主题宣传画，以安全生产政策法规、安全常识、事故警示为主题的宣传资料，并利用社区广播对公众进行安全生产宣传。三是突出安全常识与技能培训，打牢安全生产基础。四是企业结合实际，组织职工广泛开展“十个一”活动及其他形式的活动。五是突出应急演练活动，进一步提高应对突发事件的能力。（佘丙华）

【特种作业登记工作人员培训】 3月份，西城区安全监管局根据市安全监管局《关于在本市开展京外特种作业操作证登记工作的通知》（京安监函〔2011〕392号）和《关于印发〈北京市特种作业人员违章行为登记管理办法〉的通知》（京安监发〔2011〕107号）精神，为进一步加强本区特种作业管理，全面掌握本区持有京外特种作业操作证人员基本情况，实现违章行为处罚与证件管理有效衔接，区安全监管局开展了京外特种作业操作证登记工作和特种作业人员违章行为登记工作。成立西城区京外特种作业操作证和特种作业人员违章行为登记工作领导小组，对登记人员进行工作程序和业务进行培训，增强业务素质和能力，确保登记工作质量。通过登记初步摸清本辖区持有京外特种作业操作证人员基本情况，建立特种作业人员基础信息数据库。（佘丙华）

【安全生产新干线访谈】 3月14日，西城区安全监管局局长陈国红，副局长毕军东到北京城市服务管理广播《安全新干线》栏目访谈间，以录制访谈的形式，畅谈西城区2011年安全生产工作成果，介绍2012年工作计划，并根据市民关注的热点问题进行解答。（何爱民）

【安全生产月宣传咨询日】 6月10日，西城区安全监管局在西城文化中心，联合区委宣传部、文明办、公安分局、文化委、教委、总工会等部门共同主办西城区“践行北京精神，弘扬安全文化，推进西城安全发展”为主题的安全生产月宣传咨询日活动。西城区副区长吴铁男出席启动仪式。区领导及众多市民参观宣传展板，参与安全生产宣传灯谜竞猜活动，并领取安全生产宣传材料。相关行业从业人员观看安全生产宣传教育影片，并与其他24家单位进行咨询。咨询日当天共有321人次参加活动，接待咨询7102人，摆放展板135块，发放宣传材料16215份。区有关领导参加了15个街道的安全生产月宣传咨询日分会场活动。（佘丙华）

【户外电子显示屏安全生产宣传】 7月，西城区安全监管局结合辖区特点，进一步创新宣传形式，利用全区所有户外大型电子显示屏，在重点地段、重要区域、重要场所，以播出安全生产宣传片、公益广告和滚动字幕、标语等形式，开展安全生产宣传。区安全监管局要求户外大型电子显示屏经营单位应保障一定时间的安全生产公益宣传播放时间，尤其要突出“十八大”期间和法定节假日以及事故高发时期的安全生产宣传工作，并结合不同时期、不同时段安全生产的形势及特点对安全生产宣传的内容进行适时更新。（何爱民）

【安全生产大型公开课】 10月26日，西城区安全监管局邀请北京市安全生产协会专家在西城区南菜园街51号报告厅开展了“西城区2012年安全生产大型公开课”活动，重点围绕企业安全生产风险管理进行了专题授课，授课结合西城区特殊地理位置，着重强化生产经营单位安全意识，提高安全生产管理水平，提升从业人员安全防护和应急自救能力。全区部分人员密集场所生产经营单位负责人及安全监管人员，危险化学品生产经营单位安全负责人，街道安全生产执法人员300余人到场听课。 （何爱民）

【综合楼宇宣传培训活动】 10月30日，西城区安全监管局组织召开《西城区商贸类综合楼宇安全管理办法》宣讲工作培训会，260余家综合楼宇产权单位、管理单位和使用单位的主管安全负责人参加了会议，针对办法的主要条款向受训人员进行了讲解说明，从提高认识、明确责任、建立长效机制3方面提出了安全管理要求，会场反响热烈，发放宣传册2000本。 （何爱民）

【特种作业考试工作】 2012年，西城区安全监管局依据《西城区特种作业人员考试工作方案》，严格组织对特种作业人员考点进行监考、巡考，监督培训机构的试卷发放、监考等工作。1月至10月共举办考试8期，培训考生21551人，其中理论10992人、实操10559人；20655人参加考试，其中理论10295人、实操10360人；通过考试17401人，其理论8465人、实操8936人。 （何爱民）

安全生产法制建设

【跨区安全执法工作调研】 3月26日，西城区安全监管局到朝阳区调研学习街道、乡镇安全生产监管机构设置及执法检查工作情况。了解朝阳区街乡安监科（队）编制情况、主要职责、工作制度等基本情况。调研组就街道一级安全生产监管工作相关问题与朝阳区安全监管局主管领导进行了深入研讨。通过调研，了解朝阳区街乡安全执法工作模式，为西城区进一步完善街道安全生产机构建设、加强街道安全执法力量奠定了工作基础。 （佘丙华）

【访民情、听民意、解民难活动】 6月27日，西城区安全监管局在月坛街道办事处召开“访民情 听民意 解民难”工作座谈会，相关部门、月坛街道主要领导和社区代表参加座谈。会议确定副局长曹长春为月坛街道对接主管领导，责任科室设在执法队，会上对月坛街道对接社区进行划分，确定各分管领导联系社区具体职责，制定每月定期走访对接社区工作制度。会议要求建立社区群众紧密联系机制，切实帮助基层解决实际困难和问题。 （佘丙华）

【高处悬吊作业企业管理办法推广】 10月份，西城区安全监管局与北京市劳动保护研究所多次研讨，制定《高处悬吊作业安全生产管理规范》。规范从高处悬吊作业现场检查规程、座板式单人吊具悬吊作业安全技术、高处作业吊篮等进行说明规范。区安全监管局重点做好3个方面工作：一是征求各部门意见，完善本规范；二是印制办法宣传册，制作宣传片，及时印制《西城区高处悬吊作业企业安全管理文件汇编》，并拍摄了高处悬吊作业安全生产操作规范宣传片；三是积极汇报，完成高处悬吊立项工作，多次向市安全监管局、市质监局、市住房城乡建设委等部门汇报工作，召开地方标准立项工作研讨会，向市级各有关部门进行说明，分析制定本标准的必要性和可行性。12月份完成《高处悬吊作业安全生产管理规范》立项工作。（何爱民）

【安全监管机构及执法机制建设】 6月份，西城区安全监管局建立"科队合一"社区充分参与的监管工作模式，实现街道安全生产监督机构与区安全生产执法机构有效联动。经多次研讨，征求区编办、区社会办及15个街道主管领导的意见，设立街道安全监管机构，设置人员编制3人至4人，8月份在大栅栏进行了挂牌仪式。对区安全监管局执法队机构及编制设置进行调整，将1个执法队调整为4个执法队，即综合执法队、执法一队、执法二队、执法三队。拟定《西城区街道安全生产执法监察分队行政执法管理办法》，明确属地安全监管职责，理顺了综合监管与属地监管的关系，建立了属地安全监管各项工作制度及流程。（何爱民）

安全生产科技

【启动移动执法终端】 10月，西城区安全监管局启动安全生产移动执法终端（平台）试运行工作。执法终端将使用区信息办提供的移动执法终端工程样机，初步实现安全生产执法监察现场移动执法。通过对安全生产法律法规、检查项的电子化，形成客观的判断型电子化执法模式。利用高速的3G移动网络实现执法照片的现场拍摄与实时传回，从而提高行政执法效率。（何爱民）

【有限空间网格化管理调研】 7月10日，西城区安全监管局邀请市安全监管局、区城管指挥中心相关人员召开有限空间安全作业网格化管理研讨会。通过研讨，一致认为遏制有限空间事故发生，首要环节是及时发现有限空间违章作业，依托现有城市网格化管理将达到事半功倍的效果，有限空间作业管理纳入城市网格化管理具有可行性。下一步，区安全监管局和区城管指挥中心按照分步实施、简单开始、逐步深化等步骤推进实施。（何爱民）

【有限空间网格化管理】 10月22日，西城区安全监管局针对有限空间作业流动性大、作业时间短、难以被监管，有限空间作业人员存在违章作业不易被检查发现的侥幸心理等特点，在西城区开展有限空间网格化管理工作。该项工作历时3个多月，其中经历了研讨、工作方案制定会签、网格平台搭建、城管监督员培训、试运行等多个阶段。从10月22日正式开始试运行，对有限空间作业监管初见成效。（何爱民）

安全生产标准化

【部署安全生产标准化工作】 3月23日，依据《西城区安全生产标准化建设实施方案》要求，西城区安全监管局组织对商贸、旅游、体育、文化等人员密集场所、交通运输等行业主管部门召开在本行业领域深入推进安全生产标准化工作部署会，明确2012年工作任务：一是8月底前依托中介机构完成各行业三级评审标准的制订；二是8月至12月各部门在本行业选择部分企业，本着成熟一批、评审一批、公告一批原则，率先完成一批安全生产标准化建设达标单位；三是全区危险化学品、加油站经营企业年底前全部完成达标。上述要求已按时完成。 （胡晓斌）

【审查评审机构资质】 3月，西城区安全监管局牵头对北京市及国家的安全评价机构21家单位进行多次考察，逐个询问评价，最终确定北京市劳动保护研究所等3家中介机构作为西城区安全生产标准化建设工作咨询评审机构。 （胡晓斌）

【加油站安全生产标准化达标工作】 10月，西城区安全监管局组织北京市劳动保护研究所等机构对直管17家加油站进行安全生产三级标准评审工作， 评审组按照评审标准，采取逐条逐项进行，截至12月底，17家加油站全部完成安全生产三级标准评审工作。 （何爱民）

安全社区建设

【安全社区创建工作】 2012年，西城区安全监管局根据国家安全监管总局和北京市关于加强安全社区建设的要求和部署，坚持以社区为基础，以市民为主体，以社区系列活动为载体，把安全生产知识广泛深入到社区之中，形成了“人人讲安全、人人保安全、人人会安全”的社会氛围，推进社区安全文化建设。一是督促指导西城区创建街道建立组织机构，采取“一把手”负责制，成立16个工作组和创建安全社区办公室。二是组织安全社区建设相关人员参加国内外经验交流会及业务培训会。三是积极做好安全社区创建和复审工作。先后组织安全社区建设专家对金融街、月坛街道办事处全国安全社区复审工作。截至12月底，金融街、月坛、展览路3个街道通过世界卫生组织“国际安全社区”认证，成为国际安全社区网络成员。广外街道等8个街道获得“全国安全社区”称号。 （佘丙华）

【成都市调研西城区安全社区建设】 7月3日，成都市安全监管局一行25人来到西城区月坛街道办事处，对西城区安全社区建设工作进行调研。调研内容包括安全社区组织机构、目标考核、经费保障以及创建“全国安全社区”的经验和做法。会上，街道主管领导对街道安全社区建设工作做了全面的介绍，区安全社区建设工作相关领导与成都市安全监管局有关工作人员进行了现场研讨。成都市安全监管局有关负责人表示：此次活动取得了很好的效果，学到了西城区安全社区建设的经验和先进做法，为成都市创建“全国安全社区”工作打下了坚实基础。（佘丙华）

朝阳区

概 述

2012年，朝阳区的安全生产工作以加强“十八大”安全生产服务保障为契机，进一步完善制度措施，强化责任落实，加强安全监管，深入开展安全生产“打非治违”、“护航”联合行动第二战役等专项行动工作，有效保持朝阳区安全生产形势持续稳定好转。安全生产事故指标得到有效控制。全区共发生道路交通、生产安全、火灾、铁路交通等非正常死亡事故161起、死亡176人，占全年死亡控制考核指标的95.7%，各项事故指标均控制在考核范围内，未发生重特大安全生产事故。综合监管作用得到充分发挥。联合区安委会各成员单位，开展以“双十”行动为重点的14项专项整治和安全生产“护航”联合行动第二战役，确保“十八大”召开。直接监管领域取得明显成效。直接监管的200处烟花爆竹零售点、9处铁路监护道口、155处加油站、400余家危险化学品从业单位、16家危险化学品生产单位、22家非煤矿山企业、1200余家职业危害场所，没有发生安全生产事故，实现事故零指标。安全生产执法力度进一步加大。区安全监管局共检查生产经营单位34927家次，同比上升11.8%，占全年计划的123%。科技创安工作取得新突破。自主研发的《朝阳区安全生产综合监管调度系统》得到国家安全监管总局重视，被确定为全国信息化系统试点单位。安全生产标准化建设深入推进。各行业累计有2000家生产经营单位启动标准化创建活动，有262家生产经营单位完成创建工作，其中一级企业1家、二级企业2家、三级企业259家。挂账安全隐患整改任务圆满完成。潘家园地区的11个沼气池市级挂账安全隐患已上报市安委会销账。安全保障工作取得实效。积极组织对重要节假日、重大活动和重要会议的安全生产综合检查，确保全区重点时期、重要活动的安全稳定。全年开展联合执法检查216次，整改隐患7457处，形成分兵把口、齐抓共管的安全生产新格局。安全生产教育培训进一步深化。深入开展安全生产月活动，参加人数达125万余人次。加强新闻媒体的沟通，协调区内外媒体对全区安全生产工作进行宣传报道836次，圆满完成朝阳区“两办”下达的信息指标。开展安全生产大培训，抓好直接监管领域的安全培训和特种作业培训考核工作，带动行业部门、专业部门开展安全培训，培训各类人员2.8万人次。行政许可进一步规范。完成危险化学品行政许可案件11件，易制毒化学品生产经营备案24件。圆满完成2012年春节期间194家烟花爆竹零售网点许可及安全管理工作。采取“停管限”措施和重点品种的销售流向实名登记制度，确保“十八大”期间安全。安全健康作业环境进一步优化。从建立健全职业健康监管体系入手，狠抓职业病防治法律法规的宣贯、职业危害申报、重点行业职业危害专项整治等基础性工作，多措并举，扎实推进全区职业安全健康监管。应急救援工作扎实推进。完成288家规模以上工业企业应急预案备案工作，制定完善应急救援方案1280件，应急预案581件，开展各类演练532次，27505人次参加演练。安全生产举报投诉受理及时有效。共受理“12350”举报、网络举报、群众来信来电和区政民互动平台投诉计393件，办结率和回复率均达到100%。事故查处力度进一步加大。对15起事故责任单位处罚308万元，对事故中的7名责任人进行刑事追究，触动了企业的核心利益，起到了警示震慑作用。

安全生产综合监管

【安全生产控制考核指标落实情况】 2012年，朝阳区共发生生产安全、火灾等非正常死亡事故164起，死亡180人，与上年同期162起死亡177人相比分别上升1.2%和1.7%。具体为：生产安全事故16起死亡21人，与上年同期14起死亡15人相比分别上升14.3%和40%；交通事故141起死亡151人，与上年同期142起死亡156人相比分别下降0.7%和3.2%；火灾事故4起死亡4人，与上年同期3起死亡3人相比各上升33.3%；煤气中毒事故3起死亡4人，与上年同期3起死亡3人相比起数持平，死亡人数上升33.3%；未发生淹溺事故、公共卫生安全和食品安全死亡事故。（余慧云）

【安全生产总结部署会】 1月10日，朝阳区召开2011年安全生产工作总结暨2012年工作部署会。区安全监管局局长张仲凯总结2011年安全生产主要工作完成情况、存在的问题，并提出2012年全区安全生产10项重点工作。区住房城乡建设委、平房乡和劲松街道作为安委会成员单位和街乡代表，分别作典型发言。区安全监管局副局长于洪涛对全区“护航”联合行动进行再动员和再部署。副区长汪洋提出安全生产“3个只能增强、不能削弱”的意见，即责任重于泰山，抓安全生产的意识只能增强、不能削弱；防范胜于救灾，抓安全生产的力度只能增强、不能削弱；成效在于落实，抓安全生产的合力只能增强、不能削弱。（余慧云）

【区委书记带队检查“两会”安全保障】 2月28日，朝阳区区委书记陈刚，区委副书记、政法委书记陈宏志，区委常委、朝阳公安分局局长陶晶等区委、区政府领导实地检查全国“两会”安全生产工作及服务保障工作落实情况，区安全监管局局长张仲凯等部门负责人陪同检查。检查组在听取了张仲凯关于“两会”期间安全生产保障工作的汇报后强调，“两会”期间安保工作要突出“一把手”责任制，细化措施，保障安全。（余慧云）

【区人大副主任调研安全生产工作】 3

月28日，朝阳区人大副主任李国一行4人到区安全监管局调研安全生产工作。调研组听取了区安全监管局局长张仲凯关于区安全监管局基本情况、2011年工作总结、2012年工作安排及需要区人大予以关注和统筹协调解决等相关问题的汇报。调研组对区安全监管局近年来取得的工作成绩给予充分肯定，并就有关工作提出4点意见和建议：要把安全生产工作放在更加重要位置；进一步提高全民的安全生产意识；进一步研究安全生产监管责任和权限；加强科技兴安，完善安全生产监管措施和手段。

（余慧云）

【调研首都机场安全监管工作】 3月31日，朝阳区安全监管局组织召开首都国际机场及区域内相关企业安全生产监管工作现状和职责分工情况调研会，旨在更快地推进首都机场安全监管工作。（余慧云）

【市路政局领导检查铁路道口】 4月24日，市交通委路政局党委书记郭卫亮、副局长李荣均、铁路监护道口管理办公室主任程高平等在朝阳区安全监管局有关人员的陪同下，冒雨检查位于朝阳区小红门乡的铁路监护道口。郭卫亮询问道口的日常运行情况和设备养护情况，察看列车通过记录，并在道口监护值班室慰问正在值班的道口监护员。

（余慧云）

【副区长带队检查人员密集场所】 4月27日，朝阳区副区长汪洋带队，对北京欢乐谷等人员密集场所的节日安全生产工作开展检查。检查组听取了北京欢乐谷节日安全生产工作汇报，实地检查了北京欢乐谷的各项应急方案的准备及落实情况，并对各种设备使用安全进行了详细询问。（余慧云）

【副区长检查“2012 朝阳流行音乐周”现场】 4月28日，朝阳区副区长张立新带领相关部门负责人对“2012 朝阳流行音乐周”的两处活动现场（朝阳体育中心和朝阳公园）进行现场检查，听取本届音乐周的活动简介及进程报告，并对活动现场的座位安排、施工情况、紧急事件人群疏散等问题进行询问。（余慧云）

【区领导督导调研安全生产】 5月7日至14日，朝阳区四套班子领导带领区政府工作部门，分成25个工作组，对全区43个街乡的安全生产工作进行包片督导。检查督导采取听取汇报和实地检查相结合的方式，重点督察包片各街乡辖区内非法建设停工情况和安全隐患排查整治情况。区领导指出，各级、各部门要高度重视查控违法建设和安全隐患排查工作，全力以赴，将各项工作落到实处，严厉查处违法建设，消除安全漏洞，杜绝各类安全事故的发生。

（余慧云）

【“打非治违”工作会议】 5月31日，朝阳区召开安全生产领域“打非治违”专项行动动员部署大会，进一步贯彻落实国务院、北京市相关文件精神，全面部署全区“打非治违”工作。朝阳区区委书记陈刚，区委副书记、区长程连元，区人大常委会主任佟克克，区政协主席辛燕琴等四套班子领导、市安全监管局副局长陈清等出席会议，朝阳区相关部委办局、街乡党政正职、主管领导、相关科室负责人以及各社区书记和村委会主任1200余人参加会议。会上，副区长汪洋部署“打非治违”相关工作；陈刚、程连元代表区委、区政府与大屯街道办事处、平房乡党委签订《朝阳区坚决制止违法占地、违法建设和非法生产经营消除安全隐患》责任书。陈刚要求相关部门统一思想认识，严格执法，违法必究；重在抓得实、干得细、谋得远，在全区范围内营造一种强有力的声势，坚决打击遏制违法建设风，抓好各项工作落实。7月19日，组织召开全区安全生产“打非治违”办公室工作会议，区安全监管局、区市政市容委、区城管监督中心等17个安委会成员单位主管领导汇报“打非治违”相关工作情况。

（余慧云）

【市督查组检查指导工作】 6月5日，市委、市政府督查组在市安全监管局副局长贾太保的带领下到朝阳区安全监管局，督察《关于贯彻落实国务院安全生产工作部署进一步加强首都安全生产工作的实施意见》贯彻落实情况。督查组先后听取了朝阳区安全监管局的工作汇报，实地走访了东湖街道、来广营地区以及北京天海有限公司，对朝阳区关于落实《国务院安全生产工作部署，加强首都安全生产工作实施意见》工作给予肯定，并要求朝阳区安全监管局进一步发挥安委会综合治理的职能，举一反三扎实开展“打非治违”专项行动，加强隐患排查治理工作的主动性。 （余慧云）

【区安委会（扩大）会】 6月27日，朝阳区安委会（扩大）会暨北京市第十一次党代会安全保障工作部署会召开。会议通报1月至5月份全区安全生产情况，传达北京市安全生产“打非治违”2号行动的通知，并对北京市第十一次党代会期间朝阳区安全生产保障工作进行部署。区安委会副主任、副区长汪洋，区安委会办公室主任、区安全监管局局长张仲凯、党组书记赵新跃出席会议并分别在会上发表讲话。区安委会成员单位以及43个街乡安全生产工作负责人参加会议。 （余慧云）

【部署“十八大”安全生产工作】 7月27日，朝阳区区委、区政府召开迎接“十八大”动员部署大会，副区长汪洋在会上部署朝阳区安全生产的责任和要求。会议要求，要突出保障重点，狠抓落实；继续加大力度推进安全生产“打非治违”专项行动；实施安全生产“护航”联合行动第二战役；加大重点行业领域专项整治，突出消防安全，危险化学品领域，商场、旅店、医院、饭店、旅游景点等人员密集场所，道路交通运输安全以及地下空间等行业领域。会议强调，“十八大”召开前半个月，全区安全生产保障工作进入战时状态，按照党中央及市、区关于“十八大”安全生产保障工作的要求，认真抓好落实，打主动仗，消除各种隐患，以安全生产新成效迎接“十八大”召开。 （余慧云）

【副市长督察“打非治违”和“护航”行动】 8月10日，副市长苟仲文率队赴朝阳区督察“打非治违”和“护航”行动进展情况，市安全监管局、规划委、工商局、国土局、公安局消防局、城管执法局等部门主管领导陪同前往。先后实地察看亚运村街道和东湖街道违法建设拆除情况，并听取区政府有关情况汇报，详细察看各类档案、台账建立等情况。副区长汪洋代表朝阳区政府汇报“打非治违”和“护航”行动进展情况。区委副书记、代区长吴桂英总结全区安全生产特点，对下一步工作提出意见和建议。苟仲文对朝阳区“打非治违”和“护航”行动给予充分肯定，并提出3点要求，即“打非治违”要区别情况；“打非治违”要打“持久战”；望市政府相关部门提出新措施。（余慧云）

【区委副书记调研安全生产工作】 9月5日，朝阳区区委副书记、代区长吴桂英带队就全区安全生产工作进行调研，副区长汪洋陪同，区安监、建委、农委、消防、教委等10个部门领导参与调研。调研组首先到小红门和王四营地区调研安全生产情况，随后到区安全监管局听取安全生产工作汇报。调研组充分肯定了安全生产工作所取得的成绩和安全生产工作开展情况，特别是区安全监管局牵头作用发挥良好，安委会各个成员单位配合到位，开展的专项行动成效比较明显。同时对下半年安全生产工作进行了部署。（余慧云）

【副市长检查节日期间安全工作】 9月26日，副市长苟仲文带队到朝阳区，对工业企业及地铁运营单位进行安全检查。市安全监管局、交通委、经济信息化委、质监局、消防局以及朝阳区有关单位领导陪同检查。检查组首先检查北京天海工业有限公司的安全生产条件和设备运转状况，详细询问节日期间安全生产保障措施和部署情况，实地检查焊接生产处等重点部位。随后，苟仲文一行来到地铁一号线四惠车站进行检查，并慰问地铁站工作人员。（余慧云）

【区长检查节日期间安全生产】 9月26日，朝阳区区委副书记、代区长吴桂英带领区安监、质监、工商、旅游等部门负责人，对全区节日期间安全生产情况进行检查。9月29日，中秋、国庆双节来临之际，区委、区政府领导及各部门负责人兵分7路，对节日期间全区大型活动、涉及维稳、城乡结合部、地下空间、人员密集场所、食品安全、进京车辆疏导等内容进行全面检查。（刘宁）

【“十八大”安全部署会】 10月26日，朝阳区召开安全监管系统“十八大”安全生产保障工作部署会。会议的主要内容是贯彻落实全国安全生产视频工作会议精神和市、区安全生产工作要求，部署工作任务，动员全区上下进一步统一思想、认清形势，强化措施、狠抓落实，全力以赴抓“十八大”期间的安全生产工作，确保全区安全生产形势稳定。（余慧云）

【“十八大”公共安全专项行动指挥部工作会议】 11月4日，朝阳区安全监管局召开公共安全专项行动指挥部工作会议。会议由副区长汪洋主持。会上，区安全监管局通报《朝阳区党的“十八大”公共安全专项行动指挥部工作方案》。区公安分局、应急办、住房城乡建设委、朝阳消防支队、朝阳交通支队分别汇报“十八大”安全保障工作开展情况。区委常委、

公安朝阳分局局长陶晶对保障工作提出要求。（余慧云）

【加强安全生产综合监管】 2012年，朝阳区区委、区政府将安全生产工作纳入政府折子工程；下发朝阳区《关于进一步加强安全生产工作的实施意见》，要求落实“一岗双责”要求和“辖区管理、分级负责”原则，切实把安全生产工作抓实、抓出成效；及时调整区安委会人员组成，由原来的34个单位增加为38个单位，明确区和街道（地区）安委会主任由行政“一把手”担任。区安委会通过检查、每季一次的安委会工作通报等形式，适时向区委、区政府报告，强化对任务落实情况的过程监管。（余慧云）

【发挥安委会作用】 2012年，朝阳区区委、区政府召开常委会、办公会、专题研究安全生产工作8次，区安委会组织召开安委会扩大会议4次，“打非治违”等专题会5次，下发安全生产文件54份，部署全年安全生产重点工作。同时，由区安委会牵头，组织开展以“双十”行动为重点的14项专项整治和安全生产“护航”联合行动第二战役，包括有限空间、危险化学品、烟花爆竹、建筑施工、职业危害、人员密集场所、高空攀爬、废品回收站点和京津城际铁路周边隐患等。全区负有安全生产监察职责的部门共检查生产经营单位22.5万家次，消除安全隐患4.5万项，行政处罚7764起，打击非法违法、治理纠正违规违章行为2.3万起，处罚金额3054.7万元。（余慧云）

危险化学品安全监管

【危险化学品行业创建示范区部署会】 4月24日，朝阳区安全监管局联合区卫生局，召开朝阳区危险化学品行业创建北京市和国家卫生应急综合示范区部署会，全区危险化学品生产、经营、储存、使用等重点企事业单位分管安全工作的60位负责人参会。会议提出，全区各危险化学品从业单位要按照要求做好“四个一”工程，即建立一个卫生应急管理组织；编制一套卫生应急管理预案；形成一个工作制度；完善一个工作记录。

（余慧云）

【危险化学品安全生产工作会】 5月23日，朝阳区安全监管局组织全区200余家企业召开朝阳区2012年度危险化学品安全生产工作会议，区质监局、环保局、禁毒办、公安分局、消防支队、工商分局等相关领导参加会议。会议要求各危险化学品企业针对本企业自身特点，制定完善各类应急预案，加强应急演练，提高企业处置突发事件的能力，确保应急状态下各项应急措施的落实。

（余慧云）

【副区长检查危险化学品单位】 6月21日，朝阳区副区长汪洋带领区应急办和区安全监管局工作人员组成检查组，对危险化学品企业进行安全检查。检查组到金盏乡北京益利精细化学品有限公司，从生产合格证审批、台账管理、车间安全、仓库管理等多方面进行详细检查，并就危险预估及剧毒品如何存放等问题提出意见。9月29日，汪洋在区安全监管局有关人员的陪同下，携两位北京市危险化学品系统专家前往比欧西气体有限公司北京分公司，检查产区内氢气充装、液氮气化和液氧气化等设备，察看购气现场的安全防护装置，详细了解生产装置工艺过程和高危气体操作流程，并对园区内安保工作提出意见。（余慧云）

【危险化学品储存专项整治】 8月至9月，朝阳区安全监管局组织全区19个地区办事处对全区各类工业企业、仓储物流中心仓库、出租房屋进行全面专项排查，对排查出的76处有储存情况逐个落实处理措施，及时消除安全隐患。（夏旭昀）

【全区加油站统一标志】 8月30日，朝阳区安全监管局召开全区40家成品油企业代表会议，部署加油站安全标志的制作与张贴工作。会议向参会企业代表下发“加油站应张贴的安全标志”一览表。截至9月15日，朝阳区140个加油站全部完成在统一的位置张贴统一的安全标志。（夏旭昀）

【危险化学品“打非治违”行动】 9月4日，朝阳区安全监管局、质监局、环保局、公安分局、消防支队等部门会同孙河乡政府、孙河乡黄港派出所联合执法，取缔一家无证非法生产、经营易燃易爆危险化学品窝点。在当天的联合行动中，相关部门将乙炔气体日生产量2吨至3吨的反应设备及充装设备现场予以拆除，将现场20个乙炔钢瓶、5个（50公斤）液化石油气钢瓶、3个氧气钢瓶及用于气体充装的汇流排等设备依法予以收缴，3名犯罪嫌疑人依法予以治安拘留。（夏旭昀）

【“十八大”期间危险化学品监管】 9月25日，朝阳区召开危险化学品相关单位负责人会议，全区700余人参加，市安全监管局、公安分局、环保局、质监局等相关部门领导出席会议。会议对“十八大”期间危险化学品监管工作进行全面部署：采取“停管限”措施，降低危险化学品突发事件的发生几率和影响后果；严格落实重点品种的销售流向实名登记制度，严防危险化学品流入非法渠道；加强应急管理，提升对突发事件的反应能力和处置能力。（夏旭昀）

【危险化学品专项整治】 2012年，朝阳区安全监管局联合区公安、环保、质监、消防等职能部门以及属地街乡安监科队，集中执法力量，以油库、加油站、气体站、建材市场、易制毒和易制爆化学品等生产经营单位为重点，对全区所有的危险化学品从业单位分街乡逐个开展安全生产大检查。累计检查危险化学品从业单位1021家次，查处各类危险化学品违法案件4起，移交公安机关处理3人，经济处罚10.6万元。（夏旭昀）

【危险化学品生产经营许可证核发】 2012年，朝阳区安全监管局累计完成各类危险化学品行政许可案件161件，其中甲证许可68件、乙证许可93件，所有许可案件全部严格按照法定程序、法定条件、法定时限完成审批，未发生一起复议、申诉。（夏旭昀）

【易制毒化学品经营许可】 2012

年，朝阳区安全监管局累计完成二类、三类非药品类易制毒化学品生产经营备案28家。截至2012年底，持有朝阳区安全监管局发放的二类、三类非药品类易制毒化学品生产经营备案证明的71家，其中易制毒化学品生产企业1家，经营企业70家。（夏旭昀）

【重大危险源摸底排查】 2012年，朝阳区安全监管局对区域内危险化学品重大危险源进行重新摸底排查。截至年底，全区共有危险化学品重大危险源4处。（夏旭昀）

烟花爆竹安全监管

【烟花爆竹经营许可证核发】 2012年，朝阳区安全监管局累计许可烟花爆竹零售网点154家，与上年相比网点数量显著缩减，具体分布为：二环至三环网点21家；三环至四环网点33家；四环至五环网点60家；五环以外网点40家；固定网点1家，临建网点153家。（夏旭昀）

【烟花爆竹零售布点】 2012年，朝阳区根据上级要求，大幅度压缩零售网点数量，在规划研讨和现场审核中通过街乡和区安全监管局双重的严格把关，对安全条件存在问题的网点一律不予许可，对安全条件符合要求的网点优中选优，取消一批群众反映多、安全条件存在一定隐患的网点，从整体上提升朝阳区烟花爆竹销售网点的总体安全水平。年内累计许可烟花爆竹零售网点154家，比上年减少40家，压缩比例达20%。（夏旭昀）

【烟花爆竹举报投诉】 2012年，朝阳区安全监管局接到和处理关于烟花爆竹销售网点的投诉举报8个（包括市安全监管局、区烟花办等部门批转及媒体反映的投诉举报，不同渠道对同一网点的重复举报按1个计），比上年26个举报投诉量同比减少69%，主要原因在于网点规划审查工作中严格把关减少不安全因素。全部举报投诉均得到及时处理和回复。（夏旭昀）

【烟花爆竹零售网点安全检查】 2012年，朝阳区安全监管局累计出动2306人次，对全区154家烟花爆竹销售网点检查1153次（不含属地街道、公安派出所、工商所对每家网点每天两次的检查），下达执法文书256份，发现和督促整改安全隐患434项。在销售期间，安排专人做好在线监控平台24小时值守，实行定岗位、定街乡、定标准、定人员的“四定”监管模式，由6名处级领导带队，每天出动6个安全检查小组包片负责，开展不间断安全检查。确保执法人员每天对烟花爆竹销售网点不少于一次的执法检查。（夏旭昀）

【烟花爆竹燃放高峰检查和夜查】 除夕、正月初一、初五和十五等4个烟花爆竹燃放高峰期和重点时段，由朝阳区安全监管局领导带队，全局动员，组成15个检查组对零售网点进行夜间安全检查，确保重点时段不少于两次的执法检查。除夕和正月十五两天晚上，朝阳区四套班子领导带领各部门工作人员，组成25个检查组，奔赴43个街乡开展安全夜查，重点对烟花爆竹零售网点、

禁放区、燃放区等场所进行检查。通过高密度检查，消除安全隐患，保障重点时段燃放安全。（夏旭昀）

【烟花爆竹销售情况】 2012年，朝阳区所有烟花爆竹销售网点累计进货量约9.6万箱，累计退货量约1.7万箱，实际销售烟花爆竹约7.9万箱，与上年相比基本持平，略有减少。（夏旭昀）

【烟花爆竹物联网视频监控系统建设】 2012年，朝阳区安全监管局采取各种措施改进提升视频监控有关工作，与市经信委、区信息办、市安全监管局信息中心以及多家技术服务单位沟通协调，先后召开9次协调会、4次现场会，进一步丰富、完善烟花爆竹监控管理工作，在基本没有增加工程费用的前提下实现4方面的改进提升：一是按市安全监管局要求增加音频监控功能，实现指挥中心与网点的双路音频监控（实时对讲）功能；二是试点采用新技术，在29个网点试点运行4G网络，对1个网点试点开展高清摄像；三是改变传输网络，由过去使用商用网络传输改为使用市经信委政务专用网络传输，提高稳定性、封闭性和安全性；四是增加图像推送功能，除指挥中心统一平台可以看到监控外，授权用户使用其他终端设备可以实时收看监控信息。（夏旭昀）

【烟花爆竹销售人员持证上岗】 2012年，朝阳区安全监管局累计组织烟花爆竹零售网点申请单位主要负责人80人参加培训考核，组织烟花爆竹零售网点主要管理人员154人、从业人员1105人参加培训考核，销售人员均做到持证上岗。（夏旭昀）

【烟花爆竹燃放安全宣传】 2012年，朝阳区安全监管局在利用电视、报纸等媒体做好烟花爆竹购买及燃放安全宣传教育活动的基础上，专门印制8万份《烟花爆竹购买及燃放安全提示》发放到所有网点，由网点直接发放给购买烟花爆竹的市民，提高宣传教育的针对性和专业性。（夏旭昀）

矿山安全监管监察

【非煤矿山企业安全培训】 3月，朝阳区安全监管局围绕非煤矿山有关法律法规、安全生产标准化建设政策法规及内容程序、安全生产月活动、安全检查等重点内容，组织专家对全区10家非煤矿山企业安全负责人进行培训。（陈京）

【非煤矿山企业安全检查】 6月，朝阳区安全监管局配合做好非煤矿山企业安全生产月活动，保障非煤矿山企业汛期安全，抽调精干力量开展非煤矿山专项检查。针对企业特点，在重点检查企业安全生产责任制度落实、非煤矿山安全生产费用提取、安全教育培训、汛期应急演练等情况的同时，抽查部分企业在外区的生产现场，督促企业提高安全生产管理水平。（陈京）

安全生产事故隐患排查治理

【京津城际铁路沿线安全隐患整治】 3月19日，朝阳区副区长汪洋在十八里店乡组织召开京津城际铁路朝阳段沿线安全隐患调度会。北京铁路局副局长王庆等领导参加会议。会议听取十八里店乡政府、区安全监管局、北京铁路局关于沿线安全隐患整治情况的汇报。4月19日，召开京津城际铁路沿线安全隐患二期整治工作会议，朝阳区安全监管局、十八里店乡政府和北京铁路局的代表参加会议。会上，各方代表就剩余安全隐患的整改方法交换了意见，重点讨论了对京津城际铁路桥梁下方或两侧安全保护区内违法建设、违法停车、堆物堆料等行为的整改。2012年，沿线65处安全隐患全部整治完毕。（余慧云）

【开展隐患排查专项行动】 从4月23日开始，朝阳区集中开展“非法违法生产经营建设行为隐患排查工作”专项行动。专项行动以排查非法建筑物、非法违法建筑施工、有限空间作业、危险化学品等高危行业以及人员密集场所等生产经营单位为重点。（余慧云）

【市局领导检查潘家园沼气池隐患】 3月28日，市安全监管局副局长陈清一行在朝阳区安全监管局工作人员的陪同下，到潘家园街道松榆里社区检查位于社区内11个沼气池的整改情况。（余慧云）

【市政协委员察看潘家园隐患整改工程】 6月12日，北京市政协委员李士杰在市安全监管局副局长陈清和朝阳区副区长汪洋等陪同下，到潘家园松榆东里社区现场，察看即将竣工的沼气池改造工程，并对改造工程的收尾环节进行现场指导。（余慧云）

【划片分组严查夏季安全隐患】 7月18日至31日，朝阳区安全监管局开展为期两周的夏季安全生产隐患排查行动。排查实行处级干部包片责任制，划分为北片、中片和南片3个片区，每个片区由两个检查组负责。检查组主要督促街乡加强对在建工地的监督，对无资质在建工地，一经发现，一律停工；加大对有限空间和地下空间的安全检查，存在隐患的督促立即整改；加强城市运行安全隐患排查，重点监控水电气的安全使用规范；以及加大对人员密集场所的隐患排查工作。（余慧云）

【部门联动排查地下空间安全隐患】 7月20日至8月20日，朝阳区安全监管局在全区范围内组织开展为期一个月的地下空间安全生产大检查，重点包括5个方面：地下空间经营场所的行政审批、备案情况；地下空间安全生产条件，尤其擅自改变地下空间经营用途或结构的；非法经营的企业或无证照生产经营情况；产权单位、管理单位和使用单位的安全责任落实情况和现场安全管理情况；市政府规定的其他安全事项。（余慧云）

【迎“十八大”安全生产隐患大排查】 9月1日至10月20日，朝阳区安全监管局开展危险化学品生产经营储存单位、工业企业单位以及涉及职业危害的生产经营单位安全隐患排查治理工作。9月1日至30日，根据各自任务和职责，突出“十八大”安全保障重点，采取普遍查与重点查相结合的方式，组织力量开展安全隐患排查，实现隐患排查的全覆盖，同时按照边排查边治理的原则，及时消除各类安全隐患。10月1日至20日，进入集中整治阶段，组织协调相关职能部门，对确认的安全隐患逐一进行执法检查，确保安全隐患得到消除，全面保障“十八大”外围安全。共检查生产经营单位3011家，共发现存在隐患单位659家，占检查单位总数的22%，无重大隐患。从隐患类型来看可分为8类，分别是教育培训不到位，安全生产规章制度不健全，安全用电类隐患，消防类安全隐患，建筑工地安全隐患，特种作业人员管理不到位，生产设备管理隐患，以及劳动用品管理不到位等。（余慧云）

【潘家园沼气池市级挂账隐患消除】 朝阳区潘家园街道松榆里社区11个沼气池于2010年6月被列为市级挂账安全隐患，也是“政府消除隐患抢险工程”，被列为朝阳区政府折子工程项目。经多方努力和推动，消除隐患整改工程于2011年11月正式开工，2012年1月19日完成第一期4个沼气池主体工程的改造，2月底完成二期3个沼气池主体工程的改造，5月底完成剩余4个主体改造，6月进行后期绿化、美化和硬化，完成整个隐患整改任务。潘家园沼气池消除隐患工程累计投入整改资金1538.2万元（其中：市级财政投入718.2万元、区级财政投入820万元），于9月3日与10月11日分别进行正式移交，并上报市安委会销账，潘家园市级挂账安全隐患整改任务圆满完成。（余慧云）

安全生产应急救援

【生产单位应急预案备案工作启动】 4月25日，朝阳区召开安全生产事故应急预案备案培训会。会议提出，5月至9月，朝阳区部分生产经营单位开展应急预案备案工作，涉及的生产经营单位主要集中在矿山、危险化学品、烟花爆竹和机械、冶金、建材、轻纺、烟草等行业领域。（王世会）

【国家应急救援指挥中心领导到朝阳区调研】 5月3日，国家安全生产应急救援指挥中心副巡视员、信息管理部副主任李斌，信息管理部信息（培训）处处长李胜利到朝阳区安全监管局调研安全生产应急指挥平台建设工作。（王世会）

【“防灾减灾日”活动】 5月12日，在朝阳公园南门开展安全生产“防灾减灾日”活动。朝阳区政府相关部门、麦子店街道、卫戍区预备役防化团等单位领导出席活动。活动主办方向生产经营单位代表和过往群众发放安全生产月科普宣传片、《安全法律法规手册》、《急救手册》、《居民安全知识手册》等资料，区危险化学品应急抢险队带来防灾救灾器材的精彩示范吸引大量群众观看。（王世会）

【应急管理专题培训】 9月26日，朝阳区安全监管局组织43个街乡安监科科长、法制员及区安全监管局执法人员共计100人，进行“关于生产安全事故应急管理专题培训”。（王世会）

【防化连年度应急拉练】 11月30日，朝阳区组织40名预备役防化连战士开展年度应急拉练，主要有两项内容：一是聘请化工专家庄继忠讲解主要应急救援物资的原理和功能；二是防化连开展应急救援设施现场实操演练，巩固提升预备役防化连应急救援的技能和水平。（王世会）

【应急救援桌面推演】 12月18日，朝阳区安全监管局牵头，开展区危险化学品事故应急救援桌面推演。朝阳区应急办、消防支队、卫生局等各指挥部成员单位协同参加。区安全监管局局长张仲凯担任演习总指挥，区应急办副主任文波对演练进行总结和点评。（王世会）

【补充修订应急预案】 12月，朝阳区安全监管局补充修订《朝阳区危险化学品事故应急预案》和《朝阳区烟花爆竹生产安全事故应急预案》，并报请朝阳区应急委印发执行。预案中落实了救援组织机构与职责，明确了指挥部领导及各成员单位分工，建立了日常工作机构，明确了专家组成员、专业抢险队、可救援的医疗资源、紧急安置机构等，并规定了各个应急救援小组的组成与职责。同时，制订详尽的预案程序。（王世会）

【加强安全生产应急管理】 2012年，朝阳区安全监管局坚持以加强事故防范和应急救援能力为抓手，不断强化应急管理“五项建设”，即强化应急机构建设、提高应急管理水平；强化应急队伍建设；增强应急救援力量；强化应急救援物资储备库建设，提高应对突发事件保障能力；强化科技兴安建设，提高应急管理水平；强化应急预案管理建设，提高事故防范能力。通过“五项建设”，促进全区安全生产应急管理水平全面提高和应急能力显著增强。（余慧云）

安全生产执法监察

【安全生产“护航”联合行动】 2011年12月至2012年2月，朝阳区按照“属地负责、部门联动、综合执法、强化监督、务求实效”的工作原则，开展为期3个月的“护航”联合行动。围绕燃气使用专项检查、危险化学品和烟花爆竹专项检查、地下空间专项检查、商场超市专项检查、轨道交通运营专项检查以及居民住宅电梯安全专项检查等6方面重点内容，区安全监管局、市政市容委、民防局、商务委、质监局、朝阳运管处6个牵头部门结合自身监管职能，细化工作措施，通过日常检查、夜查、突击检查、专项检查、抽查、督察等多种形式，集中执法力量，对重点行业和领域开展执法检查，消除了一批安全生产隐患。“护航”行动共检查各类生产经营单位6280家次，下达执法文书2795份，发现安全隐患2280处，已整改2129处，整改率为93.3%。其中：检查燃气使用单位1150家次，危险化学品和烟花爆竹单位2346家次，地下空间1537家次，商场超市476家次，轨道交通运营79处次，电梯使用单位692家次。（余慧云）

【“两会”安全生产保障】 2012年，“两会”安全生产保障分为前期准备期间保障、会议期间保障、代表离京期间保障3个阶段。朝阳区安全监管局专门成立安全生产保障工作领导小组，下设9个安全保障组，开展安全生产保障工作。区安全监管局领导全程参加安全生产检查工作，严格落实各项工作措施，将执法检查的重点放在直接监管的行业，保障“两会”期间不发生安全生产事故。在做好日常检查的基础上，进一步强化隐患排查和整治工作，严肃查处各种违法、违纪行为，同时加强协作与配合，形成监管合力，对可能发生的突发事件及时组织机动力量，果断处置。（余慧云）

【“两会”安全生产执法检查】 2月9日至15日，朝阳区安全监管局组织4路执法人员对“两会”代表、委员驻地周边200米生产经营单位进行调查摸底，建立生产经营单位台账52家。2月16日至20日，全区10个直接保障成员单位派出15个执法小组，对52家生产经营单位开展检查，发现并整改各类安全隐患47项；40个外围保障成员单位派出40个执法小组，深入辖区人员密集场所、地下空间、液化气钢瓶使用单位、危险化学品经营、储存单位进行执法检查，共检查各类生产经营单位302家，发现各类安全隐患467项，督促落实整改448项。2月27日，朝阳区安全监管局牵头，协调消防支队、商务委、质监局、工商局、卫生局、旅游局6个部门及属地街乡对“两会”代表驻地周边200米范围内的5家人员密集场所开展执法检查行动。检查中各职能部门按照各自监管职能和工作分工，认真检查并准确下达责令限期整改文书，要求相关单位及时消除安全生产事故隐患。（刘宁）

【清明节安全生产保障】 4月2日至4日，清明节假日期间，朝阳区安全监管局共出动执法检查人员38人次，车辆19车次，对全区的危险化学品经营企业、工业企业、职业危害场所、公园、人员密集场所、铁路道口等进行执法检查，共检查生产经营单位77家，发现安全生产隐患67项，下达整改指令书10份，现场检查记录36份。（刘宁）

【开展奥运核心区安全联合检查】 4月26日至27日，朝阳区安全监管局联合消防支队和奥林匹克公园管委会，对奥运核心区“五一”前后大型活动开展联合安全检查。此次联合检查针对“可口可乐伦敦奥运会倒计时100天活动”、“北京国际电影节”、“北京精神”、“通用汽车艺术展”等大型活动现场关于演出场地布置、舞台搭建、背景看台搭建及承载设计、消防安全等项目进行安全检查，保障演出顺利进行。（余慧云）

【开展“护航”联合行动第二战役】 5月至12月，朝阳区开展安全生产“护航”联合行动第二战役。在全面检查各行业领域安全生产工作的同时，重点突出9个专项行业领域的检查工作，包括建筑施工工地专项检查、道路交通运营单位专项检查、餐饮等燃气公用用户专项检查、危险化学品生产经营单位专项检查、再生资源回收单位专项检查、商（市）场、农村集贸市场等消防安全专项检查、电梯安全专项检查、铁路沿线安全专项检查以及地下空间专项检查等。（余慧云）

【核实非法违法建设台账】 5月

16日，朝阳区区委常委会专题研究安全生产工作，提出进一步完善区非法违法建设台账。5月17日，区安全监管局召开紧急部署会，正式启动非法违法建设台账统计完善工作。区安全监管局工作人员根据各委办局及街乡先期对非法违法建设的调研、统计结果，对全部台账进行了仔细核对和全面筛查。5月23日至24日，再次召开全局会议部署非法违法建设调研工作，区安全监管局领导及全体工作人员兵分19路前往各街乡，对非法违法建设台账进行核实及实地核查，为下一步全区非法违法建设的整治拆除工作奠定基础。 （余慧云）

【冶金有色行业专项整治行动】 7月至11月，朝阳区安全监管局开展冶金有色行业“打非治违”专项行动，重点检查冶金有色企业贯彻落实国家有关安全生产标准规程的情况，特别是企业在涉及交叉作业、检修维修作业及对外承包等方面的制度落实和责任划分情况，规范冶金有色企业在煤气区域、有限空间、粉尘爆炸危险场所和高温熔融金属作业的生产行为。 （余慧云）

【“十八大”期间安全生产执法检查】 11月8日至15日，“十八大”会议召开期间，朝阳区安全监管局在履行公共安全专项指挥部牵头单位职责的同时，在局领导的带领下，分组划片，每个执法人员负责一个街乡，周末停休，持续开展安全生产监督检查。8天共出动执法检查人员697人次，273车次，与43个街乡安监科的执法人员一起，对全区的危险化学品生产经营企业、工业企业、职业危害场所、人员密集场所以及大型活动安全保障进行执法检查和督察，共检查生产经营单位1716家，发现并整改安全生产隐患2035项，下达整改指令书1373份，现场检查记录887份。“十八大”期间，全区无安全生产事故发生，安全生产形势稳定。 （余慧云）

【年度安全生产执法检查情况】 2012年，朝阳区安全监管系统共检查生产经营单位34927家次，同比上升11.8%，占全年计划的123%；立案处罚1235起，同比上升5.1%；处罚总额1035.84万元，同比下降5.1%，占全年计划的105.7%。其中：43个街乡检查生产经营单位32402家次，立案处罚1108起，处罚总额605.64万元，占全年计划的106.25%。 （余慧云）

【专项联合执法检查】 2012年，朝阳区安全监管局配合市安全监管局执法监察总队、区“两办”、发改委、体育局、旅游委、市政市容委、文化委、教委、朝阳消防支队等相单位以及街乡安监科（队）开展各类专项联合检查18次，出动执法人员214人次、车辆112辆次。牵头组织区住房城乡建设委、消防支队、商委、文化委、质监局等相关委办局及属地街乡，开展对汽车修理行业、连锁家电销售、连锁酒店住宿、重点燃气使用企业、在建施工项目、供热管线等6项专项整治活动。 （刘宁）

【重大活动安全检查】 2012年，朝阳区安全监管局对“中国特色城市论谈”、“北京电影节”、“京交会”、

“CBD商务节”、“上合组织峰会”、“第七届中国北京国际文化创意产业博览会”及多个明星大型商业演唱会等大型活动实施全程动态监管，在活动临建设施搭建过程中开展执法检查，在活动举办期间进行旁站式检查。全年配合区政府及各相关职能部门参与保障各类大型活动共115次，出动人员345人次，车289辆次，消除各类隐患547项，立案处罚1起，罚款金额0.2万元。

（刘宁）

【别墅及封闭式高档小区安全检查】 2012年，朝阳区安全监管局对全区12个街乡的24处别墅区及封闭式高档小区内生产经营单位开展安全生产隐患大排查，共检查37家生产经营单位，发现各类隐患90项，消除安全隐患67项。（刘宁）

【安全生产“打非治违”专项行动】 2012年，朝阳区安全监管局按照“突出重点，全面推进，严格执法，严打强治”的思路，坚持“属地为主与行业督导相结合，企业自查自纠与政府督察相结合，全面排查与重点整治相结合，监督检查与联合执法相结合”的工作原则，全面开展以“打非治违”1号、2号行动为重点的安全生产“打非治违”专项行动。全年共检查企业27595家次，打击非法违法、治理纠正违规违章行为23158起，责令改正、责令停产、停业、停止建设9449家，行政处罚5064起，罚款1563.4万元，拆除违法建设1141处（166.2万平方米），行政拘留171人。

（余慧云）

【严肃查处安全生产事故】 2012年，朝阳区安全监管局按照“四不放过”原则，严肃追究每起事故责任，配合市事故调查组做好十八里店乡“5·5”非法在建钢结构房屋倒塌事故，太阳宫乡“6·6”燃气热电有限公司附属设备控制间气体爆燃事故，金盏乡黎各庄村“7·11”京运铸造厂坍塌事故和“10·22”东四环北路7号院内私人别墅地下改建在施工程墙体倒塌事故等的调查工作。认真开展矛盾纠纷集中化解工作，多方协调事故相关单位做好赔付工作，共接待事故家属、处理安全生产信访举报16次，为事故受害者家属协调赔付款780万元。（郭克义）

职业安全健康

【职业健康管理员培训】 8月13日至22日，朝阳区安全监管局组织3批392人参加职业健康管理员培训，其中345人经考核合格取得《北京市职业卫生管理员培训合格证》。截至2012年底，全区共有630人取得市安全监管局颁发的培训合格证书，辖区80%以上的用人单位配备专（兼）职的职业健康管理员。（蒋昌启）

【“职业病防治法”知识竞赛】 8月，朝阳区安全监管局组织13678名职业危害接触人员和管理人员参加全国职业病防治法知识竞赛。（蒋昌启）

【电子行业专项治理行动】 1月至11月，朝阳区安全监管局开展电子行业专项治理行动，重点对计算机、通信设备、广播电视设备、视听设备、电子元器件制造业、电子产品拆装业及其他电子信息等使用有机溶剂的用人单位违规使用正己烷、三氯乙烯及其他有毒有机溶剂的情况进行整治。经排查，全区存在职业危害的电子企业共有24家，分布在4个街乡，共计445人接触职业危害因素，涉及的电子企业主要使用乙醇、丙酮、汽油、二甲苯等有机溶剂，其中1家使用正己烷，没有电子企业使用三氯乙烯。经过治理，全部企业进行了职业危害因素的检测，检测合格率100%，并组织接触人员进行职业健康检查，职业卫生管理同时得到规范。12月4日，市安全监管局对朝阳区治理行动进行验收。（蒋昌启）

【交叉执法检查】 9月12日，国家安全监管总局职业卫生交叉检查组（青海省安全监管局）到朝阳区交叉检查职业卫生监管情况，市安全监管局副局长常纪文陪同。检查组对朝阳区职业危害申报、《朝阳区职业卫生管理指导手册》，以及执法检查等工作给予充分肯定。（蒋昌启）

【职业病危害项目申报】 2012年，朝阳区进行职业病危害项目申报的用人单位共68家，注销113家，现有申报单位765家。（蒋昌启）

【编写《朝阳区职业卫生管理指导手册》】 2012年，按照国家安全监管总局关于生产经营单位须建立健全13项职业卫生管理制度的要求，从责任与制度、管理与防护、法规与标准等方面，朝阳区安全监管局汇编《朝阳区职业卫生管理指导手册》。指导手册制定了13项管理制度的编制要点和制度范例，明确了各项工作流程，提供了制度的落实措施，并下发到街乡和用人单位，指导街乡和用人单位加强职业卫生的监管和健全职业卫生管理制度。

（蒋昌启）

【有限空间安全专项检查】 4月1日至9月30日，朝阳区安全监管局牵头，联合区发改委、住房建设委、水务局等10余个部门，开展有限空间作业安全专项检查工作。专项整治期间，开展有限空间夜查5次，检查38天/次，共检查有限空间作业现场26个，发包单位127家，立案2起，处罚1.8万元。（蒋昌启）

【有限空间监管工作部署】 4月5日，朝阳区安全监管局下发《关于做好2012年有限空间安全生产工作的实施意见》，从总体思路、严格企业安全管理、推进体制机制创新、强化安全监管措施、坚持依靠安全科技等方面对全年有限空间安全监管工作进行总体部署。4月12日，组织召开质监、市政、建委、房管、水务、发改委、安监等部门参加的有限空间工作部署会，通报2011年有限空间监管工作情况，并对2012年有限空间执法检查、宣传、教育、培训等工作进行部署。（蒋昌启）

【有限空间安全监管答卷活动】 6月，朝阳区安全监管局利用《朝阳安全生产报》为平台，组织相关行业管理部门和街道（地区）办事处动员有限空间作业承发包单位负责人、作业人员及监护人员参加答卷，全区共有8000余人参加答卷活动。（蒋昌启）

【有限空间日夜连查】 7月17日晚至19日凌晨，由市安全监管局与朝阳区安全监管局两级联动，在全区开展2夜1天的有限空间日夜连查行动。共检查有限空间作业现场12处，与往年相比，作业现场从监护人员持证上岗率、检测仪器配备率、通风设备配备率、作业现场警示标识设置率等有明显提高。

（蒋昌启）

【汇编《朝阳区有限空间执法检查指导手册》】 2012年，朝阳区安全监管局组织专门人员，将涉及有限空间的行业管理规范、技术标准、标识以及市安委会的管理要求汇编成《朝阳区有限空间执法检查指导手册》，附上梳理的有限空间作业安全生产执法依据一览表，下发给辖区各街乡和相关企业，帮助提升街乡、作业单位监管水平。（蒋昌启）

安全生产宣传培训

【部署安全生产培训工作】 3月，朝阳区安委会办公室部署全区安全生产培训工作，下发《关于进一步加强朝阳区安全生产教育培训工作的通知》、《2012年朝阳区安全生产全员大培训实施方案》，要求全区各街乡、各部门按照“行业管理、条块结合”的原则开展安全生产培训，并将安全生产培训任务完成情况纳入全区安全生产综合考核指标体系。实现“7个100%”。

（陈宣英）

【安全生产月活动】 6月，朝阳区以“践行北京精神，弘扬安全文化，推进安全发展城市建设”为主题，开展第11个安全生产月活动。分“警示教育周”、“安全培训周”、“应急演练周”以及“安全隐患集中排查治理周”4个阶段，从全区性活动、区域性活动和生产经营单位活动3个层面，组织“宣传咨询日”、“打非治违”专项行动、安全文艺基层巡演、安全培训、应急演练等18项活动。全区共投入经费270万元，参与活动总人数86万人，开展各类宣教活动4.3万场次，受教育人数达128万人。

（余慧云）

【安全生产宣传咨询日】 6月10日，朝阳区安全监管局牵头，组织区总工会、教委、消防支队等17个部门，在朝阳公园南门举办安全生产月大型“宣传咨询日”活动。各部门现场进行了安全生产法律法规及相关安全生产问题的宣传，并就市民关心的安全生产问题进行答疑回复。（余慧云）

【安全文艺巡演】 7月10日，由市安全监管局、市文化局联合主办，朝阳区安全监管局、朝阳区文化委承办的北京市安全文艺基层巡演活动在朝阳剧院举办。此次活动的主题是“践行北京精神，弘扬安全文化”。活动依托北京平安艺术团，以宣传和满足群众的安全需求为目的，通过寓教于乐、通俗易懂的表演方式，向观众普及安全生产知识，强化安全生产理念。（余慧云）

【街乡工作经验交流会】 7月31日，朝阳区安全监管局召集全区安全监管系统执法人员召开街乡安全生产工作经验交流会。会议通报各街乡1月至7月的执法工作情况，南磨房乡党委书记郑勇在会上发言，各街乡执法人员交流学习了奥运

村、平房和南磨房3个街乡安全生产工作台账。（余慧云）

【职业危害场所检查及法制培训】 8月2日，朝阳区举办安全监管系统危险化学品单位、职业危害场所检查及法制培训会，全区安全监管系统执法人员152人参加培训。市安全监管局、危险化学品专家、首都经济贸易大学教授分别就职业危害场所、危险化学品从业单位和安全生产法律法规等方面进行重点培训。（陈宣英）

【工业企业检查及法制培训】 12月3日至4日，朝阳区举办安全监管系统工业企业检查及法制培训，全区安全监管系统执法人员150人参加培训。标准化专家费学威讲解工业企业安全生产检查，法律专家王敬波讲解行政处罚法、行政强制法，并进行企业隐患自查自报系统的使用培训。（陈宣英）

【年度安全生产培训情况】 2012年，朝阳区各地区、各部门通过“完善培训体系、提高培训质量、扩大培训范围、拓展培训内涵”，不断加大安全生产培训力度，全年共计培训94303人次，其中各地区培训2.3万人次，各部门培训39303人次，联合中介机构培训3.2万人次。（陈宣英）

【特种作业培训考试发证】 2012年，朝阳区共有三级特种作业培训机构11家，培训工种包括电工作业、焊工作业、建筑脚手架拆装、高处悬挂建筑物表面清洗、企业厂（场）内机动车辆驾驶、制冷与空调作业、地下有限空间监护。全年共计培训考核特种作业人员22611人次，合格发证15883人次。（陈宣英）

【三级培训机构资质管理】 截至2012年底，朝阳区11家特种作业三级培训机构中，有9家机构资质到期。经过市安全监管局对申报材料的审查，区安全监管局和相关工种专家对设备和场地进行现场检查，已有8家机构取得市安全监管局颁发的培训资质证书。（陈宣英）

安全生产法制建设

【依法行政工作会】 2月29日，朝阳区召开安全监管系统依法行政工作会，市安全监管局副局长汪卫国、朝阳区副区长汪洋出席会议。会议总结2011年度安全监管系统依法行政工作，表彰区安全监管局事故科、望京街道等15个安全生产先进单位和酒仙桥街道蔡景林等51名先进个人，部署2012年依法行政工作任务。（姚遥）

【安全生产行政处罚案卷评审】 6月，朝阳区安全监管局随机抽取4本案卷和3本案卷，分别参加市安全监管局、区法制办行政处罚案卷的评查，双双获得优秀卷的好成绩。执法二队代表区法制办参加全市行政处罚案卷评查，取得99.5分的好成绩。（姚遥）

【依法行政实现6个百分百】 2012年，朝阳区安全监管系统依法行政工作实现6个100%，重点领域监督检查覆盖率，举报投诉案件查办率，行政处罚案件按期结案率，执法主体资格合格率，行政复议

维持率、诉讼胜诉率，区安全监管系统主要领导、分管领导安全监管人员的培训覆盖率等均达到100%。（姚遥）

【梳理执法涉权事项】 2012年，朝阳区安全监管局根据区廉政风险防控管理领导小组办公室的要求，梳理本局的执法涉权事项。共清理出行政执法涉权事项125项，其中行政处罚事项120项，行政许可事项2项，行政审批事项2项，行政强制事项1项。（姚遥）

【安全生产行政应诉工作】 2012年，朝阳区安全监管局召开案审会35次。2月和9月，分别对两起拒不缴纳罚款的当事人申请强制执行，经过申请、谈话、调查等环节，朝阳法院下达准予强制执行的裁定。（姚遥）

安全生产科技

【市局调研行政执法系统】 6月14日，市安全监管局一行9人，就“安全生产行政执法管理系统”到朝阳区进行调研，区安全监管局副局长于洪涛携各执法队队长配合调研工作，并就修订《北京市安全生产行政执法管理系统》提出建议。（余慧云）

【科技项目亮相国家安全监管总局】 7月2日，国家安全监管总局举办市（地）级安全监管局局长专业研究班。朝阳区安全监管局副局长于洪涛以《创新监管方式 提高监察效能》为题，向来自全国各地的安全监管局局长、副局长、党组书记等58位领导讲解了朝阳区安全生产综合监管信息平台的总体情况和主要功能，引发在座领导兴趣和询问。（余慧云）

【国家总局调研信息化工作】 10月10日，国家安全监管总局副局长孙华山、监管四司司长欧广、监察专员杨占科、培训中心副主任相桂生、办公厅主任高建民一行5人到朝阳区安全监管局调研安全生产综合监管信息平台的建设使用，以及隐患自查自报和安全生产标准化工作。市安全监管局局长张家明、副局长陈清和有关人员陪同调研。朝阳区安全监管局局长张仲凯就朝阳区安全生产综合监管调度系统建设及使用情况向孙华山等领导作重点汇报。调研组认为，朝阳区在安全监管工作信息化方面具有前瞻性和创新性，综合监管调度系统能够实现安全生产监管内容标准化，执法程序标准化，监管手段信息化，一方面解决了监管不到位的问题，同时通过部门横向互动还部分解决了重复执法、执法过度给企业造成负担的问题。

（余慧云）

【信息化系统推广培训会】 10月31日，朝阳区召开安全监管系统信息化系统推广培训大会，会议主要内容是对《朝阳区安全生产综合监管调度系统的研究与应用》进行再次培训，并邀请朝阳区法院行政庭庭长朱军巍从行政诉讼和司法审查的角度，结合实际案例为安全监管系统与会人员讲解如何规范执法行为，普及相关法律知识。（余慧云）

【综合监管调度系统应用与推广】 12月20日，朝阳区科委立项的《安全生产综合监管调度系统的应用与推广》

项目结题验收。并先后于3月和10月对全区21个负有安全生产监管职责的部门和43个街乡的执法人员进行培训；对全区危险化学品企业、规模以上工业企业、职业卫生企业、人员密集场所等重点企业开展系统使用培训；通过区文化委、体育局、商务局和旅游局等委办局对所监管企业进行大规模培训，共计培训各类企业4000余家。（杨毅）

【安全生产科研课题立项】 2012年，朝阳区安全监管局通过市科委立项《2013年安全生产月活动》和《2014年安全生产月活动》两个科研项目；向区信息办申请《朝阳区安全生产综合监管调度系统的后续研发》科研项目；通过区科委立项《朝阳区安全生产执法能力建设研究与应用》科技项目。（杨毅）

【事故隐患自查自报系统推广培训】 2012年，朝阳区安全监管局召开第4次行业部门和属地街乡会议，部署在全区生产经营单位中开展隐患自查自报系统的推广及应用工作。对危险化学品从业单位、职业危害场所、工业企业及体育健身场所、商（市）场、旅游景区娱乐场所等人员密集场所开展密集培训，共培训4402家企业安全管理人员。截至2012年底，事故隐患自查自报系统共有注册企业9705家，其中3508家企业通过本系统进行隐患自查自报工作，上报率为36%；共上报自查自报信息83607条，其中一般隐患929条，重大隐患1条，无隐患信息82677条。（杨毅）

安全生产标准化

【国家总局调研朝阳区标准化工作】 2月28日，国家安全监管总局检查组到朝阳区调研安全生产标准化工作。检查组首先听取国家一级标准化企业北京天海工业有限公司关于开展安全生产标准化工作情况的汇报，并进行实地考察，随后一行人员赴朝阳区安全监管局进行座谈。（余慧云）

【非煤矿山标准化部署会】 3月22日，朝阳区安全监管局召开非煤矿山企业安全生产标准化工作部署会。辖区内10家非煤矿山企业代表参加会议，区安全生产标准化建设专家组专家到场对企业进行具体操作上的培训。区安全监管局对非煤矿山企业安全生产标准化工作进行部署。（余慧云）

【聘任标准化达标验收中介机构】 6月14日，朝阳区安全监管局召开区安全标准化评审单位聘任仪式暨工作部署会，中安质环技术评价中心有限公司等6家单位正式受聘为区安全生产标准化评审单位。（陈京）

【安全生产标准化工作部署】 7月16日，朝阳区安全监管局组织召开安全生产标准化建设动员部署大会，传达国家安全监管总局全国安全生产标准化建设工作推进会的精神，部署和安排全区安全生产标准化建设的重点任务和工作措施，提出积极学习借鉴各地先进经验，对照示范典型找差距，采取切实可行的措施和办法，贯彻落实《朝阳区安全生产标准化建设工作方案》，全面推进安全生产标准化建设工作，确保按时完成达标任务。10月12日，召开安全生产标准化建设再动员再部署会，对下一步标准化的创建工作进行部署，提出“安全生产标准化建设将在全区全面展开，各街乡推进标准化工作重点要做到‘五个一’”要求，即“制作一个方案、开好一次动员会、搞好一次全员培训、做好一次对接、适时组织一次联合执法”，标准化工作在属地的创建工作启动。

（陈京）

【餐饮企业标准化部署会】 8月15日，朝阳区安全监管局联合区商务委召开朝阳区餐饮经营单位安全生产标准化建设部署会。会议提出，餐饮企业属于人员密集场所类，按要求应于2013年年底全部完成达标，2015年年底全北京市各行业须完成安全生产标准化三级以上达标。会上向餐饮企业与会人员发放《朝阳区企业安全生产标准化建设材料汇编》、《安全生产法律法规文件选编》等相关资料，并邀请北京市中安质环技术评价中心有限公司专家为与会人员进行标准化建设工作知识培训。 （余慧云）

【推进星级宾馆安全标准化】 12月4日，朝阳区安全监管局联合区旅游局召开全区星级以上宾馆安全生产标准化建设宣贯动员暨培训大会，辖区近120家星级以上宾馆、饭店代表参加会议。市安全监管局安全生产专家就“企业如何开展安全生产标准化建设”问题进行讲解。 （余慧云）

【培训标准化评审员】 12月21日，朝阳区安全监管局开展“朝阳区安全生产标准化评审员培训”活动，全区7家安全生产中介机构100余人参加培训。会议从安全生产标准化达标评审，评审员的权利、义务和基本素质等要求及企业安全生产标准化与职业健康安全管理体系、考评的注意事项和技巧等要点进行专业实务的培训。 （余慧云）

【制订46个区级评审标准】 2012年，朝阳区标准化创建领域由原来的工业企业、危险化学品企业拓展到人员密集场所、建筑行业企业、交通运输行业企业、非煤矿山企业等领域。按照“巩固达标成果、提升达标等级、扩大达标范围、保证达标质量”的工作要求推动安全生产标准化创建工作。制订机械、冶金、建材、轻纺、危险化学品、非煤矿山、人员密集场所、建筑施工企业、汽修行业的46个区级评审标准。 （陈京）

【安全生产标准化培训】 2012年，朝阳区通过举办培训班、宣贯会等形式，分层次、分专业对街乡安全监管人员和企业主要负责人开展安全生产标准化宣传培训，普及安全生产标准知识，累计培训企业标准化自评员2600余人次和政府部门有关人员500多人次。通过宣传培训，建立“三支队伍”：一支熟悉安全标准化工作的安全监管队伍、一支熟悉企业标准化建设的企业自评员队伍、一支熟悉安全标准化考评工作的专家队伍。 （陈京）

【行业部门推广标准化工作】 2012

年，朝阳区按照“主管部门和属地街乡双轮驱动、市属行业和区属国企先行推动、试点地区和示范行企业典型带动”的工作思路，国资委系统企业及商务委监管的商场、超市及餐饮企业采取全面动员、分类推进、试点先行3个阶段，全面启动安全生产标准化创建工作。

（陈京）

【制订行业标准化工作手册】 4月，朝阳区安全监管局组织制定危险化学品行业企业落实安全生产标准化工作手册。手册分为安全管理记录、风险评价、会议记录、隐患排查治理、培训教育、应急救援预案6个分册，按照安全生产标准化创建有关标准要求，将一个危险化学品企业每年、每月乃至每天的具体安全管理工作标准化、明细化。通过推行标准化工作手册，增强企业开展安全生产标准化工作的针对性和有效性，方便监管部门日常的执法监督检查。

（夏旭昀）

【举办成品油单位标准化手册使用培训】 4月16日，朝阳区完成《成品油经营（零售）单位安全标准化管理手册》编制，同时召开标准化手册使用培训会，邀请北京市工业技术开发中心专家进行讲解，对全区加油站站长及中石油、中石化等管理公司分管安全的负责人等170余人进行使用培训。（夏旭昀）

【安全生产标准化达标企业】 截至2012年底，朝阳区有3家危险化学品生产单位、158家危险化学品经营单位、70家工业企业、9家非煤矿山企业和12家人员密集场所经营企业通过区安全生产标准化达标考核。全区有标准化达标企业252家，其中一级企业1家、二级企业2家、三级企业249家。（陈京）

海淀区

概 述

2012年，海淀区安全生产工作紧紧围绕国家自主创新示范区核心区建设，以深入贯彻落实国务院40号文件和市委、市政府20号文件精神为主线；突出抓好安全生产责任落实、重点行业领域专项治理、安全生产基层基础、安全生产宣传教育4项重点工作，着力推进安全生产保障、安全生产执法、安全生产综合监管3个能力建设，有效压减了事故总量，预防了较大以上事故的发生，圆满完成了“十八大”安全生产保障任务，保持了全区安全生产形势的总体平稳。全年重点开展了6个方面的工作：一是综合监管，充分发挥督促指导和服务协调作用。制定全区安全生产工作指导意见，提出2012年全区安全生产工作的指导思想、总体要求和八项重点工作任务。制定了全区安全生产重点执法检查计划，明确了全年安全生产执法检查以3个重点时期安全生产执法保障行动、12个重点领域执法检查行动和10个街镇委托执法督察行动为主要内容，形成以计划统筹引领安全生产执法工作的新格局。深化对基层安全生产监管体系建设的探索和创新，完成了海淀区全部 29 个街镇的安全生产委托执法工作，对 120 余名街镇一线执法人员进行了集中培训和考试，提升了基层安全监管监察能力。积极推进安全文化建设，完成了学院路街道国际安全社区，万寿路、花园路街道北京市安全社区创建工作。二是综合治理，切实打好安全生产领域“打非治违”攻坚战。根据国务院及市政府、市安委会的统一安排，海淀区安委会以区政府办公室名义印发了《海淀区集中开展安全生产领域“打非治违”专项行动实施方案》，成立了以区长为组长，副区长为副组长，区委组织部、区委监察局、区政府督查室、安监、工商、公安、消防、交通等 28 个委办局及 29 个镇、街道主要负责人为成员的“打非治违”工作领导小组。建立完善了联合执法、台账管理、联席会议、责任追查、报告通报、有奖举报 6 项工作制度，全区 18 个行业领域主管部门和 29 个镇、街道均组成了检查小组，通过对辖区内生产经营单位和行业领域生产经营单位开展摸底排查、联合执法、重点打击等一系列行动，集中力量查处各类非法违法生产经营行为和安全隐患突出的违法建设。全年共拆除新增违法建设 18.89 万平方米，关闭、取缔非法企业 275 家，责令停产、停业、停止建设单位 643 家，依法拘留违法人员 378 人，实施行政处罚 1539.15 万余元。三是整合资源，圆满完成重点时期安全保障任务。为切实做好重点时期的安全生产保障工作，分两个阶段稳步开展了安全生产“护航”行动。第一阶段，“两节”、“两会”期间，制定了《关于开展安全生产“护航”联合行动的通知》并印发到相关委办局和所有街镇，采取部门牵头联合检查和属地镇街道普遍检查的形式，重点开展了燃气使用、危险化学品和烟花爆竹、地下空间、商场超市、轨道交通运营、居民住宅电梯安全等六项专项执法检查，完成了“两节”和“两会”重点时期的安全保障任务。第二阶段，以“十八大”安全生产保障为目标，印发了《海淀区安全生产“护航”行动第二战役方案》。在建筑施工、轨道交通、餐饮等燃气公服用户、危险化学品生产经营单位、再生资源回收单位、商（市）场和农村集贸市场消防安全、电梯安全 7 个重点领域，开展了高频次、拉网式专项检查。全区各有关行业主管部门、各街镇共检查生产经营单位 7827 家次，下达执法文书 2158 份，责令停产停业 19 家，实施行政处罚 71.1 万元，媒体曝光非法违法单位 7 家，确保了全区重点时期的安全稳定。四是防患未然，深入开展重点行业领域专项整治。将专项整治作为“消隐保安”的有力举措，根据区政府督察项目任务分解和区安委会安全生产重点执法检查计划要求，对全区 5 个重大危险源单位开展了专项整治；开展了烟花爆竹销售、危险化学品运输单位、气体销售企业、加油站、易制爆易制毒化学品和液氨从业单位专项整治；对企业隐患自查自报和工业企业标准化达标情况进行专项督察；在全区的电子行业、汽车维修企业开展了职业危害专项治理行动；对全区老旧小区节能改造工程进行全过程安全监管；先后对圆明园首届金秋皇家文化节、北京市第十四届国际旅游节、世界精神卫生日等18项重大活动进行安全保障；对“十八大”会场及代表驻地周边500米范围内695家生产经营单位进行拉网式全覆盖检查，有效防范了各类事故发生。全年，区安全监管局共执法检查各类生产经营单位1921家，查处事故隐患1894处，下达执法文书910份，检查行政罚款292.1万元；调查处理生产安全事故27起，事故行政罚款218万元。累计查处群众举报的生产安全隐患226件，办结率达100%。五是夯实基础，全面推进企业标准化建设。继续深化工业企业标准化创建达标工作，召开工业企业安全生产标准化活动动员部署会和经验交流现场会，对企业负责人进行了培训。在企业自查自纠的基础上，对开展安全生产标准化活动的企业进行了达标检查，督促、指导、帮助74家工业企业完成了安全生产标准化三级达标工作；继续推进危险化学品企业安全生产管理标准化建设活动，全区91个有储存设施的危险化学品生产经营企业分阶段完成了危险化学品标准化咨询、自评、试运行、评审和达标工作。六是注重实效，广泛深入开展安全教育培训。组织了以“践行北京精神，弘扬安全文化，推进中关村核心区安全建设”为主题的第11个全国安全生产月活动，完成了首个北京市安全生产月宣传咨询日主会场承办任务。广泛开展了警示教育周、安全培训周、应急演练周和隐患排查周等系列专题活动，全区共开展执法检查3615次，出动检查执法人员8745人次，发现安全隐患5876处，罚款199.02万元，开展系列应急演练465次，参加安全生产宣传教育培训103291人，张贴、发放各类宣传材料（宣传品）16.7万份，在市、区各级新闻媒体、网络发布安全生产月新闻、安全生产常识500余条，全区7779家单位，32.3万余人参加了安全生产月的各项活动。咨询日现场宣传、系列应急演练、安全知识巡展、联合执法现场直击和安全生产大讲堂5项活动已打造成海淀区有影响、有反响的品牌活动，安全生产月活动模式被市安全监管局在全市推广。举办了29个街镇处级主管领导安全生产专题培训班和街镇安全生产委托执法培训班，启动了全区重点行业企业负责人培训工程，举办烟花爆竹销售、职业健康管理、铁路道口监护员、工业企业标准化、有限空间作业、特种作业等专项培训班80余期，培训各类人员1.8万人次，全面提高了安全监管人员和企业主要负责人的安全管理能力和素质。在区安委会各成员单位和各街镇的共同努力下，全区各类事故死亡总数控制在市安委会下达的控制考核指标以内，海淀区荣获2012年北京市安全生产工作先进区县称号。

安全生产综合监管

【安全生产控制考核指标落实情况】 2012年，海淀区共发生交通肇事、火灾、生产安全死亡事故88起，同比增加1起，上升1.1%，死亡92人，同比减少4人，下降4.2%，占市安委会下达全年控制考核指标（103

人）的89.3%。其中：发生交通肇事死亡事故72起，同比减少1起，下降1.4%；死亡74人，同比减少6人，下降7.5%，占全年控制考核指标（80人）的92.5%；发生火灾死亡事故3起，同比增加1起，上升50%，死亡3人，同比增加1人，上升50%，占全年控制考核指标（3人）的100%；发生生产安全死亡事故13起，同比增加1起，上升8.3%；死亡15人，同比增加1人，上升7.1%，占全年控制考核指标（20人）的75%。全区未发生较大以上安全生产事故，安全生产继续保持了持续稳定的良好态势。（李婧）

【部署安全生产工作会】 1月11日，海淀区召开安全生产工作会，29个街镇主管领导、安办主任，33个委办局主管领导及部分科室负责人共110多人参加了会议。区安委会副主任、安全监管局局长陈国啟代表区安委会全面总结了2011年安全生产工作，提出了2012年全区安全生产工作总体思路，从7个方面部署了2012年安全生产重点工作任务，对抓好第一季度工作提出了具体要求；区安全监管局、交通支队、消防支队等部门分别对2011年安全生产事故进行了分析；会议还对海淀区2011年安全生产综合考核工作情况进行了通报，对2011年百分验收工作中的先进单位进行了表彰。区委常委、副区长刘长利作了重要讲话，提出具体工作要求。（李婧）

【部署烟花爆竹安全工作会】 1月9日、12日，海淀区分别召开了街镇安办和零售网点销售负责人2012年烟花爆竹安全管理工作部署会。区安全监管局向参会人员通报了海淀区烟花办2012年零售网点规划审查及前期工作的进展情况，部署了2012年烟花爆竹销售安全监管工作；区公安分局治安支队对各零售网点严禁销售非法烟花爆竹、私自储存烟花爆竹，加大对网点周边50米禁放区的检查工作力度等工作提出了具体要求，区工商分局对零售网点营业执照许可销售品种、严禁在许可规定时间外进行销售等工作提出了要求；区消防支队对零售网点的消防安全知识进行了培训。（陈晓文）

【易制爆危险化学品安全管理会】 2月8日，海淀区安全监管局组织辖区内45家易制爆危险化学品经营单位主要负责人召开了易制爆危险化学品安全管理大会。区安全监管局执法人员对危险化学品安全管理条例进行了解析，明确了条例中对易制爆危险化学品的安全要求，并从许可、档案管理、制度落实等方面提出了具体要求。要求企业禁止未经许可擅自经营许可范围以外的易制爆危险化学品，如实记录购买单位的名称、地址、经办人、身份证号码以及所购买的易制爆危险化学品的品种、数量、用途，严格落实危险化学品购销管理制度、危险化学品经营手续环节交接责任管理制度、危险化学品安全技术说明书和安全标签管理办法，确保销售环节的合法性、规范性。（陈晓文）

【“双节”和重要会议安全生产保障】 2012年中秋、国庆期间，海淀区安全监管局贯彻落实市、区工作部署和要求，制定了《北京市海淀区安全生产监督管理局中秋节、国庆节及“十八大”期间安全生产监管工作保障方案》，成立了由局党政“一把手”任组长、党组成员任副组长的区安全监管局“双节”及“十八大”期间安全生产监管保障工作领导小组，明确了责任分工、检查内容、检查人员、检查时间和工作要求。局长王勇禄对节日期间的执法检查、应急值守、信息报送等具体工作提出了要求，从组织动员、工作落实上确保了“双节”期间的安全监管工作有效开展。区安委会办公室制定下发了全区《关于做好“两节”、“两会”期间安全生产工作的通知》，要求全区各街道、镇及相关委办局按照通知要求，结合本地区、本部门实际，具体做好部署，全力完成“两节”、“两会”及“十八大”安全生产保障任务。（李婧）

【部署危险化学品反恐工作】 按照市安全监管局危险化学品反恐工作视频会议要求，海淀区安全监管局快速部署，局长王勇禄于视频会现场对各相关企业单位提出3项具体要求。强化组织领导，明确区安全监管局副局长孙茂山为危险化学品反恐工作的主要责任人，监督管理二科为责任科室，其他相关科室为配合部门。会议要求要积极开展各项反恐工作，要根据“两会”安全保障工作整体要求及市局反恐工作会议精神，重点加大对代表驻地周边的加油站、重大危险源、液氨使用等单位开展专项执法检查。认真检查企业岗位责任制落实情况，隐患排查整治情况，应急预案制定和应急值守情况等，确保各项工作落实到位，确保不发生暴力恐怖事件，不发生有影响的事件，确保海淀区安全生产形势持续稳定。（李婧）

【部署有限空间安全生产工作】 针对春夏季有限空间事故高发的现状，为进一步规范海淀区有限空间作业安全生产工作，海淀区安委会办公室制定并下发了《关于做好2012年全区有限空间安全生产工作的通知》，要求各相关部门全面加强有限空间安全作业监管力度。（徐春兰）

【多举措推进安全生产工作】 5月7日，海淀区安全监管局组织召开29个街镇安办主任会议，推出多项措施，全力推进安全生产重点工作。一是对2012年职业卫生工作进行了动员部署，提出6项重点工作。二是通报并分析了自2011年12月至2012年5月，连续发生的4起液化石油气爆燃事故，提出了进一步加大燃气使用单位安全生产检查，有效遏制燃气爆燃事故的具体要求。三是部署推进安全生产委托执法工作，提出了2012年委托执法工作两步走的工作思路。四是通报了市安全监管局关于开展安全社区创建的工作要求，提出了创建工作的初步安排，要求各相关街道提早做好创建工作准备。五是对进一步加强京外特种作业人员上报登记工作进行了部署，要求各街镇对辖区企业加强检查和督促，确保此项工作顺利完成。（李婧）

【部署专项整治行动】 5月10日，海淀区安全监管局组织液氨从业单位及重大危险源单位共10家企业负责人，召开了液氨从业单位安全生产专项整治、“两重点一重大”危险化学品企业安全生产专项整治部署会。会议下发了《海淀区液氨从业单位安全生产专项整治工作方案》和《海淀区重大危险源单位安全生产专项整治工作方案》，并解析了《北京市液氨储存使用安全管理导则》；明确了摸底排查、整改提升、验收3个阶段的具体内容和工作任务。要求各单位要高度重视此次专项整治工作，制订本单位安全生产专项整治工作方案，召开一次全体动员大会，建立自查和隐患整改记录，确保整治工作取得明显成效。区安全监管局将对各单位专项整治工作进行验收检查，对未按要求整改或整改不到位的企业，责令停产、停业整顿，限期整改；对未按期整改的企业，将依法予以处罚；对整改后仍不满足安全要求的将依据相关政策，提请政府依法予以关闭。（陈晓文）

【专题研究燃气企业安全监管工作】 5月17日，海淀区安委会办公室召开燃气监管专题会议，研究燃气企业安全监管工作，区安全监管局、市政市容委、商务委、公安分局、工商分局、卫生局、质监局、城管监察大队、消防支队、市运输局海淀管理处等10个部门的主管领导和科室负责人参加了会议。区安全监管局通报了今年以来发生的4起燃气爆燃事故及造成事故的共性问题；布置了《关于梳理各部门燃气管理法律法规相关规定的通知》，要求各部门依法、严肃、全面履行安全监管职责；各参会部门汇报了近期对燃气企业开展监督检查情况及目前执法依据和相关内容。区安委会办公室提出四点工作要求：一是各职能部门要认真吸取事故教训并举一反三，依据各自职能加大监管力度；二是认真梳理各自适用的燃气监管法律法规、规章及标准，做到依法监管、严肃查处；三是各部门要从现在起立即行动起来，要有所动作；四是在燃气监管中各部门要相互支持把工作做好。（袁辉）

【安全生产月部署会】 为全面落实5月31日北京市安全生产月动员部署电视电话会议精神，海淀区安委会组织召开了海淀区安全生产月再动员、再部署会议，海淀区73个有关委办局和街镇的主管领导参加了会议。海淀区安全监管局局长王勇禄对北京市安全生产月宣传咨询日主会场及海淀区安全生产月各项工作提出具体要求。（李婧）

【“打非治违”工作部署】 5月31日，海淀区安委会组织召开了海淀区“打非治违”专项行动再动员、再部署会议，海淀区73个有关委办局和街镇的主管领导参加了会议。区安全监管局局长王勇禄对“打非治违”工作进行了动员部署，重点强调了3个方面工作：一是强调了组织机构和各部门职责分工，要求各相关部门，特别是牵头部门要认真落实责任，依法履行监管职责；二是强调了本次“打非治违”工作的范围和重点内容，要求区政府各有关部门要制定相关标准规范，做好指导、协调和督促工作；三是强调了工作的进度安排，要求各部门按照每一个阶段的重点内容，突出重点、认真抓好落实。副区长刘长利提出3点要求：一是要充分认识“打非治违”专项行动的重要性、必要性和紧迫性，切实加强组织领导；二是充分履行各级安全监管职责，加强协调配合，形成合力；三是加大宣传力度，营造“平安海淀”的强大声势。（李婧）

【“护航”联合行动工作部署】 5月31日，海淀区安委会组织召开了“护航”联合行动动员部署会议，区委常委、副区长刘长利出席了会议，海淀区73个有关委办局、街镇的主管领导参加了会议。区安全监管局局长王勇禄对海淀区开展“护航”联合行动第二战役工作进行了再动员、再部署，要求“护航”行动中7个牵头部门按照已经制订的专项工作方案，认真组织开展联合执法检查，同时要积极指导街镇开展好属地重点行业、企业的监督检查，确保“十八大”期间不发生重特大安全生产事故和有较大影响的事件。（李婧）

【市安委会调研海淀“打非治违”】 6月4日，市安委会办公室调研组，到海淀区调研“打非治违”工作。区安全监管局、区查违办、东升镇等单位负责人等陪同。调研组听取了“打非治违”专项行动开展情况和安全生产“打非治违”1号行动方案落实情况的汇报。调研组对海淀区采取对新生违法建设“零容忍”高压态势和强力拆除新生违法建设等工作表示肯定。调研组在听取了基层“打非治违”工作中出现的问题和困难后，就即将出台的“打非治违”2号行动方案征求了意见和建议。（袁辉）

【安全生产和维稳工作会】 6月27日，海淀区召开全区各部门和街镇党政“一把手”安全生产和维稳工作会，传达市、区领导指示要求，并对下阶段全区安全生产和维稳工作进行了部署。会后，代区长孙文锴和副区长刘长利带队检查了中发百旺商城和六郎庄回迁安置房工地，要求消防、住建、安监和属地街道进一步加大对生产经营单位的检查力度，认真排查本行业领域和本辖区安全生产隐患及非法、违法生产经营行为，特别是要严厉打击在居民区出租房屋内搞生产的非法单位，坚决杜绝恶性事故发生。（袁辉）

【专题研究安全工作座谈会】 6月27日，海淀区区委、区政府组织召开安全工作座谈会，研究判断安全工作形势，部署下阶段安全工作。海淀区区委书记隋振江、代区长孙文锴、区委副书记刘鸿、区委常委尹燕京、李彦来、区委常委副区长刘长利出席会议，区委、区政府“两办”，区安全监管局等11个部门主要领导参加了会议。区安全监管局等9个负有安全监管职责的部门分别汇报了本系统近期安全工作情况和采取的工作措施；各区委常委就本区安全生产工作分别发表了意见和建议。隋振江、孙文锴分别对安全生产工作提出具体要求。（袁辉）

【部署下半年安全生产工作】 7月24日，海淀区安委会组织全体成员单位，召开2012年安全生产半年工作总结会暨第二季度工作例会。区安全监管局、应急办、消防支队、交通支队、市政市容委及查违办分别对上半年工作进行了总结分析，学院路街道办事处对成功创建国际安全社区工作进行了经验介绍，区领导向9个街镇颁发了安全生产监督检查委托书。区委常委、副区长刘长利出席会议，并代表区安委会对下半年全区安全生产监管工作提出3点要求：一是要清醒把握当前面临的形势和任务，稳步推进各项工作；二是要加大监督检查和处罚力度，全力遏制事故高发势头；三是要全力以赴做好“十八大”安全生产保障工作。（李婧）

【安全保障工作视频会】 8月31日，海淀区召开“十八大”安全保障工作动员部署电视电话会议。区公安分局、安全监管局、消防支队、交通支队主要领导分别对“十八大”安全保卫、安全生产工作、防火安全及交通安全等工作做了部署。区委常委、副区长刘长利出席了会议，并就抓好安全工作，提出4点意见：一是认识到位，领导到位；二是相互配合、齐抓共管；三是强化刚性执法，做到整治隐患不手软；四是严格督察，确保责任落实到位。全区33个委办局安委会成员单位主管领导在主会场参会，各街镇主管领导、安办主任、综治办主任和派出所、消防、交通驻街镇民警及辖区重点单位负责人在分会场参会。（袁辉）

【部署工业企业安全生产大检查】 海淀区安全监管局在全区范围内部署开展工业企业安全生产大检查工作。明确了检查范围覆盖全区工业企业，重点是中、小微型工业企业、安全生产标准化未达标企业；检查时间从9月3日起至“十八大”会议结束。9月4日下午，针对大检查重点区域，区安全监管局组织四季青镇、上地街道、清河街道、西三旗街道、上庄镇、西北旺镇、温泉镇、苏家坨镇街镇的安全生产办公室负责人和有关工作人员召开了再动员部署会，部署了检查工作方案，提出4点工作要求：一是思想上要高度重视，结合属地实际制定本辖区切实可行的检查方案，认真组织落实；二是措施上要严密有效，基础台账要梳理清晰，抓住重点单位、重点环节、重点部位，跟踪消除所发现的隐患；三是工作上要扎扎实实，每项工作要做严、做细、做实；四是要保持联络畅通，情况信息及时反馈上报，群众举报的隐患要及时查处回复，紧急情况要及时予以处置，确保全区工业企业安全生产形势持续稳定。（郑臣）

【安全生产紧急会】 10月24日，海淀区召开全区安全生产紧急会，通报朝阳区东四环北路东山墅小区事故情况及代区长孙文锴相关批示精神，副区长刘长利出席会议并讲话。区安委会各成员单位及区属企业主要领导参会。区安全监管局局长王勇禄传达了10月17日国务院安委会全体会、10月23日国务院安委会（季度）视频会和市政府10月23日安全生产紧急会议精神，通报了10月22日朝阳区东四环北路东山墅小区事故情况，并对下阶段工作进行了部署。要求参加会议的各有关单位从即日起到“十八大”结束，要开展拉网式安全检查，坚决消除安全隐患，关停非法生产施工项目，确保全区安全。（袁辉）

【季度安全生产例会】 10月24

日，海淀区安委会组织召开第三季度安全生产工作例会，总结第三季度安全生产工作并对第四季度重点工作进行部署，安委会成员单位及区属企业主要领导参会。副区长刘长利对“十八大”安保及第四季度安全生产工作提出4点要求：一是要进一步加强安全生产监督管理力度。区安委会办公室要对开展委托执法的街镇进行执法效果排序，并对落后单位进行重点抽查，确保“十八大”期间“大事不出、小事也不能出”；二是要以“十八大”安全生产保障为中心，切实抓好第四季度安全生产工作。各单位要组织精干力量，采取企业全面自查、行业专项检查、政府综合督察的方式，实现企业自查覆盖率100%、一般隐患整改率100%、重大隐患“五落实”到位率100%，确保安全生产形势持续稳定；三是要认真做好全年安全生产工作总结。区安委会办公室要牵头做好迎接市安委会对区政府安全生产工作的综合考核，高质量完成迎检的各项工作任务；四是要切实加强重要活动期间应急值守工作。各有关部门和单位要严格执行领导干部带班值班制度和关键岗位24小时值班制度，切实加强领导、落实责任，全面做好应对紧急突发事件的各项准备工作，一旦出现突发事件要做到决策果断、措施有力、迅速有效。（袁辉）

【市安委会督察海淀“十八大”安全保障工作】 10月26日，以市安全监管局副局长贾太保为组长的市安委会第四督查组对海淀区“十八大”安全保障暨安全生产“护航”行动进行督察。海淀区副区长刘长利、区安全监管局局长王勇禄、羊坊店街道主任王澎及区工商、民防、消防、市政市容委分管安全工作领导陪同检查。督查组对“十八大”驻地周边重点企业进行了现场检查，并查阅了企业安全生产档案资料。在听取海淀区“十八大”安全生产保障工作汇报后，督查组对海淀区“十八大”安全生产保障工作给予了肯定，并就进一步加强安全生产工作提出4点要求：一是加强检查，进一步落实企业主体责任；二是抓住重点，严防发生事故。特别强调要加强对代表驻地周边餐饮企业燃气安全、城乡结合部人员密集场所消防安全及有限空间作业安全的执法检查；三是落实预案，加强应急值守；四是以“打非治违”为抓手，进一步减少事故，消除隐患。（袁辉）

【检查开展“十八大”安全保障工作】 11月1日起，海淀区安全监管局会同区监察局组成区督查组，对万寿路、八里庄、甘家口、紫竹院等21个街镇及区商务委、民防局、消防支队等7个委办局开展“十八大”安全生产保障工作情况进行督察。督查组重点对有关街镇和部门“十八大”安全保障责任制落实、重点生产经营单位隐患排查整治、“十八大”代表驻地周边及涉足场所安全检查、“护航”联合行动、“打非治违”专项行动等工作的落实情况进行了检查。督察结果显示各街镇都全面开展了“护航”、“打非治违”及“查万家　消隐患　保安全”安全生产大检查工作，各行业主管部门抓住重点区域、重点行业，集中力量打击各类非法违法经营行为，整改和治理事故隐患，区域生产经营秩序和安全生产条件得到改善。全区各街镇、有关委办局累计出动9406人次，2962车次，检查各类生产经营单位8839家次，发现并整改各类安全隐患4819项，下达限期整改文书2198份，形成了“消隐保安”的强大声势。（袁辉）

【汇报“十八大”安全生产保障工作】 11月19日，海淀区安全监管局召开“十八大”保障工作总结会，总结了“十八大”期间各项安全生产保障工作的开展情况及经验，市安全监管局、市安全生产举报投诉中心出席听取汇报，区安全监管局局长王勇禄就落实“十八大”精神，继续做好下一阶段安全监管工作提出3点要求：一是要切实加强自身队伍建设；二是切实提高信息质量水平；三是进一步加强市、区联动，切实做好安全生产工作。（刘玉勇）

【完成年度安全生产综合考评工作】 12月11日至13日，海淀区安委会办公室分别对29个街镇及工商、住建、商务、市政等15个重点行业主管部门2012年安全生产工作情况进行了综合考评。考评组从组织领导、隐患治理、应急管理、信息化建设、“护航打非”、标准化建设、教育培训等方面对各部门一年来的安全生产监管工作进行了评定。区安委会办公室将在全区通报考评结果，并针对工作的薄弱环节，在2013年工作中重点部署改进。（袁辉）

【总结分析生产安全事故情况】 12月12日，海淀区安全监管局组织区生产安全事故调查组各成员单位主管领导及相关负责人，召开海淀区2012年生产安全事故调查处理总结暨2013年安全生产形势研究判断会。区安全监管局代表海淀区事故调查组，对全年工作进行了总结，海淀区事故调查组共调查处理各类事故41起，上报区政府《一般生产安全事故调查报告》35篇。建议公安机关对31事故责任者立案调查，行政处罚事故责任单位29家、责任者4人；召开生产安全事故现场分析会15次，生产安全事故分析会10次；委托技术鉴定单位对事故现场设备、设施进行技术鉴定16次，聘请有关技术专家召开事故原因技术分析会2次。在严肃查处生产安全事故的同时，重点强化了对生产安全事故的分析和预测工作，每季度总结分析近期事故情况，依据往年同期事故数据分析，结合当前安全生产工作的重点，对下一季度易发生产安全事故的类型、原因进行预测，提出具体应对措施，并向全区通报，有效提升了对生产安全事故预防工作的指导作用。会议对2013年全区安全生产事故处理调查工作进行了部署，要求全区各相关部门，重点针对2012年工作中的薄弱环节，加强监控力度，确保明年全区安全生产形势持续稳定。（蒋齐）

危险化学品安全监管

【危险化学品企业地理信息图层标注】 市安全生产监管局、市规划委员会委托北京市测绘设计研究院对全市危险化学品生产、经营和储存企业地理信息图层情况进行标注。6月30日和7月4日，测绘设计研究院工作人员，对海淀区危险化学品生产、经营和储存企业的地理信息图层进行了标注，区安全监管局认真组织、密切配合，派专人陪同测绘，顺利完成了标注任务。此次地理信息图层海淀区共标注95个单位，分别为加油站81家、重大危险源5家、危险化学品生产单位1家、气体经营单位8家。（陈晓文）

【联合检查液氨从业单位安全生产】 5月至10月，海淀区开展了全区液氨从业单位安全生产专项整治工作。区安全监管局、消防支队、质监局、环保局组成联合检查组，于7月24日至25日对辖区内6家液氨从业单位专项整治自查、整改情况进行检查，共发现安全隐患18项，下达整改指令书6份。（陈晓文）

【整治醋酸酐、邻氯苯基环戊酮】 根据市安全监管局关于集中开展非药品类易制毒化学品专项排查整治行动的通知要求，海淀区安全监管局召开专项工作会议，研究制定了专项行动方案，对醋酸酐和邻氯苯基环戊酮生产销售单位进行全面排查。经排查，海淀区共有4家申请销售醋酸酐的易制毒化学品经营单位，其中2012年仍在销售醋酸酐的单位仅有1家，且各项安全管理措施健全，未发现有从事邻氯苯基环戊酮的生产经营活动，未发现有非法加工邻氯苯基环戊酮和羟亚胺的行为。（陈晓文）

【非药品类易制毒化学品整治】 9月4日，海淀区安全监管局辖区内36家易制毒化学品经营单位负责人召开专项整治部署会，下发了《海淀区安全生产监督管理局关于开展非药品类易制毒化学品专项行动的通知》，对非药品类易制毒化学品专项行动进行了部署。会议要求各单位要做好宣传部署，深入开展自查自纠，制定整改措施，切实将整治专项整治工作落到实处。特别是从制度规范、购销管理及相关凭证存档、销售流向、流向信息网上记录等情况等方面提出了具体要求。（陈晓文）

【液氨从业单位专项整治】 截至10月底，海淀区安全监管局完成为期6个月的液氨从业单位安全生产专项整治工作。年初制定了《海淀区液氨从业单位安全生产专项整治工作方案》，拟定了阶段性检查计划，在各企业对照《北京市液氨储存使用安全管理导则》开展自查的基础上，区安全监管局联合区质监局、环保局、消防支队对全区6家液氨从业单位的安全管理制度和应急救援预案制订、应急演练、设备检维修、培训教育以及日常巡检等记录。安全告知牌设置，防护用品配备等进行了全面检查，共发现安全隐患18项，下达整改指令书6份。针对检查中发现的安全隐患，区安全监管局进行了严格复查，各单位均已按期整改。（陈晓文）

【强化危险化学品安全检查】 “十八大”期间，海淀区安全监管局成立“十八大”日检小组和夜查小组，由副局长孙茂山带队，重点对海淀辖区内各加油站安全保障工作动员部署、安全教育培训、应急救援演练、应急值守和特殊管控措施执行情况，以及加油罐区安全等进行了检查，对存在问题和隐患的单位，当

场下达责令整改指令书，单位进行整改，及时消除了事故隐患，经过跟踪复查，确保了整改到位。（陈晓文）

【完成重大危险源调研工作】 11月，海淀区安全监管局组织召开专题会议，研究部署全区重大危险源调研工作，制订工作方案，明确工作步骤，成立专题工作调研组，深入全区重大危险源单位，展开专题调研工作。通过查阅重大危险源单位文献资料、与企业座谈交流、发放调查问卷、聘请专家实地勘验、综合分析重大危险源安全评估报告等方式，于11月初完成调研工作。经过调研，区安全监管局在摸清海淀区重大危险源基本情况底数的同时，对存在的主要问题以及加强重大危险源管理提出了相应对策与建议。（陈晓文）

烟花爆竹安全监管

【发放烟花爆竹经营许可证】 2012年，海淀区共发放烟花爆竹经营许可证185家，其中：五环内122家，五环外63家，海淀区各烟花爆竹零售网点在销售期间，共销售烟花爆竹55541箱，与去年同比，销售量下降36.6%。（陈刚）

【强化烟花爆竹销售安全监管手段】 2012年，海淀区政府出资320余万元，为全区185个烟花爆竹零售点全部安装了视频监控探头和音箱，并派专人值守监控；在区政府应急指挥大厅、区安全监管局搭建烟花爆竹视频监控平台，并加装语音软件及麦克风，实现了通过监控平台实时语音呼叫零售点工作人员的监管方式。除夕及正月初一、初五、十五等重点时段，海淀区主要领导及区烟花办、安监、公安、消防、交通、工商等部门相关领导在区政府应急指挥大厅，利用烟花爆竹视频监控平台及全区原有的1900余个视频监控探头，查看各零售网点的视频监控实时情况，遇有突发情况发生，立即通过单向语音系统通知零售点进行处置，及时消除安全隐患，避免零售点发生安全事故。

（陈刚）

【烟花爆竹安全检查】 2012年，海淀区采取日常检查、夜间检查相结合的方式对烟花爆竹零售网点有计划、有步骤地开展全覆盖检查。在区烟花办的统一领导下，构建起五级执法检查体系：一是区烟花办组织相关部门组成联合检查组进行重点检查和随机抽查；二是区安全监管局组织5个烟花爆竹检查组，对全区27个街镇实行分片包干负责，进行不间断检查，重点时段局领导带队检查；三是区公安、工商等部门分别组织专项检查组进行检查督促；四是27个街镇专项检查组开展区域检查；五是区安全监管局16名安全生产专职检查员，开展了销售前、销售中、撤棚回收等阶段的三批次拉网式全覆盖执法检查工作。区安全监管局共检查烟花爆竹零售网点553个次，出动检查人员344人次，车辆176车次，查出安全问题及隐患298个，下达责令改正指令书57份，烟花爆竹零售网点对存在的安全隐患和问题，全部按照执法人员的要求及时整改，整改率为100%。（陈刚）

【烟花爆竹回收及撤点工作】 2

月11日下午17时止，海淀区已安全顺利完成烟花爆竹退货回收入库、视频监控设备拆除和临时销售网点的撤销工作。至此，海淀区2012年春节烟花爆竹安全监管工作圆满结束。（陈刚）

安全生产事故隐患排查治理

【举报必查隐患必除】 2012年，海淀区安全监管局及时查处市安全监管局、海淀区非紧急救助中心转办和群众电话举报的安全隐患，切实做到接到一起调查一起，查实一起处理一起，件件反馈调查结果，全年累计查处群众举报的生产安全隐患226件，办结率达100%。（李婧）

【查处安全生产事故瞒报行为】 7月8日，海淀区安全监管局接到110转复举报，称7月7日11时30分左右，海淀区复兴路28号院医疗楼东侧拆除工程施工现场发生一起高处坠落事故，造成1名施工人员死亡。施工单位为隐瞒事故情况，于当天将尸体转运至河北保定市二康医院太平间。区安全监管局当即联合相关部门，对该举报进行查处，经事故调查组调查核实认定：这是一起因违规操作、安全管理缺失造成的一般生产安全责任事故，同时存在隐瞒事故的违法行为，事故造成直接经济损失91.5万元。区安全监管局依据《生产安全事故报告和调查处理条例》的相关规定，对事故责任单位北京中科力爆炸技术工程有限公司给予合并罚款110万元的高额处罚，依法严厉查处瞒报生产安全事故行为。（蒋齐）

安全生产应急救援

【全面展开应急演练活动】 6月18日至24日，海淀区安全生产月应急演练周期间，区安监、房管、住建、市政、文化、商务、旅游、质监、消防等重点行业主管部门，分别依据本行业实际及当前工作重点，牵头开展了有限空间作业、市政道路塌陷、人员密集场所、建筑施工工地及高层写字楼电梯事故等系列应急演练活动。各街镇、相关委办局，分别结合辖区、行业（领域）特点，开展了应急演练，同时广泛动员属地、行业和企业，有针对性地开展应急演练。截至6月24日，全区共开展应急演练活动400余次，组织现场培训，观摩交流270余次，提升了一线职工和社会公众处置安全生产突发事件的能力，推动了应急管理工作的落实。（袁辉）

【强化应急职守信息报送工作】 春节期间，海淀区安全监管局增加了值班力量，除每日两组的分组检查外，还专门安排了针对烟花爆竹销售点的专项检查组，充实了应急值守力量。严格执行了24小时局领导在岗带班制度、值班人员双岗在岗值班制度和工作人员24小时通信畅通备勤制度，及时全面掌握全区安全生产工作动态，确保了节日期间各项工作正常运转。严格落实了事故信息快速报告和综合信息每日报告制度，确保了通信联络畅通，及时传达市、区工作部署和要求，保证了市、区各项工作的层层落实。（李婧）

安全生产执法监察

【春节期间安全生产保障】 针对春节期间人员流动大、大型活动多、烟花爆竹燃放时间长的特点，海淀区安全监管局在节日期间坚持领导带队，每日出动两个检查组，加强对全区烟花爆竹销售网点、加油站、大型活动场所和人员密集场所的检查力度。针对春节烟花爆竹重点燃放日时段，组织执法人员夜间检查，有效防范各类事故的发生。1月22日至28日，共出动执法人员59人次，组成22个检查组，出动车22辆次，检查生产经营单位180家，查处举报隐患3项，发现各类安全隐患和问题70项，已全部落实整改。（刘玉勇）

【“两会”安全生产保障工作】 2月，海淀区安全监管局制定了《2012年“两节”、“两会”期间安全生产监管工作保障方案》和《2012年“两会”期间安全生产执法检查工作方案》，从2月7日启动到3月15日会议结束，把安全生产监督检查工作分为工作部署、检查整改、督导检查、应急保障四个阶段，明确了科室工作职责分工；建立了辖区内京西宾馆、北京梅地亚宾馆、铁道大厦、鸿府大厦、远望楼、友谊宾馆、万寿庄宾馆7个代表驻地周边200米范围内493家生产经营单位基础台账；成立了4个安全生产专项检查小组，对代表驻地周边200米范围内进行拉网式安全生产专项检查，重点检查了生产经营单位安全生产责任制的落实和设备设施的安全运行情况；加大了对易制毒化学品、易制爆危险化学品经营单位的监管力度，重点开展了危险化学品生产企业、气体充装及带有气瓶储存企业、液氨使用等单位的检查；截至2月29日“两会”开幕前，共检查93家，出动检查人员112人次，检查车辆73车次，发现安全生产隐患42项，下达责令整改指令书13份，约谈3家，行政罚款1万元。

（李婧）

【安全生产“护航”联合行动】 2012年，海淀区安全监管局制定了《关于开展安全生产“护航”联合行动的通知》并印发到相关委办局和所有街道、镇，从指导思想、工作原则、组织机构、时间安排、工作任务及职责分工、保障措施和工作要求7个方面，全面部署了以“两会”保障为重点的安全生产“护航”联合检查工作，采取部门牵头联合检查和属地街镇普遍检查的形式，重点开展了燃气使用、危险化学品和烟花爆竹、地下空间、商场超市、轨道交通运营、居民住宅电梯安全等6个方面的专项检查工作。共检查6类生产经营单位3040家次，其中燃气使用606家次、危险化学品及烟花爆竹1187家次，地下空间635家次、商场超市364家次、轨道运营35次、电梯213次。（袁辉）

【中关村西区联合执法行动】 针对海淀区中关村西区高层建筑众多、地下空间面积庞大，安全监管形势复杂的现状，3月15日至4月15日，海淀区安全监管局联合中关村西区管委会办公室及海淀街道，以中关村西区为重点，开展联合执法检查。联合执法行动分为自查自纠、联合执法检查、复查验收3

个阶段，检查重点是中关村西区生产经营单位的安全生产制度的制定情况、员工安全生产教育培训情况、应急救援预案的制定和落实情况以及经营场所的安全生产情况。（李婧）

【节日期间安全生产大检查】 6月22日起，海淀区安全监管局全体检查人员放弃端午节休息，由区领导和局领导带队，分多路对街镇和重点企业开展安全生产监督、检查。截至6月25日，对辖区内15个街镇进行了抽查，共抽查生产经营单位73家，发现安全隐患204项，下达限期整改指令书56份，立案调查违法违规生产经营单位18家。端午节期间，区安全监管局还分两组对6家危险化学品企业和6家工业企业进行了抽查，要求企业切实落实主体责任，坚决防范安全生产事故发生。（李婧）

【老旧小区综合治理工程安全专项检查】 2012年，为确保海淀区老旧小区综合治理工程顺利进行，海淀区安全监管局采取3项措施开展相关工程安全生产专项检查。一是强化部署落实。召开专项会议，研究部署安全监管工作方案。二是制定周密方案。对综合整治任务进行责任分解，实行分组管理，包片检查，确保检查覆盖全区17个街道；针对汛期，制订了专门工作计划，明确6项安全生产执法检查重点。三是区街联动执法。为推动执法力量下沉，落实属地管理职责，执法检查由区安全监管局会同街道安办联合开展，加大执法力度的同时提高基层执法水平。（刘玉勇）

【部署“十八大”安全保障工作】
2012年，海淀区安全监管局4项措施全面落实“十八大”安全生产保障工作。一是在全区范围内组织开展安全生产隐患大排查；二是对海淀区“十八大”代表驻地周边200米范围内的重点地区，存在的安全隐患和问题进行重点排查；三是加强对旅游景点、商（市）场、体育娱乐场所等人员密集场所的管控，坚决杜绝群死群伤事件的发生，确保海淀区总体安全生产形势的稳定；四是组织开展安全隐患专项整治行动。针对隐患大排查中发现的各类安全隐患和薄弱环节，采取有效措施，限期加以解决；对于一时难以解决的问题，采取死看死守的措施，防止发生重大安全生产事故。（刘玉勇）

【“打非治违”联合行动】 2012年，海淀区安全监管局开展了危险化学品企业“打非治违”行动，对危险化学品生产企业、加油站、气体销售单位、化工商店、易制毒化学品销售单位进行了安全检查。结合日常监管重点和薄弱点，充分发挥部门间联动机制，会同区消防支队、质监局、环保局对加油站、液氨从业单位、重大危险源单位开展了重点整治。共检查危险化学品生产经营单位112家，发现安全隐患132处，下达责令整改指令书52份，责令2家危险化学品生产经营单位暂时停产停业。通过检查，及时发现并查处危险化学品非法销售行为，严厉打击了危险化学品违法行为。（李婧）

【联合检查政府办公区安全】 9月11日，海淀区安全监管局联合区消防支队、质监局、机关事务管理处等相关部门，对海淀区政府第一、第二办公区、招商大厦分别进行了安全生产检查。重点对各办公区物业公司岗位责任制、应急预案、员工安全生产培训教育档案等规章制度的建立以及配电室、消防中控、后厨、疏散通道等现场情况进行了检查，针对存在的安全隐患，当场下达了执法文书，要求立即整改。（刘玉勇）

【“十八大”安全生产保障】 9月12日至17日，海淀区安全监管局会同市安全监管局执法人员，对海淀区“十八大”重点人员密集场所进行了集中执法检查。对辖区内16家如家快捷酒店、6家物美连锁超市及湘鄂情、俏江南、净雅、全聚德、大宅门5个餐饮连锁企业进行集中执法检查，共出动执法人员50余人次，执法车辆26车次，检查29家企业，发现各类安全隐患41个，下达责令整改指令书20份，立案7起。

（刘玉勇）

【领导带队检查节前安全生产】 9月26日，由海淀区政府办公室组织，区安监、住建、商务、旅游、质监、公安、消防、房管、万寿路街道、羊坊店街道等有关部门有关人员参加，陪同代区长孙文锴及区政府其他有关人员，对北大学生公寓、北外工地、颐和园、卓展购物中心等重点生产经营单位进行了“双节”前的安全生产专项检查。孙文锴在检查现场，对本区重点行业、企业“双节”及“十八大”安全生产保障工作给予了肯定，要求各相关部门和企业务必进一步加强安全生产管理，确保“双节”及“十八大”期间安全生产形势稳定。（李婧）

【领导带队检查重点企业】 9月24日，海淀区安全监管局局长王勇禄、副局长张有涛分别带队，联合曙光街道、花园路街道和公安、消防等部门，分别对北京市农林科学院及“十八大”代表驻地周边、人员密集场所等进行了重点检查，共检查农科院周边餐饮、网吧、歌厅等5家单位，发现安全生产教育培训学时不足、管理不规范等安全隐患10余项，执法人员当场下达了责令限期整改指令书，要求相关单位立即整改。针对“十八大”驻地周边餐饮经营单位气瓶间不符合安全规定等问题现场进行了查处，并向商户普及了安全知识，同时要求相关属地街道抓紧落实好安全生产责任体系，务必与驻地周边所有产权单位和经营企业签订安全生产责任保证书，加大属地管理及行业监管的检查督导力度，及时消除隐患，确保不出问题。

（刘玉勇）

职业安全健康

【职业卫生管理示范企业创建活动】 6月20日，海淀区安全监管局组织部分有毒、有害生产经营企业，开展职业卫生管理示范企业创建活动，分组织调研、动员部署、自查自纠、检查评比、总结表彰5个阶段进行，11月份结束。其间召开“职业卫生管理示范企业”创建活动动员会，对创建活动进行了全面部署，对企业创建工作提出了4点要求：一是要提高认识，切实增强对开展创建工作的责任感；二是要搞好自查，严格按要求积极开展创建活动；三是要科技兴安，从本质上提高职业卫生管理水平；四是要强化培训，不断提高劳动者的自我防护意识，切实预防职业病的发生。（徐春兰）

【举办职业健康管理员培训班】 5月28日至6月5日，海淀区安全监管局举办了3期职业健康管理员培训班。聘请有关专家授课，重点讲解了北京市职业卫生形势、职业健康管理员主要职责和用人单位职业病防治制度建设、职业卫生法规；粉尘和化学毒物的危害识别与控制；劳动防护用品的选择和使用等内容。全区380名职业健康管理员参加了培训、考试，区安全监管局为考试合格的参训学员颁发了北京市职业健康管理员培训合格证。（徐春兰）

【联合开展有限空间作业夜查】 6月21日晚，海淀区安全监管局检查人员配合市安全监管局在海淀区辖区内开展了有限空间安全生产夜查。检查组对辖区内西三环、中关村南大街、魏公村、长春桥路、厂洼等路面有限空间作业情况进行了检查，未发现有限空间违规作业情况。（徐春兰）

【汛期有限空间监管工作】 7月21日，暴雨过后，天气潮湿闷热，地下有限空间抢险作业任务增多，为有效遏制有限空间安全生产事故发生，海淀区安委会办公室下发了《关于进一步加强夏季有限空间安全生产工作的通知》，就落实有限空间安全生产主体责任、监管（管理）责任、加大监管力度等方面提出了具体要求。要求各有限空间作业单位加大教育培训和投入，认真做好承发包管理，各属地、行业管理部门强化监督检查，进一步规范生产经营单位有限空间作业行为。7月20日、23日晚，海淀区安全监管局领导带领检查人员分5组，对区域内夜间有限空间施工作业进行了夜查。检查过程中，未发现有限空间违规作业。（徐春兰）

【《职业病防治法》知识竞赛】 8月29日，海淀区安全监管局召开街镇安办主任会议，对《职业病防治法》知识竞赛工作进行了动员部署，区安全监管局为此次知识竞赛共印制了《职业病防治法》知识试卷1000份，答题卡5000份，按照企业分布情况分发给各街镇，同时下发了“关于开展《职业病防治法》知识竞赛的通知”和法规汇编，要求各街镇组织本辖区存在职业危害的生产经营单位参加此次知识竞赛。（徐春兰）

【宣贯《地下有限空间作业安全技术规范》】 市安全监管局牵头制订的《地下有限空间作业安全技术规范》（以下简称《规范》），12月1日实施。8月29日，海淀区安全监管局召开街镇安全生产工作会，向全区街镇印发了《规范》，要求各街镇针对进入9月后供暖维修检修任务量增加的特点，按照本辖区实际情况，加大检查力度，督促有限空间作业单位认真按照规范严格管理，规范作业，有效遏制有限空间事故发生。（李婧）

【检查企业职业卫生及标准化建设】 11月13日，海淀区安全监管局副局长孙茂山带领执法人员，对海淀区重点企业安全生产标准化建设及职业卫生安全监管工作进行了检查。在北京东陶有限公司，检查组听取了企业关于安全生产管理工作的汇报，并对企业安全生产情况进行了检查，重点就加强职业卫生管理工作对企业进行了指导，针对企业职业健康管理工作中存在的问题提出了整改意见和建议。检查组要求企业进一步提高各级领导的安全意识，落实企业安全生产和职业卫生管理主体责任，切实加强现场管理，加强从业人员的防护，确保“十八大”期间安全稳定。

（徐春兰）

【国家总局到海淀检查安全生产工作】 12月4日，国家安全监管总局及天津市安全监管局有关人员组成检查组到海淀区检查指导安全生产监管工作，市安全监管局和海淀区安全监管局以及西三旗街道有关领导陪同检查。检查组对北京金隅天坛家具股份有限公司和北京五星青岛啤酒有限公司有限空间作业现场进行了检查，分别听取了区安全监管局及被检查企业关于开展有限空间专项治理工作的情况汇报，对海淀区开展工业企业有限空间专项治理工作给予了充分肯定。同时，检查组要求企业要进一步巩固专项治理成果，进一步落实主体责任，健全完善规章制度，做到舍得投入、程序规范，加强有限空间作业人员的技能培训，为专业人员配备安全防护用具，切实提高员工安全生产意识、自我保护意识和自救互救能力。

（郑臣）

【职业卫生管理示范企业验收】 2012年，根据《海淀区安全生产监督管理局关于创建职业卫生管理示范企业的通知》要求，区安全监管局“职业卫生管理示范企业”创建活动领导小组，对11家参加职业卫生管理示范企业创建活动的进行了检查验收。参加创建活动的企业全部建立了职业卫生管理机构，配备了专职或兼职管理人员，完善了职业卫生档案和劳动者健康监护档案，定期对工作场所进行职业病危害因素检测，依法定期组织员工进行职业健康检查。检查人员针对个别企业存在的人员管理问题，下达了整改指令书，责令其立即整改。（徐春兰）

【新版职业病危害项目申报系统正式启用】 为进一步做好职业病危害项目申报工作，北京市职业病危害项目申报系统进行了升级改造，增加了用人单位规模、职业卫生管理人员设置等项目。11月14日，新版申报系统正式投入使用，海淀区安全监管局下发了《关于启用新版职业病危害项目申报系统并对相关数据进行补录的通知》，要求辖区内存在职业危害因素的用人单位在规定时间内完成新版申报系统的数据更新和补录工作；各街镇安全生产办公室要重视此次新申报系统启用工作，做好宣传动员，加大日常监督检查力度，保持申报系统数据库的实时更新。（徐春兰）

安全生产宣传培训

【“安全生产大培训”系列活动】 3月19日，海淀区2012年处级干部安全生产专题培训班暨海淀区安全生产教育培训素质工程第七期培训班在海淀区区委党校正式开班，标志着海淀区2012年“安全生产大培训”系列活动正式启动。市安全监管局副局长汪卫国出席开班仪式并讲话。安全生产大培训活动包括基层安全生产监管骨干、街道镇委托执法人员、重点行业领域监管部门安全生产监管人员、重点行业领域企业主要负责人和安全生产管理人员等一系列教育培训活动，是海淀区落实市安委会2012年重点工作的一项重要举措，旨在通过培训教育，进一步提高全区安全生产监管队伍的监管水平，促进企业安全生产主体责任的落实，推动海淀区安全生产培训教育长效机制向基层和企业延伸，提高基层和企业排查消除安全生产隐患能力，为“十八大”召开创造更加安全稳定的社会环境。（李婧）

【安全生产月宣传咨询日活动】 按照全市统一部署，海淀区安全生产月领导小组制定了《2012年安全生产月咨询日活动方案》，在承办北京市安全生产月主会场的同时，在海淀区设立主题会场3个，分会场25个。6月9日上午，区安全监管局配合市安全监管局，在中华世纪坛南广场举办了北京市安全生产月宣传咨询日活动，国家安全监管总局局长杨栋梁，北京市市长郭金龙、市安全监管局局长张家明、海淀区区委书记隋振江、代区长孙文锴等出席了主会场活动。海淀区政府办及公安、消防、交通、住建、商务、文明办、卫生、市政、城管、旅游、环卫、气向、园林和羊坊店街道等多家区属单位积极配合，全力做好保障工作。区安全监管局、消防支队、交通支队、商务委共制作3万余份宣传资料、宣传品在活动现场进行发放，并开展了现场咨询活动，海淀区600名各行业员工及志愿者参加了主会场现场咨询活动。海淀区在紫竹院、西三旗和万寿路街道分别设立了“智能平安，安全监管”、“安全事故警示教育”、“安全社区你我他”3个主题会场，其余25个街镇依据辖区工作特点设立了分会场，通过摆放展板、悬挂条幅、发放宣传材料等多种形式，开展安全生产宣传咨询活动。活动当天，海淀区共发放各类宣传材料24万份，参与群众达30余万人。（李婧）

【启用新版特种作业操作证】 2012年，按照《北京市安全生产监督管理局关于启用新版特种作业操作证并调整复审时限的通知》要求，海淀区安全监管局及时制订相关工作方案，下发至全区4所特种作业培训考试机构，要求各培训机构针对此次新版特种作业操作证启用，相关复审工作的调整，向考生全面宣传。自7月1日统一启用新版特种作业操作证以来，各项对接工作进展顺利，两个月来，海淀区4所培训机构已举办特种作业操作证考核64场次（其中理论考试44场，实操考试20场），3729人考取新版特种作业操作证。（李婧）

安全生产法制建设

【建立法制培训长效机制】 2012年，海淀区安全监管局将法制培训纳入教育培训工作体系中，要求全年理论学习中心组组织集中法制学习不少于4次，局长办公会前半小时为领导班子集体学法时间，每月组织全体人员开展法制学习培训不少于2次，将法律法规、依法行政相关知识的学习作为全员教育培训

的重要内容。全年，局机关共组织各类法制培训28次，切实提升了全局人员的法律素质和行政执法能力。（李婧）

【深入推进委托执法工作】 海淀区安全监管局稳步推进街镇委托执法工作。7月份实施了第二批委托工作，对辖区内8个街道和1个镇实施部分执法检查权委托，从人员培训、实操现场检查、规范执法标准等方面，对被委托街镇人员进行指导，力求委托执法工作做到依法、规范。9月18日，区安全监管局针对街镇委托执法运行中存在的问题，再次召开培训会，讲解了执法文书制作标准和执法检查工作规范等内容，第二批委托执法街镇安办30余名执法人员参加了培训。（袁辉）

【委托执法覆盖全部街镇】 自2011年起，海淀区安全监管局按照成熟一批、委托一批的工作思路，分3批在全区29个街镇推进委托执法工作。截至2012年10月，辖区29个街镇已全部实现安全生产委托执法。委托执法过程中，区安全监管局严格把关，遵循被委托人员培训、向政府申请批复、签订委托书、印发委托通知、区执法队带领实际操作、委托执法讲评培训6个环节，做到有理论、有实践循序渐进，保障了委托执法工作的规范化、标准化。安全生产委托执法的完成，有效增强和提升了街镇安全监管力度。（袁辉）

安全生产科技

【建成安全生产监督管理平台】 2012年，海淀区投资133万元，建设安全生产监督管理平台。建成了完整的数据库，以街镇为基础建立了数据采集和管理系统、行政执法系统、应急管理系统、标准化管理系统、综合指标上报系统、电子市场综合监管系统、GIS综合展示系统、领导决策系统，实现了联合执法、案件移送等业务的统筹指挥和协调管理，充分利用物联网等新技术提高安全生产监管水平和信息采集能力。（李婧）

安全生产标准化

【安全生产评价机构标准化协调会】 6月21日，海淀区安全监管局组织北京中安质环技术评价中心、首都经济贸易大学、北京市劳动保护科学研究所、北京市工业技术开发中心、中环冶金总公司、北京大方安科技术咨询有限公司等单位主要负责人，召开了“海淀区安全生产评价机构标准化工作协调会”。区安全监管局通报了上半年开展的主要工作，部署了下一阶段的工作重点并提出了具体工作要求；区安全监管局与参会单位针对标准化创建工作中遇到的问题及难点，研究提出了解决的办法和措施。（陈晓文）

【危险化学品企业标准化创建工作】 8月30日，海淀区安全监管局召开了“海淀区安全生产评价机构标准化工作协调会”，推进危险化学品企业标准化创建工作。各安全生产评价机构汇报了本单位在海淀区标准化工作的开展情况、各危险化学品企业标准化工作进展情况及下步工作安排。区安全监管局对下阶段工作提出5项要求：一是各单位继续加大标准化建设工作力度，严格按照评审标准开展工作；二是要细致开展现场指导工作，指导企业填写日常管理记录，做好现场管理、建立安全管理制度和岗位责任制等工作；三是标准化工作培训要到位，将市安全监管局下发的安全管理模板和标准化工作流程、意义等内容，传达到企业全体员工，要指导企业安全管理人员熟练使用标准化网上申报系统；四是要对危险化学品生产企业、存在重大危险源、涉及拆迁改造等内容的重点单位进行有针对性的指导；五是要加强沟通联系，及时反馈解决工作中存在的难点和问题，确保工作机制顺畅。北京中安质环技术评价中心、首都经济贸易大学、北京市劳动保护科学研究所、北京市工业技术开发中心、中环冶金总公司、北京大方安科技术咨询有限公司等单位主要负责人参加了会议。（见春友）

【推进工业企业标准化活动】 2012年，海淀区安全监管局按照海淀区工业企业开展安全生产标准化活动3年工作部署，继续推进工业企业安全生产标准化活动。在第二批、第三批工业企业开展安全生产标准化创建、企业自查自改的基础上，会同北京中安质环安全评价中心对企业进行了隐患排查，督促、指导、帮助企业对存在的问题进行整改，截至2012年底全区共有74家工业企业完成了国家三级标准化达标工作。

（见春友）

安全社区建设

【首家国际安全社区现场评定工作】 6月19日，按照世界卫生组织国际安全社区评定程序，新西兰国际安全社区认证中心专家在中国职业安全健康协会安全社区有关领导的陪同下，对海淀区学院路国际安全社区建设情况进行现场认证评定。学院路街道办事处主任就学院路国际安全社区建设情况从10个方面进行了全面汇报，专家组对8个示范点工作逐一进行了考察。专家组对申请报告和现场汇报给予了充分肯定，对学院路社区按照国际安全社区准则，推广实施一系列全方位安全促进项目印象极为深刻，认为在降低伤害事故发生方面成就显著。通过汇报和实地考察，专家组确定向世界卫生组织社区安全促进合作中心推荐学院路街道为国际安全社区网络成员。（李婧）

丰台区

概 述

2012年，丰台区安全生产工作，以继续深入开展“安全生产年”活动，紧紧围绕“城南行动计划”和“一轴两带四区”建设，强化属地、行业和综合监管，严格执法检查，狠抓企业主体责任落实，以党的“十八大”安保为统领，积极开展安全生产“护航”及“打非治违”专项行动，深入推进安全生产专项整治，排查治理安全隐患，保持了全区安全生产形势的持续平稳。

全年，丰台区发生安全生产死亡事故共68起，死亡73人，占全年死亡人数控制指标90人的81.1%，未发生食品安全死亡事故，未发生较大以上事故。与2011年同期相比，死亡事故减少12起，下降了15%；死亡人数减少11人，下降了13.1%。在“十八大”安保“护航”活动中，共检查生产经营单位1.26万家次，整改隐患2万多项，下达执法文书4745份，停产停业整顿149家，关闭取缔29家。

在“打非治违”工作中，全区共排查违法建设房屋823间，拆除798间，纠正违章行为8241起，组织检查组4944个，出动检查人员25606人次，受检企业30429家。安全生产事故自查自报系统共纳入企业696家，共排查隐患3558条，发现隐患种类152项，整改率100%。

全年，丰台区多个部门及街乡镇组织开展的安全生产工作获得国家级竞赛和市级评比活动表彰奖励。一是在国家安全监管总局组织举办的“神华杯”全国危险化学品安全法规知识竞赛活动中，丰台区安全监管局、总工会、卢沟桥乡、新村街道办事处等4家单位获得“优胜单位奖”。二是在北京市安全生产月活动评比中，丰台区安全监管局、水务局、太平桥街道办事处等3家单位获得“优秀组织奖”；丰台区南苑乡组织的“安全生产培训”、方庄地区办事处开展的“消防应急疏散演练”、东铁匠营街道办事处举办的“安全生产与应急救援知识竞赛”等3项活动获得“最佳实践活动奖”；丰台区广播电视中心获得“优秀新闻报道奖”。三是在全市2012年安全生产工作评比活动中，丰台区再次被评为“安全生产先进区县”。

虽然丰台区安全生产工作取得了一定成绩，但也存在一些问题和不足。一是对于“小工程”的监管难度大。全区发生的生产安全事故中，有5起6人为“小工程”事故，其涉及金额一般在10万元以下，且未办理相关开工手续，施工面积小、人员少、工期短，往往在发生事故后才被发现。二是企业主体责任落实还不到位。中小微企业安全生产基础工作还较薄弱，经营者安全意识较差，投入不足，管理不规范，安全隐患较多。三是居民安全意识和自救能力仍需提升。安全教育和培训普及还不够广泛，群众安全意识、自救能力较弱，火灾起数总量较大，“小火”亡人事故多发。今后，丰台区针对这些问题，研究制定有效对策，加强宣传培训教育，进一步推动全区安全生产工作，促进社会安全发展。

安全生产综合监管

【安全生产控制考核指标落实情况】 2012年，丰台区共发生安全生产死亡事故68起、死亡73人，占全年死亡人数控制指标90人的81.1%。其中，道路交通死亡事故50起、死亡53人；生产安全死亡事故9起、死亡11人；铁路交通死亡事故7起、死亡7人；火灾死亡事故2起、死亡2人；全年未发生食品安全死亡事故。与去年（死亡事故80起、死亡84人）相比，死亡事故起数减少12起，下降了15%；死亡人数减少11人，下降了13.1%。未发生较大以上事故，未突破市安委会下达的各项控制指标，安全生产形势持续向好。（李颖）

【副市长“两会”前督察丰台区安全生产工作】 2月22日，副市长苟仲文在全国“两会”召开前带领市政府办、安全监管局、消防局等部门，对位于丰台区大红门久敬庄的北京中油蓝天燃油销售有限公司北奥油库进行安全检查，现场察看了油库的安全生产管理制度制定情况、中控室运行监控情况、应急救援设备和物资储备情况等。苟仲文要求丰台区加强对危险化学品等重点行业的安全监管，严防重特大安全事故的发生。（崔泽宁）

【市政府督查组督察丰台区安全生产工作】 8月29日，副市长苟仲文带领市政府办公厅、安全监管局、公安局、规划委、工商局、消防局、城管执法局等部门，督察丰台区“打非治违”及“护航”行动工作。督查组实地察看了卢沟桥街道京铁家园小区和南苑乡南苑村的违法建设拆除情况，并听取了丰台区“打非治违”和“护航”行动的工作汇报。苟仲文要求丰台区继续深入开展专项行动，保持高压态势，加大执法检查力度，增强工作实效，全面开展隐患排查治理，坚决防范重大事故和群体性事件发生，确保“十八大”期间安全生产形势稳定。（崔泽宁）

【市局检查组检查丰台安全生产工作】 2月24日，市安全监管局局长张家明带领检查组到丰台区，对“两会”代表新增驻地周边企业的安全生产保障工作进行检查，丰台区安全监管局局长董铁铮陪同检查。检查组重点检查了西四环岳各庄加油站、北京宏天颐隆蘑菇宴火锅店、翠微百货大成路店等单位，并针对企业存在的安全问题提出了整改意见。张家明肯定了丰台区“两会”安全保障工作，要求安全监管部门及企业进一步强化保障措施，加强从业人员安全培训，做好应急值守工作，确保“两会”期间地区的安全稳定。（崔泽宁）

【区安委会强化工作机制】 2月初，丰台区调整安委会机构，由区长冀岩担任区安委会主任，副区长任副主任，主管安全工作副区长李军会任安委会办公室主任。同时，区委、区政府每季度听取安全生产工作情况汇报，区安委会办公室每月召开工作例会，研究解决重点、难点问题。此外，区委、区政府为加强基层安全生产基础建设，决定在16个街道已成立公共安全管理办公室的基础上，区编办又正式批复在5个乡镇设立安全科。至此，全区21个街乡镇全部成立正式行政编制的安全管理机构，加强了属地基层的安全生产工作力量及队伍建设。（李颖）

【召开安全生产工作大会】 3月7日，丰台区安委会在区政府召开2012年安全生产工作大会，区长冀岩、常务副区长高朋、副区长刘文洪、李军会出席会议，区安委会成员单位主要领导，各街乡镇主要领导，部分驻区中央、市属企业代表，区属和乡镇企事业单位负责人200余人参会。会上，播放了《2011年安全生产事故案例摘录》专题片；李军会通报了全区2011年安全生产工作情况，并对2012年安全生产工作进行了部署；刘文洪重点部署了建筑工地施工安全工作；冀岩代表区政府与各街乡镇、安委会成员单位签订了安全生产责任书。冀岩最后强调，各部门、街乡镇及企事业单位要强化责任，严格监管，狠抓落实，促进全区2012年安全生产形势持续稳定好转。（崔泽宁）

【区委书记节前带队检查安全生产】 1月19日，丰台区区委书记李超钢、区长冀岩在春节前带领区安全监管局、公安分局、消防支队等部门，前往大红门街道建欣苑四里社区、永辉超市马家堡店、花乡白盆窑村等地检查安全生产工作。李超钢在检查中督促各部门、属地、企业要时刻提高警惕，落实各自安全生产工作职责，加强安全检查和应急值守。（崔泽宁）

【区长节前检查安全生产工作】 9月27日，丰台区区长冀岩、副区长刘宇在中秋、国庆两节前带领区政府办、市政市容委、安全监管局等部门，先后前往首地大峡谷购物中心、赵公口长途汽车站、莲花池公园等地进行安全检查。检查组沿途听取属地主管领导和行业负责人关于“两节”安全保障的工作汇报，实地察看了商场的消防设施和疏散通道、车站的旅客进出站安检和客车安全设施配备、公园的游园准备和周边秩序维护等安全情况，并对存在的个别安全隐患提出了整改意见。冀岩强调，各行业在“两节”期间要加强安全生产管理，落实安全生产责任，做好节日应急值守，注重每一个安全细节，严防各类安全事故的发生。（崔泽宁）

【区长检查“十八大”安全生产】 10月29日，丰台区区长冀岩、副区长李军会在“十八大”召开前带领区安全监管局、住建委、商务委等部门，先后到北京诺德国际广场施工工地、欧尚超市、丰台火车站周边平房等地进行安全检查。检查组沿途听取了属地主管领导和行业负责人关于“十八大”安全保障工作的汇报，在北京诺德国际广场施工现场察看了工地的安全防护和消防设施保障情况，在欧尚超市检查了中控室、仓库、销售区的安全管理情况，在丰台火车站内宿舍平房入户察看了安装一氧化碳报警器及预防煤气中毒工作情况，并在整个检查过程中对存在的一些安全隐患提出了整改意见。冀岩强调，各行业在“十八大”期间要始终将安全放在第一位，加强安全生产管理，落实安全生产责任，做好安全应急值守，严防安全事故发生。（崔泽宁）

【“十八大”安保暨安全生产“护航”行动】 9月17日，丰台区安委会在区政府第一会议室召开全区“十八大”安保暨“护航”行动动员部署会。10月15日，召开区安委会办公室工作例会，听取“十八大”安保暨“护航”行动工作进展情况汇报。10月22日，区安委会办公室再次牵头组织在北京电子科技学院礼堂召开全区“十八大”安全生产保障工作动员部署大会，各街乡镇、安委会成员单位、驻区危险化学品生产经营单位、建筑施工、防火重点单位等900余家单位的负责人参加了大会。与此同时，9月至11月，区安委会统筹协调各职能部门和属地街乡镇，全面开展“十八大”安保公共安全隐患排查专项整治工作和安全生产保障专项执法行动，保障大会召开期间辖区的安全稳定。“十八大”安保暨“护航”行动中，全区共检查生产经营单位12603家次，发现和整改隐患20733项，下达各类执法文书4745份，停产停业整顿149家，关闭取缔29家，行政处罚222.8万元。（李颖）

【“打非治违”工作】 2012年，丰台区按照全市“打非治违”1号、2号行动方案的要求，通过联合执法、专项行动，分批次、持续开展“打非治违”工作，依托综合检查、专项督察、包片负责等手段及“双发现、双制止、双拆除、双考核、双争创”的工作机制，督促属地、行业严格履行各自职责，切实打击非法违法行为。全区共排查违法建设房屋823间、74.8万平方米，拆除798间，68.3万平方米，拆除率为91.2%；查处在建违法建设房屋409间、9.3万平方米，已拆除面积9万平方米，拆除率为96.8%，并全部采取了断水断电措施。打击非法违法、治理纠正违章行为8241起，组织检查组4944个，检查人员25606人次，受检企业30429个，责令停产、停业、停止建设企业318家，关闭非法违法企业471家，行政处罚974.8万元。办理相关举报投诉67件。（李颖）

危险化学品安全监管

【危险化学品行政许可】 2012年，丰台区安全监管局共受理、审批危险化学品经营许可证28家，其中首次申请6家、重新申请8家、换证11家、变更单位名称2家、变更经营范围1家；对33家甲类生产经营单位进行了安全条件现场核查，并出具现场检查表、现场核查意见书及现场核查照片；对非药品类易制毒化学品经营企业重新备案或变更10家，注销经营许可证6家。（崔爽）

【危险化学品行业执法检查】 2012年，丰台区安全监管局共检查危险化学品从业单位446家次，下达现场检查记录单446份、责令整改指令书227份、强制措施决定书4份，共查处隐患428个，处罚5.66万元，处理、解决群众举

报22起。（崔爽）

【液氨从业单位专项整治】 5月10日，丰台区安全监管局召开液氨从业单位开展安全生产专项整治动员部署会，组织学习《北京市液氨储存使用安全管理导则》的内容，要求8家液氨使用单位在5月20日前制定自查方案并上报；6月20日前按照自查的重点内容认真开展自查。7月16日至23日，区安全监管局成立专项检查组，并聘请1名液氨安全管理专家，对8家液氨使用单位进行逐一检查。通过听取汇报、集中指导答疑、现场勘验检查等形式，检查组对8家企业存在的问题一一指出，并下达责令整改通知书。（崔爽）

【危险化学品从业单位安全管理培训】 8月21日至24日，丰台区安全监管局对全区182家危险化学品从业单位安全生产负责人分两批次进行安全管理培训，共240余人参加。此次培训邀请市安全监管局、先进企业及安全生产领域的多位领导和专家，从危险化学品安全管理、危险化学品企业安全生产标准化建设等多方面，对参训企业人员进行了授课。（崔爽）

【非药品类易制毒化学品专项排查整治】 截至8月底，丰台区存在已办理第二类、第三类《非药品类易制毒化学品经营备案证明》企业15家，且经营备案证明均在有效期内。其中，重点整治的5个品种经营情况为：高锰酸钾类9家、丙酮类12家、硫酸类13家、盐酸类13家、醋酸酐类5家。8月28日，区安全监管局召开辖区15家已办理第二类、第三类《非药品类易制毒化学品经营备案证明》企业动员部署会。随后，依照时间节点分别于8月30日、9月10日上报醋酸酐和邻氯苯基环戊酮和羟亚胺的排查情况。此次专项排查整治行动中，针对2家长期未从事非药品类易制毒化学品经营活动的企业，给予其9月份备案证明有效期满后不再予以延续的处理。（崔爽）

烟花爆竹安全监管

【烟花爆竹安全监管部署】 11月初，丰台区安全监管局制订《丰台区烟花爆竹行政许可安全监管工作实施方案》，成立由局长任组长、副局长为副组长的烟花爆竹销售安全管理工作领导小组；同时要求各街乡镇结合属地监管职责制订方案，明确属地工作职责和责任；先后召开局办公会、部门联席会、街乡镇会、烟花爆竹批发公司会、烟花爆竹销售网点负责人会等18次，研究部署烟花爆竹工作。11月29日至30日，区安全监管局在圣地苑宾馆组织召开烟花爆竹销售网点安全监管工作会议，区公安、消防、交通、工商等相关部门负责人和21个街道乡镇主管领导及科室负责人共63人参加，对丰台区烟花爆竹销售网点安全监管工作进行专题部署。（崔爽）

【烟花爆竹销售网点准入审批】 11月6日至16日，丰台区安全监管局对全区提出申请的烟花爆竹销售网点，严格履行现场安全条件审核程序，最终确定了154个符合安全条件的网点，并在区政府网站和安全监管局网站同时进行了公示。随后，对12月1日参加全市统一考试且符合申请许可条件的203人，通过采取申请材料审核、安全资格证书认证、推行不良记录制度等办法进行筛选、淘汰，最终确定154人提交的申请许可材料，从而确保在销售网点和人员审核上都做到从严把关，为落实烟花爆竹销售网点安全监管创造良好条件。（崔爽）

【烟花爆竹安全培训工作】 1月初，丰台区安全监管局在鸿基培训中心，分3批次，采取安全知识与现场操作及笔试相结合的办法，对各街乡镇主管科室负责人、烟花爆竹销售网点负责人及从业管理人员等近700人，从烟花爆竹安全知识、零售网点安全管理、规章制度落实和严禁销售违禁烟花爆竹知识等方面进行了安全技能培训。（崔爽）

【烟花爆竹安全提示】 1月至2月，丰台区安全监管局将全区21个街乡镇154个销售网点的代码、网点位置、法人姓名、联系方式、街乡镇科室负责人等信息录入信息管理平台，通过音频、视频和短信群发系统及时进行上情下达和安全提示。在烟花爆竹燃放各重点时段，编写发送至各街乡镇和零售网点负责人提示短信共28批次、4900条。（崔爽）

【烟花爆竹网点监管措施】 2012年，丰台区安全监管局采取多项措施，确保辖区烟花爆竹销售网点安全监管工作万无一失。制定了销售网点安全规章制度、安全操作规程、安全责任等9项制度；采取主渠道销售模式，进一步从源头上对零售网点安全条件加以控制；实行安全生产责任保险制度，全面推行“公众责任险”和“销售人员意外险”；推行缴纳风险抵押金制度，每个零售网点须缴纳风险抵押金3万元至指定银行专户，以有效提升经营者自律意识；推行烟花爆竹安全管理承诺书，零售网点负责人承诺按要求做好安全管理工作，并按标准销售合法烟花爆竹。推行层层签订安全责任书，零售网点全部安装音频、视频监控系统，花费150余万元专项资金建立监控系统平台，运用互联网技术，为每个网点安装6个摄像头，对网点及周围环境进行全覆盖监控。推行值班巡逻看守制度，每个网点销售人员实施24小时看守（夜间2人以上），各街乡镇、社区对每个网点选派督导员进行监管；安监、公安、工商、城管等相关职能部门派员进行定期和不定期检查等措施。（崔爽）

【烟花爆竹安全检查】 春节至元宵节期间，丰台区安全监管局执法人员集中26天的时间，组成6个专项执法检查小组，实行分片包干的办法，采取领导带队检查、突击检查、夜间检查、联合检查、超常规检查等方式，对154个零售网点进行了多次拉网式安全检查。全局共出动398人次、车辆132车次，检查462家次，开具现场检查记录462份，下达执法文书36份，消除安全隐患68条。同时，重视群众举报查处工作，共接到群众举报7件，比去年下降46%，切实做到有举报必出现场，有举报必有回复。（崔爽）

安全生产事故隐患排查治理

【自查自报系统应用推广】 5月10日至11日，丰台区安全监管局重点选取600余家企业，初步建立安全生产事故隐患“动态分类排查、动态评审挂账、动态整改销账”工作机制。区安全监管局牵头组织区文化委、商务委、旅游委、体育局及21个街乡镇召开推进安全生产事故隐患自查自报系统应用工作会，针对此项工作提出“提高认识，加强领导、突出重点，加强指导、监管并重，狠抓落实、加大宣传，营造氛围、及时总结，不断完善”的工作要求。培训会议从宣传教育培训、如何督促企业按时上报事故隐患、如何对企业进行监督检查等方面进行了授课，并聘请雅斯特科技有限责任公司专家对系统进行讲解，达到了预期目的，为推进全区安全生产事故隐患自查自报工作打下坚实基础。

（窦爱国）

【隐患自查自报专项执法检查行动】 10月25日至11月16日，丰台区安全监管局牵头联合卫生、工商、商务、交通等相关职能部门，组织开展针对全区餐饮、宾馆、超市、汽车4S店等行业的安全生产事故隐患自查自报专项执法检查行动，共检查企业243家，其中立案处罚4家，罚款2万元。2012年，全区共开展此类专项执法检查4次。截至12月底，丰台区安全生产事故隐患自查自报系统共纳入企业696家，共排查隐患35558条，发现隐患种类152项，整改率100%，上报率44.5%。（窦爱国）

【举报投诉查处安全隐患情况】 2012年，丰台区安委会办公室及安全监管局充分发挥“12350”、政风在线、群众来电、网络微博等各类举报监督平台的作用，受理群众的举报投诉，并按相关程序及时核查，及时解决，及时予以回复。全年共接收举报272件，其中市安全监管局“12350”投诉举报中心系统平台交办194件，区政府转办68件，其他单位转办4件、电话受理6件，已全部办结，办结率为100%。（张舒静）

安全生产应急救援

【安全生产应急救援总体情况】 2012年，丰台区应急办与安全监管局协同合作，投入人员与资金，进一步加强安全生产应急救援队和危险化学品应急救援队建设，更新补充应急救援物资，组织开展各类应急救援演练，有效地提升两支应急救援队伍处理突发事件的能力。9月至12月，经过前期调查与统计，区安全监管局对辖区100余家危险化学品企业的电子和纸质应急预案进行备案登记归档，按照市安全监管局要求完成全部危险化学品企业的应急预案备案工作。

（薛波）

【危险化学品事故应急救援演练】 6月19日，丰台区组织区安全监管局、消防支队、和义街道及其辖区企业等单位，在位于大红门久敬庄的北京中油蓝天燃油销售有限公司北奥油库，举行了一场大规模危险化学品事故应急演练，共有100多人参加演练。演练模拟该油库库区油罐突发火情，油库立即启动应急预案，迅速向区安委会报告事故情况；区安委会办公室接到报警迅速下达应急救援命令，立即启动事故应急救援预案；消防救援队、警戒疏散组、危险源控制组、伤员抢救组、抢修维护组队先后赶到事故现场；在现场指挥人员的组织调度下，疏散人员迅速向安全地带转移，消防官兵对储罐进行喷淋降温，救护人员对受伤人员进行现场紧急救护和转移，经过40分钟紧张激烈而又有序的抢救，险情终被排除。通过此次演练，检验了全区应急救援系统反应能力，锻炼了应急救援队伍，提高了应急救援水平。（崔爽）

【"7·21"灾后援助工作】 7月21日，北京遭遇特大暴雨洪水灾害，丰台区安全监管局及时赶往灾区慰问受灾企业，积极帮助企业恢复安全生产，防止次生灾害发生。7月24日，区安全监管局接到京申申泰科技发展有限公司紧急求援，立即派遣工作人员并邀请电气专家赶往厂区察看受灾和安全情况，帮助企业排查电路、电气系统故障，排除设备安全隐患，使企业在短时间内恢复生产。7月25日，区安全监管局局长董铁铮带队前往长辛店镇进行灾后慰问和安全生产工作检查，实地察看了长辛店村和北京长兴气体厂的受灾情况，指导受灾群众和企业进行灾后重建。9月6日，受灾企业京申申泰科技发展有限公司为感谢区安全监管局援助企业灾后恢复安全生产，专程赠送一面写有"抗洪抢险、情系灾区、心系企业、服务社会"的锦旗及一封感谢信。（杨德富）

安全生产执法监察

【"两会"安全生产保障执法检查】 2月初，丰台区安委会办公室启动全国"两会"安全生产保障机制，组织区安全监管局、消防支队、太平桥街道等部门和属地街乡镇，对"两会"代表驻地及周边、沿线192家生产经营单位进行拉网式全面摸排，分类建立台账。2月中旬开始，各部门联勤联动，每日按经营规模从大到小对所有生产经营单位进行不间断检查，对检查中发现的问题当即提出整改意见，明确整改期限，并及时跟进复查，确保隐患整改到位。（韩庆泽）

【加大安全监察一线执法力量】 4月开始，丰台区安全监管局为推进安全监管重心下移，加大安全监察一线执法力度，将所属执法队人员按4人一组划分为4个组，对应负责河东3个地区以及河西地区共4个片区的安全生产监管工作。各执法小组固定日常执法检查地区，接受地区投诉举报，整合地区属地监管力量，帮带片区基层监管人员。（韩庆泽）

【培训（中介）机构专项执法】 6月初，丰台区安全监管局下发《关于开展安全生产培训（中介）机构专项执法行动的通知》，并制订具体行动方案，对辖区内所有安全生产培训（中介）机构开展专项执法，同时要求各培训机构开展自查自报。7月19日，市安全监管局对丰台区两所培训机构进行抽查，并给予高度评价。（杨德富）

【国际铁人三项赛安全保障】 9月16日，北京国际铁人三项赛在丰台区青龙湖——长辛店会展旅游、生态休闲区隆重举行。为保障此项赛事比赛期间的安全生产，丰台区安全监管局成立专项工作领导小组，组织制订保障赛事场地及周边单位安全的工作方案，注重突出赛事临建设施搭设使用安全、赛区周边企业安全和赛后的拆除安全，与消防、供电等部门联合对比赛场馆、设施、宾馆、酒店等重点场所及周边重点企业进行隐患排查，全面排查各类事故隐患和不安全因素，摸清比赛场馆周边生产经营单位和重大危险源情况，落实整改监控责任和措施，进行跟踪督导，在比赛当天临时停止2家比赛沿线加油站的经营。在此基础上，还制订专项应急救援预案，加强信息报送工作，加强应急值守工作，确保了赛事的圆满完成。 （韩庆泽）

【"卢沟晓月"中秋晚会安全生产保障】 9月下旬，为保障"卢沟晓月"中秋晚会安全，丰台区安全监管局专门成立以局领导为组长的领导小组，制订保障晚会场地及周边单位安全的工作方案。局领导多次带队深入一线，对晚会筹备、施工现场进行安全检查。工作中专门聘请专家多次对水上设施的使用安全进行现场指导。晚会当日，执法人员全天值守，晚会开始前对所有临时设施再次进行安全检查，晚会后又对拆除工作安全进行监督。从筹办到结束共开展专项检查10余次，出动执法人员50余人次，发现检查处理安全隐患30余处，保障了"卢沟晓月"中秋晚会顺利举行。 （韩庆泽）

【"两节"期间安全生产保障】 9月30日至10月7日，中秋、国庆两节长假期间，丰台区安全监管局实行24小时领导带班值班制度，保证每天4人全时在岗，确保各项安全监管工作正常进行；坚持安全生产情况日报制度，时刻保持800兆电台及网上信息平台开通，全面监控掌握节日期间安全状况，做到不漏情、不压情，保证节日值班信息畅通；要求区安全生产应急救援队和危险化学品应急救援队24小时应急值守，随时准备应对各种突发事件；局领导带队，分8个检查组，每日对危险化学品企业、人员密集场所等重点单位进行实地检查，共出动38人次、12车次，检查单位22家，发现14个安全事故隐患，下达责令整改指令书3份，及时消除存在的安全隐患，确保全区安全生产形势平稳。

（崔泽宁）

【"十八大"安全生产保障专项执法行动】 9月12日，由丰台区安委会办公室牵头组织的"十八大"安全生产保障专项执法检查行动正式启动。根据行动部署，区安全监管局负责对如家快捷酒店、物美连锁超市、餐饮企业、危险化学品单位等开展集中执法检查；区商务委完成50家商业零售和餐饮企业的执法检查；区旅游局完成30家宾馆饭店的执法检查；区文化委完成30家文化娱乐场所的执法检查；各街乡镇负责辖区内100家重点生产经营单位的安全检查。整个行动中，共立案54件，行政处罚24.9万元。各街乡镇在"查百家"行动中，共检查生产经营单位7030

家，发现和整改隐患3627个，下达各类文书5251份。（韩庆泽）

职业安全健康

【国家总局调研丰台职业安全健康工作】 7月26日，国家安全监管总局统计司监察专员张宏波一行5人，在市安全监管局副局长常纪文的陪同下，到丰台区北京二七轨道交通装备有限责任公司调研职业安全健康工作，副区长李军会陪同调研。调研组先后听取丰台区安全监管局和二七轨道交通装备有限责任公司的工作汇报，实地考察了企业的办公区、生产车间、历史展厅，最后进行了座谈。国家安全监管总局此次调研主要是针对近年来职业安全健康问题愈发突出，正在计划向全国推行“职业危害防治控制考核指标”这一措施，希望通过对各地的考察与调研，充分了解劳动者诉求、企业承受能力和基层安全监管部门执法水平等实际情况，争取探索出科学、实用、可行的有效途径和考核方法。（崔泽宁）

【有限空间及职业安全健康监管大会】 4月18日，丰台区安委会办公室在卢沟桥乡西园会议厅组织召开全区有限空间及职业安全健康监管工作大会，区安全监管局、市政市容委、住建委等15个相关监管部门及21个街乡镇、科技园区主管领导到场参加。会议传达了上级有限空间、职业安全健康监管工作有关会议精神，总结了2007年以来有限空间及职业安全健康监管工作，部署了职业危害因素生产经营单位核查、有限空间作业单位基本情况的统计调查、职业病防治宣传、电子行业专项治理及重点行业的职业卫生、有限空间安全监管工作。（冯慧珍）

【职业病危害项目申报】 4月，丰台区安全监管局下发《关于做好申报职业危害因素生产经营单位核查的通知》，并召开各街乡镇、科技园区参加的专题部署会议，要求各街乡镇、科技园区对申报企业进行核查于6月底上报。经核实，丰台区共有491家企业存在职业危害因素。11月份，区安全监管局下发《丰台区安全生产监督管理局关于启用新版职业病危害项目申报系统的通知》，截至12月底，有181家进行了职业病危害项目申报。（冯慧珍）

【电子行业职业危害专项治理】 5月7日，丰台区安全监管局下发《关于开展电子行业职业危害专项治理行动的通知》，经过各街乡镇及科技园区的调查摸底，宛平地区、卢沟桥乡共上报2家单位，经过现场核查，由于2家单位均不使用有机溶剂，最后上报市安全监管局确认丰台区没有电子生产行业。

（冯慧珍）

【有限空间专项督察】 7月份，丰台区安委会办公室组织区安全监管局、发展改革委、市政市容委、环卫中心、水务局、房管局等部门组成督查组，开展为期两周的有限空间安全检查工作。此次检查采取听、查、考、演、抽等方法，重点围绕有限空间制度建立、防护设备设施配备、警示标志、特种作业培训、教育培训等内容进行督察。督查组先后对丰台电力公司、西道口粪便处理站、宛平环卫所、晓月污水处理站、北京金色阳光物业管理有限公司等单位进行了现场检查指导。通过检查发现，大多数被检查单位的有限空间监管工作重视程度高，行业监管部门措施有力，规章制度健全，作业人员教育培训到位，安全设备和防护用品配备良好，监护人员持证上岗，有限空间作业比较规范。8月初，区安全监管局对专项督察过程中发现存在部分问题的北京光环电信集团和北京丰供电有限责任公司进行了约谈，责令两家企业立即进行整改，并对整改情况进行了复查。2012年，丰台区未发生有限空间作业安全生产事故。（冯慧珍）

【职业病防治法知识竞赛】 9月份，丰台区安全监管局组织开展《职业病防治法》知识竞赛活动。全区21个街乡镇及企业共300家单位，共6000余人参加了此次知识竞赛答题活动。活动中，基层安全生产工作人员及企业职工踊跃参加。（冯慧珍）

【职业安全健康执法检查】 2012年，丰台区安全监管局共检查存在职业危害的生产经营单位372家次，下达执法文书181份，对10家生产经营单位按照《职业病防治法》、《生产经营单位安全培训规定》等有关法律法规实施行政处罚，共罚款7.3万元。（冯慧珍）

安全生产宣传培训

【《安全监管动态》刊物】 2月起，丰台区安全监管局专门成立宣教室，选调4名骨干，开始组织编印《安全监管动态》刊物，并于3月8日正式印发第1期，以后每月2期，全年共编印23期。刊物对全区安全生产工作进行及时的信息反馈、问题反映、经验交流，得到了市、区领导及各基层单位的广泛关注。

（崔泽宁）

【安全生产月宣传咨询日】 6月10日，丰台区安委会在莲花池公园东广场举行“弘扬安全文化，推动安全发展，打造平安丰台”安全生产月咨询日主题宣传活动，常务副区长高朋出席活动并致辞。活动现场，全区相关委办局、属地街乡镇及中央、市属驻区单位代表，根据各自职责向广大群众宣传安全生产、消防、交通、食品、药品、建筑施工、职业卫生等法律法规及安全常识。现场还进行了消防器材展示、煤气罐灭火演示、安全生产知识有奖猜谜和文艺表演，并设置了“12350”举报投诉受理台。一名因发生施工事故得到妥善处理的民工还特意赶到现场向区安全监管局送来锦旗，感谢政府对弱势群体的帮助和关心。同日，全区各街乡镇也都在各自属地的繁华地带开展安全宣传和咨询活动。此次咨询宣传日活动，全区共发放宣传材料及宣传品12万余份，张贴标语、悬挂横幅200余条，展板700余块，受教育群众达3万余人，掀起了全区安全生产工作的宣传高潮。（崔泽宁）

【安全生产大型公开课】 8月20日，由市安委会主办、丰台区安全监管局承办的“2012年安全生产大型公开课”活动，在位于丰台区新村街道的北京信息职业技术学院礼堂隆重举行。公开课上，市安全生产专家讲师团成员、市火灾防治中心主任郑智斌以“珍爱生命　共享平安”为主题，针对社区消防安全，就居民家庭如何有效防控火灾、社区村庄如何开展消防安全“四个能力”建设等重点内容，结合真实火灾案例的图片和视频，进行了一场精彩生动的讲解。全区各街乡镇及下属社区、村庄的安全生产负责人230余名到场参加，反响热烈。（崔泽宁）

【安全文艺基层巡演】　10月19日，由市安全监管局和市文化局联合主办、丰台区安全监管局和区文化委共同承办的“2012年北京市安全文艺基层巡演”活动在丰台区文化馆演播大厅隆重举行，丰台区22个街乡镇及科技园区的安全生产工作者和社区群众代表共200余人到场参加。此次活动邀请的北京平安艺术团以安全生产为题材，将安全话题融入到众多表演中，如配乐诗朗诵《安全——幸福的保障》、群口快板《安全安监话平安》、歌曲《拥抱平安》等节目，以新颖的艺术形式生动地表现出安全生产工作的重要性，展现出人们对安全、幸福生活的渴望与追求。整个演出精彩纷呈，现场气氛热烈。

（崔泽宁）

【“安正杯”家庭消防安全知识竞赛】　7月至10月，由丰台区精神文明建设委员会办公室和防火委员会办公室联合主办的，以“消防连着你我他，平安幸福进万家”为主题的，丰台区“安正杯”家庭消防安全知识竞赛活动在全区范围内广泛开展。辖区21个街乡镇及科技园区组织下属社区、行政村的居民群众参与，先后举办属地内部的初赛和复赛、全区范围的预赛和决赛。通过此次活动，充分调动起全区居民关注、参与、支持消防安全工作的积极性，加大消防安全知识的宣传教育普及力度，全面提高辖区居民的消防安全意识，有力促进了全区防火安全工作的开展。

（崔泽宁）

【安全生产管理人员培训班】　9月24日至26日，丰台区安全监管局在鸿基培训中心举办一期工业企业主要负责人和安全生产管理人员培训班，共150人参加。培训由首都经济贸易大学朱玉田教授主讲安全生产法律法规及安全管理知识；北京二七轨道交通装备有限责任公司工作人员介绍了优秀企业安全文化和生产经营单位现场处置方案编制指南，并结合本单位达标情况从安全管理、防火防爆、工业电气、机械设备、作业环境等5个方面进行了授课。（刘凤英）

【安全生产对外宣传工作】　10月17日，丰台区安全监管局邀请《中国安全生产报》、《中国安全生产杂志》、《现代职业安全》月刊、北京城市服务管理广播等媒体的记者到丰台区，现场对北京北整长欣整流器有限公司的安全生产标准化建设工作、中石化北京长辛店石油库的危险化学品企业安全文化建设工作进行采访报道。2012年，丰台区安全监管局在国家级报刊、杂志等媒体刊登稿件17篇，在市级媒体刊登稿件6篇，在市安全监管局政务网站、市安全生产信息平台、区政府网站、区安全监管局政务网站等发布信息1000余篇次，

及时宣传报道了丰台区各项安全生产工作的开展情况。（崔泽宁）

【“幸福生活讲师团”宣讲活动】 2012年，丰台区区委宣传部组织相关委办局开展“幸福生活讲师团”宣讲活动，共举办720讲，其中，“安全与生活”作为一项重要的宣讲内容，丰台区安全监管局选派多位工作经验丰富的骨干，深入基层街乡镇的社区、村庄及企业，为广大群众宣传、讲授安全生产与日常生活的密切关系及重要性。此外，区消防、卫生、交通等相关职能部门组织精干人员，结合自身工作特点，从消防安全、食品安全、交通安全等其他领域的安全工作出发，开展了数十次宣讲活动，反响热烈。（崔泽宁）

【街乡镇安全生产检查员培训】 3月22日至23日，丰台区安全监管局在鸿基培训中心举办全区街乡镇安全生产检查员培训班，各街乡镇、科技园区等单位的安全生产主管领导、部门负责人、安全生产检查人员，以及相关行业部门工作人员共100余人参加。培训采用有限空间安全管理、人员密集场所安全检查、防高空坠落、建筑工地用电安全、安全生产法律法规。最后，还进行了安全生产检查员资格考试，考试合格的人员由市安全监管局颁发“安全生产检查员证”。（韩庆泽）

【“以查代训”培养基层安全检查员】 4月11日至12日，丰台区安全监管局在对卢沟桥乡基层安全检查员业务培训中，采取“以查代训”、边学边干的形式，有针对性地进行执法能力培养。其间，执法人员对卢沟桥乡辖区内万丰路亿客隆超市、久隆广场、小瓦窑旧村改造回迁房工地进行了检查，要求每位检查员“带着问题去看”、“带着问题去学”、“带着问题去议”。检查过程中，区安全监管局执法人员针对人密场所、建筑施工工地等检查对象的安全检查内容、安全检查方法、可能存在的安全生产问题以及现场发现的隐患对受训人员进行了深入浅出的讲解，达到了观摩一案、学习一次、提高一步的目的。（韩庆泽）

【农村干部安全生产培训】 11月20日至21日，丰台区安全监管局召开2012年和农村干部安全生产培训会，全区5个乡镇及宛平街道负责安全生产工作的相关领导和乡镇专业公司、所属企业主管领导、村委会主任等共300余人参加，由安全生产专家进行讲解安全生产检查知识、生产经营单位安全管理人员职责、事故应急救援预案及现场处置方案编制、相关安全生产管理及防火知识等。（杨德富）

【特种作业培训考核工作】 2月初，丰台区安全监管局成立特种作业培训考核工作领导小组，制订并下发《丰台区2012年开展特种作业培训考核工作方案》。2月15日，召开安全生产培训机构负责人参加的特种作业培训考核工作会，重点部署全年主要任务。7月19日，召开安全培训机构特种作业考前考务工作会，要求各培训学校严肃考场纪律。全年，区安全监管局共组织特种作业考核10期，培训考核29371人，其中取证15668人，复审

13703人。（杨德富）

【依法行政培训】 2月，丰台区安全监管局制订全年依法行政培训计划，聘请市安全监管局、区法制办等相关部门领导和专家，从依法行政能力的提高、执法文书的填写、行政处罚案卷的编制、安全生产法律体系及制度的适用、违法案例的警示等多方面进行了培训。全年，组织全局55名行政执法人员在区政府参加4期依法行政培训。（杨德富）

【京外特种作业操作证培训登记工作】 4月至8月，丰台区安全监管局全面展开京外特种作业操作证登记工作，共分4个阶段：生产经营单位提出申请阶段、属地街道乡镇进行初审阶段、委托培训机构核对贴标阶段、市安全监管局政务网站进行公示阶段。5月18日，组织全区21个街乡镇及科技园区负责人，在鸿基培训中心召开京外特种作业操作证登记工作会及系统管理培训会，邀请市安全监管局有关人员和专业技术人员就京外特种作业操作证登记内容进行辅导，讲解、演示网络管理系统操作使用。8月20日，在鸿基培训中心召开京外特种作业操作证登记工作会，听取各街乡镇工作汇报，通报工作进度，部署抽查检查工作任务。8月21日，对新村地区京外特种作业登记备案工作进行抽查，以查带促，全力推动此项工作开展。（杨德富）

安全生产法制建设

【行政处罚案卷审查工作】 2012年，丰台区安全监管局向市安全监管局报送2010年9月1日至2011年8月31日期间结案的一般程序行政处罚案卷共101卷。市局抽查其中4份案卷，参评案卷占报送案卷的4.8%，经过初评、复评和核定，案卷优秀率达100%，且有一份满分卷。为做好案卷评查工作，区安全监管局编印一期《安全生产法制工作简报》，对以往案卷特点、存在问题进行分析，对今后工作提出要求。（杨德富）

【安全生产普法教育进农村】 7月6日，丰台区安全监管局聘请安全生产专家，到结对联建单位郑常庄村开展安全生产普法教育进农村活动。郑常庄村书记、董事长、总经理安全员60多人参加培训。此次普法活动，是区安全监管局与郑常庄村共同开展“手牵手共创安全村社，心连心同筑和谐家园”的主题活动的内容之一。7月底，区安全监管局给村社购买了有关安全生产法律、法规书籍，并选派2名执法人员到郑常庄村蹲点，帮助培养基层干部，推动村社的安全生产工作。（崔泽宁）

【“安全生产行政执法信息系统”试点】 9月至12月，丰台区被列为市安全监管局“安全生产行政执法信息系统”的7个区县试点之一。丰台区安全监管局作为主要使用单位，配合市局对该系统的推广应用工作，及时反映试用过程中遇到的问题。该系统是集现场执法、移动办公、信息核对、法规查询为一体的信息化应用平台，充分利用了计算机、移动通讯、多媒体、数据库等现代化高新技术，基于车载和手持移动终端，实现与数据中心的交互对接，可以对企业资料、隐患和事故信息等基本信息资料进行现场录入和编辑，并通过录音、拍照等方式完成现场执法情况的采集和保存，还可使用内嵌的法律法规库在现场及时查询和适用执法依据，可使执法监察人员现场完成责令整改、强制措施等各种执法文书的下达，有效提高执法监察工作效率。（崔泽宁）

安全生产标准化建设

【安全生产标准化工作大会】 3月28日，丰台区安委会召开2012年工业企业安全生产标准化工作大会，区安全监管局、质监局、人力社保局、卫生局、环保局、消防支队主管领导，各街乡镇、科技园区主管领导及科室负责人，科技园区重点企业、部分驻区中央、市属企业，以及区规模以上工业企业负责人，约260余人参加会议。会议总结了2011年工业企业安全生产标准化工作，部署了2012年工作，公布了2011年工业企业安全生产标准化活动优秀单位和合格单位名单，并向优秀单位颁发了证书、牌匾。（刘凤英）

【区县间标准化学习交流】 4月7日，大兴区安全监管局主管领导及工作人员到丰台区安全监管局，学习交流工业企业安全生产标准化建设工作。丰台区安全监管局介绍了近年来开展工业企业安全生产标准化的基本情况、主要做法及取得的成效，并进行了深入探讨交流。（刘凤英）

【安全生产标准化培训】 4月24日至25日，丰台区安全监管局在鸿基培训中心组织开展2012年工业企业安全生产标准化培训，全区街乡镇、科技园区和130余家企业相关负责人共240余人参加。培训邀请首都经贸大学朱玉田、侯钢两位教授，重点就安全生产标准考核评分标准、安全管理、防火防爆、工业电气、机械设备和作业环境等专题内容进行了全面、专业讲解。

（刘凤英）

【安全生产标准化专家座谈会】 5月30日，丰台区安全监管局邀请首都经贸大学陈蕾教授等4位专家学者，在区政府3号楼会议室召开安全生产标准化专家座谈会，重点针对丰台区今后如何在其他行业及小微企业推广安全生产标准化创建工作等议题，进行了深入探讨交流。（刘凤英）

【安全生产标准化活动交流会】 6月20日，丰台区安全监管局在北京丰华实机械有限公司召开全区工业企业安全生产标准化活动现场交流会，21个街乡镇安全生产负责人以及辖区117家重点工业企业负责人共160余人参加。与会人员听取了丰华实公司经验介绍，参观了企业生产车间，了解了丰华实公司的安全生产制度、企业安全文化氛围和标准化建设的成果。（刘凤英）

【危险化学品单位安全生产标准化建设】 1月至10月，丰台区安全监管局在2011年完成107家危险化学品从业单位标准化三级咨询工作的基础之上，全面进入三级标准化工作运行和评审阶段。截至10月30日，全部完成107家危险化学品从业单位的书面三级标准化达标工作，并通过达标验收。11月16日，完成全部107家危险化学品从业单位网上申报工作。（崔爽）

【安全生产标准化复评验收工作】 10月至12月，丰台区安全监管局聘请首都经贸大学陈蔷教授等安全生产标准化专家，联合区质监、消防等相关部门及21个属地街乡镇，对全区工业企业进行安全生产标准化复评验收。经过实地严格审查评审，最终38家企业通过2012年度安全生产标准化验收，其中北京二七宏丰机械有限责任公司、北京祥龙博瑞集团三分公司等24家企业被评为优秀，大众汽车服务中心有限公司、北京太尔化工有限公司等14家企业被评为合格。（刘凤英）

安全社区建设

【安全社区创建总体情况】 2月初，丰台区安委会开始全面启动安全社区建设工作，全区21个街乡镇全部参加争创活动。其中，西罗园街道凭借前期多年的筹备工作，在区安委会及相关部门重点支持下，争创全国安全社区，并最终通过验收挂牌，成为丰台区第一家国家级安全社区。（李颖）

【西罗园街道争创全国安全社区】 丰台区西罗园街道通过前期多年的筹备，2012年迎来全国安全社区的创建评审。3月初，街道办事处在一层会议大厅召开全体安全社区创建单位评审动员大会，并组织评审演练，准备迎接4月份正式评审。3月中旬，街道打造独具特色的“楼门安全文化”宣传活动，设计制作社区楼门文化安全宣传展板，共为16个社区安装楼门文化宣传栏140块，以此为载体宣传各类安全知识，彰显社区安全文化特色，提高广大居民安全意识，调动全民参与安全社区建设积极性。3月下旬，街道邀请北京市安全社区专家对街道及社区成员进行培训，并按照最终验收路线和流程组织评审演练。4月11日至12日，街道正式接受中国职业安全健康协会专家组验收评审。专家组在办事处一层会议大厅认真听取街道安全社区创建工作的汇报，并就报告内容与街道进行全面的交流。随后，专家结合汇报内容，分组对辖区16个单位及社区进行现场审核考察。最终，西罗园街道于5月通过评审并挂牌，成功获得“全国安全社区”称号。（肖辉）

【区领导走访西罗园街道安全社区】 5月14日，丰台区副区长李军会带领区社工委、安全监管局等部门，前往西罗园街道走访调研安全社区创建工作。调研组先后走访角门东里二社区、花椒树社区、安全文化馆等地，现场与社区干部进行座谈，观看安全社区民情图专题片，参观安全文化馆展室。李军会表示，西罗园街道安全社区创建工作在全区起到了很好的带头示范作用，要号召其他各街乡镇向西罗园学习，积极参与安全社区创建活动，以提升各属地辖区的整体安全水平。（肖辉）

【市督查组考察西罗园街道安全社区创建成果】 5月23日，市委督查室、市政府督查室、市安委会办公室组成联合督查组，在丰台区安委会办公室主任、副区长李军会及相关部门的陪同下，对丰台区西罗园街道全国安全社区创建成果进行现场考察。督查组听取了街道领导对安全生产工作和安全社区创建工作有关情况的汇报，并实地参观了社区安全文化馆，对西罗园街道安全社区创建工作给予了高度评价。 （肖辉）

石景山区

概 述

2012年，是石景山区安全生产工作与时俱进、求真务实，全面迈上新台阶的一年。在区委、区政府的正确领导下，在市安委会和市安全监管局的指导下，在全区各单位的配合下，始终遵循“安全第一、预防为主、综合治理”的方针，坚持以人为本、构建和谐社会的安全发展理念，深入贯彻落实“一树立、二坚持、三强化”的总体要求及市委、市政府20号文件精神，圆满完成各项工作任务并不断取得新成效。组织管理机制健全完善，安委会综合职能充分发挥，宣传教育培训广泛深入，人员队伍素质整体提高，隐患排查治理整改到位，高危行业监管重点突出，科技兴安步伐明显加快，安全社区创建初见规模，安全生产协会作用明显，基层基础建设巩固加强，应急保障能力全面提升，两大专项行动成效显著，“十八大”安保措施得力，安全生产责任层层落实，亡人事故指标有效控制。执法检查任务超额完成。

年初，区安委会领导及成员单位进行了补充调整，各街道安全科和规模以上企业配备了专（兼）职安全生产监管人员。2012年，区安全监管局投入100多万元，努力做到每季度一个专题，每月一个重点，形成了“电视有专题、报纸有专刊、宣传有横幅、活动有报道”的良好格局。全年举办特种作业培训班10期，培训人数8000余人，通过率80%以上。烟花爆竹监管期间，在除夕及正月初五、十五，区安全监管局全体上岗看护，严防死守，出动人员1080余人次、车辆260余台次、检查销售网点1480余家次，圆满完成了2012年烟花爆竹监管工作，确保了绝对安全。6月10日，区安办组织全区43家单位和部门开展了安全生产月咨询日集中宣传教育活动，区各级领导和社会各界近4000名群众参加了活动。年内，区安全监管局共检查生产经营单位1857家，下达执法文书1020份，查处隐患2207处，行政处罚80家，处罚金额75.6万元，安全生产死亡人数减少7人，下降38.9%。年底，区安委会对全区9个街道办事处（鲁谷社区）、17个重点行业部门进行了安全生产年度综合考核，考核结果在全区进行了通报。

2012年，全区安全生产工作保持了平稳有序发展的良好态势。安全生产工作在石景山区经济社会快速发展进程中发挥了重要作用。2012年，石景山区被市安委会评为“安全生产工作先进区县”。

安全生产综合监管

【安全生产控制考核指标落实情况】 2012年，石景山区发生交通、消防、铁路、生产安全事故共4861起，其中交通4767起，消防88起，铁路1起，生产5起，伤1798人，其中交通1797人，消防1人，死亡11人，其中交通5人，铁路1人，生产5人。同比，事故起数增加1036起，上升27.1%；伤人数增加26人，上升1.5%；死亡人数减少7人，下降38.9%。死亡人数占市安委会下达石景山区年度死亡人数指标21人的52.4%。 （李江宁）

【安全生产工作会】 2月29日，石景山区安委会组织召开了2012年度安全生产大会。全区52个安委会成员单位的主要领导和主管领导，以及相关人员共460余人参加了大会。大会总结了2011年全区安全生产工作；通报表彰了石景山区2011年度安全生产先进单位以及“安康杯”优胜单位；分析了当前安全生产工作面临的形势；进一步动员全区上下切实增强安全生产的紧迫感、危机感和责任感，并对全年的重点工作进行了部署；街道和企业代表分别作了发言。市安全监管局副局长汪卫国，区安委会主任、区长夏林茂，区安委会副主任、副区长刘亚泉出席了大会并讲话。区安委会主任、区长夏林茂与安委会成员单位现场签订了安全生产责任书。

（李江宁）

【健全完善管理机制】 2012年，石景山区区委副书记、区长夏林茂任区安委会主任，副区长刘亚泉任区安委会副主任。进一步明确各成员单位职责，区安委会印发了《关于进一步加强安全生产工作的实施意见》，街道和驻区企业进一步健全完善了安全生产管理机构，配备了专（兼）职安全生产管理人员。

（李江宁）

【召开“打非治违”专项行动动员部署会】 4月17日，在全国集中开展安全生产领域“打非治违”专项行动电视电话会议后，石景山区立即组织召开了“打非治违”专项行动部署会，区安委会54个成员单位的主要领导参加了会议。会上，区委副书记、区长夏林茂提出了4点要求：一是要领会会议精神，制定行动方案；二是要加强部门联动，形成执法合力；三是明确属地责任，分级落实职责；四要加强宣传教育，营造良好氛围。 （李江宁）

【安全生产重点工作部署会】 5月24日，石景山区安委会组织全区50余家成员单位的主要领导，召开了安全生产工作专题部署会。区安全监管局局长杨文明详细部署了“打非治违”专项行动、“护航”第二战役、安全生产月及咨询日、“十八大”安全保障5个方面的重点工作。区委副书记、区长夏林茂就下一步安全生产工作提出要求：一要统一思想，充分认识安全生产工作的极端重要性；二要突出重点，全面做好安全生产各项工作；三要落实责任，筑牢

安全生产防线。（李江宁）

【维护全国“两会”期间安全稳定】 2012年，石景山区安委会办公室制定下发了全国“两会”期间安全生产保障工作方案，部署了相关的安全防范和应急保障措施，严格落实24小时值班和“零报告”制度，多个应急分队全时在岗备勤。其间，区安全监管局联合有关行业部门和街道，对综合楼宇、人员密集场所、地下空间等场所进行了安全检查，重点对铂尔曼大酒店全国“两会”代表驻地及其周边200米和代表行车沿线的17家生产经营单位进行了全方位的检查，确保了全国“两会”代表驻地及周边的绝对安全。（李江宁）

【区领导检查安全生产工作】 2012年，为全面落实《石景山区迎接党的“十八大”胜利召开安全生产保障工作方案》的部署要求，加大隐患排查整治力度。从国庆前夕开始到“十八大”结束，区四套班子领导22人带队组成24个检查组，深入企业生产一线指导检查安全生产工作。其间，各街道、有关行业部门主要领导带队进行了检查。这次全区各级领导带队检查出动人数之多，持续时间之长，涉及领域之广，是石景山区历史上所空前的。对保持全区安全生产形势平稳有序发展，确保“十八大”实现“大事不出，小事也不出”的工作目标起到了至关重要的作用。（李江宁）

【市局检查国庆期间安全生产】 10月2日，市安全监管局副局长蔡淑敏带领检查组对石景山区永辉超市和石景山游乐园的国庆期间安全生产工作进行了检查。检查组首先听取了石景山区加强节日期间安全生产工作的汇报，然后实地检查了永辉超市和石景山区游乐园节日期间安全保障措施落实情况、营业区域安全生产状况、安全设施运行情况、应急人员值守情况、从业人员安全培训和特种作业人员管理等情况。蔡淑敏对石景山区节日安全工作给予了肯定，同时强调：一定要加强值班值守，应急分队要随时待命，确保遇有情况能够及时有效处置；一定要加大检查力度，大力查处违法违规行为，确保节日期间的安全生产；一定要加强请示报告，认真落实好节日安全生产工作措施，确保“零报告”制度落实；一定要加强内部管理，严格落实管理措施，确保内部不出现问题。（李江宁）

【综合治理联合执法检查】 2012年，石景山区安全监管局充分发挥综合监管职能，加强各行业部门之间的信息沟通，开展联合执法检查。针对检查中发现的难点问题，及时协调相关部门召开联席会，现场商讨解决方案。区安全监管局先后联合商务、建委、工商、公安、消防、市政等行业和街道，对交通运输、消防安全、人员密集场所、地下空间、建筑施工、市政设施等领域开展了联合执法检查。

（李江宁）

【安全生产综合考核】 按照《石景山区安全生产委员会安全生产综合考核办法》规定，根据《石景山区2012年安全生产综合考核细则》内容，区安委会于12月11日至12日对全区9个街道办事处（鲁谷社区）、17个重点行业部门进行了安全生产年度综合考核。区安委会办公室采取听取汇报、查阅资料、街道和行业部门互评打分、参考平时工作完成情况等方式确定了考核结果。经报区政府批准，石景山区住房和城乡建设委员会等10家单位被评为石景山区安全生产先进单位，区消防支队孙玉海等28名同志被评为石景山区安全生产先进个人。（李江宁）

危险化学品安全监管

【重点时段危险化学品安全监管】 2012年，石景山区安全监管局在重大节日、全国“两会”期间及汛期来临之前，分别召开危险化学品单位安全工作会议，下发文件，提出工作要求，强化安全管理，确保措施到位。将监管责任分解到人，加大检查频次，定期收集情况，组织应急演练。“7·21”强降雨期间应急处置得当，确保了石景山区危险化学品企业无一受灾。（李江宁）

【加强涉氯、涉氨使用单位安全监管】 自4月中旬开始，石景山安全监管局按照对涉氯、涉氨使用单位开展专项检查的部署要求，对全区3家使用单位进行了专项执法检查，并且建立了信息互通机制，及时掌握动态情况。同时，加强了对建材市场与票据公司的安全检查、对药业公司使用危险化学品情况的检查、对重大危险源的安全监管及备案落实。（李江宁）

【加强加油站安全监管】 2012年，石景山监管局采取现场听汇报、看资料、查设施设备等形式，对16家加油站进行了隐患排查，重点对各加油站储油区、加油区、服务区和卸油装置、加油装置、消防设施、监控设备、配电设备、应急物资等硬件设施，以及应急预案、巡检记录、培训记录、交接班手续等进行了检查，消除了一批安全隐患。8月下旬，完成了石门加油站拆除的安全监管工作。（李江宁）

【检查危险化学品从业单位】 2012年“十八大”期间，石景山区安全监管局分别由局党组书记韩从笔、副局长李振华、董新理带队，重点加强对危险化学品从业单位开展检查。这是区安全监管局落实“十八大”安全生产保障工作，排查整治安全生产隐患，营造全区良好安全生产环境的实际举措。检查组坚持高标准，针对不同对象，在制订督察计划，与相关单位签订责任书的基础上，采取听取汇报、查阅资料、实地检查、现场提问等多种形式，对所查单位的安全管理状况、负责人履职情况、应急预案修订演练等多个方面进行了全面细致的检查，并对部分危险化学品从业单位在安全生产方面所存在的岗位责任制不健全、培训内容、事故应急预案落实不到位、个别经营企业消防安全疏散通道不畅通及消防栓损坏等问题，现场提出了整改意见，并对存在安全隐患的经营单位下达了责令整改通知书。检查中，督查组还与区广电中心密切配合，录制了重点危险源单位、危险化学品生产单位和加油站3个不同类型危险化学品企业的安全检查宣传片，并在区电视台《记者视线》栏目播出，起到了良好社会效应。（李江宁）

烟花爆竹安全监管

【烟花爆竹全覆盖监控和检查】 2012年，石景山安全监管局对烟花爆竹监管工作在严格行政许可审批的基础上，提高准入条件，商户交纳保证金20万元，同时购买安责险，进一步加大了安全保险系数。加强科技手段，区政府投入80万元，为全区57个销售网点全部加装了视频装置，实现了全时、动态监管。加大监管力度，在烟花爆竹销售期间，区安全监管局与公安、工商、消防、街道等部门（单位）积极配合，采取“高频率、全覆盖”的方式，对全区57家烟花爆竹销售网点、重点部位、禁放区域进行监控和检查。在除夕及正月初五、十五期间，区安全监管局全体上岗看护，严防死守，出动人员1080余人次、车辆260余车次、检查销售网点1480余家次，圆满完成了2012年烟花爆竹监管工作。（李江宁）

【烟花爆竹安全管理】 根据市、区两级烟花办和市安全监管局工作部署，石景山区安全监管局按照“四个清楚”、“五个到位”（标准清楚、规定清楚、责任清楚，要求清楚。组织领导到位，责任落实到位，宣传教育到位，严格检查到位，应急职守到位）的工作要求，成立2012年春节烟花爆竹零售网点许可、销售（储存）安全生产工作领导小组，依法对57家烟花爆竹零售网点进行许可，制定下发了《石景山区2012年春节烟花爆竹零售网点许可、销售（储存）工作实施方案》及《2012年石景山区烟花爆竹零售网点安全检查工作方案》。（李江宁）

【烟花爆竹网点负责人及销售人员培训】 2012年，石景山区安全监管局在首钢职业技术学院组织60余家烟花爆竹零售网点负责人及销售人员近300人进行了培训，并组织了销售人员上岗资格考试。培训由首钢职业技术学院教师授课，重点围绕北京市新出台的《烟花爆竹零售网点设置管理安全要求》、《烟花爆竹安全级别类别和标识标注》两个“地标”内容及烟花爆竹的安全知识、经营具备的条件、申报程序及法律法规、部门规章等进行了讲解；同时组织中国建设银行、中国人寿保险公司相关负责人就烟花爆竹零售网点缴存风险抵押金、投保安全责任险相关内容进行了培训。通过培训，使烟花爆竹零售网点负责人及销售人员更加深入地了解了烟花爆竹的危险特性，明确了申报、销售与管理工作的重要性，牢固树立了安全意识，增强了责任感，为确保平安配货、销售、管理奠定了扎实基础。

（李江宁）

【烟花爆竹许可销售情况】 2012年，烟花爆竹销售期间，石景山区共许可烟花爆竹零售网点57家，其中五环内21家，五环外36家。从2012年1月20日开始组织销售，累计配货20450余箱，至2月6日结束时累计销售17200余箱，剩余烟花回收3250余箱，总配货金额达571.5万元。所有零售网点未出现超标、伪劣、不符合规定的产品；未出现内筒型组合烟花；未出现零售网点参与燃放活动；未出现视频监控设施丢失、损坏，起不到监控作用的问题；未出现网点有货、人员失控的问题；未出现销售举报情况。截至2月7日20时，全区57家零售网点所有剩余烟花爆竹全部按照规定由烟花公司安全回收；网点340余个视频监控探头及相关设备全部由技术支持单位回收。2月9日零售网点临建销售大棚全部安全拆除。整个销售过程安全、顺利、圆满，未发生任何安全生产事故。（李江宁）

安全生产事故隐患排查治理

【隐患排查治理工作部署会】 2月17日，石景山区安委会办公室组织有关行业部门、街道及驻区大企业共29家单位的主管领导，召开了“2012年安全生产隐患排查治理工作部署会”，提出了摸清底数、建立台账，上报信息，抓好治理的具体任务和要求。根据工作部署，石景山区从2月中旬开始，开展为期一个月的生产安全隐患排查工作，重点对辖区内各类生产经营单位以及危险化学品、人员密集场所、建筑施工工地等重点行业和领域的事故隐患进行全面排查整改并做好上报工作。（李江宁）

【化工、制药企业摸底调查】 2012年，石景山区安全监管局根据《危险化学品安全管理条例》（国务院令第591号）要求，为及时掌握全区化学原料及化学制品制造业、医药制造业和化学纤维制造业生产经营现状，摸清化工、制药企业使用危险化学品单位的使用品种、数量及安全管理情况，为化工、制药企业下一步及时办理危险化学品使用许可证做充分准备，区安全监管局组织各街道（鲁谷社区），利用3月20日至4月20日一个月的时间，在全区范围内重点开展了化工及制药企业安全生产基本情况摸底调查。（李江宁）

【涉危企业隐患排查治理】 5月，石景山区安全监管局在对全区危险化学品从业单位进行全面普查的基础上，又进行了一次安全隐患排查，通过普查与排查准确掌握全区危险化学品的生产、经营和使用情况，进一步完善了全区涉危企业台账和非药品类易制毒化学品经营备案管理，加大了对重大危险源、加油站以及涉危企业的隐患排查治理和督导检查力度，确保了绝对安全。

（李江宁）

【重点行业领域隐患排查治理】 2012年，石景山区安全监管局联合有关单位对道路交通安全治理，深入贯彻落实《北京市道路交通安全防范责任制管理办法》，重点加大了对专业运输单位的监管力度，不断强化安全行车动态监控，严肃查处超员、超速、超载（限）、疲劳驾驶等行为。建筑施工安全治理，在建筑施工各个环节全面开展工程质量、安全生产检查和专项整治，深入排查治理安全隐患。强化施工现场检查监督，建立和完善特殊工艺、异常气候等情况下安全检查预警机制和施工安全应急预案。人员密集场所治理，以治理火灾安全隐患为重点，整治“三合一”、“多合一”生产经营单位火灾隐患，积极开展高层建筑、地下空间、公众聚集场所专项整治活动。对非法经营和不具备消防安全条件，威胁公共消防安全的单位、场所和其他易燃易爆场所进行了彻底整治。9月中旬，针对事故多发这一特点，及时组织安委会有关成员单位召开会议，进一步明确工作重点。副区长刘亚泉和区安全监管局领导一起对相关单位进行了约谈，分析事故原因，商讨解决办法，制定整改措施，及时刹住了事故多发的苗头。（李江宁）

【其他行业领域的隐患排查治理】 2012年，石景山区质监、工商、旅游、教委、文化委、市政、电力等部门结合自身特点，开展了相关行业（领域）的安全专项整治，进一步深化了隐患排查治理。加大了对锅炉、压力容器、游乐机械等特种设备的监管力度；加强区内景区（景点）安全管理，进一步完善了旅游安全应急预案；开展对学校、幼儿园校舍安全和学生道路交通安全工作以及班车的安全检查和专项整治。加强了对电力企业、电网改造和水利工程改造过程的安全监督，防范安全监管不到位引发的安全事故。（李江宁）

【安全生产隐患自查自报】 2012年，石景山区安全监管局贯彻落实市安全监管局关于加强安全生产隐患自查自报工作的指示和要求，维护平台数据系统，与各街道（鲁谷社区）紧密联系沟通，督促全区生产经营单位完成上报。截至2012年底，石景山区总共纳入安全生产隐患自查自报系统的企业714家。除重点监管的建筑工地、危险化学品单位，人员聚集场所以外，基本都是从业人员在20人以上的生产经营单位。在上报过程中，各街道（鲁谷社区）根据实际情况适时对数据库进行整理更新。截至2012年底，全上报企业共计414家，上报率为66%。（李江宁）

【安全生产投诉举报】 2012年，石景山区安全监管局共收到安全生产举报投诉45件，其中市安全监管局“12350”举报投诉中心转来举报投诉事项38件，群众电话举报1件，另有市安委会办公室转至石景山区政府违章建筑举报6件，均已全部办结。（李江宁）

安全生产应急救援

【完善应急预案】 3月，石景山安全监管局结合全区实际，对生产安全事故应急救援预案和危险化学品应急救援预案进行了修订，对其中部分内容进行了补充完善。各行业主管部门也相应修订了各自的专项应急预案，进一步增强了预案的科学性和可操作性，从组织形式上提升了应急保障能力。（李江宁）

【开展应急演练】 2012年，石景山区安全监管局、住建委、集经办、国资委、民防局、旅游局、消防支队等行业部门和各街道以及部分企业组织开展了以消防灭火、人员疏散、伤员救治、紧急逃生等形式内容的应急演练593次。有效提升了企业员工和社会公众对突发事件的预想和处置能力。（李江宁）

【强化应急能力】 2012年，石景山区严格落实24小时值班和应急分队值守制度。区安全监管局领导24小时带班，干部每天轮流在岗值班，同时建立重大节假日应急分队，及时处置突发事件及群众举报事件。开展应急知识宣传教育。组织相关行业、街道、企业，充分利用安全生产月、“安康杯”知识竞赛等群众性活动，使得应急常识进社区、进企业、进学校、进家庭。依法建立安全生产应急指挥机构，做到了机构、职责、编制、人员、经费五落实。加强规章制度建设。7月中旬，对企业安全生产应急救援队伍、救援装备、技术专家等资源情况进行普查登记，完善应急资源数据库，加快专（兼）职救援队伍建设；9月中旬，区安全监管局分别与区消防支队、中铁建设集团、高井电厂、首钢总公司等行业部门和企业单位签订了“应急物资救援”协议书。加强应急机构的协调配合，提高了管理水平和指挥能力。（李江宁）

安全生产执法监察

【加大执法检查力度】 2012年，石景山区安全监管局按照安全生产法律法规和标准，做到有法必依、执法必严；严格执行裁量标准，对违法违规，整改不及时、不彻底的生产经营单位进行处罚，做到违法必究。使执法检查成为一个宣传教育的过程、帮助指导的过程、整改提高的过程。年内，区安全监管局共检查生产经营单位1857家，下达执法文书1020份，查处隐患2207处，行政处罚80家，处罚金额75.6万元。

（李江宁）

【“打非治违”工作】 石景山区区委、区政府重视打击非法违法生产经营建设行为，成立专项行动领导小组，制定并印发了《2012年石景山区关于集中开展安全生产领域“打非治违”专项行动方案》。各相关单位也成立了组织领导机构。自开展“打非治违”专项行动以来，区安委会办公室与各有关行业部门积极协调，强化信息沟通，充分发挥行政执法合力，并严格按照“四个一律”的具体要求，明确职责划分，确定工作内容和标准，重点对道路交通、建筑施工、违章建设、土地非法违法经营、地下空间、消防、危险化学品等行业领域，采取严厉有效措施，集中进行打击和整治。查处非法违法生产经营建设行为6097起；关闭、取缔生产经营单位232家；停产（业）整顿240家；拆除违法建筑6万余平方米；处罚502万元；行政拘留49人。（李江宁）

【安全生产“护航”联合行动】 2012年，石景山区安全监管局按照“属地负责、部门联动、联合执法、综合治理”和“行业抓重点领域、地区抓薄弱环节”的工作原则，分4个阶段8个领域，集中时间、集中力量、集中精力，全力消除安全生产隐患，做到了兼顾全面、突出重点。共检查生产经营单位7635家次，下达执法文书3254份，查处安全隐患10245项，停产（停业）整顿153家，关闭取缔19家，处罚184.5万元。（李江宁）

【铁路沿线安全专项检查】 6月，石景山区综合治理办公室结合“打非治违”、“护航”第二战役专项行动及“平安铁路示范街道”创建活动，加强与辖区铁路沿线上4个铁路公安派出所的联系沟通，了解情况，加强铁路和地方配合。区综治办协调相关责任单位，联勤联动，专人包片，加大对京九沿线违法建设的查处力度。广泛发动街道、社区群防群治工作力量，充分发挥城管志愿者的力量，及时排查铁路沿线违法建设情况。6月份，通过加强检查，及时发现和排除了7处危害行车安全的隐患。采取举办宣传咨询日、发放宣传材料、悬挂横幅、张贴标语等多种形式，在辖区内开展以安全生产、防盗、防汛等为主题的爱路护路专题宣传教育活动，增强社会公众的安全意识。实行信息奖励机制，对工作中发现各类涉路安全隐患并及时上报者，经核实后，对提供信息线索者给予相应奖励，提高护路志愿者工作积极性，实现辖区线路安全运行工作目标。（李江宁）

【建筑施工工地专项检查】 第三季度，石景山区安全监管局针对高温、作业时间长等特点，加大对建筑工地执法检查力度，确保全区建筑工地安全有序施工。检查中，执法人员紧密结合“护航”联合行动二次战役相关工作要求，从工地主要负责人及项目负责人施工现场带班、生产安全隐患排查治理等制度规定的落实情况；施工单位是否执行《危险性较大的分部分项工程安全管理办法》的规定，是否按照建筑施工安全技术标准规范的要求，对深基坑、高支模、脚手架等重点工程部位进行安全管理，建筑起重机械是否按要求办理建筑起重机械登记编号、安装拆卸告知和使用登记等备案手续、临时用电的安全管理情况等开展了重点检查。通过执法检查，有力增强了广大建筑施工企业负责人的安全意识，促进了企业主体责任的落实。（李江宁）

【开展有限空间专项整治】 按照市安全监管局统一部署和要求，石景山区安全监管局在全区范围内开展了有限空间作业专项治理工作。5月10日下发了《石景山区有限空间专项治理工作方案》。5月至9月，在企业自查、街道检查的基础上，联合区市政市容委、商务委、住建委、民防局等相关行业部门，开展执法检查205次，出动人员526人次，下达执法文书22份，排除隐患128处，行政处罚0.5万元，涉及全区有限空间作业单位45家。（李江宁）

【市局检查工业企业安全生产】 6月13日，市安全监管局检查组对石景山区工业企业安全生产工作进行了检查。检查组对企业在安全生产管理方面好的经验和做法给予了肯定，对在安全生产规章制度不健全、应急预案不完善，生产车间存在不同程度安全隐患的问题，现场提出了具体的整改意见。在现场检查中发现，车间起重机钢丝绳不符合捆绑标准，存在较严重的安全隐患，要求企业立即停工整改；车间电路老化，要求企业马上研究解决措施限期整改，并委托区安全监管局按时限进行复查。经复查，上述问题已得到解决。（李江宁）

【配合市局开展专项检查】 9月13日至10月24日，石景山区安全监管局执法队分别配合市安全监管局执法监察总队对全区9家物美连锁超市和工业园区20家加工企业进行了集中执法检查。重点检查了安全生产责任制及规章制度建立落实情况，从业人员安全教育培训情况，特种作业人员管理和日常检查等方面的内容。两次专项行动共出动执法人员46人次，下达责令整改指令书12份，行政处罚3家，罚款3000元。

（李江宁）

职业安全健康

【职业病危害项目申报复核工作】 2月6日，石景山区安全监管局下发了《石景山区安全生产监督管理局关于开展存在职业危害企业核实工作的通知》。核实工作从2月6日至24日，区安全监管局利用半个月的时间，对全区存在职业危害企业的情况进行核实。经复核，石景山区现有存在职业危害企业118家，涉及工业企业、家具制造、印刷、汽车修理、危险化学品使用、义齿加工等行业列为职业卫生监管重点。

（李江宁）

【开展职业卫生专项治理】 4月至9月，石景山区安全监管局采取有效措施，加大监管执法力度，开展了职业卫生专项治理。督促企业加强职业安全健康工作，建立健全职业卫生管理制度，指导职业病危害项目申报工作，联合区运管处、消防支队、街道办事处等部门重点对汽车修理、印刷、家具制作、石材加工等重点企业开展联合检查，对全区90家存在职业危害单位进行了执法检查，下达执法文书71份，排除隐患151处，行政处罚0.4万元。（李江宁）

安全生产宣传培训

【安全生产宣教投入工作】 2012年，石景山区安全监管局宣传教育培训工作投入100多万元，做到每季度一个专题，每月一个重点，形成了“电视有专题、报纸有专刊、宣传有横幅、活动有报道”的良好格局。3月份，区安全监管局摄制了以建筑施工、工业企业为专题的安全生产宣传片，在区电视台“记者视线”栏目中轮回播出，收到了良好的社会效果。4月份，组织28家单位开展职业卫生和有限空间作业知识培训，增强了基层领导干部牢固树立科学发展、安全发展的理念和驾驭安全生产工作的能力。8月份，组织街道安全员38人和企业负责人100余人进行了标准化培训和资格考试，取证率100%。9月份，组织全区73家涉及职业危害的生产经营单位2100余人参加了国家安全监管总局和全国总工会组织的《职业病防治法》有奖知识竞赛。10月份，为营造“十八大”安保工作氛围，指导街道和行业部门进一步加大宣传教育力度，多种形式的宣教活动相继迅速开展。全年举办特种作业培训班10期，培训人数8000余人，通过率80%以上。（李江宁）

【安全生产月活动】 5月30日，石景山区安委会办公室制订了安全生产月活动方案，进行了再部署、再动员。区安委会办公室主任、区安全监管局局长杨文明在区有线电视台发表了安全生产月活动电视动员讲话。2012年的安全生产月活动以“强化主体责任落实，推进安全生产发展”为主题，分4个阶段在全区各街道、各行业、各企业同时开展，其中部分活动将贯穿全年。为实现全区同部署、同实施、同推进的目标，安全生产月期间区安委会办公室组织全区相关部门开展了安全生产宣传教育、政策咨询、知识竞赛、隐患排查、专项执法等一系列活动。并以安全生产月活动为契机，深入开展了安全生产法律法规和技能知识的宣传教育，精心组织了安全宣传进企业、进社区、进学校、进家庭等活动，进一步增强了全社会的安全意识；督促各企业完善补充各类应急预案，组织日常演练，有效提升了应对各种突发事件的能力。（李江宁）

【安全生产月宣传咨询日】 6月10日，石景山区安委会办公室组织全区43个单位和部门在古城街道开展了安全生产月集中咨询日宣传教育活动。活动现场分为安全宣传展板区、安全常识咨询区、消防器材讲解区、紧急救护演练区，活动现场气氛热烈，宣传内容贴近实际。咨询日当天，25个咨询台共发放各种安全生产宣传资料、挂图、手册2万余份；设置宣传展板200余块，悬挂条幅150余幅，使群众增长了安全知识、增强了安全意识，受到了一次生动的安全教育，活动达到了预期目的。区安委会副主任、副区长刘亚泉以及各有关委、办、局的领导和社会各界近4000多人参加了活动。《中国安全生产报》、《石景山报》和石景山电视台分别对咨询日活动进行了报道。6月11日至15日，各街道和鲁谷社区也结合本辖区实际积极开展了安全生产“宣传一条街”活动。（李江宁）

【京外特种作业操作证使用管理】 3月29日，石景山区安全监管局召开全区安委会成员单位工作会，下发方案，明确责任，迅速部署落实京外特种作业操作证登记及特种作业人员违章登记两项工作。会议下发了《石景山区安全生产委员会办公室关于广泛开展京外特种作业操作证和特种作业人员违章行为登记工作意见的通知》（石安办发〔2012〕12号）明确了两项工作的领导机构、责任分工、申报流程、工作程序、步骤及要求。（李江宁）

安全生产标准化建设

【工业企业安全生产标准化工作】 2012年，石景山区把安全生产标准化建设作为一项基础工程，成立了领导小组，按照“统一规划，分类指导，典型引路，分步推进，全面实施”的思路，协调开展推进有关工作。为加强技术指导，从21家市咨询复评机构中遴选出首都经贸大学、北京中安质环技术评价中心和北京维科尔安全技术咨询有限责任公司作为石景山区安全生产标准化建设的技术支持和咨询机构，形成了区指导协调、街道（鲁谷社区）检查督促、企业具体实施、专家团队咨询服务的“四位一体”组织架构。6月底，组织召开了全区标准化建设总结、动员、部署会。9月中旬，对43家首批开展标准化工作的企业进行了培训，安全生产标准化工作取得了实质性的进展。24家工业企业达到了三级以上安全生产标准化建设要求。（李江宁）

【危险化学品企业安全生产标准化工作】 7月26日，石景山区召开危险化学品安全生产标准化工作部署会，会议总结了前期标准化工作开展情况，听取了企业在标准化工作运行中存在的主要问题，集中进行了研讨。按照市安全监管局9月6日通州“危险化学品企业安全生产标准化现场会暨评审工作启动会议”精神，9月12日，区安全监管局组织召开了全区16家参加危险化学品标准化企业负责人工作推进会，部署危险化学品企业安全生产标准化评审工作。会议明确了企业申请三级评审向属地安全监管部门提交的材料，对评审通过网上申请操作进行了培训，对评审阶段的时间节点、企业自评、评审程序提出了严格的要求。经过努力，工作取得了实质性的进展，15家危险化学品企业达到了三级以上安全生产标准化建设要求。（李江宁）

安全社区建设

【推进安全社区创建】 2012年，石景山区安全监管局结合工作实际，认真落实市、区两级《关于开展安全社区建设工作的实施意见》，4月份和8月份，两次聘请专家指导，召开经验交流会，赴外区（县）参观学习，进一步加快了社区创建步伐。11月下旬，经过北京市评定验收，八角和八宝山街道成为市级安全社区。（李江宁）

安全生产协会

【区安全生产协会建设】 在2011年基础上，不断建立健全完善各项制度，认真贯彻安全生产方针，注重宣传和引导，积极发展会员。2012年，区安全生产协会已拥有会员249家，充分发挥了政企之间的桥梁和纽带作用。7月份，区安全生产协会组织181家会员单位200余人开展了安全生产宣传教育大型公开课活动。（李江宁）

门头沟区

概 述

2012年，门头沟区安全生产工作贯彻落实“安全生产年”各项工作任务，推进安全生产月活动，结合本区城市建设运行的实际，继续深入开展“打击非法违法生产经营建设行为专项行动”，采取隐患排查、专项治理等有效措施，强化安全监管监察队伍建设，全力压减各类安全生产事故，安全生产形势持续稳定好转。

2012年，全区召开安全生产工作会4次，安全生产专题会议26次，开展集中整治行动11次，解决安全生产重大问题3个（道路交通市级挂账安全隐患），制发各类文件136份，发布各类安全信息298条，有效促进了全区安全生产工作。全年检查各类生产经营单位1773家次，发现并及时消除各类安全隐患2240项，下达行政执法文书

801份，立案83起，罚款171.936万元。在安全生产月和宣传周期间，全区设立22个咨询站，设置安全宣传展板344块，发放宣传材料10万余份，悬挂横幅432条，张贴标语、宣传画7300余张，设宣传栏、板报1900余块，并组织应急演练32次。利用电视、报纸、网站媒体，刊发了“致全区群众的一封信”，组织安全生产口号征集活动，采取在主要路段、过街天桥、建筑工地、人员密集场所悬挂横幅、张贴宣传标语，发放安全生产月活动系列宣传资料等形式，营造安全生产氛围。广泛开展安全教育培训工作，会同各部门、镇街举办各类培训班321期，培训15334人，其中镇街、部门主管领导和安全管理人员148人，村、居委会主任586人，生产经营单位主要负责人、安全管理人员、项目经理1684人、从业人员9856人；特种作业人员3259人。督促生产经营单位开展从业人员安全培训教育，并对培训情况进行了监督检查，从而提高了企业经营者、从业人员的安全素质、安全意识、责任意识和自救互救能力。充分利用电视、报纸、网站等媒体等多种形式，介绍安全生产知识、鼓励舆论监督、弘扬安全发展理念、加强安全文化建设，强化安全生产举报机制，发动全社会参与安全生产工作。以区有线电视台“直击安全现场”栏目为主，联合《京西时报》等新闻媒体，围绕重点行业领域安全检查和安全生产“三项行动”开展情况，进行了35次宣传报道，制发安全生产动态、打非治违工作简报149期，取得了良好的社会效应。充分利用各种媒体和形式，广泛宣传本区举报投诉电话，并做好查处工作。全年共接到举报投诉21起，接待职业卫生、烟花爆竹等咨询上访42起，办结率和群众满意率均为100%。

安全生产综合监管

【安全生产控制考核指标落实情况】 2012年，门头沟区安全生产总体控制考核指标各类事故死亡总人数控制在22人以内。其中，生产安全事故死亡人数控制在4人以内；道路交通事故死亡人数控制在14人以内；火灾事故死亡人数控制在1人以内；铁路交通事故死亡人数控制在3人以内。全区共发生各类安全生产事故92起，伤48人，死亡13人。与上年同期相比，事故起数减少32起，下降25.8%；受伤人数26人，下降35.1%；死亡人数减少5人，下降27.8%。未突破市安委会下达的年度控制指标，发生事故占控制指标的59%，安全生产形势基本稳定。

（林劲北）

【春节期间安全稳定工作会】 1月20日，门头沟区召开春节期间安全稳定工作会。区委书记韩子荣，区委副书记、区长王洪钟，区人大常委会主任罗斌，区政协主席张冰，区委副书记付兆庚及全区各委办局、镇街、相关单位主要负责人参加会议。区公安分局、安全监管局、市政市容委、卫生局、园林绿化局、城管大队的负责人在会上作表态发言。韩子荣、王洪钟对春节期间安全稳定作了指示和部署。（刘春光）

【“两会”期间安全保障工作会】 2

月20日，门头沟区召开全区各部门、各镇、街主要领导和主管领导，以及重点企业主要负责人参加的安全生产工作大会，区安委会主任、区委副书记、区长王洪钟及区安委会成员单位领导参加会议。区安全监管局、公安分局、食品办、住建委对上年安全生产工作进行了总结，对安全生产先进单位和个人进行了表彰，制定了《2012年全国“两会”安全生产保障工作方案》。王洪钟与区安委会成员单位签订了安全生产目标管理责任书。王洪钟要求各成员单位、各部门要充分认识到“两会”期间安全生产保障工作的重要性和特殊性，立即开展安全检查。（刘春光）

【落实市政府紧急会议精神】 2月24日，门头沟区区委、区政府召开紧急会议。区委常委、常务副区长陈国才传达了市政府安全生产紧急会议精神，通报了怀柔区塔吊倒塌事件，对门头沟区下一步安全生产工作进行了全面部署。（刘春光）

【重点行业和领域安全生产检查】 2月26日，门头沟区安委会主任、区委副书记、区长王洪钟带领区安全监管局、住建委、公安分局、商务委、质监局、交通局等主要领导重点对建筑工地、长途汽车站等行业进行安全检查，确保重点行业和领域的安全生产。同时，在全区范围内开展对矿山、建筑、危险化学品、道路交通、公众聚集场所等重点行业领域拉网式的安全大检查。要求各部门、各单位做好各项保障工作，落实领导带班制度和值守备勤工作，层层抓好安全责任制的落实。严格事故责任追究制度。（刘春光）

【强化安全生产基础工作】 2012年，门头沟区安全监管局采取四项措施，强化安全生产基础工作。一是制定印发2012年安全生产重点执法检查计划，采取区安委会办公室和各有关行业部门“双核驱动”的模式，实施共计22项执法行动；二是继续深入开展安全生产“护航”行动，加大对建筑施工、道路交通、消防、危险化学品、人员密集场所等重点行业领域的检查力度；三是督促检查生产经营单位落实安全培训教育、隐患自查自报系统、安全生产标准化工作，进一步提高企业的安全管理水平，推进本质安全；四是对全区13个镇、办事处及石龙开发区属地安全生产各项工作落实情况实施综合督导，加强对基层的工作指导，更好地服务基层，夯实基层基础工作。（刘春光）

【召开安全生产工作会】 3月22日，门头沟区安全监管局组织各镇街、石龙开发区主管领导和安全科长，召开安全生产工作会。会上传达了区领导讲话精神，制定下发了《进一步深入推进安全社区建设的实施方案的通知》、《关于成立镇街安全生产委员会的通知》、《关于对各镇街、石龙开发区2012年安全生产工作进行综合督导的通知》等文件和安全生产执法检查指导手册，要求各镇街、石龙开发区要统一思想，提高认识，认真做好各项准备工作。（刘春光）

【配发移动执法装备　规范执法行为】 2012年，门头沟区安全监管局统一配发了现场执法记录仪，并制定了《执法记录仪使用管理办法》和有关管理规定。执法记录仪能够对执法现场进行动态、静态的音视频记录，具有远距离红外光源设计，保证夜间全黑环境下的执法记录效果。作为一柄“双刃剑”，既是判定当事人违法违规行为的最真实、最有力的原始证据，又是对执法人员的保护及监督，能够督促执法人员文明执法，是执法部门实现信息化、规范化的有力工具。执法记录仪的配备大大提高了一线执法人员的执法公正率和公信力。（刘春光）

【镇街安全生产工作督导检查】 4月至5月，门头沟区安全监管局对全区13个镇街及石龙开发区属地安全生产各项工作落实情况实施综合督导检查。检查中听取各镇街安全生产工作汇报，查阅执法文书、隐患台账等相关资料，并对镇安全科及村安全生产监督信息员进行了业务知识培训。督导工作将宣传教育、执法检查、安全社区创建等工作内容有机结合在一起，旨在加强对基层的工作指导，更好地服务基层，夯实基层监管工作，积极探索具有门头沟区特色的“综合监管为指导，属地管理为抓手”的安全生产监管工作体系，为迎接“十八大”召开营造浓厚的安全氛围。（刘福明）

【第二季度安全生产工作会】 4月17日，门头沟区安委会组织召开第二季度安全生产工作会，副区长张满仓出席会议。区安全监管局通报了第一季度以来全区安全生产工作情况，部署了第二季度和“五一”期间重点工作。区公安分局、旅游委等分别对道路交通、消防、旅游等专项工作进行部署。张满仓对下一阶段工作做了具体部署。同时，要求各部门要认真履行安全监管职责，深入查找问题，消除隐患，扎实做好“五一”期间各项安全工作。（刘春光）

【“打非治违”专项行动动员大会】 5月15日，门头沟区召开集中开展安全生产领域“打非治违”专项行动动员大会。区长王洪钟，区政协主席张冰等区领导出席大会。区委副书记付兆庚主持会议。副区长张满仓传达了北京市“打非治违”专题会议精神，区安全监管局局长刘振林部署了全区“打非治违”专项行动方案；区住建委、公安分局、综治办、城管大队、信访办、大台街道、潭柘寺镇、监察局分别发言。王洪钟强调：认清形势，吸取教训，切实增强做好安全生产工作的责任感和紧迫感；要突出重点，狠抓落实，确保“打非治违”专项行动取得实效；要落实责任，强化监督，全面提升安全生产工作水平。（刘春光）

【安全生产月暨“打非治违”领导小组会议】 6月1日，门头沟区召开安全生产月部署暨“打非治违”领导小组第一次会议，副区长郑伟革、张满仓及全区各相关部门、各镇街有关领导参加会议。区安委会印发了《2012年门头沟区安全生产月活动方案》，对安全生产月活动进行了全面部署。通报了全区近期“打非治违”专项行动工作进展情况，区各有关部门、各镇街相关负责人分别汇报了“打非治违”专项行动工作

开展情况，存在问题，以及下一步的解决办法。（刘春光）

【部署“十八大”期间安全生产】 9月17日，门头沟区召开全区“中秋节、国庆节、十八大”期间安全生产工作会议。区安委会主任、区长王洪钟主持会议。区委常委、常务副区长陈国才、区安委会副主任、副区长张满仓及区安委会成员单位有关领导参加会议。会上，区安全监管局局长刘振林传达了全市“十八大”安全生产保障暨“护航”行动动员部署电视电话会议精神，通报了近期全区安全生产工作情况，对“中秋节、国庆节、十八大”期间安全生产保障及下一步安全生产工作进行全面部署。区长王洪钟、常务副区长陈国才分别作了指示，要求全区各单位、各部门迅速行动起来，全面做好“节日”和“十八大”期间安全保障工作。（刘春光）

【多举措保障自行车赛顺利举办】 10月8日至9日，门头沟区安全监管局对第二届北京职业公路自行车赛门头沟赛段比赛场地的临建设施、沿途的酒店、餐饮等生产经营单位进行安全检查。督促相关生产经营单位切实落实企业安全生产主体责任，加大隐患整改力度，并针对可能发生的突发情况，完善应急预案，有效提升应急处置能力，确保比赛顺利举办。（刘春光）

【区安委会第五次例会】 10月9日，门头沟区安委会办公室组织成员单位召开了门头沟区安全生产工作专题会暨公共隐患排查治理专项行动第五次工作例会。会上，听取了各相关部门“两节”期间工作情况。区安全监管局传达了门头沟区“决战30天、保十八大安全”动员誓师大会会议精神，通报了全区1月至9月安全生产事故情况，并对下一步工作进行再动员、再部署。会议要求各部门要按照区委、区政府的工作要求，以继续开展公共隐患排查治理专项行动为抓手，全力以赴做好安全生产监管工作，有效防范和坚决遏制重特大事故的发生，保障“十八大”期间安全稳定。

（刘春光）

【“十八大”安保维稳工作会议】 10月24日，门头沟区召开“十八大”安保维稳公共安全隐患排查治理专项行动再动员、再部署暨第四季度安全生产工作会。区安委会副主任、副区长张满仓及全区安委会成员单位有关领导参加会议。区安委会通报了公共安全隐患排查治理工作情况，对“十八大”安全保障和第四季度安全生产工作进行部署。区公安分局、住建委、市政市容委、国土分局、卫生局等分别对道路交通、消防、公共卫生、非法盗采等专项工作做了汇报。张满仓对下一步工作作了具体部署。

（刘春光）

【启动“十八大”安保战时机制】 10月24日，门头沟区安全监管局贯彻落实区应急系统“十八大”应急服务保障工作部署会议精神，迅速启动了“十八大”安保战时机制，营造良好的社会环境，保障“十八大”期间安全稳定。

（刘春光）

【办理安全生产举报投诉】 2012年，门头沟区安全监管局对“12350”安全生产举报投诉事件，做到了“有记录、有批示、有专人办理、有结果，有反馈”，形成了有效的举报投诉查处体系。全年共接到举报投诉21起，接待职业卫生、烟花爆竹等咨询上访42起，办结率和群众满意率均为100%。（刘春光）

【市安委会对门头沟区综合考核】 12月26日，市安委会考核组对门头沟区安委会安全生产工作进行综合考核。听取了门头沟区2012年度安全生产工作汇报，对大峪办事处安全生产情况进行了实地检查。从组织领导、重点工作、隐患治理、应急管理和事故查处等方面，对门头沟区政府层级的安全生产工作开展情况逐项进行综合考核。考核组充分肯定了门头沟区的工作。（林劲北）

危险化学品安全监管

【危险化学品单位安全生产检查】 9月，门头沟区安全监管局对全区危险化学品生产经营单位进行联合检查，共检查了14家危险化学品经营单位，其中加油站12家。检查组主要检查了各单位安全生产规章制度落实情况、设备设施检维修制度和岗位安全操作规程的落实情况、消防应急演练情况、安全管理人员持证上岗情况、日常经营记录和实时监控运行情况、事故应急处理演练以及站区现场情况等。通过检查，各站点能够认真落实安全生产操作规程，组织员工按期培训，能够熟练地应对应急救援工作。（刘春光）

【使用液化石油气安全检查】 11月26日，门头沟区安全监管局、市政市容委、质监局、城管大队、商务委、消防支队对餐饮企业使用液化石油气情况进行安全检查。检查液化石油气钢瓶使用情况10家。从检查情况来看，餐馆使用的钢瓶基本合格，餐饮企业都与供气单位签订了供气合同，只有少数餐馆使用超期未检钢瓶。检查组对不合格的餐饮企业开具了执法文书，要求限期整改，消除安全隐患。同时，要求燃气供应企业开展安全隐患自查、不定时专项检查，加大安全检查力度。（白璐）

烟花爆竹安全监管

【检查烟花爆竹批发储存仓库】 1月9日，市安全监管局对门头沟区生产资料日用杂品公司烟花爆竹批发储存仓库进行了专项安全检查。检查组对被检单位各项安全生产责任制、管理制度、安全教育培训、检查记录、货物码放、图像监控、消防设施的配备及应急预案演练等情况进行了检查。通过检查，检查组对门头沟区烟花爆竹批发储存仓库责任明确、制度健全、记录完整、烟花爆竹码放标准、图像监控系统完备有效等安全管理工作给予肯定。（刘春光）

【烟花爆竹安全管理及燃放秩序维护工作】 2011年12月9日，门头沟区召开了“2012年春节期间烟花爆竹安全管理及燃放秩序维护工作会”。会上，区安全监管局通报了全区烟花爆竹销售网点布建及安全检查情况。区公安分局通报了全区近期烟花爆竹违法案件查处情况，并对2012年春节期间烟花爆竹安全管理及燃放秩序维护工作进行了部署。同时还与各烟花爆竹批发零售单位主要负责人签订了《烟花爆竹经营零售单位安全生产承诺书》、《烟花爆竹经营零售单位安全工作目标管理责任书》。

（刘春光）

【烟花爆竹安全管理工作专项督察】 1月19日，门头沟区监察局牵头会同区烟花办、安全监管局、工商分局、交通局、城管大队组成联合检查组，对大峪办事处、龙泉镇政府落实烟花爆竹禁放规定、维护燃放秩序等工作进行督察检查。区应急办主任姜春山强调，一是高度重视，统筹兼顾，做好各项烟花爆竹安全管理工作；二是各禁放责任单位在明显位置必须设立禁止燃放烟花爆竹警示标志，要增加人力、物力，加大检查力度，消除一切不安全因素；三是抓住重点，强化措施，做好应急值守工作。各部门、各单位要严格执行领导带班和事故报告制度，值班人员要坚守岗位，恪尽职守，确保信息渠道畅通。

（刘春光）

【市局检查烟花爆竹销售网点安全】 1月24日，市安全监管局领导到门头沟区检查烟花爆竹零售网点的安全情况。检查组分别检查了北京顺达鸿达商贸中心、门头沟三家店生产日杂商店等网点。主要针对烟花爆竹经营许可证，网点购销台账的记录情况，经营场所的环境、商品商标编码是否符合安全要求，消防设施是否齐全有效，销售人员是否佩戴工作证件等方面进行检查。检查组督促网点负责人要加强安全管理，保证从正规渠道购买烟花爆竹，做好对禁放区域的宣传工作，确保春节期间烟花爆竹工作的安全稳定。

（白璐）

【联合检查烟花爆竹长期销售点】 2月29日，门头沟区安全监管局联合区公安分局治安支队对3家长期烟花爆竹销售网点进行了检查。检查组对各网点烟花爆竹经营许可证等经营资质、经营场所的环境、烟花爆竹是否正规合法等方面进行检查。检查中，要求各网点在“两会”期间禁止销售烟花爆竹，要求各网点负责人及时清理无关杂物，消除安全隐患，加强安全管理。

（白璐）

矿山安全监管监察

【加强矿山安全生产监管工作】 2012年，门头沟区安全监管局共召开矿山安全生产监管工作安全会议6次；制发文件4份，报送信息18份；检查企业190家次，查出安全隐患375项，下发限期整改指令书103份；共计立案13起，罚款102.376万元：其中行政处罚8起，对4家单位和4名责任人罚款56.2万元，已全部缴纳；事故处罚5起，对4家单位和1名责任人罚款46.176万元，已全部缴纳；打击非法开采检查31次，报送“每周一刊”41期。调查处理举报7起；办结率为100%，满意率为100%。

（刘福明）

【废弃矿硐封堵绩效考核】 2012年，门头沟区安全监管局按照区财政局《关于开展2012年度财政支出绩效评价工作的通知》要求，做好废弃矿硐封堵工程项目绩效考核迎检工作。该项目于2010年立项，2011年实施，并且该项目工程4个标段181个硐口已于2011年8月29日全部竣工。在2012年的绩效考核中，该项目获得了区财政局、审计局及有关专家的一致认可，被评为优秀实施项目。（刘福明）

【非煤矿山安全生产整治】 2012年，门头沟区安全监管局加强非煤矿山的监管工作，开展非煤矿山安全生产专项整治行动。一是加强日常监管。坚持对区内2家非煤矿山企业进行每月至少4次检查工作，并结合企业实际，调整监管重点，加大和谐绿色矿山建设。二是深入企业进行指导服务。将赵家台叶蜡石矿安全标准化创建和六大系统建设作为今年工作的重点，全力帮助企业解决创建中遇到的困难。经过努力，该企业通过了中介机构的验收，取得了区级达标企业称号。三是配合市安全监管局等有关部门，对两家非煤矿山企业开展了专项执法检查。经查，两家企业能够按照国家法律法规进行生产。

（刘福明）

【关停非煤矿山监管工作专题会】 6月14日，门头沟区召开加强对已关停非煤固体矿山监管工作专题会，区安委会副主任、副区长张满仓及相关单位领导参加会议。会议要求：一是各单位要将本次整治工作与《门头沟区安全生产领域“打非治违”1号行动》紧密结合起来，认真贯彻落实会议精神，切实加大对本区石料加工企业的清理整治力度，淘汰落后产能，促进向“绿色门头沟”转变。二是明确责任，责任到人。各单位要认真总结过往工作的经验教训，建立健全工作机制，坚持守土有责方针，扎扎实实地加强对已关停矿山的监管力度。从镇、村要逐级明确公职人员责任人，层层落实监管责任。加强规范化管理，做到条理清楚、责任明确，使每项工作有迹可寻、有据可依。三是发现情况，及时汇报。各单位加快清理工作步伐， 已于7月底主汛期来临前完成了此项工作。工作中要畅通信息渠道，发现突发情况要及时上报，并采取有效措施进行妥善处理，确保“十八大”期间安全稳定。（刘福明）

【已关停非煤矿山检查】 8月10日，门头沟区安全监管局会同区国土分局及属地镇政府对潭柘寺镇、妙峰山镇等5个镇的22家已关闭非煤矿山尾料清除情况进行了检查。经查，个别企业设备未完全拆除，仍存有尾料。检查组要求属地政府督促企业尽快拆除设备，清理剩余尾料。（刘福明）

【非煤矿山节日期间安全生产检查】 10月4日，市安全监管局副局长贾太保带队，检查了赵家台叶蜡石矿节日期间安全生产工作。重点查看了该矿节日期间安全保障措施落实、应急值守及井下作业面安全情况。检查组要求非煤矿山企业一定要切实落实安全生产主体责任，加强节日期间安全管理，强化节日期间应急值守，矿领导必须到岗带班值守，做好应对突发事件的准备，确保“两节”期间的安全。（刘福明）

【督导非煤矿山安全生产】 12月18日，市安全监管局副局长贾太保带队到门头沟区督导非煤矿山企业安全生产工作。市安全监管局、北京煤监局有关处室通报了前一阶段对赵家台叶蜡石矿的检查情况，详细分析了企业存在的问题，提出了整改建议。要求企业以安全标准化活动为抓手，注重事故预防和隐患排查整改，变事后处理为事前管理，牢牢掌握安全生产的主动权；要统一管理，规范运行，提高认识，敢于投入，同时，要将问题分类，深入研究。（刘福明）

【销毁罚没盗采车辆现场会】 2月27日，门头沟区召开打击非法盗采销毁罚没车辆现场会。区长王洪钟、区委副书记付兆庚、区委常委、常务副区长陈国才、副区长张永、张满仓及区国土分局、综治办、公安分局、交通局、安全监管局、工商分局、有关镇及单位领导参加。现场对近期“打非治违”执法过程中收缴的价值达150余万元的37辆盗采车辆进行了集中销毁，有力地震慑了非法盗采行为。（刘福明）

【第二次销毁罚没盗采车辆现场会】 5月10日，门头沟区召开打击非法盗采销毁罚没车辆现场会。现场对近期执法过程中收缴的盗采工具12台车辆进行了集中销毁。区安委会副主任、副区长张满仓及区综治办、国土分局、公安分局、交通局、安全监管局、园林绿化局、经信委、永定镇等部门领导参加。（刘福明）

【部署打击私挖盗采工作会】 6月27日，门头沟区召开部署打击私挖盗采工作会。副区长张满仓主持会议，并对下一阶段打击私挖盗采工作进行了部署。区委副书记、政法委书记付兆庚强调，一是强化属地责任。各相关部门及镇街要提高思想认识，加大投入，督促相关科室认真履职，切实将“打非治违”工作落实到人、落实到位，做到责任到人，层层落实。二是强化依法打击。要始终保持对非法私挖盗采行为的高压态势，加大检查力度，一旦发现盗采行为要坚决严肃处理。三是强化多措并举。要充分发挥技防、人防、物防优势，对重点地区、重点部位、重点路口进行死看死守，确保打击私挖盗采工作不留死角。四是强化综合整治。各相关部门要积极协调配合，采取联合执法行动，坚决打击私挖盗采行为，辅助各相关镇街落实属地责任，切实消灭私挖盗采行为。

（刘福明）

【打击非法盗采“第一战役”】 7月7日，门头沟区副区长付兆庚主持召开打击非法盗采专题工作会。会议提出5项具体要求：一是重拳出击，打好第一战役。立即开展为期10天的打击非法盗采“第一战役”，由区综治办制订具体方案，安排检查时间表；永定镇为责任主体，各相关部门积极配合，集中资源，重拳出击，采取非常规手段，必须将非法盗采势头坚决遏制。二是增加人力，做好“堵”、“卡”工作。永定镇要尽快成立“打非”执法队，采取军事化管理，作为打击非法盗采主要力量，国土资源分局和永定镇要做好堵口设卡工作，对盗采重点地区的主要路口进行24小时盯守，严防盗采车辆进出。三是增加投入，用好科技手段。要以永定镇为试点，尽快建立集实时监控、图像采集和情况预警为一体的电子监控平台；要通过将现代化科技手段与盯防检查措施相结合的方式，更加全面、及时掌握不法分子违法行为，坚决打击非法盗采人员的嚣张气焰。四是密切配合，打好整体战役。各相关职能单位要密切配合，树立“一盘棋”思想，履行好各自职责和义务，加强协调沟通，确保联合执法取得成效。五是保证安全，做好后勤保障。公安分局要加派警力做好联合执法队伍的安全保障工作，永定镇要备足防暑降温物品，安排好执法队伍食宿，全力做好后勤保障工作。（刘福明）

【检查私挖盗采情况】 7月11日，门头沟区副区长张满仓带领区综治办、“打非治违”督导组、区安全监管局、国土资源分局、公安分局、交通局、园林绿化局等职能部门及永定镇政府，对私挖盗采活动猖獗的永定镇北岭小店子地区进行了实地察看。经检查发现，小店子地区盗采叶蜡石情况严重，现场存有大量非法开采出的叶蜡石；有盗采坑洞百余处，大面积植被破坏。检查组现场收缴镐、铁锹、钢簪等盗采工具10余件。张满仓要求各职能部门与永定镇政府组成联合执法组，在永定镇北岭小店子地区的潭王路东、西方向分别设立检查站，24小时不间断对所有过往车辆进行严格监控检查。（刘福明）

【打击非法盗采“第一战役”专项行动】 7月11日至20日，门头沟区安全监管局、国土分局、园林绿化局、交通局、公安分局、永定镇政府组成联合检查组，对永定镇北岭地区开展打击非法盗采“第一战役”专项行动。同时，对该地区被盗采的叶蜡石进行集中清理。此次行动共出动执法人员300余人次，出动车辆140余辆次，动用大型挖掘机两台，收缴叶蜡石667吨，没收盗采工具120余件。（刘福明）

【第三次销毁罚没盗采车辆现场会】 7月27日，门头沟区召开第三次打击非法盗采销毁罚没车辆现场会。现场对在永定地区罚没的大型运输车辆10辆、挖掘机1辆、农用车5辆（总价值300余万元）及约8吨叶蜡石进行了集中收缴销毁。区领导王洪钟、付兆庚、张满仓及区综治办、国土分局、公安分局、交通局、安全监管局、园林绿化局、经信委、永定镇等部门领导参加。区长王洪钟强调，非法盗采严重影响了地区的安全与稳定，各职能部门及属地政府，要深入开展安全生产“打非治违”专项行动，坚决贯彻区委、区政府打击非法盗采指示精神，加强检查、严格执法，部门联动，重拳出击，一旦发现盗采分子要坚决严肃处理，对于非法盗采车辆要坚决收缴销毁。要通过加大对非法盗采人员的警示和震慑，进一步形成打击非法盗采行为的高压态势，确保本区安全稳定，为即将召开的“十八大”营造良好的安全氛围。（刘福明）

【对废弃矿硐封堵检查】 7月30日，门头沟区安全监管局陪同区绩效评价小组，对本区废弃矿硐封堵工程工作进行了实地检查。通过检查，绩效评价小组对废弃矿硐封堵工作给予了充分肯定，指出此项公共安全隐患的消除，为发展旅游产业，振兴绿色经济创造了良好的环境。（刘福明）

【第四次销毁罚没盗采工具现场会】 8月24日，门头沟区永定镇对打击非法盗采没收的部分盗采工具进行集中展示、销毁。共计销毁镐、耙、铁锨等手持工具150余件、发电机等电动机械设备3台、手推车3辆、农用车3辆及叶蜡石13吨。区综治办、安全监管局、国土分局、公安分局、交通局、园林绿化局、经信委、永定镇等部门领导参加。区领导要求，永定镇要继续加大“打非治违”的检查力度，发现问题及时处理，全力确保地区安全稳定。 （刘福明）

【“打非治违”联合执法检查】 9月18日至19日，门头沟区安全监管局会同区“打非治违”督导组、综治办、流管办、公安分局、国土分局、交通局、园林绿化局、经信委等单位及属地镇街开展了为期2天的打击非法盗采联合执法专项行动。此次行动共出动人员80余人次、车辆30余辆次，对全区涉及私挖盗采重点区域、重点出租房屋进行了检查。在王平镇南涧、西苑社区查获无牌照非法运输车1辆，暂扣钻头、铁锨、头灯、电镐等盗采工具20余件，抓获涉嫌私挖盗采人员4名；在东王平村发现煤矸石场存放有叶蜡石，为防止盗采人员偷运，王平镇已将叶蜡石依法没收。 （刘福明）

安全生产事故隐患排查治理

【深化隐患排查整改行动】 9月，门头沟区安全监管局针对季节特点和安全生产实际情况，深化隐患排查整改行动。加大检查的频次和力度，重点加强建设施工深基坑、塔吊的安全管理；督促室外作业单位严格设置安全标识和围挡，防止无关人员进入施工区域；强化对市政、园林绿化、水务等各类中、小施工现场的用电安全管理；坚持“先检测，后作业”，加强对各类地下设施及有线空间的维护和管理，严格执行有限空间作业审批手续，有效防范各类安全生产事故的发生。 （刘春光）

【隐患排查治理专项行动例会】 9月3日，门头沟区安全监管局组织专项行动牵头部门及责任部门召开了第一次公共安全隐患排查治理专项行动例会。会上，区安全监管局再次传达了《门头沟区开展公共安全隐患排查治理专项行动工作方案》精神，通报了公共安全隐患排查治理专项行动工作例会制度、报表制度等。区交通支队、消防支队、交通局、质监局、食品办、住建委等部门对目前的工作提出了建议。 （刘春光）

【隐患排查治理专项行动第二次例会】 9月10日，门头沟区安全监管局组织专项行动牵头部门及责任部门召开了门头沟区公共隐患排查治理专项行动第二次工作例会。会议听取了牵头部门上周工作进展汇报，区安全监管局通报了公共隐患排查治理专项行动近期的工作情况及隐患台账报送情况，同时对下一步隐患排查治理工作进行了部署。同时，要求各部门、各镇街要将各项工作措施落到实处，保障“两节”安全稳定，为“十八大”召开创造安全稳定的环境。 （刘春光）

安全生产应急救援

【组织液化气应急演练】 2月23日，门头沟区公安消防支队、安全监管局、质量技术监督局、市政市容委等相关部门，在区液化气站组织开展了液化气泄漏事故应急救援演练。整个演练从预案启动、报警、抢险救援、应急处置过程有条不紊，达到了预期效果。通过演练，提高了部门协调作战能力，强化了企业主体责任意识和应急救援能力。

（刘春光）

【客运单位开展应急演练活动】 5月29日，门头沟区交通局组织八方达总公司、八方达河滩分公司、公交派出所、八方达河滩分公司苹果园车队、冯村车队等多个部门，共150名管理人员和司售人员在苹果园车队院内开展了应急演练活动。通过演练，进一步强化了客运企业消防安全教育，提高了司售人员的消防安全意识和处理突发事件的应急能力。（刘春光）

【液化气泄漏应急实战演练】 6月19日，门头沟区安全监管局、交通局、质监局、市政市容委等相关部门，在液化气站组织开展了事故应急演练活动。此次演练，模拟储罐区3号罐出液管二道节门发生泄漏引起火灾，该单位迅速启动了应急救援预案，在开展自救的同时，第一时间向区政府、应急办、安全监管局、消防支队、质量技术监督局、市政市容委等部门上报，有关部门接到报警后，立即赶赴现场实施有效救援。整个演练从预案启动、报警到抢险救援、应急处置过程有条不紊，达到了预期效果。

（刘春光）

【工程应急抢险演练培训活动】 6月14日，门头沟区住建委联合第三开发建设有限公司在丽景长安建筑施工工地，开展了施工现场安全事故应急救援处置演练。此次演练模拟火灾触电应急、消防应急、高处坠落、应急救援等科目，参演人员达80余人。通过演练，检验了施工现场应对安全生产突发事件的组织协调、应急救援能力，提高了全区工程建设领域的安全生产意识。（刘春光）

安全生产执法监察

【年度执法检查指标完成情况】 2012年，门头沟区安全监管局共检查各类生产经营单位1980家次，发现并及时消除各类安全隐患2553项，下达行政执法文书763份，立案70起，罚款171.94万元（其中：事故罚款46.77万元，执法检查罚款125.17万元）。检查生产经营单位数、下发执法文书数、立案起数分别完成市安全监管局执法任务的141%、108%、111%。（刘艳峰）

【制订“重点执法检查计划”】 2012年，门头沟区安全监管局制订全区“2012年安全生产重点执法检查计划”。全年安全生产执法检查工作采取区安委会办公室和各有关行业部门“双核驱动”的模式，实施共计22项执法行动。

（刘艳峰）

【施工工地安全生产执法检查】 2012年，门头沟区安全监管局共检查施工工地509个次，下发责令改正指令书222份，查出各企业共存在隐患486项。并对所有隐患进行复查，现已全部整改完毕。加大行政处罚力度，对查出隐患逾期未改和不符合行业安全标准的北京城乡一建设工程有限责任公司、中国中铁航空港建设集团有限公司、北京京西建设集团有限责任公司、北京日盛达建筑企业集团等24个生产经营单位及负责人的违法行为依法给予行政处罚，共立案24起，罚款40.9万元。认真做好举报案件处理工作。全年共接投诉举报9起，调查处理9起，办结率100%，举报人满意率100%。（陈观刚）

【春节前安全生产执法检查】 1月9日至20日，门头沟区安全监管局联合区住建委、消防支队等部门，对冬季施工工地进行安全检查。共检查23家企业。检查组听取了各单位主要领导的情况汇报，查看了各单位的各项规章、制度的建立和落实情况，并进行实地检查。检查中，对查出的问题现场做出了指令，要求立即整改消除安全隐患。检查结束后，根据各单位的自身特点和实际情况，检查组同各单位就安全工作进行了讨论和交流，提出了建议。并要求各单位要重视安全生产工作，明确责任，狠抓各项工作的落实，开展安全生产自查，进行隐患整改，确保节日期间的安全稳定。（陈观刚）

【“清明”期间安全检查】 4月3日，门头沟区安全监管局对门头沟区“永定楼”工程、小园9号地、石门营安置房、京西建设集团等工地进行了安全检查。通过检查，各建筑工地对安全生产工作比较重视，进一步完善了各项安全管理制度，以及“清明”期间安全生产应急预案。检查组要求各建筑工地要加强工作人员安全培训，加大安全投入，使安全工作真正得以落实，确保“清明”期间安全稳定。（刘春光）

【“五一”节前安全生产执法检查】 4月29日，门头沟区安全监管局全面落实市、区政府有关加强节日期间安全生产工作要求，强化安全监管，狠抓责任落实，深入开展“五一”期间安全生产大检查。局领导带队对门头沟区龙泰丰、贸易大楼、区液化气站、金穗加油站等单位进行节日期间安全检查。通过检查，各单位对安全生产工作比较重视，进一步完善了各项安全管理制度，以及“五一”期间安全生产应急预案，做到了责任到人、消防设备设施完好有效，值班人员盯岗到位，严格执行安全管理规章制度，积极落实各项岗位责任，使安全工作真正得以落实，确保了“五一”期间的安全稳定。

（刘春光）

【旅游安全监督管理】 2012年，门头沟区安全监管局按照服务本区“加快培育和发展旅游文化休闲产业”的工作要求，加强对全区景区景点、农家乐（特别是永定河两岸）、旅游设施等安全监管工作。会同区旅游局做好重点单位开业前、“五一”及日常执法检查工作。共检查经营单位42家，下发限期整改指令书31份，并督促隐患整改。

（刘艳峰）

【市局检查门头沟区工业企业】 6

月28日，市安全监管局执法检查组对门头沟区北京无极液压工程有限公司和北京宏华电器有限公司进行了安全检查。经查，两家企业生产车间排水不畅、通风采光不符合规范、安全通道被挤占等问题，执法人员当场下达整改指令书，责令进行整改。（刘福明）

【专项检查军庄镇工业企业】 9月4日，门头沟区安全监管局会同军庄镇对其辖区工业企业进行专项安全检查。重点查阅了各企业安全管理规章制度、安全例会、培训、检查记录情况，以及车间和配电室等部位，针对检查中发现的北京工业锅炉集团锅炉制造厂存在车间通道被挤占、配电室存有杂物等问题，下发了责令限期整改指令书，要求该企业立即进行整改。（刘福明）

【地下管线运行管理的专项检查】 9月，门头沟区安全监管局联合区市政市容委等部门对区内运行中的地下管线的使用及维护作业情况进行全面检查。检查了区电力公司、歌华有线门头沟分公司、网通公司、区电信局、环卫中心以及自来水公司共6家。在检查过程中，对各类地下管线隐患进行全面排查，对日常运行维护记录情况进行检查，发现问题，限期整改。同时，要求产权部门和单位按照谁所有、谁使用、谁负责的原则，对各类地下管道及设施制定严密的安全防范措施，定期检查运行情况，及时消除安全隐患。明确各单位在开工之前进行全面的应急预案设计，做好发生管线破坏后的应急预案。要求各单位要增强管线产权单位自我保护意识，与建设单位、施工单位交底后，要留有详细记录，一旦发生事故能够及时认定事故责任，及时处理，确保管线的正常运行使用。（白璐）

【园林绿化行业安全生产督察】 10月22日至31日，门头沟区安全监管局对区园林绿化局以及所属单位绿化行业安全生产进行了专项督察。本次督察采取了听取汇报、查阅相关资料与作业现场安全管理工作相结合的形式，重点对园林绿化局关于《北京市园林绿化行业安全生产管理规范》的落实情况，安全生产管理机构的组建情况，以及对施工方的监管情况进行了全面督察。通过督察活动，检查组认为园林绿化行业安全生产工作组织健全、责任到人、措施到位、成效显著，同时针对存在的问题，要求区园林绿化局督促相关单位进行整改，进一步落实行业监管职责。（白璐）

【联合执法检查】 10月29日至11月2日，门头沟区安全监管局先后会同区有关部门、镇街对工业企业、非煤矿山企业、水务施工工程、农业企业进行安全检查，期间共检查企业7家，查处各类安全问题隐患10项，下发整改指令书3份。（刘福明）

【人员密集场所专项检查】 2012年，门头沟区安全监管局会同区旅游局、民防局、文化委等行业主管部门及属地监管部门，切实做好全国“两会”、“十一”期间人员密集场所专项大检查工作。共出动执法检查人员205人次，检查商场、超市、宾馆、饭店、景区、景点、歌（舞）

厅、网吧、洗浴、卫生医疗机构、台球厅等人员密集场所86家次，下发整改指令书32份，共查出安全隐患134项。

（刘艳峰）

【教育系统安全检查】 10月31日至11月29日，门头沟区安全监管局为结合区安委会《关于认真做好"十八大"期间安全监管工作的通知》要求，会同区教委对全区17所规模较大学校进行专项安全检查。同时，将检查发现的问题函告区教委，并与区教委主管安全领导进行座谈，提出解决问题的建议、方法、措施。（刘艳峰）

【餐饮业燃气使用安全检查】 2012年，门头沟区安全监管局会同区旅游委、商务委重点对全区28家餐饮、星级饭店等单位燃气使用情况进行专项检查。针对检查中发现的严重安全隐患，及时督促完成隐患整改。

（刘艳峰）

【对建设工程专项整治】 2012年，门头沟区安全监管局联合区住建委、棚改中心、公安消防支队、园林局、水务局、市政市容委开展建设工程"护航"行动联合检查6次。其间，共检查在施工地68个，下发责令改正指令书57份，查出各类安全隐患157项。对查出隐患逾期未改和不符合行业安全标准的北京京西建设集团有限责任公司、江苏三兴建工集团有限公司等3个生产经营单位及负责人的违法行为依法给予行政处罚，共罚款4.5万元。通过检查，各建筑施工企业和在建工程项目都建立了各级负责人、各职能机构及其工作人员和岗位作业人员的安全生产责任制，制定了安全生产规章制度和操作规程，施工现场安全管理也比较到位。检查中发现的安全隐患主要集中在施工人员未佩戴安全防护用品、护头棚顶板及脚手板铺设不严、施工现场内杂物未及时清理等方面。对于存在的安全隐患，大部分施工单位都能够在规定期限内整改完毕，保证了施工安全，但也有少数施工单位没有在整改期限内彻底整改。对此，局执法队根据法律法规对相关企业进行了行政处罚。

（陈观刚）

【中小学校翻新改造工程检查】 自8月起，门头沟区安全监管局联合区教委、住建委、工程服务中心对33所学校的翻新改造工程进行安全检查。通过检查，各建筑施工企业建立了各级负责人和岗位作业人员的安全生产责任制，制定了安全生产规章制度，并定期安全检查。8月25日所有学校的翻新改造工程完工，并顺利交付使用。（陈观刚）

【建筑企业安全生产联合检查】 2012年，门头沟区安全监管局为确保地区安全稳定，在春节、"五一"、"十一"等重要节日前夕以及安全生产月期间，会同王平镇、龙泉镇、军庄镇、永定镇对辖区建筑企业开展联合安全生产大检查。共开展联合检查6次，检查生产经营单位48家次，查出安全隐患76项，下发整改指令书34份，及时消除了安全隐患。（陈观刚）

【"十八大"安全生产保障】 10月26日至11月2日，门头沟区安全监管局联合区住建委、公安分局、消防支队、政法委、人力社保局、永定镇及龙泉镇等相关单位，对区内在建施工工地进行了安全维稳综合检查。分为2个检查组，检查工程51项，出动联合检查人员530余人次，车辆106台次，查出安全隐患152条。通过检查，提高了施工单位安全生产、消防、劳务等方面的重视程度，预防了各类安全隐患的发生，为“十八大”召开创造了安全有序的生产环境。（陈观刚）

【重大赛事安全生产保障】 9月12日，门头沟区安全监管局对斋堂文化广场徒步大会开幕式临建及舞台进行了安全检查，重点对舞台配重、钢丝绳拉接、现场安全防护等方面进行了细致检查，为徒步大会顺利召开提供了安全保障。10月9日，对第二届环北京职业公路自行车赛门头沟赛段永定河文化广场VIP观赛台及临建设施进行了安全检查，检查中对施工人员未佩戴安全防护用具、现场安全防护不到位等隐患，责令施工单位立即整改，并对观赛台及临建设施搭设进行了全程监督检查，圆满完成了活动期间的安全生产保障任务。

（陈观刚）

【高处坠落事故调查】 9月25日，门头沟区黑山定向安置房项目一标段A2号至4号楼6层空调板支模作业时发生一起一般生产安全事故，造成一人死亡。事发后，门头沟区安全监管局执法队立即赶赴事故现场了解事故经过，并对事故现场进行了勘验。根据事故发生原因及性质，分析事故责任，形成事故调查报告初稿。经事故调查组讨论后，及时上报区政府。按照区政府批复，依法对责任单位和责任人进行了行政处罚。（陈观刚）

职业安全健康

【职业病危害防治】 2012年，门头沟区安全监管局共检查职业病危害企业271家次，下发整改指令书110份，消除安全隐患315项，组织区人力社保、卫生监督、疾控中心等有关部门召开职业安全专题会7次，制发文件29份，报送职业安全监察信息43条，责令71家职业危害重点企业完成作业场所检测工作，督促职业危害企业为5689名职工进行了职业健康体检，组织培训发放《职业病防治法》《职业病防治100问》《职业卫生法规》等材料2800份，发放《国家安监总局47-51号令法规宣传光盘》300余份，组织企业4270名职工参加了北京市职业健康知识竞赛答题活动。处理职业安全投诉举报39起，处理企业在进行脱硝试验过程中发生的急性职业中毒事件1起。深入开展粉尘与高毒物品职业危害、电子行业职业危害、危险化学品行业职业危害、高温天气防暑降温安全生产专项治理，督促用人单位与325名劳动者签订了《职业病危害因素告知书》。同时，区安委会组织力量对各部门、各行业专项治理工作落实情况督察11次，职业病防治工作取得了明显效果，2012年门头沟区未发生职业中毒伤亡事故和职业病群体进京上访事件。

（刘志军）

【职业安全工作协调会】 2月10日，门头沟区安全监管局组织召开了职业安全工作协调会，区卫生局、人力社保局、总工会等部门的主管领导参加了会议。会议

总结了各部门2011年职业卫生监管情况，重点就门头沟区2012年职业卫生监管工作进行了部署。（刘志军）

【作业场所职业病危害申报动态管理】 2月16日，门头沟区安全监管局举办镇街职业危害申报管理人员培训班。培训班针对全区大规模的棚户区改造和产业结构调整加快，企业拆迁、停产较多的现状，加强对职业危害申报企业的动态管理。结合实例就职业危害因素识别、申报管理系统软件应用、申报工作流程、网上申报操作方法等方面对审核人员进行了专题培训。并会同各镇街审核人员对已停产、关闭、注销企业进行了核查，及时在申报平台删除，做到底数清，情况明，确保申报数据真实准确。（刘志军）

【职业卫生培训工作】 2012年，门头沟区安全监管局共举办职业卫生大型公开课4次，职业卫生安全知识和职业中毒培训班15期，培训873人。其中：镇街、行业部门主管领导和安全管理人员59人，生产经营单位主要负责人、安全管理人员428人、从业人员386人。（刘志军）

【检查职业卫生和有限空间安全】 3月6日，市安全监管局副局长常纪文带队，对门头沟区职业卫生和有限空间安全生产工作进行检查。在听取职业卫生和有限空间安全监管工作汇报的基础上，对北京鑫华源机械制造有限责任公司和北京韭园酱菜厂2家企业进行了实地检查，查看了企业职业安全设备设施、警示标识、个人防护用品配备情况；查阅了企业安全管理制度、操作规程、培训记录等基础档案；现场检查了企业应急救援演练情况。通过检查，市局领导对门头沟区在职业卫生和有限空间安全监管工作中取得的成绩给予了充分肯定，并提出要结合辖区实际，进一步强化有限空间安全监管工作，加强企业应急值班管理，确保对突发事件及时处置，有效应对，做到防患于未然，要认真研究职业卫生的新形势和任务，为下一步职业卫生职能调整做好准备。（刘志军）

【有限空间作业单位调查】 4月1日，门头沟区安全监管局召开有限空间作业单位调查工作会。参会单位共计13家。会上，参会人员针对自身有限空间情况进行探讨，并填写了门头沟区有限空间企业调查表，内容包括单位上级主管部门、有限空间类型、规格、产权单位、是否进入作业等详细情况，为今后有限空间的安全管理工作奠定了基础。会议下发了《门头沟区安全监管局关于转发〈北京市安全生产委员会办公室关于做好2012年有限空间安全生产工作的通知〉的通知》，并要求各有限空间企业要加强管理，严格要求，抓好落实。（白璐）

【筹备职业病防治法宣传活动会】 4月18日，门头沟区安全监管局组织区卫生局、人力社保局、总工会、各镇街、石龙开发区管委会、京煤集团等有关部门召开了《职业病防治法》宣传活动筹备会，对2012年在全区范围内集中开展《职业病防治法》系列宣传活动进行了细致安排和部署。（刘志军）

【职业病防治法宣传活动】 4月25日至26日，门头沟区安全监管局组织区卫生局、人力社保局、总工会在影剧院广场、永定永兴商城广场等地开展《职业病防治法》大型宣传活动，各镇街设立11个宣传站点，设置职业安全宣传展板46块，悬挂横幅11条，在石龙工业区的31家企业设置“职业病防治法”宣贯展板，进行了巡展，发放各类宣传材料1.5万份。（刘志军）

【职业病防治法宣传进厂矿】 5月8日，门头沟区安全监管局会同区卫生局、人力社保局、总工会和京煤集团在木城涧煤矿开展了以“防治职业病　造福劳动者——劳动者享有基本职业卫生服务”为主题的职业安全大型宣传进厂矿活动，发放新修订的职业病防治法、职业病防治知识解答、职业卫生知识主题宣传画等宣传材料3800余份，悬挂横幅1条，摆放宣传展板12块，解答群众咨询近30人次，木城涧煤矿近千名矿工参加了活动，宣传活动收到了良好的效果。（刘志军）

【推进职业卫生对外宣传】 2012年，门头沟区安全监管局以区有线电视台“直击安全现场”栏目为主，联合《京西时报》、北京广播电台等新闻媒体，围绕职业卫生重点行业和领域的安全检查开展情况，进行了6次宣传报道，对全区职业安全工作起到了推动作用，取得了良好的社会效应。（刘志军）

【查处职业安全健康举报投诉案件】 2012年，门头沟区安全监管局按照有报必查、有报速查的原则，对职业卫生举报案件进行查处，协调相关部门联合执法，做到件件有落实，事事有回音。全年共接收职业安全健康举报投诉案件39件，处理39件，群众满意率达到100%。

（刘志军）

【粉尘与高毒物品危害专项治理】 2012年，门头沟区安全监管局深入开展粉尘与高毒物品企业职业危害治理，制订了《门头沟区粉尘与高毒物品危害专项治理工作方案》，并组织开展了非煤矿山、琉璃制品、建材、印刷、电子、汽修等重点行业粉尘与高毒物品危害专项治理。4月至11月，共检查粉尘与高毒物品危害企业116家次，下达限期整改指令书51份，消除安全隐患97项，督促用人单位与325名劳动者签订了职业病危害因素告知书，完善了职工劳动合同。企业加大安全投入47.5万元购置了通风除尘、应急救援、现场检测和自动报警设备及个人防护用品，有效地预防了职业病和各类事故的发生。

（刘志军）

【职业危害专项治理】 2012年，门头沟区安全监管局开展危险化学品企业职业安全卫生专项治理。重点检查企业职业安全卫生管理制度和安全操作规程落实情况、工作场所职业病因素检测及评价制度落实情况、接触职业危害因素劳动者职业健康体检和职业病个人防护用品发放和使用情况。7月至8月，共检查危险化学品企业15家，下达限期整改指令书19份，消除安全隐患37项。经复查，危险化学品企业整改合格率达100%，作业场所职业病危害检测率达100%，职工职业健康体

检率达 100% 。（刘志军）

【电子行业职业危害专项治理】 2012 年，门头沟区安全监管局开展电子行业职业安全专项治理，有效预防电子企业违规使用正己烷、三氯乙烯等有毒有机溶剂而引发的群体性职业中毒事件。制定了《门头沟区电子行业职业危害专项治理工作方案》，会同有关部门对辖区内电子行业作业场所开展了全面的摸底排查，建立了电子企业职业安全信息台账。6 月至 10 月，共查电子行业企业 38 家次，下达限期整改指令书 21 份，消除安全隐患 54 项，电子企业作业场所检测率达 100%。整改企业加大安全投入 7.9 万元，购置了通风排毒、检测报警设备和个人防护用品，改善了劳动者的工作环境和条件，保障了劳动者的生命与健康权益。（刘志军）

【高温天气防暑降温安全生产专项治理】 2012 年，门头沟区安委会深入贯彻落实国家安全监管总局《防暑降温措施管理办法》文件精神，制定并下发了《门头沟区关于切实做好高温天气防暑降温工作的通知》，要求各相关部门切实发挥行业主管和属地职能，认真贯彻落实《防暑降温措施管理办法》，严防高温中暑引起的安全生产事故。8 月至 10 月，区安委会组织各有关部门重点对全区大型建筑工地、露天作业场所、高温作业车间进行安全生产专项大检查，共检查高温作业场所 785 家次，发现排除安全隐患 239 处，现场发放防暑降温知识手册、宣传页、宣传画等材料 1.2 万份，严防高温中暑伤亡事故的发生。（刘志军）

安全生产宣传培训

【安全生产对外宣传】 2012 年，门头沟区安全监管局强化宣传力度，继续在区有线电视台设置开辟“直击安全现场”栏目，全年共举办 11 期。并结合工作实际，发布安全生产信息 261 条，有效推动了全区安全生产工作的开展。（刘春光）

【“安全生产培训日”活动】 2012 年，门头沟区安委会办公室按照市安委会每年 3 月的第一个星期六为生产经营单位从业人员“安全生产培训日”的要求，制定印发了“安全生产培训日”实施方案，督促各相关部门、各镇街全面深入开展“安全生产培训日”活动。各相关部门、各镇街，采取板报、观看录像、发放相关宣传材料等形式进行了学习。此次“安全生产培训日”活动共发放各种宣传材料 5000 余份，营造了浓厚的安全生产社会氛围。（刘春光）

【防灾减灾主题日宣传活动】 5 月 12 日，门头沟区应急办、安全监管局、民政局、地震局、民防局、水务局、大峪街道办事处等单位联合在区永定河文化世纪广场举办“5 · 12”防灾减灾主题日宣传活动，副区长洪家志出席活动。活动以“弘扬公共安全、倡导志愿精神、建设和谐安全首都”为主题，共悬挂横幅 9 条、放置宣传展板 30 余块、分发防灾减灾宣传材料 6000 余份，并以现场咨询、参观展板、现场设备展示、发放应急包、文艺演出、应急救援分列式表演等多种形式向广大市民进行了防灾减灾和公共安全知识宣传，增强了全区社区居民的公共安全意识和应对各种自然灾害及其他突发事件的能力，为防灾减灾工作奠定了坚实基础。（刘春光）

【安全生产月宣传咨询日】 6月10日，门头沟区安全监管局紧密围绕“践行北京精神，弘扬安全文化，推进安全发展城市建设”的安全生产月活动主题，组织全区各部门、镇街及生产经营单位全面深入开展安全生产月宣传教育活动。此次活动全区共设立安全宣传咨询站20个，设置安全宣传展板344块，发放宣传材料10万余份，悬挂横幅432条，张贴标语、宣传画7300余张，设宣传栏、板报1900余块，受教育人数达10万余人。

（刘春光）

【驾驶员安全培训周活动】 6月15日，门头沟公安交通支队组织辖区专业客运、专业货运、校车、危险化学品等“四种车”使用单位的领导及驾驶员开展安全培训周活动，进一步强化了驾驶员的安全技能和安全意识。（刘春光）

【“安全在我身边”巡回演讲活动】 7月10日，北京市“安全在我身边”巡回演讲活动在门头沟区京煤集团启动。市安全监管局、市总工会、京煤集团有关领导共同出席了启动仪式。演讲活动中，京城机电集团、排水集团、公交集团、北京铁路局、北京地铁公司等单位演讲员用真实的案例和自己的亲身经历，讲述了一个个涉及消防安全、交通安全和生产安全等感人至深的故事，京煤集团所属200余名员工聆听了演讲。

（刘春光）

【有限空间作业安全生产培训】 8月9日，门头沟区安全监管局举办有限空间作业安全生产培训班,全区各镇街、各部门主管领导以及各相关行业企业主要负责人共100余人参加了培训。会上通报了本市6月至7月有限空间作业事故发生情况，紧密结合有限空间事故案例，通过播放有限空间作业典型事故案例救援录像和照片，以案说法，深刻分析事故造成的原因。针对全区有限空间作业存在的主要问题，对照《北京市有限空间作业安全生产规范》，从有限空间作业危害、特点、防范措施等方面进行了讲解，提出了具体的工作要求。培训中触目惊心的事故案例对参训人员触动较大，取得了明显的效果。（白璐）

【电信行业有限空间安全生产培训】 8月22日，门头沟区安全监管局召开电信行业有限空间安全生产培训会，区电信局主管领导及下属公司中国联合网络通信有限公司北京市门头沟区分公司等部门的负责人及安全管理人员共80人参加会议。会上区安全监管局讲解了有限空间作业的基本知识、进入有限空间作业的程序、现场管理人员的职责以及对以往事故的简要分析等，并以播放事故案例短片的形式使大家意识到有限空间作业的危险性。会议要求，相关负责人要加强日常安全管理，严格落实有限空间管理规范，做到不检测人员不得进入有限空间，要做好日常检查记录，定期组织应急演练工作，提高作业人员的安全意识，并保证工作现场有负责人、监护人，确保有限空间作业安全。

（白璐）

【举办安全生产培训班】 9月5

日，门头沟区安全监管局会同区国资委举办安全生产培训班。培训班上传达了市、区有关“十八大”期间安保维稳工作指示精神，部署区安全工作重点；向各单位、企业解读了《生产安全事故报告和调查处理条例》（国务院令493号）及新修订的《北京市安全生产条例》等相关法规文件；为企业讲解了安全生产标准化的重要意义，督促企业加大安全生产标准化达标创建工作力度。

（刘福明）

【工业企业安全生产培训班】 9月12日，门头沟区安全监管局会同区公安消防支队、石龙管委组织辖区56家工业企业安全管理干部举办安全生产培训班。培训班上，通报了全国发生的有关安全生产事故情况；传达市、区“十八大”期间安全生产保障工作文件及会议精神，要求各企业深入开展“打非治违”、“安全生产护航”、“隐患排查治理”专项行动；讲解安全生产标准化建设工作的重要意义，学习相关法律法规，督促企业加大安全生产标准化达标创建工作。（刘福明）

【安全生产行政执法培训班】 11月5日，门头沟区安全监管局举办安全生产执法培训班，机关全体执法人员及镇街安全员参加培训。通过培训，进一步提高了参训人员对法律法规的理解和掌握，解决了实际工作中遇到的一些疑难问题，对于依法行政、严格执法、规范执法起到推动和促进作用。（刘春光）

【法制宣传日活动】 12月3日，门头沟区安全监管局会同区有关部门，在滨河路设立宣传站点，开展了以“弘扬宪法精神，服务科学发展”为主题的法律宣传咨询活动。其间，共设置安全宣传展板4块，宣传横幅1条，发放《北京市安全生产条例》读本、卡通漫画、扑克、海报、光盘等宣传材料1600余份。

（刘春光）

安全生产标准化

【标准化达标企业验收与审查】 2012年，门头沟区安全监管局采取4项措施加快安全生产标准化步伐：一是加强宣传培训，提高认识。二是强化责任，合理分工。三是强化服务，保质保量。四是力求实效，全面提升安全管理水平。全区企业安全生产标准化建设由局主要领导亲自抓，分管领导分片抓，职能科室具体指导。为达到提升企业安全管理的目的，不定期组织对已达标企业进行检查，跟踪企业安全投入的有效实施、有效运行情况。对达标的企业，及时组织审查，同时上报市安全生产标准化考核部门验收。截至8月20日，门头沟区已有17家企业成为标准化达标企业，另有2家企业已通过专业机构验收正在申报市级标准，5家企业正在创建区级标准。

（刘春光）

【工矿企业安全生产标准化工作】 2月24日，门头沟区安全监管局会同石龙管委及各镇街，在非煤矿山和工业企业开展以岗位达标、专业达标和企业达标为内容的安全生产标准化建设。2012年全区共有17家企业通过了评审，其中：市级达标企业3家，区级达标企业14家。

（刘福明）

【安全生产标准化推进会】 3月9日，门头沟区安全监管局组织召开“2012年门头沟区安全生产标准化推进工作会”，市、区安全监管局领导、北京市安全标准化专家和区有关行业主管部门、各镇街及相关企业负责人等共计120人参加了会议。会上，区安全监管局对2011年工作进行了全面总结，对2012年工作进行了部署，并对10家达标单位进行了表彰。北京鑫华源机械制造有限公司、北京东方大源非织造布有限公司作为达标单位代表，石龙经济开发区管理委员会作为推广先进单位代表分别进行了发言，着重介绍了创建过程中的经验做法以及取得的成效。市安全标准化专家对开展安全标准化工作的目的、意义、方法进行了介绍，市安全监管局领导对本区的安全标准化工作给予了肯定，分析了全市安全标准化工作形式，传达了国家和市政府有关政策精神，对今后工作提出了具体要求。

（刘福明）

【两家企业通过市级安全生产标准化验收】 7月4日，门头沟区安全监管局会同相关中介机构安全标准化专家对赵家台叶蜡石矿和天马轴承厂安全生产标准化市级标准达标创建工作进行了初步验收。

（刘福明）

【推动安全生产标准化工作】 8月15日，门头沟区安全监管局联合石龙管委对开发区内工业企业安全生产标准化进行了督导。执法人员对已达标企业北京东方大源非织造布有限公司及正在创建安全标准化的北京凝华科技有限公司安全规章制度及相关记录进行了查阅，实地检查了车间现场，并就开展标准化达标创建工作与企业负责人交换了意见。针对检查中发现的问题下达了整改指令书，责令企业限期整改。

（刘福明）

房山区

概　述

2012年，是房山区发展历程中非常重要、极不平凡的一年，也是安全生产工作不断提升、取得积极进展的一年。面对复杂经济形势、产业转型压力和“7·21”特大自然灾害侵袭，在区委、区政府的领导下，紧紧围绕北京市下达的安全生产任务和全区中心工作，以服务区域经济建设，加快“一区一城”新房山建设为中心目标，统一思想，全力以赴，圆满完成了年初既定目标和“十八大”期间安全保障任务，事故总起数、伤亡人数连续4年实现同比下降，生产安全事故达到历史最低水平，较6年前生产安全事故起数下降91%；死亡人数下降93%，保持了安全生产形势稳定好转态势，连续4年被评为北京市安全生产综合考核先进区县。在安全生产宣传教育方面，《中国安全生产报》对房山区安全生产月活动发表了题为《量化考核——北京市房山区安全生产月活动不走过场》的报道文章。同时，区安全监管局被国务院安委会办公室评为“2012全国安全生产月活动先进单位”，荣获2012年“神华杯”全国危险化学品安全法规知识竞赛优胜奖。

安全生产综合监管

【安全生产控制考核指标落实情况】 2012年，市安委会下达房山区生产安全死亡人数控制指标8人。全年，共发生生产安全事故2起，死亡2人，同比事故起数减少1起，下降33%；死亡人数减少2人，下降50%。同时，继续保持2006年以来无重大生产安全事故的工作目标。（任国鹏）

【安全生产工作会】 2月29日，房山区召开了2012年安全生产工作会，副区长吕守军出席会议并讲话。全区各乡镇（街道）、各安委会成员单位、先进企业和先进个人代表共300余人参加了会议。会上，区安全监管局局长周德运作题为“经济为船谋发展　安全做帆可远航”的工作报告，总结了2011年全区安全生产工作，部署2012年工作，并对2011年度安全生产考核先进单位和先进个人颁发奖牌。区国资委、阎村镇、北京中油房山燕宾油料销售有限公司作为先进代表上台发言。（安东）

【国家总局调研房山区职业安全工作】 4月18日，国家安全监管总局调研组一行7人，在中国职业安全健康协会理事长张宝明、副理事长任树奎的带领下就职业危害防治工作到房山区调研。房山区副区长吕守军、市安全监管局副局长常纪文、市安全生产协会会长丁镇宽、房山区安全监管局局长周德运等陪同。调研组一行听取了北京市琉璃河水泥有限公司、北京太行前景水泥有限公司近年来关于职业危害防治的工作汇报。调研组对房山区职业危害防治工作给予充分肯定，张宝明指出，发展循环经济，加强安全管理，加大安全投入，做好职业危害防治工作，将是今后建材行业安全生产工作的重点。张宝明询问两家水泥生产企业的工艺流程、职业危害防治措施、循环经济、资源综合利用等情况。汇报结束后，调研组一行参观了北京市琉璃河水泥有限公司的生产线和水泥展览馆，并对两家水泥企业作业现场进行了实地检测。（安东）

【新闻媒体和举报投诉中心到房山区采访】 6月15日，《中国安全生产报》编辑付晓豫，市安全生产举报投诉中心主任段纪伟等，就“12350”举报投诉工作到房山区进行采访调研，区安全监管局及相关人员陪同。调研组听取了房山区“12350”举报投诉工作的情况，并对近期处理的2起举报投诉进行现场查看。调研组了解举报的内容、处理结果及整改情况，在窦店镇一处已被取缔的非法加油站举报现场，调研组同村、镇两级安全管理人员就基层举报投诉处理工作进行了深入交谈，对房山区“12350”举报投诉工作给予充分肯定。调研组还到熊猫烟花公司储存仓库，就企业安全管理和对“12350”举报投诉工作的意见和建议进行实地调研。（安东）

【深入“连心共建”村对灾后损失情况调研】 7月21日，房山区遭遇特大暴雨，引发了严重的自然灾害，人民群众生命财产遭受了重大损失。为及时掌握降雨对“共建”村村民生产生活的影响，7月24日，区安全监管局党组成员、纪检组长霍和平带队，深入房山区佛子庄乡陈家坟村对灾后损失情况进行调研。调研组实地察看了暴雨对村民房屋、农作物、道路、果树等影响情况。同时，与村干部对下一步灾后重建、生产自救、降低损失、帮扶工作措施落实情况进行沟通。经实地察看，佛子庄乡陈家坟村灾后损失严重。此次暴雨，造成1人死亡；基础设施受损严重：道路损坏2800米、管路4000米、排洪水沟6000米、电缆350米；房屋受损情况：围墙坍塌2100米、墙嚯子800米、形成危房25间；农林畜牧损坏情况：农作物144亩、果树受损880棵、猪羊死亡106只、蜜蜂318箱；财产损失情况：铲车1台、小轿车3辆、三轮车1台、柴油3桶。面对暴雨突袭，村“两委”班子立即组织抢险救援，险户转移23户、72人。这次调研全面贯彻落实区委“连心共建”的工作要求。区安全监管局党组始终坚持“领导带队、进村工作、全员参与、各尽其力、协同作战”的原则，以“接地气、通民气”的工作作风，实现了机关党建与农村党建的有效对接，全面推动共建工作和谐开展。（安东）

【市局检查汛期安全生产工作】 8月2日，市安全监管局检查组到房山区检查汛期安全生产工作。检查组察看了韩村河镇西南章村储罐泄漏事故现场。在现场听取事故处理经过及善后措施，检查组对抢险救援工作表示肯定，同时要求区安全监管局要对现场油气浓度进行持续检测，待情况稳定后再进行下一步清理工作。随后，检查组到北京房山燕硫加油站，察看了企业安全生产和灾后重建工作，并要求企业要严格按照危险化学品设施改建“三同时”要求，做好设计和审查工作。在检查结束后的现场会上，检查组对房山区近期安全生产工作给予充分肯定，同时要按照《北京市安全生产委员会关于开展安全生产大检查的紧急通知》（京安发〔2012〕7号）的要求，进一步加强隐患排查治理力度；针对全市安全生产形势，吸取事故教训，及时开展危险化学品仓储行业“打非治违”专项行动，并督促全区各行业企业落实汛期安全生产工作，严防各类事故发生。（安东）

【国务院安委会督察安全生产工作】 9月11日，国务院安委会办公室副主任、国家安全监管总局副局长王德学带领国务院安委会督查组，到房山检查燕山石化和非煤矿山安全生产工作。市安全监管局局长张家明、房山区区长祁红陪同检查。在燕山石化，听取了安全生产工作汇报，并实地察看了炼油一厂和指挥中心运行情况；督查组到金隅矿业北京立马水泥有限公司，实地察看该公司生产线及开采现场安全情况。汇报会上，督查组听取了房山区“打非治违”专项行动开展及矿山整顿关闭情况汇报；金隅集团相关负责人对整合矿山情况及下一步建设方案进行了介绍。王德学对房山区的安全生产工作给予充分肯定。王德学要求房山区进一步加大对违法建筑的整顿力度，全面推进和部署各项安全生产工作，查找问题、总结经验、持续深化，同时，企业要担负起责任，提升管理的正规化、标准化、信息化、科学化水平，不断创新工作思路和方法，立足于治本，进一步细化措施，强化执行，确保各项安全生产工作部署得到全面落实。祁红表示，房山区针对督查组提出的各项问题和意见，认真总结，抓好落实，进一步完善“打非治违”及各项安全生产工作。市安全监管局副局长蔡淑敏、贾太保，房山区副区长吕守军陪同。（安东）

【市局检查房山区“十八大”安保工作】 9月18日至19日，市安全监管局执法监察总队和举报投诉中心共同组成6个检查组，对房山区危险化学品、烟花爆竹仓库和非煤矿山单位开展了为期两天的安全生产检查。此次检查旨在贯彻落实市委、市政府关于“十八大”安保工作的部署，全面巩固“打非治违”和“护航”行动成果，进一步规范企业安全生产秩序，为“十八大”召开创造良好的安全生产环境。检查组共检查生产经营单位19家，查处各类安全生产隐患40件，下达限期整改指令书9份。（安东）

【检查运动场所安全生产工作】 4月25日，由房山区副区长曹蕾带队，区体育局、法制办、安全监管局、质监局、卫生局、消防支队和长阳镇政府组成了联合检查组，对房山区多家体育运动场所进行了安全生产检查。检查组重点察看了场所的用电、消防设施、疏散通道和应急预案等情况，并就检查中发现的问题提出整改措施，要求场所及时落实整改，进一步落实主体责任，强化安全管理工作，确保“五一”节日期间体育运动场所安全。（安东）

【检查中秋、国庆安全生产工作】 9月29日，房山区区长祁红带领区安监、消防、商务、文化、卫生、城管、公安、工商、质监等部门对全区的重点危险化学品、人员密集场所、住宿及餐饮企业进行了联合安全检查。检查期间，祁红分别听取了各部门关于节前安全生产工作的简要汇报，并实地察看了各重点企业的现场安全生产情况。他要求各单位要进一步加强安全生产工作，积极采取措施，全面提高节日期间安全、消防、食品卫生、应急管理、人员密集场所等各项工作水平，确保中秋节、国庆节期间全区安全生产形势稳定。（安东）

危险化学品安全监管

【危险化学品行政许可】 2012年，房山区危险化学品经营单位478家，其中甲类经营许可证183家，乙类经营许可证295家。2012年共受理申请189家，其中甲证申请61家，已审查合格61家；乙证申请128家，已审查合格128家；共受理非药品类易制毒化学品备案申请21家。（马振）

【油库企业安全生产工作会】 2月21日，房山区组织召开了由13家危险化学品油库的法定代表人和安全管理人员参加的危险化学品油库单位安全生产工作会。会上，各单位主管负责人就2011年安全生产工作情况、工作亮点以及2012年安全生产工作重点进行了汇报。区安全监管局就全区2012年危险化学品安全生产工作进行了部署，副局长高保光深刻分析了2012年安全生产工作面临的形势，并就“两会”、“十八大”期间安全生产保障工作及标准化、应急救援等方面提出了工作要求：一是要进一步明确和落实安全生产责任。二是按时完成安全生产标准化工作，高标准严格要求自己，使安全管理工作有质的飞跃。三是加强从业人员安全教育培训，强化从业人员安全意识。四是高度重视安全设施设备的持续投入，时刻保障安全设施处于良好的运行状态。五是加强应急管理工作，完善各类应急预案，开展应急演练活动，提高应对突发事件能力。六是全力做好事故隐患排查工作，发现隐患及时上报、及时整改、及时消除，防范安全生产事故的发生。

（李杰）

【危险化学品企业安全生产维稳工作会】 4月11日，房山区安全监管局组织召开了全区危险化学品企业安全生产维稳工作会。全区危险化学品生产、经营单位、重大危险源单位、液氨使用单位、民营加油站主要负责人、中石化、中石油、龙禹、壳牌区域经理等共计100余人参加会议。会议针对当前国内外形势，对全区危险化学品行业的安全生产工作提出要求：一是各危险化学品生产经营单位和执法人员要充分认识当前国内外的形势，强化危险化学品安全生产工作的自觉性和紧迫性，坚决拥护党中央对重大事项的决定，坚决与中央保持一致，做好安全生产工作；二是认真做好危险化学品防恐、安全保卫和对极端分子的防范工作，加强安全生产应急值守和事故防范，确保企业安全稳定；三是针对安全生产标准化工作中存在的问题，要及时沟通有关部门和单位，扎实推进标准化工作；四是按照市安全监管局工作要求，针对“两重点、一重大”的整治工作进行部署，利用2年左右时间对未经正规设计的危险化学品生产企业，涉及危险工艺的生产企业，以液氨、液氯、成品油为代表的储存、使用企业，以聚合工艺为代表的化学品加工制造企业开展专项整治工作；五是按照《北京市液氨储存和使用安全导则（试行）》的有关要求，开展液氨企业专项整治活动，对液氨经营使用单位的从业人员、管理制度、安全设施等进行全面规范，切实防范涉氨事故的发生。

（李杰）

【市局调研房山区应急队伍建设】 4月17日，市安全监管局专家组到房山区危险化学品企业应急队伍建设及相关制度建设，调研组检查了北京中油燕宾油料销售有限公司和中石油北京销售有限公司。企业相关负责人分别就本企业兼职消防队相关制度、应急物资储备、危险源辨识及应急措施建立和完善等情况进行了汇报。听取两家企业汇报后，调研组指出：一是要求企业高度重视现场处置方案的建立和完善，扎实做好应急演练工作；二是要求企业从制度、人员配置、规模、物资储备等方面着手，不断完善内部兼职消防队的建设；三是要求企业做好本企业风险点辨识，有针对性地做出合理可操作的预防方案。区安全监管局副局长高保光陪同调研。

（李杰）

【危险化学品“打非治违”抽查】 5月21日至25日，房山区安委会组织区环保局、质监局、工商分局、公安分局、消防支队等5家单位对辖区内的阎村镇、窦店镇、城关街道办事处3个危险化学品企业较为集中的地区进行了“打非治违”抽查。共抽查8家单位，出动执法人员44人次，下达指令书2份，现场检查记录17份。通过此次抽查工作，全面规范房山区危险化学品经营、储存秩序、营造健康、安全的生产经营环境，取缔非法单位。（李杰）

【液氨使用单位专项整治工作会】 5月30日，房山区安全监管局召开液氨使用单位安全生产专项整治工作会。各乡镇人民政府、街道办事处和液氨使用等单位负责人共计34人参加会议。会议传达了《北京市液氨使用与储存安全管理导则》，并对液氨使用单位安全生产专项整治工作进行部署。会议强调：各单位要对涉及液氨使用的重点部位、薄弱环节、特种设备、设施逐一排查，进一步健全事故应急救援措施和手段，及时开展事故应急演练，充实应急装备物资，切实防范生产安全事故。（李杰）

【危险化学品安全生产工作会】 8月9日，房山区安全监管局组织召开了下半年危险化学品安全生产工作会。会议通报了房山区7月21日特大自然灾害期间危险化学品行业安全情况和7月23日韩村河非法油库化工原料泄漏事件情况，同时传达了“7·23”全市安全监管系统电视电话会议精神，并对2012年上半年房山区油库专项检查情况、全区危险化学品标准化后期工作和液氨专项整治工作进行了安排部署。会上市工业技术开发公司、北京云帆沧海安全防范技术有限公司对标准化预评审工作进行了汇报。区安全监管局副局长高保光作总结发言，对“7·21”特大自然灾害期间各危险化学品企业应急能力进行了肯定，对参与“7·23”泄漏事件及提供应急物资支持的企业表示感谢。同时，对下一步工作提出要求：一是要求危险化学品企业全力落实标准化各项制度，紧跟全市工作进度，扎实做好标准化工作；二是区安全监管局将进一步加大执法检查力度，从严监管，在2012年的后几个月动起来、管起来；三是继续坚持“打非治违”工作，同时指导企业做好行政许可审批申报工作；四是做好烟花爆竹安全监管工作，严格执行两个标准，科学布点、合理布局，加强视频监控、扩大监控范围；五是“十八大”临近，各危险化学品企业要认真做好本单位防恐、防盗工作，确保“十八大”期间安全稳定。全区危险化学品生产、经营单位、中石油、中石化、龙禹、壳牌、民营加油站及烟花爆竹批发单位主要负责人共计200余人参加了会议。

（李杰）

【整顿危险物品和化工品生产经营秩序】 8月10日，房山区部署治理整顿化工品生产经营秩序专项行动，25个乡镇（街道）、16个相关部门的主要领导参加会议。此次治理整顿专项行动由区委常委、房山公安分局局长鹿进宝，副区长吕守军任总指挥，采取专人负责，联合办公的形式，坚持“边整治、边打击、边巩固”的工作原则，通过规范经营秩序，打击违法违规行为，从源头上消除房山区危险物品和化工品行业存在的各类安全隐患。吕守军要求各单位要明确目标，密切配合，坚决打击非法储存危险物品和化工品的行为；各乡镇（街道）要成立领导小组，做到责任到人，督察到位，摸排非法单位并建立台账，督促其在政府通告期限内自行清理，拆除设备、恢复地貌。鹿进宝指出：此次治理整顿工作一抓认识，达成共识；二抓责任，明确分工；三抓落实，求真务实；四抓声势，突出氛围；五抓攻坚、形成合力。房山区以此次治理整顿专项行动为契机，扎实工作、注重实效，全面实现“全力以赴、严格执法、彻底根治”的总目标，为“十八大”胜利召开营造良好的社会环境和安全环境。（李杰）

【危险化学品行业安全保障部署会】 9月12日，房山区召开危险化学品行业“十八大”安全生产工作部署会，中石化、中石油、龙禹、壳牌及民营各加油站、油库、工业气体、危险化学品生产单位主要负责人及各乡镇、办事处主管领导共计200余人参加会议。会议对“十八大”期间危险化学品安全生产保障工作进行了部署，同时传达了市公安局等10部门联合下发的《关于“十八大”期间加强我市六类危险物品和管制刀具销售安全管理工作的通知》、市交通委等4个部门下发的《关于加强本市城市中心区成品油运输管理工作的通知》精神。会议要求，全区各危险化学品单位要全面加强“十八大”期间安保防控工作，严格落实门禁、检查、防控等安保制度，切实保障企业内部安全；“两重点、一重大”企业要严格落实各项安全生产规章制度，全力做好安全生产保障工作，确保不出现任何生产安全事故；各乡镇、办事处要全面落实“十八大”各项保障方案，认真做好所辖企业的监管工作，确保辖区内安全稳定。

（李杰）

【非药品易制毒化学品专项检查】 8月30日至9月20日，房山区安全监管局在全区范围内开展了易制毒化学品专项检查。此次专项检查以易制毒化学品储存、经营和使用企业的仓储制度、出入库管理制度落实情况、易制毒化学品流向登记、信息网上报等为重点，截至9月20日，共检查企业70家，出动执法人员174人次，查处安全隐患180条，下达整改指令70份，行政处罚1万元，查扣易制毒经营许可证一份。通过专项检查，进一步规范了房山区易制毒化学品安全生产秩序，全力遏制易制毒化学品流入非法渠道，严厉打击违法违规行为，消除安全隐患，为“十八大”召开营造良好的安全生产氛围。

（杨忠帅）

【部署长输管线安保工作】 9月26日，房山区安全监管局组织全区长输管线责任单位，召开“两节”和“十八大”期间安全生产保障工作会。会议听取了各长输管线责任单位关于“两节”和“十八大”期间安全保障措施的汇报，传达了“9·13”危险化学品和烟花爆竹重点工作推进调度会议精神，并对“两节”和“十八大”期间的安保工作提出要求。会议要求，各单位要落实“两节”和“十八大”期间应急值守工作，实行24小时领导带班制度，值班人员要保证全部在岗；要进一步加强对重点部位、管线沿线的看护和巡检工作；要高度重视防恐工作，认真完善并落实防恐措施，并指定专人负责，切实做好本单位的防恐工作。要保证应急救援队伍人员在岗在勤、物资充足可靠、设备状态良好，做好应对突发事件的准备；要密切联系管线途经乡镇，加强沟通、密切配合，共同做好事故防范工作。确保全区“两节”和“十八大”期间安全生产形势稳定。（杨忠帅）

【易制爆、剧毒危险化学品检查】 9月24日至26日，房山区安全监管局联合区公安、消防、质监、环保、工商等部门对辖区内重点的易制爆、剧毒等危险化学品生产、经营单位进行联合检查。联合检查共涉及3个重点乡镇，以“两节”和“十八大”期间安保工作、应急值守和物资储备、产购销企业资质、停用储存设施、产品流向登记、“五双”制度落实等情况为重点，共出动检查人员21人次，车辆6车次，检查企业8家。通过检查，进一步规范危险化学品生产经营秩序，全面巩固前期易制爆、剧毒等危险化学品的监管工作成效，为“两节”和“十八大”期间的安全生产保障工作打下了坚实的基础。（杨忠帅）

【天然气加气站安全生产检查】 10月18日，房山区安全监管局对辖区内现有的2家压缩天然气加气站进行了安全生产专项检查。此次行动以加气站作业现场、安全管理制度、消防工作、从业人员教育培训、避雷措施、应急预案等为检查重点，全面督促企业进一步加强隐患自查自报、提高安全管理水平、严格落实作业制度，始终把安全当做第一生产要素，为“十八大”召开营造良好的安全生产氛围。

（杨忠帅）

烟花爆竹安全监管

【烟花爆竹行政许可】 2012年，房山区安全监管局开展烟花爆竹零售经营许可工作，坚持“统一部署、属地监管、企业自律、群众监督”的原则，按照“总量控制，适当调整”的工作思路进行布点设置。共审批烟花爆竹经营（零售）许可证170个，其中主渠道零售网点167个，个人经营零售网点3个；临时烟花爆竹零售网点129个，长期烟花爆竹零售网点41个。（马振）

【烟花爆竹批发单位安全检查】 5月4日，房山区安全监管局对辖区内的北京市熊猫烟花有限公司、北京市逗逗烟花爆竹有限公司、北京汇源北路工贸有限公司3家烟花爆竹批发单位进行了安全检查并提出要求，一要提高警惕，扎实认真做好日常巡检和防恐安保工作；二要增加应急救援物资、救援器材，做好夏季高温天气的应对工作；三要加强对本单位烟花爆竹零售网点的日常管理工作，为广大居民营造良好安全环境，为“十八大”的召开保驾护航。

（杨忠帅）

【“上合峰会”期间烟花爆竹监管】 为做好上海合作组织峰会期间烟花爆竹的安全管理工作，房山区安全监管局按照上级部门工作要求，迅速行动，告知辖区内3家烟花爆竹批发仓库、23家零售网点，在“上合峰会”期间停止一切配送、经营活动。同时联合房山公安分局对辖区内零售网点进行全面检查，严防烟花爆竹被不法人员利用，制造事端。（杨忠帅）

【烟花爆竹安全协调会】 春节期间，房山区安全监管局组织召开烟花爆竹安全管理工作协调会，区烟花办、应急办、公安分局、工商分局、交通局、交通支队、消防支队、市政市容委、城管大队及部分重点乡镇和辖区内3家批发单位的主要领导和相关负责人参加会议。会议首先由区安全监管局对2012年烟花爆竹安全监管工作以及2013年春节期间烟花爆竹实施方案进行了通报，各相关单位就各自职责对方案进行了协调，形成了“统一部署、属地监管、企业自律、群众监督”的原则，按照“总量控制，适当调整”的工作思路，既满足广大人员群众购买需求，又要确保符合整体规划和安全要求。会议同时要求，各单位要重视烟花爆竹安全监管工作，明确责任分工，加强沟通配合，狠抓工作落实，及时协调解决定点联合审查、工商执照审批、烟花爆竹许可、安全监管等工作中出现的难点和问题，确保烟花爆竹销售（储存）安全。（杨忠帅）

矿山安全监管监察

【非煤矿山行政许可】 2012年，房山区固体非煤矿山整合后共有10家。其中型材企业1家、红砂岩企业1家、石灰岩企业4家、页岩企业4家；此外还有砖厂18家、地热11家、矿泉水3家。根据安全生产许可有关规定，区安全监管局对取得采矿许可证的4家整合企业，分别受理了“三同时”申请，并按时限组织矿山安全专家对矿山企业开采初步设计和安全情况进行了评审。（魏绪星）

安全生产事故隐患排查治理

【市级挂账废弃矿山隐患治理评审】 2012年初，房山区安全监管局根据隐患上报情况和市安委会对隐患的批复，按照《关于印发市级挂账生产安全隐患治理实施办法（试行）的通知》（京安发〔2010〕5号）的要求，通过无标底招标，确定了有资质的设计勘察单位，对15处废弃矿山遗留隐患进行了施工设计和工程概算，并按照要求将工程概算和施工设计图纸于6月份上报到市财政评审中心进行评审。（魏绪星）

【市级挂账隐患治理招投标】 8月，市财政评审中心的评审报告下发后，区安全监管局及时委托招标代理公司先后对隐患治理工程的施工和监理单位进行了招投标，由中标单位对隐患治理工程进行具体的施工和工程质量的监理。

（魏绪星）

【市级挂账隐患治理检查】 在隐患治理工程期间，根据市安委会办公室《关于落实市级挂账生产安全隐患整改治理承担单位具体工作任务的函》（京安办函〔2010〕10号）要求，区安委会多次召开专题会议，安排部署市级挂账隐患治理工作，强调各有关乡镇要密切配合隐患治理工程的施工和监理工作，要求相关人员不定时对隐患治理工程的情况进行检查，以确保工程质量。（魏绪星）

【市级挂账非煤矿山隐患销账】 9月，房山区对2011年度涉及的7个乡镇14个行政自然村的15处遗留非煤矿山生产安全隐患的41个隐患点已全面治理完毕，完善了相关的资料，于10月份通过了市、区两级安委会的验收。

（魏绪星）

安全生产应急救援

【“应急预案演练周”活动】 6月25日以来，房山区各乡镇（街道）、各部门结合“应急预案演练周”活动，组织安全生产应急预案演练。全区共组织各类应急演练30余次，演练科目涉及：危险化学品、建筑工地、有限空间、矿山、消防、防汛、水上作业等，累计参演人次近千人。通过演练，进一步加强了房山区安全生产应急整体水平，推动了应急预案体系建设，检验了应急预案的实用性和可操作性，增强了从业人员安全防范意识，提升了应对突发生产安全事故的应急处置能力和指挥能力，提高了紧急状态时的快速反应和自救互救能力。

（安东）

【事故应急救援演练】 6月28日，房山区组织开展了危险化学品事故应急救援演练。区安监、消防、卫生、环保等部门参加了演练，全区危险化学品企业共300余人在现场观摩。此次演练模拟项目为：储罐区油罐遭受雷击引发火灾，企业立即启动事故应急救援预案，并第一时间上报区安监、消防等部门开展救援。上午10时20分，随着急促的救援警报声在厂区响起，某化工厂储罐区油罐因雷击引发火灾，事故发生后，该单位立即启动应急救援预案，并向区安监、消防等部门上报情况，现场处置、警戒、医疗救援以及工艺操作应急人员立即开始施救工作，该企业内部消防车辆及喷淋设施对油罐进行喷淋洒水降温。区安监、消防、环保、卫生等部门接到事故报告后，第一时间赶到事故现场，成立事故现场应急救援指挥部。同时，专业应急救援队也抵达现场，共同实施救援工作。10时42分，通过各部门协同救援，火情得以控制，演练圆满结束。综合演练结束后，还进行了由中油北京销售公司组织的灭火毯扑救油池起火和由房山燕东化工厂组织的灭火器补救油罐初期火灾两项专项演练。全部演练项目结束后，房山消防支队领导对此次演练进行了讲评，区安全监管局要求通过此次全区演练，锻炼应急队伍，查找自身不足，不断完善应急预案，确保“十八大”期间安全稳定。（安东）

【防汛、防恐应急演练】 9月25日，房山区中石油北京销售第四分公司在千石玉加油站开展了防汛、防恐两项应急演练。首先，进行加油站防汛应急演练。加油站经理接到暴雨预警信息，立即通知加油站员工进入抗洪戒备状态，一旦达到警戒标准，立即启动应急抗洪防汛应急预案。以卸油口、储油罐、配电室等防汛部位为重点，各组成员按照职责分工，断电、报警、戒严，在重点部位筑起围堤；闭密封储油罐卸油口、计量口；转移贵重物品、账表册等物品，做好现场防护，防止次生灾害。其次，进行加油站防恐怖袭击演练。站内正准备接卸油，面对突如其来快速向油罐车驶来的车辆，加油站员工迅速反应，向危险车辆设置障碍物，向其喷射灭火器，阻拦其靠近油罐区；同时，其他员工立即报警，并向公司领导报告。演练结束后，区安全监管局副局长高保光对救援演练进行了总结。（安东）

【有限空间作业场所应急演练】 5月18日，在房山区加州水郡小区举行了有限空间作业场所应急救援演练。该公司组织线路工区配电班、3个供电所的生产骨干共31人举行了有限空间作业应急救援预案演练活动。区安全监管局及区电力办公室领导、有关科室人员参加了观摩指导。本次演练将有限空间作业管理一步一步进行演示，并模拟作业人员中毒，企业及相关部门立即紧急启动事故应急预案，各司其职，成功进行救援的全过程。演练现场，区安全监管局副局长刘继承认为本次演练组织安排严密，协调配合密切，针对性和实战性强，具有很好的示范效果。

（敖俊华）

【烟花爆竹事故应急救援演练】 为检验新修订的《房山区烟花爆竹生产安全事故应急预案》效果，提高烟花爆竹突发事件的快捷反应机制和处置能力，12月20日上午10点，区安全监管局在北京市熊猫烟花有限公司举办了烟花爆竹生产安全事故应急救援演练活动。演练活动模拟熊猫烟花爆竹有限公司一号库房遭2名不法分子持械盗抢、破坏，熊猫烟花公司安保人员通过监控发现后，及时拨打110报警，并与不法分子进行搏斗、最终制服，押上警车。随后模拟烟花爆竹库房发生火灾，发现火情后，巡逻人员立即启动应急预案，拉响警报、切断电源、疏散人员、警戒现场、报告险情、请求区安监、消防等部门支援并组织公司兼职消防队伍控制火情，专业消防队伍到达后，将火灾扑灭。此次演练全面检验了房山区烟花爆竹生产储运单位应对盗抢、火灾等事故的现场指挥、现场处置、多部门协同作战等机制，演练了企业应急响应程序、报警、人员集结、警戒保卫、紧急灭火、专业消防队伍支援等课目。（杨忠帅）

【有限空间安全作业演练】 6月21日，房山区举行有限空间安全作业演练。此次演练以有限空间安全作业流程为重点，现场模拟了正常作业后有物品遗漏于有限空间（管井）内，经安全管理人员批准再次进入管井取回遗漏物品。整个演练过程按照有限空间作业流程有条不紊地进行，突出强化作业人员的安全意识、专业技能和对各种作业设备的正确操作，针对作业前请示批准、现场警戒隔离、封堵上下游管道、自然通风、持续强制通风、实时气体检测、作业人员防护并与监护人员全程保持通话互动、作业后整理现场并报告作业情况等一系列重点环节进行进一步巩固，切实提高了有限空间作业的专业性和整体水平。演练结束后，区安全监管局副局长刘继承进行了点评，区安全监管局、区市政市容委及其下属单位的主管领导和工作人员共计40余人参加了观摩。

（宿晓彤）

安全生产执法监察

【春节前安全生产大检查】 1月9日至16日，房山区安全监管局对辖区内各大商场、超市及商务会馆进行了节前安全检查。此次共检查企业13家，下达责令限期整改指令书7份，现场检查记录8份，查处各种安全隐患34项，主要存在问题是卖场、库房缺少应急疏散指示标志，部分消防器材被遮挡损坏，部分应急疏散指示标志指向错误、被宣传画遮挡等问题。针对所查问题，下达了责令限期整改指令书，要求立即整改和限期整改。通过检查，有效清除了一大批安全隐患，为人民群众营造祥和、安全的节日氛围创造了条件。（张建）

【高尔夫球经营单位安全检查】 5月28日起，房山区安全监管局对辖区内10家高尔夫经营单位开展了为期4天的安全生产专项检查。重点检查了企业的安全生产法律法规、规章制度、责任制的建立，安全工作规章制度的贯彻落实，消防设施、器材的日常管理维护、保养及完好状况，消防安全通道、出入口是否畅通，安全用电，应急预案制定和开展演练，特种作业人员持证、特种档案的建立、从业人员教育培训落实情况及培训档案是否建立健全，安全生产隐患排查治理等情况。此次检查共查出各类隐患80余条，下达责令限期改正指令书9份，现场检查记录10份，区安全监管局要求存在隐患的企业要高度重视、严格落实整改要求，积极采取有效措施，切实消除隐患，确保企业安全。

（张建）

【高尔夫球经营单位安全工作会】 6月14日，房山区安全监管局召开高尔夫球经营单位安全生产工作会，区体育局、质监局和10家高尔夫球经营单位的主要负责人参加了会议。区安全监管局局长周德运出席会议并讲话。会议首先对5月28日以来开展的高尔夫球经营单位安全专项检查情况进行了通报，指出了检查发现的安全生产制度不健全、教育培训不到位、隐患排查制度不落实、缺少警示标志、缺少安全防护措施等方面的问题，并提出了具体改进意见。区质监局结合特种设备取证和人员培训，区体育局结合行业主管部门落实两个主体责任分别提出了具体要求。最后，周德运结合事故案例，要求各单位要高度重视安全生产工作，切实提高安全意识，落实各项安全生产责任制和规章制度，针对行业特点制定安全管理措施，加强对从业人员的教育培训，积极开展应急演练，确保高尔夫球经营单位的生产安全。会后，结合安全生产月活动，区安全监管局向各单位赠送了《中华人民共和国安全生产法》、《北京市安全生产条例》等安全生产相关书籍。

（张建）

【收看市安全生产电视电话会议】 5月9日，市政府召开北京市安全生产工作电视电话会议，传达国务院关于在全国集中开展安全生产领域“打非治违”专项行动电话电话会议精神，部署“打非治违”专项行动工作，并通报有关安全事故情况。房山区区长祁红、副区长吕守军、吴会杰、区安委会成员单位及各乡镇政府、街道办事处主要领导在房山分会场收看电视电话会议。祁红在会后讲话要求，全区各单位、各部门要高度重视安全生产工作，吸取近期事故教训，认真贯彻落实国务院和市政府的安排部署，抓紧制定本单位、本部门具体实施方案，扎实开展“打非治违”专项行动。（安东）

【“打非治违”专项行动动员会】 6月6日，房山区召开安全生产领域“打非治违”专项行动动员会，全区25个乡镇（街道）、区安委会成员单位及其他有关部门的相关负责人共计67人参加了会议。会议明确了在全区矿山、道路交通、消防、建筑施工、危险化学品、烟花爆竹、民用爆炸物品、冶金及体制内各单位所属土地等重点行业领域进行全面治理，重点打击非法违法生产经营建设行为，并对工作目标、实施步骤进行了详细的安排部署。会上副区长吴会杰宣读了房山区安全生产领域“打非治违”专项行动领导小组及办公室成员名单；副区长吕守军动员部署全区安全生产领域“打非治违”专项行动工作；有关部门和单位作了发言。（安东）

【“打非治违”专项行动推进会】 6月13日，房山区组织召开了“打非治违”专项行动推进会，进一步贯彻落实区政府《关于集中开展安全生产领域“打非治违”专项行动的通知》精神，全区各乡镇（街道）及政府有关部门“打非治违”行动负责人参加会议，区安全监管局副局长李劲松主持会议并讲话。会议传达了《北京市房山区人民政府办公室关于集中开展安全生产领域“打非治违”专项行动的通知》和《房山区安全生产领域“打非治违”1号行动方案》，并就“打非治违”专项行动相关信息报送工作进行部署。李劲松强调：各乡镇（街道）、各部门要明确职责分工，狠抓工作落实，把“打非治违”行动当成一项政治任务来完成，要树立强烈的政治敏感意识，各乡镇（街道）要迅速召开会议，部署“打非治违”工作任务，同时加强沟通联系，积极协调配合，把本区“打非治违”工作做实做细。（敖俊华）

【“打非治违”1号行动阶段讲评会】 6月18日，房山区召开了由各乡镇政府、街道办事处行政正职参加的安全生产领域“打非治违”阶段讲评会。区安委会办公室主任、区安全监管局局长周德运主持会议，副区长吕守军出席会议并讲话。会议讲评了前段时间安全生产和“打非治违”工作落实情况，吕守军强调：各单位要以高度的政治意识，重视安全生产工作；要以高度政治责任，落实安全生产工作；要以严格要求，严肃态度，落实各项工作措施。会议通过分析前一个时期安全生产形势和“打非治违”工作进展情况，有针对性地部署了安全生产工作，特别是“打非治违”工作，进一步统一了思想，细化了工作任务。

（敖俊华）

【“打非治违”联络员会议】 6月19日，房山区召开“打非治违”联络员会议，对“打非治违”工作中相关报表及信息报送工作进行了规范和要求。会议要求：各乡镇（街道）、各部门要强化请示汇报，及时领会上级有关“打非治违”会议精神，切实弄清有关报表内容，及时准确上报相关信息；同时要善于总结经验，及时反馈“打非治违”工作中好的经验和做法。全区25个乡镇（街道）和15个委办局的40名联络员参加了会议。（敖俊华）

【“打非治违”2号行动动员部署会】 7月13日，房山区组织召开“打非治违”2号行动动员部署会，全区各乡镇（街道）、“打非治违”成员单位参加了会议。会上，房山区“打非治违”专项行动领导小组办公室主任、区安全监管局副局长李劲松，对各单位“打非治违”1号行动工作总体落实情况进行了讲评，同时部署了房山区“打非治违”2号行动工作方案。会议强调：各单位一是要认真查找“打非治违”1号行动工作差距，确实做到能发现，能拆除。二是要认真落实“打非治违”2号行动部署，确实做到讲落实、讲效益。三是要认真总结“打非治违”工作经验，确实做到有创新、会落实。（敖俊华）

【为“十八大”保驾护航】 9月26日，房山区安全监管局联合区城管、公安、西潞街道等部门，出动大型机械，依法拆除了辖区内一处违规搭建的钢结构大棚，该违章建筑面积500平方米，未取得规划许可证和土地使用证。西潞街道提前行动，在政策宣传到位、工作程序到位、法律文书到位的情况下，顺利拆除了该处违章建筑，为“十八大”保驾护航。（安东）

【跟踪检查“心连心”艺术团舞台搭建安全】 6月26日，中央电视台“心连心”艺术团赴房山区霞云岭乡进行慰问演出活动，为确保活动顺利进行，区安全监管局会同霞云岭乡政府对活动现场舞台搭建工作进行跟踪检查。检查人员针对舞台搭建现场的安全问题向施工人员提出要求，要切实落实好各级安全生产责任制及各项安全生产规章制度；现场安全管理人员要恪尽职守，加强现场的安全管理；距地面2米以上施工的高空作业，要严格按操作规程施工，防止出现高处坠落事故；加强对使用手持电动工具工人的管理，防止因下雨、天气潮湿出现漏电事故；要求施工单位提供企业资质用以区安全监管局和霞云岭乡政府备案。（郭玉栋）

【“护航”行动第二战役联合检查】 7月3日至4日，根据《房山区安全生产“护航”联合行动第二战役电梯安全检查专项实施方案》的要求，区安全监管局、质监局、住建委、旅游委、商务委组成联合调查组，对拱辰街道办事处、窦店镇政府辖区内公共领域的电梯安全情况进行专项检查。检查以电梯使用单位的各级安全生产岗位责任制的建立、各项安全生产规章制度的落实、从业人员的安全教育培训档案、安全生产事故应急救援预案的建立及电梯使用单位的电梯管理、年检、维护保养、安全运行、特殊工种持证上岗等情况为重点，共检查电梯使用单位7家，排查安全隐患20余条，并当场下达了整改通知书，要求相关责任单位进行限期整改。通过此次联合检查，进一步落实了特种设备使用单位的安全主体责任，提高了使用单位对特种设备安全运行重要性的认识，强化了特种设备管理人员的安全意识，对检查出的问题督促整改，有效消除了安全隐患。（陈莉莉）

【燃气使用安全专项执法检查】 10月10日至17日，由区市政市容委、安全监管局、商务委、质监局、房山消防支队、城管大队组成联合检查组对城关、拱辰、西潞三个街道办事处的20余家燃气使用企业进行重点检查，针对个别从业人员未经安全生产教育培训上岗作业等问题，区安全监管局依据相关法律法规进行行政处罚。此次共下达责令限期整改指令书17份。通过检查，消除了一批燃气使用安全隐患，确保使用单位安全用气。（陈莉莉）

职业安全健康

【职业卫生安全检查】 3月1日，房山区安全监管局副局长刘继承带队对中国石油化工股份有限公司催化剂分公司进行了职业卫生安全检查。通过实地察看、询问等方式，主要检查用人单位是否对员工岗前进行职业安全培训、上岗前职业健康检查、落实职业病管理措施等内容。针对检查中发现的未健全职业病防治制度、操作规程及岗前职业安全培训针对性不强等问题，区安全监管局执法人员下达了责令整改指令书，予以警告并提出整改要求。（宿晓彤）

【市局调研房山区有限空间作业安全生产工作】 3月7日，市安全监管局副局长常纪文一行4人，由区安全监管局副局长刘继承陪同，分别到房山区中粮五谷道场食品有限公司、北京生态岛科技有限责任公司进行实地调研有限空间安全生产工作。到中粮五谷道场污水管理站和北京生态岛科技有限责任公司进行检查，常纪文指出要严格有限空间特种作业持证上岗制度，切实规范有限空间作业规范；要把必要的有限空间作业设施设备装备齐全，改善有限空间作业环境；要正确配备和使用有限空间劳动防护用品，切实保护劳动者生命安全；要发挥好典型示范企业的引领作用，以点带面促进企业整体有限空间作业安全工作。（宿晓彤）

【汽车修理行业职业卫生专项整治】 1月15日至5月30日，房山区安全监管局结合房山区实际，在全区范围内开展汽车修理行业职业卫生专项整治，整治内容包括：用人单位采取的职业病防治管理措施情况、设置公告栏、警示标识等11项。向各乡镇人民政府、街道办事处下发了《北京市房山区汽车修理行业职业卫生专项整治工作方案》。（宿晓彤）

【有限空间安全生产工作会】 4月6日，房山区安全监管局召开2012年有限空间安全生产工作会。全区安委会成员单位、各乡镇（街道）、有关企业主要负责人43人参加了会议。会议观看了有限空间安全生产警示教育片，对2011年有限空间安全生产工作进行总结，部署2012年有限空间安全生产工作。副局长刘继承强调：要认真履行安全监管职责，切实负起责任；要强化管理措施；要落实《北京市安全生产委员会办公室关于做好2012年有限空间安全生产工作的通知》精神。通过此次会议，对全区2012年有限空间安全生产工作进行了再动员。通过观看有限空间安全生产警示教育片，唤醒第一责任人和具体责任人安全责任意识，深刻反思，查找不足，引以为戒，进一步统一了思想，增强了有限空间安全生产工作的紧迫感。（宿晓彤）

【有限空间安全监管工作督察】 6月7日，房山区安全监管局副局长刘继承带队，对区水务局、歌华有限公司等行业部门有限空间安全生产监管工作进行督察。实地察看了有限空间施工作业现场。在区鸿顺园供热公司新建基地施工现场刘继承强调：一是天气越来越炎热，各项有限空间作业越来越频繁，必须提高警惕，严格按照有限空间操作规程进行作业；二是借助全区安全生产月活动，搞好有限空间作业安全生产演练，提高有限空间作业安全生产工作水平；三是加强有限空间作业人员培训和设备设施配备，切实提高有限空间作业水平，防止发生有限空间中毒窒息死亡事故。

（宿晓彤）

【有限空间和职业卫生安全工作会】 6月20日，房山区安全监管局组织召开了有限空间和职业卫生安全工作会。各乡镇（街道）及相关单位主要负责人共计43人参加会议。会议通报了朝阳区6月11日有限空间事故情况，传达了《北京市安全生产委员会办公室关于在有限空间作业现场设置信息公示牌的通知》和《北京市用人单位职业卫生管理制度及操作规程编制要点和范例》精神。区安全监管局副局长刘继承在会上要求：各单位要认真落实会议精神，深刻吸取事故教训，全面加强有限空间安全管理工作，举一反三，严防各类有限空间事故发生；同时要深刻领会文件精神，迅速部署、狠抓落实，督促辖区内各单位和企业学习贯彻文件精神，切实做好有限空间作业现场规范和职业卫生管理工作。8月份起，区安全监管局对文件落实情况进行督察，并将督察结果纳入安全生产年终考核。（宿晓彤）

【通报有限空间中毒事故】 7月13日，房山区安全监管局组织召开了全区有限空间安全生产工作会。区安委会成员单位、各乡镇（街道）、有关企业主要负责人43人参加了会议。会议通报了3起有限空间中毒事故，并就有限空间作业安全生产警示约谈工作进行了传达。区安全监管局副局长刘继承强调：有限空间事故高发期，要吸取教训，抓好作业安全，全面加强一线员工安全知识培训和防护设备设施的使用技能，履行安全监管职责，切实负起责任。

（宿晓彤）

【市局指导灾后有限空间安全生产工作】 7月25日，市安全监管局副局长常纪文带队到房山区指导灾后有限空间安全生产工作，房山区安全监管局副局长刘继承及区农业局相关负责人陪同检查。常纪文分别到莲天养殖场、华福源养殖场、琉璃河三街养殖场实地察看。对厂内沼气池的检查维修工作进行现场指导，强调：养殖企业要充分认识沼气池检修的危险性，严防中毒、窒息等灾后次生事故；检修过程中要加强现场通风，先检测、后作业；区安监及农业部门要密切配合，切实指导养殖企业做好有限空间安全生产工作。（宿晓彤）

【有限空间安全生产专项督察】 针对“7·21”特大自然灾害后，疏通地下管线、清淤作业频繁的特点，8月6日，房山区安全监管局副局长刘继承带队，对区水务局及其下属维修队进行有限空间作业安全检查。刘继承听取了水务局有关部门对灾后排水管线以及有限空间作业情况的介绍，并对水务局维修队有限空间作业设备配备及使用、人员的教育培训、有限空间作业审批、安全警示标识的设立等情况进行了实地察看。刘继承指出“7·21”自然灾害后有限空间作业明显增多，作业单位要进一步加强安全管理，提高安全防范意识，在进行有限空间作业时必须以保障作业者生命安全与健康为前提，严防死守，杜绝有限空间生产安全事故发生。8月7日至8日，区安全监管局对区发改委管辖有关电力企业和区住建委管辖社区物业企业进行督察。（宿晓彤）

安全生产宣传培训

【乡镇安监工作人员培训班】 4月9日，房山区安全监管局举办了由全区各乡镇政府、街道办事处安全部门负责人和工作人员共计110人参加的安监工作人员培训班，进一步深化队伍建设，全面提高本区安全监管工作整体水平。在为期2天的培训过程中，区安全监管局局长周德运等领导从事故案例、法律法规等方面进行了讲解，对乡镇（街道）安监人员的工作起到了促进作用。培训结束后，在市安全监管局预防中心工作人员的监督下，对培训内容进行了严格考试，切实保证了培训质量。（任国鹏）

【安全生产月工作部署会】 5月22日，房山安全监管局组织召开安全生产月工作部署会，各乡镇（街道）、安委会成员单位相关负责人参加会议。会议结合房山区实际对2012年安全生产月工作进行了全面部署，要求各乡镇（街道）、安委会成员单位，抓紧落实会议精神，展开各项准备工作。会议强调，各部门、各单位要按照统一部署开展安全生产月各项活动，突出“践行北京精神，弘扬安全文化，建设安全房山”的活动主题，确保宣传教育效果。（任国鹏）

【安全生产月启动仪式】 5月31日，房山区在府前广场举行了2012年安全生产月活动启动仪式，标志着以“践行北京精神，弘扬安全文化，建设安全房山”为主题的房山区2012年安全生产月活动拉开了序幕。区长祁红、区人大副主任刘顺林、副区长吕守军、区政协常务副主席高维魁出席启动仪式。（郑德雨）

【部署安全生产月宣传咨询日活动】 5月31日，房山区召开安全生产月活动部署会议。各乡镇（街道）及安委会成员单位主管领导参加了会议。会议要求：各有关单位要结合自身实际，认真制定本辖区、本单位安全生产月活动宣传方案。将6月10日作为安全生产月宣传咨询日，各单位主要领导要带头上街开展宣传活动。活动期间，各单位要结合本辖区、本行业特点，开展人员密集场所、危险化学品、建筑施工等重点行业的应急演练，加强物资储备，防患于未然。安全生产月活动结束后，各单位要认真总结经验，区安委会将对各单位的宣传工作进行考核，并将结果作为年终考核的重要内容之一。（任国鹏）

【安全生产月宣传咨询日】 6月10日，房山区2012年安全生产月宣传咨询日在拱辰街道昊天广场举行，区人大常委会主任史全富、副区长吕守军及各主办单位相关负责人出席活动，并向过往群众发放安全生产宣传材料。房山区安全生产月的宣传主题是“践行北京精神、弘扬安全文化、建设安全房山”。全区25个乡镇、28个安委会成员单位及143家企业结合自身实际，采用悬挂横幅标语、图板展览、发放宣传材料、设立咨询台等形式，开展了内容丰富、形式多样、特色鲜明的安全生产宣传活动，吸引了大批群众参与，活动现场还对群众提出的各类安全生产问题进行解答。本次宣传活动房山区共设咨询点180个，悬挂条幅3260条，设立展板3820块，发放各种宣传资料4.3万份，受教育人数超过30万。咨询日宣传了安全生产工作，提高了公众的安全意识。（刘爽）

【“安康杯”演讲比赛】 6月11日，房山区安全监管局、区总工会联合举办了以“践行科学发展，安全重于泰山”为主题的房山区第一届“安康杯”演讲比赛。来自各乡镇（街道）、各部门的44名选手参加了比赛，经过两轮激烈的预赛，共有12名选手进入了最后的决赛。上午9时，演讲比赛在热烈的氛围中开始。选手们或娓娓叙述自己对安全的理解和认识，或慷慨激昂呼吁大家关注安全，珍爱生命，或催人泪下讲述一个个亲身经历的故事，从不同角度、不同侧面诠释了安全的重要意义。演讲比赛主题突出，内容充实，感染力强。选手们声情并茂、表达流畅，用激昂的言语感染着在场的每一个人，不时博得阵阵掌声。经过近两个小时的激烈角逐，评出一、二、三等奖、优秀选手奖共12名，区安全监管局杨茹以出色的表现获得了此次演讲比赛的三等奖，同时区安全监管局获得了优秀组织奖。通过演讲比赛，进一步强化了大家的安全意识、责任意识和自我防范能力，营造了安全生产的良好氛围。选手们也表示要主动宣传安全知识，积极参与安全工作，影响和带动更多的人关注安全，珍爱生命，共同推动安全工作再上新台阶。（刘爽）

【安全生产巡回宣讲活动】 由房山区安全生产月活动组委会主办的安全生产巡回宣讲活动正式启动，宣讲团由“安康杯”演讲比赛获奖人员组成，自6月21日起，在全区各乡镇（街道）、企业、社区等开展安全生产巡回宣讲活动，此次巡讲以安全生产月为活动背景，深入基层宣传安全生产政策法规，传播安全知识，弘扬安全文化，巡讲内容涉及安全生产、交通安全、消防安全、施工安全、作业安全以及企业先进安全管理经验等。巡讲旨在提高从业人员的安全意识和安全素质，启发和教育人们珍

爱生命、遵章守纪，夯实安全生产基础工作，为建设“一区一城”新房山创造良好的安全生产环境。（刘爽）

【特种作业“三高危”培训】 2012年，房山区安全监管局组织对全区高危行业主要负责人、安全管理人员、烟花爆竹零售单位主要负责人及特种作业人员的培训考核工作，全年共培训7223人，其中：组织高危行业主要负责人、安全管理人员考核4期，考核人员1125人；组织烟花爆竹主要负责人考试2期，考核人员621人；组织特种作业人员考核10期，考核人员5300人。（任国鹏）

安全生产法制建设

【安全监管《行政强制措施》相关工作】 2012年，房山区安全监管局梳理安全生产法律法规涉及的行政强制措施事项5项，行政强制执行事项2项，并即时上报区法制办。制定并下发《查封、扣押行政强制措施有关规定》，规范安全监管行政强制程序。配合市法制办、区法制办做好关于《北京市行政强制案卷标准（征求意见稿）》和《北京市行政强制文书式样（征求意见稿）》的意见征求工作。

（杨茹）

【案卷整理与评查】 2012年，按照《北京市行政处罚案卷标准》及评分细则，通过科室自查、科室间互查、法规科审核等方式，按季度定期开展行政处罚案卷整理归档和审核工作。通过案卷评查、审核发现的问题，要求科室及时进行整改。2012年，在市、区案卷评查中，均为优秀卷，在市安全监管局案卷评查中名列第五。（杨茹）

安全生产标准化

【安全生产标准化工作推进会】 根据《北京市房山区危险化学品企业安全生产标准化工作方案》（房安监〔2011〕18号）的文件要求，为全面掌控危险化学品标准化体系运行进度，区安全监管局按照不同类型单位分批组织召开了危险化学品安全生产标准化工作推进会。2月23日，组织全区危险化学品生产单位主要负责人和自评人员逐一汇报安全标准化进展程度，共30余人参加会议。通过各单位汇报，针对存在的安全管理人员少，存在一人多职的现象及企业职工流动性大，安全文化水平较低等问题，区安全监管局副局长高保光指出：一是加强对员工的培训教育工作，通过培训，使从业人员安全生产基本知识和业务水平有所提升；二是要求企业通过“安全生产管理网”搜集材料，并将文件精神及时传达到每个员工；三是根据企业提出的问题，区安全监管局及时沟通有关部门和单位，做好问题的解答和服务工作；四是通过标准化运行工作，使企业尽快达到安全标准，保证生产安全。

（韩学军）

【企业安全生产标准化培训班】 8月20日，房山区安全监管局邀请专家，对全区油库和工业气体经营单位的主要负责人共计40余人进行了安全生产标准化培训，重点讲解了《应急救援预案记录册》、《培训教育册》、《会议记录册》等模板的实际用途和使用方法，通过全面推进标准化工作，切实提高企业安全生产管理水平。（杨忠帅）

通州区

概　述

2012年，通州区安全生产工作始终坚持“安全发展”的指导原则和“安全第一、预防为主、综合治理”的工作方针，以服务首都城市副中心建设为目标，落实各项安全工作措施，全区安全生产形势保持了总体平稳的态势。

1. 健全体制机制，进一步巩固安全生产一盘棋格局

明确安全生产责任体系。在年初区政府向各乡镇、街道下达《安全工作任务书》的同时，各乡镇、街道层层分解安全生产责任，《安全生产任务书》逐级签订到村、到企业、到班组，实现了安全生产责任的全覆盖。深化安全生产“一岗双责”。进一步加强安全生产工作的领导，在区级层面和各乡镇（街道）均实现了安委会主任由行政“一把手”担任，区安委会的层级得到全面提升。健全安全生产考核奖惩机制。在对各乡镇、街道进行安全生产考核的基础上，首次以区政府名义制发了对政府27个工作部门安全生产工作的考核奖惩办法，有力督促各部门履行安全监管（管理）职责。统筹实施全年安全生产执法行动。制定《2012年通州区安全生产重点执法检查计划》，统筹协调31个政府工作部门和各乡镇、街道的执法资源和力量，深入开展“双十”执法行动，有效构建了安全生产执法的强大合力。

2. 落实监管责任，不断提升安全生产保障能力

圆满完成“十八大”安全生产保障工作。成立了由主管安全生产工作的副区长担任组长的“十八大”安全生产保障专项行动领导小组，研究制定专项行动方案，组织召开不同层级、不同范围的动员部署会，建立了“日报告、周分析、月通报”等工作制度。从8月底开始，突出对“十八大”特供单位、铁路沿线以及危险化学品、建筑施工、人员密集场所、交通运输、地下空间、特种设备、供水、供热、供电、通信等10个高危行业和重点领域集中开展了超常规、高频次、不间断的隐患排查治理行动，为“十八大”召开创造了良好的安全环境。“护航”联合行动两次战役实现预期目标。在年初开展为期3个月的“护航”联合行动基础上，从4月起至年底，以建筑施工、道路交通运营、餐饮等燃气公服用户、危险化学品、再生资源回收、商市场及农村集贸市场、电梯、铁路沿线8个方面为重点，启动安全生产“护航”联合行动第二战役，有力打击了安全生产非法违法行为。共检查各类生产经营单位9142家次，下达各类执法文书5484份，排查整改各类隐患9120处，责令停产停业整顿单位188家，关闭取缔23家。核心区建设平安守护行动成效显著。结合新城核心区大面积开工建设的实际，按照“齐抓共管、协调配合、稳步推进”的原则，区安委会牵头组织住建、市政市容、公安消防等部门和有

关街道、乡镇开展专项联合执法30余次，强化了新城核心区安全监管。做好重点时期、特殊时段及大型活动安全生产保障。圆满完成了“两会”、市党代会等重点时期，春节、国庆、7月21日特大暴雨等特殊时段以及市委主要领导到通州调研、中国艺术品产业博览会、世界台球团体锦标赛大型活动的安全保障工作。

3. 深化整治攻坚，继续开展“打非治违”工作

从5月份开始，在全区范围内组织实施“打非治违”1号行动和2号行动，遏制非法违法建设行为。各乡镇、街道层层落实“打非治违”责任，主要领导亲自挂帅，靠前指挥，将“打非治违”工作动员部署到基层，方案制定到基层，监督检查到基层，全力制止、查处和打击各类非法违法生产经营建设行为。统筹协调区规划、国土、住建、城管、工商、公安、市政市容、交通、消防、民防等重点行业领域牵头部门密切协作，形成了依法严厉打击的强大合力，在“打非治违”工作中发挥了关键性作用。区安委会办公室牵头实施了调度例会、督导检查、信息统计、跟踪督办、督察考核、新闻宣传6项制度，并在全区范围内牵头组织开展了住宅小区内违法建设大排查、大整治工作。全区安全生产“打非治违”专项行动取得了显著成果，大批影响新城建设安全运行的违法建设被拆除，大量严重的非法违法生产经营行为被铲除，各类事故得到有效控制。全区共排查发现违法建设159869平方米，累计拆除135326.05平方米。共组织检查组1642个，出动检查人员26964人次，检查企业53941家次，关闭非法违法企业63家，行政拘留64人，移送追究刑事责任20人，罚款1008.12万元。

4. 突出高危行业，加强重点领域安全监管

持续开展危险化学品行业专项治理。对危险化学品生产、经营、使用单位开展了全覆盖执法检查。对6家不符合“一书两证”要求的危险化学品生产企业责令退出生产领域。坚决清理整顿了北京市化工通县仓库，清除不符合国家标准的危险化学品共计4大类1100余吨。对停产后的东方化工厂及其厂区内4家危险化学品生产企业实施重点监管，督促企业严格落实停产安全保障措施，严防事故发生。进一步强化有限空间安全监管。深入开展有限空间专项治理行动，探索实施有限空间作业安全管理台账制度、内部审批和事前备案制度以及检查制度等，建立有限空间作业安全监管长效机制。联合水务等有限空间行业主管部门，出动执法检查人员300余人次，制止违章操作行为145起，有效遏制了有限空间作业事故发生。会同水务、发改、电力、消防等部门开展了应急救援演练观摩活动。深入开展消防、燃气、特种设备等行业领域专项整治。全区各相关部门结合本行业特点，以消防、餐饮、燃气、建筑施工以及特种设备、商（市）场等行业领域为重点，深入开展了各类专项整治。如区消防支队以“平安三号行动”为龙头，采取党委成员带队分片包干的形式组成13个检查组开展消防专项整治，下达行政处罚决定书191份，罚款171.9万元，行政拘留30人，媒体曝光21起。区市

政市容委对全区餐饮单位燃气使用情况进行了逐一摸底建档，对全区2316家餐饮单位进行了全覆盖联合检查。区城管监察大队对中小餐饮企业瓶装液化石油气用气安全集中开展了专项执法检查，同时对全区47家瓶装液化气换瓶站、13家液化气储罐厂和施工工地食堂进行了全面检查。做好烟花爆竹销售许可和安全监管工作。实施安监、公安、交通、消防等7个部门联审制度，对全区64个烟花爆竹零售网点、3家烟花爆竹批发企业和烟花爆竹库进行不间断地检查，对城区23个网点全部加装视频监控装置，并全面推行安全生产责任险和风险抵押金制度。目前，2013年烟花爆竹的销售许可和监管工作正在有序推进。

5. 强化宣传教育，全社会安全生产意识得到新提高

创新打造安全生产月宣传教育品牌。开展了安全警示教育周、安全知识宣传周、应急预案演练周和安全生产隐患集中排查治理周等系列专题活动，受教育人数达30余万人。组织开展评选“安全生产卫士”、“安全形象小天使”以及“百场安全宣传基层行”活动。专题制作了《血的教训如天的责任》案例警示教育片并在全区播放1000场，编辑出版发放企业主要负责人培训教材——《安全生产培训手册》1万册。组织开展相关领域不同群体专题教育培训。组织开展了乡镇街道安全生产主管领导专题培训班，培训新任领导和安全科长50余人。采取政府出资、专家授课、属地组织、统一考试、登记备案的形式，分12期开展企业主要负责人及安全生产管理人员大培训，共培训4000余人。对全区209名基层专职安全员和1000名职业健康管理员进行专题培训。举办了相关部门及企业单位240人参加的有限空间作业安全管理培训班。全面发挥媒体宣传和舆论监督作用。以安全生产特色工作为突破口，积极联系国家级、市级安全生产宣传平台，加大对本区安全生产的宣传力度。先后在《中国安全生产报》、市安委会的《安全生产简报》以及市安全监管局网站登载信息317条。以通州电视台、通州广播电台和《通州时讯》为阵地，播放安全专题节目71期，制作电台专栏47期。另外，充分发挥舆论监督作用，2012年共接到举报投诉153件，已办结149件，办结率97.4%。

6. 夯实基层基础，安全监管基础性工作取得新进展

有序推进安全生产标准化创建工作。自2010年以来，通过严格自查、初审、复审、公示等程序，本区已产生两批共79家安全生产标准化“金安企业”。2012年，以中小企业为重点，评选出30家“金安企业”。同时，推进危险化学品企业安全生产标准化达标创建工作，已有155家危险化学品企业达到安全生产标准化三级，提前完成市级规定的任务指标。强化基层安全监管网络建设。在完成基层专职安全员队伍和村（社区）安全检查员队伍组建的基础上，加大基层安全监管队伍管理力度，统一了专职安全员检查防护服装，创新开展专职安全员现场检查培训，全力提升队伍素质。同时，不断深化基层安全监管网络建设，注重发挥典型示范作用：

漷县镇的举报奖励机制、于家务乡基层宣讲员队伍建设、梨园镇菜单式执法检查和安全监管网格化管理等。推进安全生产信息化应用和物联网建设。依托北京市安全生产信息平台，全面加强对危险化学品生产、经营、储存企业和易制毒、易制爆、管控化学品企业的实时监管，实现精细化管理。开发建设了通州区危险化学品企业视频监控系统，可在线接收全区68家危险化学品企业的300多路视频监控图像。

安全生产综合监管

【安全生产控制考核指标落实情况】 2012年，通州区安全生产控制指标为110人。通州交通支队负责交通安全事故管理工作，交通肇事死亡人数控制指标为98人。通州消防支队负责火灾事故管理工作，火灾死亡人数控制指标为1人。区安全监管局负责工商贸等生产安全事故管理工作，生产安全事故死亡人数控制指标为7人，铁路交通事故死亡人数控制指标为4人。2012年，通州区生产、交通、火灾事故等共造成死亡102人，占控制指标的92.7%。其中：生产安全事故死亡6人，占控制指标的85.7%；交通事故死亡95人，占控制指标的96.9%；火灾事故死亡1人，占控制指标的100%。（杨镜坡）

【年度安全生产工作大会】 3月2日，通州区政府在通州会议中心二层报告厅召开通州区2012年安全生产工作大会。会议传达贯彻了全国安全生产电视电话会议和全市安全生产大会精神，全面总结了2011年工作情况，深刻分析了面临的形势和任务，重点对2012年工作进行了研究部署；区政府向11个乡镇政府、4个街道办事处和区政府各有关工作部门的行政“一把手”下达2012年安全工作任务书。区安全监管局局长曹树常在会上作了安全生产工作报告，副区长肖志刚对全区安全生产工作提出明确要求。（杨镜坡）

【第二季度安全生产工作会】 4月13日，通州区政府在通州会议中心三层政府常务会议室召开了通州区2012年第二季度安全生产工作会议。会议通报了第一季度全区安全生产形势，重点对第二季度安全生产工作进行了部署。区政府办副主任、区应急办主任韩向群主持会议，区安全监管局局长曹树常通报了全区安全生产情况，区住房和城乡建设委、区市政市容委等8个单位汇报了第一季度安全生产工作情况，副区长肖志刚参加会议并对全区安全生产工作提出要求。（杨镜坡）

【“打非治违”专项行动工作大会】 5月25日，通州区政府在北发大酒店一层多功能厅召开通州区集中开展安全生产领域“打非治违”专项行动工作大会。会议传达贯彻了全市“打非治违”专项行动电视电话会议精神，通报了全区安全生产情况，全面部署了全区“打非治违”专项行动工作。副区长张华主持会议，副区长肖志刚通报全区安全生产情况，对“打非治违”专项行动工作进行动员部署，宋庄镇、台湖镇等5家单位进行了表态发言，区长岳鹏出席会议并

对全区“打非治违”专项行动工作提出明确要求。（杨镜坡）

【上半年安全生产工作大会】 8月9日，通州区政府在通州会议中心二层报告厅召开通州区安全生产工作大会。会议总结了上半年全区安全生产工作，结合当前安全生产形势部署下半年工作任务。区政府办副主任、区应急办主任韩向群主持会议，区安全监管局局长曹树常作安全生产工作报告，副区长肖志刚参加会议并对全区下半年安全生产工作提出要求。（杨镜坡）

【“十八大”安全生产保障部署会】 8月28日，通州区政府在通州会议中心一层多功能厅召开了通州区“十八大”安全生产保障专项行动部署会。会议对全区生产安全领域的“十八大”安保工作进行了再动员、再部署，确保“十八大”期间全区安全生产形势稳定有序。区安全监管局纪检组长雷雨雯主持会议，副局长吴宝祥部署了“十八大”安全生产保障”专项行动方案和加强危险化学品反恐怖防范工作意见，副局长杨文庆部署了“有限空间作业安全生产专项治理”行动。区安全监管局局长曹树常对全区“十八大”安全生产保障工作进行了全面动员。（杨镜坡）

【安全生产举报中心工作】 2012年，通州区安全隐患和安全违法行为举报中心共接到各类群众举报投诉153件，其中市长信箱1件，市安全监管局信访办1件、局长信箱5件，“12350”举报投诉电话93件，举报中心53件。按举报途径划分，电话举报96件，网络举报57件，按行业类别划分，生产安全52件，烟花爆竹2件，危险化学品9件，消防安全30件，建筑安全16件，公共设施安全44件。截至年底，153件举报投诉已办结149件，办结率97.4%。已办结事项中，经查属实106件，属实率为71.1%。均已将查处情况向实名举报的举报人进行回复，举报人均表示满意和认可。（杨镜坡）

【“十八大”期间安全生产督导】 10月17日至18日，副区长肖志刚带队对各乡镇、街道及部分安委会成员单位2012年以来安全生产工作及“十八大”期间安全生产保障工作情况进行督导检查。（杨镜坡）

【市安委会考核通州区安全生产工作】 12月27日，市安委会结合《2012年度区县政府绩效管理考评检查》的内容，采取听取汇报、查阅有关资料、随机抽查乡镇、街道安全生产工作落实情况等形式对通州区政府安全生产工作进行了综合考核。经过考核，通州区被评为2012年度北京市安全生产工作先进区县。（杨镜坡）

【区安委会考核安全生产工作】 12月，依据《2012年安全工作任务书》，通州区安委会分别对各乡镇、街道和区政府有关工作部门安全生产综合考核工作。督察考核的重点是对各乡镇、街道在明确责任、完善体系、强化基础、落实经费、强化监督、隐患排查、危险源监控、宣传教育培训、预案演练、事故查处、探索创

新11项工作内容。对考核评选出的2012年安全生产工作先进单位，在全区范围内进行了通报。（常帅男）

【规范乡镇、街道安委会设置】2012年，通州区人民政府办公室印发了《关于进一步明确乡镇政府、街道办事处安委会组成人员及安全监管职责的通知》（通政办发〔2012〕6号），进一步明确了乡镇政府、街道办事处安委会主任由乡镇长（主任）担任，副主任由分管安全生产的副乡镇长（副主任）担任，乡镇政府、街道办事处各相关部门的主要负责人为成员。区安委会下设办公室，作为安委会具体工作的承办机构，办公室设在乡镇政府、街道办事处安监科，安委会办公室主任由分管安全生产的副乡镇长（副主任）兼任，安委会办公室副主任由党政办公室主任和安监科科长兼任。（常帅男）

【基层专职安全员队伍建设】 8月，通州区安全监管局组织各乡镇、街道安全科召开了基层专职安全员队伍建设工作座谈会，总结工作亮点，查找存在的问题，明确工作措施，形成了《关于进一步加强通州区基层专职安全员队伍建设情况的调研报告》。向各乡镇、街道安全科下发了《关于加强基层专职安全员队伍人员进出管理工作的通知》，进一步强化了对基层专职安全员队伍的管理，严把进人关。8月至9月，组织开展了2012年度专职安全员的招录工作，经过报名、笔试、面试等程序，最终招录20人，录用人员自10月1日正式上岗。9月，向各乡镇、街道安全科下发了《关于开展乡镇、街道基层专职安全员现场检查培训工作的通知》，从9月开始至年底，每周由一个乡镇、街道安全科安排3名基层专职安全员，编入区安全监管局3个执法科室的执法检查组，参加安全生产检查的全过程。此次培训共有72名基层专职安全员参与，占全区专职安全员194人的37%。同时，建立了基层专职安全员季报备案制度。2012年，全区15个乡镇、街道共有基层专职安全员202人。12月，为基层专职安全员统一配备检查防护服装，检查防护服装的款式、颜色以及服装种类参照北京市安全监管系统行政执法服装标准。

（常帅男）

【村（社区）级安全监管体系建设】 3月，通州区安全监管局对乡镇、街道的村（社区）安全检查员基本情况进行了调查摸底，同时要求各乡镇、街道加强对安全检查员队伍的管理，建立健全人员档案，并将队伍建设情况定期报区安全监管局备案。2012年，全区15个乡镇、街道，涉及470个行政村、104个社区，共设置村（社区）级专（兼）职安全检查员1179人，其中，专职安全检查员82人，兼职安全检查员1097人。（常帅男）

危险化学品安全监管

【全年危险化学品安全执法检查情况】 2012年，通州区安全监管局共检查危险化学品单位和烟花爆竹零售网点1033家次，其中危险化学品单位检查905家次，烟花爆竹网点检查128家次，发现和处理各类安全隐患共计752处，下达各类执法

检查文书452份，行政处罚30家，罚款51万元。（辛晋峰）

【危险化学品“护航”联合执法行动】 4月至12月，通州区安全监管局联合区公安、工商、环保、质监、交通、城管、消防等部门，按照各部门职责分工对全区危险化学品企业和烟花爆竹网点开展了10次联合“护航”执法专项检查，其中区安全监管局牵头开展了6次危险化学品执法检查活动，共检查单位96家，下达执法文书59份，消除各类安全隐患53处。（辛晋峰）

【危险化学品“打非治违”专项行动】 5月至12月，按照区政府“打非治违”行动统一部署，通州区安全监管局联合区工商、公安、消防、质监和环保部门，会同各乡镇、街道安全科对全区各类未经依法批准擅自从事危险化学品生产经营、建设的企业和存在重大安全隐患未整改而继续从事生产经营活动的企业统一开展了“打非治违”专项行动。共计检查危险化学品企业349家，下达责令整改通知书273份，查处非法生产经营活动15起，行政罚款16.3万元。（辛晋峰）

【危险化学品“两重点、一重大”专项整治】 6月至12月，通州区安全监管局对全区涉及的“两重点、一重大”的20家危险化学品企业开展了专项整治工作，对首批涉及危险化学品企业的工艺装置，监测、报警、控制装置改造的企业进行了现场检查。此次专项整治效果明显，所检查的东方亚克力公司投入80余万元，完成了自动化控制改造，2家油库已分别投入百万元资金开始实施安全防护技术和工艺装置整改。（辛晋峰）

【危险化学品生产企业专项整治】 8月至9月，通州区安全监管局对全区20家危险化学品生产企业进行了专项整治，通过检查处理各类安全隐患37处，下达执法文书31份。对其中6家不具备“一书两证”行政许可条件的生产企业采取了关停退市和企业转型措施。坚决清理整顿了北京市化工通县仓库，清除不符合国家标准的危险化学品共计4大类1100余吨。并停产后的东方化工厂及其厂区内4家危险化学品生产企业实施了重点监管。（辛晋峰）

【涉氨企业专项整治工作】 8月至9月，通州区安全监管局依据《北京市液氨储存使用安全管理导则（试行）》的标准要求，对全区21家涉氨企业进行了整治验收工作，检查共发现安全隐患24处，下达执法书17份。全区16家企业已按照标准完成整改验收工作，5家企业因未达到安全标准已责令其停产停业并限期整改。（辛晋峰）

【易制毒、易制爆化学品企业检查】 8月至9月，通州区安全监管局对全区21家易制毒企业、46家易制爆企业的内部安全管理情况和易制毒、易制爆化学品进货、销售产品流向信息上报情况进行了执法检查，同时对3年内未开展相关业务活动的企业进行了企业负责人约谈，通过检查和约谈措施分别削

减了易制毒企业11家，易制爆企业19家。（辛晋峰）

【汛期危险化学品安全检查】 7月至10月，通州区安全监管局针对汛期特点，对全区危险化学品重大危险源企业的设备安全、防雷防汛措施和应急救援物资储备工作进行了专项排查，共检查危险化学品企业63家，下达责令整改通知书37份，发现各类安全隐患42处，处罚1家。（辛晋峰）

【危险化学品“十八大”安全保障工作】 8月至11月，通州区安全监管局在全区范围内开展了危险化学品企业“十八大”安全保障工作。制定了《通州区危险化学品“十八大”安全保障执法检查工作计划》和《通州区关于加强危险化学品反恐怖防范工作的意见》。对全区12家重大危险源企业重新进行安全评估和危险源登记备案，对企业重点装置的监控报警装置定期进行检验，强化对危险化学品重大危险源企业的防控力度。清理了位于通州区的北京通县化工仓库储存的危险化学品1000余吨。共计检查危险化学品企业219家/次，发现和处理安全隐患182处，下达执法文书133份，处罚企业9家，罚款20.3万元。（辛晋峰）

烟花爆竹安全监管

【部署烟花爆竹安全监管工作】 11月，通州区安全监管局制定下发了《通州区2013年烟花爆竹销售（储存）工作方案》，成立了由区安全监管局局长曹树常任组长，各分管领导任副组长，各乡镇、街道安全科为成员的烟花爆竹安全监管工作领导小组。组织召开乡镇、街道和区相关部门以及各零售网点负责人会议，同时还组织召开了烟花爆竹批发、搭棚、视频技术等公司会议，对烟花爆竹监管和销售工作进行部署。（辛晋峰）

【烟花爆竹宣贯及培训】 11月，通州区安全监管局分别组织各乡镇、街道安全科负责人和全区危险化学品企业负责人以及烟花爆竹零售网点负责人进行了安全生产法律、法规的学习培训；组织企业黄袖标安全员进行了培训，共计培训人员1500余人。（辛晋峰）

【烟花爆竹零售网点安全管理】 11月，通州区安全监管局对全区烟花爆竹零售网点进行登记报名，逐一进行审核并统一开展培训考核，严把准入关。按照通州区政府提出的“确保绝对安全”的要求，区安全监管局联合区公安、交通、消防、市政等7个职能部门完成了零售网点的联合审查布设、行政许可审批和增项手续办理等工作。对城区内23家零售网点加装了视频监控摄像头及语音通讯模块，并抽调专人负责实时监控，及时消除安全隐患。在燃放高峰期，各有关部门全面加大了对零售网点、周五加油站、危险化学品企业、人员密集场所的安全监管，全力确保烟花爆竹安全燃放。（辛晋峰）

【烟花爆竹销售网点安全检查】 2012年，烟花爆竹销售前期，通州区安全监管局成立6个专项执法小组，按照《通州区烟花爆竹零售网点安全考核标准》，对全区64个烟花爆竹零售网点进行了百分考核。除夕及正月初五、十五等重点销售时段，区安全监管局全局出动，对烟花爆竹零售网点、烟花爆竹批发企业和烟花爆竹库进行不间断检查。烟花爆竹销售期间，区安全监管局累计检查零售网点128家次，下达执法文书123份，暂扣销售许可证1家，制发《烟花爆竹安全监管工作专刊》7期。（辛晋峰）

【推进安全生产应急管理工作】 2012年，通州区安全监管局起草了《安全生产应急预案编制备案及应急救援队伍建设分工方案》，协调有关科室开展了危险化学品、机械、冶金、建材、轻纺、烟草等行业领域企业专（兼）职应急救援队伍建设工作，并在2009年工作基础上，对全区155家危险化学品企业应急预案重新进行了备案。（辛晋峰）

【应急救援队伍及救援物资储备建设】 2012年，通州区安全监管局对全区166家危险化学品企业建立专（兼）职应急救援队伍工作进行了督促指导，同时督促各企业针对季节特点和“十八大”安全保障要求做好各类应救援物资、设备的储备，目前全区危险化学品企业共计储备各类应急救援物资共计20余种，主要包括救援和防护两大类。（辛晋峰）

安全生产事故隐患排查治理

【开展安全隐患大排查】 1月，通州区安委会印发了《关于开展安全隐患排查治理工作的通知》，1月中旬至3月上旬在全区范围内深入开展了安全隐患排查治理工作。本次隐患排查治理工作全区共检查生产经营单位3718家，排查出各类隐患2672项，截至3月上旬，已完成整改2660项，对未完成整改的12项隐患，区安委会办公室召开了专题会议研究隐患整改及防范措施，并实施挂账跟踪督办，严防事故的发生。截至年底，所挂账的12项隐患全部整改完成。（杨镜坡）

【“打非治违”专项行动】 5月，通州区安委会集中力量，组织全区各有关部门深入开展了全区性的安全生产“打非治违”专项行动。此次行动，全区共排查发现违法建设157869平方米，累计拆除131086平方米，共查处在建违法建设75254.7平方米，已拆除55684平方米，共对59500平方米违法建设实施断水、断电等措施。全区共组织检查组1642个，出动检查人员26685人次，检查企业46390家次，责令改正、限期整改违法行为25368起，责令停产停业停止建设502家，没收违法所得、非法生产设备62起，关闭非法违法企业61家，行政拘留59人，罚款891.92万元。（杨镜坡）

【排查治理各类事故隐患】 “十八大”期间，通州区安委会通过召开会议、制发安全生产保障工作方案等措施，动员各部门、各单位从2012年8月底起至12月底，在全区范围内集中时间、集中力量、集中精力，开展“十八大”安全生产保障专项行动。一是集中开展特供单位、铁路沿线等重点单位以及敏感地区周边生产经营单位的安全整治。二是对危险化学品、建筑施工、人员密集场所、交通运输、地下空间、特种设备、供水、供热、供电、通信等关系国计民生重点单位开展安全检查，消除事故隐患，做好安全生产社会面管控。本次检查治理工作全区各部门、各单位共计检查各类生产经营单位7786家次，下达执法文书4353份，查处各类隐患5982项，停产停业整顿单位102家，关闭取缔单位542家，处罚127万元。

（常帅男）

【住宅小区违法建设排查整治行动】 10月22日，朝阳区私人别墅地下改建墙体倒塌事故发生后，通州区安委会制发了《关于开展住宅小区内违法建设大排查、大整治工作的通知》，组织全区各部门、各单位从10月底开始，利用1个月时间，按照“条块结合，协同作战”的原则，分排查摸底、集中整治、总结建制三个阶段，对全区范围内所有住宅小区内擅自进行拆除重建、开挖地下室、加层搭盖改扩建等在建违法建设行为进行了大排查、大整治，坚决遏制此类事故的发生。（张伟）

安全生产执法监察

【全年执法监察工作成效】 2012年，通州区安全监管局共检查各类生产经营单位2802家，下达责令整改指令书1271份，行政处罚立案起数167起（不含简易处罚起数），处罚金额593.2万元（其中，执法检查罚款495.2万元，事故罚款98万元），共制作行政处罚案卷119卷，其中事故案卷3卷。存在隐患的企业已全部完成了整改，罚款已全部缴入国库。（张伟）

【“护航”联合行动两次战役】 为确保全区“两节”、“两会”期间安全生产，通州区安委会于1月至2月组织全区各有关部门开展了安全生产“护航”联合行动，重点对燃气使用、危险化学品和烟花爆竹、地下空间、商场超市、轨道交通运营、居民住宅电梯6个重点领域进行了安全生产联合执法检查治理，共检查各类生产经营单位2301家次，下达执法文书3204份，查处各类安全隐患2493个，处罚金额1.5万元。为全力做好“十八大”安全生产保障工作，按照市安委会统一部署，区安委会根据全区安全生产的实际特点，发动全区各有关部门和单位从4月至12月底，以建筑施工、道路交通运营、餐饮等燃气公服用户、危险化学品、再生资源回收、商（市）场及农村集贸市场、电梯、铁路沿线等8个方面为重点，深度实施安全生产“护航”联合行动第二战役，全力消除安全隐患，严厉打击安全生产非法违法行为。据统计，“护航”联合行动第二战役全区共检查各类生产经营单位13430家次，下达各类执法文书8613份，排查整改各类隐患15494处，责令停产停业整顿单位275家，关闭取缔74家。（常帅男）

【节后开、复工企业及工地安全检查】 2月至4月，通州区安全监管局联合区住建委对节后120余家开、复工地和企业进行了检查，查处隐患538处，对6家存在违法行为的企业给予了行政处罚；此外，针对燃气使用和电梯安装、维修等易发生事故的领域，联合市政、质监分别开展了专项执法行动，共检查相关行业企业60余家，查处隐

患220余处。（张伟）

【“两会”期间安全保障】 2月底至3月中旬，通州区安全监管局在“两会”召开期间开展了分区域、分行业的检查行动，并对劳动密集型企业和防火重点生产企业实施监督管控。在所检查的120余家该类型企业中，共发现、消除安全隐患538处，下发责令整改指令书115份，对其中6家存在严重安全隐患和违法行为的企业给予了行政处罚。

（张伟）

【“7·21”特大暴雨后安全检查工作】 7月，通州区安全监管局对“7·21”特大暴雨后受灾比较严重的张家湾镇、宋庄镇等地区企业进行安全生产情况进行了摸底排查，对重点企业的房屋建筑、机器设备、安全设施、用电线路、安全防护和应急物资储备等情况进行了全面检查，共检查各类企业38家，下发责令整改指令书36份，发现并查处各类安全隐患120余处，对3家存在严重安全隐患和违法行为的企业给予了行政处罚。（张伟）

【“中国艺术品博览会”期间安全保障】 为全力做好“中国艺术品博览会”期间安全保障工作，7月至10月，通州区安全监管局出动执法力量，对活动场地展台、舞台搭设作业情况进行安全检查和会场所在地宋庄镇小堡村周边重点行业企业进行检查，共检查重点行业企业78家，查处各类安全隐患246处，下发责令改正指令书51份，对逾期不整改的13家企业给予行政处罚共计27.5万元。（张伟）

【“十八大”期间安全保障】 8月至11月，通州区安全监管局突出对“十八大”特供单位、铁路沿线以及危险化学品、建筑施工、人员密集场所、交通运输、地下空间、特种设备、供水、供热、供电、通信等高危行业和重点领域集中开展了超常规、深层次、不间断的执法检查行动，共检查各类企业110家次，查处各类安全生产隐患181处，下发责令改正指令书32份，对违法情节严重的企业罚款共计23.3万元。（张伟）

【铝镁制品机加工企业专项治理】 10月至11月，通州区安全监管局对5家铝镁制品机加工企业安全生产情况进行了检查，重点检查了安全管理制度建立情况，安全机构人员配备情况和特种作业人员管理情况。共查处隐患17处，下发执法文书5份，对于检查出的各类安全隐患，不仅督促其限期进行整改，还对其整改情况进行跟踪监督，直至隐患彻底消除。（张伟）

【节日和重要活动期间安全联合检查】 通州区安全监管局联合区商务委、旅游局、文化委、体育局部门，对节日和重要活动期间区内100余家“三合一”、“多合一”企业及繁华地带人员密集场所生产经营单位进行了多次联合检查。此外，在草莓音乐节、世界台球锦标赛、宋庄艺术节、中国食用菌大会、北京市植树节开幕式等大型活动举办期间，区安全监管局牵头进行了先期检查和全程安全保障。

（常帅男）

【京外特种作业登记工作】 4月，通州区安全监管局在全区范围内开展了京外特种作业操作证登记工作。共有10个乡镇、街道的20余家企业如实填写本单位京外特种作业人员及其操作证信息，核对人数共计133人，工种分布为：叉、铲车操作19人、低压电工5人、压力焊44人、熔化焊接与热切割作业58人、钎焊作业1人、高压电工5人、登高架设1人。（张伟）

安全生产标准化

【“金安企业”与三级达标】 2012年，通州区安全监管局在2011年的基础上，以全区中小企业为重点对象，继续开展安全标准化“金安企业”创建活动。经过对各乡镇、街道以及各相关部门上报推荐的企业申报资料的审核以及现场复审评查，最终确定30家符合标准的企业获评为安全标准化“金安企业”。同时，积极推进危险化学品企业安全生产标准化达标创建工作，1月至3月，通州区安全监管局组织全区166家危险化学品企业开展了安全标准化三级达标试运行和评审机构评审工作，全区已全部完成参评企业安全标准化三级达标工作。

（常帅男）

【推动“金安企业”创建工作】 根据《北京市通州区人民政府关于开展安全生产标准化“金安企业”创建活动的意见》（通政发〔2010〕23号）文件精神，3月，通州区众多企业对照新修订的《通州区安全生产标准化“金安企业”创建标准》，对企业安全状况开展了自查自评。4月至5月，各乡镇、街道和相关行业部门对企业申请上报的材料及企业状况进行了严格细致的初审，5月至7月，区“金安企业”评审委员会对上报的推荐材料进行了审查，并由专家组逐家进行了现场复核，并将确定为通州区安全生产标准化“金安企业”和“安全生产标准化创建标兵”名单在通州区相关媒体上进行了公示。12月份，制发了《北京市通州区人民政府关于表彰2011年安全生产标准化“金安企业”和“安全生产标准化创建标兵”的决定》（通政发〔2011〕23号），进一步推动了生产经营单位加强安全生产基础建设，强化安全生产管理，提高本质安全水平。

（常帅男）

职业安全健康

【职业健康监督执法工作】 2012年，通州区安全监管局以汽修、家具和化工等行业用人单位为重点，组织乡镇、街道共同开展了覆盖全区的职业健康监督执法工作。全年共检查各类生产经营单位442家次，下发执法文书268份（不含有限空间作业场所检查数据），排查各类职业病危害隐患926处，隐患整改完成756处。对北京阿格雷亚科技发展有限公司、北京家美迪克有限公司等14家次违反职业病防治法律法规的用人单位予以行政处罚，罚款37.5万元。

（常帅男）

【汽车4S店职业卫生专项检查】 为贯彻新颁发的《职业病防治法》和《国家职业病防治规划（2009－2015年）》，2月，通州区安全监管局对全区丰田、东风、大众等9家汽车4S店进行了职业卫生专项检查，重点检查了有关企业对汽修、钣金、喷漆车间工作人员的防护、职工的职业健康体检、职业健康档案建立等情况集中开展专项检查，共发现各类隐患22处，对一家逾期未改的4S店给予罚款5000元的行政处罚。

（常帅男）

【有限空间作业执法检查】 7月，通州区安全监管局会同各有关单位，采取检查、夜查、晨查的方式，在全区范围内开展了夏季有限空间作业企业专项执法检查。检查重点落在城市管网施工作业点、企业的污水处理站等有限空间作业场所安全生产情况，督促各企业严格按照《北京市有限空间作业安全生产规范》的要求强化内部管理，加大对员工安全教育培训力度，提高员工安全意识，强化动态安全管理，认真查找工作中的薄弱环节，及时消除安全隐患，严防各类事故发生。（常帅男）

【职业危害项目申报新系统的运用和监管】 11月，通州区安全监管局对全区升级改造后的职业病危害项目申报系统进行了启用前的准备和运用后的监管。一是下发通知明确职业病危害项目申报工作的重要意义，规范申报程序；二是督促用人单位完成新申报系统的相关数据补录；三是深入企业进行及时宣贯，并下发有关宣传材料，使这项工作更深入人心；四是进一步强化职业病危害项目申报和监管，依法加大处罚力度，不断强化用人单位申报的责任意识，确保工作的实效。（常帅男）

安全生产宣传培训

【企业安全管理人员培训】 2012年，通州区安全监管局以《国务院关于坚持科学发展安全发展促进安全生产形势持续稳定好转的意见》（国发〔2011〕40号）和《北京市安全生产条例》为主要内容，采取由区安全监管局出资聘请教师，乡镇、街道负责组织的形式，在全区11个乡镇、4个街道办事处广泛开展了面向企业主要负责人和安全生产管理人员的培训。全年共组织培训12期，培训人员4000余人次。为了搞好培训工作，让学员学到更多的安全知识，区安全监管局制作了1万册培训教材，下发到学员手中。教材既包括老师讲课的内容，又增加了电气、消防、危险化学品等方面的安全知识，使参加培训的人员不仅学到了课堂上的知识，还可以学到其他方面的安全知识。这本教材还作为宣传手册发放到全区百姓手中。

（崔路棋）

【安全生产宣传咨询日活动】 6月10日，通州区安全监管局开展了全区安全生产宣传咨询日活动。各乡镇、街道分别设立宣传会场，区安委会各成员单位深入乡镇、街道进行宣传。咨询日活动期间，全区共悬挂横幅1500余条，摆放展板3000余块，发放各类宣传资料20万余份，受教育人数30余万人。区安全监管局还在各宣传会场设立“12350”受理咨询台，集中受理安全生产举报投诉，并对投诉电话进行社会宣传。为加强宣传效果，一些乡镇将会场设在人流量较大的集市，并安排了秧歌、快板等民众喜闻乐见的文艺节目为宣传活动造势，掀起了安全生产月宣传咨询日活动的高潮。（崔路棋）

【“百名安全生产卫士”评选表彰活动】 3月，通州区安委会办公室在全区各乡镇、街道和各安委会成员单位间广泛开展了安全生产卫士争创活动。通过单位推荐、公示等程序，评选出86名通州区“安全生产卫士”，并由区安全监管局进行了表彰。这些人都是在乡镇、街道和区安委会成员单位中从事安全生产监管工作3年以上，或者在各企业从事安全生产管理工作5年以上，在安全管理、事故隐患排查、事故抢险救援活动中成绩突出的人员。此次活动在全区形成了人人关心安全、人人关注安全，为安全监管事业无私奉献的良好局面。

（崔路棋）

【“安全形象小天使评选”活动】 4月至6月，通州区安全监管局开展了“安全形象小天使评选”活动，全区15个乡镇、街道共41名小朋友参加了评选。活动分为自我介绍、才艺展示、安全知识问答三个环节，最终评选出冠军1名，亚军1名，季军1名，入围奖8名，在全区幼儿中掀起了学习安全知识、传播安全理念的高潮。（崔路棋）

【安全生产法制宣传教育活动】 2012年年初，通州区安全监管局制定了《2012年法制宣传教育工作计划》，明确了全年法制宣教工作重点。9月，制发了《通州区安全生产监督管理局关于印发〈通州区安全生产法制宣传教育第六个五年规划〉的通知》（通安监发〔2012〕20号），统筹“六五”普法工作。3月14日，到张家湾镇苍上村开展了“春风送暖　与法同行”流动人口及企业职工主题法制宣传活动。10月12日，在北苑街道开展了“金秋送法，做讲法制守纪律的北京人”主题宣传活动。12月5日，到漷县镇以“弘扬宪法精神，服务科学发展”为主题开展了主题法制宣传教育活动，活动中，向广大人民群众发放了《北京市安全生产条例》和《安全生产知识读本》等宣传书籍500余本，发放印有安全标志的手提袋、围裙等宣传品100余份，发放安全生产宣传挂图等1000余张，并接受群众的咨询，通过开展法制宣传活动，进一步增强了人民群众的安全生产法制观念和法律意识。（白华）

【安全生产对外宣传工作】 通州区安全监管局围绕全区安全生产工作总体部署和全局工作重点，向区级以上媒体报送新闻，确保了重要工作部署、专项整治行动、重大活动和创新工作的及时报道。全年共在通州电视台播出新闻37条、播出安全专题24期。在《通州时讯》刊载安全专题47期。在通州广播电台播出《安全之声》栏目47期。编辑印发《安全监管动态》51期。在《中国安全生产报》等市级以上媒体刊登稿件17条。

（崔路棋）

【有限空间作业宣传培训】 为了进一步提升有限空间作业规范，避免有限空间作业事故的发生，通州区安全监管局加大对有限空间作业宣传培训力度。2012年，共举办各类培训8次，培训人员1100余人，并先后在《通州时讯》登载了3期有限空间作业安全管理知识和执法检查信息，在区电视台《安全专栏》连续播放了警示案例和作业规程及注意事项等内容，扩大了宣传面，提升了全区人民群众

的整体防范意识。（常帅男）

安全生产法制建设

【协调通州区执法检查工作】 3月，制发了《通州区安全生产委员会关于印发〈2012年通州区安全生产重点执法检查计划〉的通知》，采取区安委会办公室和各有关行业主管部门“双核驱动”的模式，实施“双十”行动，即区安委会办公室牵头组织10项执法行动，行业监管部门组织10项执法行动，统筹开展全年安全生产执法检查。制发了北京市通州区安全生产委员会办公室关于印发《2012年通州区安全生产重点执法检查工作制度的通知》，进一步明确了安全生产重点执法检查工作的牵头部门和责任部门，并规定了各类执法报表、检查台账及执法计划、总结的上报途径和时限要求。制发了《通州区安全生产监督管理局2012年通州区安全生产重点执法检查计划分工方案》，明确了局内各科室在开展安全生产重点执法检查工作方面的具体任务、责任领导和责任人。

（白华）

【依法行政监督工作】 3月，通州区安全监管局制发了《通州区安全生产监督管理局行政监察调卷查访制度》，将原对每月办结行政许可卷宗的10%进行完结查访的比例提高到20%，将原对每年烟花爆竹案卷的3%进行专项查访的比例提高到10%，要求对行政许可依据、程序、时限是否合法，行政许可是否规范、透明，行政许可案卷是否准确、规范等内容进行严格审查，进一步提高了行政许可案卷审查的覆盖面，提升了监督检查的力度。制发了《通州区安全生产监督管理局效能建设跟踪回访制度》，将原从每月正在承办的行政许可事项中抽取10%的件进行跟踪访问的比例提高到20%，将原从每季度办结的行政许可事项中抽取20%的件进行回访的比例提高到30%，同时，每次跟踪或回访结束后，都填写相应的登记表，收集当事人的意见和建议，进一步强化了对机关工作人员效能服务能力、行政办事能力、业务管理能力等方面的监督检查。5月，制发了《通州区安全生产监督管理局2012年依法行政工作意见》，对2012年依法行政工作具体任务进行了明确，并逐项分解到具体科室、具体负责人，确保机关依法行政建设各项工作目标明确、重点突出、分步实施、整体推进。（白华）

【案卷审查与评查】 2012年，通州区安全监管局行政处罚案卷共175卷，监督检查科129卷，危险化学品科30卷，职安科16卷，法制科共审查案卷40卷。8月，区政府法制办组织的年中案卷评查中，区安全监管局6本参评案卷均获得了100分的满分成绩。8月，区安全监管局的1本案卷代表区政府参加市政府法制办的案卷评查，获得100分的满分成绩。9月，市安全监管局组织的案卷评查中，区安全监管局5本参评案卷均获得了100分的满分成绩。8月，区政府法制办在区安全监管局组织区科委、区民政局等17家单位召开了“通州区行政处罚案卷培训暨优秀案卷观摩会议”，参会人员对区安全监管局的17本行政处罚案卷进行了学习观摩。2012年，区安全监管局行政许可案卷共有78卷，法制科共对28本案卷进行了审查。2012年，通州区安全监管局行政许可单位检查覆盖率、执法检查复查率、行政执法案卷合格率、行政复议维持率和行政诉讼胜诉率均达到100%。（白华）

【安全生产委托执法】 1月，通州区安全监管局与各乡镇、街道签订了《通州区安全生产行政执法委托书》，并完成了2012年度委托执法人员换证工作，2012年通州区共有安全生产委托执法人员78名。4月，对自2009年开始的通州区安全生产委托执法工作情况进行了调研，对委托执法工作取得的成效及亮点工作进行了总结，发现工作中存在的问题，并有针对性地提出了五项解决措施，形成了《安全生产委托执法工作开展情况调研报告》，为安全生产委托执法工作的深入开展打下了良好基础。5月，向各乡镇、街道下发了《通州区安全生产监督管理局2012年安全生产委托执法考评方案》，对各乡镇、街道安全科全年检查企业数量、下达执法文书数量和移送案件数量等指标进行了量化。12月，向各乡镇、街道下发了《关于开展2012年度安全生产委托执法考核工作的通知》，完成了2012年度委托执法人员考核工作。2012年，各乡镇、街道检查单位数3953家次，下发现场检查记录3511份，下发责令限期整改指令书2413份，下发整改复查意见书2072份，向区安全监管局移送安全生产违法案件70起，区安全监管局共立案处罚委托执法移送案件4件，罚款总额1.8万元。（白华）

顺义区

概 述

2012年，顺义区安全安全生产以推进国家安全生产标准化示范城市建设为主线，以落实企业主体责任为重点，以企业安全条件持续改进为目标，通过打基础、抓培训、加大执法监察和“打非治违”力度，安全隐患得到有效消除，安全生产形势保持总体平稳。

深化自查自报和标准化建设，企业安全条件持续改善。全区已持续开展了10个季度的隐患自查自报工作，累计消除上报事故隐患20.4万件，企业自查自报率达到93.3%，隐患上报率为86.3%，隐患治理机制不断完善；制订《顺义区创建国家安全生产标准化建设示范城市工作方案》等文件，梳理47类全行业标准化考评标准和386套设备设施考评表，培养建立了158名三级评审队伍，树立了示范园区和示范企业，全区共4899家企业通过了各级达标，标准化建设深入推进；新开发了绩效考核、标准化评审、特种作业人员登记等6个新的功能模块，使全区安全生产信息化的应用水平不断提升。

深入开展“打非治违”和“护航行

动”，社会环境和谐稳定。发挥“打非办”牵头工作机制，打掉了高丽营非法充装二氧化碳气体黑窝点等一批非法违法生产企业，累计拆除违法建筑面积40万平方米，查处无证、证照不全或过期、超许可范围经营4218户，非法违法行为得到有效遏制；樱花园小区、双裕小区置换天然气和龙苑别墅燃气管网改造工程全部完成，重大安全生产事故隐患逐步消除；全区各行业、属地政府共开展481次专项整治和39次大型活动安全保障，区安全监管局检查生产经营单位3395家次，下达执法文书1242份，违法违纪生产经营行为不断得到整改；部署并组织实施“十八大”安保暨安全生产“护航”行动，消除安全隐患。确保了“十八大”期间的安全稳定。

加大宣传教育培训力度，安全理念逐步提升。以“打造顺义安全文化，创建全国安全标准化示范城市”为主题，组织开展了第11个安全生产月活动；全区各单位开展了40多次规模较大的应急救援演练活动；全区各单位共组织企业教育培训288次，培训企业11577家，培训人员30922人次，全覆盖培训效果明显；认真办好顺义电视台《安全伴你行》栏目，制作专题片6个；编辑“护航行动”、“打非行动”专报、“十八大”安全专报、安全生产标准化简报共40期，安全舆论氛围日益浓厚。

安全生产综合监管

【安全生产控制考核指标落实情况】 2012年，顺义区共发生道路交通、生产安全、火灾、铁路交通事故492起，死亡112人，其中：生产安全死亡事故4起，死亡4人，未发生较大以上安全生产事故，安全生产事故在市安委会下达的控制指标以内。（张义刚）

【召开“护航”行动阶段汇报会】 1月12日，顺义区安委会办公室组织召开首都安全生产“护航”联合行动阶段汇报会，区市政市容委、商务委、住建委、民防局、质监局、交通局分别就各自牵头负责的专项行动开展情况进行了汇报。会议要求各单位对春节期间烟花爆竹燃放、客货运单位、商场超市经营秩序、地下空间合理使用、电梯专项检查等工作在进一步加大检查力度的同时，密切与属地政府的沟通，加强日常检查，确保群众过一个平安、祥和的春节。（张义刚）

【通报2011年综合考核工作】 2月14日，顺义区安委会对全区各行业、属地2011年安全生产工作考核情况进行了通报。对工作成效显著的10家一类行业部门、10家二类行业部门和13家属地政府部门进行了通报表彰，对2011年工作中存在的问题提出了改进要求。（张义刚）

【印发综合考核细则】 2月24日，顺义区安委会下发了《2012年顺义区各部门安全生产考核细则》。此细则以落实综合监管责任、行业监管（管理）责任、属地管理责任和企业主体责任为目标，以安全生产标准化创建为主线，以提高安全监管制度化、规范化、标准化、信息化水平为抓手，对考核范围、时间、内容、方式进行了明确，并将依托安全生产网络化动态管理系统按季度进行网

上考核。（张义刚）

【召开安全生产大会】 3月7日，顺义区2012年安全生产工作会召开。会上，副区长盛德利作2011年安全生产工作报告，并部署2012年安全生产工作；区安全监管局局长高士虎通报2011年安全生产事故情况；3家单位作了典型发言。区委常委、常务副区长林向阳最后强调：要进一步增强政治意识、大局意识和责任意识，以更加严密的管理、更加科学的方法、更加有力的措施，不断加强各项安全生产监管工作，确保不发生重特大安全生产事故；以推动安全发展城市建设为总目标，以强化企业安全生产主体责任落实为主线，加大各项法规制度和政策措施落实力度，加强企业安全生产管理基础和安全保障能力建设，依法治理、提升水平，全力控制事故总量，以安全生产的新成效迎接党的“十八大”胜利召开。（张义刚）

【制订年度重点工作】 3月12日，顺义区安委会制订下发了《2012年顺义区安全生产重点工作》。重点以推进国家安全生产标准化示范城市建设为主线，以落实企业主体责任为重点，以企业安全生产条件持续改进为目标，固化安全生产监管长效机制，不断夯实安全生产基层基础工作，对工作内容、牵头单位、配合单位、完成时限进行了明确，共分7个方面，28项具体任务。

（张义刚）

【“世界安全生产与健康日”协调部署会】 4月26日，顺义区区委常委、常务副区长林向阳、副区长盛德利组织召开“世界安全生产与健康日”协调部署会，区政府办、安全监管局、信访办、公安分局、李遂镇等13家单位参加了会议。会上，区安全监管局介绍了本次活动的议程和各部门的职责分工，林向阳最后要求，要加大宣传力度，利用各种媒体手段宣传报道本次活动；细化工作，将各项工作落实到实处；维持外围秩序，确保本次活动顺利进行。（张义刚）

【“世界安全生产与健康日”在顺义举办】 4月28日，2012年“世界安全生产与健康日”纪念活动在顺义区举办。纪念活动的主题是“绿色工作：促进绿色经济中的安全与健康”。本次活动由国家安全监管总局与国际劳工组织主办，国家安全监管总局宣传教育中心、国际劳工组织中国和蒙古局、北京市安全监管局、北京市顺义区人民政府承办，顺义区安全监管局和顺鑫农业发展集团有限公司协办。国家安全监管总局党组成员、副局长孙华山出席并讲话，北京市副市长苟仲文、国际劳工组织中国和蒙古局局长霍百安致辞，法国使馆参赞罗妮卡代表驻华使馆发言。国家安全监管总局办公厅（国际合作司）副主任柏然主持会议。（张义刚）

【“打非治违”专项行动部署会】 5月29日，顺义区召开2012年“打非治违”专项行动工作部署会。会上，区安全监管局传达部署《顺义区2012年集中开展安全生产领域专项行动工作方案》；工商分局等4家单位进行了典型发言。副区长盛德利在会上指出：提高认识，切实做好“打非治违”、提升责任感和紧迫感；

狠抓隐患排查治理，发现一处制止一处，绝不能手软；落实责任，确保各项工作取得实效；加强领导，周密部署，各部门密切配合。（张义刚）

【危险化学品“打非治违”工作会】 5月31日，顺义区安全监管局组织召开了区农委、市政市容委、公安分局等13家行业单位参加的2012年危险化学品“打非治违”专项工作会。会上，区安全监管局重点对危险化学品“打非治违”专项行动和液氨从业单位安全生产专项整治工作进行部署。要求各行业单位要严厉打击各类非法违法生产经营建设行为，坚决治理纠正违规违章行为，各行业单位要强化液氨储存、使用等环节安全监管工作，有效防范危险化学品生产安全事故，坚决遏制重特大事故，切实维护人民群众生命财产安全。（张义刚）

【“打非治违”阶段工作总结】 截至6月11日，顺义区以专项行动、部门联动等形式对全区企业进行“打非治违”整治，共组织检查组225个，出动检查人员1617人次；排查发现违法建设351073.098平方米，制止342182.908平方米；打击非法违法、治理纠正违规违章行为979项；受检查企业506家，其中警告67次，限期整改281起，罚款2万元。（张义刚）

【“打非治违”汇报会】 6月19日，顺义区副区长盛德利听取负责违法建设、非法生产经营、综合协调、宣传、监察5个工作组牵头单位总结、汇报。会议部署了“打非治违”2号行动，确定下一阶段重点做好3项工作：一是区“打非治违”办公室成立督导组，以听取汇报和现场检查等形式对专项行动进行督导；二是城管、工商、公安和安监等职能部门定期召开联席会议，及时沟通、交流“打非治违”工作中遇到的重点、难点问题，针对不同情况随时调整工作重点；三是深入开展“打非治违”2号行动，加强排查，彻底消除安全隐患。（张义刚）

【下发“十八大”安保方案】 9月20日，顺义区安委会下发了《“十八大”安保暨安全生产“护航”行动方案》。方案确定了紧紧围绕“十八大”安保工作和维护全区安全稳定大局，以安全生产隐患排查治理为重点，推进安全生产标准化创建工作的落实，有效防范和坚决遏制各类恶性事故和重特大事故发生的指导思想和工作目标；成立了以副区长、区安委会副主任盛德利为组长，牵头部门主管领导和各镇、街道办事处、经济功能区主管领导为副组长的领导小组；制定了工作任务，明确了牵头单位、配合部门和完成时限。（张义刚）

【“十八大”安保工作例会】 10月24日，顺义区安全监管局组织召开10月份属地、行业安全科长例会。会议重点对“十八大”安全保障工作进行了再安排、再部署，要求各单位重点对涉危、重点工程、人员密集场所等危险因素较大的部位加大检查力度，必要时采取人防和技防的措施，同时强调，各单位要加大应急值守力度，强化信息报送，通信24小时保持畅通，确保“十八大”顺利召开。（张义刚）

【“打非治违”工作】 2012年，顺义区开展安全生产领域“打非治违”专项行动取得了明显成效。全区共组织检查组5964个，出动检查人员15946人次；排查拆除违法建设房屋26957间（404550.828平方米）；排查生产经营单位6125家，排查消除一般隐患8208项，责令限期改正6349起，停产停业234家，行政拘留81人，行政处罚546.82万元；查处无证、证照不全或过期、超许可范围从事生产经营建设，以及倒卖、出租、出借或以其他形式非法转让安全生产许可证的702起；查处非法用工、无证上岗的390起。（张义刚）

【属地安全科长例会】 1月4日，顺义区安委会办公室组织召开属地科长例会。会上部署2012年烟花爆竹相关工作，明确烟花爆竹安全管理工作要求；做好自查自报工作，保证隐患报全、报细；按照市、区文件要求，开展“护航”行动，有效完成各专项整治；做好春节前安全生产部署、检查工作。（张义刚）

【上年第四季度自查自报工作结束】 1月15日，顺义区2011年第四季度生产经营单位隐患自查自报上报工作结束。全区季报企业上报4219家，上报率96.35%，属地政府上报率达95.52%，行业部门上报率达96.87%，本次自查自报工作共发现隐患数20150项（其中：基础管理隐患8516项，现场管理隐患11634项），整改率达99.38%。（张义刚）

【文化经营服务单位安全工作会】 2月24日，顺义区安全监管局、文化委、公安、工商、消防和卫生等部门召开文化经营服务单位安全生产及消防安全工作会。全区网吧、歌舞厅、影剧院、游艺厅、印刷厂负责人260人参加了会议。会议总结了2011年安全生产和消防安全工作，部署了2012年全国“两会”期间维护社会安全稳定工作；区禁毒、公安、工商、安监、消防、卫生等部门分别就娱乐场所禁毒和治安管理、打击非法违法经营、安全生产标准化建设、消防安全以及艾滋病防治等工作进行了部署；区文化委主任王颖与文化经营服务单位负责人代表签订了《安全生产及消防安全责任书》。（张义刚）

【安全科长例会通报各地区发生事故情况】 2月29日，顺义区安委会办公室组织召开2月份属地安全科长例会。会议传达了区委书记张延昆在1月11日《顺义区情》上的批示，通报了近期全国各地区发生的安全生产事故情况、2011年第四季度安全生产隐患自查自报上报情况和安全生产动态监管系统的使用情况，并对全国“两会”安全保障工作及特种作业人员操作证摸底排查工作进行了部署。（张义刚）

【安全生产文艺演出安全保障部署会】 3月23日，顺义区安全监管局、文化委、区文联、区综治办联合召开安全生产文艺比赛安全保障部署会。全区80支文艺表演团队和19个镇的文化站长参加了会议。会议传达了《关于开展2012年农村“文艺演出星火工程”的通知》、《关于举办“中北华宇”杯“唱响安全发展建设平安顺义”文艺比赛的

通知》和《关于开展廉政文艺汇演活动的通知》，对加强营业性演出管理工作进行了强调和部署。（张义刚）

【餐饮业液化气使用安全检查部署会】 11月12日，顺义区安全监管局组织召开了加强餐饮经营单位液化气罐使用安全监管工作部署会，区市政市容委、质监局、消防支队、商务委参加了此次会议。会议讨论制定了餐饮经营单位液化气罐使用安全监管工作方案，确定了检查时间及重点检查企业名单。（张义刚）

危险化学品安全监管

【春节安全管理重点工作会】 1月5日，顺义区安全监管局召开了128家危险化学品生产经营单位主要负责人参加的春节期间安全管理工作会。会议总结了上一年工作，部署了下一阶段的工作重点。会议强调：一是做好烟花爆竹燃放重点时段的安全管理工作，必要时停止危险场所的作业；二是做好第一季度隐患自查自报工作；三是在规定期限内完成标准化达标评审；四是做好应急值守和人员管理工作。（张义刚）

【预防煤气中毒联合检查】 1月10日，顺义区安全监管局联合区环保局、供销社及属地政府对全区预防煤气中毒情况进行了专项执法检查。对发现的安全隐患要求现场整改，对一时不能整改的进行停火，责令其整改完毕验收合格后才能继续采暖。2月7日，再次对预防煤气中毒情况进行了专项检查。从检查情况来看，取暖用户防煤气中毒措施落实良好。（张义刚）

【危险化学品行业重点单位节前检查】 1月12日，顺义区副区长盛德利带队开展危险化学品行业节前安全生产检查。在听取了节日期间安全保障工作汇报后，区领导来到重点场所对相关设备、设施及岗位值守等情况进行了实地检查。区应急办、经信委、质监局、公安分局、消防支队、安全监管局及各属地的相关人员参加了此次检查。（王艳林）

【除夕夜查油库安全】 1月22日除夕夜，顺义区副区长盛德利带队来到仁和镇恒亮加油站、北方油库，检查安全保障工作落实情况。在重点察看了消防设施、防火设备、应急救援预案、人员值守情况后，盛德利副区长强调：加油站作为重点防火单位，要时刻紧绷安全这根弦，尤其是节日期间，更要强化安全意识，落实好各项工作，确保万无一失。（王艳林）

【使用危险化学品单位工作会】 2月10日，顺义区组织召开使用危险化学品行业单位工作会议。农委、经信委、市政市容委、药监局、公安分局和交通局等13家行业单位主管副职领导和系统操作人员参加了会议。会上，区安全监管局介绍了《顺义区危险化学品使用单位安全生产监督管理办法》实施近一年来的情况，区文化委、农委等行业部门介绍了落实《顺义区危险化学品使用单位安全生产监督管理办法》的具体做法。（张义刚）

【部署清明节高危行业安全管理】 3月27日，顺义区安全监管局组织危险化学品生产经营单位主要负责人召开了危险化学品生产经营单位第二季度例会。会议传达了《北京市危险化学品企业装置设施拆除安全管理规定》、《关于加强互联网危险物品信息管理的通告》；对危险化学品专项整治和清明节期间安全生产工作进行了重点部署。

（王清）

【危险化学品使用单位整治】 3月至6月，顺义区安全监管局对155家工业企业危险化学品使用单位开展了专项整治。针对检查中发现的安全生产条件相对较差、未设置危险化学品专用库房或库房不符合要求、不能严格按照自查自报标准进行隐患排查、从业人员自我保护意识差等234条隐患，下达责令限期整改指令书137份，整改率达到91%。对隐患整改不力的8家企业依法进行了行政处罚，共处罚金15.9万元。

（胡建忠）

【危险化学品“打非治违”工作会】 5月31日，顺义区安全监管局组织召开危险化学品“打非治违”专项工作会，区农委、经信委、市政市容委等13家行业部门参加了会议。会上，区安全监管局重点对《危险化学品“打非治违”专项行动》和液氨从业单位安全生产专项整治工作进行部署，要求各行业部门强化液氨储存、使用等环节安全监管工作，严厉打击各类非法违法生产经营建设行为，坚决治理纠正违规违章行为。

（王艳林）

【加油站专项执法检查】 5月11日至6月8日，顺义区安全监管局集中力量在全区范围内开展加油站专项执法检查行动。本次整治共检查加油站70家，下达25份文书，发现隐患101条，对1家隐患逾期未消除的加油站进行了行政处罚。

（王清）

【危险化学品从业单位标准化自评员培训】 6月27日至29日，顺义区危险化学品生产经营单位标准化自评员参加了北京市统一培训和考试，并取得了自评员资格证。此次参加培训的120人中，高中以上学历占93%，主要是本企业负责人、安全管理人员和加油站站长。

（王清）

【危险化学品行业专项整治】 从7月份开始，顺义区安全监管局对危险化学品行业开展了隐患排查专项整治。整治内容包括辖区危险化学品生产、经营、储存企业、油库以及非煤矿山的安全管理制度，安全保卫措施的落实情况，易制毒、易制爆化学品和重点监管危险化学品的实名购买流向登记制度，危险化学品是否储存在专用仓库等情况。

（王艳林）

【查处非法违法生产经营活动】 6月至7月，顺义区依法对高丽营镇非法充装二氧化碳、后沙峪镇非法生产乙炔、牛栏山镇非法经营危险化学品（汽油）、李遂镇非法油库等4起非法经营企业进行了查处，对顺沙路非法劳务市场予以取缔，并对顺沙路街边非法广告牌予以拆除。

（张义刚）

【加油站安全标准化评审分析会】 10月18日，顺义区安全监管局及安全生产标准化评审公司组织召开中石化加油站安全标准化评审问题分析会，顺义区49家中石化加油站自评员参加会议。评审专家针对《北京市加油站安全标准化模板》中的要求和安全标准化评审期间企业存在的问题进行讲解，与企业标准化自评员进行交流和答疑解惑。

（王清）

【“十八大”危险化学品监管】 10月23日至25日，顺义区安全监管局对危险化学品生产经营单位“十八大”安全保障工作情况进行了检查。在重点听取了被查单位“十八大”安全保障工作开展情况和现场检查后，检查组提出了5点要求：一是要重视安全生产特别是反恐保障工作，加强重点部位和输油管线的日常巡护；二是加强检查频次，扩大检查范围，与自查自报和标准化工作结合；三是落实好领导带班制度；四是重点岗位和关键部位的工作人员应避免变动和更换；五是在做好各项保障措施的同时，加强职工教育和沟通，避免因个人原因引起冲突。（张义刚）

【危险化学品从业单位安全保障告知书】 10月30日，顺义区安全监管局组织召开危险化学品生产经营单位“十八大”安保工作会，142家危险化学品单位主要负责人参加会议。会议通报了第三季度安全检查情况，针对“十八大”期间安保工作进行部署，将《顺义区危险化学品生产经营单位安全生产保障工作告知书》发至全区危险化学品企业主要负责人，明确了生产经营单位在“十八大”前应落实的11项工作措施，要求企业负责人将《告知书》内容传达至每个职工。（张义刚）

【开展液化石油气专项检查】 11月13日，顺义区安全监管局组织市政市容委、商务委、质监局、消防支队开展液化石油气专项联合检查。检查重点是企业液化石油气钢瓶使用、供气协议、安全疏散标识、应急照明等安全隐患。共检查企业16家，发现隐患65条，下达责令限期整改指令书16份。（张义刚）

【预防煤气中毒专项执法检查】 从11月13日开始，顺义区安全监管局联合区环保局、区供销社及属地政府，对预防煤气中毒情况进行专项执法检查。检查重点是：取暖户取暖方式情况、炉具安全贴张贴情况、预防煤气中毒宣传情况、安全责任书签订情况、一氧化碳报警器推广落实情况。（张义刚）

【经营许可证核发】 2012年，顺义区安全监管局对8家经营许可证（乙证）到期的单位开展换证工作，对1家乙证企业进行变更名称；对新增3家乙证经营（票据）单位和1家乙证经营单位核发了许可证；对39家加油站、油气库和乙证单位进行了现场核查。

（王清）

烟花爆竹安全监管

【市安全监管局联合检查烟花爆竹安全】 1月13日，市安全监管局联合市工商局、质监局、防火委对顺义区李桥烟花爆竹库和一家加油站进行了检查。针对检查中发现的未按规定码放烟花爆竹、工作人员未正确佩戴劳动防护用品以及出入库登记不完善等隐患，检查组提出了整改意见：一是要严格落实各项安全管理制度；二是要强化消防演练，确保演练取得实效；三是烟花爆竹的码放要严格按照规定执行。

（张义刚）

【烟花爆竹销售许可】 1月15日，顺义区安全监管局按照《北京市烟花爆竹经营许可实施办法》规定要求，会同区公安、交通、消防和城管等5个部门对申请的零售网点进行了逐一审查，对符合标准的73家单位核发放了烟花爆竹经营（零售）许可证。2012年烟花爆竹销售点比上年减少91家，减少55%。

（王清、张义刚）

【烟花爆竹销售点视频建设】 1月16日，顺义区安全监管局对城区27个烟花爆竹销售网点搭设情况和网点视频监控情况进行了实地检查。截至检查当日，城区已经完成17个点的视频安装工作，并与市安全监管局烟花爆竹监控系统对接成功，实现了市区两级的烟花爆竹零售网点监控工作。（张义刚）

【烟花爆竹库安全管理】 1月17日，顺义安全监管局到李桥烟花爆竹库，对库房的设施、储存的数量及节日期间领导带班值守情况进行了检查，并观摩了烟花爆竹库开展的针对火灾事故应急救援演习。演习内容包括火灾现场扑救、人员紧急疏散、伤员救助等。（张义刚）

【烟花爆竹零售点核查工作】 1月17日，顺义区安全监管局对全区烟花爆竹零售点地址、棚子搭设及烟花爆竹配送情况进行了核查。此次核查共涉及9个属地，42家零售点。在检查中，要求已配送了货物的3家销售点单位负责人必须在其零售摊点留人看守；责令1家经营地址与上报地址不符的销售点在规定时间内搬回指定地址。（王清）

【除夕夜查烟花爆竹】 1月22日，顺义区安全监管局组成5个检查组，由领导带队，对全区73家烟花爆竹销售点开展夜查行动。在检查中发现，2家零售网点将未销售完毕的爆竹私自运走，执法人员立即责令网点负责人进行改正。

（王艳林）

【元宵节烟花爆竹夜查】 2月6日，顺义区安全监管局出动工作人员15人，分5个检查组对全区65家烟花爆竹零售网点进行检查，提出：对安全工作绝不能有半点松懈，要站好最后一班岗；销售结束后要及时清点剩余货物，将剩余烟花爆竹退回批发企业，杜绝私自储存烟花爆竹情况发生；在回收过程中要注意安全，避免发生事故。（王艳林）

【烟花爆竹回收】 2月6日，顺义区安全监管局制订下发了《顺义区2012年烟花爆竹回收工作方案》，并召开3家批发单位和73家零售网点组织烟花爆竹回收工作会，对回收工作进行部署。截至2月9日，全区共回收烟花爆竹1944箱，顺利完成回收工作。（王清）

【翌年烟花爆竹零售点设置审核】 10月中旬开始，顺义区安全监管局严格对照北京市《烟花爆竹零售网点设置管理安全要求》和16类禁放点范围规定，对2013年烟花爆竹网点进行审查，将周边发生重大变化的网点删除，增补了部分网点，初步拟定2013年烟花爆竹网点50家。网点地址分别向属地政府、相关行业部门征求意见后，在区安全监管局网站上公示。（张义刚）

【烟花爆竹销售情况】 2012年春节期间，顺义区烟花爆竹共配送11481箱，销售9537箱（其中：北京益利农土产杂品有限公司共配货7669箱，销售6242箱；北京市熊猫烟花有限公司共配货1637箱，销售1517箱；北京市逗逗烟花爆竹有限公司共配货2175箱，销售1778箱）。配货比去年减少41%，销售比去年减少39%。（王清）

矿山安全监管监察

【非煤矿山安全指导检查】 2月24日，市安全监管局检查组对顺义区非煤矿山企业进行安全生产指导检查。检查组对企业负责人的安全管理能力给予了认可，同时要求，企业应结合隐患自查自报工作，进一步完善企业内部管理台账，尤其在“两会”期间制订本单位安全生产保障计划，确保将企业主体责任落实到实处。（王艳林）

【非煤矿山安全生产许可管理】 3月27日，顺义区安全监管局召开非煤矿山企业工作会，对已经取得非煤矿山安全生产许可证的3家矿山企业是否符合工作要求进行对照标准核查，对尚未取得安全生产许可证的2家企业，要求在取得许可证前严禁开采，并及时向市安全监管局办理相关工作手续。（王清）

【市局检查非煤矿山安全】 5月17日，市安全监管局会同市经济信息化委、国土局、环保局等部门对顺义区非煤矿山企业进行安全生产指导检查。检查组要求，企业要重视全市矿山安全绿色·健康和谐的建设工作，结合市安全监管、国土、环保3部门联合下发的“专项整治通知”文件精神，按照安全生产标准化建设的标准要求，进一步完善内部管理台账，逐步提高管理人员的业务素质，逐步淘汰陈旧、落后的设备设施，确实将矿山深化整治工作落到实处。（张义刚）

【非煤矿山应急演练】 6月14日，顺义区安全监管局、应急办、大孙各庄镇、杨镇政府参加了北京市玉林石灰厂组织的非煤矿山应急演练。整个演练过程完整，人员反应迅速，各步骤衔接到位，实现了对预案进行检验、对人员进行锻炼、对应急器材进行检查的目的。顺义区其他4家非煤矿山企业参加了观摩。（张义刚）

安全生产事故隐患排查治理

【全国安监系统到顺义交流隐患排查治理】 自1月5日国务院安委会办公室1号文推广顺义区等地区深入开展安全隐患排查治理、有效防范事故的先进经验和做法以来，全国安全监管系统123批2238人先后到顺义区安全监管局调研交流。（张义刚）

【隐患自查自报工作上报完成】 1月15日，顺义区2011年第四季度生产经营单位隐患自查自报上报工作于2012年1月15日结束。全区季报企业上报4219家，上报率96.35%，上报隐患20150项（其中：基础管理隐患8516项，现场管理隐患11634项），整改率99.38%。（张义刚）

【第一季度隐患自查自报工作】 4月15日，顺义区第一季度生产经营单位隐患自查自报上报工作结束。全区季报企业上报4248家，上报率99.25%，上报隐患17210项（其中：基础管理隐患6767项，现场管理隐患10443项），整改率99.19%。（张义刚）

【第二季度隐患自查自报工作】 7月15日，顺义区第二季度生产经营单位隐患自查自报上报工作结束。全区季报企业上报4418家，上报率96.12%，上报隐患数17140项（其中：基础管理隐患6863项，现场管理隐患10277项），整改率98.21%。（张义刚）

【汽车制造及配套企业隐患排查部署会】 9月24日，顺义区安全监管局组织召开了汽车制造及配套企业安全生产隐患排查专项执法行动部署会，76家企业安全负责人和所在的14个镇、3个功能区安全科科长共96人参加了会议。会议对此次专项执法重点检查的时间、内容、方法和责任进行了明确和部署。（张义刚）

【第三季度隐患自查自报工作】 10月31日，顺义区第三季度生产经营单位隐患自查自报上报工作结束。全区季报企业上报4417家，上报率98.22%，上报隐患16923项（其中：基础管理隐患6456项，现场管理隐患10467项），整改率达99.54%；年报企业上报7046家，上报率99.53%，上报隐患21254项（其中：基础管理隐患9152项，现场管理隐患12102项），整改率99.89%。（张义刚）

【城区供热老旧管网隐患消除】 2012年，顺义区加大供热管网隐患消除工程进度，对城区涉及莲竹花园、幸福小区、义宾小区、马坡花园一区、石园西区等满足9690户居民供热需求的老旧小区室外管网48280米和室内管线4100米进行了改造，工程总投资2543.8万元，管网老化、锈蚀、跑冒滴漏等安全隐患得到消除。（张义刚）

【完成部分燃气隐患消除工程】 2012年，顺义区加大燃气隐患消除工程力度，对怡馨家园餐饮一条街、樱花园小区、后沙峪双裕小区、龙苑别墅的燃气管网进行改造，工程概算总投资7547.06万元，管道腐蚀、燃气泄漏等安全隐患得到消除；完成石园、仓上、东兴等16个老旧小区424栋楼，23464户居民燃气表更换工作，工程总投资1173万元，居民机械表数字不准、漏气等隐患得到消除。（张义刚）

安全生产应急救援

【制订高风险场所安全监测系统实施方案】 1月10日，顺义区安全监管局制订下发了《顺义区高风险场所安全监测系统项目建设实施方案》，确立了以建立安全生产高风险场所监管机制为主线，在2家沼气池企业、5家油库、12家液化气充装站、22家加油站开展

物联网应用示范建设的工作目标，并对各部门和企业的工作职责、项目进度进行了明确。（李义）

【调研事故应急救援工作】 4月18日，顺义安全监管局陪同市安全监管局应急工作处领导对北京现代汽车有限公司等企业落实《北京市生产安全事故应急救援预案管理办法》情况进行了调研。此次调研主要内容是企业的重点岗位、重点部位、重点设备的现场应急救援处置方案以及兼职救援队伍的建设等。（张义刚）

【防灾减灾日宣传活动】 5月9日至12日，顺义区各属地政府和部门分别组织开展“5·12”防灾减灾日宣传活动。此次宣传活动走进了校园、工地和社区，分别采取了展板横幅宣传、现场咨询解答、发放应急自救知识手册、组织应急演练和流动宣传车等形式宣传安全常识。活动期间，共发放宣传材料20800份，摆放宣传展板36块，悬挂横幅41条，受教育群众23200人。（张义刚）

【有限空间应急演练】 6月18日，顺义区安委会办公室在左堤路850停车场西侧召开了“2012年顺义区有限空间应急救援演练”现场会，13家行业主管部门和40家属地政府安全监管部门以及11家有限空间社会作业单位，共计120余人参加了现场观摩。此次演练活动，分为下井安全作业程序和应急救援程序，重点对“气体检测、强排有害气体、下井维修作业、井下作业人员遇险、现场救援”等几个环节进行现场演练。（张义刚）

【服装企业应急演练】 6月19日，顺义区安全监管局组织服装企业应急疏散演练。这次演练共有18个镇和4个功能区安全科科长、60家企业安全负责人以及员工400人进行观摩。本次演练重点是检验预案的实用性和应急队伍的应急处置能力，提高从业人员的安全意识和自救互救能力。（张义刚）

【危险化学品企业应急演练周】 6月11日至20日，顺义区危险化学品生产经营单位全面开展应急演练周活动。演练内容主要是模拟危险化学品泄漏、储存库着火场景，组织启动应急预案、人员疏散和事故救援等。区安全监管局分别到6家油气库和3家气体充装单位现地指导应急演练活动。（张义刚）

【指导应急救援演练活动】 11月2日，市安全监管局危险化学品处、顺义区安全监管局参加了北京中油佳海石油销售有限公司组织的应急救援演练活动。本次活动以“某输油管线发生泄漏”为主题开展，演练了成立组织、现场抢险等多个环节，市安全监管局领导进行了现场点评。（张义刚）

【应急预案备案】 2012年，顺义区安全监管局对危险化学品生产、储存、销售、使用企业依据《生产经营单位生产安全事故应急预案编制导则》（AQ/T 9002—2006）进行了指导和规范，并落实了企业生产安全事故应急救援预案备案制度，全年共备案110份。

（王绍荣）

安全生产执法监察

【元旦期间安全生产】元旦期间，顺义区安全监管局加强应急值守，加大执法检查力度，制订了执法检查工作计划，明确了每天的检查人员、检查车辆，对危险化学品、商贸、地铁15号线等实施重点检查，共检查危险化学品企业10家，商（市）场、餐饮等人员密集场所12家、烟花爆竹库1个。（张义刚）

【区领导带队检查建筑工地】 1月14日，顺义区副区长赵贵恒带队，对回迁房工地冬季施工情况进行检查。实地检查结束后，赵贵恒强调：一是要加强节日期间的领导带班制度，值班人员坚守岗位，确保24小时通讯畅通；二是要做好建筑工地烟花爆竹的禁放工作，要定人、定岗、定责做好看护；三是遇有紧急重大突发公共事件，各级领导干部要在第一时间赶赴现场，妥善处置。（张义刚）

【建筑施工现场扬尘检查】 1月16日，顺义区安全监管局和区建委安全监督站牵头，联合区环保局和城管大队对城区周边5家施工工地扬尘控制情况进行了检查，对检查中发现的个别施工单位土方苫盖不及时、未设洗车池、垃圾未做到一日一清等问题责令其立即整改。（张义刚）

【区领导除夕夜查工地安全】 1月22日除夕夜，顺义区副区长赵贵恒先后来到金街工地、胡各庄保障房工地检查安全生产情况。在检查了工程进展情况以及工地安全措施落实情况后，赵贵恒要求，各相关部门及施工单位要认真履行职责，进一步强化安全意识，采取有效措施，切实消除各类安全隐患，保证度过一个平安祥和的春节。（张义刚）

【危险化学品单位专项整治】 3月21日，顺义区下发了《工业企业危险化学品使用单位专项整治工作方案》。方案对整治的范围、目标、重点内容、阶段划分进行了明确，并成立了以区安全监管局副局长王桂金为组长的整治工作领导小组，全过程监督指导整治工作。（胡建忠）

【节后开、复工联合执法检查】 3月，顺义区安全监管局与区建委针对节后建筑工地陆续开工的特点，重点对特种设备运行状况、现场用电、安全防护、特种作业、安全制度贯彻落实情况等进行专项检查整治。此次专项整治共检查在建工程29处；下达责令限期整改指令书和整改复查意见书各29份；发现隐患170项，截至3月26日，已对6家隐患逾期未消除的企业进行了立案处罚。（张义刚）

【制订安全生产重点执法检查计划】 3月22日，顺义区安全监管局印发了《2012年顺义区安全生产重点执法检查计划》。由区安委会协调全区安全生产执法力量，采取区安委会办公室和各相关行业部门“双核驱动”模式，实施“9+10”行动（即：区安办牵头组织9项执法行动；行业监管部门组织10项执法行动）。（胡建忠）

【清明节祭扫安全保障】 3月24

日至4月8日，顺义区安全监管局对潮白陵园周边生产经营单位和园内进行执法检查，加强清明祭扫重点时段人流控制和疏导，严密组织落实已有的工作程序和工作方案，确保祭扫活动顺利进行。

（王艳林）

【国际长走大会安全保障】 4月16日至21日，顺义区安全监管局执法人员加强国际长走大会安全保障监督检查。检查内容包括：活动主会场临建设施的施工安全、施工方专业资质、施工人员的安全教育培训考核、特种作业人员持证上岗、临时用电安全、消防器材配备、人流监控和疏导等。（王艳林）

【北京国际汽车展安全保障】 4月9日开始，顺义区安全监管局对第十二届北京国际汽车展览会场200余家搭建单位进行了安全检查。累计派出执法人员140人次，车辆40台次，发现隐患21条。对东阳西友展览服务有限责任公司、上海笔克展览有限公司等7家隐患未在规定期限内整改的企业进行了行政处罚，共处罚金14.7万元。

（王艳林）

【安全生产大检查行动】 4月15日至30日，顺义区安委会组织开展安全生产大检查行动，重点在建筑施工、道路交通、危险化学品、人员密集场所、消防安全、有限空间等领域开展安全隐患排查。此次行动，全区各单位共成立了45个行动小组，出动检查人员3795人次，检查企业1650家次，发现隐患3300项，截至4月30日已整改3251项，下达执法文书278份。（张义刚）

【"五一"假期安全保障】 4月29日至5月1日，顺义区安全监管局针对假日期间大型商场及旅游休闲场所人员密集的特点，开展执法检查。本次检查，共出动执法人员16人次，车辆6台次，检查大型商场9家，旅游休闲场所3个。（王艳林）

【迷笛音乐节安全保障】 4月29日至5月2日，"2012年北京迷笛音乐节"在奥林匹克水上公园举行。为配合此次活动的安全顺利开展，顺义区安全监管局组织执法人员对4个演出舞台脚手架搭设、场地布置、临时线路敷设、安全防护、消防及周边配套设施等进行了安全检查。（王艳林）

【再生资源安全生产专项检查】 5月22日，顺义区安全监管局联合商务委、市政市容委、公安局、消防支队、工商局、环保局、城管执法大队等部门按照安全生产"护航"联合行动第二战役方案要求，对再生资源回收行业开展了专项检查行动。此次检查重点是再生资源收购单位证照情况、经营活动情况和收集储存过程的安全管理状况。对检查中发现的物品堆放混乱、私拉乱接电线等违规现象，下达了责令改正通知书。

（张义刚）

【餐饮业燃气使用安全检查】 5月23日，顺义区安全监管局联合区市政市容委、质监局等相关单位对部分餐饮单位燃气安全使用情况进行联合执法检查。检查中发现，部分餐饮单位存在瓶库间未达到安全标准、安全通道内有杂物、未与安全供气单位签

订供气合同等问题，检查组对存在安全隐患的餐饮单位进行了安全教育，提出了整改要求。（张义刚）

【燕京啤酒节安全保障】 5月29日至6月9日，顺义区安全监管局对第21届燕京啤酒节临建设施施工现场和主场馆周边生产经营单位进行了安全检查。检查重点是：主办方安全工作方案及应急救援预案制定情况、建设方专业资质情况、建设安全技术要求落实情况、临时用电安全和生产经营单位安全生产状况等。（王艳林）

【牛栏山酒厂庆典活动安全保障】 10月26日，顺义区安全监管局对牛栏山酒厂国营60年系列庆典活动进行现场安全保障，对两个演出舞台搭设、场地布置、临时线路敷设、安全防护、消防及周边配套设施等进行了全面的安全检查，确保了本次活动自始至终未发生任何安全生产事故。（王艳林）

【星级宾馆安全专项检查】 10月30日，顺义区安全监管局联合旅游局对星级宾馆、饭店等场所进行检查。重点检查了员工的教育培训考核、安全疏散指示标识、安全出口应急照明等方面的安全隐患。共检查企业14家，发现隐患49条，下达责令限期整改指令书14份。（张义刚）

【“十八大”期间专项检查】 10月31日，顺义区安全监管局局长高士虎带队对牛栏山酒厂、燕京啤酒等大型企业进行重点指导检查。现场检查过程中，检查组要求：一是要与“十八大”相结合，对与安全密切相关的各个场所和部位，制定保障措施；二是与物联网建设相结合，加强人防、技防，提高监管能力；三是与法律法规标准规范相结合，老旧设备设施要跟进整改，以符合目前相关规定要求；四是与应急管理相结合，建立预警机制，保证工具、器材完好有效。（王艳林）

【人员密集场所专项执法检查】 9月30日至11月1日，顺义区安全监管局对客流量大、人员较集中的14家宾馆、25家商业零售和餐饮企业、28家文化娱乐场所进行了检查。针对检查发现的335项隐患，下达责令改正指令书67份。（王艳林）

【餐饮业液化气罐使用执法检查】 11月2日，顺义区安全监管局组织区市政市容委、质监局、消防支队、商务委对餐饮企业28家、气体充装站2家、换瓶站3家、调压站2家、小型市场2家，开展了液化气罐使用执法检查。查处疏散通道被杂物堵占、消防设施配备不符合要求、应急灯无效等88条隐患，下达整改指令书29份。（王艳林）

【举报投诉查处工作】 2012年，顺义区安全监管局共受理电话、市安全监管局转办、行风热线转办等举报投诉案件54件。经执法人员查处，其中42件情况属实，12件情况不属实。对情况属实案件，责令限期进行了整改和复查，所有办理案件均在规定的时限内处理和回复。

（周洁）

职业安全健康

【联合检查地下空间安全隐患】 1月5日，顺义区安全监管局、民防局、住建委、消防支队、公安分局联合开展了地下空间安全隐患“五查”检查：一查地下空间经营场所的行政审批手续是否齐全；二查疏散通道和安全出口是否畅通；三查疏散指示标识和应急照明器材设置是否符合消防技术规范要求；四查消防设施、器材是否完好有效；五查是否违规储存和使用易燃、易爆危险化学物品。（赵建平）

【人防工程安全检查】 2月16日，顺义区安全监管局与区民防局、住建委、商务委、公安分局、工商局等部门对全区地下空间、人防工程开展联合检查。此次检查的重点是地下人防工程许可证发放及使用情况。通过检查，地下空间使用均符合要求，各种设备设施均处于良好的使用状态。（张义刚）

【有限空间监管工作部署会】 4月27日，顺义区安全监管局召开有限空间监管工作动员部署会。16家行业部门的主管科长、属地政府安监科长、全区物业管理企业和燃气、供电等有限空间作业单位主要负责人220人参加了会议。会议通报了2011年北京市有限空间安全生产事故情况，部署了2012年有限空间安全监管工作，并就如何提高有限空间安全作业意识、落实安全责任制、提高应急救援能力为主题作了典型发言。（张义刚）

【有限空间作业“四个100%”】 4月至8月，顺义区安委会在全区范围内开展有限空间专项治理行动。通过治理要达到“四个100%”，即：一线作业队伍的安全设备设施配备率达到100%；作业现场监护人员特种作业持证率达到100%；从业人员安全生产教育培训率达到100%；一线从业人员100%会操作使用有限空间作业防护设备和用品。（赵建平）

【学习《职业病防治法》】 5月4日，顺义区安全监管局邀请国家安全监管总局职业安全卫生研究所所长马骏，为执法人员进行新修订的《职业病防治法》培训。培训会上，市安全监管局副局长常纪文对《职业病防治法》宣贯工作提出：深入学习《职业病防治法》并做好宣传工作；做好职业危害专项治理加强日常执法检查。（赵建平）

【“五项举措”强化职业卫生监管】 5月5日，顺义区安全监管局制订“5项举措”强化职业卫生监管工作。即将职业病防治工作列入政府绩效考核体系；建立部门联动、齐抓共管的职业卫生监管工作机制；将职业卫生纳入隐患自查自报和标准化创建工作；为企业培训职业健康管理员；约谈企业负责人。（赵建平）

【电子制造业职业危害治理】 5月18日，顺义区安全监管局、经信委、卫生局联合下发了《顺义区电子行业职业危害专项治理工作方案》，于5月至10月，在全区范围内开展电子行业职业卫生专项治理工作。治理范围包括计算机、通信设备、广播电视设备、视听设备、

电子元器件制造业、电子产品拆装及其他电子信息等违规使用有机溶剂的用人单位。（张义刚）

【检查有限空间作业安全】 6月21日，由市安全监管局、广电局等单位组成的检查组，对顺义区有限空间作业安全进行了检查。检查组重点对警示标识设置、通风检测设备和防护用品的配备、承发包管理和作业人员的安全生产教育培训等情况进行了检查，对顺义区有限空间监管工作和作业现场的安全管理给予了肯定。

（赵建平）

【职业健康管理员培训】 9月19日至20日，顺义区安全监管局聘请国家安全监管总局职卫所刘卫东教授、市安全监管局职安处李东明及市疾控中心王如刚，分别就粉尘的危害识别与控制、北京市职业卫生形势和职业健康管理员主要职责及化学毒物的危害识别与控制等内容，对130家存在职业危害企业的职业健康管理人员进行了系统培训。培训结束后，对考核合格者颁发了《北京市职业健康管理员培训合格证》。

（赵建平）

【电子制造业职业危害治理完成】 5月开始，顺义区按照动员部署、排查摸底、自查自改、复查整改、检查验收和总结的工作步骤，开展了电子制造业职业危害专项治理工作。截至12月4日，取得了以下成效：摸清了全区电子制造企业的底数，建立了详细台账；帮助企业转变了对职业安全健康管理工作的模糊认识；有效控制了生产过程产生的粉尘、毒物等危害因素，改善了作业场所环境条件。（张义刚）

【开展职业危害网上申报工作】 12月起，顺义区安全监管局开展了企业职业病危害因素项目申报工作。本次申报，目的是摸清全区存在职业病危害因素企业的底数以及职业病危害因素的种类，为制定职业病防治对策提供科学依据。截至12月31日，全区共有515家企业完成职业病危害因素的网络申报和审查备案工作。（赵建平）

安全生产宣传培训

【网络化动态监管系统应用培训】 1月12日至13日，顺义区安全监管局组织全区安全监管人员召开网络化动态监管系统应用培训会，新完善的“行政执法”系统，将日常监督检查、立案处罚、领导审批、归档管理等行政处罚流程纳入系统中，实现了行政执法的信息化以及全过程监控。系统模块从1月16日起正式上线应用。（李义）

【特种作业操作证登记工作动员会】 4月12日，顺义区安全监管局召开特种作业操作资格证登记工作动员会，对登记工作进行了部署，明确了工作目标、登记范围、对象和登记内容，要求各属地部门加强领导、提高认识，加大宣传、抓好培训，严格按要求监督指导生产经营单位进行网上登记。（王娟）

【安全生产检查员资格考试】 4月27日，顺义区安全监管局组织全区145名属地安全生产检查员参加2012年《北京市安全生产检查员》证件资格考试。参考人员包括70名初任安全生产检查员，75名原证件到期需要复审人员。本次考试内容主要围绕《中华人民共和国安全生产法》、《北京市安全生产条例》及安全生产常识等日常安全生产检查工作内容。 （徐慧）

【安全生产月部署会】 5月15日，顺义区安全监管局联合区委宣传部、精神文明办、教委、公安分局、文化委、广电中心、总工会、共青团区委、妇联9家单位，共同研究《2012年顺义区安全生产月活动方案》和宣传咨询日活动方案。会议确定了“打造顺义安全文化，创建全国安全标准化示范城市”的活动主题，并就活动的内容制定了详细的方案。 （张义刚）

【部署安全生产月宣传咨询日活动】 6月7日，顺义区安委会办公室组织召开6月份属地安全科长例会。会议部署了2012年安全月咨询日活动安排，通报了2012年第一季度属地安全生产考核和安全生产标准化创建工作进展情况，进一步部署了“打非治违”工作。（张义刚）

【安全生产月宣传咨询日】 6月12日，顺义区2012年安全生产月宣传咨询日活动在顺鑫农业股份有限公司创新食品分公司举行。活动启动仪式上，副区长盛德利进行致辞，国家安全监管总局监管四司副司长马锐为顺义区创建全国安全生产标准化示范城市授旗，并与其他代表一起参加了顺鑫农业第七届书画摄影作品展开展仪式、向安全生产标准化评审人员颁发评审资格证、观看第四届安全文艺竞赛获奖节目等活动。

（张义刚）

【安全生产标准化专题培训】 6月19日，顺义区安全生产协会开展安全生产标准化培训工作会，邀请了中国安全生产科学研究院安全生产标准化评定中心主任叶坚新，针对企业标准化进行培训。全区安全生产协会会员单位的主管领导及安全管理人员70人参加了培训会。

（张义刚）

【安全生产书画摄影展】 6月20日，顺义区安全监管局和顺鑫农业集团联合举办“顺鑫农业第七届安全生产书画摄影展”。作为安全生产月的重要活动之一，顺鑫书画展是在一线职工中征集安全生产文艺作品，通过漫画、摄影、书法等形式宣传安全生产知识。全区各镇、街道、开发区的安全科长及部分生产经营单位负责人2000余人参观了展览。

（张义刚）

【安全生产知识培训】 7月11日，顺义区安全监管局为正在区委党校进修学习的58名农村优秀人才进行了农村安全生产知识培训。培训结合近年来在全区农村发生的各类安全事故案例，剖析了存在的安全隐患，提出了解决农村安全问题的途径。顺义区高度重视农村基础管理人才的安全生产教育，已将安全生产课程列入农村优秀人才培训课程中。

（张义刚）

【安全生产大型公开课】 7月17日，顺义区安全监管局邀请国家防火安全协会理事郑智斌讲授安全知识和防控措施公开课。郑智斌从建立健全企业安全生产主体责任体系、强化企业安全生产培训教育、企业安全生产标准化建设、企业安全生产基础管理、企业安全生产隐患排查治理、企业劳动防护用品管理、

落实企业安全生产资金投入等方面为在场听众进行了讲解。（李义）

【特种作业操作资格证摸底】 5月至9月，顺义区安全监管局组织开展特种作业人员摸底工作。截至9月30日，全区共上报本市特种作业人员3354人，京外特种作业人员222人。（张义刚）

【安全文化建设示范企业现场评审】 10月26日，顺义区中北华宇建筑工程公司和北京恩布拉科雪花压缩机有限公司接受市安全监管局安全文化建设示范企业的现场评审。在听取汇报、查阅资料、座谈和实地考察后，专家组对企业安全文化现状进行了全面分析，进一步为企业安全文化建设明确了目标。

（李义）

【职业病防治宣传】 10月30日，顺义区安全监管局为属地和相关企业发放了《用人单位如何落实职业病防治主体责任》系列光盘200张。内容涵盖了职业卫生管理制度、操作规程、职业危害申报管理、教育培训、职业健康体检、警示标识设置等。从1月份以来，区安全监管局以各种形式共向辖区企业陆续发放《职业病防治法》5600册、《职业病防治法100问》1000册、《职业卫生法律法规汇编》360册和宣传海报800页。（张义刚）

【法制宣传日活动】 12月4日，顺义区安全监管局联合胜利街道举办了以“弘扬法治精神，服务科学发展”为主题的“12·4”法制宣传日活动。活动中向市民发放安全生产知识海报、安全生产常识手册等各种宣传材料1100份。

（张义刚）

【安全生产电视宣传】 2012年，顺义区安全监管局与区电视台为增强群众安全生产意识，联合开辟了《安全伴你行》电视节目专栏，对安全生产工作进行了全方位、多视角的深度报道。全年共制作6期，其中一期《安全标准化建设专题片》荣获第三届全国安全生产电视作品二等奖。（李义）

【制作《安全生产每日舆情》】 2012年，顺义区安全监管局针对每日全市乃至全国发生的重大安全生产事件、重点安全生产新闻、重要安全生产政策进行收集汇总，制作《安全生产每日舆情》，为各级领导安全生产决策提供参考。

（李义）

【完成全年培训任务】 2012年，顺义区安全监管局共组织各类安全培训82期，培训8781人次，取证6441人，其中包括：组织特种作业操作人员班24期，复审考前辅导班36期，特种作业人员培训考核（取证、复审）6294人次，取证4363人；组织高危行业主要负责人和安全管理人员考试8期，培训762人次，合格370人；组织安全生产标准化培训14期，培训1725人次，取证1708人。（张义刚）

安全生产法制建设

【总结部署年度法制工作】 1月12日，顺义区安全监管局组织召开年度法制工作部署会，总结了2011年安全生产法制工作，对2012年法制工作进行了部署。会上对属地执法文书抽查中发现的问题进行讲解，并提出解决措施。

（张义刚）

【组织开展案卷评审会】 11月9日，顺义区安全监管局组织全体执法人员召开案卷评审会，主要围绕第三季度行政处罚案卷抽查中发现的问题、执法检查系统使用及上半年日常执法检查工作中的问题进行了研究讨论。（张义刚）

安全生产科技

【安全生产预测预警分析系统试点】 2月7日，国家安全监管总局副局长孙华山带队到顺义区洽谈企业安全生产预测预警分析系统项目在企业进行试点的相关事宜。此项目主要是通过对某一企业或某一地区一段时间的安全生产事故及隐患进行分析，建立数据分析模型，从而找出该企业或该地区存在的潜在危险点和事故风险点，勾勒出安全生产形势发展的趋势，为安全生产提供预测预警分析，为政府部门出台安全生产对策和政策提供数据和技术支持。（张义刚）

【高风险场所安全监测系统建设会】 2月15日，顺义区安全监管局组织5家油气库和23家加油站召开高风险场所安全监测系统项目建设工作会，部署项目建设工作。该项目从2011年5月启动，分为企业现场调研、建设方案设计、系统搭建及现场实施、系统试运行及验收4个阶段。项目正式应用后，物联网和信息化建设将实现安全监管手段的创新。（张义刚）

【国家总局调研隐患排查治理工作】 5月3日，国家安全监管总局规划科技司监察专员李德忠带队到顺义区安全监管局调研分类分级、自查自报等安全生产信息化建设情况，市安全监管局副局长陈清、顺义区副区长盛德利参加了调研。调研过程中，区安全监管局局长高士虎介绍了顺义区事故隐患排查治理工作及信息化建设情况，系统操作员演示了综合监管动态管理系统的功能模块，并就系统框架、数据采集等内容进行了交流。（张义刚）

【安全生产绩效考核系统培训】 6月27日，顺义区安全监管局组织安全生产绩效考核系统培训，重点对绩效考核要求和内容进行讲解，对绩效考核系统使用方法进行培训，并进行现场交流答疑，对操作系统的改进征求意见。

（张义刚）

【研发五大信息化系统】 2012年，顺义区安全监管局在综合监管动态管理系统的基础上，新开发了五大业务管理系统。一是绩效考核系统，用于全区各行业和属地季度安全生产考核，全过程记录政府部门日常管理行为；二是标准化评审系统，开发了适用不同级别企业的标准化信息系统，记录和展示了企业创建和现场评审的全过程；三是特种作业人员登记系统，用于管理全区特种作业人员的基础信息；四是涉危使用企业备案系统，进一步摸清涉危使用企业底数和加强登记备案；五是行政执法监察系统，进一步规范了安全监管局和属地执法人员的执法流程和行为。（李义）

安全生产标准化

【市局领导调研标准化工作】 1月12日，市安全监管局副局长陈清带队到顺义区就安全生产标准化相关工作开展调研。顺义区安全监管局汇报了标准化工作开展情况及“十二五”期间工作目标、措施和重点工作，与会人员就评审标准、达标模式、保障措施及考核办法等进行了研讨。 （张义刚）

【安全生产标准化建设座谈会】 1月11日至13日，顺义区安全监管局分别组织重点行业、镇和经济功能区召开标准化建设工作座谈会，就《顺义区创建国家安全生产标准化建设示范城市工作方案》、《顺义区安全生产标准化建设奖励约束管理办法》等相关文件广泛征求意见。 （张义刚）

【争创国家安全文化示范企业】 3月2日，国家安全监管总局安全文化示范企业专家评审组到顺义区顺鑫农业集团公司进行现场评审验收。顺鑫农业以“安全是基石、发展靠和谐”理念为核心，建立了七大安全观念和七大安全管理体系，2011年被评为北京市安全文化示范企业，2012年参加全国评审。（张义刚）

【示范城市工作方案通过政府审议】 3月7日，《顺义区创建国家安全生产标准化建设示范城市工作方案》等文件，经区政府常务会议审议通过。《方案》将企业安全隐患排查治理、安全文化建设和企业主体责任落实贯穿全过程，以创建安全发展型城市为统领，以深入推进企业安全生产标准化建设为抓手，创新安全生产社会管理，实现企业安全管理标准化、安全监管规范化、园区建设科学化和城市管理信息化。 （张义刚）

【安全生产标准化工作培训会】 3月14日至16日，顺义区安全监管局组织属地召开安全生产标准化工作培训会，全区共34家属地主管部门的安全科长参加会议。会议宣讲了开展标准化工作的大形势、大背景，明确了开展标准化的意义、目的和任务目标，重点围绕评审单位、评审人员的相关要求及工作流程进行了培训。 （张义刚）

【创建国家标准化建设大会】 4月11日，顺义区召开创建国家安全生产标准化建设动员部署大会，市安全监管局副局长陈清、顺义区副区长盛德利出席，各相关行业部门、属地主管副职和安全科长及60余家重点企业安全负责人共200余人参加了大会。会议部署了安全生产标准化建设的重点任务和工作措施，全面启动示范城市创建工作。 （张义刚）

【矿山安全标准化达标验收】 1月17日，顺义区金隅顺发水泥有限公司成为首批达到“三级安全标准化非煤矿山企业”。该公司从2011年1月启动安全生产标准化工作，4月份开始试运行矿山安全生产标准化系统，11月11日通过了北京中安质环技术评价中心有限公司组织的现场评审。2012年1月17日通过验收。 （王清）

【安全生产标准化评审人员培训】 4月23日至25日，顺义区安全监管局组织属地、行业部门、重点企业170人参加了安全生产标准化评审人员培训会。樊晶光、邬开发、史明、吴佩文、侯永民5个国家一级专家分别就企业安全生产标准化基本规范、评分细则、行业评定标准进行了讲解，市劳动保护研究所主任代宝乾解析了顺义区三级及小微企业评审标准。（张义刚）

【印发标准化工作实施方案】 5月7日，顺义区安全监管局印发了《工业企业安全生产标准化工作实施方案》，成立了以区安全监管局局长高士虎为组长，各镇、经济功能开发区主管副职为组员的工业企业安全生产标准化工作领导小组，确定了2012年机械行业企业166家、汽车制造业75家、冶金行业17家达标的总目标。（张义刚）

【工业企业标准化专题部署会】 5月9日至10日，顺义区安全监管局分两批组织23个属地安全科及机械、汽车、冶金行业共257家企业召开标准化专题部署会。会议部署了《顺义区工业企业安全生产标准化工作方案》，聘请北京国信安科技术有限公司讲解了标准化工作流程和工作内容，组织4家企业安全生产管理人员分别介绍了创建经验。

（张义刚）

【安全生产宣传志愿活动】 5月25日，顺义区安全监管局联合区团委、水务局、卫生局等部门，在胜利小区组织开展安全生产宣传志愿活动。本次活动主要是宣传安全生产标准化，向群众解释什么是安全生产标准化、安全生产标准化的重要性及意义。活动现场发放宣传画200张，安全生产标准化工作手册600本。（张义刚）

【标准化三级评审标准征求意见】 5月17日至18日，顺义区安全监管局组织召开安全生产标准化三级评审标准征求意见会，相关行业和属地27名主管科室负责人参加了会议。会上介绍了三级评审的标准，并就标准的框架、使用范围及具体内容开展研讨，不断修改完善了评审标准。（张义刚）

【加油站标准化自评员培训】 5月18日，顺义区安全监管局组织全区90家加油站召开安全标准化自评员培训会，邀请《北京市加油站安全标准化模板》的起草人、北京市工业技术开发中心专家綦长茂，针对《加油站安全标准化现场管理规范》和《北京市加油站安全标准化模板》进行逐一讲解培训。（张义刚）

【市局领导指导标准化工作】 5月23日，市安全监管局副局长陈清带队到顺义区检查指导安全生产标准化工作。陈清副局长对顺义区安全生产标准化工作开展情况予以充分肯定，并强调：要切实提高企业应急能力和水平，建立有效的预警机制，加快构建隐患自查自报、应急救援、物联网“三台合一”建设，提高安全生产信息化水平。（张义刚）

【标准化创建工作目标】 5月29日，顺义区人民政府分别与23家行业部门和40家属地签署了安全生产标准化创建工作责任书。2012年，顺义区安全生产标准化整体创建工作目标是实现危险化学品、非煤矿山、烟花爆竹类企业全部达标；工业、商贸行业规模以上企业20%达到三级以上（含三级）标准。（张义刚）

【标准化评审工作座谈会】 6月4日，顺义区安全监管局组织召开安全生产标准化评审工作座谈会。会上就近期安全生产标准化创建工作推进情况做了简要介绍，对目前工作中出现的问题进行了座谈，商讨了规范评审单位的措施，达成了以质量优先，数量服从质量的共识。

（张金月）

【标准化示范企业观摩会】 6月14日和20日，顺义区安全监管局分别组织召开安全生产标准化示范企业观摩会，观摩学习通过二级标准化评审的恩布拉科雪花压缩机有限公司和延锋伟世通有限公司安全管理工作经验，共137家企业负责人及属地安全科长参加了观摩会。（张义刚）

【标准化三级标准培训】 7月17日至18日，顺义区安全监管局组织召开顺义区标准化三级标准培训会，属地、行业主管副职及安全管理人员共400余人参加了培训。培训会聘请市劳动保护研究所谢昱姝博士对三级标准化评审标准进行了讲解，中国安全生产科学院标准化评审中心主任叶坚新对企业安全管理中的常见问题进行了分析。（张金月）

【标准化工作推进会】 7月20日，顺义区安全监管局组织相关镇、经济功能区召开安全生产标准化工作推进会。会议通报了标准化工作进展，并就各属地标准化创建状况、隐患治理、工作难点、解决措施等进行了交流。

（张金月）

【标准化咨询及评审单位工作会】 9月6日，顺义区安全监管局召开了安全生产标准化咨询及评审单位工作会。全市有认证许可的27家咨询、评审单位的主要负责人及工作人员出席会议。会上介绍了顺义区标准化建设工作进展情况，通报了标准化咨询、评审机构的工作及存在的问题，并就下一步加强标准化咨询、评审工作的管理进行了研讨。

（张金月）

【安全生产标准化三级企业培训】 9月15日至29日，顺义区安全监管局组织开展安全生产标准化三级创建企业培训工作，共计15批次，2000人次接受培训。（张金月）

【国家总局调研标准化工作】 10月11日，国家安全监管总局监管四司司长欧广、市安全监管局局长张家明带队到顺义区调研标准化示范城市创建工作，区委书记张延昆参加了调研。调研组在观看了顺义区标准化创建工作宣传片及安全生产事故隐患自查自报系统模块使用流程演示后，对标准化创建工作进行了研讨。（张义刚）

【国家总局检查标准化进程】 10月18日，国家安全监管总局监管四司副司长罗音宇带队到顺义区检查安全生产标准化工作推进情况。在听取了顺义区工作汇报后，认为："顺义经验"推动了安全发展的进程，提高了安全监管的水平；夯实了安全发展的理念，为安全发展奠定了良好基础；实现了安全监管工作程序的规范化、内容标准化、手段信息化；创新了安全监管机制，完善了工作格局；全面落实了企业的主体责任，解决企业落实不到位和被动局面；实现了安全生产形势的持续稳定好转。

（张金月）

【市局调研标准化系统建设】 11月6日，市安全监管局信息中心相关负责人带队到顺义区调研标准化创建工作及标准化信息系统建设工作。在听取了标准化创建工作进展情况、观看了标准化信息系统操作演示后，对标准化系统移植到市安全生产监管系统工作进行了交流。

（李义）

【标准化达标创建“一助一帮扶”活动】 10月份开始，顺义区安全监管系统开展标准化达标创建“一助一帮扶”活动。全区共确定重点帮扶企业223家，每名安全监管人员督导一家，全力帮助企业开展全员培训、梳理达标项目、对照标准检查，不断完善规章制度，整改安全隐患，建立健全长效隐患排查机制，切实将工作落到实处。 （张金月）

【完成标准化的创建任务】 截至2012年底，顺义区安全生产标准化创建工作开展顺利，18家企业完成了一级达标创建，150家企业完成了二级创建，810家企业完成了三级达标创建，3921家通过了小微企业岗位达标评审。

（张金月）

大兴区

概 述

2012年，大兴区安全生产工作紧紧围绕“一体化、高端化、国际化”发展目标和区政府中心工作，以“十八大”安全生产保障为重点，以“落实企业主体责任年”为主线，以科技创安为抓手，全覆盖、全规模、全视角开展各项安全监管工作。全年共发生各类安全事故277起，死亡49人，与去年同期相比，事故起数减少91起，下降24.7%，死亡人数减少25人，下降33.8%。事故总量及伤亡人数实现双下降，未发生较大以上生产安全事故，全区安全生产形势平稳好转。

转变监管方式，发挥安委会统筹作用，大安全格局初步形成。区委、区政府高度重视安全生产工作，区委常务会、区政府常务会多次听取安全生产工作情况汇报，区主要领导对危险化学品监管工作做出重要批示，区长李长友提出的“安全生产是品牌、是形象、是效益，更是一个地区核心竞争力之一”的理念深入人心，成为所有安全工作者的共识。

2012年，区安委会在“四个统筹”方面发挥了积极作用，效果凸显：一是统筹大安全。制定了向区政府常务会季度汇报、月例会制度、隐患整治调度会和执法检查联席会制度，将生产安全、消防安全、交通安全、食品安全和公共安全（预防煤气中毒和烟花爆竹）统筹管理，综合协调。二是统筹联合执法。深入开展“双十”行动，围绕建筑施工、地下空间、小锅炉等11个重点行业（领域）进行安全大排查。全年，共组织各类联合执法行动130余次，出动执法检查人员2.3万人次，检查企业1.2万家次，强制取缔非法经营3026家，行政拘留461人，消除各类隐患3.4万项，实施行政处罚近900万元。三是统筹大宣传。以“关爱生命，关注安全”为主题，以开展安全生产月活动为重点，安委会各成员单位分别牵头，开展每月一主题宣传活动。同时，在广播、电视、报纸和网络等媒体相继建立了固定的安全宣传栏目，形成了“四位一体”的安全生产宣传体系。住建委、商务委等6家单位制作了电视访谈节目，区安委会和区委宣传部联合举办了“关爱生命，关注安全”综合宣传晚会，全区受教育群众达10万人次。四是统筹大培训。大兴区作为全市唯一的大培训试点区，坚持“摸底数全覆盖、建机制强基础、严过程重质量、求突破促安全”培训思路，以实现企业主要负责人和安全管理人员、其他从业人员、基层安全检查员以及村居安全员培训率100%为目标，依托机构培训及自主培训两种方式，开展安全生产全员大培训。全年，共培训13万余人，其中依托培训机构组织培训班444期，培训7.1万人。安全培训工作得到国家安全监管总局和市安全监管局的充分肯定。

开展“护航”和“打非治违”，坚持拆管并重，城乡发展环境明显优化，严格按照“六个一律、四个确保”的工作标准，深入开展“安全护航”及“拆违打非”专项行动。通过专项治理、联合执法、宣传教育、合同清理等一系列措施，保持了打击违法建设、非法经营的高压态势，成效明显。“西红门镇寿保庄拆违打非模式”受到市区领导的充分肯定。通过“打非治违”“护航”行动，全年，全区共拆除违法建设870宗，86.8万平方米，累计强制取缔非法经营3026家，停产停业7618家，排查隐患累计2.09万家次，发现隐患3.42万项，整改3.35万项，整改率98.19%。共实施行政处罚898.61万元，累计清理流动人口4.23万人，为“十八大”召开和全区的稳定发展创造了安全环境。

创新监管手段，突出科技创安，监管体系更趋完善。完成安全监管系统改造升级。投资86万元，对安全监管系统改造升级，建立健全企业安全隐患自查自报管理信息系统，确定了日查周报、日查月报、日查季报3种模式，解决了企业“干什么、怎么干”的问题，实现了企业安全自管。全年，全区11513家生产经营单位共自查上报隐患17030条，整改16882条，整改率99.13%，为保障企业生产安全奠定了基础。顺利启动“智汇安全”工程。庞各庄镇投资140万元，建立“智汇安全”动态监管信息系统，解决基层“查什么、怎么查”的问题，实现信息采集全面性、日常检查动态性、监督考核权威性，领导决策科学性，为强化动态安全监管奠定了基础。初步建立风险评估及预警体系。与中国安科院合作，研究确定企业安全风险分级标准，建立企业自查、基层检查、职能部门检查、联合执法的动态安全监管模式，形成企业安全风险和区域宏观风险相结合的预警办法，解决政府部门“管什么、怎么管”的问题。企业安全风险等级评定指标和风险预警模型已基本建立。危险化学品监管平台投入使用。先后投资760万元，用于重大危险源监控平台、物联网和烟花爆竹销售企业图像信息监控系统建设，实现危险化学品企业实时监控和管理。

加强行业监管，提升企业责任意识，综合监管能力显著增强。深入开展风险点防控工作。在全区安全生产领域实施安全生产风险点监管工作，共确认安全生产风险点10069处，其中一般风险点9934处，重大风险点135处，均得到有效控制，提高了全区安全生产事故的防范能力。不断加强重点行业领域监管。危险化学品：全区146家危险化学品生产经营单位全部完成安全生产标准化三级达标建设。职业卫生：建立了1180人职业健康管理员队伍，有效推进企业内职业病防治宣传。在建工程：针对老旧小区施工改造、有限空间、两气安全等重点项目强化安全生产监管。烟花爆竹：严格销售许可受理，实施销售网点音频监管，切实保障节日安全。道路交通：加大对道路客运、危险化学品运输等领域安全监管，深入开展“大排查”和“大整治”。消防：实行消防监督员“驻街镇制”，深入开展消防平安行动。特种设备：开展小锅炉等特种设备专项检查，强化薄弱环节隐患治理。地下空间：大力度开展地下空间治理，清理散租住人地下空间15处，清退租住人员735人，规范人防工程56处、普通地下室106处。

保障生产安全，强化队伍能力建设，安全监管水平不断提升。简易处罚办法有效实施。在先期试点的基础上，对简易处罚办法及行政执法委托书进行修订，并在全区推广，进一步加大委托执法和行政处罚力度，扩大执法检查和处罚覆盖面。全年共实施简易处罚425件，罚款32.6万元，简易处罚办法的有效实施，得到了市安委会的充分肯定。应急管理基础得到提升。编制发布《大兴区危险化学品事故应急预案》，组织开展“加油站应急演练暨安全技能大比武活动”等各类安全生产演练638次，有效提高应急处置能力。完成全区173家机械、冶金、轻纺、建材和烟草规模以上企业及所有危险化学品企业应急预案备案、审核工作，率先实现市区两级应急系统同步对接。强化应急值守，圆满完成特殊节日和重点时期应急保障任务，处置突发事件能力不断增强。执法队伍形象明显改善。投入近百万元专项资金，为基层一线执法人员统一配备服装，明确着装标准，完善执法流程，进一步提高安全执法队伍形象。

2012年，大兴区的安全生产工作，得到了区委、区政府和市安全监管局的充分肯定。被市安委会授予“安全生产工作先进区县”并获得“安全生产工作重大进步奖”，庞各庄镇荣获“北京市安全生产先进单位”奖，宁西全、赵宝民、李青松获得“北京市安全生产先进个人”称号。

大兴区安全生产工作还存在一些薄弱环节。一是事故总量虽呈下降态势，但建筑施工、液化石油气、“厂改居、群租房”等重点领域监管仍需加强；二是城市运行安全保障压力增大。热力、电力、燃气等地下管网逐渐老化，城市安全隐患的排查治理需要强化；三是安全生产工作面临新挑战。新机场开工在即，配合属地做好待拆迁企业安全监管工作任务繁重；新区建设速度加快，重点工业项目和建设工程明显增多，各类生产经营活动更加频繁、道路交通运输迅猛发展，人流、物流高度聚集，安全风险加大，这些给安全生产工作带来了巨大压力。

安全生产综合监管

【安全生产控制考核指标落实情况】 2012年，大兴区共发生各类安全事故277起，死亡49人，与去年同期相比，事故起数减少91起，下降24.7%，死亡人数减少25人，下降33.8%。其中生产安全事故1起，死亡1人，交通安全事故43起，死亡47人，消防安全事故233起，死亡1人，事故总量和死亡人数实现“双下降”，未发生较大以上生产安全事故。（谷学宁）

【安全工作部署会】 1月11日，大兴区政府组织召开安全工作部署会，区委常委、区公安分局局长贺安钢、副区长沈洁出席会议。会议分别对治安维稳、烟花爆竹管理、消防以及安全生产工作进行全面部署。要求抓好6项工作：一是要做好烟花爆竹安全管理工作；二是要高度重视防火安全；三是要落实好煤气中毒预防工作；四是要全面加强安全生产工作；五是要高度重视大型文体活动场所和冰面安全；六是要加强应急管理。（谷学宁）

【安全生产“护航”行动工作部署会】 2月27日，大兴区安委会组织39家属地和成员单位召开安全生产“护航”行动工作部署会。听取各单位“护航”行动工作汇报，并对下一步“护航”行动进行再部署。会议要求：强化企业自查、基层检查、行业检查、联合执法4个环节的责任落实，加大“两会”期间隐患排查治理力度。加强对燃气使用和有限空间作业、危险化学品、地下空间、人密场所、轨道交通（包括来京代表的护路安全）、住宅电梯和特种设备、施工工地（包括市政施工）、废品回收、批发农贸市场、使用彩钢板的“二合一”“三合一”等重点部位、流动人口管理和煤气中毒等11个重点行业的安全整治工作。加强宣传教育培训工作。住建委要加强外来务工人员的培训工作；区安全监管局和消防支队要加强对安全员的培训工作。（谷学宁）

【“拆违打非”工作部署会】 4月21日，大兴区政府召开“拆违打非”工作部署会，对2012年“拆违打非”工作进行全面部署。区检察院、安全监管局、住建委、工商分局、城管大队、公安分局的主要领导分别发言。区长李长友强调：一是“打非”工作取得一定成效，但形势依然严峻，任务艰巨；二是面对违法建设、非法经营行为要下狠手，出重拳，对于重大隐患严格追究责任；三是源头治理，严格执行建账、销账工作机制，加大对外来人口的管控力度；四是要以严明的纪律保障，管到位，敢于碰硬，敢于创新，各级各部门要加大检查力度，加大监管和执法力度；五是推进“拆违打非”工作要讲究方法细节，做好基层基础性工作，加大宣传，“打非”工作有起点，无终点，任务重，压力大，要求高，各级各部门要始终保持高压态势，为建设宜居宜业的和谐新区不懈努力。（赵波）

【市局检查大兴区安全生产工作】 5月24日，市安全监管局副局长陈清带领市督查组对大兴区贯彻落实《中共北京市委、北京市人民政府关于贯彻落实国务院安全生产工作部署进一步加强首都安全生产工作的实施意见》情况进行专项督察。听取了大兴区安全监管局的工作汇报，并对安全生产责任落实、“打非治违”、重点领域专项整治和企业安全监管等方面的情况进行检查。（谷学宁）

【“拆违打非”宣传工作联席会】 6月1日，大兴区安委会召开“拆违打非”宣传工作联席会，区委宣传部、广电中心、住建委等8个单位参加会议。会议确定以制作、播报电视访谈节目的形式，开展“拆违打非”宣传工作，宣传内容侧重于相关政策法规和典型案例等，于6月初至8月底分阶段开展宣传工作。（赵波）

【市局检查危险化学品企业汛期安全生产】 6月8日，市安全监管局局长张家明一行到大兴区检查危险化学品企业汛期安全生产工作。对大兴区危险化学品生产企业的汛期安全生产工作给予了充分肯定。大兴区安全监管局有关领导陪同检查。（赵波）

【“打非治违”进展和督察工作会】 6月19日，大兴区政府组织召开“打非治违”进展和督察工作会。会上拆违控违、打击非法经营、隐患排查整治和社会治安综合治理4个分指挥部分别汇报了工作进展情况，通报了“打非治违”督查组第一轮检查督导工作中发现的主要问题并对下一步督导工作进行部署。（赵波）

【基层安全科长培训班】 7月10日，大兴区安全监管局组织各镇、街道、生物医药基地管委会、新媒体产业基地管委会和南郊农场安全科长30余人，开展业务素质和综合素质提升培训。（谷学宁）

【区领导督察安全稳定工作】 8月14日，大兴区副区长沈洁带领区安全监管局、住建委、工商分局、流管办、维稳办、消防支队等相关部门负责人，对青云店镇、庞各庄镇、魏善庄镇、北臧村镇安全稳定工作进行督察，听取了4个镇关于2012年安全稳定工作情况汇报，分别就“打非治违”、流动人口管控、生产安全及消防安全、社会维稳等4个方面工作进行了点评，并提出明确要求。（宋新雷）

【国务院安委会检查大兴区“打非治违”工作】 9月12日，国家安全监管总局副局长王德学为组长的国务院安委会督查组，在市安全监管局局长张家明的陪同下，到大兴区检查“打非治违”工作情况。实地察看了西红门镇寿保庄工业大院升级改造现场，听取了西红门镇关于拆除违法建设有关情况的汇报。对大兴区“打非治违”工作给予了充分肯定。区委副书记、区长李长友，副区长沈洁陪同检查。（谷学宁）

【安全稳定督导考核总结会】 9月17日，大兴区政府组织召开全区安全稳定督导考核总结会和生产安全、消防安全工作部署会。听取了5个督查组工作汇报，研究了“十八大”护航行动，对下一步生产安全和消防安全工作进行了部署。会议要求：要按照“全覆盖、全规模、全视角”的要求，集中开展排查整治，彻底掌握底数，梳理隐患，解决突出问题。9月30日前，要建立隐患台账，做到有责任、有方案、有整改时限、有责任人。层层宣传发动，营造良好氛围。要强化责任落实，严格督导考核。

（谷学宁）

【中秋、国庆期间安全生产工作】 大兴区安委会印发《关于做好中秋、国庆期间安全生产工作的通知》，对交通运输、建筑施工、危险化学品、市政设施及燃气使用安全和商场超市、宾馆饭店、地铁、车站、学校、医院、文化娱乐和体育运动等人员密集场所的安全监管提出明确要求。制订节日期间安全检查计划，9月30日至10月7日，每天由一名局领导带队，分3个组对重点人员密集场所、危险化学品企业、建筑施工工地等重点部位进行检查抽查，及时发现和有效消除各类安全隐患。对危险化学品企业进行了全覆盖检查，逐单位签订了安全责任书。（谷学宁）

【区人大检查消防安全、生产安全工作】 10月17日，大兴区人大主任张晓林、副主任李永贵和部分人大代表，检查了大兴区消防安全和生产安全工作。实地察看了黄村镇桂村消防工作室建设情况，现场检查了包装印刷产业基地两家企业，听取了区消防支队和区安全监管局工作情况的汇报，并与人大代表进行了座谈。副区长沈洁陪同检查。

（谷学宁）

【市局督察大兴区“护航”工作】 10月26日，市安全监管局副局长陈清带督查组，对大兴区“十八大”安保暨安全生产“护航”工作进行了督察。副区长沈洁陪同检查。督查组首先对天宫院的天堂河劳教所及大兴殡仪馆拆违现场进行了实地察看，听取了天宫院街道办事处“拆违打非”相关工作汇报；随后听取了大兴区安全生产“护航”工作情况汇报，对大兴区安全“护航”工作给予了充分肯定。并提出明确要求。（郑学雅）

【安全生产综合考核】 12月，大兴区安委会联合区防火委对属地及部分行业部门进行了安全生产和消防安全综合考核。考核坚持“上下结合、立体透视、综合评价”的原则，将日常工作、专项整治与重点工作有机结合，通过听汇报、查资料和实地抽查的方式，全面考察各单位安全监管和消防工作落实情况。同时，将考核中存在的问题当场反馈，并提出建议和整改意见，促进安全监管和消防工作全面提升。（郑学雅）

【大兴区安全监管工作考核】 12月26日，市安全监管局考核组对大兴区安全监管工作进行了考核，听取关于2012年度大兴区安全生产管理工作的汇报，查阅了相关资料，并实地抽查了清源街道工作开展情况。考核组对大兴区安全生产管理工作给予了充分肯定，并提出了3点建议：要针对如何发挥政府的社会管理职能，提升企业自我管理意识，推动企业安全生产主体责任落实加强研究。要进一步加强基层基础工作，创新方式方法，稳定基层安全管理队伍，提高人员素质。希望大兴区发挥安全生产标准化示范区作用，加大政府支持力度，促进安全生产标准化工作落实。

（郑学雅）

危险化学品安全监管

【危险化学品企业复工安全检查】 3月，大兴区安全监管局开展了节后危险化学品企业复工安全检查工作，督促企业加强安全教育，尤其是涉及装卸作业、设备操作等重点岗位的安全生产复工教育，并对涉及危险化学品的容器、储罐、管道进行检查，检查各装置是否能稳定运转。督促企业做好通风、防火、防静电、防粉尘爆炸等安全防范措施的落实。（张振杰）

【《危险化学品安全管理条例》宣贯】 3月26日至28日，大兴区安全监管局举办了《危险化学品安全管理条例》宣贯培训班。培训班聘请市安全监管局领导及相关专家对新修订的《危险化学品安全管理条例》及《危险化学品仓库建设及储存安全规范》进行讲解。通过培训，进一步提升了大兴区危险化学品企业管理人员的知法守法意识。（杜蓓蓓）

【“两重点一重大”企业整治工作】 4月，大兴区安全监管局开展针对涉及“重点危险工艺”，“重点监管危险化学品”，“危险化学品重大危险源”企业，开展专项整治工作。通过提升工艺、设备设施自动化控制水平，完善相关制度、预案等措施，提高“两重点一重大”企业的本质安全水平。（胡伟）

【危险化学品企业专项整治】 4月和9月，大兴区安全监管局结合“十八大”安全保障工作，连续开展全区危险化学品企业专项整治，重点检查“十八大”安全保障工作开展情况；隐患自查自改工作进行情况；易制毒（爆）和管控化学品实名制购买管理情况等，对全区危险化学品企业检查率达到了100%。

（胡伟）

【涉氨单位的专项整治】 5月至10月，大兴区安全监管局按照《北京市液氨储存和使用安全导则（试行）》的有关要求，对全区所有液氨经营、储存、使用单位的从业人员、管理制度、安全设施等进行全面检查和规范。重点排查了近两年发生过安全生产事故的企业、新建企业和构成重大危险源的企业。

（张振杰）

【危险化学品行政许可】 2012年，大兴区安全监管局严格依照行政许可办理程序完成危险化学品、烟花爆竹、易制毒行政许可工作。其中危险化学品经营许可19项，非药品类易制毒化学品生产经营备案6项，协助市安全监管局完成经营许可现场安全条件审查

11 项。（杜蓓蓓）

【危险化学品企业延期换证及退出工作】 2012 年，大兴区安全监管局对全区 12 家延期换证的危险化学品生产企业进行核查，经查，6 家企业不符合安全生产许可证延期换证条件，需退出危险化学品生产行业，区安全监管局依照相关规定，监督退出企业对生产装置、储存设施、成品、半成品及原材料进行了妥善处理。（张振杰）

【区人大代表（第 45 号）建议办理工作】 2012 年，大兴区第四届人民代表大会第一次会议甄众学代表提出了关于"尽快迁移加油站，解除地铁沿线安全隐患"（第 45 号）的建议，为做好建议办理工作，大兴区安全监管局召开协调会对建议办理工作进行专题研究，责成主管领导协调区规划分局、环保局等单位将有关法规规章与监管工作以书面形式予以汇总提交，并如实向代表反映。同时，责成所涉单位进一步采取有效措施，加强安全管理，确保生产安全。

（杜蓓蓓）

【危险化学品安全协会成立】 为进一步规范大兴区危险化学品市场的安全经营环境，加快危险化学品企业建立健全安全监督管理体制，实现全区危险化学品行业自我管理、自我约束、自我发展的目标，区内危险化学品从业单位自发组织成立了北京市大兴区危险化学品安全协会。12 月 12 日，北京市大兴区危险化学品安全协会召开成立大会，选举产生了协会第一届理事会及监事会成员。

（张杰）

烟花爆竹安全监管

【烟花爆竹经营许可办理】 2012 年，大兴区安全监管局受理烟花爆竹经营（零售）许可 120 项，审查 120 项，批准并颁发《烟花爆竹经营（零售）许可证》99 个，其中零售网点 97 个，长期零售网点 1 个，提货点 1 个。烟花爆竹零售网点分布于全区 14 个镇，5 个街道办事处。（张杰）

【烟花爆竹安全管理工作部署会】 1 月 6 日，大兴区安全监管局召开烟花爆竹经营单位主要负责人会议。会上，区安全监管局对烟花爆竹销售储存工作安排进行了部署，并对零售网点具体安全管理工作提出了明确要求。零售网点负责人代表宣读了安全守法经营倡议书。

（张杰）

【烟花爆竹从业人员培训】 1 月 7 日，大兴区安全监管局开展烟花爆竹零售网点从业人员培训工作，对全区所有零售网点的从业人员共 300 人进行了法律法规和相关专业知识的培训。培训会后区安全监管局组织从业人员进行了执业资格考试，对考试不合格人员进行了补考。（胡伟）

【烟花爆竹销售存储安全检查】 2012 年，大兴区安全监管局制订了《大兴区安全生产监督管理局 2012 年春节期间烟花爆竹经营单位检查工作方案》，并采取日常检查及夜查等方式共检查烟花爆竹经营单位 677 家次，其中检查批发企业 7 家次，共出动执法人员 116 人次，发现并消除事故隐患38项，下达责令限期整改指令书25份。1月16日进入销售期后安全监管、公安、工商、城管等部门对全区所有烟花爆竹网点开展了联合执法检查。（张杰）

【烟花爆竹回收入库】 2012年，大兴区烟花爆竹零售网点共采购烟花爆竹产品3.2万箱，约合人民币990万元，其中烟花类1.97万箱，爆竹类1.23万箱，同比2011年下降29.3%。3家批发企业回收烟花爆竹约2620箱，其中，烟花类约1730箱，爆竹类约890箱。

（张杰）

安全生产事故隐患排查治理

【隐患自查自报系统培训】 7月17日至20日，大兴区安全监管局在区职教集团培训基地举办了“大兴区安全隐患自查自报系统培训班”。对《大兴区生产经营单位安全隐患自查自报管理工作暂行办法》进行详细解读，对大兴区安全隐患自查系统应用进行培训。全区21个属地、21个行业部门、568个村居和试点单位的856名安全管理人员，以及12个属地单位的企业安全管理人员1500余人开展了业务培训。（李新杰）

【隐患自查自报工作部署】 7月25日，大兴区安全监管局组织召开大兴区安全隐患自查自报工作部署会，各镇政府、街道办事处、行业部门和部分企业代表共计180余人参加了会议。副区长沈洁和市安全监管局信息中心领导出席并讲话。会上，区安全监管局部署了全区安全隐患自查自报4个阶段的主要工作。市安全监管局信息中心领导介绍了全市安全隐患自查自报系统的运行情况，并对大兴区安全信息化建设工作提出要求。（李新杰）

【“十八大”生产经营单位隐患自查自报】 “十八大”期间，为做好安全保障工作，大兴区安全监管局从强化生产经营单位隐患自查自报入手，多措并举，强化隐患治理。一是召开全区安全生产隐患自查自报专项工作会，通报各属地开展工作情况，听取各属地当前工作汇报，同时进行再动员、再部署；二是明确了工作目标，即督促生产经营单位落实安全生产主体责任，消除安全隐患，确保“十八大”期间全区生产经营单位自查自报率达到100%的目标；三是加强对生产经营单位自查自报工作的培训工作，制订了专项工作培训方案，明确培训工作要做到“全覆盖”；四是加强自查自报工作的执法力度，对不开展、不认真开展此项工作的生产经营单位将实施行政处罚。（宋新雷）

【年度隐患自查自报工作情况】 2012年，大兴区11513家生产经营单位开展隐患自查自报工作，共上报隐患17030条，整改16882条，整改率99.13%，为保障企业生产安全奠定了基础。

（崔丽雅）

【年度隐患排查治理情况】 2012年，大兴区各行业管理部门、属地单位按照《关于开展2012年安全生产隐患排查整治工作方案》要求，结合自身工作职责，多措并举，深入开展隐患排查

“打非治违”整治工作。全区共排查出存在安全隐患的生产经营单位21710家次，发现安全生产隐患3.58万项，已整改销账35284项，整改率为98.56%，共罚款116.27万元。（崔丽雅）

【风险点防控】 2012年，大兴区安全监管局在全区安全生产领域实施安全生产风险点监管工作，共确认安全生产风险点10069处，其中一般风险点9934处，重大风险点135处，均得到有效控制，提高了全区安全生产事故的防范能力。（王建军）

安全生产应急救援

【应急信息管理】 1月16日，大兴区安全监管局起草并发布了《大兴区安全生产委员会办公室关于进一步做好安全生产应急信息报送工作的通知》，从应急信息报送途径、内容等方面，对应急信息报送提出了具体的要求。（杨宗彬）

【安全生产应急志愿者队伍】 按照团区委、区应急办《关于进一步加强应急志愿者队伍建设工作的通知》要求，2月11日，大兴区安全生产应急志愿者队伍正式成立，招募志愿者50名，并完成登记注册。（杨宗彬）

【应急预案备案工作】 3月，结合大兴区应急管理工作实际情况，大兴区安全监管局制定《北京市大兴区生产安全事故应急预案管理实施方案》，明确工作要求；4月至5月，通过座谈讨论和抽查等方式，开展应急预案备案督察工作；6月至11月，结合督察中发现的问题，开展集中培训，推动备案工作落实。截至年底，全区共有173家规模以上制造类企业的173份应急预案通过审核，并在大兴区安全生产监管系统备案。

（杨宗彬）

【应急救援物资储备库建设】 6月，大兴区安全监管局维修年检了24个到期的灭火器；购置了8套防爆头灯、2台抽油泵和20袋石灰粉补充到区应急救援物资储备库。（宋志光）

【加油站应急演练暨“大比武”活动】 6月19日，大兴区安全监管局联合区政府应急办组织大兴区内11家公司所属102座加油站开展了应急演练暨安全技能“大比武”活动。“大比武”活动分为安全知识考核、隐患排查整改、应急响应处置3个环节。市安全监管局副局长唐明明、大兴区副区长沈洁，区安全监管局、应急办、消防支队、商务委、工商分局、交通局、卫生局、环保局、各属地政府相关领导出席此次活动，全区98家重点危险化学品生产经营单位主要负责人观摩了此次加油站系统应急演练暨安全技能“大比武”活动。

（杜蓓蓓）

【应急演练】 6月，大兴区安全监管局筹划，组织属地和企业开展安全生产月应急演练周活动，并做好应急演练周活动的总结、归纳工作。应急演练周期间，全区各属地、行业共组织开展应急演练638次，区安全监管局直接组织参与应急演练5次，充分营造了安全生产月活动的良好氛围。（杨宗彬）

【预防盲目施救】 6月28日，大兴区安全监管局依据《北京市安全生产委员会办公室转发〈国务院安委会办公室关于近期盲目施救导致较大事故多发情况通报〉有关文件的通知》（京安办发〔2012〕33号），结合工作实际及夏季特点，从工作形式、工作内容以及宣传贯彻等方面，进一步加强安全监管和宣传，杜绝出现因盲目施救导致事故损失扩大的情况。 （宋志光）

【应急管理系统建设】 7月，大兴区安全监管局对大兴区安全生产监管系统平台中应急管理模块进行了升级改造，同时更新了应急专家、应急物资库、应急队伍和应急预案等有关内容。 （杨宗彬）

【生产安全事故信息公开】 9月11日，大兴区安全监管局落实《北京市大兴区人民政府办公室关于印发大兴区推进重点领域政府信息公开工作实施方案的通知》文件精神，依据《中华人民共和国安全生产法》、《生产安全事故报告和调查处理条例》和《生产安全事故处理情况向社会公开管理办法》的有关规定，结合实际，从机构职责、公开内容、公开形式等方面出发，制定了《大兴区安全生产监督管理局关于生产安全事故信息公开的实施方案》并予以发布实施。通告此项工作的开展，切实保障了公众对安全生产工作的知情权、参与权、表达权和监督权，进一步促进了大兴区生产安全事故信息工作的公开性和公正性，规范了事故信息公开程序，推进了大兴区安全生产法制建设。 （宋志光）

【“十八大”前应急演练活动】 11月6日，大兴区安全监管局在天宫院街道针对交通运输、物流行业开展了喜迎“十八大”应急演练活动，从火灾处置、突发事件应对、人员疏散等方面进行了整体演练，200余人参加了演练活动。通过演练，使企业员工熟练掌握了火灾应急技能，增强了火灾防范意识和自我保护能力。同时，进一步提高了企业灾害处理的决策指挥水平和实战能力。真正发挥了演练促生产、保安全的作用，为“十八大”召开营造良好的安全环境。区应急办、安全监管局、公安消防支队等主要领导参加了演练。 （郑学雅）

【建筑业安全管理调研】 11月15日，大兴区安全监管局以建筑业安全管理现状为重点，以建筑企业为对象，针对建筑业事故高发的态势以及呈现出的因素、特点和趋势，结合2012年大兴区发展规划的各项重点内容，通过座谈、检查和分析会等多种形式，对大兴区建筑施工工程安全生产管理现状进行了全面调查，并组织区建筑业专家和企业专业人员共同探讨、分析，最后提出了预防事故的有效措施和管理建议。 （周堃）

【应急预案修订】 11月，大兴区安全监管局编制了《大兴区危险化学品事故应急预案》，经过专家评审和区应急委批准，下发至各相关单位贯彻实施。 （杨宗彬）

【应急物资管理】 2012年，大兴区安全监管局坚持每季度对库内的应急物资进行一次盘点，保障了应急物资的

齐备、有效。（杨宗彬）

【事故调查】 2012年，大兴区安全监管局参与调查了生产安全事故3起（2起死亡事故，1起无人员伤亡事故），共造成2人死亡，直接经济损失约为183.6万元。未发生较大以上生产安全事故。比2011年，事故总起数、死亡总人数分别减少了3起、3人，分别下降了50%、60%。（李青松）

【事故分析】 2012年，大兴区安全监管局分别在每季度末，对区内生产安全事故情况进行汇总，同时结合2009年至2011年大兴区生产安全事故情况进行分析，形成事故情况分析和下阶段形势预测，有针对性地指导重点时期的事故预防工作。此外，区安全监管局不断更新、完善事故统计数据，每月加以简要分析，确保特殊时期、临时性分析的需要。（周堃）

安全生产执法监察

【安全生产执法检查情况】 2012年，大兴区安全监管局共检查生产经营单位2542家次，下达执法文书2075份，其中整改指令书2011份，现场处理措施决定书64份，执法文书下达率为82%，共接到属地上报一般案件252件，立案处罚209件，上报简易处罚425件，处罚金额127.137万元，共受理各类举报投诉事项135件，已查处办结135件，办结率100%。（郑阳）

【“打非治违”专项行动】 2012年，全区共拆除违法建设870宗，86.8万平方米，累计强制取缔非法经营3026家，停产停业7618家，排查隐患累计2.09万家次，发现隐患3.42万项，整改3.35万项，整改率98.19%。共实施行政处罚898.61万元，累计清理流动人口4.23万人，为“十八大”召开和全区的稳定发展创造了安全环境。（赵波）

【安全生产“护航”行动】 2011年12月中旬至2012年11月底，大兴区安委会在全区范围内开展了安全生产“护航”联合行动。紧密围绕燃气使用、危险化学品和烟花爆竹、地下空间、商场超市、轨道交通运营、电梯等行业领域开展11项专项执法检查行动。第一阶段和第二阶段期间，共开展联合执法130余次，监督检查生产经营单位1874家次，指标完成率达到6个100%，下达执法文书1132份，执法文书下达率达到51.7%。通过严格执法，发现隐患数2241个，已整改2095个，整改率93.5%，对违法违规单位严格落实处罚，停产停业整顿18家，实施行政处罚共计5.5万元，以较高的标准推进2012年安全生产“护航”行动。（郑阳）

【“小锅炉”专项整治】 3月，依照《大兴区安全生产委员会办公室关于开展“小洗浴”“小锅炉”专项检查的通知》的部署，大兴区安全监管局联合区公安分局、消防支队、质监局、工商分局、卫生局、商务委等多个部门对全区“小洗浴”“小锅炉”进行专项整治。专项整治期间，共检查“小洗浴”262家次，其中无照经营非法“小洗浴”119家；共检查

"小锅炉"296台，其中有83台"小锅炉"存在严重安全问题，现场拆除不合格锅炉38台，现场要求119家"小洗浴"停产停业整顿。（郑阳）

【"小锅炉"专项整治督察】 9月，《大兴区服装洗浴用小锅炉专项整治工作方案》下发后，大兴区安全监管局配合区质监局、区公安分局等部门对全区各属地开展小锅炉专项整治工作情况进行了专项督察，总结归纳了各属地在小锅炉专项整治中涌现的先进经验、好的做法以及存在的问题等，为建立小锅炉整治长效机制打下了良好基础。（郑阳）

【厂改居及群租房清理整治】 9月，大兴区安委会制订并下发了《大兴区厂改居、群租房专项清理整治工作方案》，确定"禁止厂改居、禁止群租房、禁止非法旅店"的三禁止目标，实现了安全隐患、租住人员、厂改居场所的"三步清理"。全区23处厂改居、群租房已全部清理完毕。（郑阳）

【工业企业专项治理】 9月，大兴区安全监管局制订下发《大兴区关于开展"十八大"期间工业企业安全生产大检查实施方案的通知》，部署"十八大"前、期间的工业企业安全大检查工作，区安全监管局联合区经信委对属地工业企业安全生产大检查工作情况进行督察，抽查企业30家，开具检查记录30份，责令改正指令书24份，停产停业1家，行政处罚案件2起，罚款金额2.1万元；共发现隐患120项，已整改110项，整改率96%。（于洋）

【老旧小区改造工程安全监管】 9月至11月，大兴区安全监管局充分发挥安全监管职能，采取各项措施确保此项工程安全运行。制定《老旧小区改造工程安全生产工作方案》，要求各单位按《方案》及时建立安全监管领导机构，并与各施工队签订了安全协议，使安全监管工作得到层层落实。督促各单位充分发挥日常安全监管职能，做到日检查、周检查，有重点地进行全时监管，强化施工单位安全文明施工，及时消除隐患。组织开展联合执法检查，截至11月中旬，共下达执法文书7份，消除隐患20多项。（韦启鹏）

【"十八大"期间危险化学品专项整治】 "十八大"期间，大兴区安全监管局对全区危险化学品生产经营单位进行了拉网式执法检查，特别针对非法生产、经营、储存危险化学品行为，对排查出的非法从事危险化学品经营储存的企业进行查处。在此期间，对4家未经审批非法经营储存危险化学品企业进行了行政处罚，罚款11.6万元。（郑阳）

【铁路护路护线专项整治】 "十八大"前期，大兴区安全监管局开展了铁路护路专项整治工作，在建立铁路沿线生产经营单位台账，对隐患整改工作予以全程监控的同时，联合区综治办、各属地政府对铁路沿线200米范围内生产经营单位进行全覆盖安全生产大检查，做到拉网式检查，不漏掉一家，不放过一个隐患，并针对隐患情况实行销账制度，确保消除所有隐患。专项整治期间，共检查生产经营单位62家次，下达执法文书32份，对违法违规单位严格落

实处罚，停产停业整顿8家，实施行政处罚共计1万元。（郑阳）

【地下空间专项治理】 2012年，大兴区安全监管局联合相关行业管理部门，制定了《大兴区地下空间安全使用管理办法》，明确了《人防工程和普通地下室安全检查标准》，建设了“大兴区地下空间安全使用管理信息系统”，召开了全区地下空间治理工作大会，并按照《大兴区2012年地下空间专项整治工作方案》要求，开展了散租、出租住人等地下空间违法、非法使用行为的治理工作。全年，共清退15处散租住人地下空间，清退租住人员735人，规范各种违法行为地下空间162处。

（韦起鹏）

【有限空间安全监管】 2012年，大兴区安全监管局制定下发了《关于加强2012年有限空间安全生产监管工作的实施意见》，组织全区21个属地单位、8个行业部门和45家企业的安全管理人员约100人，开展了有限空间事故案例、执法检查要点、执法依据、隐患消除措施等知识的培训，观摩了大兴区供电公司培训基地有限空间现场作业模拟。5月至7月，多次联合市安全监管局有关部门，开展了有限空间作业日查夜查行动，发现了1家违章作业的企业，及时对企业负责人的进行了约谈教育。

（韦起鹏）

【在建工程安全监管】 2012年，大兴区安全监管局制定下发了《关于加强春季开复工安全监管工作通知》，并对12个属地单位的在建工程监管情况进行了督促指导。9月，联合区住建委、消防支队召开了大兴区在建施工企业负责人安全生产工作会。会上，在建施工企业与行业管理部门签订了“十八大”安保责任书。（贾建伟）

【“双十”联合检查行动】 2012年，大兴区安全监管局联合区交通局、住建委、公安消防支队等相关行业部门及各属地单位，针对交通运输、高铁沿线周边环境、地下空间、流动式起重机、重点建设工程、商业及餐饮企业、宾馆饭店、餐饮经营单位燃气使用、“两气”工程、文化娱乐场所及影院等重点内容，开展了“双十”行动。共检查生产经营单位2037家次，下发各类执法文书1776份，责令44家生产经营单位停产停业整顿，处罚32家次，处罚金额35.6万元。（郑阳）

【举报投诉受理】 2012年，大兴区安全监管局共受理各类举报投诉事项135件，已查处办结135件，办结率100%，其中受理“12350”电话举报投诉事项53件；受理市安全监管局“12350”网络平台举报投诉62件；受理区政府转发举报投诉19件；受理本局电话举报投诉事项1件。受理举报投诉工作多次受到市“12350”举报投诉中心通报表扬，并在107.3Hz北京城市管理广播中推广了大兴的受理举报投诉工作的先进做法。

（郑阳）

【预防煤气中毒事故】 2012年冬季，按照《大兴区2011至2012年度预防煤气中毒工作方案》，大兴区安全监管局与区农委联合对所包片北臧村镇、生物医药基地、林校街道办事处预防煤气中毒工作进行了督导和检查。共组织检查27次，下户检查80余户，发现不合格炉具35个，不合格风斗24个，未安装一氧化碳报警器14户，发现、整改问题400余项。包片区域未发生煤气中毒死亡事故。（郑阳）

职业安全健康

【职业卫生二次摸底排查】 4月，大兴区安全监管局在2007年职业卫生普查的基础上，对大兴区存在职业病危害的企业进行二次摸底排查。经排查，2007年至2012年，原普查在册的1838家企业中因拆迁、搬迁、转产、停产、退出或关闭等原因，数量减少976家；新增存在职业病危害企业230家。与2007年数据相比，从总体数量上看，全区存在职业危害的企业减少746家，同比下降40.5%。（陈冰）

【职业健康管理员队伍建设】 5月，大兴区安全监管局分批组织辖区863家存在职业病危害企业的负责人和管理人员进行脱产培训。培训内容涉及职业病防治法律法规、职业卫生管理知识、企业职业危害因素识别与检测、职业病防护用品的使用和管理等多个方面，紧贴企业工作实际。培训期间，向企业发放自行编制的《职业卫生管理档案》样本，进一步指导开展职业卫生工作。经培训合格的企业职业健康管理员已达到1180人。（陈冰）

【职业卫生委托执法】 5月，在安全生产委托执法成功经验的基础上，大兴区安全监管局开展了职业卫生委托执法工作。将《职业病防治法》赋予的对用人单位职业卫生工作的监督检查等权利委托给各属地政府。（陈冰）

【职业病防治工作交叉执法检查】 9月11日，市安全监管局与青海省安全监管局对大兴区家具制造业职业卫生监管情况进行交叉执法检查，听取了大兴区职业卫生监管情况工作汇报，并对家具制造业用人单位职业病防治工作进行了检查。市安全监管局副局长常纪文及青海省安全监管局相关领导对大兴区职业卫生监管工作给予了充分肯定，并对下一步工作提出了要求与希望。大兴区安全监管局局长李延国陪同检查。（陈冰）

【职业病危害项目现场申报活动】 12月，结合《中华人民共和国职业病防治法》修订，大兴区安全监管局组织开展职业病危害项目现场申报活动，对区内存在职业病危害因素的用人单位的职业病危害因素和职业病防治管理工作进行现场网上年度申报，全程对申报工作进行指导和审核。2012年，共327家用人单位完成职业病危害项目申报。

（陈冰）

【职业病防治宣传】 2012年，大兴区安全监管局通过开展《职业病防治法》宣传周、安全生产月、安康杯知识竞赛，组织现场咨询、职业卫生公开课、送法进企业、送法进社区，印制、发放职业卫生宣传折页、《职业病防治法100问》、《职业卫生宣传手册》、《职业卫生培训教材》，在印刷行业、工业企业试点建立职业卫生标杆企业等多种形式，利用局政务网站、大兴电视台、《大

兴报》、局安全生产期刊、安全动态等媒体，加强职业病防治宣传。（陈冰）

【国家重点职业安全健康调查】 4月至12月，按照国家九部委和北京市九委办的工作部署，大兴区作为全国65家职业健康状况重点调查区县，对全区473家职业危害企业进行入厂调查，抽取278家企业的5068名职工进行职业健康体检调查，圆满完成国家重点职业安全健康调查的工作任务。（陈冰）

【职业卫生执法检查】 2012年，大兴区安全监管局开展电子行业、木制家具行业专项治理工作。全年共检查企业240余家次，下发整改文书150余份，已立案处罚13家，罚款22.3万元。

（陈冰）

安全生产宣传培训

【安全生产宣传教育】 2012年，大兴区安全监管局重点从4个方面开展安全生产教育。一是以国务院23号文件和40号文件、市政府40号文件、市委市政府20号文件以及《北京市安全生产"十二五"规划》为重点，强化对《中华人民共和国安全生产法》、新修订的《职业病防治法》、《危险化学品安全管理条例》和《北京市安全生产条例》等法律法规以及地方标准和规范性文件的宣传。二是紧密围绕重点领域监管、职业安全健康、执法检查、特种作业、信息化建设、安全生产标准化、安全生产培训等重点工作进行宣传。三是强化基层宣传，3月份，针对农民工返京这一重要时段，以新闻媒体开展"走基层、转作风、改文风"活动为契机，配合国家安全监管总局和北京市新闻媒体，在大兴区瀛海镇开展"安全生产走基层"宣传报道活动。四是突出重点时段和事故多发领域的宣传。宣传普及用电、电梯、消防、燃气使用等安全知识，增强广大职工和群众安全防范意识，提高安全防范能力。做好"元旦"、"春节"、"两会"、"五一"法定节假日和"十八大"安全保卫宣传工作。（黄述强）

【"关爱生命，关注安全"主题宣传活动】 2012年，大兴区安委会结合"十八大"安保工作，组织开展了"关爱生命，关注安全"主题宣传教育活动。具体开展了"每月一主题"活动、安全生产系列作品征集和展览展示活动、安全文艺进基层活动安全宣传片制作活动、大型舞台演出活动。（黄述强）

【每月一主题综合安全宣传】 2012年，大兴区安委会统筹生产安全、消防安全、交通安全、食品安全，以"关爱生命，关注安全"为全年宣传教育大主题，开展每月一主题综合安全宣传活动，每月明确一个牵头单位组织特色安全宣传。如：2月份，区流管办以"返京第一课、安全伴我行——外来务工人员安全宣传"主题开展宣传活动；8月份，区旅游委结合行业特点，开展"平安旅游在新区"的主题5项宣传活动。

（黄述强）

【"两会"志愿宣传活动】 3月，大兴区安全生产宣传教育志愿者分队以"树立安全意识，共创和谐首都"为主题，以设置咨询点、悬挂条幅、摆放展板等形式开展全覆盖、全视角、全规模的宣传教育活动。此次活动共有300余名志愿者参加，现场发放宣传资料3万份，悬挂条幅70条，摆放展板72块，为全国“两会”召开营造了良好的安全生产氛围。 （杨军）

【安全生产月活动】 6月10日，大兴区安委会以“践行北京精神，弘扬安全文化，推进安全发展城市建设”为主题，以火神庙商业中心为主会场，组织19家单位开展集中宣传咨询，重点对安全生产法律法规、安全科普知识、应急救援知识等进行宣传，各属地单位、企业也通过不同形式开展安全宣传教育活动，掀起全区安全生产月活动高潮。咨询日共发放各类安全生产宣传品12万余份，受教育群众10万余人。在广播、电视、报纸和网络等媒体相继建立了固定的安全宣传栏目，形成了“四位一体”的安全宣传体系。 （黄述强）

【安全生产宣传志愿者队伍建设】 2012年，对全区22支安全生产宣传教育志愿者支队进行了全面培训，共计培训2540人次、154学时；组织各类志愿宣传活动110次，3000余人次参加。 （黄述强）

【安全生产全员大培训】 2012年，大兴区安全监管局坚持“摸底数全覆盖、建机制强基础、严过程重质量、求突破促安全”的安全生产教育培训思路，从建机制、抓重点、求质量入手，深入开展以企业主要负责人、安全管理人员、其他从业人员（包括班组长）以及村居安全员为重点的安全生产全员大培训。截至年底，共培训以上4类人员130946人，培训率91.95%，其中依托机构培训444期，70977人，占全年完成量的54.2%，与上年相比培训人数增加了7倍；组织特种作业人员培训考核10期，27117人次；高危行业主要负责人和安全管理人员考核11期，823人次。 （黄述强）

【安全生产大培训专项督察】 8月，大兴区安全监管局集中20天，对全区21个属地所辖企业上半年开展安全生产大培训情况开展专项督察，通过听、查、看、访4种形式，查找培训工作中的问题，并对未开展全员大培训的企业实行高限顶格处罚，确保全年安全生产大培训达到4个100%，督促企业落实安全生产主体责任。 （李长龙）

【综合安全宣传主题晚会】 12月20日，以“关爱生命，关注安全”为主题的综合安全宣传主题晚会在大兴区影剧院举行，晚会由区委宣传部、区安委会联合组织，突出了安全监督机制建设、各类专项整治、构建安全文化、倡导安全精神等内容，区安监、公安、消防、质监、卫生、流管等部门共同参与，自编自演，集中展示了安全系统以人为本、甘于奉献、精益求精、公正廉洁的“安全精神”。区安委会成员单位、各属地单位的行政“一把手”、安全主管领导和安全科人员以及部分生产经营单位主要负责人500余人参加了活动，市安全监管局副局长蔡淑敏、区人大副主任刘志茹、副区长沈洁、区政协副主席李维民等观看了演出。 （黄述强）

【新闻媒体宣传"平安大兴"】 2012年，大兴区安委会以"平安大兴"栏目为平台，在大兴电视台、《大兴报》宣传安全生产法规、常识，报道全区安全生产动态，营造良好的舆论氛围。全年，共报道安全生产相关新闻87条，编印《安全生产月报》7期共10.5万余份。（黄述强）

安全生产法制建设

【违法违规行为简易处罚工作】 通过先期试点，5月1日起，安全生产违法违规行为简易处罚工作在全区全面推行。截至12月底，全区共实施简易处罚425次，罚款金额共计36.125万元。

（谷学宁）

【简易处罚情况】 2012年，全区除榆垡镇、礼贤镇、兴丰街道、林校街道、生物医药基地和新媒体产业基地未实施简易处罚外，其余镇街全部开展简易处罚工作，全年共实施简易处罚425件，罚款共计32.597万元，占全部处罚金额的26%。

（郑阳）

【安全生产守法证明机制创建】 2012年，大兴区安全监管局为规范安全生产工作程序，明确各级安全生产监督管理部门在开具《证明》工作中的职责，充分发挥服务企业的职能作用，有效推动企业主体责任落实，根据安全生产相关法律法规和本区实际情况，制定了《对外开具安全生产守法证明工作程序的规定》，并下发至各属地单位统一实施；同时针对工作开展的流程和重点内容，利用座谈、会议途径对各属地进行了全面的讲解。此外，安全生产证明开具形成了各相关科室联动机制，通过此项工作的开展有效促进了大兴区各项执法工作的落实。（周堃）

【安全生产执法队伍建设】 10月，大兴区政府投入近百万元专项资金，为基层一线安全生产执法人员统一配备服装，明确着装标准，完善执法流程，进一步提高安全执法队伍形象。（赵雪辉）

【规范企业职业安全管理】 12月，大兴区安全监管局制定了《大兴区用人单位职业健康监护管理规范》、《大兴区用人单位职业卫生管理制度编制规范》和《大兴区用人单位职业病危害告知与警示工作规范及样本》，规范企业职业病防治工作，提高用人单位职业病防治工作水平，落实用人单位职业病防治主体责任，预防职业病危害事故的发生。

（陈冰）

安全生产科技

【安全隐患自查自报系统通过验收】 11月15日，大兴区安全监管局邀请区级信息专家成立信息系统竣工验收小组，对开发建立的"大兴区安全隐患自查自报系统"进行整体验收。验收组首先听取了紫光软件研发公司就系统建设内容、设定功能及取得初步成效的汇报；随后到榆垡镇、北臧村镇和北京金迪水务工程有限公司现场察看了系统操作使用情况，对相关数据进行了复测。验收组一致认为系统达到安步设计要求，同意通过验收。（张磊）

【安全风险调研】 11月，大兴区安全监管局邀请中国安全生产科学院专家组织开展了安全风险调研，在加工、服务行业、危险化学品企业、卫生、教育、社保系统等各行业领域中选取典型代表，进行实地调研，通过查资料、填问卷、座谈等方式全面了解大兴区安全生产情况，对安全风险进行系统评估，为推进本区安全生产动态监管奠定基础。

（张捷飞）

【职业卫生申报信息系统升级】 12月，大兴区安全监管局完成对职业病危害申报系统的改造升级，申报系统明确了申报流程，简化了申报内容，突出了重点项目，增强了查询和统计功能，实现了与市安全监管局系统对接、共享，为全区职业卫生台账动态监管信息化打下了基础。（陈冰）

【“智汇安全”工程】 2012年，大兴区安全监管局指导庞各庄镇投资140万元，建立“智汇安全”动态监管信息系统，解决基层“查什么、怎么查”的问题，实现信息采集全面性、日常检查动态性、监督考核权威性，领导决策科学性，为强化动态安全监管奠定了基础。（郑学雅）

【风险评估及预警体系】 2012年，大兴区安全监管局与中国安科院合作，开展风险评估及预警体系研究。通过确定企业安全风险分级标准，建立企业自查、基层检查、职能部门检查、联合执法的动态安全监管模式，形成企业安全风险和区域宏观风险相结合的预警办法，解决政府部门“管什么、怎么管”的问题。截至年底，企业安全风险等级评定指标和风险预警模型已基本建立。（李新杰）

安全生产标准化

【企业安全生产标准化达标】 2012年，为稳步推进安全生产标准化工作，大兴区安全监管局积极和市安全监管局相关处室沟通协调，进一步完善了《大兴区安全生产标准化工作实施方案》，细化了《大兴区安全生产标准化评定标准表》，循序渐进，扎实做好安全生产标准化推进工作前期筹备工作。（于洋）

【企业安全生产标准化三级达标工作】 9月，大兴区安全监管局协调评审组织单位、评审单位和企业，经过咨询、整改、评审等程序，安全生产标准化体系运行满一年的146家危险化学品企业进行评审。截至12月31日，146家危险化学品企业全部达到了安全生产标准化三级标准。（张杰）

【学习顺义区标准化经验】 12月27日，大兴区副区长沈洁带队就安全生产标准化达标创建工作到顺义区调研，针对安全生产标准化达标创建工作的具体流程和主要做法进行广泛交流。大兴区按照市安全监管局关于创建标准化达标示范区的要求，学习顺义区的好经验，结合实际，制定《大兴区企业安全生产标准化建设实施方案》，明确分工、细化流程，充分发挥行业和属地的职能作用，指导全区各类企业开展标准化创建工作。（于洋）

安全社区建设

【安全社区创建试点工作】 12月，大兴区庞各庄镇经过2年努力，顺利通过市安全社区促进委员会办公室的验收，获得“北京市安全社区”称号。

（黄述强）

昌平区

概 述

2012年，昌平区安全生产工作牢固树立“以人为本，安全发展”理念，以落实企业安全生产主体责任为重点，继续深入开展“安全生产年”活动，圆满完成了全国“两会”、“第七届世界草莓大会”、中共第十八次代表大会等重大活动安全生产保障工作，实现了安全生产形势持续稳定好转。

安全生产事故得到有效遏制，考核控制指标落实较好。2012年，市安委会下达给昌平区的年度安全生产事故控制指标为6人，年内共发生纳入考核的生产安全事故2起，死亡2人，未超过市局下达的控制指标。

昌平区被市安委会授予“北京市安全生产工作2012年度先进区县”。昌平区安全监管局被市安委会办公室、市人力社保局授予“2010—2012年度北京市安全生产先进单位”；市总工会授予“首都劳动奖状”；市科协、区政府授予“第12届未来伙伴北京青少年机器人竞赛贡献奖”；“第七届世界草莓大会”筹办委员会指挥部授予“第7届世界草莓大会最佳安全保障奖”；还获得其他区级奖励、荣誉7项。

深入开展各项执法检查行动。采取日常执法、重点执法、跟踪执法、联合执法、专项执法等形式开展了烟花爆竹、危险化学品、有限空间、职业危害、非煤矿山、建筑施工、人员密集场所、拆迁工地等十余项安全生产专项整治行动，累计检查生产经营单位7420家次，查处各类生产安全隐患11998条，下达行政执法文书6647份。对128起安全生产违法行为进行了行政处罚，罚款金额104.49万元。

建立“打非治违”长效机制，严厉打击安全生产领域非法违法行为。专门开通了“617—12350”安全生产举报投诉专线。通过来电、来访等方式，共查处各类安全生产举报事项162起。结合市安委会“打非治违”护航行动1号、2号方案及区委“四项整治”文件精神，确立了“打非治违”“一建立、四结合、五到位”的工作模式。共出动检查组5488个，出动检查人员40916人，检查企业30651家，打击各类非法违法、治理纠正违规违章行为21116起、罚款784.09万元，拆除违章建筑103.8万平方米。联合公安、消防、工商、交通等部门查处南口镇老北京微缩景观停车场内一起改装柴油罐车为客运大巴车加油的非法违法行为。查扣危险化学品“非法”运输车1辆。

严格审批程序，严把行政许可关。继续在东小口、回龙观、北七家等重点地区实行烟花爆竹经营许可摇号机制，共颁发烟花爆竹经营许可证125个。

加大宣传力度，增强企业和公众安全生产意识。以安全生产月活动为契机，广泛开展安全生产宣传活动。成立了安全生产平安艺术团，建立了安全文化主题公园，先后组织开展了安全生产月“宣传咨询日”、知识竞赛、征文、媒体采访月、“平安昌平——安全生产走基层”系列宣传报道、安全生产月书画笔会、职工安全生产书画作品展、安全生产文艺演出基层巡演等活动。安全生产月期间，共举办各类安全生产宣传教育活动560次，发放宣传品65万份；悬挂安全横幅3860条；播放安全生产口号24条、安全生产宣传警示教育片3套共56期、安全监管局自创歌曲《光荣安监人》和《安监员之歌》30次、安全生产公益宣传片183次；电视台采访报道52条，昌平周刊刊登新闻稿件72条；采访并播出“安全生产走基层——《平安昌平》专题片”39期。

继续加强安全生产培训工作。教育采取“请进来，走出去”的形式，共举办电工、焊工等各类安全生产培训班89期，培训考核6578人。培训生产经营单位负责人和安全生产管理人员12期共2027人，同比增加了1338人，增长了194%。培训村（社区）安全员120人。开展有限空间“四进”、“职业危害”万人答卷活动，培训从业人员2万余人。协助各属地、各行业开展各类安全生产培训班2730次，培训人员58865人。

全面推进安全生产标准化建设。扩大安全生产标准化建设范围，制定了区餐饮业、汽修业等12个行业企业安全生产标准化考评标准。对区175家工业企业开展安全生产标准化培训4次，组织咨询机构对100家工业企业进行安全生产标准化复评。共有321家企业通过复评达到区级安全生产标准化标准（其中工矿企业163家、人员密集场所和汽修行业66家、危险化学品企业92家）。

积极推广安全生产事故隐患自查自报系统。深入推进安全生产事故隐患自查自报系统，及时对新增企业及属地政府安全管理人员进行系统培训。2012年底，通过系统开展隐患自查自报的企业为1929家。

强化安全生产应急管理，提高应急处置能力。每月对4家危险化学品应急物资储备库进行检查，加大对企业日常性的应急值守、应急培训、应急演练等情况的执法检查力度。强化对辖区内各单位节假日及重大活动期间应急值守的执法检查。注重安全生产监管队伍建设。11月，昌平区安全生产执法监察队增编至60名。12月，区安全生产执法监察队增设区安全生产应急指挥中心，担负全区安全生产应急管理及应急体系建设，重点负责生产安全事故的调查处理和监督落实以及生产安全事故信息的统计、分析等工作。安全生产管理体系逐步得到了完善。

2012年，昌平区安全生产工作虽然取得了积极进展和明显成效，但与广大人民群众的期望相比仍存在一定差距，安全生产领域各类矛盾、问题、隐患还很多，主要表现在：一是在“大建设、大发展、大转型”的关键时期，拆迁工地多、建设项目多、生产经营单位多，安全监管任务重，基层安全监管力量不足，部分企业安全生产意识又不高，从业人员尤其是一线从业人员安全意识低，安全生产防范处于被动状态，导致事故时有发生；二是企业安全生产保障资金投入不足，部分企业安全防护用品不合格，从业人员佩戴不规范、安全教育不到位、无证上岗作业等导致事故发生；三是企业安全生产主体责任落实不到位，个别企业违章违规操作，导致事故时有发生；四是非法违法生产、经营、建设等行为依然存在，还需加强执法力量，加大执法力度，将“打非治违”工作作为长期工作来抓。

安全生产综合监管

【安全生产控制考核指标落实情况】 2012年，市安委会下达昌平区安全生产控制指标为115人。全年共发生各类安全生产死亡事故87起，死亡106人。与上年同期相比，事故起数减少14起、下降13.9%，死亡人数减少1人、下降0.9%。其中，道路交通管界死亡事故84起、死亡103人，同比下降16起，减少3人；火灾死亡事故1起，死亡1人，同比增加1起1人；生产安全死亡事故2起，死亡2人，同比增加2起2人。

（袁博）

【安全生产重点工作】 2月2日，昌平区安全监管局根据市、区年度重点工作部署会议精神，确定2012年安全生产重点工作：一是全力压减事故，严格生产安全事故指标控制；二是认真贯彻执行国务院23号和40号文件，深化企业主体责任的落实；三是深入开展打击非法违法生产经营建设行为专项行动；四是强化对危险化学品企业、烟花爆竹、非煤矿山、工业企业、人员密集场所、有限空间、拆迁工程、“三重点”等重点行业领域的安全专项整治，进一步严格各类危险化学品企业的市场准入；五是分阶段全面完成安全生产标准化建设工作，推进安全生产事故隐患自查自报系统的推广和应用；六是强化应急管理，保障“两会”、“第七届世界草莓大会”、“十八大”等重点时段安全；七是建立健全安全生产体制机制，充分发挥安委会办公室的综合协调作用，继续开展联合执法检查，定期召开执法工作例会。

（袁博）

【贯彻市安全生产会议精神】 2月20日，昌平区安全监管局传达了2月16日全市安全生产大会上市安全监管局局长张家明关于《强化企业主体责任落实　不断提高安全生产工作水平》的工作报告。会议对昌平区2012年安全监管工作提出了9项要求。一是学习、贯彻国务院2011年40号文件、新修订的《北京市安全生产条例》、市委市政府20号文件、安全生产“十二五”规划等文件精神；二是提前谋划第11个安全生产月系列活动，实施安全生产全员大培训工作，继续加大安全生产宣传教育和培训力度，推动安全意识从“要我安全”到“我要安全、我会安全”的转变；三是总结和分析2011年安全生产自查自报系统推广及安全生产标准化建设中的成功经验和存在的不足，探索和推动机械、冶金、建材、建筑施工、交通运输等重点行业的安全生产标准化建设工作，利用信息平台，推动企业安全生产主体责任的落实；四是研究和探索安全监管执法、行业执法、属地执法和专项执法的关系，进一步完善联合执法长效工作机制，继续加大安全生产行政执法力度，细化执法方案，认真落实2012年重点执法计划任务和各项指标要求，依法严厉打击各类非法违法生产经营行动，规范企业安全生产行为；五是继续做好安全生产“护航”行动，在废品收购、电梯安全、地铁安全、危险化学品企业等8个重点领域基础上，在建筑施工领域开展隐患治理排查专项行动；六是继续加强“三重点”的监管监察，定期通报“三重点”企业安全生产情况；七是加强应急管理，按照“四不放过”和“科学严谨、依法依规、实事求是、注重实效”的原则严格事故查处；八是按照“有举报必查，查实必究、究其必严”的原则，认真办理每一起举报案件；九是全力做好全国“两会”等重大活动的安全保障工作。（袁博）

【第一次安全生产工作会】 2月28日，昌平区政府召开2012年第一次安全生产工作会。市安全监管局副局长蔡淑敏，区安委会主任、区长金树东出席会议。会议总结了2011年度安全生产工作，并部署2012年重点工作。要求各镇街和行业监管部门进一步杜绝重特大事故、减少一般事故，全力控制事故总量，盯紧全国“两会”、市第十一次党代会和“十八大”3个节点，狠抓“拆违打非”、重点领域监管、隐患排查治理3个重点，强化责任落实、工作力量、应急管理、宣传培训四项措施，促进全区安全生产形势持续稳定好转。（袁博）

【属地政府安全生产工作会】 3月8日，昌平区安全监管局组织召开属地政府安全生产工作会。会议，听取了各镇街安全生产工作专题汇报。各镇街均成立由行政“一把手”任主任、各基层站所、相关科室和各村、社区负责人为成员的安委会，建立健全安委会相关工作制度；17个镇街成立了专职安全生产监管科室，十三陵和流村两镇明确专职人员负责安全生产工作；各镇街同辖区各村、社区签订了《安全生产责任书》，签订率达到100%；部署了全年重点工作，区安委办3个副主任对基层安全监管队伍建设、应急预案管理、企业生产安全隐患自查自报、安全生产标准化建设、建筑施工备案管理、安全生产月活动筹备、安全生产全员大培训、重大活动期间危险化学品反恐等重点工作进行了部署。（袁博）

【第二次安全生产工作会】 4月18日，昌平区政府召开第二次安全生产工作会。会上，交通支队、消防支队、住建委、沙河镇政府分别汇报了行业领域或管辖地域第一季度安全生产工作开展情况，分析了第二季度安全生产形势。区安全监管局在会上总结了全区一季度安全生产工作，安排部署了下一步工作，并传达了4月12日全市安全监管系统视频会议、4月17日国务院召开的全国集中开展安全生产领域“打非治违”电视电话会议精神及市政府办公厅《关于进一步加强企业生产经营建设上下游环节安全生产工作指导意见》文件精神。区安委会常务副主任、副区长周云帆强调：各级部门要层层落实区委、区政府的工作部署，结合当前的工作形势，着力开展“打非治违”及“护航”联合行动；在重点领域尤其在建施工工地、幼儿园、废旧品回收场所等开展安全生产监管工作；提高安全监管及宣传工作的信息化水平，创新科技手段。（袁博）

【区委常委会专题研究安全生产工作】 5月8日，昌平区召开第16次区委常委会专题研究全区安全生产工作情况。副区长周云帆、区安全监管局局长金东彪参加会议并作汇报发言。区委常委会充分肯定了全区安全监管工作所取得的成绩，全面分析了当前全区安全生产形势，区委书记侯君舒指出各有关监管部门要时刻保持清醒的头脑，继续着力解决当前存在的主要问题，不断提升监管工作水平。（袁博）

【“‘打非治违’145”工作模式】 5月，昌平区安全监管局研究确定了“‘打非治违’145”（即“一建立、四结合、五到位”）工作模式。一建立：将“打非治违”工作作为安全监管局监管监察的长期、日常工作来抓，建立健全“打非治违”长效工作机制。四结合：一是结合“平安昌平”及“京北创新中心、国际科教新城”建设，大拆迁、大建设、大发展”的安全监管需要；二是结合区委、区政府“1+3”文件精神；三是结合安全生产“护航行动”第二战役暨“打非治违”行动工作部署；四是结合“安全生产年”工作要求，制定“打非治违”工作方案。五到位：一是组织领导到位；二是工作方案到位；三是责任落实到位；四是督导检查到位；五是宣传教育到位。（袁博）

【国家总局调研昌平区安全生产工作】 6月6日，国务院安委会办公室副主任、国家安全监管总局副局长、国家安全生产应急救援指挥中心主任王德学率队调研昌平区安全生产工作。调研组听取了市安全监管局关于全市非煤矿山安全防汛工作情况汇报及金隅集团关于“安全·和谐”示范矿山建设情况和整合小矿山情况汇报后，到凤山矿、北京水泥厂生产线和中海油华路油库进行了实地检查，现场察看了解了矿山生产、调度、安全生产标准化建设、火工品使用以及油库运营等情况。王德学对北京市近年来小矿山关闭整合工作予以充分肯定。北京市副市长苟仲文，市安全监管局局长张家明，副局长陈清、贾太保，昌平区副区长周云帆等陪同调研。（袁博）

【第三次安全生产工作会】 8月1日，昌平区召开第三次安全生产工作会。区安全监管局汇报了第二季度安全生产工作开展情况，就第三季度的重点工作进行了强调：深刻领会7月31日全国安全生产视频会议精神，并落实到实际工作中；加大执法力度，强化综合监管，落实行业、属地监管责任及企业的安全生产主体责任；开展联合执法检查，消除事故隐患，坚决遏制重特大事故的发生；深入推进“打非治违”工作，开展 “打非治违”第三阶段的工作，建立健全“打非治违”长效机制；加大非煤矿山、危险化学品企业、有限空间作业单位、建筑行业、道路交通等行业（领域）的隐患排查、安全监管、督察和检查力度，建立健全隐患挂销账制度，强化落实安全生产主体责任；加大事故查处力度，严格按照“四不放过”的原则，追究和查处事故责任单位和责任人；加强应急物资管理，开展应急救援培训，加大生产经营单位主要负责人、安全生产管理人员及从业人员安全生产教育培训力度，切实做好汛期安全生产防范和保障工作，确保区内生产经营单位安全度汛；充分利用驻镇执法分队（站）继续开展生产经营单位的调查摸底，做到底数清、情况明；加强应急值守、信息收集和报送等工作，为“十八大”顺利召开创造和谐、稳定的社会环境。

（袁博）

【第四次安全生产工作会】 10月19日，昌平区召开第四次安全生产工作会。会议通报了前三个季度全区安全生产情况，安排部署第四季度安全生产工作和昌平区“十八大”期间安全生产保障工作方案。要求各属地政府、各相关行业部门和和企业要切实落实安全生产责任，坚决遏制各类重特大安全事故发生。（袁博）

【督察“十八大”安全稳定和服务保障工作】 10月31日，副市长张工带领由市安全监管局、公安局、维稳办等部门领导组成的市督查组对昌平区“十八大”安全稳定和服务保障工作进行督察指导。督查组到陕京三线输气管道工程白浮村施工现场，察看了工程进展情况，听取了区委书记侯君舒关于昌平区“十八大”安全稳定和服务保障工作汇报。督查组希望昌平区继续把“五个坚决防止”的要求落实到位，安排部署好生产安全、交通安全、食品供应安全、能源基础设施安全等各项保障工作。

（袁博）

【落实全国安全生产工作视频会议精神】 12月3日，国家安全监管总局召开了全国安全生产工作视频会议。通报了煤矿、餐饮等行业的3起重大生产安全事故。下午，昌平区政府召开第15次常务会议，通报了3起重大生产安全事故情况，传达了国家安全监管总局局长杨栋梁的讲话精神。会上，区安全监管局、公安昌平消防支队、交通局等部门分别通报了相关行业前期安全生产形势及近期工作思路。区长金树东要求各单位、各部门：一是要认真学习宣传和贯彻落实“十八大”精神，做好近期安全生产工作；二是要深刻吸取3起事故教训，认真分析事故原因，结合冬季生产安全事故特点，采取切实有效的防范措施，加大安全监管力度，防止道路交通、建筑施工、燃气爆燃、煤气中毒、森林防火、火灾等生产安全事故的发生，提前谋划2013年安全生产重点工作；三是各行业主管部门、属地政府要切实落实安全生产管理责任，加强安全监管，督促企业落实安全生产主体责任，从源头上消除事故隐患。（袁博）

【第五次安全生产工作会】 12月12日，昌平区召开第五次安全生产工作会。会议通报了2012年全区安全生产形势，区消防支队、交通支队、质监局分别通报了消防安全、交通安全和特种设备领域的年度安全生产形势，并部署了下一步重点工作。周云帆副区长要求：一是继续狠抓“打非治违”专项行动，坚决遏制新增违建，突出抓好违法建设的整治工作；二是深入推进安全生产标准化、信息化建设，尽快实现“企业自查、政府督导、企业整改、评价反馈”的安全管理机制；三是大力开展安全生产重点专项整治，突出抓好危险化学品、建筑施工、道路交通、人员密集场所、液化石油气和烟花爆竹等重点行业领域安全监管，坚决遏制重大安全生产事故，确保全区安全生产形势稳定。（袁博）

【综合考核昌平区安全生产工作】 12月28日，市政府绩效管理工作领导小组安全生产专项考核组对昌平区安全生产工作综合考核。考核组听取了区安全生产工作汇报，查阅了安全生产工作档案资料，并实地检查了城北街道安全生产工作。考核组充分肯定了全区安全生产工作。认为昌平区区委、区政府积极贯彻落实国家和市委、市政府有关安全生产工作的决策部署和一系列指示精神，始终坚持安全发展理念，在“大建设、大发展、大转型”的关键时期，对安全生产工作的认识到位，措施得力，监管严格，基础牢固。各重点行业领域事故死亡人数均在控制在指标以内，为全市安全生产形势的基本稳定作出了积极的贡献。考核组要求昌平区要继续坚持重点行业专项整治、深化“打非治违”专项行动，积极探索建立健全精细化管理工作机制，进一步强化教育培训工作力度，提升区域整体安全意识，减少和避免各类安全事故发生。（袁博）

危险化学品安全监管

【危险化学品行政许可】 2012年，昌平区安全监管局共换发危险化学品经营许可证23个，注销4个；换发非药品类易制毒化学品经营备案证明4个，配合市安全监管局对13家加油站进行现场审核。（袁博）

【“两会”期间危险化学品安全监管】 3月1日，昌平区安全监管局部署辖区内危险化学品“两会”期间安全生产监管工作。一是要求危险化学品生产经营单位及烟花爆竹批发、零售单位安全生产责任落实到人，安全保障措施落实到位；二是要认真汲取2月28日河北赵县危险化学品事故教训，举一反三认真开展企业自查活动；三是杜绝“三违”问题，加强安全监管。（袁博）

【危险化学品标准化体系运行检查】 4月17日，昌平区安全监管局对全区危险化学品生产经营单位标准化体系运行情况进行检查。共计94家企业将在2012年全年运行危险化学品标准化管理体系。（袁博）

【“安全生产季”危险化学品重点工作】 4月19日，昌平区安全监管局对“安全生产季”危险化学品重点工作进行部署：一是做好调整期危险化学品行政许可工作，尤其是做好新增许可项目的各项准备工作，充分利用许可信息系统完成行政审批；二是联合媒体开展安全生产标准化“回头看”活动，全面推动危险化学品企业标准化达标创建工作；三是结合“护航”、“打非治违”等行动，开展涉氨单位、涉及“两重点、一重大”单位、制药企业专项整治；四是在安全生产月期间，开展危险化学品企业集中培训、在线培训，监督企业落实各项应急管理工作。（袁博）

【危险化学品营运车辆抽查】 9月18日，昌平区安全监管局会同区交通局、城管大队、市政市容委及马池口镇政府，对马池口地区危险化学品营运车辆进行了抽查。共出动执法人员12人次，车辆3车次，抽查危险化学品营运车辆5辆。重点检查了营运车辆驾驶员及押运员是否持证上岗、运输的危险化学品是否符合标准、运输方式是否符合规定、运营车辆是否按规定进行年检等情况。针对检查中发现的私改运营车辆，私拉不符合规格的液化气存储罐等安全隐患，执法人员已责令营运责任人立即整改。（袁博）

烟花爆竹安全监管

【烟花爆竹网点培训工作会】 1月8日，昌平区安全监管局组织召开2012年烟花爆竹零售网点培训工作会。区安监、公安、消防、城管、工商、交通6部门出席会议。区安全监管局、区公安局等相关职能部门结合各自职责明确了安全监管的要求和重点。各镇、街烟花爆竹监管人员和130家烟花爆竹零售网点从业人员参加了培训。（袁博）

【检查昌平区烟花爆竹安全工作】 1月10日，市安全监管局对昌平区存放烟花爆竹库房进行了安全检查。重点检查了库房、监控室以及各项安全管理制度。要求各责任单位进一步完善货物码放、销售情况的记录，按照规定设置厂区内安全警示标识，加强执法检查，保障春节烟花爆竹燃放安全。（袁博）

【烟花爆竹行政许可与视频监控】 2012年，昌平区共许可烟花爆竹零售网点125家，其中长期网点10家，主渠道网点25家，视频监控网点60家，搭建大棚经营网点98家。网点总数比2011年减少了60家，减少32.4%。

（袁博）

【烟花爆竹安全检查】 1月22日至28日，春节期间，昌平区安全监管局每日由领导领执法队人员，对全区125家零售网点进行了全覆盖、拉网式的安全执法检查。重点检查各项安全规章制度落实情况，应急值守和现场安全防范措施情况。从除夕到正月初七共计检查单位338家次，出动人员120人次，执法车40辆次，查处隐患150条，下达执法文书89份。执法人员要求存在问题的零售网点当场进行了整改。

（袁博）

【元宵节烟花爆竹安全执法夜查】 2月6日夜，昌平区安全监管局由局领导分片带队成立5个专项检查组，配合区烟花办6个联合检查组，共计11个组，对全区烟花爆竹销售网点和重点禁放单位开展拉网式检查。共出动执法人员35人次，执法车13辆次，检查烟花零售网点235家次，查处隐患165条，下达《现场检查记录》125份。同时派专人对视频监控系统涉及的60家网点

进行重点监控，及时发现问题和隐患，并妥善处置。（袁博）

【烟花爆竹回收】 自2月7日凌晨开始，燕龙、逗逗、熊猫3家烟花爆竹批发单位及零售网点开展回收工作。至2月9日，昌平区所有剩余烟花爆竹全部回收完毕，共计回收剩余烟花爆竹4552箱，价值134万元。（袁博）

矿山安全监管监察

【非煤矿山春季安全执法检查】 3月9日，昌平区安全监管局会同兴寿镇、延寿镇政府对辖区4家非煤矿山企业开展现场施工安全检查。要求各单位强化安全生产属地管理工作，完善安全条件，提高安全能力，加强对从业人员的教育培训，增强全员安全意识，杜绝违规违章开采行为。（袁博）

【非煤矿山安全执法检查人员培训】 4月20日，昌平区安全监管局组织执法人员开展非煤矿山安全生产执法检查专题培训。重点培训了非煤矿山开采流程、现场安全管理、机械设备安全使用、作业场所危险部位辨识、安全防护等方面知识，并就如何开展执法检查进行了深入讲解。随后，执法人员前往北京水泥厂凤山矿进行实地检查。（袁博）

【检查非煤矿山汛期安全】 5月22日，市安全监管局检查组对昌平区3家非煤矿山进行安全生产检查。要求矿山企业认真贯彻执行“安全健康·绿色和谐”的方针，维护规范、有序、健康的矿产资源开发秩序。（袁博）

【非煤矿山整顿关闭暨“打非治违”工作会】 10月9日，昌平区安全监管局组织召开全区非煤矿山企业整顿关闭暨“打非治违”工作会。会议传达了国务院安委会副主任、国家安全监管总局局长杨栋梁、副局长王德学及北京市副市长苟仲文在全国和全市非煤矿山整顿关闭暨“打非治违”工作推进会上的讲话精神，同时要求企业按照非煤矿山开采的相关法律法规及《关于进一步深化金属非金属矿山专项整治工作的通知》（京安监发〔2011〕100号）文件的相关要求进行自查自改，重点在提高矿山开采工艺、提升生产机械装备、增加安全监控检测、加强技术人员管理及职业危害防治，同时加强现场扬尘污染控制等方面进行梳理，要求各企业在国家规定期间内提高矿山规模化、机械化、标准化、信息化、科学化水平。（袁博）

安全生产事故隐患排查治理

【安全生产举报投诉电话】 8月中旬，昌平区安全监管局开通安全生产举报投诉电话“617—12350”。发挥社会群众的监督作用，鼓励广大职工群众关注安全、参与举报。全年“617—12350”共接受各类安全生产举报、咨询等事项306起。（袁博）

【调研回龙观镇外挂逃生梯实用性】 2月21日，昌平区安全监管局对回龙观镇定福黄庄村外挂逃生梯安装情况进行现场调研。对施工单位资质进行检验，对已安装外挂逃生梯的出租房进行了检查，提出对外挂逃生梯向实用性方面进一步改进等意见。（袁博）

【北四村消防安全专题研讨会】 3月1日，昌平区安全监管局组织召开回龙观“北四村”消防安全专题研讨会。会上，回龙观镇政府结合北四村的安全隐患和前期安装外挂逃生梯的试点工作情况，介绍了试点成效、存在问题和配套解决方案，参会各部门根据各自工作职责提出了相应意见，一致同意对多种逃生梯继续进行试点，同时建议安装烟感报警器，配备应急救援箱，确保发生火灾事故时人员能及时逃生。研究了北四村存在的基站堵塞消防通道、非法违法经营等问题。（袁博）

【联合打击“北四村”非法违法经营活动】 3月7日，昌平区安全监管局会同回龙观镇政府、城管、工商、卫生等部门对回龙观镇“北四村”进行联合执法检查。共出动人员11人，车辆4台，对4个村的多家商户进行了检查，对车辆乱停乱放占用消防车通道、流动摊贩占道经营行为进行清理。（袁博）

【“护航”第二战役暨“打非治违”专项行动】 4月27日，昌平区政府召开安全生产“护航”第二战役暨“打非治违”专项行动工作动员部署会。会议对2012年安全生产“护航”第二战役暨“打非治违”专项行动工作进行了部署，区安全监管局、住建委、交通局、市政市容委、商务委、消防支队、质监局分别就各自牵头分管的专项行动进行了强调。5月份，区安全监管局牵头，区住建委、消防支队、城管大队、环保局等部门参加，对全区建筑施工企业开展“执法夜查”专项行动。5月10日晚，对南邵镇国慧村在建项目进行夜间执法检查。重点检查了各建筑施工单位隐患自查自纠情况、应急值守情况、施工现场安全防护情况、从业人员安全生产教育培训情况、夜间文明施工等情况。针对检查发现夜间施工照明不足、安全通道不畅通、安全警示标识不足、焊工作业缺少安全防护、自检记录不全等安全隐患，各部门依据各自工作职责下达了执法文书，责令企业负责人按要求进行整改，及时消除事故隐患。（袁博）

【“打非治违”专项督察】 6月27日至28日，昌平区安委会办公室由区安全监管局牵头，区政府办、监察局、安全监管局、住建委、商务委、国土分局、公安分局、规划分局、工商分局、城管大队等单位参加，组成4个督查组，对小汤山、北七家、沙河、阳坊、百善、马池口、回龙观、东小口八个镇的“打非治违”工作落实情况进行了专项督察。听取了各单位关于开展“打非治违”工作总体情况、“打非治违”1号行动、2号行动具体开展情况汇报，查看相关文件、档案等材料，实地察看现场等形式，重点督察了“打非治违”专项行动工作部署情况，非法建筑排查拆除情况，非法违法生产、经营情况，舆论宣传和社会监督落实情况，“打非治违”工作信息报送情况等。（袁博）

【燕丹、东三旗村安全工作讨论会】 8月15日，昌平区北七家镇政府联合区安监、公安、消防及燕丹、东三旗村召开座谈会，对燕丹、东三旗村面临的消防、治安、用电等安全问题进行讨论研究。结合燕丹、东三旗村的实际情况，讨论组认真学习研究了回龙观北四村安全管理工作经验，对逐步推广烟感报警、逃生梯、逃生绳等操作性程序进行了讨论，拟采取先试点后推广的方式稳步推进此项工作。进一步商榷了由镇政府牵头，各相关职能部门配合，联合开展综合整治的工作方案。（袁博）

【安全生产事故隐患自查自报】 2012年，昌平区安全监管局深入推行安全生产事故隐患自查自报系统，及时对新增企业及属地政府安全管理人员进行系统培训。全年通过系统开展隐患自查自报的企业为1929家，上报率为60.55%。（袁博）

安全生产应急救援

【“安康杯”危险化学品安全生产技能比武】 6月15日，昌平区政府在区安全监管局培训中心组织开展了危险化学品安全生产基础理论知识竞赛，百余名危险化学品生产经营单位及液化气充装站的优秀员工代表各自企业参加。6月26日，昌平区政府组织开展现场实际操作技能比武，24家危险化学品生产经营单位及液化气充装站的40名一线员工展开了快速着防护服、连接消防水带、灭火毯灭火、灭火器灭火4个实际操作项目的比赛。市区领导分别为获奖选手及单位颁发荣誉证书。（袁博）

【危险化学品单位应急演练】 6月21日，昌平区安全监管局组织北京壮大真谛有限公司、中石化北京昌平石油分公司沙河油库分别开展了针对库房和油罐区火灾的应急演练活动。演练模拟险情发生后，2家单位迅速启动应急预案，及时进行现场警戒，结合自身特点和实际采取灭火措施、救护伤员，最终有效地控制了险情。（袁博）

【汛期紧急应急应对工作机制】 7月，昌平区安全监管局启动汛期紧急应急应对工作机制：一是召开汛期安全动员部署会，加强应急值守，强化领导带班。25日至28日，区安全监管局实行领导双带班，每天安排2名局领导带班，3名执法人员值班，执法队队长及全体执法人员24小时备勤，要求全局人员保障通讯设备24小时畅通，随时做好应急救援准备和信息报送工作。二是立即向非煤矿山、危险化学品企业、有限空间作业单位等生产经营单位下发迎汛安保紧急通知，要求各生产经营单位做好针对极端天气下的应急准备工作。三是通过短信信息平台，向各成员单位、各镇街、各企业发送雷暴雨应急提示，要求辖区各成员单位、各镇街、非煤矿山企业、危险化学品从业单位、有限空间作业单位等做好防雷防汛准备，按照本单位制定的应急救援预案，做好应急处置。四是领导带队对鞭炮库、油库、非煤矿山等重点单位防汛工作开展检查，执法队各分队加强执法检查，加大对建筑施工、人员密集场所等相关行业、属地政府的监管力度，最大限度地减少安全隐患。五是针对汛期雷电、暴雨等极端天气，修订危险化学品事故应急救援预案。

（袁博）

【应急物资储备与管理】 2012年，昌平区安全监管局每月对4家危险化学品应急物资储备库进行检查，加大对企业日常性的应急值守、应急培训、应急演练等情况的执法检查力度。强化对辖区内各单位节假日及重大活动期间应急值守的执法检查。全年联合公安、消防、环保、公路、交通等职能部门开展部门与企业联动的应急演练9次，编制完成草莓大会、防汛“7·21”、“十八大”等重点时期应急预案5份。 （袁博）

安全生产执法监察

【执法人员人身安全措施保障】 2012年，昌平区安全监管局开展11项措施保障执法人员人身安全的工作。一是进入被检查单位应主动表明身份、讲明来意，态度应和蔼，多与企业沟通，避免生冷硬等激化矛盾的语言或行为；二是到被检查单位后应由单位负责人带领检查，了解生产作业场所的有害因素，避免造成人员伤亡；三是要注意作业场所的安全警示标志，看是否需要配备个人防护用品；四是进入生产作业场所检查不得吸烟，不得使用明火或做与检查无关的事情；五是机械设备、用电设施应由专业人员操作，检查人员不得随意触摸；六是特种设备如起重类作业，在检查时应配备安全帽，注意作业环境是否安全；七是进入有毒有害气体、尘毒作业场所应佩戴个人防护用品；八是高处检查时，应注意高处是否稳固，是否存在危险因素；九是进入作业场所（生产车间）注意车辆、机械传动部分、电气线路是否安全可靠；十是检查人员不得进入有限空间检查，应由专业人员检查；十一是检查危险物品时应注意防静电措施，不得使用明火。 （袁博）

【节日期间安全生产执法检查】 春节、“五一”、“十一”等节日期间，昌平区安全监管局共出动执法检查组110余个，出动执法人员740余人次，检查危险化学品生产经营单位、人员密集场所、旅游企业、“北四村”、未来科技城、拆迁村等重点单位2200余家，查处消除安全隐患3500余条。 （袁博）

【建筑工地安全联合执法检查】 2月29日，昌平区安监、建委、卫生、公安等部门组成两个联合检查组，对未来科技城、沙河巩华城等区重点建设项目进行安全执法检查。针对发现的安全隐患，检查组要求施工单位立即整改隐患，并提出要求：一是要及时吸取怀柔区塔吊事故教训，促进企业安全生产主体责任的落实；二是开展安全隐患自查自纠工作，对查出的问题要立即整改，确保整改内容、整改标准、整改措施、时间进度和责任人“五落实”；三是加强对分包单位的管理，确保分包单位具有资质，并签订安全协议，严格贯彻落实各项安全生产管理制度和操作规程；四是加强对特种作业人员的管理，杜绝无证人员上岗作业；五是加强用电安全管理；六是起重机械必须登记备案、安装拆卸要告知、使用要有登记、要有第三方检测单位的检测报告，起重机械司机、拆装作业人员、信号工必须持证上岗；七是发挥一线安全员作用，督促现场规范作业；八是要加强对从业人员的教育和培训。（袁博）

【宾馆专项执法检查】 2月，昌平区安全监管局对中心城区宾馆开展专项执法检查活动。共出动执法人员139人次，执法车辆42车次，检查宾馆62家次，查处隐患164条，下达各类执法文书93份。（袁博）

【废旧物资回收市场联合执法检查】 3月10日，昌平区安全监管局、消防支队、公安昌平分局和东小口镇政府组成联合检查组，对东小口地区的废旧物资回收市场开展了联合执法检查。共检查北京福佑鑫源再生资源回收市场、北京市废成宝废旧物资回收中心等7家废旧物资回收市场，针对被查单位存在的消防设备设施损坏、消防通道被挤占、安全疏散通道不畅通、日常安全检查记录不健全等隐患，检查组下达了执法文书，责令被查单位立即整改，加强应急值守，加大检查力度，及时消除隐患，确保安全。（袁博）

【未来科技城在施工程集中执法检查】 4月10日至12日，昌平区安全监管局邀请市安全监管局对未来科技城在施工程开展专项检查。共检查未来科技城16个在建项目，查处安全生产隐患60项，下达《责令限期整改指令书》8份，责令1家在施工程暂停施工，拟立案处罚6家。4月12日，区安委会办公室组织召开了各建设单位负责人、各施工单位项目经理参加的执法检查情况通报会。会上，市安全监管局对本次执法检查情况进行了通报，并要求各建设单位、施工单位立即全面排查施工过程中存在的各类安全隐患，加强从业人员安全生产教育培训，加强特种作业人员管理，做好安全资料、临时用电、劳动防护、机器设备四大项基础安全管理工作，同时加强对宿舍、后厨、应急演练、教育培训等方面的安全管理。（袁博）

【人员密集场所专项执法检查】 4月20日，昌平区安全监管局集中开展回龙观地区商场、超市、建材城等人员密集场所专项执法检查。共检查7家人员密集场所，共下达《责令限期整改指令书》5份、《现场检查记录》7份，查处安全隐患23条。部分单位存在未实现全部员工教育培训、未进行生产安全事故应急救援演练、未向特种作业人员提供符合国家标准或者行业标准的劳动防护用品等安全隐患。执法人员责令其限期整改。（袁博）

【汛期安全生产工作】 7月，昌平区安全监管局从执法检查、宣传教育、应急值守等方面入手，多项措施做好汛期安全生产工作。一是加强安全生产执法检查，7月24日主管副区长带队检查武钢（北京）人才创新基地项目、北七家海鶺落公租房项目、东三旗村汛期安全生产工作，强化重点工程、重点地区安全监管。同时加大日常执法检查力度，重点检查人员密集场所、非煤矿山、有限空间、危险化学品等生产经营单位，要求各生产经营单位加大防洪投入，完善防汛预案、应急处置措施，提高防汛预案的可操作性。二是强化汛期安全生产宣传教育，发挥短信平台的作用，分别于7月20日向各镇街、各行业和生产经营单位发送暴雨安全提示，提醒各单位、各部门、各企业做好雷雨天气的安全生产工作。7月23日向各镇街、行业部门、各备案施工队负责人发送暴雨后地下有限空间作用注意事项。三是加强应急值守，每天安排领导24小时带班值守，事故应急救援队伍保持通讯畅通，随时应急响应。定期检查应急物资储备库，保障物资充足备用。（袁博）

【木器加工行业联合执法检查】 9月18日，昌平区安全监管局联合小汤山镇政府及工商、环保、公安、消防等部门对小汤山地区的木器加工行业开展执法检查，共检查木器加工厂15家，发现安全隐患118处，现场整改98处，下发各类执法文书15份。重点检查了各单位安全生产管理制度落实情况、《灭火和应急疏散预案》组织演练情况、员工培训记录等软件材料，并现场察看生产厂房、库房是否按照建筑设计防火规范配备相应的消防设施、器材，检查发现的安全隐患主要是危险物品（油漆）未专库储存、喷漆房未安装防爆灯，防爆开关、从业人员劳动防护用品佩戴不齐全，车间安全警示标志设置不足等。执法人员要求隐患单位及时整改隐患，认真开展安全隐患自查自纠工作，做好日常安全检查和应急值守工作。（袁博）

【“九小企业”安全专项整治】 10月15日至22日，昌平区安全监管局联合公安、消防、工商、卫生等部门，在回龙观镇政府的配合下，对回龙观镇“九小企业”开展了集中整治专项行动。检查组共检查回龙观地区“九小企业”83家，针对检查中发现的无证经营、“三合一”现象、安全出口不足、安全通道被挤占、消防器材缺失、房屋使用泡沫彩钢板、电线拉接不规范等隐患，检查组责令相关单位限期整改，无证单位立即停止经营行为。昌平区安全监管局不断完善安全长效管控机制，规范“九小企业”生产经营行为，确保生产秩序稳定进行。（袁博）

【餐饮业液化石油气罐使用安全专项督察】 12月19日，昌平区安全监管局、市政市容委、交通支队、质监局、商务委、消防支队等部门联合成立督查组，对北七家镇和东小口镇餐饮经营单位液化石油气罐使用专项执法检查行动的开展情况进行了督察。对两个镇域内6家餐饮经营单位进行了抽查，重点检查了是否与取得本市燃气供应经营许可证的供气企业签订供气合同、是否具备合法的经营、安全使用条件、是否按要求使用合法供应企业提供的液化石油气钢瓶等情况。共查处安全隐患21条，下达责令限期整改指令书3份，现场检查记录1份。督查组责令3家液化石油气罐不符合要求的单位及时检验或换装合格罐体，并责令各单位按要求设置液化气罐存储间，设置换风装置，张贴警示标识，针对检查中发现的63个超期未检测的液化石油气罐，相关部门已带走

做进一步检测，并根据检测结果做相应处理。（袁博）

【“草莓大会”场馆建设安全检查】 1月，“第七届世界草莓大会”在昌平区举办。昌平区安全监管局对草莓大会“一园两中心”建设项目进行专项执法检查。重点检查了“一园两中心”建设项目施工现场个人防护、机械设备防护、用电安全及消防安全等情况。针对检查发现的设备设施安全防护不到位、安全警示标志设置不足等安全隐患，下达了责令限期整改指令书。（袁博）

【“草莓大会”有限空间作业监管】 1月下旬，昌平区安全监管局举办草莓大会有限空间知识培训，讲授有限空间定义、分类、安全技术要求等。对草莓大会供电、燃气、网络、弱电等有限空间配套工程进行定期检查。与区农服中心配合，对草莓大会施工单位召开有限空间作业约谈会，要求企业落实整改措施，加强安全管理。针对草莓大会实际制定《有限空间事故应急救援预案》，建立快速、有效的事故抢险和应急机制。（袁博）

【“草莓大会”施工现场安全检查】 2月1日，昌平区安全监管局会同区公安、消防、质监、工商等9部门20余人，对“第七届世界草莓大会”的“一园两中心”等建设项目进行联合执法检查。重点检查了场区及施工现场安全管理情况。检查发现会场消防设施、电梯、扶梯等尚未通过验收，施工现场工人抽烟，现场安全疏散标志不足等安全隐患。检查组当即会同施工总包单位召开安全生产现场工作会。通报了下一阶段联合检查计划，各部门就各自监管职责对现场发现的安全隐患及问题提出整改意见，并下达了执法文书，要求主办方和施工方在规定期限内进行整改。检查组要求施工方指定专人与9部门开展工作对接，按要求落实大会期间各部门驻会相关事宜，制定分区管理及应急处置预案。（袁博）

【“草莓大会”临建设施拆除监管】 2月下旬，昌平区安全监管局组织执法人员17人次，执法车辆4台次，对九华山庄内包括视频监控系统在内的各项临建设施及草莓博览园东西区内各临建设施拆除工作进行全程监管。

（袁博）

【“草莓大会”安全保障工作圆满完成】 草莓大会举办期间，昌平区安全监管局两项措施保障草莓大会及其周边生产安全。一是由局领导带队，分成7个安全保障组，每天对九华山庄及草莓博览园东西区开展安全监管。重点对各个场馆安全通道是否畅通、安全指示标志是否设置明显、安全保障人员配备、中控室是否有专人值守、临时展板、舞台搭建是否安全等情况进行检查。共出动执法人员63人次，执法车辆18台次。二是持续加强对外围六个重点镇的执法检查力度，共出动执法人员54人次，执法车辆25台次，检查生产经营单位59家，下达责令限期整改指令书10份，下达现场检查记录52份，查处安全隐患86条，草莓大会举办期间，未发生突发情况。（袁博）

【首届昌平温泉旅游文化展安保】 4月，首届昌平温泉旅游文化展在草莓博览园西区展示中心举行。展览期间，昌平区安全监管局一方面每日对展出现场进行安全检查，另一方面对举办地周边危险化学品、建筑工地、人员密集场所、家具企业等进行安全生产执法检查。共检查生产经营单位15家，下达现场检查记录15份、责令限期整改指令书9份，查处各类安全隐患51条。（袁博）

【“十八大”安全保障】 “十八大”期间，昌平区安全监管局召开专题会议，部署“十八大”期间安全生产保障工作；制定和下发“十八大”安保生产方案；加大执法检查力度，强化重点时期对重点行业、重点地区、重大危险源、重要危险化学品的安全监管；组织开展“十八大”期间安全生产专项督察、专项执法检查及“镇街查百家行动”等保障活动。共检查重点行业生产经营单位521家，查处安全隐患1320条，下达《责令限期整改指令书》257份、《现场检查记录》220份。（袁博）

【世界魔术大会安全保障】 11月，昌平区安全监管局采取多项措施对魔术大会各会场开展专项安全生产保障执法检查，确保世界魔术大会舞台搭建工作安全有序进行、赛事期间安全稳定。一是组织世界魔术大会主办方、舞台和观众席搭建单位的主要负责人召开安全保障专题会议，要求各单位高度重视世界魔术大会舞台和观众席搭建工作的安全管理工作；要求施工方加大对施工现场的安全检查力度，做好施工人员的安全技术交底，及时消除各项安全隐患；从业人员要按规范佩戴劳动防护用品、规范使用现场临时用电、舞台和观众席搭建工作严格按照施工方案进行。二是区安全监管局每天组织执法人员对昌平体育馆魔术大会舞台搭建现场、魔术大会参会人员居住地——军都旅游度假村、保利剧院等地点进行全天候值守，确保舞台搭建工作顺利完成。三是区安全监管局组织人力对赛场周边沿线的人员密集场所、危险化学品单位、建筑施工现场进行全面安全检查，确保赛场周边安全稳定。（袁博）

职业安全健康

【有限空间作业登记备案】 1月1日，昌平区安全监管局在全市率先制定启动有限空间登记备案制度。进行有限空间作业的施工队伍需携带相关资料到区安全监管局登记备案，经资料审核合格后，获取登记备案回执，方可作业。全年共登记备案有限空间施工作业单位56家，备案工程233项。（袁博）

【职业卫生、有限空间工作部署会】 1月6日，昌平区安全监管局召开职业卫生、有限空间安全生产工作部署会。总结2011年职业卫生、有限空间工作，提出了2012年职业卫生、有限空间工作思路，部署了春节前职业卫生、有限空间安全生产工作和联合执法检查内容。（袁博）

【联合检查春节前职业卫生】 1月9日，昌平区安全监管局、总工会、卫生局、人保局4部门组成联合检查组，对昌平区非煤矿山、家具、印刷、石材加工、汽修行业职业危害重点企业开展了春节前夕职业卫生综合检查。共检查企业8家，重点检查了作业场所职业危害因素检测、职业危害现状评价；职业危害场所和设备警示标识设置；职业危害防护设施运行、维护、检修；个体防护用品提供等情况。针对存在的隐患，昌平区安全监管局下达了《责令限期整改指令书》，要求企业限期整改，消除隐患，合理安排节日期间应急值守和安全教育工作。（袁博）

【《职业病防治法》万人答卷活动】 4月9日，昌平区安全监管局宣贯《职业病防治法》万人答卷活动正式启动。一是与各镇街协同合作，扩大活动参与面，将答卷活动覆盖至存在职业危害的重点企业和一线工人；二是充分发挥现有职业健康管理员的作用，加强企业职业健康知识培训。（袁博）

【粉尘与高毒物品危害专项治理】 4月12日，昌平区安全监管局在全区范围内开展粉尘与高毒物品危害治理专项行动。整治范围为工矿商贸领域内产生粉尘和使用高毒物品的生产经营单位，重点是家具制造业、印刷业、矿山开采业、石棉制品企业、石材加工企业和汽车4S店。各镇街根据辖区特点制定相应的专项行动工作方案，明确组织机构、工作目标、重点任务、工作措施和要求。（袁博）

【未来科技城施工单位职业安全专项检查】 4月26日，昌平区安全监管局开展了未来科技城施工单位职业安全专项检查。一是检查有限空间作业安全，重点包括施工单位是否建立有限空间作业管理制度、是否在现场配备监护人、作业前是否进行气体检测和审批、是否配备应急救援设备等，并责令未进行有限空间施工登记备案的施工队伍先完成备案再恢复施工。二是检查职业卫生状况，重点包括职业健康培训、警示标识设置、制度规程建立、防护用品配备等。共检查施工单位4家，下达现场处理措施决定书2份、责令限期整改指令书2份，查处隐患14条。（袁博）

【联合开展《职业病防治法》宣传周活动】 5月8日，昌平区安全监管局、卫生局、总工会、人力社保局联合开展《职业病防治法》宣传周活动。围绕"防治职业病，爱护劳动者"主题，向群众现场讲解了职业病防治知识、用人单位职业危害防治职责、工会在职业病防治中的作用等内容。发放《职业病防治知识解答》2400本、《职业病防治法》400本、《工会法》400本、职业病防治宣传扑克2000副。（袁博）

【有限空间安全知识"四进"活动】 5月至7月，昌平区安全监管局开展有限空间安全知识"四进"活动。将有限空间安全知识送进企业、工地、社区、新农村。"四进"活动采取知识讲座的形式，由区安全监管局执法人员和行业管理部门监管人员进行授课，参加人包括施工作业单位管理者和一线工人。培训内容涉及有限空间事故发生原因、案例分析、安全作业规范、

现场监督管理、应急救援方式等。活动共有1460人参加。（袁博）

【粉尘与高毒危害专项治理】 10月，昌平区安全监管局粉尘与高毒危害治理专项行动圆满结束。专项行动历时7个月，整治范围包括家具制造、印刷、矿山开采、石棉制品、粮食饲料加工、石材加工和汽修等行业，共分为动员部署、摸底排查、企业自查整改、各辖区检查复查、宣传培训、领导小组检查抽查六个阶段进行。专项行动期间，共有172家企业被列入粉尘与高毒危害治理重点企业，各镇街共检查165家重点企业，领导小组抽查42家企业，并依法对隐患未整改的单位进行行政处罚。（袁博）

安全生产宣传培训

【安全生产月启动与艺术团揭牌】 6月1日，昌平区2012年安全生产月活动启动暨“北京平安艺术团”揭牌仪式在百善镇泥洼村村委会礼堂举行。区安委会主任、区长金树东，国家安全监管总局宣教中心副主任贺定超，市安全监管局副局长蔡淑敏等参加了活动。会上，区安全监管局对2012年安全生产月活动进行了具体部署。金树东区长要求全区各镇街、各单位、各企业要提高认识、周密组织，把安全生产月活动与加快拆迁进度、推进“打非治违”、开展“3项治理行动”等重点工作有机结合，统筹推进。金树东、贺定超、蔡淑敏共同为“北京平安艺术团”揭牌。启动仪式后，与会领导一同观看了“北京平安艺术团”的首场演出。（袁博）

【安全文化主题公园揭牌】 6月10日，昌平区2012年安全生产月咨询日活动暨昌平区安全文化主题公园揭牌仪式在昌平永安公园举行。市安全监管局局长张家明，区安委会主任、区长金树东等出席。活动由区安全监管局局长金东彪主持，常务副区长孙启致辞，张家明和金树东为昌平区安全文化主题公园揭牌。40个安委会成员单位在主会场开展宣传活动。共出动人员300余人，设置展板100余块，悬挂横幅30余条，发放安全生产挂图、漫画、折页、实物等共5万余份。同时，各镇、街道、北企公司、科技园区、沙河高教园、未来科技城及重点企业在各所属区域及厂内区设立分会场，共设置展板400余块，悬挂横幅80余条，发放各类宣传材料等共10万余份。（袁博）

【安全生产月书画笔会】 6月21日，昌平区安委会和区文学艺术界联合会主办的昌平区安全生产月书画笔会活动在区委党校大礼堂举行。市安全监管局副局长常纪文，中国书法家协会理事、北京书法家协会副主席黎晶等及多位书画家出席了此次活动。活动以“践行北京精神，弘扬安全文化”为主题，各书画家聚集一堂，现场创作，开创了昌平安全文化与书画文化相结合的先河。（袁博）

【安全社区创建工作会】 3月14日，昌平区安全监管局召开安全社区创建工作会。会议听取了4个试点镇工作开展情况汇报。区安全监管局要求各镇街继续加大工作力度，加快创建工作进程，充分发挥联动作用，建立联动机制。北京市安全生产协会就安全社区创建申请、流程、标准等细节对18个镇街和北企公司进行讲解。（袁博）

【安全生产走基层系列宣传报道】 4月6日，昌平区安全监管局会同区广电中心、区安全生产协会共同开展“平安昌平——安全生产走基层”系列宣传报道活动。重点宣传行业、属地落实安全监管职责，企业落实安全生产主体责任、安全生产标准化建设、预防作业场所职业危害、企业安全文化建设、安全生产教育培训、安全生产班组建设、预防安全生产事故等安全生产工作的先进经验、做法和创新措施成果。本栏目自4月份开播，每周四晚8时10分在昌平电视台播放，每周一期。（袁博）

【播放安全生产宣传片】 5月28日至6月10日，昌平电视台生活频道播放《安全发展，预防为主》、《血的代价》、《泪的呼唤》安全生产专题宣传片，每天一集；从6月1日至30日，昌平电视台每天播放由昌平区安全监管局自创的《光荣安监人》和《安监员之歌》两首歌曲宣传片。（袁博）

【企业安全文化创建】 2012年，昌平区安全监管局选择北京水泥厂有限责任公司、北京南口轨道交通机械有限责任公司、北京利德华福电气技术有限公司等3家有代表性企业开展安全文化创建工作。区安全监管局加强对企业安全文化建设和创建活动地指导，严格按照安全文化建设示范企业评定标准要求企业开展好自评，组织企业负责人到创建示范企业北京福田发动机厂参观学习，总结推广先进经验。（袁博）

【安全生产短信平台】 6月，昌平区安全监管局建立了安全生产短信平台。通过发送手机短信的形式，将安全生产方针政策、法律法规、安全生产小提示发送到全区广大生产经营单位负责人的手机中。通过短信平台发送安全信息及安全提示，突破了安全生产宣传的时间和空间限制，实现了宣传范围广、形式新、速度快。（袁博）

【家庭安全知识竞赛】 6月，昌平区安全监管局和区妇联共同举办“安全知识进万家，平安幸福美家庭”安全知识竞赛活动。借助家庭平台，宣传安全知识，掌握安全常识，提高自我防范意识。活动向1万余户家庭发放《昌平区家庭安全知识手册》、安全知识答题和其他安全知识宣传品。（袁博）

【安全生产培训教育】 2012年，昌平区安全监管局共举办电工、焊工等各类安全生产培训班89期，培训考核6578人。培训生产经营单位负责人和安全生产管理人员12期共2027人，同比增加了1338人，增长了194%。培训村（社区）安全员120人。开展有限空间“四进”、职业危害万人答卷活动，培训从业人员2万余人。协助各属地、各行业开展各类安全生产培训班2730次，培训人员58865人。（袁博）

安全生产标准化建设

【国家总局调研昌平区标准化工作】 4月12日，国家安全监管总局副局长孙华山带领国家安全监管总局四司司长欧广、市安全监管局局长张家明及副局长陈清等到昌平区调研安全生产标准化工作。昌平区区长金树东、副区长周云帆陪同调研。调研组听取了北汽福田汽车股份有限公司北京福田发动机厂及北京环鼎科技有限责任公司的标准化工作汇报，实地参观了企业生产车间，并与企业主要负责人就安全生产标准化建设工作进行了座谈。孙华山对安全生产监管工作提出5点要求：一是注重产业结构的调整，从源头上开始抓，从规划战略上实施；二是企业安全生产标准化应注重源头，积极推动企业主体责任落实；三是要实现监管工作信息化；四是执法监管力量要实现科学化、规范化；五是要注重安全文化创建工作。

（袁博）

【安全生产标准化总结部署】 1月11日，昌平区政府召开2011年度安全生产标准化总结暨2012年工作部署会，市安全监管局副局长陈清出席会议。会议通报了2011年安全生产标准化的开展情况，部署了下一步工业企业安全生产标准化建设工作。区安委会相关成员单位、镇街、北企公司主管领导，标准化达标单位及参加2012安全生产标准化建设工作企业负责人、复评机构负责人共450人参加了会议。（袁博）

【安全生产标准化研讨会】 2月29日至3月1日，昌平区安全监管局召开推进安全生产标准化工作研讨会，区文化委、商务委、旅游局、交通局、体育局、安全生产协会专家组成员及区安委会办公室成员出席了会议。各部门对昌平区推进行业安全生产标准化工作发表了意见和建议，为制定5个行业的区级标准打下了良好基础。（袁博）

【安全生产标准化工作标准审定会】 6月7日，昌平区安全监管局组织召开安全生产标准化工作标准审定会。区文化委、商务委、旅游委、交通局、体育局、安全生产协会专家组成员、中介机构负责人参加会议。各单位、各行业部门及中介机构依据《昌平区安全生产标准化建设实施方案》，分别对餐饮业、汽修业、客货运等行业和滑雪场、健身房、旅游景区、农家乐、商场、网吧、星级宾馆、影院歌厅、游泳馆等经营企业的安全生产标准化评定标准从考评内容、标准分值和考评办法设定等方面进行了深入细致的讨论。行业主管部门就各自分管行业、大中小型企业目前的标准化评定标准进行了分析，专家们对技术问题展开分析、论证。会上，各行业部门及中介机构在安全生产标准化工作标准方面达成一致，由区安委会办公室报送区政府审定。（袁博）

怀柔区

概 述

2012年，怀柔区安全生产工作以科学发展、安全发展为指导，坚持“安全第一、预防为主、综合治理”的方针，按照“关口前移、重心下移、标本兼治、强化监管”的思路，不断完善和细化政府监管部门责任体系，落实企业的安全生产主体责任。推进执法队伍建设，加强基层监督检查力度。继续加强安全生产标准化建设和隐患排查治理，不断推进隐患自查自报系统建设。强化执法检查和专项整治，全力杜绝重特大生产安全事故，坚决控制一般生产安全事故，努力实现全区安全生产形势稳定好转。不断完善安全生产监管体制建设，加强监管体系建设。坚持各项会议制度，全年召开各项安全生产专题会议70余次。将重大节日和重点时期主要领导参加安全检查制度化，印发了《领导干部安全生产检查制度》，全年区领导带队检查安全生产工作190余次，全区86个部门，242名领导干部共检查单位768个。继续推动企业安全生产标准化建设，坚持重点企业沟通联席会议制度。加大安全生产投入，投入资金30万元，加强“怀柔区安全生产智慧监察平台”、GIS（地理信息系统）建设。

推进安全生产专项整治。全年组织开展了“双十”专项执法检查、安全生产“护航”联合行动、安全生产领域“打非治违”专项行动、“全国两会”、“市第十一次党代会”、“十八大”以及主要节日、汛期等重点时期的专项执法检查工作。全区各安全生产监管（管理）部门、各属地管理部门，共出动执法检查组7170个、检查人员19466人次，检查企业12487个，查处非法违法行为14703起，做出警告275次，责令改正、限期整改或停止违法行为8944起，责令停产停业113家，拆除违法建设127308.12平方米，关闭非法违法企业85家，行政拘留13人，罚款133.043万元。

全面推进安全生产标准化和隐患排查治理。2012年怀柔区分别有12家企业通过一级和二级安全生产标准化评审。35家危险化学品经营（带储存）单位全部完成安全生产标准。将安全隐患排查工作常态化、制度化，建立重大危险源监控管理机制，不断完善“怀柔区安全生产智慧监察平台”建设，全年纳入自查自报系统各类企业3000余家。全年共受理各类投诉案件33件，所有举报投诉件均在规定时限内办结，办结率100%。

强化应急救援指挥体系建设。强化生产安全、消防、建筑、交通等各类突发事件专项应急指挥部建设。完成非煤矿山、危险化学品、烟花爆竹生产安全事故应急预案的修订工作。全年开展人员密集场所消防火灾、建筑坍塌、危险化学品泄漏、燃气泄漏、有限空间中毒等各类生产安全事故应急救援演练活动，共640余次。

切实提高全民安全意识。继续开展《加强企业生产经营建设上下游环节安全生产工作指导意见》的宣传、自查。精心组织策划第十一个安全生产月活动，丰富“安全生产宣传咨询日”内容。在电视台、广播电台制播《安全在线》48期、《安全广角》48期；印制《2012年全国“两会”期间安全生产工作专报》6期、《打非专刊》29期。举办生产经营单位主要负责人和安全生产管理人员安全培训，共培训6500人。完成特种作业考核10批，考核1945人。

安全生产综合监管

【安全生产控制考核指标落实情况】 2012年，怀柔区安全生产控制指标为37人。区安全监管局负责工矿商贸（生产安全）事故死亡人数控制考核指标的归口管理和监管工作，死亡人数控制指标为5人。区建委具体负责工矿商贸（生产安全）中建筑业事故死亡人数控制考核指标的归口管理和监管工作，建筑业死亡人数控制指标为3人。区公安交通支队负责道路交通事故死亡人数控制考核指标的归口管理和监管工作，道路交通死亡人数控制指标为29人。区公安消防支队负责火灾事故死亡人数控制考核指标的归口管理和监管工作，火灾死亡人数控制指标为1人。区综治办（护路办）负责铁路交通事故死亡人数控制考核指标的归口管理和监管工作，铁路交通死亡人数控制指标为2人。区农业局负责农业机械事故死亡人数控制考核指标的归口管理和监管工作，农业机械事故死亡人数指标为零。2012年，全区共发生道路交通、火灾、生产安全、铁路交通事故172起，与去年同比减少56起，下降24.56%。其中，发生死亡事故22起，同比减少7起，下降24.14%；死亡33人，同比减少1人下降2.94%。道路交通事故41起，其中死亡事故19起，死亡24人，发生较大事故1起，死亡4人。与去年同期相比，事故起数减少19起，下降31.66%，死亡事故起数减少4起，下降17.39%，死亡人数减少4人，下降14.28%。火灾事故127起，未发生火灾死亡事故。与去年同期相比，事故起数减少35起，下降21.6%。生产安全死亡事故2起，死亡8人，受伤1人，其中发生较大事故1起，死亡7人，受伤1人。与去年同期相比，死亡事故起数减少3起，下降60%，死亡人数增加3人，上升60%，受伤人数增加1人，上升100%。农业机械未发生死亡事故。与去年同期相比，持平。铁路交通事故2起，其中死亡事故1起，死亡1人。与去年同期相比，事故起数增加1起，上升100%，死亡事故起数与死亡人数持平。（田保海）

【市局检查春节前非煤矿山安全】 1月10日，市安全监管局有关部门对北京兴发水泥有限公司、北京京冀工贸有限公司尾矿库、北京怀柔前安岭铁矿尾矿库进行实地检查。检查组对怀柔区非煤矿山工作给予肯定，同时，针对“春节”期间的安全生产工作提出相关要求。

（王佳贺）

【区长检查安全生产】 1月4日，

怀柔区区长齐静带队检查辖区安全生产工作，副区长张勇及区安全监管局、文化委、商务委、卫生局等单位领导陪同检查。齐静一行先后来到绿洲天地上网公司、源兴源加油站、农发地批发市场对安全生产责任制落实情况、内部安全检查情况、消防安全等方面进行了全面检查，并就检查中发现的安全隐患，要求责任人立即整改。同时要求各单位加强可燃物清理和消防设施器材维护保养工作，彻底消除各类消防安全隐患，确保人、财、物安全。（田保海）

【区领导带队检查节前安全生产】 1月19日至20日，怀柔区区领导萧有茂、潘临珠、田文杰、张明、朱淑霞、张勇、刘久刚、王玉山分别带领有关部门的负责人，到青龙峡森林防火视频监控中心、京北大世界、东方旺加油站、八方达怀柔分公司916总站、中医院、眉州东坡酒楼、慕田峪景区等地，仔细察看了消防安全设施、安全出口和火警监控系统等，详细询问了春节期间安全生产管理的布置情况，并检查了各单位岗位责任制的落实情况。区领导要求，各单位要加大单位内部的安全生产检查、检查力度，做好节日期间值班工作，充分落实各项生产经营安全责任。各监管部门要高度重视安全生产工作，加强检查，做好应急处理措施，确保全区人民安全过节。

（田保海）

【怀柔区被评为安全生产先进区县】 2月16日，在“2012年北京市安全生产大会”上，怀柔区被评为2011年度“安全生产工作先进区县”，副区长张勇代表怀柔区上台领奖。（田保海）

【紧急部署、检查建设领域安全生产工作】 2月23日，怀柔区召开建设领域安全生产工作紧急会议。会上通报了怀柔区建设工程安全生产形势，并就建设领域安全生产工作进行部署。会后，区委书记张建东、区长齐静、副区长潘临珠、田文杰、张勇分别带领有关部门负责人，分别对雁栖湖生态发展示范区核心岛工地、新贤街工程定向安置房、柏泉庄园安置房、龙山项目、怀柔医院等项目建设工地，就建筑工程安全生产许可、施工许可、责任制建立及落实、工人上岗培训、培训消防器材配备、机械设备安全等方面内容进行实地检查。（田保海）

【年度安全生产工作会】 2月24日，怀柔区召开2012年安全生产工作会，全面总结2011年安全生产工作，安排部署2012年安全生产工作。区委副书记萧有茂主持会议。副区长张勇作了题为《落实责任　强化监管　切实推动安全生产形势稳定好转》的报告，并与镇乡、街道代表签订了《怀柔区2012年度安全生产目标管理责任书》。杨宋镇政府、北京博萨汽车配件有限公司分别介绍了开展安全生产工作的经验。区长齐静结合怀柔区2011年的安全生产工作，对2012年的安全生产提出了要求。（田保海）

【区安委会第一次工作会】 3月27日，怀柔区安委会召开2012年第一次工作会。区安委会副主任、区安全监管局局长李振林部署了2012年怀柔区安全生产重点执法检查工作，传达了北京市人民政府《关于进一步加强企业生产经营建设上下游环节安全生产工作指导意见的通知》精神，对辖区全国“两会”“护航”工作完成情况进行了通报。参会的成员单位就落实“双十”行动工作进展情况进行了座谈交流。副区长张勇强调要结合当前安全生产形势，重点抓好交通运输、旅游景区、建筑施工、人员密集场所、废品市场、彩钢板等行业领域的安全监管。建立健全安全生产工作机制、体制，确保每季度做到“六个一”，即召开一次安委会例会、一次政府常务会议、一次安委会办公会，开展一次集中联合专项整治、一次集中联合督察执法、一次媒体集中曝光。

（田保海）

【市局检查怀柔区有限空间安全】 6月20日，市安全监管局一行4人，对怀柔区有限空间安全生产工作进行检查。怀柔区安全监管局有关人员陪同检查。此次检查重点，包括有限空间作业单位一线作业班组设备设施配备、个人防护用品配备、警示标识设置、承发包管理及作业现场管理等安全生产工作情况。检查组分别对城区主干道、雁栖镇、雁栖经济开发区、北房镇、杨宋镇、庙城镇等路段进行了检查，检查过程中，未发现有限空间违法违规行为。市安全监管局对怀柔区有限空间安全生产工作予以了充分肯定，要求怀柔区要在进一步做好安全监管工作的同时，加强对企业有限空间作业的安全指导，规范从业人员安全作业。（田保海）

【市党代会期间安全保障工作】 6月27日，怀柔区召开专题会议，动员部署北京市第十一次党代会期间安全保障工作。会上，区安全监管局通报了全区“打非治违”阶段性工作情况，对市党代会期间的安全生产保障工作进行了部署。区住建委和公安交通怀柔支队分别通报了全区建筑施工和道路交通安全监管工作，对市第十一次党代会期间的建筑施工、交通安全监管工作做出了安排。（田保海）

【规范领导安全生产检查责任】 8月29日，怀柔区安委会制订并印发了《领导干部安全生产检查制度》，对全区各镇乡政府、街道办事处，雁栖经济开发区管理委员会，慕田峪长城旅游办事处，区安委会各负有安全生产监督管理职责的成员单位主要负责人和各分管负责人，每月安全生产检查工作予以了明确规范和要求。领导干部要按照“一岗双责”的要求，对分管领域和行业的安全生产工作进行检查。各单位主要领导每月带队检查不少于1次，检查企业3家次以上；各分管领导每月带队检查不少于2次，检查企业6家次以上。检查重点围绕生产经营单位落实安全生产法律法规，现场安全生产运行，生产安全隐患排查治理，全员安全教育培训，特种作业人员持证上岗，事故上报处理等六大方面展开。（田保海）

【市局督察怀柔区非煤矿山安全】 9月21日，由市安全监管局带队组成的市“十八大”安全保障督查组一行3人，对怀柔区非煤矿山企业的安全生产工作进行了督察。督查组重点检查了兴发水泥公司的国庆和“十八大”安全保障准备工作，查看了兴发公司安全教育培训、防爆演练、安全例会、应急值守等有关落实记录资料；检查了开采现场的安全技术防范措施等一系列情况。通过查阅资料和现场检查，督查组对怀柔区非煤矿山的安全生产工作给予了充分肯定，并要求区安全监管部门和有关属地要进一步开展好执法检查，企业要切实落实主体责任，加强应急值守和安全保障，确保生产安全。

（王佳贺）

【部署“两节”服务保障工作】 9月27日，怀柔区召开专题会议，部署了中秋节、国庆节期间的服务保障工作。副区长刘久刚主持会议。会上，区市政市容委、安全监管局、旅游委、矛调中心、交通支队等部门，分别从环境卫生、安全生产、旅游接待、信访、交通安全等方面，就“两节”的服务安全保障准备工作情况进行了总结和部署。

（田保海）

【“打非治违”专项行动协调会】 10月23日，怀柔区安委会办公室召开“打非治违”专项行动协调会，研究部署“打非治违”专项行动下阶段重点工作。会议通报了怀柔区当前安全生产形势，听取了各部门“打非治违”专项行动工作进展情况，协调部署了下阶段工作任务，分工明确了各部门、属地“打非治违”专项行动具体工作及完成时限。会议要求，各部门和属地要互相协作、全力配合，于10月底前完成对无照经营、超范围经营、异地经营生产经营单位的打击取缔工作，为迎接“十八大”召开创造和谐安定的社会环境。

（田保海）

【市检查组检查职业安全健康工作】 10月25日，市安全监管局副局长常纪文带队，市人力社保局、市总工会、市卫生局等有关人员一行7人，对怀柔区职业安全健康工作开展专项联合执法检查。怀柔区安全监管局汇报了职业安全健康工作开展情况及存在问题。检查组对怀柔区职业安全健康工作予以充分肯定，并要求怀柔区要进一步结合属地实际和特点，深入推动和开展好职业安全健康工作，切实保障劳动者的安全。随后，检查组分别到兴发水泥、朝日啤酒、奥星恒迅包装等3家企业进行了现场检查。检查主要围绕用人单位职业危害防治制度建立、职业安全健康管理员设置、培训教育、职业危害申报、作业岗位个人防护用品配备使用、作业场所检测与警示标识设置、职业危害告知、职业病危害因素健康体检、职业卫生档案和劳动者健康监护档案等多个方面展开检查。对检查发现的问题和不足，当场予以纠正。

（于跃海）

【区委书记、区长检查“十八大”安保工作】 10月30日至31日，怀柔区区委书记张建东、区长齐静分别对公安分局、汤河口综合检查站、怀北镇、中石化怀柔信富加油站、泉河街道金台园社区、龙山广场项目工地、宏怀热力公司城南供暖站等地，实地检查、指导“十八大”安全保障工作。

（田保海）

【督导区经信委有限空间安全】 11月7日，怀柔区安委会办公室对区经信委落实开展有限空间安全生产监管工作进行监督检查。区安全监管局采取听汇报、看材料、查企业，与区经信委“一对一”的方式进行督导检查。在听取区经信委有限空间安全监管工作开展情况汇报，查看相关工作台账和资料后，对区经信委所属行业监管的电信、铁通两家公司进行了实地作业检查。从督察情况看，区经信委和企业都重视有限空间安全生产工作，切实落实了安全生产各自的职责，但部分企业还存在着应急救援预案可操作性差、有限空间基础台账内容不够翔实、培训记录不完善等问题。区安全监管局在依法下达执法文书的同时，要求企业要及时采取有效措施，切实整改消除安全；继续加大从业人员的安全操作培训教育力度，增强自我防范意识；完善有限空间各项规章制度和管理台账，确保“十八大”期间有限空间作业安全。（田保海）

【检查危险化学品重点单位安全监控设置】 11月23日，市安全监管局检查组到怀柔区，对辖区内218油库、庙城油库和烟花爆竹仓库等3家重点单位的安全监控装备设置工作情况进行了检查。市安全监管局对重点企业安全监控监测仪器设备及系统运行情况进行了察看，同时检查了企业日常安全生产检查、从业人员教育培训和应急救援演练等落实执行情况。市安全监管局对怀柔区重点危险化学品企业现有安全监控装备运行情况和安全管理工作予以了充分肯定，并要求各企业作为怀柔区重大危险源单位，要进一步提升安全生产管理水平，按照《危险化学品重大危险源安全监控通用技术规范》和《危险化学品重大危险源罐区现场安全监控装备设置规范》两个标准，确保安全投入，改造完善安全监控装备，切实提升企业的本质安全水平，确保各类生产经营活动安全。（田保海）

【综合考核怀柔区安全生产工作】 12月25日，市安全监管局考核组对怀柔区2012年度安全生产工作进行了综合考核。此次考核采取听取汇报、查阅资料、走访乡镇、座谈交流的方式展开。区安委会副主任、安全监管局局长李振林向考核组汇报了安全生产工作情况。随后，考核组察看了有关安全生产制度、台账等资料，到杨宋镇政府进行了实地抽查和交流座谈。考核组对怀柔区整体安全生产工作予以了充分肯定，认为怀柔区各级党委、政府重视安全生产工作，区安委会组织协调作用充分发挥，各行业、各属地齐心协力，全区安全生产工作稳步扎实推进。（田保海）

危险化学品安全监管

【年度危险化学品执法检查情况】 2012年，怀柔区安全监管局开展危险化学品、烟花爆竹生产经营单位监督检查437家次，下达安全生产监督执法文书647份，其中：整改指令书141份，复查意见149份。检查并监督企业整改事故隐患256起。行政罚款12起，罚款6.5万元。（王晴）

【专家调研重大危险源监控管理】 2月21日，中国安全生产科学研究院危险化学品安全技术研究所3位专家到怀柔区调研危险化学品重大危险源监控监测管理工作。专家先后到北京中油国门油料销售公司和北京啤酒朝日有限公司进行了调研，对北京中油国门油料销售公司油品储罐区和北京啤酒朝日有限公司液氨罐区的重大危险源监控监测仪器设备及系统的运行情况进行了察看，并与单位的管理人员进行了交流座谈。专家对这两家单位重大危险源监控监测管理情况给予肯定，同时提出应提高监控监测系统的标准，如增加监测仪设置密度、视频头设置高度不够、部分监测数据不能实时传递至监控终端等问题。两家单位的负责人表示尽快落实专家的建议，继续提高管理水平。（王晴）

【加油站标准化工作研讨会】 4月17日，怀柔区安全监管局组织区内11个加油站站长、片区经理及4家安全生产标准化咨询评审机构的工作人员，召开了加油站安全生产标准化工作研讨会。会议对加油站安全生产标准化现场管理规范、达标检查标准以及文件体系中的安全管理制度、操作规程、事故应急预案、档案、记录等文件进行了深入学习和讨论。与会人员结合自己的工作经验和安全生产标准化运行以来发现的问题，对加油站现场管理规范、安全管理制度及各种记录、档案等文件模板的实用性、可操作性提出了建议。（王晴）

【“护航”第二战役部署会】 5月29日，怀柔区安全监管局组织召开了怀柔区危险化学品烟花爆竹安全生产“护航”联合行动第二战役暨专项整治动员部署会。会上通报了“国药集团化学试剂北京海淀营业部违法情况，通州5月8日危险化学品爆炸事故情况”。部署了危险化学品烟花爆竹安全生产“护航”联合行动第二战役专项执法检查，“两重点一重大”专项整治工作、液氨从业单位专项整治工作、加油站安全生产专项整治工作；会议印发了区安委会办公室关于怀柔区开展涉及“两重点一重大”危险化学品企业安全生产专项整治工作实施方案的通知、区危险化学品烟花爆竹安全生产“护航”联合行动第二战役实施方案的通知、关于开展液氨从业单位安全生产专项整治工作的通知和专项整治参考文件等宣传资料500余份。（王晴）

【加油站安全联合检查】 5月22日至6月14日，怀柔区安全监管局联合区质监局，结合安全生产“护航”联合行动第二战役，对怀柔城区及周边16家加油站开展了安全生产专项执法检查。检查组重点从加油站阻隔防爆装置运行维护管理，与周边建、构筑物安全距离保持，视频、液位、可燃气体监控报警设备运行，反恐工作要求落实，周边50米范围内可能危及加油站安全运行的企业安全生产工作等5个方面情况，进行了联合执法检查。此次联合检查共出动执法人员36人次，执法车15辆次，区安全监管局下达执法文书45份，查处整改消除事故隐患28条，罚款1.5万元。（王晴）

【危险化学品使用单位联合检查】 6月5日，怀柔区安全监管局牵头，联合区工商、质监、环保、消防等职能部门以及雁栖开发区、汤河口镇等属地，开展了危险化学品使用单位仓库及储存场所安全生产专项执法检查。检查组一行先后来到北京威亚高性能纤维有限公司、达能乳业（北京）有限公司、上海宝钢包装有限公司北京印铁分公司等3家重点危险化学品使用单位，从危险化学品仓储场所的防火间距、消防设施，特种设备持证、安全设施检测，危险化学品供货商资质、一书一签管理，工商营业执照年检，从业人员安全教育培训，安全生产规章制度建立执行等各个方面进行了综合检查。各职能部门依据各自职责，针对检查发现的安全问题和事故隐患，依法下达了执法文书，责令企业予以整改消除，并要求企业要切实落实安全生产主体责任，加强隐患的整改排查力度，保障生产经营活动安全。联合执法检查当日，共出动人员22人，发现安全隐患20余项，下达执法文书8份。（田保海）

【重大危险源单位专项整治】 7月1日至25日，怀柔区安全监管局对辖区内重大危险源单位进行执法检查。此次检查是怀柔区开展“两重点一重大”专项整治工作的一个重要组成部分，辖区内7家次重大危险源单位全部列入此次检查范围，检查重点围绕重大危险源评估、监控、备案等项目进行。共出动执法人员12人次，执法车6辆次，下达执法文书23份，查出事故隐患15条，整改完成事故隐患15条。（王晴）

【重大危险源防汛安全检查】 7月28日，怀柔区安全监管局对辖区内朝日啤酒、凤翔大都食品和中石化等3家危险化学品重大危险源单位防汛安全工作进行了检查。重点检查了企业汛期和节假日领导值班带班以及应急值守落实情况，现场核查了排水系统、应急物资储备和职工防汛应急措施掌握等情况。要求各企业严格落实领导带班值班，加强值守应急。落实各级安全岗位职责，加大对本单位重点防汛部位的检查力度，保证各类防汛设施、设备正常运行。同时做好信息收集和上报，保证24小时通讯畅通，遇有紧急情况，及时处理报告，确保汛期生产经营安全。

（田保海）

【涉爆易制毒化学品单位联合检查】 7月30日至9月10日，怀柔区安全监管局、公安分局、工商分局、交通局、药监局对怀柔区涉爆易制毒化学品使用单位开展联合检查。检查组按照各自职责重点检查了各涉爆易制毒化学品使用单位经营许可证、备案证明等企业资质情况，内部制度规范情况，易制毒备案证明，库存及销售流向登记情况，易制毒化学品库房内的防潮、防雷电、通风、报警等储存条件，特别是对库房等储存场所实施24小时监控等各个方面进行了综合检查。共检查涉爆易制毒化学品使用单位21家，出动执法人员21人次，出动执法车11辆次。（王晴）

【部署“十八大”危险化学品安全生产】 9月25日，怀柔区安全监管局组织危险化学品重点单位召开了怀柔区“十八大”期间危险化学品安全生产专题工作会。会议传达了《关于“十八大”期间危险化学品安全保障工作方案》、《关于“十八大”期间加强我市六类危险化学品和管制刀具销售安全管理工作的通知》、《关于启用危险化学品从业单位安全生产标准化信息管理系统的通知》等文件精神，通报了近期安全生产形势，部署了“两重点一重大”及液氨从业单位安全生产专项整治工作、危险化学品从业单位安全生产标准化申报工作。

（王晴）

【非经营性加油站检查】 10月9日至12日，怀柔区安全监管局对非经营性加油站进行了执法检查。重点对消防设备、值班到岗、员工培训教育、安全生产检查记录、安全管理人员资质等情况进行了检查。共检查经营性加油站5家，下达整改指令书3份，查出隐患4项，整改隐患4项，整改率100%。（王晴）

【易制毒化学品经营单位专项检查】 10月10日至15日，怀柔区安全监管局对本区8家危险化学品使用单位进行了执法检查。检查组按照各自职责重点检查了各易制毒化学品使用单位企业内部制度规范情况，易制毒备案证明，购进、销售、出口等流向登记情况，易制毒化学品库房内的防潮、防雷电、通风、报警等储存条件。共出动执法人员12人次，出动执法车6辆次，下达执法文书13份，查处并消除隐患17项。（王晴）

【液氨从业单位安全生产专项整治】 10月，怀柔区安全监管局与各属地联合，对液氨使用单位专项整治工作开展情况进行了全覆盖执法检查验收，重点验收企业自查隐患整改，特种作业人员持证上岗，安全设施、应急救援器材和装备配备和维护，监控报警设置，液氨储罐固定喷淋和制冷机房事故排风设置等情况。此次专项整治经过企业自查、专家指导、属地督促、安全监管执法等各环节的紧密衔接，达到了预期效果。20家液氨单位中，有4家企业停止了液氨的使用，拆除了液氨设备。其余16家投资近100万元，进行设备维修改造、隐患治理、防护用品配备、人员素质培训。16家液氨单位累计整改各级各类隐患223项，其中：企业自查整改隐患153项，安监、质监、环保等职能部门执法督促企业整改隐患47项，属地安监部门督促整改隐患23项。

（王晴）

【管控化学品专项安全检查】 11月8日至11日，怀柔区安全监管局对全区11家易制爆、涉爆易制毒化学品、剧毒等管控化学品经营单位开展了专项安全执法检查。各管控化学品经营单位全部按照要求停止了经营活动，并实时登录市安全监管局流向管理信息系统，落实“零报告”，保障了“十八大”期间管控化学品的安全稳定。（田保海）

【检查“十八大”安全保障工作】 11月2日，市安全监管局对怀柔区危险化学品及烟花爆竹“十八大”期间安全生产工作措施落实情况进行了检查。区安全监管局汇报了怀柔区危险化学品、烟花爆竹领域“十八大”安全生产保障主要措施和典型工作做法。随后，检查组对218油库安全生产工作进行了抽查，现场检查了库区门禁、监控、消防系统等重点部位和设施完好状况，察看了企业“十八大”期间安全生产工作方案，听取了该油库负责人有关防控防治工作措施汇报。检查组对怀柔区的工作予以了充分肯定，要求怀柔区要进一步加大安全生产工作力度，督促指导企业落实

主体责任，确保各项生产经营活动安全。（田保海）

【危险化学品“护航”联合执法行动】 2012年，怀柔区安全监管局会同区工商分局、消防支队、交通局等职能部门开展“护航”联合执法行动8次，检查危险化学品、烟花爆竹经营单位68家，查出问题和隐患33项，已全部督促企业进行整改。累计出动执法人员64人次，执法车26辆次。（王晴）

【气体经营单位突击执法检查】 11月3日，怀柔区安全监管局对全区5家工业气体经营单位瓶帽、胶圈配备、使用情况进行了专项突击执法检查。检查中发现5家单位工业气体经营单位不同程度地存在瓶帽、胶圈不齐全的现象。检查人员针对检查的问题，下达限期整改指令书，同时要求企业按照安全标准化管理的规定，严格管理进场换气单位，凡瓶帽、胶圈不齐全的，一律不予充装或换发。11月5日，区安全监管局对5家工业气体经营单位气瓶瓶帽、胶圈配备制度执行情况进行了复查。5家气体经营单位经营现场气瓶的瓶帽、胶圈全部配备齐全，同时准备了充足的备用瓶帽、胶圈为前来换气的单位和个人提供服务。此次专项整治，怀柔区气体经营单位总计投资33880元购置氧气、乙炔胶圈共10100个，瓶帽700个，为确保本区6000余工业气瓶的安全流转、使用奠定了坚实基础。（王晴）

烟花爆竹安全监管

【烟花爆竹行政许可】 2012年，怀柔区许可烟花爆竹经营单位63家，其中，市安全监管局许可烟花爆竹批发单位1家，区安全监管局许可烟花爆竹零售单位62家（长期零售网点6家，临时零售网点56家）。（王晴）

【春节烟花爆竹安全管理】 2012年春节期间，怀柔区各级领导带队、区安全监管局动员全局执法力量，开展对烟花爆竹零售网点全覆盖执法检查活动4次，检查烟花爆竹经营单位165家次。下达执法文书258份，查出问题和隐患81条，行政处罚1起，处罚金额0.1万元。（王晴）

【烟花爆竹回收】 2月7日（正月十六）早6点对怀柔区56家烟花爆竹销售网点进行了剩余烟花爆竹产品回收，截至2月9日17时，辖区临时销售网点全部完成剩余产品回收及零售销售棚的拆除工作，累计回收烟花爆竹产品1520箱，金额58.5万元。（田保海）

【烟花爆竹网点安全检查】 10月30日至31日，怀柔区安全监管局联合相关属地政府，对怀柔区内5家长期烟花爆竹销售网点和1家烟花爆竹批发单位，开展了全覆盖安全生产执法检查。检查中，执法人员对每个单位现有库存量进行了清点，询问了经营单位“十八大”期间安全生产保障工作措施。对“十八大”期间烟花爆竹的特殊管控工作，区安全监管局进行了重点强调，从11月1日起至11月20日，烟花爆竹批发单位停止向烟花爆竹长期零售网点配送烟花爆竹，烟花爆竹长期销售网点暂停销售，所有未销售的烟花爆竹下架、封存。（田保海）

【部署烟花爆竹禁放点看护工作】 12月17日，怀柔区安全监管局召开专题会议，对辖区内37个危险化学品经营单位储存场所禁放看护工作进行了动员部署。会议要求，各禁放点要明确负责人和看护人员信息与职责，切实落实好看护工作，保障安全。怀柔区共有油库、油站、油漆、稀料、工业气体、烟花爆竹库等禁放点37个，设置有关看护人员74名。（田保海）

矿山安全监管监察

【非煤矿山执法检查情况】 2012年，怀柔区安全监管局执法检查非煤矿山企业生产经营单位18家次，填写现场检查记录18份，下达整改指令书3份，检查事故隐患8条。（王佳贺）

【水泥企业复产联合验收】 4月5日，怀柔区安全监管局、公安分局、国土分局、环保局、水务局、人力社保局以及怀北镇政府，对北京兴发水泥有限公司开展了复产验收工作。验收组从兴发水泥公司合法证照、安全制度、操作规程、各种记录、安全机构、应急预案、安全投入情况、职业卫生防护等软、硬件方面进行了审核验收。整个验收过程按照“严格标准、严格程序、逐级把关、企业负责”和“谁监管、谁检查、谁验收、谁签字、谁负责”的原则进行，共分为企业自查、镇乡审核、区级验收、验收合格后提请主管副区长批准方可恢复生产等4个阶段。（田保海）

【联合检查水泥企业安全生产工作】 5月10日，怀柔区安全监管局联合区公安分局、国土分局、环保局、水务局、区人力社保局及怀北镇政府，对北京兴发水泥有限公司开展了安全生产联合执法检查。检查组重点检查了企业各类安全生产规章制度、责任制、操作规程建立健全，矿山开采现场防治超层越界、扬尘污染、环境治理落实，以及应急救援物资装备、应急人员值守等工作情况。（田保海）

【检查尾矿库汛期安全】 6月6日，怀柔区安全监管局与有关属地政府，对前安岭铁矿和京冀工贸两家非煤矿山的尾矿库开展了安全防汛专项执法检查。检查组听取了企业负责人对企业安全防汛准备和管理工作的汇报，重点检查了尾矿坝、尾矿库区内干滩、导流洞以及防汛应急救援物资等情况。（田保海）

【非煤矿山企业应对“7·21”强降雨】 7月21日，怀柔区安全监管局部署暴雨蓝色预警防汛工作，对属地镇乡政府、非煤矿山企业传达防汛工作紧急通知，要求加强领导值班带班，落实责任，加强检查和检查，保障通讯畅通，遇有紧急情况及时报告。当日下午17时，区安全监管局主要领导带领相关科室人员，冒雨对非煤矿山企业逐一检查。此次检查持续到次日0时30分。截至7月22日早8时，怀柔区非煤矿山企业及尾矿库未发生异常情况，无人员伤亡和财产损失，情况良好。7月26日，区安全监管局联合区环保局及长哨营、汤河口、雁栖镇等属地政府，对辖区内七道梁村黄金尾矿库、京冀工贸公司尾矿库、前安岭铁矿尾矿库、八道河黄金尾矿库等4家重点尾矿库进行了汛期安全检查。7月27日，市安全监管局对怀柔区尾矿库开展安全生产检查，在听取了汛期安全生产检查情况后，实地察看了怀柔前安岭铁矿尾矿库。8月2日，市安全监管局对怀柔区京冀工贸尾矿库安全进行检查。检查组一行来到现场询问了解了尾矿库应急值守、雨量监测、排洪设施、通讯保障等情况。（王佳贺）

【专家检查非煤矿山尾矿库安全】 8月6日，怀柔区安全监管局邀请北京市非煤矿山专家，对汤河口、琉璃庙内两座尾矿库的防汛安全工作进行了专项指导检查。专家重点检查了尾矿库坝体、库区排洪设施等安全状况。经检查，导流洞无异常情况，排洪设施正常，暴雨期间水位无异常，干滩长度全部为干滩，坝体稳定。专家对怀柔区尾矿库的安全工作予以了充分肯定。（王佳贺）

安全生产事故隐患排查治理

【“打非治违”1号行动】 4月开始，怀柔区开展了安全生产领域“打非治违”1号行动。成立了由区长任组长，分管副区长任副组长，各属地、各部门主要领导为成员的“打非治违”1号行动领导小组，全面负责行动的组织领导工作。按照“属地负责、行业指导”的原则，区政府与各属地以及区国土、规划、城管、公安、农业、工商、安监、住建等部门签署责任制，各司其职，各负其责。怀柔区开展“打非治违”1号行动期间，各部门、各单位共出动执法检查组1538个、检查人员5078人次，检查企业1864个，查处非法违法行为2895起，做出警告138次，责令改正、限期整改或停止违法行为1453起，责令停产停业45家，关闭非法违法企业39家，处罚罚款43.438万元，断水断电断气面积6600平方米，拆除违法建设41383平方米。共张贴各种宣传画32670余张，悬挂相关宣传条幅1359幅，发放宣传材料178562份，设置专栏、板报等宣传园地651个，设置专题（栏）的内部刊物39期，制作专刊42期，在市、区属媒体刊发新闻报道、播放宣传片101次（篇、条），开展安全生产各类讲座235期次，受教育人数14658人。（田保海）

【“打非治违”2号行动】 怀柔区安全生产“打非治违”2号行动，从8月2日至年底，调查摸底、集中整治、巩固提高3个阶段进行。此项行动按照“政府领导、属地负责、行业指导、联合查处”的原则开展，旨在对违法建筑内从事非法生产、经营活动的行为，一经发现，坚决予以制止和取缔，特别是对城乡结合部2层以上建筑内的非法违法生产经营活动，坚决采取措施，彻底消除安全隐患，坚决遏制因非法违法生产、经营导致的重特大事故和群死群伤事故。（田保海）

【“十八大”安全生产保障】 自9月中旬开始，怀柔区开展“十八大”安全生产保障工作。成立了以主管安全工作副区长为组长，区安全监管局局长为副组长，各属地主管领导及负有安全监管和行业管理职责的政府相关部门主管领导为组员的“十八大”安全生产保障工作领导小组，并设立专项办公室，全面领导、部署、协调、组织“十八大”期间安全生产保障工作。各属地、各部门也成立了相应的“十八大”安全生产保障机构。印发了《怀柔区“十八大”安全生产保障专项执法行动实施方案》。“十八大”期间，怀柔区以高危和事故多发易发行业领域为执法重点，按照工作部署、检查整改、督导检查、应急保障4个阶段，采取统一部署、区镇乡联动、部门联合的方式，对工业企业、非煤矿山、人员密集场所、危险化学品、烟花爆竹5个重点行业领域生产经营单位进行38项内容的执法检查。其中负有安全生产监督管理和行业管理职责的政府有关部门检查企业数不少于30家，各属地检查企业不少于100家。通过专项执法行动，严厉打击安全生产非法违法行为，全面排查消除安全生产隐患，督促重点行业加强安全监管。全区各部门共检查各类生产经营单位2621家，下达执法文书1799份，查处事故隐患2126项，停产停业整顿5家，关闭取缔4家，行政处罚6起，罚款7.9万元。实现了“十八大”期间“零死亡、零重伤”。（田保海）

【餐饮燃气使用单位安全大排查】 11月27日，怀柔区召开餐饮行业燃气使用安全管理工作会，动员部署全区餐饮燃气使用单位安全生产大排查、大整治行动。会议决定，在前期餐饮燃气使用单位安全专项整治的基础上，再次在全区范围内开展餐饮燃气使用单位安全生产隐患大排查、大整治行动。此次行动采取企业自查，属地检查，行业部门联合检查的方式进行。检查范围包括全区各餐饮燃气使用单位及供应单位，重点以《北京市餐饮企业燃气使用安全规范标准》为依据，检查瓶装液化石油气的储存和用气场所，钢瓶和设备设施安全规范供应和使用。会上，北京燃气公司专业人士就餐饮企业燃气安全管理和使用进行了专题培训；同时印发了《关于开展餐饮燃气使用单位安全生产隐患大排查的紧急通知》。（田保海）

安全生产应急救援

【施工现场防汛应急综合演练】 6月1日，怀柔区安全监管局、住建委、防汛办、雁栖镇政府等单位联合，在雁栖生态发展示范区核心岛二期工程施工现场开展了防汛应急综合演练。工程施工单位北京建工集团有限责任公司负责此次演练的具体策划与实施。核心岛二期工程紧邻雁栖湖，相比于其他工程，该工程的防汛压力较大，因此，本次应急演练选择以实战演练为主，全程模拟了现场从基坑发生透水险情、应急响应、扩大应急直至响应结束，突出了险情发生、人员被困、成功救援直至现场善后处置全过程的抢险救援实际动作。演练将各个时间节点的动作串联起来，比较客观、全面地体现了施工单位的应急处置能力。整个演练历时30分钟，各部门责任到人、指挥到位、准备充分、措施有效，演练取得圆满成功。

（田保海）

【液氨泄漏应急救援演练】 6月

17日，怀柔区经信委、区安全监管局、消防支队、杨宋镇政府联合，在北京凤翔大都食品有限公司开展了“怀柔区液氨泄漏应急救援演练观摩”活动。有关属地政府、全区工业系统涉氨使用企业有关负责人近100人参加现场观摩。演练模拟该公司北车间生产现场1号制冰机液氨管路发生泄漏，导致一名员工中毒晕倒。公司立即启动应急预案，紧急疏散现场作业人员，抢救小组进入车间开展公司级搜救；同时，拨打电话上报事故情况，求助消防部门予以救助。区消防支队立即赶赴事故现场，将中毒人员救出事故车间，并进行氨罐堵漏，喷洒水雾，吸附液氨蒸汽，排除事故险情。此次演练，共13名武警官兵和凤翔大都公司56名员工参演，出动消防车、救援车、救护车等5台。（王晴）

【山体滑坡应急演练】 6月20日，位于怀柔区怀北镇域内的北京兴发水泥有限公司，组织开展了“矿山山体滑坡事故应急救援预案演练”。怀柔区安全监管局、应急办、国土分局、公安分局、环保局、水务局、怀北镇政府等单位主管领导、有关工作人员，以及北京兴发水泥有限公司，共计90余人现场参加、观摩了演练。演练模拟兴发水泥公司矿山120米平台山体发生滑坡，一名员工受伤，启动公司级事故应急救援预案，停止生产，组织企业应急救援队伍立即赶赴现场。保卫组拉起警戒线，抢险突击队员进行现场抢险，运输队用装载机、运输车装载运输砂石料，清理砂石，医疗救援组经过现场抢救后将伤员送往医院救治。整个演练历时45分钟，兴发水泥公司派出8个抢险组共计57人，出动运输车辆、抢险车辆4台，使用各类应急救援器材40件。（王佳贺）

【危险化学品应急救援演练】 6月20日，怀柔区安全监管局在庙城油库组织开展危险化学品应急救援演练。区交通局、质监局、环保局、消防支队、气象局、庙城镇政府等有关部门主要领导，以及辖区内危险化学品经营单位负责人共计100余人现场参加演练和观摩。此次演练以区级桌面演练与企业实战演练相结合的方式进行。区级桌面演练，以新修订的《怀柔区危险化学品事故应急演练预案》为蓝本，区安全监管局与有关职能部门沟通明确各自职责，重点强调了庙城镇政府在演练中协调做好油库附近小区居民疏散工作。庙城油库演练模拟3号油罐罐顶着火。巡检员发现火险后，立即向带班领导报告，带班领导命令启动企业应急救援预案。警消组、抢险组、后勤组、通讯组等按照各自职责分工迅速展开事故救援。启动消防泵，用水带对准着火油罐喷淋降温，同时，对相邻油罐进行降温处理。（王晴）

【液氨泄漏现场处置方案应急演练】 6月27日，怀柔区安全监管局在北京啤酒朝日有限公司，组织开展了液氨泄漏现场应急处置方案演练。全区液氨使用单位负责人及制冷操作人员共计80余人参加观摩培训。应急演练模拟朝日公司车间阀门、法兰等氨管道设施发生泄漏，报警器报警，维修工人佩戴过滤式防毒面具，手持氨泄漏检测报警仪现场查漏，同时，另两名维修人员穿戴正压式空气呼吸器进入现场，关闭相应阀门，泄漏点找到后，现场抢修人员用水对漏点进行喷淋控制。演练结束后，观摩人员进行了讨论；区质监局特种设备检验所工程师进行了专业性指导；区安全监管局结合《首批重点监管的危险化学品安全措施和事故应急处置原则》，对“氨”物质“特别警示、理化特性、危害信息、安全措施、应急处置原则”等五项信息进行了宣讲。（王晴）

安全生产执法监察

【春节前燃气执法检查】 1月16日至18日，怀柔区安全监管局、市政市容委、质监局、消防支队对燃气行业进行了联合检查。本次共检查生产经营单位9家，下发执法文书19份，其中责令限期整改指令书9份，发现生产安全事故隐患17项，分别对企业进行了限期整改，复查时企业均在规定时间内完成了隐患的整改，整改率100%。（王佳贺）

【重点节日期间执法检查】 在春节、“五一”、端午节、国庆等重点节日期间区安全监管局联合相关职能部门对辖区内工业企业、人员密集场所等进行了节日期间执法检查。检查生产经营单位30家，46次，下达执法文书60份，整改指令16份，发现隐患40项，整改40项。（张凤英）

【洗浴行业执法检查】 2月，怀柔区安全监管局联合相关职能部门对辖区洗浴场所进行执法检查，检查生产经营单位15家次，下达执法文书20份，整改指令10份，发现隐患40项，整改40份。（张凤英）

【特种作业人员专项执法检查】 2月16日至17日，怀柔区安全监管局、区经信委对北京国旺混凝土有限公司、北京奥博兴业彩钢钢构有限公司等5家建材行业特种作业人员进行专项执法检查。重点检查了对企业的特种作业管理档案、员工培训情况。下发《现场检查记录》、《责令限期整改指令书》、《整改情况复查意见书》各5份，排查安全生产隐患10余项，隐患整改率100%，出动执法人员30人次、10车次。（王佳贺）

【机动车维修行业执法检查】 3月，怀柔区安全监管局、交通局、消防支队联合开展汽车维修行业专项检查，共检查生产经营单位20家，40次，下达了整改指令书20份，查处事故隐患86起，整改86项，行政处罚2家，责令停产停业整顿2起。（张凤英）

【冬季供暖安全检查】 3月、11月，怀柔区安全监管局分别联合相关职能部门对供暖单位进行执法检查，共检查供暖单位15家，21次，下达执法文书28份，整改指令14份，发现隐患44项，整改44项。（张凤英）

【商品交易市场消防专项执法行动】 4月，怀柔区安全监管局联合工商分局、消防支队等职能部门对辖区内商品交易市场进行了联合检查。检查生产经营单位16家，28次，下达了整改指令书12份，查处事故隐患26起，整

改26项。（张凤英）

【再生资源专项执法检查】 5月至7月，怀柔区安全监管局配合区商务委等相关职能部门对全区再生资源点进行了全覆盖检查，共检查生产经营单位100家，消除各项事故隐患200项。

（张凤英）

【重点工程安全联合检查】 6月4日，怀柔区开展重点建筑工程安全生产联合大检查。重点对老旧小区综合改造试点工程、新贤街回迁安置房、雁栖湖生态发展示范区核心岛、福田重机庙城项目以及保障性住房等20项工程进行检查。检查内容主要包括安全生产责任制的建立与落实情况、特种作业人员持证上岗情况、危险性较大部分项目工程的安全生产、起重机械安全管理、“临边、洞口”的安全防护以及临时用电安全管理、防汛人员和物资储备等情况。共出动人员45人次，车辆12量次，检查在施工程6项，下发整改通知单21份，排查安全生产隐患54条次。（田保海）

【非法漂流联合整治】 6月12日，怀柔区安全监管局牵头召集区旅游委、工商分局、环保局、水务局、体育局、公安分局治安支队以及琉璃庙镇政府，就整治非法漂流有关事宜，进行了座谈沟通协调。各部门依据各自职责和法律法规，制定出有针对、可操作性的方案，对非法漂流进行安全整治；有关属地镇政府加强对整治行动的宣传力度，做好属地安全监管工作，确保安全。6月30日，区安全监管局联合区旅游委、交通局、工商分局、环保局、水务局、农业局、公安分局治安支队、交通支队等相关职能部门一行40余人，组成联合执法检查组，对琉璃庙、汤河口镇域内的漂流进行了现场联合执法检查。要求各景区在未取得任何手续前，绝对不能开展漂流经营活动，对于不听劝阻的漂流经营户，将依法没收漂流工具，对运用农机车辆载客将给予严肃查处。区交通局给漂流经营户下发了《规范水上漂流活动告知书》，对暂停漂流活动情况进行了必要说明和告知。7月19日上午，怀柔区安全监管局组织区交通局、城管大队、旅游委、工商分局、环保局、水务局、农业局，公安分局治安大队、交通支队，以及琉璃庙镇政府、汤河口镇政府等部门召开专题会议，简要通报了怀柔区非法漂流和前期打击活动情况，明确了各部门对于打击非法漂流的安全工作职责。考虑到旅游安全和山区旅游实际情况，区交通局与市交通局沟通，将水上漂流活动纳入水上交通安全管理范畴，经营户携带营业执照等相关手续到区交通局登记备案，符合条件的，市交通局将予以行政许可。（田保海）

【培训机构专项检查】 8月13日，怀柔区安全监管局对辖区内2家具有安全生产培训资质的培训机构开展了专项检查。检查依据《北京市安全生产培训管理办法》，从培训资质保持、办公场所、培训教室、实操场地、基本设备设施、教师人员配备、管理制度、工作规则等方面进行重点符合性审核。经检查，2家机构均符合有关规定要求。

（田保海）

【文化娱乐场所扫黄打非专项检查】 8月31日至11月底，怀柔区安全监管局每周抽出一组执法人员用一天时间在网吧、电子游戏厅、歌厅、电影院等娱乐场所开展“全覆盖、无缝隙”专项扫黄打非行动，排查隐患。共检查生产经营单位24家，30次，下达执法文书35份，整改指令10份，发现隐患30项，整改30项。（张凤英）

【建材行业安全生产检查】 9月3日至13日，怀柔区安全监管局与北房镇政府，对北房镇内建材行业企业开展安全生产执法检查。检查组重点从安全生产教育培训、安全生产检查、生产安全事故隐患排查治理和安全生产责任制等规章制度建立健全，安全操作规程规范执行以及应急通道畅通、安全警示标识齐全等方面进行了详细检查。此次共检查生产经营单位14家次，出动执法人员30余人次，执法车辆16台次，下发各类执法文书40余份，排查安全生产事故隐患20余项。（田保海）

【燃气工程道路施工专项检查】 9月至12月，怀柔区安全监管局检查了怀柔城区和开发区电力和燃气工程道路施工10个工地，检查生产经营单位10家，20次，下达执法文书20份，发现隐患30项，整改30项。（张凤英）

【市政管线燃气供电专项检查】 9月至11月，怀柔区安全监管局集中力量对怀柔城区和开发区电力和燃气工程道路施工10个工地进行了检查，发现40条事故隐患，下达《责令限期整改指令书》6份，整改40条事故隐患。

（张凤英）

【双节期间安全生产检查】 9月30日至10月7日，怀柔区安全监管局共组织8个检查组（每天1组）；由局领导带队，共出动执法人员34人次、车辆16台次，共检查生产经营单位23家，其中检查油库、加油站、烟花爆竹、工业气体、稀料厂等危险化学品经营企业16家，抽查商场、宾馆、餐饮、网吧等人员密集场所8家；共下达执法文书30份，查处隐患7项，确保了辖区节日期间的安全稳定。（田保海）

【老旧小区改造联合执法检查】 10月17日至22日，怀柔区安全监管局、区住建委对位于青春路的老旧小区改造工程开展了联合执法检查，检查从安全生产管理制度建立情况、安全生产教育培训考核情况、特种作业人员持证上岗以及施工现场安全管理情况等4个方面进行重点检查。共检查2家施工单位所属施工现场18处，发现各类安全生产隐患20项。10月29日，各项安全生产隐患已消除完毕。（王佳贺）

【液化气充装供应及运输安全联合检查】 11月14日，怀柔区安全监管局、市政市容委、质监局、工商分局、交通局、公安交通支队组成联合检查组，对辖区内瓶装液化石油气充装、供应及运输经营单位开展了安全生产专项执法检查。此次检查结合安全生产“护航”和“打非治违”专项行动，围绕气瓶、气质和气量符合国家和本市规定，与餐饮经营单位签订供用气合同，履行安全管理和服务责任，经营单位及其车辆、驾驶和押运人员具备相应资质和安全条件，安全培训等7个重点方面展开。共出动执法车辆3台，执法监察人员9人，检查重点液化气经营、运输企业2家。（王佳贺）

【人员密集场所、工业企业执法检查】 2012年，怀柔区安全监管局共检查人员密集场所、工业企业等行业生产经营单位607家，847次，下达执法文书1023份， 查出事故隐患1097项，整改1097项。立案24起，停产停业5起，现场处理措施决定2家。罚款14万元，接到并处理投诉举报12起。（张凤英）

【滑雪场专项检查】 12月11日，怀柔区安全监管局、体育局、公安分局、质监局、怀北镇政府等部门组织的联合执法检查组对北京怀北国际滑雪场有限公司安全生产工作进行检查。检查组主要针对特种作业人员持证上岗情况、安全生产各项制度建立情况、配电室和煤气房等重点部位进行安全检查，共发现事故隐患6项。（张凤英）

【年度执法检查情况】 2012年，怀柔区安全监管局共检查生产经营单位280家，下发检查记录280份，整改指令书140份，发现隐患381条，整改完成381条，处罚12起，共计罚款3.8万元。（于跃海）

职业安全健康

【职业危害专项执法检查】 2月7日至17日，怀柔区安全监管局开展职业危害专项安全执法检查工作。对北房镇域内涉及职业危害企业开展全覆盖安全检查。重点检查了企业职业卫生安全管理规章制度建立，职业危害申报管理，职业病危害因素检测，职业卫生教育培训，告知劳动者职业病危害事实，为接触职业危害因素劳动者提供个人防护用品，警示标识和中文警示说明设置等7个方面情况。共检查企业36家，发现隐患113条，下达整改指令书32份。（田保海）

【汽修和机械加工行业职业健康检查】 2月17日起，怀柔区安全监管局对辖区内以汽车维修和机械加工制造业为主的12家生产经营单位开展了职业卫生安全专项检查。执法人员从企业的职业病危害申报、职业卫生各项规章制度建立、职业卫生管理机构及职业卫生健康管理员设置情况、职业卫生教育培训、对劳动者职业危害告知、警示标识及中文警示说明设置、防护设备设施及个人使用职业病防护用品配备使用等几个重点方面进行了检查。共检查发现整改隐患51条，下达整改指令书10份。（田保海）

【“两会”前职业卫生安全检查】 2月17日至27日，怀柔区安全监管局开展了“两会”前职业卫生安全执法检查工作，对汽车维修、机械加工制造业为主的12家生产经营单位进行了检查，发现隐患51条，下发整改指令书10份。（于跃海）

【职业病防治工作】 2月，怀柔区安全监管局制订《北京市怀柔区关于开展职业病防治工作自查的工作方案》，召开了区卫生局、区人力社保局、区总工会主管领导及相关科室负责人参加的自查工作会。区安全监管局主要从企业建立健全职业病防治责任体系、规章制度、操作规程、职业健康管理机构及职业健康管理员、职业病危害因素申报、检测、警示告知、教育培训、防护设备设施及本区职业危害重点行业领域整治等方面，区卫生局从职业健康体检、职业病诊断与鉴定、职业病防治机构方面，区社保局从工伤保险缴纳方面，区总工会从职业病防治宣传教育方面开展自查。（于跃海）

【有限空间现场直击检查】 6月5日夜间，怀柔区安全监管局、区电视台开展了有限空间现场直击行动。检查组分别对城区主干道、杨宋镇、庙城镇、怀北镇、雁栖经济开发区等路段进行了检查，重点检查了有限空间作业单位一线作业班组设备设施配备情况、个人防护用品配备情况、警示标识设置情况、承发包管理情况及作业现场管理情况等。本次共出动检查人员6人，检查过程中，未发现有限空间违法违规行为。

（于跃海）

【印刷业职业病危害专项整治】 6月20日至7月20日，怀柔区安全监管局开展了以职业病危害因素种类较广、接触危害因素人员较多的印刷业专项检查工作，下达现场检查记录29份，整改指令书20份，当场处罚决定书17份，发现隐患44条，经复查隐患全部整改完毕。

（于跃海）

【有限空间安全检查】 7月15日，怀柔区安全监管局利用周日休息时间，对区城区主干道有限空间作业开展了安全检查。重点对有限空间作业现场安全管理、一线作业人员设备设施配备、个人防护用品配备、警示标识设置以及承发包管理等情况进行了检查。检查过程中，发现北京华讯数通网络科技有限公司存在有限空间作业违法行为，区安全监管局当场责令该单位停止违法作业，立即整改消除，并要求作业单位负责人在规定时间内到区安全监管局进行约谈。

（田保海）

【家具行业职业安全健康专项检查】 8月8日至24日，怀柔区安全监管局对辖区内家具制造行业企业开展了职业卫生安全专项执法检查。此次专项检查重点从用人单位各项职业卫生规章制度建立、职业病防护设备设施运转使用、劳动者个人使用的防护用品佩戴使用，以及安全教育培训、职业危害因素检测和职业危害告知等多方面情况进行检查。共检查家具制造企业6家，发现整改消除隐患14项，下达各类执法文书12份。（于跃海）

【液氨使用企业专项整治】 9月至10月，怀柔区安全监管局对辖区内液氨使用企业进行专项整治，下达现场检查记录17份，整改指令书10份，当场处罚决定书8份，发现隐患18条。

（于跃海）

【职业病危害项目申报信息补录工作】 自11月开始，怀柔区安全监管局开展职业危害项目申报，督促用人单位及时完成新申报系统的相关数据补录工作，并对属地及其辖区内存在职业病危害因素企业进行了6期职业危害项目申报培训，此项工作于翌年1月底完成。

（于跃海）

【有限空间安全监管工作会】 1月至12月，怀柔区安全监管局共组织召开了4次有限空间行业主管部门联席会议。会议及时通报了全市有限空间事故，分析了全区有限空间安全生产形势及存在问题，提高了行业主管部门及有限空间作业单位的管理意识，有效保持了全区有限空间安全生产良好态势。

（于跃海）

安全生产宣教培训

【特种作业考核】 2012年，怀柔区共完成特种作业考核10批共2145人，其中电工类取证407人；复审674人，焊工类取证400人；复审435人，内驾类取证229人。（孟爱英）

【高危行业人员考核】 2012年，怀柔区安全监管局完成高危行业考试5期共374人。其中，危险化学品经营单位主要负责人28人，安全管理人员235人；非煤矿山安全管理人员6人；燃气供应企业主要负责人11人，安全管理人员67人；矿泉水、地热、地勘等单位主要负责人1人，安全管理人员1人；烟花爆竹经营单位主要负责人25人。

（孟爱英）

【安全生产信息写作培训】 3月6日，怀柔区安委会办公室组织开展了安全生产信息写作培训。区安委会主要成员单位信息员以及各属地安全科信息员共计50余人参加培训。此次培训由怀柔区区委宣传部、《怀柔报》副主编刘立健讲授。刘立健结合自己多年来新闻写作的实践经验和体会，引用大量生动的文稿案例，以新闻撰写“写什么”和“怎么写”为切入点，从建立新闻写作的百宝箱、提升写作水平的三板斧和让稿件鲜活的10个方法，以及写作过程中的一些相关问题等3个大的主要方面进行了讲解。（田保海）

【有限空间安全知识培训】 3月，怀柔区安全监管局协助区商务委、区市政市容委、区水务局等有限空间行业主管部门以及怀柔联通分公司等有限空间作业单位分别开展了4期有限空间安全培训，共培训人数达400余人。

（于跃海）

【安全生产检查员换证培训】 5月，怀柔区安全监管局对14个镇乡、2个街道办事处、雁栖经济开发区、慕田峪长城旅游区办事处13名新任安全生产检查员进行培训考核，并对90名安全生产检查员进行了复审培训。其中新任安全生产检查员全部通过了市安全监管局组织的执法证取证考试，合格率100%。（孟爱英）

【企业主要负责人安全生产培训】 2012年，怀柔区安全监管局开展了21期“怀柔区生产经营单位主要负责人和安全生产管理人员安全培训班”。全区工业企业、商场超市、有限空间及职业健康等各类生产经营单位主要负责人和安全生产管理人员共计6500人参加培训，培训考核合格率为100%。

（孟爱英）

【《职业病防治法》宣贯】 5月，怀柔区安全监管局举办了“镇乡安全生产检查员培训班”对全区镇乡安全生产检查员做了新法解读的培训，并下发各种宣传材料1000余份。6月，依托“怀柔区安全生产主要负责人培训班”为企业安全生产主要负责人做了新法解读的培训，共12期6000人参加培训。

（于跃海）

【特种作业登记管理系统操作培训】 5月3日，怀柔区安全监管局组织开展了京外特种作业和特种作业违章行为登记管理系统操作培训班。会上，区安全监管局对京外特种作业和特种作业违章行为登记管理系统进行了讲解介绍，从注册登录、审核登记、公示公告等几方面流程予以了培训，并实际进行了网上登记操作演示。（田保海）

【部署安全生产月活动】 5月31日，怀柔区召开专题会议，部署2012年安全生产月活动有关工作。2012年怀柔区安全生产月期间，以“践行北京精神，弘扬安全文化，推进安全发展城市建设”为主题，开展宣传咨询日、安全生产大型公开课、安全巡回演讲、文艺基层巡演、企业负责人培训、知识竞赛、应急演练等一系列活动，宣传各类安全生产法律法规和知识，营造安全文化氛围。

（田保海）

【安全生产月宣传咨询日】 6月10日，怀柔区在庙城镇北京新源食品饮料有限公司厂区内举行“怀柔区2012年安全生产月宣传咨询日”活动，共计400余人参加此次活动。9点30分，宣传咨询日活动准时开始。区安全监管局通报了怀柔区2012年安全生产月活动在全区性、区域性和生产经营单位3个层面开展情况；庙城镇介绍了近年来该镇开展安全生产宣传教育工作情况。在活动现场，展出了生产安全、交通、消防、供电、卫生、燃气等与企业职工生产、生活密切相关的安全法律法规知识及常识展板近30块，向企业职工发放各类安全常识小折页、安全生产宣传画、安全法律法规单行本等各类宣传资料1万余份。活动现场还播放了安全歌曲。

（田保海）

【安全管理人员培训】 6月12日至14日，怀柔区安全监管局组织全区重点企业主要负责人和安全管理人员3000余人，分6期开展了安全生产知识培训。培训结束后，区安全监管局结合培训内容，进行了试卷笔试考核。（田保海）

【“安康杯”安全生产知识竞赛】 8月3日，怀柔区开展了“安康杯”安全生产知识竞赛决赛。琉璃庙镇、杨宋镇等9支代表队参加了决赛。决赛就安全生产法、北京市安全生产条例、职业病防治法、工会法以及国家、北京市等一系列安全生产文件等进行了竞答。最终琉璃庙镇代表队获得一等奖，同时评出二等奖3名，三等奖5名。（田保海）

【安全生产大型公开课】 8月9日，怀柔区安全监管局组织开展了“怀柔区2012年安全生产大型公开课”，全区部分重点企业主要负责人和安全生产管理人员近200人参加活动。

（田保海）

【《职业病防治法》知识竞赛】 8月底，怀柔区安全监管局向全区存在职业危害的423家企业，印制发放了《职业病防治法》知识竞赛试卷6000份，此次竞赛活动采取试卷参与方式，试题内容主要选自新修订的《职业病防治法》以及《工作场所职业卫生监督管理规定》、《职业病危害项目申报办法》、《职业健康监护监督管理办法》、《建设项目职业卫生“三同时”监督管理暂行办法》和《职业卫生技术服务机构监督管理暂行办法》等。（于跃海）

【职业健康管理员培训班】 9月12日，怀柔区安全监管局在社区教育中心举办“怀柔区职业健康管理员上岗资格及职业健康管理员继续教育培训班”，全区存在职业危害的428家企业的主要负责人及职业健康管理员，共计850余人参加了此次培训。培训结束后，分别对320名新职业健康管理员，142名老管理员进行了考核，462名新老管理员均顺利通过考核，考核平均分94分，合格率100%。（于跃海）

【强化特种作业安全管理】 9月28日，怀柔区安全监管局采取致信的方式，向全区生产经营单位编印发放了1.5万份《致全区生产经营单位关于特种作业安全管理的一封信》，强化特种作业安全管理。信中对特种作业的定义及符合申报特种作业人员的条件做了具体说明，要求符合规定的学员应到有资质的培训机构进行培训、考核，考核合格后经安全监管部门审核发证，取得资格证书后方可上岗作业。生产经营单位要做到，特种作业人员必须持证上岗，严禁无证上岗；加强对本单位特种作业人员的管理，建立健全特种作业人员培训、复审档案；任何单位和个人不得使用伪造、变造的特种作业操作证，否则将依法受到严重处罚。（孟爱英）

【烟花爆竹安全资格考试】 12月1日，怀柔区安全监管局组织辖区内新报考烟花爆竹经营单位主要负责人，在区内社区教育中心参加了北京市安全监管局的统考工作。25名人员参加了考试，22人通过并取得《烟花爆竹经营单位主要负责人安全资格证书》。（王晴）

【安全知识进企业】 3月28日，怀柔区安全监管局深入到北京兴发水泥有限公司，为企业送去了新修订的《北京市安全生产条例》、《中华人民共和国职业病防治法》以及《生产安全事故案例汇编》、《企业安全生产标准化创建工作指南》等有关安全生产方面的法律法规知识书籍。活动中，怀柔区安全监管局与兴发水泥公司进行了座谈交流。（田保海）

安全生产科技

【高科技确保烟花爆竹销售安全】 2012年春节期间，按照全市总体工作部署，怀柔区投资27万元，建设完成了烟花爆竹销售安全视频监控系统。城区内15个烟花爆竹零售网点全部安装了视频监控系统。每个网点安装6台红外广角摄像机，通过3G无线网络技术将销售区，存储区以及销售大棚周边实时图像上传到怀柔区安全监管局视频监控终端，监控图像可全时段保存，由专人进行监控，发现异常情况，及时通知执法人员到现场进行处置，执法人员亦可通过无线上网本随时随地调取各销售网点实时图像。烟花爆竹销售期间，通过视频监控系统发现并纠正违法行为和隐患 30 余次（条），确保了销售安全，实现了零售网点全部销售正规产品，未发生安全事故。本区被市政府烟花办评为“2012 年度烟花爆竹安全管理工作先进集体”。（王晴）

【隐患自查自报工作】 2012 年，怀柔区安全监管局组织全区生产经营单位利用隐患自查自报系统，进行安全生产事故隐患自查自报工作。8 月 15 日，召开隐患自查自报系统调整会，对纳入自查自报系统企业进行调整。2012 年底，各属地完成部分调整工作，纳入自查自报系统各类企业 3000 余家。

（田保海）

【增加科技执法设备设施投入】 2012 年，怀柔区安全监管局在原有基础上再投入 10 余万元新购 3 台检测仪器及部分个人防护用品（防毒口罩、防尘口罩、防噪声耳塞、防护服、防护眼镜等），怀柔区安全监管局共有数字粉尘仪、便携式CO分析仪、一氧化碳报警仪、便携式 H_2S 检测报警仪、氧气报警仪、光离子化有机化合物蒸汽检测仪、声级计、温湿度计、辐射热计及四合一气体检测仪等仪器设备 17 台，总计金额 30 余万元。（于跃海）

安全生产标准化

【市局检查花炮公司标准化工作】 6 月 21 日，市安全监管局会同兵器工业部第五研究院，对北京怀欣合花炮有限公司的安全生产标准化达标工作现场督导。怀柔区安全监管局陪同标准化达标指导。检查组依据《烟花爆竹经营企业安全生产标准化》指导手册相关标准，逐项审核了怀欣合花炮有限公司标准化工作开展情况，从围墙高度、监控系统、避雷设施、堆码垛分区以及线路敷设、道路硬化等硬件设施标准符合情况进行了逐项论证；对应急预案、安全生产管理制度、培训计划制订和落实等软件管理方面情况进行了系统核查。针对检查组论证核查出的火灾自动报警系统、分区储存情况等问题，怀欣合公司按照有关规范要求进行了整改。（田保海）

【评审花炮公司达标情况】 9 月 27 日，由市安全监管局和有关专家组成的标准化评审组，对北京怀欣合花炮有限公司进行评审。自 2011 年初组织开展了烟花爆竹安全生产标准化达标工作，经过对标诊断、提出问题、编制诊断报告、隐患进行整改、标准化体系运行、企业自评、形成自评报告等各阶段性工作，向市安全监管局提出了安全标准化申请。依据该单位申请，评审组对该单位烟花爆竹仓库现场、文件资料等进行了认真细致的审核。察看了围墙高度、监控系统、温控设施、堆码垛分区情况及消防水泵、道路硬化等硬件设施；查阅了各项规章制度、培训记录、商品流向登记、应急预案、安全生产管理制度、培训计划等软件管理资料。评审单位通过现场评审检查和抽查，对北京怀欣合花炮有限公司三级标准化工作开展情况给予了肯定。

（王晴）

【部署标准化达标评审工作】 10月22日，怀柔区安全监管局组织辖区35家危险化学品（含储存）经营单位，召开全区危险化学品安全生产标准化达标评审工作动员部署会。会议对怀柔区危险化学品行业安全生产标准化评审工作进行了动员部署，就如何网上提交申报操作流程以及注意事项进行了讲解答疑。针对安全生产标准化评审，区安全监管局提出“三防”、“六注重”的工作要求，一是要防止标准化评审工作运动化。要持之以恒，重在实践，贯穿企业安全管理始终。二是要防止标准化与企业安全管理脱节，避免标准化达标创建工作虎头蛇尾。三是防止“重达标、轻提升”现象，切实做到“六个注重”，即：注重完善并落实安全生产规章制度和安全生产责任制；注重安全生产条件的不断改善；注重从业人员在安全意识、遵章守纪意识的强化和操作技能提高；注重隐患排查、特种作业、重大危险源等关键环节落实的工作质量；注重建立安全生产长效机制；注重企业安全文化的建设。（田保海）

【推进三级安全标准化达标】 12月，怀柔区安全监管局开展辖区内危险化学品、烟花爆竹经营单位三级标准化达标工作。督促企业对前期评审过程中提出的问题进行整改，协调评审单位为整改合格单位出具评审报告。怀柔区烟花爆竹批发单位储存仓库达到了安全生产标准化三级企业标准，率先取得了三级《安全生产标准化证书》。12月底，本区35家危险化学品经营（带储存）单位全部完成三级标准化达标工作。

（王晴）

平谷区

概 述

2012年，平谷区安全生产工作牢固树立科学发展观和“安全发展”的理念，贯彻“安全第一、预防为主、综合治理”的方针，以“一区三化五谷”建设安全保障工作为中心，强化了安全生产执法检查、隐患排查治理和宣传教育工作力度，确保了全区生产安全形势平稳有序，为平谷区经济又好又快发展奠定了坚实的基础。

2012年，市安委会下达给平谷区的生产安全控制指标为2人。平谷区发生生产安全事故1起，死亡1人，占全年控制指标的50%。全年，共排查各类生产经营单位2068家，发现各类事故隐患3722项，已整改3647项，整改率为98%；下达执法文书1536份；行政罚款57.3万元；全年共受理投诉举报案件15件，已办结15件，办结率100%。

全面落实安全生产责任。2012年，区安全监管局先后4次组织召开全区安全生产形势分析会议，总结分析前一阶段安全生产形势，部署下一步重点工作。

明确2012年安全生产工作的总体思路，规定各单位在安全生产执法检查、隐患治理、宣传教育、监督检查、事故处理等方面的责任。由于工作需要和人员变动，经请示区政府同意，区安委会办公室对全区安委会成员单位进行了调整。区长张吉福担任区安委会主任，副区长刘晓光担任常务副主任，并首次将各乡镇、街道、管委会行政“一把手”调整为安委会成员，进一步完善了安委会结构，推进了平谷区安全生产“一岗双责”和“网络化”管理体系建设。

全面落实安全监管职责。2012年以来，区安全监管局以重要时期和重大活动安全保障工作为重点，全面加强对烟花爆竹、危险化学品、人员密集场所、道路交通、建筑施工、有限空间、“城市生命线”等高危行业领域和国际桃花音乐节、“两节”、“两会”和“十八大”等一系列重大活动的安全检查。

消除隐患形成常态化管理机制。以安全生产“网络化”管理体系为依托，建成区内800家重点企业事故隐患自查自报体系五级安全监管体系。企业隐患自查自报系统。功能包括：系统通知、企业基本信息、隐患自查自报、特种设备信息维护、属地或行业监管部门核实企业自查自报情况，并对排查上报的事故隐患进行汇总分析等功能，形成企业隐患档案，实现发现隐患和消除隐患的动态管理。推行安全生产分类分级管理，将全区生产经营单位分为工业生产、人员密集、危险化学品、工程建设、道路交通、其他等6类，依据行业安全质量标准化体系评定标准，对生产经营单位的安全生产基础管理、现场管理、职业健康管理和事故应急管理4项指标进行评定，分为A、B、C、D 4级。根据级别，确定监管频次，实行分类分级监管，增强安全生产工作的针对性，为安全生产的有效监管提供科学、准确的依据。建立安全生产专家教育资源共享平台和科普资源共享示范平台。实施“人才强安”战略，组建安全生产专家库，发挥专家对安全生产工作的技术支撑作用；建立区安全生产科普资源共享示范平台，充分利用媒体，科普橱窗、安全生产大讲堂、事故现场分析会、安全文化知识竞赛等形式，增强安全操作技能，强化安全意识，从而保护自己和他人的安全与健康。是年，市安全监管局安全隐患治理工作以治理大隐患，防止大事故为指导思想，筹措资金，对全区3座废弃采石场安全隐患进行了治理。截至12月，工程已全部竣工。该治理工程的实施，为废弃采石场安全度汛和附近居民生命财产安全奠定了坚实的基础。

加大宣传力度，营造良好的安全氛围。全国第11个安全生产月，区安全监管局联合区委宣传部等10个单位以“践行北京精神，弘扬安全文化，推进安全发展城市建设”为主题，制定了《平谷区2012年安全生产月活动方案》。安全生产月期间，采取“送教下乡、服务上门”的形式，把安全生产法律法规和技术指导送到企业，帮助企业解决在项目建设和生产过程中遇到的困难和问题。6月10日，副区长刘晓光及区安监、消防等15个部门的领导和全区重点企业负责人在兴谷街道开展了安全生产月宣传咨询日活动。咨询日当天，全区共设立安全宣传咨询站38个，出动宣传人员560人，悬挂横幅960余条，发放宣传材料10万余份，受教育人数达10万人次。9月12日，“2012年北京市安全文艺基层巡演活动走进平谷”在桃花大舞台举办，社区群众、企业职工共计600余人观看了演出。此次巡演活动以践行北京精神，弘扬安全文化为主题，利用歌曲、快板、小品、相声、朗诵等文艺形式，将安全文化送到社区、送进企业。

整合优势资源，强化安全生产培训工作。平谷区安全生产培训工作被列为《2012年区政府折子工程》。为将折子工程落到实处，区安全监管局制定了《2012年度安全生产培训计划》，委托专业培训公司，对全区处级干部、安全管理人员和特种作业人员进行培训。同时制定了《2012年一千家企业安全生产培训课程表》，分级分类组织开展危险化学品、人员密集场所、职业病危害、纺织、机械加工、食品加工、建材生产、制造业加工、建筑施工等9个行业安全生产培训工作，采取讲解、指导、测试等多种培训形式，将安全管理知识和实际操作有机结合，从而达到理论联系实际的效果。全年，共举办区级安全生产培训班16期，1200余人参加。累计举办重点行业领域、重点企业培训班63班次，培训人数4380人次。定期开展特种作业培训考核，共考核电工、焊工、叉车工、架子工等特种作业人员2786人，其中取证1156人、复审1630人。

加强应急演练，提升应对突发事件的处置能力。从全国选聘10名在化工、建筑、消防、机电、法律等方面实践经验丰富并在本专业内具有较深造诣和权威性的专业人员组建了平谷区安全生产应急专家队伍，为全区安全生产应急事故的科学决策和指挥提供信息判断与研究、决策咨询和专业救援。全年共组织开展了危险化学品泄漏、人员密集场所救援、疏散等专项应急演练26次。

安全生产综合监管

【安全生产控制考核指标落实情况】 2012年，市安委会下达给平谷区的安全生产控制指标为28人（其中：道路交通25人，生产安全2人，火灾1人）。2012年，全区共发生各类安全生产事故169起，其中，一般事故145起，死亡事故24起，死亡25人，死亡人数同比增加1人，占全年死亡控制指标的89%。发生交通事故21起，死亡22人，同比增加2人，占全年死亡控制指标的88%；发生火灾事故146起，死亡1人，同比减少2人，占全年死亡控制指标的100%；发生生产安全死亡事故2起，死亡2人，同比增加1人，占全年死亡控制指标的100%。（郭俊）

【安全生产第一次联席会】 平谷区安委会办公室组织全区20个乡镇安全管理人员召开安全生产第一次联席会。会议听取了各乡镇“两节”、“两会”期间安全生产“护航”联合行动工作进展情况。各乡镇均制定了本辖区“护航”方案，明确了“护航”工作目标、组织机构、实施步骤等，并逐级动员部署安全生产事故隐患排查整治工作。全区共检查燃气使用生产经营单位11家次；检查危险化学品和烟花爆竹106家次，下达执法文书36份，发现隐患数量111

个；检查地下空间6家次，下达执法文书2份，发现隐患数量2个；检查商场超市8家次，下达执法文书8份，发现隐患数量11个。区安委会办公室通报了2011年度对全区各乡镇安全生产综合考核情况，并表彰了先进乡镇安全属地管理典型。其中，滨河街道还将联席会资料统一归档，建立了完整的会议资料档案；大华山镇采取隐患整改现场照片对比的形式，明晰地显示隐患整改情况；大兴镇及时汇总隐患排查情况，并以“函”的形式向有关主管部门反映本辖区企业安全生产隐患情况。区安全监管局副局长赵承河在联席会发言提出：各乡镇一定要严格按照市委、市政府关于2012年“两节”、“两会”期间安全生产“护航”联合行动的要求，依据安全生产法律法规，依法严惩非法违法行为，通过细致检查，严格执法，加强信息报送，有效防范和坚决遏制安全生产事故发生。（王艳娇）

【防止职工煤气中毒事故】 2012年，根据市安委会办公室通报两起一氧化碳中毒死亡事故，平谷区安委会办公室强化生产经营单位预防一氧化碳中毒工作。要求各乡镇、街道、管委会和各生产经营单位落实属地管理责任和企业主体责任，将职工宿舍炉具取暖和私自用电情况作为安全生产监管重点，加强日常检查，建立奖惩制度，发现一例罚没一例。突出重点，强化监督检查。对生产经营单位取暖炉具使用情况的安全检查，纳入安全生产“护航”行动中，加大安全检查和集中督察力度，严肃处理违规单位。安全监管部门重点检查对象为危险化学品、工业制造等行业的职工集体宿舍、值班室等；各相关部门重点检查建设施工工地、商场超市、餐馆、体育健身、文化娱乐等员工宿舍，在“护航”行动中加大对企业安全使用取暖炉具的宣传力度，各部门在检查过程中要充分告知企业自觉加强取暖炉具使用的安全管理，加强员工的安全教育，提高员工的安全防范素质和能力。（杜春光）

【“幸福平谷”安全生产工作】 2012年，平谷区安全监管局明确“幸福平谷”安全生产工作目标：一是工矿商贸就业人员10万人生产安全事故死亡率控制在2.9以下，每年重伤人数控制在5人以下；生产安全事故死亡率下降26%以上。二是亿元国内生产总值生产安全事故死亡率下降36%以上，控制在0.04。三是生产性企业职业病危害控制情况明显好转，其中包括职工职业安全体检、职业病危害因素告知、职业病危害因素检测、工人有效的职业防护。职业危害申报率80%以上。四是每年用于宣传、培训和执法检查的安全生产投入，按常住人口计算，人均不低于2元。五是特种设备万台死亡率下降35%以上。

（杜春光）

【“两会”安全生产保障】 2月27日，平谷区召开2012年全国“两会”期间维稳安保工作部署会，对“两会”期间安全生产工作进行了再动员、再部署。区委副书记、区委政法委书记闫维洪，区委常委、副区长屈志奇，区安全监管局、区公安分局等部门主要领导和各乡镇主管领导参加了会议。会议通报了平谷区安全生产形势，要求各单位：要对“两会”期间安全生产工作进行专题研究；要深入扎实开展隐患排查治理工作；要进一步完善应急预案，并组织开展演练活动；要组织培训工作，坚决落实先培训，后上岗和进行岗位安全提示制度；要开展“打非治违”行动，有效遏制事故发生，为“两会”召开营造安全的氛围。（王振新）

【第二季度安全生产形势分析会】 4月9日，副区长刘晓光组织召开平谷区第二季度安全生产形势分析会议。会议通报了第一季度安全生产工作情况，并对下阶段工作进行部署。刘晓光对下阶段安全生产工作提出，要不断提高认识，切实增强做好安全生产工作的责任感；要强化工作措施，认真做好“两会”和重大节日的安全保障工作；要继续开展安全生产宣传教育工作；开展安全生产培训工作；加强值守应急，有效应对各类突发事件。（王建雄）

【“护航”行动第二战役】 5月，平谷区安委会办公室部署“护航”行动第二战役，全力消除安全隐患，为全区安全稳定保驾护航。坚持“属地负责、部门联动、联合执法、综合治理”和“行业抓重点领域、地区抓薄弱环节”的工作原则，重点开展7项专项检查：一是开展建筑施工工地专项检查。对全区各类在建施工工程，市政道路及配套管线工程、市政燃气热力工程、电力设施建设工程、水利建设工程、园林绿化工程和老旧小区改造工程等进行严格监管，严防事故发生。二是开展道路交通运营单位专项检查。重点针对车辆、设备设施、司机安全驾驶情况进行检查。三是开展餐饮等燃气公服用户专项检查。重点检查依法依规安全使用液化石油气和天然气情况。四是开展危险化学品生产经营单位专项检查。严查危险化学品企业“跑、冒、滴、漏”现象和备案、登记情况。五是开展再生资源回收单位专项检查。六是开展商（市）场、农村集贸市场等消防安全专项检查。严防人员密集场所发生火灾、挤踏等事故，造成恶劣影响。七是开展电梯安全专项检查。力争通过严格执法，曝光一批、处罚一批、停业一批、关闭取缔一批违法违规生产经营单位，依法严惩非法违法行为，有效防范和坚决遏制安全生产事故发生，为“十八大”召开创造良好的安全生产环境。（杜春光）

【部署汛期安全生产工作】 5月29日，平谷区安委会办公室对汛期安全生产工作进行了部署：一是要以危险化学品、烟花爆竹经营、道路交通、铁路、建筑、电力、水利、尾矿库等行业领域为重点，制定有针对性的措施，确保安全度汛；二是要加强应急演练，强化汛情预警和应急救援工作；三是要切实加强应急职守，落实汛期应急职守制度，坚持24小时值班和领导干部带班的制度；四是要求生产经营单位认真落实企业主体责任，以防汛工作为重点，切实开展隐患排查治理活动。（王振新）

【部署第三季度安全生产工作】 6

月28日，平谷区召开2012年上半年安全生产工作总结暨第三季度安全生产工作部署会。副区长刘晓光、区安委会成员单位和各乡镇主管领导参加了会议。会议总结了上半年生产安全、交通、消防和“打非治违”工作，分析了安全生产形势，部署了第三季度重点工作和安全保障工作任务。会议要求各单位，要认清形势，切实做好“十八大”安全生产保障工作；要突出重点，针对夏季和汛期安全生产工作特点，开展安全生产执法检查、隐患排查治理和宣传培训工作；要夯实基础，继续深化“打非治违”专项行动，加大工作力度，力求工作实效；要强化协调，健全安全生产联合检查机制，形成齐抓共管的良好局面；要加强应急职守，严格落实领导带班值班制度和各项应急措施，一旦发生事故，要及时上报，并迅速启动应急预案，有效处置各类突发事件。（王振新）

【火灾防控动员部署会】 7月6日，平谷区召开人员密集场所“十八大”社会面火灾防控动员部署会。会议要求全区人员密集场所：一是要深刻认识当前火灾形势的严峻性和紧迫感，吸取天津市蓟县6月30日莱德商厦火灾事故教训，落实消防安全责任；二是要全力以赴确保“十八大”消防安全，建立健全消防安全责任体系，落实消防安全制度；三是要全面开展消防安全排查整治工作，立即在企业内部开展一次自查自纠，及时整改火灾隐患；四是要加强消防安全“四个能力”建设，全力构建火灾防控体系；五是广泛开展消防安全宣传，增强员工的消防安全意识和防范能力，确保公共聚集场所的消防安全。（王振新）

【市安委会在平谷召开总结工作会】 7月13日，市安委会在平谷区召开工作会议，通报全市安全生产工作，部署“打非治违”、重大活动安全保障等安全生产工作。市安委会副主任、安全监管局局长张家明，平谷区区长张吉福出席会议并讲话。会议传达了国务院安委会办公室“打非治违”专项行动会议精神，市安全监管局、各区县安全监管局分别通报了上半年工作，分析了安全生产形势，提出了下一步工作措施。平谷区区长张吉福就迎接“十八大”百日专项行动进行部署。（王建雄）

【部署强降雨天气安全生产工作】 7月，为做好安全生产领域应对强降雨天气的相关工作，平谷区安委会办公室部署：一是要求企业要立即启动防范暴雨等自然灾害引发生产安全事故的应急预案，并开展隐患自查，逐一落实各项应对措施。二是各单位要立即对本辖区、本行业企业、重点部位开展隐患排查治理工作，对存在问题的，要采取有效防范措施，对不能保证安全度汛的，要立即停产停业。三是要求各单位要严格落实24小时值班制度，领导必须在岗在位，靠前指挥。一旦发生事故要立即上报，并采取科学手段开展自救、互救，切实保障人民群众生命财产安全。

（王建雄）

【汛期安全生产检查再部署】 为贯彻落实区委、区政府关于做好防汛抗灾的指示要求，防止因暴雨灾害引发次生安全事故，区安委会对汛期安全生产大检查工作进行再部署：一是加强领导，周密部署。明确了各有关单位主要领导是汛期安全生产工作的第一责任人，要健全机构，制订检查方案，认真做好灾后恢复和隐患排查整改工作。二是深入检查，及时整改。坚持边检查边整改、以检查促整改的原则，对检查中发现的隐患和问题，能整改的要立即整改；暂时不能立即整改的，制定并落实防范措施；对隐患严重不能保证安全的，责令停产停业整改。三是严格把关，强化验收。加强对停产半停产企业复产复工的检查，对灾后复工复产企业安全生产工作进行再检查。严格标准、严格验收程序，凡是隐患未彻底消除、达不到安全条件的坚决不能复产、复工。四是加强值守，有效防范。严格执行专人值班制度、领导带班制度，随时掌握安全生产动态，保持信息畅通。一旦发生事故，要及时、如实向上报，并迅速启动应急救援预案，把事故损失控制在最低程度。 （王建雄）

【细化“十八大”安全保障工作】
平谷区为将“十八大”安全保障工作落到实处，区安办进行了再部署：一是要针对重点行业领域加强联合执法，严厉打击非法违法生产经营建设行为。对在会议召开期间仍然存在隐患，无法保证安全的，依法采取强制措施。二是要充分发挥“12350”投诉举报电话的作用，鼓励广大群众监督举报。凡是在会议期间接到投诉举报的，一经查实，从重从快高限处罚，绝不手软。三是要严格落实专人值班、领导带班和安全生产事故上报制度，一旦发生事故，要及时、如实向区政府、应急办和有关职能部门报告，并迅速启动应急救援预案，第一时间到现场进行妥善处置，把事故损失及影响控制在最低程度。四是要继续组织形式多样、内容丰富多彩的宣传教育活动，进一步做好企业负责人、安全管理人员和一线职工的安全教育和培训工作，坚决落实先培训后上岗和岗位安全操作制度，切实提高其责任意识和安全技能。 （王振新）

【“十八大”安保专项行动部署会】
8月15日，平谷区召开“十八大”安保专项行动动员部署会，会议由区委常委、副区长屈志奇主持。会议传达了市“十八大”安保工作会议精神，并对全区安保工作进行动员部署，区公安分局、区安全监管局和南独乐河镇作了发言。区委副书记、区委政法委书记闫维洪参加会议并讲话。 （王建雄）

【第四季度安全生产形势分析会】
9月26日，平谷区召开第四季度安全生产形势分析暨下一步工作部署会。会议总结了全区前一阶段生产安全、交通安全和消防安全工作，并对第四季度安全生产工作，特别是“中秋”、“国庆”和“十八大”期间安全生产保障工作进行了再部署。会议要求各单位：一是要提高认识，切实增强做好安全生产工作的紧迫感和使命感，努力做到三个确保（即确保不突破全年安全生产死亡控制指标，确保不发生较大以上安全生产事故，确保全区安全生产形势持续稳定）。二是要把握现状，审视不足，进一步抓紧抓细抓实安全生产工作，有效促进安全生产工作的整体推进。三是要强化措施，认真做好“十八大”和节日期间安全生产大检查工作，做到不留盲点，不留死角，严防事故的发生。四是要加强应急值守，加强信息报送，及时应对和处置突发事件，切实做到反应灵敏、响应快速、组织得力、施救有效。

（王建雄）

【安全生产工作总结表彰大会】 12月27日，平谷区召开2012年安全生产工作总结表彰大会。区委副书记、区长张吉福，区安委会各成员单位行政正职，各乡镇、街道、管委会行政正职、主管领导和安全员参加了会议。会议由副区长刘晓光主持。会议总结了2012年安全生产工作，对先进单位、先进企业和先进个人进行了表彰，签订了2013年安全生产工作责任书，并对2013年元旦、春节和全年工作进行了部署。张吉福肯定了2012年安全生产工作取得的成绩，并对2013年工作提出以下要求：一是强化服务意识，切实加强对元旦、春节期间安全生产工作的管理，确保全区群众度过一个安全、祥和的“两节”；二是夯实基础，制定完善安全生产工作标准，切实提高安全生产工作管理水平；三是强化责任意识，认真落实好安全生产综合监管、行业监管和属地管理责任，督促企业落实好主体责任，确保平谷区安全生产形势持续稳定；四是强化应急职守，严格执行安全生产领导带班值班和生产安全事故报告制度，确保及时有效处置突发事件。（王振新）

危险化学品安全监管

【“春风送暖”执法检查、培训行动】 2月20日开始，平谷区安全监管局对辖区内的加油站、液化气站开展为期1个月的“春风送暖”安全生产执法检查、培训行动，主要是通过检查帮助企业查找问题，通过培训帮助企业负责人提高安全生产意识、帮助企业员工提高安全生产素质。（郭向东）

【“两会”期间危险化学品安全监管】 2012年“两会”期间，平谷区安全监管局多措并举，确保安全生产形势稳定向好。一是及时组织各加油站及油库企业负责人召开专题会议，对“两会”期间应急值守、日常检查及反恐防控工作进行部署，确保主体责任落实；二是采取专项检查与联合检查、全面排查与重点抽查相结合的方式对区内重大危险源及重点涉危单位开展安全检查，确保事故隐患得到及时有效整改；三是区安全监管局将适时联合相关部门组织开展危险化学品事故应急救援演练，完善应急响应、现场处置等机制建设，确保应急救援和处置能力得到有效提高。全局共检查生产经营单位78家次，出动执法检查人员168人次，查处事故隐患128项。（郭俊）

【危险化学品企业设备处置安全管理】 2012年，为规范危险化学品企业装置设施拆除过程中的安全管理，预防和减少生产安全事故，平谷区安全监管局多措并举，确保危险化学品设备设施处置安全。一是制发《危险化学品装置设施处置安全规范》，对处置流程和方法进行规程化设定；二是对施工企业资质和施工人员持证上岗情况进行严格审核，严厉打击非法违规承揽工程的行为；三是督促企业加强对设备设施拆除和处置过程中的安全管理，严格按照动火、高处、吊装、有限空间等作业的安全操作规程进行施工；四是严格实施备案制度，要求各危险化学品企业在组织施工前将设备设施拆除处置方案及安全防控措施等相关材料及时报送区安监、环保、公安等部门进行备案。（郭俊）

【重大危险源安全管理】 2012年，平谷区安全监管局四举措推进重大危险源安全管理：一是摸清底数，稳步建立重大危险源辨识、登记建档、评估、申报、备案工作体系和重大危险源数据库，确定全区重大危险源3处，均已开始进行评估。二是稳步推进备案管理工作，按照市安全监管局统一部署，稳步推进重大危险源备案管理工作。三是强化监督检查，加大对3处重大危险源的监督检查力度，每月开展一次重大危险源安全检查，及时排除安全隐患，对检查中发现的违法违规行为，依法予以严肃处理。四是加强应急管理。进一步修订和完善重大危险源应急处置预案，并加强对企业重大危险源应急预案、现场处置方案、“一对一”预案编制和演练情况的检查，做到应急预案齐备有效，应急响应快速及时。五是强化应急演练。督促各重大危险源单位定期开展安全生产应急演练，提升员工应急响应速度，有效降低事故发生造成的损失。（杜春光）

【危险化学品从业单位执法检查】 4月25日至5月中旬，平谷区安监、环保、质监、工商、气象、市政、交通及消防等部门联合对所有危险化学品从业单位进行执法检查。检查主要内容包括：安全生产规章制度是否健全、从业人员安全培训是否到位、运输车辆是否符合要求、消防及防雷设施是否齐全、特种作业人员是否持证上岗等。通过检查，进一步掌握危险化学品经营使用单位的安全生产现状，同时，消除一批事故隐患、打击一批非法违法生产经营行为、整治一批隐患严重的企业。（郭俊）

【检查龙禹油库安全生产】 5月11日，市安全监管局会同安科院专家一行，到平谷区龙禹油库进行安全生产检查。察看了消防泵房、卸油泵房、液位中控室、油罐区、发货场等重点部位，同时对隐患排查治理情况、应急预案的制定及演练等情况进行了抽查。检查组对油库的安全生产状况及安全设备设施的设置和运行情况给予了肯定，特别指出油库现有的高低液位报警联动装置更是走在本行业的前列。（郭俊）

【危险化学品燃爆事故防控】 为进一步吸取通州5月8日危险化学品爆燃事故教训，平谷区安全监管局四举措强化危险化学品企业安全监管。一是提升责任意识。下发《关于通州“5·8”危险化学品爆燃事故情况的通报》，要求各危险化学品企业负责人提升责任意识，总结经验教训，进行一次专项培训、开展一次隐患排查，深刻查找本企业存在的共性问题。二是深入开展“打非治违”。严格按照全市《严厉打击非法违法生产经营建设行为专项行动实施方案》的统一部署，杜绝无证生产、经营或超许可范围的危险化学品生产经营活动，一经发现，严厉查处。三是促进关口前置。严格落实危险化学品行政许可相关要求，对危险化学品企业新建、改建、扩建生产、储存装置和设施的，必须经过建设项目安全许可方可投入生产或使用。四是突出季节性管理。全面落实夏季安全生产工作，重点排查防震、防雷、防汛、防高温等方面防护措施的落实情况，开展有针对性的应急演练，加强应急值守，严防危险化学品泄漏、火灾、爆炸等事故的发生。（杜春光）

【液氨使用单位安全专项整治】 6月7日，平谷区安全监管局在全区开展液氨使用单位安全专项整治。整治重点是防雷防静电措施、液氨灌区是否安装可燃气体报警仪并定期检测、是否使用防爆电器、是否有强制通风设施、值班室是否有专人24小时值守、是否定期对设备运行情况进行检查、是否建立完善应急预案等。全区有千喜鹤食品有限公司、华润雪花啤酒厂、宴旺达冷冻食品有限公司等5家液氨使用单位，已检查的3家企业存在各类安全隐患和问题17项，已责令并落实责任、资金、时限和预案“五到位”，逾期未改的将一律责令停业整顿，停业整顿仍不合格或未通过市安全监管局验收的坚决予以取缔。经复查上述问题已基本得到解决。

（杜春光）

【非药品类易制毒化学品隐患排查】 8月20日至9月10日，平谷区安全监管局在全区开展非药品类易制毒经营单位专项隐患排查工作，查企业内部制度规范情况；查企业仓储制度落实情况；查企业出入库管理制度落实情况；查购销管理及相关凭证存档情况；查往来企业资质信息是否齐全；查企业购进、销售、库存及销售流向情况；查流向信息网上如实记录情况。检查的3家企业都能够按照国家的法律法规合法经营，未发现醋酸酐、邻氯苯基环戊酮生产经营和超行政许可范围经营现象。区安全监管局同时要求各经营单位严禁在“十八大”期间向私人销售非药品类易制毒化学品，对销售的其他危险化学品也要查验购买人身份证明并留存复印件，同时建立商品流向台账，为责任倒查奠定基础。（郭向东）

【安全评价和培训机构专项治理】 2012年，平谷区安全监管局对危险化学品企业安全评价检测检验机构和特种作业专业培训教育机构进行专项治理，对发现的违法违规行为给予严厉打击，对不具备资质的单位将严格取消其在平谷区的准入资格。重点整治伪造、转让、租借资质证书或超出许可范围的违规问题，开展安全评价不到现场、出具虚假或严重失实报告的违法违规问题，专业人员配备和专业能力达不到规定要求，技术装备不能满足专业技术服务需要等问题。平谷区危险化学品企业和重大危险源单位都经过安全评价，全面开展安全生产标准化三级评审，各评价公司均具备相关资质，两家特种作业专业培训机构也具备相关资质，设备设施齐全。（杜春光）

烟花爆竹安全监管

【烟花爆竹安全责任落实到人】 2012年，平谷区安全监管局五举措强化烟花爆竹销售和燃放安全监管。一是明确职责，重心下移。与申请烟花爆竹销售网点的负责人逐一签订了安全管理责任书和安全保障承诺书，明确两个主体责任，将安全管理工作重心下移。二是视频监控，科技兴安。烟花爆竹销售期间，各销售单位全部安装视频监控设备并进行卫星定位，确保对销售动态实时监督。三是家书暖心，全民动员。对全区中小学生发放《致中小学生及家长的一封信》，告知烟花爆竹购买、燃放等注意事项，提醒广大市民加强对青少年购买和燃放烟花爆竹的监督。四是巡回检查，联动监管。建立了烟花爆竹销售巡回检查机制，区安全监管局在销售期间对各销售单位进行不定时检查，确保销售活动合法合规，并联合消防、工商等部门严厉打击非法行为。五是派驻监督，责任到人。建立了派驻督导员机制，对各销售单位实行分片包干监管，将监管责任落实到人。（杜春光）

【烟花爆竹销售点确定】 1月13日，经平谷区安全监管局、工商分局、消防支队等部门联合审核，最终确定全区2012年春节期间烟花爆竹销售网点15家，其中烟花爆竹批发公司销售网点1家，长期销售网点3家，临时零售网点11家，临时销售网点销售许可期限由2012年1月16日至2月6日。

（郭向东）

【烟花爆竹回收】 随着2012年春节烟花爆竹销售许可期限结束，按照《北京市烟花爆竹安全管理规定》，单位和个人不得存放超过一箱或者重量超过30公斤的烟花爆竹，为保证烟花爆竹的储存安全，平谷区安全生产监督管理局在全区范围内对各个临时零售网点剩余的烟花爆竹实行统一储存，消除了安全隐患，确保了烟花爆竹储存安全。一是统一存储，各销售网点的剩余烟花爆竹由北京市农达丰农业生产资料有限公司统一代为储存；二是免费保管各烟花爆竹销售网点不需支付存储费用；三是专人专车回收，2月9日、10日两天时间，安排专人、专车将各网点的剩余烟花爆竹运送到该公司的烟花爆竹仓库进行储存。（李君）

矿山安全监管监察

【尾矿库处于安全状态】 2012年，强降雨过后，平谷区的尾矿库和尾矿砂堆处于安全状态，库顶排水畅通，渗漏井积水较少，坝体无裂缝，未发现明显的隐患。（郭向东）

【尾矿库迎汛情况良好】 平谷区尾矿库经统一治理后，已经度过60年来最强一次暴雨袭击，为进一步巩固尾矿库防汛措施，全力确保本周强降雨天气库体安全度汛，区安全监管局对全区9座尾矿库进行了全面的安全隐患排查。重点检查了尾矿库汇水现状、库体安全状况、坝墙是否有开裂处、护坡草皮滑落情况、周边植被情况、警示标志是否完好、应急通道是否畅通、下水管路是否畅通、基座土壤是否流失、属地政府是否完善应急预案、是否设置专人定期检查尾矿库等，同时还对陡子峪乡尾矿库和其上游的铁矿砂治理情况进行检查。刘家店镇和金海湖镇均对尾矿库安全管理工作高度重视，制定了专项应急预案，有专人看护和检查，针对个别尾矿库小面积护坡草皮滑落情况已责成专业建筑公司立即进行覆土保护，各尾矿库迎汛情况良好。（杜春光）

安全生产事故隐患排查治理

【人员密集场所节前隐患排查】 1月17日至21日，平谷区安全监管局会同相关部门，对35家重点人员密集场所节前隐患排查，排查工作坚持“四个到位”。一是部门联动到位。强化部门联动，全方位排查安全管理、用电、消防、应急等方面隐患。二是隐患排查到位。深入分析各类案例，扩大隐患排查范围，要求相关负责人加强电梯伤人、安全通道畅通、电路起火、人员挤踏、紧急救护和应急值守方面隐患自查治理力度。三是整改措施到位。每次检查结束都和企业负责人沟通隐患情况和治理方案，做到检查结束确定整改方案、整改时限、整改责任人。四是整改落实到位。坚持隐患节前未整改严惩原则，对疏于隐患整改和走过场的企业加大惩处力度。共35家人员密集场所，排查出各类安全隐患59项，其中51项已整改完毕，对未进行整改的2家生产经营单位依法给予了行政处罚，并责令停业整改。

（郭明智）

【排查危险化学品从业单位安全隐患】 2月6日，平谷区安全监管局对全区5家气体供应站、2家管控化学品经营单位和德源化工等7家危险化学品使用单位进行安全检查，全面排查各类安全隐患37项，重点对气体供应站超范围存放气瓶、气瓶码放安全防护措施、实名登记制度和记录、销售现场安全条件、危险化学品企业“跑、冒、滴、漏”现象和存储部位等进行检查，责令1家存放乙炔气瓶的单位立即整改。要求管控化学品销售单位进一步落实实名制度和档案登记；要求危险化学品使用和存储单位进一步完善应急预案，强化岗位责任落实，有效防止危险物品泄漏，并要求德源化工有限公司严格做好拆除保障工作。（杜春光）

【联合整治城区中小型饭店安全隐患】 2月24日，平谷区安全监管局、市政市容委、消防支队、城管分局、兴谷街道、滨河街道和平谷镇等部门对城区中小型饭店开展燃气安全专项联合执法行动。重点检查中小型饭店燃气安全使用、气瓶间通风情况、“三合一”（吃、住、生产混存）现象、应急照明设备是否良好、应急出口是否畅通、疏散指示标志是否明显、后厨设备操作规程是否张贴、安全管理制度是否健全等情况。抽查了20家典型饭店，查处各类安全隐患和问题87项，已责令相关饭店限期整改，并对隐患较重的3家饭店立案处理，其余中小饭店安全状况检查由属地管理部门继续落实检查工作。

（杜春光）

【安全生产隐患治理行动】 2月

14日起，平谷区安全监管局在全区开展安全隐患治理行动，以属地安全督察为主，联合区消防支队和属地政府对镇域内企业开展用电安全、消防安全、机械伤害专项检查，重点检查中小企业用电设备是否安装漏电保护装置、接地保护措施是否有效、高空作业是否做好防护措施、特种工是否持证上岗、机械传动部分有无防护措施、多企业交叉作业是否签订安全管理协议、是否存在“三合一”现象、消防设备设施是否有效等。已检查王辛庄镇、南独乐河镇、平谷镇和兴谷街道所辖的81家企业，查处各类安全隐患和问题213项，对存在安全隐患较重的14家企业立案处理。

（杜春光）

【“六个到位”隐患排查治理】 全国“两会”期间，平谷区安全监管局会同相关部门对77家重点危险化学品企业和人员密集场所开展隐患排查，查处各类安全隐患和问题184项。排查工作坚持“六个到位”。一是部门联动到位，全方位排查用电、消防、安全管理和突发事件应急处置等方面隐患和问题；二是隐患排查到位，深入分析各类案例，扩大隐患排查范围，要求相关负责人加强电梯伤人、疏散通道畅通、电路起火、人员挤踏和应急值守方面隐患自查治理力度；三是整改措施到位，每次检查结束都和企业负责人沟通隐患情况和治理方案，做到检查结束定整改方案、定整改时限、定整改责任人；四是整改落实到位。坚持隐患未限期整改严惩原则，对疏于隐患整改和走过场的企业加大惩处力度；五是坚持整改复查到位。对责令限期整改的企业一律严格落实复查，对给予行政处罚的企业坚决贯彻隐患不整改不放过原则，绝不“以罚代改”；六是应急职守到位。严格落实领导带班、24小时双人值守、重点时期不定期检查、夜间突击检查等应急值守和突击检查制度，防止夜间生产的企业懈怠安全生产工作。（杜春光）

【排查高危场所隐患】 3月6日，平谷区安全监管局为进一步加强“两会”期间安全和反恐工作，对北京天育通达商贸有限公司（农用剧毒物品及爆炸物存储库）、北京龙禹石油化工有限公司（龙禹油库）两家高危场所进行了地毯式排查。经查，两家公司建立了“两会”期间专项防控措施、严格准入制度、全方位开启监控设施、定期进行液位计检测、视频监控设施正常运转、各重点部位专人看护。区安全监管局要求两家公司进一步加强技防人防工作，确保视频监控设施良好运行、防雷设施和防静电措施行之有效，强化卸油作业看护，对重点部位和重点时段死看死守，加强厂区周边可燃物清理工作，确保不发生生产安全事故和火灾事故。同时还将星宇车、燕兴隆、谷丰饲料、科蕊复合肥等11家既往事故单位作为近期监管重点，采取不定期检查方式确保安全隐患治理到位，严防死守，降低各类突发事故的发生概率。（杜春光）

【隐患排查治理百日行动】 为保障“十八大”期间平谷区安全生产形势平稳有序，区安委会决定从8月23日起，在全区范围内全面开展“十八大”安全生产隐患排查治理百日行动。此次行动分为3个阶段：一是8月23日至31日为全面排查阶段。各有关单位主要领导、主管领导要亲自带队，深入一线对企业进行全覆盖的隐患排查治理工作，确保不留盲区、不留死角。对发现的安全隐患，限时进行整改，并实行挂牌督办。二是9月1日至30日为“回头看”督察阶段。对实施挂牌督办的企业和重点部位进行“回头看”督察，对隐患仍然比较严重的，依法依规严厉处罚，防止前纠后犯。三是10月1日至“十八大”闭幕为决战阶段。对在会议召开期间仍然存在隐患，无法保证安全的，要依法采取强制措施，该停产停业整顿的要坚决停产停业整顿，该关闭取缔的要坚决关闭取缔，有效遏制生产安全事故的发生。　（王振新）

安全生产应急救援

【危险化学品泄漏事故应急演练】　3月21日，由平谷区政府应急办、区安全监管局组织开展的平谷区危险化学品泄漏事故应急演练在北京千喜鹤食品有限公司举行。参加演练的部门有区公安分局消防支队、治安支队、交通支队、环保局、质监局、气象局、卫生局、市政市容委及兴谷街道办事处。此次演练采取实战演练，预先未通知各部门，主要考验各部门应对突发事故应急反应速度和应急处置能力，检验各部门应急预案是否合理完善。此次演练疏散现场人员220余人，出动应急指挥救援人员100余人，车辆20余部。通过演练增强了各部门及企业的应急处置能力和协同作战能力。　（郭向东）

【深入企业开展防灾减灾工作】　5月12日，平谷区安全监管局深入企业开展防灾减灾宣传和执法检查工作。一是开展以“灾害之前早预防、灾害来了少伤亡”为主题的宣传活动，向企业员工讲解防灾减灾的基本常识；二是督促企业制定完善防灾减灾各项事故预案，并适时开展演练；三是针对危险化学品等重点企业开展安全生产检查，对危险化学品储存仓库、生产车间、应急监控室等重要部位加大隐患排查治理力度；四是要求各生产经营单位坚持24小时值班制度，设立值班电话，建立值班日志，确定带班领导和值班人员的职责，保证信息畅通，确保在灾害发生后第一时间掌握、报告灾情和救灾工作情况。

（郭俊）

【交通运输行业安全应急演练】　7月3日，平谷区安全监管局、交通局、消防支队等部门联合在北京鑫通顺陆路通客运服务有限公司举办交通运输行业安全应急演练活动。本次演练为道路公交客车在运行过程中发生火灾事故后，司售人员组织对车内乘客进行疏散，立即拨打119、110报警，同时由驾乘人员先行自救，扑救初起之火。通过演练，使全区交通运输行业企业掌握了应对突发事件的应急措施，进一步提升了处置突发事件的应急能力。　（王振新）

【有限空间作业实操应急演练】　8月9日，北京联通公司平谷区分公司开展有限空间作业实操应急演练，平谷区安全监管局全程观摩了实操演练。本次演练重点针对有限空间作业现场作业流程安排及发生有限空间窒息、中毒事故后的人员救援和应急处置工作。演练模拟联通公司员工进行有限空间作业，作业过程中突发作业空间空气含氧量不足，导致作业人员窒息，现场班组长立即向上级汇报并开展救援的过程。演练人员展示了作业前的安全准备事项和作业步骤、气体检测仪等安全设备和器材的使用、长管式呼吸器和正压式呼吸器的穿戴方法、救生三脚架的使用、现场救援及事故情况上报程序等。经过一个半小时紧张有序的模拟演练，事故得到有效处置，应急演练顺利结束。（李君）

【应急救援体系建设】 2012年，平谷区安全监管局组织修订完善了4个区级生产安全事故应急救援预案，整合应急救援专业队伍3支。开展应急宣传月活动，广泛进行应急管理宣传。组织机械加工、危险化学品、重大危险源等行业34家企业开展了中小型应急救援预案演练。近期两次组织相关单位观摩道路运输事故和危险化学品泄漏事故的应急救援预案演练，切实提升了部门间协调配合应对突发事件的能力，夯实了应急管理工作基础。（郭俊）

安全生产执法监察

【领导带队检查安全工作】 1月22日，平谷区副区长刘晓光带领区安全监管局、应急办、公安分局、公安消防支队、交通局、卫生局、城管大队等部门领导对全区中石化城西加油站、北京新奥京谷燃气公司储罐站、区医院等检查。重点检查应急值守和应急处置情况。在检查中，检查组要求各单位进一步加大检查力度，尤其是烟花爆竹燃放高峰期的，落实各项安全防范措施，做好处置突发事件的应急准备。（张立轩）

【春节期间安全生产保障】 1月22日至28日，平谷区安全监管局通过全面加强春节假期对全区商场超市、加油站及烟花爆竹禁放区及销售网点的安全保障力度，安排专人值守，24小时检查，彻底排查隐患等方式，有效保障了春节期间安全生产平稳有序，未出现安全生产伤亡事故，其间，区安全监管局共出动执法检查车辆24车次；执法检查人员79人次；检查生产经营单位92家次；烟花爆竹销售网点70家次；开具执法文书40份；共排查安全隐患53项已全部整改完毕。（李君）

【“大拜年”活动安全保障】 2月1日，为切实做好中国乐谷欢乐节暨2012年秧歌花会进城大拜年活动的安全保障工作，确保“在北京过年，在平谷快乐”的目标圆满实现，平谷区安全监管局加强大拜年活动安全保障工作。一是分片包干，责任到人。实行分片包干负责、定人、定岗、定责的岗位责任制，确保各参演单位安全状况有专人负责。二是突出重点，针对性强。重点排查灭火器是否配备、是否进行了安全培训教育、是否进行现场监护监督、驾驶员是否带病或疲劳上岗、汽车排气管是否有防火帽、开幕式舞台搭建是否存在安全隐患、花车高度是否超高。三是分段检查，层次分明。分为动员部署、花车隐患排查、舞台搭建和现场监督四步对大拜年活动全程安全隐患进行排查。四是建立台账，强化监督。严格落实岗位责任制，做好相关记录，建立工作台账。五是强化沟通，部门联动。与区文化委、教委、旅游局、消防支队和各乡镇、街道建立沟通联动机制，有效消除安全隐患。

（杜春光）

【“两会”期间加强事故单位监管】 3月，平谷区安全监管局加大对事故单位监管力度。重点检查企业安全机构设置及专兼职安全管理人员的配备情况，安全管理制度的制定、执行及落实情况，事故分析和安全教育情况，企业危险源监控、安全隐患排查整改、应急预案制定及演练情况，企业设备设施的安全管理和运行情况，企业危险化学品使用、贮存情况，作业场所安全用电、建设项目“三同时”、生产经营单位“三合一”、劳动防护用品使用情况和企业安全生产标准化活动的开展情况。并建立了安全监管局不定期检查、重点督察、夜间突击检查、乡镇重点检查、企业自查和员工监督的层级监管机制，确保“两会”期间安全隐患得到源头控制。

（郭明智）

【在建工程领域专项整治】 3月，平谷区安全监管局深入开展工程领域专项整治工作，为全年工程建设领域安全生产工作奠定基础。一是抓好基础工作，摸清建设工程底数，联合区建委等相关部门开展隐患排查、举报受理；二是严格执法检查，对夏各庄新城建设工程、校舍工程、基础建设工程、厂房厂区等施工现场进行严格检查，查处特种作业人员未持证上岗、应急预案不完善等隐患和问题46项；三是加强群防群治，在全区公开监督举报电话，通过群众监督等方式，加大对建设工程领域隐患的排查整治力度，已完成3处夏各庄民宅强拆监管工作，并会同区建委责令施工方对安全隐患限期整改；四是建立档案台账，收集各施工项目的企业法人营业执照、建筑企业资质证书、安全生产许可证等基础资料，并分别建档管理；五是确保隐患整改，责令相关企业限期整改隐患，严格坚持隐患不整改不放过原则确保隐患整改到位，对未限期整改的给予严肃处理。（郭明智）

【清明节安全管理】 4月，平谷区安全监管局部署安全管理工作。一是对重点企业开展执法检查；二是印发通知要求企业开展隐患自查自纠；三是对厂区周边可燃物进行清理；四是加强应急值守工作，落实领导带班制度、重点部位专人检查制度。（郭向东）

【多举措服务企业安全生产工作】 2012年，平谷区安全监管局采取多项措施服务企业安全生产工作。一是缩短行政审批时限，将20个工作日缩短为10个工作日，使企业申请证照更加快捷。二是应用短信平台及时向经营许可证将到期的企业发送提示信息，保障企业能按时完成换证工作。三是聘请高技能电工深入小微企业开展用电安全检查，帮助查找安全隐患，并提出整改措施，进一步提升了企业的本质安全水平。四是根据不同行业的生产经营特点，分多期组织企业主要负责人和安全管理人员进行安全生产知识培训，切实提升了企业的安全管理水平和从业人员的操作技能。（郭俊）

【部门联动 促旅游景区安全运营】 4月10日，平谷区安全监管局联合区旅游、质监、消防、工商、交通等部门对本区部分旅游景区进行了安全执法检查。检查组对景区内的建筑、旅游接待服务场馆进行仔细的检查，重点察看了疏散通道、消防器材配备，电气线路的敷设及易燃物品的存放等情况，并抽查了景区管理人员使用灭火器以及消防安全知识掌握情况。同时，检查组要求各景点要加强节日期间的安全检查，落实好各项安全工作，为游客创造一个良好、安全的旅游环境。 （马鹏程）

【“赏石文化节”安全保障】 2012年，平谷区安全监管局四举措强化第二届赏石文化节安全保障工作。一是加强领导组织。成立赏石文化节安全保障工作领导小组，统筹安排安保工作，确保工作开展有序、责任落实到人。二是严格落实方案。制订安全保障工作方案，明确监管时段和工作重点。三是监管重点突出。重点检查第二届赏石文化节活动工作方案是否完善、应急保障措施是否到位、消防设备设施是否完好、舞台搭建是否有人现场监护监督、临时用电线路敷设是否安全等。四是强化沟通合作。与各相关部门保持良好的沟通协作关系，各司其职、齐抓共管，确保隐患发现及时、整改到位。 （杜春光）

【“桃花音乐节”直播活动联合检查】 4月18日，为确保第十四届北京平谷国际桃花音乐节直播活动安全，平谷区副区长刘晓光带队，联合应急办、安全监管局、消防支队和质监局等单位，对直播舞台抗风防倾覆措施是否到位、灯光音响架连接是否牢固、LED大屏幕与舞台的连接情况、用电情况和消防设施等进行了全方位检查。刘晓光对现场负责人和参加检查的单位领导提出了加强管理、落实责任、强化检查和确保安全的要求，使4月19日至21日北京电视台对平谷区的桃花音乐节系列活动直播顺利完成。 （王志宝）

【丫髻山庙会安全保障】 为确保第二十三届丫髻山传统文化庙会安全举办，平谷区安全监管局从四个方面入手消除各类安全隐患。一是对活动现场检查。制订工作方案，落实岗位职责，要求执法人员对活动现场的临建设施、特种设备、临时用电和消防等方面内容进行执法检查，督促承办单位及时消除隐患，确保活动现场的生产安全。二是对活动周边及沿线企业的检查。对此项活动周边和沿线500米范围内生产经营单位进行安全执法检查，检查覆盖率达100%，对存在的安全隐患不能当即整改的，要限定在最短时间，彻底消除安全隐患。三是做好社会面的管控工作。进一步加强对活动附近的宾馆、饭店和民俗接待户的安全检查，扩大执法检查覆盖率及隐患查处率，有效遏制违法违规行为，确保不发生火灾、燃气泄漏等生产安全事故。四是加强危险化学品相关单位监管。对周边及沿线企业危险化学品使用情况和民俗接待户的燃气使用情况进行检查，要求各加油站做好人员高峰期间加油的安全保障工作。

（王志宝）

【“世界小姐”总决赛临建设施安全检查】 5月17日，平谷区安全监管局对第62届世界小姐决赛活动现场临建设施的搭建情况进行安全生产检查。重点检查了施工单位各项应急预案是否齐全、安全防护措施是否到位、临时用电是否安全等方面内容，对检查中发现的主舞台帐篷安全防护措施不到位等问题，执法人员当即责令施工单位进行整改，监督落实，彻底消除事故隐患。针对活动期间安全保障工作，区安全监管局要求：一是要求承办单位和施工单位进一步明确责任，互相监督、互相配合，确保安全责任落实到位。二是注意施工安全，遵守安全操作规程，确保搭建过程中不发生生产安全事故。三是客运船艇驾驶员要持证上岗，备齐乘客安全防护用品，确保客运过程中乘客安全。

（郭明智）

【“音乐季”现场安全监管】 4月17日至18日，平谷区安全监管局对音乐季现场安全状况进行全面检查，对发现的安全隐患及时与相关单位沟通，采取有效措施消除安全隐患，确保活动顺利举办。一是分组负责，落实岗位职责。执法人员分三组对演出现场、舞台和食品销售区临时房屋搭建、用电安全、防风措施等进行检查，定岗定责，将任务分解到个人。二是强化沟通，有效消除隐患。与消防、建筑等部门和舞台搭建方保持沟通协作，对检查中发现的电缆线无防护措施（未地埋或挑空架设）、Only展台2米高处缺少临边防护、临时篷房缺少缆风绳或楔子未按要求有效固定、缆风绳缺少警示标志等安全隐患和问题及时与相关部门沟通，在开幕前采取有效措施消除隐患。三是全程应对突发事件。对音乐季活动进行全程现场检查，及时发现开幕后出现的各类安全隐患，采取有效措施予以消除。四是总结经验，构建长效机制。定时对安全保障工作情况进行汇总，对出现的各类安全隐患和问题进行分析，不断完善此类大型活动安全保障工作方案和注意事项，形成长效监管机制。

（杜春光）

【企业夏季用电安全检查】 6月，平谷区安全监管局开展企业夏季用电安全专项执法检查工作。重点检查：企业是否建立健全用电安全规章制度；职工安全教育培训是否落实；涉电作业人员是否持证上岗；属于I类的移动式电气设备及手持式电气工具、临时用电的电器设备和安装在潮湿强腐蚀性等恶劣环境场所的电器设备是否安装漏电保护器或者安装是否到位；固定式的机械电器设备金属外壳采取接地保护是否到位；临时用电线路是否随意拉扯，导线绝缘层是否破损、裸露；机械设备及移动电器接地（接零）系统是否完善；电源线路中接地（接零）线是否有虚接、假接、漏接以及被截等。

（郭俊）

【农业机械安全生产大检查】 6月13日，由平谷区安全监管局、农业局、工商分局、质监局、公安交通支队联合组成的“创建平安农机，促进新农村建设”活动检查组，深入峪口镇重点村进行了一次专项检查。检查组实地察看了峪口兴旺达农机配件门市部、峪口镇农业机械服务站等企业，对其农机安全生产工作情况，对有关文件、会议、图片、档案等资料进行了查阅，对发现的问题现场给予了反馈，并开具了现场检查记录。通过“平安农机”创建活动的开展，进一步增强了广大农机手的农机安全生产意识，基层农机监管工作得到进一步规范，有效预防了各种农机事故的发生，为建立农机安全生产长效机制打下了坚实的基础，确保“平安农机”创建工作扎实深入开展。（马鹏程）

【市党代会安全保障工作】 市第十一次党代会期间，平谷区安全监管局全力做好安全生产保障工作。成立了以局长王浩文为组长的领导小组，统筹安排执法检查重点和工作任务，协调相关部门形成监察网络全面排查隐患。确定危险化学品企业、烟花爆竹销售网点、重大工程在建项目、宾馆饭店、网吧、歌舞厅、商场超市等人员密集场所等人员密集场所为监察重点。每天安排一名局领导带队进行检查，同时对部分重点监管单位开展夜查。对各重点企业应急演练进行指导和备案，推动各企业应急救援预案的不断完善。实行领导带班制度，确保应急值守24小时不断岗，以便发生事故时反应迅速、处理及时。

（郭俊）

【安全用电“三号”行动】 结合夏季高温多雨，易引发触电事故，平谷区安全监管局开展安全用电“三号”行动。一是明确监管重点，以机械加工企业、服装加工企业和食品加工企业等易发生触电事故单位为监管重点，对全区中小型企业开展安全用电执法检查工作，建立长效监管机制；二是突出排查用电安全隐患，将配电室安全、电路铺设、漏电保护、接地保护和防雷防静电措施作为隐患排查重点，一经发现，立即责令限期整改，对危险性较大的，要求局部停产整改；三是强化特种作业监管，对各企业电工资质进行严格审查，严禁低压电工超范围作业，对无证上岗的给予严肃处理；四是督促企业开展专项培训，要求各企业对职工进行一次用电安全专项培训，强化职工安全意识，促进全体员工对用电安全隐患的群查群防工作；五是强化部门联动，“三号”行动期间，联合相关部门对用电安全隐患、消防安全隐患和防雷防静电措施进行严格审查，形成合力排除隐患。

（郭明智）

【健全安全生产举报投诉机制】 2012年，平谷区安全监管局进一步加强安全生产举报投诉机制管理，对举报投诉内容认真调查核实，将处理结果及时答复举报人，确保处理及时，答复到位。一是保证24小时举报投诉电话的畅通。向社会公开安全生产举报投拆电话，并落实工作人员负责值守，同时工作人员保证24小时通信畅通，保证接报后能够及时对举报内容进行调查处理。二是第一时间赶赴现场核实举报内容。接到举报电话后，立即根据举报内容安排相关人员调查核实，并按照规定进行处理。三是完善举报投诉工作相关制度。在处理举报案件时，及时与举报人取得联系，告知处理结果。四是加强与相关部门和单位协调与配合。部分举报件涉及多个部门的，以区安委会办公室为纽带，加强与各相关部门的协调配合，共同处理。上半年，共收到安全生产举报投诉15起，受理15起，立案调查6起，办结率100%。（郭俊）

【强降雨天气安全监管】 7月24日至25日，平谷区政府应急办、区防汛办和市安全监管局相继发送近4日连续两次强降雨通知，区安全监管局四举措加强暴雨天气安全监管，切实做好强降雨天气安全防范工作。一是全面预警。对全区危险化学品企业和重点单位进行预警通知，要求做好防强降雨措施，加油加气站在暴雨时要停止露天作业、停止卸油和加油作业。二是严防死守。对石油库、尾矿库、液氨使用单位进行雨前检查，加强应急值守，排查排水管线是否畅通，严防坍塌、滑坡事故发生，有特殊情况及时沟通。三是保障有力。对应急物资储备库进行检查，做好突发事件应急准备，随时启动应急预案，确保应急队伍到岗、应急物资到位、应急通信畅通。四是一级战备。全体执法人员暴雨期间在岗执勤、应急值守人员24小时不断岗、视频设备全天开通、重点单位随时沟通。（杜春光）

【“音乐夏令营”活动安全执法检查】 8月2日，为确保中国乐谷首届国际青少年夏令营活动安全开展，平谷区安全监管局联合区旅游、质监、卫生、工商、属地政府等相关部门对挂甲峪村民俗旅游接待户进行安全执法检查。主要对卫生条件、厨房灶具、食物储存、用电线路、煤气使用、消防设备等方面进行安全检查，要求接待户严格按照有关规定，做好来客登记工作。针对检查出的问题和隐患，联合检查组要求接待户立即整改，确保此项活动的安全开展。此次联合检查涉及方面广，工作细、力度大，为青少年夏令营活动期间全村民俗旅游接待工作营造了安全、良好的旅游接待环境。（马鹏程）

【北京平谷演唱会活动安全保障】 唱响中国·北京平谷演唱会活动于8月18日晚在平谷区渔阳滑雪场举行。为做好此项活动的安全生产保障工作，8月15日，平谷区安全监管局联合东高村镇政府对活动周边沿线部分餐饮企业进行了安全执法检查。执法人员按照工作重点对餐饮企业的用电线路、煤气使用、消防设备等方面进行安全检查。开具限期整改指令书5份，查处事故隐患26项，针对检查出的问题和隐患，执法人员责令企业立即整改。通过执法检查，消除活动周边沿线企业安全隐患，为2012唱响中国·北京平谷演唱会活动的顺利进行营造了良好的安全环境。（马鹏程）

【区领导带队检查“两节”安全保障】 9月25日，平谷区副区长刘晓光带领区安监、消防、公安、质监、工商等部门和属地政府主要领导组成的督查组，对全区重大危险源单位和重点监管单位的安全生产工作情况进行督察。督查组检查了北京龙禹石油化工有限公司（龙禹油库）、北京市农达丰农业生产资料有限公司（烟花爆竹仓库）和燕东旺加油站，重点检查了安全生产责任制建立和落实、日常安全检查和培训教育情况、“两节”和“十八大”期间反恐工作情况、防雷和防静电措施、库区安全状况、应急值守、视频监控和燃气浓度监测、危险物品出入库管理、安全生产标准化进程和应急救援措施等方面情况。刘晓光对危险化学品企业指出，加强设备设施安全管理、维护，严防生产安全事故发生；认真梳理企业安全管理制度和应急预案，查遗补漏，落实安全生产责任制，提升应急响应速度；要进一步提升责任意识和政治敏感性，将安全生产工作提升到政治高度，加强社会面防控，确保全区“大事不出、小事没有”的目标。（杜春光）

【国家总局调研纺织安全生产工作】 10月17日，国家安全监管总局监管四司司长刘云昌一行到北京清河三羊毛纺织集团调研。调研组听取了北京清河三羊毛纺织集团关于集团发展历史和各控股公司安全生产管理现状的汇报，实地考察了集团控股的北京新清河毛纺织染有限责任公司和北京地天泰针织绒线有限公司的生产工艺流程、存在的危险因素和公司开展的安全生产标准化工作。刘云昌指出，三羊毛纺织集团高度重视安全生产工作，开展安全生产标准化工作卓有成效，完善了一系列管理制度，消除了一系列安全隐患，为全市毛纺织企业做出了榜样。要求三羊毛纺织集团要认真总结经验，不断完善集团制度，逐级落实主体责任，采取树立安全生产标准化示范企业和行业标兵的方式，以点带面，将模范效应推广到全国纺织行业，为北京乃至全国安全生产监管工作作出积极贡献。（郭明智）

【“冰雪节”开幕式安全生产保障】 12月18日，平谷区第六届国际冰雪节在渔阳滑雪场开幕。为做好此项活动的安全生产保障工作，平谷区安全监管局制订了安全生产保障工作方案，并联合区旅游委、公安分局、消防支队等部门对活动现场及周边沿线企业进行动态安全监管，在开幕式活动进行时全程监管现场安全工作，确保此项活动的圆满举办。

（马鹏程）

【极寒天气安全生产监管工作】 针对冬天极寒天气特点，平谷区安全监管局采取有效应对措施。一是将监管工作重点放在受天气影响较大的危险化学品、机械冶金、交通运输等行业企业。检查督促企业加强对运输车辆和生产、储存设备管线、容器的巡检力度，切实采取保温措施，保障设备安全运转。二是加强极端天气预警机制建设。如遇大风降温或强降雪天气，及时通过应急平台向各重点领域和行业发布预警信息，督促企业落实好各项防范措施。三是加强应急值守工作。坚持双班双岗值班制度，如遇突发情况保证做到预警及时、反应迅速、处置得当。四是加强应急预案的编制和演练工作。适时组织相关部门和企业开展有针对性的应急演练活动，提高演练人员应急处置能力。截至12月底，区安全监管局共检查各类行业企业98家次，组织开展应急演练3次。

（郭俊）

职业安全健康

【对地下空间进行安全检查】 1月13日，平谷区安全监管局联合区住房和城乡建设委员会、消防支队、公安分局、民防局和工商分局等单位对北京苏宁电器有限公司、北京国泰平安百货有限公司平谷店和北京国泰平安百货有限公司国泰和美分公司等地下生产经营单位进行了安全执法检查。检查组对春节期间的领导值班、安全预案的制订、员工教育培训情况和经营场所消防设施情况进行了检查。对存在的问题在最短的时间进行了整改。（王志宝）

【有限空间专项整治】 2月27日平谷区安全监管局全面排查有限空间作业单位，建立台账；加强重点行业领域和重点单位的检查，重点检查物业管理企业、环卫、污水处理、市政工程建设、燃气、热力、电力、通信、广电等重点单位；全面排查有限空间作业单位安全生产隐患，重点检查制度建立情况、健全劳动防护用品配备情况、职业健康管理情况。（杜春光）

【宣传贯彻《职业病防治法》】 平谷区安全监管局根据全区职业病危害重点企业实际情况，将宣传贯彻《职业病防治法》列入2012年度职业卫生执法监察重点工作，加强针对家具制造、印刷、机械制造、冶金、电子等重点行业监管的力度，加强职业卫生执法监察信息建设，完善用人单位职业病危害项目申报、工作场所职业病危害因素检测评价劳动者职业健康监护等相关信息的存档与管理，督促企业落实职业病防治主体责任，进一步完善员工职业病体检机制。截至3月中旬，共检查机械、冶金、建材等企业27家，发现存在问题和隐患49项，督促进行职业病危害因素申报企业9家，进行职业病危害因素现场监测企业7家，协助22家企业完善职业卫生制度建设。（李君）

【排查职业危害隐患】 第一季度，平谷区安全监管局对全区涉及职业危害的企业开展执法检查，坚持先沟通后执法，使企业有效防治职业危害，共检查了涉及职业危害的企业59家，查处隐患94项。给企业发放了《职业卫生安全手册》，更新职业卫生管理档案，要求存在问题的企业完善职业卫生安全制度、悬挂职业危害警示标志、佩戴安全防护用品、对职业危害作业场所危害因素进行评估、定期为从事相关工作的职员进行体检。（郭明智）

【职业危害整治工作会议】 5月17日，平谷区安全监管局召集北京正红精密电路有限公司等10家电子行业企业，召开平谷区电子行业职业危害专项治理动员会。会议首先通报了有机溶剂职业病案例，并对平谷区电子行业职业危害专项治理行动作了部署。会上发放了《北京市平谷区电子行业专项整治工作方案》，要求各单位要高度重视本次电子行业职业危害专项整治工作，充分认识当前职业卫生形势，增强做好职业卫生工作责任感和使命感；结合新修订的《职业病防治法》，广泛宣传，进一步在职工中普及职业病防治法律知识和基本常识；全面落实企业主体责任，按照电子行业职业危害专项治理工作部署，针对本单位职业病防控体系中的薄弱环节，进行自查整改，明确责任人和整改期限，确保整改到位。（李君）

【有机溶剂企业职业卫生联合执法检查】 6月27日，平谷区安全监管局会同区疾病控制中心，对兴谷开发区使用有机溶剂企业职业病防治联合执法检查。检查主要针对企业是否建立职业卫生管理制度，是否开展作业场所职业病危害检测，是否安排员工进行职业病健康体检并建立员工职业健康档案、是否与员工签订职业病危害因素告知书以及是否在作业场所设置职业病危害警示标志、警示说明及职业卫生公告栏等内容。经查发现，北京伟巴斯特东熙汽车配件有限公司、北京市亚汽车配件有限公司等4家企业，均已制定了职业卫生管理制度，有专职人员负责职业卫生工作，作业车间接触有机溶剂员工均佩戴符合要求的过滤式呼吸面罩，但也存在如“职业卫生管理制度不够健全，未对员工进行职业病危害因素告知及未在涂胶岗位设置职业安全警示标识和警示说明”等隐患问题。本次检查共检查企业4家，发现需整改问题11项，现场开具执法文书4份，企业立即进行了整改。

（李君）

【有限空间作业场所设置信息公示牌制度】 7月18日，平谷区安全监管局根据市安委会办公室《关于在有限空间作业现场设置信息公示牌的通知》要求，在全区范围内全面推行有限空间作业现场设置信息公示牌制度。要求区内有限空间作业单位在进行有限空间作业前，应在作业现场外围醒目位置设置作业单位信息公示牌。（李君）

【市局调研平谷职业卫生工作】 8月24日，市安全监管局副局长常纪文一行到平谷区调研职业卫生和有限空间安全监管工作。调研组听取了关于平谷区职业卫生和有限空间作业监管现状的汇报；实地考察了北京正红精密电路有限公司电镀工艺流程、存在的危险因素和劳动防护措施；对平谷区职业卫生监管、职业健康管理员培训、《职业病防治法》宣传和有限空间警示标志设置制度所做的工作给予肯定，尤其肯定了平谷区在职业健康管理员制度推广普及方面的成绩。（李君）

【部署“十八大”职业卫生保障工作】 “十八大”期间平谷区安全监管局部署职业卫生保障工作，制订了《平谷区安全生产监督管理局关于做好“十八大”期间职业卫生工作的方案》针对职业病危害因素重点行业、企业，由区安全监管局牵头，联合行业主管部门和属地监管部门开展一次专项整治行动，重点包括：一是要做好重点企业筛查工作，对全区重点职业病危害企业数据重新进行梳理，逐一登记，建立档案，督促整改；二是要加大对职业卫生管理基础薄弱、职业危害严重的企业督导力度，推进企业作业场所职业卫生管理工作规范化、制度化；三是坚持标本兼治、综合治理，引导生产经营单位落实预防、控制、消除职业危害的各项措施；四是联合属地政府和行业主管部门，以查促改，建立职业病隐患整改定期回访制度，确保落实到位；五是宣传普及职业健康知识，确保人民群众身心健康，避免急性职业中毒和职业病事故的发生。（李君）

【复合肥生产企业职业卫生执法检查】 9月14日，平谷区安全监管局对全区复合肥生产企业开展职业卫生工作专项执法检查，重点检查企业职业病危害申报、职业卫生防治制度建立，安全操作规程的制订、职业危害因素岗前告知、职业健康体检及职业健康监护档案建立情况等。检查了北京谷田兴盛农业科技发展有限公司平谷分公司、北京金土地复合肥有限公司、北京科蕊复合肥有限公司，经检查3家企业各项制度基本健全。但也发现各类问题13项，对发现的问题区安全监管局执法人员立即开具了限期整改指令，责令企业立即进行整改。（郭俊）

【预防气体急性中毒职业卫生专项检查】 9月28日，平谷区安全监管局对华润雪花啤酒（北京）有限公司、北京市老才臣食品有限公司污水处理站、北京市东平精密铸造厂等6家涉及液氨、硫化氢、一氧化碳等危险气体单位进行了预防气体急性中毒职业安全专项执法检查。经过检查各单位专职职业健康管理人员配备、职业卫生现场检测、作业现场职业安全警示标志和操作规程张贴、职业安全防护用品、通风设施和气体检测仪器的配备和使用情况以及安排员工进行职业健康体检等基本完善。但也发现有些企业仍存在职业健康管理制度不完善、职业安全防护设施需进一步加强等问题，执法人员对发现的问题开具了限期整改指令，要求其立即进行了整改。（李君）

【市督导组督察职业卫生管理工作】 11月1日，市安全监管局、市卫生局组成的督导组到平谷区督察指导“十八大”期间职业卫生管理工作。对兴谷开发区北京韩一理化科技有限公司、北京世亚汽车配件有限公司、北京大圆亚细亚汽车科技有限公司等7家企业的职业卫生管理情况进行了督察。督察内容包括企业职业卫生管理机构和人员配置情况、是否建立职业卫生管理制度、是否进行作业场所职业病危害因素检测、是否与员工签订职业病危害因素告知书、是否进行员工职业健康体检、是否配备劳动防护用品以及是否设置职业卫生公示栏7个方面。经过对上述7家企业职业安全文件资料和作业现场软、硬件两方面的督察检查后，督导组对平谷区企业职业卫生监管工作给予了肯定。希望平谷区职业卫生监管工作能够在现有基础上继续深化，保障“十八大”期间职业监管工作形势平稳。

（李君）

【职业卫生申报系统培训】 11月26日，平谷区安全监管局会同马坊开发区和兴谷开发区有关部门，对辖区90家企业开展新版职业病危害申报系统专项培训。下发了关于《转发〈北京市安全生产监督管理局办公室关于启用新版职业病危害项目申报系统的通知〉的通知》并针对职业病危害项目申报的法定义务和职责，以及填报流程和相关注意事项等对用人单位进行了培训。要求各用人单位切实加强主体责任，加强组织领导，明确专人负责，确保在规定时限内完成新申报系统的数据更新和补录工作；充分认识到职业病危害项目申报的重要性，结合用人单位实际情况，采取切实可行措施，保证申报数据的客观性、准确性，为职业卫生监管提供信息支持。

（李君）

【职业病危害申报工作】 2012年，平谷区安全监管局制订职业病危害申报工作方案，并通过组织企业负责人培训、发放宣传材料、讲解填报要点、热线电话答疑等措施，帮助和督促相关企业明确职业病危害项目申报的法定义务和职责，掌握填报流程和相关注意事项，做到培训、讲解、填报、审核、备案一条龙服务。全区职业病危害申报工作平稳有序开展，共组织企业负责人培训6次，培训人员260人，已有209家企业进行网上申报，其中63家企业申报信息已审核通过，45家企业已领取申报回执。区安全监管局将于2013年1月底以前实现对全区存在职业病危害企业全覆盖申报，全面梳理职业病危害基础数据台账 。

（李君）

【有限空间作业专项检查】 12月25日，平谷区安全监管局对北京联通公司平谷分公司、市政工程管理处、绿都供暖公司第一供暖厂3个单位有限空间安全作业情况进行了专项检查。检查组首先检查了北京联通公司平谷分公司滨河街道户外通信井作业现场，该公司在平谷区共有通信井约2000个，在进行井下维护、检修作业时，严格执行了有限空间作业审批单制度，并配备了专门的有限施工作业监护人员7人，所有现场监护人员均持证上岗。作业现场还按照相关规定制定了有限空间作业信息公示牌。工人作业时均佩戴了安全带、长管式呼吸器、四合一气体报警仪，严格按照操作规程进行气体检测和强制通风，保障了作业人员有限空间施工安全。随后检查组又对另外两个单位进行了检查，各项制度执行良好、安全器材配备齐全、所有监护人均持证上岗，但也存在有限空间作业人员培训有待加强，现场应急演练针对性不强的情况，对发现的问题已进行整改。

（李君）

安全生产宣传培训

【危险化学品经营单位管理人员培训】 3月13日至14日，平谷区安全监管局举办了2012年第一期安全生产培训班，培训对象主要是全区42家危险化学品经营单位的安全管理人员。市安全监管局和区安全监管局有关领导出席开班仪式，并分别介绍了北京市危险化学品安全管理现状和开展安全生产培训工作的重要意义。此次培训内容涵盖了危险化学品安全生产法律法规、安全生产用电技术知识、安全生产事故应急救援及预案编制等内容，采取课堂讲解、现场指导、集体讨论、结业测试等多种形式，将安全管理知识和实际操作有机结合，达到了理论联系实际的培训效果。

（王艳娇）

【新闻媒体安全生产一线行】 2012年，平谷区安全监管局与市安全监管局联合组织《北京日报》、《安全生产报》等7家新闻媒体记者组成采访团，在平谷区开展“安全生产走基层”、“安全生产一线行”新闻采访活动。其中“安全生产走基层”突出对山东庄镇鱼子山村开展的“红袖标”工程进行宣传报道；“安全生产一线行”突出对北京日进汽车系统有限公司一线班组和职工安全生产工作宣传报道，分别在《北京日报》、《北京晚报》、《安全生产报》刊登。

（王建雄）

【安全生产管理人员培训班】 4月12日至13日，平谷区安全监管局在北京金通远建筑工程公司举办了2012年第二期安全生产培训班。市安全监管局相关人员就如何进行企业安全生产隐患排查整理进行了讲解，首都经济贸易大学安全工程系和中安质环技术评价中心的专家分别介绍了企业机械伤害预防、企业安全生产标准化等内容。北京日进汽车系统有限公司、北京大承精技汽车部件有限公司和北京华通恒盛电气设备有限公司等93家机械加工型生产经营单位安全生产管理人员和安全员参加培训。（王艳娇）

【乡镇街道管委会处级干部培训班】 5月9日，平谷区安全监管局在北京金通远建筑工程公司举行了乡镇街道、管委会处级干部安全生产培训班启动仪式。平谷区副区长刘晓光、市安全监管局副局长常纪文等列席开班启动仪式。20个乡镇街道、管委会行政“一把手”和安全生产领导安全员共计80人参加了培训。刘晓光在培训班讲话指出，进一步从“科学发展、安全发展”的高度，强化属地政府安全监管责任，提高安全执法检查人员自身素质。充分认识安全生产培训工作的重要性。学习安全生产知识，提高安全生产监管履职能力是领导干部理论学习的首要任务。各乡镇街道、管委会要充分结合自身情况，学习理论知识，梳理、分析和判断本辖区企业安全生产管理现状，研究本辖区长效安全管理机制，提高安全生产管理水平。常纪文肯定了平谷区安全生产监管工作取得的成绩并提出，要抓紧抓好培训工作，要把握安全生产大培训工作格局，建立健全安全生产培训网络，要提高培训质量和培训层次。（刘霞）

【职业病防治法联合宣传】 5月15日，平谷区安全监管局会同区疾控中心、卫生监督所、兴谷街道4部门，在兴谷街道电视塔环岛公园内举办了新修改的《职业病防治法》联合宣传活动，活动以“防治职业病，爱护劳动者”为主题，采取张贴标语宣传形式，受到了周边居民和兴谷开发区企业员工的热烈欢迎。本次活动共发放宣传材料2500份，多家重点企业员工合计400余人和周边居民300余人次参加了本次宣传活动。（李君）

【安全生产月宣传咨询日】 6月10日，平谷区举办安全生产月宣传咨询日活动。副区长刘晓光和市安全监管局、区委宣传部、区安全监管局、公安分局、文化委等13个部门主管领导及全区重点企业负责人共计400余人参加了宣传咨询活动。活动采用赠书、展示宣传展板、发放宣传材料和现场咨询等形式进行了宣传安全。现场设立了“12350”、安全生产法律法规、交通、消防、地震自救等咨询台，接受群众咨询。在此次活动中，共发放宣传材料1万余份，为群众解答问题100余人次。（王建雄）

【职业病预防与事故处理培训班】 6月11日至12日，平谷区安全监管局在北京金通远建筑工程公司举办了第四期安全生产培训班。培训内容：全市职业卫生总体形势、职业健康管理员的工作职责和近期工作开展情况，以及如何做好企业职业危害因素检测、申报、建档等基础管理工作。北京绿伞化学股份有限公司平谷分公司、北京市富乐科技开发有限公司、北京金隅平谷水泥有限公

司等118家存在职业危害因素的生产经营单位安全管理人员和安全员共计132人参加了此次培训。（王艳娇）

【职业健康管理员培训工作】 7月，平谷区安全监管局在马昌营镇、夏各庄镇等乡镇全面开展职业健康管理员培训工作。对职业病法律法规、常见职业病危害与防护、职业卫生管理台账的建立，企业职业健康管理制度修订及如何进一步落实和完善员工职业健康监护档案进行了解读，具体介绍了企业职业健康管理员的工作职责和企业职业健康管理工作要点，并向与会人员通报了几起职业病中毒事故案例。来自机械、家具、印刷、汽修等行业的200人名企业职业健康管理员参加了培训。（李君）

【建材行业安全生产培训班】 7月18日至19日，平谷区安全监管局举办建材行业生产经营单位安全生产管理人员培训班，106家建材生产加工型生产经营单位安全管理人员和安全员参加了培训。培训内容以事故范围、分类、特点为理论点，以事故调查处理案例为警示点，以生产安全事故报告为总结点，系统地讲解了安全生产事故知识；以物体打击、高处坠落、电击等建材生产加工型企业易发的生产安全事故为基础点，介绍了企业隐患排查技能。（王艳娇）

【安全文艺巡演在平谷】 根据市、区安全生产月活动的总体安排，市安全监管局、市文化局联合主办，平谷区安全监管局、区文化委承办的2012年北京市安全文艺基层巡演活动走进平谷，9月12日晚在区桃花大舞台举办，平谷区安全监管局局长王浩文、文化委主任王振国和社区群众、企业职工共计600余人观看了演出。此次巡演活动以“践行北京精神，弘扬安全文化”为主题，利用歌曲、快板、小品、相声、朗诵等文艺形式，将安全文化送到社区、送进企业。（王建雄）

【商场、旅游等安全员培训】 9月13日至14日，平谷区安全监管局在北京金通远建筑公司举办区176家商场、超市、旅游景区、宾馆饭店、网吧歌厅等人员密集场所安全管理人员进行安全生产法律法规、安全生产形势分析、消防和用电安全常识、隐患排查整治和突发事件应对为重点内容的讲座。（张立轩）

【制造业、食品加工业安全员培训】 11月22日至23日，平谷区安全监管局在北京金通远建筑公司举办116家制造业及食品加工业企业安全管理人员安全生产法律法规、安全生产形势分析、消防和用电安全常识、隐患排查整治和突发事件应对为重点内容的培训。（王艳娇）

安全生产科技

【安全生产重点建设和发展】 2012年，平谷区安全监管局确定了6项具有长远意义的安全生产重点建设和发展任务。一是安全生产隐患排查治理体系建设；二是企业安全生产标准化建设；三是应急救援队伍建设；四是专业化的安全监管监察队伍建设；五是安全技术创新体系建设，整合安全科技优势资源，建立完善以企业为主体、以市场为导向、产学研用相结合的安全技术创新体系的建设；六是安全文化建设，在中小学广泛普及安全基础教育，全面开展安全生产、应急避险和职业健康知识进企业、进学校、进乡村、进社区、进家庭活动。

（杜春光）

【“五级”安全网格管理】 2012年，平谷区进一步完善安全生产网格化监管模式，即：各责任单位按照各自的职责范围，将安全责任作内部分解，并按一定地域划分若干个安全监管责任区，落实责任人，明确工作职责，全面负责责任区的安全生产工作，从而建立高密度、精细化、网格化安全生产监管和责任体系。按此监管模式，建立“五级安全生产监管网格”，将区政府视为安全生产监管的“一级网格”；将区安委会视为安全生产监管的“二级网格”，监督、指导、协调区政府有关部门和各乡镇履职“三级网格”情况；将各行业部门、各乡镇视为安全生产监管的“三级网格”，组成的立体式网格化监管体系，横向由行业部门分工负责，纵向由区政府、乡镇政府分级监管；将行政村（居委会）视为安全生产监管的“四级网格”；将全区所有生产经营单位视为“五级网格”，主要负责人对本单位的安全生产负全责，建立公司、车间、班组三级安全管理体系和覆盖各层面、各岗位的安全管理网格。“五级”安全网格管理体制进一步细化了安全监管职责，全面提升了监管力度，有效消除了安全生产监管盲点死角。

（杜春光）

【上下游环节安全生产管理】 2012年，平谷区安委会办公室印发了《关于进一步加强企业生产经营建设上下游环节安全生产工作指导意见》，就企业生产经营建设活动中供应链上下游环节的安全生产行为进行了规范。《意见》主要包含5个方面内容：企业上下游环节的安全生产责任界定、生产经营建设上游企业和下游企业安全生产责任和权利、政府部门的监管要求和激励政策等。重点就危险化学品等原材料采购、产品销售、货物运输以及建设工程发包承揽等易产生较大安全生产风险的活动中，企业如何履行主体责任进行了规范。

（王建雄）

【分类分级管理全面启动】 2012年，平谷区安委会印发了《平谷区安全生产分类分级管理工作实施方案》，标志着全区生产经营单位安全生产分类分级工作全面启动。《方案》按照分步实施、稳步推进的工作思路，分为前期准备、宣传培训、实施分级、管理运行四个阶段，把对全区生产经营单位分为工业生产、人员密集、危险化学品、工程建设、道路交通、其他等6大类，依据评分标准对生产经营单位的安全生产基础管理、现场管理、职业卫生管理和事故应急管理等四项指标进行评定，分为A、B、C、D四级。《方案》对分类分级工作提出四点要求。一是要明确责任目标，采取有效措施保证分类分级工作顺利进行；二是要熟知工作内容，正确指导生产经营单位按要求完善安全生产条件；三是要坚持一个标准，一个尺度，做到评分不漏项、标准不降低、结果公正合理；四是要及时总结好的经验、做法，协调解决出现的问题，在实践中不断完善分类分级管理工作体系。

（王建雄）

安全生产标准化

【企业安全标准化达标工作】 3月31日，平谷区安全监管局联合马坊开发区管委会召开推进企业安全标准化达标工作。马坊开发区辖区内17家企业负责人参加了会议。会上，讲解企业安全标准化达标工作的目的和意义，介绍全区开展企业安全标准化达标工作情况，并就企业开展安全标准化达标工作进行了部署。北京金隅平谷水泥有限公司和北京日进汽车系统有限公司两家企业已取得了“市级安全生产标准化”企业称号。北京和信汽车部件有限公司、北京星宇车科技有限公司等6家企业和42家危险化学品经营单位启动了市级安全生产标准化达标工作。北京龙禹化工有限公司、北京华阳服装厂等100家企业取得了“区级安全生产标准化企业”称号。 （王振民）

【推进安全生产标准化工作】 11月12日，平谷区安全监管局会同评审专家深入企业进行宣传指导，在北京市华都峪口禽业有限责任公司孵化基地召开了开展安全生产标准化建设咨询及培训会议。会上首先由北京市华都峪口禽业有限责任公司领导对安全生产标准化工作进行了动员发言，然后由评审专家向与会的北京市华都峪口禽业有限责任公司各分公司主要负责人、安全管理人员讲解安全生产标准化工作的目的、意义、评审标准和在评审及问题整改工作中的注意事项。最后由区安全监管局对会议作了总结，要求各分公司领导要高度重视安全生产标准化评审，借助此次安全生产标准化评审契机，一是要全面落实安全生产责任制，强化员工安全意识和安全操作技能；二是要细化制度、强化管理，有效提高企业安全生产管理水平；三是要通过安全生产标准化评审，系统筛查安全隐患，全面修订应急预案，增强企业安全生产事故防范能力，杜绝安全生产事故的发生。 （李君）

密云县

概 述

2012年，密云县安全生产工作牢固树立“科学发展安全发展”理念，实施以“一岗双责”为核心的安全生产责任制，形成以综合监管与行业监管为构架的安全生产工作格局，构建三级监管队伍为基础的安全监管网络，建立以科技进步为着力点的安全科技支撑体系和以本质安全为目标的企业安全生产监管体制，营造“关爱生命、关注安全”为主旋律的安全生产文化氛围，积极开展各项安全生产工作，全县安全生产形势保持了总体平稳的态势。

一、抓目标任务管理，有效落实重点工作

进一步加强安全生产目标管理。一是层层签订安全生产责任书。年初，县政府与43个责任制单位签订《2012年安全生产目标管理责任书》，各镇政府、街道办事处层层分解安全生产目标责任，《安全生产责任书》逐级签订到村、到企业、到班组，保证了安全生产责任的全覆盖。二是明确安全生产工作重点。2月，密云县安委会制定下发《2012年安全生产工作要点》，确定了行业部门、属地、综合监管部门“安全生产制度建设、队伍建设、宣传教育培训、重点行业监管、法制和信息化建设、安全生产标准化、执法监察、应急处置、重要时期安全生产保障”九项重点工作任务。三是制订全年重点执法检查计划。3月，密云县安委会制定印发《2012年密云县安全生产重点执法检查计划》，全年组织实施9项执法督察行动和9项重点专项执法行动。

进一步加强宣传教育培训。一是认真落实市安全生产月活动组委会指示精神，精心组织、深入发动，集中开展大型安全生产咨询日、安全生产歌咏比赛、电影集中展映、动画漫画征集等13项全县性活动，获得2012年北京市安全生产月活动优秀组织奖。二是强化新闻报道和信息工作。密云县安全监管局与县电视台联合制作的《北京非煤矿山打非治违专项行动纪实》专题片获得国家安全监管总局好评并向全国推广；向各类刊物投送工作信息360余篇，编印各类简报32期，编印《打非快报》29期，及时宣传报道全县安全生产工作情况。三是积极开展全员大培训活动，强化企业职工安全意识。全年举办各类安全培训班483个，培训12562人次；举办安全知识讲座83场，参加培训人员3300人次。培训特种作业人员2844名，培训高危行业安全管理人员439名，职业健康管理员267名。

进一步强化隐患排查治理。一是深入开展“打非治违”专项行动。县长亲自挂帅，成立了专项行动指挥部及2个办公室，全县共打击非法违法行为44986起，拆除违法房屋面积29762.5平方米。二是认真开展“护航”联合行动。共监督检查生产经营单位3907家次，发现、督促整改隐患3934项，停产停业整顿41家，关闭取缔36家。三是根据市安委会实行安全生产隐患排查治理情况月通报分析制度要求，县安委会制订工作方案，并召开专题部署会。全年共排查企业3450家次，发现一般隐患15761项，并已督促整改。

进一步深化安全生产专项整治。一是深化非煤矿山专项整治，开展非煤矿山“打非治违”专项行动，推进“安全健康·绿色和谐”示范矿山建设，取得良好成效。9月，密云县举办全国非煤矿山整顿关闭暨“打非治违”推进会，密云县整顿关闭和“打非治违”的工作经验受到国家安全监管总局及与会代表的一致好评。二是开展危险化学品专项整治。通过自查自纠、隐患排查、严格行政许可、加油站现场安全生产状况审核检查等方式，提高危险化学品从业单位安全水平。三是开展交通安全专项整治。全年处罚各类交通违法行为14.8万余起，罚款2335.2万元，保障了道路交通运输安全。四是密云县公安、交通、建设、市政、质监、工商、文化、商务、旅游、体育、农业、民防等部门强化行业监管，进一步明确责任、狠抓落实，全县9个专项整治行动取得明显成效。

二、抓基层基础，提升企业本质安全水平

一是严把市场入口关。坚持安全“三同时”制度，把企业安全生产“三同时”作为行政许可的前置条件。二是扎实开展“创建”活动，逐步推进企业安全生产标准化建设。2012年，密云县扎实开展安全生产示范企业、安全文化社区、安全生产标准化企业创建活动，不断推动企业安全管理和安全意识的提升，改善了企业安全生产条件。三是强化应急救援预案管理，结合实际修订了非煤矿山、危险化学品等专项应急预案，并积极开展应急救援演练活动，提高全县安全生产事故应急处置和应对能力。

三、抓队伍建设，实现安全监管网格化管理

一是扩大安全生产监察队伍。根据安全生产监察需要，密云县安全监管局不断扩充安全生产监察队伍，截至2012年年底，县安全监管局已有安全生产监管监察人员45人，比2002年建局时增加35人。各有关行业监管部门均设立了安全生产执法监管（管理）科室，为有效提高全县安全生产执法效能提供了保障。二是健全安全生产管理队伍。全县21个镇街（开发区）分别成立了安全生产管理常设机构，截至2012年年底，全县共有安全生产管理人员82名，平均每镇街4名。三是县安全监管和管理部门不断加大监督检查力度，督促企业建立健全安全生产管理机构和人员。“三高危”企业、规模以上企业及其他生产经营单位均按规定建立了安全生产管理机构或配备了专（兼）职安全生产管理人员。

四、抓科技创安，提高安全生产保障水平

一是进一步加大安全生产投入。县安全监管局继续抓好企业安全生产费用提取使用制度的落实。各乡镇政府进一步加大对安全生产的投入，加强对各项安全费用的审计监督，保证投入到位、专款专用。二是坚持“科技兴安”战略。密云县安监、科技、经信等部门充分发挥科技创新和人力智力资源优势，加快科技成果推广，有效利用科技手段提升安全生产监管能力。县安全监管局认真贯彻落实市安全监管局制定的安全监管系统装备配备实施意见，督促基层单位配齐必需的安全监管装备。三是全面推进安全生产信息化建设。县安全监管局充分利用安全生产监管业务系统，深化隐患治理、行政执法、综合指标等核心业务系统应用。全县5家非煤矿山在尾矿库坝面等重点部位安装全天候电子监控系统，实现矿山企业、矿山公司、县安全监管局三级视频在线监控，提高了日常管理效能。

2012年，密云县被评为“2012年度北京市安全生产工作先进区县”、获得“2012年度北京市安全生产工作基础管理创新奖”；密云县安全监管局被评为“2010—2012年度北京市安全生产先进单位”、获得“北京市安全生产月活动优秀组织奖”。

2012年，密云县安全生产工作仍然存在一些不足：安全发展科学发展理念还不牢固；部分生产经营单位安全生产主体责任落实不够，资金投入不足，安全管理有待加强。

安全生产综合监管

【安全生产控制考核指标落实情况】 密云县2012年安全生产控制指标为46人。其中：工矿商贸领域4人；道路交通领域40人；火灾领域1人，铁路交通领域1人。全县共发生道路交通、火灾及生产安全死亡事故32起，死亡36人，占全年总控制指标（46人）的78.3%。其中，道路交通发生死亡事故28起，同比减少2起，下降6.7%；死亡32人，同比减少6人，下降15.8%。生产安全领域死亡事故3起，死亡3人，与去年持平；消防领域死亡1人。各领域事故均未突破市安委会下达的控制指标。（柳世杰）

【开展安全生产综合考核】 12月，依据《密云县安全生产综合考核办法》，密云县安委会组织开展了对18个乡镇、2个街道办事处、1个经济开发区、22个政府部门安全生产年度综合考核工作。考核包括组织领导、应急管理、隐患治理、事故查处、控制指标、重点工作、县安委会办公室交办临时性工作7大项26小项内容。经考核评定，43家责任制单位均达到合格以上成绩。其中成绩优秀（95分以上）的单位33个，优秀率76.7%；成绩合格的单位10个，占考核单位总数的23.3%。考核结果以《密云县安全生产委员会关于2012年度安全生产综合考核工作情况的通报》的形式，在全县范围内进行了通报。

（柳世杰）

【贯彻电视电话会议精神】 为深入贯彻落实1月13日全国安全生产电视电话会议和1月20日北京市安全生产电视电话会议精神，密云县采取措施确保春节期间安全稳定：一是狠抓安全生产责任和安全生产制度的落实，保障各项工作落到实处；二是全县4大班子领导带队，加强节日安全检查，促进了安全生产工作落实；三是强化对重点行业领域监管监察，督促全县各生产经营单位节日期间安全教育、安全管理、安全防范措施、应急值守等工作的落实。节日期间，全县共组织安全检查组1042个（次），出动人员6348人次，检查生产经营单位2988家次，查处各类安全隐患3824项，保障了全县春节期间的安全稳定。（柳世杰）

【县领导带队检查节日安全生产工作】 1月17日，密云县县委书记汪先永、县长王海臣、县政协主席王春林分别带队，对全县春节期间安全生产工作进行检查。汪先永带队对物美大卖场果园店、瑞海姆田园度假村、内蒙古伊利实业集团股份有限公司北京乳品厂进行了节前安全检查。汪先永要求：节日期间安全生产工作一定要抓细抓好，企业负责人要高度重视，有针对性地制定安全工作措施，定期对设备进行检验检测，加强各类事故防范。王海臣带队对鑫海韵通密云店、世豪国际酒店、华远市场进行安全检查。王海臣要求企业要严格执行安全生产制度，消除各类安全隐患，切实提高安全生产水平。王春林带队对国泰商场、云佛山滑雪场、云湖度假村进行了安全检查。王春林要求生产经营单位安全生产工作要做细做实，消防通道要畅通，安全检查要认真，在注重企业经营管理的同时更要注重设备、设施维护等安全工作。县安全监管局主要负责人陪同检查。（柳世杰）

【县领导检查指导安全监管工作】 2月2日，副县长郭鹏到县安全监管局检查指导工作，听取了春节期间全县安全生产工作情况，详细了解了春节期间安全监管局具体工作、工作安排及2012年工作重点。郭鹏要求：一要把各项工作抓紧、抓细、抓好，坚决杜绝人员伤亡事故；二要狠抓安全生产教育培训，增强全县广大干部群众的安全生产意识；三要加强安全生产宣传报道和信息工作，进一步扩大安全生产的社会影响；四要开展好安全生产“护航”联合行动，加大执法检查力度，强化安全隐患的排查整改；五要做好重要时期安全生产工作，尤其是“两会”和“十八大”时期，要强化各项安保工作，确保全县的安全稳定。（柳世杰）

【全国“两会”安全保障工作】 2月，密云县安全监管局提前谋划部署，采取四项措施加强“两会”安全生产保障工作：一是制定下发《关于切实做好“两会”期间安全生产工作的通知》，对安全生产工作进行部署，提出具体要求。二是督促企业落实安全主体责任，深入开展安全隐患排查整改工作，强化事故预防，从源头上遏制安全事故的发生。三是结合安全生产“护航”联合行动，联合相关部门和镇街组成多个执法检查组，开展安全生产执法大检查。四是加强全县安全生产应急管理，制定“两会”安保措施，严格落实应急值班值守等工作制度，确保各项安全生产应急工作及时有效。（柳世杰）

【元旦、春节安全生产工作】 2012年，密云县安委会采取措施做好元旦、春节期间安全生产工作。一是认真开展安全生产大检查。各镇街、部门结合实际，针对本区域、本行业（领域）存在的安全生产薄弱环节，组织开展全面、彻底的安全大检查，消除大批安全隐患。二是深入开展非煤矿山、危险化学品、消防、交通运输、在建工程等重点行业领域安全生产专项治理，有效防范各类生产安全事故。节日期间，全县共组织安全检查组1184个，出动人员11046人次，检查生产经营单位5401个，检查各类车辆1248台次，查处各类安全隐患8438项。（柳世杰）

【综合监管工作会】 2月17日，密云县安委会办公室组织召开安全生产综合监管工作会，县住建委、县商务委等19个相关部门主要领导参加会议。会上县安全监管局通报了全县2012年安全生产工作主要思路和重点工作，对安全生产综合监管工作计划进行了详细阐述，各相关部门先后汇报了本单位2012年安全生产工作计划。会议要求各单位：一是进一步完善安全生产责任制度，做到年初有计划，过程有监督，实现有手段，年终有考核的工作机制，把安全生产制度化建设推上一个新台阶。二是建立健全安全生产综合监管机制，坚持每季度召开安全生产联席会议，分析各行业领域安全生产形势，提出针对性意见。三是坚持做好两个监督检查工作。第一，县安全监管局会同县住建委、商务委等具有执法权的行业部门对建筑工程、商场、景区等人员密集场所开展联合执法检查；会同县市政市容委、县公路分局等不具有执法权的行业部门对道桥工程、电力工程、燃气设施等单位开展集中安全检查。第二，对签订《安全生产目标管理责任书》的单位开展半年和年终监督检查。通过两个监督检查强化企业落实安全生产主体责任，进一步梳理和明确行业主管部门安全监管职责，充分发挥行业主管部门的专业优势，形成安全生产齐抓共管的工作局面。

（杨淑荣）

【全县安全工作会议】 2月28日，密云县召开2012年安全工作会议，常务副县长王稳东出席会议。会议通报了2011年全县安全生产工作总体情况，分析了当前安全生产形势，部署了2012年安全生产工作。全县各相关部门、镇街行政“一把手”、主管安全生产的副职领导及相关人员600余人参加大会。王稳东提出三点意见：一是总结经验，认清形势，时刻绷紧安全管理之弦。要意识到安全生产工作的重要性和紧迫性。在开展各项工作的同时要把安全生产放在首位，为其他各项工作的开展打下坚实基础。二是明确责任，狠抓落实，全力构筑安全管理之基。要求全县各单位要将安全生产三项责任落到实处，切实把各项具体工作真正落实到位。三是广泛宣传，强化教育，营造安全管理之势。宣传国务院40号文件中提出的科学发展安全发展理念，通过“安全生产年”、“安全社区创建”等各项活动，进一步提高全社会的安全意识和防范能力。王稳东着重强调，做好“两会”安全保障工作是当前工作的重中之重，各单位要结合自身实际，集中做好各项检查，严防“两会”期间出现重大安全事故。会上，密云县政府与责任制单位代表签订了《安全生产目标管理责任书》。

（柳世杰）

【属地第一季度安全生产会】 4月20日，密云县召开属地第一季度安全生产工作会，各镇街、地区、开发区安全科室负责人及具体工作人员39人参加会议。会议向在场人员宣贯了国务院40号文件和市委、市政府20号文件精神，对《2012年度安全生产责任制》进行了详细解读，并着重对下阶段安全生产工作进行了部署。会议要求各镇街要充分认识当前安全生产形势的严峻性，坚决克服麻痹思想，周密分析安全生产形势和特点，全力以赴做好安全生产各项工作，并就下一阶段重点工作要求：一是确保自查自报工作有序开展。二是加强宣传教育培训工作。三是加强安全生产信息工作，切实提高信息数量和质量水平。四是深入开展好执法检查和专项治理工作。五是提前做好“五一”、“端午节”小长假安全保障准备工作。六是加强应急管理工作。（马尚彬）

【部署“五一”安全工作】 4月28日，副县长郭鹏到县安全监管局检查指导安全生产工作，并对“五一”期间安全生产工作提出要求。郭鹏首先了解了第一季度全县安全生产情况，听取了“五一”期间全县安全生产工作部署及下一阶段全县安全生产具体工作安排。郭鹏指出：“五一”期间，商市场、旅游景区游客剧增，道路交通压力增大，安全保障和应急管理任务繁重，安全监管局要高度重视，确保节日期间安全稳定。一是根据当前安全生产形势，把各项工作抓紧、抓好，坚决杜绝重特大事故发生；二是加强全县安全生产应急管理，严格落实“五一”期间应急工作制度要求，积极做好应急值班值守等各项工作；三是认真落实重要时期安全生产安保措施，进一步强化安全保障工作，确保全县的安全稳定。（柳世杰）

【“打非治违”动员部署】 5月30日，密云县召开“打非治违”专项行动部署会。常务副县长王稳东主持会议，副县长郭鹏宣读《密云县安全生产领域“打非治违”专项行动工作方案》，副县长李光辉部署违章建设治理工作，城管大队和密云镇分别做典型发言。县长王海臣强调：要统一思想，提高认识。安全生产工作是一个永恒的话题，只有起点，没有终点。能否将“打非治违”工作落到实处，直接关系到政府形象和社会风气。要将维护广大群众的切实利益作为工作的出发点，高度重视此项工作。要明确目标任务，突出工作重点。一是突出三个抓手。要以摸底排查为抓手，准确掌握情况；以隐患治理为抓手，消除事故源头；以宣传教育为抓手，扩大参与范围。二是明确三个重点。要抓住重点领域、重点区域和重点环节，将“打非治违”固化为一项制度化的工作，常抓不懈。三是坚持三个原则。要做到依法依规、统筹推进和标本兼治。四是实现三大目标。要做到安全生产秩序规范，重要节点区域明显改观和长效机制有效建立。要切实抓好落实，确保工作实效。各镇街、各部门要成立“打非治违”专项领导小组，全面负责本地区“打非治违”工作。要有效发挥现有队伍作用，特别要发挥网格化管理员作用，做到第一时间发现、第一时间制止。要加大整治力度，对“打非治违”过程中发现的非法违法行为要依法严肃处理。要强化监督检查，确保“打非治违”工作取得实效。最后，王海臣希望各镇街、各部门统一思想、狠抓落实，以我为主，攻坚克难，以更大的决心、更有力的措施、更扎实的工作，持续深入地推进“打非治违”专项行动，全力维护好安全稳定大局，以优异成绩迎接“十八大”召开。（柳世杰）

【属地第二季度安全生产会】 6月6日，密云县召开属地第二季度安全生产工作会，各镇街、地区、开发区安全科室负责人21人参加会议。会议向在场人员通报了上半年全县安全生产工作情况并对下一阶段安全生产工作进行详细部署。会议要求各属地要充分认清第三季度全县安全生产形势，进一步做好第三季度安全生产各项工作。一是进一步做好隐患自查自报工作；二是全面开展安全生产月各项宣传活动；三是继续深入开展“两证”登记工作；四是做好应急预案管理工作；五是做好汛期安全生产各项工作，确保汛期安全。

（马尚彬）

【安全生产责任制半年督察】 7月9日至20日，县安委会办公室对全县各属地及县安委会成员单位上半年安全生产责任制落实情况进行了督察。督查组依据《2012年安全生产目标管理责任书》考评内容，结合上半年各项工作开展和完成情况，逐项进行了检查。通过了解各单位工作开展情况、察看各单位安全管理资料、抽查企业等方法，对各镇街、部门上半年开展安全生产工作情况进行了全面细致的了解。督察发现，上半年各成员单位均能按照年初签订的责任书积极落实属地、行业安全管理职责，有效开展了监督管理和隐患治理工作，较好地完成了上半年各项安全生产工作任务。（柳世杰）

【落实县长关于“8·7”事故批示】 8月7日，县长王海臣就密云县值班快报第18期刊登的“发生一起脚手架坍塌事故”作出重要批示：要求对全县建筑生产领域的安全生产要认真抓一抓，近期事故呈上升趋势，应引以为戒，县住建委要充分发挥行业管理职能作用，对此事故一定要认真调查，并报结果。8月7日上午10时40分左右，密云县果园新里北区既有居住建筑节能改造项目工程23号楼发生一起脚手架坍塌事故，造成3人受伤，无人员死亡。事故发生后县安全监管局坚持实事求是、尊重科学和“四不放过”的事故处理原则，组织县住建委、县公安分局、县监察局等部门成立事故调查小组，对事故的发生经过、事故原因、事故性质、事故责任等情况进行调查。8月10日，结合全县安全生产形势和近期事故多发状况，县安全监管局组织县住建委、质监局、公路分局等12个有关部门主管领导以及21个镇街、地区安全科长召开安全生产紧急工作会议，通报近期事故情况，共同分析研究全县各行业领域、各地区安全生产状况，并对下一步全县安全生产工作进行部署，要求各部门各地区立即行动起来，全面开展行业、属地安全大检查，及时消除事故隐患，预防各类安全事故的发生。8月下旬，县安全监管局联合县住建委开展建筑领域专项安全检查，重点排查了县域内重点工程和老旧小区改造工程。共检查在建工程9处，下达责令改正指令书9份，查出事故隐患54项，对1处存在较大隐患的在建工程下达现场处理措施决定书，要求施工单位暂停施工，立即整改。

（李磊）

【部署“十八大”安全保障工作】 9月6日，密云县人民政府组织召开“十八大”期间安全生产工作部署会，县各部门、各镇街、县经济开发区行政“一把手”、主管领导参加会议。县委常委、常务副县长、县安委会常务副主任王稳东和副县长、县安委会副主任郭鹏出席会议并讲话。郭鹏传达了市政府安全生产工作专题会精神和《密云县“十八大”期间安全生产保障工作方案》，县安全监管局主要负责人通报了全县安全生产形势及下一阶段重点工作部署，县住建委、县公安交通大队、县交通局、县公安消防支队分别就各领域事故情况进行通报。王稳东要求：各单位一要狠抓工作落实，迅速开展安全生产自查自纠工作，认真落实属地、部门责任，围绕安全生产各项工作进行全面自查，并加大执法力度，特别是要针对容易出现安全事故的部门、行业、重点单位强化执法检查，加强对安全隐患的治理，全力压减安全事故；各单位要严格落实安全机构及人员，重点做好日常工作，真正做到各项安全工作“有人抓、有人管”。二是加强对安全生产工作的领导，各部门、各镇街主要领导要高度重视安全生产工作，分析研究本部门、本单位安全生产工作特点，针对前段时间本县出现的多起安全事故，有针对性地制订各项安全工作措施，严格落实第一责任人的安全责任，同时，各单位要加强协调沟通，发挥各自作用，切实确保“十八大”期间全县的安全稳定。（柳世杰）

【部署中秋、国庆安全生产工作】 9月25日，根据市安委会办公室有关文件精神，密云县安委会办公室结合密云实际，制定印发了《关于做好中秋节和国庆节期间安全生产工作的通知》。要求各部门和单位一要突出重点行业，强化安全监管。要加大工作力度，继续深入排查整治重点行业领域的安全生产事故隐患，并督促限期整改完毕。二要强化宣传教育，营造良好安全氛围。针对节日期间旅游景点和人员密集场所易发生火灾、人员踩踏等事故特点，运用多种形式有针对性地开展安全生产宣传教育活动，普及群众性自救、互救和逃生等安全知识，营造关注安全、关爱生命的社会氛围。三要全面加强节日期间应急值守工作，建立节日期间信息沟通和反馈制度。切实提高防范各类生产安全事故的水平和事故应急处置能力。

（柳世杰）

危险化学品安全监管

【危险化学品行政许可审批】 2012年，密云县安全监管局严格履行受理、复核、审核、审批行政许可程序，完成《危险化学品经营许可证》（乙类）的行政审批工作3件。其中首次申请危险化学品经营单位1家，地址、法人变更单位1家，延期换证1家。按照市安全监管局下发审核通知的要求，对县域内10家加油站进行了现场安全状况审核。（杨淑荣）

【危险化学品重大危险源备案】 依据《危险化学品重大危险源辨识》（GB 18218—2009）标准，中国石油化工股份有限公司密云石油分公司（油库）柴油储量1.1万余吨，构成重大危险源。5月，该单位按照《北京市危险化学品重大危险源安全管理办法（试行）》的有关规定，提交相关备案材料，经审核材料内容齐全、规范、有效，密云县安全监管局完成了对该重大危险源的备案工作。（杨淑荣）

【液氨从业单位专项整治】 5月，按照市安全监管局《关于开展液氨从业单位安全生产专项整治工作的通知》要求，以《北京市液氨储存使用安全管理导则》为标准，密云县安全监管局对全县范围内10家液氨从业单位开展专项整治工作，督促各液氨从业单位对照导则内容，开展自查自纠，完善各项液氨管理制度及安全设备设施。其间，县安全监管局逐一对液氨整治情况进行了现场检查，对发现的问题提出了进一步的整改要求，下达责令限期整改10份，发现隐患69项。检查发现大部分企业已按照《导则》要求，完成了整改工作，但仍有部分企业存在问题。根据实际情况，对3家企业下达了限期整改，对1家未有效整改的企业进行了责令停产停业整顿的行政处罚。10月中旬，县安全监管局邀请市制冷协会专家，对本县液氨从业单位专项整治工作进行了指导验收。

（杨淑荣）

【易制毒化学品专项整治】 8月，按照市安全监管局相关工作要求，密云县安全监管局对县域内3家易制毒化学品经营单位进行了安全检查，重点检查各单位销售流向登记工作的落实情况。要求各易制毒化学品经营单位在销售过程中，认真记录购买信息，准确及时记录每次销售情况，并通过网络上报。对其中2家企业下达了责令限期整改指令书，要求对销售登记过程中存在的问题进行整改。（杨淑荣）

【“两重点一重大”专项整治】 按照全市“两重点一重大”（重点监管的危险化工工艺、重点监管的危险化学品及危险化学品重大危险源的专项整治）的整治工作部署，密云县北京清源净水剂厂作为危险化学品生产企业，其氯化反应工艺列入整治范围。该厂经过半年的全面改造，投资40余万元，完成了重要工艺的设备改造，安装了紧急切断系统，达到了实时监控要求，增设了泄漏吸收装置。10月，通过市级验收，取得了危险化学品生产许可证书。（杨淑荣）

【危险化学品“打非治违”】 8月，按照全县统一部署，密云县安全监管局开展危险化学品“打非治违”专项行动。对全县42家加油站，9家气站及烟花爆竹经销单位和油库进行了全覆盖检查。本次专项检查结合“打非治违”2号行动要求，重点对烟花爆竹储存单位及危险化学品生产经营单位是否存在非法违法生产、经营活动及应急救援器材配备情况进行集中检查，有效保障了本县危险化学品行业的安全生产，检查中未发现重大安全事故隐患。（杨淑荣）

【危险化学品安全保障工作部署会议】 10月30日，密云县公安局与县安全监管局联合组织召开危险化学品从业单位及重点企业“十八大”安全保障工作部署会议，县党建工作领导小组副组长、县综治委副主任郑伯华出席会议。会议首先由县安全监管局通报前一阶段全县危险化学品从业单位安全生产状况，传达了市、县两级关于危险化学品安全生产保障的工作部署，并要求各单位认清形势，加强各项安全生产管理工作，保证应急救援物资储备，定期开展安全生产隐患排查治理工作，确保“十八大”期间危险化学品行业安全稳定。县公安局就密云县“十八大”期间煤、电、气、热等重点企业的公共安全保障工作进行安排和部署。要求各重点企业统一思想，加强责任感、紧迫感，做好内部保卫工作，杜绝群体事件发生。郑伯华提出3点要求：一是提高认识，加强领导。各部门、各企业要充分认识“十八大”期间社会维稳工作的重要性，全力避免各类事故的发生。二是各重点企业要建立健全各项责任制度，规范业务流程，深入落实各部门的工作部署，加强应急值守，避免出现麻痹思想和侥幸心理。三是加强检查督导，及时消除隐患。各部门要按照部署，针对重点行业、重点部门、重点场所开展监督检查工作，确保“十八大”期间的安全稳定。全县77家危险化学品从业单位、1家烟花爆竹批发企业及10家重点企业负责人参加会议。（杨淑荣）

【“十八大”危险化学品安全保障工作会】 9月14日，密云县安全监管局组织召开“十八大”期间危险化学品安全生产工作会。县危险化学品单位主要负责人70人参加会议。会议首先传达了市、县两级“十八大”安全保障工作精神，下发了《北京市安全生产监督管理局关于“十八大”期间危险化学品安全保障工作方案》，部署了“十八大”期间危险化学品工作任务，并要求各单位按照方案要求制定相应措施计划，加强安全保障工作。其次，对国家安全监管总局第55号令《危险化学品经营许可证管理办法》进行宣传贯彻，要求各企业积极开展危险化学品标准化评审及网上申报工作，计划在10月底前完成评审。（杨淑荣）

【瓶装工业气体安全生产工作会】 8月1日，密云县安全监管局组织召开瓶装工业气体安全生产工作会，县域内9家瓶装工业气体经营企业的负责人参加会议。会议转发并传达了《北京市安全生产监督管理局关于加强危险化学品反恐怖防范工作的意见》和《北京市安全生产监督管理局办公室关于印发瓶装工业气体安全生产标准化模板的通知》，并对安全生产标准化模板进行了讲解。会议要求各企业要高度重视安全生产标准化工作，认真做好重点时期反恐工作和汛期、高温天气的安全生产工作，有效防范各类危险化学品事故的发生。

（杨淑荣）

【危险化学品反恐工作会】 2月28日，密云县安全监管局组织全县危险化学品生产、经营单位负责人召开危险化学品反恐工作会议，并就加强“两会”期间危险化学品安全监管工作提出5项要求：一是加强领导，提高认识，切实增强反恐意识；二是结合实际，研究制订“两会”期间危险化学品安全保障方案及措施；三是严格落实企业主体责任和各项安全管理制度，加强危险化学品安全管理；四是加强应急演练和应急教育，进一步提高应急处置能力；五是加强应急值守，严格落实领导带班制度，确保“两会”期间信息渠道畅通。

（杨淑荣）

【市局检查液氯使用安全】 10月18日，市安全监管局局长张家明对北京自来水集团第九水厂密云分厂进行检查。张家明重点对液氯存储、使用场所进行了检查。检查发现该单位安全管理体系健全，各项监控措施完备，应急救援物资储备良好。张家明对该单位安全管理工作给予充分肯定，同时就如何做好“十八大”期间安全管理工作提出如下工作要求：一是以确保“十八大”期间安全稳定为第一要务，制定专项安保措施，确保液氯储存、使用场所不发生任何安全事故。二是提高“反恐”意识，完善安保力量，加强对剧毒化学品安全管理。三是继续保持高度谨慎的工作态度，定期开展隐患排查和安全检查，确保应急救援物资、安全监控设备、劳动防护用品运转良好，满足及时处置各类突发事件的需要。（杨淑荣）

烟花爆竹安全监管

【烟花爆竹网点行政审批】 2012年春节前，县安全监管局共接到烟花爆竹销售网点许可申请93个，通过各部门安全审核最终规划设置烟花爆竹销售网点75个，其中县城区内主渠道销售网点16个，各乡镇非主渠道销售网点59个。非主渠道网点自1月13日起、主渠道网点自1月16日起开始烟花爆竹销售，销售截止日期为2月6日。

（杨淑荣）

【烟花爆竹执法检查】 春节期间，密云县安全监管局对烟花爆竹储存库及县城内各零售摊点进行不间断安全检查，共检查烟花爆竹销售摊点118个（次），查处并督促整改安全隐患和问题113项，确保了烟花爆竹销售安全。

（杨淑荣）

【烟花爆竹安全会议】 12月11日，密云县安全监管局召开2013年烟花爆竹安全管理工作会议。21个乡镇、街道和开发区安全工作负责人参加会议。会议对密云县2013年烟花爆竹安全管理工作进行了整体的安排和部署，明确了工作步骤，时间节点和有关工作要求，并对乡镇网点设置、初步受理审查等具体工作进行详细讲解。要求各乡镇、街道认真落实属地管理职责，做好辖区内网点规划设置和申请资料的审查上报工作。（杨淑荣）

【市局检查烟花爆竹仓库】 1月9日，市安全监管局执法监察总队对密云县烟花爆竹仓库进行检查，检查发现各项管理措施较为完善，但存在库房标识未及时更新、消防水泵养护不到位等问题，执法人员当场进行纠正，并责令立即整改。（杨淑荣）

【烟花爆竹回收】 2012年春节期间，密云烟花爆竹销售网点75个，共销售烟花爆竹7800箱，累计销售金额360万元。截至2月10日，剩余烟花爆竹回收工作全部完成，共回收烟花爆竹230箱，库存烟花爆竹2400箱。

（杨淑荣）

【烟花爆竹安责险】 2012年，密云县安全监管局根据《北京市安全生产条例》和《北京市安全生产责任保险制度试点实施管理办法》规范要求，督促本县烟花爆竹批发、零售单位投保安全生产责任险，并将安全生产责任保险投保证明作为行政许可的必要条件。全县75个烟花爆竹临时销售点和1个长期销售点（北京檀州烟花鞭炮有限公司）均参加了安责险，投保金额达4.56万元，投保率达到100%。（杨淑荣）

矿山安全监管监察

【非煤矿山专项整治】 3月19日至4月6日，密云县安全监管局对本县5家非煤矿山、8家外委企业的露天矿区、排土场、碎石场、高陡边坡、地下矿山建设工程等重点区域进行全面的安全生产检查，查处各类安全隐患 94 项，其中存在警示标识类隐患 25 项，占隐患总量的 26.6%；安全防护类隐患 17 项，占隐患总量的 18.1%；用电防护类隐患 14 项，占隐患总量的 14.9%；照明设备方面隐患 4 项，占隐患总量的 4.3%；重要区域存在浮石及杂物类隐患 8 项，占隐患总量的 8.5%；劳动防护用品等其他类隐患 26 项，占隐患总量的 27.7%。截至 4 月底，上述隐患已整改完毕。（李磊）

【市检查组检查非煤矿山】 5 月 10 日，市安全监管局牵头，会同市国土局、市环保局，到密云县首云矿业股份有限公司、北京威克冶金有限责任公司，开展非煤矿山企业专项执法检查。检查组察看了采场、尾矿库等作业场所的安全生产、职业卫生等情况，认为密云县矿山企业认真贯彻落实《关于进一步深化金属非金属矿山专项整治工作的通知》，“安全健康 · 绿色和谐”示范矿山建设工作取得了显著效果，下一步工作要按照市政府要求和市领导指示，继续加大工作力度，推进“安全 · 和谐”矿山建设，让“安全 · 和谐”理念深入企业、深入基层、深入每位职工，提高安全、环保整体水平，为全市起好带头示范作用。

（马尚彬）

【副市长检查矿山防汛工作】 7 月 28 日，副市长苟仲文到密云县检查首云矿业尾矿库汛期安全保障情况。县委书记汪先永陪同检查。苟仲文听取了密云县及非煤矿山企业防汛工作落实情况汇报，对密云县防汛工作给予肯定，认为非煤矿山企业防汛工作扎实、措施得力，预案详细、技防到位。苟仲文指出，当前防汛工作形势严峻、任务艰巨，要从上到下进一步增强责任意识，将各项防汛措施再做实、再做细，确保安全度汛；密云县非煤矿山企业防汛工作基础好，人防、物防、技防措施到位，但是千万不能放松警惕、掉以轻心，要时刻关注尾矿库等重点部位，强化检查，确保不出问题。市安全监管局副局长贾太保、密云县副县长郭鹏参加检查。

（马尚彬）

【全国“打非治违”工作推进会在京举行】 9 月 19 日至 20 日，全国非煤矿山整顿关闭暨“打非治违”工作推进会在密云县召开。国家安全监管总局党组书记、局长杨栋梁，北京市市委副书记、代市长王安顺出席会议。会议由国家安全监管总局党组副书记、副局长王德学主持。参加会议的还有，国家安全监管总局党组成员、总工程师黄毅，北京市副市长苟仲文，国家煤矿安全监察局副局长李万疆，北京市政府秘书长孙康林，以及各省市相关负责人员。密云县县委书记汪先永参加会议，县长王海臣代表县政府做专题发言。王安顺致辞。与会代表观看了北京市和陕西潼关县“打非治违”及整顿关闭非煤矿山宣传片，北京市安全监管局、密云县政府、山西省潼关县政府分别介绍了整顿关闭非煤矿山及“打非治违”专项行动、“安全 · 和谐”矿山建设等工作开展情况，以及工作中的经验与做法。杨栋梁在会上做重要讲话：密云县在整顿关闭非煤矿山及“打非治违”工作中，措施得力，效果显著，探索出了成功经验，全国各省区市要学习密云的好经验、好做法，把这项工作扎扎实实地做好。就下一步全国非煤矿山整顿关闭攻坚战，杨栋梁提出要求并强调：要充分认识到当前安全生产工作形势的严峻性，树立忧患意识，持之以恒地做好安全生产工作。要下大力气排查事故隐患，坚持预防为主的方针，以保护劳动者生命作为最高职责，认真履职，最大限度地减少安全事故的发生。要认真做好“两节”期间的安全生产工作，做好值班值守和安全检查工作，落实安全措施和制度，确保节日期间不发生重大安全事故。安全监管队伍要监管到位，警钟长鸣，能够经常总结分析安全生产工作，把这项工作抓好、抓出效果。（柳世杰）

【国家总局调研矿山安全】 6月7日，国务院安委会副主任、国家安全监管总局副局长、国家安全生产应急指挥中心主任王德学带队到密云县调研矿山安全生产工作。市安全监管局局长张家明、副局长贾太保参加调研。王德学一行实地察看了首云矿业股份有限公司指挥调度中心、地下矿井及尾矿库的运行，并听取了密云县安全监管局、冶金矿山公司及首云公司关于全县汛期安全生产、“打非治违”、矿山企业防汛等工作的汇报。王德学对密云县安全生产、汛期防汛工作给予肯定，要求密云县要进一步强化各项防范措施，全面加强矿山企业尾矿库安全管理，建立健全和完善尾矿库安全生产目标责任体系，落实尾矿库安全监管责任，从细节入手、从薄弱环节入手，及时排查各类事故隐患。强化安全标准化建设和安全文化建设，全面做好各项工作。县长王海臣、副县长郭鹏陪同调研。（马尚彬）

【市局检查组到首云检查】 6月4日，市安全监管局局长张家明带领检查组密云县首云矿业股份有限公司安全生产工作，县长王海臣陪同检查。张家明、王海臣一行首先来到首云矿业股份有限公司指挥调度中心，通过监控系统察看井下人员作业情况、中央水泵站运行情况。新建成的指挥调度中心是地下矿山监测系统的监控中心，通过这个系统可以准确掌握每个时间段每名井下作业人员的工作轨迹。张家明要求企业继续坚持“以人为本，安全第一、持续改进、健康和谐”的安全生产方针，通过加快信息化建设提升安全工作水平。要对矿井的通风系统、通信系统等进行定期检查，确保安全通畅。随后检查组检查了首云地下开采项目，详细察看了信号硐室、候罐硐室、破碎操作硐室的设备运行情况，主溜井附近安全措施落实情况，电路维护情况。要求企业要重视细节，从做好每一次检查、做好每一次设备维护、写好每一篇工作日志等环节入手，打牢安全工作基础。要密切关注井下水位变化，加强电路维护。在尾砂综合利用车间，张家明要求企业要不断研究尾砂综合利用的新途径，实现资源循环利用，经济可持续发展。在对尾矿库检查中，了解了尾矿库蓄水、排水、汛期值班安排等情况。要求企业在汛期加强值班，密切关注库区水位变化，及时消除防汛隐患。要加强对应急救援预案的协同演练，确保及时、有效应对可能发生的意外事故。一同到首云矿业股份有限公司检查工作的领导还有市安全监管局副局长贾太保、密云县副县长郭鹏。

（马尚彬）

【贯彻非煤矿山整顿关闭推进会精神】 9月27日，市安全监管局组织召开北京市落实全国非煤矿山整顿关闭工作暨“打非治违”专项行动推进会会议精神座谈会，并对全市矿山企业“十八大”期间安全生产工作进行部署。各区县安全监管局主管领导和非煤矿山企业主要负责人参加了会议。参会人员参观了北京威克冶金有限责任公司露天采场、北京首云矿业股份有限公司调度指挥中心及地下开采项目，观看了全国非煤矿山会议宣传片。市安全监管局副局长贾太保传达了全国非煤矿山会议精神，并提出要求：要分析查找本地区矿山安全管理工作中的不足，学习密云县和其他省市的先进工作经验，进一步提高本市矿山安全生产水平；要依法依规继续开展整顿关闭工作；要强化措施，有力推进“安全·和谐”矿山建设，进一步提高整合后矿山的安全、环保、健康水平；要做好节日期间和“十八大”的安全生产工作。 （马尚彬）

【安全和谐示范矿山】 2012年，密云县首云矿业股份有限公司被确定为全市“安全健康·绿色和谐”矿山建设试点单位。为推动示范矿山建设，促进全县非煤矿山安全生产工作，县安全监管局结合试点矿山标准要求，督促和指导首云矿业公司突出抓好“五个提高”。即：提高安全管理水平、提高安全技术水平、提高安全装备水平、提高职业病防治水平、提高环境保护水平。制定下发《密云县安全生产监督管理局关于推进示范矿山建设工作的通知》，要求各矿山企业落实安全生产主体责任，规范生产作业安全行为，借鉴首云地下矿山安全生产工作先进经验，形成程序化安全管理模式，创建市级安全生产地下示范矿山。 （马尚彬）

【非煤矿山安全监管】 2012年年初，密云县安全监管局召开非煤矿山安全生产工作会议，县矿山公司主管领导，各矿山分管安全生产副矿长及安全部负责人，各矿山外协施工队主要负责人参加了会议。会议对矿山企业安全生产工作中的突出问题进行了分析研究，并对本年度安全生产工作进行了动员和部署。根据市、县非煤矿山工作的相关文件精神，县安全监管局从安全管理制度落实、现场管理、重要时期监管、隐患排查等方面，加强了对非煤矿山的日常监管。全年共检查非煤矿山20家次，查处各类隐患44项，下达责令限期整改指令书15份。 （马尚彬）

【部署非煤矿山“十八大”安全工作】 10月29日，密云县安全监管局组织召开非煤矿山“十八大”期间安全生产工作会。全县各矿山企业安全负责人参加。会议总结了1月至10月以来矿山安全生产工作，并提出6项具体工作要求：一是严格落实安全生产主体责任。二是加强领导带班，确保信息畅通。三是抓好专项整治和示范矿山建设工作。四是强化隐患排查治理工作。五是认真开展复工检查教育工作。六是各企业要认真研究落实会议精神，制订详细的工作方案，进一步提高重视程度、查找不足，杜绝安全生产事故的发生。

（马尚彬）

【市局调研矿山班组建设】 11月6日，市安全监管局副局长贾太保到密云县调研矿山企业“安全·和谐”班组建设工作。矿山负责人对“安全·和谐”班组建设的情况进行了汇报，贾太保实地察看了威克冶金有限责任公司提砂车间的班组活动室，充分肯定了密云县矿山企业班组建设的做法和成绩，并强调要将安全标准化深化落实到班组建设中，进一步细化班组、岗位的工作标准、责任制、岗位流程、考核工作，加强风险源预警、预控，强化安全事故警示教育，树立先进典型班组，推动“安全·和谐”班组建设向纵深发展。（马尚彬）

【首云为“中国—欧盟高危行业职业安全健康”试点单位】 2012年，国家安全监管总局局长办公会议研究决定首云矿业股份有限公司为中国—欧盟高危行业职业安全健康项目全国非煤矿山唯一试点企业和国家级培训机构试点单位。中国—欧盟高危行业职业安全健康项目是由国家安全监管总局和欧盟社会事务总司联合推出的国际安全健康合作交流项目，旨在有效提高中国在煤矿、非煤矿山、危险化学品等高危行业职业安全与健康水平。11月6日，该项目组组长保罗·豪森维尔德一行到首云矿业调研，听取了关于安全管理机构设置、职业安全健康管理体系建设和安全文化创建工作的汇报，实地察看了安全培训基础设施。保罗·豪森维尔德对首云矿业在职业安全健康方面的工作和安全培训软硬件设施给予了充分肯定，并表示将全力配合首云矿业开展项目建设工作。（马尚彬）

【国家总局批准首云地下开采项目】 12月11日至13日，国家安全监管总局对首云矿业股份有限公司地下开采项目进行验收评审。验收工作组听取了项目建设的施工、试生产工作的汇报，实地察看了安全设施、“六大系统”的实际运转情况。与会专家一致认为，各生产系统运行正常，日生产矿石量符合设计能力，安全设施可靠、有效，具备了安全生产条件，验收评审合格。首云矿业经过几十年的露天开采，已达到露天设计边界，露天采场深部尚有矿石1.2亿吨。项目自2006年开工，2012年4月基本完成建设，投入试生产。项目投产后预计年产铁矿石150万吨。

（马尚彬）

【市局调研地下矿山安全生产工作】 12月26日，市安全监管局副局长贾太保带队到密云县调研地下矿山安全生产工作，听取了首云矿业股份有限公司关于地下开采工程安全设施验收整改工作的汇报。12月，首云公司针对国家安全监管总局验收工作组提出的工作建议，制订详细的整改工作方案，落实整改责任人，明确整改时限和验收标准，举一反三，查找隐患和管理漏洞，完善管理体制、健全管理制度，为实施地下开采生产打下了基础。贾太保指出密云县矿山行业经过多年的实践摸索，地上开采已经形成了系统的、安全可靠的生产运行模式。首云矿业即将投产的地下开采项目，生产环节多、系统复杂，安全风险远高于露天开采，首云公司作为国家安全监管总局“四个一批”项目地下金属矿山数字化建设示范工程，要切实做好正式投产前的基础工作，从思想理念、制度管理、责任落实、文明生产等方面查找不足，加强安全管理队伍的建设，形成安全部门对企业各生产环节的制衡，争取在一年内抓出成效。

（马尚彬）

安全生产事故隐患排查治理

【开展隐患排查治理行动】 2012年，密云县安全监管局按照县安委会统一部署，在全县范围内普遍开展安全隐患排查治理行动。据统计，此次隐患排查治理工作共排查生产经营单位3450家，排查出各类安全隐患15761项。其中，在工矿企业安全生产事故隐患排查治理中，排查治理生产经营单位939家，排查一般事故隐患5402项；在重点行业领域安全生产事故隐患排查治理中，排查治理生产经营单位2511家，排查一般事故隐患10359项。针对排查出的安全隐患，县安委会办公室建立健全安全隐患排查治理工作机制，实时掌握隐患整改工作进度，推动整改责任落实。截至年底，各类安全隐患整改率达到100%。（柳世杰）

【“打非治违”专项行动】 5月至12月，密云县成立由县长挂帅的专项行动指挥部和2个专项行动办公室，组织开展严厉打击非法违法生产经营建设行为专项行动。其间全县共组织检查组4413个，出动检查人员13248人次，检查生产经营企业6986家，打击非法违法行为为44986起，实施警告处罚2509次；责令改正、限期整改、停止违法行为4128起；关闭非法违法企业139家；行政拘留17人；处罚罚款120.157万元。排查发现违法建设房屋703间，面积31455.4平方米，拆除违法房屋662间，拆除面积29762.5平方米，查处在建违法建设房屋4间，130.06平方米，其中已拆除66.2平方米。（柳世杰）

【“护航”行动取得成效】 按照市安委会统一部署，2011年12月至2012年2月，密云县集中开展了安全生产“护航”联合行动工作，全县共监督检查生产经营单位476家次，指标完成率100%，下达执法文书476份，关闭取缔1起，依法查处违法违规行为并全部督促整改完毕。（柳世杰）

【“护航”第二战役成效】 4月至11月，密云县各部门、镇街开展对建筑施工工地、道路交通运营单位、餐饮等燃气公服用户、危险化学品生产经营单位、再生资源回收单位、商市场及农村集贸市场和居民电梯使用、维护保养单位专项安全检查。共监督检查生产经营单位3907家次，下达执法文书2909份。发现隐患3934项，已整改3902项，停产停业整顿41家，关闭取缔36家，并对7家隐患严重的生产经营单位进行了媒体曝光。（柳世杰）

【动态管理自查自报企业信息】 根据密云县政府办公室《关于印发密云县安全生产事故隐患排查治理自查自报工作实施方案》文件要求，县安委会办公室经研究决定在2011年第一批入库生产经营单位开展自查自报工作的基础上，将自查自报范围扩展到县域内所有生产经营单位。4月20日，县安委会办公室就此项工作对全县各镇街、地区、开发区进行了全面部署。要求各镇街进一步核实确认本辖区内生产经营单位基本情况，将原调查摸底采集的信息结合现在实际，对已注销、无实体或不从事生产经营活动的生产经营单位进行标注，为导入自查自报库做好前期准备。6月6日，在属地第二季度安全生产工作会上，再次对自查自报企业核实工作提出了要求。6月底，经镇街2次反馈核实确认，全县848家生产经营单位划入自查自报库。

（柳世杰）

【安全生产隐患自查自报培训会】 6月29日，密云县安全监管局召开安全生产隐患自查自报工作培训会。各镇街、地区、县经济开发区39名具体工作人员参加了培训。培训向在场人员介绍了隐患自查自报工作出台的背景、意义和作用，详细讲解了隐患自查自报系统使用操作步骤并进行了上机实践指导。培训向各乡镇发放系统使用手册、《安全生产事故隐患排查治理暂行规定》等宣传资料1300份。会议要求各镇街要对本辖区内纳入自查自报库的企业进一步开展培训，保障各企业能够按时完成安全生产隐患自查自报工作。（柳世杰）

【安全生产投诉举报】 2012年，密云县安全监管局共受理各类投诉举报案件18件，其中，隐患类举报16件，占总数的88.9%；事故类举报1件，占总数的5.6%；其他投诉举报1件，占总数的5.6%。调查处理17件，移送1件，办结率100%。

（李磊）

【消防安全隐患排查治理】 2月至4月，密云县商务委按照“安全生产年”和“平安密云”工作要求，开展商场超市、餐饮单位消防安全隐患排查治理，对全县1000平方米以上的商场、超市、餐饮单位共39家（其中商场、超市、家具城为24家），全面开展消防执法检查，共检查生产经营单位39家次，排查安全隐患11项，当场整改2项，限期整改9项。

（柳世杰）

【居民住宅小区电梯隐患排查】 5月至6月，密云县质监局组织特种设备监察人员对密云县居民住宅小区电梯进行全面核查。共计核查168部住宅小区电梯，分别由2家维保单位维护保养，分布在7个居民住宅小区。同时现场抽查了20部电梯。经核查，7个小区的电梯安全管理人员全部持证上岗，168部电梯全部在检验有效期内；抽查的20部电梯内应急救援电话或报警装置畅通，张贴了乘梯须知；维保救援人员能够在规定时间内赶到现场。特种设备监察人员要求电梯维保和小区物业管理单位要做好电梯日常维护保养工作，24小时值守，确保居民住宅小区电梯的安全运行。（柳世杰）

【铝镁制品安全生产专项治理】 2012年，根据市安委会统一部署，密云县安全监管局开展铝镁制品安全生产专项治理工作。一是召开了专项部署会议，将铝镁制品机加工生产经营单位安全生产专项行动纳入日常安全生产管理工作的计划中。二是转发了《北京市安全生产委员会办公室转发〈国务院安委会办公室关于深入开展铝镁制品机加工企业安全生产专项治理〉的通知》，要求各乡镇、街道，经济技术开发区管委会，对铝镁制品机加工生产经营单位进行全面调查摸底，并以表格形式盖章上报，根据生产经营单位实际情况，督促其进行自查整改。三是通过调查摸底了解到密云县共有5家铝合金门窗加工、销售生产经营单位。9月至10月，县安全监管局针对排查摸底结果，进行了专项检查行动。（马尚彬）

安全生产应急救援

【检查尾矿库安全防汛工作】 5月15日，市安全监管局到密云县放马峪铁矿、建昌铁矿针对尾矿库的防汛工作进行检查。检查组实地察看了两家矿山企业的尾矿库，听取了企业负责人对尾矿库安全管理的工作汇报。市安全监管局对2家矿山企业前期安全防汛工作给予了肯定，并要求各企业要以对生命、财产高度负责的态度，落实好政治责任和防汛责任，确保安全度汛。

（马尚彬）

【汛期非煤矿山检查】 6月，密云县安全监管局开展非煤矿山汛期安全生产检查。共检查5家非煤矿山、10家外委单位。重点检查了5家非煤矿山的尾矿库、高陡边坡、大型采矿区、排土场、碎石场、选场、地下作业场所等重点区域。共查处各类安全隐患84处。检查中，为督促非煤矿山企业加强做好汛期安全生产管理，县安全监管局提出要求：一要落实企业主体责任，加强应急救援管理工作。制定汛期领导带班制度，确保企业主要领导24小时在岗，在遇到异常情况或发生事故时要及时报告，妥善处理，争取在第一时间有效组织事故救援。二要规范生产经营行为，做好检查排查工作。各企业一定要对设施设备进行汛期维检工作，加强现场人员的安全管理及职业危害防护工作，定期巡检排查，确保现场安全。三要加强自检自查，提升自身的安全管理水平。各非煤矿山企业要进一步完善各项安全管理制度，强化现场管理水平，提升企业本质安全。截至6月中旬，检查出的隐患已全部整改完毕。（李磊）

【贯彻暴雨防汛工作】 7月23日，密云县安委会召开全县防汛部署会。7月26日，县安委会印发《关于开展安全生产大检查的通知》，要求各单位要采取属地负责、行业指导、专家参与、联合检查方式，加强对交通运输、建筑施工、危险化学品、非煤矿山、工业制造、市政设施、人员密集场所行业（领域）安全生产检查。7月30日，县政府召开防汛工作紧急部署会，再次对汛期安全生产工作进行了部署。（柳世杰）

【汛期企业应急安全检查】 按照密云县安委会《关于开展安全生产大检查的通知》精神，县安全监管局开展了非煤矿山、工业企业安全生产大检查。其间，重点检查了机械冶金企业22家，非煤矿山企业5家。检查发现密云县工业企业和5座运行尾矿库均未出现险情，各矿山企业及尾矿库生产运转状况正常。尾矿库、排土场的排水、泄洪设施完好有效；采场未发生积水现象，边坡稳定。个别处于低洼地势的工业企业，库房有轻微浸水情况发生，但无经济损失。检查中，县安全监管局要求企业全面提高安全防范意识，加强日常检查工作，完善应急物资储备，确保能够及时启动防汛应急救援预案，特别强调要加大宣传工作，将隐患消除在萌芽状态，防止次生事故发生。（马尚彬）

【校园应急安全大检查】 根据《北京市安全生产委员会关于开展安全生产大检查的紧急通知》的要求，密云县教委迅速开展校园安全大检查，排查整改安全隐患。在受7月21日特大暴雨袭击后，经排查发现，密云县教委及所属各直属单位、学校，没有发生人员伤亡和房屋倒塌及冲毁情况，但存在个别建筑出现漏雨、围墙局部倒塌、绿化树木损毁、极少部分设备受损等情况。对此，县教委及时部署受灾修复工作并开展对房屋建设工程隐患排查。要求各学校对房舍和校园设施要采取随时检查，及时修复破损房舍和设施，保证师生的安全。加强学校在施工程的管理，严格执行工程施工安全管理的若干规定，施工作业区与学校教学或活动区要严格分开，从而保证施工安全和学校师生的安全；在施工过程中，坚持学校派人坚守和县教委负责人检查（每月至少6次）并协同区建委、安监等部门定期检查、不定期抽查，确保工程质量的安全和施工人员、周边人员的安全；坚持与气象部门、防汛部门密切沟通制度，在县教委防汛指挥部的领导下，遇暴雨、雷电、大风等恶劣天气要做到提前通知、提前防范。

（柳世杰）

【交通运输行业汛期大检查】 密云县交通局根据县政府7月21日特大暴雨防汛指示精神，对县域内运输企业、维修企业、运输车辆进行重点执法检查。截至8月底，检查运输企业62户，出动执法人员126人次，出动执法车辆62台次。检查汽车维修企业18家，出动执法人员36人次，出动执法车辆18台次。对企业运输车辆实行路检路查，针对违法运输，驾驶员、押运员无资质，不按安全规程操作等违法行为严格查处，消除安全隐患。重点对本县鼓楼南北大街、980总站、宝成、鑫新通达客运公司等主要运输场站、客流高峰路段进行秩序治理，加大对客运班车的超员载客、站外揽客、超越许可事项经营和非法装运易燃易爆危险品的查处。共出动执法人员160人次，出动执法车辆40台次。（柳世杰）

【交通安全汛期大检查】 密云县公安交通大队针对7月21日特大暴雨后暴露出的交通安全方面的问题，认真组织开展大检查。一是排查积水点段，采取管控措施，组织相关部门对全县道路积水点段情况进行全面摸排，共摸排出23处重点积水点段。协调路政部门到实地现场踏勘，在23处下凹桥、涵洞、积水点段，逐一安装水位警戒标尺，对车辆、行人起到提示、警示作用。二是会同路政、市政、供电等相关单位，对县城内交通信号灯、配套管井、交通标志标牌等交通设施进行全面检查。对交通信号灯进行安全性能和信号稳定性检测，对交通标志标牌、地下管井进行巡检，确保交通设施安全牢固。三是强化安全监管，落实防范责任。会同安监、交通等部门，深入到全县2家专业客运单位，对安全防范工作落实情况进行督导检查。对2家单位的430余辆客运车辆全部进行检查，对存在严重隐患的一律禁止上路行驶。7月21日以来，县公安交通大队开展监督检查170家次，下达责令限期改正通知书57份，禁止机动车上路行驶12家次。并对101国道外贸路口、顺密路河南寨镇政府门口2处塌陷路面以及101国道、松曹路、琉辛路、沙太路等共计53处小规模塌方路段进行抢修，确保了交通安全畅通。

（柳世杰）

【消防应急安全大检查】 7月21日特大暴雨后，根据密云县安委会关于在全县开展安全大检查的通知要求，密云公安消防支队结合“消防平安三号”行动，对全县商场超市、宾馆饭店、学校、医院、文化娱乐、旅游景点等人员密集场所进行摸排登记。联合县商务委、安全监管局、旅游委、派出所等部门开展联合检查。截至8月底，共出动警力772人次，检查单位386家次，督促整改火灾隐患474处，拘留2人，临时查封单位15家，罚款12.5万元，媒体曝光2起。其间，8月7日，依法对北京天恒建设工程有限公司施工现场予以临时查封（隐患部位采用聚苯夹芯彩钢板，填充物为聚苯乙烯）。（柳世杰）

【建筑施工应急安全大检查】 根据县安委会关于开展安全大检查工作的通知要求，7月22日至8月27日，密云住建委共检查工地80个次，发现安全隐患270条，其中限期整改10个工地，暂时停工处理4个工地，行政处罚4起，处罚金额2.3万元。检查中发现各工地存在部分作业人员三级安全教育不符合规范要求、施工现场负责人未取得职业资格证书和安全生产考核证书、临边安全防护不到位、现场临时用电不符合JDJ46—2005规范要求、部分特种作业人员证件无效或已过期、防汛应急预案未经审批、大模板存放不符合规范要求等安全生产事故隐患，经复查，事故隐患已全部整改。（柳世杰）

【商务行业汛期大检查】 7月21日特大暴雨后，根据全县统一部署，密云县商务委及时开展繁华商业街区商业零售和餐饮经营单位（特别是地下空间经营场所）安全大检查。检查过程中，执法人员对各单位事故应急救援预案的落实情况、各项安全制度落实情况、特种设备情况、消防安全隐患排查治理情况等进行了重点检查。截至8月23日，共出动执法人员29人次，9车次，检查规模以上经营单位共22家次，各单位总体情况良好。（柳世杰）

【油库应急演练观摩活动】 6月21日，县安全监管局联合县公安局、消防支队、环保局、卫生局在中国石油化工股份有限公司密云分公司开展油库应急演练观摩活动。县内各加油站负责人及安全管理人员20余人到现场进行观摩。演练模拟油库发货区发生火灾，火势逐渐扩大无法完成自救，并出现人员受伤情况，油库负责人接到报告后立即向县应急办和有关部门报告，公安、消防、急救中心、环保部门接到报告后立即赶赴现场，按照各自职责组织火灾扑救、警戒疏散现场人员、对被困人员实施现场救助，环保部门对现场环境进行了监测。整个救援过程持续30分钟，各部门反应迅速、分工明确、配合默契，现场处置妥当，迅速完成了险情的应急处置工作。演练结束后，县安全监管局局长对此次演练活动做了总结性发言。县应急办、公安局、消防支队、环保局、卫生局及檀营办事处主要领导出席观摩活动。（杨淑荣）

【尾矿库汛期应急预案演练】 5月，密云县5家尾矿库使用单位开展了尾矿库事故应急救援预案演练。共计出动抢险人员1000余人，抢险救援车50余辆，大型机械设备20余台，专业医疗救护队5支。根据尾矿库"一对一"预案的事故响应机制，演习中，属地镇政府接到企业事故报警，紧急疏散尾矿库下游村民500余人，并模拟不同类型事故和事故危害程度进行了具有较强针对性的疏通排洪设施、加固坝顶等抢险救援功能性演练。事故演习后，各企业及时总结经验、完善预案，确保建立和保持可靠的通信渠道和应急人员的协同性，真正达到了提高应急处置、协调处理事故的能力，确保尾矿库安全度汛。

（马尚彬）

【建筑施工应急演练】 6月21日，密云县住建委举办了建筑施工安全生产应急抢险演练，进一步检验了建筑施工安全生产事故应急救援预案的科学性和可操作性。此次演练模拟位于县啤酒厂东侧嘉益园小区工程在进行基槽施工时，因大雨造成基槽侧边坡发生位移和坍塌，槽内出现积水，险情有进一步扩大趋势。事故发生后，现场工作人员迅速向县住建委报告，住建委立即启动应急救援预案，命令专家组、保障组和救援组火速赶到事故现场展开救援。抢险大队启动发电机进行现场照明，随后用水泵进行抽水作业，挖掘机、装载机及时将挖掘出的土清运到安全地带。县安全监管局、应急办、总工会、住建委主管领导出席了应急演练活动。

（柳世杰）

安全生产执法监察

【县领导带队检查安全生产工作】 1月13日，副县长郭鹏带队对危险化学品、烟花爆竹、非煤矿山企业进行节前安全检查。县安全监管局、县质监局、县公安消防支队负责人陪同。郭鹏首先检查了西大桥中石化加油站，详细了解加油站安全生产责任制度的制定落实情况以及安全隐患排查治理、应急预案、工作人员安全教育培训等，察看了消防设施等应急救援器材完好情况。郭鹏强调，加油站距离居民楼较近，抓好安全工作尤为重要，要求站负责人要切实加强安全管理，尤其是对加油车辆进行严格监管，禁止未熄火进行加油作业、在站内吸烟、接打手机等行为发生。随后，郭鹏检查了北京檀州烟花鞭炮有限公司，要求该公司负责人要严格履行工作职责，严守工作岗位，对于库存的烟花爆竹要安全妥善保管，防止安全事故发生。最后，郭鹏到北京首云矿业有限责任公司进行检查，详细了解了首云的安全生产情况，并指出：安全生产，责任重大，企业要真正提高安全生产意识，严格按规范开采，杜绝违规违章开采行为，采取有效措施，控制矿山安全事故的发生。（马尚彬）

【文化娱乐场所安全检查】 2月至3月，密云县文化委联合县安全监管局对全县30家文化娱乐场所进行安全生产检查，共查处隐患90项。其中：网吧17家、隐患41项；歌厅8家、隐患30项；电玩城5家、隐患19项，未发现重大事故隐患。在90项隐患中，安全生产管理制度类隐患16项、安全培训教育类隐患32项、安全检查类隐患12项、应急救援体系类隐患8项、其他现场安全条件类隐患22项。县安全监管局对存在隐患的22家单位责令限期改正，对2家文化娱乐场所实施了行政处罚。（杨淑荣）

【机动车维修企业安全执法检查】 4月，密云县安全监管局联合县交通局、县公安消防支队对辖区内30家机动车维修企业进行安全生产执法检查。下达责令整改指令书23份，督促整改隐患125项。对6家复查不合格的企业实施了行政处罚。从总体情况来看，一类汽修企业安全管理完善，安全投入充足，安全管理水平较高，部分二类、三类汽修企业管理者不掌握相关安全生产法律法规知识，安全管理水平不高，重视程度不够，安全投入不足，导致企业安全状况较差。（杨淑荣）

【建筑施工工程安全执法检查】 5月，密云县安全监管局联合县住建委对部分在施工程进行安全生产执法检查，共计检查施工现场30个，检查工程面积100余万平方米，下发行政执法文书30份。其中：强制措施决定书1份，责令限期整改指令书22份，检查记录7份。检查中发现施工单位存在现场临边防护不到位、临时用电设置不符合国家标准等事故隐患。经复查，事故隐患已全部整改完毕。（杨淑荣）

【液化气灌装企业安全检查】 5月15日至16日，密云县安全监管局联合县市政市容委、县质监局对辖区内6家液化气灌装企业进行安全检查，检查覆盖率100%，下达责令限期整改指令书5份。经查，密云县6家液化气灌装企业均具备市政市容委审批的灌装资质；在用储罐已经质监局建档备案，并定期进行检测；操作人员持有充装操作资格证书上岗作业；企业负责人及安全管理人员取得有效安全资格证书。但在安全管理上仍存在安全生产规章制度不健全、灭火器配备不符合要求等10项安全生产事故隐患。复查时，企业已将隐患整改完毕。（杨淑荣）

【商务系统安全执法检查】 6月至7月，密云县安全监管局、县商务委、县公安消防支队联合开展商务系统安全生产执法检查，共计检查商务行业企业60家，其中商业单位33家，餐饮单位27家。检查发现个别企业存在中控室值班人员未持有效证件上岗作业、安全出口指示标识缺少等安全隐患，检查部门

已责令限期整改。（杨淑荣）

【国庆前旅游行业安全执法检查】 9月，密云县安全监管局、县旅游委对旅游行业开展国庆前安全检查，共计检查各类旅游企业20家，其中景区8家，星级宾馆12家。检查时针对节日期间安全生产保障向企业提出四项要求，即加强景区危险地段的人员看护和警示标志维护工作；加强宣传力度，对从业人员和游客宣传安全知识；加强安全检查和隐患排查，在旅游高峰期来临前保证各项安全设备设施正常运转；及时修订和贯彻旅游高峰期安全生产应急预案和处置措施，一旦发生突发事件及时处置和上报。（杨淑荣）

【非煤矿山安全生产专项检查】 9月3日至7日，密云县安全监管局对县域内非煤矿山企业进行专项执法检查。专项检查覆盖全县5家矿山企业及其14家外协单位，重点检查高陡边坡、大型采矿区、碎石场、选场、地下作业场所、在施工程等重点区域和项目。其中，5家非煤矿山排查各类事故隐患26项，14家外协单位排查各类隐患90项。开具责令限期整改指令书17份，责令各企业限期整改。此次专项检查对保障全县非煤矿山企业安全运营和"十八大"期间非煤矿山企业不发生安全事故起到了积极作用。（李磊）

【节前安全生产工作检查】 9月26日，密云县副县长郭鹏带队检查安全生产工作，要求有关单位和部门加大力度、落实责任，确保国庆、中秋两节期间全县安全生产形势稳定。郭鹏首先检查了物美鼓楼大卖场，了解企业安全生产工作的落实情况，要求企业要加强员工培训和宣传教育，提高应急处置能力；随后检查了阳光假日酒店外装修工程现场，对建筑施工外用升降机的使用情况进行了询问，要求施工单位，吸取武汉市"9·13"电梯坠落事故教训，抓好安全生产责任制的落实，对重点环节、重点部位要细致检查，严格落实隐患排查制度，确保两节期间安全生产。

（李磊）

【建筑施工领域安全专项监察】 2月至3月，为深刻吸取怀柔区建筑施工"2·22"塔吊倒塌事故教训，密云县政府高度重视，县长王海臣指出，建筑工程开、复工项目要抓紧督察。安全监管局、住建委要搞一次建筑领域专项检查。全县采取3项重点措施加强建设领域安全监管：一是开展建筑施工领域安全检查。县安全监管局联合住建委、市政市容委等部门，对全县所有建筑施工单位进行安全生产执法检查，全面排查安全隐患，并监督企业整改。二是针对施工单位存在的基坑、施工作业面等部位安全防护不到位、临时用电不规范、安全管理制度不完善、落实监理职责不到位等问题，依法监督企业严格落实安全主体责任，加强施工现场安全管理。三是县住建委创新安全监管方法，强化源头安全管理，实施了"严格开复工审批管理，加强相关科室联动审查，强化安全生产许可工作，严把安全审批、资质审核、劳务管理关口"等4项措施，确保建筑施工领域的安全稳定。（杨淑荣）

【交通运输行业安全执法监察】 4月，密云县安全监管局联合县交通局、消防支队，对密云县交通运输行业进行安全生产重点执法监察。共检查交通运输企业22家，下达责令整改指令书16份，依法督促企业对执法监察中发现的55项安全事故隐患进行整改。截至5月3日，县安全监管局已完成对隐患整改的复查工作，对隐患未整改完毕的6家生产经营单位依法进行了行政处罚。 （杨淑荣）

【燃气安全专项检查】 11月14日，密云县安全监管局组织召开餐饮企业燃气安全专项检查工作会议。县市政市容委、商务委、质监局、工商局、交通局、消防支队、鼓楼街道、果园街道、北京燃气公司等有关部门和单位参加会议。会议传达了市安委会《关于进一步加强餐饮经营单位液化石油气罐使用安全监管工作的通知》精神，并结合全县实际情况，对下阶段开展专项检查工作进行了部署。11月16日至19日，县安全监管局会同县市政市容、商务、质监、消防、工商、交通等部门组成联合检查组开展燃气安全专项检查。抽查鼓楼街道、果园街道10家餐饮经营单位，发现存在未与有资质单位签订供用气协议、燃气使用场所消防器材配备不足、气瓶间未采用防爆型照明设备等问题，检查组已责令存在问题的单位立即整改。

（杨淑荣）

职业安全健康

【职业健康知识竞赛】 8月至9月，密云县安全监管局与县总工会在全县范围内开展了《职业病防治法》知识竞赛活动。活动向全县17个乡镇街道、1个经济技术开发区的179家企业发放了职业病知识竞赛试卷，近6000名从业人员参加了竞赛活动。试题内容主要选自新修订的《职业病防治法》、《工作场所职业卫生监督管理规定》、《职业病危害项目申报办法》、《职业健康监护监督管理办法》、《建设项目职业卫生“三同时”监督管理暂行办法》和《职业卫生技术服务机构监督管理暂行办法》。最终收到答题卡共5809份。通过活动开展，广泛宣传了职业健康知识，提高了劳动者的自我保护意识。

（马尚彬）

【检查密云县职业卫生管理工作】 11月2日，市安全监管局联合市卫生监督所到密云县进行职业卫生检查。检查组共分两组，对6家用人单位的职业卫生管理制度和操作规程、职业卫生档案和健康监护档案以及作业场所警示标识、职业卫生防护设施设备等进行了全面的职业卫生检查。检查组对密云县的职业卫生管理工作表示肯定，同时要求根据“十八大”的安全保障工作实际，进一步加强管理，切实保障“十八大”期间的职业卫生安全。 （马尚彬）

【职业健康大检查】 4月，密云县安全监管局对县域内企业开展职业健康检查。共检查企业40家，重点检查了企业职业卫生台账建立情况，职业卫生管理制度档案、员工职业健康体检报告，现场察看了危害岗位警示标识、职业卫生公告栏以及安全防护设施的运转情况等。从检查结果来看，大部分企业建立了职业卫生台账，有毒有害因素的车间警示标识配备较齐全并设置了职业卫生公告栏。检查中，执法人员向企业就职业卫生台账的建立做了细致的讲解，并对存在的问题下达了责令限期整改指令书，督促企业认真落实好职业病防治工作。（马尚彬）

【调研密云县职业病防治工作】 2月28日，市安全监管局副局长常纪文带队到密云县调研职业病防治工作。调研组听取了北京紫云腾中药饮片有限公司、中央储备粮北京密云直属库企业负责人关于熏蒸作业的安全生产管理情况的汇报，实地察看了熏蒸防虫作业的场所和安全防护设施，随后察看了首云矿业的地下矿山开采建设项目、选矿车间，以及职业卫生防护设备设施运转情况。常纪文要求企业要继续加强职业卫生的预防工作，进一步减少、消除职业危害因素，预防、控制职业危害，抓好从业人员教育培训，强化作业现场安全措施，切实做好职业病防治工作。（马尚彬）

【职业安全健康管理员培训】 5月，密云县安全监管局推行职业安全健康管理员制度，举办了职业安全健康管理员培训班，邀请了市安全监管局职安处、县卫生局、县疾控中心专家对各工业企业职业安全健康管理员267人进行了培训，并进行了资格考试，合格率达到100%。此次培训有力推动了全县职业病防治工作的开展。（马尚彬）

【电子行业职业危害专项治理】 5月，密云县安全监管局开展电子行业职业危害专项治理行动。一是制定下发了《密云县电子行业职业危害专项治理行动工作方案》，明确了工作目标、重点内容、时间步骤、工作要求。二是对计算机、通信设备、电子元器件制造业等使用有毒有机溶剂的电子行业用人单位进行全面摸底排查，重点排查使用正己烷、三氯乙烯等有毒有机溶剂的用人单位（共4家）。三是对调查摸底的4家用人单位进行了专项检查，查处隐患20个，下达3份责令限期整改指令书。（马尚彬）

【职业卫生专项执法检查】 5月至10月，密云县安全监管局组织开展了职业卫生专项执法检查。一是制定并下发了《密云县职业卫生专项执法行动实施方案》，明确了工作目标、实施步骤、检查内容、具体要求。二是联合县卫生局、县人力社保局、县总工会召开动员部署大会，做出工作部署。三是建立了职业卫生专项执法行动台账，加大监督执法力度，规范生产经营单位职业卫生管理，严格惩处职业卫生违法行为。共检查企业32家，查处隐患208个，下达30份责令限期整改指令书，当场下达8个警告的处罚决定书。（马尚彬）

【木质家具职业危害专项治理】 11月，密云县安全监管局开展木质家具职业危害专项治理工作。制定了《木质家具制造企业职业病危害专项治理工作方案》，明确了工作目标、重点内容、时间步骤、工作要求。对木质家具企业进行了摸底调查，全县共有9家木质家具制造企业。对9家木质家具企业进行了专项检查，下达执法文书9份，查处隐患30项。截至12月10日，隐患已整改完毕。 （马尚彬）

【有限空间安全生产工作会】 4月6日，密云县安全监管局召开有限空间安全生产工作会议，县市政市容委、住建委、水务局、县经济开发区等单位和联通公司、供电公司、歌华有线、粮油公司等企业参加了会议。会议传达了市安全监管局《关于做好2012年有限空间安全生产工作的通知》的文件精神，对2012年有限空间安全生产工作进行具体部署。会议要求。要进一步落实监管责任，强化安全管理，加大执法检查力度，依法做好有限空间安全监管监察工作；要督促企业落实安全主体责任，加大安全投入，加强作业安全防护，严格执行安全制度规范，确保有限空间作业安全。 （马尚彬）

【有限空间安全生产作业管理】 4月，密云县安全监管局推行有限空间作业现场设置信息公示牌制度，转发了《北京市安全生产委员会办公室关于在有限空间作业现场设置信息公示牌的通知》，督促指导各乡镇、街道，县经济开发区，各行业部门落实信息公示牌的设置工作，进一步规范有限空间作业现场安全，强化各类事故的预防工作。并开展执法检查，共检查有限空间企业26家，查处隐患51项，下达26份责令限期整改指令书。 （马尚彬）

安全生产宣传培训

【强化安全生产宣传】 3月15日，密云县安全监管局邀请市安全监管局相关处室及北京人民广播电台、《北京晚报》、《中国安全生产杂志》、《劳动保护杂志》、《现代职业安全杂志》、《安全杂志》6家媒体，召开了“安全生产走基层”工作交流会。会上，县旅游委、县安全监管局向记者介绍了本县非煤矿山、旅游行业安全生产工作现状，并就记者提出的尾矿库安全监管、矿山固废资源的回收利用、乡镇（街道）开展安全生产检查情况及全县以安全生产促进旅游发展、平安旅游活动等问题进行了解答。会后，记者实地走访了威克冶金有限责任公司矿区和黑龙潭风景区，并将此行了解的情况撰写了题目为《企业安全部长可以处罚公司副总》的文章，3月30日，该文章在《北京晚报》“12350·百姓安全身边事”专栏发表。 （柳世杰）

【安全生产月活动部署】 5月31日，密云县召开2012年安全生产月活动动员部署会，会议通报了2012年安全生产月活动方案，并对安全生产月期间各项活动的开展进行了详细部署。副县长郭鹏参加会议并提出：要提高认识，加强领导，各镇街、各部门、各企业要结合今年的工作重点，立足本县实际，“一把手”亲自督促部署落实，保障资金投入，确保 安全生产月活动取得实效。要周密策划，精心组织，各单位要根据每一阶段工作方案的安排部署，制订具体的工作计划，以确保各分项方案有序开展。要强化应急工作，重点做好汛期和安全生产月期间安保工作，严格按照有关规定做好大型活动的审批、预案制定、安全保卫和应急准备工作，严防各项活动出现安全问题。（柳世杰）

【安全生产月宣传咨询日】 6月10日，密云县安全生产月活动组委会在县文化活动中心广场组织开展了以“践行北京精神，弘扬安全文化，推进安全发展城市建设”为主题的安全生产月宣传咨询日活动。县委常委、常务副县长王稳东，县安全监管局、公安局、精神文明办、教委、文化委、广电中心、总工会等县安全月组委会成员单位负责人以及县市政市容委、地震局、民防局有关人员参加了活动。活动向过往群众发放宣传册、宣传折页、招贴画、环保袋、安全知识扑克、宣传扇、纸杯等宣传资料1万余份。活动现场设立了气拱门、氢气球，悬挂宣传横幅8条、设置宣传咨询台20套、摆放安全生产宣传展板80块、广场大屏幕循环滚动安全生产宣传标语，活动现场循环播放《光荣安监人》等安全生产歌曲，营造了隆重热烈的安全生产宣传氛围。1000余名群众参加了此次活动。（柳世杰）

【安全生产歌咏比赛】 7月31日，密云县安全监管局、县总工会、文化委在县文化馆联合举办“弘扬安全文化　建设平安北京”歌咏比赛决赛。副县长郭鹏、市安全监管局宣教中心负责人出席活动。各镇街、地区、开发区及各有关部门主管领导及300余名企业从业人员观看比赛。经乡镇和部门初步筛选、县级预赛，巨各庄镇、河南寨镇、古北口镇、十里堡镇、鼓楼街道、果园街道、县经信委、县市政市容委选送的11支参赛队，34名参赛选手入围决赛。决赛现场，舞台背板以立体设计突出活动主题，会场四周悬挂安全生产宣传条幅，比赛中各位选手精神饱满，台下观众热情高涨，现场气氛热烈。经过1个多小时的激烈角逐，最终巨各庄镇选送的张立霞脱颖而出，凭一首《花儿太阳》摘得桂冠，县市政市容委、河南寨镇、十里堡镇、果园街道选送的参赛选手分别获得二、三等奖。活动结束后，现场举行了颁奖仪式，出席活动领导为各位获奖选手及获得优秀组织奖的单位颁发了荣誉证书。（柳世杰）

【“防灾减灾日”宣传活动】 5月12日，密云县文化活动广场开展以“弘扬公共安全文化、倡导应急志愿精神、建设安全和谐首都”为主题的“防灾减灾日”集中宣传活动。县安全监管局积极筹备并参加了此次活动，通过开设应急知识展览、发放相关宣传手册、为群众提供应急知识咨询等方式，向群众宣传应急工作知识，有效增强了公众的防灾减灾意识，提高了群众自救互救能力。此次活动共发放相关法律法规1000余册，宣传手册1000余份，应急工作宣传画2000份。（柳世杰）

【安全生产动漫设计大赛】 根据密云县“安全生产月”活动组委会统一部署，为进一步弘扬安全文化，提高从业人员的安全意识和安全素质，在全社会营造“科学发展，安全发展”、“关爱生命，关注安全”的舆论环境和社会氛围，6月至10月，县安全监管局在全县范围内开展了2012年密云县安全生产动漫设计大赛。活动分为动员部署、作品创作与提交、作品评审3个阶段。大赛评委会共收到各单位上报的参赛作品22件。经评委会按照评分标准打分后，共评出漫画作品优秀奖3名，纪念奖8名；动画作品优秀奖3名，纪念奖4名。比赛成绩以《通报》形式向各单位揭晓。

（柳世杰）

【安全生产影视片展映】 按照市、县“安全生产月”活动要求，密云县文化委自6月1日开始利用数字影院放映厅和移动数字电影放映设备，在全县街道、镇、村、社区、建筑工地开展安全类影视片集中展映活动，放映的影片有《人命关天》、《防火常识》、《安全用电》等。截至6月27日，全县共放映安全题材影片723场，观众人数达4.39万人次，其中：电影中心送电影进社区32场，观众人数达5760人次。通过电影展映活动，进一步加强了广大群众和农民工的安全生产意识。（柳世杰）

【燃气使用安全专项检查业务培训】 2月28日，密云县安全监管局组织县市政市容委燃气办、城管大队和各镇街30余名燃气安全负责人，参加了市安委会办公室、市市政市容委共同举办的燃气使用安全专项检查业务培训。通过此次培训，增加了安全生产监管人员对燃气基本知识、安全检查内容和方法、液化石油气钢瓶安全标识的辨识技巧等方面的知识，提高了执法检查人员发现和查找燃气使用安全隐患的能力，为本县开展燃气使用安全专项检查工作奠定了坚实基础。（杨淑荣）

【安全生产检查员培训】 5月8日至9日，密云县安全监管局在县委党校举办了乡镇、街道安全生产检查员集中培训班，80余名检查员参加。培训内容包括解读安全生产责任制，安全生产相关法律、法规、规章等规范性文件，安全生产重要政策性文件以及非煤矿山、危险化学品、烟花爆竹、有限空间、职业卫生日常执法检查程序技巧等相关知识。通过此次培训，进一步拓宽了基层检查人员安全生产管理知识面，切实提高了检查人员依法行政能力和综合素质，促进了全县安全生产基础基层建设。

（柳世杰）

【烟花爆竹网点负责人培训】 11月15日，密云县安全监管局组织烟花爆竹零售网点负责人进行了培训，为2013年烟花爆竹销售工作做好前期准备。11月20日，参训人员参加了全市统一考试，66人取得了安全资格证书。

（杨淑荣）

【特种作业培训联合办学】 3月，为进一步做好密云县特种作业培训考核工作，提高培训教学质量和管理水平，密云县安全监管局培训中心本着优势互补、资源共享的原则，改善办学条件，与密云职业学校签订了联合办学协议，充分利用社会资源，借助学校计算机和多媒体设备相对完备的优势进一步改善学员培训环境。县安全监管局培训中心具备三级培训资质，培训范围包括高压运行维修、低压运行维修、焊条电弧焊、气割等，主要面向社会生源、企业用工人员、再就业人员开展各项培训工作，每年向社会输送3000余名优秀的特种作业操作人才，为全县安全生产形势持续稳定作出了贡献。（李红霞）

【特种作业“两项登记”工作】 按照市安全监管局关于进一步推进和落实京外特种作业操作证和特种作业人员违章行为登记工作要求，县安全监管局积极采取措施开展“两项登记”工作：一是加强组织领导。成立以县安全监管局局长任组长的“两项登记”工作领导小组。二是召开会议。4月20日，专门召开乡镇工作会议，对“两项登记”工作进行了详尽部署。三是细化方案。制定印发了《关于印发〈京外特种作业操作证和特种作业人员违章行为登记工作方案〉的通知》，分别对动员部署、宣传教育、实施登记以及登记原则、程序等内容做出要求。四是加强培训。组织21个镇街负责人对“两项登记”工作的操作方法进行专题培训。截至8月底，密云县持京外特种作业操作证人数为121人。（李红霞）

【矿山安全管理人员考核】 4月21日，按照市安全监管局考核计划规定的有关要求，密云县安全监管局在密云职业学校组织本县5家矿山企业的安全生产管理人员进行安全生产知识和管理能力的考核，共有76人参加。合格率95%以上。（李红霞）

【有限空间作业监护培训】 9月24日至27日，密云县安全监管局联合北京市政工程管理处举办了有限空间作业监护培训班。对北京电信工程有限公司密云工程处、北京电力公司、北京燃气公司等12家企业60余名地下有限空间作业监护人员进行了培训，培训主要包含了有限空间现场安全知识、安全生产相关法律法规和操作技能等相关专业知识。（李红霞）

【特种作业人员培训】 2012年，密云县安全监管局组织特种作业人员培训班48期，培训人数2844人。其中新办资格证件的869人，复审1975人。

（李红霞）

安全生产法制建设

【规范安全生产行政执法行为】 3月，密云县安全监管局充分发挥社会力量，强化安全生产行政执法监督。聘请4名重点行业专业人员作为社会监督员，并颁发由市安全监管局核发的社会监督员证书。建立行政执法监督员工作制度，明确监督员行政执法监督的权利和义务。该项举措进一步拓宽了社会群众监督渠道，保障了社会群众的知情权、参与权和监督权，同时有利于规范安全生产行政执法行为，促进依法行政。

（柳世杰）

【安全生产法制宣传】 9月，密云县安全监管局利用县法制公园宣传长廊开设《中华人民共和国职业病防治法》宣传专栏。设计制作了12个宣传图板，加强了安全生产宣传阵地建设，进一步提升了《职业病防治法》的社会认知度

和影响力。（柳世杰）

【规范安全生产行政处罚】 2012年，密云县安全监管局采取三项措施规范安全生产执法人员行政处罚行为，提高行政执法水平。对全体执法人员进行法律法规培训，包括《中华人民共和国行政处罚法》、《中华人民共和国安全生产法》等常用法律法规、规章。执法科室在对生产经营单位进行行政处罚前，由法制科室对案件的实体、程序合法性及案卷的规范性进行复核，提出复核意见，执法科室针对复核意见进行补正，确认准确无误后方可对外实施行政处罚。形成局内互评机制，定期组织局内相关科室开展行政处罚案件互评活动，通过各科室间交换案卷相互评审，达到互相学习借鉴的目的，从而进一步规范全局执法人员的行政处罚行为。（柳世杰）

【安全生产监管队伍建设】 2012年，密云县安全监管局进一步加强县级、镇街安全生产监管队伍建设。结合实际工作需要，及时调整充实县、镇街两级安全生产监管人员；加强队伍教育培训，采取各种措施不断提高安全生产监管素质和技能；做好监察员、检查员新办和换发监察、检查资格证培训及考核工作。全年申请办理安全生产监察员资格证7名，申请换发安全生产监察员资格证27名。申请办理安全生产检查员资格证59名，申请换发安全生产检查员资格证23名。截至2012年底，密云县共有县级安全生产监察员42名，镇街安全生产检查员82名。（柳世杰）

【安全生产相关法律依据梳理】 2012年，密云县安全监管局对现行安全生产相关法律、法规、规章和本部门的“三定”规定，进行梳理、归纳。经逐一审查确认，县安全监管局具有行政执法主体资格的单位共1个，其中法定行政机关1个，不存在法律法规授权的组织、依法受委托行使执法权的组织和集中行使执法权的组织。县安全监管局行政执法职权依据共49部（含“三定”规定），其中包含行政处罚416项，行政许可3项，行政强制5项，不存在行政征收、行政确认、行政给付、行政裁决以及其他具体行政执法职权。（柳世杰）

安全生产科技

【烟花爆竹网点视频监控】 11月至12月，密云县安全监管局完成了9家烟花爆竹零售网点视频音频监控设备安装调试工作。通过视频监控系统，市、县两级能够及时对烟花爆竹零售网点安全生产状况进行掌控，有效提高了烟花爆竹安全监管信息化水平。（杨淑荣）

【安全生产执法检查系统的应用】 6月22日，密云县安全监管局邀请市安全监管局执法监察总队到密云指导讲解安全生产执法检查系统。县安全监管局全体科室室执法人员参加。市安全监管局以现场演示的形式详细讲解了执法系统的应用方法，并对系统的便于统计、易于操作等优点进行了简要介绍。该系统实施后，将有效提高密云县安全生产执法电子化办公水平，同时提高执法效率。（李磊）

安全生产标准化建设

【部署危险化学品标准化】 5月29日，密云县安全监管局召开危险化学品标准化工作会，全县各加油站站长共39人参加会议。会议传达了市安全监管局《关于印发加油站安全标准化模板的通知》和《关于实施危险化学品建设项目安全审查有关工作事项的通知》，对全县开展危险化学品标准化工作进行了再部署，并要求各加油站认真落实会议精神，充分认识危险化学品标准化工作的重要性，于12月31日前完成标准化评审工作。（杨淑荣）

【危险化学品安全生产标准化】 4月，密云县全面开展县域内危险化学品标准化建设工作。根据密云实际情况，确定51家危险化学品企业纳入本次标准化体系建设工作，其中生产单位1家，加油站39家，油库1座，其他经营储存单位10家。截至12月底，51家危险化学品企业均已顺利完成标准化评审，达到全市统一要求的三级标准，取得了安全生产标准化证书。标准化相关申请、评审材料已在县安全监管局备案。（杨淑荣）

【烟花爆竹安全标准化】 4月，密云县安全监管局督促北京檀州烟花鞭炮有限公司开展安全生产标准化工作。该公司设置专门机构，抽调专职人员，严格按照烟花爆竹标准化评审要求开展企业自评。县安全监管局邀请市安全监管局有关专家对标准化建设工作进行了相关指导。12月13日，该公司已通过评审，取得三级标准化证书。（杨淑荣）

【工业企业安全标准化培训】 6月14日，密云县安全监管局对县经济开发区大中型企业负责人和安全生产管理人员147人进行了工业企业标准化培训，邀请中国安科院专家对标准化工作进行了指导与讲解，为推进全县大中型企业安全生产标准化工作奠定了基础。（马尚彬）

延庆县

概 述

2012年，延庆县的安全生产工作，以“十八大”安全生产保障工作为中心，始终坚持“安全第一、预防为主、综合治理”的方针，不断强化“警钟长鸣、预防为主、全民参与”意识，积极采取有效措施，及时消除各类隐患，扎实开展各项安全生产监管工作。

2012年，市安全监管局给延庆县安全监管局下达的安全生产执法检查考评目标为检查生产经营单位1400家。共检查生产经营单位1531家，完成市局执法工作目标1400家的109%。完成市局执法工作目标700份的116%。查出事故隐患2793条，实际完成事故隐患整改2737条，整改率为98%。办理行政处罚61起，经济处罚罚款金额33.8万元（其中：事故处罚1起，罚款金额12万元；检查处罚60起，罚款金额21.8万元），完成市安全监管局执法工作目标60起的100%。受理举报投诉5件，其中市局“12350”举报投诉中心转办3件、本局受理2件。通过对举报事件的核查，情况基本属实，全部为安全生产隐患类。均在规定时限内查办完毕，并将查处结果上报市安全监管局“12350”举报投诉中心，同时反馈给举报人，满意率100%。办结率为100%。

危险化学品行业监管工作，一是结合延庆县危险化学品从业单位的实际情况，加大安全生产执法检查力度，在全县范围内开展了危险化学品生产经营单位安全专项执法检查。二是开展“两重点一重大”危险化学品企业、液氨从业单位安全生产专项整治工作，进一步细化工作措施，确保专项整治工作稳步推进并按时达标。三是根据市安全监管局的工作要求，制定了《延庆县危险化学品企业安全生产标准化工作方案》，组织县域内危险化学品企业开展标准化工作。延庆县开展安全标准化的44家单位已经全部通过评审公司的评审，并全部达标。

有限空间作业监管工作，2月、5月、11月分别组织住房和城乡建设委、市政市容委、水务局等职能部门召开有限空间安全作业工作会并对歌华、联通、污水处理厂等有限空间作业企业进行了联合检查。延庆县安全监管局组织实施了增资增项有限空间作业人员培训、建设有限空间作业操作平台等工作，不断加强对有限空间作业的安全管理，进一步规范了本县有限空间作业安全生产工作。

组织制定延庆县职业病防治工作自查工作方案。联合县住建委、市政市容委、水务局、歌华公司、联通公司和供电延庆分公司等部门开展自查工作。同时组织人员参加市安全监管局职业卫生培训班、举行了地下有限空间作业应急演练、开展职业病防治法宣传、进行粉尘、高毒物品作业场所专项执法检查、举办职业健康管理员培训班、开展《职业病防治法》知识竞赛等职业病防治工作。

组织开展各类专项整治工作，会同全县各职能部门开展燃气安全专项检查；建筑施工单位专项检查；人员密集场所专项执法检查；烟花爆竹专项执法检查；地下空间专项检查；“两会”期间安全生产专项执法检查；“两重点一重大”危险化学品企业安全生产专项整治；液氨从业单位安全生产专项整治等工作，及时消除了事故隐患，为延庆县安全生产总体形势稳定奠定了坚实的基础。

按照《延庆县集中开展安全生产领域“打非治违”专项行动工作方案》的要求，成立了由县长李先忠担任组长的专项行动领导小组，明确了各部门的工作职责，于5月中旬起至12月底，在全县集中开展打击各类非法违法生产经营建设、治理纠正违规违章行为专项行动。县安全监管局发挥县安委会办公室作用，在专项行动工作中，组织协调各乡镇、各单位、各部门迅速召开专题会议，传达了市、县相关文件及会议精神，对下一步工作进行安排部署，采取有效措施开展“打非治违”工作。截至12月27日，共组织检查组2584个，出动检查人员7651人次，对15037个生产经营单位进行了检查，共打击非法违法、治理纠正违规违章行为82037起，下达责令改正指令书1021份，责令停产停业整顿54起，行政拘留119人，移送追究刑事责任人8人，处罚金额1313.214万元，制止违法建设325681.57平方米。

为进一步加强安全生产监管工作，巩固第一阶段安全生产“护航”联合行动和“打非”工作成果，按照市县的指示精神，制定并下发了《延庆县安全生产委员会关于开展安全生产“护航”联合行动第二战役的通知》，自5月初起至12月底，在全县范围内集中时间、集中力量、集中精力，实施安全生产“护航”联合行动第二战役，重点对建筑施工工地、道路交通运营单位及铁路沿线、餐饮等燃气公共服务用户、危险化学品生产经营单位、再生资源回收单位、商（市）场、农村集贸市场、电梯安全等进行专项检查，全力消除安全隐患，为首都安全稳定保驾护航。经统计，在“护航”联合行动第二战役工作开展期间，延庆县各部门、各乡镇、街道共检查生产经营单位1606家次，发现隐患957项次，下达执法文书433份，停产停业生产经营单位10家，罚款金额17.35万元，剩余隐患仍在整改之中，整改率为98%。

协调配合相关职能部门切实做好“中国万里长城和韩国济州岛结成友好合作关系签字仪式”大型活动；“延庆县第十七届消夏避暑季暨柳沟豆腐文化节开幕式”活动；“金龙鱼20年为国人筑建百条健康长城”大型活动；“2012国家大剧院费城交响乐团北京音乐周延庆专场”的大型活动；“第四届北京端午文化节”系列活动；2012年中考、高考；上合峰会；第二届北京国际自行车骑游大会；“长城之声森林音乐节暨消夏音乐演出季”；“中国牧人竞技绕桶巡回赛暨FEI马术耐力赛”；“挑战8小时慈善纵走越野赛”；“2012第四届北京国际马球公开赛暨北京英国马球日决赛及2012马球之夜·长城酒会”活动；2012北京葡萄文化节开幕式暨中国百大葡萄酒评选启动仪式；2012年环北京职业公路自行车赛；延庆县2012年度会计专业技术资格考试；2012中国汽车直线公开赛暨北京延庆第三届赛车文化节等节假日和大型活动期间的安全生产保障工作。

全力落实“十八大”安全生产保障专项行动。制定并下发了《关于开展“十八大”安全保障暨安全生产“护航”行动工作方案》，成立了以刘兵副县长为组长、县安委会各成员单位为成员的领导小组，统一安排、全面部署全县“十八大”安全保障工作。按照部门职责分工，分别由行业主管部门负责人带队，相关部门配合，分成12个专项检查组开展联合检查工作，联合检查组对县域范围内的建筑施工、道路交通、危险化学品、燃气、地下管线、商（市）场、特种设备等重点领域及县重点工程项目进行了“十八大”前安全生产执法检查和隐患排查。“十八大”安全生产保障专项行动期间共检查生产经营单位3158家次，其中建筑施工50家次、道路交通52家次、地下管线及燃气38家次、危险化学品54家次、商场超市66家次、消防专项51家次、电梯等特种设备54

家次、铁路沿线1家次、地下空间102家次、"打非治违"2690家次，共发现隐患192项次，下达执法文书426份，停产停业整顿3家次，处罚金额154万元，隐患整改率95%。

宣传教育培训工作。共开展特种作业人员培训班32期，培训特种作业人员1339人。其中，低压运行维修取证215人、焊工取证117人、高压运行维修取证39人；低压运行维修复审363人、高压运行维修复审430人、焊工复审175人。开展安全生产知识培训班共13期，培训1666人并完成了全局30人的监管执法证到期换证工作及7名初任安全监察人员的培训、考试和取证工作。针对2012年各乡镇安全生产工作人员变动频繁，延庆县安全监管局于10月初举办了乡镇、街道安全生产培训班暨安全生产大型公开课活动，全县15个乡镇、3个街道办事处安全生产主管领导和初任安全生产检查员、危险化学品重点企业负责人共计80余人参加了培训。并于10月底组织初任乡镇、街道安全检查员共计43人进行了取证资格考试。

在《延庆报》开设安全生产专栏，大力宣传安全生产法律法规。利用网络媒体向市安全监管局外网、县政府、新闻中心、广电中心等有关部门报送各类信息41篇，刊登安全生产知识专栏20期。充分利用安全生产月活动加大安全文化宣传力度，积极开展"安全知识服务基层、安全教育四进"活动，以新修订的《北京市安全生产条例》等法律法规为主要内容，在北京永安兴隆再生资源回收中心、县医院施工工地、百泉街道莲花苑社区、永宁镇政府等地开展了安全知识宣传教育工作，将安全宣教工作落到基层，全面普及与人们生活密切相关的各类安全生产知识。

安全生产综合监管

【安全生产控制考核指标落实情况】 2012年，市安委会下达给延庆县的安全生产控制考核指标为36人，其中，工矿商贸（生产安全）3人，道路交通32人，火灾1人。1月至12月，延庆县发生火灾事故85起，同比减少85起，下降50%，直接经济损失54.461万元，同比减少11.03万元，下降16.9%；一般以上道路交通事故累计51起，同比减少34起，下降40%，死亡27人，同比减少4人，下降12.9%，直接经济损失55.42万元，减少9.04万元，下降14%；1月至12月，生产安全事故1起，同比减少1起，死亡1人，同比减少1人。（王丹）

【签订安全生产责任书】 在第一季度安全生产工作会上，延庆县县委副书记、县长李先忠与县安委会成员单位代表签订了2012年度安全生产责任书。为落实安全生产综合监管、行业监管、属地监管责任，切实加强生产经营单位安全生产主体责任，建立健全安全生产体系，完善全县安全生产防范机制打下了基础。（王丹）

【应急委全会暨安全生产工作会】 1月11日，延庆县召开应急委全会暨安全生产工作会，会议播放了2011年度本县突发事件典型案例专题片。县委常委、常务副县长甘靖中通报了2011年应急管理工作情况，部署了2012年工作。副县长刘兵通报了2011年安全生产工作情况。副县长魏怡通报了2011年安全生产工作表彰决定。县委副书记、县长李先忠在会上要求，要提高思想认识，持久有效地开展应急和安全生产工作；要以预防为主，做好风险管理工作；要全员动员，各社会单位要落实责任，形成全社会广泛参与的良好氛围，扎实做好延庆县的应急和安全生产工作。（王丹）

【贯彻市安全生产会议精神】 2月16日，市安委会召开了2012年北京市安全生产大会，延庆县副县长刘兵带队，组织相关职能部门、乡镇、街道主管领导及部分重点企业主要负责人30人参加了会议。刘兵要求各参会单位按照会议精神，认真贯彻执行，做好全县安全生产工作，为“平安北京、平安延庆”保驾护航。为贯彻落实会议精神，县安委会办公室要求各部门、各乡镇、街道结合全国“两会”安全生产保障工作和安全生产“护航”联合行动，切实将安全生产工作落到实处，组织开展了安全生产大检查工作。县文化委、商务委、水务局、市政市容委等部门及各乡镇、街道制订方案，开展检查，要求各企业落实安全生产主体责任，对每一个环节、每一个岗位、每一项安全措施落实情况进行全面彻底的自查。在此期间，延庆县各部门、各乡镇、街道共检查生产经营单位2107家次，发现隐患613项次，督促整改564项，下达执法文书323份。突出重点，结合行业特点，对重点行业和领域开展专项治理。（王丹）

【第二季度防火安全工作会】 4月23日，县安委会召开“第二季度安全生产及防火安全工作会”。会上，延庆县安全监管局总结了全县第一季度安全生产工作，对下一阶段及“五一”节前安全检查进行了部署；县消防支队总结了一季度消防安全工作，并对消防“平安三号”行动进行了部署。主管副县长刘兵出席会议并讲话，县安委会成员单位的主管领导参加会议。刘兵传达了市安委会会议精神，分析了当前生产安全和火灾工作情况，并就第二季度安全生产工作提出明确要求：各单位要把握安全生产季节性规律，提高警惕、扎实推进，维护好全县社会经济和谐稳定发展。首先是强化责任，进一步提高对安全生产和消防工作重要性的认识；二是及早筹划，积极开展好安全生产月宣传教育等工作；三是采取有效措施，做好隐患排查治理工作；四是扎实做好火灾防控工作；五是深入推进落实“五到位工作法”；六是做好下一步“护航联合行动第二战役”、“消防平安三号”、“打非治违”、“五一”期间检查等各项重点工作。（王丹）

【安全生产月动员部署会】 5月31日，延庆县组织县安委会成员单位、相关部门及重点企业的主管领导共计80人参加了全国安全生产月活动动员视频会暨北京市2012年安全生产月活动动员部署电视电话会议，为及时安排延庆县的安全生产月工作，延庆县立即召开了动员部署会，副县长刘兵按照县10部门联合下发的《延庆县“安全生产月”活动方案》对全县的工作进行了安排和部署，并提出4点工作要求：一是要提高认识，加强领导，精心部署，加大投入，促进各项活动的落实；二是要求各部门、各单位要依据工作职责加强协调和沟通，形成合力，取得实效；三是要根据实际，结合“打非治违”专项行动和“护航”第二战役等重点工作，不断创新形式，开展好各项活动；四是加强监督检查，加大曝光力度，切实抓好安全生产责任的落实。（王丹）

【安全生产暨防火安全工作会】 7月25日，延庆县召开半年安全生产暨防火安全工作会，副县长刘兵出席会议。会上，县安全监管局对上半年安全生产工作进行了总结，并对下一阶段工作任务进行了安排和部署。县消防支队通报了上半年全县的火灾情况，部署了下一阶段重点工作任务。会上由刘兵要求，一是要提高认识，进一步提高责任感、紧迫感和使命感，增强做好安全生产和消防工作的组织领导。二是要进一步落实企业主体责任、属地监管责任、行业监管责任等安全生产责任，建立安全管理长效机制，从根本上防止安全生产事故的发生。三是要全面开展好隐患的排查治理工作。四是要落实“安全生产年”、“打非治违”、“护航联合行动第二战役”等重点工作。五是进一步加强消防安全工作，推进网格化管理。六是要加强应急值守，切实抓好汛期的安全生产工作，确保安全度汛。七是要加强对重大活动、节日的安全保障工作，为“十八大”的顺利召开、节假日及重大活动营造良好的安全氛围。（王丹）

【第三季度安全生产及防火安全会议】 9月25日，延庆县召开第三季度安全生产及防火安全工作会，副县长刘兵出席会议。会议由县政府办副主任、应急办主任臧文柱主持。县安委会及县防火安全委员会成员单位的主管领导共计70人参加了此次会议。会上，县安全监管局、县消防支队传达了市安委会、防火委员会关于“十八大”安全保障工作会议及文件精神，对前三季度工作分别进行了总结，并对第四季度工作任务进行了安排和部署。刘兵讲话要求，一是高度重视，切实保障“十八大”召开期间的安全稳定，继续深入开展“打非治违”、“护航联合行动第二战役”等重点工作。二是针对第四季度气候特点，加强供暖、供热、特种设备、建筑施工、人员密集场所、危险化学品及烟花爆竹等重点行业（领域）的隐患排查治理工作。三是深化部门联动，全力抓好当前消防安全工作。四是强化责任意识，做好应急值守和信息报送工作。五是切实加强“十一”黄金周安全保障和消防安全工作。六是做好全年各项工作的收尾总结工作。（王丹）

【安全生产“护航”联合行动第二战役】 按照市安委会《关于开展安全生产“护航”联合行动第二战役的通知》（京安发〔2012〕3号）文件精神及上级工作部署，延庆县围绕安全生产监管工作，集中开展了“护航”联合行动。一是领导重视，迅速部署“护航”

联合行动第二战役工作。按照市、县“护航”联合行动第二战役工作部署，延庆县成立安全生产“护航”联合行动第二战役领导小组，由主管副县长刘兵担任组长，县政府办副主任王云、县安全监管局局长王忠东为副组长，县安委会全体成员单位为成员。并于5月3日，制定下发了《延庆县安全生产“护航”联合行动第二战役方案》。对全县开展“护航”联合行动第二战役的工作原则、组织机构、时间安排、工作职责及分工等提出具体要求。二是各部门积极制订工作方案，迅速开展相关工作。延庆县各职能部门、各乡镇按照全县工作方案积极落实“护航”联合行动第二战役工作，分头组织属地、行业内动员部署会，并结合属地、行业特点，开展了相关执法检查工作。经统计，在“护航”联合行动第二战役工作开展期间，延庆县各部门、各乡镇、街道共检查生产经营单位1606家次，发现隐患957项次，下达执法文书433份，停产停业生产经营单位10家，罚款金额17.35万元，整改率为98%。（王丹）

危险化学品安全监管

【“两重点一重大”专项整治】 2012年，延庆县安全监管局制订定了《延庆县安全生产监督管理局关于开展2012年涉及“两重点一重大”危险化学品企业开展安全生产专项整治工作的通知》，在全县范围内开展摸底排查。经排查，北京玻钢院复合材料有限公司列入专项整治范围。专项整治期间，县安全监管局多次深入该公司与其负责人进行沟通和协调并及时进行现场督导。该单位研究制订了整改计划并进行了初步设计，于2013年正式开工改造。县安全监管局要求该单位积极落实整改资金，确保专项整治工作稳步推进并按时达标，全面提升企业本质安全水平。（陈祥）

【液氨使用单位安全专项整治】 2012年，延庆县安全监管局在全县范围内开展液氨使用单位安全专项整治。经过摸底排查，北京德青源农业科技股份有限公司延庆养殖基地等4个单位列入整治范围。9月17日，县安全监管局牵头组织县质监、环保、消防等职能部门和张山营镇、大榆树镇、沈家营镇、康庄镇开展“液氨专项整治”联合执法行动。此次共检查液氨使用单位4家次，下达责令改正指令书4份，发现问题21项。各职能部门对企业存在的问题均提出了整改要求，要求企业限期进行整改。之后通过联合部门验收后，3家液氨从业单位已经进行了全面整改，北京八达岭绿野蔬菜中心由于存在的问题严重，已经责令该单位暂停液氨使用。

（陈祥）

【危险化学品安全监管工作会】 2月28日，延庆县安全监管局组织县域内55家危险化学品生产经营单位参加全市危险化学品反恐工作视频会。会上市安全监管局领导对“两会”期间安全生产工作和反恐工作进行周密部署。视频会后，县安全监管局组织召开危险化学品安全监管工作会。会议要求各危险化学品生产经营单位将日常监管和24小时应急值守结合起来，继续加强安全生产监管力度。对危险化学品流向执行严格实名制度，尤其对烟花爆竹批发单位和烟花爆竹长年销售点的大宗烟花爆竹销售流向做好登记。加强对库区、销售区安全生产监管，保证设施齐全，措施到位，视频监控设施正常运转。加强对危险化学品生产经营单位工作人员安全生产常识的培训和反恐、防火等专项演练力度，提升工作人员处置突发事件能力。（陈祥）

【危险化学品第二季度安全工作会】 4月13日，延庆县安全监管局组织县域内危险化学品、烟花爆竹、重大危险源和液氨使用等63家单位召开第二季度安全生产工作会。会议传达了市安全监管局第一季度安全生产季度分析会会议精神，部署了全县第二季度危险化学品安全生产工作，内容涉及应急值守、事故上报、行政许可、反恐防火演练、应急预案、现场处置方案编制备案、夏季高温高湿天气危险化学品安全管理、汛期安全生产和“十八大”保等工作。（陈祥）

【危险化学品第三季度安全工作】 6月28日，延庆县安全监管局组织县域内45家危险化学品生产经营单位召开第三季度危险化学品安全生产工作会。会议传达了6月26日市电视电话会议精神并针对本县实际情况提出具体要求：加强市第十一次党代会期间安全保障工作，认真落实领导带班制度，做好应急值守；编制行之有效的生产、作业现场处置方案，确保方案落到实处；出现生产安全事故要在第一时间上报县安全监管局。做好夏季高温高湿天气危险化学品安全管理工作；加强对各类生产装置、储存设施的安全检查和维护保养工作，储存充足的应急救援物资，确保有效救援。（陈祥）

【危险化学品行业负责人培训班】 7月31日，延庆县安全监管局举办了2012年危险化学品从业单位负责人培训班。参加培训的单位有危险化学品生产企业、油库、加油站、氧气销售单位、烟花爆竹批发单位、化工油漆经营单位等，共有60人。培训班上对安全生产标准化、易制毒化学品管理、危险化学品反恐、危险化学品企业汛期安全生产提出要求。（陈祥）

【元宵节危险化学品专项检查】 2月1日至15日，延庆县安全监管局联合县消防大队、张山营镇、康庄镇、八达岭镇、延庆镇和大榆树镇开展了专项执法检查，重点检查危险化学品经营单位、烟花爆竹批发和零售网点以及用彩钢板房屋为经营场所的生产经营单位。共检查生产经营单位49家次，其中危险化学品从业单位24家次，烟花爆竹从业单位7家次，用彩钢板房屋为经营场所的生产经营单位18家次，共下达责令限期整改指令书24份，发现问题58项。针对各单位存在的问题，分别按照限期整改指令进行了整改。（陈祥）

【全国“两会”安保工作】 “两会”期间，延庆县安全监管局成立以局长为组长的全国“两会”危险化学品行业安保工作领导小组，联合县消防、环保、质监和属地乡镇等相关职能部门对危险化学品从业单位进行了联合执法检查，共检查生产经营单位32家次，其中危险化学品从业单位24家次，烟花爆竹从业单位8家次，共下达行政执法文书16份，发现问题31项。针对以上各单位存在的问题，分别下发了责令限期改正指令书，已按要求进行了整改。（陈祥）

【“五一”节前危险化学品安全联合检查】 4月26日，延庆县安全监管局，联合县消防大队、环保局、质监局、工商局、井庄镇政府开展“五一”节前危险化学品从业单位安全检查。联合检查组先后到中石化北京延庆京延加油站、北京市延庆县日用杂品公司、氧气门市部等单位检查，共检查危险化学品从业单位7家次，发现问题4项，下达执法文书7份。针对以上各单位存在的问题，分别下发了责令限期改正指令书，已按要求限期进行了整改。

（陈祥）

【“两节”危险化学品联合检查】 9月27日，延庆县安全监管局，会同县工商、质监、消防3家职能部门和康庄镇、八达岭开发区开展了危险化学品行业安全生产联合检查。此次对北京兴晨氧气有限公司、康庄油库、北京玻璃钢复合材料有限公司和中石化兴康加油站4家危险化学品从业单位进行了重点抽查。通过检查，大部分企业能够认真落实各项企业主体责任，对“两节”和“十八大”期间的隐患排查治理、反恐防恐和应急值守等安全保障工作进行了全面的安排部署。检查期间，各职能部门分别对企业存在的问题提出了具体整改要求和合理化建议，为确保“两节”期间的安全稳定奠定坚实基础。（陈祥）

【“十八大”期间危险化学品安全保障】 9月24日，延庆县安全监管局组织全县各乡镇、开发区、各危险化学品从业单位负责人共80余人，召开了延庆县“十八大”期间危险化学品行业安全生产专项工作会议，会议要求全县各危险化学品生产经营单位确保“十八大”期间的安全生产工作，坚决防止危险化学品生产安全事故的发生，确保危险化学品领域的安全有序，全力以赴保障“十八大”召开。县安全监管局抓住“黄金周”、“2012环京赛”和“十八大”3个重要时间段，结合“护航”行动和“打非治违”行动，对危险化学品生产、储存、经营等各个环节实施严格监管。10月1日至29日，共检查生产经营单位16家次，其中危险化学品生产经营单位14家次，建筑施工单位2家次，共下达行政执法文书9份，其中责令限期整改指令书1份，整改复查意见书8份，发现问题1项。上述问题已全部解决。

（陈祥）

【危险化学品行业“打非治违”专项行动】 2012年，延庆县安全监管局在危险化学品和烟花爆竹等重点行业领域“打非治违”专项行动中共检查生产经营单位77家次，其中危险化学品生产经营单位46家次，烟花爆竹2家次，建筑施工单位10家次，餐饮单位19家次，共下达行政执法文书42份，其中强制措施决定书4份，责令限期整改指令书13份，整改复查意见书25份，发现问题31项。针对各单位存在的问题，分别向其下发了强制措施决定书和责令限期整改指令书。通过复查，各单位均按要求进行了整

改，消除了事故隐患。（陈祥）

烟花爆竹安全监管

【烟花爆竹经营许可证核发】 2012年，延庆县28家商户提出烟花爆竹销售申请，县安全监管局组织县监察局、公安局、工商分局、城管大队、消防大队和日用杂品公司等相关部门对提出销售申请的商户进行联合审查，经现场审核后批准并取得烟花爆竹经营许可证22家（其中长期销售网点4家），对6家因现场不符合要求的商户做出不予颁发烟花爆竹许可证的决定。（陈祥）

【烟花爆竹销售网点执法检查】 为做好春节期间的烟花爆竹安全生产工作，延庆县安全监管局根据《延庆县安全生产监督管理局烟花爆竹安全生产检查工作计划》在全县范围内开展烟花爆竹销售单位专项执法检查工作，重点检查烟花爆竹经营许可内容与实际条件是否相符；专人、专店销售及安全管理情况；烟花爆竹存放情况；消防器材、安全标志配备情况；安全教育培训和检查情况；劳动防护用品配备、穿戴情况；烟花爆竹的品种、规格是否符合要求等。针对检查中发现的个别销售网点存在的问题，执法人员下达了责令限期改正通知书，责令限期整改，彻底消除各类隐患，确保安全。（刘晓丽）

【烟花爆竹燃放高峰安全检查】 延庆县安全监管局由执法队和监察科分成两组，每日由局长或主管副局长带队对各烟花爆竹储存单位和零售网点进行安全检查。春节放假期间，执法人员对烟花爆竹储存仓库和各零售网点进行安全检查和夜间抽查，确保节日期间烟花爆竹储存和销售安全。除夕由局长，副局长分别带领检查组对烟花爆竹销售网点进行了日查和夜查共计8家次。正月初五对烟花爆竹销售网点进行了日查和夜查共计4家次。正月十五对烟花爆竹销售网点进行了日查和夜查共计6家次。据统计，在1月16日至2月6日烟花爆竹销售许可期间，共检查烟花爆竹批发和零售单位93家次，下达责令限期整改指令书20份，发现问题38项，共出动检查组35组，出动检查人员80人次，出动检查车38辆次。（陈祥）

【县委、县政府领导带队检查烟花爆竹燃放安全】 1月19日，延庆县副县长刘兵带领县商务委、工商分局、公安局、安全监管局和消防大队等相关职能部门对全县烟花爆竹从业单位、北京妫川永利日用品商店进行节前检查。1月20日，县长李先忠带领县商务委、安全监管局等相关职能部门对北京顺昌隆升商店、北京温美兰商贸中心两个烟花爆竹销售网点进行节前检查。1月21日，县委书记孙文锴带领县安全监管局等相关职能部门进行节前检查，1月22日，副县长武岗带领县安全监管局等职能部门进行节前检查。要求各单位要高度重视春节期间的安保工作，切实落实各项安全生产责任制，加强节日期间的安全管理和应急值守，认真做好隐患排查和整改工作，杜绝事故的发生。（陈祥）

【烟花爆竹安全监管工作部署】 12月8日，延庆县安全监管局组织县监察、公安、工商、消防、城管、日杂公司等有关领导和31家准备申请《烟花爆竹经营许可证》的商户召开2012年烟花爆竹安全工作部署会议。对销售网点视频监控系统的安装、销售大棚的设置、安全责任险等相关事项进行了具体安排。（陈祥）

【烟花爆竹物联网视频监控系统建设】 2012年，延庆县取得烟花爆竹经营许可证的22家商户分别上了安全生产责任保险。投入资金20万元在城区主要街道6家销售网点安装视频监控设施，在县安全监管局搭建视频监控平台，实施24小时不间断监控，加强对烟花爆竹销售网点的安全监管。（陈祥）

【烟花爆竹安全签订责任书】 1月6日，延庆县安全监管局对22家烟花爆竹零售网点和1家批发点进行系统培训，与其签订烟花爆竹经营安全生产承诺书和责任书，与所属乡镇签订责任书，层层落实安全责任，确保烟花爆竹安全管理工作落到实处。与县烟花办签订2012年度烟花爆竹安全监管责任书。（陈祥）

【打击销售劣质烟花爆竹】 1月21日，延庆县安全监管局接举报：在延庆县南菜园双信商场门前烟花爆竹销售点销售伪劣烟花爆竹。县安全监管局立即组织执法人员赶赴现场，对举报情况进行了现场调查核实。经现场查证，该销售点为淑华星毛衣店，确实存在销售伪劣烟花爆竹问题，县安全监管局已经暂扣该单位的《烟花爆竹经营许可证》。（陈祥）

【烟花爆竹燃放安全宣传活动】 12月30日，延庆县安全监管局参与了由县烟花办牵头组织的以“依法文明　安全燃烧 保护生命财产安全”为主题的烟花爆竹大型宣传活动，累计发放烟花爆竹宣传画、“致市民朋友的一封信”等宣传材料8万余份，展出烟花爆竹宣传展板30块，并将合格与伪劣烟花爆竹实物向群众对比讲解。此次宣传直接受教育人数达10万人次，进一步提高了2012年春节燃放期群众安全燃放烟花爆竹意识。（陈祥）

【烟花爆竹回收入库】 春节过后，北京远东仪表有限公司安排专业人员前来拆除视频监控系统各项设施，由延庆县日杂公司安排专业人员对县域内9家烟花爆竹销售大棚进行拆除，并对各零售网点的剩余烟花爆竹进行回收。共回收烟花爆竹305箱，其中烟花类180箱、爆竹类125箱。（陈祥）

【销售烟花爆竹数量】 2012年春节期间，烟花爆竹销售许可时间从1月16日到至2月6日24时，其间共进货3900箱，配送2850箱，销售收入约112.86万元。（陈祥）

安全生产事故隐患排查治理

【隐患自查自报系统应用推广】 按照市安委会办公室《关于在全市推广应用顺义区安全生产事故隐患自查自报系统工作的实施意见》工作部署，延庆县成立了以主管副县长为组长，47个相关职能部门、乡镇、街道为成员的“延庆县隐患自查自报系统应用推广领导小组”。制定下发了《延庆县安全生产委员会办公室关于在全县范围内推广应用顺义区安全生产事故隐患自查自报系统工作方案》、《延庆县安全生产委员会办公室关于开展生产经营单位调查摸底工作方案》，召开了生产经营单位调查摸底工作动员部署会，专题对全县生产经营单位调查摸底工作进行了安排和部署，47个成员单位主管领导全部参加了会议。（王丹）

【事故隐患自查自报摸底】 延庆县纳入隐患自查自报系统的生产经营单位共计578家。从2012年系统应用情况看，数据上报率不高，为此，县安全监管局采取：延长系统数据可上报时间，使企业数据上报在时间选择上更宽泛、自由；与县相关职能部门沟通，督促所属企业按时开展自查并上报数据；对危险化学品企业加强管理，召开危险化学品工作会议再次对隐患自查自报系统流程进行培训，要求按时报送。（王丹）

【安全生产“打非治违”工作】 按照《北京市人民政府办公厅关于集中开展安全生产领域“打非治违”专项行动的通知》要求，延庆县以县政府办公室名义制订印发了《延庆县集中开展安全生产领域“打非治违”专项行动工作方案》，成立了由县长李先忠担任组长，县委常委、常务副县长甘靖中和副县长魏怡、刘兵担任副组长，相关单位主要领导为成员的延庆县安全生产“打非治违”专项行动领导小组，明确了各部门的工作职责，于5月中旬至12月底，在全县集中开展打击各类非法违法生产经营建设、治理纠正违规违章行为专项行动。在专项行动工作中，各乡镇、各单位、各部门高度重视，迅速召开专题会议，传达了市、县相关文件及会议精神，对下一步工作进行安排部署，采取有效措施开展“打非治违”工作。据统计，截至12月27日，延庆县共组织检查组2584个，出动检查人员7651人次，对15037个生产经营单位进行了检查，共打击非法违法、治理纠正违规违章行为82037起，下达责令改正指令书1021份，责令停产停业整顿54起，行政拘留119人，移送追究刑事责任人8人，处罚金额1313.214万元，制止违法建设325681.57平方米。（王丹）

【“十八大”安全生产保障专项行动】 “十八大”安全生产保障专项行动期间，延庆县共检查生产经营单位3158家次，其中建筑施工50家次、道路交通52家次、地下管线及燃气38家次、危险化学品54家次、商场超市66家次、消防专项51家次、电梯等特种设备54家次、铁路沿线1家次、地下空间102家次、“打非治违”2690家次，共发现隐患192项次，下达执法文书426份，停产停业整顿3家次，处罚金额154万元，隐患整改率95%。（王丹）

【燃气使用安全专项整治】 2012年，延庆县安全监管局参与县燃气办组织的餐饮业燃气使用安全专项检查7次，发现餐饮单位主要存在燃气软管安装不符合规范要求、液化气瓶超过有效期、安全资格证书过期，未与供气单位签订安全协议等问题，针对存在的问题，要

求各燃气使用单位对存在的问题进行整改，落实防范措施，确保燃气使用安全。（陈祥）

安全生产应急救援

【应急救援物资储备库检查】 为确保春节、“两会”、“五一”期间延庆县应急救援物资在突发事故时能够及时进行有效调配，县安全监管局在节假日前对延庆县日用杂品公司、北京路桥瑞通养护中心十处、北京浩淼洪波消防设备厂3家应急救援物资储备库进行检查，并利用电话询问值班在岗等情况。（王丹）

【安全生产月应急演练周】 6月18日至24日，安全生产月“应急演练周”期间，延庆县安全监管局参与水务局、市政市容委供暖所开展消防疏散应急演练，并与延庆供电公司举行了地下有限空间作业应急演练，与交通局在妫海远航旅游景区组织的消防演练活动。公路分局在香龙路K20公里处组织了公路突发事件和防汛应急抢险两个科目的应急演练活动。（王丹）

【“5·12”防灾减灾日主题宣传活动】 5月12日，延庆县应急委在体育公园应急避难场所举行了“5·12”大型防灾减灾综合应急演练。县应急委领导县长李先忠、常务副县长甘靖中等和市地震局副局长谷永新现场观摩了演练。演练以发生地震灾害为背景，展示了居民室内避险、先期疏散、灾情速报、预案启动、指挥协调、人员搜救、帐篷搭建、应急供水、秩序维护、食品保障、医疗救护、卫生防疫、环卫保洁、应急供电14项内容。演练采用先期录制、现场播放短片，异地模拟展示、3G无线数据传输技术实时传输和现场实战展示3种方式进行。演练由县应急委主办，应急办、地震局、民政局承办。团县委、园林绿化局、武警八支队、消防支队、民防局、卫生局、水务局、公安局、红十字会、武装部、市政市容委、延庆供电公司和儒林街道、百泉街道、香水园街道、延庆镇16个单位、1200余人直接参加了演练。其中，县森防大队、团县委志愿者服务队、武警八支队3支队伍作风优良、素质过硬，展示了应急救援队伍的良好精神风貌；香水园街道、儒林街道、百泉街道和延庆镇组织群众600人参与演练，烘托了演练气氛。县公安局、武警八支队、城管大队、交通大队共出动180人，做好演练现场及周边秩序维护工作，县广电中心派出2名解说员现场解说，派出5组摄像全程录像，有力地保障了演练有序、顺利进行。李先忠要求应急系统各单位要继续强化未雨绸缪、防患未然的意识，进一步夯实工作基础，提高应急保障能力，推动应急管理工作再上新台阶，为全县经济社会发展保驾护航。演练结束后，有关领导分别向新近成立的延庆县公共安全讲师团和延庆县应急志愿者服务队授旗。（王丹）

【地下有限空间作业应急演练】 2012年，延庆县安全监管局组织延庆供电公司、北京联通延庆分公司、中国移动延庆分公司、延庆开发区城南供暖中心、市政市容委供暖中心举行有限空间作业应急演练。按照预案的操作流程分别进行了气体检测、强排有害气体、井下作业、作业人员遇险现场救援等内容。通过模拟演练，既是对各公司工程队建设和预案完善的一次综合检验，也是对到场负责人和安全管理人员的一次生动教育，同时提升了广大员工的安全生产意识。

（张鹏）

安全生产执法监察

【安全生产执法检查情况】 2012年，延庆县安全监管局对辖区内生产经营单位进行安全生产执法检查。共检查生产经营单位1531家，完成市安全监管局下达的执法工作目标1400家的109%。其中危险化学品生产经营单位239家、烟花爆竹储存经销单位77家、工业企业463家、人员密集场所239家、建筑施工单位129家、其他行业384家。共下达行政执法文书814份，完成市安全监管局下达的执法工作目标700份的116%。其中责令改正指令书785份、强制措施决定书29份。查处事故隐患2793条，实际完成事故隐患整改2737条，整改率为98%。行政处罚60起，罚款金额21.8万元，完成本局下达的执法工作目标60起的100%。（刘晓丽）

【工业企业安全生产执法检查】 2012年，延庆县安全监管局对15个乡镇和2个经济开发区工业企业开展集中执法检查。共检查生产经营单位465家。下达行政执法文书322份，其中责令改正指令书193份、强制措施决定书3份。查处各类问题隐患860项。实际完成事故隐患整改843条，整改率为98%。通过集中执法检查，督促和推动了生产经营单位安全生产主体责任和镇、开发区属地监管责任的落实，从而促进了延庆县安全生产工作整体水平的提升和安全生产形势的平稳。（刘晓丽）

【建筑施工安全生产执法检查】 2012年，延庆县安全监管局针对建筑施工企业事故多发的特点，加大对建筑施工单位的监管监察力度，密切配合县住建委等部门对本县辖区内建筑施工工地进行安全生产专项检查，检查建筑施工单位154家。共下达行政执法文书166份，其中责令改正指令书85份、强制措施决定书6份。查处各类问题隐患462项，实际完成事故隐患整改458条，整改率为99%。通过专项检查，督促各建筑工地进一步落实了本单位隐患自查自改工作，全面提高了建筑施工企业安全生产总体水平，延庆县建筑施工安全生产取得了实质性的效果。（刘晓丽）

【人员密集场所安全执法检查】 2012年，延庆县安全监管局采取单位自查、部门检查、联合检查的方式，开展多层次、全范围的安全生产大检查、大排查、大整改活动。共检查各类生产经营单位226家。共下达行政执法文书151份，其中责令改正指令书106份。查处各类问题隐患327项，实际完成事故隐患整改324条，整改率99%。

（刘晓丽）

【餐饮单位安全生产检查】 4月25日，延庆县安全监管局联合县市政市容、卫生、商务、消防等部门共同对使用液化气的餐饮经营单位的生产安全情

况进行专项检查。共检查生产经营单位12家，查处各类问题隐患36项，下达责令改正指令书9份。（刘晓丽）

【地下空间安全检查】 5月8日至9日，延庆县安全监管局会同县住建委对地下空间经营场所进行检查。共检查生产经营单位7家，查处各类问题隐患21项。下达责令改正指令书7份。（刘晓丽）

【职业安全健康执法检查】 2012年，延庆县安全监管局开展职业安全健康专项检查，共计检查生产经营单位95家，下达整改指令书51份，发现隐患195条，隐患已整改完成186条，行政处罚3起，共计罚款0.6万元。（张鹏）

【“春节”安全生产保障工作】 2012年春节期间，延庆县安全监管局会同相关部门对重点企业及“元宵节”花会展演区域周边进行了安全生产联合执法检查。共检查生产经营单位78家，其中危险化学品生产经营单位12家、烟花爆竹单位18家、工业企业18家、人员密集场所13家、其他行业17家。共下达责令改正指令书35份，查处事故隐患74项。（刘晓丽）

【“五一”安全保障工作】 4月25日至28日，延庆县安全监管局联合县旅游、卫生、商务、公安、消防、质监、市政市容委等行业主管部门共同对康西高速出口及沿线、八达岭索道公司、八达岭景区及节日文化活动现场、井庄柳沟及停车场、龙庆峡景区及景区周边环境和使用液化气的餐饮经营单位的安全生产及追车揽客、举牌拉客、黑车黑马等扰序现象进行专项检查。（刘晓丽）

【“两节”安全联合执法检查】 9月25日至26日，延庆县安全监管局会同县旅游局、公安局、消防支队、质监局、工商分局、卫生监督所、文化委、体育局等部门联合开展中秋、国庆“两节”安全生产执法检查。共检查生产经营单位8家，下达责令整改指令书3份，共查出隐患10项。9月26日至27日，延庆县安全监管局参与了由县综治办牵头，公安局、消防大队、城管大队、工商分局、卫生监督所等部门组成的检查组，对八达岭景区、龙庆峡景区、日上市场、圣世苑酒店等8家单位进行了节前安全检查。（刘晓丽）

【全国“两会”安全执法检查】 2月29日至3月13日，延庆县安全监管局按照全国人大、政协“两会”期间安全生产工作方案，每天分两组对延庆县的危险化学品、烟花爆竹、旅游景区、星级宾馆、饭店等人员密集场所和重点工业企业进行检查。共检查生产经营单位95家，其中工业企业32家、人员密集场所39家、建筑施工单位20家、其他生产经营单位4家。共下达责令改正指令书64份，强制措施决定书1份。查处问题隐患188项，对1家未及时整改的生产经营单位的主要负责人进行了行政处罚，责令1家建筑施工单位暂时停产停业整顿。并对重点单位、重点部位实施全面严格监控，制定“两会”期间安全应急措施，切实落实24小时值班制度和领导带班制度，加强安全值班

备勤工作，随时应对突发事件。（刘晓丽）

【中韩“长城和济州岛结好签字”安全保障】 5月11日，“中国万里长城和韩国济州岛结成友好合作关系签字仪式”活动在延庆县八达岭景区举行。延庆县安全监管局对此次活动现场临建设施进行安全检查，并做好活动期间的安全保障值守工作。（刘晓丽）

【“豆腐文化节”安全保障】 5月26日，“延庆县第十七届消夏避暑季暨柳沟豆腐文化节开幕式”在延庆县井庄镇柳沟村举办。延庆县安全监管局于5月24日至25日对开幕式的舞台搭建工作进行了安全检查，对临建设施搭建结构、活动现场用电情况等做好现场指导工作，对发现的隐患问题责令搭建舞台的文化公司立即进行整改，及时消除事故隐患。同时在活动当天派出执法人员对开幕式现场进行全程值守。活动结束后，执法人员在确认舞台搭设单位安全拆除灯光架后，于凌晨离开现场，确保了“延庆县第十七届消夏避暑季暨柳沟豆腐文化节开幕式”顺利举办。

（刘晓丽）

【“金龙鱼健康长城峰火传递行动”安全保障】 5月28日，“金龙鱼健康长城峰火传递行动”在八达岭特区举办。延庆县安全监管局会同八达岭特区对舞台搭建单位进行安全生产执法检查，并在活动现场进行了应急值守，确保活动的顺利进行。（刘晓丽）

【“北京音乐周”延庆专场安全保障】 6月2日，“2012国家大剧院费城交响乐团北京音乐周延庆专场”大型活动在八达岭特区举办。延庆县安全监管局会同八达岭特区对舞台搭建单位进行了安全生产执法检查。（刘晓丽）

【“第四届北京端午文化节”安全保障】 6月2日，“第四届北京端午文化节”系列活动在延庆县夏都公园举行。6月1日延庆县安全监管局对活动现场舞台搭设工作进行了检查指导；6月2日，对活动现场进行了应急值守，确保了活动的顺利举办。（刘晓丽）

【高考考场安全保障】 6月6日，延庆县安全监管局会同县教委、供电局、消防大队等部门对延庆县的2个考场进行了安全生产执法检查。执法人员针对存在问题，提出了整改意见，为高考的顺利进行提供了保障。（刘晓丽）

【“上合峰会”安全保障工作】 6月6日至7日，延庆县安全监管局联合县住建委对辖区内建筑工地进行了安全生产专项执法检查。检查组对存在安全隐患的建筑工地下发了责令改正通知书，并责令其限期整改。同时督促各建筑工地进一步落实好本单位隐患自查自改工作，确保上合峰会召开期间的安全稳定。

（刘晓丽）

【“长城杯自行车骑游大会”安全保障】 6月11日至12日，八达岭长城杯第二届北京国际自行车骑游大会在即，延庆县安全监管局对北京国际自行车骑游大会活动舞台搭建现场进行了安全生产执法检查。6月13日市安全监管局执法总队有关人员和专家对活动现场背景架搭设进行了检查指导。检查发现的主要问题是搭建现场工人未正确穿戴劳动防护用品、现场未设置明显警示标志、搭建现场未做有效隔离、特种作业人员未持证上岗。延庆县安全监管局针对搭建单位存在的问题，下达了责令改正指令书，责令其对存在问题立即整改，并全程紧盯整改。6月14日对男子组、女子组比赛赛道全程55公里线路进行了检查。对6月15日彩排，6月16日至17日赛事全程进行应急值守，确保了活动的顺利开展。（刘晓丽）

【“长城之声森林音乐节”安全保障】 8月25日至26日，“长城之声森林音乐节暨消夏音乐演出季”在八达岭举办。延庆县安全监管局做好森林音乐节和演出季安全保障工作，在演出期间现场全程进行应急值守，确保活动顺利开展。（刘晓丽）

【“牧人竞技和马术耐力赛”安全保障】 9月1日至2日，“2012年北京延庆康西草原·红星二锅头杯中国牧人竞技绕桶巡回赛暨FEI马术耐力赛”在康庄举办。延庆县安全监管局对活动现场舞台搭建、临时用电、消防器材配备进行安全检查，对存在的安全隐患要求舞台搭建单位及时整改，保证活动顺利进行。（刘晓丽）

【“慈善纵走越野赛”应急救援保障】 9月8日，“挑战8小时慈善纵走越野赛”在延庆县玉渡山景区举行。延庆县安全监管局于9月7日至8日对活动仪式现场舞台搭建、临时用电、消防器材配备进行安全检查，并在活动期间全程进行了应急值守工作。（刘晓丽）

【“马球之夜·长城酒会”活动安全保障】 9月22日，“2012第四届北京国际马球公开赛暨北京英国马球日决赛及2012马球之夜·长城酒会”活动在八达岭长城和阳光时代马球俱乐部举办。延庆县安全监管局9月20日至21日提前对活动现场舞台搭建、临时用电、消防器材配备及周边安全情况进行执法检查。9月22日，对活动现场全程进行安全监督检查和应急值守。活动结束后，对舞台拆除现场进行监督指导。

（刘晓丽）

【“葡萄酒文化节”安全保障】 9月22日，“2012北京葡萄文化节开幕式暨中国百大葡萄酒评选启动仪式”在延庆县举行。延庆县安全监管局于9月20日至21日提前对活动现场舞台塔建和临时用电、消防器材配备及周边安全情况进行执法检查。9月22日，对启动仪式全程进行安全监督检查和应急值守。活动结束当天，对舞台拆除现场进行监督指导。（刘晓丽）

【职业公路自行车赛安全保障】 10月12日，“2012年环北京职业公路自行车赛延庆赛段”开幕仪式在妫川广场举行。延庆县安全监管局对赛道周边重点单位、要害部位和活动现场舞台搭建、临时用电、消防器材配备等进行安全检查，督促落实安全责任，消除安全隐患。并对开幕仪式全程进行应急值守，确保了开幕仪式和比赛的顺利进行。

（刘晓丽）

【汽车直线公开赛及延庆赛车文化节安全保障】 10月28日，“统一合能润滑油2012中国汽车直线公开赛暨北京延庆第三届赛车文化节”在延庆县八达岭机场举行。延庆县安全监管局于10月27日提前对活动现场临时用电、消防器材配备及周边安全情况进行执法检查。10月28日，对活动全程进行安全监督检查和应急值守，确保了活动的顺利进行。（刘晓丽）

【会计专业技术资格考试应急保障】 10月26日，延庆县安全监管局会同县消防等部门对会计资格考试考场及周边设施进行了安全生产执法检查。执法人员要求各考场要确保楼道、疏散通道、安全出口畅通，并在考试期间设专人值守，将消防器材放置在显要位置。10月27日至28日考试当天出动执法人员全程进行安全应急值守。（刘晓丽）

【安全生产举报投诉】 2012年，延庆县安全监管局共受理举报投诉事项5件，其中3件为市安全监管局“12350”举报投诉中心转办，1件为群众电话举报，1件为群众联合信函举报。通过对举报事件的核查，情况基本属实，全部为安全生产隐患类。所有举报均在规定时限内查办完毕，同时反馈给转办单位和举报人，满意率100%，办结率为100%。

（刘晓丽）

职业安全健康

【职业安全健康管理队伍建设】 7月26日，延庆县安全监管局举办职业健康管理员培训班。重点讲解了《中华人民共和国职业病防治法》、北京市职业卫生形势、职业健康管理员主要工作，解读了国家安全监管总局下发的“五个规范”。延庆县涉及职业危害的生产经营单位负责职业健康管理人员共计48人参加了培训，考试合格的学员颁发《北京市职业健康管理员培训合格证》。（张鹏）

【职业安全健康工作干部培训】 5月24日至25日，延庆县安全监管局相关人员参加了市安全监管局组织的新修订《职业病防治法》及配套规章培训学习。此次培训主要围绕新修订的《中华人民共和国职业病防治法》和国家安全监管总局下发的“五个规范”进行学习。国家安全监管总局、市安全监管局的领导分别从法律的修订、“五个规范”的落实，职业卫生标准的掌握和现场执法检查等方面进行阐述，并回答了学员的提问。

（张鹏）

【职业病防治工作自查】 根据国家安全监管总局、卫生部、人力资源和社会保障部、全国总工会联合下发了《关于开展职业病防治工作督查的通知》要求，延庆县安全监管局制订了职业病防治工作自查方案，并联合3部门开展自查工作。（张鹏）

【“五一”节前职业卫生检查】 4月25日，延庆县安全监管局会同县人力社保局、总工会、卫生监督所组成执法检查组进行了“五一”节前联合检查。执法人员从企业的职业病危害申报、职业卫生各项规章制度建立、职业卫生管理机构及职业卫生健康管理员设置情况、职业卫生教育培训、对劳动者职业危害告知、警示标志及中文警示说明设置、防护设备设施及个人职业病防护用品配备使用等几个重点方面进行了检查。检查组要求企业要进一步建立健全职业病防治管理体系，全面落实职业病防治的各项法律法规，为劳动者提供符合国家职业卫生标准和要求的工作环境。

（张鹏）

【国庆节前职业卫生检查】 9月19日至20日，延庆县安全监管局会同县人力社保局、总工会、卫生监督所组成执法检查组开展检查，对个别单位工人劳动防护用品穿戴不齐全的问题，执法人员当场予以指出并督促其立即改正。对于不能立即整改的隐患，执法人员对4家单位下达了责令限期整改指令书，责令其限期改正。同时，检查组要求被检查单位负责人要切实履行职责，落实企业主体责任，做好各项安全生产管理工作，确保“两节”和“十八大”期间的安全稳定。（张鹏）

【有限空间作业工作协调会】 2月21日和5月14日， 延庆县安全监管局与县住建委、市政市容委、水务局、歌华公司、联通公司和供电延庆分公司召开工作协调会，为加强有限空间作业工作，要求各部门高度重视，落实责任，加强检查，消除隐患。 （张鹏）

【《职业病防治法》宣传】 6月10日，延庆县安全监管局在安全生产月宣传咨询日利用宣传展板、宣传画、发放宣传材料等多种形式开展《职业病防治法》的宣传、咨询、普法活动。共发放宣传材料100余份。 （张鹏）

【《职业病防治法》知识竞赛】 根据市安全监管局和市总工会联合下发的关于开展《职业病防治法》知识竞赛的通知要求，延庆县安全监管局和县工会及时召开会议，要求属地乡镇政府、街道办事处、开发区组织辖区内存在职业危害企业参加知识竞赛答题活动。在此次竞赛答题活动中，延庆县安全监管局超额完成了市安全监管局规定的分解任务。据统计，延庆县共有108家企业参与知识竞赛答题，收回1651份答题卡。

（张鹏）

【企业网上职业危害申报工作】 延庆县安全监管局按照《北京市安全生产监督管理局办公室关于启用新版职业病危害项目申报系统的通知》（京安监办发〔2012〕58号）工作要求，督促用人单位全面落实职业病危害防治主体责任，审核用人单位填报内容真实性和准确性，对延庆县注销的用人单位及时核查进行删除，摸清存在职业病危害企业底数。经查，延庆县存在职业病危害的生产经营单位共108家，完成申报并通过审核的有60家。 （张鹏）

安全生产宣传培训

【安全生产宣传日活动】 3月2日，延庆县在全县范围内开展“培训日”活动。各乡镇街道、行业主管部门，根据本辖区、本行业具体情况，组织重点企业，开展集中培训，通过发放安全宣传品、培训资料等形式，为农民工普及安全知识，提高安全操作技能，保护农民工合法权益。各乡镇街道、行业主管部门，利用“培训日”契机，联合有关部门，对本辖区、本行业开展安全培训、“三项岗位”人员持证上岗、企业落实安全生产主体责任等情况进行抽查，督促指导企业从业人员安全培训。（王丹）

【“平安延庆”宣传活动】 4月15日，在县综治委开展的“平安延庆”建设主题宣传活动中，延庆县安全监管局提供安全宣传挂图、折页等资料500余份。（王丹）

【安全生产月宣传咨询日】 6月10日，延庆县安全生产月活动领导小组在县中踏广场开展咨询日活动，副县长刘兵及部分县安委会成员单位主管安全的领导共计80余人参加了此次宣传咨询活动。县安全监管局会同县住建委、文化委、教委、广电中心、旅游局、公安局、交通大队、消防大队等单位对安全生产知识、旅游出行、交通安全、消防安全、职业病防治等方面进行了宣传，并将各类宣传材料发放到过往群众手中，普及与人民群众生产、生活密切相关的各类安全方面的基本常识。与此同时延庆县各乡镇、街道设立宣传咨询一条街，大型商（市）场、旅游景区、宾馆饭店、社区、高危行业及有关单位设立安全生产宣传分站，据不完全统计，延庆县在此次咨询日活动中，共发放宣传挂图、各类折页等宣传资料6.7万余份。（王丹）

【安全生产服务基层活动】 6月，延庆县副县长刘兵带队，县安全监管局、公安分局、住建委、消防大队等单位主管领导参加，开展“安全知识服务基层、安全教育进企业、进工地、进社区、进乡镇”活动，在北京永安兴隆再生资源回收中心、县医院施工工地、百泉街道莲花苑社区、永宁镇政府开展了安全知识宣传教育工作，将安全宣教工作落到基层，全面普及与人们生活密切相关的各类安全生产知识。（王丹）

【安全生产大型公开课】 10月18日，延庆县安全监管局举办安全生产大型公开课，全县15个乡镇、3个街道安全生产主管领导和初任安全生产检查员、危险化学品重点企业负责人共计80余人参加了培训。此次培训主要针对新修订的《北京市安全生产条例》、人员密集场所安全生产检查重点、特种设备安全监察管理系统软件操作、危险化学品行业安全监管、职业卫生的规章制度及日常检查、现代安全生产管理知识及乡镇、街道安全生产检查员培训大纲等方面做了深入浅出的讲解。（王丹）

【安全生产知识培训班】 年初，延庆县安全监管局制定了《2012年安全培训工作实施方案》，对水务局、市政市容委、公路分局、旅游局、八达岭开发区、龙庆建筑公司、庆和食品厂、粮油总公司、市政工程队等单位开展安全生产知识培训班共13期，培训人数为1666人。（王丹）

【安全生产知识和管理能力培训考核】 2012年，延庆县安全监管局组织完成了9期危险化学品生产经营单位主要负责人及安全管理人员安全生产知识和管理能力培训考核工作，合格率达75%。（王丹）

【执法人员换证与专业培训】 2012

年，按照市安全监管局安全监管监察干部培训工作要求，延庆县安全监管局根据培训班次按时参加培训人员信息录入上报市局，完成了全局30人的监管执法证到期换证工作及7名初任公务员的培训、考试和取证工作。（王丹）

【特种作业培训考试】 2012年，延庆县安全监管局共培训特种作业人员32期，培训特种作业人员1339人，其中低压运行维修取证的215人、焊工取证的117人、高压运行维修取证的39人；低压运行维修复审的363人、高压运行维修复审的430人、焊工复审的175人。实际发证1300人。（周参军）

【特种作业培训考试行政审批】 经市安全监管局批准，延庆县安全生产培训中心承担特种作业人员的培训工作，经培训合格后，上报市安全监管局预防中心行政审批后，下发准考证，理论考试及实操考核，全年共审批32期次。（周参军）

【特种作业实操考官培训】 按照市安全监管局要求，延庆县安全生产培训中心完成了16名实操考官的证书换发工作，培训时间一周。（周参军）

【安全生产培训机构资质管理】 延庆县安全监管局培训中心严格按照资质内容培训，没有存在挂靠、挪用资质等情况的事情发生。（周参军）

安全生产法制建设

【政务公开与事项梳理】 2012年，延庆县安全监管局根据工作职责对政务公开和政务服务事项进行了全面的梳理。对职业卫生监督管理职责分工的3项内容进行了调整和说明，确定了政务服务事项共7项，其中行政许可3项，其他4项，进一步明确了服务事项名称、事项类型、办理主体、行使依据、法定时限、收费标准与依据、办事流程等内容，并及时进行了政务公开。（赵会鹏）

【行政审批事项及流程梳理】 2012年，延庆县安全监管局对7项行政审批事项分别进行了核对和梳理，并结合工作实际对审批流程作进一步的优化，简化审批程序，明确办结方式，缩减承诺办结时限并及时进行了公告。（赵会鹏）

安全生产标准化

【安全生产标准化企业基本情况】 延庆县共计45家生产经营单位参加了安全生产标准化工作，其中危险化学品生产生产经营单位1家、加油站38家、化工油漆经营单位1家、氧气销售单位3家、油库1家，烟花爆竹批发仓库1家。（陈祥）

【标准化工作组织领导】 延庆县安全监管局成立了危险化学品企业安全生产标准化工作领导小组，主要负责组织县域内危险化学品企业开展安全生产标准化工作，并对其进行监督管理。负责对危险化学品企业相关人员进行培训，负责对安全生产标准化三级达标企业进行审核和公告。结合延庆县危险化学品从业单位的实际情况，研究制定了《延庆县危险化学品企业安全生产标准化工作方案》，确定了辖区内所有危险化学品生产经营单位全面开展标准化工作，标准化工作分为宣传动员和培训阶段、咨询和自评阶段、评审和公告阶段，明确了各阶段的具体工作任务和工作目标，有力地保障了标准化工作的顺利开展。（陈祥）

【实施安全生产标准化】 2012年，安全生产标准化工作进入全面实施阶段，延庆县安全监管局利用季度危险化学品工作会和其他以会代训的各种培训会，对安全生产标准化工作进行动员和部署，及时掌握各危险化学品从业单位标准化进展情况，了解各单位存在的问题，针对存在的问题，延庆县安全监管局与咨询和评审公司联系进行协调解决。

（陈祥）

【推进危险化学品单位标准化】 2012年，延庆县安全监管局设专人具体负责安全生产标准化工作，与企业联系并深入企业逐家进行现场指导和督促。电话联系累计660余次，现场进行督导检查150余次。7月24日，由延庆县安全监管局主管领导带队，会同北京市工业技术开发中心（安全生产标准化咨询公司）共同到标准化进度较慢的北京石河营同富建材市场有限公司组织召开了安全生产标准化现场座谈会。详细了解该单位安全生产标准化进程和标准化建设过程中存在的问题，并与咨询公司沟通协调，共同研究解决方法，督促该单位采取有效的措施加快安全生产标准化建设步伐，确保按时达标。（陈祥）

【44家危险化学品企业通过标准化验收】 截至年底，延庆县44家危险化学品生产经营单位全部通过验收，各单位将评审报告完成后上交至延庆县安全监管局备案，安全监管局对全县危险化学品生产经营单位安全生产标准化三级证书进行编号后，于12月17日在延庆政府网上进行公告，同时将安全生产标准化证书打印后发至单位。至此延庆县44家危险化学品生产经营单位全部达到安全生产标准化三级。北京市延庆县日用杂品公司（烟花爆竹批发仓库）到年底前全部完成了烟花爆竹标准化三级评审工作。（陈祥）

安全社区建设

【安全社区创建工作】 延庆县安全监管局、教育委员会、民政局、卫生局、社会建设工作办公室、公安局消防大队、公安局交通大队联合下发了《关于开展安全社区建设工作实施意见》，成立了由副县长为组长的“延庆县安全社区建设促进领导小组”。结合延庆县开展的安全社区（村）创建工作，积极参与各类创建安全社区工作的宣传教育活动。以“安全第一、预防为主、综合治理”为中心，牢固树立“安全第一、生命至上”的观念。进一步加大对街道、社区的消防、交通、安全生产等相关知识的宣传力度，充分调动和发挥了社会单位、志愿者组织和居民的积极性，为共建安全社区奠定良好的基础。（王丹）

北京经济技术开发区

概 述

北京经济技术开发区位于中国北京东南亦庄地区，是北京市唯一同时享受国家级经济技术开发区和国家高新技术产业园区双重优惠政策的国家级经济技术开发区。北京经济技术开发区于1992年4月正式开工建设，1994年8月25日，经国务院批准成为国家级经济技术开发区。1999年6月，经国务院批准，北京经济技术开发区范围内的7平方公里被确定为中关村科技园区亦庄科技园。2007年1月5日，北京市人民政府批复《亦庄新城规划（2005—2020年）》，明确指出以北京经济技术开发区为核心功能区的亦庄新城是北京东部发展带的重要节点和重点发展的新城之一。2010年北京市委、市政府做出推进大兴区与开发区行政资源整合、建设南部高技术制造业和战略性新兴产业聚集区的重大决策。20年间，开发区由建设之初的一片田野逐步发展成为一座环境优美、功能配套、设施完备、产业发达的现代化高端产业新城，彰显了北京改革创新的风采。

开发区高端产业快速发展，经济实力不断壮大。截至2011年底，开发区入驻企业4800余家（不含分支机构），累计实现工业总产值突破15000亿元，年均增长53%；实现税收1177亿元，年均增长46%。经过20年的发展，开发区产值10亿元以上的龙头企业达到38家，产值亿元以上企业超过140家，共有77家世界500强企业在开发区投资了109个项目，电子信息、生物医药、装备制造、汽车制造四大主导产业产值占北京市的比例分别达到50%、48%、22%和17%。星网工业园模式成为世界产业园区建设的成功典范，京东方、中芯国际等民族品牌成为行业领导者，奔驰、拜耳等跨国企业不断发展壮大，“北京·亦庄”已成为首都高端产业发展的一个闪亮品牌。

开发区始终坚持不断创新，发展“高端、高效、高辐射、低能耗、低排放”的优质产业，注重产业促进和招商模式创新，鼓励企业自主创新，加大引进高端科技人才，坚持政策引导和培育模式创新，创造优化发展环境新思路。建区以来，先后引进了诺基亚、GE、SMC等66家掌握着世界前沿技术的世界500强企业，以及京东方8代线、京芯半导体、大族激光、金风科创等一批重点高端技术项目，使主导产业链条不断完善，产业集聚能力持续增强。开发区创新要素加快聚集，创新驱动格局日益凸显，截至2011年底，开发区聚集了8万余名专业技术人员，2600余位海外学人，其中入选中央“千人计划”29人，北京市“海聚工程”44人，初步建立起了以海外高层次人才为代表的科技创新人才队伍。拥有国家级高新技术企业312家，国家级、市级研发中心140余家，在全国开发区中名列前茅。区内企业承担了国家、北京市级科技项目190多个，获得财政资助超过10亿元，15家企业入选中关村国家自主创新示范区“百家创新”型企业，11家企业入选首批“十百千工程”重点培育企业，22家企业入选“瞪羚计划”首批重点培育企业。开发区万人发明专利拥有量为164项，高新技术产业产值占工业总产值比重达96.7%，已连续9年超过80%，居国内领先水平，创新驱动发展格局逐步形成。

产业经济发展的同时，开发区注重发展质量效益显著提升，不断提高绿色发展水平。目前工业用地地均产值185亿元/平方公里，百亿GDP创造税收30.8亿元，发展质量和效益处于国内领先水平。万元地区生产总值能耗0.15吨标煤，万元工业总产值水耗1.61吨，能耗水耗水平约为北京市的三分之一，获批成为首批国家级生态工业示范园区、国家级工业节水示范区、国土资源节约集约模范区和国家级光伏集中利用示范区。

自1992年建区，开发区始终高度重视基础设施建设，不断完善城市建设各项工作。截至2011年底，开发区累计实现全社会固定资产投资1550亿元，高标准建设水电气热路等基础设施，在40平方公里核心区和12平方公里拓展区范围内实现了“十通一平”。建成B型保税物流中心、亦庄轻轨线和百万平方米的公共租赁住房、园区配套公寓；引进北京二中、十一学校、耀华国际学校、同仁医院等优质教育和公共服务资源；建设南海子公园等一批重大生态项目，荣华路商务带日渐繁荣，城市建设初见成效。

开发区将切实增强推动发展的责任感和使命感，紧抓重大历史机遇，加快经济发展方式的转变，走一体化、高端化、国际化的发展道路，着力打造引领一体化、高端化、国际化的实体经济主阵地，创新驱动示范区，世界城市开放高地和宜居宜业新城典范。力争到“十二五”末，实现“五个倍增、三个领先”，即工业总产值增长2倍，地区生产总值、人均地区生产总值、区域税收、社会消费品零售额增长1倍，同时，确保单位土地产值税收、单位综合能耗水耗、光伏等新能源利用水平在国家级开发区中继续保持领先。

开发区自成立以来，各类生产经营企业不断增加，安全生产监督管理工作日益受到重视。2006年7月13日，经市编办批准正式成立开发区安全监管局，编制5人，2007年6月11日扩编至9人。2006年9月12日开发区工委批准设立执法监察队（事业编制），编制12人，2009年8月24日扩编至20人。开发区安全监管局局内现有8人，执法监察队15人。开发区安全监管局成立至今，一直紧抓全区安全生产工作，围绕着促进经济发展、保障生产安全的主线，成立了开发区安委会，明确了危险化学品管理、职业安全健康管理、行政执法监管、生产安全应急救援和事故处理等主要工作方向。针对开发区的安全监管实际，结合日常监管工作，分批次有节奏地完成了危险化学品情况摸底、职业危害因素量化调查、区域安全生产事故隐患排查治理、工业园危险化学品安全管理调研、企业安全员培训及危险化学品岗位专业培训、分类分级监管、标准化达标等多项有特色的重点基础工作和安全辅导工作。截至2011年，累计进行危险化学品普查519家次；职业危害因素调查277家次；工业园企业调研451家次；组织安全生产培训、危险化学品等各类专业培训共计65批次，参加企业2753家次，参加人员11421人次；累计出动执法人员4865人次，检查企业2243家，发现各类隐患5576个，下达各类执法文书431份，处罚32起，罚款123.5万元。

几年来，开发区从安全生产的基础抓起，开拓工作思路，创新工作方法，全面落实安全生产责任，不断探索新方法，鼓励和引导企业自觉重视和提高安全管理水平，抓住安全管理的源头和根基，稳步提升了区域整体安全管理水平。

2012年，开发区坚持把安全生产作为深入贯彻落实科学发展观的重要内容，始终坚持“突出防范重点，抓好日常工作，加大隐患排查，做好综合监管”的工作思路，按照《国务院办公厅关于继续深入开展“安全生产年”活动的通知》要求和市安全监管局工作部署，结合开发区实际情况和重点工作，进一步夯实安全生产基础工作，加强安全管理和监督，突出重点行业领域，强化科技支撑作用，稳步推进物联网信息建设，深化安全事故隐患排查治理，深入开展“打非治违”行动，严厉打击非法生产经营建设行为。违法加大安全生产专项整治，着力开展执法监察，全力做好重点时段、重点项目的安全保障工作，严格查处并严肃追究事故责任，及时、准确公布事故信息和调查处理情况，主动接受群众和舆论监督，加强安全生产标准化建设，增强事故应急救援能力，切实转变工作作风，加强调查研究，深入基层、深入现场，狠抓各项工作措施落实，着力构建开发区安全生产防范体系。

2012年，开发区安全监管局进一步加强了安全生产与职业卫生培训教育体系、事故隐患排查治理体系、事故应急救援体系建设，以危险化学品管理、职业卫生管理、安全生产标准化推进、安全文化建设和应急管理为重点，全面开展安全生产宣传教育、执法检查和隐患排查治理行动，全力做好“十八大”和安全生产保障工作。全年各项安全生产工作扎实、有效开展，全区未发生较大以上安全事故，各类事故死亡人数均在考核指标以内，安全生产态势基本保持良好稳定。

安全生产综合监管

【安全生产控制考核指标落实情况】 2012年，开发区安全生产控制指标为8人：开发区安全监管局负责工矿商贸等生产安全事故管理工作，死亡人数控制指标为3人；区交通大队负责交通安全事故管理工作，交通肇事死亡人数控制指标为5人；区消防支队负责火灾事故管理工作，火灾死亡人数控制为零指标。截至12月31日，全区发生生产、交通、火灾死亡事故8起，其中生产安全责任事故3起，死亡3人（同比持平）；道路交通事故5起，死亡7人（同比上升5人）；火灾事故17起，无人员伤亡。

（刘占超）

【年度安全生产检查情况】 截至12月31日，开发区安委会各成员单位共出动执法人员11090余人次，检查车2810余辆次，共检查企业6942家次，整改各类隐患8425项，对各类违法行为实施行政处罚230余万元，责令停产、停业整顿81起，行政拘留260余人，移送追究刑事责任12人。（刘占超）

【第一次安全工作会议】 3月20日，开发区召开安全工作会议，通报年初以来安全生产形势及下一步安全生产重点工作。会议强调，2012年开发区各相关部门要加强安全监管工作力度，细化方案，严格落实岗位责任制，查找并处理各类安全隐患。会议决定，研究出台进一步加强安全生产监管的相关办法并实施、加大对安全生产法规及自我保护常识等内容的宣传落实、加大食品卫生与安全的检查等6项具体工作内容。

（张润婕）

【"护航"联合行动工作部署会】 5月9日，开发区安委会办公室在区安全监管局会议室召开了"护航"联合行动第二战役第一次领导小组会议，区安全监管局、发改局、市政管理局、公安分局等15个部门的主管领导参会。会上强调了本次专项行动的重要目的和意义，根据工作方案对各单位的工作内容进行了统一部署，并广泛征求了各单位意见。专项行动领导小组副组长吴伯军对本次会议的召开给予了肯定，表示各成员单位应进一步明确本次行动分管领导、联系人并建立例会制度，各单位要充分给予工作保障，确保打个"漂亮仗"。

（刘占超）

【第二次安全工作会议】 8月15日，开发区召开安全工作会，会议听取了上半年安全形势分析及下阶段重点工作汇报。会议强调，开发区安全形势总体较好，各部门协调联动，有效保障了上半年区内安全稳定，下半年将迎来"十八大"和开发区建区20周年等重大活动，各部门要高度重视安全工作，特别是食品安全，认真总结经验，深入排查隐患，杜绝重大事故发生。会议决定，由开发区安全监管局牵头，区建发局、社发局、工商分局、公安分局等部门配合，加强协调联动，按照各自职责全力做好安全稳定保障工作。

（张润婕）

【第三次安全工作会议】 11月7日，开发区召开第三季度安全工作会，会议通报了第三季度安全生产工作完成情况及下阶段重点工作汇报。会议强调，开发区生产安全、消防安全的形势平稳，但交通安全形势严峻，各相关部门要切实做好各项安全稳定和保障工作，确保"十八大"安全服务保障工作万无一失。会议决定：由开发区安全监管局负责，做好危险化学品使用、储存、运输环节的监管工作；由开发区建发局、区安全监管局负责，加强企业安全生产、建设工地施工安全检查工作；由区安全监管局、区质监局负责，加强高危特种设备的监管，确保操作人员持证上岗等6项具体工作内容。

（张润婕）

【年度安全工作总结会议】 翌年1月5日，开发区召开2012年会议安全工作会议，听取2012年安全工作总结及2013年工作计划的汇报。会议强调，开发区2012年安全生产秩序良好，社会面平稳可控，圆满完成了年初制定的安全目标。2013年各部门要高度重视安全稳定工作，系统梳理过往经验，进一步创新工作思路，注重部门配合和联动，全力做好开发区安全稳定工作。

（张润婕）

【重点项目安全专题会议】 2012年，开发区安委会召开"12平方公里"开发项目安全专题会议各8次，参加会议的有开发区安全监管局、建发局、社发局、工商分局、消防支队、亦庄卫生监督站8家单位，及该项目总包单位、监理单位的相关负责人。会议按照开发区管委会关于进一步加强"12平方公里"开发项目安全管理工作的指示，制定出关于文明施工、安全防护、生活区治理、库房安全及治理、临时用电隐患治理等一系列安全生产工作措施，通报了历次安全检查结果和整改情况，以及施工现场和宿舍安全隐患治理情况，有效地加强了该重点项目的安全监管，减少了事故的发生。（张润婕）

【安全生产月活动】 2012年，安

全生产月期间，开发区安委会各成员单位共发放宣传材料书籍9万余份。区内各企业均参与了安全生产月活动，开展各类宣传，参与人员4.6万余人，开展内部培训460余次，培训人员达3.2万余人。（刘占超）

【安全生产月奖励与表彰】 2012年安全生产月期间，开发区安全监管局、区食品安全协调办公室、区社发局等4家单位获得北京市优秀组织奖，开发区新闻信息中心获得市优秀新闻报道奖，北京奔驰汽车有限公司等3家区内企业获得市最佳实践活动奖。安全生产月活动后，开发区安全监管局及时进行了总结，评选出了优秀组织、最佳实践活动、最佳宣传、优秀班组以及优秀安全员共计60个奖项并予以表彰。（安阳）

【安全教育培训工作】 2012年，开发区安委会各成员单位共开展各种形式的教育培训活动75场次，参加人员4.6万余人，组织举办劳动技能大赛、“安康杯”知识竞赛、全国职业病防治法知识竞赛等7项比赛，提高了企业和群众的安全意识，达到了预防各类安全事故的效果。（刘占超）

【有限空间安全监管工作会议】 6月1日，开发区安委会办公室组织召开了加强有限空间安全监管工作会议，开发区发改局、房土局、建发局、市政局、社发局等相关部门主管安全工作领导参加会议。会议就《开发区政府部门有限空间安全监管工作职责》（初稿）征求各相关行业主管部门的意见，并表示在修改完善后将正式下发各部门。会议通报了近年北京市发生的典型有限空间事故，并要求各行业主管部门高度重视，未雨绸缪，加强监管，督促企业落实有限空间安全生产主体责任，确保开发区有限空间安全生产形势稳定。（王山）

【安全生产大检查】 受7月21日特大暴雨袭击影响，市安委会下发了《关于开展安全生产大检查的紧急通知》。7月25日开发区安委会办公室立即将文件转发至各安委会成员单位和区内企业，要求各单位做好交通运输、建筑施工、危险化学品和市政设施等7个行业领域的安全生产检查工作。通知还要求各单位要采取企业主体负责、行业指导、专家参与、联合检查的方式，做好预防措施，落实应急预案，消除事故隐患，确保生产安全。（刘占超）

【应急演练工作情况】 2012年，开发区安委会各成员单位积极开展了事故应急预案演练工作。6月15日，结合“安全月应急演练周”活动，区安全监管局组织开展了联华林德公司氢气泄漏事故应急演练工作；9月11日，区交通大队牵头组织各部门联合开展了交通运输危险化学品泄漏应急演练并在全市范围内取得了良好效果；10月30日，区应急办、安全监管局等部门联合多方力量进行了危险化学品事故应急预案桌面推演工作；区消防支队多次积极参与和指导企业开展火灾事故演练工作。（刘占超）

【“打非治违”专项行动】 2012年，开发区安委办制定并下发了《北京经济技术开发区集中开展安全生产领域“打非治违”专项行动方案》，截至12月底，各专项行动小组成员单位共组织联合执法125次，出动执法人员2242人次，检查企业1985家，责令改正、限期整改、停止违法行为1062起，责令停产、停业、停止建设26起，拆除非法私搭乱建137处共计5460平方米，行政拘留88人，罚款共计80.92万元。（刘占超）

【“护航”联合行动第二战役】 2012年，开发区安委会办公室先后制定并下发了《北京经济技术开发区安全生产“护航”联合行动第二战役方案》和《北京经济技术开发区“十八大”安全保障暨安全生产“护航”行动实施方案》，按照上下联动、对口负责的原则，由各行业主管部门牵头分别对区内的建筑施工工地、危险化学品生产经营单位、人员密集场所等单位开展了专项检查，突出抓好燃气使用、危险化学品、地下空间等方面的安全检查工作。截至10月30日，各有关部门共检查企业451家，发现隐患658个，下达执法文书146份，停产停业整顿单位数量37家，实施行政处罚26.8万元。（张月）

【“十八大”“护航”联合行动】 “十八大”“护航”联合行动期间，开发区各行业主管部门牵头分别对区内的建筑施工工地、危险化学品生产经营单位、人员密集场所等单位开展了专项检查，突出抓好市政能源、危险化学品、道路交通等方面的安全检查工作。各部门共检查企业2402家，发现隐患1416个，下达执法文书1088份，停产停业整顿单位数量20家，实施行政处罚41.4万元。（刘占超）

【烟花爆竹禁放管理工作部署】 1月18日，开发区安全监管局通过短信的形式，向全区所有生产经营单位的主要负责人、安全生产管理人员等近500人发出安全提示。要求各单位落实好安全生产管理工作，禁止在厂区内、外储存燃放烟花爆竹，24小时专人值班检查，做好重点时段重点部位的安全管理工作。（张润婕）

【检查安全生产及公共安全工作】 1月19日，开发区管委会主任张伯旭、副主任赵昕昕、高言杰、王合生、绳立成分别带队，检查区内重点工业企业和建筑施工现场的安全生产工作以及商场超市、文化娱乐等人员密集场所的公共安全工作落实情况。开发区安全监管局、商务局、建发局、社发局、产促局等部门有关人员陪同检查，对检查中发现的有关问题当场责令企业进行整改并督促整改到位。（王山）

【春节期间安全工作部署】 1月20日，开发区安全监管局召开全局工作会议，部署春节期间安全工作。会议要求春节期间要重点抓好烟花爆竹的燃放安全管理，对加油站和危险化学品生产企业周边定期巡检，坚决杜绝火灾事故；督促新区“12平方公里”开发项目做好节日期间安全工作部署，对节日期间连续施工的X81地块要进行重点督察；针对冬季特点，切实做好煤气中毒预防工作；节日期间值班人员必须坚守工作岗位，认真进行安全执法检查。（王山）

【春节期间烟花爆竹安全管理】 2012年春节期间，开发区安全监管局与开发区管委会签订了《安全生产责任状》，做到春节期间严格监管，全面加强烟花爆竹安全燃放的管理工作，有效保障开发区的安全生产。（张润婕）

【节后复工动员和安全培训】 2

月14日，开发区组织召开了春节后复工动员和安全培训会，对区内“12平方公里”拆迁安置房项目节后施工进行了安全生产教育和培训，该项目建设单位、施工单位、监理单位的500余名参建人员参加了此次会议。会议邀请了有关专家就如何加强建设工地生产安全进行了现场培训。（刘茜紫）

【领导带队检查消防与施工安全】 3月7日至8日，“两会”期间开发区管委会副主任高言杰、王合生带队，区安全监管局、人劳局、建发局、社发局、公安分局、消防支队等部门相关负责人陪同，对区内沃尔玛超市、可口可乐公司及“12平方公里”回迁房施工工地进行了消防安全与施工安全联合检查。检查组主要针对安全教育制度是否到位、特种作业证件是否齐全、消防安全设施是否缺失等方面做了严格的检查。针对检查中发现的安全问题，检查组提出了整改意见，要求被检查单位根据要求限期整改到位，认真排查安全隐患，做好机械操作、用火、用电等安全防范工作，落实好值班制度，严防各类事故的发生。（孙鹏、刘茜紫）

【安全生产工作部署会】 3月12日至16日，开发区安全监管局分两批组织召开2012年安全生产工作部署会，区内240余家单位的安全负责人或安全管理人员参加会议。会议分析了开发区当前安全生产工作面临的形势，对安全生产执法、工业企业安全生产标准化、危险化学品使用、职业健康教育培训、安全生产“三同时”等项工作进行了部署。要求企业做好生产安全隐患的排查和上报工作，重视生产过程中的3个关键环节：停开机、维修阶段和员工的习惯性违章。（王山）

【分类分级试评工作】 4月5日至16日，开发区安全监管局对区内电子、机械行业中的11家企业进行了分类分级评定的试评工作。依据区安全监管局制定的《北京经济技术开发区分类分级评定标准》，聘请专家对11家企业从资质、安全生产基础管理、安全生产现场管理到职业健康管理4方面进行现场评分。同时，区安全监管局执法人员作为试评工作的观察员，对本次分类分级现场评定工作进行情况摸底。截至2012年底，已完成了8大行业（包括通信电子、设备制造、危险化学品生产、仪器仪表、电气、化学原料、食品饮料、汽车维修）共计174家企业的分类分级工作。（张涛）

【“12平方公里”开发项目安全会】 4月20日，由开发区安全监管局牵头组织的“12平方公里开发项目安全周会”在亦城国际开发公司“12平方公里”项目指挥部召开安全会议。会议通报了区安全监管局、建发局、消防支队对“12平方公里”项目X82地块施工现场联合检查的情况，现场小库房和安全防护等问题隐患的查处，及对施工总包单位的处罚情况。会议要求各施工单位加强作业人员安全防护用品佩戴的监管工作，并做好防火、防雷、防汛工作，按照文明施工标准及时清理施工现场可燃杂物和生活垃圾。（王雷）

【领导检查建筑工地安全生产工作】 4月25日，“五一”节前区管委会副主任高言杰带队检查“12平方公里”安置房项目建筑工地节前安全生产情况，听取项目建设单位关于安全生产的汇报，要求切实加强安全主体责任的落实，深化细化各项工作方案。各项目监管部门要加强安全监督，强化安全意识，对每个环节、每个部位、每道工序都要严格要求、严格检查。各职能部门更要加强安全检查监管力度，建立部门协调机制，齐抓共管，坚决遏制重特大事故的发生。在监管的同时也要做好服务工作，加强施工人员精神文明建设与食品安全治理，给施工人员提供良好的生活和工作环境。区安全监管局、建发局、社发局、质监分局、工商分局、消防支队、亦庄卫生监督站等部门领导陪同检查。 （王雷）

【领导带队检查并约谈企业负责人】 4月28日，开发区管委会副主任王合生带队，区安全监管局、质监局、消防支队等部门对开发区企业进行了节前安全检查，并对京东方“8.5代线”及“5代线”主要领导及安全负责人进行了约谈。王合生要求相关公司深刻吸取事故教训，加强安全生产监管工作，做好节假日期间应急值守工作，加强员工培训，加强外协施工单位的管理，分清责任，落实安全协议，狠抓落实，杜绝安全生产事故的发生。 （褚巍）

【汽车维修行业安全联合检查】 5月16日至17日，开发区交通大队牵头，区安全监管局、运管局配合，对区内4家汽车维修企业（4S店）安全生产进行了联合执法检查，主要检查危险化学品的安全管理情况。检查中发现，该行业在危险化学品储存和使用中普遍存在不符合相关规定的现象。联合检查组针对现场发现的问题开具了执法文书，要求立即整改，同时将检查结果向其他相关单位通报。4家单位已于5月31日前全部整改完毕。 （肖怡宁）

【工业企业夏季安全生产工作会】 5月22日，开发区安全监管局组织召开了2012年工业企业夏季安全生产工作会议，区内286家企业的371名主管安全的负责人和安全管理人员参加会议。会上，通报了开发区近期安全生产形势，消防、交通部门部署了相关工作。会议指出，开发区安全生产形势严峻，连续发生的几起事故表明安全生产工作中还存在薄弱环节，必须加强隐患排查，消除事故隐患。会议要求，各单位要高度重视企业夏季危险化学品的使用、储存工作，重视员工职业健康工作，加紧推进安全生产标准化建设并以标准化为抓手，夯实安全生产的基础。会议强调，在即将到来的安全月，各企业要根据实际，组织形式多样的安全生产宣传教育活动，切实提高员工的安全素质。开发区管委会副主任王合生出席会议并讲话。 （王山）

【京外特种作业证登记工作】 5月25日，开发区安全监管局联合区建发局组成联合检查组，联合发布《关于开展京外特种作业证登记工作的通知》，发放给“12平方公里安置房项目”工地，并举行了宣贯会，现场演示登记系统操作流程，同时解答各相关单位的疑问。会上，开发区安全监管局局长吴伯军提出，要按时、保质完成登记工作；总包单位要督促各项目分包单位做好登记工作。 （冯丽颖）

【工业园安全环保管理工作会】 6月21日，开发区安全监管局联合区环保局召开了2012年工业园安全环保管理工作会。区安全监管局总结了前期在生物医药园、康盛、金田恒业3个工业园开展试点工作的经验和成效，明确了在各工业园推行以建立园区安全委员会为平台，全员参与为基础的一整套管理制度。区安全监管局要求工业园产权、物业和入园企业3方相互交底、明确安全责任、签订安全协议，同时借助开发区安委会完成联合检查、预案衔接、联动演练等一系列安全管理工作，实现工业园以危险化学品为重点的协调统一的安全管理模式。会上，区环保局就工业园建立环保台账、排污申报、危废管理等工作进行了部署。（张润婕）

【“十八大”安全生产保障工作会】 9月19日，开发区安全监管局召开了“十八大”安全生产保障工作会，区内70家重点企业的100多名安全管理人员参加会议。会议对“十八大”安全生产保障的重点工作进行了部署，要求企业要高度重视重点时段的安全生产工作，认清形势，始终保持高度的政治敏锐性；增加安全检查频次，发现安全隐患及时通报决策层进行整改；针对参会的工业园产权方和物业方，要求两方明确安全责任、签订安全协议，同时借助区安委会完成联合检查、预案衔接、联动演练等一系列安全管理工作，实现工业园以危险化学品为重点的协调统一的安全管理模式；针对“十八大”危险化学品运输是否管制问题进行了明晰；对应急工作的整体布置，要求企业明确安全风险点，做好一对一的应急处置方案，将应急队伍、应急资源、应急预案、应急演练四方面内容实现有效性。会上对近期在安全生产执法中出现的4方面问题配电室安全、危险化学品安全、个人防护问题、标志问题对企业提出了具体要求。

（薛小敏）

【餐饮企业燃气储存检查】 9月20日至21日，开发区商务局联合区安全监管局、消防支队、质监局等部门，对区内小型餐饮企业的天然气使用及储存情况进行联合执法检查，对气瓶储存地点以及使用中的安全进行了检查，共检查40家，各部门按照职责进行督促，并下达相应文书，要求企业整改。

（肖怡宁）

【领导带队检查企业安全生产工作】 9月27日至28日，国庆节前开发区管委会主任张伯旭、副主任赵昕昕、高言杰、王合生、绳立成和袁立洪分别带队，对区内重点项目、工业企业、在建工程、危险化学品企业、能源单位、人员密集场所、工业园区、公共交通运营等单位的事故应急救援能力建设情况、特种设备、危险化学品存储、消防、交通、天然气管线等方面的安全管理工作及国庆节期间安全生产应急预案和应急值守工作准备情况进行了检查。在检查中，针对查出的安全隐患，相关部门及时下达了限期整改指令书。区管委会领导在检查时要求被检查单位负责人要切实履行职责，落实企业主体责任，做好各项安全生产管理工作，并落实好节日值班、领导带班制度，加强日常安全巡检和信息报送工作，确保“两节”和“十八大”期间的安全稳定。区宣传部、管委办、发改局、产促局、建发局、安全监管局、质监局、交通大队、消防支队等部门的主管领导陪同检查。

（刘茜紫）

【“十八大”前领导带队检查安全生产工作】 10月19日，“十八大”前开发区管委会副主任袁立洪带队检查了中芯花园、临时农贸市场、X17号地块超市违建、朗波尔光电股份有限公司安全生产工作，区建发局、社发局、安全监管局，城管分局，公安分局和消防支队参与了此次检查。检查中，袁主任要求各责任单位要进一步增强安全意识，明确安全责任，将各项安全监管工作落到实处，确保“十八大”召开期间安全、稳定。（肖怡宁）

【企业安全生产分类分级评定工作启动】10月26日，开发区安全监管局召开安全生产分类分级评定工作启动会。10月至11月针对区内仪器仪表及汽车维修行业企业进行分类分级评定及审计工作。评定专家向企业人员介绍了评定流程，并对企业人员讲解了分类分级评定标准和管理办法。会上，区安全监管局领导提出了工作要求和需落实的事项。

（蒋立涛）

【市局检查开发区安全生产工作】10月26日，市安全监管局局长张家明带领检查组，一行7人到开发区检查“十八大”期间危险化学品安全保障工作。开发区管委会副主任王合生、开发区安全监管局局长吴伯军等人陪同市安全监管局检查组，对京东方光电科技有限公司、京东方显示技术有限公司两家企业的危险化学品储存、使用情况，以及“十八大”期间的安全保障工作进行了检查指导。检查组重点检查了液氯储存、使用场所的各项安全管理情况及应急保障措施，查看了规章制度等一系列记录材料。通过现场检查，检查组肯定了两家企业的危险化学品安全管理工作，指出了安全工作中的不足之处。

（张润婕）

【文化娱乐体育场所安全联合执法】 11月7日至8日，开发区社发局牵头，联合开发区安全管理局、大兴文化执法队，对网吧、电玩厅、卡拉OK厅等10家单位安全工作进行了联合执法检查。各部门对检查中发现的问题下达了相应文书，企业已整改。（肖怡宁）

危险化学品安全监管

【危险化学品生产经营行政许可】2012年，开发区安全监管局共办理危险化学品经营许可事项9家次（包括新办、延期、变更、注销等），非药品类易制毒化学品经营备案4家次（包括新办、延期等），受市安全监管局委托完成危险化学品经营许可现场审核1家次。截至12月31日，开发区取得安全生产许可证的危险化学品生产企业4家，危险化学品经营许可企业16家，非药品类易制毒化学品经营备案企业6家。

（张润婕）

【危险化学品单位专项检查】 2月15日至27日，开发区安全监管局对14家危险化学品生产和经营单位进行专项检查，主要对危险化学品许可、人员培训、安全检查、应急、业务往来票据等进行现场检查，对现场中发现的问题下达执法文书并已督促改正。（肖怡宁）

【危险化学品重大危险源备案】2012年，开发区新增危险化学品重大危险源单位2家，截至12月31日，开发区危险化学品重大危险源单位4家，均已完成备案工作，主要危险化学品为液氯、液氧和液氨，其中危险化学品生产单位2家，危险化学品使用单位2家，均位于开发区工业区内。（张润婕）

【部署危险化学品生产经营安全工作】 1月11日，开发区安全监管局组织危险化学品生产、经营单位，召开了2012年危险化学品生产、经营安全工作部署会。会议就危险化学品行政许可、日常监管等事项提出明确的要求，同时强调春节“两会”期间，各单位要做好烟花爆竹的禁放管控工作，保证在此期间无安全事故发生。18家企业24人参加了会议。（张润婕）

【危险化学品安全管理试点启动会议】 3月7日，开发区安全监管局组织康盛工业园、金田恒业工业园的产权、物业单位和入园企业，召开工业园危险化学品安全管理试点工作的启动会。会议明确了整体工作思路和具体做法：通过建立以工业园安全委员会为平台、全员参与为基础的一整套管理制度，完成产权、物业和入园企业三方明确安全责任、签订安全协议、相互交底、联合检查、预案衔接、联动演练等一系列试点工作，实现园区以危险化学品为重点的协调统一的安全管理模式。33家单位的主要负责人及安全管理人员等51人参加了会议。（张润婕）

【涉危企业基本情况普查】 3月至4月，开发区安全监管局对区内涉及危险化学品的生产经营单位开展基本情况普查工作，普查对象包括使用危险化学品作为原料、辅料等从事生产、开发、科研等活动的企业。参与此次普查的涉危企业195家，开发区安全监管局对结果进行详细整理和统计分析。（张润婕）

【液氨、液氯重点企业摸底整治】 5月16日至31日，开发区安全监管局组织专家到11家液氨、液氯重点企业进行现场摸底排查，帮助企业“问诊把脉”、查找隐患。摸底后，区安全监管局以书面形式将专家意见及时反馈，并要求企业结合意见制订方案，进一步整改提升。截至6月12日，涉及专项整治的企业均已上报了整改自查方案，并开始实施改造。企业同时保证将按时限、按要求完成此次专项整治工作。（张润婕）

【危险化学品安全生产专项整治】 5月至10月，开发区对区内涉及液氨、液氯、“两重点一重大”的11家危险化学品企业开展专项整治工作。自4月27日起，分3批先后6次对重大危险源企业、涉氨企业、涉氯企业及其他涉及重点监管品种和工艺的企业组织召开了专项整治工作部署会，明确了摸底排查、整改提升和验收3个阶段的工作任务。6月，对11家企业摸底情况进行了汇总，编制出企业台账，并上报市安全监管局。要求企业按照整治改造时间节点抓紧改造、严格把关，保证日常安全生产的同时，做好施工改造的安全管理，杜绝任何生产安全事故。对在整治中遇到困难的企业，聘请专家进行重点指导，帮助企业完成了整治改造工作。10月16日至23日，专家组进行了验收，所有涉及专项整治的企业均已基本完成改造整治工作。（张润婕）

【生物医药园启动危险化学品安全管理试点】 6月6日，开发区安全监管局在生物医药园召开园区产权、物业、入园企业三方会议，正式启动在该工业园危险化学品安全管理的试点工作。会议列举了工业园发生的危险化学品事故案例，总结了前期试点的工作经验。区安全监管局提出在生物医药园试点工作的新思路，要求园区三方成立安全委员会，开展危险化学品安全交底、联合检查、整体演练、联动应急等一系列管理工作，逐步实现以园区三方联合自治为基础的安全生产协调管理。园区物业公司负责人代表生物医药园三方明确表示，将切实落实企业安全生产责任，以园区安委会为平台，开展协调统一的安全管理工作，完成试点任务。会上，区安全监管局聘请化工协会的相关专家对《开发区工业园危险化学品安全管理文件汇编》及危险化学品联动管理体系作了详细分析和解读，并就危险化学品生产、使用、运输、储存等方面的安全管理进行了简要培训。（张润婕）

【危险化学品安全管理专题培训】 6月26日至28日、9月4日至6日，开发区安全监管局举办了6期危险化学品安全管理专题培训，区内204家企业944人参加了培训。培训邀请了北京化学工业协会专家，对危险化学品辨识、分类、常用品种等专业知识及使用、储存、运输等日常安全管理要素进行授课。培训中，专家紧密结合开发区实际，针对企业危险化学品使用的特点及管理中存在的问题，做了重点讲解，并在培训最后进行了答疑和考试。（张润婕）

【危险化学品生产经营单位安全工作会】 7月5日，开发区安全监管局对区内危险化学品生产经营单位召开了安全工作会，区内12家危险化学品生产经营企业相关人员参加会议。会议由副局长窦桂芹主持，对外省市及近期北京的几起危险化学品事故进行了通报，要求企业结合危险化学品的生产、经营方式，加强对上下游环节的安全生产管理工作，及时做好危险化学品经营许可证的变更工作，尤其是地址变更涉及跨区取证问题。针对反恐形势的严峻性，危险化学品生产经营单位在管控化学品、易制毒、易制爆化学品的经营管理上要十分注意，严格按照程序进行登记。（薛小敏）

【易制毒易制爆危险化学品安全管理工作会】 8月30日，开发区安全监管局联合区公安分局召开了易制毒、易制爆危险化学品安全管理工作会。开发区涉及易制毒、易制爆的59家重点单位的主要负责人及安全管理人员参加了会议。会议明确了对三类危险化学品购买、销售的许可资质要求，强调了对上下游单位的资质检查，对流向的严格管控，以及严禁向个人销售剧毒、易制爆化学品的各项规定。同时对各类危险化学品的专项整治和监管工作进行了部署。会议要求各参会单位高度重视危险化学品的安全管理工作，在思想上、形式上、内容上、责任上、应急管理上切实落实此次会议的精神，各级管理人员要做到“五个清楚”，各类专业人员要充分发挥技术骨干作用，做好危险化学品的各项安全防范工作，为“十八大”的顺利召开做好安全保障工作。

（张润婕）

【危险化学品安全生产保障工作部署】 10月22日至23日“十八大”期间，开发区安全监管局组织区内危险化学品生产经营单位、重大危险源、涉氯涉氨等29家重点企业，分别召开了“十八大”期间危险化学品安全生产保障工作部署会。会议学习上级有关文件精神，部署具体工作要求，对安全管理人员再次进行了培训，切实提高安全生产和反恐防范意识，并将会议内容整理成文发给各企业。会上要求企业将安全保障措施和值班表上报，全面检查储存、使用场所监控报警、应急处置设施设备，实行“安全事故零报告制度”，完善危险化学品台账，对剧毒、易制毒、易制爆、涉爆易制毒等重点品种升级管理，强化液氯、液氨等重点品种的安全监管。

“十八大”期间，开发区安全监管局与多部门联合，利用专家力量，对重点企业每日检查。（张润婕）

安全生产事故隐患排查治理

【在建施工工地隐患联合检查】 5月21日至23日，开发区安全监管局配合区建发局开展针对在建施工工地的专项联合执法检查，区食品办、亦庄卫生监督站、消防支队等部门共同参与。检查共涉及总承包施工单位11家和分包单位2家，各相关部门对于现场问题分别给予处理意见。区安全监管局重点针对施工现场作业人员安全防护、安全管理制度、教育培训和应急救援预案等进行了督察，针对发现的安全隐患问题开具了责令限期整改指令书和现场处理措施决定书，督促施工企业立即整改安全隐患。区安全监管局对所有发现问题进行了复查，全部受检单位均提交整改报告，并按照法规标准完成了整改。

（王雷）

【事故隐患自查自报企业督促检查】 6月4日至28日，开发区安全监管局对区内32家未进行和未及时进行事故隐患自查自报上报的企业进行督促检查，通过检查企业建立健全事故隐患排查治理等制度情况促进企业及时按规定上报事故隐患，取得了良好的效果，使隐患自查自报上报工作得到了有效落实。

（肖怡宁）

【事故隐患自查自报系统建设】 2012年，开发区企业自查自报率和整改率分别达到了71.77%和83.19%。开发区安全监管局利用管委会短信平台，每季度督促企业开展隐患自查，按时上报，同时对未开展自查自报的企业严格执法，共处罚1家单位，罚款金额2.8万元。

（刘占超）

安全生产应急救援

【配备执法防护设备】 4月，开发区安全监管局首次为区交通、建设等部门的执法人员配备了防护服、防护面罩及防护手套等危险化学品防护用品，以保证开发区执法人员能够安全高速的处置危险化学品事故。同时邀请了专业人员进行现场培训，详细讲解了如何在事故现场快速准确地使用防护用品，使执法人员在危险化学品事故现场的安全得到了保证，各部门的执法力度也将得到有力提升。（刘茜紫）

【危险化学品事故应急救援预案演练】 6月15日，开发区安全监管局联合区应急办、消防支队、交通大队以及联华林德气体有限公司、东进世美肯有限公司共同举办了2012年度危险化学品事故应急演练。演练遵循“企业主导、部门联动、注重实效、保证安全”的原则，共分为准备阶段、事故发生阶段、公司报告和先期处置阶段、开展现场救援工作阶段、善后处理、结束6个阶段。市安全监管局有关部门、林德气体集团公司安全经理分别进行了点评。开发区管委会副主任高言杰带队现场观摩并讲话。

（薛小敏）

【危险化学品泄漏事故应急处置综合演练】 9月11日，开发区组织开展了危险化学品泄漏事故应急处置综合演练，开发区应急办、安全监管局、环保局、交通大队、消防支队及北京市999急救中心等部门参加了此次演练。本次演练模拟了氯气罐车发生交通事故导致泄漏的事故现场，救援工作分为事故发生报警阶段、先期处置阶段、现场救援处置阶段和事故处置阶段，在各部门的积极协同配合下，此次演练圆满成功，达到了预期效果。演练结束后，市交通管理局书记郭振川、开发区工委委员、管委会副主任高言杰分别对此次演练进行了讲评。（安阳）

【危险化学品应急救援专家组成立座谈会】 10月10日，开发区安全监管局召开了危险化学品应急救援专家组成立座谈会。会上开发区安全监管局局长吴伯军为聘请的9名专家颁发聘书，专家组中有危险化学品应急管理、现场事故处置及职业中毒等方面专业优势的资深专家。自此，开发区危险化学品应急救援专家组正式成立，标志着危险化学品应急救援体系专家决策支持制度化、日常化。座谈会上，各位专家围绕着危险化学品应急整体架构、物资配备、队伍建设方面进行座谈交流。针对开发区危险化学品应急工作的实际情况，在危险化学品应急救援中采取行业协作体或联盟体和队伍建设依托消防专业队伍等方面提出了宝贵的建议。参会人员包括区应急办、安全监管局、各位危险化学品应急专家共16人。（薛小敏）

【危险化学品事故应急救援预案桌面推演】 10月30日，开发区安全监管局、应急办、宣传部、环保局、社发局、消防支队、交通大队和公安分局等多部门联合开展了“2012年开发区危险化学品事故应急救援预案桌面推演”。此次演练采用了“屏幕演示与现场指挥相结合、动态与静态相结合、室外与室内相结合、领导指挥与实际互动相结合”的创新演练模式，对预案的企业先期处置、信息报告、响应处置、善后处置和调查评估等内容进行了全面推演。市应急办、市安全监管局应急处领导和危险化学品专家对此次演练效果给予了充分肯定并进行了点评，开发区管委会主任张伯旭、副主任赵昕昕和王合生亲自到场观摩并讲话。一同到场观摩学习的还有大兴区应急办和大兴区安全监管局有关领导及区内部分危险化学品企业管理人员。（刘占超）

安全生产执法监察

【年度执法检查工作情况】 2012年，开发区安全监管局落实年度执法工作计划，共检查各类生产经营企业515家，查处各类安全隐患1029项，下发执法文书308份，实施行政处罚26件，处罚金额26.8万元。（肖怡宁）

【“护航”行动联合检查】 按照“护航”联合行动方案，开发区各行业主管部门牵头分别对区内的人员密集场所、地下空间、重点企业等单位开展了专项检查，有效消除了安全隐患，为春节前安全工作的顺利推进奠定了基础。截至1月15日，开发区共检查企业79家，发现隐患56个，下达执法文书49份，实施行政处罚0.2万元。（刘茜紫）

【春节期间执法检查】 1月9日，开发区质监局牵头，区安全监管局、物业办对两家物业单位的电梯进行专项检查，确保电梯使用安全。1月12日至19日，由领导带队对餐饮、超市等16家人员密集场所进行联合检查，对现场安全隐患进行检查。1月22日至25日，

对危险化学品生产、经营单位进行专项检查，针对节日期间应急值守进行督察。（肖怡宁）

【节后复工安全检查】 3月5日至14日，开发区安全监管局针对春节过后建筑工地密集复工情况展开专项检查，对在建工地抽取了24家施工单位，重点检查内容为工地人员的上岗前培训，特种作业持证上岗情况，确保严格落实持证上岗、培训上岗制度，保证上岗工人安全，对现场中发现的问题下达执法文书并督促整改。（肖怡宁）

【检查仪器仪表企业安全】 3月12日至4月6日，开发区安全监管局委托中介机构对区内仪器仪表行业的19家企业进行了安全生产审计。5月8日至15日，针对审计中发现的问题，对每家企业的隐患整改情况进行现场核查，以执法的方式促进企业落实整改，全面督促企业整体安全管理水平的提高。（肖怡宁）

【执法信息系统调研】 5月23日，市安全监管局执法监察总队，到开发区安全监管局调研区执法系统建设情况。在听取了开发区工作人员的介绍后，肯定开发区的工作成绩，同时也对执法系统建设提出了建议。之后，随行人员介绍了执法监察总队正在搭建的执法系统，并与区安全监管局充分交流，深入探讨了市、区两级信息系统对接的相关问题。（冯丽颖）

【夏季有限空间安全执法检查】 6月7日至21日，开发区安全监管局与区发改局等部门联合，对物业、水、电、气、热供应单位等13家的有限空间作业安全进行专项检查，对有限空间作业中持证上岗、应急设备设施、作业许可、防护用品、监护人员等进行了检查并督促作业单位做好作业过程中的监督管理。（肖怡宁）

【通信电子和设备制造企业检查】 6月25日至7月25日，开发区安全监管局委托中介机构对区内通信电子和设备制造行业的42家企业进行了分类分级和安全生产审计。9月3日至28日，针对分级和审计中发现的问题，对每家企业的隐患整改情况进行现场核查，以执法的方式促进企业落实整改，同时加大执法力度，全面督促企业整体安全管理水平的提高。（肖怡宁）

【工业企业燃气使用专项检查】 8月1日至29日，开发区安全监管局对区内72家使用燃气的工业企业进行专项检查，检查中对燃气安全管理制度、应急预案、人员培训、警示标志等进行现场核查，对现场发现的问题下达执法文书并督促整改完毕。（肖怡宁）

【委托中介机构对企业安全审计】 8月6日至9月7日，开发区安全监管局委托中介机构对区内通信电子和设备制造行业的53家企业进行了分类分级和安全生产审计。10月9日至11月8日，针对分级和审计中发现的问题，对每家企业的隐患整改情况进行现场核查，以执法的方式促进企业落实整改，同时加大执法力度，全面督促企业整体安全管理水平的提高。8月20日至10月10日，开发区安全监管局委托中介机构对区内通信电子和设备制造行业的34家企业进行了分类分级和安全生产审计。11月22日至12月27日，针对分级和审计中发现的问题，对每家企业的隐患整改情况进行现场核查，以执法的方式促进企业

落实整改，同时加大执法力度，全面督促企业整体安全管理水平的提高。（肖怡宁）

【市区两级联合执法检查】 9月20日，市安全监管局执法监察总队与开发区安全监管局执法队对开发区3家危险化学品生产企业、2家餐饮企业和1家酒店进行了联合执法检查。检查共下达执法文书7份，对一家餐饮企业下达了现场处理措施决定书，要求企业局部停业，并立案处罚。（肖怡宁）

【“十八大”安全保障】 10月30日至11月18日，开发区安全监管局全体人员周六日停休、轮休，局领导带队，每日3组，对区内涉氨、涉氯、危险化学品生产和重大危险源企业进行执法检查，重点检查企业领导带班应急值守情况、带班检查、安全教育培训、危险化学品管理和配电室的安全等内容。此次检查共涉及36家生产经营单位，针对各单位存在的不同问题，执法人员开具相应的执法文书，要求区内涉氯、涉氨、危险化学品生产经营和重大危险源企业实行每日“零报告”制度，按时上报有关信息。（刘茜紫、肖怡宁）

职业安全健康

【职业健康管理员培训】 6月7日至8日，开发区安全监管局组织2012年度职业健康管理员继续教育，区内256名持有资格证书的职业健康管理员参加培训。培训邀请市安全监管局领导及国家安全监管总局职业卫生研究所专家，对新修订《中华人民共和国职业病防治法》及国家安全监管总局刚颁布的《工作场所职业卫生监督管理规定》等5个部门规章进行了讲解。培训课上，区安全监管局要求各企业做好“职业危害”申报及《职业健康档案》建立工作。（王山）

【职业健康管理员取证】 9月11日至12日，开发区安全监管局对136人进行了职业健康管理员取证培训，通过职业卫生管理知识、相关法律法规和职业卫生防治技术的培训，提高了企业职业卫生管理人员的专业素质和水平，为进一步落实企业职业卫生防治主体责任奠定了基础。（王山）

【《职业病防治法》知识竞赛】 8月至10月，开发区安全监管局组织企业参加“全国职业病防治法知识竞赛”，通过发放职业病防治法等宣传材料、开展职业卫生大讲堂、引导企业组织职业卫生现场知识竞答等形式，职业病防治法在区内真正落到了实处，共有106家企业参加该次比赛，共收到有效答卷21041份。区安全监管局受到国家安全监管总局和全国总工会的肯定，被评为全国“职业病防治法知识竞赛”活动优秀组织单位。（王山）

【电子行业职业卫生专项整治】 3月至11月份，开发区安全监管局对区内29家电子企业开展职业卫生专项整治。开发区共有3567人接触职业危害因素，职业危害因素年度检测率已达到100%。通过专项行动，督促企业建立健全职业健康管理制度，要求企业在合同中进行职业危害告知，在入职、在岗、离岗三阶段进行职业健康体检，有力推动了电子行业职业卫生工作的开展。（王山）

【有限空间作业安全检查】 2012

年，开发区安全监管局狠抓有限空间作业安全监管工作，确保了开发区形势的正常稳定。4月，组织召开行业主管部门有限空间专题会议，明确有限空间安全监管的部门职责；5月，起草下发《关于进一步加强有限空间作业安全管理的通知》，对开发区的有限空间进行了部署；6月至8月，开发区安全监管局联合区物业办、发改局等相关行业部门开展了有限空间联合执法，检查单位20余家，督促企业完善安全生产条件；9月，组织召开120家单位参加的开发区有限空间安全生产工作会暨教育培训公开课，北京博大开拓热力有限公司有关专家讲解了有限空间安全作业的经验。

（王山）

【《职业病防治法》知识竞赛颁奖】 11月5日，由国家安全监管总局和中华全国总工会共同组织的“神东神华杯”《中华人民共和国职业病防治法》知识竞赛颁奖大会在京举行，开发区安全监管局组织辖区内多家企业参赛，收到了良好的效果，受到了组委会的认可。同北京市安全监管局、天津市安全监管局以及河北省安全监管局等38家单位一并被授予“优秀组织奖”。（刘国建）

安全生产宣传培训

【“安全管理 · 经验共享”活动】 3月12日至16日，开发区安全监管局分两批组织了“安全管理 · 经验共享”大型公开课，邀请3家优秀企业向全区介绍好的安全生产管理经验和做法，受到众多企业的好评。奔驰公司就创建安全生产标准化一级企业的过程、体会和展望，拜耳医药保健公司就企业的新建、改建、扩建项目的安全生产“三同时”管理，诺基亚公司就企业的职业健康管理，尤其是人文关怀“well-bing”项目与参会人员进行了分享。区内240余家单位的安全负责人或安全管理人员参加该项活动。

（王山）

【安全生产月活动工作部署会】 5月17日，开发区安委会办公室召开了安全生产月活动领导小组工作部署会，区安全监管局、发改局、建发局、消防支队等18个部门参会。会议明确了各部门安全生产月活动的工作职责，并针对安全生产月活动方案和宣传咨询日工作安排征求了各单位的意见。会议强调，各单位要高度重视，紧密结合“护航”联合行动和“打非治违”工作，突出“展新区精神，宏安全文化，促安全发展”的安全生产月活动主题，确保宣传效果，夯实安全生产社会基础。（刘占超）

【安全生产月宣传咨询日】 6月10日，开发区在博大公园举行“展新区精神，弘安全文化，促安全发展”安全生产月宣传咨询日主题宣传活动。区管委会副主任高言杰、副主任王合生出席活动，区发改局、人劳局、建发局、安全监管局、社发局、工商分局、质监分局、城管分局、交通大队、消防支队等部门的领导参加了此次宣传活动。活动现场，各相关部门根据各自职责向广大群众宣传安全生产、消防、交通、食品、建筑施工、职业卫生等与企业职工生产、生活密切相关的法律法规及安全常识，设立宣传展板200余块、向企业职工发放各类安全常识小折页、安全生产宣传画、安全法律法规单行本等各类宣传资料2万余份，参与人员1000余人次，掀起了全区安全生产工作的宣传高潮。

（刘茜紫）

【安全生产宣传工作】 2012年，开发区内设置安全公益广告牌15面；向市安全监管局等各委办局政务网站、《亦庄时讯》等报刊报送安全生产类新闻简讯1631条。（刘占超）

【企业安全管理员培训】 11月27日至29日，开发区安全监管局举办了安全生产工作会暨企业安全管理人员培训，300家企业400余名安全管理员参加。会议全面分析了全年整体的安全形势，对2012年的工作进行了总结，就翌年的重点工作进行了部署及说明。会上表彰了2012年度安全生产月优秀企业及先进个人。培训讲解了企业安全用电、安全教育培训以及危险化学品安全管理等内容，组织企业对培训现状、三级教育和应急体系建设等问题进行了深入的座谈讨论。（刘国建）

安全生产法制建设

【提高依法行政意识讲座】 5月7日，开发区安全监管局特聘请大兴法院行政庭审判人员，为执法人员进行提高依法行政意识及相关法律知识讲座。讲座针对在行政案件中行政机关经常出现的事实认定和证据审查、执法程序、履行职责及出现的其他问题，进行了讲解，丰富了执法人员在法律方面的专业知识，解决了在处理行政执法过程中遇到的问题。（张涛）

【行政处罚案卷评查】 2012年，开发区安全监管局在市安全监管局和市法制办对行政处罚案卷评查过程中，报送案卷总计5份，包括事故案卷和一般行政处罚卷，报送案卷全部达标。

（刘茜紫）

【行政执法资格情况】 开发区安全监管局编制9人，到岗8人；执法队编制20人，到岗17人，其中2人因组织安排在其他部门工作。截至2012年12月31日，到岗的25人中，持有管委会发放的执法证的有20人，持有市安全监管局发放的执法证的有25人。

（刘茜紫）

【执法信息系统建设】 2012年，开发区安全监管局以日常安全监管工作内容为基础，综合各业务负责人意见，参考专家建议，确定执法信息系统建设方向，完成了平台搭建工作。并根据执法需要，配备了移动执法终端设备，已进入全面试用阶段。（冯丽颖）

安全生产科技

【毒物防控计划试点工作】 2012年，开发区安全监管局在三箭和众鼎公司的毒物防控计划试点工作继续进行。受限于企业产能不足的实际情况，在工程治理措施方面还有待于进一步研究。同时，增加诺兰特公司作为毒物防控试点单位，提出了网格化管理的毒物防控方法。

（王山）

【物联网监控工作】 2012年，开发区4家单位作为北京市安全生产监管系统物联网应用项目示范企业，进入了一级物联网预警调度平台建设施工阶段。根据实际情况，开发区安全监管局开展了第三方监管模式试点，委托第三方公司提供远程安全监管服务，逐步把重大危险源等企业纳入监管范围中。

（张月）

安全生产标准化

【安全生产标准化推进暨内审人员培训】 6月29日，开发区安全监管局组织召开“开发区安全生产标准化工作会暨内审人员培训会”，请专业人员讲授安全生产标准化建设经验，区内298名企业安全管理人员参加会议。为保证工作平稳有序开展，区安全监管局按照动员部署、培训学习、整体推进、加快落实4个步骤推进标准化建设工作，要求企业内审员报送本单位安全标准化达标目标和启动时间，根据企业达标计划，区安全监管局将统筹各类咨询评审资源，为企业提供高质量高效率服务，确保规模以上工贸企业2013年底实现安全达标，其余企业2015年底前全部实现达标。（王山）

【印刷企业安全生产标准化工作启动会】 7月18日，开发区安全监管局按照企业安全生产标准化工作行业分步推进的步骤，召开了印刷行业安全生产标准化工作启动会，区内11家即将开展标准化工作的印刷企业安全负责人参加会议。会议要求：一是企业领导要重视安全生产标准化工作，亲抓亲管；二是要与安全生产隐患排查结合起来，把工作夯实做细；三是以此为基础，迎接开发区的分级分类评定。（王山）

【安全生产标准化达标工作】 截至2012年底，开发区共26家企业完成安全标准化达标工作。其中3家企业通过了国家安全监管总局组织的一级安全生产标准化企业复审，14家企业通过了北京市安全监管局组织的二级安全生产标准化企业复审，9家企业通过了开发区三级安全生产标准化企业核准。开发区达标企业不断增加，标准化工作稳步有序开展。

（孙鹏）

【安全文化建设示范企业现场观摩会】 8月2日，开发区安全监管局组织召开了安全文化建设示范企业现场观摩会，区内部分企业安全管理人员赴通用航卫有限公司等4家企业，采取参观企业主动介绍特点与随即问答、相互交流与点评说明和谈感受与找不足相结合的方式进行参观考察。通过实地参观，各位企业安全管理人员加深了直观感受，看到了差距，学到了经验，纷纷表示，榜样就在身边，经验就在眼前，完善自身安全文化建设工作。（王山）

【北京市安全文化建设示范企业】 2012年，在安全文件建设示范企业评选活动中，开发区的北京经开投资开发股份有限公司和北京金佰利个人用品有限公司2家企业获北京市安全文化建设示范企业称号。其中北京经开股份投资有限公司由于特色突出，被推荐代表北京市参加全国安全文化建设示范企业评选。（王山）

【“安全工业园区”试点】 2012年，开发区安全监管局在北工大软件园开展了“安全工业园区”试点，借鉴安全社区的理念，关心从业人员8小时内外的安全与健康，以达到最终形成“安全工业园区”评定标准的目标。（王山）

【编撰出版《企业安全文化建设指南》】 12月，开发区安全监管局组织专家针对开发区企业安全文化建设的特点进行归纳总结，编撰出版《企业安全文化建设指南》一书，印刷2000册，下发给区内生产经营单位，指导企业从安全管理层面向安全文化建设层面迈进。（王山）

企事业单位安全生产工作

首钢总公司

2012年，是首钢总公司创新驱动、转型发展，打造“三个首钢”综合竞争力的攻坚年。首钢安全生产工作坚持以《国务院关于坚持科学发展 安全发展 促进安全生产形势持续稳定好转的意见》为指导，通过强化安全生产主体责任落实，深化标准化创建，开展多种形式的安全生产检查和有特色的安全教育培训活动，首钢安全生产局面基本稳定。2012年首钢千人死亡率0.048、千人重伤率0.024、千人负伤率0.329，其中，北京地区首钢钢铁主业杜绝了死亡、重伤事故。

【安全生产检查和专项治理】 组织重大节日、“两会”、“十八大”期间安全生产大检查，坚持开展不间断的隐患排查治理和“打非治违”专项行动，强化“防灼烫”、“防触电”及特种设备、危险化学品安全专项治理工作。开展多种形式的安全生产检查，各级检查发现的6306项隐患100%落实整改，并对268个次责任单位、971名责任人落实考核处罚约92万元。

【安全生产标准化创建】 总公司成立领导小组制订计划，全面推进安全生产标准化创建工作。2012年，迁钢公司4个单元（炼铁、炼钢、热轧、动力煤气）通过国家一级评审；首秦、水钢公司各5个单元，通钢、长钢公司各4个单元通过省级二级达标验收；经北京市安全监管局授权，总公司完成了对一线材厂、首自信公司工程事业部、实业公司首欣物业公司等16个单位的标准化二级达标验收；首钢吉泰安公司等单位通过了属地区县级三级达标验收。

7月18日，首钢总公司董事长王青海（左二）带队检查安全生产工作。

【高危行业安全管理】 按照市安全监管

局《关于进一步落实企业主体责任 建设首钢"安全和谐"矿山有关工作的通知》要求，推进"五大提升工程"建设，完成了规章制度梳理、查漏补缺等8项安全管理提升；应用GPS矿车自动调度系统、配备炮孔填塞车等8项安全技术装备提升；健全完善了井下顶板垮塌、井下水灾、火灾等事故应急救援预案，定期开展演练等5项应急救援提升；创建"无违规"班组等8项安全文化提升及严格落实职业健康体检，保证上岗、在岗、离岗职工体检率达到100%，职业禁忌症调离率100%等5项绿色健康提升，同时，通过推行岗位操作安全标准化作业指导书；深入开展创建"无隐患单元"活动，健全完善事故隐患排查治理体系，较好推动了"建设'安全和谐'矿山实施方案"的有效落实，进一步提升了矿山安全生产综合保障能力。为确保尾矿库、排土场等重点关键部位安全度汛，总公司领导多次指示并带队对汛期安全措施落实情况进行检查。经各级扎实细致工作、矿山参战人员现场日夜严防死守，确保了多场罕见强降雨期间的矿区安全。

【设备设施拆迁及消隐工程现场监护】 2012年，组织好冷轧镀锌薄板厂等单位的安全停产工作，北京厂区主要完成了氧气厂3.5万制氧机组利旧、铁区皮带机等盘活、动力厂1号锅炉房等设备设施拆除及消除较大隐患施工近百项。工作中，严格贯彻执行"拆除工程安全管理规定"，组织对业主单位、施工单位在施工方案、安全措施的制定、审查，人员培训、资料备案等各项工作提出明确要求，强化现场管理与检查，基本保持了安全稳定局面。

停产设备拆迁现场。

针对北京厂区停产后设备设施逐渐腐蚀老化、可能形成新隐患的情况，3个留守处切实加强巡检，其中铁区留守处5月9日上午在例行隐患检查中，发现三高炉煤气下降管（直径3.4m，长约80m，重约160吨）出现局部开裂现象。对此，立即采取强化现场警戒、做好动态监测等多项措施；首建集团紧急抽调大型起重机，会同设备部、安全处及铁区留守处等共同制订论证方案、措施、应急预案，全力开展抢险施工，

停产设备拆迁现场。

6月1日，三高炉煤气下降管被顺利拆除，消除了一项重大隐患并确保了抢险过程中的人身安全。

按照总公司安排，冷轧镀锌薄板厂于9月下旬全面停产。结合“安全经济稳定”停产原则，针对停产涉及易燃易爆、有毒有害物质的特点，周密制定“停产安全工作方案”和144条安全保障措施，组织深入学习，严密做好停产工作安排，并做好应急救援预案的完善、演练工作，确保了停产的安全任务圆满完成。

【安全宣传教育培训工作】 制订安全生产月活动方案，广泛开展了主题为：“落实主体责任，实现安全发展”的安全生产月活动。组织观看案例警示教育片《人命关天》，开展全员安全生产大讨论；举办为期2天的安全管理人员培训班，聘请国家安科院专家授课并对安全生产标准化创建工作进行指导。结合以争创“四强”党组织、争做“四优”共产党员为主要内容的创先争优活动，各级党组织、广大党员在抓好党员责任区建设基础上，以“党员自身安全无问题、党员身边无违规、无隐患、无事故”为标准，深入开展了党员示范岗创建活动，在项目工程、操作机台、服务窗口、管理部门等不同行业、不同岗位，积极创建党员示范机台、示范窗口、示范区和示范项目，进一步拓展“党员示范岗”创建活动的范围及广度、深度，涌现出了一批过得硬的党员安全创优标兵和党员安全创优示范区。首钢工会深入开展“安康杯”和新《职业病防治法》普及教育竞赛活动，并按照集团化管理要求，下发《关于进一步加强工会劳动保护工作的通知》，深入京唐、迁钢公司等单位指导劳动保护工作。首钢团委组织广大团员青年参加“青安杯”竞赛活动，并圆满举办“首钢杯”北京市青年安全管理创新大赛。大赛吸引了包括首钢、北汽、京煤、首发、地铁等30余家市属大、中型企事业单位的团员青年积极参与，作品分管理论文、微故事、动画和漫画等4个部分达300余件，作品内容丰富、创意新颖、贴近青年，通过比赛激发了广大青年的安全创新热情，增强了安全管理意识，拓宽了管理思路，提升了管理水平。首钢青年取得了2金2银5铜的优异成绩。

由于工作到位，重点突出，效果显著，总公司及实业公司、矿业公司分别被北京市委宣传部、北京市安全监管局等10部门授予“2012年北京市安全生产月活动优秀组织奖”；冷轧薄板公司和冷轧镀锌薄板厂荣获“2012年北京市安全生产月最佳实践活动奖”。

北京住总集团有限责任公司

2012年，北京住总集团有限责任公司以贯彻集团《工程项目管理手册》为主线，以落实终端岗位安全生产责任为重点，以实施安全生产标准化和PMS系统为手段，认真开展“安全生产年”活动，积极开展隐患排查治理行动，严格过程管控，牢固树立科学发展观，确立“安全发展”理念。

【夯实安全生产基础工作】 一是严把任务环节。在工程承揽源头，严格把握集团工程项目要确保3%利润的底线标准，优选工程业主，不承揽民营小开发商工程，谨慎测算工程现金流，确保工程资金平衡，坚决消除挂靠工程，严格遵守外埠及重要工程集团评审制度，做到科学决策，合法依规经营，确保安全生产投入。

14号线21标项目部荣获“安全优胜杯”。

二是严把开工环节。集团公司所属开发企业依法落实开工手续，依法确定承包范围，依法拨付安全文明施工措施费用。施工企业坚持工程手续合法方可开工，足额提取安全生产费用，专项管理安全文施资金，规范建立安全费用使用台账。特别要落实开发项目安全生产组织体系，确保安全生产人员足额配备，持证上岗。

三是严把经营环节。严格核查各类分包资信资质，规范签署分包合同与安全生产协议，严格按照“三集中”要求规范采购行为，杜绝使用无资质、无能力、无诚信分包企业，杜绝工程违法分包，非法转包行为。

四是严把出租环节。各企业继续开展自有产权土地、房屋、违法建设房屋出租经营或出租后出现违法违规生产经营行为的治理。

【开展“打非治违”、安全生产“护航”行动】 集团公司编制了专项工作方案，按照职责分工在各自系统分别开展了隐患排查和治理活动，通过活动消除了一批事故隐患。集团公司对人力资源管理系统中的岗位信息进行认真排查，持证率达98.7%。对不符合法规规定的人员重新安排取证培训考试或进行岗位调整，保证公司主要负责人、各施工项目部负责人和专职安全生产管理人员的持证上岗率达100%。

【“工程项目经营管理双月检查”活动】 自3月开始每2个月由集团公司各业务系统主管领导带队对所属工程项目进行联合检查活动，共分为7个组，全年组织了5次活动，对30多个工程项目进行了联合检查。每次检查后，集团检查组均编写检查报告，并召开专题会议分析和反馈检查情况，集团公司主要领导均参加会议听取检查组汇报，并提出整改要求。

10月18日，集团召开第四次双月检查反馈整改部署会。

【完善安全管理制度】 集团公司安全监管部编制了《北京住总集团钢制大模板安全管理规定》、《北京住总集团安全生产隐患举报制度》、《北京住总集团生产安全重大危险源监控与隐患整改评价、重大隐患挂牌督办制度》、《冬季施工燃油加热器安全作业指导书（试行）》等制度文件。

【推进集团安全管理信息化】 集团公司不断推进PMS项目综合管理信息系统的应用，组织检查组对每个项目的录入信息进行监督核查。集团公司定期组织联合检查验收，安全监管系统结合日常工作对各项目PMS的应用工作进行督促检查。各单位充分利用工程项目管理信息系统知识库资源，交流宣传优秀安全生产管理及资料案例，使之成为安全管理资源共享、推广应用的高效渠道。

9月28日，2012年集团项目管理信息化达标现场验收会。

北京金隅集团有限责任公司

2012年，北京金隅集团有限责任公司以“落实责任、安全发展”为主线，积极探索企业安全文化建设，强化“严、细、实”的工作作风，较好地完成了安全生产和保卫管理工作各项指标，继续保持了公司安全生产形势的总体平稳。

2月8日，北京金隅集团召开安全生产和保卫工作会。

【严格落实责任，细化工作任务】 年初，公司为落实内部的安全责任体系建设，与66家企业签订了《2012年安全生产和保卫目标管理》、与5个合资企业签订了《2012年安全生产目标管理告知书》，明确了公司安全管理的目标管理原则、考核及奖罚、控制指标、工作要求、重点工作等内容。各企业根据公司责任书要求及时分解任务，逐级签订责任书、保证书，出租单位签订安全协议书，做到了横到边、纵到底、层层落实、责任到人。

北京金隅集团领导向获奖单位颁发奖杯。

【安全生产标准化建设】 按照国务院安委会在全国范围内开展安全生产标准化达标建设部署，公司进一步推动了生产型企业安全生产标准化达标工作，通过达标过程不断消除隐患，提升安全管理水平。年内在京生产型企业累计15家单位达标，3座矿山核准达到北京市三级标准；京外企业已有12家通过属地达标，京内生产型企业除个别政策性退出外，全部实现了市级达标。截至年底，公司已累计有33家生产型企业实现达标，完成了年初制定的标准化达标折子工程预定的目标。

1月23日，北京金隅集团主管领导带队对重点部位进行安全检查。

【强化检查及时消除各类安全隐患】 公司在安全检查过程中，根据不同时期、不同季节特点及各企业安全管理工作重点，继续坚持企业自查、片组检查、集团联合检查等不同形式相结合的检查方式，全年公司安全管理部门共计检查524个单位/次，共检查了1211个部位，发现和查处各类安全隐患82项，现场纠正60项，全部落实了整改。

【职业卫生监督检查工作】 公司按照2012年工作安排制发《公司劳动防护用品配备指导目录（第一批）》并组织个体防护用品的专题培训，各水泥企业已经按照要求逐步配备规范统一制式的劳动保护服装。同时，加强对各单位的密闭空间、喷漆工段、废料储存等场所职业危害的安全检查，指导做好有害气体监测工作，强化员工自觉使用安全防护用具意识。全年累计为5600余名职工进行职业健康体检，对发现有职业禁忌症的人员，及时调整工作强度或岗位。

4月18日，中国职业安全健康协会理事长张宝明等到琉璃河水泥厂检查指导职业安全健康工作。

【特种设备安全动态监管】 公司所属各单位严格按照法规要求开展检验检测工作，所属3500余台特种设备均进行了定期检验检测和年度检查，各单位根据检验报告要求落实了整改措施。同时公司还组织专业队伍重点对余热锅炉、承压供暖锅炉、蒸压釜、运行年限较长的电梯等设备进行专项检查，督促有关单位通过技术改造等措施，使其保持良好的安全技术状态。

【发挥“安全和谐”矿山示范作用】 公司按照北京市要求，在北京水泥厂凤山矿开展以“六化四体系”为主要内容的“安全·和谐”示范矿山创建活动。在硬件设施改进过程中充分运用物联网技术对现场爆破、运输调度等关键环节实行管理，有效控制和减少了安全风险。

【安全文化建设示范班组创建活动】 从2012年开始，公司根据《北京市安全文化建设示范企业评定标准》，立足于“使命金隅、价值金隅、责任金隅”企业文化背景，开展安全文化建设示范班组创建活动，共收到班组申报材料72份。公司经过综合评定，对符合《评定标准》要求的40个车间班组，授予金隅“安全文化创建先进班组”称号。2012年，公司通过探索性地开展安全文化建设活动，进一步促进企业安全管理工作规范化、制度化和科学化，推动企业安全生产工作主体责任的落实到位，使员工的安全意识和行为内固于心、外化于形，实现不断夯实安全生产基层基础工作的目标。

北京首都旅游集团有限责任公司

2012年，北京首都旅游集团有限责任公司认真贯彻落实国务院、北京市政府职能部门的各项工作部署，提升安全管理工作水平，促进安全与经营工作的协调发展，强化企业的安全生产主体责任，预防和消除安全隐患，完成了各项安全工作任务。

董事长段强检查厨房安全卫生。

【安全生产工作的组织和部署】 2月，集团公司专门召开了安全工作会议，对全年的安全保障工作进行了全面部署。同时，与所属企业签订了《2012年安全管理目标责任书》，制订并下发了《2012年安全工作要点》和《交通安全工作要点》，全集团的安全工作按照计划贯彻落实。

董事长段强检查消防中控室。

【重大活动的服务保障】 完成了包括全国“两会”、“上合组织峰会”、全国少数民族文艺汇演、“中非论坛”、“科博会”、“经交会”和“十八大”等共11项重大政治活动的服务保障任务。

在“十八大”召开期间，共接待“十八大”代表382人，列席代表222人，工作人员共1113人。为大会配备了车辆618部，准备备份车辆130部，累计出车14120车次，运送与会代表、大会工作人员和新闻记者累计6.7万人次，安全行驶37万公里。“科学发展、成就辉煌”大型图片展于“十八大”期间在北京展览馆举行。展览历时117天，共使用6个展厅，面积共计1.5万平方米。成功完成了党和国家领导人专场、“十八大”代表专场的服务保障工作，得到了主办方的肯定。

【开展“打非治违”专项行动】 成立了“打非治违”专项行动领导小组。集团公司及各二级公司通过采取全面督察、重点检查、交叉检查、直属企业跟踪检查等方式，对重点企业、重点项目和重点环节认真开展专项检查。专门设置了《物业资产调查表》和《企业承租经营场所调查表》，对全集团所属企业自有资产和租赁资产进行全面的调查摸底，掌控第一手资料，进一步规范了集团所属企业自有资产和租赁资产的经营、出租活动，提高了企业依法依规经营水平。

【安全生产月活动】 编制下发了《关于印发2012年首旅集团安全生产月活动方案的通知》，成立了安全生产月活动领导小组。在安全生产月期间，各企业组织了全体员工参加活动，张贴悬挂宣传标语、挂图500张，发放宣传材料1000份；对员工培训200次，演习演练150次，培训人数5万人次；检查整改安全隐患48个，隐患整改率100%。

总经理刘毅检查建筑施工安全。

举办消防演习。

安全生产月期间集团公司和所属企业采取多种形式，开展应急演练和宣传教育活动。组织观看《人命关天》，《安全伴我行——人类的呼唤》和《特重大火灾典型案例及消防安全常识》的宣传片。针对企业安全生产特点，全面组织开展了突发事件应急预案实战演练活动，如：前门建国饭店举办“酒店灾害综合应急预案演练”、华龙总公司所属助友仓储公司库区举办“仓库火灾救助综合应急预案演练”和首汽集团举办“修理车间消防实战演习”。

集团公司被评为“2012年北京市安全生产月活动优秀组织奖”，“酒店灾害综合应急预案演练”被评为“2012年北京市安全生产月最佳实践活动奖”。

【组织安全生产大型公开课】 集团公司聘请安全生产公开课讲师团，以《落实安全生产主体责任，实现安全发展》为题进行了授课。集团150家主管安全生产工作的企业领导及部门负责人参加听课活动。

【“安全在我身边”巡回演讲】 11月30日，由市安全监管局和市总工会联合举办“安全在我身边”巡回演讲在首旅集团举行。集团公司各二级公司及下属企业、直属企业员工近400人聆听了演讲。

【特殊时段、不同季节的安全生产工作】 在元旦、春节、国庆节、圣诞节等重要节日前，组织开展安全大检查，落实各项安全防范措施，开展有针对性的应急预案演练，提高实战和应变能力。根据不同季节安全生产工作特点，有针对性地部署安全生产工作，抓好防火、防寒、防冻、防裂、防滑、防泄漏、防煤气中毒“七防”工作，确保生产经营设备设施的正常运行和员工的安全健康。

【安全管理干部培训】 5月16日至18日，集团公司组织举办了一期“学习贯彻《北京市消防条例》专题培训班”，集团所属140余家企业的专职消防安全管理人员参加了培训。市公安局消防局法规处领导结合北京市近几年的消防安全形势和单位消防安全管理工作，就如何落实消防安全责任、开展消防安全“四个能力”建设、检查和消除安全隐患、做好群众宣传教育培训、建筑消防设施管理等方面的问题进行了深入讲解。

【安全生产标准化工作】 2012年，集团公司继续做好全面推进标准化建设的前期准备工作，通过建立健全各项工作制度、工作规范和工作流程，制订和完善应急预案，将各项安全制度进行规范整合，逐步形成了一套符合首旅集团安全工作特点的工作机制、工作模式和工作体系，为在政府有关行业主管部门出台相关行业标准后，全面开展安全生产标准化工作奠定了基础。

举办交通安全培训班。

厨师进行消防培训。

中国北京同仁堂（集团）有限责任公司

2012年，中国北京同仁堂（集团）有限责任公司安全生产工作，围绕着公司系统安全生产、交通、内保、防火、稳定与国家安全等工作不出现重大事故为管理目标。按照集团董事会“专业化、规模化、集团化的工作要求，进一步加强安全管理，全面落实各项安全生产责任制和事故应急机制，广泛深入开展安全生产教育，不断完善基础建设，确保全系统的安全和稳定。实现了全年安全生产工作“五个零”的管理目标。

【逐级落实安全生产责任制】 2012年初，集团公司党、政、主管领导分别与股份公司、科技公司及公司各直属单位，签订了《稳定与安全工作目标责任书》。各基层单位又逐级签订了安全保证书，使安全稳定工作的职责逐级得到落实，做到了工作到岗、责任到人，为做好安全生产工作打下了坚实的基础。

同仁堂集团公司召开安全工作会。

【依法治企确保安全稳定】 2012年安全工作会上，集团公司总经理梅群针对安全稳定工作指出要做到警钟长鸣，常抓不懈。以安全稳定的环境来保障集团公司的发展。

同仁堂集团公司举办培训班。

【全面开展安全生产宣传教育】 安全生产月活动

期间，集团公司制订了周密的活动方案，召开专题会议进行部署，积极协调有关上级单位，指导各公司开展宣传教育活动。

6月13日至15日，集团公司组织子公司及所属单位的安全部门负责人和保卫干部进行了培训。各子公司、单位的安全保卫干部共62人参加了培训。各公司、单位充分利用多种宣传手段，围绕安全生产“落实企业主体责任、保障城市运行安全”这一活动主题，组织开展多种形式的宣传教育活动。6月19日和26日，组织了两期共200人参加的班组长安全培训班。科技公司组织新职工安全入厂教育6次，对公司进行全员安全知识教育共计1800人，定期完成特殊工种及消防监控人员的复审换证工作。组织“让事故远离自己、安全在我心中”为主题征文活动，共征文30篇。

同仁堂集团公司通州配送中心消防安全演练。

【加强安全检查 落实各项管理制度】 2012年，节假日和重要活动期间，集团公司共进行了5次安全大检查，4次抽查，共检查单位58次。科技公司对节日期间燃放烟花、易燃物清理工作作为重点防范进行部署，落实各项安全检查工作25次，纠正各种违章89起，整改安全隐患25起，隐患整改率达到了100%。对到期800个灭火器进行了的安全测试，组织应急预案演练5次，达到了安全检查的目的。健康药业公司对所属单位进行定期安全检查20次，不定期检查10次。对于每周定期或不定期检查出的安全问题，由安全部门立即制定整改措施，以书面形式通知相关负责人进行限期整改，并实现了100%的隐患整改率。商业公司针对门店分散的特点，安全检查达270次，隐患整改43项，维修灭火器材832具，投入107万元资金安装录像监控设备。

2012年，通过大检查和抽查，全系统共查出隐患及问题约85起，安全建议达280余条，安全工作投入资金近500万元，并实现了100%的隐患整改率，为实现安全工作目标提供了有力的保障。

【确保“十八大”期间安全稳定】 为确保“十八大”期间的绝对安全稳定，集团公司召开了专题会议，及时成立了领导小组，制订了工作目标和工作责任制，签订了《安全工作责任书》，实现了全系统在“十八大”期间的安全稳定。

北京市地铁运营有限公司

2012年，北京市地铁运营有限公司经营的线路包括1号线、2号线、5号线、6号线、8号线、9号线、10号线、13号线、八通线、机场线、亦庄线、房山线、昌平线、15号线，运营线路总里程393公里，共有229座运营车站，其中换乘站37座。公司运营业务涉及专业有车辆运输、客运组织、行车电力调度、供电、通信信号、机电和线路等。

在路网快速发展的新形势下，地铁安全运营的风险更加复杂多变，公司严格执行国家安全生产法律法规和相关规定，坚持“以人为本创平安，永远追求零风险”的安全目标和“抓小防大、安全关口前移”的安全理念，创新并实践“人、机、环、管”四大要素和“治、控、救”3道防线组成的矩阵式控制体系，加强基础工作、强化逐级安全管控，促进集团化管理的安全责任逐级落实到位。

6月29日，北京地铁运营公司举办安全知识竞赛。

【13条线路安全运行情况】 2012年，13条线路共开行列车169.1万列，列车运营2.60亿车公里，较2011年增长14.04%，运行图兑现率99.95%，列车正点率99.87%。安全运送乘客21.02亿人次，较2011年增长12.4%，日均客运量574.2万人次，最高日客运量716万人次。

2012年，13条线路安全检查物品9.5亿件，同比增加1亿件，查获违禁品总数12.5万件，占检查物品的0.19‰，同比增加8.7万件。

【安全生产管理情况】 一是形成各单位自查和集团抽查相结合的工作机制，全年组织联合检查12次，出动检查160人次，各单位组织开展检查4849次，发现问题877项，立即整改658项，限期整改219项，共组织综合应急抢险演练5次，电话闭塞演练558次，手摇道岔演练264次，安全管理基础工作得到进一步巩固提升；二是创新并实践了运营生产积分管理办法，建立了一批基层管理规范化、标准化示范站，制订完善了各岗位作业标准，梳理并修订了安全生产管理职责及工作流程。在客流压力不断攀升的情况下严密防范各类事故，确保了安全形势总体良好；三是组织二级单位292名科级安全管理干部分批参加了为期4天的脱产安全培训，同时组织培训班学员分七批到南车集团青岛四方股份有限公司参观学习，观摩现代企业管理经验，开阔视野，提高职业素养；四是持续开展隐患排查治理，特别是针对影响安全运营的重大隐患，经技术论证和专业审核后上报上级主管部门并通过市政府专题会列入下一步改造计划审查60项，涉及改造资金40.25亿元，并完成了隐患管理信息平台开发和布设，结合集团、分公司和项目部（站区）三级管理体系，可实现对隐患排查治理和挂账销号等全过程跟踪管理；五是开展安全生产月、消防周、站区长接待日等宣传活动，营造良好的地铁运营良好环境。

北京地铁运营公司列车起复演练。

2012年，公司圆满完成既有线安全运营，实现了4条新线按期开通。下一步，将继续做好安全管理工作，夯实基础、管理创新，为首都市民提供平安、优质的出行服务。

北京地铁运营公司消防应急演练。

北京地铁运营公司员工参观安全展览。

北京环境卫生工程集团有限公司

2012 年，北京环境卫生工程集团有限公司安全生产形势稳定，平安顺利完成了“两节”、“两会”和“十八大”期间各项环卫作业安全保障任务，7 月 21 日特大暴雨及 11 月初强降雪极端天气过程，各环卫设施经受住了严峻考验，实现了安全稳定运行。全年，集团公司各单位环卫保障作业累计完成 1127106 运输车次，道路作业面积 7536 万平方米，环卫作业生产运输累计行驶 4470 多万公里，交通安全、生产安全、消防安全、治安安全全面实现了集团公司的安全生产工作目标。

获得 2012 年北京市市政市容系统有限空间作业大比武一等奖。

集团公司进一步深化落实“安全生产年”各项工作，继续紧抓安全基础管理，以生产经营和设施安全运行为主线，严格落实安全生产责任，细化安全防范工作措施，重点开展“打非治违”专项行动，全面深入加强安全生产隐患排查治理，组织总部义务消防队队员和二级单位义务消防队骨干队员到市公安局消防

获得 2012 年北京市安全生产月活动“最佳实践活动奖”。

获得市公安局内保局颁发的集体三等功及个人嘉奖。

局消防教育训练中心进行消防演练培训，全面提升环卫集团的“四个能力”建设，不断提高安全管理水平。安全生产工作为集团公司赢得了多项荣誉，集团公司和4个二级单位被推荐为市级交通安全先进单位，一名安全管理人员被市交通委评为全市交通安全先进个人；在北京市市政市容系统环卫行业第二届有限空间作业大比武竞赛中，集团公司两支代表队蝉联冠亚军；在安全生产月各项活动中，集团公司荣获了3个优秀组织奖和3个最佳实践活动奖；治安保卫工作荣获市公安局集体三等功嘉奖和个人三等功嘉奖，还有多人荣获个人嘉奖表彰，安全工作全面实现了年初制定的安全工作目标，为集团公司持续、稳定、全面发展创造了安全有序的生产经营环境。

7月21日特大暴雨后，北京环卫集团为京港澳高速路通车前对路面做最后的冲刷。

6月7日，北京环卫集团交通事故保险理赔流程知识讲座。

6月19日，北京环卫集团消防安全培训演练。

5月9日，北京环卫集团参加北京市市政市容系统有限空间应急演练。

北京奔驰汽车有限公司

作为北京汽车集团的核心企业之一，北京奔驰汽车有限公司不仅在品牌、质量、效益和制造能力上走在前列，安全生产管理同样独具特色。8 年来，公司以打造“和谐北京奔驰”、“平安北京奔驰”作为安全理念，着力加强安全生产基础建设，努力使公司的安全管理工作成为国内高端轿车企业标杆，为公司在跨越快速发展中保驾护航。公司在安全生产月、职业安全健康知识竞赛、“安全在我心中”等活动中被评为优秀组织奖，最佳实践活动奖。2011 年获得安全生产标准化国家一级企业称号。2012 年荣获北京市安全文化建设示范企业，北京市安全生产月活动最佳实践奖，北京市安全生产信息工作优秀单位称号。

【安全责任自上而下，逐级分解落实考核】 公司的安全生产工作实行目标管理，坚持每年初召开安全工作会暨安全目标责任书签字仪式。会上，由公司工会领导代表全体员工作为监督方，公司总裁、高级执行副总裁与各系统执行副总裁、总经理签订《安全目标责任书》，将安全责任层层分解，逐级落实工段、班组和个人。

北京奔驰汽车公司安全目标责任书签字仪式。

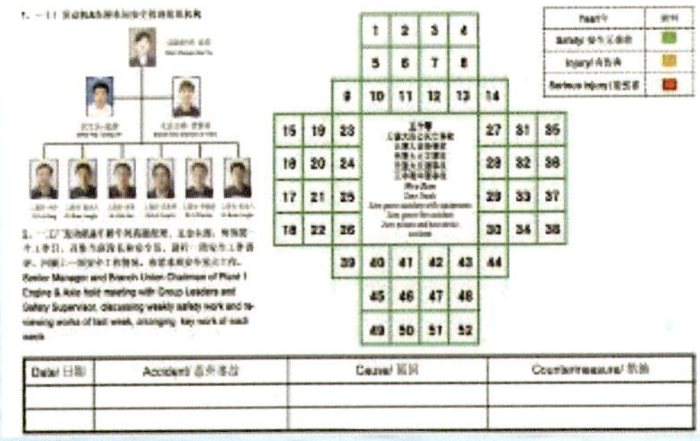

安全绿零图。

北京奔驰汽车公司高级执行副总裁蔡速平（右）听取安全汇报。

北京奔驰汽车公司领导检查装焊车间的安全工作。

【务实管理，形成北京奔驰特色安全管理体系】 公司始终坚持以尊重、关心员工为中心，对员工的生命、健康、财产安全高度关注，推行安全标准化管理，加强安全生产保障措施，结合新出台的国家、北京市法律法规和行业安全标准，不断提升企业安全生产管理水平，逐渐形成具有北京奔驰特色的安全管理体系。在生产规模、员工队伍高速发展的情况下，连续6年实现安全生产“五个零”工作目标（生产安全死亡事故为零、重大设备事故为零、重大火灾事故为零、甲方责任重大交通安全事故为零、中毒中暑事故为零）。

在安全管理中，全面加强制度建设。共建立完善了62个制度和301个安全生产操作规程，初步形成了具有北京奔驰公司特色的安全管理制度体系。2012年，在稳步执行公司安全生产“十二五”规划和完善2011年安全标准化认证的基础上，又制定了安全规章制度17项，继续丰富并深化了安全生产与职业健康管理制度体系。

排查施工工地隐患。

【隐患排查治理实现常态化】 公司日常安全管理的重点在于排查治理事故隐患。依据国家安全监管总局第16号令要求，安全管理部门进一步完善隐患排查治理制度，落实隐患跟踪机制，实现隐患排查工作常态化。对公司重点部位和设施，按照整改内容、标准、措施、进度、责任人“五落实”的要求，分类建立安全隐患台账。2012年共发现各类安全隐患136起，其中安全技术问题66起，消防安全问题53起，治安问题9起，交通安全问题7起，环保问题1起。

公司安全管理部门每周用中英文出版《安全周报》，内容涵盖安全信息、安全隐患、安全事故、安全提示等内容，以电子邮件形式发给各部门总经理、高级经理、安全主管人员。每周安全检查的情况都会在每周的安全周报上进行刊登，既提醒相关人员，也起到群众监督的作用。2012 年共发布了 47 期，总期刊 353 期，《安全周报》已经成为各部门开展安全管理的重要参考依据和资料，也成为了一线班组进行安全学习的教材。

【严格事故管理，做到超前预防】 严格控制工伤事故率，根据各部门（车间）安全目标责任，对工伤事故情况进行考核。按照公司新修订的《BBAC 工伤事故管理规定》，规范事故调查处理程序，按照“四不放过”原则，做好事故分析和工伤事故档案整理。安全管理部门在每起事故调查完毕后，迅速召集事故单位及相关单位人员、公司工会、人力资源部门召开事故分析处理会，认真总结事故教训，提出整改措施。

安全事故分析会现场。

工伤事故分析会。

【与供应商携手，共创美好明天】 公司安全管理部门在2011年6月初，制定了《建设工程施工现场安全管理制度》、《施工现场安全管理处罚规定》，编制完成了《建筑工程施工现场安全管理手册》。设立建设工地现场安全项目管理组，专门负责公司内所有建筑工地的安全监督管理工作。与制造工程部门配合，依据《北京奔驰供应商安全管理制度》，严格施工现场安全管理，制订切实有效的安全防范措施，杜绝重大安全事故的发生，为公司的安全生产提供了必备条件。2012 年，公司各重大项目进程按照节点纵深推进，多个重点建设项目和工艺改造项目同时并行。一年来，公司安全管理部门共监管厂区内施工、设备安装供应商 253 个，外来施工作业人员达 1.1 万名。

建设工程施工现场安全管理手册。

检查作业现场安全。

【改善作业环境，履行社会责任】 2012年，公司通过了环境管理体系认证，标志着北京奔驰的环境管理进入了主动保护阶段。

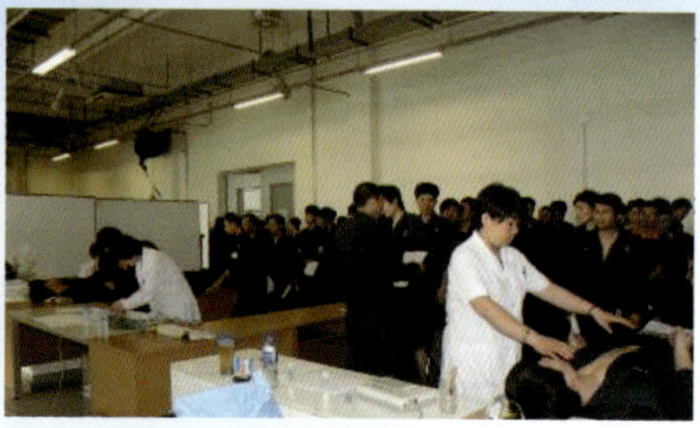

职业健康体检。

按照安全生产标准化工作要求，在作业场所中设置21个种类（物质）的职业危害告知卡、11种危险化学品安全告示牌和安全警示标识，规范了职业健康现场管理。同时，按照国家新修订的《职业病防治法》要求，协调人力资源部门、用人单位一起，发布《北京奔驰职业健康管理工作流程》，认真做好职业危害作业人员上岗前，在岗中，离岗后体检工作，并为作业人员建立职业健康一人一卡监测档案和职业危害动态观察档案。2012年对4500名职业危害作业人员进行健康体检，并为员工建立的健康档案。每年按照集体合同组织职业危害作业岗位的部分员工进行健康疗养。

【做好安全生产宣传培训工作】 公司针对不同群体规划和建立了有差别的教育培训体系，制订相应的培训方案和培训大纲。公司外籍员工较多，作为中德合资企业的典范，对外籍员工也实行了“外籍人员入职前安全提示”培训机制，组织新进厂外籍人员进行安全须知面授，使外籍员工进入工厂就立刻感受到安全管理处于有序状态，了解企业的安全现状和安全措施，树立起安全责任意识。

安全责任重在落实展览。

“青春奉献我为先，安全生产我示范”知识演讲。

消防演练现场。

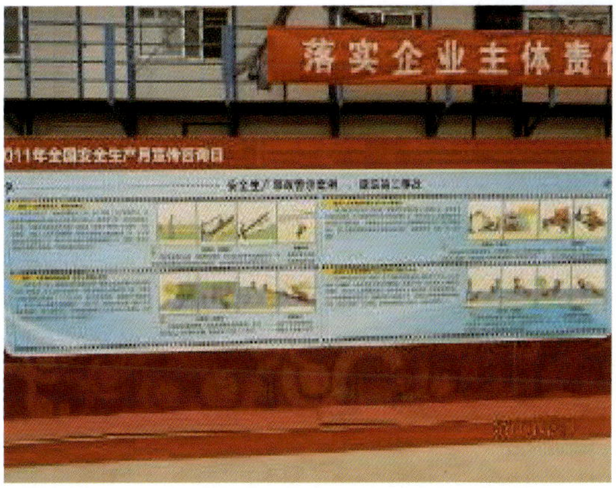

落实企业主体责任安全生产月宣传咨询日。

【安全生产标准化创建工作】 北京奔驰公司于2011年底取得安全生产标准化国家一级企业资质。在认证过程中，全面梳理安全管理制度体系，新制定安全规章制度制度7项、修订制度9项，投资2300余万元整改存在的问题，确保了公司顺利通过安全生产标准化一级企业认证。2012年6月，编制完成了《北京奔驰安全生产标准化工作手册》，建立了属于北京奔驰自己的企业安全生产标准化内审指南。12月至翌年1月，通过认证后的第一次安全生产标准化内审工作，确保公司安全生产标准化工作常态化并持续改进，做到安全管理有人管，有措施，有落实，有考核。

北京一轻控股有限责任公司

2012年，北京一轻控股有限责任公司坚持以科学发展观为指导，坚持“安全第一，预防为主，综合治理”的工作方针，坚持“安全就是效益”的安全理念，认真贯彻落实各项安全生产法律法规的要求，落实企业安全生产主体责任，促进规范化、标准化、系统化的安全管理，注重强化安全意识，发动全员关注安全，实现了全年安全稳定局面。

2月28日，一轻安全工作暨“安康杯”活动总结表彰会。

【落实责任，共保目标实现】 为实现安全生产“零事故、零死亡”的目标，公司在年初对安全工作进行部署的基础上，印发了《2012年安全生产工作要点》，明确全年的工作任务和重点。与各直属单位签订了《安全工作目标管理责任书》，强化了“一把手”负总责，各级人员分级负责的责任体系，确保了责任落实。

【开展培训教育，提升安全素质】 通过多层次的安全培训，提升各级人员的安全素质，有效的预防事故。为贯彻落实《北京市安全生产条例》，组织所属单位的行政负责人、安全主管领导、安全管理人员进行了集中培训；组织各单位安全主管领导、安全管理人员进行了“现代企业安全管理”以及“交通安全”的培训；坚持在每月例会上做好对安全管理人员的日常培训，使培训制度化、经常化，提高安全技能水平；与工会联合组织了面向班组长以上人员的安全生产公开课。

公司全年组织各类培训300余人次。通过持续不断的培训提高各级人员的安全能力和工作水平。

【开展宣传活动，增强安全意识】 印发《一轻安全知识手册》3000册，发放到基层班组，向全员普及安全知识；以6月份全国安全生产月为重点，开展了主题宣传活动，为企业发放了宣传材料，发动企业开展了形式多样的宣传活动；针对不同时期安全形势的需要，集中做好“十八大”期间和“元旦”、“春节”、“国庆”等法定节假日以及事故高发时期的安全生产宣传工作。

【推进企业达标创建活动，加强安全生产标准化管理】 按照公司的总体目标和工作方案，筹备启动了企业达标创建相关工作，北京大豪科技公司、北京华业阳光新能源

9 月 25 日，一轻副总经理杜罗坤（右五）到下属单位检查安全。

有限公司通过了标准化复评，成为安全生产标准化达标单位。至此，公司共有 13 家单位达标，其中 1 家北京市安全生产标准化达标单位，8 家北京市轻工系统安全生产标准化达标单位，4 家区县级安全生产标准化达标单位。通过安全生产标准化活动的开展，进一步改善了企业安全生产基础条件，加强了安全管理，形成了自我约束、持续改进的工作机制，促进了企业的安全发展。

【加强隐患排查，有效防范事故】 事故源于隐患，排查治理隐患是落实安全生产方针的最基本任务和最有效途径。为消除隐患，有效地防范事故，公司开展了多种形式的隐患排查治理工作。

安全生产月期间，为保证检查的专业性和覆盖面，采取分组的方式，由公司领导带队，安保部、安全生产专业委员会和顾问单位的专家共同参加，开展了全面的安全检查，对发现的问题下发了书面的隐患通知。7 月至 8 月公司又组织专家对部分企业的整改情况进行了复查。

8 月 3 日，市安全监管局副局长陈清（右二）检查义利公司。

开展专项检查。“6·6”太阳宫燃气热电厂附属设备控制间发生气体爆燃事故后，为防范事故，举一反三，控股公司部署开展了燃气安全专项检查；在系统内继续开展了“打非治违”专项检查，进一步完善了对出租房屋、外包经营场所的管理；汛期前做好对防汛安全工作的部署，特别是在“7·21”特大暴雨灾害后，专门对建筑工地、人员密集场所等进行了专项检查。为保证“两节”和“十八大”期间的安全，开展了安全生产“护航”专项行动，召开专题会议进行部署，制订了方案，分 3 个阶段开展了全面的隐患排查工作。

做好常规性的安全检查。在节日前对重点单位进行了检查，并根据季节变化的特点，抓好防范措施的落实，把事后处理转为事前预防。

北京隆达轻工控股有限责任公司

2012 年，北京隆达轻工控股有限责任公司实施《关于加强集成总部建设，提升集团管控能力的指导意见》，为做好系统安全保卫工作，落实企业安全生产主体责任，围绕公司重点工作，开展安全生产工作。

【制订企业安全生产指导意见】 2012 年，为了持久做好企业和谐稳定工作，制订并下发了《关于加强企业安全生产，保障企业和谐稳定，推动企业健康盈利的指导意见》，对企业生产安全、交通安全和和谐稳定工作提出了明确的意见和操作程序。同时，为加强承租单位消防安全管理工作，结合系统消防安全工作和承租单位实际，制订并下发了《北京隆达轻工控股有限责任公司出租房屋安全管理协议书》，为公司系统企业与承租单位签订安全管理协议书提供范本。使企业安全生产主体责任得到了进一步落实。

【“打非治违”专项行动】 5 月 18 日，公司组织召开“打非治违”工作会议，会议传达了市政府召开的全市安全生产电视电话会议精神和市国资委、市安全监管局关于“打非治违”专项行动的工作要求。各企、事业单位的党委书记、董事长、总经理、主管安全工作的副总经理和安全管理部门负责人共计 40 余人参加了会议。会后，各单位对自用建筑和出租建筑进行统计，19 家单位共上报各类建筑面积 988733 ㎡，其中，自用手续不齐全的 9 家，面积为 67499.61 ㎡；部分出租手续不齐全的有 5 家单位，面积为 56135.02 ㎡；施工手续不齐全的有 1 家，面积为 6028.3 ㎡。

宝岛彩印公司安全督导。

9 月 4 日，公司召开会议，对“打非治违”工作进行部署，对《隆达公司关于加强企业安全生产，保障企业和谐稳定，推动企业健康盈利的指导意见》和《出租房屋安全管理协议书》进行学习，确保中秋节、国庆节和“十八大”期间安全稳定。会后，各单位上报了《隆达公司“打非治违”工作情况排查表》、《安全隐患排查表》、《出租房屋安全管理协议落实情况表》和《精神病人情况统计表》。

【汲取制胶厂承租单位“7·12”事故教训，做好违法建筑拆除工作】 针对“7·12”楠辰皮革公司所属北京市制胶厂楼顶塌陷事故，

雪花公司安全督导。

公司多次到现场进行事故调查处理，并在8月20日、8月22日、9月4日、9月5日全系统专题会议上对“7·12”事故进行通报，提出“打非治违”工作要求，坚决拆除违法建筑。

公司成立领导小组，制订工作方案，明确违法建筑拆除时限，责成北京北泡集团公司和楠辰皮革公司全力做好违法建筑拆除工作，并确保企业安全和社会稳定。

英特塑料机械总厂安全督导。

【安全生产月活动】 制订并下发了《关于在全系统组织开展安全生产月活动的通知》，全系统各单位在安全生产月期间组织开展了多种活动，共投入资金约80万元，进行宣传动员、教育培训、应急演练、隐患整改等活动。

【隐患排查治理】 “十八大”、全国“两会”期间，深入企业开展专项检查58次，针对已存8年的富文新特公司工业用剧毒品，协助进行安全销毁，消除了重大隐患。

【重点时期消防安全】 公司下发了《关于做好今冬明春消防安全、生产安全及“两节、两会”期间的安全保卫工作方案》，结合该方案阶段性任务，分时期开展了隐患排查工作，对重点单位的要害部位以及易燃易爆化学危险品、剧毒物品的管理进行了督察，对发现隐患和问题的单位要求及时整改。

根据元宵节当天风力达到7级的天气预报，下发了《关于做好元宵节期间消防工作的紧急通知》至直属企业，根据当日天气特点、烟花爆竹燃放和消防部门进行一级战备状态的情况，提出了6项具体工作措施。

【处理承租单位火灾事故，汲取事故教训】 根据北京印刷集团有限公司印刷一厂承租单位北京海和天空广告有限公司“2·26”火灾事故，公司2次到现场与印包公司、印刷一厂有关领导和有关部门进行协调处理，并下发《关于印刷一厂办公楼四层失火的情况通报》。

根据北泡轻钢建材有限公司承租单位北京仟世达节能保温工程有限公司“5·2”火灾事故，先后6次到北京北泡集团公司和事故现场与通州区消防支队、北京北泡集团公司和轻钢公司有关领导协调处理火灾事故和恢复生产工作，提出具体整改工作措施。下发《关于承租单位北京仟世达节能保温工程有限公司发生火灾事故的情况通报》。

【确保“十八大”安全稳定】 为确保“十八大”召开期间安全稳定，公司下发了《关于做好十八大召开期间交通安全工作的通知》，单位与公车和私车司机签订了交通安全责任书。

9月11日至10月8日，由公司党政班子成员带队，分10个组对所属17家直属单位开展了安全稳定督导工作，并进行安全检查。

北京工美集团有限责任公司

2012年，北京工美集团有限责任公司制订安全生产月活动方案，进一步创新工作思路、丰富活动形式、强化责任落实，广泛开展宣传教育活动，确保年度安全生产各项目标顺利实现。

【安全知识培训】 安全生产月活动期间，集团公司举办安全知识培训班1次，各单位主管安全工作负责人共49人参加培训；工美大厦等5家单位开展安全知识答题1次，共有563人参加；工艺品厂等11家单位开展火灾疏散演练、消防救援演练1次；德胜门黄金珠宝等5家下属单位分别邀请市公安局消防局和驻地的消防中队教官进行授课；集团公司和下属各单位均组织所属人员观看案例警示教育片。

6月13日，北京工美集团安全生产培训班。

【安全生产月活动】 安全生产月活动期间，集团公司购买各类安全宣传品，所属各单位进行细化和补充，做到安全宣传工作集团有组织、企业有方案、职工全员参与。白孔雀艺术世界开辟一面墙作为安全生产月宣传栏；首检站、博物馆组织职工观看案例警示教育片《泪的呼唤》；握拉菲、埃迪码、技术中心公司对本单位的加工机床、设备及电器

6月8日，白孔雀艺术世界安全教育培训。

等进行了为期两天的专项安全检查，对所查出的隐患已全部按要求进行了整改；工美大厦组织和工艺品商场、工美金业、研发营销等几家驻工美大厦企业开展安全知识有奖答题活动，不断掀起安全宣传活动高潮。

5 月 18 日，北京工美集团消防安全演习。

【形成安全生产长效机制】 2012 年，各单位紧紧围绕落实企业主体责任、提升全员安全意识、形成安全生产长效机制，不断增强抓好安全工作的主动性。一是集团公司主管安全工作的负责人带领综合管理部对 16 家重点单位安全生产主体责任落实情况进行检查，并对存在的隐患提出整改建议；二是要求各单位将安全生产工作融入日常的巡检、交接班工作中，做到月有安全周、周有安全日，每天都能持续进行安全活动；三是以安全生产月活动为契机，推动企业安全文化建设，促进安全工作规范化、制度化和科学化，使员工的安全意识内固于心、外化于形；四是及时总结经验，对活动中的亮点在集团公司范围内进行推广，实现“突出一点、照亮一片”的工作机制，推动集团公司安全生产月活动的不断突破和创新。

6 月 1 日，北京工美集团高级技校消防知识讲座。

6 月 15 日，金孔雀艺术世界消防灭火演练。

北京纺织控股有限责任公司

2012年，北京纺织控股有限责任公司安全生产工作的主要任务是：继续以创建“平安纺织”为目标，以全面落实企业主体责任、进一步加强安全生产长效机制建设、扎实有效创建安全生产标准化活动为主线，进一步完善各项规章制度，抓好科技创安和信息化工作，全力完成好各项安全生产工作。

【夯实基础工作，实现全年无工伤事故】 2012年，公司以深入开展安全生产标准化达标活动为主线，继续夯实了控股公司安全生产基础工作。实现了年初与各单位主要领导签订的安全责任书，包括生产安全死亡事故、重伤事故、重大及有影响的火灾事故、交通安全肇事死亡甲方责任事故、集体食物中毒事故、煤气中毒死亡事故、重大刑事案件、被盗窃和被诈骗责任事故等各项指标均为零的成绩，全年无工伤事故。

【安全生产标准化达标工作】 截至12月28日，所属各集团公司和直属企业共有22个单位完成了安全生产标准化复评工作，其中方恒置业和所属6家单位由中介机构进行了复评，16家完成了由控股公司组织的安全生产标准化复评。

2月28日，北京纺织控股公司召开安全生产工作会。

12月26日，纺织系统安全生产述职会。

【加大隐患排查治理力度】 2012年，各单位严格按照安全隐患排查治理机制的要求，做到了严格、认真、细致的查找生产现场、重点部位、重点岗位以及工作中的疏忽和存在的隐患，实现了安全隐患排查的“全方位、全视线和全覆盖”。

京棉集团对莱锦文化创意园的经营场所、办公区、重点部位、特种设备、消防设施、设备以及安全管理制度等进行了深入细致的安全检查，查找出安全隐患17项，整改率达100%。

雪莲集团对所属企业共查出隐患32项，发放安全检查通知书16份，并责成企业第一负责人在最短时间内予以解决整改，各单位共投入30余万元资金对存在的隐患进行了整改。光华集团在安全生产月活动中开展了拉网式的大检查，发现安全隐患43

个，并进行了整改。

【加强应急演练和宣传培训】 2012 年，安全生产应急演练和安全培训主要以各集团和企业为主。方恒购物中心、雪莲集团埃姆公司、光华集团创业园、北京京都紫禁城饭店、新媒体技师学院等单位开展的消防演练活动，以开展自救互救、灾害预防等安全科普知识为主要内容对员工进行培训，并组织 376 人次进行了灭火器实际操作。

7 月 19 日，北京纺织控股公司安全生产长效机制建设研讨会。

2012 年，控股公司开展了以“践行北京精神，弘扬安全文化，推进安全发展，建设平安纺织”为活动主题的安全生产月活动。共悬挂横幅 197 条、安全标语 1860 张、壁报 465 张、安全生产答题 1900 人次、宣传画近 1300 张，专栏板报 95 篇，观看安全宣传录像 2100 人次、派发安全学习书籍 3500 余册。经市安全生产月组委会评定，公司和光华集团被评为 2012 年北京市安全生产月优秀组织奖，铜牛集团和光华集团获得最佳实践奖的光荣称号。

控股公司组织了安全工作培训班，所属二、三级企事业单位的各级领导、职工 106 人参加了培训。

北京纺织控股公司总经理李学彬带队检查安全生产工作。

北京市燃气集团有限责任公司

2012年，北京市燃气集团有限责任公司本着“安全是魂，预防在先”的安全理念，切实履行安全生产主体责任，始终把安全生产放在首要位置，以安全促发展，从安全要效益。加强制度保障体系建设，完成了《职业安全健康管理体系》的优化与再造，将体系建设与规章制度完善结合在一起，形成一套比较完整、有机的制度保障体系，为集团公司安全管理工作提供了纲领性文件。以《职业安全健康管理体系》统领安全工作，提高安全管控能力。将安全风险管理引入到安全管理工作中，不断深化安全管控措施，使集团公司安全管理工作实现由“被动应对”向“主动控制”的转变，由“事后处置”向“事先预防”的转变，由“重视结果”“关注过程”的转变，由“治标隐患排查”向“治本隐患排查”的转变。

1月19日，副市长刘敬民（中）检查液化气公司。

【安全管理进一步提升】 公司创新安全监督检查手段，组织开展模块化监督检查考核。集团公司在《监督考核子体系》的指引下，改进安全检查和考核方式，有效促进安全监管，将安全管理工作内容进行分解，建立了包含职业健康及安全管理、事故隐患和危险源、危险作业管理、事故管理、管网运行安全、用户安全、相关方安全管理、消防安全管理、交通安全管理和班组安全管理10个方面内容的检查模块，每个模块制定出详细的检查内容和标准，按照不同时期的工作特点和阶段性工作重点制定出全年模块检查计划，将10个模块分配到不同的月份，以基层单位自查与监督检查相结合的方式覆盖集团公司安全检查工作。将安全检查模块化，突出检查重点，集中精力实现各个突破，针对性强。以基层单位自查与监督检查相结合的方式覆盖集团公司安全检查工作，调动基层单位自我检查的积极性和主观能动性，发挥各级安全部门监督检查作用，强化了安全生产的过程监管。出具检查报告，提出管理建议，督促整改落实，形成闭环管理。开创了检查有依据，整改有措施，落实有结果的局面，有效的降低了安全管理风险，使集团公司的安全管控能力得到进一步提升。

【信息化促进安全管理现代化】 完成“安全管理信息系统”建设工作。集团公司将先进手段引入到安全管理工作中，完成安全管理信息系统建设工作，为集团公司安全管理提供了新的管理模式。利用信息化的手段，将安全检查考核，风险管理，隐患管理，事故事件管理等核心模块和其他安全管理基础功能集于一体，辅助安全决策，强化安全风险管理，加强安全生产的过程监管，完善安全监督检查机制，实现安全绩效考核客观化，推动安全生产标准化工作不断深入，对《职业健康安全管理体系》有效运行形成支撑作用。安全管理信息系统作为集团公司信息化大平台的一部分，在发挥安全管理部门内部知识共享和业务处理的基本职能之后，还将肩负与其他管理系统实现信息互通，数据共享和协调办公的功能，打破各种沟通和管理屏障，提高整体反应速度，使集团公司安全管理由被动管理转变为主动管理，以信息化促进集团公司安全管理现代化。

6月15日，燃气集团举行大型应急抢险演练。

6月17日，燃气集团在朝阳区望京地区举办“燃气安全大家说”宣传活动。

【开展危险源辨识，提高风险防控意识和防范能力】 开展危险源辨识和风险控制是职业安全健康管理体系建立的基础和运行的动力。《风险管理子体系》的建立，为集团公司开展风险管理提供了依据。举办危险源辨识培训班，对危险源辨识工作方案、对每一个阶段的工作任务、工作方法、达到的目标进行了详细的介绍。集团公司以组织开展危险源辨识为契机，发动全体员工从实际工作中查找在生产、操作、作业活动中的各类风险，进行风险评价，按照风险等级逐条制定控制措施。内容涵盖：外管网、客户服务、工程所、营业收费、通用等五大部分。通过开展全员参与的危险源辨识，一方面实现员工的自我安全教育提高安全生产意识，另一方面建立了危险源台账，补充完善了安全管理规章制度，实现了全方位的管控，为进一步加强安全管理打下基础。

【隐患排查治理工作】 集团公司制定《安全生产事故隐患管理规定》，将隐患进行重新定义，按隐患产生的原因分为从业人员类、设备设施类、场所环境类和安全管理类四大类；按隐患危害程度和整改难度分为一般隐患和重大隐患；按隐患解决的难易程度分为班站级、所级、分公司级和集团级。明确了隐患管理职责：不管是何种级别，隐患管控责任均在属地管理单位，不因为隐患级别的升高而失去管控责任。细化了隐患发现、报送和管控流程，使其更符合集团公司管理实际。通过开展隐患排查与治理，不仅改变了以往只重视设备设施隐患的狭隘认识，而且从源头抓起，注重发现和解决日常管理方面存在的严重问题，使隐患管理覆盖整个管理工作，消除隐患管理盲区，真正使隐患处于受控状态，预防事故的发生。

集团公司自5月份开始启动地下燃气管线事故隐患排查治理专项工作。在对集团公司所属管线进行隐患排查治理建立台账的同时，还对自管用户地下管线进行排查并确权。对于居民用户自管管线排查出的燃气泄漏或其他隐患，各单位按照自有管线隐患处置标准进行处置、上报，并通过此次排查行动，逐步将居民自管户全面纳入本单位正常管理范畴，对于非居民自管用户，各单位在做好相关报表、档案填写工作的同时，将排查出的隐患情况和治理建议书面函告用户自管管线单位，督促其及时整改，并对整改结果进行后续跟进。

【加大土暖气检查力度】 针对存在多年的用户私自安装使用土暖气的隐患，集团公司加强安全用气宣传，加大日常和重大节日、重大活动前对土暖气居民安全检查力度，有针对性地制订应急预案，加强现场检查，定期派人巡检。2012年又成功消除130户土暖气，使违章安装使用燃气土暖气的用户减少到1110户。

5月11日，燃气集团参加北京市市政市容系统第二届有限空间作业大比武活动集体合影。

【加大安全科技投入，提高安全管理科学化水平】 集团公司加强对安全管理科技研发的投入，研究院完成了《燃气户内安全防控模型》课题的研究，对户内燃气胶管、定时切断阀（机械式和电子式）、燃气泄漏报警器、燃气自闭阀及智能泄漏检测器进行组合使用，将在户内消除隐患综合改造中试用。初步建立管网技改项目评估数学模型。将高压翻转内衬技术成功应用在西三环管网消隐工程中，不仅解决了老旧管线腐蚀严重带来的安全隐患，而且丰富了管道改造手段，填补了国内高压燃气管道非开挖修复领域的空白，实现了翻转内衬工艺从中低压管道修复到高压管道修复的跨越。投入资金购置微孔开挖设备、超声检测仪、气相色谱质谱联用仪，增强集团公司自有科研实力，加强对激光检测设备的配置，提高日常安全运行的能力。

【对小区居民安全用气提供保障】 推进小区庭院线改造、箱群改造以及老旧小区综合整治工作。并借助老旧小区综合整治工作积极推进老旧管网改造、老旧居民小区的庭院管以及引入口、锈蚀管的整体改造、调压箱群综合改造工作。集团公司采取全面防控，重点跟踪、主动出击的工作思路，按照一片清的管理理念，降压一次结合消除漏气、防腐补强、废除抽水缸等一并进行，做到消除一片，清除一片，安全一片的原则，采取综合消除逐步推进的方法消除隐患。在实施过程中区域分公司充分利用燃气协作网的工作机制，做好与用户单位、社区、物业、居民的沟通、协调和配合工作，确保工程的顺利开展。

6 月 9 日，燃气集团开展燃气安全进社区。

【创新对外宣传手段，丰富安全宣传内容】 针对用户燃气事故中用户使用不当占主要方面的现状，集团公司注重加大面向广大燃气用户的宣传力度，不断创新对外宣传形式。在组织开展传统的面向社区摆摊设点宣传的同时，积极与属地政府联合，燃气安全进街道、进校园、进工地进行有针对性的宣传，利用电视、报纸、手机短信多种形式宣传安全用气。尤其在安全生产月期间，集团公司创新对外宣传形式，在朝阳区望京北小河公园举办以“燃气安全大家说”为主题的大型宣传活动，以知识竞赛形式宣传普及燃气知识，辐射居民近 2000 人。

【做好“十八大”安全保障工作】 集团公司制订了《安全保障工作方案》专项方案，对“十八大”期间的生产、消防和交通等方面提出了具体要求。结合“地下燃气管线事故隐患排查治理”工作，对集团公司管辖范围内的所有燃气设施进行全面排查。特别是针对“十八大”会场、代表驻地周边 200 米以内和代表行车线路两侧的设备设施以及连接会场、驻地主要地下管线进行重点排查。在开展全面排查的基础上，组织专门力量开展不同级别、全方位、地毯式安全检查。集团领导带队对保障情况进行专项安全检查。

北京市热力集团有限责任公司

2012年，北京市热力集团有限责任公司与京能集团合并重组的第一年，安保部按照集团公司提出的“四个必须确保”和“六个有所突破”工作方针，统一思想，转变观念，圆满完成了各项安全保卫工作，确保了集团公司供热工作的顺利进行。

1月22日，副市长吉林（右三）到热力集团检查安全。

热力集团领导慰问抢险救援队员。

【签订安全保卫目标责任书】 按照集团公司年度安全工作要点及总体部署，与集团公司所属各单位和机关各部室签订“安全保卫目标责任书”，明确2012年年度工作目标及职责，同时与机关全体职工签订安全承诺书，使每一名职工明确安全责任。

【烟花爆竹安全管理工作】 集团公司成立了烟花爆竹安全工作领导小组，制订烟花爆竹安全管理工作方案，召开专项安全生产工作会，利用会议、培训、板报、宣传栏等形式，共制作横幅42条，悬挂永久禁放标志120块，张贴安全燃放宣传挂图900张。在元旦、春节期间未发生因燃放烟花爆竹而引发的火灾事故。

【有限空间作业现场监护人持证上岗培训】 自2011年9月1日起，将地下有限空间作业现场监护人员特种作业管理范围扩展至电力电缆井、燃气井、热力井等地下有限空间运行、保养、维护作业活动，安保部根据集团公司领导要求，立即组织开展地下有限空间作业现场监护人员持证上岗工作。2012年安保部与市市政市容委培训中心配合，共举办6期培训班，287名职工顺利通过考试，取得上岗证书，投入资金42万余元。

【节假日、重大活动期间安全保障】 集团公司在不同时期分别成立安全保障维稳领导小组，制订保障工作方案，召开专项安全生产工作部署会，对节假日、重大活动期间供热系统安全稳定运行、交通安全、消防安全、治安保卫、信访维稳、应急值守等工作内容进行部署，下发文件，明确责任与要求，督促安全生产责任制的进一步落实。在重大活动期间，每天安排固定人员在要求时间将集团安保维稳工作信息上报，确保了信息报送责任的落实到位。

【开展安全检查，逐级落实各项措施】 集团公司5月下发了《关于开展综合安全检查工作的通知》，并于7月至8月由生产部、技术部、安保部、宣传部和有关专家组成了综合安全检查小组，从安全生产、生产调度、设备管理等3个方面，依据提前编制并下发的《安全生产专项检查表》、《生产运行专项检查表》和《设备管理专项检查表》的内容，采取听、查、看的方式逐项进行检查，对集团所属11单位及下属的项目部、服务中心、供热厂、车间、班组、热力站等基层单位进行了综合安全检查工作。

9月20日，热力集团总经理吴星做客《城市零距离》访谈节目。

【安全生产月活动】 2012年，在安全生产月活动期间，各基层单位各级领导动员讲话125次、召开各级动员部署会议63次。会同宣传部、工会、团委组织开展了“安全在我身边”演讲比赛活动，有共5213人参加，其中参加答卷活动3765人。各单位张贴宣传画728张、设置专栏和板报104个、发放宣传材料846份、播放宣传片65次、各类新闻报道96次。

11月10日，热力集团抢修热力管道。

【安全生产标准化周期性复评工作】 按照“整体推进，分步实施，典型引路，全面达标”的工作方针，2012年初召开了特洁天、特力昆、天禹、创合、特得5家子公司安全生产标准化评审总结会。针对2008年先期达标的热源、输配、销售3个分公司和特衡子公司，继续开展安全生产标准化周期性复评工作，旨在检验4年来的达标情况，巩固工作成绩。

5月10日，热力集团参加北京市市政市容系统有限空间作业大比武。

【参加有限空间作业大比武活动】 5月9日至11日，根据市市政市容委的统一安排，集团公司输配、特欣抢险队10名队员，参加了供热行业的有限空间作业大比武活动，输配分公司荣获供热行业比武第一名。

【劳动保护管理工作】 为保证职工的安全健康，避免职业病的发生，2012年修订了集团公司劳动防护用品管理办法，并严格按各类工种应配备的防护用品规定进行审批年度和季度劳保计划，同时也避免了任意扩大劳保购买范围，为职工的安全生产提供了保障。

【对新职工的安全教育】 安保部配合培训中心、人力资源部、生产部，共对应届大学生和新上岗的职工179人，分5次进行了安全教育，作为三级教育的一部分，将教育重点放在法律、法规和遵守操作规程上，使新职工在知法、守法和初步了解工作内容的基础上，提高安全意识，避免工伤事故的发生。

中国石化北京石油分公司

2012 年，中国石化北京石油分公司落实“四个让位于”HSE 工作的要求，牢固树立“安全高于一切，生命最为宝贵”的理念，以深化全员安全意识、落实安全生产责任制为主线，以强化制度执行力、落实“七想七不干”工作要求为载体，以加大隐患排查治理力度、保障“十八大”安全为重点，创新推行管理方式，落实各项工作措施，扎实推进环保、职业健康工作，圆满完成了全年安全生产的 HSE 工作目标，全年无上报集团公司等级安全事故，无重大环境污染事故，无上报集团公司等级承包商事故，实现了安全生产总体平稳的良好局面。在集团公司 2013 年 HSE 工作会议上，北京石油公司再次获得了安全生产先进单位的荣誉称号，实现了“九连冠”的佳绩。

10 月 13 日，北京石油分公司第十一届消防田径技能运动会。

北京石油分公司长辛店油库全景。

北京石油分公司中关村加油站现场。

【推进 HSE 领域责任落实，构建安全生产责任体系】 持续将“谁主管、谁负责”的安全管理原则作为一种责任理念灌输到领导层、管理层、执行层的每个层面。进一步明确“四个责任主体”，即：单位是安全工作的责任主体，职能部门是管理责任主体，安全部门是监管责任主体，岗位员工是执行责任主体，并从多方位落实责任主体的安全职责，形成了共担安全责任的良好氛围。

【加强监督检查，强化制度执行力】 2012 年，共组织开展了 HSE 大检查、设备大检查、设备维修管理专项检查、环保大检查、交通安全专项检查、撬装式加油站专项检查、外租员工宿舍专项检查、“十八大”以及节日期间的安全检查活动，另外还组织开展了润滑油销售部经营轻油安全风险调研、北庄油库租赁油罐安全状况调研、通县西油库润滑油收发系统调查、“小概率大风险”等专项调研活动，使现场设备和作业管理始终处于受控状态，使作业现场的违章行为能够得到及时制止和纠正，努力实现人、物、环境的本质安全。对检查中发现的违章情况、安全隐患通过《安全风险提示函》向相关职能处室、专业中心提示安全风险。共发出 18 份《安全风险提示函》，整改率达到 100%。

【加强承包商管理，确保作业现场安全】 严格按照集团公司《承包商安全管理规定》的要求，加强对承包商、承运商的安全管理。5 月份举办了 2012 年度承包商 HSE 培训班，对 63 家接受培训并考核合格的承包商颁发了《工程项目承包商 HSE 资格确认证书》，并且将《工程项目承包商施工资格确认证书》、《工程项目承包商 HSE 资格确认证书》纳入合同管理并且签订《安全协议》。在施工现场张贴各种安全警示标语和宣传画。同时，按照《施工作业安全管理细则》加强施工现场安全督查，实现安全教育、安全协议、安全监督标准“三个统一”的目标。

【加强预案演练，强化应急管理】 组织应急演练和观摩评比。结合全国安全生产月活动，开展了“应急预案演练周”活动，组织油库、加油站和管道员工进行了 8000 余次的预案演练，基层单位 21 名安全管理岗轮流观摩、学习与讲评。组织办公大楼内的500余名工作人员，进行了高层建筑消防应急疏散演练。在集团公司每年组织的消防、田径运动会上，将灭火器、石棉被灭油火等作为竞赛项目。

加强企地联防，建立政企应急联动机制。牢固树立“稳定压倒一切”的大局观念，进一步完善与北京市相关委办局及友邻企业的联动机制，积极主动与当地政府有关部门沟通，在生产科研综合楼内为公安部门设置了警务工作室，更好地发挥公安机关在企业安定稳定中的作用。

【完成HSE管理系统建设推广工作】 按照集团公司HSE管理系统“先试点、后推广”的建设原则，北京石油分公司被列为第一批推广实施单位之一。经过数据收集、系统配置开发、权限设计、用户培训等工作，于8月31日全面完成系统建设任务，成为第一批推广单位中首家实现系统成功上线的企业。

【推进安全生产标准化建设】 油库、加油站的安全生产标准化建设工作，在集团公司、地方安全监管部门、公司上下的大力推进下，有条不紊进行，年底实现全面达标。

【“两重点一重大”专项整治】 “两重点一重大”即重点危险工艺、重点监管危险化学品、危险品重大危险源专项整治工作，按照要求，在自查的基础上，对隐患进行了排查统计及认真筛选。为按时完成整治工作，成立了专项工作小组，按照“节省、实用、高效、达标”的原则安排改造设计、方案审核备案、设备选型订货、施工组织安排等后续推进工作，确保在翌年底按要求完成，避免因停产停业给企业带来经营上的损失。

北京石油分公司平安大街加油站现场。

北京石油交易所

北京石油交易所于2007年12月28日在房山区正式注册成立。2010年成功引入中国石油、中国海油、中国中化三大石油央企参股，形成了市属国企与在京央企合作发展、资源整合、优势互补的良好结构。2012年实现交易额1005.86亿元，成为全市首个交易额突破千亿元的大宗商品交易平台。在全市危险化学品集中管理建设方面取得了阶段性工作成果。

北京石油交易所运营仪式。

按照市政府有关指示精神，为建立北京乃至首都经济圈范围内危险化学品行业的安全监管机制，提升北京危险化学品流通领域的安全管理水平，保障国家、企业以及人民群众的财产和人身安全，市安全监管局确定依托北京石油交易所建设全市危险化学品交易监管平台，建立以交易环节为核心的北京市危险化学品集中管理体系，实现危险化学品的“集中销售、专业储存、统一配送、规范管理”。

【体系建设的重要意义】 多年来，北京市在危险化学品管理方面取得显著成绩，为保障首都安全稳定做出了重要贡献。但也要看到，北京市危险化学品流通环节仍然存在安全隐患，突出有3个方面：一是经营企业和使用单位数量庞大，缺乏覆盖全市的信息化监控手段，无法全面、实时掌握和监控流量、流向，潜在“风险源”多。据估算，全市危险化学品使用量每年达350万吨左右，本市危险化学品从业单位共计13 291家，分布在16个区县和经济技术开发区，仅使用单位就有1万余家，涉及2 000余个品种，从业人员16万人。二是危险化学品的存储设施不足，缺乏有效监控手段，违规储存现象突出。甲醇、石脑油、MTBE等产品，品种多、经营分散，仓储设施主要分布在房山、大兴、通州等区县，规模小、设施老化，安全隐患较多；在油漆、涂料、化工制剂等日用危险化学品仓储方面，基本上还没有规范的专业仓储设施。三是外省市危险化学品进京、过境车辆无法监控，存在“黑危化”车、套牌、假牌照、超载、超速、疲劳驾驶等问题。目前外省市每日进出京危险化学品运输车辆约1500-2000辆（重点是房山区，日均700-1000辆）。这些问题处理不好对首都安全稳定带来严峻挑战。

加快建设以交易环节为核心的危险化学品集中管理体系，实现危险化学品专门储存、统一配送、集中销售，有利于健全危险化学品行业的安全监管机制，提升北京危险化学品流通领域的安全管理水平，保障首都安全稳定；有利于实现危险化学品销售、运输、使用全过程动态管理，为城市精细化管理做积极探索；有利于培育形成危险化学品销售、储存、运输、使用产业链条，进一步提升首都经济的质量和效益。

【体系建设的总体思路】 按照国家和北京市危险化学品管理要求，紧紧抓住危险化学品交易这一关键环节，推进“三化”，即以精细化管理为核心，以智能化管理为支撑，

国家安全监管总局副局长孙华山一行到北京石油交易所参观考察。

以动态化管理为保障；推进“三集中”，即：集中交易、集中存储、集中运输；实现“三无”目标，即：确保监控无盲点、确保管理无死角、确保日常无事故，实现危险化学品专门存储区域100%视频全天候监管，危险化学品运输车辆100%GPS全过程监管，危险化学品使用情况100%智能数据库动态监管，危险化学品管理日常无重大事故发生，首都重大活动期间实现零事故。

【体系建设的初步架构】 一是建设一个集中监管体系。由主管部门成立“北京市危险化学品交易市场监督管理协调委员会”，负责全市危险化学品监管体系建设。在“北京市危险化学品交易市场监督管理协调委员会”领导下，依托北京石油交易专业优势，搭建全市统一的危险化学品监管平台，通过信息化手段实现危险化学品的信息集中、进场交易，以及危险化学品仓储、配送的实时监控、统一服务与监管。严格落实企业安全主体责任，加强危险化学品包装、储存、运输、使用等安全管理。

二是搭建两个集中监管平台。在全市统一的危险化学品监管平台下，搭建危险化学品集中信息平台和预警指挥平台。将全市危险化学品生产、贸易、运输企业信息在该平台进行登记备案，实现各部门之间监管信息的交换和共享，对危险化学品进行全过程监管。建立远端事件发生地与平台之间的联络通道，通过系统可以把现场的语音、数据、图像返回给平台，各管理部门通过平台可以及时查看远程现场的各种信息，快速做出准确判断，便于联合指挥。

三是建设三张集中监控网络。依托现代科技手段，在全市统一的危险化学品监管平台下，建设交易监管、存储监控、运输监控三张集中监控网络，对危险化学品双方的身份信息及交易产品信息，危险化学品仓储位置、品种、数量、货主、出入库等信息，以及危险化学品运输车辆行驶路线、行驶速度、车辆状况、司机驾驶状态等一系列信息进行集中监控，实现危险品全程的实时动态监控。

【得到了领导的重视和支持】 4月20日，国家安全监管总局副局长孙华山在北京石油交易所调研时指出，要培育、建设好危险化学品集中监管体系，相关政府部门需要联合推动，通过与生产、经营、运输等环节的许可证照办理工作相结合，实现危险化学品的集中交易管理。

【实现经济效益与社会效益双丰收】 伴随着全市危险化学品集中监管平台的建立，首都危险化学品的交易和管理水平将通过电子商务的手段得以提升。这一体系的建立，有利于提升危险化学品安全管理水平，促进全市危险化学品行业实现精细化管理；同时将促进北京石油交易所交易量做大，预计未来3年至5年，北京石油交易所总体交易额将达到5000亿元至1万亿元，税收贡献5亿至10亿元。从而将社会责任转化为促进企业发展的动力，实现企业经济效益与社会安全目标之间的共赢。

北京启迪注安技术服务有限公司

2012年，北京启迪注安技术服务有限公司一如既往地用心为企业提供着各类咨询与服务，奉行“诚信为本、服务至上、严谨求实、开拓创新”的经营理念，以“超越客户的需求”为目标完成每一项任务和挑战。

【提供标准化咨询，促进企业安全管理】 公司立足法律法规和安全生产标准化考评标准，以“岗位达标、专业达标和企业达标”为核心，协助指导企业建立符合自身特点的安全生产标准体系，使各企业顺利实施安全生产标准化达标工程。共完成百余家北京市二级、三级安全生产标准化咨询工作，几十家三级安全生产标准化评审工作，选派专家参与了近百家安全标准化一级、二级、三级标准化评审工作，并在2011年与国家烟草专卖局合作出台行业标准《YC/T384 烟草企业安全生产标准化规范》的基础上，为上海烟草集团、山东中烟工业有限公司及下属近30家企业、浙江省中烟工业有限公司、云南省中烟工业有限公司及下属10多家企业、安徽省烟草专卖局下属10多家分公司、吉林省烟草专卖局、内蒙古自治区鄂尔多斯市烟草专卖局、云南红云红河集团等烟草企业提供了安全生产标准化咨询工作。

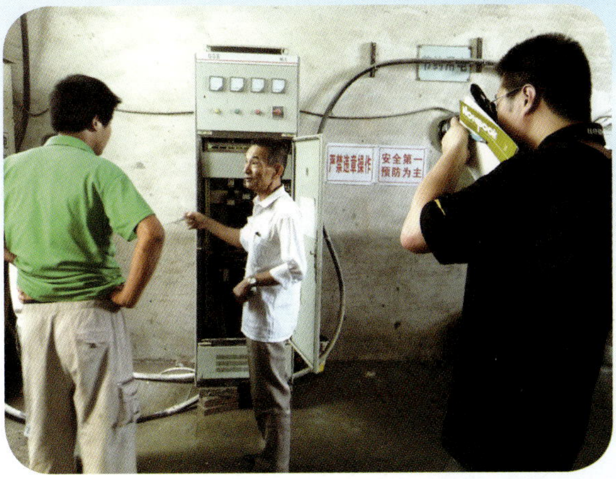

“7·21”特大暴雨灾害后，受灾企业聘请“北京启迪”专家进行恢复生产前电气安全专项隐患排查。

【立足企业实际，开展专项培训】 公司依托强大的行业资源优势和咨询师专业优势，并结合属地、行业、企业特点面向全国开展了多种类型的培训工作，2012年共完成近百个安全培训项目，包括企业负责人安全培训、安全生产标准化、安全文化、班组安全建设、安全专项技术、应急预案编写与演练等内容和方向。

10月，在上海大众汽车厂进行道路交通事故预案桌面演练。

“启迪注册安全工程师考前辅导培训”早已成为品

牌产品，每年全国多家集团、总公司、大型企业和众多培训机构预约考前辅导培训。2012年“启迪注册安全工程师考前辅导培训”“启迪注册安全工程师考前辅导培训”超过千人次。

北京启迪专家在昌平区商务委员会安全生产标准化评审现场。

【因地制宜，用心策划】 公司结合企业实际和内外部形势，根据企业的安全中长期发展目标和方向，策划并实施顾问方案，并按照法律法规、政策的变化及时调整，以达到持续改进，不断加强安全生产管理工作的目的。目前，“北京启迪”为北京一轻控股有限责任公司、北京首商集团有限责任公司、北京市液化石油气公司等集团公司和航天科工集团三院、北京百事可乐食品有限公司、北京新燕莎商业有限公司等企业提供安全顾问服务。通过顾问服务，进一步强化企业安全基础，在预防工作和本质安全上不断改善，有效防范事故发生，为企业搭建良好的安全生产环境，推动企业健康安全发展。

北京启迪主任陈薇在云南烟草科学院安全生产标准化建设项目启动会议上的培训。

北京启迪在上海大众仪征工厂职业健康安全管理体系启动会议。

【加强应急管理，搭建应急管理体系】 秉承国家突发公共事件总体应急预案中提出的6项工作原则，即“以人为本，减少危害；居安思危，预防为主；统一领导，分级负责；依法规范，加强管理；快速反应，协同应对；依靠科技，提高素质”，“北京启迪”与上海大众汽车合作完善了上海大众应急管理体系。另外协助北京市液化石油气公司进行液化气管道法兰泄漏、供应站钢瓶泄漏、人员触电抢救、有限空间人员窒息和交通事故钢瓶泄漏事故的桌面演练，使员工对桌面演练有了进一步认识，对桌面演练流程、技巧有了进一步提高。

【创建旅游行业安全标准化标准，推动旅游企业安全标准化达标】 公司与北京市旅游委合作分业态（星级饭店、A级景区、旅行社）对标准化规范进行总体设计。最终将翌年编制完成。

公司秉承“容纳百川，启迪未来”的企业文化，在自身不断壮大成长的同时，也在努力的向更高目标前进。

北控水务（中国）投资有限公司

北控水务（中国）投资有限公司多年来一直致力于寻求最大限度兼顾各方利益的解决方案，与各级政府进行全方位的立体性合作，始终秉承科技创新、以人为本、保护水源、造福人类的伟大愿景，取得了经济效益与社会效益的双丰收，创造了政府、市民、股东、员工、伙伴等多方共赢的良好局面。在快速发展的同时，公司始终将安全生产管理工作放在第一位，按照“安全生产管理，坚持安全第一、预防为主”的安全生产指导方针，强化隐患排查，细化工作责任，确保安全生产管理工作落实到位。

北控水务获得全国“安康杯”竞赛优胜单位称号。

【加强领导，精心组织】 公司管理层充分认识到安全生产的重要性。及时修订完善规章制度，广泛宣传安全知识，不断加大监督检查力度，深入开展风险管理。在加强各个方面的安全管理的同时，进行多频次的安全检查，采取一系列行之有效的安全措施，开展形式多样的安全活动，加强不同层次的安全教育，逐步建立起安全生产稳定发展的良好局面。为有效开展安全生产管理工作，公司成立了以执行机构为成员的安全生产管理领导小组，负责安全生产管理的组织领导工作，下设工作小组，负责安全生产管理的具体落实，以及指导下属公司开展工作。

北控水务广泛宣传，营造安全生产月氛围。

【落实责任，签订目标责任书】 按照管理目标，层层落实安全责任制。与各下属公司签订安全生产责任书，业

北控水务组织“青年安全生产示范岗”的评选。

务区组织与辖内各运营公司签订安全生产责任书，各运营公司再逐级落实安全责任制，与各部门经理签订安全生产责任书、各部门与部门内员工签订安全生产责任书，将安全责任落实到人，责任书签订率100%，确定目标，明确责任，对关键安全防护区域指定安全责任人并上墙，清晰可见。

北控水务组织应急预案演练活动。

【完善制度，建立管理体系】 公司高度重视安全生产工作，始终将安全工作放在各项工作的首位。督促和帮助下属公司进一步梳理完善安全管理制度，尤其对新接管项目公司，帮助其理顺安全管理制度、建立安全管理网络，各单位按照集团公司要求及时修订完善有限空间作业安全操作规程，及时做到规章制度上墙，使各单位安全生产活动有章可循，建立了安全生产管理体系。

【建立预案，有效控制处理】 公司按照“安全第一、预防为主、综合治理”的方针，要求下属公司根据集团公司管理制度，结合本公司的实际情况制订并完善安全管理制度、技术规程和应急预案，防止突发性事故发生，使得事故发生后得到迅速并有效地控制处理。各下属公司根据气候情况，制订防雷、防洪、防冻、防风应急预案；根据污水厂特性，制订有毒气体安全应急预案；根据各公司实际情况，要求增加特殊应急预案。完善应急预案之余，同时要求各公司不定期组织应急预案学习和演练，以增强安全意识和预防、应对安全事故的能力。

【开展培训，提高安全意识】 通过集中培训、开展安全竞赛评比、安全生产大检查等活动，提高员工安全意识和安全管理水平。在公司统一部署下，各下属公司共组织大型安全培训活动3次，组织安排各业务区、运营公司观看、学习安全警示教育片《重大案例剖析》、《黑色瞬间》以及《人命关天》和《以人为本、安全第一》，下发《中华人民共和国安全生产法》要求各公司认真组织学习。

【形式多样，加强宣传教育】 每年开展安全生产月各项安全宣传教育活动，以“安全发展”和“打非治违”为重点，排查梳理安全隐患，要求基层组织主要负责人切实负起安全生产第一责任人的责任，认真组织开展自查自纠，做到整改方案、责任、时限、措施和资金“五落实”；同时，以抓好夏季高温及汛期事故防范为重点，深入组织下属各单位开展夏季安全生产大检查，推进隐患排查治理，努力确保各项工作不断线、做到各类活动有内容、各种宣传有氛围。

公司根据实际情况，组织了全方位的人员培训教育活动，利用黑板报、宣传栏、大屏幕、标语等宣传各种安全知识、预防事故方法和自我保护的相关知识。同时下发了主题宣传片《以人为本、安全第一》和安全警示片《人命关天》，通过观看安全生产宣传和警示片、写观后感等形式进行宣传教育。

【开展活动，保障实施有效】 开展安全知识竞赛，提高安全技能 。下属公司结合生产特点，组织编制了安全知识竞赛试题，或通过试卷的形式组织各活动小组成员进行安全知识竞赛，或通过分组竞答方式，共评出了一、二、三等奖进行表彰鼓励。组织“青年安全生产示范岗”的评选。下属公司按照《方案》要求，适时开展了 “青年安全生产示范岗”的评选活动，评选出安全生产示范岗和安全生产模范进行表彰。组织应急预案演练活动，进一步提高应对突发事件的能力。下属公司有计划、有步骤实施全员安全培训、开展应急预案演练，检验应急设施设备、锻炼应急救援队伍，完善应急救援预案，增强员工安全意识和自救自护能力。

北控水务开展实际操作培训。

【组织开展安全生产大检查】 针对夏季安全生产特点，对在建项目、已竣工试运行项目、 运营项目的运营公司、项目部以及各地业务区办公场所进行安全大检查，对检查出的隐患制订了整改措施并落实了责任人和完成时间。并下发了整改通知书。通过安全大检查，进一步落实了公司隐患整改、跟踪，最大限度减少了安全隐患存在，为公司生产经营的稳定提供了良好的安全保障。

北京城市系统工程研究中心

3月30日，北京动物园及什刹海地区风险控制协调会。

北京城市系统工程研究中心是1984年经北京市政府批准成立的社会公益型法人事业单位，1986年加挂了“北京发展战略研究所”的牌子。中心自成立以来先后获得省部级和北京市科技进步奖40多项，公开发表学术论文600多篇，出版著作40余部，持有相关专利10余项。截至2012年底，中心员工97人，其中，博士以上学历18人、硕士学历42人、本科学历26人、大专学历7人、中专以下学历4人。

【研究领域涵盖城市发展的硬系统和软系统】 中心在硬系统中主要开展以能源环境为核心的宏观层面研究；以城市运行、城市安全为核心的中观层面研究；以城市社区和城乡发展为核心的微观层面研究；在软系统中主要开展公共政策、人才系统和健康系统的研究。并建有燃气、供热及地下管网运行安全的北京市重点实验室，主要开展城市生命线系统运行规律、应急管理等方面技术研究。另建有城市运行与管理重点实验室、公共安全重点实验室。是中国职业安全健康协会（全国安全社区促进中心）认证的北京支持中心，是北京地区唯一的全国安全社区、国际安全社区认证咨询机构。本着开放办所、凝聚资源的思路，与中国科学院、清华大学、北京大学、中国人民大学等高校和研究院所联合开展科研攻关。并且与美国、德国、日本、芬兰等国家相关研究机构建立了合作关系。

2012年，中心科研人员共发表42篇学术论文，其中7篇被三大数据库检索(SCI/EI/ISTP)(比去年的3篇增加了4篇)，16篇被中文核心期刊收录，出版6部学术专著，获得1项实用新型专利，7项软件著作权获得授权（比去年增加4项），5项国家标准通过了国家标准化管理委员会推荐立项。

2012年，中心在研国家级项目5项，包括国家科技支撑计划项目、国际科技合作专项、国家自然科学基金重大研究计划项目、国家公益行业科研专项等。新立项的国家级项目2项，其中合作承担“十二五”国家科技支撑计划项目1项，首次作为主持单位获得1项国家自然科学基金青年项目资助。

财政专项为5个，包括2个创新工程、1个追加项目、1个永丰实验基地建设项目、1个机动经费项目。并且2012年申报的财政项目为7个，包括4项2013年市科研院财政重大项目、2项2013年创新工程项目、1项2013年条件保障类项目。

与美国专家交流。

立项的竞争性项目为54项。其中，国家级项目2项，省部级项目13项，横向课题16项。中心所承担的省部级项目13项中包括2项北京市自然科学基金项目、3项北京市哲学社会科学规划项目和8项北京市科技计划项目。

【突出部门特色，发挥技术优势】 城市安全研究部是面向城市安全难点、热点问题，针对政府、企业和社会公众的迫切需求，开展社区安全、风险评估、安全生产、应急管理、人群安全等领域的应用研究、技术开发和科技咨询服务。并且还凝聚了经验丰富的安全社区专家资源，在安全社区科技咨询方面具备突出的专业优势，是全国安全社区北京支持中心的主要科技支撑基地。截至2012年底，中心指导在建和已建成的全国安全社区及国际安全社区总计达50多个，主要分布在深圳、广州、无锡、江阴、石家庄等省市地区。

在长期为国家和市级安监、应急、民政和社工等政府部门提供全方位的科技支撑服务的经验下，还针对人员密集场所、交通枢纽、校园、大型活动场所等城市安全重点部位开展了大量的理论研究和实践工作，为全国多个城市的地铁、公园、商业街等提供了安全与应急解决方案。

2012年，中心还研发了一系列软硬件结合的系统平台和高新技术产品。如人群疏散、交通环境、典型灾害演化等模拟软件；自主研发了适用于社区、学校、企业等不同需求的安全与应急管理系统；建有永丰基地突发事件下人员心理行为模拟实验室；建设有社区安全及应急产品研发实验室和望京安居示范基地。

北京城市系统工程研究，以科学发展观为指导，不断落实和贯彻北京市及市科研院各项工作部署，围绕首都经济社会发展的重大需求，继续加强中心在城市科学研究领域的优势，充分发挥首都区域创新体系生力军与突击队作用。

安全社区指导进家庭。

北京市大红门服装商贸城市场中心

北京市大红门服装商贸城市场中心位于北京南中轴延长线上，北距天安门5公里，与南三环木樨园环岛相邻仅500米，总占地面积9.58公顷，建筑面积达20万平方米，是一家以服装贸易为主，物流、餐饮为辅的大型服装集贸中心。

市场中心于1998年成立，经过15年的发展，目前已有7000多家商户入驻，日客流量达数万人，服装批发销售辐射全国20多个省市、自治区和北京各大商场。企业的发展壮大，必须有安全生产作重要的保障。为此，市场中心专门设立一个6人管理机构专职管理安全工作，主要从以下几方面开展工作：

【开展安全生产培训】 市场中心每年邀请工商、税务、公安、卫生等部门工作人员为商户、员工进行安全知识培训，把日常要注意的安全问题用简单易懂、图文并茂的方式传达给每个商户和员工，提高参训人员的安全意识、安全技能，从而不断提高整体安全水平。

9月13日，大红门服装商贸城联合消防演练。

【完善安全生产管理体系和制度】 2012年，市场中心根据国家安全生产标准化的要求，把安全管理体系进行了重组，汇编了一本安全生产管理手册，包括各级安全生产责任制，安全生产检查、培训，隐患排查，事故管理调查，特种设备管理，各类突发事件预案等20多项安全管理程序。同时组织各部门、班组进行培训，推进了安全生产管理工作的落实。

副市长苟仲文（左二）与市公安局消防局政委张高潮（左三）察看大红门服装城义务消防队。

【开展隐患排查整改工作】 市场中心按照各部门的实际情况，根据安全生产检查制度的要求，分别以2小时检查、日查、周查、月查、季查等不同检查方式和要求，分别对市场中心各方面安全情况进行排查，同时结合实际情况进行隐患汇总分析，并制订整改方案，将一些典型的案例编成培训教材，组织全体员工和商户进行学习，从而提高员工和商户的安全意识、杜绝安全隐患的发生。

9月13日，大红门服装市场进行应急演练。

【组建专职应急队伍】 自市场中心1998年成立之初，领导班子便着手建立一支专职消防队伍，初期以保安公司队员参与的形式为主，现在已发展成为一支由50名退伍军人组成的专职消防队伍。消防队配有50套专业消防战斗服，20套正压式空气呼吸器，4辆四驱消防摩托车和一辆专业消防水车，以及一些专业破拆救援的工具。

经过多年的专业训练和消防队领导精心指导，市场中心专职消防队已经成长为一支技术过硬，应变能力强，遵纪守法，吃苦耐劳的应急队伍，处理过多起突发事件，给市场中心赢得了很多荣誉，成为企业安全的一道保障线。

随着企业的不断发展壮大，安全工作是一个全方位的管理体系，是发展的基础。只有不断总结、完善、安全管理办法，使员工能够认识到企业安全生产工作的重要性，才能降低事故发生率，确保企业稳健长远的发展。

北京市安全生产信息中心

2012年，北京市安全生产信息中心围绕全市安全监管监察重点工作，以初步建成“京安”工程为目标，进一步优化监管信息平台功能架构，扩展平台功能，借助物联网应用示范工程建设项目，全面提升市区两级安全生产信息化装备条件及重大危险源监测预警和应急救援能力。

8月1日，北京市安全监管系统物联网应用示范工程建设启动电视电话会议。

【完善监管信息平台功能】 新增纪检监察、企业安全生产标准化、绩效考核等系统功能，进一步增强平台业务支撑范围。对举报投诉、事故管理、管控易制毒，隐患管理、行政许可等系统功能进行升级完善。完成市安全监管局政务网站改版，切实增强网站公共服务能力。建成企业基础、业务管理信息、物联数据和知识数据等4大数据库，截至2012年底共记录企业台账、监管业务等各类数据近1000万条。

【注重核心业务系统推广应用，隐患自查自报系统推广应用工作全面展开】 督促各区县进一步扩大隐患自查自报范围，按时完成数据上报工作。截至2012年底，全市累计共有105302家企业完成上报，发现隐患253410项，完成整改243574项。进一步加大行政执法系统推广力度，配合市安全监管局执法监察总队深入区县开展调研，结合2011年行政执法系统区县试点应用经验，制定了系统优化方案和全市推广应用方案。

【进一步扩大平台资源共享范围】 实现与“京安”工程对接。多次赴国家安全监管总局开展调研，配合做好系统联调和对接测试，全程参与总局《隐患排查治理信息》等4项数据交换标准制定工作，完成隐患自查自报数据共享交换。与全市法人库共享应用取得阶段性成果。制定了全市法人库数据共享应用的总体方案、实施方案和应用指南，动态掌握了全市58.6万法人基础数据。

按照《北京市安全生产信息化规划（2009-2012年）》，经过3年努力，“京安”工程“34712”的总体框架已搭建完成，市、区县、街乡和企业3级网络和4级平台运转正常，7大类业务功能逐步得到完善，5大核心业务系统应用成效显著，安全生产信息资源数据中心初步建成，法规标准和安全运维保障体系基本建立。截至2012

年底，安全监管信息平台业务系统覆盖了全局16个业务部门、46项业务工作，业务覆盖率为78%，形成了全市统筹规划、统一标准、共同建设、分级使用的信息化工作格局。

【物联网示范工程建设阶段性进展】 在4个行业领域接入方面，梳理企业风险区域、风险部位和风险点，完成42家示范企业的建设方案设计，确定了物联数据接入技术实现方式。在物联传输网络建设方面，制订了网络建设方案，协调市经济信息化委员会和4家网络运营商开展网络建设。在预警调度平台建设方面，按照统一建设、分级使用的建设思路，初步完成了市区两级预警调度平台建设和部署工作。在保障体系建设方面，编制了4个行业领域物联网建设标准，并组织专家进行论证，同时推进第三方服务、运维服务和安全保障体系建立。截至2012年底，项目总体进度已完成75%。

11月9日，市应急办调研安全监管系统物联网应用示范工程建设。

11月23日，国家安全监管总局四司调研本市“京安”工程建设。

【为物联网建设提供组织保障】 成立了工程建设领导小组，市安全监管局局长张家明及副局长陈清、贾太保、唐明明定期召开调度会，协调推进工程建设，组织召开物联网项目全市建设启动大会。制订印发了工程建设工作方案，围绕示范工程规划设计、建设施工、项目验收和运行交接4个阶段，制定了一系列项目管理制度。建立项目监督机制，制订项目监察方案，定期汇报项目建设情况，主动要求接受监督，严格做好项目合同签订、设备采购、到货验收和资金支付等工作。2012年，共召开物联网专题会20余次，项目监理例会25次，编制信息简报11期。

【烟花爆竹物联网建设】 春节期间，实现对 12 家烟花爆竹批发单位仓库、946 个零售网点的全面监控，保障了烟花爆竹存储、销售的安全监管工作。对原有物联网监管系统进行优化完善，对 12 个批发仓库摄像头、温湿度传感设备、红外监控系统、电子标签扫描门进行升级改造。对零售网点增加语音设备，便于安全监管部门及时纠正违规销售行为。

12 月 6 日，春节期间烟花爆竹综合管理物联系统汇报。

【建立完善运维管理体系】 完善信息化运维管理制度和规范，进一步理清运维内容，优化岗位设置和人员职责。大力推进一站式运维服务台建设，规范运维服务流程，严格执行运维派工单制度。全年累计完成运维周报 47 期、月报 12 期，专项报告 24 期。

【完成各时期技术保障任务】 实施等级运维，全面做好网络与信息系统的日常巡检、维护和系统数据备份工作，加强办公电脑、应急移动指挥终端维护管理。做好重要时期技术保障，完成应急移动指挥通信车专项演练、巡检 109 次，圆满完成“五一”、“十一”、“十八大”等重大节日期间技术保障任务。2012 年，累计完成各类应用巡检 7 万余次，故障处理 60 次。完成局务会、专题会和视频会议技术保障 213 次。

【加强信息安全管理】 开展 2012 年网络与信息系统安全自查，发现并整改安全风险 47 个，确保了“十八大”期间重要信息系统的安全稳定运行。

12 月 14 日，北京煤矿安全监察局召开安全监管物联网建设会议。

北京市安全生产举报投诉中心

2009年12月20日，本市在全国率先开通了“12350”安全生产举报投诉特服电话。3年来，不断健全完善工作机制，创新运行模式，推进实现工作理念、工作定位、工作重点、工作方式和工作战略的转变。截至2012年，共接收举报投诉电话162213件，其中立案查处17502件，咨询建议144711件，均已及时办理和回复，举报人领取奖励金近20万元。

举报投诉联络员培训班。

国家安全监管总局莅临指导调研“12350”工作。

“12350”工作现场。

举报投诉电话接收情况

【来电内容，咨询建议占多数】 3年来，受理举报投诉17502件，约占接收总量的11%，按照“有举必查、查实必究、究其必严”的要求，均已进行了立案查处。咨询建议144711件，约占接收总量的89%，已及时办理回复。

【反映问题途径，电话依然是首选】 数据分析看，电话、网络、来信、来访、传真等反映问题的途径，分别占接收总量的62%、34%、2%、1%、1%，举报投诉电话依然是群众反映问题的主要途径（图1）。

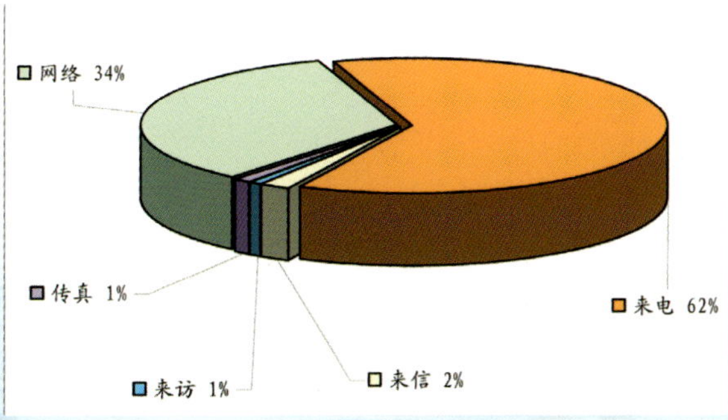

图1 2010年—2012年来电途径比例图

【接收数量，增长较快】 3 年来受理举报数量和咨询建议数量增长较快，2012 年举报、咨询建议数量较 2010 年分别增长了一倍，大幅增长趋势明显（图 2）。

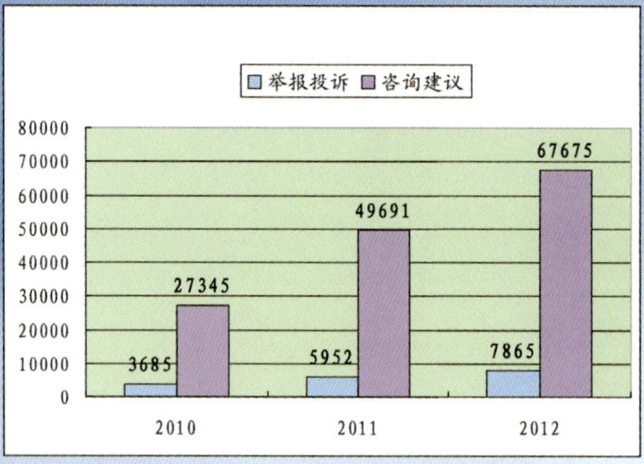

图 2 2010—2012 年举报及咨询建议受理量

举报投诉电话咨询情况

【咨询内容，集中 4 类】 按数量多少依次是特种作业 73803 件、注册安全工程师 20260 件、危险化学品 18812 件、烟花爆竹 13458 件，共占咨询总量的 87.3%（图 3）。

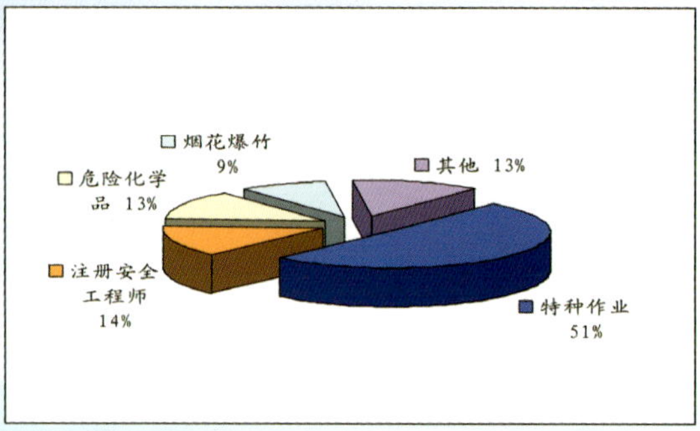

图 3 2010—2012 年咨询情况分类图

【咨询具体事项】 集中在行政许可方面，一是询问政策性规定，二是询问具体事务，如何解决办理行政许可过程中遇到的实际问题等事务性咨询。

举报投诉电话分类情况

【隐患类多数】 3 年来，共受理 17502 件举报投诉，隐患类举报为 12117 件，占举报总数的 69%；非法违法生产经营、建设类举报为 4375 件，占举报总数的 25%；事故类举报为 188 件，占举报总数的 1%；其他类举报为 822 件，占举报总数的 5%（图 4）。

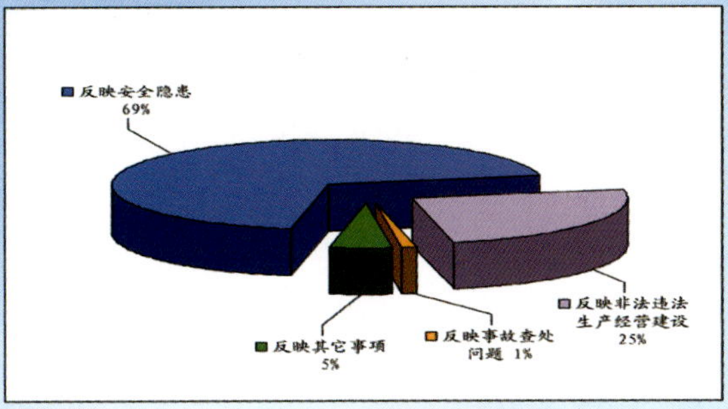

图 4　2010—2012 年举报内容分类图

【非法违法生产经营、建设的数量有所回落】 3 年共计 4375 件，其中 2010 年 331 件；2011 年 2433 件，同比增加 635.05%；2012 年 1611 件，同比下降 33.79%。相比隐患类举报、事故类举报持续增长，从增长趋势看，非法违法生产经营、建设类举报数量有所回落（图 5）。

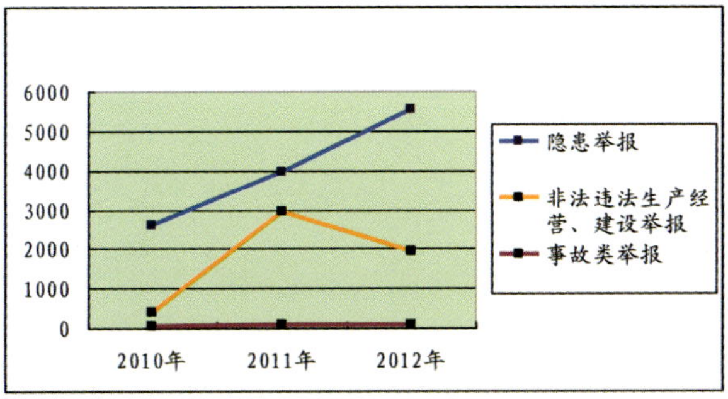

图 5　2010—2012 年举报情况分类表

【事故类呈现上升态势】 3 年来，共接事故类举报 188 件。其中 2010 年接到事故类举报 35 件，2011 年为 82 件，同比增加 134.29%；2012 年为 71 件，同比减少 13.41%（图 6）。

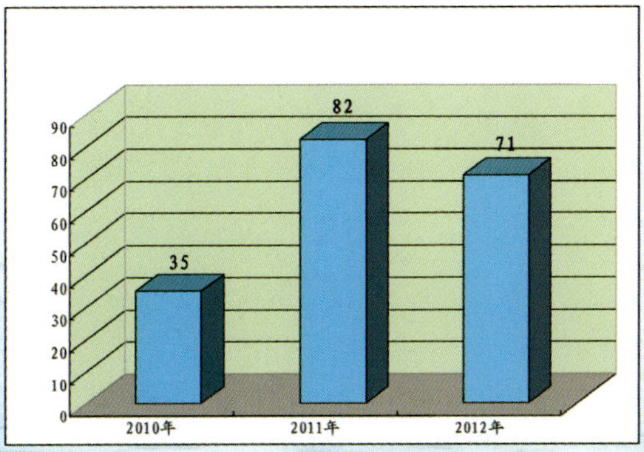

图 6　2010—2012 年事故举报数量

举报投诉电话查处情况

【全市立案查处】 3 年来查处情况，立案查处的 17502 件，其中区县安全监管局查处较多，占立案查处总量的 49%，市安委会成员单位查处数量占立案查处总量的 33%，区县政府立案查处数量占立案查处总量的 18%，此外市安全监管局执法监察总队立案查处 35 件（图 7）。

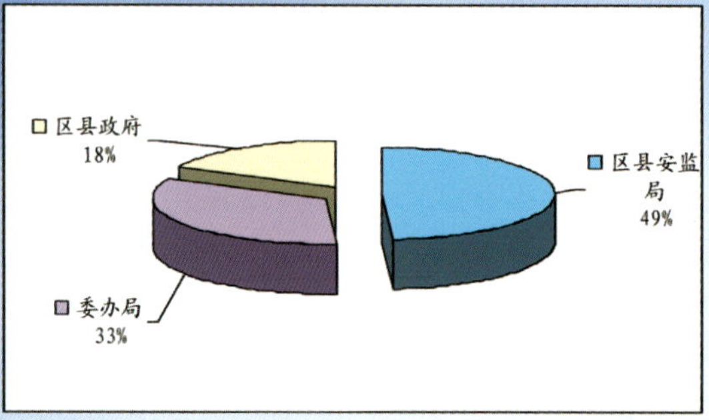

图 7 2010—2012 年查处举报情况分类图

【区县安全监管局立案查处】 2010 年至 2012 年，城八区安全监管局立案查处数量较多，查处数量增幅最大的 3 个区县为朝阳区安全监管局、丰台区安全监管局、海淀区安全监管局（图 8）。

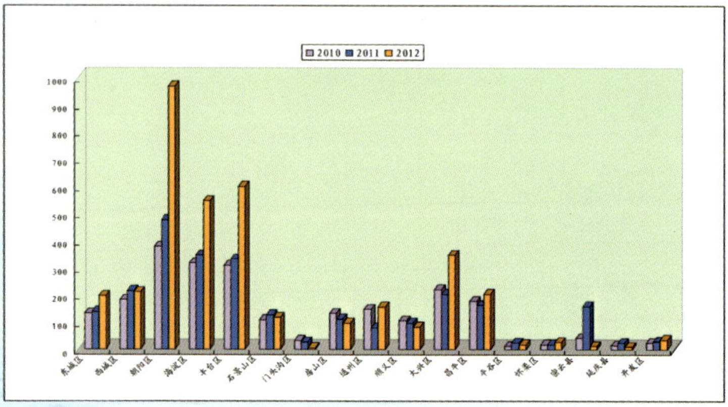

图 8 2010—2012 年区县安全监管局立案查处情况

【属地政府立案查处】 2011 年、2012 年城八区属地政府立案查处数量较多，查处数量较多的分别是朝阳区政府、海淀区政府、丰台区政府（图 9）。

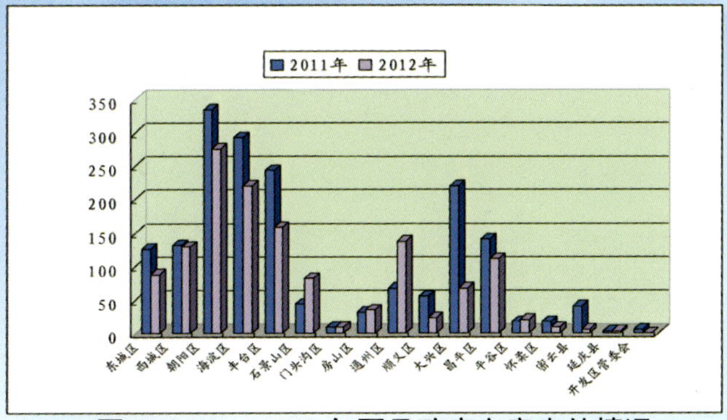

图 9　2010—2012 年区县政府立案查处情况

【市安委会成员单位立案查处】　2010 年至 2012 年市安委会成员单位按照查处数量由多到少依次是市公安局消防局、市住房城乡建设委、市质监局、市城管执法局、市市政市容委。3 年来的总体情况市，市公安局消防局、市住房城乡建设委立案查处数量逐年递增且增长幅度较大（图 10）。

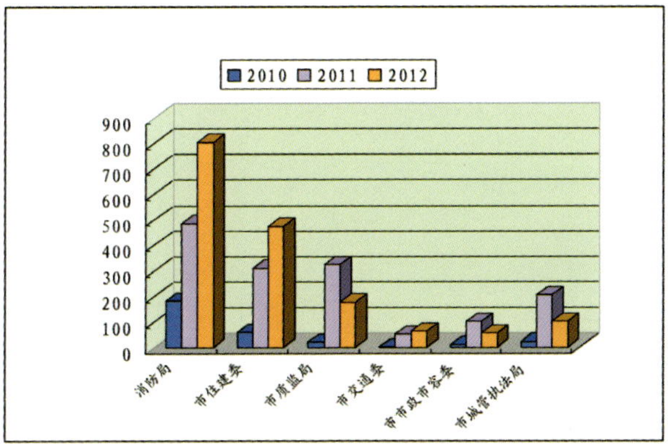

图 10　2010—2012 年市安委会成员单位立案查处情况

【重点区域立案查处】　朝阳区立案查处数量 3 年来增幅较快，海淀区、丰台区、大兴区、西城区立案查处数量 2011 年、2012 年变化不大（图 11）。

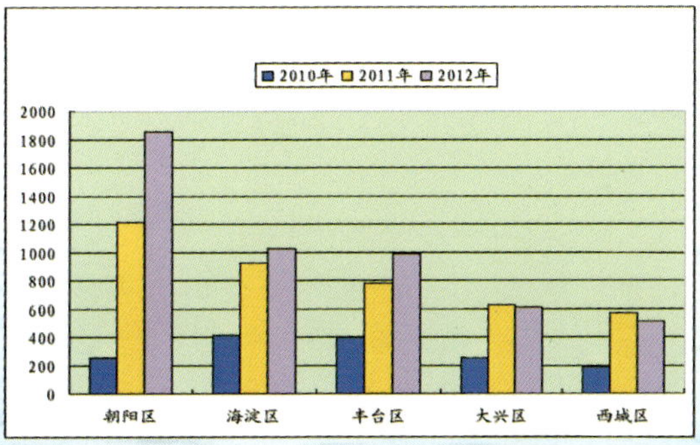

图 11　2010—2012 年重点区域立案查处量

举报投诉电话反映的主要问题

【被举报单位所属行业】 举报数量较多的前 5 个行业是：人员密集场所（包括批发零售业、住宿餐饮业、文化娱乐体育业）、建筑业、居民服务业、制造业、城市运行领域，共占举报总量的 91%（图 12）。

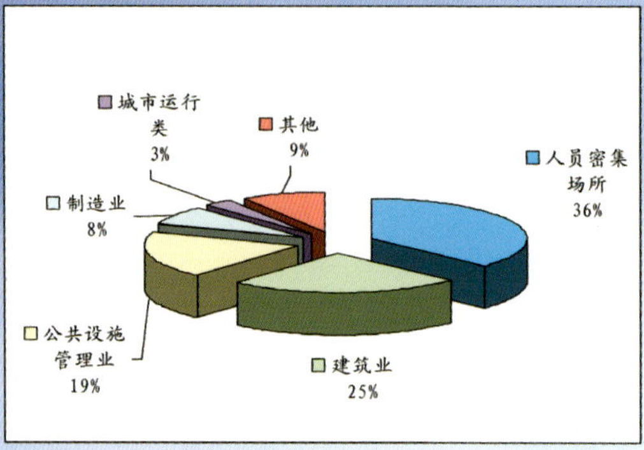

图 12　2010—2012 年举报投诉行业分布

人员密集场所需要加强动态监管。反映的主要问题依次是疏散通道、安全出口被堵占；缺少疏散指示标志和应急照明装置；圈占、遮挡消防器材；违规使用侧推门等。

被举报单位往往是位于城乡结合部的规模以下的“六小”生产经营单位，从查处情况看，被举报单位不同程度存在安全意识淡薄、安全设施设备缺乏、安全投入不足等问题。

建筑行业须依据季节性特点加强监管措施。群众反映的主要问题集中在以下几个方面。临边防护问题（防护网）：临边防护不规范，未设搭设防护架，施工管理混乱，塔吊问题：塔吊矗立在周围平房区上方、塔吊经过人行道上方。施工工地人员管理问题：施工人员不佩戴安全帽、安全带，无证上岗等问题。建筑高空作业：脚手架搭设不规范，脚手板铺设不严密，高空作业人员未系安全带，未戴安全帽。装修改造施工中破坏结构：私自破坏承重墙，私自挖地下室等。

群租房安全管理成为群众举报突出问题。在一些住宅小区中，一套三居室住房分割成七八个房间出租，有的甚至破坏房屋承重墙，至少住 10 人以上，卫生、消防、治安方面存在很多隐患。相关部门督促物业落实管理职责，发动社区民警日常排查治安、消防隐患重点，早发现、早预防。针对群租情况特别突出的、隐患特别严重的、进行规模经营的进行集中执法，严格处罚，通过典型案例的宣传，以点带面，推动整个社会面群租安全隐患治理。

从季度分布看，第一季度最少，第二、三季度最多。需要在二、三季度加强监管力量，加大查处频次和密度。以 2012 年为例，建筑行业月度受理情况（图 13）。

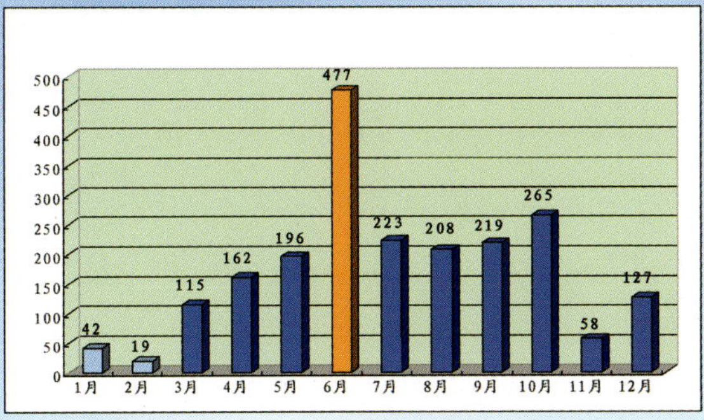

图 13 2012 年建筑业举报统计表

被举报单位所在区域，城市功能拓展区成为群众关注重点。依据被举报单位所处区域进行划分，举报数量较多的前 5 个区域是朝阳、海淀、丰台、大兴和西城区，共占举报总量的 62.19%（图 14）。

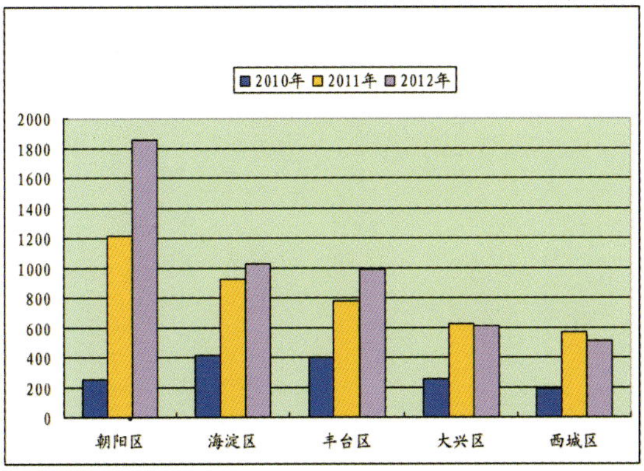

图 14 2010—2012 年重点区县立案查处量

举报的具体内容，问题相对集中。动态隐患占举报事项较多，主要表现在人员密集场所（图 15）。

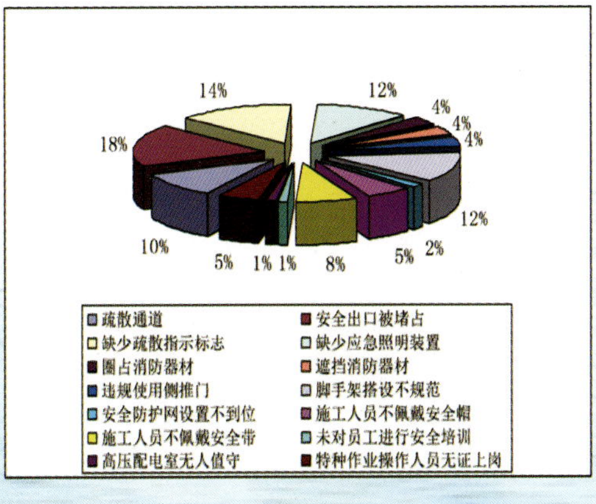

图 15 2010—2012 年动态隐患分类统计图

北京市安全生产宣传教育中心

2012年，北京市安全生产宣教中心全体人员本着“甘于奉献、勇于担当、敢打硬仗、团结协作”的工作态度，紧密围绕全市安全生产工作大局，认真组织开展安全生产宣传教育工作，较好地完成了预期工作任务。

2012年，为组织开展好全市安全生产宣传工作，中心把宣传工作的重点放在全力预防生产安全事故，提高职工安全意识上。以落实企业安全生产主体责任为着力点，在总结以往工作经验的基础上，确定了“五个突出”、“五个强化”、“五个抓好”的全年宣传工作总体思路，即：在宣传内容上突出安全生产政策法规、先进典型、重点工作、基层工作以及重点时段和事故多发领域的宣传。在宣传形式和手段上，强化宣传活动、新闻宣传、公益宣传、安全文化以及安全社区建设。在保障措施上，抓好宣传工作的组织领导、统筹协调、宣传实效、队伍建设以及监督考核。为加强对全市安全生产宣传工作的指导，中心以市安委会名义，首次联合市委宣传部，印发了《2012年加强我市安全生产宣传工作的意见》，并于一季度召开全市安全生产宣传工作会议，对全年宣传工作进行了部署，做到了早谋划、早部署、早落实，为全市各部门、各单位、各企业有效开展安全生产宣传提供了保证。

【安全生产月活动取得新成效】 6月，是全国第11个安全生产月。为组织开展好全市安全生产月活动，市委宣传部等9部门，印发了《2012年北京市安全生产月活动方案》，并于5月底召开全市安全生产月部署动员会议，会上副市长苟仲文对安全生产月工作提出了明确要求。按照全市的统一部署，中心组织开展了内容丰富、卓有成效的安全生产月活动。

6月9日，北京市安全生产月宣传咨询日活动。

一是宣传重点突出，紧密结合中心工作。结合首都安全生产工作的突出特点，以“践行北京精神，弘扬安全文化，推进安全发展型城市建设”为主题。在组织策划上，注重把安全生产月与全市安全生产中心工作紧密结合起来。安全生产月被划分为警示教育、安全培训、应急演练、隐患治理四个周，每周确定了一个主题，突出重点，增强了安全生产月活动的针对性和实效性。把宣传咨询日与安全生产“护航”联合行动和“打非治违”行动相结合。6月9日，在中华世纪坛举行了北京市安全生产月宣传咨询日暨“护航”联合行动第二战役启动仪式。国家安全监管总局局长杨栋梁和北京市市长郭金龙出席活动，并为参与护航联合行动的全市安全生产执法监察队伍授旗。较比往年，2012年的安全生产月活动，内容更充实，与安全生产工作联系更紧密，效果更加显著。

二是活动内容丰富，注重宣传工作实效。2012年，从宣传的形式和手段入手，不断丰富安全生产月活动内容，突出各项活动的实际效果。在大型公开课活动中，邀请研究机构、高等院校、企业以及国家机关的专家学者，组成安全生产讲师团，共开展45场安全生产知识的专题授课，直接参与人数近万人。同时，与地铁、电力、燃气等企业集团合作，设立“基层宣传站”，为普通市民进行应急知识的专题宣讲，取得了较好的宣传效果。在全市32家企业开展巡回演讲51场，有近两万人在活动中受到教育。活动中，请专业人员以交通安全、消防安全、生产安全事故为主要内容，创作编写演讲词，并配合制作了案例背景视频，在演讲的同时，通过播放视频，再现事故起因、经过，以达到启发教育，提高从业人员安全意识的目的。

三是部门加强联动，形成工作合力。在活动组织上，注重发挥安全生产月活动组委会、各行业部门以及市属企业的作用，形成了部门联动的工作格局。在全市性活动中，联合市广电局开展安全生产影视片展映活动，利用数字影院放映厅和移动数字电影放映设备播放安全科普影片5000场，宣传效果显著。联合市教委开展第三届安全生产主题征文，发动中小学生利用假期进行安全生产命题作文，共收到中小学生自发投稿5483篇，最终在小学、初中、高中分别评出一等奖10篇，二等奖20篇，三等奖30篇，使安全走进校园，走进广大师生的心中。联合市文化局举办安全文艺基层巡演，依托北京平安艺术团，组成北京市安全文艺演出队，深入基层开展安全生产专题演出，活动共举办了16场，覆盖全市各个区县，直接受众近万人。各部门密切配合、加强协调，为安全月生产活动的顺利开展提供了强有力的保证。

四是注重媒体宣传，正确引导舆论。安全生产月期间，充分发挥新闻媒体优势，组织北京电视台、《北京日报》等新闻媒体开展了“直击安全现场”活动，跟随安全生产执法检查，对安全生产违法、违规企业，公开进行揭露和曝光，形成强大的舆论监督氛围。共组织媒体开展直击安全现场安全执法检查活动 15 次，发布新闻稿件 117 篇，有效震慑了企业的安全生产行为。此外，利用新闻媒体，加强对安全生产月活动的宣传。咨询日活动期间，组织城管广播、首都之窗等媒体在主会场设置直播台，对活动进行全程音视频直播。此外，协调北京交通广播《一路畅通》栏目，在活动当天开设了安全生产话题“安全是您回家最近的路”，利用一个半小时的时间，与听众进行在线互动，取得了较好的宣传效果。在安全生产主题征文活动中，首次尝试与北京青年报社集团进行合作，利用新闻媒体，刊登安全生产征文公告，扩大了活动的宣传覆盖面；征文结束后，安排部分获奖小作者到城管广播录制并播出优秀作品，并在《中国安全生产报》、《北京青年报》、《中学时事报》、《北京少年报》、《作文宝典》选登作品，社会反响热烈。“北京安监理念”征集活动中，广泛在各大网络、报纸、广播等媒体发布公告，扩大活动影响力和参与面。

6 月 14 日，安全文艺基层巡演活动。

2012 年北京市的安全生产月活动取得了实实在在的效果，得到了国家安全监管总局领导和市领导的充分肯定。在 8 月份召开的全国安全生产月活动总结交流会议上，北京市被评为 2012 年全国安全生产月活动优秀组织单位。

【安全生产新闻宣传工作实现新突破】 2012 年，中心把“新闻报道有声势、专题栏目有特色、媒体宣传有亮点”作为开展新闻宣传工作的总体思路和目标，努力做到了“四个注重”。

一是注重加大宣传力度。结合本市安全生产重点工作，通过专题采访、跟踪报道等形式，加强新闻媒体对安全生产重要措施、重点工作的报道。组织北京电视台、《北京日报》等新闻媒体，围绕“打非治违”专项行动、“护航”行动第二战役、安全生产月活动、“煤矿企业实现安全生产零死亡”、“安监系统优秀女干部典型”、“防汛安全”、“十八大”安全生产保障等工作进行宣传报道。截至 12 月底，新闻媒体共刊发稿件 3115 篇，市安全监管局官方微博和新闻发言人微博发布博文 1001 篇。此外，围绕重点工作，结合季节性安全生产特点，利用各新闻媒体和微博平台及时发布烟花爆竹、冰雪天气、大风天气、“打非治违”、春季安全、防汛安全、高温天气等提示信息 1400 余次。

二是注重开展集中宣传。结合新闻单位“走、转、改”活动，2012 年，开展了“安全生产走基层”、“安全生产一线行”、“盘点 2012 安全生产工作”等多个集中采访活动。围绕“践行北京精神，保障城市运行安全”、“安全生产在行动”、“送服务、除隐患、保平安”3条宣传主线开展的“安全生产走基层”活动，重点报道安全生产领域热点问题。组织媒体先后14次深入社区街道、生产一线进行采访，刊发生动鲜活的安全生产新闻稿件。“安全生产一线行”活动，围绕“城市生命线上的安全战士”、“安全管理潮头的领航者”、“安全线就是生命线，中小企业的安全生意经”、“安全好人”4个专访主题，实地探访企业一线和基层安全监管组织，宣传4城市运行安全的工作措施和工作经验，取得了较好的社会效果。年底适时策划推出“盘点2012安全生产工作”媒体集中报道活动，围绕“护航”行动、标准化、举报投诉等7个方面内容，全面梳理全年安全监管监察工作取得进展和成就。

三是注重打造宣传阵地。重点策划《北京日报》“安全生产视点”专栏，《北京晚报》“12350”百姓安全身边事专栏，《中国安全生产报》“首都安全”专刊等报纸专版专栏，围绕“十八大”安全保障、“护航”行动、“打非治违”专项行动进行深入宣传报道，共刊发专题稿件81期。与北京电视台科教频道合作，开辟“大家说法”安全生产专题节目，围绕安全生产典型事故案例，制作播出了4期节目，受到了广大观众的欢迎。同时，进一步丰富城管广播《安全新干线》专栏，开辟“12350”每日安全播报和“对话安全”板块，全年不间断地播出节目366期。配合城管广播做好《城市零距离》“市民对话一把手”栏目，市安全监管局局长张家明就城市运行中的安全生产工作，与听众进行交流。应首都之窗邀请，张家明带队做客“政风行风”热线直播访谈，就网友和广大市民关心的问题进行交流。此外，全力做好《首都安全生产报》的创刊工作，打造属于首都自己的宣传阵地。

四是注重强化宣传基础工作。为准确把握不同时期安全生产新闻宣传重点，结合全年安全生产中心工作，每季度征集各部门和各区县安全生产新闻宣传工作需求，制订了详细的季度新闻宣传工作方案，做到了新闻宣传有的放矢。此外，注重新闻媒体反馈信息，及时对新闻媒体舆情动态进行搜集、整理、分析、汇编。2012年制作《安全生产每日舆情》248期，《安全生产每月舆情分析》12份。对“4·1”西城区热水坑事故、“5·5”朝阳区简易房坍塌事故和“10·22”朝阳区东山墅违法建设事故的媒体报道情况专门制作了事故舆情专报，为领导决策提供参考。

宣教中心丰富多彩的文体活动。

【安全生产社会宣传迈上新台阶】 2012年，

不断加大公益宣传的力度，积极在全社会营造良好的安全生产环境氛围。

一是突出安全生产环境布置。市领导高度重视安全环境氛围营造工作。2012年，副市长苟仲文两次对环境布置工作提出要求。5月份，以市安委会名义，联合市消防委印发了《关于在部分人员密集场所开展安全生产应急自救知识宣传的方案》。6月初，又印发了《关于进一步做好2012年“安全生产月”环境布置工作的通知》。积极组织全市各区县、各部门开展安全氛围营造工作。全市共悬挂安全生产标语5万余条，张贴安全生产海报16万张，利用2000多块电子显示屏播放安全生产公益宣传片和安全生产口号40余万次，本市的安全生产社会氛围日益浓厚。

二是突出安全生产先进典型的宣传。坚持以正面宣传为主，进一步加大对安全生产先进典型的宣传力度。组织媒体记者赴西藏地区采访市安全监管局援藏干部，刊发了专题稿件《青藏高原上的北京硬汉——拉萨市安全监管局常务副局长王中堂将北京安监先进经验带进高原》，充分展示了北京安全监管局卫士的良好形象。“三八”国际妇女节前夕，开展了“安全监管局系统优秀女干部典型宣传”活动。选定本市安全监管局系统优秀女干部进行宣传。此外，加大对顺义区安全监管局局长高士虎先进事迹的宣传力度。组织专业人员对高士虎进行深入采访，撰写先进事迹材料，为下一步在全国安监系统和本市开展学习高士虎先进事迹活动奠定了基础。

三是突出安全宣传品制作开发。春节期间，为做好烟花爆竹安全生产宣传，精心组织，编辑制作了烟花爆竹安全生产公益宣传片，在北京电视台10个频道循环播出，受到了广大观众的好评。特邀北京市安全生产宣传形象大使、北京电视台著名节目主持人春妮和王业拍摄公益宣传电视片，突出安全和生产、生活的重要意义，借助名人的宣传效应，增强了安全生产的宣传效果。围绕近年来本市发生的安全生产事故，编辑制作了典型事故案例宣传片《以生命的名义》，发放至全市各区县和重点企业2000套，并在全市数字影院播放4000场次，以起到警示从业人员安全行为的作用。制作全市“打非治违”专题片《刻不容缓》，得代到市长王安顺高度评价，认为该片“画面震撼，引人深思”。联合密云县政府制作非煤矿山《“打非治违”专题片》，荣获第三届中国安全生产电视作品大赛特别创作奖。此外，广泛开展安全生产宣传品设计开发工作，紧密围绕安全生产中心工作，结合市安全监管局特点，编辑制作并下发首都市民安全知识手册等宣传用品约12万份，得到广大基层单位和群众的一致好评。

10月29日，“安全生产一线行”报道组走访大栅栏。

四是突出利用新闻媒体强化互动交流。重视利用互联网、微博等媒体进行安全生产新闻宣传，协调各大网络媒体发布新闻260余条。加强政务网站和政务微博“两网”建设，完成政务网站全新改版，重点突出了信息公开、在线服务和公众参与三大功能定位。“十八大”保障工作期间，在市安全监管局政务网站推出“十八大”安全生产保障专项执法检查行动专题网页，实时发布工作动态，专题点击量达上万次。利用市安全监管局官方微博和新闻发言人微博发布博文1001篇，及时发布安全监管工作动态，普及安全生产知识，回复网友咨询和关切，加强了同网民的互动交流。自开通以来，市安全监管局政务微博和新闻发言人微博收到网友转发、评论共计7162条，粉丝数量合计403069人。

【安全文化和安全社区工作扎实推进】 一是举办第六届北京安全文化论坛。以“安全·健康·发展”为主题，于11月27日举办了第六届北京安全文化论坛。围绕特大型城市安全生产保障工作和提高职业健康管理管理水平，邀请安全生产领域有关专家学者进行研讨。本届论坛还设置了高层研讨环节，与会专家围绕特大城市的安全发展、科技兴安以及安全责任如何落实等话题，与参会人员进行了热烈探讨。论坛为安全监管工作提供了一个高起点、多维度的交流平台，积极探索城市运行安全监管工作的途径和方法，为本市安全监管工作起到了积极的促进和引领作用。

二是深入开展安全文化示范企业创建工作。制定印发了《关于开展2012年北京市安全文化建设示范企业评选工作的通知》，各区县和各企业积极参与安全文化示范企业的创建工作，共有50家企业申报北京市安全文化示范企业。中心组织专家对申报企业进行了评审，经过认真筛选，18家企业被评为2012年北京市安全文化建设示范企业。在此基础上，推荐2家优秀企业参加全国安全文化建设示范企业评选。

三是扎实推进安全社区建设。会同安全社区支持中心，指导大兴、丰台、石景山等区开展安全社区建设工作，通过各方面的共同努力，上半年，丰台区西罗园街道顺利通过了全国安全社的评定。此外，协助市安全生产协会设计制作了第一期《安全社区报》，有效搭建了安全社区创建工作宣传与沟通交流的平台。截至11月，各区县共申报市级安全社区53个，评选国家级安全社区38个，国际安全社区22个。

“安全伴我在校园，我把安全带回家”主题征文活动优秀作品录制。

北京市工伤及职业危害预防中心

2012 年，北京市工伤及职业危害中心，紧紧围绕市政府、市安全监管局安全生产中心工作，强化基础，坚持创新，在特种作业管理工作取得明显成效。

【特种作业和高危行业安全资格考试】 2012 年，中心组织完成 10 期特种作业人员安全技术考试，组编特种作业试卷 4836 套，完成 10 期高危行业相关人员安全资格考试，组编高危行业试卷 264 套。在 10 期特种作业人员安全技术考试中，总报名 207553 人，合格 151954 人，总通过率 73%。合格人数中，电工作业类 96164 人，金属焊接切割作业类 31829 人，企业内机动车辆驾驶类 11283 人，高处作业类 2282 人，制冷作业类 2227 人，矿山排水作业类 103 人，有限空间作业类 4789 人，煤矿类 3277 人。

在 11 期高危行业相关人员安全资格计算机化考试中，报考 11098 人，实考 9342 人，合格 6654 人，通过率为 71%。合格人数中，危险化学品类 4509 人，煤矿类 514 人；燃气类 385 人；非煤矿山类 147 人；矿泉水、地热、地堪类 153 人；烟花爆竹类 946 人。

在按计划做好考务组织工作的同时，中心采取一系列工作措施，不断提高考试管理水平。

3 月 14 日，预防中心到市劳保所调研实验室通风改造工程。

【煤矿特种作业网络考试平台建设】 2012 年，中心协调煤矿考点单位投入资金 437 万元，分两期建设完成 4 个机房 310 台考试机；组织考务人员进行技术培训，熟悉操作流程和系统要求。3 月，率先使用全国煤矿特种作业网络考试平台，实现计划申报、计划审批、在线考试全过程网络化管理，为国家安全监管总局在全国推广煤矿特种作业网络考试起到示范带头作用。

【创新特种作业操作证功能】 中心以“创新证件管理，体现首都标准”为目标，于 7 月全面推行新版特种作业操作证。新版证件采用非接触式芯片，较旧版证件容量增加 4 倍，将证件内容由 14 项增至 23 项，拓展了证件管理功能；实现了证件视读信

4月13日，预防中心军训成果汇报表演。

息打印和芯片数据写入一次完成，每期制证时间由原来7天缩短至现在的5天，大大提高了制证工作效率。

5月24日，预防中心组织开展危险化学品生产企业危险化学品登记现场核查工作。

【调整特种作业操作证复审时限】 根据国家安全监管总局30号令要求，结合本市实际，对特种作业操作证复审时限进行相应调整，由每2年复审1次，调整为每3年复审1次。

【实操考官队伍能力建设】 中心组织完成了本市7类26项、932名特种作业实操考官资格考试，843人考核合格取得资格证书。在电工实操考试中，首次启用"高压电工仿真模拟考试系统"采用电力仿真技术，运用图片、音频等多媒体手段，模拟实操考试过程，为特种作业推行计算机模拟考试积累了经验。

5月26日，工作人员正在察看特种作业考场。

【整顿特种作业考试秩序】 2012年，中心全年共派出243个检查组、549人次，对全市16个区县的99个理论考场和182个实操考场进行了督考检查，考点检查覆盖率达到100%，现场处理作弊考生72人。根据市局考试管理规定，对存在严重考试违规行为的北京一轻高级技术学校考点，予以停考处理。

【汛期安全生产考试组织保障】 针对"7·21"特大自然灾害，中心组织编制了本市汛期考试组织应急预案，成立了考试应急保障工作领导小组，明确了极端天气下应对措施，同时要求各考试承担机构制订相应的应急预案，配备必要的防汛设施，加强汛期安全生产考试的保障能力。

【做好特种作业操作资格许可工作】 按照市安全监管局行政许可程序，严把许可准入关，认真核对要件，申报10次局务会行政许可议题，共审批特种作业人员操作资格151954人。加强特种作业许可档案管理，开发了行政许可档案检索管理系统，实现档案一键式查找，整理、归档特种作业人员操作资格行政许可档案3100卷。

6月6日，预防中心参加羽毛球比赛。

【规范特种作业考核收费标准】 中心与市财政局、市发展改革委员会沟通，全面规范了特种作业考核费管理。一是明确了新的考核收费标准，1月，市发展改革委员会、市财政局发布《关于特种作业人员安全技术考核收费标准的函》，确定特种作业理论考核费、实操考核费均为50元/人/次。二是严格执行考核费“收支两条线”管理，考核费收入全额上缴国库，考核费支出纳入财政预算解决。三是将考核收费纳入非税收入管理体系，5月，市财政局下发《关于确认北京市安全生产监督管理局非税收入收缴管理制度改革有关事宜的函》，本市特种作业考核收费执行“考点开票、银行代收、中心管理、财政统筹”的管理模式。四是追加特种作业考核费预算。因特种作业考核费未纳入2012年财政预算，经与市财政局多次协调沟通，通过市财政项目评审，获得追加特种作业考核费1785万元预算。

【京外特种作业操作证和违章行为登记工作】 2012年，中心开展京外特种作业操作证和特种作业人员违章行为两项登记，是强化对持证人员监督检查、行政执法的重要手段。截至12月底，京外特种作业操作证登记工作基本完成，全市共登记京外特种作业操作证2119人。针对安全监管执法人员在进行违章行为登记时，缺少可操作的工作程序的实际情况，会同市安全监管局执法总队研究起草了《北京市特种作业人员违章行为登记程序》（征求意见稿），力争在本市试点推行违章行为登记工作。

【建立特种作业管理工作联席会议制度】 中心充分发挥安全综合监管的牵头、组织、协调作用，积极与市住房城乡建设委员会、市质监局和华北电监局等特种作业行业主管部门协调，探索建立本市特种作业管理联动机制。经副市长苟仲文同意，组织召开了本市特种作业管理工作联席会，印发《北京市特种作业管理联席工作会议规则》和《北京市特种作业人员信息理系统工作规则》，组织开发了“北京市特种作业信息管理系统”。

9月23日，计量认证扩项评审组到预防中心检查指导工作。

【强化便民服务措施】 一是增强考试场次，方便考生应考。将特种作业理论计算机考试时间由原每场90分钟调整为60分钟，缩短考试时间，提高考试效率，将高危行业安全资格考试从每年5期增至10期，增加考试期次，方便考生报考。二是为外籍考生提供人性化服务。针对西门子有限公司60名外籍电工上岗操作需求，按照“教材贴近企业实际、考题体现首都标准、考场服务外籍考生”的要求，组织专家编写了外文教材、试题，精心组织了理论和实操考试，为本市特种作业考核与国际接轨积累了实践经验。三是提升办事大厅服务水平。通过优化办事环境、提供人性化服务、简化办事程序、建立引导咨询机制、完善监督渠道、推行全日服务、提高人员素质和规范服务形象等8项便民措施，不断拓展办事大厅服务功能。

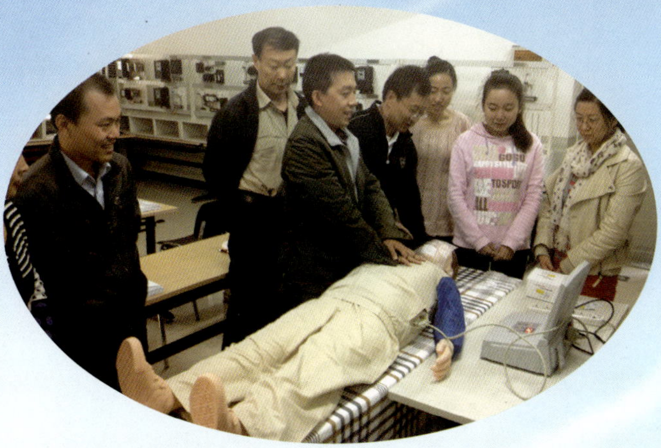

10月16日，预防中心工作人员检查电工实操培训。

【特种作业教材、考核标准编修】 一是开展特种作业培训教材修编。组织完成电工、焊工培训教材的修编工作，按照专家意见和建议，经过5审5校，最终高压电工教材定稿25万字、低压电工教材定稿23万字、焊工教材定稿17万字。二是完成烟花爆竹类题库修编工作。推行烟花爆竹类从业人员安全资格计算机化考试，本着“贴近实际，重点突出、注重应用”的原则，组织专家对两类五项人员现有的1400道试题转换为计算机考试题型，同时按照最新法律法规和安全技术标准，新增考题200道。

【新增实验室检测项目】 中心技术支撑实验室增项是市安全监管局2012年重点工作之一，同时也是“科技北京”行动计划折子工程。经过反复摸索，通过上千次实验操作，采集了1850多个有效实验数据，确保了24个新增项目一次性通过评审，提前2个月超额完成任务，取得检测检验计量资质。目前，技术支撑实验室具备55个项目的计量资质，具备对本市常见职业危害因素的检测能力，能够基本满足职业卫生监督管理、检查执法和事故调查处理的技术支撑要求。

【确定实验室建设方案】 贯彻落实“立足当前、兼顾长远，建设国内领先，国际先进技术支撑实验室”精神，赴相关实验室进行深入调研，学习借鉴先进经验；组织召开2次专家论证会，对实验室的规划、布局等进行论证，修改装修设计图纸，确定实验室建设方案，初步明确技术支撑工作方向，即：依托技术支撑实验室，组织利用首都社会资源，构建技术支撑工作平台，履行技术监管职能，组织开展检测检验、技术鉴定和事故分析，研究制定相关标准，为行政执法、事故调查和应急救援提供技术支持。

【明确工作重点做好危险化学品登记】 2012年，以贯彻落实《危险化学品安全管理条例》（国务院令第591号）为重点，全年为15家生产企业办理了复核换证和咨询指导，其中11家已取得新登记证，4家正在办理中。

北京市安全生产协会

2012年，北京市安全生产协会在市安全监管局和市社团办的领导下，紧紧围绕北京市安全生产中心工作，配合市安全监管局开展有关工作，着力拓宽与会员单位的沟通和交流渠道，不断加强协会自身建设，履行为政府服务职能，做好市安全监管局交办委托的各项工作。依托专家开展技术咨询与指导工作。

北京市安全生产协会第二届第四次理事会、市安全监管局副局长蔡淑敏出席会议并讲话。

【安全社区建设推进会】 9月26日，市安全生产协会配合市安全社区建设促进委员会办公室召开了北京市安全社区建设工作推进会。16个区县安全社区建设的有关负责人及部分安全社区评定专家组成员共30多人参加了会议。

【安全社区评定工作】 市安全生产协会按照《北京市市级安全社区评定管理办法》、《北京市市级安全社区基本条件》，启动了市级安全社区评定工作。先后受理了石景山区、海淀区、大兴区共5个街道乡镇市级安全社区评定申请，并组织专家进行了现场评定。截至12月底，完成了石景山区八角街道、八宝山街道，海淀区万寿路街道、花园路街道和大兴区庞各庄镇的现场评定工作。

11月13日，市安全社区建设专家组到花园路街道办事处指导工作。

【安全生产标准化工作】 2012年，市安全监管局委托市安全生产协会为本市工业企业安全生产标准化（二级）评审组织单位。负责对本市工业企业安全生产标准化二级评审单位和安全生产标准化专家的管理，负责对评审员和评审专家的培训，对《评审报告》进行复核等工作。协助市安全监管局负责对各区县安全生产标准化工作的督察。市安全生产协会成立了市安全生产标准化领导小组，并经市安委会批准，成立了本市工业企业安全生产标准化专家组。市安全生产协会多次召开专题会议，起草了《北京市安全生产协会工业企业安全生产标准化工作方案》，确定了7项主要任务，进行了具体分工，提出了4点要求。参与编印了《北京市安全生产标准化建设工作指南》。起草制订了“北京市工业企业安全生产标准化（二级）复核工作程序”、“北京市工业企业安全生产标准化（二级）专家管理办法”、“北京市工业企业安全生产标准化（二级）评审员培训的通知”等文件。

《北京安全生产年鉴》培训班。

【安全生产年鉴编纂工作】 市安全生产协会受市安全监管局的委托，承担《北京安全生产年鉴》的编纂工作。2012年，在市安全监管局领导下，在有关部门和区县编辑人员的共同努力下，创新了年鉴栏目编辑框架，增加了“安全社区建设”栏目、“市安委会和安委会办公室工作”类目。共收集资料110万字，照片325幅，经审查筛选使用率文字75%，照片72%，顺利完成了2012年《北京安全生产年鉴》的编纂工作。自2009年以来《北京安全生产年鉴》参加全过年鉴编校质量评比活动，2次获三等奖，2次获二等奖。

【提供安全生产培训教材】 2012年，市安全生产协会为本市安全生产培训机构及企业提供安全生产培训教材20多种27188册。其中，特种作业培训教材21466册，

北京市安全生产协会举办安全生产标准化评审员培训班。

《安全生产文件汇编》3000册，《2010—2011年度生产安全责任事故典型案例汇编》2722册。

【编辑《协会简报》】 2012年，共收集会员单位报送的安全生产工作信息613条，采纳507条。全年共编印《协会简报》23期，内容涵盖了本市安全要闻、安全生产动态、安全文化、班组安全建设等内容。

【安全生产管理征文活动】 2012年，市安全生产协会开展以“安全生产管理”为主题的征文活动。共收到论文34篇，经评审，评出了一等奖、二等奖、三等奖共20篇，共印300册，分送到各会员单位及市安全监管局各业务处室，为市安全监管局有关部门研究政策提供参考，同时也为会员单位在安全生产管理中提供借鉴。

【参与安全生产培训活动】 2012年，市安全生产协会配合市安全监管局实施安全生产全员大培训计划，协会专家对市交通委、市广电局和西城区等10个单位授课24次，为会员单位进行安全生产培训13次，安全生产标准化创建活动培训12次。

【召开二届三次理事会】 5月30日，市安全生产协会召开了二届三次理事会，向理事会报告了2011年的主要工作和2012年重点工作安排；审议通过了2011年度财务收支情况报告；审查通过了增设教育培训和有限空间作业2个专业委员会；新增补了18家企业为会员，变更了8个理事成员和新增了3个理事单位；审议通过了新增的三项管理制度、一项规则；对2011年征文活动获奖单位和个人进行了表彰。市安全监管局副局长蔡淑敏出席会议并讲话。

【成立协会分支机构】 2012年，根据市安全生产协会工作需要，经市安全监管局同意和理事会通过，市安全生产协会设立教育培训分会和有限空间作业分会2个分支机构。

北京市安全生产协会出版发行的书籍及刊物。

安全生产统计资料

北京市2012年度安全生产形势分析报告

2012年，各区县、各部门、各单位认真贯彻落实党中央、国务院和市委、市政府关于加强安全生产工作的一系列重大决策部署，全面深化重点行业领域安全监管，全力抓好安全生产各项工作的落实，全市安全生产形势总体平稳。

一、全市安全生产事故总体情况

（一）事故总量总体下降

截至2012年12月31日，全市共发生道路交通、生产安全、火灾、铁路交通、农业机械死亡事故982起，死亡1073人，事故起数同比增加5起，上升0.51%，死亡人数同比减少16人，下降1.47%。各项事故指标均在年度目标范围内，事故死亡人数占国务院安委会下达年度控制指标的93%。

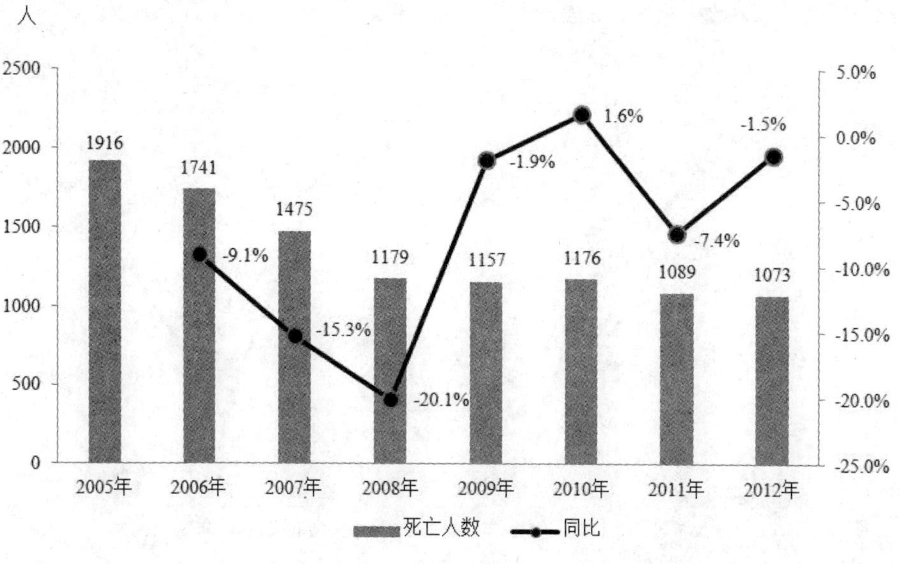

图1　历年安全生产死亡人数对比图

（二）较大事故仍未得到有效控制

全市共发生一次死亡3人以上较大事故17起，死亡62人，同比减少3起23人，分别下降15.1%和27.1%，占年度控制指标的73.9%，控制在年度目标范围内。其中：发生道路交通较大事故14起，死亡49人，同比减少4起13人；发生生产安全较大事故2起，死亡10人，同比增加1起5人；发生火灾较大事故1起，死亡3人，事故起数同比持平，死亡人数同比减少15人。

（三）相对事故指标总体控制在年度目标内

亿元地区GDP生产安全事故死亡率0.06（国务院安委会下达控制指标为0.067），工矿商贸从业人员10万人死亡率0.98（国务院安委会下达控制指标为1.4），煤矿百万吨死亡率0.41（国务院安委会下达控制指标为1.8），均控制在年度控制指标以内。道路交通万车死亡率1.77（国务院安委会下达控制指标为1.7）。

（四）部分区县事故多发（其中：北京经济技术开发区总体指标超过年度控制指标）

怀柔区生产安全事故超过年度控制指标。房山区火灾事故超过年度控制指标。北京经济技术开发区道路交通事故超过年度控制指标。海淀区、顺义区、昌平区铁路交通事故超过年度控制指标。

二、各类安全生产事故的主要特点及反映出的问题

分析全年各类安全生产事故情况，有以下几个方面特点：

（一）生产安全事故死亡人数进一步下降

2012年共发生生产安全死亡事故83起，死亡99人，同比减少5起2人，分别下降5.68%和1.98%。分析近年来生产安全事故情况，死亡人数从2006年的196人降至99人，降幅达到49.5%，事故总量下降空间已逼近极限值，处于低位的震荡调整期，今后一段时期事故总量反弹的几率较大。

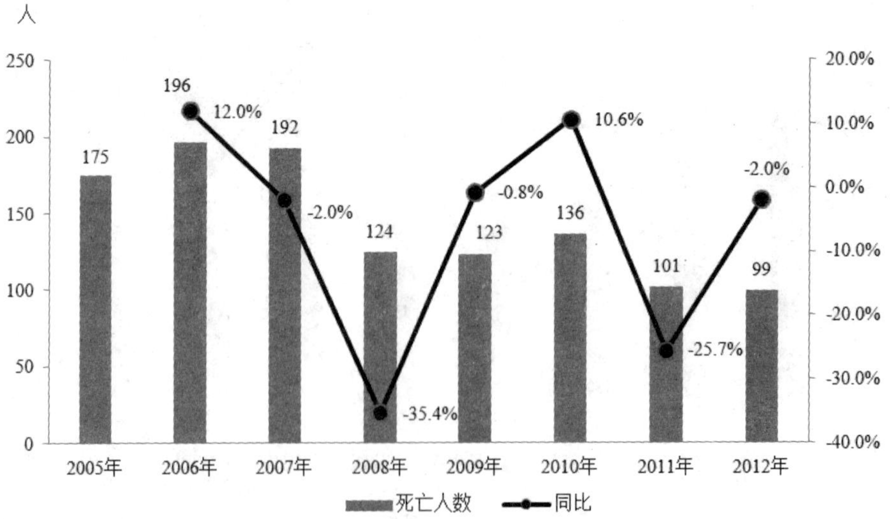

图2 历年生产安全事故死亡人数对比图

一是建筑业仍然是高发领域。共发生建筑业生产安全事故52起，死亡64人，事故起数同比减少5起，死亡人数与2011年持平，死亡人数占生产安全死亡总数的64.6%。其中建委系统17起，死亡23人，同比减少11起11人；电力、电信工程3起，死亡4人；企业（个人）改扩建工程9起，死亡10人；水利、热力工程2起，死亡3人；装饰装修工程12起，死亡14人，拆除工程5起，死亡5人；其他4起，死亡5人。

二是矿山、危险化学品事故继续保持较低数量。发生煤矿死亡事故2起，死亡2人。危险化学品、非煤矿山连续3年未发生死亡事故。

三是有限空间等城市运行领域事故继续下降。2012年共发生有限空间事故3起，与去年持平，死亡5人，同比下降3人。

四是事故类型较为集中。共发生高处坠落、坍塌、起重伤害和中毒窒息事故58起，死亡72人，死亡人数占生产安全事故总数的72.7%。

（二）道路交通事故降幅放缓

2012年共发生道路交通死亡事故845起，死亡918人，事故起数同比增加2起，上升0.24%，死亡人数同比减少6人，下降0.65%。2008年以来，全市道路交通事故同比下降幅度基本保持在1%以下，同比下降的幅度放缓。一是远郊区县交通死亡事故仍呈高发态势；二是小客车死亡事故依然突出；三是外埠人员死亡比例较大；四是一次死亡3人以上较大事故依然多发。

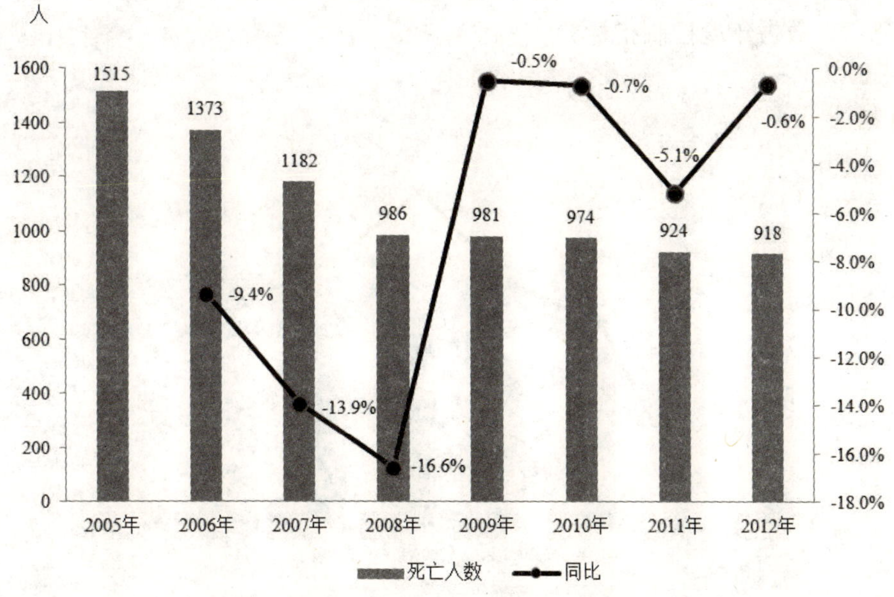

图3　历年道路交通事故死亡人数对比图

（三）非法违法事故仍未得到有效控制

2012 年，连续发生一次死亡 3 人以上较大事故，损失惨重，教训深刻。经调查，这些事故均为无证非法施工或在违法建设内非法从事生产经营活动导致的事故。如朝阳区十八里店“5 · 5”坍塌事故，死亡 4 人；朝阳区东山墅“10 · 22”墙体倒塌事故，死亡 6 人。

通过分析近年来本市安全事故情况，因违法建设引发的安全事故情况严重，呈现逐年增加和恶性发展趋势，较大事故和社会影响大的事故时有发生。

年份	死亡人数（人）	事故类型		
		无证非法施工或者个人私建房屋事故比例	无证无照从事生产经营等商贸活动事故比例	其他事故比例
2009 年	41			
2010 年	83	45%	31%	24%
2011 年	105			

（四）火灾等其他事故稳中有降

2012 年，共发生火灾死亡事故 24 起，死亡 26 人，事故起数同比增加 12 起，上升 100%，死亡人数同比减少 4 人，下降 13.3%，死亡人数占年度控制指标的 96.3%。发生铁路交通死亡事故 29 起，死亡 29 人，同比减少 4 起 4 人，均下降 12.1%，死亡人数占年度控制指标的 90.6%。发生农业机械死亡事故 1 起，死亡 1 人，与去年同期持平，死亡人数占年度控制指标的 25%。

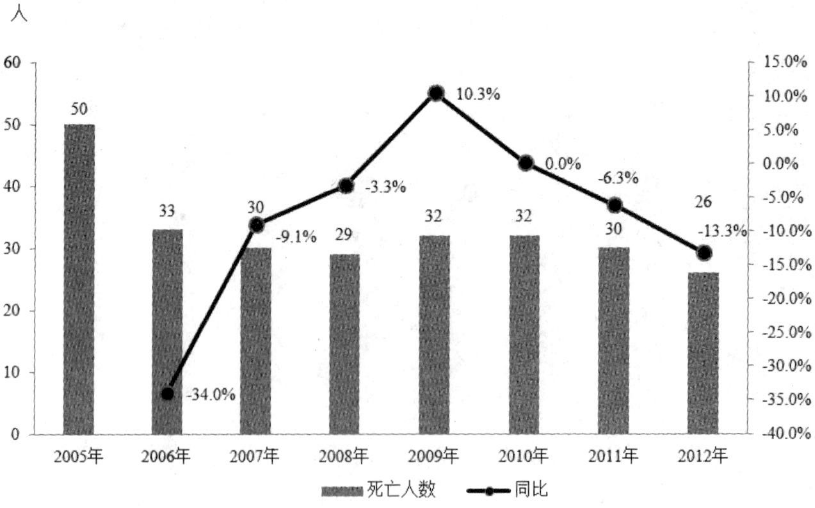

图 4　历年火灾事故死亡人数对比图

从全年各类安全生产事故特点分析，主要反映出以下几个方面问题：

一是生产经营单位主体责任未落实到位是导致事故多发的重要原因。主要表现在安全责任制不能落实到一线岗位，安全生产教育培训流于形式，安全投入不足；设备设施维修保养不到位或存在缺陷，安全隐患反复出现难以彻底整改；从业人员安全素质和安全意识有待进一步提高，44%的生产安全事故是由作业人员“三违”作业造成的。

二是城市和社会快速发展带来部分行业领域安全监管出现缝隙。部分行业领域安全准入门槛低，监督管理力度不够，存在“重审批、轻监管”问题，安全管理缺位。部分行业领域安全监督管理职责不清，导致安全监督管理责任落实上存在缝隙，尚未形成有效的安全生产工作机制。

三是违法建设和非法违法生产经营成为影响首都安全发展的“毒瘤”。经调查，本市城乡结合部地区违法建设问题突出，这些房屋无审批、无设计、建设无资质、材料伪劣、质量差，建成后主要用于出租住人或生产经营。由于监管和管理上的缺失，存在大量安全隐患，成为滋生安全事故的“重灾区”。

四是中小企业安全管理状况应引起高度重视。中小企业生产设备落后，技术工艺滞后，从业人员素质不高，安全生产管理基础薄弱。大部分企业劳动用工不规范，个别企业所招用临时人员，未经安全生产教育培训直接上岗作业，从而极易引发生产安全事故。

五是属地安全监管力度仍需增强。一个时期以来，本市经济活动总量和工程建设总量逐年增长，与安全生产控制指标逐年缩减形成矛盾。2012 年，全市固定资产投资达到 5.91 万亿元，建筑开复工面积达到 1.7 亿平方米；全市常住人口达到 2 016.8 万人，机动车达到 520 万辆，电梯等特种设备数量迅速增长，商业、文化、娱乐、体育等人员密集场所数量巨大。这些情况给属地安全监管工作带来巨大压力，与之相对应的是，各区县安全监管力量仍然薄弱，工作力度有待进一步加强。

北京作为全国的首都、国际性特大城市，人口高度集聚，经济社会处于重要的战略转型期，郊区县城市化进程加快发展。站在一个新的历史起点上，首都的工作标准将更高，难度将更大，任务将更艰巨。

表 1　安全生产核心统计指标表

指标名称			指标下达情况	全年落实情况	与控制考核指标相比（%）
总体控制考核指标	各类事故死亡人数		1154	1073	93.0
绝对控制考核指标（人）	1. 生产安全		144	99	68.8
	其中	煤矿	9	2	22.2
		建筑施工	90	64	71.1
	2. 道路交通		947	918	96.9
	其中	生产经营性	315	283	89.8
	3. 火灾		27	26	96.3
	其中	生产经营性	15	14	93.3
	4. 铁路交通		32	29	90.6
	5. 农业机械		4	1	25
控制考核指标（起）	较大事故起数		23	17	73.9
	其中	生产安全	—	2	—
		道路交通	—	14	—
		火灾	—	1	—
相对控制考核指标	其中	亿元地区 GDP 生产安全事故死亡率（人 / 亿元）	0.067	0.060	89.6
		工矿商贸企业从业人员 10 万人身安全事故死亡率（人/10 万人）	1.40	0.98	70.0
		道路交通万车死亡率（人 / 万车）	1.7	1.77	104.1
		煤矿百万吨死亡率（人 / 百万吨）	1.8	0.41	22.8
		特种设备万台死亡率（人 / 万台）	0.44	0.079	18.0

表 2　全市各行业领域安全生产事故情况表

单位：人

类　别		2009 年		2010 年		2011 年		2012 年	
		下达	实际	下达	实际	下达	实际	下达	实际
合　计		1330	1157	1311	1176	1270	1089	1154	1073
一、工矿商贸合计		165	123	165	136	160	101	144	99
其中	1. 煤矿	13	3	13	8	13	0	9	2
	2. 金属与非金属矿	0	0	1	0	2	0	2	0
	3. 建筑施工	100	60	100	84	100	64	90	64
	4. 危险化学品	1	0	1	0	1	0	1	0
	5. 烟花爆竹	0	0	0	0	0	0	0	0
二、火灾		29	32	32	32	27	30	27	26
生产经营性		—	—	—	—	2	—	15	14
三、道路交通		1088	981	1072	974	1049	924	947	918
生产经营性		241	—	303	—	350	—	315	283
四、铁路交通		48	21	40	33	32	33	32	29
五、农业机械		0	0	2	1	2	1	4	1

表 3　全市各行业领域安全生产较大事故情况表

单位：起 / 人

事故类别		2009 年	2010 年	2011 年	2012 年
生产安全		5/19	4/12	1/5	2/10
其中	建筑施工	2/6	3/9	0	2/10
	煤矿	0	1/3	0	0
	道路交通	13/50	18/58	18/62	14/49
	火灾	1/3	2/6	1/18	1/3
	铁路交通	0	0	0	0
	农业机械	0	0	0	0
总　计		19/72	24/76	20/85	17/62

表4　全市各区县安全生产事故情况表

		指标控制比率（%）	道路交通事故情况（起 / 人）	火灾事故情况（起 / 人）	铁路交通事故情况（起 / 人）	生产安全事故情况（起 / 人）	较大事故情况（起 / 人）
首都功能核心区		164	16/17	3/3	0	8/8	0
其中	东城区	183	7/8	1/1	0	3/3	0
	西城区	150	9/9	2/2	0	5/5	0
城市功能拓展区		114	262/277	9/9	13/13	43/52	2/6
其中	朝阳区	105	141/151	3/3	1/1	16/21	2/6
	海淀区	117	66/68	3/3	4/4	13/15	0
	丰台区	123	50/53	2/2	7/7	9/11	0
	石景山区	175	5/5	1/1	1/1	5/5	0
城市发展新区		108	401/443	5/7	13/13	18/19	11/39
其中	房山区	112	89/91	1/7	2/2	3/3	1/3
	通州区	108	84/92	1/1	3/3	5/6	2/6
	顺义区	102	100/107	1/1	4/4	4/4	2/6
	昌平区	110	80/99	1/1	2/2	2/2	4/18
	大兴区	120	43/47	1/1	2/2	1/1	1/3
	开发区	80	5/7	0	0	3/3	1/3
生态涵养发展区		122	102/116	3/3	3/3	10/16	4/17
其中	门头沟区	169	10/10	0	1/1	2/2	0
	怀柔区	106	20/24	1/1	2/2	2/8	2/11
	平谷区	108	22/23	1/1	0	2/2	0
	密云县	128	28/32	1/1	0	3/3	1/3
	延庆县	129	22/27	0	0	1/1	1/3
其他地区和单位		—	64/65	4/4	0	4/4	0
京煤集团		—	0	0	0	2/2	0
其　他		—	64/65	4/4	0	2/2	0
全市总计		164	845/918	24/26	29/29	83/99	17/62

表5 全市生产安全事故类型统计表

单位：起/人

类 别	1月	2月	3月	4月	5月	6月	7月	8月	9月	10月	11月	12月
物体打击	0	0	1/1	1/1	3/3	0	0	0	0	0	0	1/1
车辆伤害	1/1	1/1	0	0	0	0	0	1/1	0	0	0	0
机械伤害	1/1	0	0	0	0	0	0	1/1	0	0	0	1/1
起重伤害	0	1/7	0	2/2	1/1	2/2	1/1	0	0	0	0	0
触 电	0	0	0	0	1/1	1/1	0	2/2	0	0	0	0
淹 溺	0	0	0	0	0	0	0	0	0	0	0	0
灼 烫	0	0	0	1/1	0	0	0	0	0	0	0	0
火 灾	0	0	0	0	0	0	0	0	0	0	1/2	1/1
高处坠落	2/2	1/1	4/4	2/2	5/5	4/4	1/1	2/2	6/6	1/1	3/3	2/2
坍 塌	0	0	4/5	0	1/1	1/1	1/3	1/1	1/1	0	1/2	1/1
冒顶片帮	0	0	0	1/1	0	0	0	0	0	0	0	1/1
透 水	0	0	0	0	0	0	0	0	0	0	0	0
放 炮	0	0	0	0	0	0	0	0	0	0	0	0
火药爆炸	0	0	0	0	0	0	0	0	0	0	0	0
瓦斯爆炸	0	0	0	0	0	0	0	0	0	0	0	0
锅炉爆炸	0	0	0	0	0	0	0	1/1	0	0	0	0
容器爆炸	0	0	0	0	0	0	0	0	0	0	0	0
其他爆炸	0	0	1/1	0	0	1/2	1/1	0	0	0	0	0
中毒窒息	0	0	0	0	0	2/4	3/5	0	0	0	0	1/1
其他伤害	0	0	0	0	0	0	0	0	0	0	0	0
全 市	4/4	3/10	10/11	7/7	11/11	11/14	7/11	8/8	7/7	1/1	5/7	8/8

表 6　全市各区县生产安全事故月度分布表

单位：起 / 人

区域		合计	1 月	2 月	3 月	4 月	5 月	6 月	7 月	8 月	9 月	10 月	11 月	12 月
首都功能核心区		8/8	0	0	1/1	1/1	1/1	0/0	1/1	3/3	0	0	0	1/1
其中	东城区	3/3	0	0	1/1	0	0	0	0	2/2	0	0	0	0
	西城区	5/5	0	0	0	1/1	1/1	0	1/1	1/1	0	0	0	1/1
城市功能拓展区		43/52	2/2	2/2	6/7	2/2	4/4	8/10	4/8	2/2	3/3	2/2	4/6	4/4
其中	朝阳区	16/21	2/2	0	0	1/1	2/2	3/5	2/4	1/1	0	2/2	1/2	2/2
	海淀区	13/15	0	1/1	2/2	1/1	0	5/5	2/4	0	0	0	0	2/2
	丰台区	9/11	0	1/1	2/3	0	2/2	0	0	1/1	1/1	0	2/3	0
	石景山区	5/5	0	0	2/2	0	0	0	0	0	2/2	0	1/1	0
城市发展新区		18/19	2/2	0	3/3	2/2	3/3	2/3	1/1	1/1	1/1	0	1/1	2/2
其中	房山区	3/3	0	0	1/1	0	1/1	0	0	0	0	0	0	1/1
	通州区	5/6	1/1	0	1/1	0	0	1/2	0	0	0	0	1/1	1/1
	顺义区	4/4	0	0	1/1	0	0	1/1	1/1	0	1/1	0	0	0
	昌平区	2/2	0	0	0	1/1	0	0	0	1/1	0	0	0	0
	大兴区	1/1	0	0	0	0	1/1	0	0	0	0	0	0	0
	开发区	3/3	1/1	0	0	1/1	1/1	0	0	0	0	0	0	0
生态涵养发展区		10/16	0	1/7	0	1/1	2/2	1/1	1/1	1/1	3/3	0	0	0
其中	门头沟区	2/2	0	0	0	1/1	0	0	0	0	1/1	0	0	0
	怀柔区	2/8	0	1/7	0	0	1/1	0	0	0	0	0	0	0
	平谷区	2/2	0	0	0	0	0	0	0	1/1	1/1	0	0	0
	密云县	3/3	0	0	0	0	1/1	1/1	1/0	0	0	0	0	0
	延庆县	1/1	0	0	0	0	0	0	0	0	1/1	0	0	0
其他地区和单位		4/4	0	0	0	1/1	1/1	0	0	1/1	0	0	0	1/1
京煤集团		2/2	0	0	0	1/1	0	0	0	0	0	0	0	1/1
其　他		2/2	0	0	0	0	1/1	0	0	1/1	0	0	0	0
全市总计		83/99	4/4	3/9	10/11	7/7	11/11	11/14	7/11	8/8	7/7	2/2	5/7	8/8

表7 全市生产安全事故原因分类表

单位：起 / 人

类　别	1月	2月	3月	4月	5月	6月	7月	8月	9月	10月	11月	12月
技术和设计有缺陷	1/1	1/7	0	0	2/2	0	1/3	0	0	0	0	0
设备设施工具附件有缺陷	0	0	0	1/1	0	2/2	0	1/1	0	0	0	0
安全设施缺少或有缺陷	1/1	1/1	1/2	0	1/1	1/1	1/1	1/1	0	0	1/2	1/1
生产场所环境不良	0	0	2/2	0	1/1	1/1	1/1	1/1	0	0	0	2/2
个人防护用品缺少或有缺陷	0	0	1/1	0	0	0	1/2	1/1	0	0	1/1	0
没有安全操作规程或不健全	0	0	0	0	0	0	0	1/1	0	0	0	0
违反操作规程或劳动纪律	2/2	1/1	6/6	4/4	4/4	4/6	3/4	3/3	6/6	1/1	3/4	3/3
劳动组织不合理	0	0	0	0	1/1	0	0	0	1/1	0	0	0
对现场工作缺乏检查或指挥错误	0	0	0	0	0	2/3	0	0	0	1/1	0	2/2
培训教育不够，缺乏安全操作知识	0	0	0	2/2	2/2	1/1	0	0	0	0	0	0
其　他	0	0	0	0	0	0	0	0	0	0	0	0
全　市	4/4	3/9	10/11	7/7	11/11	11/14	7/11	8/8	7/7	2/2	5/7	8/8

表 8　全市各行业领域生产安全事故情况表

单位：起 / 人

名　称		全年	1 月	2 月	3 月	4 月	5 月	6 月	7 月	8 月	9 月	10 月	11 月	12 月
建 筑 业		52/64	3/3	3/9	8/9	4/4	7/7	7/8	2/4	4/4	6/6	2/2	3/5	3/3
其中	建委系统	17/23	0	1/7	3/3	2/2	3/3	2/2	0	1/1	2/2	1/1	1/1	1/1
	轨道建设工程	0	0	0	0	0	0	0	0	0	0	0	0	0
	电力、电信工程	3/4	0	0	1/2	0	1/1	0	0	1/1	0	0	0	0
	道路建设工程	0	0	0	0	0	0	0	0	0	0	0	0	0
	企业（个人）改扩建工程	9/10	0	0	2/2	1/1	1/1	2/2	1/1	0/0	1/1	0	1/2	0
	水利、热力工程	2/3	0	1/1	0	0	0	1/2	0	0	0	0	0	0
	园林绿化工程	0	0	0	0	0	0	0	0	0	0	0	0	0
	装饰装修工程	12/14	1/1	0	1/1	1/1	0	2/2	1/3	2/2	2/2	0	0	2/2
	拆除工程	5/5	1/1	0	1/1	0	2/2	0	0	0	1/1	0	0	0
	其　他	4/5	1/1	1/1	0	0	0	0	0	0	0	1/1	1/2	0
电力、燃气及水的生产和供应业		2/3	0	0	0	1/1	0	1/2	0	0	0	0	0	0
服务业		7/8	0	0	0	1/1	2/2	1/2	2/2	1/1	0	0	0	0
交通运输、仓储及邮政业		3/3	0	0	1/1	0	1/1	0	0	0	0	0	0	1/1
农、林、牧、渔业		0	0	0	0	0	0	0	0	0	0	0	0	0
批发和零售业		3/3	0	0	0	0	0	1/1	0	2/2	0	0	0	0
水利、环境和公共设施管理业		1/2	0	0	0	0	0	0	1/2	0	0	0	0	0
文化、体育和娱乐业		1/1	0	0	0	0	0	0	0	0	0	0	1/1	0
信息传输、计算机服务和软件业		1/2	0	0	0	0	0	0	1/2	0	0	0	0	0
采矿业		2/2	0	0	0	1/1	0	0	0	0	0	0	0	1/1
制造业		11/11	1/1	0	1/1	0	1/1	1/1	1/1	1/1	1/1	0	1/1	3/3

安全生产事故案例

【案例1】

北京市金运电气安装有限公司“3·29”坍塌事故

2012年3月29日11时左右，北京市金运电气安装有限公司在中粮万科假日风景小区2号箱式变压器线路改造施工过程中，发生一起2人死亡、2人受伤的坍塌事故。此事故造成直接经济损失约200万元。

一、事故发生经过

中粮万科假日风景小区2号箱式变压器线路改造工程，位于丰台区小屯西路111号，属于整体工程完工验收后临时性改造施工。2号箱式变压器的产权单位为北京中粮万科假日风景房地产开发有限公司。

发生事故时，5名工人在大约宽2米、长5.6米、深2米的沟、槽内从事掏挖作业并移出光缆。

3月29日11时左右，丰台区小屯西路111号，北京市金运电气安装有限公司在中粮万科假日风景小区2号箱式变压器线路改造施工过程中，卢××、刘××等5名工人在大约宽2米、长5.6米、深2米的沟、槽内掏挖作业并移动光缆时，变压器地基墙部分墙体发生脱落，造成卢××、刘××、王××、李××被砸。现场人员拨打120、119赶到现场，被砸人员已救出，卢××、刘××现场抢救无效死亡，王××、李××没有生命危险随即送往武警总医院治疗。事故共造成2人死亡、2人受伤。

二、事故原因

（一）直接原因

违章指挥、违章操作是造成事故的直接原因。

发生事故时，卢××、刘××等5名工人正在沟、槽（深度约2米）内从事弱电光缆移动作业。

沟、槽（深度约2米）未按规定放坡或加可靠支撑，其中2号箱式变压器基础墙一侧，作业工人掏空基础墙垫层部分下方的支撑土，在未加可靠支撑的情况下，直接进行移动光缆作业。其行为违反了《北京市建设工程施工现场安全防护标准》第1.2.6项规定：开挖槽、坑、沟深度超过1.5米，应根据土质和深度情况按规定放坡或加可靠支撑。

施工现场班组长邵××未认真履行安全生产管理职责，在2号箱式变压器基础墙垫层部分未加可靠支撑的情况下，违章指挥，安排工人冒险作业。

（二）间接原因

北京市金运电气安装有限公司安全管理不到位，施工现场未严格落实本单位的安全生产教育和培训制度、安全生产检查制度，是事故发生的主要原因。

北京市金运电气安装有限公司项目经理部未严格落实本单位安全生产教育和培训制度，未对卢××（死者）、刘××（死者）、李××（伤者）、王××（伤者）等5名临时雇用的工人进行班前安全技术交底；未严格落实安全生产检查制度，没有安排专职安全员监督检查施工现场安全防护措施落实情况。

中粮万科假日风景小区2号箱式变压器线路改造施工项目负责人崔××未认真履行安全生产管理职责，未制订施工方案；未组织做好本单位的安全生产教育培训、检查制度落实工作，安排未经安全生产教育和培训合格的临时雇用工人直接上岗作业，未对施工现场作业人员进行安全技术交底，未安排专职安全员监督检查施工现场安全防护措施。

三、事故处理建议

（一）施工现场班组长邵××未认真履行安全生产管理职责，在2号箱式变压器基础墙垫层部分未加可靠支撑的情况下，违章指挥，安排工人冒险作业，对事故的发生负有直接责任。区公安分局对其立案侦查，并追究刑事责任。

（二）项目负责人崔××未认真履行安全生产管理职责，未制订施工方案，未组织做好本单位的安全生产教育培训、检查制度落实工作，致使施工现场沟、槽作业未按规定放坡或加可靠支撑，对事故的发生负有直接领导责任。区公安分局对其立案侦查，并追究刑事责任。

（三）北京市金运电气安装有限公司安全管理不到位，施工现场未严格落实本单位的安全生产教育和培训制度、安全生产检查制度，对生产安全死亡事故的发生负有主要管理责任。其行为违反了《中华人民共和国安全生产法》第二十一条、第三十八条规定。区安全监管局依据《生产安全事故报告和调查处理条例》第三十七条（一）项规定，拟对其做出17万元罚款的行政处罚。

（四）北京市金运电气安装有限公司总经理邹×，疏于安全管理，督促检查本单位安全生产工作不力，未及时消除安全生产责任制落实不到位的生产安全事故隐患，对事故的发生负有间接领导责任。其行为违反了《中华人民共和国安全生产法》第十七条第（四）项规定。区安全监管局依据《中华人民共和国安全生产法》第八十一条第二款规定，拟对其做出3万元罚款的行政处罚。

四、整改措施

（一）责令北京市金运电气安装有限公司暂时停止中粮万科假日风景小区2号箱式变压器线路改造施工，立即组织安全生产整顿，认真分析查找事故原因，制定相应安全防范措施，全面加强施工现场安全管理，方可复工。

（二）责令北京市金运电气安装有限公司对事故相关责任人做出处理，全面加强施工各级管理人员的教育和培训，提高安全生产管理能力，坚决贯彻本单位各项安全生产管理制度。

（三）举一反三，认真吸取此次事故教训，切实做好安全生产事故预防工作，全面落实生产经营单位安全生产主体责任。

【案例 2】

北京太阳宫燃气热电有限公司“6·6”燃气爆燃事故

2012 年 6 月 6 日 14 时许，北京市朝阳区太阳宫地区北京太阳宫燃气热电有限公司厂区内启动锅炉房附属建筑增压站MCC控制间内发生燃气爆燃事故，造成 2 人死亡、1 人重伤。

一、事故发生经过

4 月底，北京市燃气集团有限责任公司按照《中华人民共和国计量法》中“贸易结算用流量计需定期标定”规定，对安装在太阳宫燃气热电有限公司增压调压站内用于贸易结算的启动锅炉 *DN*50 流量计进行拆卸标定，5 月底完成标定后，定于 6 月 6 日对流量计进行回装。

经调查，由于流量计安装在太阳宫燃气热电有限公司增压机房，回装流量计工作应当由太阳宫燃气热电有限公司人员配合完成。按照太阳宫燃气热电有限公司生产作业要求，市燃气集团安排运营调度中心、燃气集团高压分公司、天环公司、佳华公司等 7 名人员在太阳宫燃气热电有限公司发电部 3 名工人配合下，于 6 日上午 9 时开始回装作业。

6 月 5 日 17 时许，太阳宫燃气热电有限公司生产保障部樊 × 在厂内计算机系统内提交热工工作票，工作内容为“启动锅炉管线流量计回装”。该工作票的工作许可人为发电部运行丙值主值班员李 ×（其主要职责核实安全措施是否符合要求，工作完成后到现场确认工作终结）。发电部工作人员黄 ×、刘 × 负责现场安全措施的执行，吹扫天然气管线。

6 月 6 日 8 时 30 分左右，主值班员李 × 到流量计回装现场下达了工作票。9 时许，黄 × 依次关闭天然气流量计入口阀门、启动炉 ESD 阀门和厂前区阀门，然后打开电加热器放散阀门，待电加热器压力下降后，关闭电加热器出口阀门，将流量计入口阀门至电加热器出口阀门这段管线与其他管线隔离，打开电加热器放空阀门，把这段管线内部的天然气排空。随后通过对讲机通知位于氮气瓶间的刘 × 打开氮气汇流排阀门，然后黄 × 关闭电加热器放散阀门，打开两个电加热器下方用于天然气置换的氮气一次阀（截止阀）和二次阀（手动球阀），待这段管线内氮气充满并达到一定压力后，打开流量计后的天然气管线放散阀门。在吹扫过程中，发电部副主任吴 ×，来到作业现场，要求黄 × 在流量计回装前，关闭流量计出口阀门，将氮气充到电加热器出口阀门至流量计出口阀门这段管线中，关闭电加热器下两个氮气阀门保压。在流量计回装后，利用电加热器出口阀门至流量计出口阀门这段管线内部的剩余氮气，吹扫置换流量计入口阀门至出口阀门这段管线因更换流量计进入的空气。黄 × 三次吹扫该段管线后，打开电加热器放散阀门和取样阀门，用天然气检漏仪检查天然气浓度为 0.5%，关闭电加热器放散阀门和取样阀门。随后，按照吴 × 要求关闭了流量计出口阀门，把氮气充到电加热器出口阀门至流量计出口阀门这段管线，但并未关闭电加热器下方一次阀（截止阀）、二次阀（手动球阀）。此时，黄 × 通知位于氮气瓶间的刘 × 关闭氮气汇流排阀门。此后，北京燃气集团有限责任公司高压管网分公司王 ×、苗 × 对作业现场环境燃气浓度进行检测，经检测符合要求后，北京天环燃气有限公司管道维护分公司徐 ××、李 ×× 对流量计进行拆装，北京嘉华鑫业设备控制公司王 ××、刘 ×× 对流量计二次仪表线进行拆接。9 时 42 分左右，流量计回装工作完成，黄 × 打开流量计出口阀门，反复开关了几次流量计后的放散阀门，将流量计入口阀门至出口阀门这段管线内空气置换成氮气。置换结束后，黄 × 关闭流量计放散阀门，并打开流量计入口阀门和电加热器放散阀门将该段管线内氮气恢复为天然气。9 时 47 分，黄 × 打开电加热器旁取样阀门，用检漏仪检测天然气浓度为满值后，关闭取样阀门和电加热器放散阀门，依次打开启动炉 ESD 阀门、电加热器出口阀门和厂前区一次阀门后，离开作业现场。

6 月 6 日 14 时左右，由京丰热电厂聘用的北京路路通保洁服务有限公司保洁工人田 ××、郑 ××、董 ×× 和桂 ××4 名人员，到增压站 MCC 控制间进行保洁作业。14 时 0 分 25 秒，田 ×× 打开增压站 MCC 控制间门进行入房间，郑 ××、董 ×× 在门外做准备工作，桂 ×× 在增压站 MCC 控制间东侧路旁休息，14 时 02 分 55 秒，增压站 MCC 控制间发生爆燃，爆燃冲击波将在门外做准备工作的郑 ××、董 ×× 抛至增压站 MCC 控制间 20 余米外路面死亡，室内人员田 ×× 受重伤。

爆燃产生的冲击波造成增压站 MCC 控制间屋顶隆起，四面墙体被炸毁。北侧厂区铁制栅栏墙、东侧 18 米处调压增压站外墙、南侧 14 米处循环水 PC 间外墙、东南侧约 60 米处的 1 号发电机组外墙均不同程度被破坏。启动锅炉房与氮气瓶间隔墙最南端氮气放散口及上部墙体位置有过火燃烧痕迹。

事故发生后，太阳宫燃气热电有限公司立即开展抢险和灭火工作。市、区公安、消防、医疗卫生、安全监管、城管、质监等部门和属地政府以及市燃气集团接到报警后迅速赶赴现场投入抢险救援工作。市公安局迅速抽调警力，布置警戒，封锁现场、疏散周边群众。市公安局消防局组织总队特勤大队、朝阳消防支队全勤指挥部、左家庄中队、望京中队9部消防车63名消防官兵对事故现场开展搜救和灭火工作。市燃气集团和太阳宫燃气热电有限公司紧急关闭了相关燃气阀门，启动锅炉房内的火势得到控制。本次事故共造成2人死亡，1人受伤。

二、事故原因

（一）直接原因

防止天然气逆流的止回阀损坏失灵；太阳宫燃气热电有限公司发电部运行丙值巡检员黄×违章操作，在实施管线燃气置换作业后，未按要求关闭一次阀（截止阀）、二次阀（手动球阀），致使天然气逆流至氮气管线系统，在氮气瓶间放散，并通过墙体裂缝扩散至增压站MCC控制间，遇配电柜处点火源发生爆燃，是造成此次事故的直接原因。

（二）间接原因

太阳宫燃气热电有限公司安全管理存在漏洞，对本单位从业人员进行安全生产教育和培训不到位，致使作业人员未能熟练掌握氮气置换的操作规程；对燃气设施的日常检查不到位，未能及时发现用于防止天然气逆流的止回阀失灵的情况；工作票制度管理流于形式，未能认真督促相关人员严格按照工作票制度要求到作业现场实施检查验收。

三、事故处理建议

（一）北京太阳宫燃气热电有限公司发电部运行丙值巡检员黄×未按照《S209FA联合循环机组运行规程》（Q/JYRD-113.11-01—2011）13.2.2.1 3管路天然气置换的要求关闭手动球阀和截止阀，对事故发生负有直接责任。依据《安全生产领域违法违纪行为政纪处分暂行规定》第12条，责成太阳宫燃气热电有限公司给予其留用察看处分。

（二）北京太阳宫燃气热电有限公司发电部运行丙值主值班员李×，作为工作票许可人，在工作结束后未按照《工作票管理标准》（Q/JYRD-210.08-16—2011）5.1.6.12.1的要求持工作票到现场检查验收，系统恢复过程中监督、检查不到位，在存在安全隐患的前提下，许可终结该项工作，对事故发生负有直接责任。依据《安全生产领域违法违纪行为政纪处分暂行规定》第12条，责成太阳宫燃气热电有限公司给予其留用察看处分。

（三）北京太阳宫燃气热电有限公司发电部运行丙值值长丁××，作为发电部运行丙值负责人，未按照岗位职责要求，严格监督工作票制度的执行，致使工作票制度流于形式，管理存在漏洞，未认真审核工作许可人是否工作完全结束的情况下，盲目终结许可工作，对事故发生负有管理责任。依据《安全生产领域违法违纪行为政纪处分暂行规定》第12条，责成太阳宫燃气热电有限公司给予其撤职处分。

（四）北京太阳宫燃气热电有限公

司发电部副主任吴×，在日常管理中存在漏洞，对本部门人员安全教育、技能培训不到位；在实际置换作业过程中，未按照操作规程要求指挥现场作业；未严格落实工作票制度，管理存在漏洞，对作业人员长期不按工作票内容组织验收行为失管失察，对事故发生负有管理责任。依据《安全生产领域违法违纪行为政纪处分暂行规定》第12条，责成太阳宫燃气热电有限公司给予其撤职处分。

（五）北京太阳宫燃气热电有限公司发电部主任李×，作为发电部负责人，在日常管理中存在漏洞，对本部门人员安全教育、技能培训不到位，没有严格落实工作票制度，管理存在漏洞，对工作人员长期存在的不按工作票内容组织现场验收行为失管失察，对事故发生负有管理责任。依据《安全生产领域违法违纪行为政纪处分暂行规定》第12条，责成太阳宫燃气热电有限公司给予其撤职处分。

（六）北京太阳宫燃气热电有限公司生产保障部主任唐××，作为生产保障部负责人，未按照岗位职责要求认真有效开展隐患排查整改工作，及时发现止回阀损坏，致使安全隐患存在，对事故发生负有管理责任。依据《安全生产领域违法违纪行为政纪处分暂行规定》第12条，责成太阳宫燃气热电有限公司给予其降职处分。

（七）北京太阳宫燃气热电有限公司副总经理潘×，未严格履行岗位职责要求，在日常管理工作中存在漏洞，对本单位人员安全教育不到位；对于生产区域内的发供电、供热主辅设备的检修管理和隐患排查整改工作重视不够；对生产部、发电部在检维修环节中的工作出现的工作验收职责不清问题协调不够，对事故发生负有主要领导责任。依据《安全生产领域违法违纪行为政纪处分暂行规定》第12条，责成北京京能集团有限公司给予其记大过处分。

（八）北京太阳宫燃气热电有限公司总经理崔×，未严格履行岗位职责要求，在日常管理中督促、检查本单位安全生产工作不到位，对本单位人员安全教育流于形式、生产区域内的发供电、供热主辅设备的检修管理存在问题及工作票制度执行不严格等事故隐患监督检查不到位。其行为违法了《中华人民共和国安全生产法》第十七条第（四）项的规定，对事故发生负有领导责任。依据《中华人民共和国安全生产法》第八十一条第二款的规定，由安全生产监督管理部门给予其4万元罚款的行政处罚。同时，依据《安全生产领域违法违纪行为政纪处分暂行规定》第12条，责成北京京能集团有限公司给予其记过处分。

（九）北京太阳宫燃气热电有限公司对本单位从业人员进行安全生产教育和培训不到位，致使作业人员掌握本岗位的安全操作技能不熟练，导致事故发生。其行为违法了《中华人民共和国安全生产法》第二十一条的规定，对事故发生负有主要管理责任。依据《生产安全事故报告和调查处理条例》第三十七条第（一）项的规定，由安全生产监督管理部门给予其19万元罚款的行政处罚。

此外，责成北京京能集团有限公司针对该起事故暴露出对所属单位安全生产工作管理中存在的问题，向市国资委作出书面检查。

四、整改措施

事故调查组针对该起事故暴露出的问题，对北京太阳宫燃气热电有限公司提出如下整改建议措施：

（一）组织专业力量对厂区内的生产环节进行安全预评价，针对生产各环节制定有针对性的安全措施。

（二）依照国家标准 GB26164.1-2010 对公司的工作票管理标准重新修订，同时，举一反三对公司内部其他相关标准进行完善，完善《检修管理制度》加强厂区内设备的日常巡护保养工作，定期对天然气系统和与其连接管道上的阀门进行严密性试验。

（三）进一步完善监护制度和加强企业安全培训教育，提高对现场作业人员管理。

【案例 3】

通惠河至滨河西路污水导改工程“6·15”生产安全事故

2012 年 6 月 15 日中午 12 时左右，通惠河至滨河西路污水导改工程在进行污水管道切割作业过程中，发生一起中毒和窒息事故，造成现场作业人员 2 人死亡，3 人受伤，此起事故直接经济损失 260 万元。

一、事故发生经过

通惠河至滨河西路污水导改工程位于北京市通州区东关大道工程二标段，工程规模 1367 米。该工程发包单位为北京新奥通城房地产开发有限公司，承包单位为北京城建远东建设投资集团有限公司，合同工期为 2011 年 9 月 25 日至 11 月 23 日，监理单位为北京华城建设监理有限责任公司。事故发生前，事故现场正在从事污水管道切割施工作业。

6 月 15 日中午 12 时左右，由北京城建远东建设投资集团有限公司承建的通惠河至滨河西路污水导改工程 2 号井施工现场，在进行污水管道切割作业时，由于管道切割设备绳锯发生断裂，作业人员葛 ×× 从作业平台下至管道上进行维修时，坠入井底污水内，井内作业平台上的其他人员陆续进行施救过程中，相继又有 4 人坠至污水内。现场人员立即拨了 120 和 119 电话，进行了全力抢救，事故造成刁 ××、葛 ××2 人因中毒和窒息死亡，3 人受伤。

二、事故原因

（一）直接原因

1. 北京城建远东建设投资集团有限公司项目执行经理冒××，私自将施工工程转包给不具备相关资质和安全生产条件的施工队。

2. 北京城建远东建设投资集团有限公司现场负责人朱××，对作业现场切割设备绳锯发生断裂，作业人员下井排除故障时，在没有进行有害气体检测、没有佩戴防护用品的情况下，下井作业的行为未加制止；对管道切断后，污水排出产生大量有毒、有害气体可能造成的严重后果，估计不足，未及时采取有效的防护措施；事故发生后，未正确组织施救。

3. 施工队负责人刁××，在不具备相关资质和安全生产条件的情况下，非法承揽工程。

（二）间接原因

1. 北京城建远东建设投资集团有限公司，对从业人员教育培训不到位，未检查、督促从业人员严格执行本单位的安全生产操作规程和安全规章制度；未向从业人员告知作业场所和工作岗位存在的危险因素、防范措施以及事故应急措施。

2. 北京华城建设监理有限责任公司主要负责人常××，作为监理单位的第一责任人，未及时督促本单位监理人员加强对作业现场的安全检查，导致本单位履行监理职责不到位，现场生产安全事故隐患未及时消除。

三、事故处理建议

（一）北京城建远东建设投资集团有限公司项目执行经理冒××，作为施工工程主要负责人，私自将施工工程转包给不具备相关资质和安全生产条件的施工队，造成事故的发生。其行为违反了《中华人民共和国安全生产法》第四十一条的规定，对事故负有主要领导责任。依据《中华人民共和国刑法》，建议公安机关对冒××立案侦查，依法追究其刑事责任。

（二）北京城建远东建设投资集团有限公司技术员朱××，作为施工现场负责人，对作业现场切割设备绳锯发生断裂，作业人员下井排除故障时，在没有进行有害气体检测、没有佩戴防护用品的情况下，对下井作业的行为未加制止；对管道切断后，污水排出产生大量有毒、有害气体可能造成的严重后果，估计不足，未及时采取有效的防护措施；事故发生后，未正确组织施救。依照《中华人民共和国安全生产法》第三十八条，对事故负有直接领导责任。依据《中华人民共和国刑法》，建议公安机关对朱××立案侦查，依法追究其刑事责任。

（三）施工队负责人刁××，作为施工队安全生产第一责任人，在不具备相关资质和安全生产条件的情况下，非法承揽工程。其行为违反了《中华人民共和国安全生产法》第十六条的规定，对事故负有直接责任。鉴于刁××已经死亡，不予追究其相关责任。

（四）北京城建远东建设投资集团有限公司，对从业人员教育培训不到位，未检查、督促从业人员严格执行本单位的安全生产操作规程和安全规章制度；未向从业人员告知作业场所和工作岗位存在的危险因素、防范措施以及事故应急措施。依照《中华人民共和国安全生产法》第二十一条、第三十六条，对事故负有主要责任，其行为违反了《生产安全事故报告和调查处理条例》第三十七条第（一）项的规定，依据《生产安全事故报告和调查处理条例》第三十七条第（一）项的规定，建议给予北京城建远东建设投资集团有限公司罚款的行政处罚。

（五）北京华城建设监理有限责任公司主要负责人常××，作为监理单位的第一责任人，未及时督促本单位监理人员加强对作业现场的安全检查，导致本单位履行监理职责不到位，现场生产安全事故隐患未及时消除。参照《中华人民共和国安全生产法》第十七条第（四）项，对事故负有领导责任，依据《中华人民共和国安全生产法》第八十一条第一款、第二款，建议给予其罚款的行政处罚。

四、整改措施

（一）要求北京城建远东建设投资集团有限公司，加强对从业人员的教育培训，教育和督促从业人员严格执行本单位的安全生产规章制度和安全操作规程；向从业人员如实告知作业场所和工作岗位存在的危险因素、防范措施以及事故应急措施。对存在的安全隐患加强整改，落实安全管理有关规定和防范措施。

（二）要求北京华城建设监理有限责任公司主要负责人常××，及时督促、检查本单位监理人员加强对作业现场的安全检查，认真履行安全生产监理职责，落实安全管理有关规定和防范措施。

【案例4】

北京天泰润通市政工程有限公司“7·19”生产安全事故

2012年7月19日22时40分左右，在海淀区双清路与清华东路交叉路口东南角一个尚未投入使用的污水井内发生一起窒息事故。北京天泰润通市政工程有限公司（以下简称天泰公司）2名作业人员在排查污水井时缺氧窒息，事故造成2人死亡，直接经济损失约115.8万元。

一、事故发生经过

2012年7月19日20时左右，天泰公司生产经理康××安排不具备有限空间特种作业监护资格的张 ×× 担任作业现场监护人，带领作业人员进行双清路与清华东路周边地下管网排查。22 时左右，张 ×× 带领朱 ××、冯 ×× 等 5 名作业人员，开始排查海淀区双清路与清华东路东南角，一个尚未投入使用的污水井（该污水井内径 0.8 米，深 5.6 米，井下积水深约 0.7 米），作业人员打开井盖自然通风约半小时后，未对井内气体情况进行检测，未采取强制通风措施，朱 ××、冯 ×× 便先后下井进行排查。当朱 ×× 快到井底时，因缺氧窒息坠入井下积水中；位于井中的冯 ×× 试图施救，也因缺氧窒息坠入井下积水中。现场人员立即拨打了 119 报警电话和 120 急救电话，并向承揽地铁 15 号线 16 标的北京市政建设集团有限责任公司项目部的施工人员求救。该项目部施工人员将朱 ××、冯 ×× 救出后，被 120 急救人员分别送到北医三院和 306 医院救治，二人经抢救无效死亡。事故造成直接经济损失约 115.8 万元。

二、事故原因

（一）直接原因

违规作业是事故发生的直接原因。

朱 ××、冯 ×× 安全意识淡薄，在井下气体环境安全状况不明的情况下，违章冒险下井作业，导致事故发生。

（二）间接原因

现场安全管理缺失是事故发生的间接原因。

1. 天泰公司有限空间作业现场监护人张 ××，未依法履行现场监护职责，未组织对井下气体进行检测，致使作业人员在井下气体环境安全状况不明的情况下冒险下井作业。

2. 天泰公司生产经理康 ×× 违章指挥，安排未经专门的安全技术培训、不具备有限空间特种作业资格的张 ×× 担任有限空间作业现场监护人，致使作业过程中安全技术交底未得到落实，安全监护流于形式，作业人员违章冒险作业。

3. 天泰公司无安全生产许可证从事相关的生产经营活动，并疏于对所属人员及有限空间作业现场的监管，致使有限空间作业现场安全监管缺失，作业人员违章作业，最终酿成事故。

三、事故处理建议

（一）《中华人民共和国安全生产法》第四十九条规定：“从业人员在作业过程中，应当严格遵守本单位的安全生产规章制度和操作规程，服从管理，正确佩戴和使用劳动防护用品。”天泰公司 2012 年 7 月 19 日在对朱 ××、冯 ×× 的安全技术交底中明确要求：“进入有限空间作业前，必须严格对有限空间内部可能存在的危害因素进行检测，检测指标应当包括氧浓度、易燃易爆物质浓度值、有毒有害气体浓度值等。未经检测或检测不合格的，严禁作业人员进入有限空间进行施工作业。”朱 ××、冯 ×× 安全意识淡薄，违反上述规定，在井下气体环境安全状况不明的情况下，冒险下井作业，对事故发生负有直接责任。鉴于其在事故中死亡，故不再追究其相关责任。

（二）《中华人民共和国安全生产法》第二十三条规定：“生产经营单位

的特种作业人员必须按照国家有关规定经专门的安全作业培训，取得特种作业操作资格证书，方可上岗作业。”《北京市安全生产监督管理局关于地下有限空间作业现场监护人员必须持证上岗的通告》规定：“一、自2010年7月1日起，在本市行政区域内，凡从事化粪池（井）、粪井、排水管道及其附属筑物（含污水井、雨水井、提升井、闸井、格栅间、集水池等）运行、保养、维修、清理等地下有限空间作业活动的，作业现场必须安排监护人员。二、现场监护人员必须经专门的安全技术培训，取得特种作业操作资格证书，方可上岗作业。”《北京市安全生产条例》第三十九条规定：“生产经营单位进行爆破、吊装、悬吊、挖掘、建设工程拆除等危险作业，临近高压输电线路作业，以及在有限空间内作业，应当执行本单位的危险作业管理制度，安排负责现场安全管理的专门人员，落实下列现场安全管理措施：确认现场作业条件符合安全作业要求。”天泰公司2012年7月19日在安全技术交底中明确要求：“进入有限空间作业前，必须严格对有限空间内部可能存在的危害因素进行检测，检测指标应当包括氧浓度、易燃易爆物质浓度值、有毒有害气体浓度值等。未经检测或检测不合格的，严禁作业人员进入有限空间进行施工作业。”张××违反上述规定，不具备有限空间特种作业监护资格，从事有限空间特种作业监护；作为安全技术交底人、有限空间作业现场监护人，未依法履行现场监护职责，未对井下气体进行检测，致使作业人员在井下气体环境安全状况不明的情况下冒险下井作业，对事故的发生负有直接管理责任。事故调查组建议公安机关依法对张××立案查处（公安机关已对张××依法刑事拘留）。

（三）《中华人民共和国安全生产法》第二十三条规定：“生产经营单位的特种作业人员必须按照国家有关规定经专门的安全作业培训，取得特种作业操作资格证书，方可上岗作业。”《北京市安全生产监督管理局关于地下有限空间作业现场监护人员必须持证上岗的通告》（京安监发〔2010〕68号）中规定：“一、自2010年7月1日起，在本市行政区域内，凡从事化粪池（井）、粪井、排水管道及其附属筑物（含污水井、雨水井、提升井、闸井、格栅间、集水池等）运行、保养、维修、清理等地下有限空间作业活动的，作业现场必须安排监护人员。二、现场监护人员必须经专门的安全技术培训，取得特种作业操作资格证书，方可上岗作业。”《北京市安全生产监督管理局关于扩大地下有限空间作业现场监护人员特种作业范围的通告》（京安监发〔2011〕59号）规定：“一、自2011年9月1日起，本市地下有限空间作业现场监护人员特种作业管理范围在《关于地下有限空间作业现场监护人员必须持证上岗的通告》（京安监发〔2010〕68号）的基础上扩展至电力电缆井、燃气井、热力井、自来水井、有线电视及通信井等地下有限空间运行、保养、维护作业活动。二、上述地下有限空间作业现场监护人员特种作业管理要求按照《关于地下有限空间作业现场监护人员必须持证上岗的通告》（京安监发〔2010〕68号）规定执行。”

天泰公司生产经理康××违反上述规定，违章指挥，安排不具备地下有限空间特种作业操作资格的张××担任有限空间作业现场监护人，对事故的发生负有直接管理责任。事故调查组建议公安机关依法对康××立案查处。

（四）《中华人民共和国安全生产法》第三十八条规定："生产经营单位的安全生产管理人员应当根据本单位的生产经营特点，对安全生产状况进行经常性检查；对检查中发现的安全问题，应当立即处理；不能处理的，应当及时报告本单位有关负责人。检查及处理情况应当记录在案。"天泰公司违反上述规定，疏于对所属人员及有限空间作业现场的监管，致使有限空间现场监护人员无资质上岗监护，且未依法履行安全监护职责，作业人员违章作业，最终酿成事故。对事故的发生负有相应管理责任，事故调查组建议区安全监管局依法对天泰公司进行行政处罚。

四、整改措施

区安全监管局将责成天泰公司深刻吸取事故教训，依法从事生产经营活动，在取得安全生产许可证及相关资质前停止从事与市政工程有关的一切生产经营活动，区安全监管局将在的相关网站予以通报；同时责成天泰公司结合本单位生产经营特点，加强对作业现场的检查，督促所属管理人员依法履行安全监管职责，及时消除事故隐患，防止类似事故再次发生。

【案例5】

北京朝东鑫旺钢材销售有限公司“7·11”较大生产安全事故

2012年7月11日12时48分左右，在朝阳区金盏乡黎各庄村原北京京运铸造厂旧礼堂装修施工过程中发生一起坍塌事故，造成作业人员3人死亡，2人重伤。

一、事故发生经过

原京运铸造厂礼堂建造于1988年，建造时无设计单位和设计图纸。礼堂呈东西走向，为二层混合结构，长43.2米、宽12米。其中一层层高约5.4米，二层层高约3.3米，每层建筑面积约500平方米。建筑竖向承重构件除一层南侧为钢板箍混凝土柱外，其余部位均由砖墙承重。一层、二层均设有钢筋混凝土圈梁，二层楼板为混凝土预制空心楼板架设于人字形钢结构横梁上。建筑屋架为人字形结构。

2011年9月20日，北京市朝阳区金盏乡农工商公司（乡属集体企业）代表乡政府与北京朝东鑫旺钢材销售有限公司（以下简称“朝东鑫旺公司”）签订了关于改造金盏乡黎各庄村原京运铸造厂场地，建设物流产业园区项目的租赁协议《租赁合同》，租赁期限为20年，即从2012年1月1日起至2032年12月31日止。《合同》约定，朝东鑫旺公司“对现有场地、厂房的改造方案须经甲方审核认可，在改造过程中，甲方有权监督乙方按照认可的方案进行施工，并监督乙方进行安全施工”。

2012年6月2日，朝东鑫旺公司作为工程实际施工单位，与任××（社会人员）签订《简装合同》，由任××实际承揽了礼堂的装修工程。经查，《简装合同》上盖章的河北昌盛建筑工程劳务分包有限公司驻京办事处印章属于事先套取的打印公章。该《简装合同》施工范围包括：外墙涂料粉刷翻新、室内吊顶及照明安装、室内铺设地板砖及卫生间做防水和铺地板砖、室内墙壁刮腻子刷涂料。合同约定朝东鑫旺公司负责提供装修所需要的主材料，任××负责人工费、机械费、脚手架租赁费，现场安全管理费及一切辅材费用。合同约定施工面积约600平方米，总价7万元。约定工期为2012年6月18日至7月25日。

6月中旬，任××在朝东鑫旺公司未按法律要求办理任何工程施工许可手续的情况下，组织人员对礼堂进行装修施工。任××为项目负责人，负责施工进度、人员分配及施工现场安全管理；蒋××（社会人员）为施工现场负责人，负责施工质量管理。任××指定垢×钢、吴××（均为社会人员）为施工组长。事故发生前完成了对礼堂一、二层吊顶的装修，一层窗户的更换，在一层窗户上方加固了一道钢筋混凝土横梁。

7月11日6时许，朝东鑫旺公司联系的北京市昌隆混凝土有限公司搅拌车和任××联系的北京安信喜明设备租赁有限公司泵车按照任××通知的时间，到礼堂装修现场输送混凝土。泵车司机孙××将泵车布料杆搭到礼堂二层窗台上向二层内的小车输送混凝土，施工组长垢×钢先后组织16名工人负责楼面找平工作。楼面找平工作先由西到中，后由东到中进行。当日12时48分，当找平工作进行到最后的中间部分约剩40平方米（已使用混凝土约33方，重约80吨）时，礼堂东侧整体突然坍塌（坍塌部分长约28.8米、宽约12米），将礼堂二层施工的5名工人埋压。

二、事故原因

（一）直接原因

礼堂装修时由于未进行专业设计，没有对原有房屋结构进行检测，未能及时发现原有房屋结构设计缺陷。施工时在二层浇筑80多吨混凝土增加了楼面载荷，导致一层钢屋架约有1/6杆件应力大于极限强度（370MPa），礼堂东侧整体突然坍塌。

1. 原京运铸造厂礼堂一层梯形钢屋架结构原设计做法不合理，已无法满足现行国家标准要求。国家建筑工程质量监督检验中心结构验算表明，事故发生前，礼堂一层每榀钢屋架有32个杆件（约占总杆件数的1/3）的应力值大于《钢结构设计规范》（GB 50017—2003）所规定的限值（215MPa）要求；一层钢屋架的最大位移为 54.0mm（即 l/222），远超过《钢结构设计规范》所规定的限值（l/400）要求。（注：l为屋架的跨度）

2. 由于房屋装修时未进行专业设计，未能及时发现原有房屋结构设计缺陷，施工时在楼板上浇筑了厚度约 62mm 的混凝土面层，楼面荷载增加了 1.54kN/m^2，导致一层每榀钢屋架有 32 个杆件（约占总杆件数的 1/3）的应力值大于《钢结构设计规范》所规定的限值（215MPa）要求；一层钢屋架的最大位移为 62.4mm（即 l/192），远超过《钢结构设计规范》所规定的限值（l/400）要求。

（二）间接原因

1. 朝东鑫旺公司违规组织装修施工。未按照国家有关规定办理事故建筑装修许可手续；施工前未进行专业设计，致使未能发现原有房屋结构设计存在的缺陷；作为工程实际施工单位，未严格审查任 ×× 使用的劳务单位资质，致使不具备相应资质的个人实际承揽了该装修工程；在装修工程实施过程中，未对工程现场实施有效安全管理；未委托监理单位对礼堂装修工程质量实施监管；施工前未按合同规定向北京市朝阳区金盏乡农工商公司报送装修施工方案，擅自对租赁场地进行装修改造。

2. 施工现场管理混乱。田 ×× 作为朝东鑫旺公司法定代表人，未对事故房屋原有机构进行检测，未严格审核《简装合同》，未对装修工程现场实施有效安全管理，致使任 ××、蒋 ×× 无任何施工工程资质承揽装修工程；任 ××、蒋 ×× 在不掌握礼堂建筑结构、建筑设计图纸及房屋质量状况的情况下，未制订施工组织方案即组织作业人员开展装修施工；未对现场作业人员进行安全教育培训，施工前未对作业人员进行必要的安全技术交底。

3. 北京市朝阳区金盏乡农工商公司对朝东鑫旺公司施工改造工程监督不到位。对该公司在承租土地上擅自施工改造行为失管失察，未按照与朝东鑫旺公司签订的《租赁合同》条款，对原京运铸造厂内礼堂装修工程进行审核及监督。

三、事故处理建议

（一）朝东鑫旺公司法定代表人田 ××，未对原有房屋结构进行检测，致使未发现事故建筑存在安全隐患；在礼堂装修工程开工前未按规定向建设行政主管部门申请领取施工许可证；未严格审查任 ×× 使用的劳务单位资质，致使不具备相应资质的个人实际承揽了该装修工程；在装修工程实施过程中，未对工程现场实施有效安全管理；未委托监理单位对礼堂装修工程质量实施监管，对事故发生负有直接责任。其行为涉嫌违反了《中华人民共和国刑法》第一百三十四条规定，涉嫌重大责任事故罪，由司法机关依法追究其刑事责任。

（二）礼堂装修工程项目负责人任 ××，作为工程负责人，在没有掌握礼堂建筑设计图纸、装修设计图纸的情况下，未制订施工组织方案即组织作业人员直接开展装修施工，对事故发生负有直接责任。其行为涉嫌违反了《中华人民共和国刑法》第一百三十四条规定，涉嫌重大责任事故罪，由司法机关依法追究其刑事责任。

（三）礼堂装修工程现场负责人蒋

××，作为施工现场负责人，在无装修施工组织方案的情况下，未了解施工现场安全状况，盲目组织现场作业人员施工，对事故发生负有直接责任。其行为涉嫌违反了《中华人民共和国刑法》第一百三十四条规定，涉嫌重大责任事故罪，由司法机关依法追究其刑事责任。

（四）北京市朝阳区金盏乡农工商公司总经理张×，作为本单位主要负责人，对北京朝东鑫旺公司在承租的土地上建筑未经许可进行施工改造的行为失管失察，未按照双方签订的《租赁合同》条款，对礼堂装修工程施工进行审核及监督，对事故发生负有一定的监督责任。按照《安全生产领域违法违纪行为政纪处分暂行规定》第十二条第七项规定，对北京市朝阳区金盏乡农工商公司总经理张×给予行政记过处分。

（五）朝东鑫旺公司在装修工程开工前未按规定向建设行政主管部门申请领取施工许可证；未委托有资质单位进行装修设计致使未发现事故建筑存在安全隐患；未严格审查任××使用的劳务单位资质，致使不具备相应资质的个人实际承揽了该装修工程；未委派监理单位对礼堂装修工程质量实施监管；未按合同规定向北京市朝阳区金盏乡农工商公司报送装修施工方案，擅自对租赁场地进行改造。其行为违反了《北京市建筑工程施工许可办法》第二条、《建筑装饰装修工程质量验收规范》（GB 50210－2001）第3.1规定、《中华人民共和国安全生产法》第四十一条第一款的规定，对事故发生负有主要责任。依据《生产安全事故报告和调查处理条例》第三十七条第二项的规定，由北京市安全生产监督管理部门给予其22万元罚款的行政处罚。

四、整改措施

（一）朝东鑫旺公司应当加强企业主体责任意识，对老旧厂房改造及根据建设物流产业园区项目的租赁协议对今后可能涉及的其他新建、改建、扩建工程，要严格落实国家有关工程建设法律法规的要求，杜绝无许可手续、无正规设计、无施工方案、无正规施工队伍、无监理单位，违规施工的行为。

（二）北京市朝阳区金盏乡农工商公司应严格按照与企业签订的《土地租赁合同》及《安全责任书》相关条款要求，对企业在承租土地上的建设施工行为进行审核与监督，全力遏制违法建设、超资质承揽工程、施工现场管理混乱等现象的发生。

（三）金盏乡人民政府要对已批准的《黎各庄铸造厂改造项目可行性研究报告》重新审核，依法规范在物流园区建设过程中的建设行为。同时，应进一步加强辖区内企业的安全生产工作，特别是要加强对乡镇出租土地上建设行为的监督管理，督促企业加强对属地老旧工业建筑的安全评估和隐患排查，制定出有效措施，防范生产安全事故的发生。

（四）朝阳区人民政府要认真吸取今年以来辖区内发生的事故教训，举一反三，结合本区实际，进一步采取有力措施督促乡镇落实属地安全管理职责，特别是规范集体建设用地上的出租、建设、经营等行为，全力杜绝各类安全事故。

【案例6】

北京市电话工程公司“7·30”生产安全事故

2012年7月30日2时40分，在海淀区清华西门北侧路西自行车道内的一个电信井内发生一起窒息事故，北京市电话工程公司（以下简称电话公司）1名作业人员在电信井内进行光缆铺设作业时发生缺氧窒息，另1名作业人员在施救中也因窒息晕倒。事故造成2人坠入井内积水中溺水死亡。

一、事故发生经过

7月18日中国联合网络通信有限公司北京市二区分公司（以下简称联通二区分公司）项目管理员任××，依据公司安排，电话通知电话公司市场部，对商务客户北京嘉实华纳科技公司的一条2M专线光缆路由及资源情况进行核查，核查范围从圆明园东门内北12号到清华西门北侧水墨西街177有源箱，全长约1.8公里。电话公司安排第五项目部负责。第五项目部项目经理孟××又将该核查任务交给娄××施工队具体实施。娄××安排李××担任现场负责人，带领作业人员进行核查，并擅自决定在核查的同时进行2M光缆的铺设作业。

娄××是电话公司项目管理员、施工队长，长期承接电话公司的项目施工，但未与电话公司签订劳动合同。按照电话公司的相关规定，各施工队存放有用于应急的各种常用型号的光缆。7月26日娄××经过审批，以应急储备名义，从孟××的第五项目部领取了规格为2M的光缆3盘（每盘4千米）。7月29日事故发生时所铺设的光缆均来自娄××领取的应急2M光缆。

二、事故原因

（一）直接原因

违规作业是事故发生的直接原因。

何××、马××安全意识淡薄，在井下气体环境安全状况不明的情况下，违章冒险下井作业，导致事故发生。

（二）间接原因

人员管理失控、现场安全管理缺失是事故发生的间接原因。

1. 现场负责人李××违章指挥，未安排具备有限空间特种作业资格的监护人现场监护，未对井下气体进行检测，作业人员冒险下井作业，导致事故发生。

2. 项目经理孟××未依法履行安全生产职责，对本项目部施工项目、施工人员及作业现场管理失控，致使作业现场安全监管缺失，施工人员随意作业。

3. 项目管理员、施工队长娄××未依法履行安全监管职责，未按作业流程组织施工，未进行安全技术交底，擅自安排施工人员在核查的同时铺设光缆，作业中又疏于对施工人员及作业现场的监管，致使作业现场安全监管缺失。

4. 电话公司疏于对所属人员、项目部和有限空间作业现场的监管，致使项目部对施工人员管理失控，有限空间作业现场安全监管缺失，作业人员违章作业，最终酿成事故。

三、事故处理建议

（一）《中华人民共和国安全生产法》第四十九条规定："从业人员在作业过程中，应当严格遵守本单位的安全生产规章制度和操作规程，服从管理，正确佩戴和使用劳动防护用品。"《中华人民共和国安全生产法》第十条第二款规定："生产经营单位必须执行依法制定的保障安全生产的国家标准或者行业标准。"《缺氧危险作业安全规程》（GB8958）第 5.1.1 条规定："当从事具有缺氧危险的作业时，按照先检测后作业的原则，在作业开始前，必须准确测定作业场空气中的氧含量，并记录下列各项：a）测定日期；b）测定时间；c）测定地点；d）测定方法和仪器；e）测定时的现场条件；f）测定次数。"何××、马×× 安全意识淡薄，违反上述规定，在井下气体环境安全状况不明的情况下，违章冒险下井作业，对事故发生负有直接责任。鉴于其在事故中死亡，故不再追究其相关责任。

（二）《中华人民共和国安全生产法》第十条第二款规定："生产经营单位必须执行依法制定的保障安全生产的国家标准或者行业标准。"《缺氧危险作业安全规程》（GB8958）第 5.1.1 条规定："当从事具有缺氧危险的作业时，按照先检测后作业的原则，在作业开始前，必须准确测定作业场空气中的氧含量，并记录下列各项：a）测定日期；b）测定时间；c）测定地点；d）测定方法和仪器；e）测定时的现场条件；f）测定次数。"《北京市安全生产条例》第三十九条规定："生产经营单位进行爆破、吊装、悬吊、挖掘、建设工程拆除等危险作业，临近高压输电线路作业，以及在有限空间内作业，应当执行本单位的危险作业管理制度，安排负责现场安全管理的专门人员，落实下列现场安全管理措施：确认现场作业条件符合安全作业要求。"李×× 作为现场负责人违反法律、法规及国家标准的相关规定，违章指挥，未安排具备有限空间特种作业资格的监护人现场监护，未对井下气体进行检测，致使作业人员冒险下井作业，对事故的发生负有直接管理责任。事故调查组建议公安机关依法对李×× 立案查处（公安机关已对李××依法刑事拘留）。

（三）《中华人民共和国安全生产法》第三十八条规定："生产经营单位的安全生产管理人员应当根据本单位的生产经营特点，对安全生产状况进行经常性检查；对检查中发现的安全问题，应当立即处理；不能处理的，应当及时报告本单位有关负责人。检查及处理情况应当记录在案。"北京市电话工程公司孟×× 项目部安全责任制中对娄×× 等工程项目管理员的职责第 4 条规定："监督、检查操作人员的遵章守纪。制止违章作业，严格安全纪律，当安全与生产发生冲突时，有权制止冒险作业。”第5条规定：“组织、参与安全技术交底，对施工全过程的安全实施控制，并做好记录。”娄××违反上述规定，未依法履行安全监管职责，未按公司业务流程组织施工，未进行安全技术交底，擅自安排施工人员在核查的同时铺设光缆，作业中又疏于对施工人员及作业现场的监管，致使作业现场安全监管缺失，作业人员违章作业，对事故的发生负有直接管理责任。事故调查组建议公安机关依法对娄×× 立案查处。

（四）《中华人民共和国安全生产法》第三十八条规定：“生产经营单位的安全生产管理人员应当根据本单位的生产经营特点，对安全生产状况进行经常性检查；对检查中发现的安全问题，应当立即处理；不能处理的，应当及时报告本单位有关负责人。检查及处理情况应当记录在案。”电话公司各分公司项目部经理的安全职责第5.6.2条规定：“严格贯彻执行国家和上级管理机关制定的安全生产政策、法规、规章制度，做到组织健全，分工明确，责任到人。各分公司项目部施工现场、班组必须设置有安全资质的项目负责人、安全员。”第5.6.4条规定：“负责检查安全生产情况，施工现场的安全工作要分工明确，责任清晰；负责审定在施工程项目安全施工组织方案，对施工现场的每个生产环节，做到安全责任分工明确”第5.6.9条规定：“施工现场所设置的安全标志和安全设置的防护、警示功能要符合安全操作的技术要求。”项目经理孟××违反上述规定，未依法履行安全生产职责，对本项目部施工项目、施工人员及作业现场管理失控，致使作业现场安全监管缺失，作业人员违规作业，对事故的发生负有直接管理责任。事故调查组建议公安机关依法对孟×× 立案查处。

（五）《中华人民共和国安全生产法》第四条规定：“生产经营单位必须遵守本法和其他有关安全生产的法律、法规，加强安全生产管理，建立、健全安全生产责任制度，完善安全生产条件，确保安全生产。”《北京市安全生产条例》第三十九条规定：“生产经营单位进行爆破、吊装、悬吊、挖掘、建设工程拆除等危险作业，邻近高压输电线路作业，以及在有限空间内作业，应当执行本单位的危险作业管理制度，安排负责现场安全管理的专门人员，落实下列现场安全管理措施：确认现场作业条件符合安全作业要求。”电话公司违反上述规定，疏于对所属人员、项目部和有限空间作业现场的监管，安全生产规章制度未得到落实，致使项目部对施工人员管理失控，有限空间作业现场安全监管缺失，作业人员违章作业，对事故的发生负有管理责任，事故调查组建议区安全监管局依法对电话公司进行行政处罚，同时责成电话公司依据相关规章制度对在本起事故中负有责任的相关人员进行行政处理，并将处理结果报区安全监管局备案。

（六）区住房城乡建设委提请市住房城乡建设委，对电话公司处以暂扣安全生产许可证的行政处理。

四、整改措施

（一）区安全监管局将责成电话公

司深刻吸取事故教训，结合本单位生产经营特点，强化对所属人员、各项目部的监管，严格落实公司的安全生产责任制、安全生产规章制度和安全操作规程；加强对施工现场的检查，督促所属管理人员认真依法履行安全监管职责，及时消除事故隐患，杜绝违章作业，防止类似事故再次发生。

（二）区安全监管局将责成联通二区分公司深刻吸取事故教训，依据国家安全生产相关法律、法规，完善核查项目外包程序，强化对核查项目的管理，及时消除事故隐患，防止类似事故再次发生。

纪检监察

纪检监察工作

【召开系统党风廉政建设大会】 2月27日，驻市安全监管局纪检组监察处协助局党组，召开北京市安全监管监察系统2012年党风廉政建设大会，深入学习贯彻中央纪委十七届七次全会、市纪委十届八次全会暨全市党风廉政建设工作会议的精神，研究部署2012年市局党风廉政建设和反腐败工作。市安全监管局局长张家明代表局党组，要求全系统践行“北京精神”，发扬“三敢精神”，切实加强党的纯洁性建设，以更高标准推进安全生产领域反腐倡廉建设，从而推动安全发展，以优异成绩迎接北京市第十一次党代会和“十八大”召开。（侯宝琪）

【召开专题党组会】 3月，全国安全监管监察系统党风廉政建设工作会后，驻市安全监管局纪检监察处向局主要领导进行了汇报。市安全监管局局长张家明专题召开党组会学习国家安全监管总局领导骆琳和赵惠令讲话精神，要求大家务必突出重点，加大安全监管监察工作力度，从而认真落实保持党的纯洁性各项要求，切实加强系统反腐倡廉建设。（侯宝琪）

【参与局务事项】 纪检组、监察处参加、列席党组会、局务会与专题会，参与比选、招投标工作：全年，纪检组长、监察处长共参加市安全监管局党组会议33次，局务会35次，各类专题会议80次，研究部署了“打非治违”、标准化、烟花爆竹、干部人事、党建等200多个重要议题。党组会、局务会、专题会未发现违反民主集中制、临时动议及“一言堂”等问题。驻局监察处参加业务建设竞争比选5次，通过研究提出建议，为财政节省资金30余万元；参加业务建设招投标4次，涉及资金5876万元，全部按规定严格履行了相关程序，确保了招投标现场的公平公正。（侯宝琪）

【坚持反腐倡廉宣传“主题教育”】 7月初，开展了第二次“迎七一、促清廉”主题征文活动，7月底8月初，结合学习总书记“7·23”讲话精神，开展了第三个“反腐倡廉警示教育周”活动。10月至11月，召开第八次、第九次理论中心组扩大学习，专题邀请市纪委原常委刘经宇、清华大学社会学系教授孙立平做辅导报告，进一步增强了反腐倡廉教育的实效。（侯宝琪）

【完善廉政风险防控“534”格局与“三个体系”建设】 2012年，初步构建完成具有首都安监特色的廉政风险防控“534”工作格局，将权力科学化配置体系、权力规范化运行体系、廉政风险防控信息化防控体系等3个体系融为一体，实现了对“三重一大”事项和人、财、物、行政许可、行政执法、事故调查处理等六权的3个“三道防线”。本年度工作从5月开始，至7月底已经全部完成。据统计，全局共清理确权涉权事项308项，编制《职权目录》25份、权力运行流程图105份，制定《廉政风险识别及防控表》25份，排查廉政风险点174个，制定防控措施255条，实现了制度+科技，人防、技防，自防与他防的有机结合。（侯宝琪）

【定期通报党风廉政建设重要情况】 2012年，共通报了3次，内容涵盖全市违纪违法案件、廉政风险防控、“小金库”排查、行政效能监察开展情况、反腐倡廉警示教育周等，做到了对安全生产领域反腐倡廉工作的全覆盖。（侯宝琪）

【坚持廉政信函提示】 元旦、春节前，坚持9年来的传统，继续发出《致局全体工作人员的信》，要求大家爱惜名声，努力按照清正廉洁要求，增强党的先进性和纯洁性，切实廉洁自律过好双节。（侯宝琪）

纪检监察制度建设

【制订廉政防控管理实施细则】 4月，制订《关于进一步加强廉政风险防控管理工作的实施细则》，明确要求以推进“三个体系”建设为主线，构建具有首都特色的安全生产领域廉政风险防控“534”管理机制。（侯宝琪）

【召开廉政风险防控培训会】 5月24日至25日召开廉政风险防控工作培训会，对“3个体系”建设进一步细化，体现在细化调整内设部门及局属事业单位的5个基础文本，调整更新局级领导干部的3个基础表格，健全完善局级领导班子的4个整体性文本。（侯宝琪）

【清权确权、实施风险防控】 5月至6月，经过2个月细化、调整和完善，市安全监管局各处室队、局属中心已经完成清权确权工作、排查廉政风险工作、细化办理流程工作、制定防控措施工作，正在进入落实防控责任和强化项目化管理阶段。（侯宝琪）

【制订廉政风险防控考核办法】《廉政风险防控考核办法》设置3项内容，分为工作完成情况（30分）、工作质量（30分）、工作效果（40分），并在《公务员考核办法》中实施一票否决，规定如果廉政风险防控考核不合格（合格线70分），将取消部门及责任人的年度评优资格。（侯宝琪）

【深入开展民主评议基层站所工作】 按照市纠风办督导组要求，纪检组监察处协调驻在部门，将工作面由局机关及事业单位扩展到全市安全监管监察系统。6月21日，已经召开全系统座谈会，要求下一步务必加强行业和属地监管责任，建立指导协调沟通机制，完善聘用安全生产特约监督员制度。（侯宝琪）

【党风廉政建设责任制专项抽查】 6月至7月，驻局纪检监察处对局办公室、人教处、执法队、事故处等8个部门和单位进行了上半年党风廉政建设责任制专项抽查，发现全局59项折子工程有2项完成有困难，驻局纪检组要求一定要严格落实任务督办制度，创新督办手段，从而切实保障全年任务的完成；发现部分处室和工作人员廉政风险排查不准确，制定防控措施不到位，驻局纪检组监察处按照要求对相关部门和人员进行了帮助和整改；发现人事教育处制定的《公务员考核办法》存在缺陷，驻局纪检组监察处提出了建议并得到了改正。

（侯宝琪）

【制订党风廉政建设和反腐败任务分工】 4月，结合市安全监管局党风廉政建设工作实际，驻局纪检组监察处协助局党组制订了《2012年全局党风廉政建设和反腐败工作任务分工方案》，并经第13次党组会通过后印发执行。其中，将承担的全市两项重点工作进行了细化，为3大项20条，明确了具体的牵头和协办处室。（侯宝琪）

【部署廉政风险防控和效能监察】 4月，结合廉政风险防控工作实际，制定了《关于进一步加强廉政风险防控管理工作的实施细则》，对2012年廉政风险防控“3个体系”建设工作进行了部署和动员。同时，结合市安全监管局全年重点工作，决定对物联网应用系统建设进行专题效能监察立项，制定了专题效能监察立项书，并报市行政投诉中心。（侯宝琪）

【构建学习型派驻机构的长效机制】 按照“学习型、廉洁型、服务型”派驻机构建设要求，2012年继续强化学习型派驻机构建设，着力构建学习型、廉洁型、服务型的长效机制。驻局纪检组监察处先后派出3人参加市纪委、驻总局纪检组监察局以及市安全监管局组织的各类培训班，全面提高履职能力。

（侯宝琪）

【定期通报党风廉政建设工作情况】 对于全市安全生产领域反腐倡廉建设，需要从源头上预防腐败，及时遏制苗头性、倾向性问题显得尤为重要。2012年，驻局纪检组监察处定期通报党风廉政建设情况，将全局开展党风廉政建设工作情况在党组会和局务会上予以通报。第1次通报，重点通报了全市案件工作会议精神，让大家引起警醒，谨防“小贪巨腐”问题；第2次通报，重点通报了廉政风险防控工作开展情况，对工作存在不认真、排查廉政风险不准确的部门和个人，进行了批评教育；第3次通报，重点通报专项治理工作，特别是基层单位安全监管执法车辆公车私用问题。定期通报制度有效地促进了惩防体系建设和党风廉政建设责任制的落实。（侯宝琪）

【民主评议基层站所（服务窗口）

工作】　2012年将基层站所队民主评议扩大到区县安全监管局。8月3日召开动员部署会，通报市纠风办2011年度民主评议反馈结果，对2012年度工作提出具体要求。8月29日、9月13日、21日，市纠风办督导二组与驻局监察处先后对市地铁运营公司、市安全监管局监管三处行政审批许可现场、燕山石化企业“三同时”执法现场进行现场检查。9月27日至28日，组织召开民主评议基层站所队座谈会，针对上年工作报告中反馈的问题，开展自查自纠，同时提出整改措施。督导组通过与区县局座谈，与金隅集团等8个公司负责人进行座谈，进一步强化了民主评议的客观、公正度。组织督导组实地考察、考评市局对地铁运营、危险化学品、石化以及煤矿等企业的执法检查，听取督导意见。经过督导组现场督导、社情民意网上调查、区县问卷调查、政风行风热线和政务网站等综合评议，市安全监管局在2012年15个政府执法部门信息公开、依法办事、服务态度、工作效率、清正廉洁综合排名中，取得了总分第一名的好成绩，充分展示了安全监管监察队伍严格、公正、廉洁的执法形象。（侯宝琪）

【行政执法检查情况】　2012年，全市安全监管监察系统共检查各类生产经营单位80633家（不含煤矿），发现隐患99733项，整改93463项，下达责令限期整改指令及现场措施决定书41999份，检查处罚3246起，罚款2378.34万元。经过跟随监督检查、随机抽查，没有发现违法违纪问题。（侯宝琪）

【事故调查处理情况】　2012年，共查处市领导交办的生产安全事故和非生产安全事故6起，共向司法机关移送追究刑事责任8人（其中乡镇、村委会干部3人），行政记过1人，行政警告1人，行政告诫2人，企业内部处理8人（其中留用察看2人、撤职3人、降职1人、记大过1人、记过1人），行政罚款共计54万元。（侯宝琪）

【“打非治违”专项行动情况】　2012年，继续组织开展安全生产“打非治违”专项行动。全市共排查发现违法建设620.9万平方米，累计拆除487.2万平方米，拆除率达到78.5%。共查处在建违法建设160.4万平方米，已拆除154.1万平方米，拆除率为96.1%。共对157.5万平方米在建违法建设实施了断水、断电等措施。各区县共组织检查组101293个，出动检查人员54.6万人次，检查企业38万家，打击各类非法违法、治理纠正违规违章行为38.9万起，其中责令改正、限期整改行为199614起，责令停产停业停止建设6420家，没收违法所得、非法生产设备3249起，关闭非法违法企业5433家，行政拘留2269人，罚款10560.419万元。

（侯宝琪）

【绩效管理及专项效能监察工作的监督检查】　7月和11月，分别结合上半年和全年党风廉政建设责任制检查，先后抽取10家部门或单位，对机关行政效能进行了专项行政监察，发现大部分处室队和局属事业单位能够按照绩效管理的要求，不断提高行政效能；未能按时完成任务的部门或单位，在定期通报中予以体现。专项效能监察工作方面，对全市安全监管监察系统物联网建设项目进行专项效能监察。通过对项目施工现场、实施进度、施工质量以及施工安全等情况进行检查，定期约谈、跟踪检查、下达监察建议书等手段方式，确保物联网项目涉及的部门和单位能够充分重视资金使用、项目进度，确保物联网项目能够按时保质完成。

（侯宝琪）

【干部选拔任用及干部培训情况】 2012年，市安全监管局党组共调整补充机关处室、执法总队和直属单位领导班子4个（应急处、监管一处、执法总队、预防中心），调整干部35名。其中提拔副处级领导干部1名，科级干部晋升职务15名，处级干部试用期满转正8名，处级干部交流5名，科级干部交流6名。

（侯宝琪）

机关建设

市安全监管局机关人事工作

【机构设置和人员编制变动】 7月4日，北京市编办京编办行〔2012〕95号文件批复，同意将市安全监管局安全生产协调处加挂牌子的应急工作处独立设置，并为应急工作处加挂值班室牌子；安全生产协调处不再加挂应急工作处牌子。应急工作处（值班室）为正处级内设机构。同意为应急工作处（值班室）核定行政编制5名，其中处级领导职数1正1副，所需编制从安全生产协调处调剂1名，新增4名。安全生产协调处行政编制从6名减至5名，处级领导职数仍为1正1副。（钱山、栗晋春）

【处级干部任免】 1月20日，市安全监管局第1次局党组会研究决定：免去李文洁调研员职务，并办理退休手续。5月28日，第15次局党组会研究决定，同意路韬、曹柏成、丁大鹏、李刚结束试用期，按期转正。路韬任研究室主任，曹柏成任事故调查处处长，丁大鹏任职业安全监督管理处处长，李刚任法制处副处长。免去程立军安全生产协调处副处长职务。8月21日第23次局党组会研究决定，同意何川结束试用期，按期转正，任科技处副处长职务。9月10日，第25次局党组会研究决定，薛红海任执法总队副调研员职务。11月26日，第31次局党组会研究决定，张鹏担任北京市工伤及职业危害预防中心副主任职务（试用期一年）。12月19日，第32次局党组会研究决定，免去方钢应急工作处副处长职务，任李怀冰为应急工作处副处长；王俊玲任机关党委副调研员，免去其执法监察总队副总队长职务；冯印辉任值班室副主任，免去其安全监督管理一处副处长职务。

（钱山、栗晋春）

【科级以下干部任免】 5月28日，市安全监管局第15次局党组会研究决定：闵绍辉、赵同立、张玉红、戴贺霞、侯占杰、徐阳、闻铮晋升为主任科员。8月21日第23次局党组会研究决定：陈震西、王燃然、卢茜、邢小鹿晋升为主任科员。9月10日，第25次局党组会研究决定，胡俊松、张帮锋任执法总队主任科员，俞峻勇任执法总队副主任科员，叶楠、杨梅、静国佳、李子扬任执法总队科员。刘琨同志任办公室（财务处）副主任科员。11月26日，第31次局党组会研究决定，任命陈静、唐亮、赵昕为主任科员，任命周燚为副主任科员。

（钱山、栗晋春）

【干部挂职锻炼】 3月至8月，市安全监管局选派吴振宇挂职丰台区安全监管局局长助理，选派王平挂职西城区安全监管局，选派张涛挂职朝阳区安全监管局。7月，选派陈继伟、邵柏、陈震西到基层乡镇街道挂职锻炼半年。9月，选派何川挂职通州区信访办副主任。

（钱山、栗晋春）

【接收安置军转干部】 3月，北京市委、市政府就2012年军队转业干部安置工作做出安排。按照工作计划，市安全监管局对115名报名军队转业干部进行资格审核，通过笔试、面谈、考察、体检，确定录用薛洪海、胡俊松2名团职转业干部到执法监察总队工作，确定录用刘琨到局机关办公室工作。

（钱山、陆金周）

【干部遴选】 2012年，通过全市公务员公开遴选录用张帮锋、俞俊勇、叶楠、杨梅、李子扬、静国佳到市安全监管局执法监察总队工作。

（孙雷、陆金周）

【干部轮岗】 2012年，处级干部王俊玲、冯印辉、赵跃平轮岗，科级干部任忠、邢小鹿、罗旋、李子扬、静国佳、杜金颖轮岗。市安全生产信息中心科级干部李萌轮岗。（钱山、陆金周）

【转任】 处级干部李怀冰转任。

（钱山、陆金周）

【干部调入调出】 2012年，市安全监管局所属市工伤及职业危害预防中心调入1人（王勇），局机关调出1人（赵泽明），市安全生产宣传教育中心调出1人（张斯伟）。（孙雷、陆金周）

【干部考核】 2013年2月，市安全监管局部署2012年年度考核工作，此项工作到3月9日结束。综合全局各处室、队的年度考核及民主推荐情况，在局年度考核领导小组提出的初步意见的基础上，经局党组决定，评定优秀人员22名，行政奖励人员28名（其中三等功5名，嘉奖23名）。

（孙雷、陆金周）

【外事工作】 2012年，市安全监管局共有4个出国团组，其中自组考察团2个，培训团组1个，参加双跨团组1个，出访人数15人次。4月，赴美国应急预案策划与实施培训团，团组成员12人，赴英国新闻发言人媒体沟通和突发事件处置境外培训班；9月，赴美国、加拿大应急管理体系考察团，团组人数6人；12月，赴澳大利亚、新西兰职业危害监管体系考察团，团组人数5人。

（孙雷、陆金周）

【局党组理论中心组学习扩大会】 2月29日，市安全监管局召开了第1次理论党组中心组学习扩大会。局党组副书记、副局长蔡淑敏主持。局机关干部和局直属事业单位的处级干部，约100人参加了会议。会议邀请安润国际保险经纪有限公司总经理张驰就保险与安全生产责任保险知识进行了专题讲解。授课内容共涉及5个方面：一是介绍了保险及责任保险；二是安责险制度的定位和内涵；三是本市安责险制度的政策背景和国际国内经验借鉴；四是本市安责险制度介绍；五是组织实施和重点问题。

3月29日上午，市安全监管局召开局党组理论中心组（扩大）举行第2次集体学习，局党组中心组成员、局（煤监局）机关干部和局直属事业单位的处级干部，约100人参加了会议。党组副书记、副局长蔡淑敏主持。邀请对外经济贸易大学国际经济研究院国际投资研究室主任、中国资本运营研究中心主任，战略、财务管理和资本运营专家，全国高科技融资委员会副秘书长、北大纵横管理咨询集团特聘专家、北京汉富资本首席顾问冯鹏程教授，就全国“两会”精神的有关内容进行了专题辅导。冯鹏程教授对全国“两会”基本情况和主要精神进行了解读，对改革开放的发展历程和成就进行简要回顾，对下一步中国将要面临的机遇与挑战作了阐述，并结合本市的实际，围绕当前热点、难点、焦点问题做了深入、细致的分析，深入浅出地解读了政府工作报告的新理论、新亮点、新举措、新要求。

5月10日，市安全监管局召开党组理论中心组（扩大）举行第3次集体学习，局党组中心组成员、局（煤监局）机关干部和局直属事业单位的处级干部，约80人参加了会议。党组成员、副局长汪卫国主持了会议。此次学习，邀请北京市人力社保局公务员考核奖惩处处长高永辉进行辅导。处长高永辉介绍了加强公务员平时考核的意义、目的、内容、方法和要求，以及公务员考核的难点，并重点针对“考什么、怎么考、谁来考、考核结果怎么用”等问题进行了重点培训和讲解，使大家进一步加深了对平时考核工作的理解和认识。

4月10日，按照市委的要求，市安全监管局理论中心组（扩大）第4次集体学习，局党组书记、局长张家明主持会议。局党组成员、局领导班子成员、机关和真属事业单位处级干部共53人参加了学习。局党组书记、副局长蔡淑敏传达了《中共中央办公厅关于对王立军事件和“11·15”案件进行深入调查和严肃处理的情况通报》、《中共中央办公厅关于扩大传达中办电〔2012〕3号文件范围的通知》、《中共中央办公厅关于对王立军私自进入美国成都总部领事馆滞留事件进行调查处理的情况通报》和《中共北京市委办公厅关于印发刘淇同志在全市党员领导干部会议上的讲话》4份文件。

5月23日，中华实战管理学院执行院长，清华大学特聘高管培训顾问董京华为市安全监管局机关全体干部做了“公务员职业道德”专题报告。局党组书记、局长张家明，副局长蔡淑敏、贾太保等及局机关、事业单位60多人参加了学习。蔡淑敏主持会议。

董京华以《高效能人士的七个习惯》为主线，讲到了个人成长目标、个人修炼，并由依赖转向独立，从而实现人生价值取向，同时讲到要通过建立共赢、换位沟通、集思广益等，促进团队沟通与合作。特别是不断更新涵盖了前六个习惯，帮助人们从身心开始完善。她以“品格+能力，求真+务实，勤于+任事，淡迫名利+兢兢业业”的观点，诠释了公务员职业精神、职业作风、职业纪律的内涵，道出了恪尽职守是公务员的立身之本。此外，董京华针对如何控制情绪，始终保持一种积极的心态等问题作了深入分析。在3个多小时的报告中，全局气氛活跃。董京华幽默诙谐，充满激情，深入浅出的语言拉近了干部之间的距离，赢得了阵阵掌声。报告结束后，蔡淑敏对董京华的讲座给予了高度评价，并鼓励全体干部重视加强公务员职业道德学习，以适应新的形势新的要求。

8月8日上午，市安全生产监管局召开党组理论中心组第六次集体学习会，局党组成员、副局长唐明明主持。局煤监局机关全体干部以及直属事业单位中层以上干部约90人参加。中国人民大学新闻学院教授、博士生导师高钢就互联网环境中公共危机的信息管理进行了讲解。高钢从当前网络信息传播的环境变化，政府部门对信息环境的控制，处理公共危机应对的原则、经验和教训等方面，诠释了“互联网环境中公共危机的信息管理”的重点内容。高钢教授认为，在公民媒体时代到来之际，人们是否知道公共信息传播基本的职业能力规范，包括相关的法律规范，使信息环境更有效更美好，这些都是政府应该关注的安全领域的重要问题。比如，近两年国内发生的“温州动车追尾故事”、“肯德基苏丹红事件”等，都是由公民在第一时间将信息发布到互联网上，进而引发网民的广泛关注。高钢表示，政府部门应该及时向公众报道他们生存环境发生的变化，传递文明的观念和健康的文化，提供对提高公民生活质量有实用价值的信息服务。尤其是在公共危机处理上，要坚持做到积极应对，快速反应；正视事实，勇于担当；不对抗媒体，不殃及同业；公布举措，智慧处理；相信人民，赢得民心。本着公开事件真相，公开承担责任，公开应对指责的原则，化解公共危机，提升政府部门公信力。

9月5日，市安全监管局召开党组理论中心组（扩大）第7次集体学习。局党组副书记、副局长蔡淑敏主持了会议。局党组中心组成员、局（煤监局）机关干部和局直属事业单位的处级干部参加学习。会议邀请北京市健康教育大讲堂的专家主任刘惠敏，就“尊重生命·管理健康”进行专题辅导。刘惠敏从监测身体状况，科学解读自己体检报告的各项指标、如何正确认识高出或低于正常值的指标数据，发现隐性疾病、如何通过体检报告，综合调理全身健康、如何科学健康饮食，安全合理用药，科学养生保健等四个方面，结合典型案例，进行了认真的讲解，内容丰富、语言生动。

10月18日，市安全监管局党组理论中心组（扩大）第8次集体学习，邀请原中共北京市纪委常委、纪检监察员刘经宇，就党风廉政建设作专题辅导。局党组副书记、副局长蔡淑敏主持，局党组中心组成员、局（煤监局）机关干部和局直属事业单位处级干部共计90余人参加学习。刘经宇结合经典案例，从加强廉政文化建设、如何开展岗位廉政教育、打牢反腐倡廉基础、面临的廉政风险及其防范措施等方面作了精彩的辅导授课。他的讲课，旁征博引、数据翔实、深入浅出、内容丰富。蔡淑敏在学习会上强调，反腐倡廉是一项长期的任务，要警钟长鸣。全体党员干部要高度重视党风廉政建设，充分认识当前党风廉政建设和反腐败斗争的形势和任务，自觉增强反腐倡廉的责任感和紧迫感，认真落实党风廉政建设责任制和《中国共产党党员领导干部廉洁从政若干准则》，既要把工作做好又要党风廉政建设。

11月22日，市安全监管局党组理

论中心组（扩大）进行第9次集体学习，局党组书记、局长张家明主持会议，局党组中心组成员、局（煤监局）机关干部和局直属事业单位处级干部共计90余人参加学习。《北京日报》、北京电视台等对市安全监管局的学习情况进行了报道。为进一步帮助大家对“十八大精神”的学习和理解，市安全监管局专门邀请清华大学社会学系教授、博士生导师孙立平作了专题辅导。孙立平以“十八大”与未来10年中国的改革与发展”为题，从“十八大”在历史上的意义、在社会进步的视野中理解未来十年中国的改革与发展、转型陷阱——中国的改革究竟卡在哪里、以公平正义取向的改革促进社会进步等4个方面，对“十八大”会议精神进行了认真的、深层次的解读。

12月10日，市安全监管局党组理论中心组（扩大）进行第10次集体学习，局党组副书记、副局长蔡淑敏主持会议，局党组中心组成员、局（煤监局）机关干部和局直属事业单位处级干部共计100人参加学习。为进一步帮助大家对“十八大”精神的学习和理解，专门邀请国家行政学院教授、博士生导师汪玉凯，以“十八大”与中国政治体制改革为题进行了专题辅导。汪玉凯现任中国行政体制改革研究会副会长，国家行政学院电子政务专家委员会副主任、教授，国家信息化专家咨询委员会委员。

在专题辅导中，汪玉凯从“十八大”历史使命的5个看点、新领导群体在政治领域面临的挑战和政治体制改革的重点、难点和突破口等几个方面，对“十八大”会议精神进行了认真的、深层次的解读。 （钱山、孙建军）

【“会前学法”专题讲座有序展开】 按照市安全监管局2012年教育培训工作的总体安排，3月12日上午，“会前学法”专题讲座正式开始，法制处处长杨春雪就《最高人民法院关于进一步加强危害生产安全刑事案件审判工作的意见》进行了解读。“会前学法”专题讲座是市安全监管局为进一步强化全局干部的法律意识、规范法律行为、做到依法行政而采取的一种新的培训方式，利用局务会正式议题开始前的20分钟至30分钟的时间，组织全体与会人员进行法律法规的专题辅导。计划全年安排20讲。 （钱山、孙建军）

【局级干部专题培训】 4月24日至26日，市委组织部、市安全监管局结合区县政府换届新任分管安全生产工作领导成员较多的实际，及时会同市委党校联合举办了全市安全生产专题培训班。来自市安委会成员单位、区县人大、政府、政协有关领导以及区县安全监管局局长等80多人参加了培训。培训主要涉及“安全生产突发事件应急救援”、“安全生产法律体系及安全监管职责”、“如何开展首都安全生产监管工作”、“提高运用媒体能力控制信息传播效果”、“职业卫生安全监管”、“心理减压与心理调适”6个专题。副市长苟仲文、国务院参事闪淳昌、市安全监管局局长张家明等分别授课。同时，培训中还邀请到中国安全生产科学研究院、中国人民大学新闻学院、中央音乐学院等专家学者。培训既有宏观理论方面的思考，又有工作实践的把握，并为学员带来大量的可供参考的资料信息。苟仲文听取课程安排，并从充分认清当前安全生产形势，切实增强做好安全生产工作的责任感和使命感，尽快熟悉工作进入角色，切实提高驾驭和把握安全生产工作大局的能力水平和进一步重视学习，在提高思想认识、提升履职能力上见到更大实效等3个方面，以城市运行安全面临的诸多挑战为主线，以事故案例为辅助，为参训人员做了生动的报告，便于大家对安全生产重要性的认识以及对安全生产工作模式和方法的了解和掌握。苟仲文参加结业式讲话指出，近年来本市的安全生产工作在市委、市政府的领导下，贯彻落实科学发展观，坚持安全发展理念，坚持安全生产方针，采取了一系列重大举措，经过各方面共同努力，事故总量稳步下降，安全生产环境明显得到改善。

国务院参事闪淳昌、国家安全监管总局政策法规司副司长邬燕云、市安全监管局局长张家明、中国安全生产科学研究院副院长张兴凯、中国人民大学新闻学院党委书记博士生导师高钢、中央音乐学院副院长、教授、博士生导师周海宏等，分别就“安全生产突发事件应急救援”、“安全生产法律体系及安全监管职责”、“如何做好首都安全监管工作”、“提高运用媒体能力控制信息传播效果”、“职业卫生安全监管工作”、“心理减压与心理调适”6个专题进行了深入浅出的讲解。北京电视台、《北京晚报》、《北京青年报》等6家新闻媒体对专题培训活动进行了报道。

（钱山、孙建军）

【处级干部现代管理高级研修班】 5月14日，北京市安监系统第一期处级干部现代管理高级研修班，在清华大学举行。市安全监管局局党组副书记、副局长蔡淑敏作动员，清华大学继续教育学院副院长孟至和为开学典礼致辞。48名来自市安全监管局、北京煤监局、各区县及北京经济技术开发区安全监管局处级干部和局直属事业单位处级干部及局副处级后备干部参加了培训。蔡淑敏在开班动员上指出：进一步强化处级干部培训，是适应安全监管任务、增强安监队伍整体素质和提高安全监管水平的迫切需要；进一步强化处级干部培训，是新形势下干部队伍自身建设的需要；进一步强化处级干部培训，必须努力增强学习的实际效果。培训班按照宏观视野、能力提升和文化修养三个模块进行教学，课程涉及科学调查研究方法、依法管理社会事务、压力管理与心理调适、突发事件应对与媒体关系管理、世界格局与发展、沟通管理、职业卫生安全监管、创新管理与领导艺术、国学智慧与现代管理、加强和创新社会管理10个方面。（钱山、孙建军）

【科级干部暨拉萨市安全监管人才培训班】 7月16日，市安全监管局科级干部暨拉萨市安全监管人才培训班在北京安全生产培训基地正式开班。本次培训由市安全监管局和市对口支援办、北京市职业管理学院（市安全生产培训基地）联合举办，培训班将拉萨市安全监管人才培训班与市安全监管局科级干部培训班同期组织，采取共同科目合班组织，专业科目独立组织的方式实施。

重点安排了青年干部的基本素质与修养、政务公文信息写作、跨部门工作的协调方法和技巧、北京经济发展前景的探讨、安全监管业务技能等课程。来自局机关和局属事业单位77名科级以上干部及拉萨市安全监管系统的11名干部，参加了培训。市安全监管局副局长蔡淑敏、市职业管理学院副院长谢朝斌、拉萨市安全监管局常务副局长王中堂等参加开班仪式。蔡淑敏指出，组织西藏拉萨市安全监管系统干部到北京来培训，是贯彻落实中央第五次西藏工作座谈会精神，扎实做好援藏工作的重要举措，是提供人力、物力支持外，加大智力支持的有效途径。通过选派干部来京培训，对于进一步提升拉萨市安全监管系统自身发展能力，为拉萨市安全监管事业注入生机和活力都将产生积极的影响，同时也为拉萨、北京两地安监系统干部相互学习交流提供一个良好的平台。

（钱山、孙建军）

【新招录人员培训】 6月28日至29日，为使新招录的11名工作人员，尽快熟悉工作，适应新的岗位，进行了2天的培训。市安全监管局副局长蔡淑敏为参加培训人员作了动员并提出希望。通过培训，使新招录人员对安全生产工作的重要意义、工作性质、特点和工作内容有了比较系统的认识，为尽快适应、熟悉和开展工作打下了良好基础。9月13日至14日，市安全监管局对通过遴选和接收军队转业干部的途径，新招录的9名干部在局机关311会议室组织开展了对新招录人员为期2天的入职培训。

（钱山、孙建军）

【局级、处级干部调训】 2012年，市安全监管局按照市委组织部和市人力社保局的培训计划，组织落实好局、处级干部的调训：中组部局级干部高级培训班（1期）、局领导专题班（16期）、正（副）处级干部任职培训（9期）、国家安全监管总局执法资格培训班（1期）。

（钱山、孙建军）

市安全监管局机关党委、工会工作

【党的思想建设】 2012年，在北京市市委、市直机关工委和市安全监管局局党组的领导下，市安全监管局机关党委认真贯彻落实党的十七届六中全会和市第十一次党代会精神，围绕迎接党的“十八大”和学习贯彻“十八大”精神这条主线，强基础，抓落实，以深化“三进两促”活动为抓手，大力践行北京精神，深入推进以“争做安全发展忠诚卫士，创建为民务实清廉安监机构”为主题的创先争优活动，全面加强机关党的建设，为促进全市安全生产形势持续稳定好转提供了坚强的思想和组织保证。

（耿双）

【经常性思想教育】 通过学习研讨、座谈交流、专题辅导等多种形式，组织党员干部认真学习党的十七届五中、六中全会和胡锦涛总书记的重要讲话精神，深刻理解“十二五”规划建议的主要内容，进一步增强创先争优的坚定性和主动性。广大党员干部坚持用中国特色社会主义理论体系武装头脑，深入学习实践科学发展观，自觉加强党性修养，坚定理想信念，不断提高业务素质和岗位技能，以模范行动影响和带领广大群众共同为推动首都安全生产形势持续稳定好转贡献力量。注重引导党员干部围绕本部门本单位中心工作，深化公开承诺、岗位示范、窗口单位创先争优等活动，充分发挥党员的先锋模范作用，努力在破解安全发展难题、创新安全监管监察工作上大有作为，在突出“城市安全保障”主题、打造“北京保障”品牌上大有作为。（耿双）

【基层组织建设年活动】 2012年是基层组织建设年。年初，根据局党组工作安排，召开全局党支部书记和党员会议，就开展基层组织建设年活动进行动员部署，教育引导广大党员把思想统一到中央和市委的决策部署上来，深刻认识开展基层组织建设年的重要意义，明确开展基层组织建设年的总体要求、主要目标、重点工作和方法步骤，为扎实开展好基层组织建设年活动奠定良好的思想基础。全局各党支部深入实施领导干部“领航工程”、基层党组织“聚力工程”和共产党员“先锋工程”，按照“抓落实、全覆盖、求实效、受欢迎”的工作要求，坚持因地制宜、分类指导、改革创新，扎实推进基层组织建设年活动。通过开展组织建设年活动，基本实现了5个目标：党支部战斗力有提升，党支部书记素质有提升，党员队伍生机活力有提升，机关党组织基础保障水平有提升，机关党组织建设制度化水平有提升。（耿双）

【基层党组织分类定级和晋位升级工作】 认真贯彻《中国共产党党和国家机关基层组织工作条例》和北京市实施办法，按照“选优配强一个好书记、研究谋划一个好思路、建立完善一套好制度、建设管理一个好阵地、健全落实一个好机制”的要求，重点抓好党总支（支部）分类定级和晋位升级工作。通过党支部自评、党员群众测评、机关党委评定等步骤，完成了全局20个党总支（支部）的分类定级工作，执法监察总队党支部、事故调查处党支部、举报投诉中心党支部被定级为优秀，其余17个党总支（支部）被定级为较好。各党支部根据分类定级结果，制订了整改提高方案，机关党委要求每个党支部都有新的提高，都能实现晋位升级。同时，从支部换届入手，把加强党支部领导班子建设作为开展基层组织建设年活动的重要抓手。根据党员人数和工作需要，适时成立了预防中心党总支。（耿双）

【城乡党组织结对共建活动】 搞好城乡党组织结对共建活动，是深化“三进两促”、推进创先争优活动的重要举措。根据市直机关工委的工作部署和要求，市安全监管局和怀柔区杨宋镇太平庄村党支部进行结对共建。根据局结对共建实施方案，由局机关党委牵头，全面落实结对共建工作。协助太平庄村修建村民广场“文化墙”，对20户困难户进行走访慰问。通过开展结对共建活动，形成党员干部深入实践、服务基层、服务群众、服务发展的素质养成机制；形成党员干部密切联系群众、求真务实、艰苦奋斗、批评与自我批评的作风建设机制；形成责任明确、领导有力、运转有序、保障到位的创新党建机制。

（耿双）

【开展“共产党员献爱心”和救灾捐款活动】 纪念中国共产党成立91周年暨表彰大会前夕，召开全局各党总支（支部）书记会议，对“共产党员献爱心”活动进行动员部署，并于纪念中国共产党成立91周年暨表彰大会前举行了捐款仪式。全局192名党员群众捐款达14040元。“7·21”特大自然灾害发生后，全局党员群众踊跃捐款，为受灾群众捐款达28350元。（耿双）

【向市直机关推荐先进基层党组织和优秀共产党员】 2012年，市安全监管局监管三处党支部被评为市直机关系统先进基层党组织；市安全监管局执法监察总队队长王保树被评为市直机关系统优秀共产党员。（耿双）

【深入开展“三进两促”活动】 总结前几年开展“三进两促”活动的经验与不足，制定了持续深化“三进两促”活动的具体措施，建立健全了机关结对、领导联系点、领导干部下基层调研等联系群众制度。根据市直机关工委的工作要求，深入开展了百家企业调研活动，并形成调研报告。（耿双）

【开展“读书、思考、创新”主题读书活动】 着眼提高党员群众的学习、研究、创新、服务能力，局党组委员鼓励全局人员多读书、读好书，以读书更新知识结构、促进思想解放、推动改革创新，提升专业知识水平和履职尽责能力。

（耿双）

【入党积极分子考察和发展党员工作】 注重建立健全党员教育、管理、监督、服务机制，健全落实党务公开、“三会一课”、民主评议党员、党员党性定期分析、党员教育培训等制度；建立了党内激励关怀帮扶机制，探索和建立支部建设检查考核办法。推行发展党员记实制、公示制、票决制。进一步加强了对入党积极分子的培养、教育和考察工作，按照“坚持标准、保证质量、改善结构、慎重发展”的方针，发展了9名新党员。（耿双）

【推进党务公开】 根据《中共北京市安全生产监督管理局北京煤矿安全监察局党组党务公开实施办法》和党务公开目录的有关要求，以局域网“机关党建”栏目为主要介质，全面推进党务公开工作。（耿双）

【党风廉政建设】 贯彻落实《廉政风险防范管理工作实施办法》，总结推广廉政风险防范管理工作的好经验、好典型，推进机关反腐倡廉工作制度化、规范化。以听报告、观看电教光盘等形式，对广大党员干部进行正反两方面典型教育，引导党员干部提高对加强机关党风廉政建设重大意义的认识，增强做好机关党风廉政建设工作的责任感、使命感，自觉遵守党纪政纪和法律法律。

（耿双）

【学习型机关工会建设】 2012年，市安全监管局以深化学习型工会建设为主题，营造积极向上的学习氛围，教育广大职工增强大局意识、责任意识和使命感，激励职工有爱岗敬业，努力提高工作效率和质量。配合市直机关工委第三届文化艺术节，先后组织开展了书法摄影比赛、格言征集等活动，提高了全局职工的思想品位和艺术鉴赏力。同时，以提高职工的综合素质和能力为着眼点，继续深化“读书、思考、创新”主题读书活动，以提高职工的学习、研究、创新、服务能力为目标，教育广大职工多读书、读好书，以读书求新知。发挥读书兴趣活动小组的作用，通过灵活机动的方式开展读书活动，提升职工的文化素养。（吴振宇）

【职工权益】 市安全监管局机关工会密切联系职工，听取和反映职工的意见和诉求，维护职工的合法权益，全心全意为职工服务，努力增强职工凝聚力的有效途径。为此，突出抓好3个方面的工作：一是切实维护职工的合法权益。通过各种途径和形式，及时向职工通报局机关的重要工作情况，对各项重大决策及重要制度进行审议，并提出意见和建议，积极维护广大职工的参与权、知情权和监督权。二是开展合理化建议活动。为配合机关内部建设，鼓励职工积极参与机关内部管理，不断强化民主参与意识，开展合理化建议活动，采取问卷、座谈走访、个别谈话等形式，倾听职工的意见，收集合理化建议。据统计，2012年机关广大职工就机关内部管理、办事效率、改进作风等方面提出合理化建议20余条。三是建立服务职工的长效机制。通过问卷调查、座谈会、个别访谈等形式，深入了解职工的意愿和需求，进一步明确工会工作的方向，确定工作的重点，找准工作的难点，实现了工会工作的计划性、针对性和有效性。

（吴振宇）

【机关文化建设】 市安全生产监管局机关工会开展富有特色、寓教于乐的文体活动，努力营造团结和谐氛围，展示安全监管系统职工的良好精神风貌。一是开展以工间操、快步走为主的群众性健身活动，号召全体职工加入到健身活动中，努力实现局党组关于每人参加一个健身项目，每年改善一项健康指标的要求。二是推进机关文体兴趣小组建设。制定了《机关文体兴趣小组管理试行办法》，完善了书画、摄影、读书、音乐、瑜伽、羽毛球、乒乓球、篮球、足球、棋牌、太极等11个文体兴趣小组的活动章程，健全了活动机制，切实做到“组织健全，制度完善，活动经常”。三是参加市直机关第三届文化艺术节活动。先后组织职工参加了艺术节书法、摄影比赛，观看了京剧演出和合唱比赛。四是成功举办了“结缘翰墨，书画漫谈”的专题讲座，邀请专家就中国字的起源、书画同源、书画鉴赏等知识进行讲解。五是成功举办了局机关书法、摄影比赛活动。活动期间，共收集软笔、硬笔书法和摄影作品212幅，收到职工选票107张，评选出获奖作品68幅，并将获奖作品在机关文化墙上展示，充分调动了广大职工参加文体活动的积

极性。（吴振宇）

【送温暖活动】 市安全监管局机关工会认真落实市委组织部和市直机关工会工委关于做好送温暖活动，以元旦、春节传统节日为契机，以开展送温暖、送文化、送健康活动为切入点，加强和谐机关建设。一是深入开展“献爱心”活动。机关工会配合机关党委组织全局职工共为灾区和困难群众捐款42390元。二是努力为职工排忧解难。拓宽送温暖渠道，从注重解决经济困难向帮助解决具体问题和精神抚慰方面拓展，及时帮助职工解决工作、生活和学习中遇到的困难和问题。举办喜迎“三八国际妇女节”联欢慰问系列活动，组织女职工参加妇女健康知识讲座，为女职工送去了关怀和温暖。三是组织开展节日前走访慰问活动。每逢元旦、春节、“三八”、“七一”、“八一”等重大节日，机关工会都要召集相关人员进行座谈，了解党员群众疾苦，努力为职工排忧解难。“六一”前夕为全局57名职工发放子女慰问费。据统计，截至10月底，机关工会先后走访慰问职工83人次，发放慰问金5.26万余元。四是组织全局职工参加在职职工、在职女职工重大疾病和特殊疾病互助保障计划，为全局职工购买公园年票、书卡和电影卡。为全局职工办理了京卡•互助卡，并宣传京卡•互助卡所提供的服务平台和福利政策，让职工享受到工会组织提供的优惠服务。五是本着“把实事做好，把好事做实”的原则，拓宽送温暖渠道，把局党组和机关工会的关怀送到职工心上。为此，集中组织了全局200多名干部职工进行了疗养和体检，受到广泛欢迎。

（吴振宇）

【创先争优活动】 市安全监管局机关工会以“争做忠诚卫士 创建清廉安监机构”活动为契机，引导职工将饯行北京精神落实到“创先争优”活动中去，营造人人赶先进、处处是模范的良好氛围。一是树立“三八红旗手”女职工先进典型。通过局域网、宣传板、信息等平台，大力宣传先进人物事迹，引导广大职工学先进、赶先进、当先进，促进各项工作任务的完成。二是为了迎接市十一次党代会和党的“十八大”胜利召开，引导全局广大职工更好地饯行“北京精神”，为全市安全生产形势持续平稳好转贡献智慧和力量，在全局职工中组织开展了征集“饯行北京精神、争做安全发展忠诚卫士、创建为民务实清廉安监机构”格言、警句活动，共征集格言、警句253条。（吴振宇）

【自身建设】 市安全监管局机关工会始终把自身建设作为工会工作的一项重要内容，着力在健全工会组织、完善规章制度、提高能力水平上下工夫，促进工会工作逐步走向制度化、规范化。一是根据机关内部机构和人员构成的变化，及时成立和调整了部分工会小组，做到了组织健全，活动经常。二是严格管好用好工会经费。认真贯彻工会财务工作“三服务”方针，坚持“量入为出，略有结余”的原则，严格经费预算支出的审批程序，将有限的工会经费用于为职工服务和为职工群体办实事上。三是认真填报了2011年度工会统计年报，并结合工作实际，对年报进行了认真分析，找出了工作中存在的不足与差距，明确了今后的工作重点和努力方向。四是发挥工会委员会集体领导的作用，健全机关工会的服务、参与、协调机制，疏通工作渠道，落实工作责任。定期召开工会小组长会议，对工会各项工作进行安排部署，工会工作逐步规范，成效明显提高。（吴振宇）

人　物

北京市安全监管局领导成员

局　长　张家明（局党组书记）
副局长　蔡淑敏（局党组副书记）
陈　清（党组成员）
贾太保（党组成员）
汪卫国（党组成员）
常纪文
唐明明（党组成员）
纪检组长　郑晓伟（党组成员）
副巡视员　刘　岩

北京煤监局领导成员

局　长　张家明（党组书记）
副局长　蔡淑敏（党组副书记）
陈　清（党组成员）
贾太保（党组成员）
汪卫国（党组成员）
唐明明（党组成员）
纪检组长　郑晓伟（党组成员）

北京市安全监管局处室（队）领导名单

办公室　主　任　贾兴华
副主任　康　勇　段辉建
法制处　处　长　杨春雪
副处长　李　刚
研究室　主　任　路　韬
科技处　处　长　李玉祥

	副处长	何　川
安全生产协调处	处　长	吕海光
	副处长	靳玉光
应急工作处（值班室）	处　长	薛国强
	副处长	李怀冰
应急工作处（值班室）	副主任	冯印辉
事故调查处	处　长	曹柏成
	副处长	高云飞
监管一处	处　长	王树琦
监管二处	处　长	魏丽萍
	副处长	毛宇权
监管三处	处　长	李东洲
	副处长	刘　丽
人事教育处	处　长	钱　山
	副处长	孙　雷
机关党委	副书记	李振龙
职安处	处　长	丁大鹏
矿山处	处　长	贾克成
	副处长	赵玉辉
执法监察总队	总队长	王保树
纪检组、监察处	处　长	张志永

北京煤监局处室领导名单

综合办公室	主　任	何多云
监管一室	主　任	杨庆三
监管二室	主　任	马存金
监管三室	主　任	董文同

北京市安全监管局直属事业单位、协会领导名单

北京市工伤及职业危害预防中心	主　任	贾秋霞
	副主任	安宏伟　牛　捷　张　鹏
北京市安全生产宣传教育中心	主　任	孟庆武
	副主任	李建中
北京市安全生产信息中心	副主任	张震国（主持工作）

北京市安全生产举报投诉中心　副主任　段纪伟（主持工作）
北京市安全生产协会　会　长　丁镇宽
秘书长　李文洁

区县安全监管局领导成员

东城区安全监管局

局　　长　赵鹏锦　（党组副书记）
副 局 长　张丙申　（党组成员）
王寿永　（党组成员）
李　明　（党组成员 11 月改任副调研员）
纪检组长　何建明　（党组成员）

西城区安全监管局

局　　长　陈国红　（党组书记）
副 局 长　姚　猛　曲绍勃　毕军东　曹长春
纪检组长　陈礼玉
副调研员　张　蕊　张庆地（7 月退休）

朝阳区安全监管局

局　　长　张仲凯
党组书记　赵新跃　（纪检组长）
副 局 长　于洪涛　刘　伟　周　琼

海淀区安全监管局

局　　长　陈国敞（2 月离任）　王勇禄（2 月任职）
党组书记　曾子锋
副 局 长　贾　宁　孙茂山　张有涛
副调研员　张　华

丰台区安全监管局

局　　长　董铁铮
党组书记　沈瑞平
副 局 长　崔　林　齐建明　史　勤

石景山区安全监管局

局　　长　杨文明（党组副书记）
党组书记　韩从笔
副 局 长　李振华（党组成员）　董新理（党组成员）

门头沟区安全监管局

局　　长　刘振林
党组书记　梁光学
副 局 长　辛瑞生（11 月退休）　郭黎明　于　彤
　　　　　周玉陆　方　钢

房山区安全监管局

局　　长　周德运　（党组书记）
副 局 长　王桂政　刘继承　李劲松　李彦山　高保光
纪检组长　霍和平

通州区安全监管局

局　　长　朱志高（2 月离任）
　　　　　曹树常（党组书记　2 月任职）
副 局 长　杨文庆　吴宝祥　王志佳（11 月任职）
纪检组长　雷雨雯

顺义区安全监管局

局　　长　高士虎　（党组书记）
副 局 长　孟家祝　王桂金　申志勇

工会主席　邱国庆
调 研 员　王明金
副调研员　张建明　孙书林

大兴区安全监管局

局　　长　李延国
党组书记　张义祥
副 局 长　李建军　丁开明
纪检组长　杨玲荣
副调研员　李长龙　尉志强　胡贵平　陈春来

昌平区安全监管局

局　长　金东彪（党组书记）
副局长　赵桂生　徐立荣　彭士杰

平谷区安全监管局

局　　长　王浩文（党组书记）
副 局 长　赵承河　张振宇（2 月任职）
纪检组长　高永刚（3 月离任）　李满胜（12 月任职）

怀柔区安全监管局

局　　长　李振林（党组副书记）
党组书记　李俊娥（副局长）
副 局 长　姚怀峰　谢康纪　高志平
纪检组长　边振泉
副调研员　曹勇军

密云县安全监管局

局　　长　于庭满 （党组书记）
党组副书记　马延春
副 局 长　梁乃顺　张宏伟

副 调 研 员　刘海生　 赵德民

延庆县安全监管局

局　　长　王忠东（党组书记）
副 局 长　王吉兴　 张　鑫
纪检组长　王菊英
调 研 员　贾晓义
副调研员　尤海泉

北京经济技术开发区安全监管局

局　长　刘建平（3 月离任）　吴伯军（3 月任职）
副局长　窦桂芹
调研员　王辰宇　闫庆平

北京市安全监管局先进集体、先进个人

先进集体

2012 年 5 月，监管三处被市政府烟花爆竹安全管理工作领导小组办公室评为“2012 年烟花爆竹安全管理工作先进集体”。

2012 年 10 月，监管二处被市预防煤气中毒协调小组办公室评为“北京市 2011 年至 2012 年度预防煤气中毒工作先进集体”。

先进个人

2012 年 1 月，监管二处魏丽萍被市城乡结合部建设领导小组和市人力社保局评为“北京市城乡结合部重点村建设先进个人”。

2012 年 2 月，办公室段辉建、协调处靳玉光被市政府办公厅评为“市政府系统优秀信息工作者”。

2012 年 2 月，监管二处毛宇权被市春运工作协调小组办公室评为“北京市春运工作先进个人”。

2012 年 3 月，科技处李玉祥被市科委、市委宣传部、市人力社保局、市科协评为“北京市科学技术普及工作先进个人”。

2012 年 3 月，办公室闵绍辉被国家安全监管总局办公厅评为“2011 年度政务信

息报送先进个人”。

2012年3月，举报投诉中心段纪伟被市妇联评为“三八红旗手”。

2012年3月，刘岩、田志斌、赵泽民、王文哲、侯占杰、卢茜、徐阳、王骥、段辉建、赵跃平被第七届世界草莓大会筹委会指挥部办公室评为“第七届世界草莓大会筹办工作先进个人”。

2012年5月，李怀峰、屈玥、秦永生、田雍雍、江华光被市政府烟花爆竹安全管理工作领导小组办公室评为“2012年烟花爆竹安全管理工作先进个人”。

2012年9月，办公室段辉建被市体育局、市人力社保局评为“2009—2011年度北京市群众体育先进个人”。

2012年10月，监管二处赵跃平被市预防煤气中毒协调小组办公室评为“北京市2011年至2012年度预防煤气中毒工作先进个人”。

2012年12月，监管二处刘毅被首都绿化办、市人力社保局评为“2012年度首都绿化美化先进个人”。

区县安全监管局先进集体、先进个人

东城区

先进集体

东城区被市安委会评为“2012年度北京市安全生产工作先进区县”。

东城区安全监管局、东华门街道、朝阳门街道被授予“2012年北京市安全生产月活动优秀组织奖”。

东花市街道、前门街道被授予“2012年北京市安全生产月活动最佳实践活动奖”。

东城区新闻中心被授予“2012年北京市安全生产月活动优秀新闻报道奖”。

东城区安全监管局被授予“神华杯”全国危险化学品安全法规知识竞赛优胜单位奖。

先进个人

罗静、吴向前、宋晓杰被市安委会办公室、市人力社保局评为“2010—2012年度北京市安全生产先进个人”。

西城区

先进集体

西城区安全监管局被评为2012年“全国安全生产月先进单位”。

西城区被市安委会评为“2012年度北京市安全生产工作先进区县”并授予“安全

生产工作基础管理创新奖”。

西城区安全监管局被市政府烟花爆竹安全管理工作领导小组办公室评为“2012 年烟花爆竹安全管理工作先进集体”。

西城区安全监管局被市安委会办公室、市人力社保局评为“2010—2012 年度北京市安全生产先进单位”。

朝阳区

先进集体

朝阳区安全监管局被市安委会办公室、市人力社保局评为“2010—2012 年度北京市安全生产先进单位”。

先进个人

张仲凯被市防火安全委员会评为“2012 年度消防工作先进个人”。

王欣被市安委会办公室、市人力社保局评为“2010—2012 年度北京市安全生产先进个人”。

海淀区

先进集体

海淀区被市安委会评为“2012 年度北京市安全生产工作先进区县”。

先进个人

陈晓文被国家安全监管总局、国家煤矿安全监察局评为“安全生产监管监察先进个人”。

丰台区

先进集体

丰台区安全监管局、区总工会、卢沟桥乡、新村街道办事处在“神华杯”全国危险化学品安全法规知识竞赛活动中获得“优胜单位奖”。

丰台区安全监管局、区水务局、太平桥街道办事处在 2012 年安全生产月活动评比中获得“优秀组织奖”；南苑乡、方庄地区办事处、东铁匠营街道办事处获得“最佳实践活动奖”；丰台区广播电视中心获得“优秀新闻报道奖”。

先进个人

谢法明获得“神华杯”优秀组织者奖。

肖辉被国家安全监管总局、中国职业安全健康协会评为“全国安全社区先进工作者”。

及继峰被市防火安全委员会评为“2012 年度消防先进个人”。

庆锐在丰台区开展的“身边好人”和“道德模范”评选表彰活动中，被评为“孝老爱亲”模范，并被推荐参加全市、全国“身边好人”和“道德模范”的评选活动。

石景山区

先进集体

石景山区安全监管局被市安委会办公室、市人力社保局评为“2010—2012 年度北京市安全生产先进单位”。

先进个人

杨红梅、王萍、魏耀平被市安委会办公室、市人力社保局评为“2010—2012 年度北京市安全生产先进个人”。

门头沟区

先进集体

门头沟区被市安委会评为“2012 年度北京市安全生产工作先进区县”。

门头沟区安全监管局被市安委会办公室、市人力社保局评为“2010—2012 年度北京市安全生产先进单位”。

先进个人

门头沟区林劲北，刘建平，张纪被市安委会办公室、市人力社保局评为“2010—2012 年度北京市安全生产先进个人”。

房山区

先进集体

房山区被市安委会评为“2012 年度北京市安全生产工作先进区县”。

房山区安全监管局被评为“2012 年度全国安全生产月活动先进单位”。

房山区安全监管局被评为“神华杯”全国危险化学品安全法规知识竞赛优胜单位。

先进个人

周德运被评为“北京市抗击‘7·21’特大自然灾害先进个人”。

通州区

先进集体

通州区被市安委会评为“2012 年度北京市安全生产工作先进区县”。

通州区安全监管局被市安委会、市人力社保局评为“2010—2012 年度北京市安全生产先进单位”。

先进个人

杨文庆、赵冬梅被市安委会办公室、市人力社保局评为“2010—2012 年度北京市安全生产先进个人”。

顺义区

先进集体

顺义区被中华全国总工会和国家安全监管总局评为“2012 年度全国‘安康杯’竞赛活动优秀组织单位”。

顺义区被市安委会评为“2012 年度北京市安全生产工作先进区县”并授予“安全生产工作特别贡献奖”。

顺义区安全监管局被市安委会办公室、市人力社保局评为“2010—2012 年度北京市安全生产先进单位”。

顺义区市政市容管理委员会被市安委会办公室、市人力社保局评为“2010—2012 年度北京市安全生产先进单位”。

先进个人

王新兵、张文生、李妍被市安委会办公室、市人力社保局评为“2010—2012 年度北京市安全生产先进个人”。

刘文霞被市总工会授予“首都劳动奖章”。

大兴区

先进集体

大兴区被市安委会评为“2012 年度北京市安全生产工作先进区县”并授予“安全生产工作重大进步奖”。

先进个人

李青松被市安委会办公室、市人力社保局评为“2010—2012 年度北京市安全生产先进个人”。

昌平区

先进集体

昌平区被市安委会评为“2012 年度北京市安全生产工作先进区县”。

昌平区安全监管局被市安委会办公室、市人力社保局评为“2010—2012 年度北京市安全生产先进单位”。

昌平区安全监管局被市总工会授予“首都劳动奖状”。

昌平区安全监管局被市科协、昌平区政府授予“第 12 届未来伙伴北京青少年机器人竞赛贡献奖”。

昌平区安全监管局被第七届世界草莓大会筹办委员会指挥部授予“第七届世界草莓大会最佳安全保障奖”。

平谷区

先进集体

平谷区安全监管局被市安委会办公室、市人力社保局评为“2010—2012 年度北京市安全生产先进单位”。

平谷区安全监管局被授予“2012 年安全生产月活动优秀组织奖”。

平谷区安全监管局被评为“市级交通文明示范单位”。

先进个人

王振民、赵文东、张海琴被市安委会办公室、市人力社保局评为“2010—2012 年度北京市安全生产先进个人”。

密云县

先进集体

密云县被市安委会评为“2012 年度北京市安全生产工作先进区县”并授予“安全生产工作基础管理创新奖”。

密云县安全监管局被市安委会办公室、市人力社保局评为“2010—2012 年度北京市安全生产先进单位”。

密云县安全监管局被评为“2012 年北京市安全生产月活动优秀组织奖”。

先进个人

冯波、蔡丽清、陈希海被市安委会办公室、市人力社保局评为“2010—2012 年度北京市安全生产先进个人”。

延庆县

先进集体

延庆县被市安委会评为“2012 年度北京市安全生产工作先进区县”。

北京经济技术开发区

先进集体

开发区安全监管局被国家安全监管总局、中华全国总工会授予“神华神东杯”《中华人民共和国职业病防治法》知识竞赛优秀组织奖。

开发区安全监管局被授予“2012 年北京市安全生产月活动优秀组织奖”。

先进个人

张涛被市安委会办公室、市人力社保局评为“2010—2012 年度北京市安全生产先进个人”。

附 录

【附录 1】

关于市安全监管局新版网站上线情况的有关内容

北京市安全生产监督管理局网站创建于2004年，2008年进行改版。截至目前，市安全监管局网站累计发布信息达到10万余条，其中多条信息被中央人民政府门户网站、首都之窗、国家安全监管总局等政府网站转载。市安全监管局领导高度重视网站改版工作，局领导多次召开专题会议，听取网站改版工作方案并审定网站改版方案，对网站改版工作提出了明确要求。经过近7个月的改版实施工作，2012版市安全监管局网站于9月30日正式上线运行。新版网站以庄重、简约、大气的风格，全方位、多角度地诠释了市安全监管局“安全第一、预防为主、综合治理”的安全生产工作理念。本次改版的突出特点有以下3点：

1. 深化政务信息公开内容，全面反映全局中心工作

一是按照“公开为原则，不公开为特例”的要求，及时准确发布安全生产法律法规、政策文件、标准规范、计划安排、折子工程、预决算报告、“三公”经费等信息，对重大政策措施及时进行解读，对工作进展情况及时进行公布。二是及时公开事故信息。在网站建立“事故信息”栏目，对发生的事故情况在网上及时通报，事故调查处理结束后，及时在网上公布调查处理结果。三是及时发布安全生产提示。在网站建立专栏，及时发布季节性安全生产提示信息以及安全生产事故预警信息，为企业提供及时有效的安全生产资讯。四是强化执法监督，及时发布执法检查信息，曝光企业的违法行为。在首页第一屏显著位置增设“执法监察”栏目，用以发布执法通告、动态及分析等内容，做到执法之前有通告，执法过程有报道，执法过后有分析，大大地增加了执法的透明度。

2. 强化了在线办事功能，推出特色便民服务

一是结合市安全监管局工作实际，以用户为中心，推出“我要加油”“我要买烟花”等特色便民服务，吸引愈来愈多的公众关心和使用市安全监管局网站，实现公众与网站的良性互动。市民可通过登录市安全监管局网站直接搜索到附近的加油站分布地址及电话，真正地做到了便民。春节期间，市安全监管局将以首都之窗数字地图为依托，利用市安全监管局业务数据资源，及时推出“我要买烟花”栏目，市民可通过该栏目找到离家最近的正规烟花爆竹销售网点。下一步，还将对此项内容进行深度挖掘，为公众提供更加便利、实用的服务。二是整合了市安全监管局15项行政审批，基本实现了全部行政审批的网上全流程办理，将监管信息平台企业门户中的服务同网站融合，向企业、公众提供个性化、场景式的主题服务，使用户可在线享受个性化、一体化的服务，不断增加用户体验满意度。需要说明的是市安全监管局许可事项中的特种作业人员操作资格认定许可项目，许可对象是个人，每年涉及有将近24万人进行资格认定，许可量非常巨大，目前已实现批量许可。为方便行政相对人，下一步将投入近900万元建立培训考核综合管理系统，通过网站面向个人提供培训、考核、许可全流程服务。目前该项目已向市经济信息化委、市财政局立项申报。

3. 建立公众参与渠道，创新政民互动形式

新版网站增加了网上调查、民意征集、政策解读三个互动栏目，保留“局长信箱”、“12350安全生产举报投诉”、“在线咨询”、“在线访谈”等品牌互动栏目，创新了互动形式。其中，“12350安全生产举报投诉”将办理情况、举报奖励、每日播报等7个市民关心的内容作为子栏目，将举报办理情况进行公开，并设置举报及查询通道，方便市民操作。与此同时，在制定安全生产的重大决策前，将在网站上征求公众意见，决策文件出台后要在网站上开展政策解读。对社会公众关注的社会热点问题，将主动在网站上予以回应，发布权威信息，正确引导舆论。

新版网站的上线是一个新的起点，市安全监管局将以打造全市一流政府网站为目标，进一步加强网站建设和管理工作，为首都安全生产工作贡献力量。

【附录 2】

北京市安全监管系统通信录

单位	地址	邮编	对外办公电话	传真	邮箱	网址
北京市安全监管局	西城区槐柏树街 2 号院 3 号楼	100053	88011900	63026305		http://www.bjsafety.gov.cn
北京煤监局	西城区槐柏树街 2 号院 3 号楼	100053	88011908	63027965		http://www.bjsafety.gov.cn
东城区安全监管局	东城区东四十一条 83 号	100007	64055528	84041153		http://www.bjdch.gov.cn/n5687274/n5723630/index.html
西城区安全监管局	西城区南菜园街 51 号 2 号楼 5 层	100054	83975369		xc_ajjbgs@126.com	
朝阳区安全监管局	朝阳区百子湾西里 303 号楼	100124	65090136	65090043	webmaster@bjchy.gov.cn	
海淀区安全监管局	海淀区东北旺南路 29 号蓝海中心 B 座 3 号楼	100193	82611220	82614464	haidiansafety@126.com	http://www.hdsafety.gov.cn
丰台区安全监管局	丰台区北大街 9 号院三层	100071	83656693		ftajj@163.com	http://www.ajj.bjft.gov.cn/
石景山区安全监管局	石景山区石景山路 18 号	100043	68607170	68607171		
门头沟区安全监管局	门头沟区滨河路 87 号	102300	69842130	69844579	mtgsafty@bjmtg.gov.cn	http://www.ajj.bjmtg.gov.cn
房山区安全监管局	房山区良乡长虹西路 65 号	102488	60330960	60330608	fsajj@126.com	
通州区安全监管局	通州区新华北路 117 号	101149	69544193/80886066	69552258		http://www.ajj.bjtzh.gov.cn

单位	地　　址	邮 编	对外办公电话	传　真	邮　箱	网　　址
顺义区安全监管局	顺义区仓上街 3 号	101300	69443437	69420186	anban3437@163.com	
大兴区安全监管局	大兴区黄村永华南里 16 号楼 C201	102600	81298900/81298804	81298860/69207400	daxinganban@163.com	http://www.dxaj.gov.cn
昌平区安全监管局	昌平区南环东路 1 号（广电大厦）	102200	69706133	69706133	cpajj2008@163.com	http://www.cpajj.bjchp.gov.cn/default.aspx
平谷区安全监管局	平谷区新平东路 3 号	101200	69960044	69967927	pgajj@sohu.com	http://www.pgsafety.gov.cn
怀柔区安全监管局	怀柔区南大街 37 号	101400	69628662		lyx2911@sina.com	
密云县安全监管局	密云县鼓楼东大街 8 号	101500	69081996		xietiaoke315@163.com	
延庆县安全监管局	延庆县西街 1 号	102100	69183175	69183175	yqxajj@126.com	
开发区安全监管局	北京经济技术开发区荣华中路 15 号博大大厦 601	100176	67880165/67861509	6788035/167882190	zhangrunjie@bda.gov.cn	http://www.bda.gov.cn
北京市安全生产举报投诉中心	西城区槐柏树街 2 号院 3 号楼	100053	88011226/12350			http://www.bjsafety.gov.cn/spe12350/index.html?nav=9&sub=0
北京市工伤及职业危害预防中心	丰台区西南四环 188 号总部基地 17 区 10 号楼、11 号楼	100070	63917878	63917786	879315838@qq.com	http://www.bjsafety.gov.cn
北京市安全生产宣教中心	西城区槐柏树街 2 号院 3 号楼一层 125 房间	100053	88011817	88011862	xuanjiaobangong@126.com	http://www.bjsafety.gov.cn
北京市安全生产信息中心	西城区槐柏树街 2 号院 3 号楼一层 101 房间	100053	88011141	63181387	liangweiguang@bjsafety.gov.cn	
北京市安全生产协会	朝阳区惠新东街 1—1　4 层 405	100029	63522105	63252105	bjax2013@126.com	

索引

A

B

C

D

F

G

H

J

K

L

M

Z